Mathias Scholz / Klaus Henle / Frank Dziock
Sabine Stab / Francis Foeckler (Hrsg.)

Entwicklung von Indikationssystemen am Beispiel der Elbaue

174 Abbildungen
56 Tabellen

Die Arbeiten in diesem Buch wurden durch das Bundesministerium für Bildung und Forschung (BMBF) unter den Kennzeichen 0339579 und 0339579A sowie des Helmholtz-Zentrums für Umweltforschung GmbH, Leipzig – UFZ gefördert.

Titelfoto: Mittlere Elbe bei Steckby, Mathias Scholz

Bibliografische Information der Deutschen Nationalbibliothek
Die Deutsche Nationalbibliothek verzeichnet diese Publikation in der Deutschen Nationalbibliografie; detaillierte bibliografische Daten sind im Internet über http://dnb.d-nb.de abrufbar.

Wollgrasweg 41, 70599 Stuttgart (Hohenheim)
E-Mail: info@ulmer.de
Internet: www.ulmer.de
Umschlagentwurf: Atelier Reichert, Stuttgart
Redaktion: Mathias Scholz, PD Dr. Klaus Henle (Fachbereich Naturschutzforschung, Helmholtz-Zentrum für Umweltforschung GmbH, Leipzig), Prof. Dr. Frank Dziock (Fachgebiet Biodiversitätsdynamik, Technische Universität Berlin), Dr. Sabine Stab
Layout: F&U confirm GbR, Leipzig: Dr. Hilde Feldmann, Ogarith Ulmann, Christiane Wolf
Druck und Bindung: Graphischer Großbetrieb Friedr. Pustet, Regensburg
Printed in Germany

ISBN 978-3-8001-4427-3

Inhaltsverzeichnis

Vorwort

Indikationssysteme dienen dazu, Umweltzustände mit leicht erfassbaren Indikatoren zu beschreiben und zu bewerten. Die Erfassung der Indikatoren soll dabei teuren Apparate- und Messaufwand vermeiden helfen, aber dennoch zuverlässige Aussagen über das betrachtete System liefern. Indikationssysteme werden inzwischen in praktisch allen Lebensräumen für die unterschiedlichsten Fragestellungen eingesetzt. Besondere Bedeutung haben sie bei komplexen Systemen wie Auenlandschaften, die von schwer bzw. nur aufwändig messbaren Parametern und Prozessen bestimmt werden.

Die Flussauen zählen in Europa zu den komplexesten und artenreichsten ökologischen Systemen. Der Mensch hat diese Lebensräume durch massive Eingriffe in das hydrologische Regime von Flüssen, strukturelle Änderungen und zunehmende Nähr- und Schadstoffbelastung erheblich verändert oder zerstört. Mit Nachdruck wird deshalb schon seit Jahren der ökologisch verträgliche Umgang mit Auen gefordert. Diese gesellschaftliche Zielsetzung erfordert es, die ökologischen Auswirkungen von Eingriffen, insbesondere von Nutzungsänderungen und flussbaulichen Maßnahmen, hinreichend sicher abschätzen zu können. Für die planerische Praxis werden hierzu robuste und einfach handhabbare Instrumente als Basis für eine naturschutzfachliche Bewertung benötigt, die dennoch die komplexen Zusammenhänge zwischen abiotischen und biotischen Umweltfaktoren ausreichend widerspiegeln. Indikationssysteme und Prognosemodelle sind also von herausragender Bedeutung, um das ökologische Wissen über Auen für die Entwicklung von Lösungen planerischer und naturschutzfachlicher Aufgaben nutzen zu können.

Während für Gewässer bereits zahlreiche Indikationssysteme existieren, wurden für Auenlandschaften bisher kaum Versuche unternommen, übertragbare Indikationssysteme zu entwickeln, deren Aussagen robust gegenüber den in der Praxis normalerweise notwendigen Vereinfachungen sind. Dieser Aufgabe hat sich das im Rahmen des Forschungsverbundes Elbe-Ökologie vom Bundesministerium für Bildung und Forschung gefördertes Projekt RIVA (Förderkennzeichen 0339579 und 0339579A) gestellt. RIVA steht für „Übertragung und Weiterentwicklung eines **R**obusten **I**ndikationssystems für ökologische **V**eränderungen in **A**uen". Ein Forschungsteam aus 30 Wissenschaftlern ging der Frage nach, wie ausgesuchte Arten und Lebensgemeinschaften von Auen durch hydrologische und bodenkundliche Leitparameter charakterisiert und wie diese komplexen ökologischen Zusammenhänge in einem Indikationssystem abgebildet und zur Entwicklung von Prognosemodellen für ökologische Veränderungen synthetisiert werden können.

Im vorliegenden Buch geben wir dem Leser einen Überblick über Indikationssysteme in Gewässern, stellen ausführlich die methodischen Grundlagen zur Ableitung von Indikationssystemen vor und gehen am Beispiel des Verbundprojektes RIVA der Entwicklung von Indikationssystemen in Auen nach. Die einzelnen Kapitel geben einen Überblick über eine dreijährige Forschungszeit und spannen einen Bogen von der methodischen Herangehensweise über die Erfassung der abiotischen Rahmenbedingen und Leitparameter, zu den untersuchten biotischen Kompartimenten (Pflanzen und ausgewählte Invertebraten-Gruppen), bis hin zur Synthese der einzelnen Ergebnisse mittels statistischer Auswertungsmethoden und Überführung der Ergebnisse in ein Indikationssystem und in Prognosemodelle.

Der Forschungsraum ist bewusst in das UNESCO-Biosphärenreservat Flusslandschaft Elbe mit einer für mitteleuropäische Verhältnisse relativ naturnahen Auenlandschaft gelegt worden. Das bereits seit 30 Jahren bestehende Biosphärenreservat steht seit Jahren im Mittelpunkt zahlreicher Forschungsaktivitäten. So war auch das RIVA-Verbundprojekt zu Gast in diesem Raum. Wir möchten uns an dieser Stelle deshalb nochmals ganz herzlich bei der Biosphärenreservatsverwaltung Mittelelbe in Sachsen-Anhalt (insbesondere bei Peter Hetschel (†) und Guido Puhlmann), den Naturschutzbehörden im Land Sachsen-Anhalt (insbesondere Untere Naturschutzbehörde Landkreis Stendal, Untere Naturschutzbehörde Landkreis Anhalt Zerbst, Landesverwaltungsamt - ehem. Bezirksregierung Dessau), dem Landesamt für Umweltschutz Sachsen-Anhalt, Abteilung Naturschutz (insbesondere Per Schnitter) und den einzelnen Bewirtschaftern sowie zahlreichen weiteren Institutionen und Privatpersonen für ihre Unterstützung bedanken.

Für die Realisierung dieses Vorhabens ein großer Dank auch an den Projektträger BEO Forschungszentrum Jülich (Beate Schütze, Ingo Fitting) und der Projektgruppe Elbe-Ökologie (Dirk Bornhöft, Bettina Gruber, Sebastian Kofalk), die das Vorhaben jederzeit konstruktiv begleitet und gefördert haben.

Weiterhin gilt unser Dank allen Autoren, die bereit waren, nach dem Auslaufen des Projektes trotz anderer Verpflichtungen, einen nicht unwesentlichen Teil ihrer Freizeit zu opfern, um mit Ihren Beiträgen die Realisierung dieses Buches zu ermöglichen. Des Weiteren bedanken wir uns bei Hildegard Feldmann, Ogarit Uhlmann und Christiane Wolf (F&U confirm) für die Umsetzung des Layouts und die redaktionelle Bearbeitung der Manuskripte. Schließlich gilt unser ganz besonderer Dank dem Verlag Eugen Ulmer (Nadja Kneissler, Helen Haas) für die sorgfältige Betreuung und die Geduld bei der Bucherstellung.

Klaus Henle, Francis Foeckler
Frank Dziock, Mathias Scholz,
Sabine Stab

Leipzig, Kallmünz, Berlin und Bad Schandau

1 Indikation und Prognose ökologischer Veränderungen in Auen

Francis Foeckler, Klaus Henle, Bernd Gerken, Frank Dziock & Mathias Scholz

Zusammenfassung

Für eine nachhaltige Nutzung von Landschaften müssen deren aktueller Zustand untersucht, bewertet und die Auswirkungen menschlichen Handelns ausreichend vorhersagbar sein. Landschaften sind zu komplex, als dass alle ihre Bestandteile und deren Zusammenwirken erfasst werden könnten. Zur Abbildung und Vereinfachung komplexer Zusammenhänge werden daher bereits seit langem Indikationssysteme verwendet (Foeckler 1990, Schubert 1991, Ellenberg et al. 1992, Johnson 1995, Statzner et al. 2001a,b). Die meisten Indikationssysteme beruhen auf Arten-Umweltbeziehungen. Arten-Umweltbeziehungen können auch von Prognosemodellen verwendet werden, um die Auswirkungen menschlichen Handelns auf ökologische Systeme vorherzusagen. Zusammen stellen Indikationssysteme wesentliche Werkzeuge für die angewandte Forschung und die Praxis dar.

In diesem Buch stellen wir am Beispiel von Grünland der Elbeauen die Entwicklung von Indikationssystemen vor, die geeignet sind, den ökologischen Zustand und ökologische Veränderungen in Landschaften und Ökosystemen zu bewerten. Auen gehören zu den artenreichsten, komplexesten, dynamischsten und gleichzeitig am meisten gefährdeten Lebensräumen in Europa. Das vorgestellte Indikationssystem wurde vom RIVA-Projekt-Team entwickelt, um ökologische Veränderungen in Auen indizieren und vorhersagen zu können. RIVA steht für „Robustes Indikationssystem für ökologische Veränderungen in Auen“. Auf Auenwiesen der Elbe wurden im Rahmen des Projektes zum einen bestehende Indikations- und Prognose-Ansätze weiterentwickelt, zum anderen neue Versuchskonzepte erstellt. Die für die Forschung besondere und bisher viel zu wenig praktizierte Vorgehensweise ist, alle Parameter der verschiedenen Disziplinen auf einheitlichen, gemeinsam beprobten und zufallsverteilten Versuchsflächen zu erfassen (s. Henle et al. 2006a und Buchkap. 4.3). Das Ziel von RIVA bestand darin, nicht nur Zustände aus der Sicht der einzelnen Fachbereiche zu beschreiben, sondern die gewonnenen Erkenntnisse fachübergreifend zu analysieren, Steuerfaktoren für Lebensgemeinschaften und ökologische Muster zu erkennen und Prognosen für zukünftige Entwicklungen angesichts anthropogener Veränderungen aufzustellen.

Mit diesem Buch wollen wir nicht nur wesentliche Ergebnisse des RIVA-Projektes und deren Bedeutung für die angewandte Forschung und Praxis präsentieren, wir wollen gleichzeitig einen methodischen Ansatz zur Entwicklung von Indikationssystemen und Prognosemodellen vorstellen, mit dem unsere Kenntnisse zu komplexen Ökosystemen wie die Auen erheblich erweitert und für die Praxis genutzt werden können. In dieser Einleitung geben wir eine kurze Einführung in die Thematik „Indikation“ und „Prognosemodelle“ sowie einen kurzen Überblick über den Aufbau des Buches.

1.1 Indikation

Eine Indikation dient dazu, komplexe Umweltzustände mit leicht erfassbaren Indikatoren zu beschreiben und zu bewerten (Schubert 1991, Dziock et al. 2006b). Besondere Bedeutung haben Indikatoren bei komplexen Systemen, die von schwer messbaren Parametern und Prozessen bestimmt werden. Die Erfassung der Indikatoren soll dabei teuren Apparate-, Zeit- und Personalaufwand vermeiden helfen, aber dennoch zuverlässige Aussagen über das betrachtete System liefern. Nur wenn Indikatoren diese Ansprüche erfüllen, ist ihr Einsatz sinnvoll.

Inzwischen gibt es Indikationssysteme für sehr viele aquatischen und terrestrischen Ökosysteme (Statzner et al. 2001a) und Indikatoren werden für die unterschiedlichsten Aufgaben eingesetzt. So wurden beispielsweise Indikationssysteme für strukturelle Veränderungen von Lebensräumen (z.B. Lindenmayer 1999, Larsson 2001, Morley & Karr 2002) oder zur Erfassung und Bewertung von Ökosystemfunktionen aufgestellt (z.B. Maltby et al. 1996, Tscharntke et al. 1998, Statzner et al. 2001a). Verschiedentlich wurden Vorschläge entwickelt, Indikatoren für alle wesentlichen Gefährdungsfaktoren in einer Landschaft zu identifizieren und diese Indikatoren für die Ableitung praktischer Maßnahmen im Gewässerschutz, in der Landschaftsplanung und im Naturschutz einzusetzen (Bauer 1985, 1992, Lambeck 1997, Lilliesköld & Scherer-Lorenzen 2000, Freudenberg & Brooker 2004). In neuerer Zeit wird auch verstärkt diskutiert, ob bestimmte Artengruppen als Indikatoren für die Biodiversität insgesamt geeignet sind (z.B. Prendergast 1997, Pearson & Carroll 1999, Larsson & Esteban 2000, Statistisches Bundesamt & Bundesamt für Naturschutz 2000, Hintermann et al. 2002). Schließlich werden Indikatoren auch eingesetzt, um zu bewerten, inwieweit Umweltpolitiken ihre Ziele erreicht haben, Umweltmaßnahmen effizient sind und welchen Erfolg Strategien zur Reduzierung von Konflikten zwischen dem Schutz der Biodiversität und konkurrierenden Ansprüchen des Menschen haben (z.B. Foeckler et al. 1999, Larsson & Esteban 2000, Larsson 2001, Niemelä et al. 2005).

Diese kurze Übersicht über die vielfältigen Einsatzmöglichkeiten von Indikationssystemen zeigt, dass es kein umfassendes Indikationssystem geben kann, das gleichermaßen für alle Fragen und Probleme bei der Bewertung komplexer Umweltzustände geeignet ist. Vielmehr müssen Indikationssysteme sorgfältig auf die mit ihnen zu lösenden Aufgaben zugeschnitten sein.

Indikationssysteme sind umso besser, je empfindlicher sie einerseits die ökologischen Auswirkungen bestimmter Maßnahmen anzeigen, andererseits je breiter sie einsetzbar sind. Ein Grundproblem besteht dabei darin, dass einerseits zurecht gefordert wird, nicht für jede Maßnahme und jedes Gebiet ein neues Indikationssystem zu erarbeiten, sondern möglichst übertragbare Indikationssysteme zu nutzen, andererseits jedoch naturraumspezifische Charakteristika bestehen und im Naturschutz besonderer Berücksichtigung bedürfen (Nettmann 1991). Nur Indikationssysteme, deren Übertragbarkeit mit einer geeigneten Methodik getestet wurde, haben Aussicht, diese gegensätzlichen Forderungen erfüllen zu können. Dabei muss insbesondere die Robustheit der Aussagen des erarbeiteten Indikationssystems gegenüber einem reduzierten Erfassungsaufwand geprüft werden, um den Ansprüchen aus der Praxis nach Vereinfachungen und möglichst geringem Aufwand so weit als wissenschaftlich vertretbar entgegenkommen zu können. Erst dann kann die Kosten-Nutzen-Relation zwischen Aussagegenauigkeit, -fehler und benötigtem Aufwand eingeschätzt und je nach benötigter Aussageschärfe festgelegt werden (vgl. Johnson 2000).

1.2 Prognosesysteme

Während Indikationssysteme dazu dienen, den aktuellen Zustand ökologischer Systeme zu erfassen und ihn im Vergleich zu einem Referenzzustand, häufig einem naturnahen Zielzustand, zu bewerten, haben Prognosesysteme die Aufgabe, die ökologischen Auswirkungen von menschlichem Handeln (inklusive Nichts tun) vorherzusagen. Prognosesysteme machen sich ebenfalls Zusammenhänge zwischen abiotischen und biotischen Parametern zu nutze (Foeckler 1990, Hettrich & Rosenzweig 2002, Rink 2003). Während in der Indikation in der Regel mithilfe von Bioindikatoren abiotische Verhältnisse indiziert werden (gelegentlich allerdings auch mit abiotischen Indikatoren abiotische Prozesse), werden mittels Prognosemodellen die Auswirkungen natürlicher und anthropogener Einwirkungen auf ökologische Systeme (z.B. Bodeneigenschaften oder Artenzusammensetzung) vorhergesagt.

In Prognosesystemen werden die Zusammenhänge zwischen den Einflussfaktoren und den abhängigen Faktoren mittels regelbasierter Verknüpfungen oder mathematischen Gleichungen in Modellen abgebildet (vgl. Foeckler & Schrimpff 1985), d.h., es können sowohl quantitative als auch qualitative Kenntnisse über ökologische Zusammenhänge verwendet werden. Hier ist wichtig zu wissen, dass ein gutes Prozessverständnis essentiell für die Modellentwicklung ist, während eine sehr präzise Quantifizierung von Parametern zwar Vorteile bringt, aber häufig nicht unbedingt erforderlich ist, da mit guten Modellen die Sensitivität (Empfindlichkeit) der Vorhersagen bezüglich Ungenauigkeiten in den angenommenen Eingangswerten analysiert werden kann (vgl. Wiegand et al. 2004). Gute Prognosemodelle zeichnen sich dadurch aus, dass sie einfach genug sind, um ihre Vorhersagen noch verstehen und interpretieren zu können, dabei aber dennoch die wesentlichen ökologischen Prozesse im Untersuchungsgebiet abbilden – KISS: Keep it simple and smart (vgl. Kobus 1995, Grimm et al. 1996). Für komplexe Ökosysteme erweisen sich dabei Modelle als vorteilhaft, die aus Teilmodellen für die verschiedenen Ökosystemkompartimente bestehen, die unabhängig voneinander eingesetzt und geprüft werden können. Diese Teilmodelle werden dann durch regelbasierte Verknüpfungen oder mathematische Gleichungen zu einem Gesamtmodell integriert (vgl. Fuchs et al. 2003).

Obwohl für Auen fachspezifische Prognosemodelle bereits eine lange Tradition haben und weit fortgeschritten sind (z.B. Kobus 1995, Böhnke 2002, Kühlborn et al. 2007), fehlten bisher weitgehend Modelle, die mehrere Ökosystemkompartimente zu integrieren vermögen. Für das RIVA-Projekt konnten wir auf eines der wenigen bestehenden Modelle, das am Rhein entwickelt wurde, zurückgreifen und es wesentlich weiterentwickeln (Fuchs et al. 2003).

1.3 Ökologische Veränderungen in Auen

Natürliche Veränderungen verschiedenster Form sind die prägenden Elemente der Aue schlechthin. Sie betreffen alle Elemente, belebt oder unbelebt, wirken als Folge vergangener Zeiten sowohl historisch als auch kurzfristig, in der Gegenwart und in die Zukunft als Grundlage entstehender Prozesse und Lebensformen (Benda et al. 2004). Nachfolgend geben wir einen kurzen Überblick über wichtige, in Flussauen herrschende Verhältnisse. Ausführlichere Darstellungen finden sich beispielsweise in Gepp et al. (1985), Niemeyer-Lüllwitz & Zucchi (1985), Dister (1988), Gerken (1988, 1992), Amoros & Petts (1993), Ward (1997), Gerken et al. (2002) und Scholz et al. (2005a).

In Auen ist es sinnvoll, zwischen kurz- und langfristige Veränderungen natürlicher und anthropogener Art zu unterscheiden. Kurzfristig ändern sich zum Beispiel Wasserstand, Abfluss und damit verbundene Parameter wie Fließgeschwindigkeit, Schleppkraft (mit Abtrag und Anlandung von Geschiebe als Folge: vgl. Schmidt & Foeckler 2003), chemisch-physikalische Eigenschaften des Flusses und das mit ihm oberflächlich und unterirdisch verbundene Fluss- und Grundwasser. Das Abflussregime schwankt mehr oder weniger regelmäßig im Jahresverlauf bzw. über mehrere Jahre bis Jahrzehnte. Mit seinen verschiedenen Wasserständen (niedrig, mittel, hoch) wirkt es longitudinal im Flussverlauf, transversal quer zum Fluss und seiner Aue und horizontal im Stand sowohl des Oberflächen- als auch Grundwassers. Hinzu kommt die Zeit als vierte Dimension. Dies hat Folgen in der Dauer der Durchfeuchtung der Böden und damit auf das Kleinklima der Standorte – von Austrocknung bis hin zur Überflutung –, worauf sich die dort lebenden Pflanzen und Tiere einstellen müssen (Foeckler et al. 1995a,b, 2000a,b). Dieser Zusammenhang ist langfristig und evolutiv von allergrößter Bedeutung, denn erst die mehr oder weniger große Regelmäßigkeit bzw. Periodizität des Abflussregimes im Jahresverlauf ermöglicht den Pflanzen und Tieren, sich auf die daraus entstehende strukturelle und zeitlich mehr oder weniger regelmäßig wiederkehrende Nischenvielfalt einzustellen, sich diesen wandelnden Verhältnissen anzupassen und sich damit coevolutiv zu entwickeln (Fittkau & Reiss 1983, Henrichfreise 2003).

Alle Veränderungen wirken synergistisch, d.h. keine wirkt für sich allein, sondern bedingt weitere Veränderungen, zum Teil dort wo sie nicht erwartet werden. Innerhalb der Prozesse in der Aue können natürliche und anthropogene Veränderungen in der Vergangenheit, Gegenwart und Zukunft unterschieden werden.

1.3.1 Natürliche Dynamik

Schon lange vor den Einflüssen des Menschen waren Flüsse und Auen sehr starken Veränderungen unterworfen, die für diese Ökosysteme systemtypisch sind. Der vom Klima bzw. Niederschlag und Schneeschmelze abhängige Abfluss im Wechselspiel mit der regionalen Geologie und den Bodenverhältnissen bedingt die geomorphologische Entwicklung des Flussbettes und seiner zeitweise nicht als Flussbett genutzten Aue.

Als klassisches Beispiel ist die Entstehung von Altwasser durch Flussbettverlagerung zu nennen. Diese verlanden über lange Zeit oder werden vom Fluss wieder eingenommen und durchflossen (z.B. Czaya 1981, Buch 1987, Buch & Heine 1988).

In der Aue entwickeln sich je nach Höhenverhältnis, Bodenzusammensetzung und Abflussregime verschiedenste Standort- und Vegetationstypen, die oft kleinräumig ineinander übergehend eine abwechslungsreiche raum-zeitlich variierende Zonierung bilden. Diese äußerst artenreiche Flora und Vegetation geht mit einer entsprechend artenreichen Fauna einher (Sielmann 1988, Scholz et al. 2005a).

Die Vegetation beeinflusst die hydrologischen Standortverhältnisse erheblich; besonders Auenwälder wirken verzögernd auf den Abfluss und praktisch als „Filter", indem sie Treibholz und Getreibsel zurückhalten. Große Treibgutansammlungen wirken mechanisch auf die Aue ein, schaffen z.B. Barrieren als Ausgangspunkt veränderter Strömungs- und Sedimentationsverhältnisse. Bei Winterhochwasser kommt es im Falle der Eisbildung zum so genannten Eisgang. Eisschollen „rasieren" den Boden sowie die Vegetation und schaffen offene Stellen. Durch Brände oder Eisgang entstandene Flächen wurden durch große Weidetiere wie Rind, Pferd und Rothirsch offen gehalten. Es entstanden Auenwiesen, auf denen der Aufwuchs von Baumsämlingen durch den Fraßdruck im Rahmen einer raum-zeitlichen Weidedynamik, nun im Wechselspiel mit der vom Wassergang geprägten Auendynamik, verhindert wurde (Berger 1996, Beutler 1996, Thomsen 2001).

In vielen mitteleuropäischen Flusssystemen ist heute, abgesehen von Menschen, nur noch der Biber (*Castor fiber*) als einziger Phytophage der ursprünglich artenreicheren Gruppe der wildlebenden Säuger durch seine Grab-, Fraß- und Bautätigkeit bei der strukturellen Ausprägung der Aue wirksam; er beeinflusst durch seine Dammbauten in kleineren Zuflüssen auch den Abfluss (Zahner 2001). Zu den ebenfalls reliktischen „großen" Tieren der natürlichen Fauna gehört das Wildschwein (*Sus scrofa*). Es schafft durch seine Wühl- und Suhltätigkeit sowie stark ausgetretenen Wechsel offene Bodenstellen, die bei Hochfluten als Angriffsfläche der Auendynamik dienen und vergrößert werden (Simon & Goebel 1999). Unter natürlichen Bedingungen, d.h. vor allem bei freier Verfügbarkeit von Fläche, kann dies ähnlich den Biberspuren zur Neuentstehung ganzer Gerinne führen.

1.3.2 Anthropogene Veränderungen

Auen stellen wichtige Versorgungs- und Transportadern dar. Entsprechend besiedelte der Mensch die Auen in Mitteleuropa bereits in der Steinzeit (an der Elbe seit mehr als 3000 Jahre) (Scholten et al. 2005a). Waldrodungen im Oberlauf von Flüssen führten zur Bodenerosion und erhöhten Bodenablagerung seit dem frühen Mittelalter in den Mittel- und Unterläufen der großen Flüsse, erste Deiche wurden ab dem 12. Jahrhundert gebaut (vgl. Goldmann 2001, Hornig 2001, Scholz et al. 2005b). Insbesondere ab dem frühen 19. Jahrhundert wirkte der Mensch durch Schließung und Erhöhung der Deichlinien, Ausbau der Flüsse als Wasserstraßen und Entwässerungsmaßnahmen stark verändernd auf die Auen ein. Auenwälder wurden großflächig gerodet und bis dahin extensiv genutzte Auenwiesen intensiviert, sowohl zur Beweidung als auch Mahd; zum Teil wurden sogar Äcker angelegt. Dieser Trend setzt sich bis heute fort (Gerken 1988, Foeckler & Bohle 1991, Scholten et al. 2005a, Scholz et al. 2005b). Es entstanden anthropogen differenzierte Flusslandschaften, die in eine „aktive", das heißt noch durch Oberflächenwasser des Flusses überflutete und eine „inaktive", das heißt dem Oberflächenabfluss nicht mehr zugängliche Aue eingeteilt wird (Zahlheimer 1979, Hügin 1985, Henrichfreise 1988, Foeckler & Bohle 1991, Scholz et al. 2005b).

Im 20. Jahrhundert kam der Bau von Staustufen in vielen Flüssen hinzu. Sie stellen massive Eingriffe in den Naturhaushalt der Flüsse und ihrer Auen dar und führen unweigerlich zum Verlust von Fluss und Aue sowie deren Vernetzung und funktionalem Austausch. Die vormals vielfältigen, dynamischen Standortverhältnisse werden nivelliert und verlieren ihre Dynamik; das Arteninventar stellt sich um. Es entstehen teilweise artenärmere Biozönosen, die wenig auenspezifisch sind (Penka et al. 1985, 1991, Poff & Hart 2002, Müller et al. 2006)

Durch die zunehmende Industrialisierung in Gewerbe und Landwirtschaft erlitten die meisten europäischen Flüsse zwischen den 1960iger und den 1980iger Jahren zum Teil drastische Verschlechterungen der Wasserqualität aufgrund diffuser und direkter Nähr- und Schadstoffeinträge (z.B. Friese et al. 2000a, Becker et al. 2004, Scholten et al. 2005a). Punktförmige Einleitungen stammten vor allem von nicht ausreichend geklärten häuslichen und industriellen Abwässern. Während an vielen Flüssen punktförmige Einträge inzwischen erheblich reduziert werden konnten, stellen diffuse Nährstoffeinträge, vor allem aus der Landwirtschaft, auch in Zukunft noch ein wesentliches Problem dar (z.B. Becker et al. 2004).

Wasserbauliche Unterhaltungs- und Ausbaumaßnahmen werden an allen großen europäischen Flüssen auch in Zukunft weiterhin durchgeführt werden (vgl. Haber 2002, Scholten et al. 2005a, Scholz et al. 2005b). Für diejenigen europäische Flüsse, die über eine vergleichsweise gute morphodynamische Struktur verfügen, hierzu gehören in Deutschland sowohl die Oder als auch die Elbe sowie streckenweise die Donau, sind solche Eingriffe von besonderer Bedeutung. Deshalb stellen zuverlässige Indikationssysteme und Prognosemodelle unverzichtbare Planungsinstrumente für das Management der Flüsse und ihrer Auen dar. Und es wird besonderen Augenmerks bedürfen, dass die derart, und auch mit einem hohen finanziellen und zeitlichen Aufwand, erarbeiteten Grundlagen nun tatsächlich Eingang in die Praxis von Planung und Umsetzung finden (vgl. Gerken 2001, Henle et al. 2005).

1.4 Ziele und Gliederung des Buches

Im folgenden Buchkapitel 2 wird eine Übersicht über bestehende Indikationssysteme für Auen großer Flüsse gegeben. Buchkapitel 3 beschreibt, wie mit multivariaten statistischen Verfahren Indikationssysteme erstellt werden können. In Buchkapitel 4 wird das RIVA-Projekt mit seinen Zielen und Untersuchungsgebieten vorgestellt und ausführlich die für die Entwicklung des Indikationssystems und der Prognosemodelle entscheidende Versuchsplanung sowie die angewandten statistischen Methoden besprochen. In den Buchkapiteln 5 und 6 werden die Ergebnisse aus abiotischer bzw. biotischer Sicht präsentiert und in Buchkapitel 7 wird eine Übersicht über die gefundenen Steuerfaktoren, ökologischen Muster und Artengruppen gegeben, die einer Indikation oder Prognose zugrunde gelegt werden können. Außerdem wird ein Weg zur Gütebestimmung von Bioindikationssystemen beschrieben. Buchkapitel 8 widmet sich der Frage, inwieweit abiotische und biotische Parameter in die Fläche extrapoliert und als Grundlage für Prognosemodelle für ökologische Veränderungen von Auen verwendet werden können. Buchkapitel 9 zeigt die praktischen Anwendungsmöglichkeiten der Ergebnisse und der entwickelten Instrumente auf. Buchkapitel 10 gibt schließlich einen Ausblick über das weitere Entwicklungspotenzial der Instrumente und der Methodik.

Mathias Scholz, Klaus Henle,
Francis Foeckler, Klaus Follner &
Frank Dziock

Zusammenfassung

Verschiedene Herangehensweisen der biologischen Indikation in Auen werden anhand von Literaturbeispielen vorgestellt. Die Bioindikation wird in fünf Kategorien eingeteilt, die zu drei Hauptgruppen zusammengefasst werden: 1. Klassifikation, 2. Zustandsindikation mit 2.1 Umweltindikation, 2.2 Biodiversitätsindikation, 3. Bewertungsindikation mit 3.1 Wertindikation und 3.2 Zielindikation. Bestehende Vorgehensweisen in Flussauen werden den fünf Kategorien zugeordnet und relevante und bereits häufig angewandte Methoden detaillierter vorgestellt. Besonders weit finden Indikationssysteme im Gewässerbereich Anwendung. Für Auen wurden ebenfalls verschiedene Methoden entwickelt, die jedoch zum Teil nur regional einsetzbar und bisher nicht für einen standardisierten und robusten Einsatz getestet sind.

2.1 Indikation

Die Nutzung von Indikatoren ist so alt wie die Menschheit. Zusammenhänge zwischen der belebten und der unbelebten Natur sind überall vorhanden und wurden bereits frühzeitig mittels Indikatoren abgebildet. So haben vermutlich Ackerbauern Lindenwälder als Indikatoren für fruchtbare Böden verwendet und sie daher bevorzugt für ackerbauliche Nutzung gerodet. Auch der Einfluss von organischen Belastungen auf Gewässerorganismen ist so offensichtlich, dass diese Beobachtungen ganz wesentlich zur Entwicklung der Idee der Bioindikation beigetragen haben. Aristoteles war vermutlich der erste Wissenschaftler, der auf den Zusammenhang zwischen organischer Belastung und Veränderungen aquatischer Lebensgemeinschaften hingewiesen hat (Thienemann 1959). Das Konzept der Bioindikation des Gehaltes an organischer Substanz im Gewässer entstand vor allem mit Arbeiten zum Saprobienindex von Kolkwitz und Marsson zu Beginn des 20. Jahrhunderts (Cairns & Pratt 1993). So waren Gewässerorganismen nicht nur für die Ableitung von Indikationssystemen für organische Belastung von Bedeutung, sondern auch für die Entwicklung zahlreicher weiterer Indikationssysteme für den ökologischen Zustand von Flüssen, Seen und Kanälen und zur Bewertung menschlicher Eingriffe in Gewässersysteme (Knoben et al. 1995, Statzner et al. 2001a). Auch im terrestrischen Bereich wurde bereits früh ein Zusammenwirken von Vegetation und abiotischen Standortfaktoren erkannt (z.B. Tüxen & Ellenberg 1937, Tüxen 1954, Ellenberg et al. 1992).

Eine Indikation dient generell dazu, Umweltzustände mit leicht erfassbaren Indikatoren zu beschreiben und zu bewerten. Heute wird Indikation mittels einfach messbarer Indikatoren in vielen Bereichen zur Analyse und Bewertung verschiedenster Umweltbedingungen, aber auch zur Erfolgskontrolle von Umweltpolitiken, angewandt. Im Rahmen der Landschaftsplanung werden Indikatoren als Kenngrößen zur Abbildung von direkt nur schwierig messbaren und oftmals komplexen Sachverhalten verwendet (SRU 1998). Insbesondere Bewertungsmethoden bedienen sich Indikatoren zur Einschätzung des Zustandes von Umweltgütern oder der Auswirkung von Eingriffen (Fürst & Scholles 2001).

Besondere Bedeutung haben Indikatoren bei komplexen Ökosystemen wie Auenlandschaften, die von Prozessen (beispielsweise Überflutungsdauer und -häufigkeit) bestimmt werden, die nur mit großem Aufwand gemessen werden können (z.B. Foeckler & Bohle 1991, Schubert 1991, McGeoch 1998, Statzner et al. 2001a, Dziock et al. 2006a, Follner & Henle 2006). Die Erfassung der Indikatoren soll dabei teuren Apparate- und Messaufwand vermeiden helfen, aber dennoch zuverlässige Aussagen über das betrachtete System liefern. In Auenlandschaften sind Indikationssysteme vorwiegend für Gewässerlebensräume entwickelt und in der Praxis angewandt worden. Das RIVA-Projekt erweitert die Indikation in Auen auf „semiterrestrische" Lebensräume. Das Ziel dieses Buchbeitrages besteht darin, der Bioindikation zugrunde liegende Konzepte vorzustellen und eine Übersicht über bereits etablierte Indikationssysteme zu geben, die für Auenlandschaften verwendet werden oder dafür geeignet sind.

2.2 Was ist Bioindikation? Versuch einer Definition

Indikatoren (vom lateinischen *indicare* = anzeigen) sind Instrumente zur Wahrnehmung vergangener, aktueller oder zukünftiger Zustände oder Prozesse. Die Grundidee hinter der Verwendung von Indikatoren besteht darin, dass mit ihrer Hilfe Zustände oder Prozesse, die meist aus zahlreichen Einzelinformationen (z.B. viele einzelne Standortfaktoren) bestehen, integrativ leichter erfasst werden können, als wenn all die Einzelzustände direkt gemessen würden. Sowohl abiotische Faktoren als auch Tiere und Pflanzen können als Indikatoren verwendet werden. In letzterem Fall spricht man von Bioindikation. Ein besonderer Vorteil der Bioindikation besteht darin, dass Tiere und Pflanzen über längere Zeit mit wechselnden oder schwankenden Milieubedingungen leben müssen und somit über längere Zeit diese Bedingungen integrieren. Sie geben also Auskunft über die längerfristige Qualität der Umweltbedingungen ihres Lebensraumes (McGeoch 1998). Einzelmessungen von chemischen oder hydrologischen Parametern stellen dagegen in der Regel nur Momentaufnahmen dar.

Die genaue Definition des Umweltfaktors, den es zu indizieren gilt, und die Ziele der Indikation sind von elementarer Bedeutung. In vielen Fällen erfolgen sie jedoch nicht explizit (Lindenmayer 1999). Die Ziele der Indikation wurden von verschiedenen Autoren in eine unterschiedliche Anzahl von Gruppen eingeteilt (z.B. Schubert 1991, McGeoch 1998, Zehlius-Eckert 1998). Die meisten Schemata können jedoch relativ einfach ineinander überführt werden. Wir folgen der Einteilung von Dziock et al. (2006a), die eine Einteilung in drei Gruppen vorgeschlagen haben (Abb. 2-1):

Klassifikationsindikatoren indizieren Objekteigenschaften, die der Abgrenzung von Klassen dienen. Sie erlauben die Zuordnung der Objekte zu Klassen und entsprechend wird auch das Indikationsergebnis dargestellt. Der HGMU-Ansatz (hydrogeomorphologic units = Hydrogeomorphologische Einheiten) (Maltby et al. 2009) und der Typologieansatz von Castella (1987), Richardot-Coulet et al. (1987) und Foeckler (1990, 1991) sind Beispiele für eine Klassifizierungsindikation. Sie können dazu genutzt werden,

Feuchtgebiete oder Gewässer mittels abiotischer Eigenschaften (z.B. Morphologie, Substrat) und/oder dort vorkommender Organismen abzugrenzen. Jedoch sind nicht alle Indikationssysteme, in denen Klassen vorkommen, Klassifikationsindikatoren. Wenn mittels Indikatoren eine Klassifizierung von speziellen Umwelteigenschaften vorgenommen wird, dann besteht ein fließender Übergang zwischen Klassifikations- und Umweltindikation (s.u.).

Zustandsindikatoren indizieren Objekteigenschaften, die der Beschreibung von Objekten dienen. Indikationswerte dienen als Zustands- bzw. Referenzwert. Im Falle von Bioindikatoren zeigen sie den Optimalwert oder die tolerierbare Spanne der Ausprägung eines Umweltparameters für die Indikationsart an. Beispiele sind insbesondere in der Pflanzenökologie zu finden (Diekmann 2003), aber auch zunehmend für andere Organismen (z.B. Kieselalgen: Denys 2004; Pflanzen, Mollusken und Laufkäfer: Follner & Henle, 2006, Buchkap. 7.2). Das Indikationsergebnis wird quantitativ (z.B. Überflutungsdauer von 2-3 Wochen/ Jahr) oder relativ dargestellt (längere Überflutung auf Fläche 1 als auf Fläche 2). Zustandsindikatoren können in Umwelt- und Biodiversitätsindikatoren unterteilt werden.

1) Umweltindikatoren indizieren einen abiotischen oder biotischen Zustand, beispielsweise Überflutungsdauer oder -frequenz, Sauerstoffgehalt des Wassers, Bodenfeuchte, pH-Wert des Bodens oder Nutzungsintensität. Beispiele sind die Verwendung von Flechten zur Indikation der Luftverschmutzung (Kirschbaum & Wirth 1995) und in Flüssen die Indikation der Hydrodynamik durch Makrozoobenthos (Statzner & Higler 1986, Schöll et al. 2005). Umweltindikatoren sollten auf kausalen Zusammenhängen zwischen der Ausprägung des Indikators und dem angezeigten Umweltzustand beruhen, werden aber häufig nur über statistische Zusammenhänge abgeleitet.

Während für die Fließgewässerfauna (Saprobiensystem: Friedrich 1990, Mauch et al. 1990; Wassermollusken Richardot et al. 1987, Foeckler 1990, 1991, Foeckler et al. 1991) und die Flora (Zeigerwertsystem nach Londo 1975 oder nach Ellenberg et al. 1992, Briemle & Ellenberg 1994) bereits relativ häufig Zusammenhänge zwischen dem Vorkommen von Arten und abiotischen Umweltbedingungen zur Aufstellung von Indikationssystemen verwendet wurden, erfolgte dies für terrestrische Tiere, abgesehen von der Indikation der landwirtschaftlichen Nutzungsintensität und von Raumstrukturen (Hildebrandt et al. 2005a), bisher nur ansatzweise (z.B. Falkner et al. 2001, Speight 2005).

2) Biodiversitätsindikatoren sollen dazu dienen, die Biodiversität eines Untersuchungsgebietes zu indizieren, da es normalerweise nicht möglich ist, alle Arten und Artengruppen in einem Gebiet, also die gesamte Biodiversität, zu erfassen. Hierzu werden in der Regel eine oder mehrere Artengruppen erfasst, die dann stellvertretend für die gesamte Biodiversität stehen (z.B. Favila & Halffter 1997, Lawton et al. 1998, Statistisches Bundesamt & Bundesamt für Naturschutz 2000, Hintermann et al. 2002, EEA 2003). Der Artenreichtum einer Artengruppe kann jedoch nur die Diversität anderer Artengruppen indizieren, wenn sie von der indizierten Artengruppe abhängig ist oder ihr Vorkommen in ähnlicher Weise von den Umweltbedingungen abhängen (Cody 1986, McIntyre et al. 1999) oder eine gleiche naturräumliche Entwicklungsgeschichte (Spector 2002) aufweisen. In Gewässerlandschaften ist der Erfolg einer Biodiversitätsindikation sehr stark vom Naturraum, Gewässertyp und der benachbarten Lebensraumvielfalt abhängig (vgl. Nijboer et al. 2005). Eine hohe Artenvielfalt in einem Gebiet kann häufig auch nicht mit einer hohen Bedeutung für die Biodiversität gleichgesetzt werden. So können hohe Artenzahlen in einem Moor auf eine Beeinträchtigung, z.B. Eutrophierung dieses oligotrophen Lebensraums, hinweisen (vgl. Riecken 1990, Kaule 1991). Deshalb sind solche Arten hervorzuheben, die eine entsprechende Funktionsbindung an den Lebensraum aufzeigen. Ob diese Arten tatsächlich andere Arten indizieren, ist häufig nur auf Annahmen begründet und stößt aufgrund unterschiedlicher Habitatansprüche an seine Grenzen. Deshalb ist es nicht verwunderlich, dass die Anwendung von Biodiversitätsindikatoren häufig zu widersprüchlichen Ergebnissen führt (z.B. Hildebrandt et al. 2005b).

In der internationalen Diskussion von Biodiversitätsindikatoren wird eine Vielzahl von direkten, aber auch abgeleiteten Indikatoren genannt, die im deutschen Sprachgebrauch mit Naturschutzindikatoren übersetzt werden (EEA 2003, Schupp 2003). Hier genannte Biodiversitätsindikatoren können gleichzeitig auch Klassifikations- bzw. Umweltindikatoren zugeordnet werden. Auch haben die verwendeten Naturschutzindikatoren bereits eine große Nähe zu Bewertungs- und Zielindikatoren, bei denen einzelne Arten oder Artengruppen als repräsentative Artengruppen eingesetzt werden, um faunistische und floristische Belange im Naturschutz entsprechend zu repräsentieren (z.B. Leitarten, Schirmarten, Zielarten).

Bewertungsindikatoren verwenden Objekteigenschaften, die den Grad der Zielerfüllung bzw. den Grad der Abweichung von Sollwerten (Soll-Ist-Differenzen) indizieren. Das Indikationsergebnis ist somit ein Wertgutachten in Kategorien wie „schützenswert“ oder „Schutzziel erreicht bzw. verfehlt“. Im Rahmen des Gewässerschutzes, des Naturschutzes und der Landschaftsplanung werden diese Indikatoren für die verschiedensten Bewertungsaufgaben verwendet. Insbesondere die Bewertung bedarf einer Standardisierung, für die es inzwischen weit ausgearbeitete methodische Vorschläge gibt (Plachter 1994, Plachter et al. 2002).

1) Wertindikation: Indikation des Wertes eines Objektes hinsichtlich einer konkreten Zielstellung. Obwohl dieses Ziel sehr häufig dem Einsatz von Indikatoren zugrunde liegt (häufig im Sinne von Naturschutzwert), ist die Indikation oft unzureichend definiert. Als erstes ist es notwendig, genau zu definieren, welche Parameter zur Zuweisung eines „Wertes“ zu einem Objekt benutzt werden. Bei der Indikation des Naturschutzwertes stellen Organismen, Biotoptypen und Landschaftsausschnitte die am häufigsten verwendeten Objekte dar, denen ein Wert zugewiesen wird. Typische Parameter dieser Objekte, denen Werte zugewiesen werden, sind z.B. das Vorkommen oder Fehlen einer Art bzw. deren Abundanz.

Zweitens müssen die Kriterien der Wertzuweisung zu diesen wertfreien Parametern genau definiert werden. Für Arten kann dies zum Beispiel der gesetzliche Schutzstatus, die Einordnung auf eine Rote Liste, die Seltenheit oder auch die Verantwortung zum Schutz in einer bestimmten Region sein (Kaule 1991, Bernotat et al. 2002a,b, Gruttke 2004). Für Biotoptypen sind typische Kriterien z.B.die Artenanzahl, die Repräsentanz, ihre Regenerationsfähigkeit und der Grad der Hemerobie (z.B. Kaule 1991, Bierhals et al.

2004, Kowarik 2006). Im Gewässerschutz wird mittels Wertindikatoren die Abweichung von Schwellenwerten oder festgelegten Referenzzuständen bewertet (z.B. Mauch et al. 1990, Rolauffs et al. 2004, Meilinger et al. 2005, Schöll et al. 2005).

Im Naturschutz wird in den meisten Fällen, obwohl häufig nicht explizit dargestellt, als erstes ein Biodiversitätsindikations-Ansatz verfolgt, und dann werden die ermittelten Artenzahlen oder die Anzahlen an seltenen oder Rote-Liste-Arten für die Wertzuweisung für ein bestimmtes Gebiet benutzt. Häufig wird dabei ein Mitnahmeeffekt angenommen, das heißt, es wird erwartet, dass durch den Schutz von und Maßnahmen für einzelne Arten mit größeren Raumansprüchen auch Arten mit geringeren Raumansprüchen geschützt werden (Zehlius-Eckert 1998). Plachter et al. (2002) versuchen, Standards für Methoden zu etablieren, die diesen Ansatz der Indikation für Naturschutz und Landschaftsplanung verfolgen. Im Gewässerschutz sind Standardisierungen zur Bewertung des ökologischen Zustandes mit Organismen im Zusammenhang mit der Umsetzung der Wasserrahmenrichtlinie (WRRL) bereits sehr weit vorangeschritten (EG 2000, Rolauffs et al. 2004, Schöll et al. 2005).

2) Zielindikation: Indikation des Erfüllungsgrads der Ziele von Umwelt- und Naturschutzplanungen und -politiken. Über die Formulierung von Zielindikatoren wird die Umsetzung und Evaluierung von Zielen und Maßnahmen des Umwelt- oder des Naturschutzes beurteilt. Beispiele sind die Formulierung von Zielarten im Naturschutz für Landschaftsräume (Reck et al. 1991, 1994, Mühlenberg & Hovestadt 1992, Vogel et al. 1996, Brinkmann 1998, Bouwma et al. 2003, Rosenthal 2003) oder auf Europäischer Ebene die Anzahl der Gebiete bzw. die Größe der Fläche, die in das europäische Schutzgebietsnetzwerk Natura 2000 integriert werden konnten, als Indikatoren des Grads, zu welchem der Artenrückgang in der EU bis 2010 gestoppt würde ein erklärtes Ziel der FFH-Richtlinie (vgl. Niemelä et al. 2005). Ein weiteres Beispiel ist die Indikation des Erfolges naturschutzpolitischer Instrumente durch die Anzahl an Anträgen für Fördermaßnahmen oder den Anteil an land- oder forstwirtschaftlicher Fläche unter Fördermaßnahmen (OECD 1999, Niemelä et al. 2005). Zielindikatoren spielen in der Umweltpolitik und -diskussion eine besonders große Rolle.

In der Anwendung der Bioindikation werden häufig mehrere Schritte verwendet, die auf mehrere der oben definierten Kategorien zurückgreifen. Zu Beginn steht meist eine Klassifikations- bzw. Zustandsindikation. Um sie allerdings im gesellschaftlichen Raum in der Praxis anwenden zu können, werden diese deskriptiven Indikatoren häufig zur Wertindikation genutzt, in dem den Ergebnissen normativ Werte zugeordnet werden (Fürst & Scholles 2001).

2.3 Etablierte Indikationssysteme für Auen und Fließgewässer

Zahlreiche methodische Ansätze zur Indikation bestehen, die für Flusslandschaften insgesamt oder spezifische Auenkompartimente verwendet werden (Knoben et al. 1995). Indikationssysteme sind für alle drei oben vorgestellten Einsatzbereiche vorhanden, meistens zielten sie aber auf eine Umweltindikation (Zustandsindikation) ab und wurden für eine praktische Anwendung im Gewässer oder Naturschutz später auch zur Wertindikation weiter entwickelt

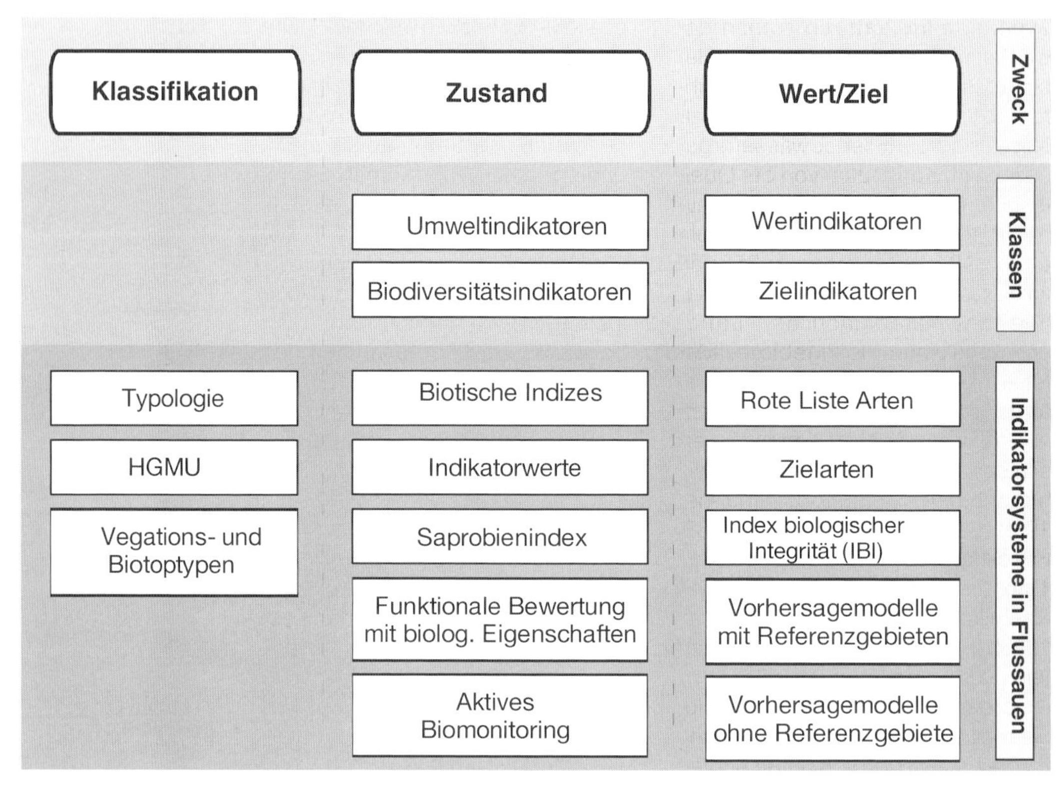

Abb. 2-1: Auswahl bestehender Indikationssysteme in Auen und deren Klassifikation nach dem Zweck der Indikation. HGMU: Hydrogeomorphologic units (Hydrogeomorphologische Einheiten) (Darstellung nach Dziock et al. 2006a).

(Übersicht s. Tab. 2-1). Nur wenige wurden systematisch zu standardisierten Indikationssystemen ausgebaut und in der Anwendung getestet. Im Folgenden werden wesentliche, bereits etablierte oder in Erprobung befindliche Indikationssysteme vorgestellt, die für Flusslandschaften Bedeutung haben. Diese werden nach ihrem Indikationszweck geordnet dargestellt (Abb. 2-1).

2.3.1 Klassifikationsindikatoren

Diese Indikatoren dienen dazu, Raumeinheiten (z.B. Habitate, Vegetationstypen, Biotoptypen oder hydrogeomorphologische Einheiten: HGMUs) gegen andere abzugrenzen, meist durch die Präsenz des Indikators oder mehrer Indikatoren in einer Raumeinheit, aber auch durch dessen Fehlen. Indikatoren können Arten sein (in der Pflanzensoziologie z.B. Charakter-, Leit- oder Differenzialarten), aber auch bestimmte abiotische Parameter (hydrologische Faktoren, Bodenparameter, Morphologie etc.). Innis et al. (2000) geben einen Überblick über dafür verfügbare Indikatortypen. Insgesamt unterscheiden sich die verschiedenen in Auen genutzten Klassifizierungssysteme erheblich in der Auswahl der Indikatortypen und Kriterien, die für eine Klassifizierung genutzt werden. Ein international bekanntes Beispiel ist die hydrogeomorphologische Klassifizierung von Feuchtgebieten in Nordamerika (HGM: Brinson 1993, 1996), die wiederum die Grundlage der europäischen HGMU-Entwicklung darstellte (Maltby et al. 1996, 2009) oder hydrologische Indices (Übersicht in Olden & Poff 2003). Entwicklungen der biologischen Indikation werden an dieser Stelle unter dem Typologieansatz zusammengefasst.

Typologie-Indikatoren dienen der wertfreien Charakterisierung und Beschreibung von Biotoptypen und ihrer Übergänge. Als klassische Beispiele sind die Fließgewässerorganismen im Kontinuum von der Quelle, über Ober-, Mittel- und Unterlauf bis zur Mündung (Illies 1961, Wright et al. 1984, Braukmann 1995) und ihre Nutzung zur Gliederung der Fließgewässer nach den Landschaftsräumen Hochgebirge, Mittelgebirge und Flachland (Wright et al. 1988, Braukmann 1994) zu nennen. Ähnliche Ansätze liegen für verschiedene Auenlebensräume bzw. -biotoptypen vor (z.B. Zahlheimer 1979, Castella 1987, Gerken 1988, Foeckler 1990, 1991, Devillers et al. 1991, Hügin & Henrichfreise 1992, Castella et al. 1994a, Foeckler et al. 1995b, Riecken et al. 2003, Drachenfels 2004).

In der Regel werden für Typologie-Indikationen Artenkombinationen für die Einordnung von untersuchten Gebieten in Klassen verwendet. Gleichzeitig können sie dabei aber auch als Umweltindikator zur Beschreibung der Funktionsfähigkeit ihres Landschaftsausschnittes, in denen sie vorkommen, genutzt werden. Beispielsweise indiziert das Vorkommen von Stieleiche, Feldulme und Gewöhnlicher Esche als typischen Baumarten nicht nur den Hartholz-Auenwald, sondern auch zeitweise hohe Grundwasserstände und Überflutungsdauern (Disler 1983, Hügin & Henrichfreise 1992, Dziock et al. 2005). Die Abgrenzung von Biotoptypen ist eine in Deutschland in der Naturschutzpraxis allgemein anerkannte Methode. Biotoptypen werden hier als typisierte Einheiten verstanden, die anhand von biotischen und abiotischen Merkmalen (Indikatoren) sowie Nutzungsformen abgegrenzt werden und eine flächendeckende Erfassung der Landschaft erlauben (z.B. Wiegleb et al. 2002, Riecken et al. 2003, Drachenfels 2004).

Ein anderer Ansatz, der vorrangig auf abiotischen Daten im Gelände basiert, ist die Abgrenzung von hydrogeomorphologischen Einheiten (hydrogeomorphological units: HGMUs) (Maltby et al. 1996, Maltby 2009). Ein HGMU ist ein Landschaftsausschnitt von gleicher Geomorphologie und hydrologischem Regime. Vegetationseinheiten, Bodentypen, Hydrologie und Geomorphologie werden als Indikatoren zur Abgrenzung von Einheiten genutzt. Diese Herangehensweise ist prinzipiell in allen Auenlebensräumen anwendbar, allerdings in der Datenbeschaffung sehr aufwendig und in der Aussagekraft im Rahmen der Bewertung anderen gängigen Methoden zum Teil unterlegen (Scholz et al. 2004b, Maltby 2009).

2.3.2 Zustandsindikatoren

Diese Indikatoren dienen der Messung ökologischer Zustände oder Prozesse. Eine große Untergruppe bilden solche Indikationssysteme, die auf der Berechnung von biotischen Indizes beruhen, z.B. Ellenbergs Zeigerwertsystem, der Saprobienindex und der Trophieindex mit Makrophyten oder die funktionale Bewertung von Arten basierend auf ihren biologischen Eigenschaften (s. Tab. 2.1). Biotische Indizes werden vor allem in Fließgewässern zur Indikation mittels Makroinvertebraten genutzt. Mit ihnen können beispielsweise verschiedene Umweltstressoren, wie organische Verschmutzung oder pH-Wert des Wassers, gemessen werden (Knoben et al. 1995). Insgesamt sind so zahlreiche biotische Indizes beschrieben, dass wir hier nur einige subjektiv ausgewählte Beispiele vorstellen können und auf weiter führende Literatur verweisen müssen (Metcalfe 1989,

Tab. 2-1: Auswahl an Bioindikationssystemen, klassifiziert nach ihrem Zweck; FFH-RL: Flora-Fauna-Habitat-Richtlinie; WRRL: Wasserrahmenrichtlinie (verändert nach Dziock et al. 2006a).

Klasse	Name des Indikationssystems/Methode	Was wird indiziert?	Verwendete Indikatoren	Standards entwickelt?	Übertragbarkeit getestet?	Wesentliche Quellen
1. Klassifikationsindikatoren	Klassifizierung von Feuchtgebieten und Gewässern in den USA	Hierarchische Gruppierung von Feuchtgebietslebensräumen	Vegetation	ja	ja, umfassend	Cowardin et al. 1979
	Typologieansatz	Biotoptypen	Pflanzen, Vegetation, Morphologie, Strukturelemente, Nutzungsformen	ja	ja	z.B. Riecken et al. 2003, v. Drachenfels 2004
	Typologieansatz	Klassen von Auenausschnitten mit unterschiedlicher Funktion	Mollusken, Fische, Makrozoobenthos	ja	ja	Castella et al. 1994a, Foeckler et al. 1995a,b
	Hydrogeomorphologische Einheiten „HGMU“	Feuchtgebietstypen bzw. Auenausschnitte mit unterschiedlichen Funktionen	HGMU (homogene Landschaftseinheit mit gleicher Geomorphologie und hydrologischem Regime als auch Vegetation	ja, teilweise	in Bearbeitung	Maltby 2009
2. Zustandsindikatoren						
2.1 Umweltindikatoren	Biotische Indikatoren	lokale Umweltvariablen	Makrozoobenthos, Diatomeen	ja, teilweise	ja, mit leicht unterschiedl. Methoden in versch. Ländern	Denys 2004, Knoben et al. 1995
	Saprobienindex	Saprobie (organische Belastung)	Makroinvertebraten	ja	ja	Mauch et al. 1990, Baur 1998, Rolauffs et al. 2004, DIN 38410 (2004)
	Trophieindex mit Makrophyten (TIM) für Fließgewässer und Seen	Phosphatgehalt, Trophie	Wasserpflanzen (Makrophyten)	ja	ja für Süddtl. u. Österreich; Weiterentw. im Rahmen der WRRL-Umsetzung	Schneider 2000, Bayer. LA f. Wasserwirtschaft 2002, Schomburg et al. 2005, 2006, Brabec & Szoszkiewicz 2006
	Gewässerstrukturkartierung	Strukturgüte von Fließgewässern	Morphologie, Bewuchs, anthropogene Veränderungen	ja	ja, Standardmethode in Dtl.	BfG 2001, Bayer. LA f. Wasserwirtschaft 2002, LAWA 2004
	Indikatorwerte für höhere Pflanzen	lokale Umweltvariablen	Pflanzen	ja	ja, verbreitet	Ellenberg et al. 1992, DVWK 1996, Ertsen et al. 1998, Rosenthal et al. 1998, Diekmann 2003
	Indikatorwerte für andere Organismen	lokale Umweltvariablen	Mollusken, Laufkäfer	nein	ja	Follner & Henle 2006
	Funktionale Indikation basierend auf Strategietypen	Habitateigenschaften, Umweltvariablen, menschliche Eingriffe	Verschiedene biologische Eigenschaften von Invertebraten und anderen Organismen	noch nicht	ja	Statzner et al. 2001a, Bady et al. 2005, Pont et al. 2006
2.2 Biodiversitätsindikatoren	Biodiversitätsindikation	Biodiversität von taxonomischen Gruppen, allgemeine Biodiversität	Präsenz oder Abundanzen von ausgewählten Artengruppen	nein	nein	EEA 2003, UNEP 2001
3.1 Wertindikatoren	Gesetzlich geschützte Lebensräume, FFH-Arten und Lebensräume sowie Rote-Liste-Arten	Naturschutzwert	Alle Lebensräume oder Arten mit einem gesetzlichen Schutz- oder Rote-Liste-Status	ja	ja	UCN 2003, EU 1991; FFH RL, Bundes- u. Landesnaturschutzgesetze
	Indizes biologischer Integrität	biologische Integrität, „river health“	Makrozoobenthos, Amphibien	ja	versch. Indizes f. einzelne Länder u. Naturräume notw. (Hering et al. 2004)	Karr & Chu 2000, Hering et al. 2004, Chovanec et al. 2005
	Vorhersagemodell mit Referenzgebieten	Menschliche Eingriffe, Funktionsfähigkeit eines Gewässers	Makroinvertebraten, Schwebfliegen (Diptera: Syrphidae)	ja, teilweise: RIVPACS)	ja	Hawkins et al. 2000, Clarke et al. 2003, Speight & Castella 2001, Chessman & Royal 2004
3.2 Zielindikation	Zielarten	naturschutzgerechte Grünlandnutzung	Pflanzen, Schmetterlinge, Vögel	ja, teilweise	regionale Bsp. Niedersachsen, Baden-Württ.	Oppermann & Gujer 2003, Bathke et al. 2006, Fischer et al. 2006, Keienburg et al. 2006

Cairns & Pratt 1993, Knoben et al. 1995, Schneider 2000, Schneider et al. 2000).

Saprobienindex. Der Saprobienindex für Fließgewässer ist eines der ältesten Indikationssysteme. Erste Ansätze stammen von Kolkwitz & Marsson (1902, 1908, 1909). Er wurde für die Anwendung in Fließgewässern entwickelt und indiziert die Saprobie, also den Gehalt an organischer Substanz eines Gewässers. In Mitteleuropa ist der Saprobienindex das am weitesten verbreitete Indikatorsystem für Fließgewässer (Margreiter-Kownacka et al. 1984, Rolauffs et al. 2004) und hat sogar Industriestandard erreicht, beispielsweise in der Tschechischen Republik (CSN 75 7716, 75 7221) oder in Deutschland (DIN 38410). In Deutschland ist er bereits seit Mitte der 1970er Jahre die Standardmethode zur Beurteilung von Fließgewässern. In der aktuellen Revision der DIN 38410 von 2004 wird er als eine Komponente für die biologische Bewertung im Rahmen des Vollzugs der Wasserrahmenrichtlinie bezeichnet (EU-WFD 2000, Anhang 5). Von der Nutzung des Saprobienindex als Umweltindikationssystem muss deutlich die auf dem Sabrobienindex aufbauende Gewässergütebewertung abgetrennt werden. Diese stellt ein Wertindikationssystem dar. Dies bedeutet, dass den Saprobienindizes-Werten Gewässergüteklassen zugeordnet werden. Diese Gewässergüteklassen werden dann häufig als Angabe eines naturschutzfachlichen Wertes interpretiert.

Trophieindex mit Makrophyten. Ähnlich dem Saprobienindex wurde zur Indikation von Nährstoffen ein auf Wasserpflanzen basierendes Indikationssystem entwickelt (Schneider 2000, Schneider et al. 2000, Bayerisches Landesamt für Wasserwirtschaft 2001, Kohler & Schneider 2003, Meilinger et al. 2005, Schneider & Melzer 2005, Stelzer et al. 2005). Dieses System wird als Trophieindex mit Makrophyten (TIM) bezeichnet. Entwickelt und getestet wurde es bisher in Fließgewässern und Seen in Süddeutschland. Wie der Saprobienindex stellt dieser Index die Grundlage für eine Bewertung dar (Schomburg et al. 2005, 2006). Eine Verwendbarkeit der Unterwasservegetation zur Indikation von Nährstoffen – und letztendlich auch zur ökologischen Bewertung von Fließgewässern – wurde auch auf Europäischer Ebene erprobt (Brabec & Szoszkiewicz 2006, Szoszkiewicz et al. 2006).

Zeigerwerte höherer Pflanzen. Die Verwendung von Zeigerwerten höherer Pflanzen (z.B. Londo 1975, Ellenberg et al. 1992) ist wie der Saprobienindex ein bereits seit langem etabliertes, erfolgreich und breit eingesetztes Indikationssystem. Mit den Zeigerwerten werden Standortverhältnisse charakterisiert, wozu Pflanzen aufgrund ihrer fehlenden Mobilität besonders geeignet sind. Die Zeigerwertsysteme von Ellenberg et al. (1992) und Londo (1975) fußen auf empirischer Grundlage. Im RIVA-Projekt konnte mit statistischen Verfahren gezeigt werden, dass das Zeigerwertsystem von Ellenberg et al. (1992) und die Feuchtetypen von Londo (1975) auch unter den speziellen Bedingungen der Auen zur Beschreibung hydrologischer Parameter geeignet sind (Buchkap. 6.1). Zu ähnlichen Ergebnissen kamen Schaffers & Sykora (2000). Beide Indikationssysteme können im terrestrischen Bereich von Auen zur Indikation der Feuchteverhältnisse, der Bodenreaktion sowie der Lichtverhältnisse eingesetzt werden. Ihr Vor- und gleichzeitig Nachteil besteht darin, dass sie die Standortverhältnisse in integrierender Form indizieren, aber nicht dafür geeignet sind, einzelne hydrologische Parameter, wie den mittleren Grundwasserflurabstand, (semi-)quantitativ zu indizieren. Für weiterführende Diskussionen zu den Möglichkeiten und Grenzen der Indikation mithilfe von Zeigerwerten sei auf Böcker et al. (1983), Wiegleb (1986), Kowarik & Seidling (1989), Ertsen et al. (1998) und Diekmann (2003) verwiesen.

Indikation durch weitere Organismen. Die Berechnung von Zeigerwerten durch weitere Organismen als durch Pflanzen bzw. Makroinvertebraten für den Saprobiewert wird nur selten durchgeführt. Ein Beispiel sind Untersuchungen mit Kieselalgen (Diatomeen) von Denys (2004), die allerdings nach Aussage des Autors nur eine begrenzte Eignung zur Indikation verschiedener Umweltparameter (u.a. pH-Wert, Salzgehalt, Saprobie) haben.

Ein Bioindikationssystem, das für die quantitative Indikation von Überflutungsdauer und Grundwasserflurabstand für die Mittlere Elbe – und möglicherweise darüber hinaus – Gültigkeit besitzt, wird in Buchkapitel 7.2 vorgestellt. Als Indikatorgruppen wurden Pflanzen, Carabiden und Mollusken verwendet. Unserer Kenntnis nach ist dies der erste Versuch, der mit verschiedenen Organismen erfolgreich Faktoren der Wasserstandsdynamik in Auen quantitativ indiziert.

Strukturgüte-Indikatoren. Die Gewässerstrukturen dienen als Indikatoren für dynamische Prozesse. Die Erfassung der Strukturgüte von Fließgewässern erfolgt mit Hilfe einfach erfassbarer Merkmale wie z.B. Linienführung, Verlagerungspotenzial, Strukturausstattung und Uferstreifen. Dadurch wird die aktuelle Ausprägung der Gewässerstrukturen dokumentiert, welche die Funktionsfähigkeit des Gewässersystems anzeigt. Im Mittelpunkt der Auswertung steht die natürliche Funktion des Fließgewässers; anhand der Selbstregelungsfähigkeit wird die Naturnähe beurteilt. Auf Grundlage eines Bewertungsrahmens, dem die erfassten Merkmale gegenübergestellt werden, erfolgt die Bewertung, aus der die Formulierung von Entwicklungszielen, die Maßnahmenplanung sowie eine Erfolgskontrolle ermöglicht wird (Bayerisches Landesamt für Wasserwirtschaft 2002, LAWA 2004).

Für Bundeswasserstraßen wurde dieses Verfahren durch weitere Komponenten, wie Flächenutzung in der Aue, Überflutungsfläche und Ausuferungsvermögen, erweitert (BfG 2001).

Strategietypen als Indikatoren. Zahlreiche empirische Untersuchungen zeigen, dass der Lebensraum eine „Schablone“ bildet, in die nur Arten mit bestimmten Eigenschaften und Funktionen passen (Southwood 1977, 1996, Statzner et al. 1997, Townsend et al. 1997). Aus dem gemeinsamen Vorkommen von Arten mit ähnlichen Habitatansprüchen kann daher auf das Vorhandensein oder Fehlen bestimmter ökologischer Funktionen, z.B. Überflutung oder Austrocknung, geschlossen werden (Foeckler 1990, 1991, Castella et al. 1994a, Castella & Speight, 1996). Arten mit ähnlichen Eigenschaften bzw. Habitatansprüchen werden dabei zu Strategietypen bzw. „Functional descriptors“ zusammengefasst (z.B. Castella & Amoros 1988, Castella & Speight 1996, Dolédec et al. 1999, Statzner et al. 2001a, Klotz et al. 2002).

Strategietypen können in der Indikation sowohl für kleine Ausschnitte von Flusslandschaften als auch für ganze Regionen eingesetzt werden (z.B. Statzner et al. 2001a, Gayraud et al. 2003). Ein vereinfachter Ansatz wird als ITC (index of trophic completeness) von Pavluk et al. (2000) präsentiert. Dieser Index nutzt das Vorhandensein oder Nichtvorhandensein von 12 trophischen Gruppen der Makroinvertebratenfauna als Indikator für die Vollständigkeit des trophischen Netzwerkes eines Flusses. Von besonderer Bedeutung für diesen als Indikator verwendeten Index ist dabei der Strategietyp „Ernährungsweise".

Die Indikation mittels Strategietypen wurde für Fließgewässer entwickelt (Statzner et al. 2001a, Gayraud et al. 2003), befindet sich allerdings immer noch in der Experimentierphase (Bady et al. 2005). Für terrestrische Kompartimente der Aue bestehen ebenfalls Ansätze zur Indikation ökologischer Funktionen mittels Strategietypen (z.B. Castella et al. 1994a, Maltby et al. 1996), die allerdings bisher noch keine so breite Resonanz in der Forschung und Entwicklung gefunden haben wie in Fließgewässern. Das RIVA-Projekt baute auf diesen Ansätzen auf und hat sie erheblich weiterentwickelt. In den biologischen Kapiteln 6.1-6.4 in diesem Buch werden verschiedene Beispiele zur Verwendung von Strategietypen von Gefäßpflanzen, Laufkäfern, Schnecken und Muscheln sowie Schwebfliegen für die Indikation der Standortverhältnisse in Auengrünland vorgestellt.

Biodiversitätsindikatoren. Die EEA (2003) publizierte einen Überblick über bestehende Biodiversitätsindikatoren. Dabei handelt es sich um direkte und abgeleitete Biodiversitätsindikatoren. Als Indikatorgruppen für die Biodiversität von Flüssen wurden besonders die Vielfalt von Fischfamilien, Wasserpflanzengesellschaften und benthischer Makroinvertebraten verwendet (UNEP 2001). Für Auen wurden bisher nur wenige Vorschläge für Biodiversitätsindikatoren entwickelt, die sich zum Teil in der Nennung von Naturschutzindikatoren im weiteren Sinne wieder finden (EEA 2003). Biodiversitätsindikatoren im engeren Sinne, also Arten oder Artengruppen, die die Artenvielfalt indizieren, kann der Diskussion zur Verwendung faunistischer Daten im Naturschutz und der Landschaftsplanung entnommen werden (z.B. Riecken 1990, Bernotat et al. 2002a). Eine umfangreiche methodische Diskussion über den Einsatz und die Grenzen von repräsentativen Arten- bzw. Artengruppen zur Indikation weiterer Arten bzw. Artengruppen im Naturschutz führt Zehlius-Eckert (1998). Praktische Bespiele sind in der Regel deskriptiv nach bestimmten Regeln abgeleitet und stehen im Zusammenhang mit Schutz- und Planungsaufgaben, so dass ihnen bereits eine normative Komponente bei der Auswahl der Arten zukommt. Klassische Herangehensweisen sind die Ableitung von Leitarten und Schirmarten. Leitarten sind nach Flade (1994) und Zehlius-Eckert (1998) signifikant an bestimmte Landschaftstypen gebunden. Diese Arten erreichen wesentlich höhere Stetigkeiten/Siedlungsdichten als in anderen Biotop- und Landschaftstypen und stehen stellvertretend für andere charakteristische Arten des Lebensraumtyps. Vergleichbar sind Charakterarten in der Pflanzensoziologie, die sich durch eine hohe Stetigkeit in einem Vegetationstyp auszeichnen und als Klassifikationsindikatoren genutzt werden. Schirmarten sind Arten, die spezifische Habitatansprüche mit großen Raumbedürfnissen kombinieren. Es wird davon ausgegangen, dass unter ihrem Schutz zahlreiche weitere Arten mit geringeren Raumansprüchen aber ähnlichen Lebensraumpräferenzen profitieren (Mitnahmeeffekt). Gleichzeitig stellen sowohl Schirm- als auch Leitarten Bewertungsindikatoren für die Artenvielfalt der entsprechenden Lebensgemeinschaft dar (vgl. Zehlius-Eckert 1998). In Auen kann die Artenvielfalt durch repräsentative oder auch prioritäre Leitarten formuliert werden. So wurden von Hildebrandt (2001) und Niermann (2003) Leitarten für Auengebiete an der Elbe aus verschiedenen Artengruppen abgeleitet, um den Aspekt Artenvielfalt entsprechend darstellen zu können (s.a. Zielarten unten).

2.3.3 Wert- und Zielindikatoren (Beispiele)

Rote-Liste-Arten. Rote Listen sind naturschutzfachliche Instrumente und können als ein Maß für die Bewertung von Biotopen oder Landschaftsteilen herangezogen werden. Dabei werden Artenlisten für ein Gebiet analysiert und die Anzahl der dort vorgefundenen gefährdeten Arten der Roten Listen als ein Maß für den Naturschutzwert der Fläche definiert. Bewertung mit Roten Listen ist im Naturschutz ein weit verbreitetes Instrument, da Rote Listen im Naturschutz bereits hohe gesellschaftliche Akzeptanz als Umweltqualitätsstandards genießen. Sie werden bei allen gängigen Bewertungsverfahren für Arten- und Lebensgemeinschaften herangezogen (z.B. Kaule 1991, Plachter 1994, von Haaren 2004). Idealerweise indizieren Rote Listen die Aussterbewahrscheinlichkeit von Arten (IUCN 2003). International sind hierfür objektive Kriterien für die Ableitung von Rote Liste Kategorien vorgeschlagen worden (z.B. Mace & Lande 1991, Cogger et al. 1993), die in Deutschland zum Teil auch bei der Erstellung von nationalen und regionalen Roten Listen Anwendung finden (z.B. Binot et al. 1998, LAU 2004). Eine strenge Anwendung dieser Kriterien würde die Arten der Roten Listen zu Zustandsindikatoren machen. Allerdings fehlen für eine stringente Anwendung der Kriterien oft ausreichende Informationen, so dass sie als Zustandsindikatoren nur bedingt geeignet sind. Als Wertindikationssystem haben die Roten Listen, trotz ihres Erfolges, die gleichen Probleme wie alle Wertindikationssysteme, da sich die Schutzwürdigkeit von Arten nicht ausschließlich aus einem Grund, sondern aus verschiedenen Gesichtspunkten ergeben, unter anderem aus übergeordneten biogeographischen, ökologischen, ökonomischen und ethischen Gründen (Plachter 1994, Fritzlar & Westhus 2001, Gruttke 2004).

Indizes der biologischen Integrität (Indices of Biological Integrity, IBI). In Nordamerika wird dieser Ansatz dazu genutzt, das Konzept der biologischen Integrität (biological integrity) zu quantifizieren, indem Werte für biologische Eigenschaften vergeben (z.B. Artenzusammensetzung) und mit einem festgelegten Referenzstatus verglichen werden, der als Bewertungsgrundlage dient. So kann ein vergleichbarer Wert der vorher definierten biologischen Vollständigkeit (IBI) aus den Werten der einzelnen Indikatorarten berechnet werden. Dieser Index soll die Funktionsfähigkeit von Fließgewässern widerspiegeln (river health) (Norris & Thoms 1999, Norris & Hawkins 2000).

Im Rahmen der Umsetzung der europäischen Wasserrahmenrichtlinie wurden Indikationssysteme, ähnlich dem IBI in Nordamerika für Europa entwickelt. Ein Beispiel ist das AQEM-System, das auf der Grundlage einer Datenbank von fast 10.000 Invertebratenarten in 28 europäischen Fließgewässertypen entwickelt wurde (Hering et al. 2002, 2004). Der AQEM-Ansatz nutzt fünf Bewertungsklassen (hohe bis niedrige Qualität). Eine formalisierte statistische Herangehensweise am Beispiel von Wasserpflanzen in Fließgewässern wird bei Dodkins et al.

(2005) vorgestellt. Die Bewertung selbst findet statt, in dem die Ergebnisse zwischen einem Referenz- und dem eigentlichen Untersuchungsgebiet verglichen werden. Diese Methode kann dann beispielsweise zur Unterscheidung von nicht beeinträchtigten und beeinträchtigten Flussabschnitten genutzt werden (Dodkins et al. 2005).

Obwohl der IBI-Ansatz mittlerweile in der Fließgewässerbewertung weit verbreitet ist, sind vergleichbare Entwicklungen für terrestrische Bereiche selten (Bradford et al. 1998, Andreasen et al. 2001). Chovanec et al. (2005) schlagen einen „Floodplain index" für Auengewässer vor, in dem Auengewässerorganismen (Amphibien, Mollusken, Libellen, Fische, Köcherfliegen) für die Bewertung der Qualität von Auengewässer in Hinsicht auf Verbundenheit (Konnektivität) mit dem Fließgewässer genutzt werden. Dieser Ansatz wurde für die österreichische Donau entwickelt und getestet. Michels und Zuppke (2005) haben diese Herangehensweise im Mittelelberaum zur Bewertung von Altgewässern angewandt. Allerdings wird keine Anpassung der Eingangswerte auf den Naturraum vorgenommen.

Vorhersagemodelle. Zur Feststellung der „ökologischen Qualität" eines Fluss- oder Bachabschnittes wird in Großbritannien seit 1978 das RIVPACS-Modell eingesetzt („River Invertebrate Prediction and Classification System": Moss et al. 1987, Wright et al. 1989, Clarke et al. 1996). Ein Vergleichsset an Referenzflussabschnitten dient zur Festlegung des Optimalzustandes. Durch Aufnahme und Verrechnung von zahlreichen Umweltvariablen wie geographischer Breite und Länge, Abflusscharakteristika, Flussbreite, Substratkategorien sowie Wasserchemiedaten wird eine Prognose der vorhandenen Makroinvertebratenfauna vorgenommen und mit der vor Ort festgestellten Fauna verglichen. Aus den Unterschieden zwischen Prognose und realer Besiedlung können so Rückschlüsse auf den aktuellen ökologischen Zustand des Gewässers im Vergleich zum Referenzzustand gezogen werden. Indizes dienen dazu, den Unterschied zwischen Prognose und real vorhandener Fauna zu quantifizieren. Das RIVPACS-System benutzt als weitere Information über die Arten die Summe der den Arten im (englischen) Saprobiensystem zugewiesen Werte, den so genannten BMWP-Score. Der Quotient aus dem BMWP-Score der prognostizierten Fauna und dem BMWP-Scores der nachgewiesen Fauna bestimmt die Klassifizierung der untersuchten Gewässerabschnitte. Die Grundidee ist, dass ein Quotient mit ähnlichem Wert eine ähnliche Gewässerqualität indiziert, unabhängig vom Gewässertyp (Clarke et al. 2003). Die relativ einfache Berechnung dieses Indexes macht das Verfahren transparent und in der Öffentlichkeit gut vermittelbar, auch wenn das zugrunde liegende Prognosemodell recht komplexe multivariate Verfahren, wie Diskriminanzanalysen oder Clusterverfahren, benutzt (Ter Braak et al. 2003). Das RIVPACS-System wird mittlerweile in Großbritannien in großem Maßstab eingesetzt (Clarke et al. 2003). Ähnliche Systeme mit gleicher Philosophie, aber zum Teil unterschiedlichen Berechnungsalgorithmen und statistischen Methoden werden in Nordamerika (BEAST – Benthic Assessment of Sediment: Reynoldson et al. 1995) und Australien (AUSRIVAS: Norris & Norris 1995, Turak et al. 1999, Zusammenfassung in Linke et al. 2005) eingesetzt.

Für die terrestrischen und semiaquatischen Auenlebensräume wurde ein Bioindiaktionssystem auf der

Grundlage von Schwebliegen (Diptera, Syrphidae) entwickelt, indem Daten zu Habitatpräferenzen für Vorhersagen genutzt werden (Speight & Castella 2001, Speight & Good 2001, Speight 2005). Allerdings verlangt der Vergleich zwischen vorhergesagten Arten und tatsächlich beobachteten Arten in einem Untersuchungsgebiet die Bereitstellung von anthropogenen Eingriffsgrößen. Bewertungssoftware dafür existiert bereits (Speight et al. 2001), allerdings sind bisher noch keine Bewertungsindizes oder Bewertungsskalen festgelegt worden. Arbeiten in diese Richtung sind derzeit in der Entwicklung und die Ergebnisse scheinen viel versprechend (z.B. Speight & Castella 2001, Speight 2005). Gleiche Datengrundlagen, das heißt Datenbanken zu biologischen Eigenschaften, sind für Schnecken oder Pflanzen ebenfalls verfügbar und würden die Entwicklung ähnlicher Ansätzen für diese Artengruppen erleichtern.

Zielarten. Als Zielarten oder Zielartensysteme werden die Arten oder Artengruppen bezeichnet, die der Überprüfung (und auch der Formulierung) von konkreten Zielen des Naturschutzes dienen (Zehlius-Eckert 1998). Sie fallen damit unter die von uns oben formulierte Kategorie der Zielindikation, wenn sie zum Messen des Grades der Zielerfüllung von Maßnahmen des Naturschutzes und der Landschaftspflege verwendet werden (Bouwma et al. 2003, Rosenthal 2003). Häufig dienen Zielarten oder Zielartensysteme vor allem pragmatischen Zielsetzungen, d.h. zunächst als Indikatoren zur Bewertung des Schutzgutes Arten und Lebensgemeinschaften sowie als Zielindikatoren zur Ableitung von Maßnahmen für den Naturschutz. Nachfolgend dienen sie als Zielindikatoren für eine Erfolgskontrolle der Maßnahmen.

Im Rahmen des Forschungsverbundes „Elbe-Ökologie" wurden diese Aspekte unter anderen von Hildebrandt (2001) und Niermann (2003) besonders berücksichtigt. Wert- und Zielorganismen und -lebensräume dienten dazu, für den Naturschutz bedeutsame Flächen zu identifizieren. Für die Wertindikation mit der Zielstellung „Erhaltung auentypischer Arten und ihrer Lebensräume" fanden Biotoptypen, Blütenpflanzen, Vögel, Amphibien, Heuschrecken und Zikaden Verwendung (Hildebrandt 2001, Horlitz et al. 2003, Niermann 2003). Dabei wurden die spezifischen Gegebenheiten dieser Artengruppen und Lebensräume im Gebiet berücksichtigt und z.B. die Roten Listen für Deutschland mit den regionalen Verhältnissen abgeglichen. Auch die Populationsstärken bzw. Vorkommen im Gebiet, die Zahl besiedelter Flächen bzw. Nachweise sowie überregionale Verantwortung wurden in die Bewertung einbezogen. So eignen sich z.B. Arten oder Pflanzengesellschaften, die bundesweit selten, aber im Untersuchungsgebiet durchaus häufig sind und große Populationen bzw. Vorkommen bilden [wie die Rotbauchunke (*Bombina bombina*) oder Brenndoldenwiesen Cnidio-Deschampsietum], als Wertindikatoren für die hohe regionale Bedeutung der Mittleren Elbe für den Schutz seltener Arten und Lebensräume.

Zur Einschätzung der Lebensraumqualität wurden Biotoptypen anhand allgemein anerkannter Bewertungskriterien (z.B. Gesetzlicher Schutz, Aufnahme in der FFH-Richtlinie, Gefährdung, Abhängigkeit von extremen Standortbedingungen, Regenerierbarkeit sowie Regenerationsdauer, Naturnähe oder Repräsentanz) bewertet. Daraus konnte ein regional angepasster ordinaler Wert für jeden Biotoptyp bzw. jede Art einer Organismengruppe gebildet werden. Lebensräume, Blütenpflanzen, Vögel und Zikaden wurden in einer ordinalen Skala in drei bis fünf Prioritätsstufen von regional hochgradig bedeutsam bis hin zu wenig bedeutsam eingeteilt.

Zielartensysteme sollten aber nicht nur auf eine Bewertung und Ableitung von Maßnahmen beschränkt bleiben, sondern auch eine Überprüfung von Managementmaßnahmen ermöglichen (Niclas & Scherfose 2005). Auf Grundlage des von Hildebrand (2001) und Redecker (2001) entwickelten Zielartensystems wurden für die niedersächsische Elbtalaue Pflanzenarten ausgewählt, die als Zielindikatoren einer naturschutzgerechten Grünlandnutzung verwendet werden (Bathke & Brahms 2006, Fischer et al. 2006). So erfolgt die Honorierung der Landwirte anhand vorgefundener Zielarten im Bestand. Je mehr Zielarten des entsprechenden Grünlandtyps im Bestand, desto höher die Honorierung des Bewirtschafters. Weitere Beispiele für diesen Einsatz von Zielarten in Grünlandschutzprogrammen finden sich in Baden-Württemberg und in weiteren Teilen Niedersachsens (vgl. Oppermann & Gujer 2003, Keienburg et al. 2006).

2.4 Schlussfolgerungen

Die meisten der in diesem Buchkapitel vorgestellten Bioindikationssysteme für Flusslandschaften gehören zu den Umweltindikator- oder Wertindikatorkategorien. Weiterhin stellte sich heraus, dass die meisten sich auf Fließgewässer beziehen; nur ein kleiner Teil der vorgestellten Indikationssysteme wurde speziell für Flussauen, also auch explizit für den semiaquatischen Bereich entwickelt.

Beispiele für Indikationssysteme, die speziell für Auen entwickelt wurden, sind Vorhersagemodelle von Foeckler (1990), Castella & Speight (1996) und Speight & Castella (2001), der HGMU-Ansatz von Maltby et al. (1996, 2009) und das RIVA-Indikationssystem, das mit Hilfe von Pflanzen, Carabiden und Mollusken Überschwemmungsdauer und Grundwasserflurabstände indiziert (Follner & Henle, 2006). Ein großes Defizit besteht bezüglich Biodiversitätsindikatoren in Auen. Weder UNEP (2001) noch EEA (2003) führen entsprechende Studien auf, die sich speziell auf Auen oder Auenorganismen beziehen. Hier wird ein großer Bedarf gesehen, bestehende Methoden für Auen zu testen bzw. auch neu zu entwickeln.

In Auen ist der bestimmende Steuerfaktor für die siedelnden Lebensgemeinschaften die periodische Überflutung aufgrund von Hochwasser oder an die Oberfläche tretendem Grund- oder Druckwasser (Hügin & Henrichfreise 1992). Wichtige Leitparameter in Auen sind die Grund- und Oberflächenwasserstandsschwankungen (unter- und oberflur) im Zusammenhang mit verschiedenen Bodeneigenschaften, insbesondere der Bodendeckschichtmächtigkeit (Hügin & Henrichfreise 1992, Buchkap. 5.1 bis 5.3). Seit langem ist bekannt, dass diese Standortfaktoren die Verteilung von Arten in den Auen beeinflussen bzw. umgekehrt, dass Arten bestimmte Standorteigenschaften indizieren. Diese Kenntnisse wurden zur Typologisierung von Auengewässern anhand Wasserorganismen (insbesondere, Vegetation, Flora, Mollusken, Wasserwirbellose und Fische) (z.B. Zahlheimer 1979, Foeckler 1990, Foeckler et al. 1991, 1995a,b) bzw. von Auenstrukturen anhand der Vegetation (z.B. Hügin & Henrichfreise 1992) genutzt. Eine umfassende vernetzte, statistisch untermauerte Analyse, bei der hydrologische und bodenkundliche Daten mit der Vegetationsstruktur und

Artenzusammensetzung verknüpft werden, fehlte allerdings bisher.

Einige Diskussionen hat es zur Nutzung des Konzeptes der biologischen Integrität (biological integrity) verglichen mit Vorhersagemodellen gegeben. Beide Herangehensweisen definieren Referenzbedingungen basierend auf Referenzgebieten, vorausgesetzt es ist nur wenig bis kein menschlicher Einfluss vorhanden. Norris und Hawkins (2000) fassen die Vor- und Nachteile dieser beiden Methoden zusammen und schließen ebenso wie Karr und Chu (2000), dass zur Analyse und Bewertung der Funktionsfähigkeit eines Flusses (river health) die Herangehensweise mit Vorhersagemodellen besser geeignet ist als das Konzept der biologischen Integrität.

Eine zentrale Forderung an jedes Bioindikationssystem ist die räumliche und zeitliche Übertragbarkeit. Das Bioindikationssystem sollte nicht nur für den Zeitraum und den Ort gelten, an dem es entwickelt wurde. Daher haben viele Autoren explizit Kriterien für den Test von Bioindikatorsystemen formuliert und solche Tests gefordert (McGeoch 1998, Dale & Beyeler 2001, Henle et al. 2006a). Die Praxis zeigt jedoch, dass viele Bioindikationssysteme entwickelt werden, nur wenige aber diesen Tests unterzogen werden (Tab. 2.1). In diesem Buch erläutern wir beispielhaft anhand des RIVA-Projekts ein strenges Testvorgehen (Buchkap. 7.2, 7.4, Follner & Henle 2006). Hier wird die Abbildungsgenauigkeit der verschiedenen Bioindikatoren zeitlich als auch räumlich dargestellt. Weitere solcher Tests sind unbedingt notwendig, wenn Bioindikationssysteme als Standardmethode in der Landschaftsanalyse für Naturschutz und Landschaftsplanung genutzt werden sollen.

Dolédec et al. (1999) argumentieren, dass der amerikanische (indices of biological integrity) und der britische Ansatz (Vorhersagemodelle) zum Monitoring der biologischen Vollständigkeit in Fließgewässerökosystemen durch eine Integration von Strategietypen und potentiellen Anpassungs- oder Wiederbesiedlungspotentialen der Arten oder Artengemeinschaften verbessert werden kann. Diese Vorgehensweise der Strategietypenindikation ist insbesondere für die Naturschutzforschung viel versprechend, da sie es ermöglicht, gleiche Habitatbedingungen zu identifizieren, auch wenn sich das Artenspektrum in den betrachten Lebensräumen aufgrund biogeographischer Gegebenheiten unterscheidet. So kann eine Strategietypenauswertung zur Analyse von Sukzession bzw. Wiederbesiedung oder Verschlechterungen nach Störungen (z.B. wasserbaulichen Eingriffen oder auch natürlichen Überflutungsereignissen wie z.B. der Elbeflut 2002) genutzt werden (vgl. Buchkap. 6.1-6.4).

3 Indikationssysteme und Prognosemodelle - methodische Grundlagen

3.1 Entwicklung von Indikationssystemen - methodische Grundlagen

Klaus Henle, Frank Dziock, Klaus Follner, Francis Foeckler, Anke Rink, Marcus Rink, Sabine Stab & Mathias Scholz

Zusammenfassung

In diesem Kapitel wird eine systematische Vorgehensweise für die Ableitung von Indikationssystemen vorgestellt, mit denen der Zustand und ökologische Änderungen komplexer Ökosysteme erfasst werden können. Diese Vorgehensweise umfasst neun Schritte: 1) Festlegung allgemeiner Ziele für das Indikationssystem, 2) Konkretisierung der Ziele, 3) Auswahl potenzieller Indikatoren anhand vorhandenen Wissens, 4) Versuchsplanung und Datenerhebung, 5) Statistische Analysen des Zusammenhangs zwischen potenziellen Indikatoren und zu indizierenden Umweltfaktoren, 6) Verknüpfung einzelner Indikatoren zu einem Indikationssystem, 7) Prüfung der zeitlichen und räumlichen Übertragbarkeit, 8) Prüfung der Robustheit gegenüber reduziertem Erfassungsaufwand und 9) Abschließende Festlegung des Indikationssystems und Gebrauchsanleitung. Für jeden Schritt werden geeignete Methoden vorgestellt oder auf entsprechende Literatur verwiesen sowie erforderliche Entscheidungen und potenzielle Probleme diskutiert. Zwar ist die vorgestellte Vorgehensweise aufwendig, führt aber zu wissenschaftlich begründeten und abgesicherten Indikationssystemen, die der Praxis als Werkzeug für die Erfassung ökologischer Veränderungen komplexer Ökosysteme zur Verfügung gestellt werden können. Indikationssysteme, die auf diese Weise gewonnen werden, haben gegenüber vielen traditionellen Indikationssystemen außerdem den Vorteil, dass sie nicht nur eine qualitative Indikation ermöglichen, sondern wie ein Messinstrument für eine Quantifizierung der indizierten Faktoren eingesetzt werden können. Somit macht sich der Aufwand für die Entwicklung des Indikationssystems bei dessen Anwendung bezahlt.

3.1.1 Einleitung

Indikationssysteme werden bereits seit langem für die vielfältigsten Zwecke entwickelt (vgl. Buchkap. 1 und 2) und die Literatur zur Indikation hat einen nicht mehr überschaubaren Umfang angenommen. Eine Übersicht für in der Auenökologie geeignete Indikationssysteme wird im Buchkapitel 2 gegeben.

Lange Zeit wurden für die Ableitung von Indikationssystemen vorwiegend empirische Erfahrungen verwendet, d.h., aus Beobachtungen des häufigen gemeinsamen Auftretens zweier Faktoren wurde der leichter zu beobachtende Faktor als Indikator für den schwerer zu beobachtenden oder zu messenden Faktor betrachtet. Beispielsweise beruhen zwei der ältesten und bekanntesten Indikationssysteme, das Saprobiensystem für Gewässerbelastung (Kolkwitz & Marrson 1902, 1908, 1909) und das Zeigerwertsystem der Pflanzen (Ellenberg et al. 2001) im Wesentlichen auf empirischen Erfahrungen (vgl.

Buchkap. 2).

Erst in neuerer Zeit wurden verstärkt auch unterschiedliche statistische Verfahren und experimentelle Methoden eingesetzt, um das gemeinsame Auftreten von Indikator und indiziertem Faktor statistisch abzusichern und deren kausalen Zusammenhang zu prüfen (z.B. Castella et al. 1994a, Murphy et al. 1994, Ertsen et al. 1998, Rink et al. 2000, Rink 2003). Inzwischen stehen zahlreiche methodische Varianten zur Ableitung oder Anwendung von Indikationssystemen zur Verfügung.

In jüngster Zeit haben verschiedene Autoren standardisierte Ablaufschemata für die Auswahl und den Test von Bioindikatoren gefordert bzw. vorgeschlagen (z.B. Noss 1990, Kremen 1992, Dufrêne & Legendre 1997, McGeoch 1998, Hilty & Merenlendner 2000, Plachter et al. 2002). Unter gewissen Modifikationen können sie auch für die Ableitung und Überprüfung von Indikationssystemen generell verwendet werden. Mit den vorgeschlagenen standardisierten Ablaufschemata sollte die verwirrende Vielfalt an unterschiedlichen Ansätzen erfasst werden, Vergleichbarkeit erzielt sowie ein methodischer und konzeptioneller Rahmen für die Weiterentwicklung von Indikationssystemen geschaffen werden. Rainio & Niemelä (2003) sowie Samways & Steytler (1996) haben ein standardisiertes Ablaufschema erfolgreich für die Prüfung der Eignung von Laufkäfern bzw. Libellen als Bioindikatoren für unterschiedliche Landnutzungen eingesetzt.

Die verfügbaren standardisierten Ablaufschemata für die Entwicklung von Indikationssystemen beziehen sich auf die Indikation aktueller Zustände und Prozesse, auch wenn dies in den meisten Publikationen nicht explizit erwähnt wird. Um mit solchen Indikationssystemen ökologische Veränderungen bewerten zu können, müssen die Indikationsergebnisse mit historischen Referenzzuständen oder mit Zielzuständen verglichen oder die Indikatoren in ein Monitoring eingebunden werden.

Die Ableitung von Indikationssystemen, mit denen direkt vergangene oder künftige Zustände und Prozesse angezeigt werden können, erfordert zusätzliche Schritte bzw. andere Vorgehensweisen, die in der Regel auch komplexer sind. Theoretisch kann hierfür zwar auch das unten beschriebene Ablaufschema verwendet werden, allerdings nur, wenn ausreichend lange Zeitreihen vorliegen, mit denen Zusammenhänge zwischen Ausgangs- und Endzuständen statistisch - und möglichst kausal - abgesichert werden können. In Ausnahmefällen kann es möglich sein, dass vergangene Zustände auch „rückgerechnet“ werden können, beispielsweise Grundwasserflurabstände für bestimmte Punkte in der Aue anhand lange zurückreichender Pegelreihen (Böhnke & Follner 2002). In solchen Fällen können mit dem vorgestellten Ablaufschema auch Indikatoren abgeleitet werden, die vergangene Zustände anzeigen (vgl. Buchkap. 7.2).

In der Regel muss jedoch ein anderer Weg gewählt werden: Die Ableitung von Indikatoren mittels kausaler Prozessmodelle, die aktuelle bzw. künftige Zustände auf vergangene bzw. aktuelle Bedingungen zurückführen. Insbesondere für die Prognose künftiger Zustände stellt sich daher die Frage, ob es nicht sinnvoller ist, die Modelle selbst einzusetzen statt eines damit abgeleiteten Indikationssystems. Dieser Weg wurde beispielsweise im RIVA-Projekt beschritten (Buchkap. 4.3 und 9.2). Es überrascht daher nicht, dass modellbasierte Ableitungen prognostischer Indikationssysteme in der Ökologie bisher eine seltene Ausnahme darstellen (siehe z.B.

Durant et al. 1992) und nach unserem Wissen für ökologische Veränderungen von Auen nicht bestehen.

In diesem Kapitel stellen wir ein generelles Ablaufschema zur Entwicklung und Überprüfung von Indikationssystemen vor. Der Schwerpunkt liegt dabei auf der Erkennung von Arten, funktionalen Gruppen und Bodentypen als Indikatoren. Wir erläutern die für die einzelnen Schritte notwendigen Entscheidungen und methodischen Grundlagen. Wir beschränken uns dabei auf Systeme, die für die Indikation des ökologischen Zustands in komplexen Ökosystemen gedacht sind.

3.1.2 Schema zur Ableitung und Überprüfung von Indikationssystemen

Von den uns bekannten Schemata ist das von McGeoch (1998) vorgeschlagene bereits am weitesten entwickelt. Im RIVA-Projekt haben wir dieses Schema modifiziert und erweitert, um es nicht nur für die Bioindikation, sondern auch für abiotische Indikatoren anwenden zu können. Weiterhin haben wir das Schema um einige Schritte ergänzt, die von McGeoch (1998) nicht näher ausgeführt wurden, aber wesentlich für eine erfolgreiche Ableitung oder Prüfung dor Übertragbarkeit von Indikationssystemen sind.

Das vorgeschlagene Ablaufschema umfasst die folgenden neun Schritte:

1. Festlegung allgemeiner Ziele für das Indikationssystem;
2. Konkretisierung der Ziele;
3. Auswahl potenzieller Indikatoren anhand vorhandenen Wissens;
4. Versuchsplanung und Datenerhebung;
5. Statistische Analysen des Zusammenhangs zwischen potenziellen Indikatoren und Umweltfaktoren;
6. Integration mehrerer Indikatoren zu einem indizierten Wert;
7. Prüfung der zeitlichen und räumlichen Übertragbarkeit;
8. Prüfung der Robustheit gegenüber reduziertem Erfassungsaufwand;
9. Abschließende Festlegung des Indikationssystems und Gebrauchsanleitung.

3.1.2.1 Allgemeine Ziele der Indikation

Der erste Schritt in der Entwicklung eines Indikationssystems besteht in der Festlegung der allgemeinen Ziele der Indikation. Im Buchkapitel 2 werden vier Hauptziele von Indikationssystemen unterschieden: Umweltindikation, Biodiversitätsindikation, Wertindikation und Zielindikation. In dem hier vorgestellten Ablaufschema konzentrieren wir uns auf die ersten beiden Hauptziele und verweisen für die beiden anderen auf Plachter et al. (2002), die für diese allgemeinen Zielstellungen der Indikation methodische Standards vorgeschlagen haben.

Von manchen Autoren (z.B. McGeoch 1998) wird auch die Messung der Veränderung eines Indikators (beispielsweise der Artenzahl) per se als Ziel der Indikation betrachtet. In diesem Fall kann jedoch konzeptionell nicht von einer Indikation gesprochen werden, da der interessierende Faktor dann ja direkt gemessen und nicht über einen Indikator indiziert wird.

Bei der Festlegung der allgemeinen Ziele ist es, wie bereits einführend betont, wichtig, zu unterscheiden, ob mit einem Indikationssystem aktuelle, vergangene oder zukünftige Zustände und Prozesse indiziert werden sollen. Dagegen ist eine Beschränkung der allgemeinen Zielstellung eines Indikationssystems auf die Indikation anthropogener Umwelteinflüsse (vgl. Schubert 1991, Zehlius-Eckert 1998) für die methodische Ableitung von Indikationssystemen nicht relevant, auch wenn es für ein Umweltmanagement natürlich von besonderem Interesse ist, anthropogene und natürliche Faktoren trennen zu können. Für einen Indikator ist es allerdings unerheblich, ob der indizierte Faktor natürlichen oder anthropogenen Einflüssen unterliegt.

Eine klare Festlegung und Kommunikation der allgemeinen Ziele ist von besonderer Bedeutung, da erst dann die konkreten Ziele abgeleitet und der Versuchsplan für die Datenerhebung und -analyse festgelegt werden kann. Nur zu leicht wird beispielsweise das allgemeine Ziel, den ökologischen Zustand der Aue zu indizieren, mit dem allgemeinen Ziel, die Biodiversität oder den naturschutzfachlichen Wert zu indizieren, verwechselt. Als Folge davon werden dann subjektiv als interessante oder artenreich eingeschätzte Flächen bevorzugt beprobt, statt einen auf die allgemeinen Ziele ausgerichteten Versuchsplan umzusetzen. Dadurch wird die Ableitung eines Indikationssystems erschwert; sie kann sogar komplett fehlschlagen.

Im RIVA-Projekt sollte beispielsweise ein Werkzeug zum Erkennen oder Verfolgen ökologischer Veränderungen in Auen entwickelt werden. Es sollten also Indikatoren für Umweltfaktoren gefunden werden, die den ökologischen Charakter von Auen und damit auch die Zusammensetzung der vorkommenden Artengemeinschaften bestimmen. Auf dieser Basis fand dann die Konkretisierung der Indikationsziele statt.

3.1.2.2 Konkretisierung der Ziele

Auch die Konkretisierung der Ziele der Indikation ist von elementarer Bedeutung. Konkrete Zielstellungen können, wie im RIVA-Projekt, beispielsweise die Indikation von Umweltfaktoren sein, die die Wasserstandsdynamik in Auen oder Bodeneigenschaften charakterisieren (Buchkap. 4.1). Auch eine Indikation der Nutzungsart und Intensität von Auenwäldern oder Auengrünland kann eine solche Konkretisierung darstellen (z.B. Samways & Steytler 1996). Entsprechendes gilt für die Intensität der Fischerei und für Schadstoffbelastungen, ebenso wie für die Auswirkungen der Naherholung oder struktureller Eingriffe - wie Kiesabbau - auf Auenlebensräume (vgl. Foeckler & Bohle 1991, AG KABE 2000).

Obwohl eine konkrete Festlegung der zu indizierenden Umweltfaktoren vor der Ableitung eines Indikationssystems eigentlich selbstverständlich ist, erfolgt dies in vielen Fällen nicht (Lindenmayer 1999), wodurch es leicht zu ineffizienten oder ungeeigneten Datenerhebungen kommen kann. Im RIVA-Projekt beispielsweise bestand die konkrete Zielstellung in einer Indikation von Parametern der Wasserstandsdynamik und von Bodeneigenschaften. Eine gelegentlich geäußerte Erwartung, dass das Projekt nebenbei eigentlich auch ein Indikationssystem für die Nutzung von Grünland liefern müsste, zeugte von der Unkenntnis der Bedeutung der konkreten Festlegung der Indikationsziele für die Versuchsplanung. Ein Indikationssystem für die Intensität der Nutzung von Auengrünland benötigt einen völlig anderen Versuchsansatz, so dass durch die Kombination mit einer Indikation von Wasserstands- und Bodenfaktoren der erforderliche Forschungsaufwand erheblich steigt und weit über den Rahmen, der dem RIVA-Projekt zur Verfügung stand, hinausgeht.

3.1.2.3 Auswahl potenzieller Indikatoren anhand vorhandenen Wissens

Nach der Festlegung konkreter Indikationsziele gilt es, anhand des vorhandenen Wissens potenzielle Indikatoren für die Untersuchung auszuwählen. Dafür kommen sowohl abiotische als auch biotische Größen in Frage. Das Auftreten als auch das Fehlen, die relative Stärke oder bestimmte Eigenschaften einer Größe können Indikationswert besitzen. So kann das Auftreten von Arten, die unterschiedliche Teillebensräume benötigen, auf eine funktionsfähige Verbundenheit schließen lassen, beispielsweise zwischen Hauptstrom und Laichgewässer in den Auen (Scholten et al. 2005b). Aber auch das Fehlen solcher Arten liefert Hinweise auf Defizite in Verbindungsstrukturen. Die Häufigkeit einer Art besitzt bioindikatorischen Wert, wenn sie durch die Qualität von Standortfaktoren bestimmt wird (Cooperrider et al. 1986).

Biologische Merkmale von Arten (als Lebensstrategien oder Life-history Traits bezeichnet) und ökologische Gruppen von Arten werden ebenfalls häufig als potenzielle Indikatoren für das Vorhandensein funktionaler Beziehungen im Ökosystem herangezogen. Solche Indikatoren haben sich besonders in komplexen Lebensräumen bewährt und finden hier zunehmend Anwendung (z.B. Castella et al. 1994a, Castella & Speight 1996, Foeckler 1990, Statzner et al. 2001a; vgl. Buchkap. 6). Für eine Indikation des naturschutzfachlichen Wertes können natürlich die in der Planungspraxis üblichen Rote-Liste-Arten oder die Artendiversität herangezogen werden (Hildebrandt et al. 2005c; vgl. Buchkap. 2).

Bei der Vielzahl potenzieller Indikatoren ist es leicht verständlich, dass bei deren Auswahl häufig subjektive Kriterien und persönliche Vorlieben eine leitende Rolle spielen (McGeoch 1998, Dale & Beyeler 2001). Eine objektive Auswahl potenzieller Indikatoren richtet sich dagegen nach den konkreten Zielstellungen für die Indikation und dem vorhandenen Wissen über ökologische Zusammenhänge. Die beste Strategie besteht darin, potenzielle Indikatoren anhand von Eigenschaften auszuwählen, die eine empfindliche Reaktion auf den zu indizierenden Faktor erwarten lassen. Die Vorauswahl darf dabei nicht zu eng gefasst werden, da sonst das Risiko besteht, dass bestimmte Bereiche des zu indizierenden Faktors nicht abgedeckt werden können. Soll beispielsweise die Überflutungsfrequenz in Auen indiziert werden, dann empfiehlt es sich, als potenzielle Indikatoren Arten(-gruppen) mit unterschiedlichen morphologischen, physiologischen oder verhaltensbiologischen Anpassungen an Überschwemmungen auszuwählen (vgl. Siepe 1994, Hildebrandt et al. 2005b).

Für viele Aufgaben der Indikation genügt es nicht, einen einzelnen Faktor zu indizieren, insbesondere bei Management-Entscheidungen bezüglich komplexer ökologischer Systeme. Auch hierbei besteht die beste Vorgehensweise bei der Auswahl potenzieller Indikatoren in der Verwendung von Kriterien, die möglichst empfindliche Reaktionen auf die wesentlichen Steuerfaktoren des zu betrachtenden Systems erwarten lassen. Soll die Ableitung eines Indikationssystems offen für unbekannte Steuerfaktoren bleiben, dann muss mit der Auswahl der potenziellen Indikatoren eine möglichst breite Palette an ökologischen Ansprüchen und Reaktionen abgedeckt werden. Allerdings steigt dabei der Untersuchungsaufwand steil an und erreicht schnell Dimensionen, die nicht leistbar sind.

Besteht die konkrete Zielstellung dagegen in einer Indikation der Biodiversität, werden meist Artengruppen herangezogen, von denen angenommen wird, dass ihre Diversität die Biodiversität insgesamt widerspiegelt (Landres et al. 1998, Lawton et al. 1998, McGeoch 1998). Manchmal werden auch Arten innerhalb einer taxonomischen Gruppe als potenzielle Indikatoren für den Artenreichtum dieser Gruppe ausgewählt (Mac Nally & Fleishman 2004). Problematisch bei diesen Ansätzen ist es, dass der Grund für ein gemeinsames Auftreten verschiedener Arten häufig nicht in einer direkten Abhängigkeit voneinander liegt, sondern in ähnlichen Umweltansprüchen (Wilson 1999). So begünstigen bestimmte Umweltfaktoren wie beispielsweise das Störungsregime (Huston 1979, Pickett & White 1985), die Strukturvielfalt (Holland et al. 1991), edaphische Faktoren (Cody 1986) sowie die biogeografische und evolutionsbiologische Geschichte (Spector 2002) eine hohe bzw. niedrige Diversität bei mehr als einer Artengruppe. Das bedeutet, dass sich als potenzielle Indikatoren der Biodiversität insgesamt eher Umweltfaktoren als ausgewählte Artengruppen anbieten. Allerdings können manche Arten(-gruppen) durchaus innerhalb bestimmter Grenzen die Diversität ihrer taxonomischen Gruppe oder anderer Artengruppen indizieren (Lawton et al. 1998, Mac Nally & Fleishman 2004), und es ist für die Ökologie und die Naturschutzpraxis wichtig zu wissen, welche Artengruppen stellvertretend für die Diversität anderer Artengruppen stehen können. Am ehesten zu prüfen lohnt sich dies für Artengruppen, von denen vermutet werden kann, dass sie auf die vorherrschenden Umweltfaktoren ähnlich reagieren (vgl. Lawton et al. 1998, Wilson 1999, Moore et al. 2003). Für Auengrünland hat sich dabei gezeigt, dass Pflanzen, Zikaden und Vögel bezüglich des naturschutzfachlichen Wertes unterschiedliche Indikationsergebnisse liefern und diesbezüglich nicht stellvertretend füreinander stehen können (Hildebrandt et al. 2005c).

Unabhängig von der konkreten Zielstellung der Indikation müssen die ausgewählten potenziellen Indikatoren die folgenden Grundbedingungen erfüllen: ökologische Wirksamkeit (Spezifität und Sensitivität) sowie ökonomische und logistische Eignung (zeit- und kosteneffektiv; möglichst ohne Spezialkenntnisse einsetzbar). Nachfolgend werden die aus diesen Grundbedingungen ableitbaren Anforderungen kurz erläutert.

Gute Indikatoren reagieren empfindlich auf den zu indizierenden Faktor, d.h., sie weisen eine enge Antwortkurve auf den zu indizierenden Parameter auf (Abb. 3.1-1: links). Breite Antwortkurven (Abb. 3.1-1: rechts) sind dagegen für eine Indikation normalerweise weniger geeignet. Das alleinige Vorkommen von Arten mit breiten Antwortkurven besitzt allerdings durchaus Indikationspotenzial dafür, dass der indizierte Faktor stark wechselnde Zustände annehmen kann, was nur von Arten mit breiter Antwortkurve toleriert wird. Bei der Auswahl von potenziellen Bioindikatoren muss daher beachtet werden, dass ubiquitäre Arten in der Regel breite Antwortkurven aufweisen und die Chance, enge Antwortkurven zu finden, bei ökologisch spezialisierten Arten höher ist. Außerdem müssen sich potenzielle Indikatoren gegenseitig ergänzen und gemeinsam einen möglichst breiten Bereich der zu indizierenden Faktoren abdecken. Sollen beispielsweise mehrere Arten(-gruppen) als ein Indikationssystem für die gesamte Biodiversität verwendet werden, so müssen sie sich in ihren ökologischen Ansprüchen möglichst gut ergänzen.

Potenzielle Indikatoren sollten mit möglichst wenig Aufwand einsetzbar sein; der Aufwand darf nicht höher oder teurer sein als die direkte Erhebung des zu betrachtenden Faktors. Die Schwebfliege *Rhingia campestris* beispielsweise ist ein ausgezeichneter Indikator für Beweidung, da ihre Larven in Rinderdung leben. Ihre Verwendung als Indikator macht jedoch keinen Sinn; Rinder bzw. deren Dung lassen sich leichter direkt beobachten.

In die Vorauswahl sollten bevorzugt solche Indikatoren aufgenommen werden, deren Anwendung möglichst wenige Spezialkenntnisse oder Einweisungen vor der Feldarbeit bedarf. Bei der Verwendung von Bioindikatoren sollten daher Arten (-gruppen) bevorzugt werden, die leicht bestimmbar sind. Arten(-gruppen), die nur von wenigen Spezialisten bearbeitet werden können, eignen sich für die Praxis nicht, auch wenn sie ökologisch besonders geeignet erscheinen. Für einen breiten Einsatz in der Praxis müssen potenzielle Indikatoren möglichst weite Gültigkeit besitzen, d.h., sie dürfen regional nicht unterschiedlich reagieren. Diese Forderung erfüllen abiotische Indikatoren normalerweise weit besser als Bioindikatoren, denn Arten weisen durch lokale Anpassungsprozesse häufig regional verschiedene Ansprüche auf (z.B. Mayr 1967, Böhme 1979, vgl. Buchkap. 6.4). Für einen geographisch breiten Einsatz eignen sich daher funktionale Merkmale von Arten in der Regel ebenfalls besser als die Arten selbst (z.B. Castella & Speight 1996, Statzner et al. 2001a; vgl. Buchkap. 6.1 und 6.4). Die Möglichkeit, funktionale Merkmale als Indikatoren zu nutzen, ist jedoch sehr begrenzt, weil für viele wichtige Umweltfaktoren keine leicht zu erfassenden funktionalen Merkmale von Arten bekannt sind. Außerdem ist es mit funktionalen Merkmalen zwar möglich, aber häufig schwieriger, Umweltfaktoren quantitativ zu indizieren.

Eine hohe Auftretenswahrscheinlichkeit des Indikators, wenn der zu indizierende Umweltgradient im relevanten Bereich liegt, begünstigt einen breiten Einsatz des Indikators. In dieser Hinsicht ist die in Abbildung 3.1-1 links dargestellte Vegetationseinheit für einen breiten Einsatz als Indikator weniger geeignet als die rechts dargestellte. Allerdings wäre es falsch, daraus abzuleiten, dass eine geringe Auftretenswahrscheinlichkeit eine Art oder eine Vegetationseinheit generell als Indikator ungeeignet machen würde. Sofern ein enger Zusammenhang besteht, der hoch signifikant ist, dann bedeutet dies nur, dass die Art bzw. Vegetati-

Abb. 3.1-1: Vorkommenswahrscheinlichkeit zweier Vegetationseinheiten bezogen auf die Höhenlage über Mittelwasserstand (Quelle: Buchkap. 6.1).

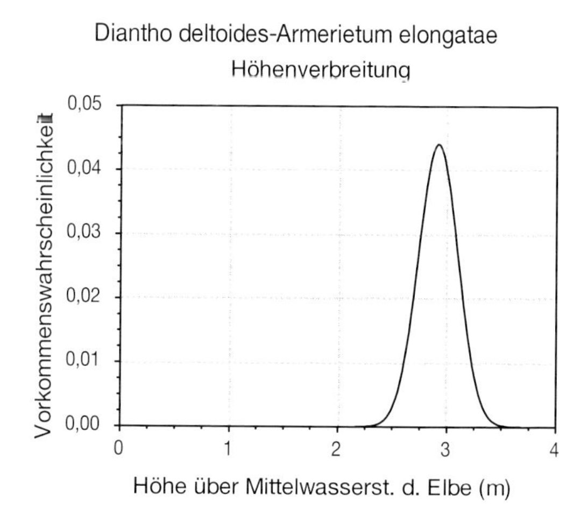

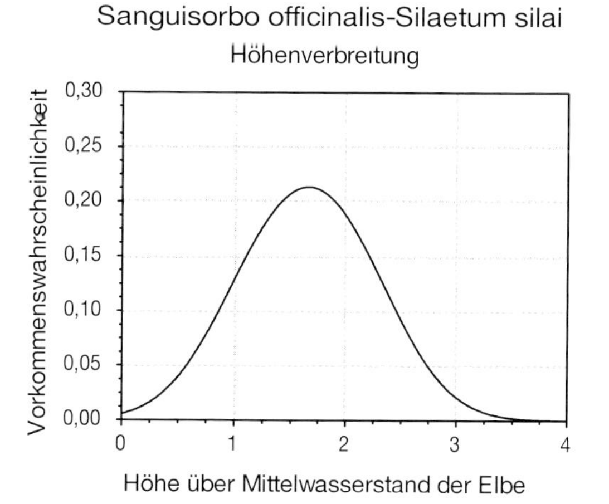

onseinheit zwar selten zur Indikation eingesetzt werden kann, dass sie aber durchaus sehr präzise indiziert, wenn sie auftritt. Dieser Nachteil muss dann durch eine größere Zahl solcher Indikatorarten ausgeglichen werden.

Potenzielle Indikatoren müssen robuste Ergebnisse bei einem in der Praxis häufig erforderlichen reduzierten Aufwand liefern. Diese Grundbedingung ist insbesondere bei der Verwendung von Bioindikatoren entscheidend. Die Nachweiswahrscheinlichkeit einer Art bzw. der Grad der Erfassung einer Artengemeinschaft spielt eine bedeutende Rolle für die Güte der Indikation (Buchkap. 7.3), weswegen in erster Linie Arten(-gruppen) als potenzielle Indikatoren in Betracht kommen, die eine hohe Nachweiswahrscheinlichkeit besitzen. Aus denselben Gründen ist die Verwendung des Fehlens von Arten als Indikator problematischer als die Verwendung des Vorkommens, da eine ausreichend sichere Einschätzung des Fehlens meist einen hohen Aufwand erfordert (Caughley 1980). Diese Bedingungen werden bisher in vielen Indikationssystemen nicht berücksichtigt.

Zur weiteren Konkretisierung dieser allgemeinen Forderungen für die Auswahl potenzieller Indikatoren durch spezifische Kriterien für bestimmte Gruppen von Arten oder Anwendungen kann auf eine umfangreiche Literatur zurückgegriffen werden (z.B. McGeoch 1998, Lindenmayer 1999, Speight et al. 1999, Hilty & Merenlendner 2000, Dale & Beyeler 2001, Feinsinger 2001, Plachter et al. 2002), wobei jeder Autor eigene Kriterien verwendet. Auf eine Gegenüberstellung und Diskussion der verschiedenen Kriterien wird an dieser Stelle verzichtet. Da es hierfür vermutlich auch in Zukunft keine Standardisierung geben wird, ist nicht entscheidend, welche Publikation als Orientierung verwendet wird. Entscheidend ist, dass die Kriterien für die Auswahl potenzieller Indikatoren auf die Zielstellung der Indikation zugeschnitten sind, sie möglichst optimal die oben erwähnten Grundprinzipien erfüllen und explizit genannt werden.

3.1.2.4 Versuchsplanung und Datenerhebung

Traditionell hat man sich bei der Aufstellung von Indikationssystemen auf empirisch gewonnene Beobachtungen verlassen, die teils in späteren Untersuchungen gezielt statistisch überprüft wurden. Die empirische Ableitung erfordert allerdings eine sehr umfangreiche Beobachtungsbasis, um das Risiko für Fehleinschätzungen gering zu halten (vgl. Williams et al. 2002).

Idealerweise werden Indikatoren abgeleitet und geprüft, in dem man sie in einem kontrollierten Experiment unterschiedlichen Ausprägungen des zu indizierenden Faktors aussetzt. Diese Vorgehensweise lässt sich am ehesten im Labor für abiotische Indikatoren oder für die Bioindikation eines leicht manipulierbaren, physiologisch besonders wirksamen Faktors wie den pH-Wert des Wassers verwirklichen (z.B. Dunson & Connell 1982). Laborexperimente haben jedoch den Nachteil, dass sie ökologische Systeme extrem vereinfachen und daher eine direkte Übertragbarkeit aufs Freiland nur begrenzt möglich ist (Diamond 1986, Henle 1996). Feldexperimente, die wesentlich realistischer sind, sind wesentlich aufwendiger und für komplexe Ökosysteme wie Auen kaum möglich. Daher ist eine sorgfältige, auf die Zielstellung der Indikation ausgerichtete Versuchsplanung für die Datenerhebung im Gelände wesentlich, um mit geeigneten statistischen Verfahren Zusammenhänge zwischen potenziellen Indikatoren und zu indizierenden Faktoren analysieren zu können. Beispielsweise unterscheidet sich ein Stichprobenplan für die Indikation der Nutzungsintensität von Auengrünland erheblich von einem für die Indikation hydrodynamischer Verhältnisse. Im ersten Falle ist die Beprobung entlang eines möglichst breiten Gradienten der Nutzung erforderlich, im zweiten eine solche entlang eines hydrodynamischen Gradienten beispielsweise der Überflutungsdauer.

Allzu oft wird der Versuchsplanung eine zu geringe Bedeutung beigemessen und ein fachlich abgestimmter Stichprobenplan fehlt (Siebeck 1995, Rink 2003, vgl. Buchkap. 7.1). Stattdessen folgen Probeflächenauswahl und teilweise auch die Beprobung subjektiven Einschätzungen. Viele Biologen tendieren dazu, artenreiche Standorte bevorzugt zu beproben, während „uninteressante" artenarme vernachlässigt werden. Auch dürfen keinesfalls die Standorte, für die eine hohe Biodiversität erwartet wird, intensiver beprobt werden, um dann anhand der aufgefundenen Artenzahl die Biodiversität zu indizieren. Da generell die gefundene Artenzahl mit dem Beprobungsaufwand steigt (für Auenarten vgl. Buchkap. 7.3), kann als Ergebnis einer solchen Beprobung nur eine Bestätigung der Vermutung herauskommen. Eine Beprobung ist dann überflüssig, es sei denn, der Bearbeiter liegt mit seiner Einschätzung völlig fehl. Eine subjektive Auswahl von Probeflächen und eine fehlende Standardisierung der Erfassung der Indikatoren stellen kardinale Verletzungen grundlegender Forderungen der Statistik dar, bei denen eine sichere Aussage nicht mehr zulässig ist (vgl. Williams et al. 2002).

Soll die Eignung verschiedener Artengruppen als Indikatoren für Biodiversität geprüft werden, müssen alle wesentlichen Lebensräume und Lebensraumstrukturen gleichermaßen für verschiedene Artengruppen beprobt werden. Keinesfalls darf die Beprobungsintensität nach der erwarteten Vielfalt variiert werden. Auch muss sichergestellt sein, dass die Nachweiswahrscheinlichkeit der verglichenen Artengruppen sich von Biotop zu Biotop nicht unterscheidet und zur Eichung der Erfassungen verwendet werden kann (vgl. Caughley 1980).

Der Stichprobenplan dient dazu, die Datenerhebung so durchzuführen, dass sie für eine Analyse der Zusammenhänge zwischen den potenziellen Indikatoren und den zu indizierenden Faktoren möglichst optimal geeignet ist (Wildi 1986, Jongman et al. 1987, McGeoch 1998, Rink et al. 2000, Rink 2003). Ein Versuchsplan erfordert daher eine zwischen den beteiligten Fachdisziplinen abgestimmte Entscheidung über die Anzahl und Lage der Untersuchungsgebiete ebenso wie über die Anzahl, Größe und Verteilung der Probeflächen pro Untersuchungsgebiet. Dazu gehören außerdem die Festlegung der Erfassungsmethoden und -zeiträume sowie die Verortung der einzelnen Stichproben innerhalb der Probeflächen. Die Absicht, eine klar fokussierte, arbeitsgruppenübergreifende Fragestellung zu beantworten, erzwingt dabei manchmal eine Vorgehensweise, bei der die Fachwissenschaftler von ihrer gewohnten Art, Felderhebungen durchzuführen, abweichen müssen, um eine Zusammenführung der Daten und Erkenntnisse statistisch möglich zu machen (Pickett et al. 1994, Rink 2003).

Für die Aufstellung eines adäquaten und effizienten Stichprobenplans sind Kenntnisse über die zu erwartende Variabilität innerhalb der Daten eine wesentliche Hilfe (Rink et al. 2000, Rink 2003). Idealerweise sollten daher Voruntersuchungen durchgeführt werden, die einen Aufschluss über die Größenordnung der zu erwartenden Variabilität geben. Diese grundlegende Forderung der Versuchsplanung (Eberhardt & Thomas 1991, Williams et al. 2002) lässt sich bei der üblichen Organisation und Zeitdauer von Projekten nur selten verwirklichen. Ohne eine solche Voruntersuchung verbleibt aber das Risiko, dass zu wenige, unnötig viele oder ungünstig verteilte Probeflächen bearbeitet werden (Jongman et al. 1987).

Bei fehlenden Voruntersuchungen müssen Experten die erwartete Variabilität abschätzen. Deshalb ist es sinnvoll, in der Planungsphase Kenntnisse über die Variabilität der zu untersuchenden Faktoren zusammenzustellen, anhand derer dann an den präzisen Projektzielen orientierte Kriterien für die Auswahl der Untersuchungsgebiete und der gemeinsamen Probeflächen innerhalb dieser Untersuchungsgebiete festgelegt werden (Rink et al. 2000, Rink 2003).

Wichtige Kriterien für die Auswahl der Untersuchungsgebiete stellen ihre Repräsentativität für das Ökosystem dar, für das ein Indikationssystem entwickelt werden soll, sowie die Zugänglichkeit. So muss bei der Auswahl der Untersuchungsgebiete bereits der Schutzstatus einer Fläche bedacht werden, um daraus resultierende mögliche Einschränkungen des Versuchs schon vorab zu vermeiden bzw. es muss, wie im RIVA-Projekt, frühzeitig in der Planung eine sorgfältige Abstimmung mit den zuständigen Institutionen erfolgen. Auch Einschränkungen durch private Besitzer bzw. Bewirtschafter sind möglichst vor der Festlegung des Stichprobenplanes zu klären. Alternativ können bei der Auswahl der Untersuchungsgebiete bereits „Ersatzflächen" bestimmt werden, sollte sich im Nachhinein der Zugang zu einzelnen ausgewählten Flächen als problematisch erweisen.

Bei der Auswahl von Untersuchungsgebieten und Probeflächen innerhalb der Untersuchungsgebiete muss als erstes die Frage nach deren Anzahl beantwortet werden. Die Antwort hängt im starken Maße von der Fragestellung des Projektes, der Variabilität der zu untersuchenden Parameter und dem logistisch bzw. finanziell leistbaren Stichprobenumfang ab. Je mehr Untersuchungsgebiete bearbeitet werden, desto leichter lassen sich die gefundenen Ergebnisse verallgemeinern. Dem steht jedoch der mit der Anzahl der Untersuchungsgebiete stark steigende Aufwand entgegen. Werden mindestens drei Untersuchungsgebiete bearbeitet, ist die Möglichkeit gegeben, die gefundenen Zusammenhänge zwischen Indikator und indizierten Parametern hinsichtlich ihrer räumlichen Übertragbarkeit einer ersten Prüfung zu unterziehen, so dass bei begrenzt verfügbaren Ressourcen die Auswahl von einem Hauptuntersuchungsgebiet für die Ableitung und zwei Nebenuntersuchungsgebiete für die Überprüfung der Indikatoren ein akzeptabler Kompromiss ist (Rink et al. 2000, Rink 2003).

Eine alternative Option bei begrenzten Ressourcen und Unsicherheiten über die wahrscheinliche Variabilität der zu untersuchenden Faktoren stellt die Auswahl zunächst nur eines repräsentativen Gebietes dar, in dem dafür eine höhere Probeflächenzahl bearbeitet werden kann. Eine anschließende Überprüfung in einem anderen Gebiet muss jedoch gesichert sein. Sie kann auf die als relevant betrachteten Faktoren beschränkt werden, wodurch sich der Aufwand für die Überprüfung reduziert.

Je ähnlicher sich die verglichenen Untersuchungsgebiete sind, desto wahrscheinlicher ist eine Übertragbarkeit gegeben, aber umso geringer ist der abgesicherte Gültigkeitsbereich des Indikationssystems. Je enger die Abhängigkeit des Indikators vom indizierten Faktor ist, umso leichter kann eine Übertragbarkeit auch auf unähnliche Gebiete erfolgen.

Für die Verteilung der Probeflächen innerhalb der Untersuchungsgebiete bestehen verschiedene Verfahren: ein regelmäßiges Raster, rein zufällig oder eine stratifizierte Zufallsverteilung (Abb. 3.1-2). Die Vor- und Nachteile dieser Ansätze werden unter anderem von Wildi (1986), Rink et al. (2000) und Rink (2003) diskutiert. Die stratifizierte Zufallsverteilung dient dazu, sicherzustellen, dass auch selten auftretende Bereiche eines Umweltgradienten, zum Beispiel tief liegende Rinnen im Auengrünland, in ausreichender Zahl beprobt werden, ohne dass gleichzeitig die Anzahl Probeflächen in den flächig dominanten Bereichen unnötig hoch wird. Sie kommt daher mit weniger Stichprobenflächen aus als die beiden anderen Verfahren und verteilt die Probeflächen flächenproportional auf quasihomogene Teilflächen. Dadurch wird einerseits die Chance erhöht, Indikatoren für verschiedene Ausprägungen des Gradienten zu finden und ihre Antwortkurven ausreichend zu erfassen, andererseits erhöht sich die Präzision des gemessenen Zusammenhangs zwischen Indikatoren und Umweltgradienten, wenn dieser zur Stratifikation verwendet wird und die Probeflächen gleichmäßig entlang des Gradienten verteilt werden.

Die Stratifizierung ist am effektivsten, wenn die Unterteilung der Probeflächen in quasi-homogene Teilflächen anhand des Gradienten des zu indizierenden Umweltfaktors erfolgt, da dann die Inhomogenität innerhalb der Straten am geringsten und die Verteilung der Probeflächen entlang des Gradienten am gleichmäßigsten ist. Diese Vorgehensweise ist optimal für den Nachweis, dass der Faktor durch die gewählten potenziellen Indikatoren tatsächlich indiziert werden kann und für die Aufstellung des Indikationssystems.

Es muss jedoch betont werden, dass die empfohlene Vorgehensweise keine Rückschlüsse über die relative Bedeutung von Steuerfaktoren zulässt. Rückschlüsse darüber, welche Umweltfaktoren, das Vorkom-

Abb. 3.1-2: Verschiedene Stichprobenverfahren mit Stichprobenverhältnissen in einer „Biberaue“ mit drei verschiedenen hypothetischen Standortseinheiten, auf denen die Stratifizierung beruht (Follner et al. 2005). Diese können beispielsweise Lebensräume, Biotoptypen oder Stufen der Geländehöhe sein: 1a: systematische Stichproben, nicht stratifiziert; 1b: systematische Stichproben, stratifiziert 2a: Zufallsstichproben, nicht stratifiziert; 2b: Zufallsstichproben, stratifiziert.

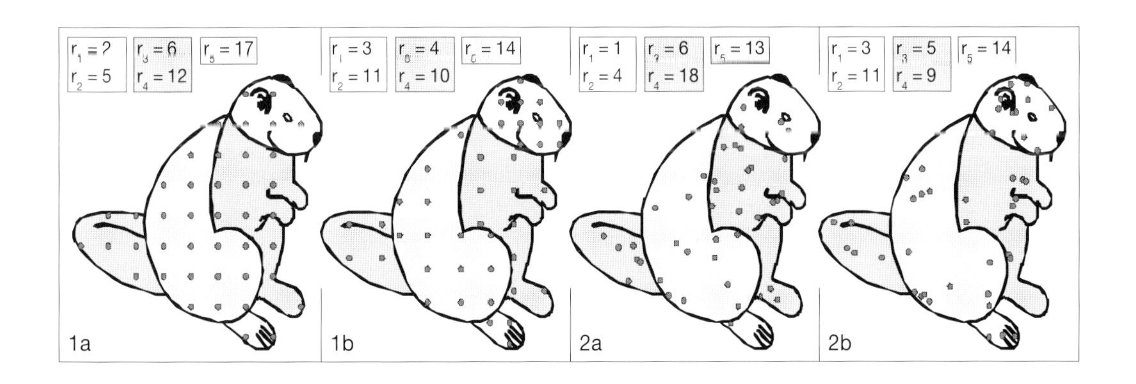

men und die Abundanz von Arten steuern, sind nur zulässig, wenn diese nicht der Stratifizierung zu Grunde liegen. Ohne sehr gute Vorkenntnisse über die Zusammenhänge abiotischer Umweltfaktoren mit dem zur Stratifizierung verwendeten Faktor ist dies nur mit reinen Zufallsstichproben möglich. Hier zeigt sich, dass zwei ähnliche Zielstellungen, die Ableitung von Indikatoren für Steuerfaktoren und die Analyse der Bedeutung von Steuerfaktoren, unterschiedliche Stichprobenpläne zur Folge haben und damit eine klare Zielformulierung für die Untersuchung unverzichtbar ist.

Der Stichprobenumfang innerhalb eines Stratums, der erforderlich ist, um einen Zusammenhang zwischen dem Indikator und dem zu indizierenden Faktor mit einer vorgegebenen Wahrscheinlichkeit nachweisen zu können, hängt von der Variabilität innerhalb der Straten und der Stärke des Zusammenhangs ab. Die Variabilität und damit die erforderliche Mindestzahl an Probeflächen variiert von Stratum zu Stratum und von Ökosystem zu Ökosystem. Auch ein Ansteigen der Probeflächengröße führt in der Regel zu einem Anstieg der Heterogenität und damit zu einer höheren Varianz vieler Parameter (Økland 1990), so dass die Probefläche möglichst klein gehalten werden sollten, damit alle Messungen für die ganze Probefläche repräsentativ bleiben (Rink 2003; vgl. Buchkap. 4.3). Standards zur jeweilig erforderlichen Probeflächen-Mindestanzahl existieren bisher nicht (Økland 1990).

Im RIVA-Projekt (vgl. Buchkap. 4.3) konnten bei einer Unterteilung des Auengrünlandes in drei Straten mit 12 Probeflächen im Stratum Flutrinnen, acht im Stratum Feuchtes Grünland und 16 im Stratum Trockenes Grünland (Rink et al. 2000) sechs ökologische Gruppen erkannt und Indikatoren für eine Reihe abiotischer Steuerfaktoren abgeleitet werden (vgl. Buchkap. 7.1 und 7.2). Sowohl die Gesamtzahl an Probeflächen als auch die Länge der im Untersuchungsgebiet vorhandenen Umweltgradienten erwiesen sich jedoch für einige potenzielle Indikatorarten als zu niedrig, um mit Hilfe logistischer Regression Lebensraumeignungsmodelle erstellen zu können. Sofern auf keine Voruntersuchungen zurückgegriffen werden kann, empfiehlt sich daher, die Probenzahl für die Ableitung des Indikationssystems möglichst hoch zu halten.

Zur Verteilung der Probeflächen innerhalb eines Stratums werden die Koordinaten eines Eckpunktes der Probeflächen und deren Ausrichtungen zufällig ausgewählt. Hierfür können beliebige Zufallsgeneratoren verwendet werden. Mittels eines Geographischen Informationssystems (GIS) lässt sich diese Zufallsverteilung effizient bewerkstelligen und mit einem Global Positioning System (GPS) optimal im Gelände umsetzen (Rink et al. 2000).

Als letzter Teil der Versuchsplanung müssen noch standardisierte Methoden für die Messung bzw. Erfassung der potenziellen Indikatoren und der zu indizierenden Faktoren festgelegt werden, die bei zeitlich variierenden Faktoren auch eine Festlegung gemeinsamer Zeitfenster für die Messungen aller Parameter beinhalten. Bei der Verwendung von Arten als Indikatoren hängt die Qualität der Indikation davon ab, dass die Indikatorarten mit ausreichendem Aufwand erfasst worden sind (Buchkap. 7.2). Da es in gleicher Weise vom Erfassungsaufwand abhängt, welcher Anteil Arten einer Gemeinschaft oder der Indikatorarten nachgewiesen werden (Buchkap. 7.3), kann die Differenz oder das Verhältnis von geschätzter zu nachgewiesener Zahl von Arten ein Maß für die

Qualität der Indikation darstellen. Damit eine Artenzahlschätzung möglich ist, müssen die Erfassungen so durchgeführt werden, dass mindestens fünf zeitliche Stichproben für dieselbe Probefläche oder fünf räumliche Wiederholungen für denselben Erfassungszeitraum vorliegen. Im Buchkapitel 7.3 wird gezeigt, mit welchen statistischen Methoden eine solche Artenzahlschätzung erfolgen bzw. zur Robustheitsprüfung einer Indikation gegenüber reduziertem Erfassungsaufwand verwendet werden kann.

3.1.2.5 Statistische Analysen

Das Ziel der statistischen Analysen besteht darin, Zusammenhänge zwischen Indikatoren und indizierten Faktoren zu quantifizieren. Je nach geplantem Einsatz des Indikators kann es erforderlich sein, das Optimum (höchste Auftretenswahrscheinlichkeit oder größte Häufigkeit) oder die Toleranzgrenzen (Minimal- und Maximalwert) seines Auftretens zu bestimmen. Dies kann mittels verschiedener Regressionsmodelle erfolgen. Eine enge Korrelation zwischen potenziellem Indikator und zu indizierendem Faktor gilt als Voraussetzung für die Eignung eines Indikators, da sein Wert von seiner Sensitivität und seiner Spezifität abhängt (Dufrêne & Legendre 1997, McGeoch 1998).

Die Auswahl des Regressionsmodells hängt von der Art der Daten und der Verteilung des Auftretens des potenziellen Indikators entlang des Gradienten des zu indizierenden Faktors ab. Zwei Verteilungen treten häufig auf: a) der Indikator kommt an einem Ende des Gradienten häufig bzw. mit hoher Wahrscheinlichkeit vor, am anderen Ende dagegen selten bzw. mit geringer Wahrscheinlichkeit. In diesem Fall spricht man von monotoner oder linearer Verteilung; b) das Optimum liegt zwischen den Gradientenenden des zu indizierenden Faktors. In diesem Fall spricht man von unimodaler (glockenförmiger) Verteilung. Graphische Darstellungen ermöglichen eine leichte Unterscheidung dieser beiden Verteilungsformen. Wird ein langer Umweltgradient überspannt, wird meist eine unimodale Verteilung gefunden, bei kurzem Gradienten dagegen eine monoton steigende oder fallende. Wenn eine Art ihr ökologisches Optimum nahe einer natürlichen Grenze hat (zum Beispiel 0 Tage Überflutungsdauer), liegt ebenfalls eine monoton steigende/fallende Verteilung vor.

Bei der Art der Daten wird zwischen quantitativen und binären Daten unterschieden. Als quantitative Daten kommen in der Indikation vor allem abiotische Messwerte sowie relative oder absolute Häufigkeiten von Arten in Frage, aber auch die Artenzahl, die Nachkommenzahl oder die Überlebensrate können dafür Verwendung finden. Als binäre Daten werden in der Indikation vor allem Vorhandensein-Fehlen-Daten benutzt.

Für quantitative Daten stellen lineare oder im Falle unimodaler Verteilungen quadratische Regressionsmodelle geeignete Verfahren dar (z.B. Sachs 1982, McCullagh & Nelder 1989, Legendre & Legendre 1998). Zu beachten ist, dass Umweltvariablen und biologische Parameter häufig nicht normalverteilt sind und dann vor der Regressionsanalyse mathematisch (z.B. logarithmisch) transformiert werden müssen. Bei binären Daten bietet sich die logistische Regression (z.B. Aldrich & Nelson 1984, Backhaus et al. 1996, Schröder 2000, Rink 2003; vgl. Buchkap. 6 und 7.1) an. Dabei können unimodale Verteilungen abgebildet werden, in dem der Parameter, der den Gradienten beschreibt, in quadratischer Form in das logistische Modell eingefügt wird. Auch auf

Bayesscher Statistik beruhende Verfahren können zur Ableitung von Indikatoren verwendet werden (Mac Nally & Fleishman 2002).

Sollen nur wenige potenzielle Indikatoren auf ihre Eignung getestet werden und wurden die zu indizierenden Faktoren a priori festgelegt, empfiehlt sich, für jeden eine Regressionsanalyse durchzuführen. Bei der Analyse komplexer Ökosysteme wie den Auen besteht dagegen die Zielstellung oft darin, Indikatoren für eine à priori nicht genau festlegbare Zahl von Schlüsselfaktoren zu finden, so dass in der Regel eine große Anzahl potenzieller Indikatoren und Umweltfaktoren erfasst werden. In diesem Fall ist es sinnvoll, zunächst eine Simultananalyse der biotischen und abiotischen Variablen durchzuführen, wofür direkte multivariate Ordinationsverfahren (Kanonische Korrespondenzanalyse – CCA; Co-inertia-Analyse und die RLQ-Methode) geeignet sind (Köhler et al. 1996, Legendre & Legendre 1998, Thioulouse et al. 2004; vgl. Buchkap. 3.2, 4.3 und 7.1).

Im Rahmen der Erstellung von Indikationssystemen dienen diese Simultananalysen dazu, ökologische Gruppen (z.B. von Arten, Lebensraumtypen oder Bodentypen) zu identifizieren, aus denen dann geeignete Indikatorarten für die entsprechenden Schlüsselfaktoren ausgewählt werden. Co-inertia-Analysen und die RLQ-Methode ermöglichen darüber hinaus eine Aufdeckung von Arteigenschaften, die für eine Indikation ökologischer Funktionen geeignet sind. Für die ausgewählten Indikatorarten kann dann, wie oben beschrieben, mittels Regressionsanalysen der Zusammenhang zwischen dem Indikator und dem zu indizierenden Faktor quantifiziert werden.

Zur Durchführung direkter multivariater Ordinationsverfahren stehen verschiedene Computerprogramme zur Verfügung, zum Beispiel CANOCO (ter Braak & Šmilauer 1998, Lepš & Šmilauer 2003), ADE-4 (Thioulouse et al. 1997) und die Open Source-Programmierumgebung R (Venables & Smith 2003), so dass alle Verfahren auch für Nichtspezialisten anwendbar und kostenlos verfügbar sind.

3.1.2.6 Integration mehrerer Indikatoren zu einem indizierten Wert

Im einfachsten Fall zeigt ein einzelner Indikator an, dass der Wert eines Umweltfaktors eine bestimmte Schwelle überschritten hat oder in einem bestimmten Bereich liegt (McGeoch 1998). Wenn die Indikation auf einer Vielzahl von Indikatoren beruht, die gemeinsam den Wert eines Umweltfaktors anzeigen, dann spricht man von einem Indikationssystem, beispielsweise bei den Zeigerwerten von Ellenberg (2001) oder dem Saprobienindex (Meyer 1990). Bei der Bioindikation können dabei die herangezogenen Arten aus einer Vielzahl verschiedener Artengruppen stammen.

Der indizierte Wert ergibt sich aus einer Verrechnung dessen, was die einzelnen Indikatoren anzeigen. Die Verrechnung kann anhand von unmittelbaren Werten oder nach Bildung von Indikationsklassen erfolgen. Wenn den Arten unmittelbar Werte der indizierten Umweltfaktoren zugeordnet sind oder äquidistante Indikatorklassen verwendet werden, bei denen alle Klassen einen gleich breiten Ausschnitt der Spanne des indizierten Umweltfaktors abdecken und deshalb quasi wie gemessene Werte behandelt werden können (z.B. die Zeigerwerte der Pflanzen (Ellenberg et al. 2001)), dann kann als indizierter Wert aller auf einer Probefläche nachgewiesenen Arten einfach der Mittelwert der durch die Arten indizierten Werte oder Klassen errechnet werden (vgl. Ertsen et al. 1998). Können die indizierten Werte nur auf einer Rangskala geordnet werden, muss auf den Median oder Modalwert ausgewichen werden.

Alternativ zur Bildung von Mittelwerten oder Medianen können auch die Toleranzbereiche mehrerer auf einer Fläche gefundener Indikatoren verglichen und so der Wertebereich des zu indizierenden Faktors eingegrenzt werden. Allerdings ist die statistische Bestimmung von Minima und Maxima des Vorkommens normalerweise mit wesentlich größerer Unsicherheit behaftet als die Bestimmung des Vorkommensoptimums, weswegen dieser Weg nur selten für eine Indikation gewählt wird.

Weitere Informationen, die in die Indikation eingehen können, enthalten die Abundanzen der nachgewiesenen Arten und ökologisches Wissen über das Vorkommen der Indikatorarten in Bezug zu den indizierten Umweltparametern. Diese Informationen können als Gewichtung bei der Bildung der Mittelwerte in die Indikation eingehen. Eine Indikatorart, die einen sehr engen Wertebereich des indizierten Umweltfaktors anzeigt, ist eine relativ wertvolle Indikatorart. Das ökologische Wissen über die Breite des Wertebereichs, den eine Art anzeigt, kann ebenfalls als Gewichtung in die Berechnung des Mittelwertes der Indikation aller Arten von einer Probefläche eingehen.

Bei der Gewichtung durch Abundanzen muss berücksichtigt werden, dass ein sinnvolles Verhältnis der Gewichte für Einzelfunde bis Massenvorkommen von Arten gefunden werden muss und dass die Körpergröße und die Abundanz oft negativ korreliert sind. Wenige Exemplare einer großen Art können eine genauso gewichtige indikatorische Aussage beinhalten wie viele einer kleinen. Wenn also Abundanzen als Wichtungsfaktoren in die Indikation eingehen sollen, muss dies durch ein System von Abundanzklassen geschehen, das diese Tatsachen berücksichtigt.

Beide genannten Arten von Gewichtung werden zum Beispiel beim Saprobienindex (Deutsches Institut für Normung 1991) und beim Makrophytenindex (Schneider et al. 2000) verwendet. Abundanzen als Gewichtung haben sich auch im RIVA-Projekt bewährt (Follner et al. 2002). Im Buchkapitel 7.2 wird ausführlich die Verwendung von Wichtungsfaktoren anhand der Vorgehensweise im RIVA-Projekt erläutert.

Auch wenn ein Indikationssystem auf Werten eines oder mehrerer Umweltfaktoren beruht, die durch die Indikatoren angezeigt werden, ist es sinnvoll, das errechnete Ergebnis der Indikation in Klassen darzustellen. Eine gut gewählte Anzahl von Klassen gibt die mögliche „Messgenauigkeit" der Indikation korrekt wieder (Buchkap. 7.2). Als Kriterien für eine sinnvolle Abgrenzung der Klassen muss an erster Stelle die Messgenauigkeit der Daten stehen, die in die Entwicklung des Indikationssystems eingeflossen sind (Ellenberg et al. 2001). Auch wenn es möglich ist, den Grundwasserflurabstand in Zentimetern zu messen, so wird sich die Zusammensetzung einer Pflanzengemeinschaft und damit auch das Vorkommen oder die Abundanz der Indikatorarten nicht im Abstand von einem Zentimeter Grundwasserflurabstand zum nächsten ändern. Die Klassenbreite muss also die Feinheit ökologischer Gruppen darstellen. Um mit den Klassen wie mit den Zeigerwerten der Pflanzen rechnen zu dürfen, müssen die Klassen quasi-kardinal sein, d.h. gleich große Abschnitte auf dem Gradienten des indizierten Umweltfaktors repräsentieren (Ellenberg et al. 2001). Im RIVA-Projekt zeigte sich, dass sich sechs ökologische Gruppen abgrenzen lassen (Buchkap. 7.1) und diese Zahl von Klassen auch in etwa der Messgenauigkeit der Erhebung der indizierten Umweltfaktoren entspricht (Peter et al. 1999).

3.1.2.7 Prüfung der zeitlichen und räumlichen Übertragbarkeit

Bevor Indikationssysteme in der Praxis angewandt werden können, muss ihre zeitliche und räumliche Übertragbarkeit geprüft werden. Bei der zeitlichen Übertragbarkeit wird analysiert, ob der statistisch abgeleitete Zusammenhang zwischen Indikator und zu indizierendem Faktor einer Dynamik unterliegt, sich zum Beispiel zwischen Frühjahrs- und Herbsterfassungen oder zwischen Jahren unterscheidet. Eine solche Analyse ist von Bedeutung, um beurteilen zu können, wie stark die Ergebnisse der Indikation von saisonalen oder jährlichen Veränderungen in den Umweltbedingungen, der Aktivität oder der Detektierbarkeit der Indikatoren betroffen sind. Da physikalische und chemische Gesetzmäßigkeiten relativ unabhängig von sich naturräumlich ändernden Umweltbedingungen sind, lassen sich abiotische Indikatoren in der Regel über einen großen Raum übertragen; dennoch muss auch bei ihnen die Übertragbarkeit geprüft werden.

Bei der Prüfung der räumlichen Übertragbarkeit wird entsprechend vorgegangen, nur dass hier die Indikation statt auf andere Zeitabschnitte auf andere Untersuchungsgebiete angewandt wird. Untersucht werden in diesem Falle, wie Unterschiede in den Standortbedingungen, die nicht durch die Indikation erfasst werden, die Indikationsergebnisse beeinträchtigen. Für viele Arten ist bekannt, dass sie sich regional in ihren ökologischen Ansprüchen unterscheiden (Böhme 1979, Riecken 1990, Nettmann 1991; Buchkap. 6.4).

Das Grundprinzip der Übertragbarkeitsprüfung besteht darin, die Indikatoren auf einen anderen Zeitabschnitt oder ein anderes Untersuchungsgebiet anzuwenden und die erzielten Indikationsergebnisse mit den gemessenen Werten der indizierten Umweltfaktoren zu vergleichen. Als zeitlich und räumlich übertragbar gilt ein Indikationssystem, wenn es die gewünschte Genauigkeit für die Indikation erreicht. Im Buchkapitel 7.2 und 7.4 wird diese Vorgehensweise für das Indikationssystem des RIVA-Projektes ausführlich erläutert.

Die Übertragbarkeitsprüfung sollte sowohl für einzelne Indikatoren als auch das gesamte Indikationssystem vorgenommen werden. Für logistische Regressionsmodelle beschreiben unter anderem Pearce & Ferrier (2006a), Schröder (2000) und Schröder & Richter (2000) ausführlich statistische Verfahren, mit denen die durchschnittliche Übereinstimmung von Vorhersage durch das Modell und Beobachtung im Freiland geprüft werden können. Übertragbarkeitsprüfungen für logistische Modelle zur Vorkommenswahrscheinlichkeit von Pflanzengemeinschaften werden im Buchkapitel 6.1 vorgestellt.

3.1.2.8 Prüfung der Robustheit bei reduziertem Erfassungsaufwand

Der Aufwand bei der Anwendung eines Indikationssystems ist stets geringer als bei dessen Ableitung. Deshalb muss vor der endgültigen Festlegung des Indikationssystems geprüft werden, inwieweit es robust gegenüber reduziertem Aufwand ist. Dies ist besonders bei der Bioindikation von Bedeutung, aber auch bei abiotischen Indikatoren sollte geklärt werden, ob sie bei einem reduzierten Aufwand bzw. durch ungeschultes Personal ausreichend genau gemessen werden können.

Die Qualität einer Indikation auf der Grundlage von Arten oder Artengemeinschaften hängt wesentlich von der Nachweiswahrscheinlichkeit der Indikatorart bzw. dem Grad der Erfassung der indizierenden Artengemeinschaft ab (vgl. Buchkap. 7.3). Da diese mit dem Aufwand steigen, muss die Robustheit gegenüber reduziertem Erfassungsaufwand auf jeden Fall geprüft werden. Dies gilt insbesondere, wenn ausschließlich auf der Grundlage des Vorhandenseins und folglich auch des Fehlens einer einzelnen Art indiziert wird. Die Beschränkung der zu testenden potenziellen Indikatorarten auf Arten mit hoher Nachweiswahrscheinlichkeit (vgl. im Kap. 3.1.2.3 dargestellte Grundprinzipien) erhöht zwar die Robustheit des Indikationssystems, macht jedoch die Robustheitsprüfung keineswegs überflüssig.

Die Robustheit eines Indikationssystems gegen reduzierten Aufwand kann geprüft werden, indem ein Teil der Erfassungen unberücksichtigt bleibt. Diese Möglichkeit muss im Versuchsplan vorgesehen sein, zum Beispiel indem die Probenahme der Mollusken aus fünf separat gehaltenen Bodenproben von je 0,1 m^2 anstatt einer mit 0,5 m^2 besteht (vgl. Buchkap. 4.3). Die Indikation kann dann mit den Einzelerfassungen und zufällig oder systematisch permutierten Kombinationen aus 1, 2, 3 etc. Proben durchgeführt werden. So kann analysiert werden, wie stark die Reduktion des Aufwandes sein darf, ohne ein vorher festgelegtes Qualitätskriterium der Indikation zu verfehlen. Das Qualitätskriterium kann sich sowohl am Indikationsergebnis bei vollem Erfassungsaufwand als auch an den gemessenen Werten des indizierten Faktors orientieren. In den Buchkapiteln 7.3 und 7.2 wird diese Vorgehensweise am Beispiel des RIVA-Projektes illustriert.

Umgekehrt kann der Grad der Erfassung der Indikatorarten als Qualitätsmerkmal für die Güte einer Indikation herangezogen werden. Mit geeigneten Methoden ist es möglich, schon bei relativ geringem Aufwand die Zahl der noch nicht erfassten Arten zu schätzen, und damit das Verhältnis zwischen der Zahl geschätzter und der Zahl nachgewiesener Arten. Die Artenzahlschätzung verlangt mindestens fünf Stichproben derselben Artengemeinschaft, also zum Beispiel fünf Bodenfallen einer Probefläche (vgl. Buchkap. 4.3). Im Buchkapitel 7.3 wird diese Methode der Qualitätssicherung einer Indikation und hierfür geeignete Schätzmethoden für die Artenzahl vorgestellt.

3.1.2.9 Abschließende Festlegung des Indikationssystems und Gebrauchsanleitung

Wenn alle Analysen abgeschlossen sind, kann der letzte Schritt für die Festlegung des Indikationssystems erfolgen. Hierbei sollten nochmals alle Indikatoren auf Plausibilität und Praktikabilität kontrolliert werden. Abschließend verbleibt noch, eine Anleitung für die praktische Anwendung zu verfassen, damit das Indikationssystem in dem vorgesehenen Sinne verwendet werden kann.

Neben Hinweisen zur Erfassung bzw. Messung der Indikatoren – sofern diese nicht bereits fest eingebürgerten Standards folgen – sollten vor allem Anleitungen gegeben werden, wie das Indikationssystem gerechnet wird (vgl. Kap. 3.1.2.6). Wichtig ist dabei eine exakte Darstellung, ob und gegebenenfalls wie Gewichtungen z.B. durch Abundanzen aus den Freilanddaten ermittelt werden und wie sie in die Berechnung des Indikatorwertes eingehen. Gewichtungen müssen bei der Anwendung des Indikationssystems auf dieselbe Art und Weise wie bei dessen Ableitung vorgenommen werden. Bei der Verwendung von Klassen muss eindeutig dargestellt werden, wie diese verrechnet werden und mit welcher Genauigkeit das Ergebnis angegeben werden darf (z.B. ganze Klassen versus halbe Klassen).

3.1.3 Abschließende Bemerkungen

Die dargestellte Vorgehensweise für die Erstellung von Indikationssystemen ist aufwendig und scheint daher auf den ersten Blick ihre eigentliche Zielstellung zu konterkarieren. Schließlich besteht das Ziel eines Indikationssystems darin, ein kosten- und zeiteffektives Instrument zur Lösung wichtiger Umweltfragen zur Verfügung zu stellen. Außerdem erfordert die Dringlichkeit vieler Umweltprobleme rasche Entscheidungen, so dass Vorschläge für zeitaufwendige Verfahren irrelevant werden können. Trotzdem ist eine systematische Vorgehensweise, wie hier vorgestellt, essentiell für den Nutzen der Indikation als Instrument des Umweltschutzes. Gefahren von *ad hoc*-Ansätzen in der Praxis wurden bereits verschiedentlich demonstriert (vgl. Pressey 1994, Kaule et al. 1999). Die Entwicklung eines Indikationssystems ist eine zeitliche und finanzielle Investition, die sich bei der Anwendung des Systems bezahlt macht.

Da die Auswahl und Überprüfung von Indikatoren für komplexe Ökosysteme schwierig und aufwändig ist und in der Vergangenheit wenig systematisch betrieben wurde, sind bisherige Fortschritte gering, sowohl was unsere theoretischen Kenntnisse zu Indikationssystemen betrifft als auch deren Anwendung auf komplexe Ökosysteme (Flather et al. 1997). Aus diesen Gründen gibt es bisher nur wenige Beispiele von Indikationssystemen, die Entscheidungsträgern als geprüfte Standardwerkzeuge für die Umweltplanung zur Verfügung gestellt werden konnten (Mc-Geoch 1998; vgl. Buchkap. 2). Um dieses Dilemma nicht auf unbegrenzte Dauer fortzusetzen, dürfen wir uns vom Zeitdruck bei vielen Umweltproblemen nicht den Blick darauf verstellen lassen, wie bedeutend mittel- und langfristige Forschungsprojekte und ein rigoroser Forschungsansatz für die Ableitung von Indikationssystemen für die Erfassung und Bewertung des Zustands und von Veränderungen komplexer Ökosysteme sind (Larsson & Esteban 2000).

3.2 Analyse ökologischer Muster und von Steuerfaktoren für die Entwicklung von Prognosemodellen – methodische Grundlagen

Klaus Henle, Anke Rink, Frank Dziock & Marcus Rink

Zusammenfassung

In diesem Kapitel wird beschrieben, wie mittels multivariater statistischer Verfahren ökologische Muster und ihnen zugrunde liegende Steuerfaktoren erkannt werden können. Am besten hierfür geeignet sind direkte Ordinationsverfahren. Wir geben eine kurze Übersicht über verschiedene Ordinationsverfahren sowie deren Vor- und Nachteile und stellen ein Diagramm vor, anhand dessen geeignete Verfahren ausgewählt werden können. Es werden Methoden zur Parameterreduktion und zur Auswahl von Parametern zur Quantifizierung des Zusammenhangs zwischen Steuerfaktoren und ökologischen Mustern besprochen. Diese Quantifizierungen können als Modelle zur Prognose ökologischer Muster bei veränderten Standortverhältnissen eingesetzt werden. Abschließend wird der zeitliche und räumliche Abgleich von Prognosemodellen besprochen.

3.2.1 Einleitung

Modelle dienen sowohl einer logisch konsistenten Beschreibung und Erklärung eines Untersuchungsgegenstandes als auch der Prognose von Veränderungen (Starfield 1997, Grimm & Railsback 2004). Die Möglichkeit, mittels Modellen Vorhersagen treffen zu können, ist für die Einschätzung alternativer Maßnahmen und für die Entscheidungsfindung in der Praxis von grundlegender Bedeutung. Hierzu reduzieren Modelle komplexe Untersuchungsgegenstände auf deren wesentliche Eigenschaften und die sie bestimmenden Prozesse (Williams et al. 2002, Grimm & Railsback 2004). Die Entwicklung von Prognosemodellen für ökologische Veränderungen in komplexen Ökosystemen wie Auen erfordert also eine Aufklärung wesentlicher ökologischer Eigenschaften (ökologischer Muster) dieser Systeme und deren Steuerprozesse.

Freiland- und Laborexperimente (Diamond 1986, Henle 1996) liefern die sichersten Erkenntnisse über Steuerfaktoren, doch lassen sich Laborexperimente selbst für einzelne Arten oft nur schwer auf Freilandbedingungen übertragen (siehe jedoch Rickfelder für ein Auenbeispiel). Freilandexperimente lassen sich dagegen oft nur schwer, wenn überhaupt, realisieren, insbesondere in komplexen Ökosystemen und vom Menschen intensiv genutzten Landschaften. Statistische Verfahren, mit denen das gemeinsame Auftreten ökologischer Muster oder einzelner Arten und von Standortfaktoren analysiert werden kann, stellen daher eine wesentliche Grundlage für die Entwicklung von Prognosemodellen für ökologische Veränderungen dar.

Zur Erkennung ökologischer Muster bestehen zahlreiche Verfahren. Neben Methoden der Geostatistik (vgl. Buchkap. 8.1), Cluster- und Diskriminanzanalysen (Backhaus et al. 1996) sind dies insbesondere auf Regression basierende Lebensraumeignungsmodelle und multivariate Ordinationsverfahren. Letzteres Verfahren erlaubt die gleichzeitige Erkennung ökologischer Muster und ihnen zugrunde liegender Steuerfaktoren. Für Lebensraumeignungsmodelle wird die logistische Regression am häufigsten eingesetzt (Kleyer et al. 2000, Pearce & Ferrier 2000b, Schröder & Reineking 2004, Hildebrandt et al. 2005b). Wurde eine Vielzahl biotischer und abiotischer Variablen erhoben, ist jedoch eine Simultananalyse dieser Variablen vorteilhaft. Hierfür wurden Ordinationsmethoden entwickelt, mit denen Muster in den Artengemeinschaften und den Steuerfaktoren synchron betrachtet und damit deren Zusammenhang quantifiziert werden kann (Jongman et al. 1987, Økland 1990, Guisan et al. 1999, Rink 2003). So können sowohl ökologische Muster als auch die Steuerfaktoren, die einzelne Taxa beeinflussen, bestimmt werden.

In diesem Kapitel geben wir eine Übersicht über multivariate Ordinationsmethoden. Wir vergleichen kurz die Vor- und Nachteile verschiedener Ordinationsverfahren und besprechen Methoden zur Auswahl eines geeigneten Verfahrens. Anschließend wird die Selektion relevanter Umweltparameter für die multivariaten Prognosemodelle und schließlich deren räumlichen und zeitlichen Abgleich beschrieben. Wir verweisen bereits an dieser Stelle auf Buchkapitel 8.2, in dem beschrieben wird, wie unter Verwendung dieser Prognosemodelle mit Hilfe Geographischer Informationssysteme flächenkonkrete Prognosen ökologischer Veränderungen aufgrund natürlicher oder anthropogener Einwirkungen auf die Steuerfaktoren erfolgen können.

3.2.2 Multivariate Ordinationsmethoden

Das Ziel und die grundlegenden Eigenschaften von Ordinationsverfahren sind in Abbildung 3.2-1 dargestellt. Sie dienen der Zusammenfassung redundanter Dateninformation und der Dimensionsreduktion durch die Bildung von parameterbasierten Komplexgradienten, den Ordinationsachsen im Ergebnisdiagramm (Teilbild A). Grundlegende Ziele hierbei sind in Teilbild B dargestellt: Objektivität, Informationssummation und Dimensionsreduktion. Der Begriff Objektivität steht für mathematische Reproduzierbarkeit der Aussagen und den Ausschluss subjektiver Elemente durch den Bearbeiter bei der Ordination. Die strukturierte Zusammenfassung und graphische Aufbereitung der Muster

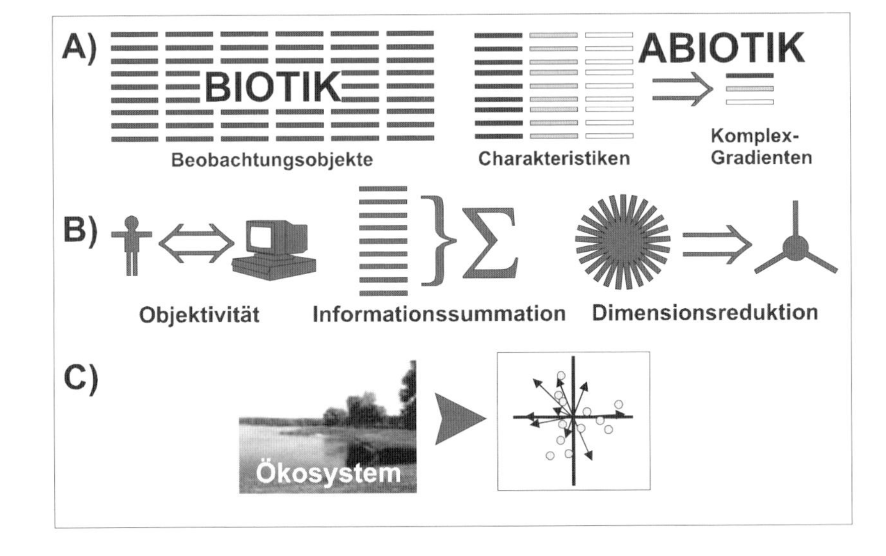

Abb. 3.2-1: (A) Ablauf, (B) grundlegende Ziele und (C) Visualisierung von Ordinationsverfahren schematisiert dargestellt (Rink 2003, verändert).

führt zu einer Handhabbarkeit der vielschichtigen Information für das menschliche Vorstellungsvermögen (Teilbild C).

Ordinationsverfahren werden eingeteilt in direkte und indirekte Verfahren (Abb. 3.2-2), die jeweils weiter nach dem verwendeten Antwortmodell (linear oder unimodal) unterteilt werden (Köhler et al. 1996, Legendre & Legendre 1998). Wird ein langer Umweltgradient überspannt, ist meist das unimodale (glockenförmige) Modell geeigneter, bei kurzem Gradienten kann das unimodale Modell durch ein lineares (monoton steigendes oder fallendes) Modell angenähert werden. Auch bei einer natürlichen Grenze (zum Beispiel 0 Tage Überflutungsdauer) liegt häufig ein lineares Antwortmodell vor. Nachfolgend geben wir eine kurze Übersicht über die Vor- und Nachteile verschiedener Verfahren (für eine ausführliche Diskussion siehe ter Braak & Verdonschot 1995, Legendre & Legendre 1998, Dray et al. 2003, Rink 2003, Thioulouse et al. 2004, Leyer & Wesche 2007).

In den *indirekten Ordinationsverfahren* (z.B. Korrespondenzanalyse - CA, Hauptkomponentenanalyse -

Abb. 3.2-2: Direkte und indirekte Ordination als Basis zur Erstellung von Prognosemodellen. Weg A und C sind indirekt, d.h., nur eine Datenmatrix wird geordnet. In B wird der direkte Weg beschritten und die biologische Datenmatrix aus Weg A anhand der abiotischen Datenmatrix erklärt (Rink 2003, verändert).

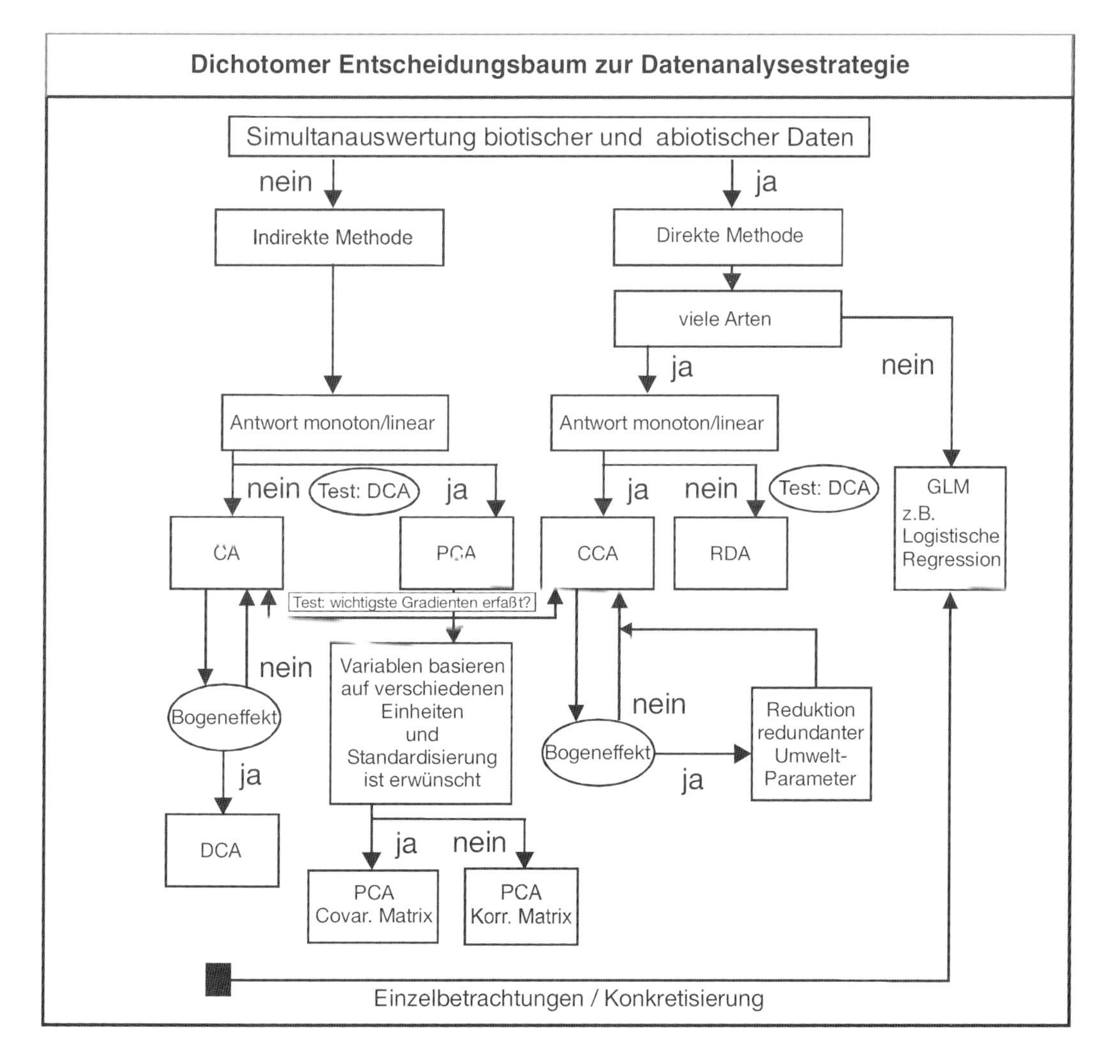

PCA) werden je nach Fokus der Analyse die Probeflächen bzw. Arten unabhängig von Erklärungsvariablen basierend auf der reinen Variabilität in der Artenzusammensetzung oder den Artvorkommen im resultierenden Ordinationsdiagramm angeordnet. Die für die Musterbildung verantwortlichen Faktoren bzw. die von ihnen beschriebenen Gradienten können nur subjektiv identifiziert werden, d.h., der Bearbeiter übernimmt eine Art „Künstlerrolle“, basierend auf seinem Fachwissen. Mit diesen Verfahren kann also der Zusammenhang zwischen ökologischen Mustern und Steuerfaktoren interpretiert, aber nicht quantifiziert und getestet werden; sie stellen also explorative Verfahren dar.

Direkte Ordinationsverfahren eröffnen die Chance, Probeflächen bzw. Arten direkt auf einen Satz Erklärungsvariablen zu beziehen, daraus Zusammenhänge zu erkennen und die Analysen objektiver werden zu lassen. Direkte Techniken ermöglichen also, zu analysieren, inwieweit zwei Datenmatrizen (z.B. abiotische Variablen und Artenvorkommen) eine gemeinsame Struktur aufweisen. Bevor es die Möglichkeit gab, direkte Gradientenanalysen zu rechnen, war man darauf angewiesen, für jede einzelne Art separate Regressionen zu rechnen, um einen Bezug zwischen einer Art und Umweltparametern herzustellen (Jongman et al. 1987). Die Modellanpassung musste so für jede Art neu erfolgen.

In direkten Verfahren verlaufen die Gradienten bzw. Achsen in jeder Dimension in Richtung der größten Variabilität im Datensatz, welche durch Umweltvariablen in der Analyse erklärt wird. Die Achsen indirekter Verfahren hingegen korrespondieren in jeder Dimension zur Richtung maximaler Variabilität der Artendaten. Das heißt, dass direkte Ordinationsverfahren Konzepte und Funktionalität von indirekter Ordination und Regression kombinieren (vgl. Rink 2003).

Folgende statistische Verfahren wurden im RIVA-Projekt für die direkte Gradientenanalyse verwendet: Kanonische Korrespondenzanalyse (canonical correspondence analysis - CCA), Redundanzanalyse (redundancy analysis -RDA) und Co-inertia-Analyse (Thioulouse et al. 2004). Die Redundanzanalyse ist zur Mustererkennung nur bedingt geeignet, da das zugrunde liegende lineare Antwortmodell impliziert, dass Arten über die Probeflächen weitgehend identisch verteilt sind und sich nur in ihren Häufigkeiten unterscheiden (Palmer 1993, Legendre & Legendre 1998, Thioulouse et al. 2004).

Die CCA, der ein unimodales Antwortmodell zugrunde liegt, liefert für viele Datensätze auch bei komplexen Versuchsansätzen realitätstreue Ergebnisse, sofern in Voranalysen kollineare Parameter als redundant erkannt und der Variablensatz entsprechend reduziert wird (Palmer 1993), allerdings nur wenn tatsächlich auch unimodale Antwortkurven vorliegen und die Anzahl der Umweltvariablen klein gegenüber der Probeflächenanzahl ist (Thioulouse et al. 2004). Die CCA berechnet die Lage der einzelnen Arten gegenüber den Ordinationsachsen, die von den Umweltparameterkombinationen mit maximaler Trennkraft gegenüber der Variabilität der Arten definiert werden. Hierdurch wird die relative ökologische Entfernung der Arten zueinander, also deren Verteilungsmuster im geringdimensionalen Ordinationsraum, sichtbar. Durch das unimodale Antwortmodell wird das Zentroid der Verteilung der jeweiligen Art im Ordinationsraum visualisiert, also im übertragenen Sinne das Optimum ihres Vorkommens im Untersuchungsgebiet.

Die Co-inertia (Dray et al. 2003) koppelt zwei Datenmatrizen und sucht nach einer gemeinsamen Struktur. Sie ist im Gegensatz zur CCA oder RDA sehr robust bei einer hohen Anzahl an Umweltvariablen im Vergleich zur Probeflächenanzahl oder bei korrelierten Umweltvariablen. Sie wird vergleichsweise selten für ökologische Fragestellungen eingesetzt, bietet sich jedoch gerade dann an, wenn die Voraussetzungen für CCA oder RDA nicht gegeben sind (Dray et al. 2003).

Neben den oben beschriebenen Verfahren werden in der Ökologie häufig auch andere indirekte sowie direkte Verfahren eingesetzt (Multidimensional scaling MDS, principal coordinates analysis PCoA, regression trees, Generalized additive models GAMs etc.). Da diese Verfahren im RIVA-Projekt nicht angewandt wurden, sei hier auf die einschlägige Fachliteratur verwiesen (Hastie & Tibshirani 1990, Legendre & Legendre 1998, De'Ath 2002, Anderson & Thompson 2004).

Für die beschriebenen multivariaten Ordinationsverfahren stehen verschiedene Computerprogramme zur Verfügung, z.B. die kostenlose Open Source Programmierumgebung R (fast alle statistischen Verfahren sind enthalten, Venables & Smith 2003), CANOCO (ter Braak & Šmilauer 1998) für CA, PCA, CCA und RDA sowie ADE-4 (Thioulouse et al. 1997), mit dem zusätzlich eine Co-Inertia-Analyse möglich ist. Im Buchkapiteln 7.1 wird die Verwendung von CANOCO für die Entwicklung von Prognosemodellen innerhalb von RIVA erläutert. In den Buchkapiteln 6.2 bis 6.4 bzw. 8.2 und 9.2 werden mit multivariaten Ordinationsverfahren erzielte Ergebnisse vorgestellt.

3.2.3 Methodenwahl

Die verschiedenen Ordinationsverfahren haben unterschiedliche Vorteile und gehen von verschiedenen Annahmen aus, so dass das „einzig wahre Ordinationsverfahren" nicht existiert. Daher muss eine sorgfältige Modellauswahl erfolgen und sich jeder Anwender über die Eigenschaften und Annahmen des angewandten Verfahrens informieren (vgl. ter Braak & Šmilauer 1998, Lepš & Šmilauer 2003, Rink 2003, Leyer & Wesche 2007). Werden diese nicht berücksichtigt, kann es zu Artefakten und Fehlern bei der Ergebnisinterpretation kommen. Rink (2003) hat einen Entscheidungsbaum zur Wahl eines geeigneten Verfahrens entwickelt (Abb. 3.2-3) und beschreibt ausführlich, wie Ordinationsdiagramme auszuwerten und zu interpretieren sind und welche Fehler dabei auftreten können.

3.2.4 Parameterselektion

Da mit den Modellen aus den Ordinationsverfahren Zusammenhänge zwischen ökologischen Mustern (Artenverteilung) und Steuerfaktoren beschrieben werden sollen, muss zuvor durch ein Selektionsverfahren die Auswahl der relevanten Umweltparameter im Datensatz erfolgen. Wir schlagen ein dreistufiges Verfahren vor:

1) Kontrolle der paarweisen Korrelationen (Kolinearität) zwischen den Umweltparametern und dadurch Identifizierung redundanter Parameter,
2) Eliminierung von zeitlich und/oder räumlich konstanten Parametern und
3) schrittweise Selektion der Umweltvariablen anhand ihrer Erklärungsanteile für die Verteilung der

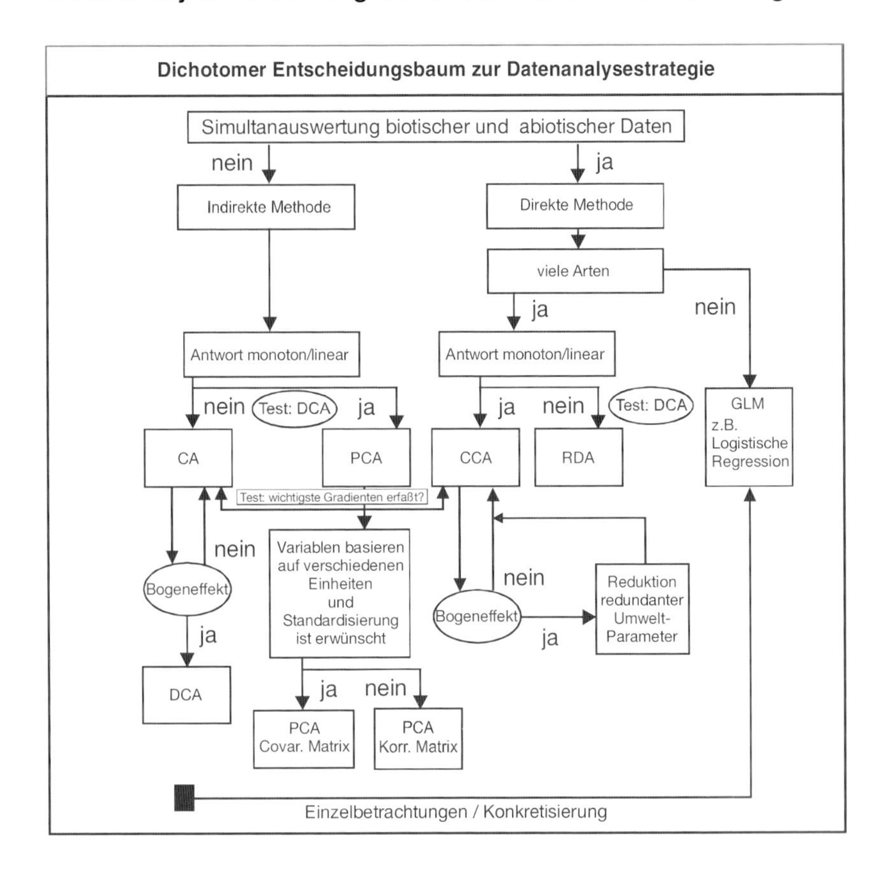

Abb. 3.2-3: Dichotomer Entscheidungsbaum zur Wahl eines geeigneten Verfahrens zur Datenanalyse (verändert nach Rink 2003); CA: Korrespondenzanalyse, CCA: Kanonische Korrespondenzanalyse, Covar: Covarianz, DCA: Korrespondenzanalyse mit Korrekturverfahren für bogenförmige Verzerrungen, DCCA: Kanonische Korrespondenzanalyse mit Korrekturverfahren für bogenförmige Verzerrungen, GLM: Generalisierte Lineare Modelle, Korr: Korrelation, PCA: Hauptkomponentenanalyse, RDA: Redundanzanalyse.

betrachteten Arten (s. Lepš & Šmilauer 2003).

Die Selektion der Umweltvariablen geschieht in der Regel über Vorwärtsselektion. Im ersten Durchlauf wird dabei die Bedeutung jedes einzelnen Parameters separat bestimmt, d.h. die Bedeutung der Variablen für die Erklärung des biotischen Raummusters unterliegt noch keinem Einfluss bereits im Modell befindlicher Umweltparameter. Nach dem Einschluss des in diesem ersten Durchlauf ermittelten effektivsten Parameters (höchster Eigenwert – EV) in die Modellgleichung verändert sich im folgenden Durchlauf die additive Erklärungsrelevanz der übrigen Parameter (Parameterabfolge) durch verschiedene Kolinearitätsanteile zu den bestehenden Modellparametern. Wiederum wird der dann die verbliebene Restvariabilität am besten erklärende Parameter gewählt und in das Modell aufgenommen. Dieser Vorgang wird sooft wiederholt, bis keine Parameter mehr extrahiert werden können, die signifikant die Erklärung des Modells erhöhen.

Zusätzlich kann eine Hauptkomponentenanalyse zur Datenreduktion eingesetzt werden, um einzelne Parameter zu komplexen Umweltgradienten zusammenzufassen (Weg C in Abbildung 3.2-2; s. auch Buchkap. 6.4 und 7.1). Zur Variablenselektion sei weiterhin auf King & Jackson (1999) und neue Ansätze bei Vaughan & Ormerod (2005) hingewiesen.

3.2.5 Prüfung der zeitlichen und räumlichen Übertragbarkeit

Unter zeitlicher Übertragung versteht man die Anwendung eines Modells auf andere Untersuchungszeiträume im Gebiet, in dem das Modell erstellt wurde. Entsprechend bedeutet eine räumliche Übertragung die Anwendung eines Modells auf andere Untersuchungsräume. Da viele Organismen zusätzlich jahreszeitlich unterschiedliche Aktivitäten und Nachweiswahrscheinlichkeiten besitzen, ist auch zu prüfen, inwieweit ein für eine bestimmte Jahreszeit erstelltes Modell auch für andere Jahreszeiten gültig ist. Je besser ein Modell die zur Prüfung der Übertragbarkeit erhobenen Daten „erklärt", desto besser ist seine Übertragbarkeit.

Die Übertragbarkeit linearer Regressionsmodelle kann man prüfen, indem für zwei Zeiträume oder Gebiete zwei Regressionsmodelle aufgestellt werden und mit Standardverfahren, wie sie in allen gängigen statistischen Programmen implementiert sind, die erhaltenen Modelle auf signifikante Unterschiede geprüft werden. Bei logistischen Habitatmodellen wird geprüft, inwieweit das Modell geeignet ist, Vorhandensein und Fehlen einer Art oder Pflanzengemeinschaft für andere Zeiträume oder Gebiete mit hoher Wahrscheinlichkeit vorherzusagen, wobei häufig eine korrekte Vorhersage für jeweils mindestens 85 % der Fälle als Voraussetzung für eine ausreichend gute Übertragbarkeit angenommen wird (z.B. Hosmer & Lemeshow 1995). Pearce & Ferrier (2000a,b), Schröder (2000) und Schröder & Richter (2000) beschreiben ausführlich statistische Verfahren, mit denen die durchschnittliche Übereinstimmung von Vorhersage durch das Modell und Beobachtung im Freiland geprüft werden können. Übertragbarkeitsprüfungen für logistische Modelle zur Vorkommenswahrscheinlichkeit von Pflanzengemeinschaften werden im Buchkapitel 6.1 vorgestellt.

Bei der Anwendung direkter Ordinationsverfahren auf die Daten unterschiedlicher Zeiträume oder Gebiete gehen zwar häufiger für die verschiedenen Untersuchungszeiträume oder Gebiete dieselben Erklärungsvariablen für die Häufigkeit oder Vorkommenswahrscheinlichkeit der Arten in die Modelle ein, aber mit unterschiedlichen Erklärungsanteilen und in unterschiedlicher Reihenfolge (z.B. Rink 2003). Daher ist es erforderlich, die Modelle simultan zu erstellen und die jeweils aufgenommenen Variablen zwischen den Modellen abzugleichen. Hierfür werden nur Erklärungsvariablen in die Modelle aufgenommen, die für alle Untersuchungsphasen relevant sind. Durch diesen Abgleich wird zwar die Erklärungskraft der Modelle etwas reduziert, aber dafür wird die darauf basierende Prognose besser übertragbar. Als Prognosemodell wird dann am besten dasjenige Modell verwendet, das nach dem Abgleich die beste Erklärung für die Daten beider Zeiträume oder Gebiete liefert. Weitere Gebiete, die nicht mit in die Modellbildung eingeschlossen waren, können dann zur Überprüfung der Allgemeingültigkeit der Modelle herangezogen werden.

Der räumliche und zeitliche Abgleich von Prognosemodellen wird im Buchkapitel 7.1 anhand des RIVA-Projektes illustriert. Im Buchkapitel 8.2 wird beschrieben, wie anhand der Prognosemodelle und mit Hilfe Geographischer Informationssysteme flächendeckende Prognosen des Vorkommens von Artenmustern erfolgen können.

4 RIVA – ein Modellprojekt für die Elbauen

4.1 Das RIVA-Projekt: Übersicht und Ziele

Mathias Scholz, Sabine Stab, Francis Foeckler, Klaus Follner, Bernd Gerken, Helmut Giebel, Winfried Peter, Volker Hüsing, Stefan Klotz, Heinz-Ulrich Neue & Klaus Henle

Zusammenfassung

Dieses Kapitel gibt einen Überblick zum Elbe-Ökologie-Verbundprojekt „Übertragung und Weiterentwicklung eines robusten Indikationssystems für ökologische Veränderungen in Auen" (RIVA – gefördert vom BMBF). Das Forschungsprojekt hat sich in einer mehrjährigen Tätigkeit die Erarbeitung und Weiterentwicklung methodischer Grundlagen zur Synthese komplexer ökologischer Zusammenhänge in Auen und deren Abbildung mit Indikatoren zum Ziel gesetzt. In einer Übersicht wird die Struktur des Forschungsvorhabens vorgestellt und der Ablauf der einzelnen Arbeitsschritte erläutert. Die wesentlichen abiotischen Wirkfaktoren in einer Auenlandschaft sind Hydrodynamik und Bodeneigenschaften, die das Vorkommen von biologischen Indikatoren bestimmen. Dabei wurden solche Artengruppen ausgewählt, die sowohl hinsichtlich ihrer Habitatansprüche als auch ihrer Mobilität repräsentativ für das Arteninventar in Auenlebensräumen sind: immobile Pflanzen, Schnecken als wenig mobile Tiere, Laufkäfer mit mittlerer Mobilität und hoch mobile Schwebfliegen. Wesentliche Vorraussetzungen für eine Synthese der abiotischen und biologischen Daten war die Entwicklung und Verwendung einer projekteigenen Datenbank sowie die Erstellung eines Höhenmodells. Die eigentliche Synthese erfolgte mit Hilfe von statistischen Auswertungen, mit denen Abhängigkeiten von Tieren und Pflanzen von den einzelnen Standorteigenschaften in der Aue analysiert wurden.

4.1.1 Einleitung

Der ökologisch verträgliche Umgang mit Flussauen wird schon seit Jahren mit Nachdruck gefordert. Das setzt jedoch voraus, dass der aktuelle Zustand ausreichend ökologisch charakterisiert und naturschutzfachlich bewertet und die ökologischen Auswirkungen von Eingriffen hinreichend sicher vorausgesagt werden können. Da eine Untersuchung aller Umweltfaktoren aus der belebten und unbelebten Natur sowie ihres Wirkungsgefüges in der Regel zu aufwendig und kostspielig ist, werden für die planerische Praxis robuste, zielorientierte und einfach handhabbare Instrumente als Basis für Bewertungen und Entscheidungen benötigt (vgl. Plachter & Foeckler 1991, Spang 1992, Köppel et al. 1994). Indikationssysteme und auf die Anforderungen der Praxis zugeschnittene Prognosemodelle besitzen ein besonders hohes Potential als Planungsinstrumente, da sie den Zusammenhang zwischen abiotischen und biotischen Umweltfaktoren abbilden (z.B. Rehfeldt 1984, Ellenberg 1992, Spang 1996). Auch in Auen und Flusssystemen haben sich Indikationssysteme und Prognosemodelle für ökologische Veränderungen bereits bewährt (z.B. Foeckler 1990, Henrichfreise et al. 1990, Castella et al. 1994a, Fuchs et al. 2003; vgl. Buchkap. 2 und 7.2).

Zur Weiterentwicklung dieser Instrumente wurde im Rahmen der BMBF-Elbe-Ökologie-Forschung am Helmholtz-Zentrum für Umweltforschung - UFZ das Projekt „RIVA“ (Weiterentwicklung eines Robusten Indikationssystems für ökologische Veränderungen in Auen; Förderkennzeichen 0339579) mit einer Laufzeit von drei Jahren im Herbst 1997 begonnen. Innerhalb des Projektes stand die Entwicklung eines Indikationssystems zur vereinfachten Charakterisierung von abiotischen Standortparametern, das robust gegen reduzierten Erfassungs- und Auswertungsaufwand ist, im Mittelpunkt.

Parallel zum Indikationssystem wurden die ermittelten Zusammenhänge zwischen ökologischen Faktoren und der Artenzusammensetzung für die Entwicklung eines Prognosemodells verwendet, mit dem ökologische Veränderungen in Auengrünland auf Grund von äußeren Eingriffen vorhergesagt werden können. Hauptaugenmerk lag dabei auf möglichen Veränderungen im hydrologischen Regime sowie den damit zusammenhängenden Bodenverhältnissen in der Aue, um die ökologischen Folgen bestimmter Eingriffe wie Wasserstraßenausbau, landwirtschaftliche Melioration oder auch bauliche Veränderungen sowie Naturschutzmaßnahmen besser abschätzen und in ihren Auswirkungen beurteilen zu können.

Auengrünland stellt den häufigsten Lebensraumtyp entlang der Mittleren Elbe dar (Scholz et al. 2005b). Da die verfügbare Kapazität im RIVA-Projekt begrenzt war, wurden das Indikationssystem und das Prognosemodell nur für diesen Lebensraumtyp entwickelt.

Die entwickelte Methodik ist jedoch auf andere Lebensräume übertragbar, und sowohl das erarbeitete Indikationssystem als auch das Prognosemodell sind unmittelbar auf Auengrünländer der Mittleren Elbe anwendbar.

Anhand der Erfahrungen aus dem RIVA-Projekt soll der Prozess einer möglichst objektiven Ableitung von Indikatoren und die Erarbeitung eines integrativen, d.h. aus abiotischen Leitparametern und Arten verschiedener Organismengruppen zusammengesetzten Indikationssystems beispielhaft aufgezeigt werden. Zu diesem Zweck wurde ein allgemeines Ablaufschema für die Erarbeitung von Umweltindikatoren entwickelt (Buchkap. 3.1). Das RIVA-Projekt orientiert sich an diesem Ablaufschema, folgt ihm jedoch nicht in allen Einzelheiten, da das in Buchkapitel 3.1 dargestellte Ablaufschema bereits anhand der im RIVA-Projekt gesammelten Erfahrungen verbessert wurde.

Nachfolgend wird eine Übersicht über die Ziele und die Struktur des RIVA-Projekts gegeben. Eine Charakterisierung des Untersuchungsraumes erfolgt im Buchkapitel 4.2. Im Buchkapitel 4.3 werden der Versuchsplan und die wichtigsten verwendeten statistischen Verfahren erläutert.

4.1.2 Zielstellung des RIVA-Projekts

Der erste Schritt bei der Erstellung von Indikationssystemen und Prognosemodellen ist eine Festlegung der allgemeinen und konkreten Zielstellungen (vgl. Buchkap. 3.1). Das allgemeine Ziel des RIVA-Projekts bestand in der Indikation und Prognose des ökologischen Zustands sowie von ökologischen Veränderungen in Auengrünland. Im Lebensraum Aue ist die Wasserstandsdynamik der wichtigste Umweltfaktor für die Besiedelung und Abundanz der Arten (Scholz et al.

2005a). Als konkretes Ziel wurde daher die Indikation von Umweltfaktoren, die sich mit der Überflutungsdynamik verändern, festgelegt. Dies müssen nicht ausschließlich hydrologische Faktoren sein, weil sich das hydrologische Regime zum Beispiel auch auf den Chemismus des Bodens und folglich auf die Nährstoffverfügbarkeit auswirkt.

Entsprechend sollte für die Prognosemodelle geklärt werden, wie mit dem hydrologischen Regime zusammenhängende Faktoren die Struktur der Vegetation und ausgewählter Tiergruppen und das Vorkommen von Arten beeinflussen. Dies bedeutet, dass entsprechende Steuerfaktoren identifiziert und ihr Einfluss auf die Artenzusammensetzung quantifiziert werden musste (vgl. Buchkap. 3.2).

4.1.3 Übersicht über die Struktur des RIVA-Projekts

Nach der Festlegung der Zielstellungen galt es, potentielle Indikatoren auszuwählen, den Versuchsplan zu entwickeln und die Datenerhebung vorzubereiten. Die Struktur des Projektes und die beteiligten Disziplinen (Abb. 4.1-1) reflektieren die daraus resultierenden Anforderungen. Die Einbeziehung verschiedener Disziplinen sollte eine ausreichend intensive Bearbeitung der zentralen Steuerfaktoren für Auen auf der untersuchten Raumskala (vgl. Buchkap. 4.2) und die Berücksichtigung unterschiedlicher Artengruppen als potentielle Indikatoren gewährleisten.

Bei der Auswahl der Organismengruppen haben wir uns an Untersuchungen (insbesondere Murphy et al. 1994) orientiert, die für andere europäische Flusssysteme bereits methodische Ansätze und Kriterien zur Ableitung von Indikationssystemen entwickelt haben (vgl. Buchkap. 2). Es wurden deshalb Artengruppen ausgewählt, die eine Vergleichbarkeit mit ähnlichen Arbeiten an anderen europäischen Flusssystemen ermöglichen und deren Lebensweise gleichzeitig erwarten ließ, dass sie Unterschiede der indizierten Umweltfaktoren in der räumlichen und zeitlichen Skala von Wasserstandsschwankungen in Auen anzeigen.

Bei den ausgewählten Artengruppen Laufkäfer, Schwebfliegen, Mollusken und Pflanzen (Abb. 4.1-1) ist die Taxonomie der mitteleuropäischen Arten weitestgehend geklärt. Für diese Artengruppen stehen standardisierte und geprüfte Methoden der Erfassung und Bestimmung zur Verfügung. Das Wissen über die Ökologie ist relativ groß und steht für Mollusken, Schwebfliegen und Pflanzen teilweise auch in Datenbanken zur Verfügung (Falkner et al. 2001, Speight et al. 2004, Klotz et al. 2002). Bei den Laufkäfern fehlt es bisher an einer systematischen Erfassung und allgemeinen Verfügbarkeit dieses Wissens. Die Größe der Arten lässt sie geeignet erscheinen, kleinräumige Unterschiede der Lebensraumeigenschaften in Auen abzubilden. Ihre Lebenszeit (Pflanzen) bzw. die Stabilität ihrer Populationen lässt erwarten, dass sie auch längerfristige ökologische Veränderungen in Auen sichtbar machen.

Gleichzeitig sollten unterschiedlich mobile Gruppen berücksichtigt werden, davon ausgehend, dass diese unterschiedlich auf die Überschwemmungsdynamik reagieren. Arten aus immobilen Gruppen benötigen Anpassungen, die es ihnen erlauben, längere Überflutung bzw. Niedrigwasserzeiten zu tolerieren (Hildebrand et al. 2005b, Foeckler et al. 2000a,b), oder ihr Vorkommen ist auf die höchsten, selten überschwemmten Bereiche der Auen beschränkt. Daher sollten Arten aus im-

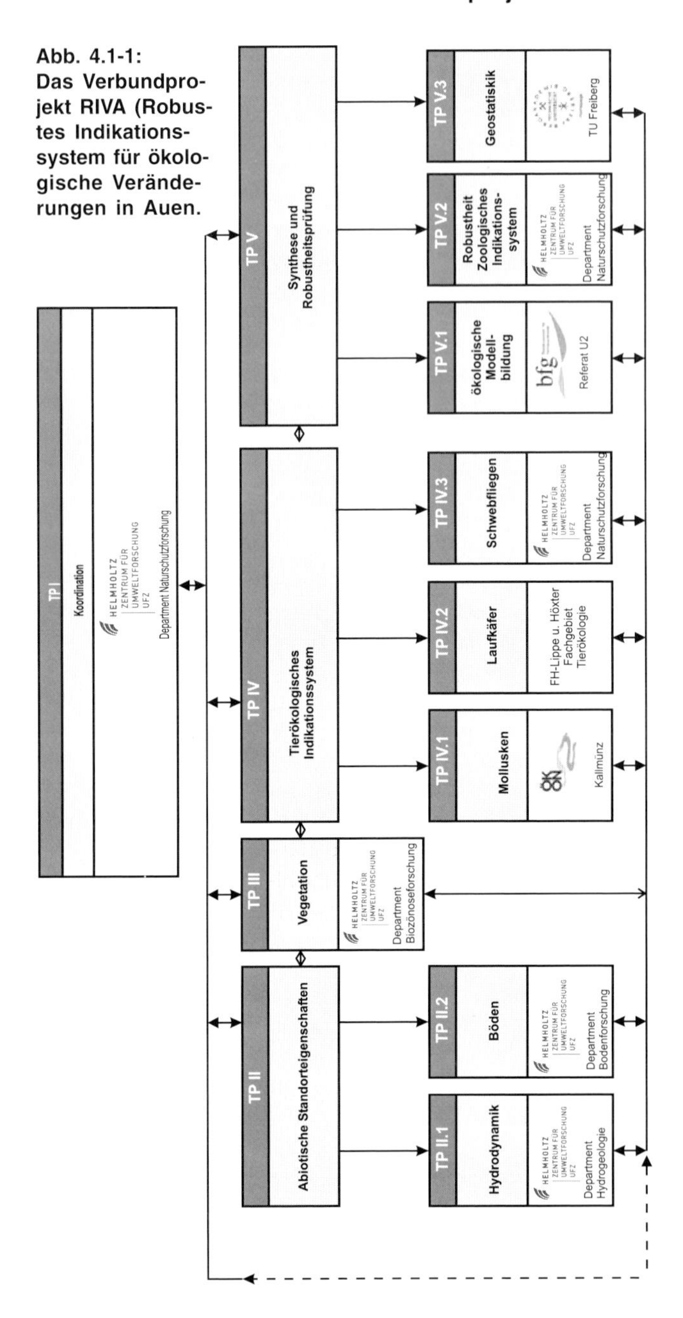

Abb. 4.1-1: Das Verbundprojekt RIVA (Robustes Indikationssystem für ökologische Veränderungen in Auen.

mobilen Gruppen besonders leicht in für die Bioindikation geeignete funktionale Gruppen (im Sinne von Wilson 1999) eingeteilt werden können. Arten aus mobileren Gruppen können dagegen leichter Überflutungen ausweichen und bei schwankenden Grundwasserständen aktiv für sie optimale Bedingungen aufsuchen (Siepe 1994). Solche Arten sollten daher eher zur Indikation struktureller und räumlicher Zusammenhänge geeignet sein.

Die räumliche wie zeitliche Skala hydrologischer Unterschiede in Auenlebensräumen passt also zu den Eigenschaften der ausgewählten Artengruppen. Allerdings stellte sich bei den Schwebfliegen heraus, dass sie im Grünland auf der gewählten Skala nur bedingt als Indikatoren in Frage kommen (vgl. Buchkap. 6.4). Aufgrund ihrer unterschiedlichen Biologie und Mobilität decken die verbleibenden drei Artengruppen stark überlappende, dennoch unterschiedliche Bereiche dieser Skala ab.

Die Bodenforschung und die Hydrologie hatten die Aufgaben, die abiotischen Standortverhältnisse und Prozesse zu analysieren, um damit einerseits zentrale Steuerfaktoren zu erfassen und andererseits abiotische Indikatoren aufzudecken, mit denen komplexe oder nur aufwendig messbare abiotische Faktoren indiziert werden können. Zwei weitere Teilprojekte dienten der Robustheitsprüfung und Synthese. Diese Teilprojekte hatten die Aufgabe, die Robustheit des abgeleiteten Indikationssystems gegenüber reduziertem Erfassungsaufwand zu analysieren bzw. die Zusammenhänge zwischen Steuerfaktoren und Arten in Prognosemodelle umzusetzen.

Der bestimmende Steuerfaktor für Auen, deren Böden und Lebensgemeinschaften sind periodische Überflutungen aufgrund von Hochwasser in Flüssen oder an die Oberfläche tretendes Grund- oder Druckwasser ebenso wie Niedrigwasserzeiten (Hügin & Henrichfreise 1992; vgl. Buchkap. 5.1). Wichtige abiotische Faktoren sind die Fluktuation des Flurabstands der Grundwasseroberfläche und die damit verbundenen Änderungen des chemophysikalischen Regimes wie Sauerstoffgehalt, pH-Wert, Eh-Wert und Temperatur in der gesättigten und ungesättigten Zone (vgl. Buchkap. 5.2), auch in Abhängigkeit von der Bodendeckschichtmächtigkeit. Letztere entscheidet über die Wasserverfügbarkeit für die Pflanzendecke bei Grundwasserständen unter Flur.

4.1.4 Ablauf des Vorhabens

Der Ablauf des Vorhabens ist in Abbildung 4.1-2 dargestellt. Zunächst bestand die Aufgabe der beteiligten Wissenschaftler darin, aus der Vielzahl der möglichen Messgrößen diejenigen herauszufiltern, die unbedingt erforderlich sind, um den Zustand und die Veränderungen von Auensystemen hinreichend genau zu beschreiben, die räumlich möglichst breit einsetzbar sind und mit einem vertretbaren Aufwand an Probenahme, Datenerhebung und Datenanalyse auskommen. In den Buchkapiteln 5 und 6 stellen wir ausführlicher dar, welche Messgrößen von den einzelnen Disziplinen ausgewählt wurden. Außerdem mussten bei der Auswahl der Messgrößen und der Methoden für die Datenerhebung die Anforderungen der anderen Teilprojekte sorgfältig berücksichtigt werden. So bestand die Notwendigkeit, dass alle Geländearbeiten auf den relativ kleinen Probeflächen in einem standardisierten Versuchsplan (vgl. Buchkap. 4.3) ohne Beeinträchtigungen der Untersuchungen der anderen beteiligten Disziplinen möglich waren. Die Umsetzung dieser Rahmenbedingungen erforderte teilweise erhebliches Umdenken und Abweichungen von üblichen Gewohnheiten der beteiligten Wissenschaftler. So mussten sie ihre gewohnten Methoden so anpassen, dass einerseits diese aus der Gesamtsicht des Projektes unverzichtbaren Rahmenbedingungen ein-ge-

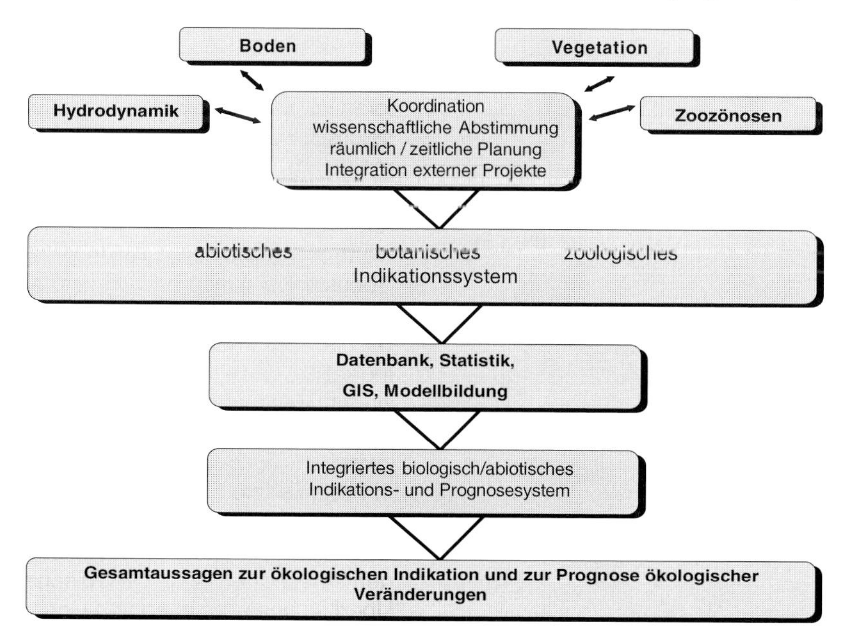

Abb. 4.1-2: Ablaufschema des RIVA-Projektes.

halten werden konnten, andererseits aber auch die Vergleichbarkeit und Akzeptanz der Methodik innerhalb der Fachdisziplin gewährt blieb. Ein Feldbuch, in dem die Probeflächen und Messfelder innerhalb der Probeflächen sowie die Zugänge zu den Probeflächen exakt beschrieben waren, ermöglichte schließlich nach intensiven Diskussionen die reibungslose Umsetzung dieser Anforderungen. Die Felduntersuchungen fanden in den Jahren 1998 und 1999 statt, die Auswertung erfolgte im Jahr 2000.

4.1.5 Synthese der Ergebnisse

Vorbereitet wurde die Synthese des umfangreichen Datenmaterials in für alle beteiligten Wissenschaftler einheitlich entwickelten Teilprojekt-Datenbanken. Im Hinblick auf die Verbundprojektziele war es notwendig, dass sämtliche im Freiland gewonnenen Daten kontrolliert in ein Datenbanksystem eingegeben, dort fachgerecht verwaltet, zielgerichtet abgefragt und für die Projektsynthese im GIS zusammengeführt werden können (Hüsing & Stab 2001, Follner et al. 2005). Da in Folge der Datenerhebung regelmäßig Aktualisierungen der Teilprojektdatenbanken vorgenommen werden mussten, war ein problemloser Datenaustausch zu gewährleisten. Um diesen Anforderungen bestmöglich gerecht zu werden, wäre eine über das gesamte Verbundprojekt betreute, zentrale Datenverwaltung von großem Vorteil, die gleichzeitig eine dezen-

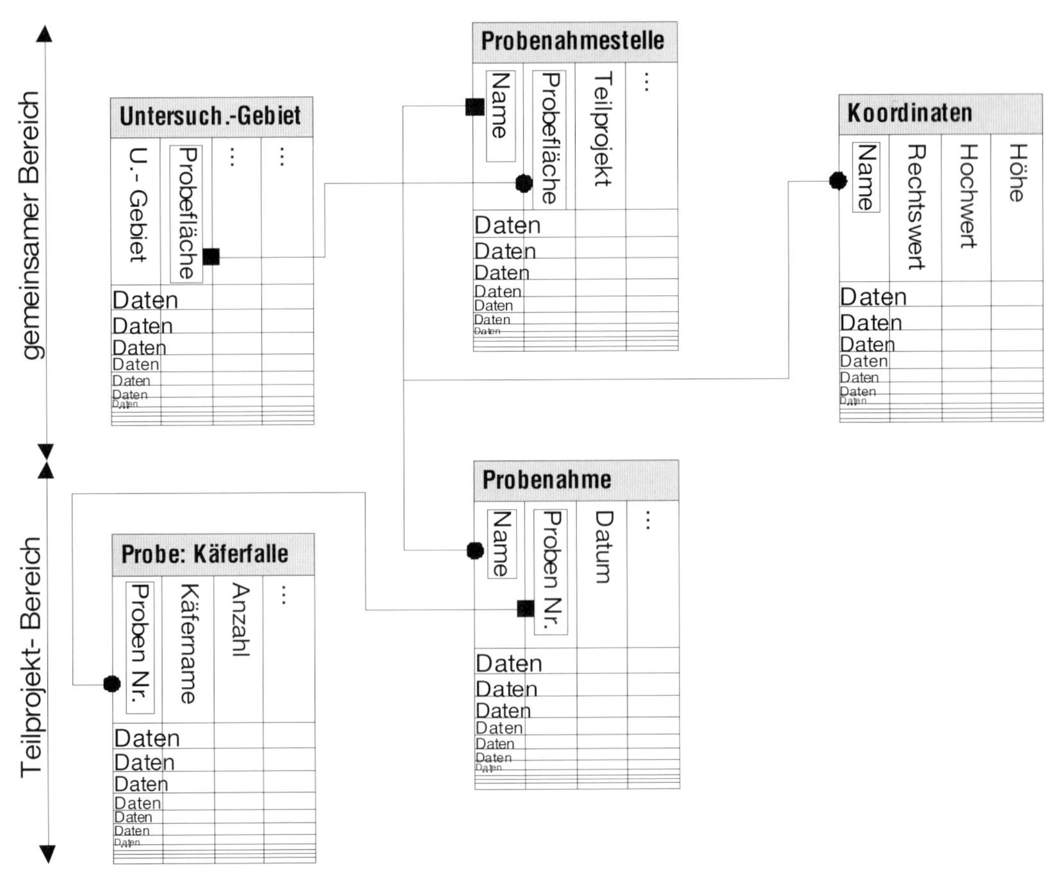

Abb. 4.1-3: Mögliche Struktur einer dezentral bearbeiteten Projektdatenbank (Grafik: K. Follner und W. Peter).

trale Zugänglichkeit für alle Projektteilnehmer ermöglicht (vgl. Dittmann et al. 1999). Im RIVA-Projekt wurde aus finanziellen Gründen eine Ersatzlösung realisiert. Mit einem Datenbankprogramm wurde eine einheitliche relationale Datenbankstruktur entwickelt, die als Plattform für die Datenhaltung der Teilprojekte diente (Hüsing & Stab 2001).

In einem ersten Schritt zur Entwicklung einer Datenbankstruktur wurden erforderliche Schlüsselfelder ausgewählt, die eine lage- und zeitgenaue Zuordnung der Felddaten ermöglichten (s. Abb. 4.3-1). Im RIVA-Projekt wurde mit der Verwendung einer „Lagenummer“, die Teilprojekt übergreifende Kennnummer jeder einzelnen Probenahmestelle, eine solche Zuordnung sichergestellt. In einem zweiten Schritt war die Ausarbeitung eines für alle Disziplinen gemeinsamen Datenbankkonzeptes erforderlich, auf dessen Grundlage jedes Teilprojekt eine eigene spezifische Datenbank erstellt hat. Die Verwendung gleicher Lagenummern ermöglichte den einzelnen Disziplinen abiotische und biotische Parameter zu verknüpfen und sie für entsprechende Auswertungen abfragen zu können (Stab et al. 2000, Hüsing & Stab 2001, Follner et al. 2005). Für den Austausch der Daten wurde die webbasierte Metadatenbank ELISE des Forschungsverbundes „Elbe Ökologie“ (http://elise.bafg.server.de) genutzt.

Die Synthese selbst erfolgte mit Hilfe eines Geografischen Informationssystem (GIS). Von besonderer Bedeutung war die Verschneidung sämtlicher abiotischer und biotischer Teilinformationen mit einem Höhenmodell, um die einzelnen Informationen mit dem Überflutungsgeschehen verknüpfen und räumliche Extrapolationen der Standortverhältnisse vornehmen zu können (s. Peter et al. 1999, Peter & Stab 2001).

Die Geländemorphologie von Auen ist ein Prozess bestimmender Standortfaktor und beeinflusst beispielsweise wesentlich die Überflutungshäufigkeit und -dauer. Für eine flächige Abbildung ökologischer Zusammenhänge zwischen abiotischen und biotischen Parametern sind die Geländehöhen damit von zentraler Bedeutung (Hügin & Henrichfreise 1992). Für kleinräumige Betrachtungen ökologischer Fragestellungen werden vor allem von biologischer Seite sehr genaue Digitale Geländemodelle (DGM) gefordert (z.B. Hape et al. 2000). Das DGM für die Untersuchungsgebiete im RIVA-Projekt wurde auf Grundlage einer aerophotogrammetrischen Bildauswertung und einer sich anschließenden terrestrischen Nacherfassung nicht durch Befliegung auswertbarer Bereiche (z.B. zum Zeitpunkt der Befliegung Wasser gefüllte Flutrinnen) mit einem GPS (Global Positioning System) erstellt (Peter et al. 1999). Die Rasterweite des DGM beträgt 1 x 1 m. Zur Überprüfung der Genauigkeit des DGM wurden Messpunkte mit dem GPS nachgemessen.

Die aus einer großen Punktmenge aus Lagekoordinaten und Höhenangaben bestehenden DGM wurden in GIS-Datenbanken abgelegt (z.B. für das Hauptuntersuchungsgebiet Schöneberger Wiesen ca. 1 Mio. Datenpunkte) und zu späteren Modellierungszwecken in Polygone überführt. Weitere Verarbeitungen lieferten z.B. Isohypsen der Höhen im Abstand von 5 cm. In den reliefierten Flutrinnen betrugen die Höhendifferenzen innerhalb der 1 m^2 Raster maximal 38 cm, in den schwächer reliefierten Bereichen 1-15 cm (Peter et al. 1999, Peter & Stab 2001).

Die eigentliche Synthese der Untersuchungen erfolgte dann mit Hilfe statistischer Auswertungen, mit denen Abhängigkeiten von Tieren und Pflanzen von den einzelnen Standorteigenschaften in der Aue analysiert wurden. Die statistischen Auswertungen dienten schließlich zur Ableitung des Indikationssystems, insbesondere der Identifikation geeigneter Indikatorarten und zur Indikation geeigneter biologischer Merkmale, sowie als Grundlage für die Entwicklung der Prognosemodelle. Im Buchkapitel 4.3 werden die statistischen Auswertungen und in den Buchkapiteln 7.1, 7.2 bzw. 8.2 die Erstellung des Indikationssystems bzw. des Prognosemodells vorgestellt.

4.2 Charakterisierung der Untersuchungsgebiete

Mathias Scholz, Uwe Amarell, Robert Böhnke, Judith Gläser, Jörg Rinklebe & Sabine Stab

Zusammenfassung

Im RIVA-Projekt wurden Auenwiesen der Mittleren Elbe als Referenzgebiet für die Entwicklung des Indikationssystems ausgewählt. Mit etwa 70 % Flächenanteil sind die Wiesen der dominante Lebensraumtyp der Elbauen. Auf drei ausgewählten Auenwiesenstandorten erfolgten biotische und abiotische Untersuchungen. Sie befinden sich in der aktiven Aue und sind durch ein ausgeprägtes Mikrorelief gekennzeichnet.

In diesem Kapitel wird ein Überblick über die naturräumlichen Rahmenbedingungen der drei untersuchten Auengebiete an der Mittleren Elbe gegeben. Neben Topographie, Geologie und Klima werden die hydrologischen Besonderheiten beschrieben und die auf den Auenwiesen anzutreffenden Bodenformen charakterisiert. Weiterhin wird auf die historische und aktuelle Grünlandnutzung und die vorhandenen Vegetationsausprägungen der Untersuchungsgebiete eingegangen.

4.2.1 Einleitung

Die Auen der Mittleren Elbe wurden als Untersuchungsraum für die Entwicklung des Indikationssystems ausgewählt, da sich hier noch naturnahe Auenlandschaften mit einer Vielzahl an charakteristischen Arten und Lebensräumen erhalten haben. Obwohl die Mittlere Elbe durch verschiedene strombautechnische Maßnahmen für die Binnenschifffahrt in ihrem Flussbett nicht mehr als natürlich anzusehen ist, zeichnet sich dieser Bereich durch eine naturnahe Abflussdynamik ohne Staustufenregulierungen aus (Scholz et al. 2005b). So ist zwischen den Stauanlagen der Tschechischen Republik und dem Wehr Geesthacht (Schleswig-Holstein) die ökologische Durchgängigkeit der Elbe auf über 600 Fließkilometern gegeben. Innerhalb der zum Teil 2 km breiten Überschwemmungsgebiete hat sich eine typische Auenlandschaft mit einer Vielzahl unterschiedlicher Lebensraumstrukturen erhalten. Zur typischen Landschaft der Elbaue gehören durch extensive Nutzung geprägte Stromtalwiesen und Weiden, Reste von Hart- und Weichholz-Auenwäldern, unterschiedliche Fließ- und Stillgewässertypen, aber auch Dünen und Sandtrockenrasen. Dieses vielfältige Lebensraumangebot bedingt einen in Mitteleuropa einmaligen Floren- und Faunenbestand. Insbesondere der Mittellauf der Elbe zwischen Wittenberg und Magdeburg schließt einen der größten zusammenhängenden Auenwaldkomplexe (Stieleichen-Ulmen-Wälder) Mitteleuropas ein (LAU 2001). Aus diesem Grund wurde bereits vor 1979 das UNESCO-Biosphärenreservat Mittlere Elbe in Sachsen-Anhalt eingerichtet, das im Jahre 1997 auf den gesamten Verlauf der Mittleren Elbe von der sächsischen Landesgrenze bis Lauenburg in Schleswig-Holstein als länderübergreifendes UNESCO-Biosphärenreservat Flusslandschaft Elbe erweitert wurde (BR ME 2003).

Aufgrund der naturnahen Abflussbedingungen und einer auf langen Abschnitten noch existierenden relativ breiten Überflutungsaue eignete sich die Flusslandschaft der Mittleren Elbe für die Auswahl von Untersuchungsgebieten für die Entwicklung eines Indikationssystems für ökologische Veränderungen.

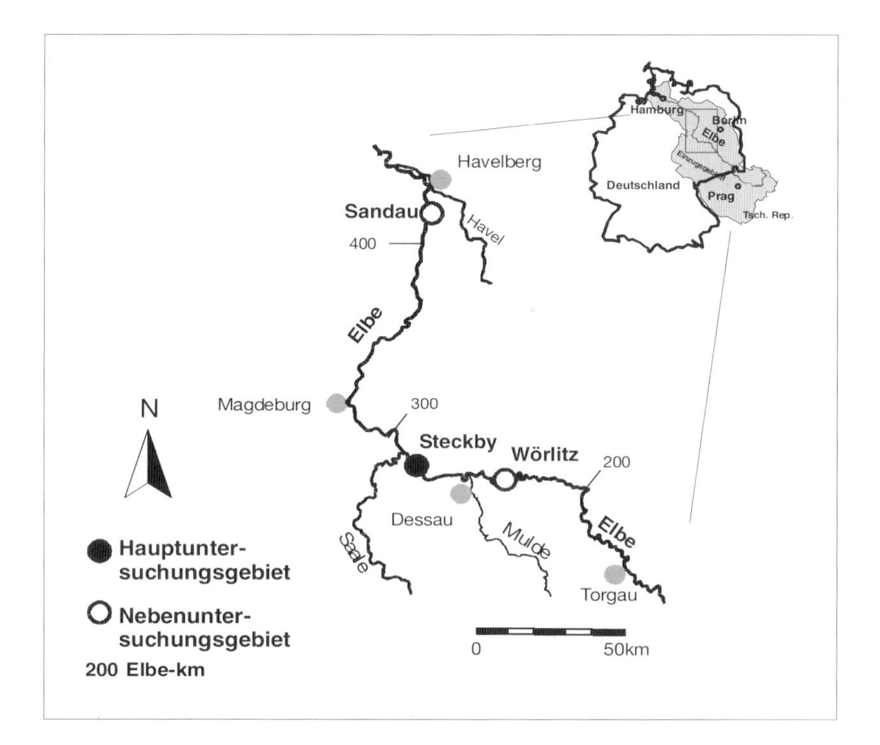

Abb. 4.2-1: Lage der Untersuchungsgebiete im RIVA-Projekt: Hauptuntersuchungsgebiet (HUG) Schöneberger Wiesen bei Steckby, Nebenuntersuchungsgebiete (NUG) Schleusenheger bei Wörlitz und Dornwerder bei Sandau.

Für die Datenerhebung im Rahmen des RIVA-Projektes wurden drei Beispielflächen im sachsen-anhaltischen Teil des Biosphärenreservates Flusslandschaft Elbe ausgewählt (s. Abb. 4.2-1). Hauptuntersuchungsgebiet sind die Schöneberger Wiesen bei Steckby im Naturschutzgebiet Steckby-Lödderitzer Forst. Nebenuntersuchungsgebiete sind der Schleusenheger bei Wörlitz und der Dornwerder bei Sandau (Havelberg). Grünländer der aktiven Aue stellen den häufigsten Auenlebensraumtyp im Bereich der Mittleren Elbe dar (BR ME 2003, Scholz et al. 2005b). Die Gebiete selbst sind durch eine relativ extensive landwirtschaftliche Nutzungsintensität und ein für Auen typisches Kleinrelief mit Mulden, Flutrinnen und höher gelegenen Bereichen charakterisiert. Die folgenden Kapitel geben einen Überblick der naturräumlichen Ausstattung der untersuchten Gebiete, auf die im RIVA-Pojekt von den einzelnen Fachdisziplinen aufgebaut wird.

4.2.2 Naturräumliche Lage und morphologische Strukturmerkmale

Die Landschaft der Mittleren Elbe verdankt ihre Entstehung im Wesentlichen dem Pleistozän und wurde von abfließenden Gletscherwässern als Urstromtal (Magdeburger-Breslauer-Urstromtal) geprägt. Dem folgt die Elbe seit der jüngsten Phase der vorletzten großen Vereisung, dem Warthe-Stadium der Saale-Kaltzeit (Müller 1988, Scholz et al. 2005b). Der Landschaftsraum selbst gliedert sich in die saalekaltzeitlichen Hochflächen der Tal begrenzenden Randlagen, die weichselkaltzeitlichen Niederterrassen und Talsandflächen sowie die holozänen Bildungen des Flusstales (Kap. 4.2.4).

4.2.2.1 Schöneberger Wiesen bei Steckby (Hauptuntersuchungsgebiet)

Die Schöneberger Wiesen bei Steckby befinden sich rechtselbisch zwischen Elbe-km 283 und 285, etwa 40 km südlich von Magdeburg. Das Gebiet ist Teil des Naturschutzgebietes Steckby-Lödderitzer Forst (LAU 1997) und als Schutzzone 2 (Pflegezone) des Biosphärenreservates Flusslandschaft Elbe ausgewiesen. Es umfasst ca. 0,9 km², bei einer mittleren Höhenlage von 51-55 m NN. Auffallend sind einige morphologische Gegebenheiten (Abb. 4.2-2). Eine Geländestufe von 2 m im elbnahen Bereich verläuft parallel zum Fluss und stellt den Uferwall dar, der die Elbterrasse bzw. den Elbheger von den eigentlichen Schöneberger Wiesen trennt. Eine zweite Geländestufe markiert den Anstieg zur pleistozänen Niederterrasse und bildet die landseitige östliche Begrenzung des Untersuchungsgebietes. Der Bereich zwischen Uferwall und Niederterrasse wird von mehreren in Fließrichtung der Elbe verlaufenden Flutrinnen zum Teil mit permanent wasserführenden Gewässern durchzogen.

Zwei Auskofferungsflächen von

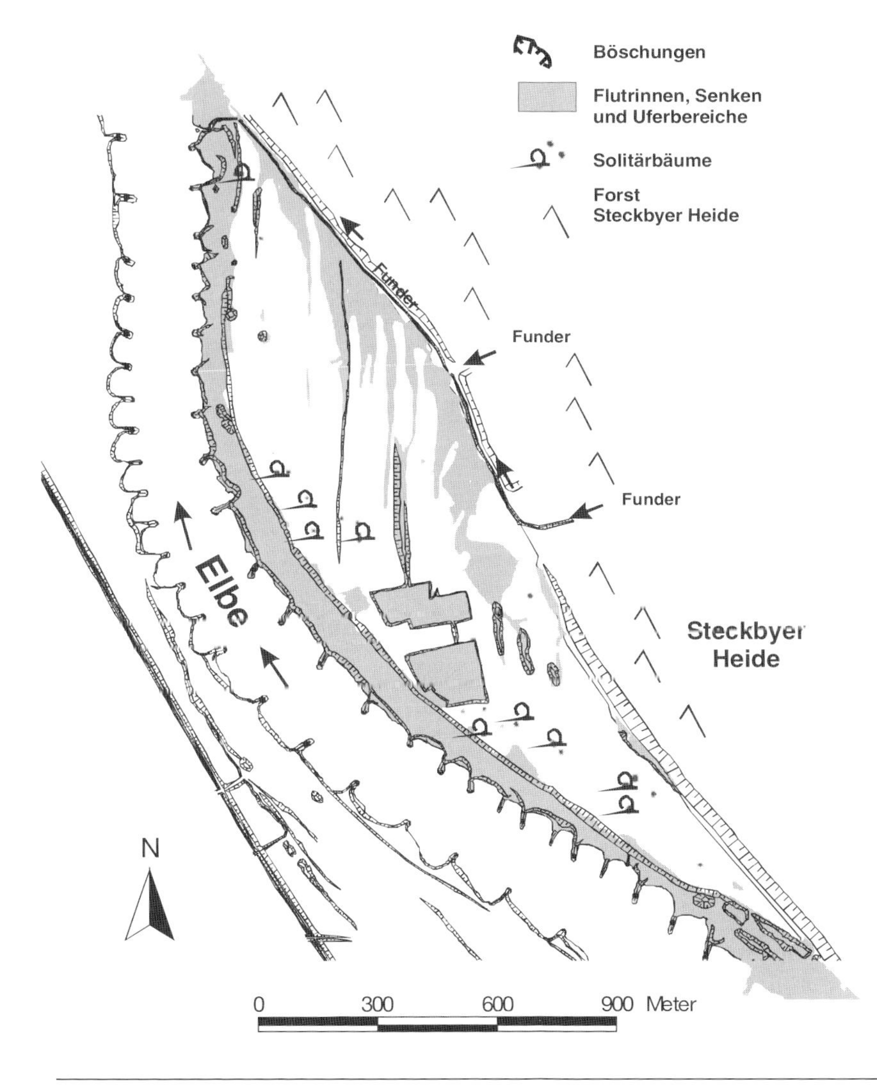

Abb. 4.2-2: Topographie des Hauptuntersuchungsgebietes Schöneberger Wiesen bei Steckby (s. auch Anlage I-A4, CD).

zusammen ca. 500 m² sind in Abbildung 4.2-2 gut als rechtwinklige Flächen im zentralen Teil des Untersuchungsgebietes auszumachen und bilden neben dem Fundergraben ein weiteres morphologisches Element. Der Fundergraben, der die bewaldeten Hochflächen der Steckbyer Heide entwässert, erreicht das Untersuchungsgebiet im Osten, und fließt dann parallel zur Geländekante, um in der nördlichen Spitze der Wiese in die Elbe zu münden (Elbe-km 285,6). Ein solcher Verlauf ist charakteristisch für viele Vorflutsysteme in den Elbauen (Reichhoff 1981). Als ursprünglich natürliches Fließgewässer mit mäandrierendem Verlauf wurde der Fundergraben im Oberlauf schon frühzeitig (16./17. Jh.) im Fließverhalten anthropogen durch Grabenausbau, lineare Laufführung, Stauwehre und Fischteiche stark verändert.

Die elbnahen Rinnen zeigen eine klare Abhängigkeit zum Wasserstand der Elbe. Die elbfern gelegenen Senken weisen in Niedrigwasserphasen der Elbe häufig hohe Wasserstände auf, da sie zusätzlich vom Fundergraben gespeist werden und einem höheren Grundwassereinfluss unterliegen. Zum Teil bilden sich auch permanente Gewässer aus (s. Buchkap. 5.1). Im südlichen von Solitärbäumen geprägten Wiesenbereich befinden sich nur an der Terrassenkante tiefere, zum Teil ganzjährig wassergefüllte Senken. Ansonsten sind hier die höchsten Geländehöhen zu verzeichnen, die durch flache kaum sichtbare Senken gegliedert werden.

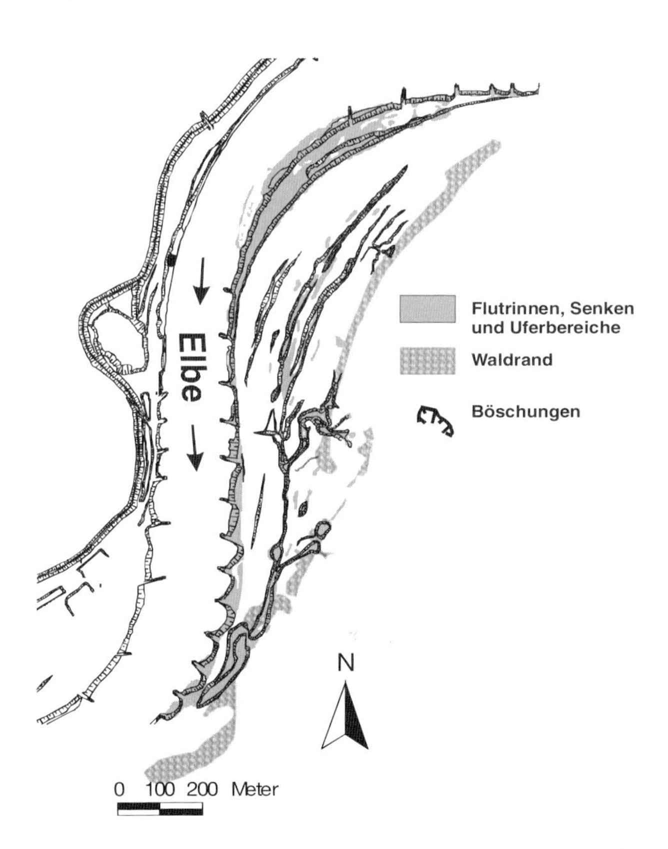

Abb. 4.2-3: Topographie des Nebenuntersuchungsgebietes Schleusenheger bei Wörlitz (s. auch Anlage1_B4, CD).

4.2.2.2 Schleusenheger bei Wörlitz (Nebenuntersuchungsgebiet 1)

Flussaufwärts vom Hauptuntersuchungsgebiet liegt linkselbisch zwischen Elbe-km 242 und 243 an einer Flussbiegung das Nebenuntersuchungsgebiet der Schleusenheger; nur wenige Kilometer nördlich von Wörlitz auf einer Höhe von 59-62 m NN. Die Gesamtfläche ist mit 0,6 km² kleiner als die Schöneberger Wiesen. Das Auengrünland wird auf der Landseite von Hartholz-Auenwald begrenzt und ist Teil der bis zu 2 km breiten Überflutungsaue der Dessau-Wörlitzer Kulturlandschaft. Der Uferwall ist im Norden stärker ausgeprägt als im Süden. Auch der Schleusenheger wird von Süden nach Norden verlaufenden Flutrinnen gegliedert (Abb. 4.2-3). Sie weisen eine temporäre Wasserführung auf, die vorwiegend mit dem Elbeabfluss korreliert (Buchkap. 5.1). Als Schutzzone 3 (Landschaftsschutzgebiet) des Biosphärenreservates befindet sich der Schleusenheger in der Zone der ‚harmonischen Kulturlandschaft'. Südlich grenzt der

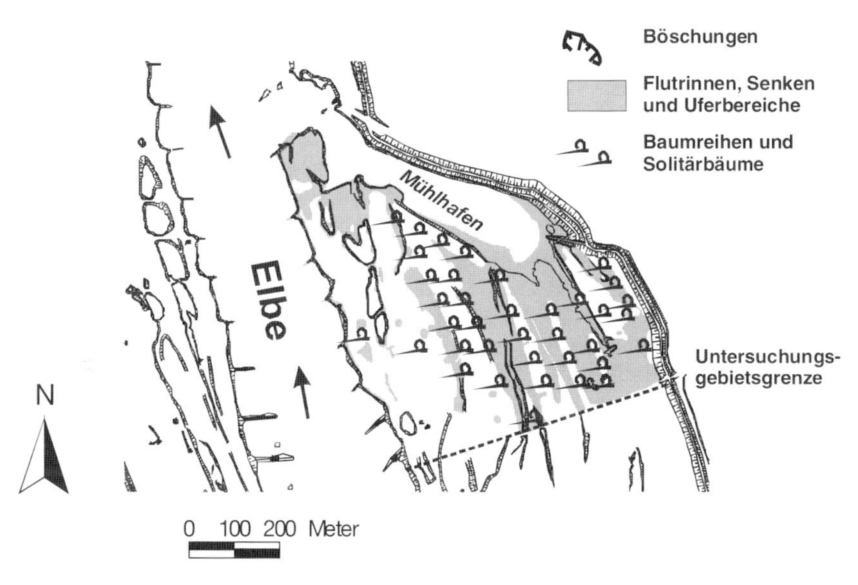

Abb. 4.2-4: Topographie des Nebenuntersuchungsgebietes Dornwerder bei Sandau (s. auch Anlage1_C4, CD).

Schleusenheger an das Naturschutzgebiet Krägenriss (Schutzzone 2).

4.2.2.3 Dornwerder bei Sandau (Nebenuntersuchungsgebiet 2)

Als zweites Nebenuntersuchungsgebiet wurde der Dornwerder bei Sandau oberhalb der Havelmündung zwischen Elbe-km 417 und 418 ausgewählt. Es befindet sich ungefähr 100 km nördlich von Magdeburg und hat eine Fläche von 0,3 km². Der in der rechtselbischen Überflutungsaue liegende Dornwerder weist Höhen zwischen 25-30 m NN auf und wird landseits im Osten vom Hochwasserdeich und im Norden vom so genannten Mühlhafen, einem mit der Elbe (bei Elbe-km 418) verbundenen Altarm begrenzt, der auf dem Dornwerder in mehreren Senken und Flutrinnen ausläuft (Abb. 4.2-4). Weiterhin befinden sich im Westteil der Wiese einige ständig wasserführende Gewässer. Vermutlich handelt es sich um ehemalige Auskofferungsflächen und Auskolkungen, die von Grund- und Hochwasser gefüllt werden. Der Dornwerder ist Teil eines größeren Landschaftsschutzgebietes innerhalb des Biosphärenreservates Flusslandschaft Elbe/Mittelelbe in Sachsen-Anhalt. Markant sind Baumreihen mit Hybridpappeln, die vor allem den mittleren Bereich des Untersuchungsgebietes gliedern. Zur Schaffung von neuen Retentionsflächen werden derzeit Planungen vorgenommen, die aktuelle Deichlinie, die das Gebiet begrenzt, nach Osten zu verschieben (Haferkorn 2001).

4.2.3 Klimatische Verhältnisse

Die Mittlere Elbe befindet sich am Rande des Mitteldeutschen Trockengebietes, im Regenschatten des Harzes (Oelke 1997). Die klimatischen Verhältnisse entsprechen daher einem kontinental geprägten Binnenlandklima, wobei flussabwärts ein zunehmender atlantischer Einfluss festzustellen ist (vgl. Tab. 4.2-1). Der trockenste und wärmste Abschnitt ist der Bereich der Saalemündung in unmittelbarer Nähe zum Hauptuntersuchungsgebiet Schöneberger Wiesen mit einem mittleren Jahresniederschlag von 473 mm und einer Lufttemperatur im Jahresmittel von 8,5°C (Klimastation des

Tab. 4.2-1: Langjährige Mittelwerte (1951-80) und Zweijahresmittel (1998-99) der Niederschläge in mm (Monats- und Jahresmittel) für verschiedene Klimastationen im Elbetal (aufgelistet von Nord nach Süd) (Meteorologischer Dienst der DDR 1987).

Station \ Monat	Jan	Feb	März	Apr	Mai	Jun	Jul	Aug	Sep	Okt	Nov	Dez	Jahr gesamt
Magdeburg	34	29	35	40	50	64	61	56	37	34	39	42	**521**
Barby	29	25	28	33	46	61	56	57	36	34	34	34	**473**
Steckby**	*30*	*28*	*41*	*37*	*36*	*82*	*50*	*48*	*53*	*57*	*37*	*40*	***539***
Aken*	*31*	*36*	*41*	*38*	*43*	*72*	*49*	*48*	*55*	*57*	*39*	*39*	***548***
Oranienbaum*	*41*	*35*	*53*	*38*	*54*	*66*	*55*	*53*	*53*	*64*	*46*	*46*	***604***
Wittenberg/L.	40	32	36	40	54	65	59	67	47	44	44	48	**576**

*) Mittelwerte der Reihe 1998-1999 (aus DWD 1997 - 1999)
**) Mittelwerte der Reihe 1998-1999, eigene Messungen

DWD Barby - Reihe 1951/80, Meteorologischer Dienst der DDR 1987). Eigene Messungen an der Wetterstation Schöneberger Wiesen ergaben innerhalb der Zweijahresreihe (1998/99) eine mittlere Jahreslufttemperatur von 9,7°C und einen mittleren Jahresniederschlag von 539 mm (Abb. 4.2-5). Diese Wetterdaten sind für das untersuchte Auengebiet im Vergleich zur Wetterstation Aken des DWD als in den Grenzen des Normalen liegend einzuschätzen (vgl. Tab. 4.2-1). Mit dem Jahr 1998 wurde ein relativ feuchtes Jahr (Monatsmittel zum großen Teil über den langjährigen Mittelwerten) und 1999 ein relativ trockenes Jahr (Monatsmittel überwiegend unter den langjährigen Mittelwerten) erfasst (Kapitelanhang 4.2-2). Der mittlere jährliche Niederschlag betrug 1998 an der Station Schöneberger Wiesen 603 mm, wobei die Monate Juni, Juli, September und Oktober durch sehr hohe Niederschläge auffallen (Abb. 4.2-5). Bei den Niederschlägen im Jahr 1999 (475 mm) sind die Monate Januar, April, Juli und September bis November durch sehr geringe Werte gekennzeichnet, die alle deutlich vom langjährigen Mittel abweichen. Anhand des untersuchten Zeitraumes (Januar 1998 - Mai 2000) fiel mehr als die Hälfte des gesamten Jahresniederschlages (55 – 60 %) während des Sommerhalbjahres. Das Maximum lag mit 86 mm (1998) im Juni (Abb. 4.2-5). Die mittlere Jahresschwankung der Temperatur lag auf den Schöneberger Wiesen bei 16°C (Reihe 1998/99), mit einem Monatsmittel im Januar von 2,3°C und im Juli von 18,3°C (Abb. 4.2-5, Kapitelanhang 4.2-1).

Das 30 km östlich gelegene Nebenuntersuchungsgebiet Schleusenheger bei Wörlitz liegt ebenfalls am Rande des hercynischen Trockengebietes und ist klimatisch durch das Ostdeutsche Binnenlandklima geprägt. Entsprechend einer mittleren Jahrestemperatur von 8,4°C und einer mittleren Jahresschwankung von 19°C ist hier bereits eine etwas höhere Kontinentalität festzustellen. Der mittlere Jahresniederschlag von 570 mm (Klimastation des DWD in Wörlitz für die Jahre 1901-1950, HGN 1989) ist etwas höher als auf den Schöneberger Wiesen bei Steckby, da hier der Regenschatten des Harzes weniger zur Wirkung kommt. Größere klimatische Unterschiede weist das knapp 140 km nördlich zum Hauptunter-

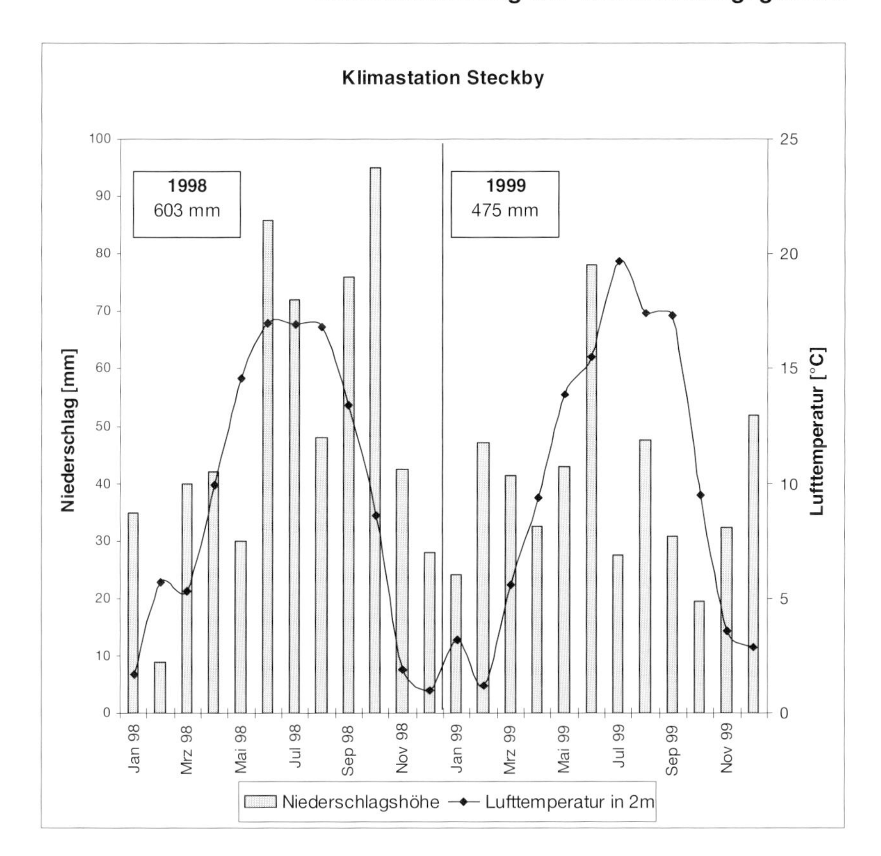

Abb. 4.2-5: Monats- und Jahresmittel des Niederschlages und der Lufttemperatur an der Station Steckby auf den Schöneberger Wiesen (Hauptuntersuchungsgebiet), eigene Messungen.

suchungsgebiet gelegene Nebenuntersuchungsgebiet Dornwerder südlich der Havelmündung auf, das bereits durch den Übergang zwischen dem subatlantisch geprägten Klima Nordwesteuropas und dem subkontinentalen Klima Osteuropas charakterisiert wird (MUN LSA 1994).

Insgesamt ergeben sich für das Elbetal aufgrund seines Reliefs und der zahlreich vorhandenen offenen Wasserflächen lokalklimatische Besonderheiten gegenüber dem Umland. Sie spiegeln sich in einer höheren Luftfeuchte und im Herbst in einer verstärkten Nebelbildung wider. Im Kapitelanhang 4.2-5 werden die klimatischen Bedingungen in den einzelnen Untersuchungsgebieten und deren Auswirkungen auf die Grundwasserneubildung dargestellt.

4.2.4 Geologische Verhältnisse

Die Untersuchungsgebiete werden im Wesentlichen durch die glazialen Bildungen der pleistozänen Eisvorstöße der verschiedenen Kaltzeiten mit ihren Grund- und Endmoränen sowie glazilimnischen und glazifluviatilen Ablagerungen geprägt. Seit der jüngsten Phase der vorletzten großen Vereisung, dem Warthe-Stadium der Saale-Kaltzeit, nimmt die Elbe ihr Tal zwischen der Mündung der Schwarzen Elster und der Saalemündung ein (Eißmann 1975, Reichhoff & Reuter 1978, Müller 1988, Scholz et al. 2005b). Der Verlauf der Elbe folgt heute dem Breslau-Magdeburger Urstromtal bis Wolmirstedt, das den warthestadialen Endmoränen des Flämings vorgelagert ist. Bei Hohenwarthe, nördlich von

Magdeburg, durchschneidet die Elbe die von Nordwesten nach Südosten verlaufenden Endmoränenwälle der Saale-Kaltzeit (Warthe-Stadium) und verbindet dadurch das Magdeburger mit dem Baruther Urstromtal. Das Untersuchungsgebiet Dornwerder bei Havelberg befindet sich bereits im Baruther Urstromtal.

Die untersuchten Auengebiete weisen hinsichtlich der Ausbildung des tieferen Untergrundes unterschiedliche Verhältnisse auf (vgl. Kapitelanhang 4.2-5). Der oligozäne Rupelton fungiert sowohl auf den Schöneberger Wiesen als auch dem Schleusenheger als Liegendstauer. Der Rupelton wurde auf den Schöneberger Wiesen bei Steckby bei ca. 15 m unter Gelände nachgewiesen (Böhnke 2002). Auf dem Schleusenheger bei Wörlitz befindet er sich bei ca. 75 m unter Geländeoberkante, da die Rupeltonoberfläche nach Südosten einfällt. Auf den Schöneberger Wiesen wurde zudem eine saalekaltzeitliche Grundmoräne (S I) nachgewiesen, die auf dem Schleusenheger bei Wörlitz wie auch in weiten Teilen des Elbetals erodiert ist.

Die mit Beginn der Weichsel-Kaltzeit einsetzende Aufschotterung der Täler durch die Sedimentfracht der Flüsse führte zur Bildung der Niederterrasse. Diese ist in Wörlitz relativ breit und weiträumig ausgebildet, während in Steckby nur eine schmale Niederterrassenfläche existiert. Hier reicht die Elbe nahe an die Hochfläche (Saale-Hauptterrasse) heran. Die Elbeschotter sind mit unterschiedlicher Mächtigkeit im gesamten Untersuchungsraum an der Mittleren Elbe verbreitet und bilden in Verbindung mit den liegenden Schmelzwassersanden einen gut durchlässigen einheitlichen Grundwasserleiter.

Auf den Schöneberger Wiesen stellt der erbohrte Geschiebemergel einen lokalen Zwischenstauer dar, der die glazifluviatilen-fluviatilen Sande und Kiese in zwei voneinander getrennte Grundwasserleiterhorizonte aufspaltet (Böhnke 2002). Der obere Grundwasserleiter besitzt unter einer relativ geringmächtigen Deckschicht aus Auenlehm (von 0 - 2,8 m) eine weitgehend ungespannte meist oberflächennahe Wasserführung. Im Untersuchungsgebiet Dornwerder bei Sandau lagern unter einer geringmächtigen holozänen Bedeckung (tonig-schluffiger Auenlehm mit ca. 1 m Mächtigkeit) schluffige Feinsande, vorwiegend aber Mittel- bis Grobsande in z.T. kiesiger Ausbildung der Weichsel- und Saale-I/II-Kaltzeit sowie elsterkaltzeitliche glazifluviatile und glazilimnische Sande.

4.2.5 Hydrologie

4.2.5.1 Hydrologische Verhältnisse

Die Elbe ist mit einer Lauflänge von etwa 1.091 km und einem Gesamteinzugsgebiet von rund 150.000 km^2, wovon ca. 65 % auf Deutschland entfallen, einer der größten Flüsse Mitteleuropas (IKSE 1995). Die Höhendifferenz zwischen der Quelle im tschechischen Riesengebirge und der Mündung in die Nordsee beträgt 1.384 m. Das Abflussregime der Elbe ist durch einen hohen Abfluss im hydrologischen Winterhalbjahr (November-April) und durch einen geringeren Abfluss im hydrologischen Sommerhalbjahr (Mai-Oktober) gekennzeichnet (IKSE 1994, 1995). Die Elbe ist ein typischer Mittelgebirgsfluss mit einem pluvionivalen Abflussverhalten (Regen-Schnee-Typ), der sich durch regelmäßige Hochwässer besonders in den Frühjahrsmonaten auszeichnet.

Die überwiegende Zahl bedeutender Hochwasserereignisse entsteht als Folge der intensiven Schneeschmelze in den Mittelgebirgen und in Verbindung mit großflächigen ergiebigen Regen im Einzugsgebiet.

Sommerhochwässer sind seltener und resultieren aus einzelnen, starken Niederschlagsereignissen. Die Abflussfülle dieser Hochwässer ist so groß, dass sich die Hochwasserwellen bis in den Mittellauf der Elbe fortsetzen. Im Spätsommer und Herbst tritt bevorzugt Niedrigwasser auf. Daneben können jederzeit Starkregenereignisse in den anderen Monaten im Einzugsgebiet auftreten, die beispielsweise zu extremen Hochwasserereignissen im Sommer 2002 oder im Herbst 1998 an der Elbe und ihren Nebenflüsse geführt haben (s. Abb. 4.2-6).

Einen wesentlichen Einfluss auf die Abflussverhältnisse der Elbe und ihrer Nebenflüsse hatte die Errichtung von wasserwirtschaftlichen Anlagen. Schon im 12. Jahrhundert wurde an der Elbe mit dem Bau von Deichen begonnen (Schwineköper 1987). Bis ins 20. Jahrhundert verringerte sich das natürliche Überschwemmungsgebiet der Mittleren Elbe zwischen Riesa und der Staustufe Geesthacht um fast 80 % (Simon 1994, Scholz et al. 2005b). Die Folgen dieser Entwicklung im Bereich der Mittleren Elbe ist der Verlust von Retentionsräumen, die Beschleunigung der Hochwasserwellen und die Erhöhung der Hochwasserscheitel um mehrere Dezimeter (IKSE 1996, Simon 1996).

Ab dem 17. Jahrhundert wurde die Elbe für die Verbesserung der Schifffahrt begradigt. Die größten Flusslaufverkürzungen erfolgten u. a. in der Mittleren Elbe zwischen Mühlberg bis unterhalb Magdeburg mit mehr als 60 km (Kremsa & Maul 2000), die allerdings nach Rommel (2000) häufig wenig erfolgreich waren, da der Fluss unterhalb wieder zu mäandrieren begann. Mit dem Elbeausbau zugunsten der Schifffahrt seit Mitte des 19. Jahrhunderts kam es zur Anlage des größten Teils des heute noch vorhandenen Buhnensystems, dessen Bau sich bis in die ersten Jahrzehnte des 20. Jahrhunderts fortsetzte (Jährling 1993). Ab Elbe-km 121 unterhalb von Strehla beginnt der durchgehende Buhnenverbau. Dies bedeutet, dass die Elbe im Untersuchungsraum mit Buhnen, Leit- und Deckwerken ausgebaut ist. Die weitgehende Festlegung des Mittel- und Hochwasserbettes der Elbe Ende des 19. bis Anfang des 20. Jahrhunderts bewirkte eine Beschleunigung der Sohlerosion. Zwischen Elbe-Kilometer 150 und 180 betrug die Eintiefungsrate über einen Zeitraum von 100 Jahren (1888 - 1996) bis zu 170 cm. Aber auch in den Flussabschnitten entlang der Untersuchungsgebiete sind deutliche Sohl- und damit Wasserspiegelabsenkunken in diesem Zeitraum zu verzeichnen (Abb. 8.2-9). Die Eintiefung erreichte bei Wörlitz ca. 40 cm, bei Steckby senkte sich die Sohle um ca. 70 cm in hundert Jahren ab (Faulhaber 1998, 2000).

Aufgrund weitgehend fehlender Unterhaltungsmaßnahmen an flussbaulichen Einrichtungen zwischen dem zweiten Weltkrieg und der Wiedervereinigung Deutschlands Anfang der 1990er Jahre konnten sich wieder morphologische Strukturen wie Flachufer, Abbruchkanten, Kiesbänke und Kolke ausbilden, die mit jenen natürlicher Flüssen vergleichbar sind (Jährling 1995, Brunke et al. 2005, Kleinwächter et al. 2005). Diese naturschutzfachlich bedeutenden Lebensräume sind durch die in den 1990er Jahren wieder vorgenommenen wasserbaulichen Unterhaltungs- und Ausbaumaßnahmen beeinträchtigt und gefährdet, verbunden mit dem Risiko einer weiteren Sohlerosion und somit Absinken des oberflächennahen Grundwassers in der Aue (Henrichfreise 1996).

Im Untersuchungszeitraum der Jahre 1998 und 1999 wurden die Untersuchungsgebiete durch zwei größere Hochwasserereignisse überflutet: Nach einem relativ trockenen

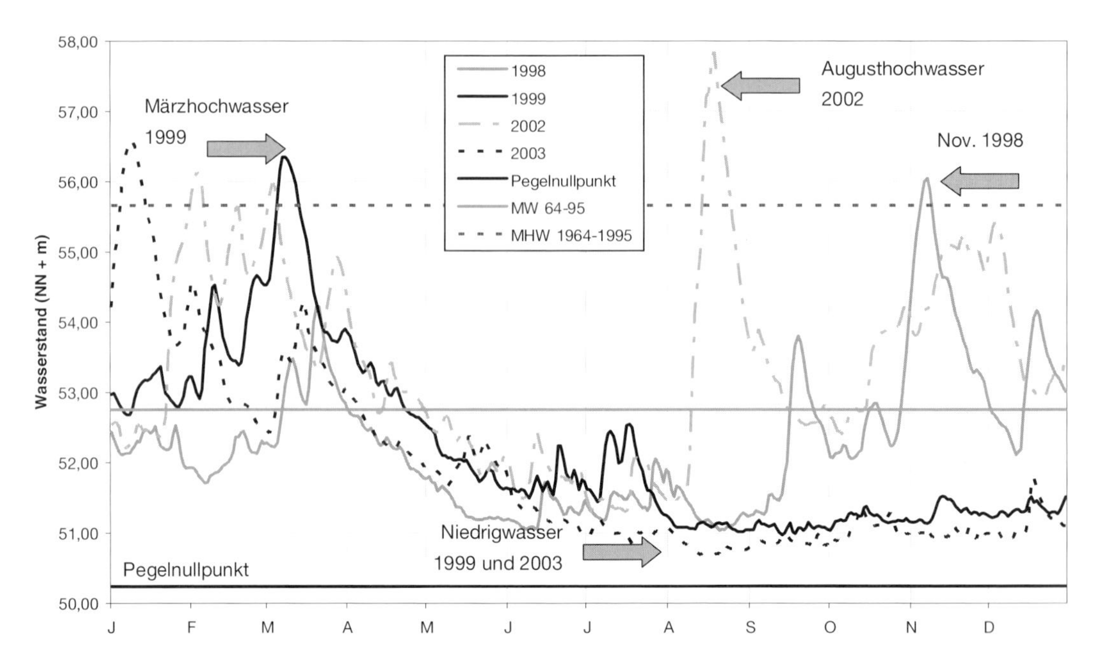

Abb. 4.2-6: Ganglinien der Elbe beim Pegel Aken, Elbe-km 274,7 (MW – Mittelwasser, MHW - Mittleres Hochwasser) (Grafik M. Scholz und S. Rosenzweig, nach Daten der Wasser- und Schifffahrtsverwaltung des Bundes und der Bundesanstalt für Gewässerkunde).

Frühjahr 1998 mit wenig ausgeprägtem Hochwasser fand im November durch Starkregen ein größeres Hochwasser statt. Ein weiteres Hochwasser folgte im März 1999. Beide Ereignisse sind aufgrund der Maxima der Wasserstände als Hochwasser mit fünfjähriger Wahrscheinlichkeit (HQ 5) einzustufen. Während das Novemberhochwasser 1998 einige Kuppen auf den Schöneberger Wiesen nicht mehr erreicht hat, kam es im März 1999 zu einer vollständigen Überflutung der Untersuchungsgebiete (Buchkap. 5.1, Tab. 5.1-5). Nach Rückgang des Hochwassers fließt das Überflutungswasser oberflächlich relativ rasch wieder ab, nur Flutrinnen und abflusslose Senken bleiben noch längere Zeit mit Wasser gefüllt. Eine weitere Entwässerung dieser tief liegenden Standorte erfolgt über einen längeren Zeitraum (ca. zwei Monate) über Versickerung und/ oder Verdunstung (s. Buchkap. 5.1). Neben den Hochwasserereignissen prägte auch eine längere Niedrigwasserphase vom Spätsommer bis zum Winter 1999 das Abflussgeschehen (s. Abb. 4.2-6).

Eine hydrologische Besonderheit auf den Schöneberger Wiesen ist die Beeinflussung durch den Fundergraben, der unabhängig vom Abflussgeschehen der Elbe auch zu Überstauungen insbesondere der elbfernen terrassennahen Senken und Flutrinnen führen kann (s. Buchkap. 5.1).

4.2.5.2 Grundwasser

Der Hauptvorfluter der Untersuchungsgebiete - die Elbe - steht wegen gut durchlässiger Sande an der Flusssohle in engem hydraulischen Kontakt mit dem Grundwasser und beeinflusst mit seinen stark schwankenden Wasserständen die Grundwasserdynamik in der angrenzenden Aue. Variierende Abflussverhältnisse bedingen stark wechselnde Grundwasserflurabstände und damit Feuchtebedingungen im Boden, die von Sättigung bis zur vollständigen Austrocknung (Trockenrisse) reichen können. Je nach Lage im Gelände und Relief sind verschiedene Standorte in der Aue (z.B. Flutrinne, Hochfläche, Uferwall) hiervon in unterschiedlicher Intensität betroffen. Zusätzlich nimmt von den flussbegleitenden Hochlagen einströmendes Grundwasser Einfluss auf die Grundwasserflurabstände. In Niedrigwasserphasen bewegt sich der Grundwasserstrom vom Talrand zum Fluss und hat in Flussnähe seinen Tiefststand, während sich bei Hochwasser die Verhältnisse umkehren. Das ansteigende Hochwasser wird zunächst durch die Exfiltration von Druck- oder Qualmwasser in den Senken und Flutrinnen bemerkbar. Dann kommt es zur Überflutung der tiefer gelegenen Bereiche durch Rückstau über Gräben und Altwasserarme und schließlich bei weiterem Flusswasseranstieg zur Überschwemmung der gesamten aktiven Aue. Einige Flutrinnen in den Schöneberger Wiesen bilden eine Ausnahme, da ihr Füllstand nicht direkt von Flusswasserpegel abhängig ist, sondern durch Isolationslage, Bodenverhältnisse und den Einfluss des Fundergrabens die Verweilzeiten des Wassers verlängert sind (s. Böhnke 2002, Buchkap. 5.1).

4.2.6 Böden

Auenböden oder Alluvialböden sind Böden meist holozäner Flusstäler. Sie werden bei unregulierten Fließgewässern periodisch überflutet oder von Druck- bzw. Qualmwasser überschwemmt. Der Einfluss von Überschwemmungen ist für die hierdurch ausgelösten Prozesse der Erosion und Sedimentation sowie für die Stoffakkumulation und -dynamik und damit für den Stoffhaushalt der Auenböden bestimmend. Die variierenden Wasserstände führen zu wechselnden anaeroben/ aeroben Bedingungen und zu einer Veränderung von physikalisch-chemischen Steuergrößen wie dem pH-Wert und dem Redoxpotential, die ihrerseits die Mobilisierung bzw. Immobilisierung von anorganischen (z.B. Schwermetallen) oder organischen Schadstoffen, Nährstoffen sowie die Besiedlung von Organismen beeinflussen.

Die ufernahen Bereiche der Untersuchungsgebiete werden von Ramblen aus Auensanden mit geringmächtigen Humushorizonten eingenommen. Sobald sich Ah-Horizonte entwickeln konnten, sind kleinflächig Paternien bis Gley-Paternien aus Auensanden vorzufinden. Auf

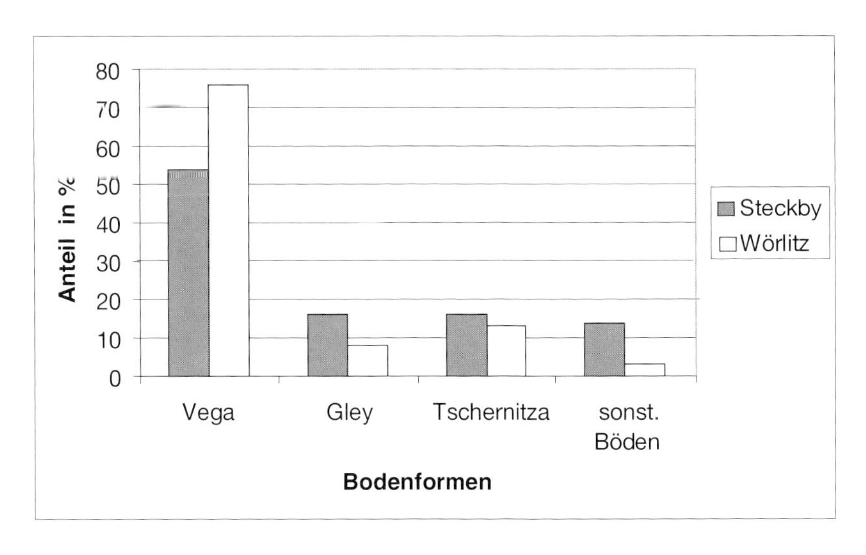

Abb. 4.2-7: Prozentuale Flächenanteile der Bodenformen in den Untersuchungsgebieten Schöneberger Wiesen bei Steckby (dunkel) und Schleusenheger bei Wörlitz (hell). Unter sonstige Böden wurden Ramblen, Paternien sowie Sapropele zusammengefasst.

der unteren Elbterrasse bildeten sich große Flächenareale von Tschernitzen aus Auenlehmen über (tiefen) Auensanden aus. Auf den höher gelegenen Elbterrassen ist eine nahezu flächenhafte Auenlehmdecke anzutreffen, deren Mächtigkeit von 0 m (gänzlich fehlend) bis 2,80 m unter Geländeoberfläche schwankt. Die dominierende Bodenform auf den Schleusenheger (76 %) und den Schöneberger Wiesen (54 %) sind Vegen aus Auensandlehmen über tiefen Auensanden (s. Abb. 4.2-7, Rinklebe et al. 2000a, b, c, Rinklebe 2004).

Der Anteil einer sandigen Komponente an der Substratzusammensetzung des Auenlehms ist entsprechend der Hydraulik bei Hochwasser auf der elbnahen Seite höher (Vegen aus Auenlehmsanden) als auf der elbfernen Seite (Vegen aus Auentonschluffen). Die Vegen auf dem Schleusenheger bei Wörlitz sind generell sandiger ausgebildet als die Vegen der Schöneberger Wiesen bei Steckby. Insgesamt besitzen die Vegen in ihren unterschiedlichen Ausbildungsformen sehr gute Nährstoffverhältnisse, da bei Überschwemmungen mit den Bodenpartikeln auch Nährstoffe akkumuliert werden. Des Weiteren weisen die bindigen Substrate ein hohes Filter-, Puffer- und Transformationsvermögen auf, so dass sie die zum Teil mit Hochwässern eintreffenden Schadstoffe vor einem Eintrag in das Grundwasser hindern bzw. minimieren können.

Die Randbereiche der Flutrinnen und flacheren Senken werden, je nach Geländehöhe und Relief, von Bodengesellschaften aus Gley-Vegen und Vega-Gleyen aus Auenlehmen bzw. Auentonschluffen über (tiefen) Auensanden gebildet.

In tieferen Flutrinnen finden sich meist klassische, z.T. anmoorige Gleye aus Auenschlufftonen, Schlufflehmen bzw. Auentonen über tiefen Auensanden (Rinklebe et al. 2000 a, b, c, Rinklebe 2004). Bedingt durch die hohe Überflutungshäufigkeit sowie einem hohen Anteil an organischer Substanz weisen gerade diese Böden hohe Schwermetallkonzentrationen auf (Rinklebe et al. 1999, 2000d, 2002a, Rinklebe 2003, s.auch Buchkap. 5.2).

In Abbildung 4.2-7 werden die Flächenanteile der Bodenformen in Prozent der Untersuchungsgebiete Schöneberger Wiesen (Steckby) und Schleusenheger (Wörlitz) dargestellt. Weiter gehende Informationen der Böden werden in Buchkapitel 5.2 sowie im Anhang auf der CD gegeben.

4.2.7 Nutzung

Bis ins ausgehende 18. Jahrhundert waren im Bereich der Mittleren Elbe Weide- und Waldnutzung häufig nicht getrennt. Ende des 18. Jahrhunderts setzten neben einer Trennung von Wald und Weide auch großflächige Rodungen von Auenwäldern zu Gunsten von Grünland ein (Schauer 1970). In der zweiten Hälfte des 19. Jahrhunderts wurde die Mahd die vorherrschende Nutzungsform und es entstanden artenreiche Auenwiesen. Sie können aber nur existieren, wenn sie auf mäßiger Intensitätsstufe bewirtschaftet werden. Diese Form der Wiesennutzung wurde seit den 50er Jahren des 20. Jahrhunderts immer seltener (Hildebrand et al. 2005b). In den untersuchten Grünlandflächen im RIVA-Projekt fand eine Intensivierung der Nutzung aufgrund häufiger Überschwemmungen und eines noch vorhandenen ausgeprägten Mikroreliefs nur bedingt statt. Seit Beginn der 1990er Jahre hat sich mit der politischen Wende die Situation grundlegend gewandelt; viele Auengrünländer sind ganz aus der Nutzung herausgenommen oder werden extensiv nach den Kriterien des Vertragsnaturschutzes bewirtschaftet, so dass es zum Teil auch zu einer Unternutzung der Bestände kommt (Wartemann & Reichhoff 2001, Leyer 2002, Weber 2005, Hildebrandt et al. 2005b).

Im Folgenden wird für die drei Untersuchungsgebiete die Nutzungsgeschichte aus Befragungen ehemaliger und aktueller Bewirtschafter, Auswertungen von historischen Karten sowie Beobachtungen während der Geländearbeiten 1998/99 dargestellt:

4.2.7.1 Schöneberger Wiesen

Anhand historischer Karten (u.a. Topographische Karte 1855, Forstkarte 1862, Preußische Landesaufnahmen 1904a) lässt sich für die Schöneberger Wiesen eine schon lange Zeit andauernde Nutzung als Grünland nachweisen. Seit den 1960er Jahren wurden die Wiesen von den in der näheren Umgebung liegenden Agrargenossenschaften bewirtschaftet. Es erfolgte jeweils Ende Mai bis Anfang Juni die Mahd. In feuchten Jahren schloss sich eine zweite Mahd an. Im Anschluss an die Mahd fand eine Beweidung der Flächen mit Rindern statt. In Jahren ohne Hochwasser erfolgte auf Teilflächen eine leichte NPK-Düngung und in sommerlichen Trockenzeiten eine Beregnung mit Elbewasser. Es kam weder zum Einsatz von Pflanzenschutzmitteln noch zu Graseinsaaten.

Von 1989 bis1995 wurde die Beweidung, allerdings ohne Düngung, von den Nachfolgebetrieben fortgesetzt. Seit 1995 wird die gesamte Wiesenfläche nach den Kriterien des Vertragsnaturschutzes bewirtschaftet. Diese sollen eine Nutzungsextensivierung durch späten Schnitt (Mahdtermin nach dem 15. Juni), Erhaltung eines hohen Grundwasserstandes sowie Aussetzen der Düngung und Beregnung aus der Elbe gewährleisten. Weiterhin erfolgte im Spätsommer / Herbst ein zweiter Schnitt, der allerdings zum Teil nur geschlegelt wurde und auf der Fläche verblieb. Im nördlichen Bereich wurde häufig nur einmal im Sommer gemäht. In den Untersuchungsjahren 1998/99 konnte festgestellt werden, dass insbesondere die Flutrinnen und feuchten Bereiche im nördlichen Teil der Wiesen bei der Mahd ausgelassen wurden. Auch erfolgte in den ufernahen Bereichen, den „Elbhegerflächen", aufgrund der besonderen Standortbedingungen (starkes Mikrorelief, regelmäßige Überflutungen) keine Bewirtschaftung. Durch das Aussetzen der Nutzung konnte sich entlang der Elbe wieder ein naturnaher Weichholz-Auenwald regenerieren. Auf den aufgelassenen, zum Teil sehr nassen Flächen, im nördlichen Bereich entwickelten sich Röhrichte.

4.2.7.2 Schleusenheger

Anhand von historischen Karten (u.a. Geometrischer Plan 1747, Specialkarte 1840, Preußische Landesaufnahme 1904b) lässt sich belegen, dass der Schleusenheger mindestens seit Mitte des 18. Jahrhunderts hauptsächlich als Grünland genutzt wurde. Seit Gründung der ehemaligen landwirtschaftlichen Produktionsgenossenschaft in den 1950er Jahren wurden die Grünländer der Elbauen im Raum Wörlitz vor allem für die Kälberzucht bewirtschaftet (Reichhoff & Refior 1997). Auf dem Schleusenheger erfolgte in den Jahren bis 1991 jeweils im Mai eine Mahd und in Folge eine Beweidung mit Jungtieren (ca. 50 Stück). Auch wurde in diesen Jahren eine NPK-Düngung vorgenommen, jedoch wurde nicht beregnet. Bis 1999 unterlag die gesamte Fläche nicht dem Vertragsnaturschutz. In den Jahren 1991 bis 1997 wurde auf dem Schleusenheger lediglich gemäht und die Düngung war zu dieser Zeit ausgesetzt. Im Februar 1998 fand eine Begüllung der höher gelegenen Elbterrasse statt. In den Jahren 1998 und 1999 wurde der Schleusenheger als Portionsweide für eine Jungtierherde (70-80 Stück, 1999 zeitweise auch bis zu 140 Stück) im Sommer genutzt. Zusätzlich erfolgte eine Pflegemahd im Herbst.

4.2.7.3 Dornwerder

Der Dornwerder wurde bis 1990 von der örtlichen Landwirtschaftlichen Produktionsgenossenschaft als Weide genutzt. In Abhängigkeit von den Überflutungsverhältnissen fand eine Beweidung der Fläche mit Rindern (meist mit 70 Stück, zum Teil auch mehr) ab dem 1. Juni jeden Jahres und längstens 4 Monate statt. Zum Teil wurde auch gedüngt und beregnet. In den 1990er Jahren setzte der Nachfolgebetrieb eine Beweidung unter Vertragsnaturschutz fort, allerdings mit geringeren Besatzdichten. Düngung und Beregnung erfolgten nicht mehr. Aufgrund des Geländereliefs wurde auf eine Nachmahd verzichtet.

4.2.8 Vegetation

Die starke standörtliche Differenzierung in der Elbaue von den pleistozänen Hochflächen über die Talsande der Niederterrassen mit den aufgesetzten Binnendünen bis zu den grundwasserbeeinflussten Auenlehmdecken schuf ein eng vernetztes ökologisches Standortgefüge, dem sich eine vielgestaltige Vegetation angepasst hat. Die potentiell natürliche Vegetation sind überwiegend Hartholz-Auenwälder. Uferbereiche und Ränder von Flutrinnen werden von galerieartigen Weichholz-Auenwäldern eingenommen. Direkte Uferbereiche, Flutrinnen und Senken sind wahrscheinlich als natürlich Waldfrei anzusehen, da hier die Überflutungsdauern und hydrodynamischen Kräfte eine Gehölzvegetation nicht zulassen (Walther 1977, Reichhoff & Reuter, 1985, LAU 2000). Heute ist die in Kapitel 4.2.7 dargestellte landwirtschaftliche Nutzung der Auenwiesen prägend. Die Auenwiesen sind historisch gesehen Ersatzgesellschaften der gerodeten Auenwälder. Im Folgenden wird eine Übersicht der Vegetationsausstattung aller drei Untersuchungsgebiete gegeben. Detaillierte Beschreibungen zu den Vegetationseinheiten sowie Belegaufnahmen finden sich im Kapitelanhang 6.1-1. Kartographische Darstellungen über die Verbreitung der Vegetationsgesellschaften finden sich auf der CD (Anlagen III.1-A1m, III.1-B1 und III.1-C1).

4.2.8.1 Schöneberger Wiesen

Solitärbäume prägen das Landschaftsbild der Schöneberger Wiesen. Als Einzelbäume treten vor allem im südlichen Bereich Stiel-Eiche (*Quercus robur*), Gewöhnliche Esche (*Fraxinus excelsior*), Flatter-Ulme (*Ulmus laevis*), Silber-Weide (*Salix alba*), Wild-Birne (*Pyrus pyraster*) und Weißdorn (*Crataegus spec.*) auf und verleihen den Wiesen einen parkartigen Charakter. Darüber hinaus gliedern die zahlreichen Flutrinnen und Senken die offenen Wiesenbereiche. Die flächenmäßig häufigste Grünlandgesellschaft, d.h. die Fuchsschwanz-Wiese, besiedelt die frischen bis wechselfrischen Standorte. Die für die Gesellschaft charakteristische Krautarmut (Hundt 1958) ist auf den Schöneberger Wiesen besonders ausgeprägt: Neben den Gräsern kommt nur noch das Wiesen-Labkraut (*Galium album)* regelmäßig vor. Während Hundt (1958) eine durchschnittliche Artenzahl von 26,5 erwähnt, treten in den Belegaufnahmen zu den Fuchsschwanz-Wiesen im Untersuchungsgebiet durchschnittlich nur 16 Arten auf. Auf den trockeneren, leicht erhöhten Standorten in den nordwestlichen Bereichen der Schöneberger Wiesen schließt sich die Glatthafer-Wiese an, die im Vergleich zur Fuchsschwanz-Wiese durch eine größere Anzahl an

Kräutern und eine geringere Wüchsigkeit gekennzeichnet ist. Die Verarmung der Assoziation an Kennarten ist für die Glatthafer-Wiese des mitteldeutschen Trockengebietes bezeichnend (Hundt 1958). Auf den Schöneberger Wiesen ist die Gesellschaft mit durchschnittlich 17 Arten besonders artenarm (bei Hundt 1958 durchschnittlich 31 Arten). Außer Glatthafer (*Arrhenatherum elatius*) fehlen ihr sämtliche Charakterarten. Als lokale Kennarten können Wehrlose Trespe (*Bromus inermis*), Kleine Bibernelle (*Pimpinella saxifraga*), Gewöhnliche Wiesen-Schafgarbe (*Achillea millefolium*) und Echtes Labkraut (*Galium verum*) gelten. Auf den hoch gelegenen, sandigen Standorten ohne Auenlehmbedeckung sind artenärmere Bestände der Grasnelken-Flur ausgebildet, die auf den an das Gebiet angrenzende Binnendüne artenreiche Bestände bilden. Nicht bewirtschaftetes Grünland wie zum Beispiel die Flächen in den beiden großen Auskofferungsflächen im Mittelteil der Schöneberger Wiesen werden von Queckenfluren und Beständen aus Früher Segge (*Carex praecox*) eingenommen. Gegen die Gesellschaften der Wirtschaftswiesen lassen sich diese Flächen gut durch das Fehlen der typischen Wiesenarten und das Auftreten von Arten der Uferstaudenfluren, mit denen sie in Kontakt stehen, abgrenzen.

Auf deutlich wechselfeuchten Böden im nordöstlichen Teil der Schöneberger Wiesen tritt fragmentarisch die Silgen-Wiesenknopf-Wiese auf. Sie ist mit den Fuchsschwanz-Wiesen und den Gesellschaften der Flutrinnen, vor allem mit dem Rohrglanzgras-Röhricht und den Flutrasen eng verzahnt. Kennzeichnende Arten sind Gewöhnlicher Gold-Hahnenfuß (*Ranunculus auricomus* agg.), Nordisches Labkraut (*Galium boreale*), Kanten-Lauch (*Allium angulosum*), Brenndolde (*Cnidium dubium*), Rasen-Schmiele (*Deschampsia cespitosa*) sowie Wiesen-Silge (*Silaum silaus*). Der Große Wiesenknopf (*Sanguisorba officinalis*) ist kaum anzutreffen.

Die Abflachungen und Randbereiche der Flutrinnen sowie flachere Senken im Wirtschaftsgrünland werden vom Rohrglanzgras-Röhricht eingenommen, die häufigste und am großflächigsten ausgebildete Röhrichtgesellschaft, die zum Teil auch regelmäßig gemäht wird. Im nördlichen Bereich der Schöneberger Wiesen, vor allem entlang des Fundergrabens gehen Rohrglanzgras-Röhrichte in Schilf-Röhrichte über. In der typischen Ausbildung dominiert Schilf (*Phragmites australis*) mit nur sehr geringer Beimischung weiterer Arten. In nicht genutzten Bereichen ist ein starkes Eindringen von Großer Brennnessel (*Urtica dioica*) und weiteren Arten der Schleiergesellschaften in die Schilf-Röhrichte zu beobachten. Häufig schließt nach dem Rohrglanzgras-Röhricht auch ein schmaler Streifen mit Schlankseggen-Ried oder Wasserschwaden-Röhricht an. Der Wasser-Schwaden (*Glyceria maxima*) bildet auch flächige Bestände aus. Bei länger anhaltender Wasserführung werden Flutrinnen und Senken von der Wasserhahnenfuss-Gesellschaft, der Sumpfkresse-Wasserpferdesaat-Gesellschaft, der Gesellschaft aus Gewöhnlicher Sumpfbinse oder dem Schwanenblumen-Kleinröhricht geprägt. Bei Austrocknung geht der Wasserhahnenfuß (*Ranunculus aquatilis* agg.) in die Landformen über und es tritt ein kleinräumiges Mosaik verschiedener Zweizahn-Gesellschaften und Flutrasen auf.

Gehölzbestände sind im Untersuchungsgebiet, abgesehen der bereits erwähnten Solitärgehölze, auf die Randbereiche begrenzt. Auf den angrenzenden Talsanden der Steckbyer Heide dominieren Kiefernforste und untergeordnet Laubmischwald mit Eiche und Birke. An abflusslosen, vernässten Stellen zur Hochterrasse treten lokal Erlen-Eschenwälder auf. Darüber hinaus sind auf den Schöneberger Wiesen ein anthropogen überformter Hartholz-Auenwaldrest (Eichen-Ulmen-Hartholz-Auenwald) vorhanden. Weichholz-Auenwaldfragmente bleiben auf die untere nicht genutzte Elbterrasse beschränkt und sind eng verzahnt mit der Gesellschaft des Gefleckten Schierlings und der Brennnessel-Seiden-Zaunwinden-Saumgesellschaft. Auf den sandigen, strömungsexponierten Uferbereichen der Elbe siedeln nitrophile Staudenfluren und Zwergbinsen-Gesellschaften.

4.2.8.2 Schleusenheger

Der ufernahe Elbebereich ist durch eine besonders hohe Dynamik (Erosion und Sedimentation) gekennzeichnet. Diese Standorte werden von verschiedenen Pflanzengesellschaften aus einjährigen Arten, wie der Elbe-Spitzkletten-Uferflur, der Schlammling-Flur, der Hirschsprung-Gesellschaft sowie der Zweizahn-Wasserpfeffer-Flur besiedelt. Auf der unteren Elbeterrasse mit eutrophen Böden dominieren Brennnessel beherrschte Staudenfluren, die weit gehend dem Brennessel-Seiden-Zaunwinden-Saum zugeordnet werden können. Diese Assoziation tritt in enger Verzahnung mit der Gesellschaft des Gefleckten Schierlings auf. Häufig sind Übergänge zu Quecken-Pionierrasen zu beobachten. Auf der höher gelegenen Elbeterrasse konnte sich die Fuchsschwanz-Wiese, eine für wechselfrische, nährstoffreiche, lehmige bis tonige Böden charakteristische Assoziation, ausbilden. Wechselfeuchte Standorte werden von einer Silgen-Wiesenknopf-Wiese besiedelt, die auf dem Schleusenheger allerdings nur fragmentarisch ausgebildet ist. Nur hier kommt der Große Wiesenknopf häufiger vor. Die Abflachungen und Randbereiche der Flutrinnen sowie flachere Senken werden von Schlankseggen-Riedern, Wasserschwaden-Röhrichten und Rohrglanzgras-Beständen eingenommen. In den Flutrinnen selbst kommt ein kleinräumiges Mosaik verschiedener Pflanzengesellschaften vor. Neben häufigen Rotfuchsschwanz-Rasen finden sich die Knickfuchsschwanz-Gesellschaft und die Straußgras-Gesellschaft. Das Untersuchungsgebiet wird im Osten von Hartholz-Auenwäldern mit Stiel-Eiche, Gewöhnlicher Esche, Flatter- und Feld-Ulme (*Ulmus minor*) begrenzt. Der Wald selbst weist größere Reinbestände mit Hybrid-Pappel und Stiel-Eiche auf. Auf dem Schleusenheger selbst sind Gehölzbestände nur fragmentarisch auf sehr kleiner Fläche vorzufinden.

4.2.8.3 Dornwerder

Der größte Flächenanteil des Dornwerders wird von Grünlandgesellschaften frischer bis wechselfeuchter Standorte besiedelt, die auf den höheren Bereichen von Hybrid-Pappeln gegliedert werden. Weitere Solitärgehölze, insbesondere Weiden an Gewässern, lockern das Gebiet auf. Die höheren Bereiche werden von Queckenfluren und verarmten Fuchsschwanz-Wiesen eingenommen. Auf den wechselfeuchten Standorten dominieren Rohrglanzgras-Röhrichte, in denen eingebettet Senken mit Annuellenfluren und Sumpfbinsenbeständen liegen.

Der Dornwerder weist am Elbufer die charakteristischen Flussufergesellschaften auf. Aufgrund einer nicht sehr stark ausgeprägten Uferterrasse gehen diese Gesellschaften auf den ufernahen Flächen in verschieden nitrophile Gesellschaften über, die aufgrund ihrer Exposition einer hohe Sedimentations- und Erosionsdynamik ausgesetzt sind und nur gelegentlich mit in die Beweidung einbezogen werden.

4.3 Versuchsplanung und statistische Auswertungen im RIVA-Projekt

Klaus Henle, Frank Dziock, Marcus Rink, Francis Foeckler, Klaus Follner, Elmar Fuchs, Anke Rink, Stefan Klotz, Stephan Rosenzweig, Arno Schanowski, Mathias Scholz & Sabine Stab

Zusammenfassung

In diesem Buchkapitel beschreiben wir den Versuchsplan des RIVA-Projekts und die ihm zugrunde liegenden Entscheidungskriterien. Der Versuchsplan besteht aus einem Stichprobenplan für die Datenerhebung und den darauf abgestimmten statistischen Verfahren zur Ableitung des Indikationssystems und der Prognosemodelle. Der Stichprobenplan umfasst ein Hauptuntersuchungsgebiet für die Ableitung der Indikations- und Prognosemodelle und zwei Nebenuntersuchungsgebiete für die Prüfung der räumlichen Übertragbarkeit dieser Modelle. Mittels stratifizierter Zufallsverteilung legten wir im Hauptuntersuchungsgebiet 36 und in den Nebenuntersuchungsgebieten jeweils 12 Probeflächen fest, auf denen alle Probenahmestellen nach einem festen Schema verortet wurden. Die Datenerhebung auf den Probeflächen für Carabiden, Mollusken, Pflanzen, Bodenfaktoren und Wasserfaktoren wurde zwischen den beteiligten Fachdisziplinen abgestimmt, wofür Kompromisse zwischen den Ansprüchen der verschiedenen Disziplinen entwickelt wurden. Die Datenerhebung erfolgte schwerpunktmäßig im Frühjahr und Herbst der Jahre 1998 und 1999.

Bei der Datenanalyse erfolgte eine Datenreduktion mittels Korrelationsanalysen, Prüfung der Konstanz der Parameter, Hauptkomponentenanalysen und Vorwärtsselektion in multivariaten Ordinationsmodellen. Ökologische Gruppen von Arten und Zusammenhänge zwischen dem Auftreten von Arten und abiotischen Standortbedingungen bestimmten wir mittels Kanonischer Korrespondenzanalyse. Signifikante Zusammenhänge benutzten wir als Grundlage für Modelle, mit denen die Auswirkungen ökologischer Veränderungen auf die Zusammensetzung von Artengemeinschaften vorhergesagt werden können. Den Einfluss biologischer Merkmale auf die Reaktion von Arten auf die Standortbedingungen untersuchten wir mit der Drei-Felder-Analyse (RLQ-Analyse). Für ausgewählte potenzielle Indikatorarten und biologische Merkmale erstellten wir mittels logistischer Regression Lebensraumeignungsmodelle. Abundanzgewichtete Mittelwerte der indizierten Standortfaktoren wiesen wir den Indikatorarten als Indikationswerte zu.

4.3.1 Einleitung

Eine sorgfältige Versuchsplanung stellt eine unverzichtbare Grundlage für alle wissenschaftlichen Untersuchungen dar, insbesondere wenn komplexe Zusammenhänge innerhalb hoch variabler ökologischer Systeme, wie Auenlandschaften, analysiert und unterschiedliche Disziplinen integriert werden sollen. Der Anspruch, die von den beteiligten Fachwissenschaftlern erhobenen Daten mit statistischen Methoden integrierend auszuwerten, erfordert die Ausarbeitung und konsequente Umsetzung einer gemeinsamen Datenerhebungsstrategie im Rahmen eines geeigneten Versuchplanes (vgl. Wildi 1986, Siebeck 1995; Buchkap. 3.1). Mit dem Versuchsplan des RIVA-Projekts sollten die Arbeiten der fachlichen Teilprojekte (Buchkap. 4.1) soweit koordiniert werden, dass die Kompatibilität zwischen den Datensätzen und den statistischen Auswertekonzepten sichergestellt ist (Rink 2003).

Die Aufstellung eines Versuchsplans umfasst mehrere Schritte: die Festlegung der konkreten Projektziele, den Stichprobenplan und die Datenerhebung sowie die statistischen Auswertungen und deren Bewertung (Abb. 4.3-1). Als Ziele des RIVA-Projekts legten wir die Entwicklung eines robusten Indikationssystems für Veränderungen im hydrologischen Regime sowie von Modellen zur Vorhersage der Auswirkungen geänderter abiotischer Standortbedingungen auf Artenmuster in Auengrünland fest. In den Buchkapiteln 3.1 und 4.1 stellen wir ausführlicher die Projektziele vor.

In diesem Buchkapitel wird die Erstellung des Stichprobenplanes erläutert. Er diente der Erstellung von Prognosemodellen für die Auswirkungen ökologischer Veränderungen in Auen, der Identifikation ökologischer Artengruppen als Grundlage für das Indikationssystem sowie der Entwicklung des Indikationssystems. Des Weiteren werden die wichtigsten statistischen Methoden vorgestellt, mit deren Hilfe das Indikationssystem und die Prognosemodelle erarbeitet und deren zeitliche und räumliche Übertragbarkeit geprüft wurde.

4.3.2 Stichprobenplan

Für die Aufstellung des Stichprobenplanes im RIVA-Projekt bestand, wie für die meisten ökologischen Projekte üblich, keine Möglichkeit für Voruntersuchungen, wie sie für eine optimale Versuchsplanung erforderlich wären (s. Buchkap. 3.1). Da deswegen keine direkten Informationen über die Größenordnung der zu erwartenden Variabilität vorlagen, mussten wir Expertenvermutungen als Ersatz verwenden. Anhand der Zielstellungen haben wir daher in einer mehrmonatigen Anfangsphase das statistische Probendesign als Kompromiss zwischen den äußeren organisatorischen Rahmenbedingungen und einer idealen Versuchsplanung konkretisiert. Hierzu stimmten wir die fachspezifischen Anforderungen an die Felddatenerhebung mit Vorgaben aus dem statistischen Auswertungskonzept zwischen allen Teilprojekten ab, erstellten Kriterien für die Gestaltung der gemeinsamen Probeflächen und bereiteten die Auswahl der Untersuchungsgebiete sowie der Probeflächen vor (vgl. Henle et al. 2006a).

Das wichtigste Kriterium für die Auswahl der Untersuchungsgebiete stellte ihre Repräsentanz für den häufigsten Lebensraumtyp (ca. 70 % der Fläche) der Auen der Mittleren Elbe dar: Grünland mit einer mittleren Nutzungsintensität (vgl. Buchkap. 4.2). Sie mussten weiterhin topographisch und morphologisch ähnlich sein. Schließlich sollten sie auch leicht zugänglich, andererseits aber auch geografisch ausreichend getrennt sein, um die Übertragbarkeit des Indikationssystems testen zu können.

Eine der schwierigsten Fragen bei der Erstellung eines Stichprobenplanes, bei dem nicht auf umfangreiche Voruntersuchungen zurückgegriffen werden kann, ist die Entscheidung bezüglich der Anzahl Untersuchungsflächen und der Probeflächen innerhalb der Untersuchungsgebiete. Für multivariate Analysen ökologischer Muster gibt es hierfür keine allgemeingültigen Faustregeln (Økland 1990, Rink 2003) und Vorschläge in der Literatur reichen von 3-50 Proben pro Beprobungseinheit (Økland 1990). Auch die Ansprüche, Standardmethoden, die Notwendigkeit mehrfacher Probenahmen, die Destrukti-

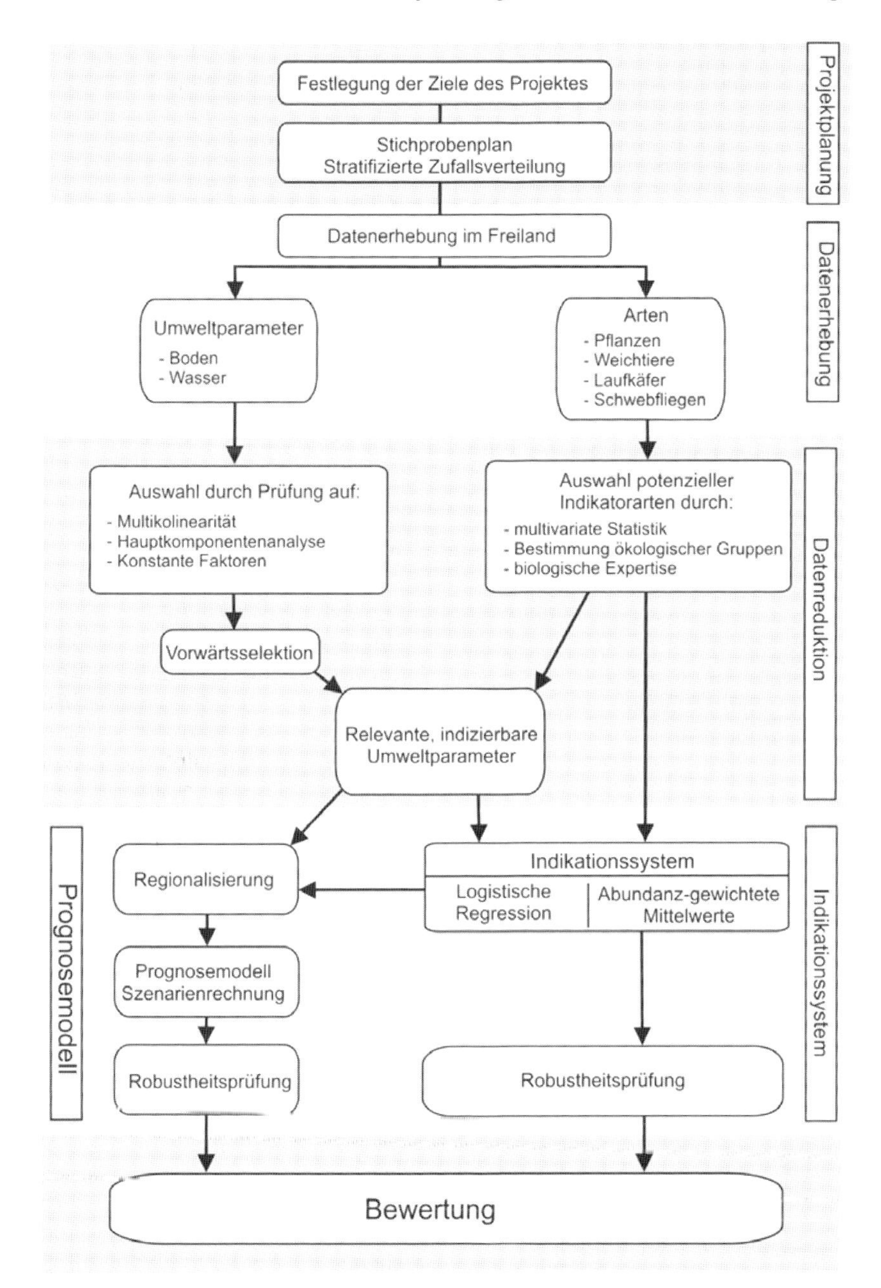

Abb. 4.3-1: Versuchsplan und Konzept der statistischen Auswertungen für das RIVA-Projekt.

vität sowie Zeitaufwand und Kosten variieren von Disziplin zu Disziplin erheblich.

Als Kompromiss zwischen den fachspezifischen Anforderungen, den Projektzielen und dem leistbaren Aufwand haben wir ein Hauptuntersuchungsgebiet (HUG) und zwei Nebenuntersuchungsgebiete (NUG) ausgewählt (vgl. Buchkap. 4.2), um die räumliche Übertragbarkeit der Indikation und der Prognosemodelle einer ersten Prüfung unterziehen zu können (Henle et al. 2006a). Für die Festlegung der Anzahl an Probeflächen orientierten wir uns am maximal leistbaren Stichprobenumfang des aufwändigsten Teilprojekts, der Mollusken, da mit der Anzahl der Probeflächen auch die Möglichkeit steigt, statistisch signifikante Zusammenhänge zwischen Indikatoren und indizierten Standortfaktoren ableiten und Prognosemodelle erstellen bzw. auf Übertragbarkeit prüfen zu können (Buchkap. 3.1). Wir legten eine Gesamtzahl von 60 Probeflächen fest, wovon 36 dem Haupt- und jeweils 12 den beiden Nebenuntersuchungsgebieten zugewiesen wurden. Wir wählten für das Hauptuntersuchungsgebiet eine höhere Anzahl von Probeflächen, um für die Ableitung der Modelle und Indikatoren eine bessere Datengrundlage zu haben und somit zumindest einen Teil der Projektziele abgesichert zu haben, sofern sich im Nachhinein die Gesamtzahl noch als zu niedrig erwiesen hätte.

Angesichts der geringen Probeflächenzahl und der hohen Heterogenität der Standortbedingungen, die normalerweise in Auen herrschen, mussten die Probeflächen innerhalb der Untersuchungsgebiete anhand einer stratifizierten Zufallsverteilung (Elzinga et al. 2001, Follner et al. 2005) ausgewählt werden. Damit konnte gesichert werden, dass auch Ausprägungen, die relativ wenig Fläche in den Auen einnahmen, mit Probeflächen abgedeckt waren. Da das RIVA-Projekt als eine konkrete Zielstellung die Indikation hydrologischer Verhältnisse und die Prognose von Veränderungen in der Artenzusammensetzung bei veränderten Wasserregime hatte, haben wir die Stratifizierung anhand des Geländereliefs und von Vegetationstypen vorgenommen, um einen möglichst breiten Gradienten möglichst gleichmäßig mit Stichproben abzudecken (vgl. Abb. 4.3-2). Drei Straten wurden festgelegt: Flutrinnen, feuchteres Grünland und trockeneres mesophiles Grünland, letzteres unterteilt in elbnah und elbfern (Rink et al. 2000). Durch die Stratifizierung sicherten wir, dass im Hauptuntersuchungsgebiet 12 Probeflächen auf Flutrinnen und je 8 Probeflächen auf nasses, trockeneres elbnahes bzw. trockeneres elbfernes mesophiles Grünland (insgesamt 36 Probeflächen) sowie in den Nebenuntersuchungsgebieten vier Probeflächen auf jedes Stratum entfielen. Die größere Anzahl an Probeflächen in den Flutrinnen wurde gewählt, um auf jeden Fall das nasse Ende des Feuchtegradienten repräsentativ erfassen zu können.

Die zufällige Verteilung der Probeflächen innerhalb der Straten erfolgte auf der Grundlage georeferenzierter Karten (Rink et al. 2000). Hierzu legten wir mittels Geografischem Informationssystem (GIS) eine Dreiecksvermaschung über die Untersuchungsgebiete, deren Knotenpunkte als Rasterpunkte genommen wurden. Mittels Zufallsgenerator wählten wir dann Knotenpunkte zufällig aus. Sie bildeten die Basiseckpunkte der Probeflächen (vgl. Kapitelanhang 4.3-2 auf der CD). Die Lagekoordinaten des Basiseckpunktes einer Probefläche lokalisierten wir im Gelände mithilfe eines „Real Time Kinematic – Global Positioning Systems" (RTK-GPS). Nach der Ortung kennzeichneten wir die Basiseckpunkte für die Laufzeit des RIVA-Projektes mittels in den Boden eingeschlagener Eisenpflöcke, die mittels Metalldetektoren im Gelände rascher als mit einem GPS wiedergefunden werden können. Wir richteten die Flächen so aus, dass die im Gelände sichtbare Heterogenität innerhalb der Fläche möglichst gering gehalten wurde, aber alle Messpunkte bzw. Teiluntersuchungsflächen den fachspezifischen Anforderungen entsprechend untergebracht werden konnten. Wir verpflockten die

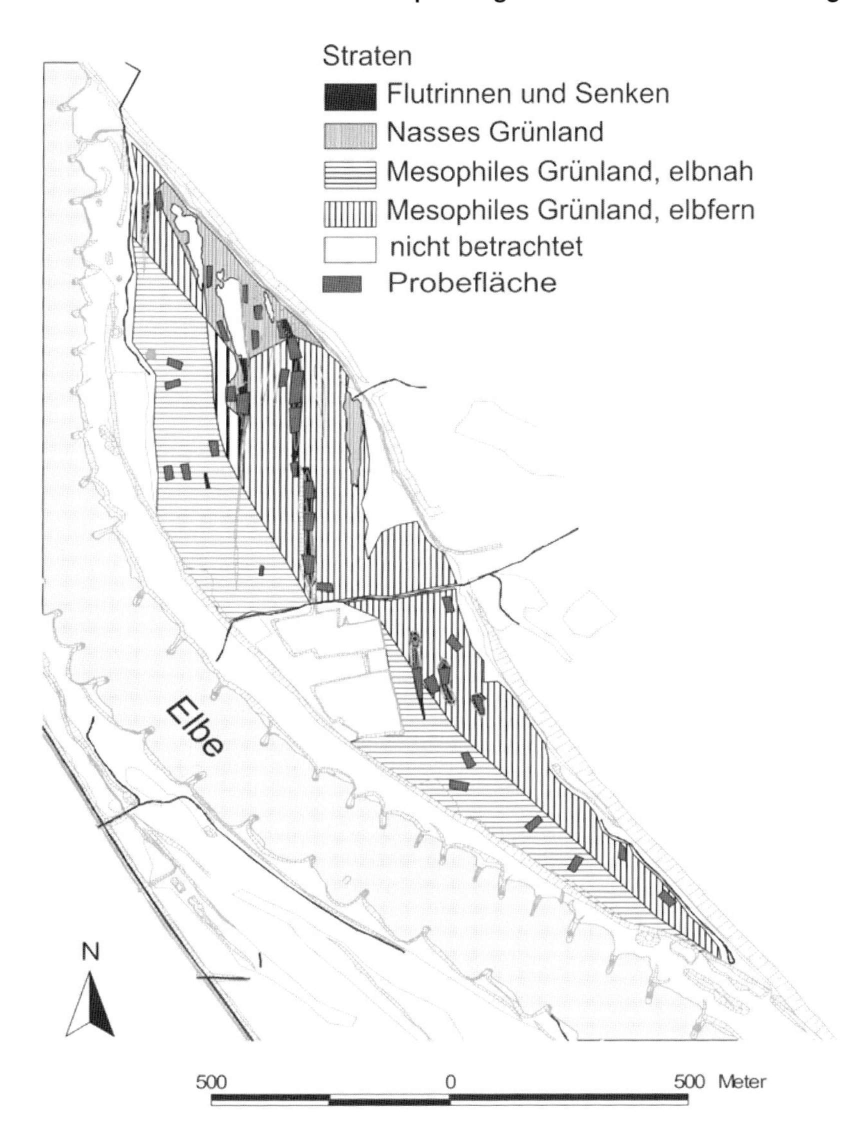

Abb. 4.3-2: Hauptunteruntersuchungsgebiet Schöneberger Wiesen bei Steckby; Stratifizierung mit Lage der Probeflächen.

Eckpunkte und maßen sie mit dem GPS lagegenau ein, um Feldkarten für die beteiligten Wissenschaftler zu erstellen, die den Zugang zu den einzelnen Probeflächen und die Lage der Messpunkte bzw. Teiluntersuchungsflächen so regelten, dass gegenseitige Störungen minimal gehalten wurden (Abb. 4.3-3). Für eine zeitliche begrenzte weit sichtbare Markierung aller Eckpunkte verwendeten wir weiße Plastikstangen.

Für die meisten Leser sicher ungewöhnlich bei der Ausgestaltung der Probeflächen ist die Verwendung von fünf Entnahmestellen innerhalb einer Probefläche für die Erhebung der Molluskendaten (Abb. 4.3-3). Diese Vorgehensweise wurde gewählt, um mit neuen statistischen Methoden die Vollständigkeit der Artenerfassung abschätzen zu können (Follner & Henle 2001; Buchkap. 7.3). Die geschätzte Artenzahl stellt ein wichtiges Kriterium für die Qualität der Indikation dar bzw. erlaubt eine Prüfung, inwieweit das Indikationssystem gegenüber einem reduzierten

Anordnung für die Standard-Probefläche

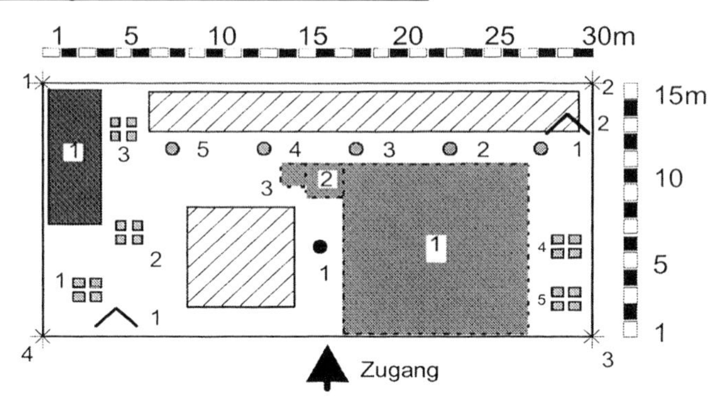

Anordnung für die Flutrinnen-Probefläche (< 15m Breite)

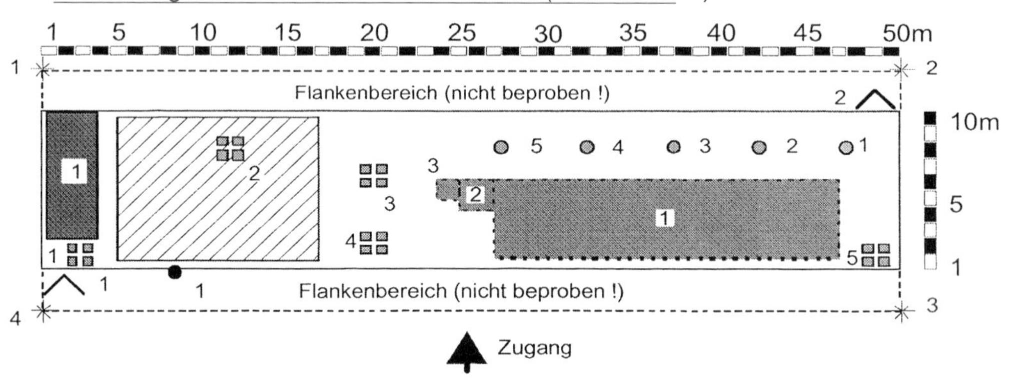

Zeichenerklärung :

- Fläche für bodenkundliche Aufnahmen
- Pegel
- botanische Aufnahmefläche
- Barberfalle
- Mollusken-Stechrahmen

- Malaisefalle
- Raum für zusätzliche Untersuchungen, z. B. Handfänge
- 1-4: Eckpunkte (Nummerierung im Uhrzeigersinn; 1: Basiseckpunkt)
- 1- 9 Probenahmestelle (teilprojektbezogen) innerhalb d. Probefl.; bei Lagenummer: 01 bis 09

Abb. 4.3-3: Größe und Anordnung von Teilflächen in den Standardprobeflächen des RIVA-Projekts.

Aufwand robust ist. Aus dem gleichen Grund haben wir bei den Laufkäfern die Fänge für jede Falle separat registriert.

Erst nach Abschluss des Versuchsplans durften die Teilprojekte die Freilandarbeit aufnehmen. Trotz Bedenken mancher Beteiligter hat sich diese Vorgehensweise bewährt und alle beteiligten Wissenschaftler konnten sich bei den Analysen von dieser Notwendigkeit hinreichend überzeugen (vgl. Siebeck 1995, Dittmann et al. 1999). Durch dieses Vorgehen konnten wir die teilweise divergierenden, fachspezifischen Anforderungen an die Eignung der Untersuchungsgebiete und Probeflächen harmonisieren und absichern, dass eine integrierende Auswertung der Daten mithilfe multivariater statistischer Methoden möglich wurde.

4.3.3 Datenerhebung

Auf den Probeflächen erfassten wir bodenkundliche und hydrologische Parameter sowie die Artenzusammensetzung und Abundanz von Pflanzen, Weichtieren, Laufkäfern und Schwebfliegen (vgl. Buchkap. 4.1). Das gesamte Artenspektrum kann aufgrund seiner Phänologie nicht zum gleichen Zeitpunkt bearbeitet werden. Einige Pflanzen, wie zum Beispiel Geophyten, können nur im Frühjahr erfasst werden, während andere erst im Sommer bestimmbar sind, da sie sich wie zum Beispiel Annuelle erst nach Austrocknen der Flutrinnen entwickeln. Das gleiche gilt für Wirbellose. Viele im Laufe des Jahres nur eine Generation hervorbringende (univoltine) Insekten können nur in kleinen Zeitfenstern, beispielsweise im Frühjahr, nachgewiesen werden.

Angesichts der großen Anzahl an Probeflächen als auch begrenzter Ressourcen war es im RIVA-Projekt nicht möglich, während der gesamten Untersuchungsperiode die Artengruppen permanent zu erfassen – und dies ist weder für die Entwicklung eines Indikationssystems noch von Prognosemodellen erforderlich. Um für die biologischen Beprobungen geeignete Zeitfenster festzulegen, wurden Hinweise zu Fangperioden für die untersuchten Artengruppen den Publikationen von Speight & Castella (1995), Precht & Cölln (1996), Duelli et al. (1999) sowie Speight et al. (2000) entnommen. Als Kompromiss zwischen den optimalen Erfassungszeiträumen für die berücksichtigten Artengruppen haben wir gemeinsame Hauptuntersuchungsphasen abgestimmt: Frühjahr und Herbst in den beiden Untersuchungsjahren 1998 und 1999 (Tab. 4.3-1). Einzelne Teilprojekte haben für spezifische Fragestellungen Erhebungen während zusätzlicher Zeiträume oder auf zusätzlichen Flächen vorgenommen (s. Buchkap. 5 und 6).

Für jede Probefläche erhoben wir insgesamt über 300 Umweltparameter bzw. haben sie aus den Daten abgeleitet (Tab. 4.3-2; Kapitelanhang 4.3-2 auf der CD). Geländehöhen und Koordinaten (Rechts- und Hochwerte) für jede Probefläche sowie für die einzelnen Proben wurden als allgemeine Informationen zusammengefasst. Bodenparameter bestimmten wir sowohl im Gelände (z.B. Bodentyp) als auch im Labor (z.B. C/N Verhältnis). Den Anteil der Streu haben wir in vier Klassen eingeteilt. Obwohl wir versuchten, Untersuchungsgebiete mit ähnlicher Nutzugsintensität auszuwählen, stellten sich Unterschiede nach Projektbeginn zwischen den einzelnen

Tab. 4.3-1: Stichprobenplan der Hauptuntersuchungsphasen (UP) und ihre Nummerierung. Die Beprobungszeiträume sind jeweils grau markiert.

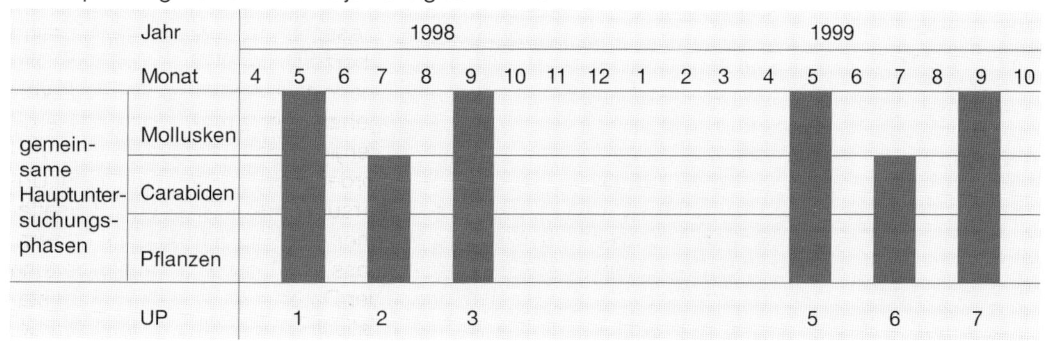

	Jahr	1998									1999									
	Monat	4	5	6	7	8	9	10	11	12	1	2	3	4	5	6	7	8	9	10
gemeinsame Hauptuntersuchungsphasen	Mollusken																			
	Carabiden																			
	Pflanzen																			
	UP		1		2		3								5		6		7	

Untersuchungsgebieten, aber auch Jahren, heraus. Zum Beispiel wurden die höheren Bereiche intensiver genutzt als die Flutrinnen, die häufig nur schwer für Mähmaschinen zugängig waren. Nutzung kodierten wir für jedes Geländejahr als Kategorien. Für mobile Arten kann die Distanz zu einem entsprechenden Biotop ein Schlüsselfaktor für ihr Vorkommen sein; ebenfalls kann die Größe eines Habitats wichtig sein. Deshalb wurden fünf Entfernungs- und Flächengrößenparameter für 16 verschiedene Biotoptypen aus der unmittelbaren Umgebung der Probeflächen ermittelt.

Grundwasserflurabstände haben wir an Flachpegeln mindestens alle zwei Wochen auf allen 60 Probeflächen gemessen. Aus diesen Daten konnten die minimalen und maximalen sowie mittleren Grundwasserflurabstände verschiedener biologisch relevanter Zeiträume abgeleitet werden. Weiterhin haben wir für vier Zeitperioden 21 chemische Parameter des Grundwassers sowie für acht Zeitperioden die Überflutungsdauern bestimmt. Schließlich haben wir 32 weitere Parameter zur Charakterisierung der Überflutung abgeleitet. Weitere Informationen zu den verwendeten Parametern finden sich in den Kapiteln 5 und 6 dieses Buchs sowie auf der beiliegenden CD (Kapitelanhang 4.3-2).

4.3.4 Statistische Auswertungen

Die statistischen Auswertungen hatten zum Ziel, abiotische Steuerfaktoren und ökologische Artengruppen zu identifizieren sowie deren Zusammenhang zu quantifizieren. Sie dienten außerdem zur Prüfung, inwieweit biologische Merkmale von Arten zur Erklärung ihres Vorkommens innerhalb der Untersuchungsgebiete beitragen und damit potenziell zur Indikation geeignet sind. Die Ergebnisse der Analysen lieferten die Grundlagen für die Ableitung des Indikationssystems und zur Erstellung von Prognosemodellen. Für die-

Tab. 4.3-2: Im RIVA-Projekt ermittelte Umweltparameter (detaillierte Liste im Kapitelanhang 4.3-2 auf der CD).

Kategorie	Anzahl der Variablen	Beispiel / Beschreibung
allgemeine Information	11	Geländehöhen der einzelnen Proben
Bodenparameter	35	Bodenform, pH-Wert
Streu	8	keine, wenig, mittel oder viel
Nutzung	16	Intensive Beweidung 1998
Entfernung zu und Flächengröße von Biotoptypen sowie Entfernung zu 3 Gewässertypen	5 x 16 Biotoptypen + 3 = 83	Entfernung zum nächsten Hartholzauenwald
Grundwasser (GW)	2 x 10 Zeiträume = 20	Anzahl der Tage mit GW Tiefe geringer als 1,40 m von der Geländeoberkante
Grundwasserchemie	21 Elemente x 4 Zeiträume = 84	Phosphatgehalt im Frühjahr 1998
Hydrologische Parameter	12 x 8 Zeiträume = 96	Minimaler GW-Flurabstand 1998
Überflutung	32	Überflutungsdauer in Tagen (Frühjahr 1998)

se beiden Zielstellungen des RIVA-Projekts erstellten wir für die statistischen Analysen einen gemeinsamen Rahmen, wobei allerdings die einzelnen Komponenten unterschiedliche Bedeutung für die Ableitung des Indikationssystems bzw. der Prognosemodelle hatten.

Die wesentlichen Ziele der statistischen Datenauswertung waren:

1. das Auffinden relevanter Umweltparameter,
2. die multivariate Ordination zur Aufdeckung von Raummustern in der Artenverteilung und ihnen zugrunde liegender Steuerfaktoren,
3. das Erstellen von Lebensraumeignungsmodellen und die Bestimmung von Indikationswerten,
4. die flächige Extrapolation der modellrelevanten Umweltparameter sowie
5. die Prüfung der zeitlichen und räumlichen Übertragbarkeit der Modelle und des Indikationssystems (Abb. 4.3-1).

Den statistischen Analysen folgte eine abschließende Bewertung der Ergebnisse. Nachfolgend erläutern wir diese Schritte. Für eine allgemeine Diskussion der für diese Schritte verfügbaren Methoden und deren Vor- und Nachteile verweisen wir auf Buchkapitel 3.

4.3.4.1 Auswahl relevanter Umweltparameter

Die hohe Anzahl der erhobenen Umweltparameter machte es erforderlich, in einem ersten Schritt eine Datenreduktion durch Ausschluss redundanter oder uninformativer Parameter durchzuführen (Abb. 4.3-1; vgl. Buchkap. 3.2). Die Datenreduktion erfolgte mittels folgender Arbeitsschritte:

1. Kontrolle paarweiser Korrelationen,
2. Eliminierung von zeitlich und/ oder räumlich konstanten Parametern (z.B. bestimmte Bodenparameter), die keine Informationen für die Verteilung der Arten lieferten,
3. schrittweise Selektion der Umweltvariablen (Vorwärtsselektion) anhand ihrer Erklärungsanteile für die Verteilung der betrachteten Arten und Prüfung von Multikolinearität; Multikolinearität bedeutet, dass der Erklärungsgehalt eines Umweltparameters durch eine Kombination anderer Parameter fast vollständig ersetzt werden kann (s. Lepš & Šmilauer 2003) und
4. Kombination verschiedener Umweltparameter zu einem einzelnen Umweltfaktor mittels Hauptkomponentenanalyse.

Die Arbeitsschritte 1-3 erfolgten für alle Analysen im RIVA-Projekt. Auf eine Parameterreduktion mittels Hauptkomponentenanalyse wurde dagegen bei einem Teil der Auswertungen verzichtet. Bei der Vorwärtsselektion in der Kanonischen Korrespondenzanalyse haben wir sowohl Optimalmodelle erstellt, die maximale Trennkraft für den biotischen Datensatz zeigten, als auch zeitlich abgestimmte Modelle, bei denen die Aufnahme von Variablen in die Ordinationsmodelle bei jedem Schritt für die verschiedenen Untersuchungsphasen abgeglichen wurden. Hierzu haben wir bei Unterschieden in der Listenposition der in die Modelle aufgenommenen Parameter, denjenigen ausgewählt, der für alle Untersuchungsphasen relativ weit vorne stand, d.h. relativ viel zur Erklärung der Artenvorkommen beitrug. Buchkapitel 7.1 beschreibt ausführlicher die Auswahl relevanter Umweltparameter und deren Ergebnis. Nur die verbliebenen Parameter gingen in die weiteren statistischen Analysen ein.

4.3.4.2 Multivariate Ordination

Wir setzten Clusteranalysen und Methoden der indirekten Ordination (vgl. Buchkap. 3.2) ein, um ökologische Gruppen von Arten bzw. Gruppen von Probeflächen mit ähnlichen Standorteigenschaften identifizieren zu können. Aus den ökologischen Gruppen von Arten wählten wir dann in einem weiteren Schritt potenzielle Indikatorarten aus.

Methoden der direkten Ordination dienten der Aufdeckung des Zusammenhangs zwischen der Verteilung der Arten und den gemessenen Umweltparametern. Außerdem analysierten wir, inwieweit biologische Merkmale der Arten ihre Verteilung innerhalb der Untersuchungsgebiete erklären können.

Für die indirekte Ordination verwendeten wir Clusteranalysen, Korrespondenzanalysen und Hauptkomponentenanalysen (Backhaus et al. 1996, Rink 2003). Die Gradientenlänge, die Aufschluss darüber geben kann, ob die analysierten Arten lineare oder unimodale Antwortkurven auf die Umweltgradienten zeigen, und damit eine Entscheidungsgrundlage darüber liefert, welches Ordinationsverfahren für die Identifizierung ökologischer Gruppen am besten geeignet ist (vgl. Rink 2003; Buchkap. 3), bestimmten wir mittels Korrespondenzanalysen mit Detrendingprozess (DCA) (Hill & Gauch 1980). Für die Ordination zogen wir jedoch die CA der DCA vor, da sie eine höhere mathematische Kohärenz und Reproduzierbarkeit der Ergebnisse unabhängig von der benutzten Software besitzt (Castella & Speight 1996, Dufrêne & Legendre 1997). Ein weiterer Vorteil ist ihre Unempfindlichkeit gegenüber Unterschieden im Erfassungsaufwand (Pélissier et al. 2003).

Für die direkte Ordination kamen die Kanonische Korrespondenzanalyse, die Co-inertia-Analyse und die als RLQ- oder Drei-Felder-Methode bezeichnete gleichzeitige Ordination von drei Matrizen (Thioulouse et al. 2004) zum Einsatz. Für die Abgrenzung ökologischer Gruppen und die Auswahl potenzieller Indikatorarten aus dem Ordinationsdiagramm sowie für die Erstellung von Modellen zur Prognose der Auswirkungen veränderter Standortbedingungen auf die Artenzusammensetzung verwendeten wir, nach entsprechender Prüfung der Gradientenlängen und der Datensatzeigenschaften (Rink 2003), die kanonische Korrespondenzanalyse (CCA). Die Berechnungen führten wir mit dem Programm CANOCO (ter Braak & Šmilaver 1998) aus. Die Annahmen, Vor- und Nachteile der CCA erläutern wir in Buchkapitel 3.2. Buchkapitel 7.1 stellt Analyseergebnisse vor.

Innerhalb der zoologischen Teilprojekte (Buchkap. 6.2-6.4) gaben wir der Co-inertia gegenüber der CCA den Vorzug, um eine möglichst gute Vergleichbarkeit auch mit anderen Untersuchungen (z.B. Castella et al. 1994a, Murphy et al. 1994, Castella & Speight 1996) zu gewährleisten. Zur Einbeziehung biologischer Merkmale in die Ordinationsmodelle haben wir eine dreistufige statistische Auswertung in Anlehnung an Murphy et al. (1994), Castella & Speight (1996) und Dufrêne & Legendre (1997) durchgeführt (Strukturplan in Abb. 4.3-4):

1. Mit der Arten-Probeflächen-Matrix führten wir eine Korrespondenzanalyse (CA) durch. Auf der Basis der Faktorenladungen aus der CA berechneten wir die Distanzmatrix (euklidische Distanzen). Diese ging in eine Clusteranalyse (Ward-Algorithmus) ein. Sie diente dazu, die Probeflächen entsprechend ihrer Artenzusammensetzungen zu ordnen. Um die Trennung zwischen den Clustergruppen zu quantifizie-

ren, verwendeten wir eine Diskriminanzanalyse. Ein Permutationstest diente der statistischen Absicherung. Dabei wird die gesamte Zwischen-Gruppen-Varianz für jede zufällige Verteilung der Arten innerhalb einer Clustergruppe berechnet. Indikatorarten sind solche Arten, die einen hohen Beitrag zur Clusterbildung leisten. Um solche Arten zu identifizieren, analysierten wir die Zwischen-Gruppen-Varianz (inertia analysis partition).

2. Um die Frage zu beantworten, welche abiotischen oder strukturellen Faktoren („Erklärungsvariablen") die Artenzusammensetzung der Probeflächen bedingen, haben wir mithilfe einer Hauptkomponentenanalyse (PCA) diejenigen abiotischen Faktoren herausgefiltert, welche die Probeflächen am stärksten differenzieren. Nur Faktoren, die sich nach einer Vorauswahl als die Parameter mit höchstem Erklärungsanteil und geringster Redundanz herausstellten, gingen in die PCA ein (vgl. Buchkap. 7.1). Entsprechend des unter 1) erläuterten Vorgehens haben wir eine Clusteranalyse durchgeführt, um die Probeflächen entsprechend ihrer abiotischen Charakteristik zu ordnen. Mit Hilfe einer Co-inertia-Analyse konnte anschließend die gemeinsame Struktur der Arten-Probeflächen-Matrix und der Abiotik-Probeflächen-Matrix analysiert und mit Hilfe eines Permutationstests auf Signifikanz hin überprüft werden. Dadurch erhält man Hinweise darauf, welche abiotischen Parameter in welchem Maße die Besiedlung der Probeflächen bedingen.

3. Die nächste Frage lautet, ob die in der Autökologie-Datenmatrix verwendeten biologischen Eigenschaften der Arten ihr Vorkommen auf den Probeflächen erklären. Dazu haben wir zuerst eine CA der Probeflächen-Arten-Matrix, danach eine

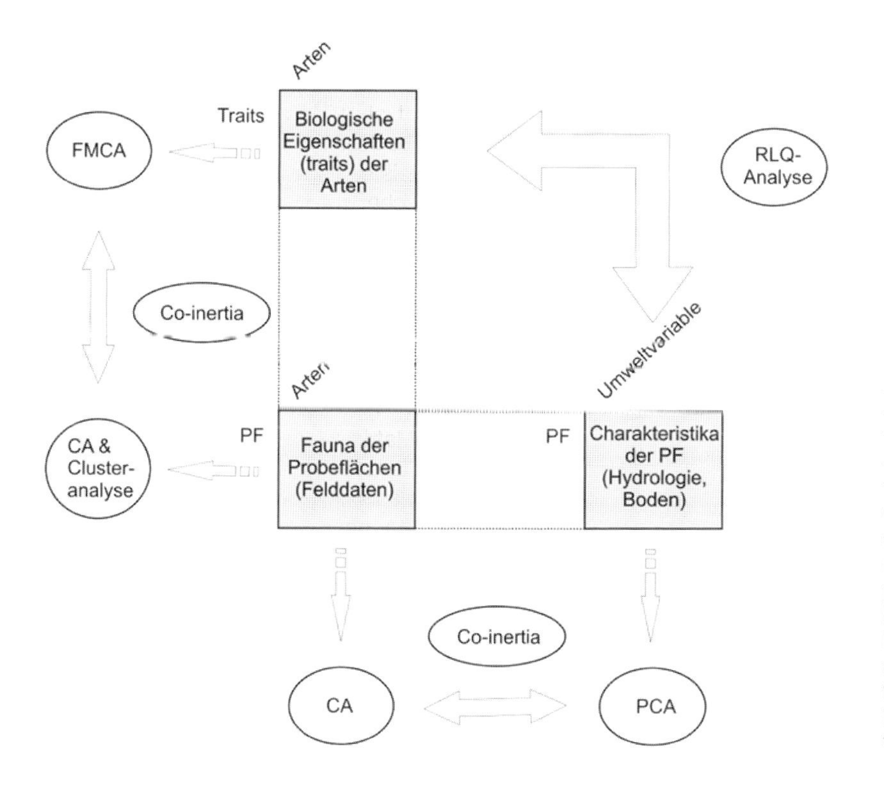

Abb. 4.3-4: Strukturplan der statistischen Auswertung der zoologischen Teilprojekte (angelehnt an Murphy et al. 1994, Castella & Speight 1996, Dolédec et al. 1996, Dufrêne & Legendre 1997). Die drei grauen Kästchen stellen die drei Datenmatrizen mit den biologischen Daten und den Felddaten (Fauna, Abiotik der Probeflächen) dar. In den weißen Kreisen / Ellipsen sind die verwendeten multivariaten Methoden dargestellt. Erläuterung siehe Text. CA: Korrespondenzanalyse, PCA: Hauptkomponentenanalyse, FMCA: Multiple Korrespondenzanalyse einer fuzzy-codierten Matrix, PF: Probefläche.

multiple Korrespondenzanalyse der fuzzy-codierten Biologie-Arten-Matrix durchgeführt (fuzzy multiple correspondence analysis FMCA, zur Fuzzy-Codierung s. Castella & Speight 1996). In die FMCA gingen die Zeilengewichte aus der CA mit ein. Durch eine anschließende Co-inertia-Analyse haben wir getestet, ob eine gemeinsame Struktur zwischen der Biologie-Arten-Matrix und der Arten-Probeflächen-Matrix vorliegt. Ist dies der Fall, erklären die Eigenschaften der Arten ihr Vorkommen auf den Probeflächen. Mit Hilfe eines Permutationstests haben wir die Gemeinsamkeit der Struktur auf Signifikanz getestet.

Für die Permutationstests wurden Monte-Carlo-Analysen (10.000 Wiederholungen) verwendet. Hierbei haben wir die Zeilen der beiden in die Co-inertia-Analyse eingehenden Datenmatrizen zufällig permutiert und danach erneut jeweils eine Co-inertia-Analyse ausgeführt. Die Häufigkeitsverteilung der r^2-Werte (der quadrierten Korrelationskoeffizienten) konnten mit dem r^2 der Co-inertia-Analyse verglichen werden. Wenn weniger als 5 % der r^2-Werte aus dem Permutationstest größer als der beobachtete Wert waren, haben wir die Ergebnisse als signifikant betrachtet. Dies bedeutet, dass die Strukturen der beiden in die Co-inertia-Analyse eingegangenen Datenmatrizen sehr ähnlich sind.

Für die genannten statistischen Auswertungen der zoologischen Daten wurde das Statistik-Programmpaket ADE-4 der Universität Lyon verwendet (Thioulouse et al. 1997), in dem neben herkömmlichen Methoden wie Korrespondenzanalyse und Hauptkomponentenanalyse auch neuere Methoden wie Co-inertia- und RLQ-Analyse implementiert sind (Dolédec & Chessel 1994, Dolédec et al. 1996).

4.3.4.3 Lebensraumeignungsmodelle und Bestimmung von Indikationswerten

Anhand der Ergebnisse der multivariaten Ordination und fachwissenschaftlicher Kriterien zum Artverhalten konnten ökologische Gruppen abgegrenzt und aus dem Ordinationsdiagramm Indikatorarten ausgewählt werden. Um als Indikatorart verwendet zu werden, musste ihr Vorkommen eine geringe Varianz auf den ersten beiden Ordinationsachsen aufweisen; sie musste in allen Untersuchungsflächen nachgewiesen sein und durfte nicht nur als Einzelvorkommen auftreten (Follner & Henle 2006). Für weitere artspezifische Auswahlkriterien siehe Buchkapitel 6 sowie Dziock (2006), Foeckler et al. (2006) und Gerisch et al. (2006).

Für die Indikatorarten haben wir mit SPSS artspezifische Lebensraumeignungsmodelle auf Grundlage der logistischen Regression (generalisierte lineare Modelle, GLM) erstellt. Sie erlauben eine exaktere Modellanpassung als die multivariaten Ordinationsmodelle. Aufgrund des für das Verfahren geringen Stichprobenumfangs (s. Backhaus et al. 1996) konnte für die Erklärung der Vorkommenswahrscheinlichkeit einer Art im Raum meist nur ein einzelner Parameter berücksichtigt werden. Selbst die Erstellung solch eines univariaten Modells war in der Regel nur für die weniger spezifischen potenziellen Indikatorarten möglich.

Im RIVA-Projekt konnten bisher Lebensraumeignungsmodelle für insgesamt 49 Indikatorarten aus den drei Artengruppen Pflanzen, Mollusken und Carabiden erstellt werden. Buchkapitel 7.1 stellt beispielhaft die Ergebnisse für sieben Arten aus unterschiedlichen taxonomischen und ökologischen Gruppen vor.

Mittels logistischer Regression erstellte Lebensraumeignungsmodelle erlauben im Prinzip, das Optimum und die Grenzen des Vorkommens einer Art zu bestimmen und zur Indikation heranzuziehen. Allerdings waren die erhobenen Datensätze hierfür bei vielen Arten nicht ausreichend umfangreich. Außerdem bleibt bei logistischen Regressionen die Information, die in den Abundanzen der Arten steckt, unberücksichtigt. Aus diesen Gründen bestimmten wir den Indikationswert einer Art, indem wir den Mittelwert des indizierten Faktors für die Flächen berechneten, auf denen sie vorkam, wobei wir die Abundanzen der Indikatorart als Gewichte verwendeten. Als durch das Indikationssystem indizierten Wert berechneten wir den abundanzgewichteten Mittelwert der Indikationswerte aller auf der Probefläche gefundenen Indikatorarten. Die genaue Vorgehensweise und die Ergebnisse stellen wir im Buchkap. 7.2 vor (vgl. Follner & Henle 2006).

4.3.4.4 Übertragung der Modellergebnisse auf die Fläche

Bei Freilanduntersuchungen sind flächendeckende Erhebungen meistens auf die Vegetation beschränkt. Um Aussagen über die Verteilung im Raum auch für abiotische Standortfaktoren sowie für die Mollusken und Carabiden treffen zu können, müssen Extrapolationen der gemessenen Daten in den Raum vorgenommen werden („Regionalisierung"). Für die flächige Extrapolation von Bodenparametern verwendeten wir geostatistische Verfahren, die ausführlich in Buchkapitel 8.1 besprochen werden. Grundwasserparameter extrapolierten wir mithilfe eines Grundwasser- (s. Böhnke 2002, Buchkap. 5.1) und eines digitalen Höhenmodells (Peter et al. 1999; vgl. Buchkap. 4.1). Um Aussagen über die Verteilung im Raum auch für Mollusken und Carabiden treffen zu können, verwendeten wir die Modellgleichungen aus der Kanonischen Korrespondenzanalyse unter Einbeziehung der flächig extrapolierten modellrelevanten Umweltparameter.

Die Flächen deckenden Extrapolationen der Modelle wurde mit den Arc-Info-Applikationen CANOGEN (Guisan et al. 1999) und CANORES (Hettrich & Rosenzweig 2002, 2003) durchgeführt. Buchkapitel 8.2 erläutert ausführlich anhand von Beispielen die Vorgehensweise.

4.3.4.5 Prüfung der zeitlichen und räumlichen Übertragbarkeit der Modelle

Für die Prüfung der zeitlichen Übertragbarkeit fanden die vier Hauptuntersuchungsphasen (UP 1, 3, 5 und 7) im Hauptuntersuchungsgebiet Verwendung. Die räumliche Übertragbarkeit testeten wir, indem wir die Modelle und das Indikationssystem auf Daten derselben Untersuchungsphase aus den Nebenuntersuchungsgebieten anwendeten.

Bevor wir die multivariaten Ordinationsmodelle auf Übertragbarkeit prüften, führten wir zunächst univariate Tests durch. Hierzu verglichen wir die berechneten Vorkommens-Optima aus den verschiedenen Untersuchungsphasen grafisch. Weiterhin erfolgte ein Vergleich mittels partieller Ordination den Erklärungsanteil der wesentlichen Steuerfaktoren an der Varianz der biologischen Daten. Aus diesen Analysen ließen sich Verlagerungen in der realisierten Nische bzw. in der Bedeutung von Steuerfaktoren erkennen. Abbildung 4.3-5 zeigt beispielsweise eine gute Übereinstimmung der berechneten Optima bezüglich des Mittleren Grundwasserflurabstandes für die meisten, aber nicht alle Molluskenarten.

Analog zum univariaten Fall prüften wir die Verschiebung der Optima und den Erklärungsanteil der Achsen für die multivariaten Modelle, indem wir die biotischen Daten

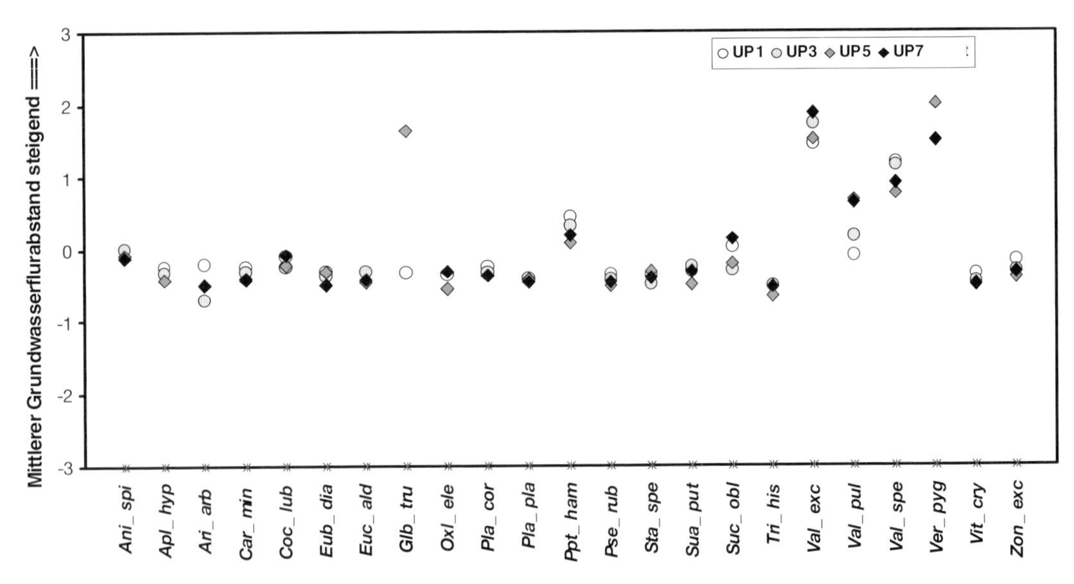

Abb. 4.3-5: Berechnete Optima des Mittleren Grundwasserflurabstandes (in m) für die Molluskenarten in vier Untersuchungsphasen (UP). Der Mittlere Grundwasserflurabstand bezieht sich auf die Periode April bis einschließlich September des entsprechenden Jahres. Erklärung der Abkürzungen für die Arten siehe Tabelle 6.2-4 im Buchkapitel 6.2. Quelle: Rink (2003), modifiziert.

anderer Untersuchungsphasen passiv in bestehende Ordinationsmodelle einordneten und die resultierende Position der Arten im Ordinationsdiagramm verglichen.

Am Beispiel der Mollusken zeigt Abbildung 4.3-6 exemplarisch, dass sich die Arten in ihren Positionen zwar zwischen den verglichenen Untersuchungsphasen verschoben haben, aber das allgemeine Verhalten zu den Modellparametern ähnlich war.

Bei der Übertragung von Optimalmodellen trat ein höherer Erklärungsverlust auf als bei den Modellen, bei denen die Variablenauswahl über die vier Untersuchungsphasen abgeglichen wurde. Da letztere gegenüber den Optimalmodellen einer Untersuchungsphase außerdem nur geringfügig geringere Erklärungsanteile besaßen, gaben wir diesen generell den Vorzug (Rink 2003).

Wie für die zeitliche Übertragbarkeit prüften wir die räumliche Übertragbarkeit der multivariaten Ordinationsmodelle durch passive Einordnung der Probeflächen der Nebenuntersuchungsgebiete. Zusätzlich wurden die Untersuchungsgebiete durch gleichzeitige aktive Ordination aller Probeflächen mittels DCA verglichen. Falls sich die Lage der Untersuchungsgebiete im Ordinationsdiagramm deutlich unterscheidet, bedeutet dies, dass in den Untersuchungsgebieten unterschiedliche Standortbedingungen herrschen und eine Übertragbarkeit der Ordinationsmodelle nur eingeschränkt möglich ist. Abbildung 4.3-7 zeigt beispielsweise für die Mollusken eine gute Überlappung für das Hauptuntersuchungsgebiet (Schöneberger Wiesen) und Nebenuntersuchungsgebiet 1 (NUG1; Wörlitz), während das NUG2 (Sandau) deutlich von den anderen beiden Gebieten abweicht. Das NUG2 liegt im Verhältnis zu den Wasserständen der Elbe niedriger und ist somit insgesamt feuchter bzw. nasser. Seine einzige Probefläche, welche die in Abbildung 4.3-7 eingezeichnete Grenzlinie zum trockeneren Bereich überspringt, ist Nummer 56 (Pfeil in der Abbildung).

Die Übertragbarkeit der Lebensraumeignungsmodelle aus der logistischen Regression prüften wir durch Bestimmung des Anteils korrekter Vorhersagen der Anwesenheit bzw. Abwesenheit einer Art bei Verwendung der Daten aus einem anderen Zeitraum oder Untersuchungs-

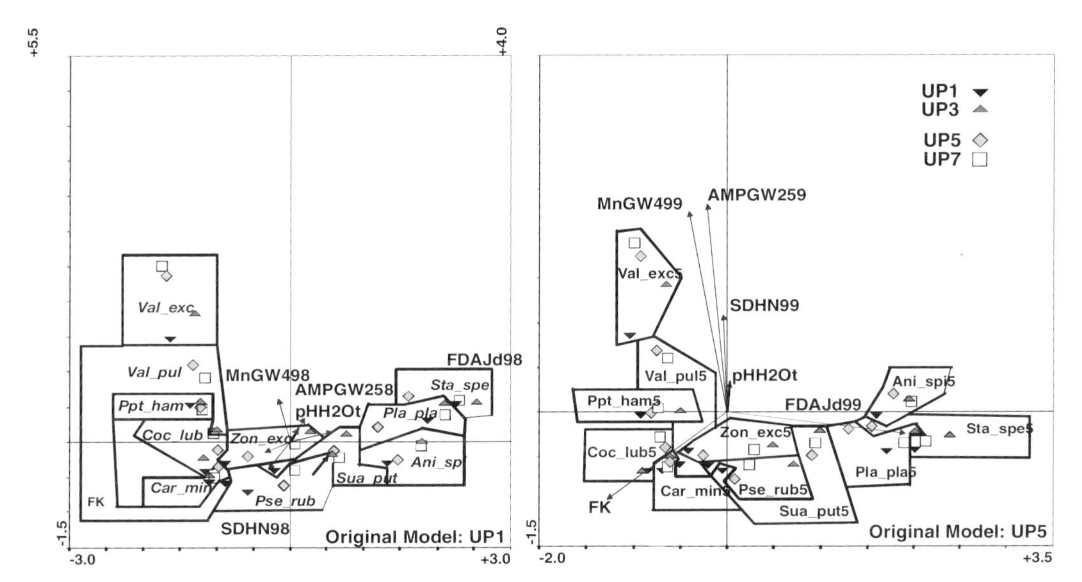

Abb. 4.3-6: Zeitliche Übertragung der Molluskenmodelle der Untersuchungsphasen 1 und 5 (UP1 und UP 5) durch passive Einfügung der Daten aus den anderen Untersuchungsphasen. Erklärung der Abkürzungen für die Arten siehe Tabelle 6.2-4 im Buchkapitel 6.2. Quelle: Rink (2003).

gebiet. Die Fehlerrate hängt stark von der Festlegung eines Klassifikationsschwellenwertes ab (Hosmer & Lemeshow 1989, Schröder 2000). Zur Bestimmung dieses kritischen Schwellenwertes haben wir die als „receiver-operating-characteristic" (ROC-) Kurve bezeichnete Technik verwendet, die hierfür am besten geeignet erscheint (Pearce & Ferrier 2000a, Schröder 2000, Schröder & Richter 2000).

Da Vegetationskartierungen flächig vorlagen, bestand für die Vegetation eine zusätzliche Möglichkeit der Prüfung der logistischen Modelle. Hiorzu wählten wir in allen Untersuchungsgebieten zufällig 5.000-10.000 Punkte aus und verglichen die Vorhersage der Assoziationen mit den tatsächlich angetroffenen Assoziationen.

Da das Indikationssystem mit den Arterfassungen von 1999 und den zugehörigen gemessenen 7-Jahres-Mittelwerten der beiden indizierten abiotischen Faktoren Überflutungsdauer pro Jahr und dem mittleren Grundwasserflurabstand während der Vegetationsperiode auf den Probeflächen des Hauptuntersuchungsgebietes erstellt wurde, konnte die zeitliche Übertragbarkeit mit dem Untersuchungsjahr 1998 und die räumliche mit den Probeflächen der Nebenuntersuchungsgebiete überprüft werden. Dazu wurden die indizierten Werte jeder Probefläche mit den gemessenen Werten bzw. durch die Rückrechnung ermittelten Werte verglichen (s. Buchkap. 7.2 und Follner & Henle 2006 für Details).

4.3.5 Abschließende Bewertung und Aufstellen des Indikationssystems sowie der Prognosemodelle

Die Ergebnisse der statistischen Analysen und Übertragbarkeitsprüfungen wurden ausführlich zwischen den beteiligten Fachwissenschaftlern diskutiert und auf Plausibilität geprüft. Diese Prüfung beinhaltete auch die Kontrolle der Dateneingabe auf potenzielle Fehler sowie auf Ausreißer in den Fällen, in denen die Ergebnisse unerwartet waren. Ebenso dienten die Diskussionen dazu, Arten aus dem Indikationssystem auszuschließen, für die zwar bei unseren Untersuchungen ausreichend enge Zusammenhänge

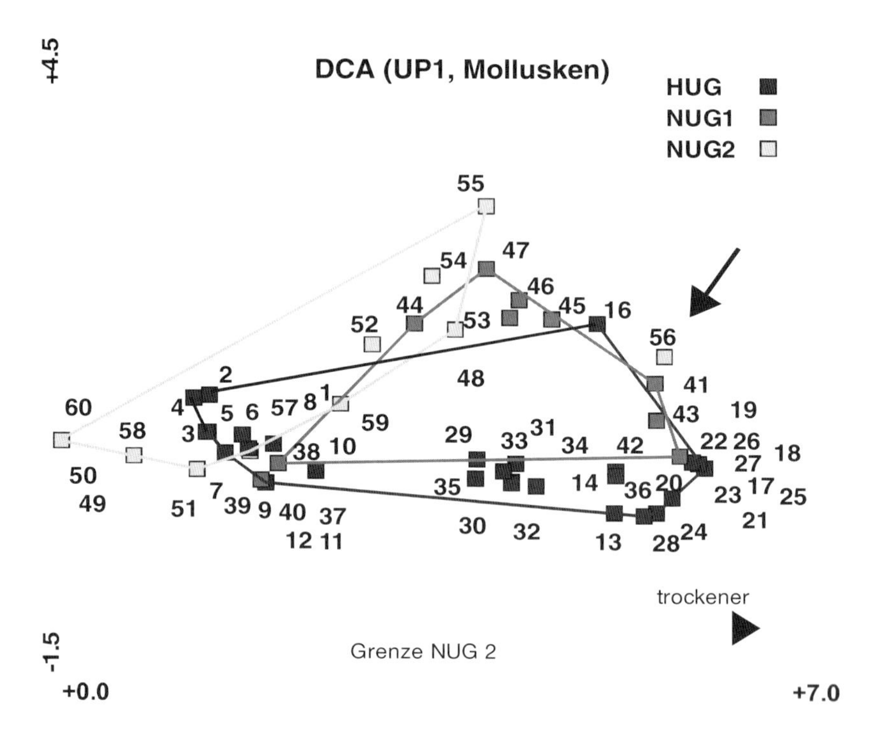

Abb. 4.3-7: Ähnlichkeit der Untersuchungsgebiete anhand einer DCA mit aktiver Probeflächenordination: Klassifizierte Probeflächenanordnung für die Mollusken in Untersuchungsphase 1 (UP 1). Der obere Pfeil zeigt auf Probefläche 56, die einzige im trockenen Bereich liegende Probefläche von NUG2. HUG: Hauptuntersuchungsgebiet; NUG: Nebenuntersuchungsgebiete. Die Zahlenwerte geben die Probeflächen an. Quelle: Rink (2003), modifiziert.

mit zu indizierenden Faktoren bestanden, aber biologische Kenntnisse vermuten ließen, dass diese Arten außerhalb unserer Untersuchungsgebiete ein anderes Verhalten zeigen. Dies bedeutet, dass wir Arten ausschlossen, bei denen wir vermuteten, dass der beobachtete Zusammenhang nicht kausal durch die erfassten, sondern indirekt durch weitere Faktoren bedingt war.

Die verbliebenen Arten gingen in das Indikationssystem ein, welches Pflanzen, Mollusken und Laufkäfer berücksichtigt. Da Indikatorarten die langjährigen Schwankungen hydrologischer Parameter integrieren, solche langjährigen Messreihen aber besonders aufwändig sind, wählten wir aus den Umweltfaktoren, die sich als Steuerfaktoren erwiesen haben, die Überflutungsdauer pro Jahr in Wochen und den Grundwasserflurabstand während der Vegetationsperiode in Metern für das Indikationssystem aus. Mit den vorhandenen Daten können jedoch künftig auch Indikationssysteme für weitere Standortfaktoren erstellt werden, die einen engen Zusammenhang mit dem Vorkommen der untersuchten Artengruppen zeigten (Buchkap. 7.2). Ein Ansatz, wie auf der Grundlage von Artenzahlschätzungen die Qualität der Indikation und damit auch die Robustheit des Indikationssystems gegenüber vermindertem Erfassungsaufwand untersucht werden kann, wird in Buchkapitel 7.3 gezeigt.

Die auf Grundlage der multivariaten Ordination berechneten Modelle wie auch die mit Hilfe der logistischen Regression erstellten Lebensraumeignungsmodelle dienten als Grundlage für die Erstellung des Prognosemodellsystems. Die Modelle für Pflanzen, Laufkäfer und Mollusken wurden in einem GIS über die regionalisiert vorliegenden Umweltparameter in die Fläche extrapoliert. Im Buchkapitel 8.2 stellen wir die methodischen Grundlagen für die Ableitung dieses Prognosemodellsystems ausführlich vor.

5 Veränderung von Umweltfaktoren in Auen

5.1 Hydrodynamik

Robert Böhnke & Stefan Geyer

Zusammenfassung

Im Rahmen eines vom BMBF geförderten interdisziplinären Forschungsprojektes (RIVA) wurde mit dem hier vorgestellten Teilprojekt „Hydrodynamik" beispielhaft der Wasser- und Stoffhaushalt von Auengrünländern der Elbe erforscht (Böhnke 2002).

Eine Analyse der Zustände und Prozesse in den Flussauen erfolgte mit Hilfe von hydrogeologischen, hydrologischen und hydrochemischen Untersuchungsmethoden. Ein Schwerpunkt der Untersuchungen lag dabei auf der Erfassung der Überschwemmungsdynamik sowie der Nähr- und Schadstoffverhältnisse in den Auengebieten. Die durchgeführten Untersuchungen belegen, dass nahezu alle Prozesse und damit der Stoffhaushalt insgesamt in den Auen direkt oder indirekt von der Dynamik des Wassers gesteuert werden. Die hydrologischen Verhältnisse in der Aue werden maßgeblich vom Abflussgeschehen in der Elbe bestimmt. Insgesamt konnte in den Elbauen ein Grundwasserstrom festgestellt werden, der durch laterale Zuflüsse aus dem Einzugsgebiet von den Terrassen bzw. Hochflächen, vom Fluss als Uferfiltrat und bei Hochwasser durch Versickerung im Überflutungsgebiet gespeist wird.

Zwischen den Auengebieten bei Steckby und Wörlitz bestehen signifikante Unterschiede hinsichtlich dem hydraulischen Anschluss des Grundwassers an den Elbewasserstand. In Wörlitz korrelieren die Grundwasserstände in der Aue direkt mit dem Verlauf des Elbepegels. In Steckby ist der Grundwasserspiegel bei ca. einem Drittel der Messstellen unmittelbar an die Dynamik des Elbepegels angebunden, etwa zwei Drittel der Messstellen zeigen phasenweise Grundwasserstandsverhältnisse, die vom Elbewasserstand unabhängig sind. Die adäquate Erfassung des Wasserregimes eines Standortes wird dabei als notwendige Voraussetzung für eine zuverlässige Bewertung abiotischer Standort- bzw. Habitatbedingungen angesehen.

5.1.1 Einleitung

Seit vielen Jahrhunderten sind große Ströme wie die Elbe zentraler Bestandteil der kulturellen und wirtschaftlichen Entwicklung in Mitteleuropa. Mit dem Fortschreiten der technischen Möglichkeiten wurden die Flusslandschaften der Besiedlung und der wirtschaftlichen Nutzung zugänglich gemacht und im Laufe der Zeit den wechselnden Bedürfnissen der Menschen angepasst. Flussbegradigungen, Eindeichungen, intensive landwirtschaftliche Nutzung, Industrialisierung und zunehmende Verschmutzung der Gewässer veränderten dabei das ursprüngliche Landschafts- und Gewässerbild maßgeblich (BMBF 1998). Heute sind die meisten Flüsse in Deutschland verbaut, vertieft, kanalisiert und staugeregelt und so ihrer natürlichen Niederungen und Retentionsräume beraubt worden. Nach Angaben des WWF bestehen in Deutschland natürliche Auenflächen nur noch zu ca. 10 % ihrer einstigen Ausdehnung (BMBF 1995). Obwohl auch im deutschen Elbeeinzugsgebiet bis heute über 80 % der ursprünglichen Auen durch strombautechnische Maßnahmen (z.B. Ausdeichungen) verloren gegangen sind (Simon 1994, Scholz et al. 2005b), weist der mittlere Elbeabschnitt noch relativ naturnahe Verhältnisse auf. Diese gehen weitgehend auf Unterhaltungsdefizite der wasserbaulichen Anlagen in den letzten Jahrzehnten vor der politischen Wende zurück. Viele Altwässer und Altarme haben noch direkt oder indirekt Verbindung zur Stromelbe und zergliedern eine weiträumige und noch weitgehend naturnahe Landschaft mit geringer Verbauung und Lebensraumzerschneidung. Die verbliebenen Auen sind relativ offen mit dem Fluss verbunden, so dass die noch vergleichsweise intakte Flussdynamik trotz Festlegung des Flusslaufes und des Stromstriches erhalten blieb (s. auch Buchkap. 4.2).

Im Laufe von Jahrtausenden haben sich im natürlichen Überschwemmungsbereich der Flüsse Auen entwickelt, die wichtige Funktionen im Landschaftshaushalt erfüllen:

Natürliche Funktionen von Auen sind:
- Wasserrückhalt und -speicherung (Pufferfunktion),
- Ablagerung von im Gewässer transportierten Stoffen bei Überflutung (Filter- und Senkenfunktion),
- vielfältiger Lebensraum und Ausbreitungsweg für Arten und Lebensgemeinschaften (Lebensraumfunktion),
- Beeinflussung des Mikroklimas (Regulationsfunktion).

Als Auenbereiche werden die Niederungen entlang der Fließgewässer bezeichnet, die dem ständigen Wechsel des Wasserstandes ausgesetzt sind, und somit mehr oder weniger regelmäßig durch natürlich auftretende Hochwässer überschwemmt werden bzw. die vom Grundwasser beeinflusst sind (DVWK-MB 248 / 1998). Der stete Wechsel der Wasserstände in der Flussaue zwischen Trockenfallen und Überfluten ist der entscheidendste Ökosystemfaktor für die typischen Auenlebensgemeinschaften; alle anderen für die Aue wichtigen ökologischen Faktoren hängen von diesem Hauptfaktor ab (Dister 1985). Aufgrund der häufigen Wechsel von Vernässungs- und Austrocknungsphasen stellen Auen in Bezug auf den Wasser- und Stoffhaushalt äußerst dynamische Ökosysteme dar, in denen sich die wirksamen Faktoren und Prozesse räumlich und zeitlich in unterschiedlichem Ausmaß wechselseitig beeinflussen. Flussauen stehen wie kaum ein anderer Ökosystemtyp in permanentem stofflichen Austausch mit ihrer Umgebung und zählen in Mitteleuropa zu den komplexesten und artenreichsten ökologischen Systemen (Dister 2000).

Die Zielstellung dieses Kapitels, die sich aus den Untersuchungen innerhalb des Verbundforschungsprojektes ableitet, ist die Beschreibung des Wasser- und Stoffhaushaltes der drei Untersuchungsgebiete an der Mittleren Elbe zur Erfassung der abiotischen Parameter und Prozesse, die die biologische Entwicklung in der Flusslandschaft maßgeblich beeinflussen (vgl. Buchkap. 4.2 und 5.2). Standortspezifische Untersuchungsprogramme zum Wasser- und Stoffhaushalt von Flussauen müssen die hydrologischen und geohydraulischen Besonderheiten der Talgrundwasserleiter, die Grund- und Oberflächenwasserdynamik sowie den direkten Stoffeintrag durch zeitweise infiltrierendes Flusswasser erfassen (Böhnke & Geyer 1999, 2001). Eine Charakterisierung der hydrologischen Verhältnisse der Elbe, als auch der drei Untersuchungsgebiete erfolgte bereits in Buchkapitel 4.2. Ergebnisse der im Rahmen der Projektarbeit entwickelten 3D-Grundwasserströmungsmodelle sind im Kapitelanhang 5.1-5 dokumentiert. Untersuchungen zum Stofffhaushalt des Grundwassers können Böhnke (2002) entnommen werden.

5.1.2 Methodik

Die Kenntnis des jeweiligen aktuellen Mittelwasserstandes über Normal Null (NN) ist in den Untersuchungsgebieten für alle abiotischen und biotischen Fragestellungen von großer Bedeutung. Ebenso wichtig sind die Extrema wie Niedrigwasser (NW) und Hochwasser (HW) sowie deren Zeitpunkt, Dauer und Periodizität im Jahresverlauf. Als Datengrundlage für die Auswertung der Wasserstandswerte der Elbe dienten die Tageswerte der amtlichen Elbpegel Wittenberg und Aken der zuständigen Wasser- und Schifffahrtsämter (WSA) vom 01.01.1964 bis 31.10.1999. Die Daten wurden von der BfG Koblenz in Amtshilfe von den zuständigen Wasserschifffahrtsämtern abgefragt und in einer Datenbank den einzelnen Teilprojekten zur Verfügung gestellt.

Um eine genaue Rekonstruktion der aktuellen Wasserstände in den Untersuchungsgebieten durch Rückschluss aus den amtlichen Pegeldaten zu erreichen, wurden in Zusammenarbeit mit der Bundesanstalt für Gewässerkunde (BfG) Koblenz in Amtshilfe vom WSA Dresden zusätzlich Elbe-Hilfspegel eingerichtet. Diese Hilfspegel sind in den zwei Untersuchungsgebieten bei Steckby und Wörlitz als Pegelreihe mit vier Hilfspegeln senkrecht zur Elbe aufgestellt sowie einnivelliert worden und dienten der cm-genauen Messung des Flusswasserspiegels. Somit war es möglich, zeitgleich mit den Grundwasserständen in der Aue, auch den Flusswasserstand während des Untersuchungszeitraumes (1998 - 2000) zu ermitteln (s. Kapitelanhang 4.2-5,5.1-4).

Die Messung der Grundwasserstände erfolgte in den Untersuchungsgebieten auf allen 48 Probeflächen (36 bei Steckby und 12 bei Wörlitz) zum einen manuell mit Kabellichtloten (Fa. Seba, Kaufbeuren) in höchstens 14-tägigen Abständen von April 1998 bis Mai 2000. Während der Hochwasserereignisse wurden die Messungen täglich bis wöchentlich durchgeführt. Zum anderen wurden innerhalb der bodenhydrologischen Messstationen und an ausgewählten Grundwassermessstellen (GWM) Felddatenlogger (FDL - Feld-Data-Logger der Fa. UIT GmbH, Dresden) eingesetzt, um die häufigen Wechsel der Wasserstände in den Untersuchungsgebieten räumlich und zeitlich hoch aufgelöst zu erfassen (s. Kapitelanhang 5.1-3, 5.1-4).

Analog zur Erfassung der Grundwasserstände erfolgte eine 14-tägige Messung der Flusswasserstände an den eigens dafür in den Untersuchungsgebieten installierten Elbe-Hilfspegeln. Bei den Hilfspegeln handelt es sich um ca. 3 m lange, max. 1,5 m tief in den Boden eingebrachte Holzstämme mit einem Durchmesser von ca. 15-20 cm. Diese Flusspegel wurden jeweils als Quertransekte (4 Stück) an den Elbe-km 242,4 und 285 gesetzt und sind mit einer Markierung in Höhenmeter über NN versehen

Um den Zufluss (Input) und eventuelle Infiltrationen der oberirdischen Fließgewässer (Bachläufe) in die Flussaue besser abschätzen zu können, wurden in Übereinstimmung mit dem DVWK-Merkblatt 220 (1991) hydraulische Abflussberechnungen bei unterschiedlichen Wasserstandssituationen an den kleineren Vorflutern durchgeführt.

Topographische Karten in den neuen Bundesländern verwenden unabhängig vom Koordinatensystem als Bezugspunkt für die Höhe den Kronstädter Pegel (Insel in der Nähe von St. Petersburg) in mHN (Höhennormal). Die Höhenangaben des in der Arbeit verwendeten DGM und der DGPS-Messungen beziehen sich auf dieses Höhensystem. Im Gegensatz dazu werden die Wasserstände der Elbe (Elbe-Pegel) von den Wasser- und Schifffahrtsämtern (WSA) mit Bezug zum Amsterdamer Pegel in m NN (Normalnull) angegeben. Die Höhenangaben der beiden Höhensysteme sind nicht unmittelbar miteinander vergleichbar, die Umrechnung vom HN- in das NN-System ist ortsabhängig und erfolgt mit einer Umrechnungskarte des Landesamtes für Landesvermessung und Datenverarbeitung Sachsen-Anhalt. In den beiden Untersuchungsgebieten bei Steckby und Wörlitz lässt sich folgende Differenz feststellen: NN = HN + 18 cm.

5.1.3 Beschreibung des Wasserhaushaltes

Der Wasserhaushalt der Flussauen bewegt sich zwischen Überflutung durch Hochwasser und extremer Austrocknung in Niedrigwasserzeiten. Die Elbe steht im direkten hydraulischen Kontakt mit dem Grundwasserleiter, da das Strombett der Elbe wenig kolmatiert ist (sandig-kiesige Flusssohle) und die Elbesohle bis in die holozänen Flussschotter reicht. Die Wasserstandsänderungen in der Elbe führen im Ufernahbereich zu einem Wechsel von infiltrierenden und exfiltrierenden Verhältnissen, wobei die flussnahen Auenstandorte die stärksten Grundwasserstandsschwankungen aufweisen. An weiter entfernten Standorten werden geringere Amplituden erreicht. Der gedämpfte Verlauf der Ganglinien deutet auf eine abnehmende Abhängigkeit vom Flusswasserstand hin (besonders auf den Schöneberger Wiesen bei Steckby). Die Grundwasserfließrichtung ist generell zum Hauptvorfluter Elbe gerichtet; die Aue fungiert dabei als Entlastungsgebiet für den regionalen Grundwasserstrom. Die Grundwasserströmung in Auen wird somit von zwei Faktoren beeinflusst, die sich gegenseitig in ihren Wirkungen überlagern: Zum Einen von der Dynamik des Vorfluters und zum Anderen von der Dynamik des seitlich von den pleistozänen Hochflächen in den Talraum zuströmenden Grundwassers.

Die großflächige Überdeckung des Grundwasserleiters durch Auenlehm (oder Auenton) verursacht eine stauende Wirkung. Dabei wird das Aufsteigen des Grundwassers an die Geländeoberfläche durch die bindigen Deckschichten behindert. Je nach Lage der Grundwasseroberfläche in der Aue können sich insbesondere in Hochwassersituationen leicht Zustände mit gespanntem Grundwasser ausbilden, so dass aus dem gemessenen hydraulischen Potential im Grundwasser nicht sicher auf die Wasserstände im Boden geschlossen werden kann. Zur Vorhersage der Auswirkung von Eingriffen in den Wasserhaushalt ist die Kenntnis der für die Pflanzen- und Tierwelt wirksamen Wasserstandsschwankungen in der durchwurzelbaren Bodendeckschicht zwingend notwendig (Henrichfreise 2000). Um der Problematik des Auftretens von gespannten Wasserständen in der Aue gerecht zu werden, wurde an 10 Probeflächen auf den Schöneberger Wiesen eine zeitgleiche Erfassung der Grundwasserstände im Pegelrohr der jeweiligen GWM sowie an benachbarten Hilfsmessstellen mit nicht durchbohrter Bodendeckschicht vorgenommen. Dabei sind die Wasserstände in der Aue über einen Zeitraum von einem halben Jahr (Januar bis Juni 1999) bei unterschiedlicher Wasserführung der Elbe erfasst worden.

Die Messungen der Grundwasserstände in der Auenlehmdecke ergaben im Mittel geringe Abweichungen (2-5 cm) zu denjenigen im Grundwasserleiter. Die größten Differenzen zeigten sich vor allem in Phasen des Potenzialabfalls im Aquifer. Unter diesen Bedingungen verzögert sich die Versickerung des freien Wassers aus den bindigen Deckschichten und es treten Potenzialunterschiede von bis zu 15 cm auf. Da die Hochwasserwellen in der Elbe zumeist mit einem steilen Wasserspiegelanstieg verbunden sind, bleiben die Potenziale in der hydraulisch dichten Auenlehmschicht nur solange hinter denjenigen des Grundwasserleiters zurück, bis der Standort durch Qualmwasser überstaut wird (Gröngröft et al. 2000). Aufgrund der geringen Unterschiede zwischen den Grundwasserständen in der Bodendeckschicht und im unterlagernden Aquifer, der zumeist nur geringmächtigen Auenlehmdecke und dem relativ schnellen Absinken des Grundwasserspiegels unter die Auendeckschicht mit Beginn der Vegetationsperiode wurde von einem Ausrüsten der Probeflächen mit Doppelmessstellen abgesehen. Die Erfassung der Grundwasserstandsverhältnisse in den Untersuchungsgebieten erfolgte auf den Probeflächen mit je einer Grundwassermessstelle (GWM) bis max. 6 m Tiefe, die die Auenlehmdeckschicht durchstößt (s. auch Kapitelanhang 5.1-2).

5.1.3.1 Oberflächen- und Grundwasserdynamik

Untersuchungsgebiet Schöneberger Wiesen bei Steckby

Der Flusswasserstand ist in Auen ein zentraler abiotischer Standortfaktor, der sich sowohl in Abhängigkeit von der Geländehöhe direkt auf die Fauna und Flora auswirkt als auch indirekt über den Boden- und Grundwasserhaushalt die Standortparameter bestimmt. Als Referenzpegel für den untersuchten Stromabschnitt der Elbe (Elbe-km 283-285,5) kann der Pegel Aken (Elbe-km 274,7) angesehen werden, an dem langjährige Wasserstands- und Abflussreihen vorliegen (Tab. 5.1-1). Die Elbe hat auf Höhe Aken ein oberirdisches Einzugsgebiet von 70.093 km^2.

In Abbildung 5.1-1 sind die Ganglinien des Elbewasserstandes am Pegel Aken und am Hilfspegel Steckby für das hydrologische Jahr 1999 gegenübergestellt. Die Darstellung basiert auf den Tagesmittelwerten an der Station Aken und den eigenen Messungen am Elbe-Hilfspegel im Untersuchungsgebiet. Deutlich ist der parallele Verlauf der Ganglinien

Tab. 5.1-1: Zusammenstellung gewässerkundlicher Hauptzahlen (Mittel- und Extremwerte der Abflüsse in m^3/s) verschiedener Elbe-Pegel und Beobachtungsreihen.

Pegel	Reihe	HHQ	MHQ	MQ	MNQ	NNQ
Wittenberg	1964 - 95*		1360	371	140	
	1954 - 97#	2560 (11.01.1982)	1350	360	139	71 (11.01.1954)
Aken	1964 - 95*		1528	449	171	
	1988 - 97#	2700 (01.04.1988)	1340	396	155	119 (09.08.1990)
Barby	1964 - 95*		1847	576	224	
	1900 - 97#	4650 (19.01.1920)	2020	556	204	89 (22.09.1947)

*) Helms et al. 2000, #) Deutsches Gewässerkundliches Jahrbuch 1997

zu erkennen. Bezogen auf den Pegel Aken liegen die Ungenauigkeiten der kalkulierten Wasserstände am Elbe-Hilfspegel Steckby in der Größenordnung von ±5 cm. Das berechnete Wasserspiegelgefälle zwischen den Pegeln Aken und Steckby ergibt bei einer Fließstrecke von 10,3 km ein mittleres Gefälle von 0,197 m/km. Aufgrund der geringen Schwankungen des Wasserspiegelgefälles erscheint es gerechtfertigt, die Bestimmung von Überflutungswahrscheinlichkeiten für die Schöneberger Wiesen bei Steckby über die Daten des Pegels Aken durchzuführen.

Die Grundwasserstandsschwankungen aller 36 Messstellen auf den Schöneberger Wiesen bei Steckby sind für den Zeitraum April 1998 bis Mai 2000 in Abbildung 5.1-2 dargestellt; zusammengefasste Mittelwerte der Grundwasserstände in Tabelle 5.1-2. Der Mittelwert (n = 72) der Grundwasserstände an allen GWM beträgt für diesen Zeitraum 51,03 müHN (Median 50,64 müHN). Die Elbewasserstände wurden 14-tägig am Hilfspegel Steckby gemessen, der Mittelwert beträgt im oben genannten Untersuchungszeitraum 50,29 müHN (Median 49,69 müHN). Die Amplitude des Grundwasserstandes beträgt innerhalb des Messzeitraums für die elbnahen Standorte 5,68 m und für die elbfernen Messstellen 4,18 m. Die höchsten Grundwasserstände werden jeweils im März/April gemessen, die niedrigsten im Oktober. Im gleichen Zeitraum weist der Elbewasserstand zwischen Niedrigwasser und Hochwasser eine Spannweite von über 6 m auf. Zwischen Fluss- und Grundwasserspiegel werden aufgrund des Retentionsvermögens des Grundwasserleiters unter Mittelwasserbedingungen Höhendifferenzen von

Abb. 5.1-1: Wasserstandssituation der Elbe am Pegel Aken (Elbe-km 274,7) und Hilfspegel Steckby (Elbe-km 285) für die hydrologischen Jahre 1998 und 1999 sowie hydrologische Hauptwerte der Reihe 1988 – 1997 am Pegel Aken (Deutsches Gewässerkundliches Jahrbuch 1997).

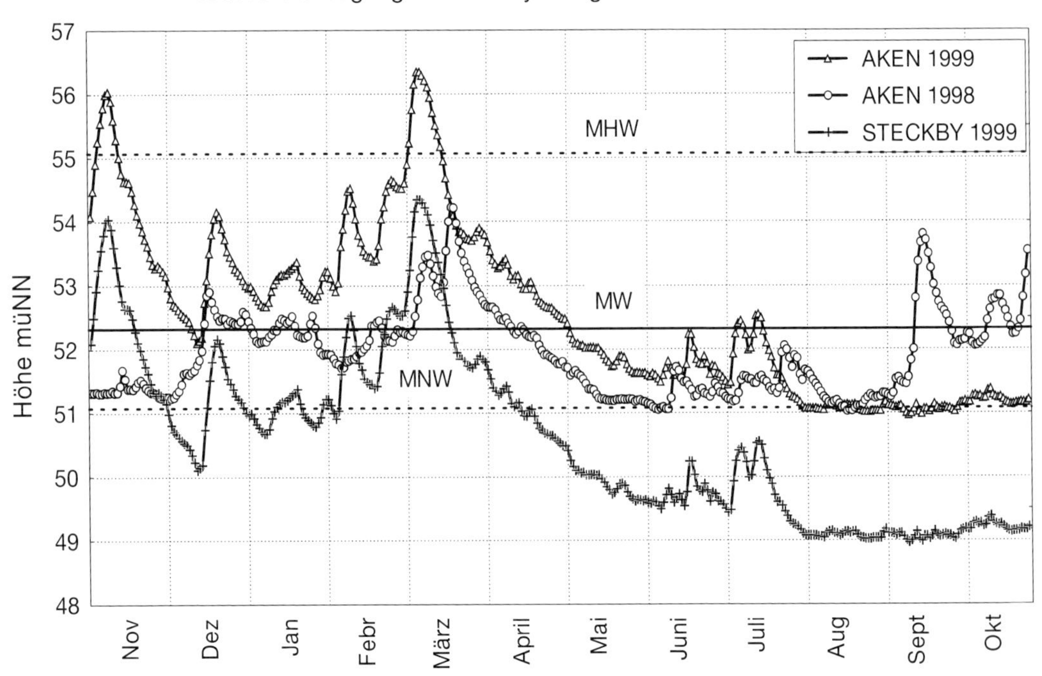

+0,15 bis +0,35 m (elbnahe Standorte des trockenen Grünlandes) gemessen, bei Niedrigwasser erhöht sich das Grundwassergefälle in Richtung Elbe auf eine Differenz von max. + 0,75 m. An den elbfernen Flutrinnen und Messstellen des feuchten Grünlands werden bei Mittelwasserverhältnissen Differenzen zwischen den Fluss- und Grundwasserspiegellagen von + 0,30 bis + 1,0 m ermittelt, bei Niedrigwasser erhöht sich die Differenz auf + 0,80 bis zu + 1,5 m.

Ganzjährig zumeist flurnahe Grundwasserstandsverhältnisse treten nur an den flutrinnennahen Standorten auf, der Mittelwert der Grundwasserstände von April 1998 bis Mai 2000 liegt dort bei 0,45 m unter Geländeoberkante (GOK) (Median bei ca. 0,85 m unter GOK). Die Grundwasseroberfläche sinkt in den Flutrinnen von Juni bis Oktober auf durchschnittlich 2 m unter GOK (max. bis 2,62 m an GWM 10), und dabei auch unter die Unterkante der Auenlehmdecke. Während der Monate November bis Mai befindet sich das Grundwasser an den GWM der Flutrinnen und des feuchten Grünlandes überwiegend im Bereich der Auendeckschicht (d.h. von unten drückendes Grundwasser).

Während der Hochwasserperioden kommt es aufgrund der geringen Geländehöhen der Flutrinnen-Standorte zu einer Überstauung mit Oberflächenwasser von 2 bis 3 m (maximal 3,35 m an GWM 1). An allen übrigen GWM können im Jahresmittel überwiegend flurferne Wasserstandsverhältnisse beobachtet werden, der Mittelwert an den Messstellen liegt bei 2,27 m (trockenes Grünland) bzw. 1,18 m (feuchtes Grünland) unter GOK (Median bei ca. 2-3 m unter GOK; s. Anlage II.1-

Abb. 5.1-2: Grundwasserstandsschwankungen an den einzelnen Grundwassermessstellen auf den Schöneberger Wiesen bei Steckby während des Untersuchungszeitraumes.

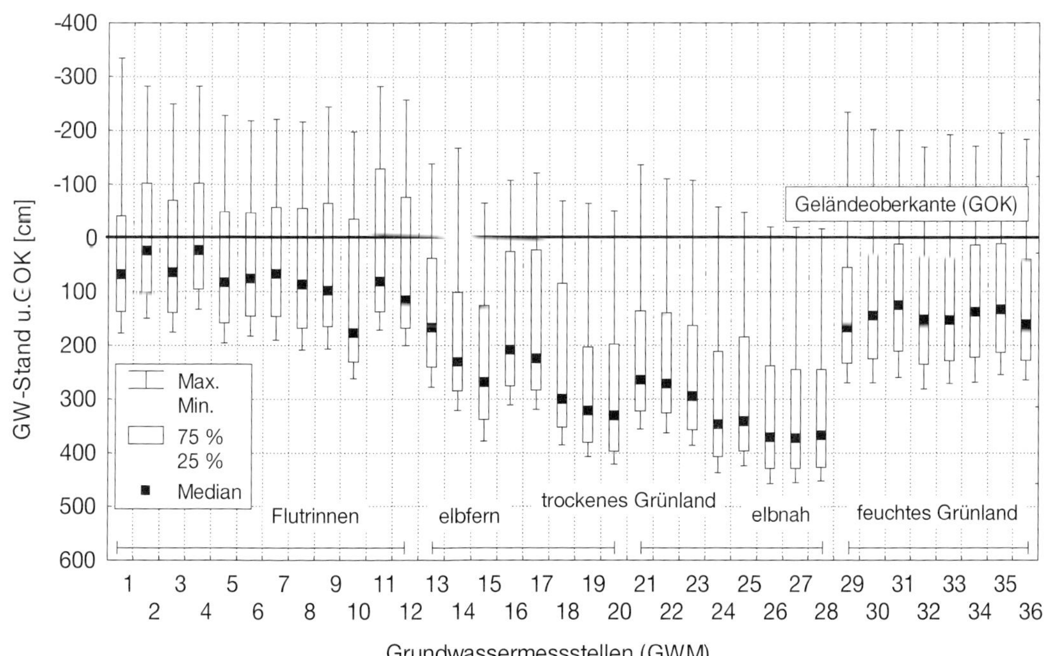

Tab. 5.1-2: Mittelwerte der gemessenen Grundwasserstände auf den Schöneberger Wiesen bei Steckby für verschiedene Messzeiträume (insgesamt 36 GWM).

Messzeitraum	Projekt-zeitraum 1998 - 2000	Kalender-jahr 1998	Vegetations-periode (April - Sept.) 1998	Kalender-jahr 1999	Vegetations-periode (April - Sept.) 1999
Mittelwert [müHN]	n = 2592 51,03	n = 1152 50,76	n = 828 50,33	n = 972 50,95	n = 504 50,86
Mittelwert [muGOK]	n = 2592 1,50	n = 1152 1,78	n = 828 2,21	n = 972 1,58	n = 504 1,68

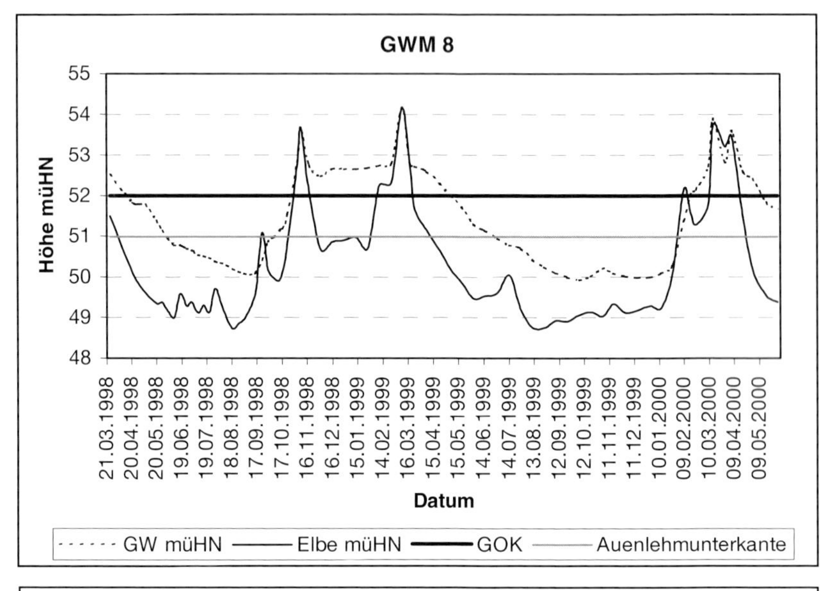

Abb. 5.1-3: Ganglinien des Grundwasser- und Elbewasserstandes an einer Flutrinnen-Messstelle (GWM 8, elbfern) und einer Messstelle des trockenen Grünlandes (GWM 24, elbnah) auf den Schöneberger Wiesen bei Steckby.

A3 auf der CD). Ab April bis Dezember sinken die Grundwasserstände an diesen Standorten auf über 3-4 m unter Flur ab. Das Maximum des Grundwasserflurabstandes beträgt im Spätsommer des Jahres 4,57 m an einer elbnahen Messstelle (GWM 26). Bei den höher gelegenen Standorten (trockenes Grünland) befindet sich der Grundwasserspiegel nur während der Hochwasserphasen im Bereich der Auendeckschicht, spätestens einen Monat nach Ablaufen der Hochwasserwelle ist der Kontakt des Grundwassers zur Deckschicht abgerissen (Abb. 5.1-3). Die Wasserversorgung der Pflanzen über den kapillaren Aufstieg innerhalb der Auenlehmdecke ist an diesen trokkenen Standorten während der Vegetationsperiode (April bis September) zumeist unterbunden; die Pflanzen sind somit überwiegend auf das Niederschlagswasser angewiesen. Durch den Einsatz von automatischen Datenloggern an 10 Messstellen konnte die Grundwasserdynamik auf den Schöneberger Wiesen bei Steckby hoch aufgelöst erfasst werden. Die wöchentlichen

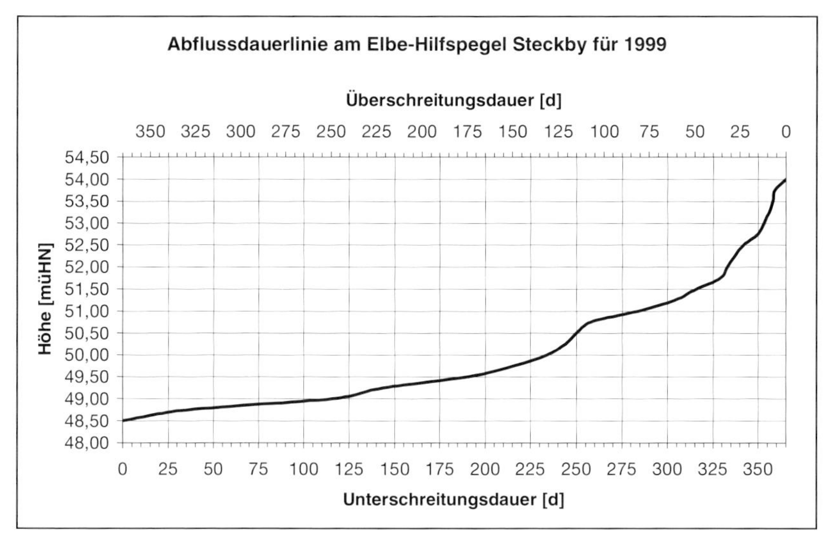

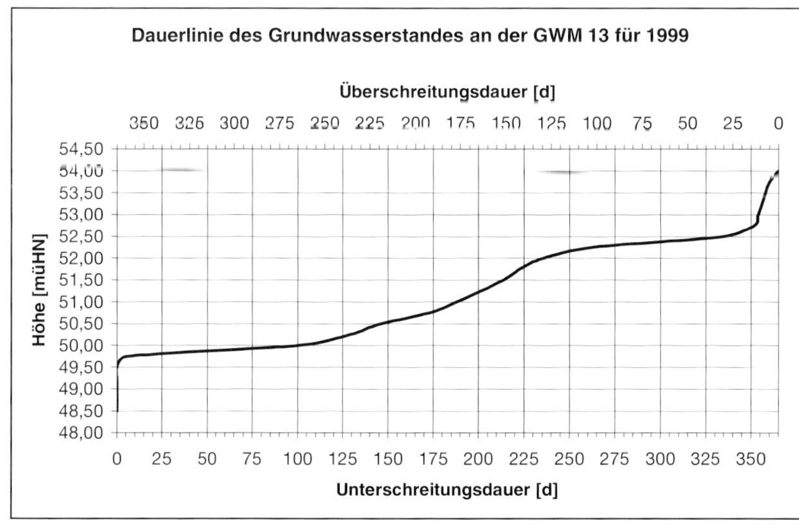

Abb. 5.1-4: Wasserstandshäufigkeiten (Dauerlinie) für das hydrologische Jahr 1999 am Elbe-Hilfspegel (Elbe-km 285) und an der Grundwassermessstelle 13 auf den Schöneberger Wiesen bei Steckby.

Grundwasserstandsschwankungen in der Aue liegen bei max. 5 cm (Niedrigwasser) bzw. max. 10–15 cm (Mittelwasser). Die täglichen Grundwasserstandsschwankungen im Auengrünland betragen max. 4 cm mit einem Mittel von 1 cm unter Niedrig- und Mittelwasserbedingungen. Innerhalb eines hydrologischen Jahres (1999) treten im Untersuchungsgebiet Steckby an 175 Tagen pro Jahr (d/a) Niedrigwasser-, an 125 d/a Mittelwasser- und an 65 d/a Hochwassersituationen auf (Abb. 5.1-4; s. Anlage II.1-A2 auf der CD).

Untersuchungsgebiet Schleusenheger bei Wörlitz

Als Referenzpegel für den untersuchten Stromabschnitt der Elbe (Elbe-km 242 bis 243,5) kann der Pegel Wittenberg (Elbe-km 214,1) angesehen werden, an dem langjährige Wasserstands- und Abflussreihen vorliegen (Tab. 5.1-3). Die Elbe hat auf Höhe Wittenberg ein oberirdisches Einzugsgebiet von 61.879 km^2.

In Abbildung 5.1-5 sind die Ganglinien des Elbewasserstandes am Pegel Wittenberg und am Hilfspegel Wörlitz für das hydrologische Jahr 1999 gegenübergestellt. Die Darstellung basiert auf den Tagesmittelwerten an der Station Wittenberg und den eigenen Messungen am Elbe-Hilfspegel auf dem Schleusenheger bei Wörlitz.

Deutlich ist der parallele Verlauf der Ganglinien zu erkennen. Bezogen auf den Pegel Wittenberg liegen die Ungenauigkeiten der kalkulierten Wasserstände am Elbe-Hilfspegel Wörlitz in der Größenordnung von ±8 cm. Das berechnete Wasserspiegelgefälle zwischen den Pegeln Wittenberg und Wörlitz ergibt bei einer Fließstrecke von 28,3 km ein mittleres Gefälle von 0,21 m/km. Aufgrund der geringen Schwankungen des Wasserspiegelgefälles erscheint es gerechtfertigt, die Bestimmung von Überflutungswahrscheinlichkeiten für das Untersuchungsgebiet Wörlitz über die Daten des Pegels Wittenberg durchzuführen.
Die an den 12 Messstellen von April 1998 bis Mai 2000 festgestellten Grundwasserstandsschwankungen sind in Abbildung 5.1-6 dargestellt. Der Mittelwert (n = 73) der Grundwasserstände an allen GWM beträgt in diesem Zeitraum 59,08 müHN (Median 58,70 müHN) (Tab. 5.1-4). Die Elbewasserstände wurden 14-tägig am Hilfspegel Wörlitz gemessen, der Mittelwert beträgt im oben genannten Zeitraum 59,05 müHN (Median 58,73 müHN). Der Jahresgang des Grundwassers mit einer Amplitude von 5,14 m an einer elbnahen Messstelle (GWM 46) und 4,77 m an einem elbfernen Standort (GWM 43) im genannten Untersuchungszeitraum ist im wesentlichen vom Abflussverhalten der Elbe bestimmt. Die höchsten Grundwasserstände werden jeweils im März/April gemessen, die niedrigsten im September. Im gleichen Zeitraum weist der Elbewasserstand zwischen Niedrigwasser und Hochwasser eine Spannweite von über 5,50 m auf. Zwischen Fluss- und Grundwasserspiegel werden unter Mittelwasserbedingungen Höhendifferenzen von +0,05 bis +0,10 m gemessen, bei Niedrigwasser erhöht sich das Grundwassergefälle in Richtung Elbe auf eine Wasserspiegellagendifferenz von max. +0,35 m.

Ganzjährig flurnahe Grundwasserstandsverhältnisse treten nur an den Flutrinnen auf: Mittelwert (n = 73) der Grundwasserstände von April 1998 bis Mai 2000 ca. +0,35 m über Geländeoberkante (Median ca. ± GOK). Dieser relativ hohe Durchschnittswert lässt sich zum einen mit den häufigen Hochwasserperioden innerhalb des Untersuchungszeitraumes (drei Hochwässer in zwei Jahren) und den daraus resultieren-

Tab. 5.1-3: Wasserspiegel (WSP) gewässerkundlicher Hauptzahlen an relevanten Elbe-Pegeln von Süd nach Nord für die Bezugsreihen 1964 – 95* und 1988 – 97# im Vergleich mit eigenen Messungen an den Elbe-Hilfspegeln der zwei Untersuchungsgebiete.

Pegel	PNP [müNN]	Standort Elbe-km	Reihe	WSP bei MHW [müNN]	WSP bei MW [müNN]	WSP bei MNW [müNN]
Wittenberg	62,48	214,1	1964 - 95*	67,76	65,58	63,97
			1988 -97#	67,51	65,01	63,78
Hilfspegel Wörlitz		242,4	1998 - 99	62,25	58,67	57,50
			1999		59,05	
Aken	50,24	274,7	1964 - 95*	55,66	52,76	51,20
			1988 - 97#	55,13	52,31	51,08
Hilfspegel Steckby		285,0	1998 - 99	53,75	50,32	49,00
			1999		50,60	
Barby	46,15	294,8	1964 - 95*	51,33	48,58	46,87
			1988 - 97#	51,03	48,27	47,01

*) Helms et al. 2000, #) Deutsches Gewässerkundliches Jahrbuch 1997

den Überstauungshöhen erklären sowie mit der sehr guten hydraulischen Verbindung zwischen Flusspegel und Grundwasserstand in der Aue. Der Grundwasserspiegel sinkt an den Flutrinnen-Standorten von Mai bis November auf max. 1,41 m unter GOK, dabei aber niemals im Jahr unter die Auendeckschicht. Bei Hochwasser kommt es aufgrund der geringen Geländehöhen der Flutrinnen zu einer Überstauung mit

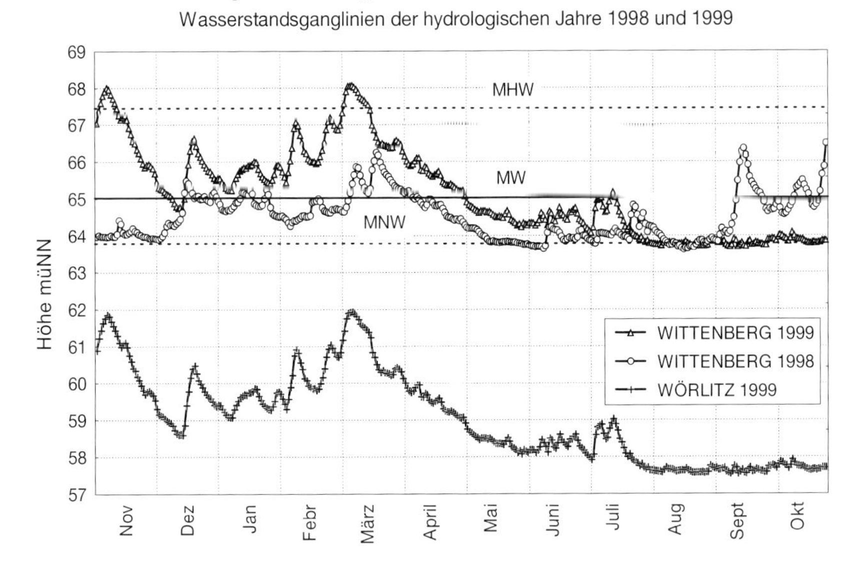

Abb. 5.1-5: Wasserstandssituation der Elbe am Pegel Wittenberg (Elbe-km 214,1) und Hilfspegel Wörlitz (Elbe-km 242,4) für die hydrologischen Jahre 1998 und 1999 sowie hydrologische Hauptwerte der Reihe 1988 – 97 am Pegel Wittenberg (Deutsches Gewässerkundliches Jahrbuch 1997).

Abb. 5.1-6: Grundwasserstandsschwankungen an den einzelnen Messstellen auf dem Schleusenheger bei Wörlitz während des Untersuchungszeitraumes.

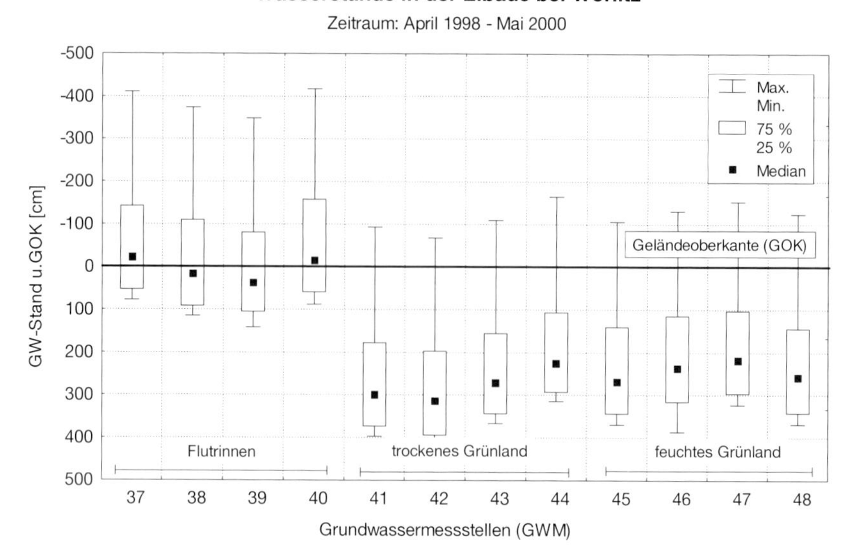

Oberflächenwasser von über 4 m (Maximalwert: + 4,18 m bei GWM 40). An allen anderen Messstellen können im Jahresmittel zumeist flurferne Wasserstandsverhältnisse gemessen werden, der Mittelwert dieser GWM liegt bei 2,40 m (trockenes Grünland) bzw. 2,10 m (feuchtes Grünland) unter GOK (Median bei ca. 2,5 bis 3,0 m unter GOK; s. Anlage II.1-B3 auf der CD). Ab April bis Dezember sinken die Grundwasserstände in der Aue auf über 4 m unter Flur ab. Der minimale Grundwasserstand im Spätsommer beträgt 4,19 m an der GWM 42. Bei den höher gelegenen Standorten befindet sich der Grundwasserspiegel nur während der Hochwasserperioden im Bereich der Auendeckschicht, spätestens einen Monat nach Ablaufen der Hochwasserwelle ist der Kontakt des Grundwassers zur Deckschicht wieder abgerissen (Abb. 5.1-7).

Durch den Einsatz von automatischen Datenloggern an insgesamt neun GWM kann die Grundwasserdynamik im Untersuchungsgebiet Wörlitz hoch aufgelöst erfasst werden. Es wurden wöchentliche Grundwasserstandsschwankungen von max. 4 cm bei Niedrigwasser- bzw. max. 10 cm bei Mittelwassersituationen gemessen. Die täglichen Grundwasserstandsschwankungen in der

Tab. 5.1-4: Mittelwerte der gemessenen Grundwasserstände auf dem Schleusenheger bei Wörlitz für verschiedene Messzeiträume (insgesamt 12 GWM).

Messzeitraum	Projektzeitraum 1998 - 2000	Kalenderjahr 1998	Vegetationsperiode (April – September) 1998	Kalenderjahr 1999	Vegetationsperiode (April – September) 1999
Mittelwert [müHN]	n = 876 59,08	n = 336 58,71	n = 240 58,22	n = 324 58,93	n = 156 58,50
Mittelwert [muGOK]	n = 876 1,38	n = 336 1,74	n = 240 2,24	n = 324 1,52	n = 156 1,96

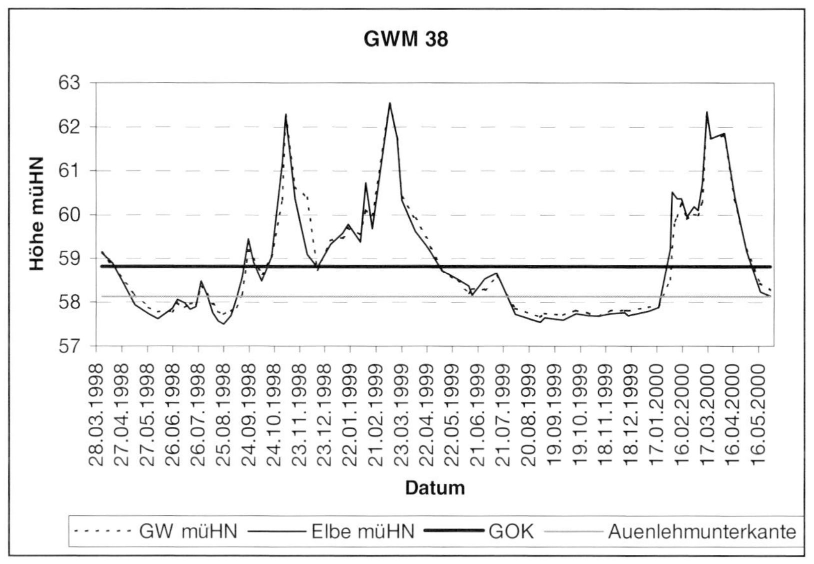

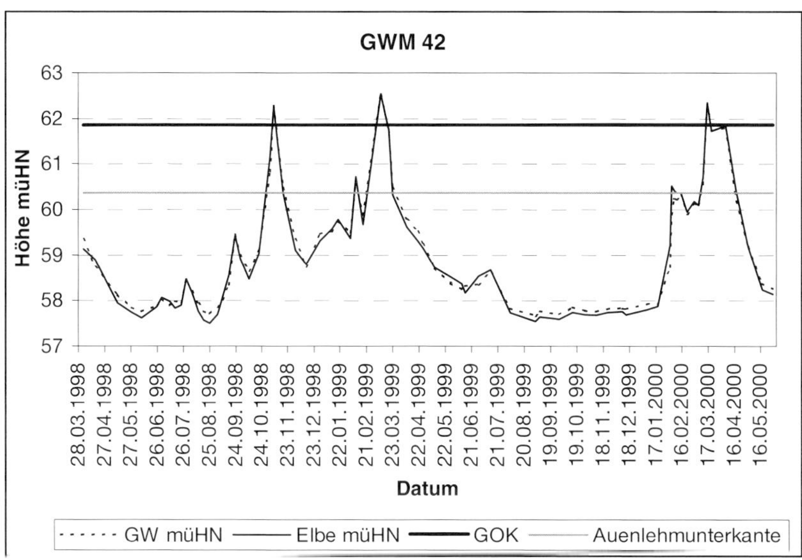

Abb. 5.1-7: Ganglinien des Grundwasser- und Elbewasserstandes an einer Flutrinnen-Messstelle (GWM 38, elbfern) und einer Messstelle des trockenen Grünlandes (GWM 42, elbnah) im UG Wörlitz. Die Grundwasserganglinien beider Messstellen zeigen einen elbeparallelen Verlauf und sind typische Beispiele für die direkte Abhängigkeit des Grundwasserspiegels vom Elbepegel.

Aue betragen max. 3 cm mit einem Mittel von 1 cm unter Normalwasserstandsbedingungen (NW bis MW). Innerhalb eines hydrologischen Jahres (1999) treten im Untersuchungsgebiet an 190 Tagen pro Jahr (d/a) Niedrigwasser-, an 115 d/a Mittelwasser- und an 60 d/a Hochwassersituationen auf (Abb. 5.1-8; s. Anlage II.1-B2 auf der CD).

5.1.3.2 Wechselwirkungen zwischen Grund- und Oberflächenwasser

Die Sohle der Elbe ist weitest gehend unbefestigt und im Bereich der Mittleren Elbe mit natürlichem Substrat (zumeist Sande, Kiessande) belegt und deshalb besonders erosionsgefährdet. Seit die Elbe durch die tschechischen Stauhaltungen vom Nachschub an Geschieben und Geröllen aus dem Oberlauf (den böh-

Abb. 5.1-8: Wasserstandshäufigkeiten (Dauerlinie) für das hydrologische Jahr 1999 am Elbe-Hilfspegel (Elbe-km 242,2) und an der Grundwassermessstelle 39 auf dem Schleusenheger bei Wörlitz.

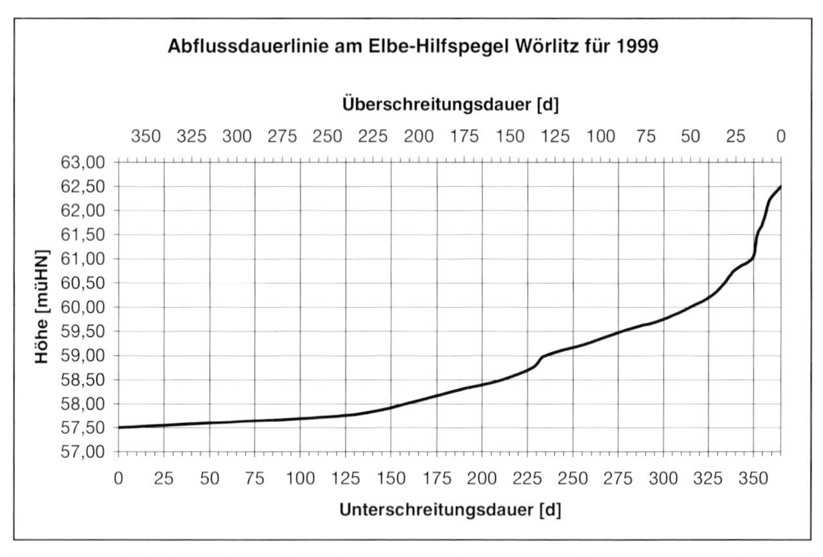

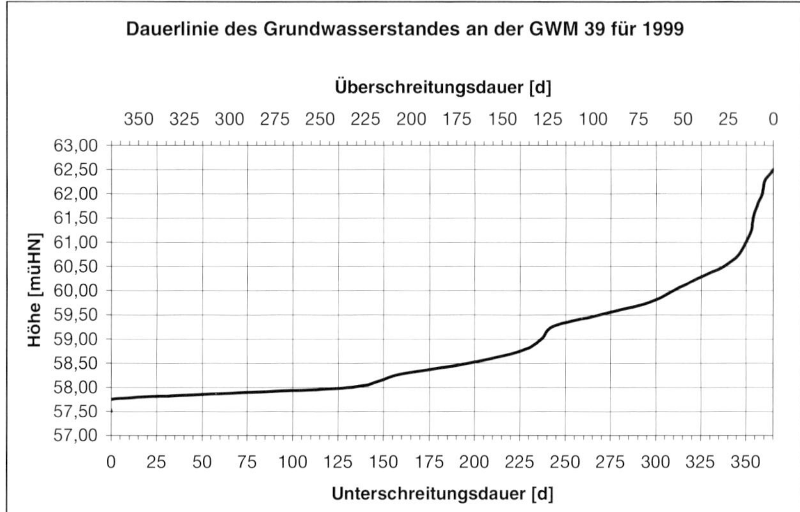

mischen Gebirgen) abgeschnitten ist, fehlt der Elbe jenes Material, mit dem sich Flüsse selbst die Sohle befestigen. Auch die Nebenflüsse (Saale und mit Einschränkungen die Mulde) fallen aus dem gleichen Grund als Lieferanten für Sediment aus. Daraus resultiert ein für die Ökologie der Auen entscheidendes Problem, die fortschreitende Tiefenerosion der Stromsohle. Die weitgehende Festlegung des Mittel- und Hochwasserbettes der Elbe Ende des 19. bis Anfang des 20. Jahrhunderts bewirkte eine Beschleunigung der Sohlerosion; die Flusssohle liegt mancherorts bereits anderthalb Meter tiefer als noch vor 100 Jahren (Faulhaber 1998). Besonders im Bereich der so genannten „Erosionsstrecke" der Elbe (Elbe-km 120 bis 230) ist eine langanhaltende, räumlich ausgedehnte Eintiefung der Stromsohle zu verzeichnen. In diesem sich aktuell am stärksten eintiefenden Flusslaufabschnitt gräbt sich die Elbe pro Jahr 1 bis 2 cm tiefer in ihr Bett (Faulhaber 2000). Im Bereich des Schleusenhegers bei Wörlitz tiefte sich die Elbesohle über einen Zeitraum von gut 100 Jahren (1888 bis 1996) um ca. 40 cm, bei den Schöneberger Wiesen (Steckby) um mehr als 70 cm ein (mündliche Mitteilung BfG Koblenz, Referat U2).

Aufgrund der großen Wasserspiegelschwankungen der Elbe und der engen Wechselwirkungen zwischen Grund- und Oberflächenwasser liegen relativ starke Schwankungen des Grundwasserspiegels in den untersuchten Auen vor (Abb. 5.1-9). Auf dem Schleusenheger bei Wörlitz zeigt der Verlauf der Grundwasserganglinien, dass unabhängig von der hydrologischen Situation im Vorfluter eine sehr enge hydraulische Anbindung des Grundwasserleiters an die Elbe gegeben ist (Abb. 5.1-7; s. Anlage II.1–B1 auf der CD). Aufgrund der starken Durchlässigkeit des Aquifers reagiert der Grundwasserspiegel rasch auf Wasserstandsänderungen in der Elbe. Die zeitgleichen Messwerte des Wasserspiegels an den einzelnen GWM und am Elbe-Hilfspegel unterscheiden sich nur wenig. Der Grundwasserspiegel übersteigt dabei den Elbewasserstand aufgrund des Retentionsvermögens des Grundwasserleiters nur geringfügig. Der elbferne Flutrinnen-Standort (GWM 38) zeigt mit sinkendem Elbepegel das größte Retentionspotential (November 1998); die Grundwasserstände bleiben noch ca. einen Monat nach Durchgang der Hochwasserwelle relativ hoch. Grund hierfür ist nach oberflächlichem Abfluss des Überflutungswassers eine verzögerte Versickerung des freien Wassers in den mit Auenton gefüllten Flutrinnen.

Auf den Schöneberger Wiesen bei Steckby ist die Grundwasserstandsdynamik aufgrund der besonderen geologischen und hydraulischen Standortverhältnisse wesentlich komplexer. Nur im Bereich flussnaher Standorte ist hier ein direkter

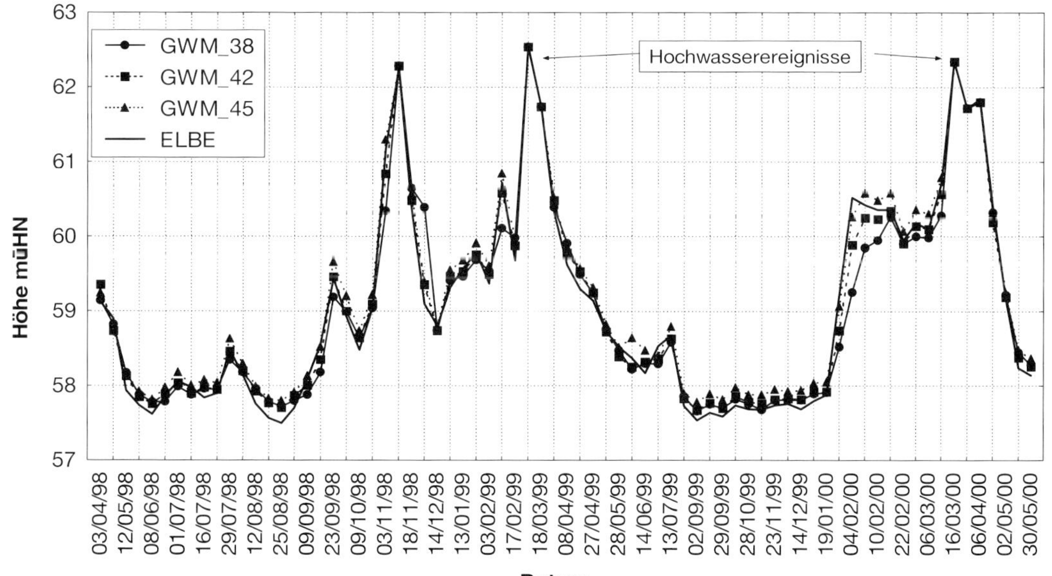

Abb. 5.1-9: Vergleich der Grundwasserganglinien verschiedener Messstellen (GWM 38 – Flutrinne, GWM 42 – trockenes Grünland, GWM 45 – feuchtes Grünland) mit dem Verlauf des Elbepegels im UG Wörlitz für den Untersuchungszeitraum April 1998 bis Mai 2000.

Einfluss des Elbepegels auf den Grundwasserstand feststellbar. So zeigen die Ganglinien des Grund- und Elbewassers nur an einigen, vorwiegend elbnahen Messstellen Übereinstimmung (Abb. 5.1-10, GWM 24). Der gedämpfte Verlauf der Grundwasserganglinien in den flussfernen Auenbereichen deutet auf eine abnehmende Abhängigkeit vom Wasserstand im Fluss hin. Der dynamische Zusammenhang zwischen Elbe und dem Grundwasser ist an den Messstellen GWM 3 (Flutrinne), GWM 15 (trockenes Grünland) und GWM 31 (feuchtes Grünland) nur noch schwach ausgeprägt. Die Wasserstandsdynamik an diesen elbfernen Standorten wird von verschiedenen Faktoren beeinflusst. Zum einen sind die besonderen geologischen Untergrundverhältnisse im Untersuchungsgebiet zu nennen, die mit dem Vorkommen eines keilförmig ausgebildeten Geschiebemergelhorizontes in ca. 5 m Tiefe verbunden sind. Dieser Zwischenstauer ist in Flussnähe nicht vorhanden (erodiert), die Grundwasserdynamik ist dort direkt vom Elbepegel abhängig (s. Anlage II.1–A1 auf der CD). Mit der Entfernung zum Fluss nimmt der Geschiebemergel an Mächtigkeit zu und behindert in den elbfernen Auenbereichen die hydraulische Verbindung zwischen Aquifer und Elbe (Abb. 5.1-11). Zum anderen liegen die GWM 3 und 31 am Fuße der talbegrenzenden Hochflächen im direkten Einflussbereich des Zustroms tieferen Grundwassers, das aufgrund der großen Gefälledifferenz in die Elbeniederung einströmt. Weiterhin ist der Einfluss von Oberflächenwasser aus dem Fundergraben von Bedeutung. Bei erhöhter Wasserführung von Spätherbst bis in das Frühjahr hinein ist an den nahegelegenen Messstellen (Flutrinnen, feuchtes Grünland) eine Infiltration von Wasser aus dem Fundergraben zu verzeichnen. Besonders deutlich ist dies an der GWM 31 während des Herbsthochwassers im November 1998 zu erkennen (Abb. 5.1-10). Aufgrund der erhöhten Flusswasserstände kann der Fundergraben nicht mehr in die Elbe entwässern und wird rückwärtig aufgestaut. In den nahe am Fundergraben liegenden Messstellen kommt es daraufhin zur Infiltration von Oberflächenwasser. Der Grundwasserstand an GWM 31 steigt noch vor dem Durchgang der Hochwasserwelle rasch an und erreicht erst mit der vollständigen Überflutung des Untersuchungsgebietes sein Maximum.

Aus dem Verlauf der Ganglinien in den Abbildungen 5.1-10 und 5.1-11 wird deutlich, dass sich die Probeflächen auf den Schöneberger Wiesen dahingehend unterscheiden, ob der Grundwasserstand immer unmittelbar an den Elbepegel angebunden ist oder zeitweise davon unabhängig ist. So korrelieren die Wasserstände nur bei etwa einem Drittel der Messstellen direkt mit dem Pegelstand der Elbe. Für die Mehrzahl der GWM kann dagegen festgestellt werden, dass der Grundwasserstand in der Aue für lange Perioden unabhängig vom Stand und der Bewegung des Flusspegels ist. Der stark gedämpfte Verlauf der Grundwasserganglinien dieser vorwiegend elbfernen Messstellen kann mit dem Zufluss von Grund- und Oberflächenwasser aus dem rückwärtigen Einzugsgebiet (Hauptterrasse) erklärt werden.

Um die Einflüsse der verschiedenen Wasserströme in die Aue besser abschätzen zu können, werden die Wasserstandsänderungen auf den elbeunabhängigen Probeflächen mit der Differenz zwischen Niederschlag und potentieller Evapotranspiration (Etp, berechnet nach Haude) im Untersuchungsgebiet korreliert. Dabei stellt sich heraus, dass es

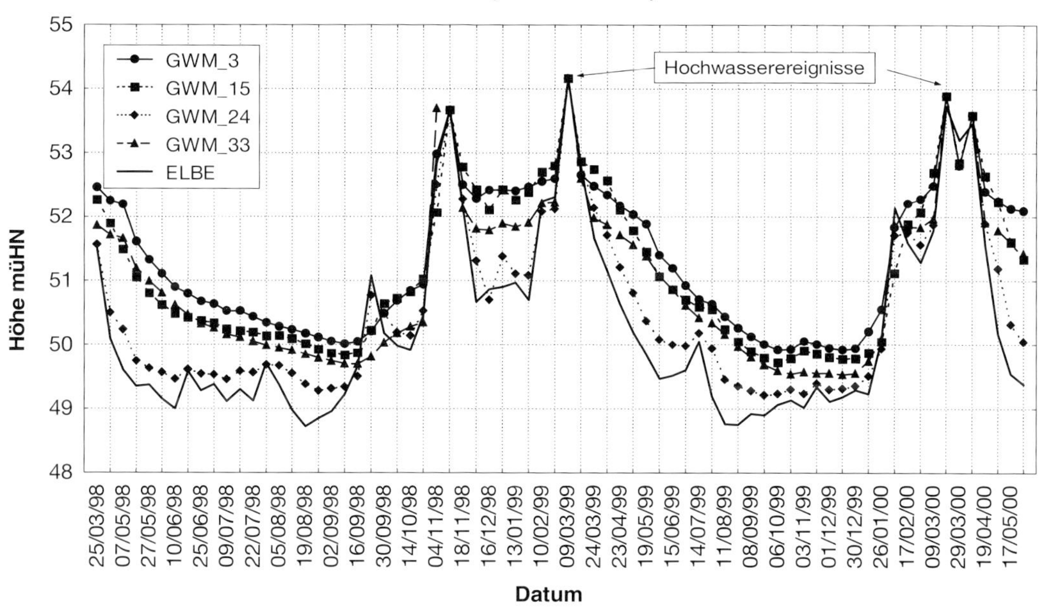

Abb. 5.1-10: Vergleich der Grundwasserganglinien verschiedener Messstellen (GWM 3 – Flutrinne, GWM 15 – trockenes Grünland/elbfern, GWM 24 – trockenes Grünland/elbnah, GWM 31 – feuchtes Grünland) mit dem Verlauf des Elbepegels auf den Schöneberger Wiesen bei Steckby für den Untersuchungszeitraum April 1998 bis Mai 2000.

zwei vergleichbare, sich gegenseitig überlagernde Einflüsse gibt, einerseits einen kurzfristigen Einfluss ohne Dämpfung und Verzögerung und andererseits einen langfristigen mit starker Dämpfung und einer Verzögerung von ungefähr 36 Wochen. Dies ist plausibel, da die stabilen Wasserstände in der Aue während Perioden der Unabhängigkeit vom Elbepegel zum einen vom direkten Oberflächenabfluss und der Infiltration aus dem Fundergraben (kurzfristig) und zum anderen von saisonalen Schwankungen des regionalen Grundwasserstromes (langfristig) gesteuert werden. Aufgrund dieses langfristigen Einflusses wirkt sich die Niederschlagsverteilung im Hinterland auf die Grundwasserstände in der Aue stark verzögert aus, ein kurzfristiger Einfluss auf den Aquifer im Sinne von jahreszeitlichen Gängen ist nicht zu beobachten (Abb. 5.1-11).

Die Wasserführung der Vorflutgräben ist jahreszeitlich sehr unterschiedlich. Anhand von Abflussmessungen (Driftkörpermethode) unter Mittelwasserbedingungen wurde im Fundergraben eine mittlere Fließgeschwindigkeit von 1,0 bis 1,2 m/s ermittelt (vgl. Schwoerbel 1999). Bei geringerer Wasserführung (MNW) liegen die Fließgeschwindigkeiten zwischen 0,26 und 0,43 m/s. Unter Niedrigwasserverhältnissen sinkt die Wasserführung im Fundergraben rasch ab. Die Wassermenge wird im Spätsommer bis Frühherbst so gering (verstärkt durch anthropogene Beeinflussung mittels Stauhaltung an Fischteichen), dass der Fundergraben vollständig austrocknet.

5.1.4 Einfluss von Hochwasserereignissen

5.1.4.1 Überflutungshäufigkeiten, -dauer und -höhen

Die Wasser- und Abflussverhältnisse in der Aue werden durch die entsprechende hydrologische Statistik charakterisiert und hängen in erster Li-

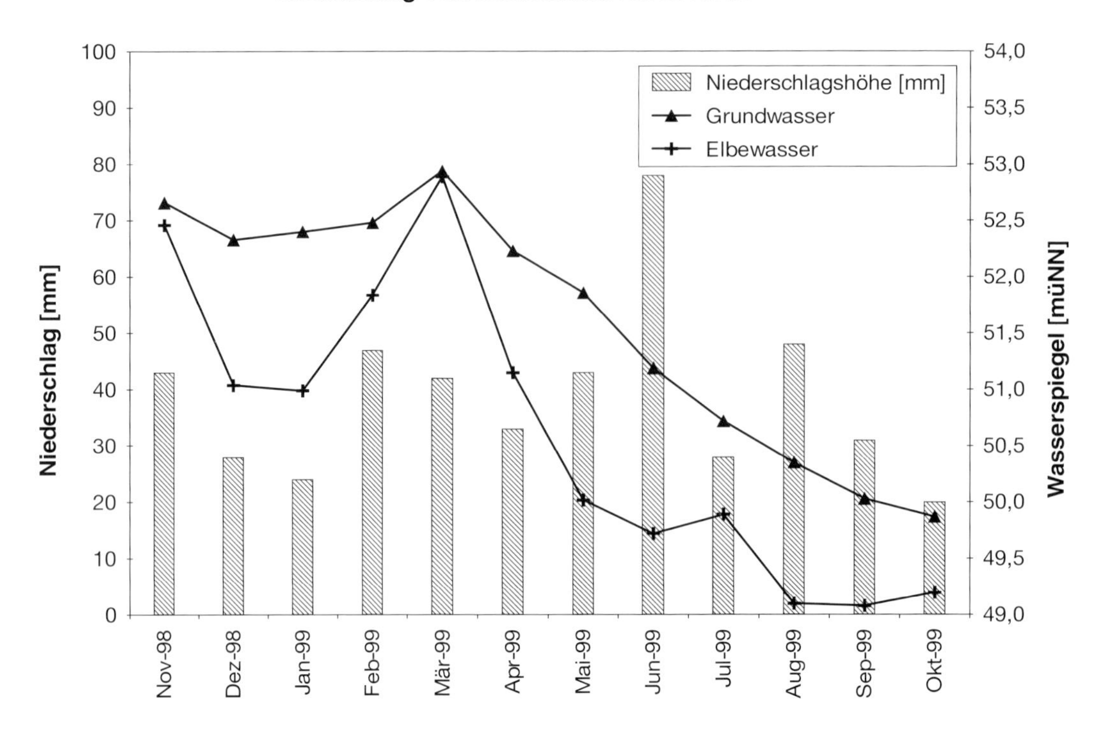

Abb. 5.1-11: Monatsmittel des Elbewasser- und Grundwasserstandes (GWM 4) sowie des Niederschlages auf den Schöneberger Wiesen bei Steckby für das hydrologische Jahr 1999.

nie von der meteorologischen Situation und den Zuflüssen aus dem oberhalb liegenden Einzugsgebiet ab. Das Abflussverhalten der Elbe ist im Jahresverlauf durch regelmäßig auftretende Hochwässer im Frühjahr gekennzeichnet, die in der Regel im März und April, wenn es zur Schneeschmelze in den montanen Regionen des Einzugsgebietes kommt, ihr Maximum erreichen. Sommerhochwasser treten hingegen nur episodisch nach Starkregenereignissen auf. Anzahl, Zeitpunkt, Höhe und Dauer der Überflutungen in den Untersuchungsgebieten hängen von der Art und Größe des Einzugsgebietes sowie dem dortigen Niederschlags- und Abflussgeschehen ab (DVWK-MB 248/1998).

Im Untersuchungszeitraum (Frühjahr 1998 bis Frühjahr 2000) traten in der Elbe drei markante Hochwässer auf, die aufgrund der Maxima der Wasserstände als Hochwasser fünfjähriger Wahrscheinlichkeit (HQ 5) einzustufen sind (Tab. 5.1-5).

Bei den aufgetretenen Hochwasserabflüssen konnte jeweils eine Ausuferung der Elbe beobachtet werden, die Untersuchungsgebiete wurden nahezu vollständig überflutet. Einige höher gelegene Flächen waren während des Novemberhochwassers 1998 nicht überschwemmt (s. Kapitelanhang 5.1-3). Die Hochwasserphasen dauern je nach ansteigender und anhaltender Hochwasserwelle im Durchschnitt 10-14 Tage (November 1998, März 1999), können aber beim Auftreten von zweigipfligen Hochwässern auch bis zu einem Monat andauern (März/April 2000). Nach Rückgang des Hochwassers fließt das Überflutungswasser oberflächlich relativ rasch wieder ab, nur Flutrinnen, abflusslose Senken sowie Altgewässer bleiben noch längere Zeit mit Wasser gefüllt. Eine weitere Entwässerung dieser tief liegenden Standorte erfolgt über einen längeren Zeitraum (ca. 2 Monate) über Versickerung und/oder Verdunstung.

Tab. 5.1-5: Wasserspiegelhöhen an den Messstationen in den UG Wörlitz und Steckby bei Durchgang der Hochwasserwelle während der im Untersuchungszeitraum aufgetretenen Hochwasserperioden.

Hochwasser an der Elbe

(im Untersuchungszeitraum Frühjahr 1998 bis Frühjahr 2000)

➢ November 1998 (3.11. – 12.11.1998)

Durchgang des Hochwasserscheitel:

Wörlitz: **7.11.98**

Wasserstand GWM 42: + 0,42 müGOK = 62,28 müHN

Steckby: **8.11.98**

Wasserstand GWM 13: + 0,89 müGOK = 53,69 müHN

➢ März 1999 (4.03. – 18.03.1999)

Durchgang des Hochwasserscheitel:

Wörlitz: **9.03.99**

Wasserstand GWM 39: + 1,89 müGOK = 62,55 müHN
Wasserstand GWM 42: + 0,68 müGOK = 62,54 müHN
Wasserstand GWM 47: + 1,61 müGOK = 62,62 müHN

Steckby: **9.03.99**

Wasserstand GWM 4: + 1,35 müGOK = 54,26 müHN
Wasserstand GWM 13: + 1,38 müGOK = 54,18 müHN
Wasserstand GWM 16: + 1,07 müGOK = 54,31 müHN

➢ März / April 2000 (12.03. – 12.04.2000)

Durchgang des Hochwasserscheitel:

Wörlitz: **15.03.00 / 04.04.00**

Wasserstand GWM 39: + 1,84 / 1,67 müGOK = 62,50 / 62,33 müHN
Wasserstand GWM 42: + 0,61 / 0,44 müGOK = 62,47 / 62,30 müHN
Wasserstand GWM 47: + 1,57 / 1,42 müGOK = 62,58 / 62,43 müHN

Steckby: **16.03.00 / 05.04.00**

Wasserstand GWM 4: + 1,38 / 0,90 müGOK = 54,29 / 53,81 müHN
Wasserstand GWM 13: + 1,37 / 0,87 müGOK = 54,17 / 53,67 müHN
Wasserstand GWM 16: + 1,20 / 0,68 müGOK = 54,44 / 53,92 müHN
Wasserstand GWM 24: + 0,36 / 0,15 müGOK = 53,94 / 53,73 müHN

Datengrundlage: automatische Multisensormodule an den bodenhydrologischen Meßstationen in den zwei Untersuchungsgebieten Wörlitz und Steckby im Biosphärenreservat Mittlere Elbe

In Abbildung 5.1-12 sind die Wasserstände der Elbe und des landseitigen Grundwassers in der Aue während eines Hochwasserereignisses dargestellt. Sehr deutlich werden die Unterschiede zwischen beiden Untersuchungsgebieten hinsichtlich der hydraulischen Anbindung des Grundwasserleiters. Während auf dem Schleusenheger bei Wörlitz beim Ansteigen des Elbepegels die Grundwasserstände in der Aue mit geringer zeitlicher Verzögerung reagieren und dem Verlauf des Elbewasserstandes sehr gut nachfolgen, sind die Grundwasserstände auf den Schöneberger Wiesen bei Steckby schon vor dem Eintreffen der Hochwasserwelle auf einem hohen Niveau und zeichnen den Gang der Elbe nicht nach. Erst bei sehr hohen Elbewasserständen (Ausuferung, vgl. Abb. 5.1-13) und mit der Überflutung der Messstandorte durch Qualm- und Oberflächenwasser folgt der Grundwasserstand dem Elbepegel. Eine maximale Erhöhung des Grundwasservorrates tritt nicht beim

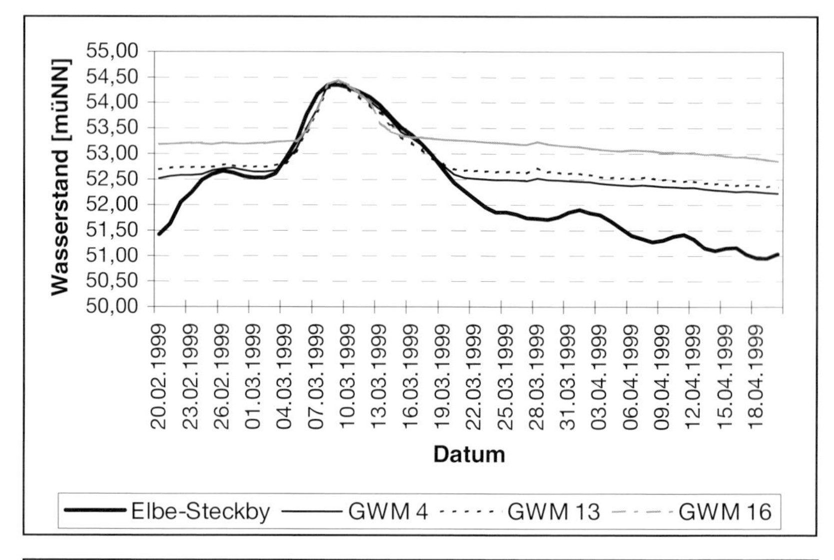

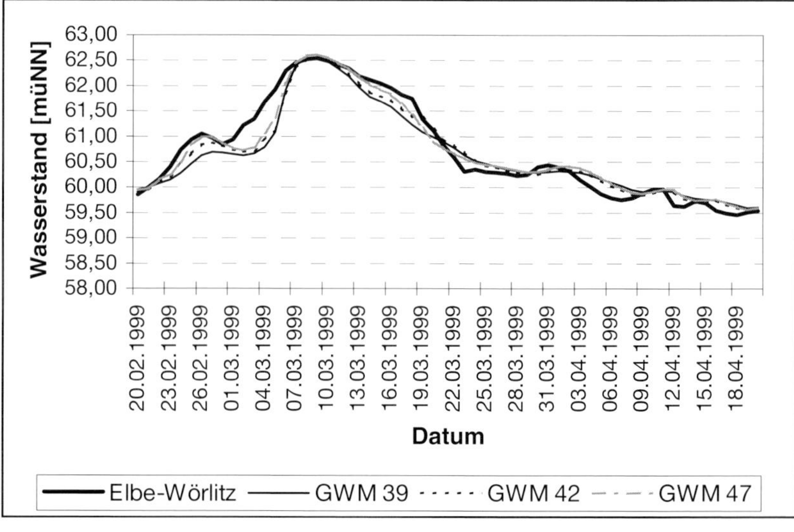

Abb. 5.1-12: Ganglinien des Elbewasser- und Grundwasserstandes an den einzelnen Messstationen (4h Messintervall) in den Untersuchungsgebieten Steckby und Wörlitz beim Durchgang einer Hochwasserwelle (März 1999).

Abb. 5.1-13: Hochwasser an der Elbe im März 1999, überflutete bodenhydrologische Messstation 47 auf dem Schleusenheger bei Wörlitz.

Hochwasserscheitel ein, sondern erst Tage später. Nach Durchgang der Hochwasserwelle mit sinkenden Elbewasserständen bleiben die Grundwasserstände in der Aue bei Steckby weiterhin hoch und zeigen nur allmählich einen Potenzialabfall. Es besteht bei fallendem Flusswasserstand immer noch ein hydraulischer Gradient vom Fluss zum Grundwasser (Retention). Ganz anders sind die Verhältnisse in Wörlitz, mit dem Fallen des Elbepegels sinken auch die Grundwasserstände in der Aue rasch ab und verlaufen nahezu parallel zur Elbe.

Für die hydrologischen Jahre 1998 und 1999 wurde die Anzahl der Überflutungstage pro Jahr an allen GWM bezogen auf den Pegelnullpunkt (PNP) ermittelt sowie die maximale jährliche Überstauungshöhe an jeder einzelnen Probefläche in den zwei Untersuchungsgebieten berechnet (s. Kapitelanhang 5.1-3). Es wurden die Mittelwerte (Tab. 5.1-6) für die jährliche Überflutungsdauer in Tagen und für die maximalen Überflutungshöhen in Meter über GOK für die Jahre 1998/1999 in den Untersuchungsgebieten ermittelt.

5.1.4.2 Auswirkungen auf die hydrodynamischen Verhältnisse

Aufgrund der jahreszeitlichen Dynamik des Elbepegels erhöht sich bei Niedrigwasser das Grundwassergefälle in Richtung Elbe, während sich bei Hochwasser in der Elbe eine entgegengesetzte Tendenz zeigt. Mit den schwankenden Wasserspiegellagen der Elbe können sich wasserstandsabhängig differierende Fließrichtungen herausbilden. Insbesondere können Hochwasserverhältnisse zu einer temporären Umkehr der Grundwasserfließrichtung führen. Bei Hochwasserführung in der Elbe liegt deren Wasserstand über dem Grundwasserstand, so dass eine Infiltration von Elbewasser in den Grundwasserleiter einsetzt.

Auf den Grünlandflächen macht sich der Anstieg des Hochwassers in der Elbe im Auftreten von Druckwasser (Qualmwasser) in den Senken und Flutrinnen bemerkbar. Durch Rückstau über kleinere Vorfluter, Geländedepressionen und Altwasserläufe setzt zunächst die Überflutung der tiefer gelegenen Bereiche ein, die dann bei weiterem Ansteigen

Tab. 5.1-6: Mittlere Überflutungsdauer und mittlere maximale Überflutungshöhen der Jahre 1998/1999 für die Flutrinnen-Standorte und höher gelegenen Standorte (feuchtes und trockenes Grünland) der Untersuchungsgebiete Steckby und Wörlitz.

Untersuchungsgebiet	Morphologie/ Probefläche	Überflutungsdauer [d]		max. Überstauhöhe [m]	
		1998	1999	1998	1999
Steckby	Flutrinnen	150	191	1,05	2,60
	Grünland	0,5	42	0,16	1,27
Wörlitz	Flutrinnen	137	198	198	3,25
	Grünland	0	17	17	1,19

der Wasserstände im Fluss zur flächenhaften Ausuferung der Elbe bis hin zur vollständigen Überflutung der gesamten Aue führt. Bei Überflutung des gesamten Auenbereiches (Deichvorland) besteht über die Flutrinnen ein unmittelbarer Kontakt zum Aquifer. Der Wasserstand im Überflutungsraum wirkt als hydraulisches Potential im Grundwasserleiter. Die Auswirkungen einer Hochwasserwelle in der Elbe werden relativ schnell und intensiv ins Auengrünland übertragen. Je nach Entwässerungsbedingungen und hydraulischem Anschluss bleibt das Überflutungswasser in Senken und Rinnen stehen und kann nach Ablauf des Hochwassers zu einer nachhaltigen Infiltration von Oberflächenwasser in den Grundwasserleiter beitragen.

Bei höheren Wasserständen in der Elbe (MHW) wurden in den Auen wöchentliche Grundwasserstandsschwankungen von 25-35 cm und ca. 4 cm pro Tag gemessen. Bei auflaufendem Hochwasser können tägliche Grundwasserstandsänderungen von 10-50 cm, an elbnahen Messstellen bis max. 75 cm auftreten. Beim Durchgang einer Hochwasserwelle im März 1999 konnte ein Anstieg des Grundwasserstandes von 20 cm innerhalb von vier Stunden gemessen werden (GWM 47, elbnah, UG Wörlitz).

5.1.4.3 Identifikation von Strömungsprozessen bei Hochwasserereignissen

Um das Milieu eines Grundwasserleiters zu beschreiben, können die Parameter Temperatur, pH-Wert, Redoxpotenzial, Sauerstoffgehalt und Leitfähigkeit herangezogen werden, da sie als Steuergrößen das chemische Milieu maßgeblich beeinflussen. Die räumliche und zeitliche Auswertung der Temperatur im Grundwasser erlaubt detaillierte Aussagen zur Dynamik des Strömungsregimes insbesondere bei Hochwasserereignissen. Die Temperatur kann dabei als wichtigster natürlicher Tracer bei infiltrierendem Flusswasser angesehen werden, die sich mit Hilfe von Datenloggern kontinuierlich und kostengünstig erfassen lässt. In den Untersuchungsgebieten traten in Abhängigkeit von der Wasserstandsdynamik in der Elbe größere Unterschiede hinsichtlich der Grundwassertemperatur auf. In Bereichen mit geringen horizontalen Grundwasserbewegungen existiert im oberflächennahen Grundwasser eine starke Temperaturschichtung in Abhängigkeit von der Tiefe. Mit zunehmender Tiefe nehmen bei in etwa gleich bleibendem Temperaturmittel der Grundwässer die Temperaturschwankungen ab. Herrschen größere Grundwasserbewegungen bei veränderten Abflussverhältnissen vor, wird die

Temperatur im oberflächennahen Grundwasser entsprechend der Gefälledifferenz und der vorherrschenden Fließrichtung durch infiltrierendes Oberflächenwasser oder anders temperiertes Grundwasser bestimmt (Hangzuflüsse). Im Vorfluter Elbe wurde eine jährliche Temperaturschwankung von 2°C im Februar bis 23°C im Juli gemessen. Die tieferen Grundwasserleiterhorizonte weisen im Jahresmittel relativ konstante Temperaturen um 9,5-10°C mit einer geringen Schwankungsbreite von 0,5-1,0°C auf. Das oberflächennahe Grundwasser ist dagegen durch eine große Amplitude von 6 bis 10°C (insbesondere flussnahe Messstellen) bei Maximalwerten um 12-15°C gekennzeichnet.

In den Untersuchungsgebieten wird mit Hilfe von verschiedenen Datenloggern (FDL, MSM) kontinuierlich die Grundwassertemperatur aufgezeichnet. Die Sonden befinden sich im oberen Filterbereich der Messstellen ca. 5 m unter Gelände, das Messintervall beträgt 8 h. In Abbildung 5.1-14 sind die Ganglinien der Temperatur des Grundwassers an verschiedenen Messstellen sowie des Elbewasserstandes auf den Schöneberger Wiesen bei Steckby dargestellt. Während des Hochwassers im März/April 2000 infiltriert Elbewasser mit niedriger Temperatur in den Grundwasserleiter und passierte den Filterbereich der Messstelle 13 (MSM 13), wo die Temperatur zunächst langsam von 9,8°C auf 8,2°C sinkt, bei gleichzeitig steigendem Grundwasserstand. Beim Durchgang der Hochwasserwelle am 16. März sinkt die Temperatur plötzlich auf unter 7°C ab, um kurz darauf wieder auf einen Wert um 9°C anzusteigen. Ein ähnliches Verhalten wird auch an den Messstellen 4, 25 und z.T. 16 bei markanten Wasserstandsänderungen der Elbe während des Hochwassers im Frühjahr 2000 beobachtet. Die Temperaturschwankungen gehen auf den Einfluss infiltrierenden Oberflächenwassers (Elbe) zurück, welches geringere Wassertemperaturen aufweist als das Grundwasser (ganzjährig zwischen 9,0 und 10,5°C). Kurzfristige Temperaturschwankungen innerhalb von wenigen Stunden in der Messstelle 25 (FDL 25) korrelieren mit dem Wasserstand der Elbe. Die relativ gleichbleibende Grundwassertemperatur der Messstelle 24 (MSM 24), die von 10,5 auf 10°C absinkt, lässt verschiedene Fließwege mit unterschiedlichen Geschwindigkeiten vermuten. Hier zeigt sich der Einfluss des infiltrierenden Elbewassers erst ca. einen Monat später, indem die Temperatur langsam auf 8,4°C fällt. Ähnliche Verhältnisse konnten teilweise auch an der elbfernen Messstelle 16 (MSM 16) beobachtet werden, das Minimum von 8,4°C zeigt sich 14 Tage nach Durchgang der Hochwasserwelle. Aufgrund des von den Hochflächen am Talrand zuströmenden, höher temperierten Grundwassers wird hier das Temperaturminimum von 7°C wie an den anderen Messstellen nicht mehr erreicht. Durch die Analyse des Temperaturverlaufs im Grundwasser können, wie oben beschrieben, Aussagen zur Dynamik des Strömungsregimes in Auen bei infiltrierenden Verhältnissen während einzelner Hochwasserphasen gemacht worden.

Auch mit physikochemischen Milieuparametern können Infiltrationsprozesse bei Hochwasser nachgewiesen werden. Eine geeignete Kenngröße zur Identifikation von Flusswasserinfiltrationen ins Grundwasser bei Hochwasserereignissen ist unter anderen die elektrische Leitfähigkeit, die als Anhaltspunkt für den Mineralisierungsgrad eines Wassers angesehen werden kann. Bei infiltrierenden Verhältnissen in der Aue macht sie sich durch eine starke

Abb. 5.1-14: Temperaturverlauf im oberen Grundwasserleiterhorizont auf den Schöneberger Wiesen bei Steckby bei Durchgang einer zweigipfligen Hochwasserwelle im März/April 2000 (MSM = Multisensormodul, bodenhydrologische Messstationen; FDL = Feld-Data-Logger).

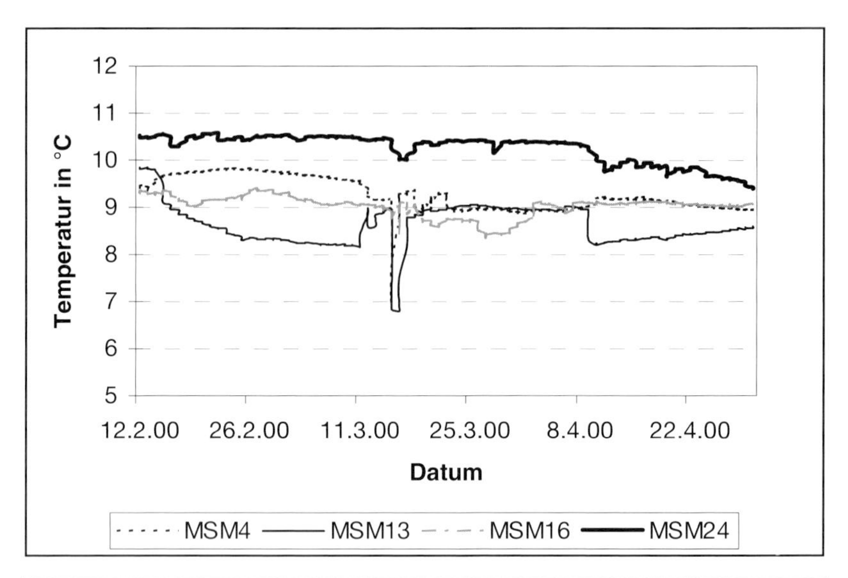

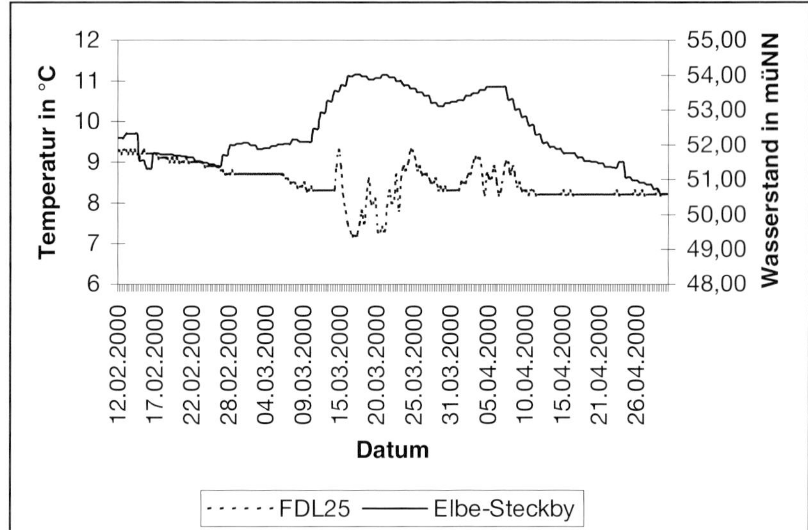

Abnahme im oberflächennahen Grundwasser bemerkbar, da die Ionengehalte im Elbewasser (Mittelwert: 495 µS/cm) wesentlich geringer sind als im landseitigen Grundwasser (Mittelwert: 950 µS/cm). In Abbildung 5.1-15 ist die über ein hydrologisches Jahr an der GWM 13 gemessene Variation der elektrischen Leitfähigkeit im oberflächennahen Grundwasser der Grundwasserganglinie an dieser Messstelle gegenübergestellt. Deutlich ist eine Infiltration von Oberflächenwasser (Elbe) in den hydraulisch angebundenen Grundwasserleiter bei Hochwasser (März 1999) und entsprechend hohen Grundwasserständen zu erkennen. Dabei lässt sich eine signifikante Abnahme der Leitfähigkeit im Grundwasser beobachten, die bis auf das Niveau der Leitfähigkeitsgehalte im Elbewasser sinkt. Bei Rückgang des Elbepegels und allmählich fallenden Grundwasserständen in der Aue steigt die Leitfä-

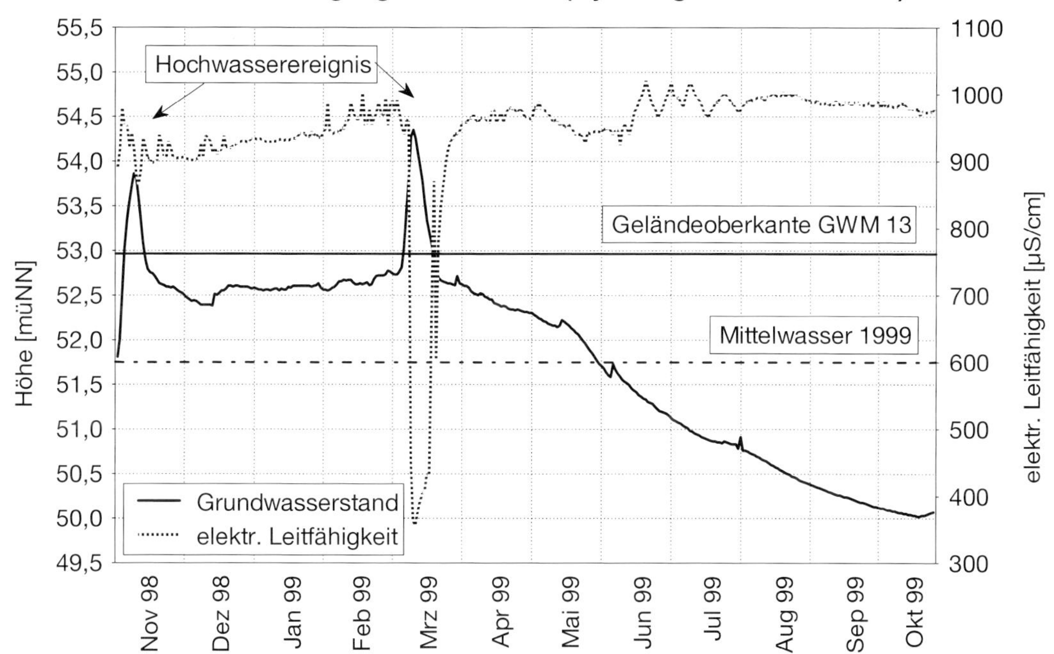

Abb. 5.1-15: Variation der elektrischen Leitfähigkeit im oberflächennahen Grundwasser der Messstelle 13 (MSM 13, Tagesmittelwerte) auf den Schöneberger Wiesen bei Steckby im Verlauf des hydrologischen Jahres 1999.

higkeitskonzentration im Grundwasser innerhalb von ca. 30 Tagen wieder auf ihr ursprüngliches Niveau an.

Infiltrationsprozesse in Flussauen können auch anhand des zeitlichen Verlaufes der pH-Werte im Grundwasser nachgewiesen werden. Wenn Oberflächenwasser in den Grundwasserleiter infiltriert, kommt es zum raschen Ansteigen des pH-Wertes im oberflächennahen Grundwasser, weil dort wesentlich geringere pH-Werte (Mittelwert: 6,3) vorherrschen als in der Elbe (Mittelwert: 8,0). In Abbildung 5.1-16 sind die Ganglinien des pH-Wertes im oberen Grundwasserhorizont an den drei Messstationen im UG Wörlitz sowie des Elbewasserstandes dargestellt. Während des Frühjahrshochwasser 2000 wird die Infiltration von Elbewasser mit einem höheren pH-Wert in den Grundwasserleiter gemessen. Beim Durchgang der Hochwasserwelle am 16.03.2000 steigt der pH-Wert in den relativ schnell überfluteten Messstellen 39 (MSM 39, Flutrinne) und 47 (MSM 47, elbnah) deutlich um mindestens eine pH-Wertstufe an, während die GWM 42 (MSM 42) mit gleich bleibendem pH-Wert im schwach sauren Bereich auf die Änderung der Wasserstände nicht reagiert. Bei zwischenzeitlich fallendem Elbepegel sinken die pH-Werte an den GWM 39 und 47 allmählich wieder vom neutralen in den schwach sauren Bereich ab, wobei die mit dem Elbewasserstand korrelierende Messstelle 47 ein rascheres und deutlicheres Absinken des pH-Wertes zeigt. Bei Eintreffen der zweiten Hochwasserwelle mit steigenden Elbe- und Grundwasserständen zeigen die pH-Werte in den Messstellen 39 und 47 wiederum einen plötzlichen Anstieg durch den Mischungseffekt mit infiltrierendem Elbewasser. Erst mit einem deutlichen Rückgang des Elbepegels stellen sich langsam wieder schwach saure Milieuverhältnisse im Grundwasser ein. Der gleichbleibende pH-Wert in der GWM 42

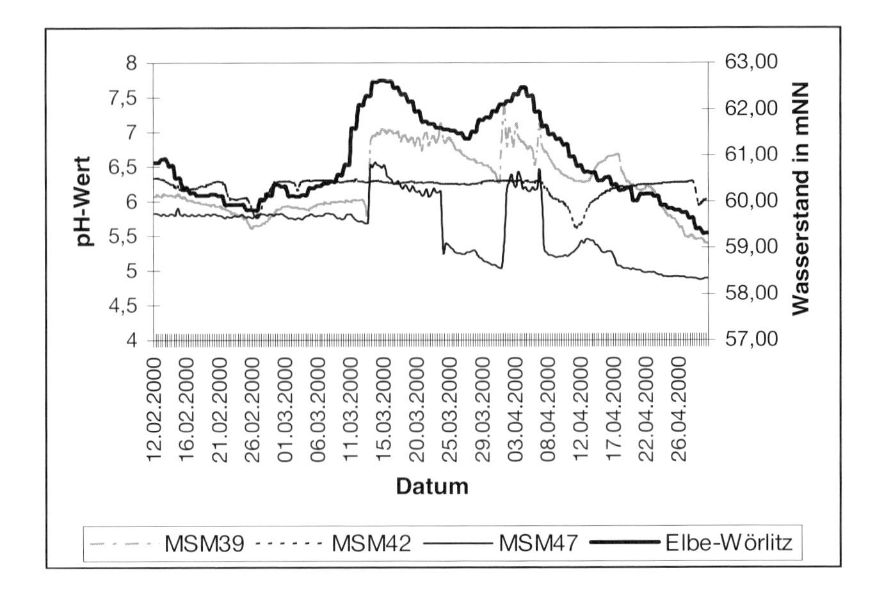

Abb. 5.1-16: Verlauf des pH-Wertes im oberen Grundwasserleiterhorizont auf dem Schleusenheger (Wörlitz) bei Durchgang einer zweigipfligen Hochwasserwelle im März/ April 2000 (MSM = Multisensormodul, bodenhydrologische Messstationen).

zeigt an, dass das infiltrierende Elbewasser diese Messstelle nicht mehr erreicht. Hier kann nur ein leichter Abfall des pH-Wertes durch Qualmwassereinflüsse festgestellt werden, die das Grundwassermilieu geringfügig verändern. Durch die Analyse der pH-Wertverteilung im oberflächennahen Grundwasser können die Fließwege bei veränderter Wasserstandsdynamik in den Auen infolge Hochwasser bestimmt werden.

5.1.5 Diskussion

Der Hauptvorfluter der Untersuchungsgebiete - die Elbe - ist hydraulisch mit dem Grundwasser verbunden und beeinflusst mit seinen stark schwankenden Wasserständen die Grundwasserdynamik in der angrenzenden Aue. Variierende Abflussverhältnisse bedingen stark wechselnde Grundwasserflurabstände und damit Feuchtebedingungen im Boden, die von Sättigung bis zur vollständigen Austrocknung (Trockenrisse) reichen können. Je nach Lage im Gelände und Relief sind verschiedene Standorte in der Aue (z.B. Flutrinne, Hochfläche, Uferwall) hiervon in unterschiedlicher Intensität betroffen. Damit stellen diese Standorte unterschiedliche Ansprüche an die Anpassungsfähigkeit der Vegetation und der Fauna gegenüber Extremsituationen.

Die Auswertung von Wasserstandsdaten einer zweijährigen Messreihe aus zwei unterschiedlichen Auengebieten an der Mittleren Elbe hat gezeigt, dass trotz vergleichbarer Hydrodynamik erhebliche Unterschiede im Hinblick auf den hydraulischen Anschluss des Grundwassers an den Elbewasserstand auftreten. Im einfachsten Fall korrelieren die Grundwasserstände in der Aue direkt mit dem Verlauf des Elbepegels, wie es die Ganglinien aller Messstellen auf dem Schleusenheger bei Wörlitz zeigen. Vergleicht man in diesem Gebiet den Gang des Elbewasser- und Grundwasserstandes miteinander, so fällt der parallele, nahezu deckungsgleiche Verlauf beider Ganglinien auf. Nur in Niedrigwasserzeiten der Elbe finden sich Verzögerungen und Dämpfungen in den Grundwasserganglinien. Die Kurven weichen geringfügig voneinander ab. Ganz anders stellen sich die Verhältnisse auf den Schöneberger Wiesen bei Steckby dar. Hier waren nur bei etwa einem Drittel der Messstellen die Grundwasserstandsverhältnisse in der Aue unmittelbar an die Dynamik des Elbepegels angebunden. Bei etwa zwei Drittel der Messstellen zeigen sich dagegen längere Perioden, in denen stabile Grundwasserstände zu beobachten sind, die vom Elbewasserstand unabhängig sind. Bei diesen Messstellen handelt es sich zumeist um elbferne, feuchte Auenstandorte, die von mehr oder weniger wasserundurchlässigen Bodenschichten (Flutrinnen) und von lokal wirksamen kleineren Nebengewässern wie dem Fundergraben (feuchtes Grünland) beeinflusst werden. Besonders an den Flutrinnen-Standorten macht sich die verzögerte Wasserstandsdynamik in einer längeren jährlichen Überflutungsdauer bemerkbar, sie betrug für diese Probeflächen im Durchschnitt 200 Tage. An vergleichbaren tiefliegenden Standorten (Flutrinnen) im UG Wörlitz wurde eine mittlere Überflutungsdauer von 150 Tagen pro Jahr gemessen. Die Grundwasserganglinien der elbeunabhängigen Messstellen in Steckby korrelierten nur zeitweise mit dem Elbepegel, vorrangig während Hochwasserperioden in der Elbe und zu Niedrigwasserzeiten. Die beschriebene Problematik des hydraulischen Zusammenspiels zwischen Grundwasseroberfläche und Flusswasserstand ist für biologische Untersuchungen in Auen entscheidend, da die Zusammensetzung von Artengemeinschaften und die Abundanz von Arten im wesentlichen nicht von aktuellen Wasserstandsdaten abhängig ist, sondern die Wasserstände der vorangegangenen Jahre eine wichtige Rolle spielen. Daraus ergibt sich für den Hydrogeologen die Notwendigkeit, Daten zu Grundwasserflurabstand und Überflutungsdauer für Zeiträume zur Verfügung zu stellen, die über die Messreihen einer kurzen Projektlaufzeit hinausgehen („rückzurechnen"). Für die Rückrechnung von Wasserständen in Auenbereichen, die zeitweise unabhängig vom Flusspegel sind, gibt es derzeit keine verbreitete Standardmethode. Darum wird in Zusammenarbeit mit Biologen innerhalb des RIVA-Projektes eine Methode zur Rückrechnung von Wasserständen in Auen entwickelt, die mittels statistischer Verfahren Wasserstandsänderungen mit verfügbaren amtlichen Flusspegel- und Wetterdaten korreliert (Böhnke & Follner 2002).

Unter Niedrigwasser- und Mittelwasserverhältnissen strömt das Grundwasser aus den elbfernen Auenbereichen dem Fluss zu, die Aue fungiert als Entlastungsgebiet für den regionalen Grundwasserstrom (s. Anlage II.1-A2 und Anlage II.1-B2). Bei Hochwasser in der Elbe kommt es wegen des hydraulischen Potenzialunterschiedes zu einer Umkehr der Grundwasserfließrichtung. Die Grundwasserströmung in der Flussaue wird somit von zwei Faktoren beeinflusst, die sich gegenseitig in ihren Wirkungen überlagern. Zum Einen von der Dynamik des Vorfluters Elbe und zum anderen von der Dynamik des unterirdisch in den Talraum zuströmenden Grundwassers (Abb. 5.1-17) (vgl. Sommer et al. 2000).

Die hydraulischen Prozesse bei Hochwasser und der Mechanismus der Auenüberflutung konnten während eines Hochwasserereignisses im März 1999 (Abfluss der Elbe: 2.257 m^3/s im Vergleich zur mittleren Abflussrate von 440 m^3/s) anhand von Geländebeobachtungen nachvollzogen werden (Abb. 5.1-18; s. Anlage II.1-A4 auf der CD). Bei ansteigendem Elbepegel zu Beginn des Hochwassers entwickelt sich ein hydraulisches Gefälle vom Fluss zum Rand der Aue hin, es kommt zu stagnierenden Grundwasserverhältnissen zunächst ohne Stoffinfiltration in den Grundwasserleiter. In der Aue macht sich der Anstieg des Hochwassers in der Elbe im Auftreten von Qualmwasser in den Senken und Flutrinnen bemerkbar. Ein Großteil der Aue wird durch den Rückstau kleinerer Vorfluter und Altwasserläufe entlang der regelhaft flussparallel verlaufenden Rinnen bereits vor Erreichen des überbordvollen Abflusses in der Elbe vom rückwärtigen Bereich der Aue linienhaft überflutet (Abb. 5.1-18). Auenbereiche, die nicht an das System linienhafter Geländedepressionen angeschlossen sind, bleiben noch trocken (u.a. MSM 16 und 24; s. Anlage II.1-A5). Erst nach Überschreiten des bordvollen Abflusses und dem einsetzenden Überfluten der Uferwälle (Ausuferung) wird die Aue flächenhaft überschwemmt. Diese Wälle stellen zumeist die höchsten natürlichen Erhebungen in der Aue dar und werden dementsprechend selten, lediglich bei starken Hochwassersituationen überströmt. Die Flutrinnen in den Auen sind häufig abflusslos, so dass sich in ihnen im Anschluss an ein Hochwasserereignis während der Stillstandsphasen des Wassers (ca. 2-3 Monate) die feinen Schwebstoffpartikel (überwiegend Ton) absetzen können.

Die vorgestellten Untersuchungsergebnisse zur Wasserstandsdynamik können eindeutig zeigen, dass die Grundwasseroberfläche in weiten Bereichen der Aue im Jahresmittel unter die Auenlehmdeckschicht absinkt und somit in den untersuchten Flussauen ganzjährig kein überwiegend flurnahes Grundwasserregime vorherrscht. Absenkend auf das Grundwasser wirken dabei auch tiefere Mittelwasser- und Niedrigwasser-Wasserspiegellagen des Flusses, infolge der Sohleintiefung der Elbe. Andauernde, großräumige Sohleintiefungen stellen sich als äußerst problematisch für die Lebensgemeinschaften in der Aue dar. Durch das fortschreitende Einschneiden des Flusses sinken die Wasserstände insbesondere bei niedrigen und mittleren Wasserständen und es kommt später zu einer Ausuferung bei höheren Abflüssen. Aufgrund des Absinkens des mittleren Grundwasserstandes in den vergangenen Jahrzehnten und einer verringerten Abflussdynamik – weniger Überflutungen, geringere Überflutungshöhen und -weiten – ist der fortschreitenden Erosion aus ökologischer Sicht Einhalt zu gebieten. In den untersuchten Auengebieten kann bei Niedrigwasser der Grundwasserspiegel so weit abfallen, dass keine ausreichende Wasserversorgung der Pflanzen vom Grundwas-

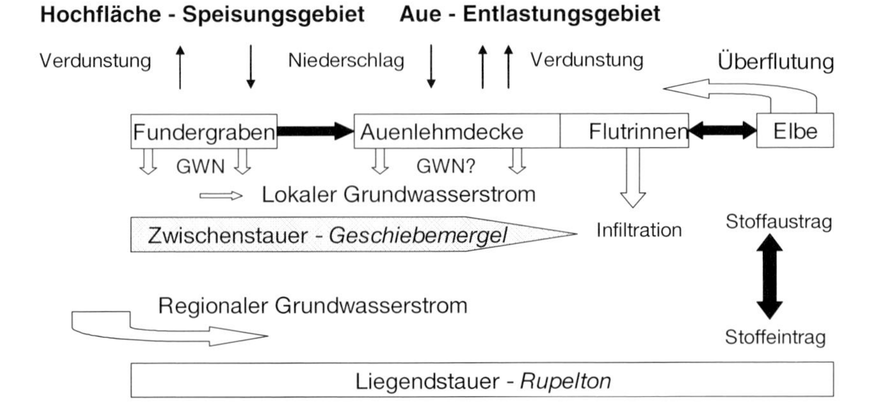

Abb. 5.1-17: Schematische Darstellung der Wasser- und Stoffströme in den untersuchten Kompartimenten des Auenökosystems am Beispiel der Schöneberger Wiesen bei Steckby (GWN = Grundwasserneubildung).

ser über den kapillaren Aufstieg gegeben ist. Uferwälle und elbnahe Standorte (obere Elbeterrasse) werden aufgrund ihrer Geländehöhe seltener überflutet und haben größere Grundwasserflurabstände und Amplituden. Deshalb weisen diese Standorte oftmals Merkmale von Trockenstandorten auf und unterscheiden sich auch hinsichtlich des Stoffhaushaltes von benachbarten feuchten Flächen (vgl. DVWK-MB 248/1998).

Das Hochwassergeschehen eines Flusses ist der bestimmende Leitparameter für das Ökosystem Aue, welches sich nur über die Betrachtung von langen Zeitreihen näherungsweise erklärt. Der Untersuchungszeitraum von zwei Jahren (1998-2000) kann deshalb nur einen kleinen Ausschnitt des Ökosystems Aue abbilden. Die Einbeziehung hydrologischer Randbedingungen bei der Standortcharakterisierung erlaubt die Erfassung von Feuchtegradienten in einer differenzierteren Form, als es anhand von morphologischen und feldbodenkundlichen Kriterien allein möglich ist.

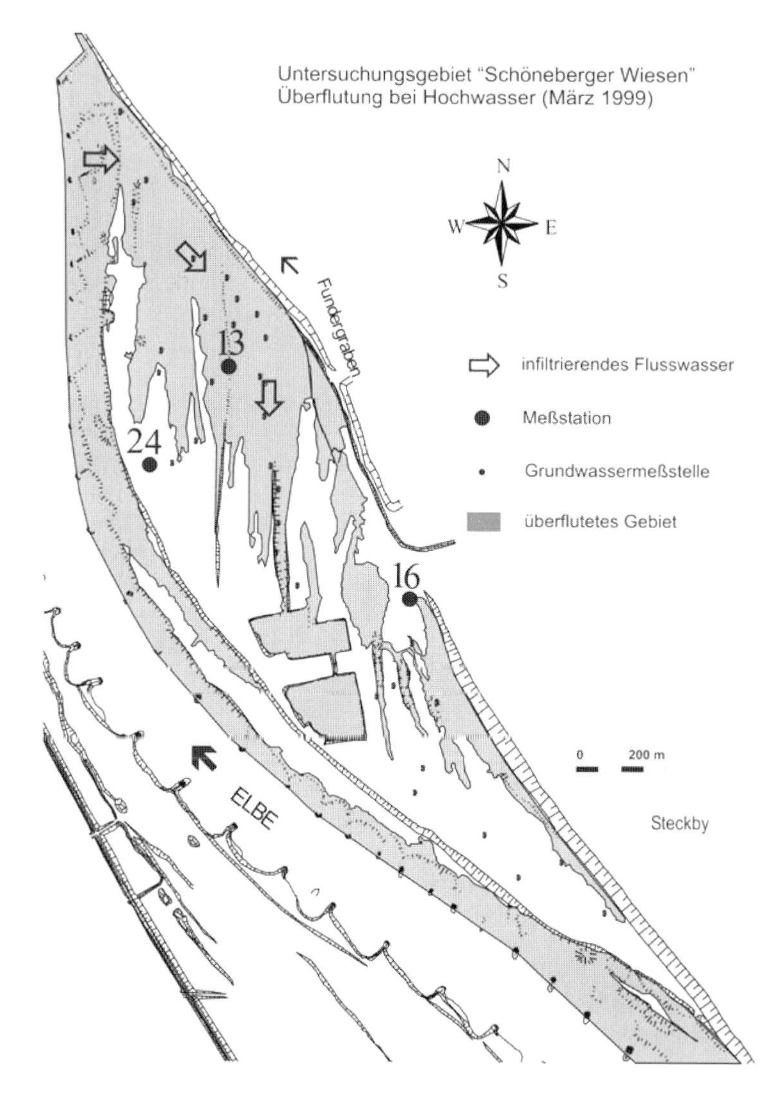

Abb. 5.1-18: Mechanismus der Flusswasserinfiltration bei Durchgang einer Hochwasserwelle im UG Steckby, kartiert bei auflaufendem Hochwasser im März 1999 (Elbewasserstand Pegel Aken: 54,96 m NN). Die schwarz gefüllten Pfeile kennzeichnen die generelle Fließrichtung von Elbe und Fundergraben.

5.2 Verbreitung, Eigenschaften und Klassifikation von Auenböden - Auenbodenformen als Indikatoren für Nähr- und Schadstoffkonzentrationen

Jörg Rinklebe, Christa Franke & Heinz-Ulrich Neue

Zusammenfassung

Auenböden sind im Gegensatz zu nicht in Auen gelegenen Böden vergleichsweise wenig untersucht. In den untersuchten Auenwiesen an der Mittleren Elbe dominieren Vegen aus Auenlehmen. Diese Böden bilden mit ihrer nahezu flächenhaften Auenlehmdecke höher gelegene Elbterrassen. Vegen aus Auenlehmen sind in der Regel für ca. einen Monat im Jahr überflutet und weisen im Vergleich zu anderen Auenbodenformen häufig geringere Nähr- und Schadstoffgehalte auf. Gleye aus Aueschluffen und -tonen sind charakteristische Böden der tief liegenden Hohlformen (Flutrinnen, Senken und wannenartige Vertiefungen) und in der Regel für ca. 6 Monate im Jahr überstaut. Tschernitzen aus Auenlehmen und -schluffen finden auf nieder gelegenen, flussnahen Terrassen weite Verbreitung und werden meist kurzzeitig, aber regelmäßig im Frühjahr überflutet. Tschernitzen aus Auenlehmen und -schluffen sowie Gleye aus Auentonen und -schluffen weisen aufgrund hoher Humusgehalte und feinkörniger Substrate infolge der Sedimentation durch häufige oder lange Überflutungszeiten bei niedrigen Fließgeschwindigkeiten in der Regel die höchsten Nähr- und Schadstoffgehalte auf. Diese Böden wurden zunächst separat erfasst, beschrieben, analysiert und mittels einer neuen Methode aggregiert. Diese Zusammenfassung erlaubt, die gerichteten Zusammenhänge über die Höhe der Nähr- und Schadstoffgehalte statistisch abzusichern. Die Aggregierung ermöglicht weiterhin, bodenkundliche Kennwerte mit relativ geringem Informationsverlust praktikabel für Anwender zu vereinfachen. Hierdurch wird eine Basis für eine Übertragbarkeit von Bodeneigenschaften geliefert, indem Nähr- und Schadstoffgehalte Auenbodenformen auf der Grundlage von Bodenformenkarten zugeordnet werden können. Auenböden mit erhöhten Nähr- und Schadstoffgehalten sind für die untersuchten Wiesenstandorte an der Mittleren Elbe räumlich abgrenzbar. Bei Kenntnis der Verbreitung von Auenbodenformen können Stoffgehalte prognostiziert werden; jedoch liegen großmaßstäbige Bodenformenkarten nicht flächendeckend vor.

5.2.1 Einleitung

Die Auenökosysteme der Elbe sind gegenwärtig aufgrund der aktuellen extremen Hochwasserereignisse (BMBF 2003), ihres stofflichen Bodenbelastungszustandes (z.B. Rinklebe et al. 1999, 2000a, 2002b, Friese et al. 2000b, Anacker et al. 2003, Kowalik et al. 2003, Krüger & Gröngröft 2003, Rinklebe 2003, Rinklebe & Neue 2003, 2005, Devai et al. 2005) sowie durch geplante Deichrückverlegungen zur Erweiterung von Retentionsflächen und die damit im Zusammenhang stehenden ökologischen Fragestellungen in den Blickpunkt des Interesses gerückt (z.B. Altermann et al. 2001a, Schwartz 2001, Eisenmann 2002, Schwartz et al. 2003). Eine Bonitur des Bodeninventars wird bei bodenökologischen Fragestellungen immer eine wesentliche Voraussetzung sein (Wiechmann 2000).

Auenböden sind semiterrestrische Böden, die durch Grund-, Stau-, Qualm- und Überschwemmungswassereinfluss sowie unterschiedliche Sedimentationsraten von sandigen bis tonigen Substraten geprägt werden (Rinklebe 2004). Sie sind aufgrund ihrer hohen Bodenfruchtbarkeit seit langer Zeit für landwirtschaftliche (Ackerbau, Grünland- und Weidewirtschaft) und forstwirtschaftliche Nutzungen von hohem Interesse. Andererseits sind die Überflutungen in ihrem Ausmaß, ihrer Dauer und ihrer zeitlichen Abfolge nur unsicher vorhersagbar, was die Bewirtschaftung erschwert und ein permanentes Risiko für die landwirtschaftliche Produktion in Auen darstellt (Wiechmann 2000).

Vergangene Studien widmeten Böden in semiterrestrischen Ökosystemen, ihrer Verbreitung, ihren Eigenschaften und ökologischen Prozessen vergleichsweise wenig Aufmerksamkeit (Reddy & Patrick 1993). Folglich sind semiterrestrische Böden, insbesondere Auenböden, im Gegensatz zu den Böden nicht in Auen gelegener Standorte bis heute vergleichsweise nur wenig untersucht. Einführende Erläuterungen finden sich in Kubiena (1953), Mückenhausen (1985), Rehfuess (1990), Kuntze et al. (1994), Scheffer et al. (2002), Miehlich (2000) und Wiechmann (2000).

Bereits Neumeister (1964) differenziert im Pleiße-Elstergebiet in jüngeren und älteren Auenlehm. Schröder (1979) präsentiert Ergebnisse zur Bodenentwicklung in spätpleistozänen und holozänen Hochflutlehmen des Niederrheins. Auenböden der Unteren Elbe beschreiben Meyer & Miehlich (1983), ihre Schwermetallanreicherung Miehlich (1983), Krüger et al. (2000) und Friese et al. (2000a). Eine Einführung zur Bodenverbreitung an der Mittleren Elbe geben Reichhoff & Reuter (1985). Auenböden der Mosel charakterisiert Weidenfeller (1990), jene des Mains Schirmer (1991a,b). Den Schwermetallbelastungszustand in Auenböden der Saale dokumentieren Müller et al. (2003) sowie Zerling et al. (2003). Emmerling (1993) untersuchte in Auenböden der Blies (Nebenfluss der Saar) Bodenmikroorganismen und Bodentiere in Abhängigkeit von unterschiedlichen Nutzungen und Überflutungen sowie vom Nährstoffhaushalt. Megonigal et al. (1996) berichten in gefluteten Auenböden des Mississippi von einer ganzjährigen Bodenatmung. Klimanek & Matejko (1997) dokumentieren die Wirkungen organischer und anorganischer Schadstoffe auf bodenmikrobielle Kennwerte in Oberböden der Muldeaue.

Die Funktionen, Eigenschaften und Verbreitung von Auenböden der Elbe charakterisieren Gröngröft & Schwartz (1999), Rinklebe et al. (2000b,c), Altermann et al. (2001a), Schwartz (2001), Eisenmann (2002) und Rinklebe (2004). Die Böden der Elbaue entstanden durch Ablagerung von Auensedimenten in verschiedenen Abschnitten des Holozäns, wobei spätglaziale Auensedimente nicht auszuschließen sind (Altermann et al. 2001a). Die vermutlich entscheidende Sedimentation begann mit der Besiedlung und Inkulturnahme im Einzugsgebiet. Auensedimente setzen sich überwiegend aus durch Wasser umgelagertem Bodenmaterial mit unterschiedlichen Humusgehalten zusammen. Humusgehalt, Körnung und Färbung dieser Sedimente werden durch deren Herkunftsgebiete, den Anteil an verlagertem Bodenmaterial und durch die Sedimentationsbedingungen, insbesondere durch die Fließgeschwindigkeit des Überflutungswassers bestimmt.

Böden in der aktiven Aue unterliegen einer aktuellen Erosions- und

Sedimentationsdynamik, wodurch eine permanente Beeinflussung und Veränderung, wie z.B. Sand- oder Lehmbänder in den Auensedimenten und/oder Humuszufuhr, gegeben ist. Die Ausbildung von Auenböden ist im Wesentlichen durch die Substratausbildung, also die Mächtigkeit und Zusammensetzung der Auensedimente sowie durch variierende Wasserstände, durch ehemalige und aktuelle Strömungsgeschwindigkeit bei Überflutungsereignissen, durch die Reliefposition, die Lage zum Fluss und zum Deich sowie durch anthropogene Einwirkungen bestimmt. Die gegenwärtigen Böden sind das Ergebnis des Zusammenwirkens dieser Faktoren. In Auenökosystemen liegt häufig ein kleinflächiger Bodenwechsel vor, so dass in solchen Fällen eine Ausgrenzung von Bodengesellschaften notwendig ist (Altermann et al. 2001a).

Die Bodenverbreitung der Auenlandschaften Schöneberger Wiesen bei Steckby, dem Schleusenheger bei Wörlitz sowie Dornwerder bei Sandau im Biosphärenreservat Mittelelbe wurde im Rahmen des RIVA-Projektes beispielhaft erkundet (Rinklebe 2004, Rinklebe et al. 2000b,c). Hierbei wurden Bodenprofile detailliert morphologisch sowie laboranalytisch charakterisiert und jeweils bis auf das niedrigste mögliche systematische Niveau, meist die Bodenvarietät (oder den Bodensubtyp) und den Substratsubtyp, klassifiziert (Rinklebe, 2004, Rinklebe et al. 2000b,c). Damit sind vermutlich alle in den Untersuchungsgebieten auftretenden Bodenformen differenziert angesprochen worden. Diese sehr spezifischen Informationen sind für eine handhabbare Übertragbarkeit von Bodeneigenschaften jedoch zu komplex. Hierfür ist eine Vereinfachung oder Aggregierung der Auenbodenformen notwendig. Diese soll die wichtigsten Eigenschaften beinhalten und gleichzeitig spezifischere Auskünfte ermöglichen als es die Zusammenfassung zu nur einer Gruppe (z.B. „Auenböden“) erlaubt. Denn je höher das Aggregationsniveau von (Auen-)Bodenformen, desto allgemeingültiger und unspezifischer sind die getroffenen Aussagen und umgekehrt je differenzierter die bodenkundliche Klassifikation desto spezifischer die Informationen zu Bodeneigenschaften. Durch die Ansprache nach Auenbodenformen sind die Nähr- und Schadstoffkonzentrationen differenzierter determiniert als ohne jene.

5.2.2 Methoden

Die Schöneberger Wiesen bei Steckby und der Schleusenheger bei Wörlitz wurden flächendeckend bodenkundlich kartiert (Rinklebe et al. 2000c, Rinklebe 2004, Anlage II.2–A1, A2, B1, B2 auf der CD). Auf dem Dornwerder bei Sandau erfolgten eine Transektenkartierung bis auf 4 m Tiefe (Schwartz et al. 1998), 12 Bohrungen bis auf 5 m Tiefe und weitere 1 m tiefe punktuelle Bodensondierungen; außerdem wurden dort drei Bodenprofile erschlossen (Rinklebe 2004, Anlage II.2–C1). In diesem Beitrag soll Bezug auf die Schöneberger Wiesen bei Steckby genommen werden.

5.2.2.1 Kartengrundlagen, Kartenrecherchen und Vorerkundungen

Für die flächenhafte Bodenkartierung der Schöneberger Wiesen bei Steckby (Anlage II.2–A2) diente die digitale Bundeswasserstraßenkarte im Maßstab 1:2.000 als topographische Kartengrundlage (erstellt von der Bundesanstalt für Gewässerkunde) sowie das im RIVA-Projekt erstellte digitale Höhenmodell (s. dazu auch Buchkap. 4.1, Peter & Stab 2001). Für die Erstellung der Bodenformenkarte fand aus Praktikabilitätsgründen eine topographische Kartengrundlage mit Höhenunterschieden von 50 cm Verwendung. Vor Beginn der bodenkundlichen Vorerkundungs- und Kartierungsarbeiten wurden verfügbare Fachkarten recherchiert. Schröder & Knauf (1977) (Mittelmaßstäbige Landwirtschaftliche Kartierung, MMK) weisen für das Gebiet die Standortgruppe 5, anhydromorphe, z.T. halbhydromorphe Auenlehme und -decklehme, z.T. Auenschluffe (Al3a (olk) S), mäßig vernässt, aus. Die Karte der Reichsbodenschätzung (Krause o.J.) differenziert im Gebiet Lehm-, Lehmsand- und Sandstandorte.

Vier Tiefenbohrungen auf den Schöneberger Wiesen ergaben, dass etwa 15 m unter Geländeoberfläche (GOF) ein mitteloligozäner Rupelton ansteht. Lokal findet sich ca. 5 m unter GOF ein saalezeitlicher Geschiebemergel (Rinklebe et al. 2000b, Böhnke 2002, s. Buchkap. 5.1). Glazifluviatile Schmelzwassersande der Saalezeit sowie glazifluviatile San-de/Kiese der Weichselzeit und flu-viatile Sande/Kiese des Holozäns unterlagern die flächenhaft ausgebildete Auenlehmdecke. Die Installierung von 36 Grundwassermessstel-len wurde gleichzeitig für feldbodenkundliche Ansprachen bis 3 m Tiefe genutzt. Eine bis 4 m Tiefe durchgeführte Transektenkartierung diente ebenfalls der Vorerkundung (Schwartz et al. 1998). Außerdem wurden 1 m tiefe gezielte Bohrungen durchgeführt sowie Hilfsprofile angelegt.

5.2.2.2 Konzeptbodenkarte, Geräte und Bodenkartierung

Ausgehend von den Erfahrungen vorangegangener Kartierungen von Auenböden an der Mittleren Elbe (Rinklebe et al. 2000c) und von den Ergebnissen der Kartenrecherche, den Vorerkundungsarbeiten, den Bodenprofilen sowie der Transektenkartierung wurde als Arbeitsgrundlage für die Bodenkartierung der Schöneberger Wiesen eine Konzeptbodenkarte erstellt (Rinklebe & Neue 1999).

Die Tiefenbohrungen bis 30 m Tiefe erfolgten mit schwerer maschineller Bohrtechnik. Für die Erkundungen bis 4 m Bodentiefe wurde eine Hilfsgrube von ca. 50 cm mit dem Spaten ausgehoben. Anschließend wurde die gewünschte Tiefe mit einem Edelmann-Bohrer erschlossen. Ein maschinelles Bohrgerät („Kobra“) wurde für die Installierung der Piezometer bis auf 4 m Bodentiefe genutzt. Die flächenhafte bodenkundliche Kartierung bis 1 m Bodentiefe wurde manuell mittels Pürckhauer-Bohrer realisiert.

Zur flächenhaften bodenkundlichen Kartierung wurden Punktraster-, Catenen- und Grenzlinienkartierung kombiniert (Schlichting et al. 1995). Dabei wurde die Aufnahmedichte an die Geländemorphologie angepasst, wobei die Flutrinnen engmaschiger (teilweise bis zu 5 m) als die höher gelegenen Bereiche abgebohrt wurden. Auf den Schöneberger Wiesen wurden vier Tiefenbohrungen bis ca. 15 m Tiefe, 24 Bohrungen bis 4 m, 36 bis 3 m Tiefe und ca. 540 bis 1 m unter Geländeoberfläche (GOF) vorgenommen. Alle Ergebnisse sind in einer Bohrkartei dokumentiert. Bei den 1 m Sondierungen wurden Horizontmächtigkeit und -bezeichnung sowie Bodenart, Humusgehalt, Hydromorphie und Bodenfarbe erfasst. Die Lage der Bohrpunkte sind in Bohrpunktkarten nachgewiesen (Anlage II.2 – A1, B1 auf der CD). Auf den Schöneberger Wiesen bei Steckby wurden 16 Bodenprofile bis zu den unterlagernden Auensanden (meist ca. 2 m Bodentiefe) erschlossen.

5.2.2.3 Bodenbeschreibung und -klassifikation

Die 16 Bodenprofile wurden nach der Ad-hoc AG Boden (1994), dem Arbeitskreis für Bodensystematik der Deutschen Bodenkundlichen Gesellschaft (1998) und FAO/ISRIC/ISSS (1998) morphologisch beschrieben, klassifiziert und horizontweise beprobt. Die Bodenformenkarte wurde dabei nach den zur Zeit der Erstellung gültigen, oben angegebenen deutschen Richtlinien erstellt. Nachfolgende Studien erforschten bodenmikrobiologische (Rinklebe et al. 1999, 2002, Langer & Rinklebe, 2003), -chemische (Heinrich et al. 2000a,b, Rinklebe et al. 1999, 2000a, 2001d, 2002a) sowie deren Interaktionen (Rinklebe et al. 2001a,b, Rinklebe 2004) und bodenmikromorphologische (Rinklebe et al. 2001c) Eigenschaften. Die Farbansprache erfolgte nach Munsell (1994).

Die Klassifikation von Böden in Auenlagen ist in ständiger Diskussion (Schröder 1979, Benzler 1981, Schirmer 1991a, Gröngröft & Schwartz 1999, Wiechmann 1999, Rinklebe et al. 2000b, Schwartz 2001, Altermann et al. 2001a,b, Altermann & Rinklebe 2003, Rinklebe 2004). Bisher mangelte es an Lösungsansätzen für die Entwicklung eines auf messbaren Kennwerten basierenden Bodenklassifikationssystems. Für Auenböden der Mittleren Elbe wurde mit Hilfe der Kanonischen Diskriminanzanalyse hierfür eine Lösung vorgelegt (Rinklebe 2004).

Bei der bodensystematischen Einordnung der Elbauenböden nach der Ad-hoc AG Boden (1994) und dem Arbeitskreis für Bodensystematik der Deutschen Bodenkundlichen Gesellschaft (1998) wurden teilweise Defizite der Bodensystematik festgestellt. Einige Lösungsvorschläge finden sich in Rinklebe et al. (2000b), Altermann et al. (2001b), Altermann & Rinklebe (2003) „Horizontfolgen neu einzuführender Bodensubtypen in Auenlage“ (Unveröffentlichte Tischvorlage an den Arbeitskreis für Bodensystematik der Deutschen Bodenkundlichen Gesellschaft) und Rinklebe (2004), wobei die wichtigsten Vorschläge hiervon in die 5. Auflage der Bodenkundlichen Kartieranleitung (Ad-hoc AG Boden 2005) eingegangen sind.

Die Bodenklassifikation der ehemaligen DDR orientierte sich stark an den Nutzungsanforderungen der Land- und Forstwirtschaft sowie an der flächenhaften Verbreitung der Böden (Lieberoth et al. 1991, Altermann & Kühn 1994). Dementsprechend standen die Leistungsfähigkeit der Auenböden, ihre Eigenschaften als Pflanzenstandort (z.B. Wasser- und Nährstoffversorgung) sowie ihre technologische Eignung im Mittelpunkt der Betrachtung (Cronewitz et al. 1974). Die Substratansprache ist im Sinne einer eindeutigen Charakterisierung unverzichtbar (TGL 1986).

Exemplarisch werden in Kapitel 5.2.4 drei Böden wie sie häufig in Flussauen auftreten - ein Boden tief gelegener und ein Boden höher gelegener Terrassen sowie ein Boden der Flutrinnenstandorte – feldbodenkundlich und analytisch beschrieben und erläutert.

5.2.2.4 Bodenprobenahme, Bodenaufbereitung, Bodenanalysen

Die 60 Probeflächen der drei RIVA - Untersuchungsgebiete (zu deren Auswahl und Lage s. Buchkap. 4.2 und 4.3) wurden feldbodenkundlich bis 1 m Bodentiefe erkundet, beschrieben, die Bodenart wurde mittels Fingerprobe bestimmt und gemäß der Ad-hoc AG Boden (1994) (KA 4) und dem Arbeitskreis für Bodensystematik der Deutschen Bodenkundlichen Gesellschaft (1998) nach Bodenformen klassifiziert (Detaillierte Standortsbeschreibungen finden sich in Franke & Neumeister (1999), Franke et al. (1999), Rinklebe et al. (1999, 2000a,b,c) sowie Rinklebe (2004) und Buchkap. 4.2 und 5.2).

Der Oberboden (0–20 cm) wurde beprobt und an lufttrockenen > 2 mm gesiebten Bodenproben wurden laboranalytisch der pH-Wert in KCl-, $CaCl_2$-Lösung und destilliertem H_2O sowie die Gesamtkohlenstoff- und Stickstoffgehalte (C_t, N_t) mittels C/N/S-Analyser (Vario EL Heraeus, Firma Analytik Jena) gemessen. Der organische Kohlenstoff wurde durch trockene Verbrennung (H3, DIN-EN 1484) bei 1000°C und anschließende IR-Detektion mittels des Gerätes C-MAT 550 Firma Ströhlein ermittelt. Die untersuchten Auenböden wiesen keinen anorganischen Kohlenstoff auf, so dass für diese Böden gilt: Gesamtkohlenstoffgehalt = organischer Kohlenstoffgehalt. Die Gehalte an doppellaktatlöslichem Phosphor und Kalium (P_{DL}, K_{DL}) wurden nach HBU (2000) und die Gesamtgehalte der Elemente Zink, Cadmium, Blei, Kupfer, Nickel, Chrom, Eisen, Mangan, Aluminium, Natrium, Kalium, Kalzium und Magnesium (Zn_t, Cd_t, Pb_t, Cu_t, Ni_t, Cr_t, Fe_t, Mn_t, Al_t, Na_t, K_t, Ca_t und Mg_t) mittels Flammen-Atom-Absorptions-Spektrometer (AAS) analysiert. In diesem Beitrag werden die P_{DL}-, C_t-, N_t- Zn_t-, Cd_t-, Cu_t- und Cr_t- Konzentrationen sowie die Überflutungsdauer dargestellt.

Zur Messung des Grundwasserstandes wurde ein Messnetz mit Flachpegeln auf allen Probeflächen (max. Tiefe von ca. 5 m) eingerichtet und mindestens zweiwöchentlich abgelesen (Buchkap. 5.1 und Böhnke 2002).

5.2.2.5 Statistische Analysen

Die statistischen Analysen sowie die Abbildungen wurden mittels des Programmpaketes SPSS 7,5 für Windows (1997) unter Nutzung von SPSS (1999) und SPSS Base 10,0 (1999) ausgeführt. Durch die Aggregierung von niedrigen zu höheren Aggregationsebenen standen ausreichend Stichproben für geeignete statistische Analyseverfahren zur Verfügung. Die Daten wurden mittels „Levene" Statistik auf Varianzhomogenität getestet. Entsprechend der Inhomogenität der Varianzen wurde der multiple Vergleichstest nach "Tamhane" für die höchsten Aggregationslevel angewendet.

5.2.3 Bodenverbreitung

Die Bodenformenkarte im Maßstab 1:2.000 (Abb. 5.2-1) gibt einen Überblick über die Verteilung der Böden auf den Schöneberger Wiesen bei Steckby. Am ufernahen Elbbereich, der durch eine besonders hohe Erosions- und Sedimentationsdynamik gekennzeichnet ist, kann sich fluviatil transportiertes Material ablagern. Es findet eine initiale Bodenbildung statt und es gehen, je nach Wasserstand, Sapropele aus Organomudden in Wechsellagerung mit Auensanden in Ramblen aus Auensanden über. Sobald sich ein Ah-Horizont ausbilden konnte, sind Paternien bis Gley-Paternien aus Auensanden vorzufinden. Auf der unteren Elbterrasse werden große Flächenareale von vergleyten Tschernitzen aus Auenschluffen über tiefen Auensanden eingenommen.

Die höher gelegenen Bereiche sind von einer nahezu flächenhaften Auenlehmdecke überzogen. Daher dominieren im Gebiet Vegen aus Auennormallehmen bis Auentonschluffen über (tiefen) Auensanden. Der Auenlehm weist Schwankungen in seiner Substratzusammensetzung auf. So ist auf der elbnahen Seite der Anteil der sandigen Komponente höher (Vegen aus Auenlehmsanden) als auf der elbferneren Seite (Vegen aus Auentonschluffen). Die Auenlehmdecke ist stellenweise durch Paternien bis Gley-Paternien aus Auensanden unterbrochen. So finden sich im nördlichen Teil Gley-Paternien aus Kies führenden Auens-

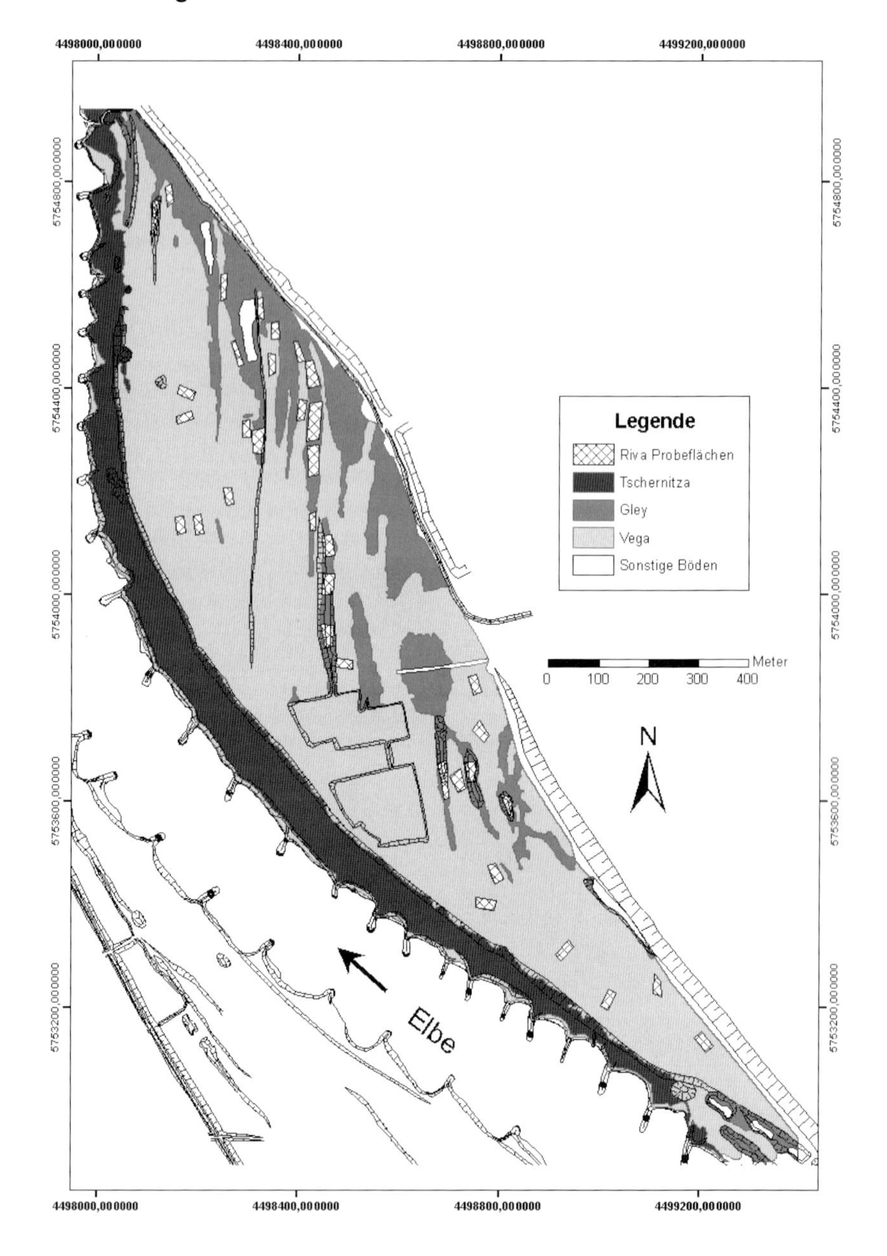

Abb. 5.2-1: Bodenverbreitung am Beispiel der Schöneberger Wiesen bei Steckby im UNESCO-Biosphärenreservat Mittelelbe.

anden über Geröll führenden Auenkiessanden, während im südlichen Teil Bodengesellschaften von Paternien aus Auensanden und Vegen aus Auentonlehmen mit zwischengelagerten Sandschichten auftreten. Im südlichen Teil der Schöneberger Wiesen wurde Auenlehm in trapezförmiger Grundfläche anthropogen abgetragen und genutzt. Heute stellen diese beiden Auskofferungsflächen Gley-Paternien aus Auensanden dar. Der zentrale Teil des Gebietes wird durch einen landwirtschaftlichen Hauptweg erschlossen. Um dessen Befahrbarkeit für eine Nutzung als Weideland oder zur Mahd bei bodenfeuchten Witterungsbedingungen zu gewährleisten, wurde der Weg mit Anthroskelletlehm befestigt.

Die Schöneberger Wiesen werden von NW nach SO durch Flugsanddünen begrenzt. Hier sind stellenweise Kolluvialerscheinungen (Sedimentation des Dünensandes auf und im Auenlehm) feststellbar. Die Abflachungen und Randbereiche der Flutrinnen sowie flachere Senken werden aus Bodengesellschaften von Gley-Vegen und Vega-Gleyen aus Auenlehmen bzw. Auentonschluffen über (tiefen) Auensanden, in Abhängigkeit von Geländehöhe und Reliefposition gebildet.

In den Flutrinnen des zentralen und nördlichen Teils des Gebietes finden sich meist klassische, zum Teil anmoorige und brauneisensteinige Gleye aus Auentonschluffen bis Auenschlufflehmen über oft tiefen, mitunter Kies führenden Auensanden (Rinklebe et al. 2000b, Rinklebe 2004). Während einige Flutrinnen im zentralen Teil des Gebietes durch Auengleye aus flachem Auenlehm über Auensanden über Auenschlufftonen eingenommen werden, finden sich in den Flutrinnen des südlichen Teils Auengleye aus Auensanden über tiefen Auenschlufftonen. Im nordöstlichen Teil des Untersuchungsgebietes, wo ruhige Fließbedingungen vorherrschen, haben sich Pelosol-Gleye aus Auentonen über sehr tiefen Auensanden bilden können. Die Kombination von Bodentyp und Substrattyp (Bodenform) erweist sich auch für Auenböden als geeignet, diese bodenökologisch zu charakterisieren.

5.2.4 Ausgewählte Auenböden, deren Eigenschaften und Klassifikation

5.2.4.1 Gley-Vega aus Auenschluffton

Die hier vorgestellte Gley-Vega aus Auenschluffton (Tab. 5.2-1 und 5.2-2, Fototafel) ist ein weit verbreiteter Boden in Auen (Abb. 5.2-1). Sie ist kennzeichnend für höher gelegene Flussterrassen, welche häufig von einer Auenlehmdecke überzogen sind. An der Oberen Mittleren Elbe weisen solche Böden selten erhöhte Schwermetallgehalte auf (Franke & Rinklebe 2003, Rinklebe 2003, Rinklebe & Neue 2003). An der Unteren Mittelelbe bei Sandau sind die Schwermetallkonzentrationen jedoch tendenziell höher als an der Mittleren Mittelelbe bei Wörlitz und Steckby (Franke et al. 1999, Rinklebe 2004).

Die Gley-Vega aus Auenschluffton besitzt einen relativ homogen ausgeprägten Bodenkörper und ist tiefreichend humos. Der Auenschluffton weist ein hohes Wasser- und Nährstoffspeichervermögen auf und ist demzufolge sehr fruchtbar. Eine ackerbauliche Nutzung ist jedoch aufgrund der Überschwemmungsgefährdung selten. Diese Grünlandstandorte werden meist als Mäh- oder Standweide genutzt. Der Boden ist carbonatfrei.

5.2.4.2 Gley aus Auenschluffton

Der Gley aus Auenschluffton (Tab. 5.2-3 und 5.2-4) ist ein charakteristischer Boden der Flutrinnenstandorte in Flussauen, er ist ca. 6 bis 8 Monate im Jahr überstaut. Im Oberboden sind die fluviatilen Schichtungen und Bänderungen, entsprechend der jeweiligen Sedimentationsbedingungen, schön zu erkennen (Lehmbänder in Sand). Solche Standorte werden häufig durch Kriech-Hahnenfuß-Kriech-Straußgrasgesellschaft (Ranunculo repentis-Agrostietum stoloniferae), Rohrglanzgras-Röhrichte (Phalaridetum arundinaceae), Gesellschaft des Flutenden Schwadens (Glycerietum fluitantis) oder Sumpfsimsen-Kleinröhricht (Eleocharitetum palustris) eingenommen (s. Buchkap. 4.2 und 6.1).

Der Boden ist (ab 20 cm Tiefe) durch einen sehr hohen Schluff- und Tonanteil (Schluffton) charakterisiert

Tab. 5.2-1: Gley-Vega aus Auenschluffton.

Geographische Lage:	Elbe-km 284: Auf den „Schöneberger Wiesen“ bei Steckby
Rechtswert / Hochwert:	4498760,72 / 5753818,88
Höhe über NN:	53,14 m
Geländelage:	Auenhochfläche
Relief:	eben
Vegetation:	Fuchsschwanz-Wiese (Galio molluginis - Alopecuretum pratensis)
Wasserstände im Messzeitraum:	April 1998 bis Mai 2000
Minimaler Grundwasserstand:	3,11 m unter GOF (entspricht: 50,17 m über NN)
Maximaler Grundwasserstand:	1,07 m über GOF (entspricht: 54,34 m über NN)
Mittlerer Grundwasserstand:	1,63 unter GOF (entspricht: 51,64 m über NN)
Wasserschwankung:	4,18 m
Aufnahmedatum:	20.08.1998

Horizont	Tiefe [cm]	Substrat	Bodenbeschreibung
aoAh	0 - 5	fo-ll	10YR 3/2, schwach sandiger Lehm, Mesogefüge: Krümelgefüge, sehr stark humos, carbonatfrei, keine hydromorphen Merkmale, extrem stark durchwurzelt, sehr geringe Lagerungsdichte, schwach verfestigt, scharfe, ebene, horizontale Grenze zu
aM-aoAh	5 - 12		10YR 3/2, schwach sandiger Lehm, Mesogefüge: Subpolyeder-Platten, stark humos, carbonatfrei, geringer Flächenanteil an hellrostfarbenen und sehr geringer Flächenanteil an braunschwarzen Eisen- und Manganverbindungen, sehr stark durchwurzelt, geringe Lagerungsdichte, mittel verfestigt, deutliche, wellige Grenze zu
aM	12 - 42	fo-ll	10YR 4/3, schluffiger Lehm, Makrogefüge: Rißgefüge, Mesogefüge: Subpolyeder, mittel humos, carbonatfrei, geringer Flächenanteil an hellrostfarbenen und sehr geringer Flächenanteil an braunschwarzen Eisen- und Manganverbindungen, stark durchwurzelt, mittlere Lagerungsdichte, mittel verfestigt, diffuse Grenze zu
aGo-aM	42 - 75		10YR 3/2, mittel schluffiger Ton, Makrogefüge: Rißgefüge, Mesogefüge: Subpolyeder, schwach humos, carbonatfrei, mittlerer Flächenanteil an hellrostfarbenen und geringer Flächenanteil an braunschwarzen Eisen- und Manganverbindungen, mittel durchwurzelt, hohe Lagerungsdichte, mittel verfestigt, deutliche, wellige Grenze zu
aM-aGo	75 - 112		10YR 4/3, mittel toniger Lehm, Makrogefüge: Rißgefüge, Mesogefüge: Subpolyeder-Polyeder, schwach humos, carbonatfrei, hoher Flächenanteil an ockerfarbenen und geringer Flächenanteil an braunschwarzen Eisen- und Manganverbindungen, schwach durchwurzelt, hohe Lagerungsdichte, mittel verfestigt, diffuse Grenze zu
II aGso	112 - 124		10YR 4/2, schwach sandiger Lehm, Makrogefüge: Rißgefüge, Mesogefüge: Subpolyeder, sehr schwach humos, carbonatfrei, sehr hoher Flächenanteil an ockerfarbenen Eisen- und Manganverbindungen, geringer Flächenanteil an braunschwarzen Eisen- und Manganverbindungen und an Reduktionsmerkmalen (Bleichungen), schwach durchwurzelt, hohe Lagerungsdichte, mittel verfestigt, deutliche, ebene, horizontale Grenze zu
III aGw	124 - 134	fo-(k) ls	10YR 5/4, schwach lehmiger Sand, schwach feinkiesführend, Makrogefüge: Kitgefüge, Mesogefüge: Einzelkorn, humusfrei, carbonatfrei, geringer Flächenanteil an ockerfarbenen Eisen- und Manganverbindungen, sehr schwach durchwurzelt, hohe Lagerungsdichte, mittel verfestigt, deutliche, ebene, horizontale Grenze zu
IV aGw	134 - 148	fo-sk	10YR 5/3, grobsandiger Mittelsand, sehr stark kiesführend, Makrogefüge: Kitgefüge, Mesogefüge: Einzelkorn, humusfrei, carbonatfrei, sehr geringer Flächenanteil hellrostfarbene Eisen- und Manganverbindungen, sehr schwach durchwurzelt, hohe Lagerungsdichte, mittel verfestigt, deutliche, ebene, horizontale Grenze zu
V aGw	148 - 180+	fo-(k) ss	10YR 5/3, 10YR 5/1, 7.5YR 3/4, schwach feinkiesführender feinsandiger Mittelsand, teilweise mit Lehmlinsen: schluffiger Lehm, Sand: Einzelkorngefüge, humusfrei, carbonatfrei, Sand: mittlerer Flächenanteil an hellrostfarbenen und braunschwarzen Eisen- und Manganverbindungen, Lehmband: sehr hoher Flächenanteil an ockerfarbenen und hoher Flächenanteil an braunschwarzen Eisen- und Manganverbindungen, hoher Flächenanteil an Reduktionsmerkmalen (Bleichungen), sehr schwach durchwurzelt, mittlere Lagerungsdichte, mittel verfestigt

Tab. 5.2-1: (Fortsetzung)

Humusform:	L-Mull (MUT)
Bodensubtyp:	Gley-Vega (GG-AB)
Substratsubtyp:	sehr flacher Auennormallehm über Auenschluffton über tiefem Auennormallehm über sehr tiefem Kies führendem Auenreinsand (fo-ll \ fo-ut // fo-ll /// fo-(k) ss)
Bodenform:	Gley-Vega aus sehr flachem Auennormallehm über Auenschluffton über tiefem Auennormallehm über sehr tiefem Kies führendem Auenreinsand (GG-AB: fo-ll \ fo-ut // fo-ll /// fo-(k) ss) (Lf \ Tf // Lf /// Sf)
Vereinfachte Bodenform:	Gley-Vega aus Auenschluffton (GG-AB: fo-ut) (Tf)
TGL (1986):	Amphigleyvega aus Auenschluffton
FAO/ISRIC/ISSS (1998):	Eutric Fluvisol (FLe)

Tab. 5.2-2: Bodenkennwerte – Gley-Vega aus Auenschluffton.

Tiefe [cm]	**pH** [$CaCl_2$]	**pH** [H_2O]	**Sand** [%]	**Schluff** [%]	**Ton** [%]	**C_t** [%]	**N_t** [%]	**C/N**	**KAK $_{eff.}$** [$cmol^+/kg$]	**LD** [g/cm^3]	**kf** [m/d]	**PV** [Vol. %]
0-5	5,4	6,0	41	40	19	4,9	0,43	11,4	20,4	0,86	n.b.	n.b.
5-12	5,6	6,2	29	49	22	2,7	0,26	10,2	16,2	0,86	3,31	60,22
12-42	5,8	6,4	20	56	24	1,4	0,15	9,2	17,6	1,52	0,44	43,20
42-75	5,9	6,5	12	58	30	1,1	0,13	8,9	19,2	1,39	5,28	46,74
75-112	6,0	6,6	15	48	37	1,1	0,13	8,5	25,0	1,36	5,40	47,76
112-124	6,1	6,5	29	49	22	0,7	0,79	0,8	20,9	1,41	1,33	44,47
124-134	6,2	6,9	77	15	8	0,3	0,04	8,1	8,4	1,46	1,39	39,91
134-148	6,3	7,1	96	2	2	0,0	0,06	0,7	2,4	1,7	11,46	n.b.
148-180	6,8	7,5	94	4	2	0,0	0,01	8,8	3,6	1,62	14,62	n.b.

(Tab. 5.2-4). Bei Wassersättigung kommt es zur Quellung des Bodenmaterials und zur fast vollständigen hydrologischen Abdichtung durch die Stauschicht (Staunässe). Grund-, Stau- und Oberflächenwasser interferieren, das heißt selbst wenn Grund- und Flusswasserstand unter die Auenlehmdecke fallen, kann hier oberflächennah Wasser (Stauwasser) anstehen. Die hieraus resultierende lange Überflutungsdauer hemmt den Abbau der organischen Substanz, außerdem fällt in der Flutrinne relativ viel Phytomasse an. So weist der oberste Bodenhorizont einen sehr hohen Kohlenstoffanteil (12,9 %) auf (Tab. 5.2-4). Beim Ab- und Umbau von organischer Substanz im Boden werden anorganische und organische Säuren gebildet. Der Huminsäureanteil ist hoch und damit der Anteil an funktionellen Gruppen, insbesondere Carboxyl, aber auch Al, Fe-OH-Gruppen. Diese ermöglichen die Freisetzung von dissoziationsfähigen Wasserstoffionen, die den niedrigen pH-Wert von 4,4 im obersten Horizont verursachen. Wurzeln können zusätzlich als Säurequelle durch Freisetzung von H_3O^+-Ionen wirken. Der Boden ist carbonatfrei.

Bei Wassersättigung werden Eisenverbindungen aus Bodenbestandteilen gelöst. Sobald das Wasser abläuft, fällt unter Anwesenheit von Sauerstoff Brauneisen aus (aGo-Horizonte). Diese oxidativen Eisenverbindungen weisen oft eine komplizierte chemische Struktur auf und gehen eine Vielzahl von chemischen Verbindungen ein. Vorrangig handelt es sich um Eisenoxide, -hydroxide und -oxyhydroxide. Es bilden sich

Tab. 5.2-3: Gley aus Auenschluffton.

Geographische Lage:	Elbe-km 284; „Schöneberger Wiesen" bei Steckby
Rechtswert:	4498456,1 Hochwert: 5754117,1
Höhe über NN:	52,09 m
Geländelage:	Flutrinne
Relief:	eben
Vegetation:	Kriech-Hahnenfuß-Kriech-Straußgrasgesellschaft (*Ranunculo repentis - Agrostietum stoloniferae*)
Wasserstände im Messzeitraum:	April 1998 bis Mai 2000
Minimaler Grundwasserstand:	1,90 m unter GOF (entspricht: 50,24 m über NN)
Maximaler Wasserstand:	2,21 m über GOF (entspricht: 54,34 m über NN)
Mittlerer Grundwasserstand:	0,45 m unter GOF (entspricht: 51,69 m über NN)
Wasserschwankung:	4,11 m
Überstauungsdauer:	ca. 7 Monate im Jahr
Besonderheiten:	Interferenzen von Grund- und Stauwasser Keine eindeutige Zuordnung des Bodensubtyps möglich
Aufnahmedatum:	26.05.1998 und 20.08.1998

Horizont	Tiefe [cm]	Substrat	Bodenbeschreibung
L + Of	+ 2-0		Organische Auflage mit wenig zersetzter Pflanzensubstanz und organischer Feinsubstanz, carbonatfrei, grüngraue bis blaugraue und schwarze bis schwarzgrüne Reduktionsmerkmale, scharfe, wellige Grenze zu
aoAah	0-5	fo-ll	10YR 3/2, schwach toniger Lehm, Krümel bis Bröckelgefüge, äußerst humos bis anmoorig, carbonatfrei, sehr stark durchwurzelt, geringer Flächenanteil an Wurzelresten, mittlerer Flächenanteil an Wurzelröhren, grüngraue bis blaugraue und schwarze bis schwarzgrüne Reduktionsmerkmale, sehr geringe Lagerungsdichte, sehr schwach verfestigt, deutliche, wellige Grenze zu
aoAh-aGo	5-15	fo-ll	3/10Y chart 1 for Gley, schwach toniger Lehm, Mesogefüge: Subpolyeder, sehr stark humos, carbonatfrei, mittel durchwurzelt, geringer Flächenanteil an Wurzelresten, mittlerer Flächenanteil an Wurzelröhren, hoher Flächenanteil an hellrost- und ockerfarbenen Eisen- und Manganverbindungen, geringe Lagerungsdichte, schwach verfestigt, deutliche, wellige Grenze zu
II aGw	15-20	fo-ss	2.5Y 6/3, Mittelsand, Einzelkorngefüge, sehr schwach humos, carbonatfrei, mittel durchwurzelt, geringer Flächenanteil an hellrostfarbenen Eisen- und Manganverbindungen, sehr geringer Flächenanteil an grüngrau bis blaugrauen Reduktionsmerkmalen, geringe Lagerungsdichte, schwach verfestigt, scharfe, ebene, horizontale Grenze zu
aM + aGo	20-33	fo-ss	2.5Y 6/3, 2.5Y 5/3, 10YR 3/4, Mittelsand, fluviatile Schichtungen (Lehmbänder), bei 20cm Tiefe mit einem ca. 2 cm mächtigem und bei 20 cm mit einem ca. 1 cm mächtigem Lehmband (jeweils schwach sandiger Lehm), Einzelkorngefüge, sehr schwach humos, carbonatfrei, schwach durchwurzelt, sehr hoher Flächenanteil an hellrost- und ockerfarbenen Eisen- und Manganverbindungen, geringe Lagerungsdichte, schwach verfestigt, scharfe, ebene, horizontale Grenze zu
III aGo	33-55	fo-ut	5YR 4/3, 5YR 5/2, mittel schluffiger Ton, Makrogefüge: Kohärent-Rißgefüge, Mikrogefüge: Polyeder-Subpolyeder, sehr schwach humos, carbonatfrei, sehr schwach durchwurzelt, äußerst hoher Flächenanteil an hellrostfarbenen und mittlerer Flächenanteil an braunschwarzen Eisen- und Manganverbindungen, mittlere Lagerungsdichte, mittel verfestigt, deutliche, wellige, tropfenförmige, zungen- bzw. taschenförmige Grenze zu
aGro-Sd-aGo	55-90	fo-ut	10 YR4/2, 7.5YR 3/4, mittel schluffiger Ton, Makrogefüge: Riß-Kohärentgefüge, Mikrogefüge: Polyeder, sehr schwach humos, carbonatfrei, sehr schwach durchwurzelt, sehr geringer Flächenanteil an Wurzelresten, geringer Flächenanteil an Wurzelröhren, äußerst hoher Flächenanteil an hellrostfarbenen, hoher Flächenanteil an ockerfarbenen und geringer Flächenanteil an braunschwarzen Eisen- und Manganverbindungen, äußerst hoher Flächenanteil an Reduktionsmerkmalen (Bleichungen), marmoriert, wasserstauend, hohe Lagerungsdichte, mittel verfestigt, diffuse Grenze zu
IV aGro-Sd-Gso	90-115	fo-ut	s.o. (identische Bodenbeschreibung wie für 55-90 cm)
aGro-Sd-aGo	115-150+	fo-ut	10YR 4/2, 7.5YR 3/4, mittel schluffiger Ton, Makrogefüge: Kohärent, humusfrei, carbonatfrei, keine Wurzeln, äußerst hoher Flächenanteil an dunkelrostfarbenen und hoher Flächenanteil an braunschwarzen Eisen- und Manganoxidausfällungen, äußerst hoher Flächenanteil an Reduktionsmerkmalen (Bleichungen), marmoriert, wasserstauend, hohe Lagerungsdichte, mittel verfestigt

Tab. 5.2-3: Gley aus Auenschluffton (Fortsetzung).

Humusform:	Feuchtmull (MUF)
Bodentyp:	Gley (GG)
Bodensubtyp:	Auengley (GGa)
Bodenvarietät:	Anmooriger, pseudovergleyter Auengley (GGa)
Substratsubtyp:	flacher Auennormallehm über Auenreinsand über Auenschluffton (fo-ll \ fo-ss / fo-ut)
Bodenform:	Anmooriger, pseudovergleyter Auengley aus flachem Auennormallehm über Auenreinsand über Auenschluffton (GGa: fo-ll \ fo-ss / fo-ut) (Lf \ Sf / Tf)
Vereinfachte Bodenform:	Gley aus Auenschluffton (GG: fo-tu) (Tf)
TGL (1986):	Amphigley aus Auenschluffton
FAO/ISRIC/ISSS (1998):	Eutric Gleysol (GLe)

Anmerkungen:
Der beschriebene Boden konnte nach Ad-hoc AG Boden (1994) zwar zweifelsfrei auf dem Bodentypen- und varietätenniveau, nicht aber auf dem Bodensubtypenniveau klassifiziert werden. Das Problem war, dass aus der Ebene des Bodentyps nach Mittlg. DBG Bd. 86 nicht Varietäten gebildet werden durften. Die Wirkungen der Interferenzen von Grund- und Stauwasser könnten ausschließlich auf dem Varietätenniveau ausgedrückt werden („pseudovergleyt“). Es ist kein Sw-Horizont ausgebildet, aber nach Ad-hoc AG Boden (2005) für die Einordnung als Pseudogley-Gley zwingend erforderlich. Da der Gr-Horizont tiefer als 8 dm liegt, war auch eine Klassifizierung als Auengley nach Ad-hoc AG Boden (1994) nicht möglich. Dies wurde nach den Vorschlägen von Altermann & Rinklebe (2003) in der 5. Auflage der Ad-hoc AG Boden (2005) (KA 5) geändert, so dass der Boden nun als Auengley angesprochen werden kann.

Konkretionen, die bei starker Ausprägung und Verhärtung, wie hier, bis hin zu Raseneisenstein (aGkso-Horizonte) führen können. Aufgrund des sauerstoffreichen Grundwassers treten erst im tiefen Untergrund reduktive Zonen (aGr-Horizonte) auf.

Die hohe Überflutungsdauer (Überschwemmungsböden) verhindert auf solchen Böden eine Ackernutzung. Eine Nutzung als Weideland wird jedoch mitunter praktiziert; meist bleiben diese Böden aber ungenutzt.

5.2.4.3 Tschernitza aus Auenlehm

Der dritte hier vorgestellte Boden ist eine Gley-Tschernitza aus Auenlehm über tiefem Auensand (Tab. 5.2-5 und 5.2-6). Der Begriff „Tschernosem“ stammt aus dem Russischen und bedeutet Schwarzerde (Altermann et al. 2005). „Tschernitza“ steht dementsprechend für einen Schwarzerde ähnlichen Auenboden. Solche Auenböden sind auf tiefer gelegenen, flussnahen Elbterrassen weit verbreitet. Sie werden mit Wasserstandsschwankungen bis zu 8 m regelmäßig, aber in der Regel für nur relativ kurze Zeit überflutet.

Tschernitzen aus Auenlehmen sind durch hohe Humusgehalte bis in größere Bodentiefen gekennzeichnet (Tab. 5.2-6). Dies ist die Folge des additiven Effektes von fluviatil transportiertem Material mit einem hohen Gehalt an organischer Substanz (sedimentäre organische Sub-

Tab. 5.2-4: Bodenkennwerte - Gley aus Auenschluffton.

Tiefe [cm]	pH [$CaCl_2$]	pH [H_2O]	Sand [%]	Schluff [%]	Ton [%]	C_t [%]	N_t [%]	C/N	$KAK_{eff.}$ [cmol+/kg]	PV [Vol. %]
0-5	4,4	4,5	32	34	34	12,9	1,14	11,3	17,6	n.b.
5-15	4,7	4,8	39	32	28	5,2	0,45	11,5	15,0	51,47
15-20	4,9	5,2	99	1	1	0,1	0,01	9,5	2,5	41,19
20-33	5,6	5,9	19	53	28	0,1	0,01	8,9	18,5	n.b.
33-55	5,7	6,4	6	60	34	1,0	0,13	7,9	21,6	48,92
55-90	6,0	6,4	5	57	38	0,8	0,10	7,8	21,7	48,42
90-115	6,1	6,7	12	59	29	0,6	0,07	7,9	18,2	47,80
115-150	6,2	6,7	12	59	29	0,5	0,07	7,7	18,2	46,56

stanz) sowie einer erhöhten in situ-Humusbildung infolge einer hohen Phytomasseproduktion (Rinklebe et al. 2001d, Eisenmann et al. 2003, Rinklebe 2004). Die chemische Zusammensetzung der organischen Bodensubstanz, insbesondere der sedimentären organischen Substanz, ist weitestgehend ungeklärt, da sie sich vielfältig entsprechend ihrer Herkunft aus dem gesamten Stromeinzugsgebiet und ihrer zahlreichen Bindungs- und Lösungsmechanismen zusammensetzt. Im mitteldeutschen und sächsischen Raum wurden während des fluviatilen Transportes Braunkohlereste mit ehemaligen Schwarzerdebestandteilen und anderen organischen Substanzen sowie schluffig/lehmigen Substraten vermengt und im pedogenetischen Verlauf locker oder fest aneinander gebunden (Rinklebe 2004).

Tschernitzen aus Auenlehmen sind locker gelagert; die hier beschriebene weist bis 0,9 m Bodentiefe Porenvolumina zwischen ca. 61 und 66 Vol. % auf (Tab. 5.2-6). Dementsprechend zeichnen sich Tschernitzen aus Auenlehmen und -schluffen durch ein für Bodenmikroorganismen optimales Verhältnis von Boden, Wasser und Luft aus (Rinklebe 2004). Diese Böden sind durch eine hohe Bioturbation und ein stabiles Aggregatgefüge gekennzeichnet (Tab. 5.2-5). Sie besitzen eine sehr hohe Wasserleitfähigkeit, eine hohe Basensättigung und sind sehr nährstoffreich. Wechsellagerungen aus Auenlehmen mit Auensanden (fluviatile Schichtungen) sind deutlich erkennbar.

Auf diesen eutrophen Böden dominieren von Brennnesseln beherrschte Staudenfluren, die weitgehend dem Brennnessel-Seiden-Zaunwinden-Saum (Cuscuto europaeae-Convolvuletum sepium) angeschlossen werden können. Diese Assoziation tritt in enger Verzahnung mit der Gesellschaft des Gefleckten Schierlings (Lamio-Conietum maculati) auf. Häufig sind Übergänge zu Quecken-Pionierrasen (Agropyretum repentis) zu beobachten (siehe Buchkap. 4.2 und 6.1).

Verschmutzte industrielle, kommunale und bergbauliche Abwässer gelangten in die Elbe, so dass die Böden verschiedene anorganische und organische Schadstoffe akkumulierten. Heute sind insbesondere Tschernitzen aus Auenlehmen und -schluffen sowie Gleye aus Auenschluffen und -tonen relativ hoch mit Arsen und Schwermetallen sowie teilweise mit organischen Schadstoffen wie beispielsweise DDX, HCH,s oder PAK,s belastet (Rinklebe et al. 1999, 2000a, Franke et al. 2000, Franke & Rinklebe 2003, Overesch & Rinklebe 2002, Overesch et al. 2003, Rinklebe & Neue 2003, 2005, Swaton et al. 2003, Förstner et al. 2004, Böhme et al. 2005, Devai et al. 2005). Der hohe Humusgehalt sorgt zwar in begrenztem Umfang für eine Bindung vieler Schadstoffe, dennoch werden viele Schadstoffe allmählich in die Umwelt (Grundwasser, Pflanzen, Luft) freige-

Tab. 5.2-5: Tschernitza aus Auenlehm.

Geographische Lage:	Elbe-km 284,5; auf den „Schöneberger Wiesen“ bei Steckby
Rechtswert:	4498045, Hochwert: 5754177
Höhe über NN:	52,24 m
Geländelage:	untere Elbterrasse, flussnah
Relief:	wellig
Vegetation:	Brennnessel-Seiden-Zaunwinden-Saum (Cuscuto europaeae-Convolvuletum sepium)
Nutzung:	keine
Aufnahmedatum:	21.04.1998

Tab. 5.2-5: Tschernitza aus Auenlehm (Fortsetzung)

Horizont	Tiefe [cm]	Substrat	Bodenbeschreibung
L	+0,5-0		Pflanzen- und Wurzelreste; scharfe Grenze zu
aoAxh	0-25	fo-ll	10YR 3/2, stark sandiger Lehm, Krümel-Wurmlosungsgefüge, stabiles Aggregatgefüge, intensive Bioturbation, sehr stark humos, carbonatfrei, stark durchwurzelt, keine hydromorphen Merkmale, sehr geringe Lagerungsdichte, sehr schwach verfestigt, deutliche, wellige Grenze zu
aoGo-aM-aoAxh	25-40		10YR 3/2, stark lehmiger Sand, fluviatile Feinschichtungen, Krümel-Wurmlosungsgefüge, stabiles Aggregatgefüge, intensive Bioturbation, sehr stark humos, carbonatfrei, mittel durchwurzelt, hoher Flächenanteil an ockerfarbenen Eisen- und Manganverbindungen (Oxidationsmerkmale), sehr geringe Lagerungsdichte, sehr schwach verfestigt, deutliche, wellige Grenze zu
II aoAh-aGw	40–50	fo-ss	10YR 4/2, Mittelsand, Einzelkorngefüge, schwach humos, carbonatfrei, mittel durchwurzelt, Humuseinwaschungen, geringer Flächenanteil an ockerfarbenen und hellrostfarbenen Eisen- und Manganverbindungen (Oxidationsmerkmale), sehr geringe Lagerungsdichte, sehr schwach verfestigt, deutliche, ebene horizontale Grenze zu
III aoAxh-aM-aoGo	50-90	fo-sl	10YR 3/3, stark lehmiger Sand, Sandlinsen, Subpolyedergefüge, intensive Bioturbation, stark humos, carbonatfrei, schwach durchwurzelt, hoher Flächenanteil an hellrost- und ockerfarbenen sowie geringer Flächenanteil an braunschwarzen Eisen- und Manganverbindungen (Oxidationsmerkmale), mittlere Lagerungsdichte, schwach verfestigt, diffuse Grenze zu
aGo-aM	90-110		10 YR 3/4, mittel lehmiger Sand, Subpolyedergefüge, schwach humos, carbonatfrei, schwach durchwurzelt, mittlerer Flächenanteil an hellrostfarbenen und sehr geringer Flächenanteil an braunschwarzen Eisen- und Manganverbindungen (Oxidationsmerkmale), mittlere Lagerungsdichte, mittel verfestigt, scharfe, ebene, horizontale Grenze zu
IV aGw 1	110–140		10 YR 5/4, Mittelsand, Einzelkorngefüge, sehr schwach humos, carbonatfrei, sehr schwach durchwurzelt, Wurzelreste, geringer Flächenanteil an ockerfarbenen und braunschwarzen Eisen- und Manganverbindungen (Oxidationsmerkmale), geringe Lagerungsdichte, sehr schwach verfestigt, diffuse Grenze zu
aGw 2	140-230 (erbohrt)	fo-ss	10 YR 6/4, Mittelsand, Lehmlinsen, Einzelkorngefüge, Holzkohlestückchen, humusfrei, carbonatfrei, keine lebenden Wurzeln, keine hydro-morphen Merkmale, geringe Lagerungsdichte, sehr schwach verfestigt, diffuse Grenze zu
V a Gw	230-400 (erbohrt)		10 YR 7/3, grobsandiger Mittelsand, Einzelkorngefüge, humusfrei, carbonatfrei, keine lebenden Wurzeln, keine hydromorphen Merkmale, geringe Lagerungsdichte, sehr schwach verfestigt

Humusform:	F-Mull (MUO)
Bodentyp:	Tschernitza (AT)
Bodensubtyp:	Gley-Tschernitza (GG-AT)
Substratsubtyp:	Auennormallehm über Auenreinsand über Auensandlehm über tiefem Auensand (fo-ll / fo-ss / fo-sl // fo-ss)
Bodenform:	Gley-Tschernitza aus Auennormallehm über Auenreinsand über Auensandlehm über tiefem Auenreinsand (GG-AT: fo-ll / fo-ss / fo-sl // fo-ss) (Lf / Sf / Lf // Sf)
Vereinfachte Bodenform:	Gley-Tschernitza aus Auenlehm über tiefem Auensand (GG-AT: fo-l // fo-s) (Lf // Sf)
Vereinfachte Bodenform:	Tschernitza aus Auenlehm (AT: fo-l) (Lf)
TGL (1986):	Humusvega aus Auenlehm
FAO/ISRIC/ISSS (1998):	Mollic Fluvisol (FLm)

Anmerkung:

Der beschriebene Boden konnte nach Ad-hoc AG Boden (1994) zwar auf dem Bodentypen- und varietätenniveau, nicht aber auf dem Bodensubtypenniveau klassifiziert werden. Denn aus der Ebene des Bodentyps durften nach Mittlg. DBG Bd. 86 Varietäten nicht gebildet werden. Der Bodensubtyp Gley-Tschernitza fehlte in der Ad-hoc AG Boden (1994), ist aber nach den Vorschlägen von Altermann & Rinklebe (2003) in die 5. Auflage der Ad-hoc AG Boden (2005) (KA 5) aufgenommen worden.

Tab. 5.2-6: Bodenkennwerte – Tschernitza aus Auenlehm.

Tiefe [cm]	pH $CaCl_2$	pH H_2O	Sand [%]	Schluff [%]	Ton [%]	C_t [%]	N_t [%]	C/N	$KAK_{eff.}$ cmol+/kg	LD [g/cm³]	kf [m/d]	PV Vol %
0-25	4,9	5,7	62	16	22	6,1	0,5	13,4	21,8	0,77	43,78	66,57
25-40	5,0	5,7	58	28	14	4,8	0,3	15,6	13,2	0,93	34,16	67,04
40-50	5,2	6,0	92	6	2	0,6	0,0	14,8	2,0	1,36	18,42	45,25
50-90	5,2	6,0	57	30	13	2,0	0,1	13,3	11,0	1,16	32,60	61,60
90-110	5,3	6,2	70	19	11	0,7	0,1	12,1	7,6	1,44	13,98	47,79
>110	5,4	6,0	91	2	7	0,1	0,0	7,1	1,7	1,47	13,46	n.b.

setzt. Die hohen Wasserstandsschwankungen (Überschwemmungsböden) verhindern auf diesen Böden eine Ackernutzung. Eine Nutzung als Weideland wird jedoch häufig praktiziert oder aber diese Böden bleiben ungenutzt und liegen brach.

5.2.5 Aggregierung von Auenbodenformen

Die Aggregierung von Auenbodenformen zielt auf eine praktikable Vereinfachung bodenkundlicher Daten und deren Nutzung für eine bodenkundliche/landschaftsökologische Analyse mit möglichst minimalem Informationsverlust ab. Sie liefert die Basis für eine Übertragbarkeit von Auenbodeneigenschaften indem beispielsweise bestimmte Eigenschaften (z.B. Nähr- und Schadstoffkonzentrationen) den entsprechenden Bodenformen auf der Grundlage von Bodenformenkarten zugeordnet werden können. Das Ziel ist, Nähr- und Schadstoffkonzentrationen in Auenböden zu prognostizieren, wobei die Eignung von Auenbodenformen als deren Indikatoren getestet wird.

5.2.5.1 Prinzip der Aggregierung von Auenbodenformen

Die Aggregierung der durch die flächendeckenden bodenkundlichen Kartierungen ausgewiesenen Auenbodenformen erfolgt in Abbildung 5.2-3 nach den Regeln der Ad-hoc AG Boden (1994) (KA 4) und dem Arbeitskreis für Bodensystematik der Deutschen Bodenkundlichen Gesellschaft (1998). Beispielsweise wird die Substratzusammensetzung nach dem hierarchischen Prinzip von der Bodenartenuntergruppe zur Bodenartenhauptgruppe aggregiert (siehe Abb. 5.2-2).

Nur in folgenden Fällen wurde von der Regel abgewichen:

Die Zuordnung der Gley-Vegen aus Auenlehmen erfolgte in der ersten Aggregierungsstufe zu den Vega-Gleyen aus Auenlehmen aufgrund ihrer bodenökologischen Gemeinsamkeiten und sehr engen räumlichen Nachbarschaft, einschließlich fließender Übergänge dieser Bodengesellschaften. Die Vegen aus Auentonschluffen wurden in der ersten Aggregierungsstufe mit den Vegen aus Auenlehmen zusammengefasst, um nicht eine weitere eigene Gruppe (Vegen aus Auenschluffen) zu bilden, da das Ziel eine Aggregierung (Vereinfachung) war. Die Vegen aus Auenlehmsanden wurden ab der ersten Aggregierungsstufe nicht als eigene Gruppe (Vegen aus Auensanden) verrechnet, sondern mit den Vegen aus Auenlehmen aggregiert.

In der zweiten Aggregierungsstufe wurde die Paternia aus Auensand aufgrund ihrer den Vegen aus Auensandlehmen vergleichbaren

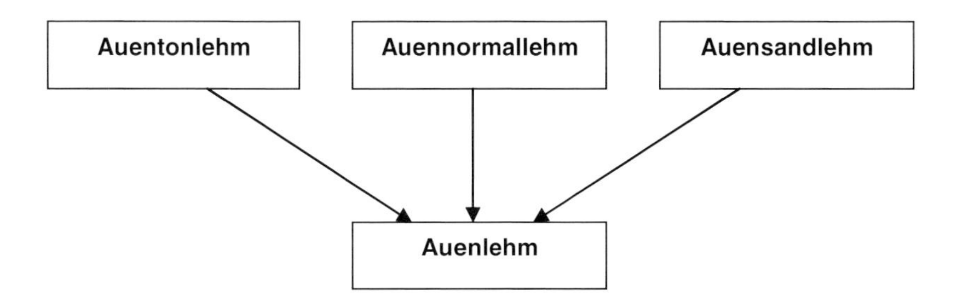

Abb. 5.2-2: Aggregierung von Bodenartenuntergruppen zur Bodenartenhauptgruppe (am Beispiel Auenlehm).

Höhenlage im Relief und der daraus resultierenden ähnlichen Wasserführung sowie ihrer engen räumlichen Nachbarschaft für die statistischen Berechnungen den Vegen aus Auenlehmen zugeordnet.

5.2.5.2 Nähr- und Schadstoffkonzentrationen von Auenbodenformen

Die bodenkundliche Kartierung der drei Gebiete weist 13 Auenbodenformen aus (Abb. 5.2-4). Konform zu Abbildung 5.2-3 zeigen die Abbildungen 5.2-3 bis 5.2-8 die nach Auenbodenformen differenzierte Variabilität der Überflutungsdauer (Abb. 5.2-4), des doppellaktatlöslichen Phosphors (Abb. 5.2-5), der Gesamtkohlenstoff- und Stickstoffkonzentrationen (Abb. 5.2-6), der Zink- und Cadmiumkonzentrationen (Abb. 5.2-7) sowie der Kupfer- und Chromkonzentrationen (Abb. 5.2-8).

Abb. 5.2-4a zeigt die Variabilität der Überflutungsdauer der Auenbodenformen an den 60 Probeflächen. Die Vegen jeglichen Bodensubstrates wurden im Median weniger als 100 Tage während der beiden Un-

Abb. 5.2-3: Aggregierung von Auenbodenformen.

Ursprüngliche Bodenform KA 5	Symbol KA 5
Vega aus Auentonschluff über (tiefem) Auensand	AB: fo-tu//fo-s
Vega aus Auennormallehm über (tiefem) kiesführendem Auensand	AB: fo-ll//fo-(k)s
Vega aus Auensandlehm	AB: fo-sl
Vega aus Auenlehmsand/-sandlehm über (tiefem)	AB: fo-ls//fo-ss
Paternia aus Auensand	AQ: fo-s
Gley Vega aus Auenlehm	GG-AB: fo-l
Vega-Gley aus Auenlehm über (tiefem) Auensand	AB-GG: fo-l//fo-s
Pelosol-Gley aus Auenton	DD-GG: fo-ut
Auengley aus Auenschluffton über Auensand	GGa: fo-ut/fo-s
Auengley aus Auentonschluff/Auenlehm über (tiefem) Auensand	GGa: fo-tu//fo-s
Auengley aus flachem Auenlehm über Auensand über Auentonschluff	GGa: fo-l\ fo-s/ fo-tu
Auengley aus Auensand über (tiefem) Auenschluffton	GGa: fo-s//fo-ut
Tschernitza aus Auenschluff/-lehm über (tiefem) Auensand	AT: fo-ul//fo-s

Aggregation 1	Symb. KA 5
Vegen aus Auenlehmen	AB: fo-l
Paternien aus Auensanden	AQ: fo-s
Vega-Gleye aus Auenlehmen	AB-GG:fo-l
Pelosol-Gleye aus Auentonen	DD-GG:fo-t
Auengleye aus Auentonschluffen	GGa: fo-tu
Auengleye aus Auensandlehmen	GGa: fo-sl
Tschernitzen aus Auenlehmen	AT: fo-l

Aggregation 2	**Sym. KA 5**
Vegen aus Auenlehmen	**AB: fo-l**
Gleye aus Auenschlufftonen	**GG: fo-ut**
Tschernitzen aus Auenlehmen	**AT: fo-l**

tersuchungsjahre überflutet. Die Gleye jeglichen Bodensubstrates wiesen die längste Überflutungsdauer auf (Abb. 5.2-4a,b,c). Die Vega-Gleye aus Auenlehmen nehmen eine Zwischenstellung zwischen den Vegen und Gleyen ein. Die Variabilität der Überflutungszeit war bei den Vega-Gleyen aus Auenlehmen besonders hoch und betrug teilweise über 300 Tage. Die Vegen aus Auenlehmen und die Tschernitzen aus Auenschluffen wurden während des Untersuchungszeitraumes nur wenige Wochen überflutet (Abb. 5.2-4c).

Der doppellaktatlösliche Phosphor (P_{DL}) wird als pflanzenverfügbare P-Fraktion angesehen (HBU 2000, Scheffer et al. 2002).

Die P_{DL}-Konzentrationen im Oberboden (0-20 cm) der Vegen aus Auentonschluffen, aus Auennormallehmen, aus Auensandlehmen, aus Auenlehmsanden und der Gley-Vega aus Auenlehm bewegen sich in ähnlichen Größenordnungen (Abb. 5.2-5a). Die Heterogenität P_{DL}-Konzentrationen im Oberboden sind innerhalb der Vega-Gleye aus Auenlehmen am höchsten. Die Auengleye aus Auenschlufftonen zeigen im Vergleich zu den anderen Gleyen den höchsten Median und die größte Heterogenität hinsichtlich der P_{DL}-Konzentrationen (Abb. 5.2-5a). Die Tschernitzen aus Auenschluffen weisen im Median die höchsten P_{DL}-Konzentrationen und eine geringe Heterogenität auf (Abb. 5.2-5a bis c). Sie unterscheiden sich von den anderen Bodenformen signifikant (Abb. 5.2-5c). Die Vega-Gleye aus Auenlehmen, die Gleye aus Auentonschluffen und Auensandlehmen weisen hinsichtlich der P_{DL}-Konzentrationen größere Variabilitäten als die anderen Bodenformen auf (Abb. 5.2-5b). Unterschiede zwischen den Bodenformen sind in der zweiten Aggregation sehr deutlich. Die Tschernitzen aus Auenschluffen lassen sich durch die höchsten P_{DL}-Gehalte eindeutig von den beiden anderen Bodenformen abgrenzen. Sie weisen signifikant höhere P_{DL}-Konzentrationen als die Gleye aus Auentonschluffen und die Vegen aus Auenlehmen auf (Abb. 5.2-5c).

Abbildung 5.2-6a zeigt die Variabilitäten der Gesamtkohlenstoff- und Stickstoffkonzentrationen der Auenbodenformen an den 60 Probeflächen. Insbesondere die Gleye aus Auenschlufftonen und die Vega-Gleye aus Auenlehmen weisen eine hohe Heterogenität hinsichtlich der Gesamtkohlenstoff- und Stickstoffkonzentrationen auf (Abb. 5.2-6a,b). Die Tschernitzen aus Auenschluffen und die Gleye aus Auentonschluffen unterscheiden sich nicht signifikant voneinander, während die Vegen aus Auenlehmen sich durch die im Median niedrigsten Gesamtkohlenstoff- und Stickstoffkonzentrationen von den beiden anderen Bodenformen diskriminieren (Abb. 5.2-6c).

Die Variabilitäten der Zink- und Cadmiumkonzentrationen der Auenbodenformen sind in den Abbildungen 5.2-7a bis 5.2-7c dargestellt, jene der Kupfer- und Chromkonzentrationen in den Abbildungen 5.2-8a bis 5.2-8c. Die Gleye aus Auentonschluffen zeigen wie die Gehalte des organischen Kohlenstoffs eine hohe Heterogenität hinsichtlich der Zn_t-, Cd_t-, Cu_t- und Cr_t- Konzentrationen (Abb. 5.2-7c, und 5.2-8c).

Die Tschernitzen aus Auenschluffen weisen, konform zu den Gehalten des organischen Kohlenstoffs, im Median die höchsten Zn_t-, Cd_t-, Cu_t- und Cr_t- Konzentrationen und eine geringe Heterogenität auf (Abb. 5.2-6c und 5.2-7c). Die Vegen aus Auenlehmen zeigen die signifikant niedrigsten Zn_t-, Cd_t-, und Cu_t- Konzentrationen im Vergleich zu den beiden anderen Bodenformen bei einer geringen Heterogenität (Abb. 5.2-7c und 5.2-8c).

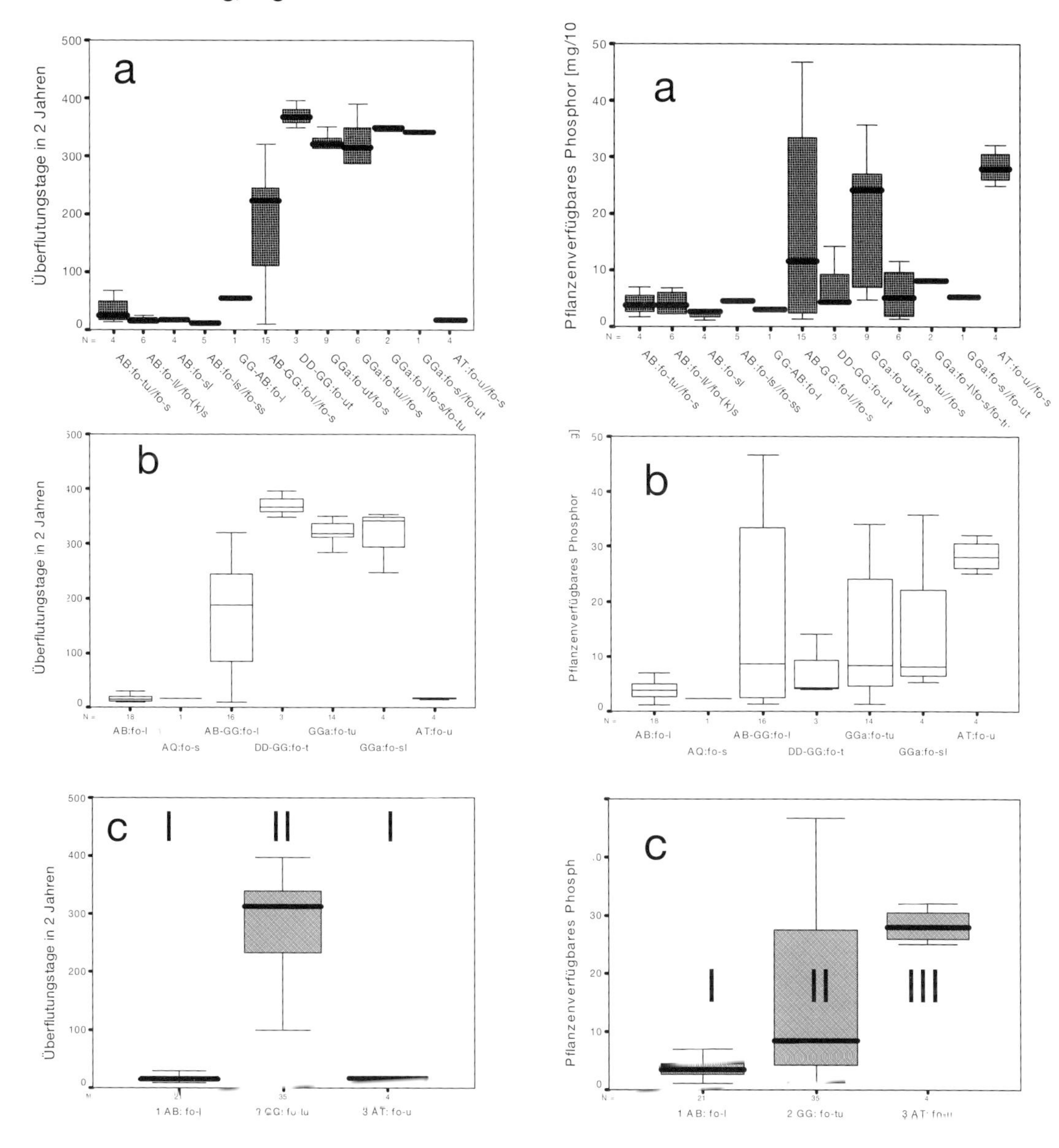

Abb. 5.2-4:
Variabilität der Überflutungsdauer in Tagen während 2 Jahren differenziert nach
a) Bodenformen der drei Gebiete
b) den im ersten Schritt aggregierten Bodenformen der drei Gebiete
c) den im zweiten Schritt aggregierten Bodenformen der drei Gebiete.

Abb. 5.2-5:
Variabilität der doppellaktatlöslichen (pflanzenverfügbaren) Phosphorkonzentrationen differenziert nach
a) Bodenformen der drei Gebiete
b) den im ersten Schritt aggregierten Bodenformen der drei Gebiete
c) den im zweiten Schritt aggregierten Bodenformen der drei Gebiete (zur Erläuterung der Symbole und Abkürzungen siehe Abb. 5.2-3 und 5.2-4).

In den Abbildungen 5.2-4 bis 5.2-8 sind die Extrema als Sternchen, die Minima und Maxima als Whisker, die Quantile als Boxen sowie die Mediane als Balken in den Boxen dargestellt. Die Auenbodenformen und ihre Kurzzeichen finden sich in Abbildung 5.2-3.

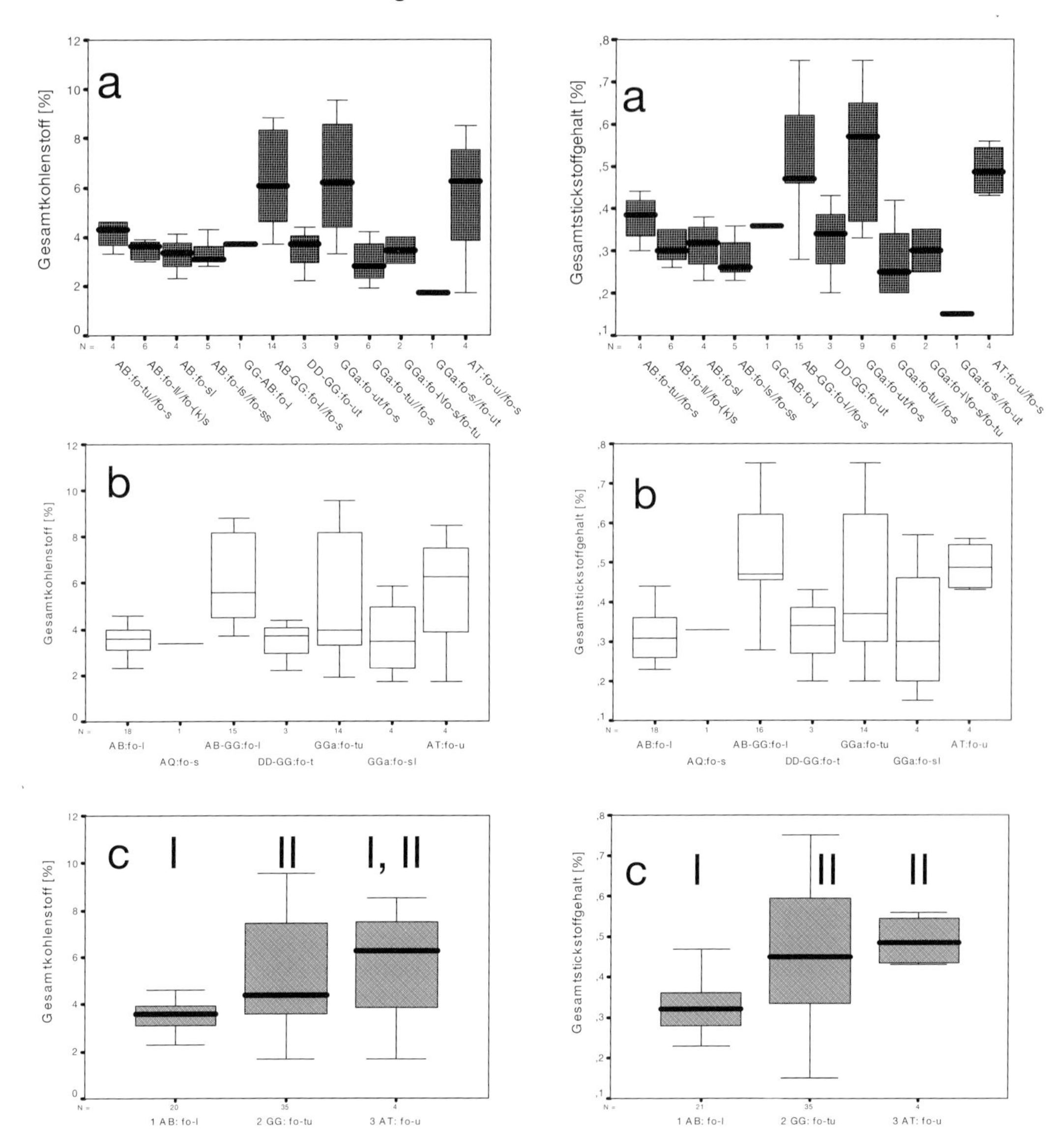

Abb. 5.2-6:
Variabilität der Gesamtkohlenstoff- und Gesamtstickstoffkonzentrationen differenziert nach
a) Bodenformen der drei Gebiete
b) den im ersten Schritt aggregierten Bodenformen der drei Gebiete
c) den im zweiten Schritt aggregierten Bodenformen der drei Gebiete (zur Erläuterung der Symbole und Abkürzungen siehe Abb. 5.2-3 und 5.2-4).

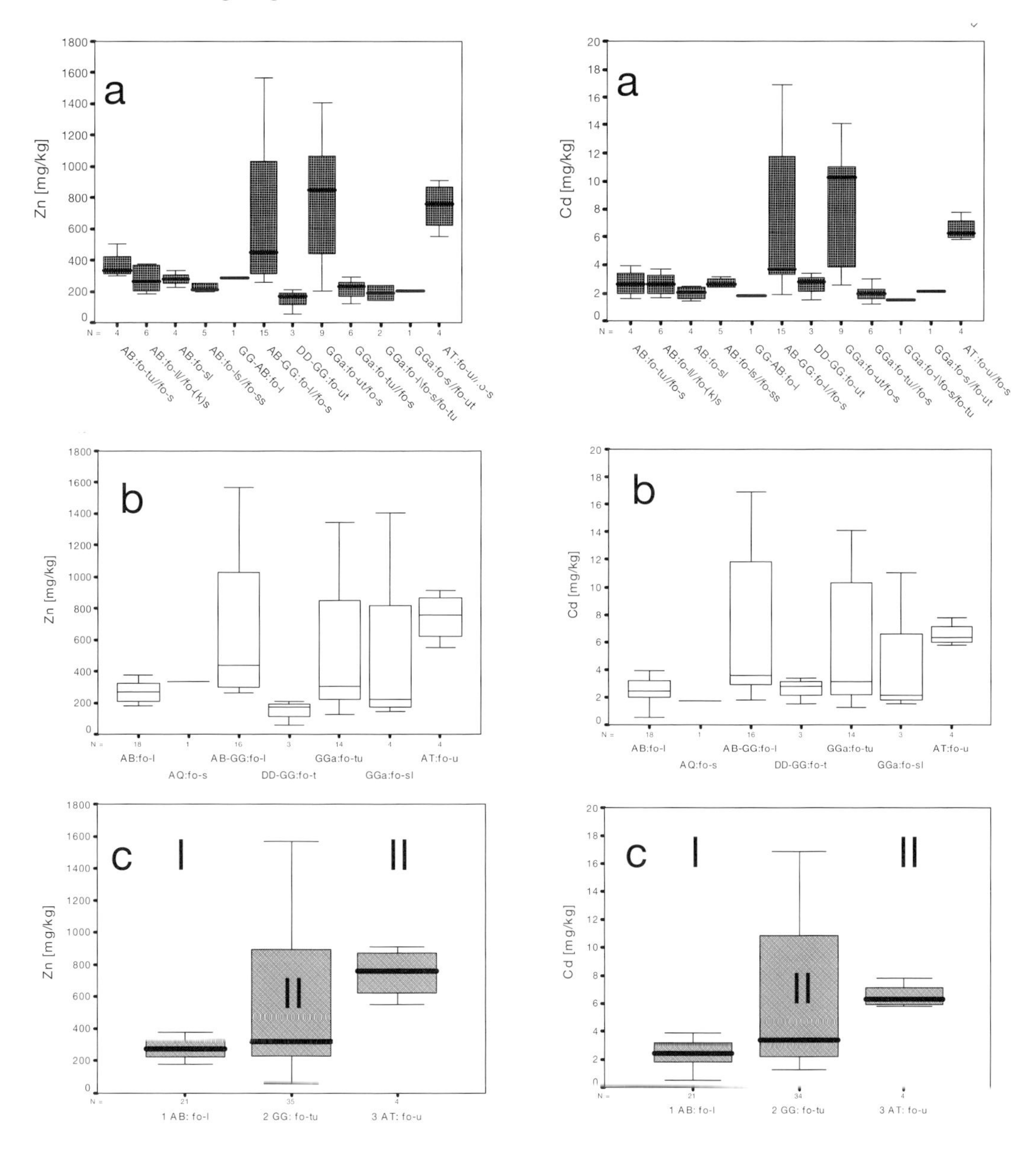

Abb. 5.2-7:
Variabilität der Zink- und Cadmiumkonzentrationen differenziert nach
a) Bodenformen der drei Gebiete
b) den im ersten Schritt aggregierten Bodenformen der drei Gebiete
c) den im zweiten Schritt aggregierten Bodenformen der drei Gebiete (zur Erläuterung der Symbole und Abkürzungen siehe Abb. 5.2-3 und 5.2-4).

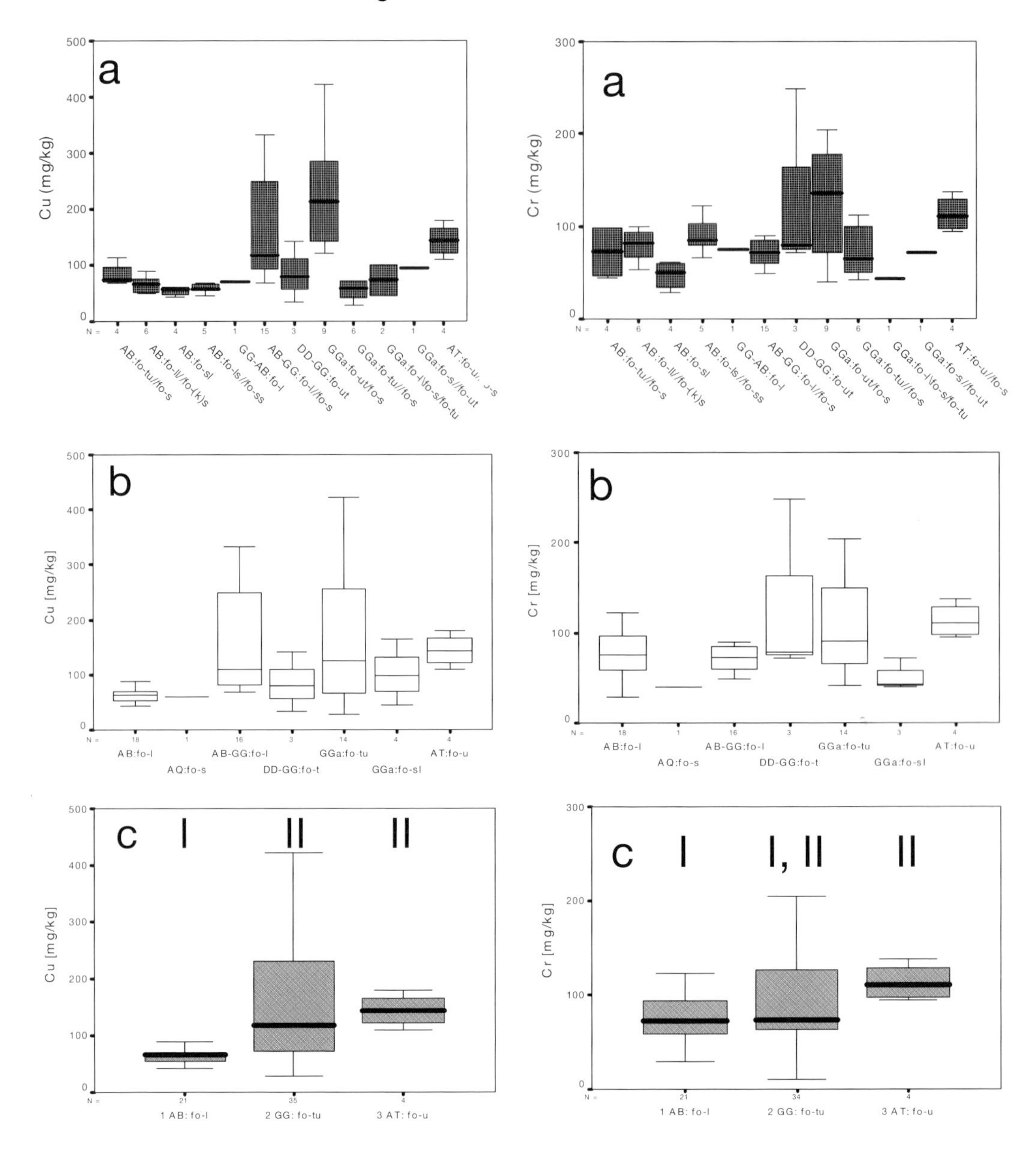

Abb. 5.2-8:
Variabilität der Kupfer- und Chromkonzentrationen differenziert nach
a) Bodenformen der drei Gebiete
b) den im ersten Schritt aggregierten Bodenformen der drei Gebiete
c) den im zweiten Schritt aggregierten Bodenformen der drei Gebiete (zur Erläuterung der Symbole und Abkürzungen siehe Abb. 5.2-3 und 5.2-4).

5.2.6 Diskussion

Periodische Überschwemmungen und das hierdurch ausgelöste Erosions- und Sedimentationsgeschehen sind für die Stoffakkumulation und -dynamik und damit für den Stoffhaushalt in Auenböden bestimmend. Eine lange Überflutungsdauer wirkt durch eine verlangsamte Fließgeschwindigkeit, bis hin zum Stauwasser, und eine daraus resultierende Sedimentation vorrangig feinkörniger Sedimente mit einem hohen Anteil organischer Substanz erhöhend auf die Nähr- und Schadstoffkonzentrationen in Auenböden. An die organischen Substanzen sind Schwermetalle gebunden, weshalb diese in den Böden der Senken, Mulden, wannenartigen Vertiefungen und Rinnen akkumuliert werden.

Die Gleye aus Auentonschluffen weisen hohe Ton- und Kohlenstoffgehalte auf. Dementsprechend werden in diesen Böden der Flutrinnenstandorte meist höhere Nährstoff- und Schwermetallgehalte als in den Vegen aus Auenlehmen gemessen. Jedoch ist die Heterogenität der Stoffkonzentrationen innerhalb der Gleye aus Auentonschluffen hoch. Des Weiteren sind an der Unteren Mittelelbe (Untersuchungsgebiet Dornwerder bei Sandau) tendenziell die Schwermetallkonzentrationen höher als an der Mittleren Mittelelbe (Untersuchungsgebiete Schöneberger Wiese bei Steckby und Schleusenheger bei Wörlitz) (Franke et al. 1999), was die Übertragbarkeit von Nähr- und Schadstoffkonzentrationen mittels Auenbodenformen mindert.

Die nahezu flächenhafte Auenlehmdecke der höher gelegenen Bereiche (Vegen aus Auenlehmen) wird aufgrund ihrer hohen Reliefposition im Gelände nur wenige Tage oder Wochen im Jahr überflutet (Böhnke 2002, Buchkap. 5.1). Hier ist die rezente Sedimentfracht aus Überflutungen meist geringer als auf Niederterrassen oder in Senken, Mulden, wannenartigen Vertiefungen und Rinnen. Folglich sind in diesen Böden die Nähr- und Schadstoffkonzentrationen meist geringer als in Tschernitzen aus Auenschluffen und Gleyen aus Auentonschluffen. Die Vegen aus Auenlehmen unterscheiden sich hinsichtlich ihrer P_{DL}-, N_t-, Zn_t-, Cd_t-, und Cu_t-Konzentrationen signifikant von den Gleyen aus Auentonschluffen und Tschernitzen aus Auenschluffen. Tschernitzen aus Auenschluffen sind auf unteren flussnahen Niederterrassen weit verbreitet. Sie können sehr hohe Humusgehalte aufweisen. Dies ist die Folge des additiven Effektes von fluviatil transportiertem Material mit einem hohen Gehalt an organischer Substanz (sedimentäre organische Substanz) und einer erhöhten in situ - Humusbildung infolge hoher Phytomasseproduktion (Rinklebe et al. 2001c, Franke & Rinklebe 2001). Diese Böden sind locker gelagert. Bis 1 m Bodentiefe weisen sie Porenvolumina zwischen ca. 60 und 66 Vol. % auf. Sie sind durch eine hohe Bioturbation und ein stabiles Aggregatgefüge gekennzeichnet (Rinklebe 2004).

In Tschernitzen aus Auenschluffen werden bei häufiger Überflutung, aber geringer Überflutungsdauer, hohe P_{DL}-, C_t-, N_t-, Zn_t-, Cd_t-, Cu_t- und Cr_t- Konzentrationen gemessen. Aufgrund ihrer hohen Kohlenstoffgehalte und ihrer besonderen Humusqualität ist das Nährstoff- und Schwermetallbindungsvermögen am höchsten (Abb. 5.2-6, bis 5.2-8), da Nähr- und Schadstoffe im Boden vorrangig an Kohlenstoff und Ton sorbiert werden.

Die untersuchten Nähr- und Schadstoffe verhalten sich hinsichtlich der Verteilung auf die Bodenformen tendenziell ähnlich (vgl. Franke et al. 2000). So lässt sich hinsichtlich der

Nähr- und Schadstoffgehalte der Bodenformen der untersuchten Auenböden folgende Reihung ableiten:
Tschernitzen aus Auenschluffen ≥ Gleye aus Auentonschluffen ≥ Vegen aus Auenlehmen

Ein Überblick über die Grundzüge der Verbreitung von Böden in der Landschaft ist mittels Kartenrecherchen für einen Sachkundigen relativ einfach zu gewinnen. In den Geologischen Landesämtern liegen kleinmaßstäbige Bodenkarten (Reichsbodenschätzung, für die ostdeutschen Länder Mittelmaßstäbige Landwirtschaftliche Kartierung (MMK), Bodenübersichtskarten und diverse weitere Bodenkarten) sowie geologische Karten vor.

Bodenformen integrieren einen Komplex bodenökologischer Eigenschaften. Sie unterscheiden sich durch bestimmte Bodeneigenschaften voneinander. Können diese Unterschiede anhand laboranalytisch messbarer Parameter quantifiziert werden, so ist es möglich, den Bodenformen charakteristische Eigenschaften zuzuordnen.

Die untersuchten Tschernitzen aus Auenschluffen weisen hohe Humus-, Nähr- und Schadstoffgehalte auf. Sind Informationen über deren Verbreitung verfügbar, sind an diesen Standorten ähnliche Eigenschaften zu erwarten; es ist eine potentielle Übertragbarkeit möglich. Die Bodenkarten geben über die Verbreitung von Bodenformen oder Bodentypen in der Landschaft Auskunft. Mit Hilfe der Karten können so Bodeneigenschaften anderer Auenökosysteme prognostiziert werden. Kenntnisse über das Bodeninventar und seine Bodeneigenschaften sind hierfür Voraussetzung.

Die Aggregation von Auenbodenformen ermöglicht eine Differenzierung der Böden nach Nähr- und Schadstoffgehalten. In Böden Oklahomas verbessert eine Gruppierung nach der US Soil Taxonomy wesentlich die Genauigkeit von Pedotransferfunktionen zur Bodenfeuchte, zur Bodentemperatur und zur Textur (Pachepsky & Rawls, 1999). Den Bodenformen können Nähr- und Schadstoffgehalte bzw. deren Spannweiten durch eine Aggregierung differenziert zugeordnet werden. Damit ist bei Kenntnis der Bodenverbreitung eine Prognose von Nähr- und Schadstoffgehalten und deren Spannweiten in Böden mit Hilfe von Bodenkarten weiterer Auenökosysteme grundsätzlich möglich. Für eine Übertragbarkeit wird jedoch zuvor eine Kalibrierung bzw. Validierung empfohlen.

5.2.7 Ausblick

Zukünftig sollten Auenböden und deren Eigenschaften vermehrt und intensiver beschrieben, analysiert und das hydrodynamische Verhalten, die Nähr- und Schadstoffdynamik sowie das Prozessgeschehen in ihnen studiert werden, um deren Belastungszustand besser und präziser evaluieren zu können sowie um Wissensdefizite abzubauen.

Die sehr spezifischen Informationen detaillierter Bodenprofilbeschreibungen sind für praxisrelevante Zwecke (z.B. Bodenbewirtschaftung, Bodennutzung, Bodenschutzplanung) zu komplex. Hierfür ist eine Vereinfachung unter Beibehaltung der wichtigsten bzw. geforderten Eigenschaften notwendig.

Mittels der Aggregierung von Auenbodenformen können bodenkundliche Kennwerte mit relativ geringem Informationsverlust sowie praktikabel für Anwender vereinfacht werden. Hierdurch wird die Basis für eine Übertragbarkeit von Auenbodeneigenschaften geliefert, indem beispielsweise Nähr- und Schadstoffkonzentrationen den entsprechenden Bodenformen auf der Grundlage von Bodenformenkarten zugeordnet werden. Kenntnisse über das Bodeninventar sind hierfür Voraussetzung, liegen aber nicht großmaßstäbig und flächendeckend für Deutschland vor.

In Auenböden der Elbe werden häufig die im Bundes-Bodenschutzgesetz BBodSchG (1998) bzw. seiner Verordnung BBodSchV (1998) angegebenen Vorsorge- und Maßnahmewerte für Schwermetalle überschritten (z.B. Rinklebe 2003, Rinklebe et al. 1999, 2000a, Rinklebe & Neue 2003, 2005, Overesch et al. 2007). Es besteht der Verdacht auf Vorliegen einer schädlichen Bodenveränderung in den überschwemmten Flussauen im Sinne §2 Abs.3 des BBodSchG (1998).

Auenböden mit erhöhten Nähr- und Schadstoffgehalten sind an der Mittleren Elbe räumlich determinier- und abgrenzbar. Die Böden der nieder gelegenen Terrassen (Tschernitzen aus Auenschluffen) sowie die Böden tief liegender Hohlformen (Gleye aus Auentonen und -schluffen) weisen aufgrund hoher Humusgehalte und feinkörniger Substrate infolge Sedimentation durch häufige oder lange Überflutungszeiten bei niedrigen Fließgeschwindigkeiten in der Regel die höchsten Nähr- und Schadstoffgehalte auf.

Bei Kenntnis der Verbreitung von Auenbodenformen können Stoffgehalte prognostiziert werden. Großmaßstäbige Bodenformenkarten liegen jedoch nicht flächendeckend vor. Zur Prognose von Stoffgehalten in Auenböden könnte hilfsweise, bis zum Vorliegen detaillierter Bodenkarten, der enge Zusammenhang zwischen Geländehöhe und Bodenform (Stoffgehalten) genutzt werden. Hierfür sind genaue (z.B. auf der Basis von Scan- oder Foto-Befliegungen erstellte) topographische Karten notwendig. Diese sind schneller, einfacher und kostengünstiger als Bodenformenkarten zu erstellen. Mittel- bis langfristig wird eine flächendeckende und großmaßstäbige bodenkundliche Erkundung der Auenökosysteme Deutschlands und darüber hinaus für notwenig erachtet.

5.3 Der Eindringwiderstand in Auenböden als Indikator der Bodenfeuchte

Christoph Helbach, Jörg Rinklebe
& Heinz-Ulrich Neue

Zusammenfassung

Die zeitliche Dynamik der Tiefenfunktionen des Eindringwiderstandes (EDW) und die zeitliche Dynamik der Bodenfeuchte (BF) wurden exemplarisch in acht ausgewählten Auenböden aus zwei Gebieten über einen Zeitraum von 4 Monaten gemessen. Dabei sind die in Auenökosystemen weit verbreiteten Bodentypen Auengley, Vega und Tschernitza vertreten. Die BF korreliert signifikant mit dem EDW. Bei hoher BF ist der EDW gering und bei abnehmender BF hoch. Die Korrelation zwischen Bodenfeuchte und Eindringwiderstand ist bodenformenabhängig. Der EDW zeichnet im gesättigten Zustand die verschiedenen Bodeneigenschaften nach. Die daraus ermittelte BF zeigt aufgrund der engen Beziehung von EDW und BF, Textur, Trockenrohdichte und organischem Kohlenstoffgehalt sprunghafte Veränderungen dieser Bodenparameter bzw. der Horizont gebundenen Probennahme an.

Die Aggregation der Auenbodenformen ermöglichte eine Diskriminierung der Böden nach messbaren Bodeneigenschaften. Damit wird bei Kenntnis der Bodenverbreitung eine indikative Messung des Eindringwiderstandes und eine daraus resultierende Ableitung der Bodenfeuchte möglich. Die errechneten Regressionsgleichungen sind hoch signifikant. Durch die Verrechnung der Bodenkennwerte mit den Eindringwiderständen in der Regressionsgleichung lässt sich der Feuchteverlauf für Auenböden bis zur maximalen Penetrationstiefe (80 cm) im räumlichen und im zeitlichen Verlauf konstruieren. Dies ermöglicht ein Auflösungsvermögen von 1 cm, welches wesentlich höher liegt als durch Messungen mit TDR-Sonden oder Stechzylindern erreichbar ist.

Der EDW eignet sich unter den geschilderten Modellbedingungen als Indikator der BF in Auenböden. Die Beschränkung von Pedotransferfunktionen auf einzelne Landschaftseinheiten, z.B. Auenökosysteme, erlaubt einfache Regressionsgleichungen mit wenigen Einflussgrößen zu erstellen. Die gleichartige bodengenetische Bildung (Sedimentation) mit ähnlicher Wasserführung (periodische Überschwemmungen) begründet dies.

Mögliche Anwendung der BF-Indikation sind prospektive großflächige Sondierungen, hoch auflösende und zerstörungsfreie Messungen an hinreichend beschriebenen Böden. Darüber hinaus besticht die Methode durch ihren geringen apparativen Aufwand.

5.3.1 Einleitung und Hypothesen

Auenböden werden durch Hochwässer zeitweise überflutet und unterliegen einem Zyklus der Befeuchtung und Trocknung. Dies verursacht permanent Veränderungen des Wassergehalts in verschiedenen Bodentiefen. Der Wassergehalt des Bodens ist entscheidend für die Vegetation, die Bodenfauna und -mikroflora sowie den Chemismus. Wasser beeinflusst die Tragfähigkeit des Bodens sowie die Bearbeitbarkeit. Der Boden ist Speicher und Transformator des Wasserhaushalts von Landschaften.

Die Bodenfeuchte und deren Dynamik kann im Gelände mit fest installierten Messeinrichtungen, z.B.

mittels Time Domain Reflectrometry (TDR-Sonden), oder gravimetrisch im Labor bestimmt werden. Die TDR-Sonden erlauben kontinuierliche in-situ-Messungen, erfordern jedoch einen hohen apparativen Aufwand und ermöglichen Messungen ausschließlich in einer exakten Tiefe. Die gravimetrische Bestimmung des Wassergehalts erfordert die Entnahme von Bodenproben, sie eignet sich vor allem für einmalige Momentaufnahmen.

Der Eindringwiderstand (EDW) ist eine Größe zur Ermittlung der Tragfähigkeit und Durchwurzelbarkeit des Bodens. Er ist definiert als der Widerstand, den der Boden einer Durchdringung entgegensetzt und wird als Kraft pro Fläche in N/m^2 oder Pa gemessen. Der EDW findet bei bodenkundlichen und geologischen Untersuchungen vielfältige Anwendung, z.B. bei Untersuchungen von physikalischen Bodenbelastungen durch Pflügen (Ehlers et al. 1983, Unger 1996, Busscher et al. 1997, Lapen et al. 2004), der Lockerungsbedürftigkeit von Böden (Müller 1989, Lesturgez et al. 2004), bei Gefügeuntersuchungen (Victorino 1996, Pachepsky et al. 1998), der Bodenfestigkeit (Vaz & Hopmans 2001, Hartge & Bachmann 2004), als Prospektionsmethode (Hartge et al. 1985, Hartge & Horn 1989, Rooney & Lowery 2000), bei Messungen des Wurzel- bzw. Keimlingswachstums (Kirby & Bengough 2002, Aubertot et al. 2002) und zur Indikation des Bodenwasserhaushalts bzw. der Wasserretention (Pachepsky et al. 1998). Bereits 1959 beschreiben von Bogulawski & Lenz den physikalischen Bodenzustand nach der Rammsondierungsmethode, die zum Ziel hat, den natürlich gewachsenen Boden sowie seine Veränderung durch Bodenbearbeitungsmaßnahmen zu beurteilen. Weiterhin diskutieren sie die Möglichkeit, im Freiland das Porenvolumen qualitativ mit der Rammsonde zu bestimmen. Hartge & Horn (1989) favorisieren die Bestimmung physikalischer Bodeneigenschaften mit der Schlagsonde aufgrund ihrer apparativen Einfachheit. Schrey (1991) sieht den EDW als zeit- und kostengünstige Prospektionsmethode zur Erfassung der räumlichen Verteilung physikalisch unterschiedlicher Bodenbereiche an, da die Einflüsse vieler bodenphysikalischer Faktoren zeitgleich integriert gemessen werden. Der EDW ist eine Summengröße, die von vielen Parametern beeinflusst wird. Dabei wird zwischen starken Einflussfaktoren wie Wassergehalt, Körnung, Trockenrohdichte, Humus und der Scherfestigkeit sowie schwachen Einflussfaktoren wie z.B. Bodenstruktur, Partikelform, Tonminerale, Oxidgehalt, Steingehalt und chemische Zusammensetzung der Bodenlösung unterschieden (Campbell & O´Sullivan 1991).

Zur Beschreibung aufwändig messbarer Bodeneigenschaften wird der Eindringwiderstand indikativ, unter Berücksichtigung weiterer Bodenkennwerte, vielfach verwendet (z.B. Pachepsky et al. 1998, Grunwald et al. 2001). Dabei differieren die verwendeten Bodenkennwerte, und die Regressionsgleichungen werden nicht auf spezielle Bodentypen oder Landschaftseinheiten bezogen. Bisher wurden meistens aggregierte Datensätze verwendet (Borchert & Graf 1988, Pachepsky & Rawls 2003) oder die Messergebnisse eines ackerbaulich genutzten Standortes (Ehlers et al. 1983, Lapen et al. 2004). Die gesonderte Betrachtung eines eng umgrenzten Landschaftstyps - hier Auenökosysteme - und die Konzentration auf bodengenetisch ähnliche Böden, einschließlich Pedotransferfunktionen, wurde bisher noch nicht durchgeführt.

Rawls & Pachepsky (2002) wählen für eine Prognose der Wasserretention eine Pedon bezogene Auswertung Bodenstruktur beschreibender Merkmale, jedoch werden unterschiedliche Bodenformen aus verschiedensten Regionen zusammengefasst. Die Datenanalyse mittels Regressionsbaum soll eine bodengenetisch ähnliche Sortierung und Wertung ermöglichen. Einen umfassenden Überblick über Bodenklassenbildung geben Pachepsky & Rawls (2003). In der ausgewerteten Literatur werden Böden nach ihren Kennwerten aggregiert, jedoch wird die bodengenetische Gleichartigkeit als bestimmender Faktor in räumlich begrenzten Landschaften bisher nicht aufgegriffen.

Young et al. (2000) sowie Vaz & Hopmans (2001) können Eindringwiderstand und Bodenfeuchte simultan messen. Ziel der Arbeit ist die Messung der Bodenfestigkeit mit dem Penetrometer unter Berücksichtung des stärksten variablen Einflussfaktors: der Bodenfeuchte. Nachteilig sind Größe und Gewicht des verwendeten Geräts, die einen mobilen und flexiblen Einsatz erschweren. Zudem muss die TDR-Sonde zuvor kalibriert werden. Die Sonde ist an dem Metallschaft des Penetrometers befestigt, benötigt einen engen Bodenkontakt und verursacht Schafftreibung. Das Gerät ist durch seinen hohen technischen Aufwand teuer.

Das Ziel dieser Arbeit ist es, die Eignung des Eindringwiderstandes als Indikator der Bodenfeuchte in Auenböden zu verifizieren. Dies würde eine Ableitung der Bodenfeuchte und deren Dynamik aus dem EDW und Bodenkennwerten ermöglichen. Das räumliche Auflösungsvermögen wäre dabei sehr hoch.

Hypothese 1
Die Bodenfeuchte (BF) korreliert in Auenböden signifikant mit dem Eindringwiderstand. Bei hoher BF ist der EDW relativ gering und bei geringer BF ist der EDW relativ hoch. Der Korrelationskoeffizient variiert entsprechend der verschiedenen Auenbodenformen.

Hypothese 2
Der EDW ist in Auenbodenformen eine Funktion aus Bodenfeuchte, Trockenrohdichte (TRD), organischem Kohlenstoffgehalt (C_{org}) und Bodenart: EDW = f (BF, TRD, Corg, Sand, Ton).

Hypothese 3
Die Bodenfeuchte von Auenböden lässt sich aus EDW, TRD, C_{org}, Sand und Ton ableiten.

5.3.2 Material und Methoden

Für die Untersuchungen wurden zwei Gebiete in der Elbaue, die Schöneberger Wiesen bei Steckby und der Schleusenheger bei Wörlitz, genutzt. Die Messstandorte sind so ausgewählt, dass weit verbreitete Auenbodenformen erfasst sind. Die Bodentypen Tschernitza, Vega und Paternia-Vega, Auengley und Pseudogley-Gley sowie Vega-Gley und Gley-Vega sind vertreten. Die Auengleye weisen als Substrat Auenreinsand, Auentonschluff, Auenschluffton und Auennormallehm auf. Bei den Vegen und ihren Subtypen ist ebenfalls ein breites Substratspektrum, hier von Auenlehmsand und Auensandlehm über Auentonschluff bis zu Auenschluffton erfasst.

Exemplarisch werden die Tiefenfunktionen des EDW und die Dynamik der Bodenfeuchte anhand folgender Bodenformen dargestellt:

- Auengley aus sehr flachem Auennormallehm über Auenreinsand über Auentonschluff, kurz: Auengley aus Auenreinsand über Auentonschluff (Bodenbeschreibung s. Rinklebe 2004),
- vergleyte Vega aus Auensand-

lehm über tiefem Auenlehmsand über sehr tiefem Auenreinsand, kurz: Vega aus Auensandlehm (Bodenbeschreibung s. Rinklebe et al. 2000b,c, Rinklebe 2004),

- vergleyte Tschernitza aus Auennormallehm über Auentonschluff über tiefem Auenreinsand, kurz: Tschernitza aus Auenschluff (Bodenbeschreibung s. Rinklebe et al. 2000b,c, Rinklebe 2004).

Der Eindringwiderstand wurde zu verschiedenen Zeiten (12.05.1999 bis maximal 16.09.1999) in jeweils zehn Replikationen pro Messstelle mit einem elektronischen Penetrometer (Penetrologger der Fa. Eijkelkamp, NL) mit akustischer Erfassung der Eindringtiefe und Eindringgeschwindigkeit (Ultraschallsender und -empfänger) sowie automatischer Datenaufzeichnung gemessen. Die maximale Arbeitstiefe betrug 80 cm. Gearbeitet wurde mit einer statischen Penetration von 2 cm/s und einem Konustyp von 1 cm^2, 60°. Die digitale Aufzeichnung der Messwerte erfolgte in cm-Intervallen.

Die Bestimmung der Trockenrohdichte (TRD) erfolgte mittels ungestört entnommener Stechzylinderproben, durch Trocknung bei 105° C bis zur Massenkonstanz, nach Schlichting et al. (1995). Die Bestimmung des Bodenwassergehaltes erfolgte an gestörten Bodenproben (Bohrstock) gravimetrisch (grav.) durch Trocknung bei 105° C bis zur Massenkonstanz. Die Bodenfeuchte wurde mit TDR-Sonden (Delta-T Devices Typ ML1-UM-2) gemessen, die verwendeten Daten sind arithmetisch gemittelte Tageswerte. Die Korngrößenverteilung wurde durch Sieben und Sedimentation an mit H_2O_2 vorbehandelten humusfreien Bodenproben mit der Pipettmethode und anschließender Nasssiebung nach DIN ISO 11 277 (HBU 2000) ermittelt.

Die Gesamtkohlenstoffgehalte (C_t) wurden an lufttrockenem Boden durch trockene Verbrennung (H3, DIN-EN 1484; HBU 2000) und anschließende WL-Detektion mittels C/N/S-Analyser (Elementar Analyzer, Vario EL Heraeus, Firma Analytik Jena) gemessen. Der organische Kohlenstoff wurde durch trockene Verbrennung (H3, DIN-EN 1484; HBU 2000) bei 1.000 °C und anschließende IR-Detektion (bei Anwesenheit von Carbonaten bzw. Hydrogencarbonaten Subtraktion des anorganischen Kohlenstoffs) mittels des Gerätes C-MAT 550 Fa. STRÖHLEIN ermittelt. Die untersuchten Auenböden wiesen keinen anorganischen Kohlenstoff auf, so dass für diese Böden gilt: Gesamtkohlenstoffgehalt = organischer Kohlenstoffgehalt (Schlichting et al. 1995).

Korrelationen zwischen Bodenfeuchte und Eindringwiderstand wurden errechnet sowie multiple Regressionsanalysen (Programm: Statistica) von EDW, BF, TRD C_{org}, Sand und Ton mit einer Irrtumswahrscheinlichkeit von 5 % durchgeführt.

5.3.3 Tiefenfunktionen des Eindringwiderstandes, seine Dynamik und Beziehungen zur Bodenfeuchte

5.3.3.1 Auengley aus Auenreinsand über Auentonschluff

Auengleye sind Böden holozäner Talebenen von Flüssen, die durch oberflächennahe hydromorphe Merkmale gekennzeichnet sind. In Auen sind sie meist in tief liegenden Hohlformen wie Flutrinnen oder Senken ausgebildet und werden deshalb lange überflutet. Abbildung 5.3-1 zeigt den Verlauf des EDW in einem Auengley aus Auenreinsand über Auentonschluff während einer viermonatigen Messperiode. Die Bodenfeuchte nimmt von Mai bis September 1999 kontinuierlich ab (Tab.

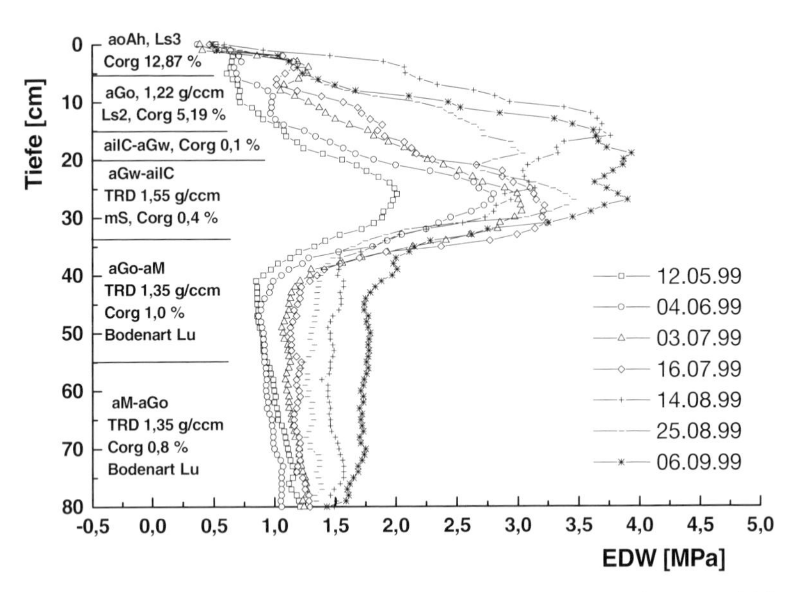

Abb. 5.3-1: Dynamik der Tiefenfunktion des Eindringwiderstandes in einem Auengley aus sehr flachem Auennormallehm über Auenreinsand über Auentonschluff bei kontinuierlicher Abnahme der Bodenfeuchte (Bodenbeschreibung s. Rinklebe 2004).

5.3-1), während der EDW im zeitlichen Verlauf über die gesamte Profiltiefe steigt. Im gesättigten Zustand (Mai 1999) - unmittelbar nach dem Ende der Überstauung - steigt der EDW von 0 bis 26 cm Bodentiefe von 0,52 auf 2,01 MPa an. Im weiteren Tiefenverlauf sinkt der EDW auf Werte zwischen 0,85 und 1,21 MPa. Der EDW zeichnet die verschiedenen Bodenhorizonte nach. Die Tiefenfunktion des EDW ist in diesem Zustand eine Funktion von TRD, C_{org} und Körnung.

Die höchsten Zunahmen des EDW werden zwischen 5 und 33 cm registriert. Maximale EDW um 3,9 MPa werden am 06.09.1999 in 19 cm und 30 cm Tiefe aufgrund des reinen Auensandes und seiner zeitweise äußerst geringen Bodenfeuchte sowie der hohen TRD (1,55 g/cm^3) gemessen. Je dichter der Sand, desto größer die Anzahl der Berührungspunkte für jedes Sandkorn. Dadurch ist der gesamte Reibungswiderstand höher (Kezdi 1976).

Die beiden Oberbodenhorizonte können mit hohen Humusgehalten (C_{org}: 12,87 % und 5,19 %) und dem

Tab. 5.3-1: Dynamik der Tiefenfunktion der BF in einem Auengley aus Auenreinsand über Auentonschluff.

Datum / Tiefe [cm]	12.05.1999	26.05.1999	04.06.1999	24.06.1999	03.07.1999	16.07.1999	29.07.1999	14.08.1999	25.08.1999	06.09.1999
10-12	63,12	58,69	54,60	52,37	50,43	49,20	43,72	29,72	34,95	34,56
25-27	GW	GW	17,72	17,41	13,44	11,56	10,73	8,22	10,68	13,36
42-44	GW	GW	46,47	41,66	43,43	37,07	37,14	37,98	38,25	37,42
72-74	GW	GW	GW	49,09	45,27	42,49	44,02	43,74	40,13	34,33
	Bodenfeuchte [Vol. %], gravimetrisch gemessen									

(GW = Grundwasser; dunkelgrau = BF liegt oberhalb des Gesamtporenvolumens)

schwach bis mittel sandigem Lehm relativ viel Wasser binden. Dennoch nimmt in ihnen der Wassergehalt im Untersuchungszeitraum rasch ab (Tab. 5.3-1), denn hier wirken Evapotranspiration und Wasserentzug durch Pflanzen. Die in 15-33 cm Bodentiefe zwischengelagerte Sandschicht unterbricht die Auenlehmdecke und damit den kapillaren Wasseraufstieg, so dass eine Wassernachlieferung aus tieferen Bodenschichten stark eingeschränkt ist. Die Untergrundhorizonte unterliegen einer geringeren Feuchtedynamik als die Oberbodenhorizonte, daher sind hier die Variationen des EDW mit Werten zwischen 0,85 MPa und 1,78 MPa geringer. Die Bodenfeuchte der Untergrundhorizonte nimmt mit sinkenden Grundwasserständen ab, wenngleich die ihnen aufliegenden Horizonte die Evapotranspiration einschränken.

Die Dynamik der Tiefenfunktion des Eindringwiderstandes wird in diesem Boden vorrangig durch die Evapotranspiration, den Reinsandhorizont als Sperrschicht für den kapillaren Aufstieg und den lang währenden Grundwasseranschluss bestimmt.

5.3.3.2 Auengleye aus Auenschlufftonen

In den Untersuchungsgebieten Steckby und Wörlitz wurden zwei weitere Auengleye beschrieben, analysiert sowie die Dynamik der Tiefenfunktionen des EDW gemessen. Die Beziehungen zwischen BF und EDW von insgesamt drei Gleyen aus Auenschlufftonen wurden während einer bis zu viermonatigen Messperiode statistisch analysiert (Abb. 5.3-2). Die Bodenfeuchte variiert zwischen 10,68 und 52,37 Vol. %, der EDW zwischen 0,60 und 3,38 MPa. In den Gleyen aus Auenschlufftonen können 69 % der Variabilität des Eindringwiderstandes durch die Bodenfeuchte erklärt werden.

5.3.3.3 Vega aus Auensandlehm

Die in Abbildung 5.3-3 dargestellte Vega aus Auensandlehm ist durch sedimentiertes, relativ homogen ausgeprägtes humoses Solummaterial mit geringen Körnungsunterschieden sowie durch eine tiefgründige Durchwurzelung gekennzeichnet. Im Tiefenverlauf sinkt der Gehalt an organischer Substanz, die Trockenrohdichte steigt an. Der stark lehmige Sand (ab 18 cm Tiefe) besitzt ein

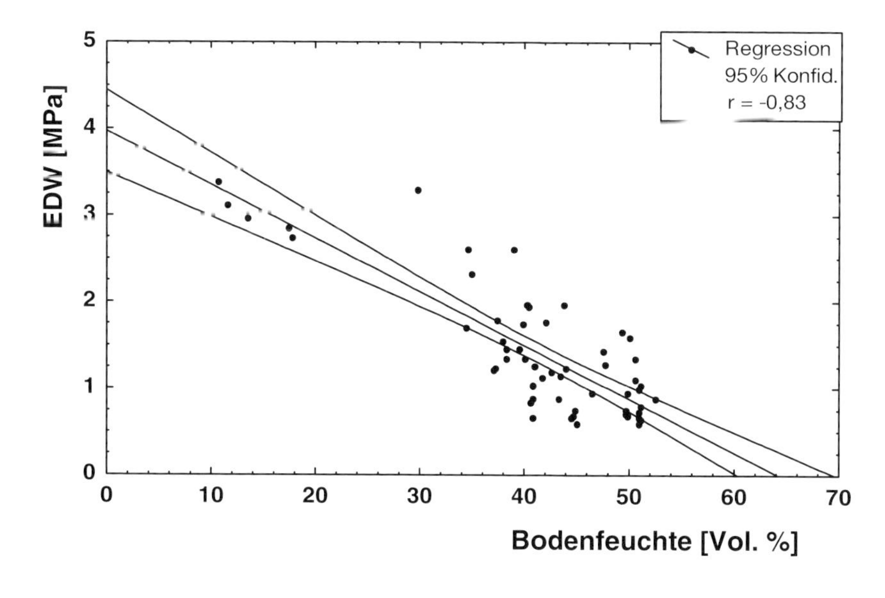

Abb. 5.3-2: Korrelation (n = 58) zwischen BF und EDW in drei Gleyen aus Auenschlufftonen über tiefem Auenreinsand (Profil 1, 2 und 22, s. Rinklebe 2004).

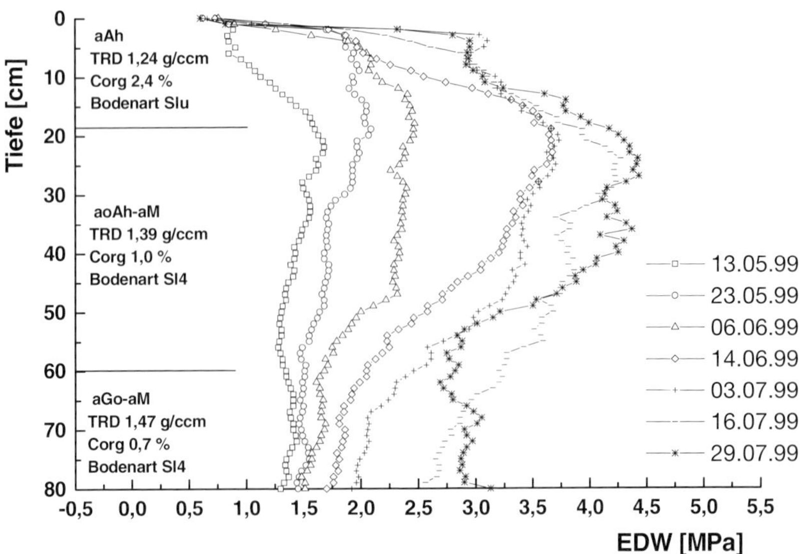

Abb. 5.3-3: Dynamik der Tiefenfunktion des Eindringwiderstandes in einer Vega aus Auensandlehm bei kontinuierlicher Abnahme der Bodenfeuchte (Bodenbeschreibung s. Rinklebe et al. 2000b,c, Rinklebe 2004).

geringes Wasserhaltevermögen, der EDW steigt im zeitlichen Verlauf schnell an. Die dynamischste Entwicklung des EDW erfolgt im zweiten Horizont (aoAh-aM). Der EDW steigt rasch an, jedoch baut sich im Horizont ein Gefälle auf. Der Grundwasser beeinflusste aGo-aM-Horizont verzeichnet eine gleichmäßigere Zunahme des EDW während des Messzeitraums.

Die volumetrische Bodenfeuchte in 20 cm Tiefe (aoAh-aM-Horizont) nimmt vom 13.05.1999 zum 29.07. 1999 von 39,83 Vol. % auf 31,9 Vol. % ab (Tab. 5.3-2). Die starke Zunahme des EDW während dieser Zeit ist Folge der Bodenaustrocknung. Die Ausschöpfung der Feldkapazität in 20 cm Tiefe verursacht eine tiefe Bodendurchwurzelung, welche der Vegetation Wasser aus tieferen Horizonten erschließt. Die starke Durchwurzelung erhöht zusätzlich den EDW.

In 70 cm Tiefe (aGo-aM-Horizont) verringert sich die Bodenfeuchte im Verlauf von 2 ½ Monaten um 1,14 Vol. % (Tab. 5.3-2). Die höhere TRD bedingt eine höhere nutzbare Feldkapazität. Die dichtere Lagerung vermindert den Anteil der Grobporen zugunsten der Mittel- und Feinporen.

Des Weiteren bedingt der stark lehmige Sand hohe Eindringwiderstände, denn Sandkörner binden an ihrer Mineraloberfläche nur wenig Wasser. Somit fehlt bei ihrer Verschiebung ein Gleitmittel. Sandkörner müssen bei einer Verdrängung eine hohe Reibung (Kohäsion) überwinden (Kirby & Bengough 2002). Der Widerstand erhöht sich durch einen Anstieg der Anzahl der Körper, die an der Bewegung beteiligt sind. Die EDW-Kurve stieg bei relativ hoher Bodenfeuchte am 13.05.1999 in 60 cm Tiefe beim Übergang zum aGo-aM leicht an, die TRD nimmt um 0,08 auf 1,47 g/cm^3 zu. Bei einer größeren Masse pro Volumeneinheit nimmt aufgrund der höheren Reibung zwischen den Partikeln die Möglichkeit, Partikel gegeneinander zu verschieben, ab (Horn 1984). Generell steigt der EDW mit zunehmender Trockenrohdichte an.

Die Dynamik der Tiefenfunktion des Eindringwiderstandes wird in diesem Boden vorrangig durch das sandige Substrat mit geringem Wasserhaltevermögen und der Trockenrohdichte bestimmt.

Vegen sind durch ihren mächtigen Mineralbodenhorizont charakte-

Tab. 5.3-2: Dynamik der Tiefenfunktion der BF in einer Vega aus Auensandlehm.

Datum Tiefe [cm]	13.05.1999	19.05.1999	23.05.1999	30.05.1999	06.06.1999	14.06.1999	03.07.1999	16.07.1999	29.07.1999
20	39,83	39,34	38,91	36,61	35,51	35,33	35,30	33,52	31,09
70	35,66	35,62	35,60	35,52	35,48	35,36	35,32	34,93	34,52
	Bodenfeuchte [Vol. %], mit TDR-Sonden gemessen								

risiert, der aus sedimentiertem holozänem Solummaterial entstand. Dies bedingt einen relativ homogenen Bodenprofilaufbau. Bei drei Vegen bzw. Vega-Gleyen liegen die Wertepaare von BF und EDW nah an der Anpassungsgeraden (Abb. 5.3-4). Der Korrelationskoeffizient beträgt -0,83.

5.3.3.4 Tschernitza aus Auenschluff

Ein stabiles Aggregatgefüge, ein hohes Porenvolumen (lockere Lagerung) und ein tiefgründig hoher C_{org}-Gehalt kennzeichnen die Tschernitza aus Auenschluff (Rinklebe 2004). Hinsichtlich Bodenart und Trockenrohdichte ist die hier untersuchte Tschernitza relativ homogen (Abb. 5.3-5).

Die Bodenfeuchte nimmt im Messzeitraum kontinuierlich ab (Tab. 5.3-3) und der EDW steigt an. Der Oberboden ist einem erheblichen Wasserentzug durch Pflanzen und Evapotranspiration ausgesetzt. Dieser Entzug wird nicht durch Niederschläge oder einer Wassernachlieferung aus tieferen Bodenschichten ausgeglichen. Die Austrocknungstiefe (ansteigender EDW) nimmt mit jedem Messtermin zu. Insbesondere am 29.07. 1999 ist ein Peak in einer Tiefe von 5 bis 8 cm, ein weiterer bei etwa 34 cm erkennbar. Am 03.07.1999 beginnt die Abnahme der Bodenfeuchte in den tieferen Horizonten (aoAxh und aoAxh-aM), denn der EDW steigt markant vom 29.07.1999 zum 14.08. 1999 an. Vom 25.08.1999 zum 06.09.1999 erfolgt ein weiterer starker Anstieg; er erhöht den EDW im gesamten Tiefenverlauf. Am 06.09.1999 werden mit ca. 3,7 MPa in 55-65 cm Tiefe die höchsten EDW in diesem Boden im Messzeitraum erfasst.

Die Dynamik der Tiefenfunktion des EDW wird in diesem Boden vorrangig durch hohe Gehalte an organischer Substanz, geringer Trockenrohdichte sowie hohem Porenvolumen bestimmt.

5.3.4 Aggregierung der Auenbodenformen der Untersuchungsgebiete

Die drei Vegen und die Tschernitza werden in der weiteren statistischen Auswertung aggregiert. Diese Gruppierung wird durch den gleichen bodengenetischen Prozess und eine ähnliche Wasserführung begründet. Beide Böden sind durch fortlaufende Sedimentation von holozänem, humosem Solummaterial geprägt. Die Tschernitza weist im Unterschied zur Vega einen mächtigen (> 4 dm) aAxh-Horizont mit einem stabilen Aggregatgefüge und ausgeprägter Bioturbation auf. Diese pedogenen Merkmale werden im Weiteren (siehe Kapitel 5.3.5) durch den C_{org}-Gehalt und die TRD ausreichend differenziert. Auengleye sind - im Gegensatz zu Vega und Tschernitza - durch starke hydromorphe Merkmale gekennzeichnet.

Abb. 5.3-4: Korrelation (n = 40) zwischen BF und EDW in einer Vega aus Auensandlehm und zwei Vega-Gleyen aus Auenschlufftonen (Profile 3, 6 und 21, s. Rinklebe 2004).

Regression
95% Konfid.
r = -0,83

EDW [MPa]

Bodenfeuchte [Vol. %]

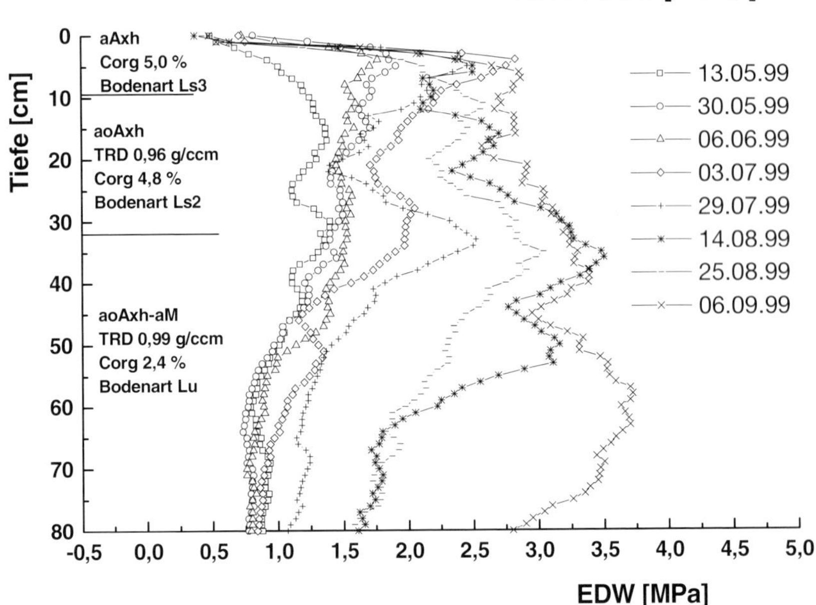

Abb. 5.3-5: Dynamik der Tiefenfunktion des Eindringwiderstandes in einer Tschernitza aus Auenschluff bei kontinuierlicher Abnahme der Bodenfeuchte (Bodenbeschreibung s. Rinklebe et al. 2000, Rinklebe 2004).

Tab. 5.3-3: Dynamik der Tiefenfunktion der BF in einer Tschernitza aus Auenschluff.

Datum Tiefe [cm]	13.05.99	19.05.99	23.05.99	30.05.99	06.06.99	14.06.99
20	59,15	58,48	57,38	53,04	51,80	51,33
60	54,63	54,42	54,21	52,91	52,30	51,39
Bodenfeuchte [Vol. %], mit TDR-Sonden gemessen						

(vom 21.06.1999 bis 06.09.1999 Messausfall)

5.3.4.1 Korrelation zwischen Bodenfeuchte und Eindringwiderstand in Auenbodenformen
Bodenfeuchte und EDW korrelieren bei drei Vegen eng miteinander (Abb. 5.3-4); jedoch sinkt der Korrelationskoeffizient von -0,83 auf -0,76 bei einer Aggregation von drei Vegen und einer Tschernitza (Abb. 5.3-6); die Messpaare schwanken stärker um die Anpassungsgerade (vgl. Abb. 5.3-4). Offensichtlich üben Faktoren wie TRD, Körnung, C_{org} sowie räumliche Heterogenitäten einen stärkeren Einfluss auf diese Beziehung aus.

Die Messwertpaare Bodenfeuchte - Eindringwiderstand der acht beprobten Auenböden sind in Abbildung 5.3-7 zusammengefasst. Der Korrelationskoeffizient beträgt -0,74. Der minimale EDW liegt bei 0,2 MPa und der maximale bei 5,44 MPa. Unter feuchten Bedingungen liegen die Messwerte der Anpassungskurve relativ eng an; unterhalb einer Bodenfeuchte von 35 Vol. % streuen die EDW-Werte stärker. Auch Boguslawski & Lenz (1959) finden bei Freilandversuchen eine erhebliche Streuung der Messwerte im trockenen Bereich. Eine hohe Bodenfeuchte verursacht keine weitere Abnahme des EDW. Somit ist bei den hier untersuchten Wasser gesättigten Böden die Tiefenfunktion des EDW eine Funktion von TRD, C_{org} und Körnung (vgl. Kap. 5.3.3.1).

Im gesättigten Boden sind alle Poren mit Wasser gefüllt. Mit abnehmender Bodenfeuchte entwässern zuerst die Grobporen und das Wasser verteilt sich ungleichmäßig in der Bodenmatrix. Mittel- und Feinporen sind nicht völlig gleichmäßig über die horizontale und vertikale Ausdehnung eines Horizonts verteilt. Je geringer die Bodenfeuchte, umso heterogener ist die räumliche Verteilung des Bodenwassers. Die bodeneigene Heterogenität sowie die hieraus resultierende ungleichmäßige Verteilung des Bodenwassers insbesondere bei geringer Bodenfeuchte bedingen eine höhere Streuung des EDW. Des Weiteren werden hohe Eindringwiderstände erheblich durch TRD und Körnung beeinflusst (Knittel & Stanzel 1976).

Das Wasser im Porenraum zwischen Mineralteilchen und organischer Bodensubstanz beeinflusst die Stabilität der Lagerung. Es wirkt durch seinen teilweise erheblichen Anteil an der Gesamtmasse des

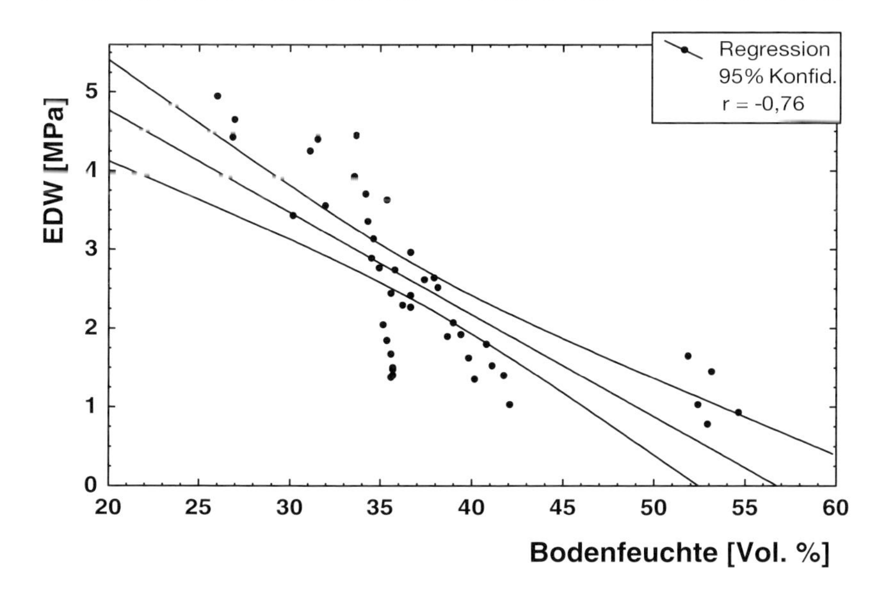

Abb. 5.3-6: Korrelation (n = 45) zwischen BF und EDW in drei Vegen aus Auenschlufftonen und -lehmen sowie einer Tschernitza aus Auenschluff (Profil 3, 6, 20 und 21, s. Rinklebe 2004).

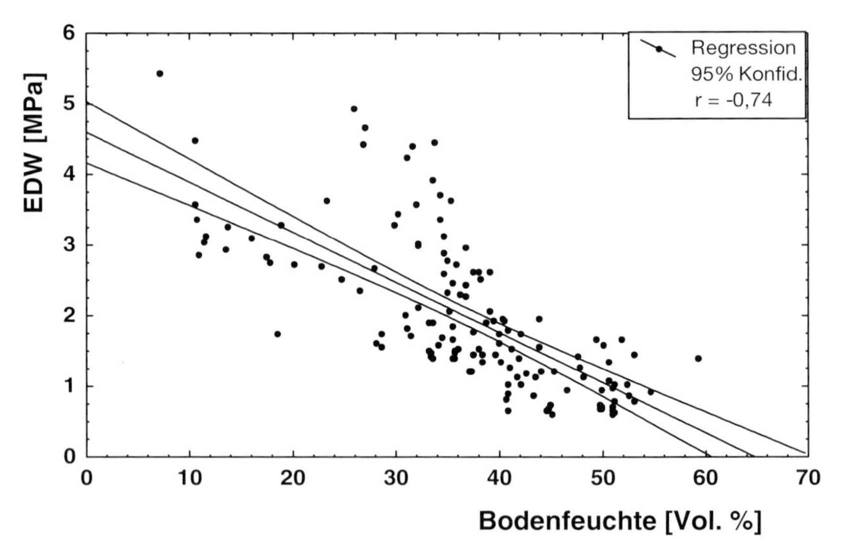

Abb. 5.3-7: Korrelation (n=144) zwischen BF und EDW in acht Auenböden.

Bodens und durch lokal begrenzte Druckänderungen. Bei Kompression feuchter Böden trägt das Wasser einen Teil der Auflast mit, weil es nicht schnell genug durch die Poren entweichen kann (Hartge & Horn 1999). Ein ansteigender Wassergehalt verringert die Kräfte des Zusammenhaltes, der Verformungswiderstand sinkt. Hohe Wassergehalte gehen mit mächtigen Wasserfilmen um die Bodenteilchen einher, der Boden schmiert und lässt sich bruchlos verformen (Müller 1989).

Generell korrelieren EDW und Bodenfeuchte: bei hoher BF ist der EDW gering, bei abnehmender BF steigt der EDW an (Abb. 5.3-2, -4, -6, -7). Die Beziehung zwischen Bodenfeuchte und Eindringwiderstand ist bodenformen abhängig (Verifizierung der 1. Hypothese).

5.3.5 Regressionsgleichungen/ Pedotransferfunktionen

Die BF unterliegt insbesondere in Auenböden einer starken jahreszeitlichen Dynamik. Sie verringert sich mit dem rückläufigen Frühjahrshochwasser von ihrem Maximalwert bis sie, meist im Spätsommer, ihren Minimalwert erreicht. Über den relativ kurzen Zeitraum von vier Monaten hinweg können TRD, Körnung und C_{org}-Gehalt als konstant betrachtet werden. So ist der Boden in dieser Zeit ein physikalisch-statisches System, in dem nur die Bodenfeuchte variiert. Die Dynamik der Tiefenfunktion des EDW spiegelt somit die Abhängigkeit von der Bodenfeuchte wider.

Aus den Beziehungen des EDW zur BF wurden unter Einbeziehung der wesentlichen Einflussfaktoren Pedotransferfunktionen mittels multipler Regressionsanalysen erstellt. Dazu wurden TRD, Sand-, Ton- und C_{org}-Gehalt aus acht Bodenprofilen mit dem EDW in die Berechnungen integriert. Die damit einhergehende Verringerung der Streuung um die Anpassungsgeraden (Abb. 5.3-2, -4, -6, -7) belegt die Verifikation der 2. Hypothese.

Die untersuchten Böden werden, konform zum Wasserhaushalt, in verschiedene Gruppen unterteilt und es werden entsprechende Regressionsgleichungen errechnet. Die Aggregation der Auenbodenformen erfolgt in zwei Gruppen: 1. die Vegen aus Auenlehmen und einer Tschernitza aus Auenschluff sowie 2. Gleye aus Auenschluffen (Helbach 2000 unveröffentlicht; vgl. Rinklebe et al. 2004).

Die Aggregation der Auenbodenformen ermöglicht eine Diskriminierung der Böden nach messbaren Bodeneigenschaften. Damit ist bei Kenntnis der Bodenverbreitung eine indikative Messung des Eindringwiderstandes und eine daraus resultierende Ableitung der Bodenfeuchte möglich. Eine Übertragbarkeit in Böden weiterer Auenökosysteme ist potenziell gegeben.

Für Vegen aus Auenlehmen und die Tschernitza aus Auenschluff errechnet sich die folgende Regressionsgleichung:

(R^2 = Bestimmtheitsmaß, n = Probenzahl, F = Freiheitsgrad)

$$BF = 90{,}18 - 1{,}39 * C_{org} + 0{,}13 * Sand + 0{,}29 * Ton - 2{,}27 * EDW - 40{,}92 * TRD$$

$R^2 = 0{,}97$, $n = 45$, $F_{(5,39)} = 228{,}10$

Regressionsgleichung für drei Gleye aus Auentonschluffen:

$$BF = 165{,}15 + 1{,}34 * C_{org} - 0{,}22 * Sand - 0{,}72 * Ton - 6{,}85 * EDW - 68{,}55 * TRD$$

$R^2 = 0{,}90$, $n = 58$, $F_{(5,52)} = 88{,}684$

Die Regressionsgleichungen sind hoch signifikant. Für drei Vegen und eine Tschernitza wird ein Bestimmtheitsmaß von 0,97 erreicht, und die Regressionsgleichung für drei Auengleye erbringt ein $R^2 = 0{,}90$ (Verifikation der 3. Hypothese).

Durch die Verrechnung der Bodenkennwerte mit den Eindringwiderständen in der Regressionsgleichung lässt sich der Feuchteverlauf für die Böden im räumlichen und im zeitlichen Verlauf repräsentativ bis zur maximalen Penetrationstiefe von 80 cm konstruieren. Das dabei erreichte Auflösungsvermögen von 1 cm (Helbach 2000 unveröffentlicht) ist wesentlich höher als bei Messungen mit TDR-Sonden, Kombinationsgeräten EDW-BF (Young et al. 2000, Vaz & Hopmanns 2001) oder Stechzylindern.

Unger (1996) stellt in einem Feldversuch eine sehr vereinfachte (Pedotransfer-) Funktion auf. Der Eindringwiderstand wird dabei nur über den Wassergehalt und eine Konstante mit einem Bestimmtheitsmaß von 0,79 errechnet. Andere Autoren (z.B. Horn 1984, Pachepsky et al. 1998) berechnen wesentlich komplexere Regressionsgleichungen, die generellere Anwendungen ermöglichen. Allgemein gilt, je kleinräumiger oder spezieller die Anwendungen der Pedotransferfunktionen konzipiert werden, umso geringer die Anzahl der einzubeziehenden Faktoren, umso einfacher der Aufbau der Regressionsgleichung, und umso genauer die errechneten Ergebnisse.

Den Ansatz einer Horizont bezogenen Analyse gemessener EDW verfolgen Rooney & Lowery (2000). Sie nutzen den Eindringwiderstand zur räumlich hoch auflösenden Horizonterfassung und -differenzierung. Die Kenntnis des Horizonttyps und der Horizontmächtigkeit ermöglicht eine gezielte Bodenbearbeitung, Düngung sowie eine genaue Modellierung von Transportprozessen. Die Horizont bezogene Auswertung des EDW könnte bei Auenböden genauere Pedotransferfunktionen ermöglichen, z.B. durch Berücksichtigung horizonttypischer Ausprägungen von starken Eisenoxid- und -hydroxidausfällungen im aGkso eines Auengleyes. Becher (2004) weist bei der Diskussion des Konzentrationsfaktors k als steuernde Größe der mechanischen Druckverteilung auf die Horizont bezogene Veränderung der Bodenkennwerte (TRD, Körnung, BF, Schichtung u.a.) sowie auf die Bodengenese hin und fordert deren Berücksichtigung. Daraus sollte sich für die Berechnung des Konzentrationsfaktors kein bodenformenabhängiges, horizontspezifisches Vorgehen ergeben.

Der Regressionstyp ist in der Literatur umstritten. Teilweise werden lineare Funktionen für die Beziehung BF - EDW aufgestellt, teilweise exponentielle. Für die hier verwendeten Daten ergab die lineare Regression gute Ergebnisse. Die exponentielle Verrechnung der Wertepaare wird vor allem für die Wasserspannung von pF 0 bis pF 7,0 verwendet. Je kleiner der betrachtete Wasserspannungsbereich, umso eher zeigt sich ein linearer Zusammenhang. Stock (2005 unveröffentlicht) zeigt bei humusfreien und schwach humosen Böden einen exponentiellen Zusammenhang zwischen EDW und Wasserspannung über den gesamten pF-Bereich. Mit zunehmendem Humusanteil steigt die Linearität.

5.3.6 Ableitung der Bodenfeuchte aus EDW und Bodenkennwerten

Die in Kapitel 5.3.5 errechneten Pedotransferfunktionen zeigen, dass eine Ableitung des Eindringwiderstandes mit wenigen Faktoren möglich ist. Über Bodenart und Bodentyp hinweg ist eine Ableitung der Bodenfeuchte aus dem EDW und wenigen weiteren Bodenkennwerten möglich. Weiterhin findet sich kein Hinweis, der eine Übertragbarkeit auf Böden weiterer Auen einschränkt.

5.3.6.1 Auengley aus Auenreinsand über Auentonschluff

Die relative zeitliche Veränderung der aus dem EDW abgeleiteten Bodenfeuchte ist sehr genau und wird lediglich durch Profildifferenzierungen und räumliche Heterogenitäten eingeschränkt (Abb. 5.3-8). Die sprunghaften Änderungen der Bodenfeuchte an den Horizontgrenzen sind durch die horizontweise Beprobung und Messung der Bodenkennwerte bedingt, zeichnen aber die Horizont charakterisierenden Eigenschaften mit ihren Auswirkungen auf die Wasserhaushalte jedes Horizonts vermutlich realitätsnah wider. In dem Auengley aus Auenreinsand über Auentonschluff wird die Entwicklung der durch die Pedotransferfunktion abgeleiteten Bodenfeuchte durch den ailC-aGw und den aGw-ailC geprägt. Zum ailC-aGw hin verringert sich die BF um 23,3 Vol. % auf 29 Vol. %, vom aGw-ailC zum aGo-aM steigt sie um 12,1 Vol. % auf 38,8 Vol. % an. Die sprunghafte Zunahme der Bodenfeuchte am Horizontübergang ist Folge des Substratwechsels und dem damit verbundenen Wechsel in der Porengrößenverteilung. Begründen lässt sich dies durch das geringe Wasserhaltevermögen des Auenreinsandes und die Unterbrechung des kapillaren Aufstiegs. Ab einer Tiefe von 33 cm ist die Veränderung der BF gering.

5.3.6.2 Vega aus Auensandlehm

Abbildung 5.3-9 zeigt die aus EDW, TRD, Sand, Ton und C_{org} berechnete Bodenfeuchte in einer Vega aus Auensandlehm. Die abgeleitete Bodenfeuchte variiert während des zweieinhalbmonatigen Betrachtungszeitraumes zwischen 32, 39 und 44,59 Vol. %. Mit zunehmender Bodentiefe ist eine stufen- (bzw. horizont-) weise Abnahme der Bodenfeuchte erkennbar. Am 13.05.1999 nimmt die BF vom aAh- zum aoAh-aM-Horizont von 42,4 auf 38,9 Vol. %, vom aoAh-aM- zum aGo-aM-Horizont von 39,4 auf 37,0 Vol. % ab.

Im obersten Bodenhorizont (aAh) nimmt die BF von der Geländeoberfläche (GOF) bis in 18 cm Tiefe um 1,8 Vol. % ab. Dem an die Oberfläche grenzenden Horizont wird im Spätfrühjahr und Frühsommer relativ wenig Feuchtigkeit als Niederschlag bzw. Tau zugeführt, so dass nur die oberen Bodenzentimeter

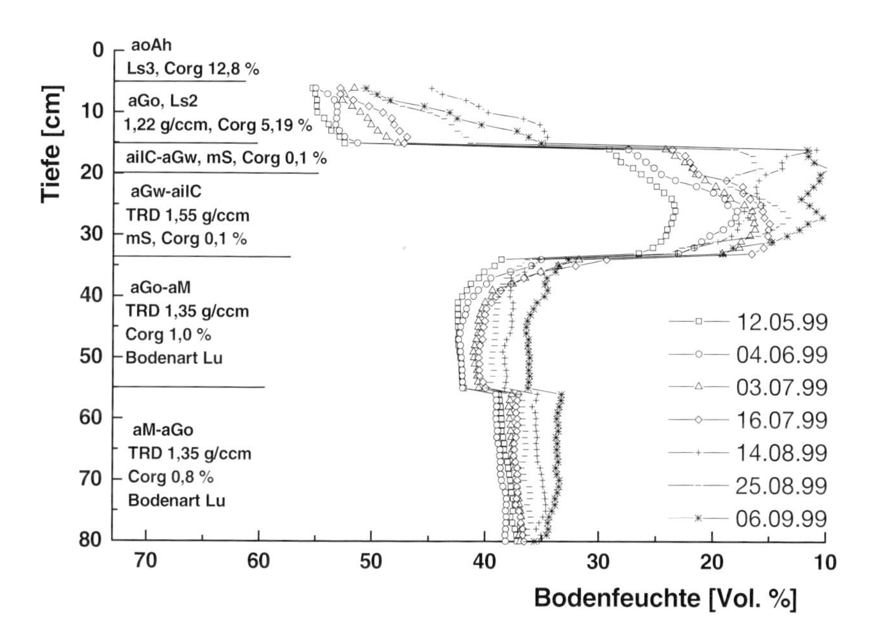

Abb. 5.3-8: Aus dem EDW abgeleiteter Verlauf der Bodenfeuchte in einem Auengley aus Auenreinsand über Auentonschluff zu verschiedenen Terminen.

durchfeuchtet werden. Im aoAh-aM-Horizont nimmt die Bodenfeuchte stetig, insbesondere vom 06.06. zum 14.06.1999, ab. Der Wasserentzug durch Pflanzen verstärkt sich im Verlauf der Vegetationsperiode. Wurzeln erschließen tiefere Bodenbereiche, um Wasser geringerer Spannung erschließen zu können. Der aGo-aM-Horizont weist eine geringere Bodenfeuchte als die beiden ihn überlagernden Horizonte auf, denn das Niederschlagswasser gelangt nur sehr eingeschränkt in diese Bodentiefe. Außerdem verhindern die bei ca. 1,80 m unter Flur anstehenden, sehr durchlässigen, schwach Kies führenden Auensande einen kapillaren Grundwasseraufstieg, da diese vom Spätfrühjahr bis zum Herbst meist zwischen 3 bis 5 m unter GOF liegen. Erst ab dem 03.07. 1999 verringert sich im aGo-aM-Horizont die Bodenfeuchte nennenswert.

5.3.6.3 Tschernitza aus Auenschluff

Die abgeleitete Bodenfeuchte in einer Tschernitza aus Auenschluff variierte während der viermonatigen Messperiode zwischen 54,67 und 46,69 Vol. % (Abb. 5.3-10). Die hohe BF resultierte aus dem hohem C_{org}-Gehalt (5,0; 4,8 und 2,4 %) mit hydrophilen Eigenschaften, einem hohen Anteil Fein- und Mittelporen sowie der bindigen Bodenart. Der aoAxh-Horizont trocknete während des Messzeitraumes relativ kontinuierlich aus, während die Bodenfeuchte im aoAxh-aM-Horizont vom 13.05. zum 29.07.1999 sich nur geringfügig ändert.

Die unterschiedlichen Bodenfeuchten des 2. und 3. Horizonts resultieren ebenfalls aus variierender Körnung und Lagerungsdichte: Der Wassergehalt ist bei ton- und schluffreichen (Lu) Böden höher als bei sandreichen (Ls2), bei verdichteten höher als bei unverdichteten (TRD: 0,99 zu 0,96 g/cm³) (Scheffer & Schachtschabel 2002).

Die Ermittlung der Bodenfeuchte über die ausgewiesenen Regressionsgleichungen ist sehr genau. Streuungen werden vorrangig durch Bodenheterogenitäten bedingt. Aufgrund der engen Beziehung von EDW und BF, Textur, TRD und C_{org}

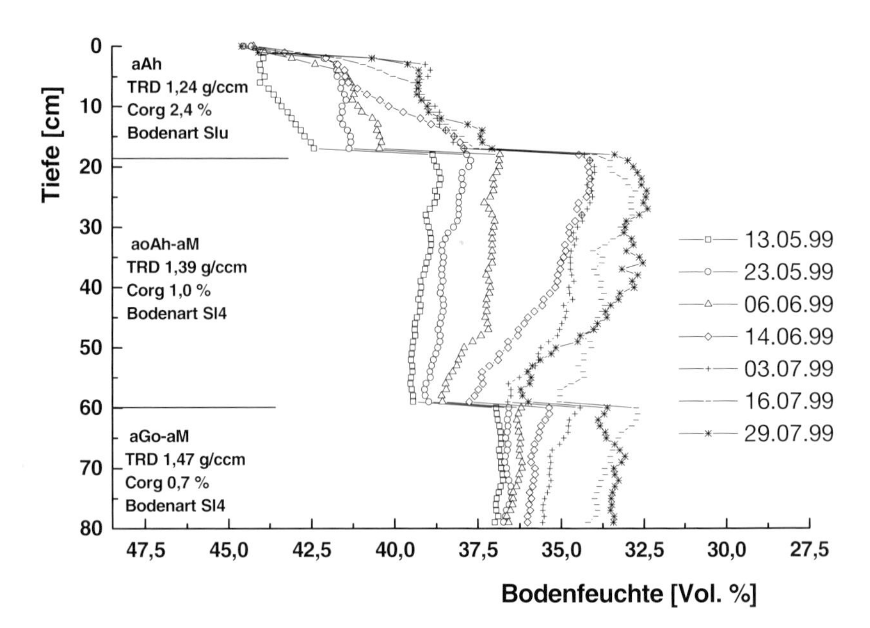

Abb. 5.3-9: Aus dem EDW abgeleiteter Verlauf der Bodenfeuchte in einer Vega aus Auensandlehm zu verschiedenen Terminen.

zeichnet die BF entsprechende sprunghafte Änderungen der Horizonte nach. Je differenzierter die Probennahme zur Ermittlung der Bodenparameter erfolgt, desto genauer kann die Tiefenfunktion der BF erstellt werden. Das Bodenfeuchtegefälle in den Horizonten ist aufgrund der Evaporation und des kapillaren Aufstieges des Grundwassers erklärbar. Bodenfeuchtewerte zwischen 0 bis ca. 10 cm Tiefe sind messtechnisch nur bedingt auswertbar. Eine weitere Validierung an anderen Auenstandorten wäre notwendig.

5.3.7 Ausblick

Pedotransferfunktionen lassen sich unter Einbeziehung der Bodenentwicklung und der die Bodenstabilität kennzeichnenden Kennwerte auf weitere Bodentypen anwenden (Horn 1984). Jedoch ermöglicht die Beschränkung der Pedotransferfunktionen auf einzelne Landschaftseinheiten oder Bodenklassen, eine vereinfachte Erstellung von Regressionsgleichungen. Begründen lässt sich dies bei Auenökosystemen durch die gleichartige Bildung dieser Böden (Sedimentation) mit einer ähnlichen Wasserdynamik (periodische Überschwemmungen und stark schwankende Wasserstände). In Anlehnung an verschiedene Autoren, welche die wesentlichen Einflussfaktoren als Ergebnis landschaftstypischer Prozesse schildern, d.h. Sedimentationsgradient, Sedimentationsverdichtung (Opp 1985), Gefügebildung (Lieberoth 1982) und Wasserführung, gelten vorliegende Ergebnisse zunächst ausschließlich für Auenböden. Eine vereinfachte Betrachtung wird möglich, indem nur die den EDW „stark" beeinflussenden Faktoren berücksichtigt werden, während die schwächeren (z.B. Carbonatgehalt, Eisengehalt oder Partikelform) als Ergebnis der Landschaftsbildung angesehen und dadurch als landschaftliche Konstante nicht weiter differenziert werden. Auch von Bogulawski & Lenz (1959) schränken die Übertragbarkeit des EDW auf einen nach Art und Typ definierten Boden ein. Des Weiteren ist aufgrund des empirischen Ansatzes eine Übertragbar-

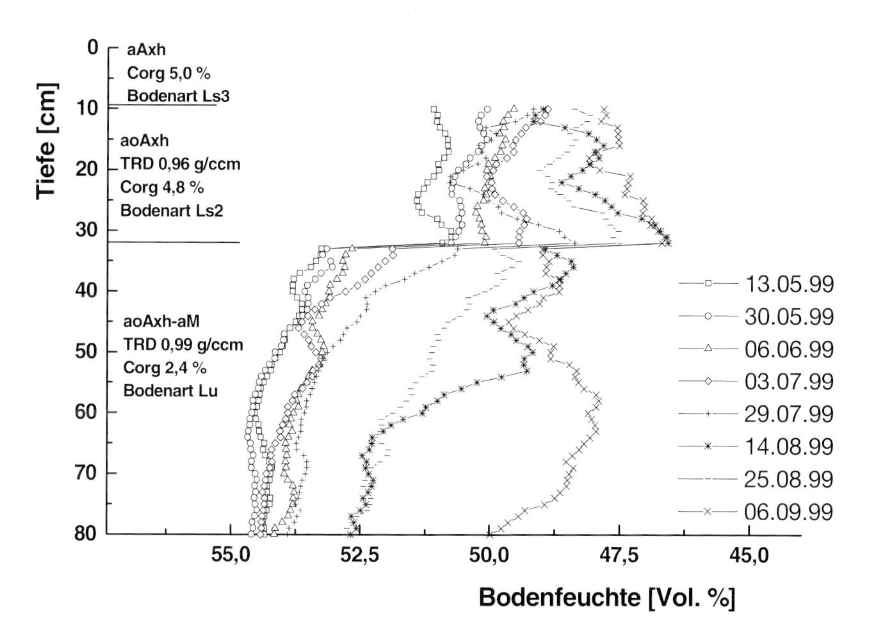

Abb. 5.3-10: Aus dem EDW abgeleiteter Verlauf der Bodenfeuchte in einer Tschernitza aus Auenschluff zu verschiedenen Terminen.

keit der Pedotransferfunktionen in andere Landschaftseinheiten mit anderen Bodencharakteristiken zunächst nicht sicher möglich (Grunwald et al. 2001). Für weitere Bodenformen müssen bei gleichem Ansatz eigene Pedotransferfunktionen entwickelt werden.

Die Pedotransferfunktionen könnten vermutlich durch die Verwendung des Verdichtungsgrades (degree of compactness - D) anstelle der Trockenrohdichte präzisiert werden. Der Verdichtungsgrad ist definiert als die TRD eines Bodens in Prozent der TRD desselben Bodens bei einer uniaxialen Verdichtung von 200 kPa (Lipiec & Hakansson 2000). Der D-Wert ist abhängig von der Korngrössenverteilung, so dass die Textur in Pedotransfersysteme nur indirekt einbezogen werden müsste. Des Weiteren ist der D-Wert als einheitliche Bezugsgröße im Hinblick auf Pflanzenwachstumsbedingungen und kritischen Eindringwiderstandswerten aller Böden verwendbar (Lipiec & Hakansson 2000).

Unter Praxisbedingungen gibt es vielfältige Anwendungsmöglichkeiten für Eindringwiderstandsmessungen: die Indikation von Verdichtungshorizonten oder Pflugsohlenverdichtungen in der Land- und Forstwirtschaft, die Ermittlung von Spannungszuständen und der Tragfähigkeit (Hartge & Bachmann 2004), die Beobachtung von oberflächennahen Wasserscheiden im Jahresverlauf und insbesondere die Messung der Bodenfeuchte. Aus den großen nationalen Datensammlungen (z.B. der Reichsbodenschätzung und den Bodendaten der geologischen Landesämter) könnten bei Konstruktion entsprechender Pedotransferfunktionen kleinräumig hochauflösende Modelle der hydraulischen Leitfähigkeit, der Grundwasserneubildung oder auch des Gesamtwasserhaushaltes gebildet werden. Die apparativ einfache und kostengünstige Verwendung von Penetrometern bietet insgesamt vielfältige wissenschaftliche und praktische Anwendungsmöglichkeiten.

6.1 Struktur und Dynamik charakteristischer Pflanzenpopulationen und Vegetationstypen mitteldeutscher Auen als Indikatoren der Standortbedingungen

Uwe Amarell & Stefan Klotz

Zusammenfassung

Die pflanzenökologischen Untersuchungen konzentrierten sich auf vier generelle Aspekte: 1. Die Überprüfung der Zeigerwertsysteme von Ellenberg et al. 1992 und Londo 1975 am Beispiel des fein strukturierten Arten- und Vegetationsmosaiks des Auengrünlandes, 2. Die Möglichkeiten der Nutzung der Geländehöhe bzw. Überflutungsdauer und der Bodenmerkmale für die Voraussage des Vorkommens von Pflanzenarten und -gemeinschaften, 3. Die Erfassung des Zusammenhangs zwischen ökologischen Pflanzenmerkmalen (Lebensformen, Blattausdauer, Blattanatomie und Speicherorgane) und typischen Merkmale der Auenstandorte (Wasserdynamik, Geländehöhe) und 4. Die Anwendung des ökologischen Strategietypenkonzeptes auf Auenpflanzen.

Exemplarisch konnte gezeigt werden, dass sowohl die Zeigerwertsysteme als auch die Prognosemodelle für ausgewählte Pflanzenarten und -gemeinschaften wertvolle und zentrale Bestandteile von Indikationssystemen für das Auengrünland sein können. Als zukunftsträchtig, weil nicht nur auf das Vorkommen oder Fehlen von Arten beruhend, kann die Verwendung von biologisch-ökologischen Merkmalen für Indikationssysteme angesehen werden. Bei Verwendung von Merkmalen ist man bei großräumigen Vergleichen unabhängig von den vorhandenen Artenpools. Parallel hierzu konnte gezeigt werden, dass auch die ökologischen Strategietypen nach Grime (1979) geeignete Einheiten für Indikationssysteme sein können.

Da die Untersuchungen sich auf einen nur relativ kleinen geographischen und standörtlichen Ausschnitt des Auengrünlandes beziehen, sind die Ergebnisse für die Arten und Pflanzengemeinschaften nur zum Teil übertragbar. Die Rolle der Grünlandnutzung und der Nutzungsgeschichte konnte im Projekt nicht untersucht werden, ihr Einfluss überlagerte jedoch die Ergebnisse.

6.1.1 Einführung

Die Vegetation von Auen wird im europäischen Maßstab als azonal und gering differenziert angesehen und ist strukturell und pflanzensoziologisch gut untersucht. Kenntnislücken bestehen hinsichtlich der Mechanismen der anthropogenen Überprägung insbesondere durch wasserwirtschaftliche und landwirtschaftliche Eingriffe. Zur Abschätzung von Auswirkungen eines veränderten Hydro- und Nährstoffregimes können Indikationssysteme eine wesentliche Komponente darstellen, bereits etablierte Indikatoren (Ellenberg et al. 1992, Londo 1975) müssen überprüft oder neu geeicht werden.

Die Auswirkungen der Veränderung der hydrologischen und trophischen Bedingungen mitteleuropäischer Auenlandschaften und deren

Reversibilität sind bislang nur unzureichend geklärt.

Ziel der Untersuchungen des botanischen Teilprojekts innerhalb von RIVA ist die Entwicklung und Überprüfung eines Indikationssystems auf pflanzenökologischer Basis (populations- und synökologisch). Im Mittelpunkt der Untersuchungen steht das für den Naturschutz im Sinne einer Regeneration der Auen wichtige Grünland. Das Indikatorpotenzial der entsprechenden Arten und Vegetationstypen soll am Beispiel eines kleinen Flussabschnittes der Elbe untersucht und getestet werden. Hierzu gehört vor allem das Verhalten von Arten und Artengemeinschaften gegenüber der auentypischen Hydrodynamik. Die Kombination von drei Ansätzen (zönotischer, floristischer und populationsökologischer Ansatz) erlaubt die Indikation von Zuständen und Veränderungen auf verschiedenen ökologischen Organisationsstufen (vgl. Schubert 1991). Ein entscheidender Schwerpunkt des Projektes - wie auch des Teilprojektes - bestand in der Prüfung methodischer Grundlagen, d.h. in der Suche nach geeigneten Verfahren zur Aufdeckung von Beziehungen zwischen Arten, funktionellen Merkmalen von Arten, Lebensgemeinschaften (biotische Komponente des Indikationssystems) und messbaren Standortfaktoren (abiotische Komponente des Indikationssystems). Ein weiterer Schwerpunkt war die Prüfung bestehender Indikationssysteme. Unter dem Aspekt der die Auen am stärksten prägenden Umweltkomponente - der Hydrodynamik - kamen dafür vor allem das Zeigerwertsystem von Ellenberg et al. (1992) und das Feuchtetypensystem von Londo (1975) in Frage. Auf Grund der räumlichen und zeitlichen Limitierung der Untersuchungen haben sie primär exemplarischen Charakter und Gültigkeit für die Auen der Mittleren Elbe. Der folgende Abschnitt gliedert sich nach den wesentlichen Arbeitsschwerpunkten des Teilprojekts.

6.1.2 Methodik

6.1.2.1 Vegetationskartierung

Die Vegetation wurde im Maßstab 1: 2.000 kartiert. Die Grundlage bildete die Bundeswasserstraßenkarte. Die Kartierung des Hauptuntersuchungsgebietes Schöneberger Wiesen bei Steckby erfolgte im Juli und August 1998, die der beiden Nebenuntersuchungsgebiete Schleusenheger bei Wörlitz und Dornwerder bei Sandau im Juli 1999. Die Gesellschaften wurden bis auf Assoziationsniveau bestimmt und nicht weiter soziologisch untergliedert. Die Nomenklatur richtet sich, soweit nicht anders vermerkt, nach Schubert et al. (1995), die der Pflanzentaxa generell nach Wisskirchen & Haeupler (1998). Zu den Kartiereinheiten wurden Belegaufnahmen nach Braun-Blanquet (1964) erstellt, dabei wurde eine stärker differenzierende Skala verwendet (nach Barkmann et al. 1964, Wilmanns 1993 und Dierschke 1994).

6.1.2.2 Erhebung floristischer Daten

Für verschiedene Fragestellungen des botanischen Teilprojekts wurden die 60 Probeflächen des RIVA-Projekts in den 3 Untersuchungsgebieten genutzt. Innerhalb dieser 60 Probeflächen wurden jeweils drei Plots für das botanische Teilprojekt festgelegt: 1 Fläche von 1 m^2, 1 Fläche von 4 m^2 und 1 Fläche von 100 m^2. Generell wurden diese Plots quadratisch angelegt, nur die 100 m^2-Fläche musste in ihrer Form oft den Geländegegebenheiten angepasst werden. In den schmaleren Flutrinnen wurde daher eine lang gezogene Form von 5 m x 20 m bevorzugt. Alle

Flächen wurden mit Vermarkungsrohren an den Eckpunkten für den Untersuchungszeitraum markiert. In allen Teilflächen wurde der Artenbestand mit den zugehörigen Dekkungswerten nach der in der Vegetationskunde üblichen Braun-Blanquet-Skala (vgl. Braun-Blanquet 1964) und in 10 %-Schritten erfasst. Diese Erfassung erfolgte im Hauptuntersuchungsgebiet Schöneberger Wiesen dreimal pro Jahr (1998, 1999) und in den beiden Nebenuntersuchungsgebieten zweimal pro Jahr. Außerdem wurde zum jeweiligen Untersuchungszeitpunkt auf allen Probeflächen eine Frequenzbestimmung der Arten vorgenommen. Dazu dienten 20 nach einem Zufallsmuster festgelegte Plots von 20 cm x 20 cm, so dass die Frequenz in Stufen von 5 % ermittelt werden konnte. Für den vorliegenden Vergleich der Probeflächen wurden die Erhebungen aus den 100 m²-Teilflächen genutzt, da diese den Artenbestand der Probeflächen am vollständigsten umfassen. Die Aufnahmen zu den einzelnen Zeiträumen sind zu synthetischen Aufnahmen zusammengefasst worden.

6.1.2.3 Gewinnung eines Datensatzes für die Vegetationsanalyse

Es wurde in diesem Schritt nach einer Möglichkeit gesucht, Vegetationstypen zur Indikation zu nutzen. Als Basis dienten dabei die Vegetationskartierung im Maßstab 1: 2.000, die Bodenkartierung gleichen Maßstabs (Buchkap. 5.2) sowie das durch Befliegung gewonnene Höhenmodell (Peter et al. 1999). Diese drei Grundkarten gingen in das GIS (Geographisches Informationssystem) ein. Die Auswertung konnte nur anhand der Untersuchungsgebiete Schöneberger Wiesen bei Steckby und Schleusenheger bei Wörlitz erfolgen, da für den Dornwerder bei Sandau keine Bodenkartierung vorlag. Um einen statistisch auswertbaren Datensatz zu gewinnen, wurden 100.000 Zufallspunkte in die Untersuchungsgebiete gelegt und damit ein Datensatz erzeugt, der für jeden dieser Punkte die Vegetationseinheit, die zugehörige Einheit der Bodenkartierung und die Geländehöhe lieferte. Aus diesem Datensatz wurden alle Punkte ausgeschlossen, die Vegetationseinheiten bzw. Bodeneinheiten mit einer Präsenz unter 0,5 % enthielten.

6.1.2.4 Erfassung morphologischer und ökologischer Merkmale

Ausgehend von der morphologischen Anpassung der Arten an die ökologischen Bedingungen, sollte es möglich sein, Strukturmerkmale zu finden, die für bestimmte Umweltbedingungen charakteristisch sind. Im Mittelpunkt der Untersuchungen des RIVA-Projektes standen Beziehungen zu hydrologischen Parametern, also der Grundwasserstand bzw. die relative Geländehöhe als entsprechendes Maß sowie Überflutungsdauer. Für die Untersuchungen wurde eine Datenbank mit ökologischen Merkmalen und Strukturmerkmalen (Wuchshöhe, Blattausdauer, Blatttypen, Lebensdauer, Lebensformen, Speicherorgane, Spross- und Wurzelmetamorphosen etc.) zu allen im Projekt erfassten Arten erstellt (s.a. Klotz et al. 2002). Diese Datenbank bildete mit der Geländeerfassung auf den 60 Probeflächen die Basis für die Auswertung. Für jede Probefläche (genutzt wurde der 100 m²-Plot) wurden die Anteile der jeweiligen Merkmalsausprägung am Artenbestand errechnet.

6.1.2.5 Untersuchungen an ausgewählten Pflanzenarten

Für diese Untersuchungen wurden folgende charakteristische Auenwiesenpflanzen ausgewählt (in Klammern die Zuordnung zum Strategietyp (Grime 1979) nach Frank & Klotz 1990): *Allium angulosum* (csr – intermediärer Strategietyp), *Bolboschoenus maritimus agg.* (cs – Konkurrenz-Stress-Stratege), *Cnidium dubium* (c – Konkurrenzstratege), *Galium boreale* (csr), *Inula brittanica* (csr), *Persicaria hydropiper* (cr – Konkurrenz-Ruderalstratege), *Pseudolysimachion longifolium* (c), *Pulicaria vulgaris* (sr – Stress-Ruderalstratege), *Rumex thyrsiflora* (c), *Sanguisorba officinalis* (c), *Serratula tinctoria* (c), *Silaum silaus* (c) und *Xanthium albinum* (cr). Von diesen Arten wurden je zehn Exemplare bzw. „Ramets" (vegetative Einheiten) untersucht. Folgende Parameter wurden erhoben: bedeckte Fläche in cm^2, Wuchshöhe in cm, Anzahl Laubblätter, Gesamt-Blattfläche in cm^2, Trockenmasse der Laubblätter, Trockenmasse der oberirdischen Sprosse, Trockenmasse der unterirdischen Organe, Trockenmasse der generativen Organe, Samenproduktion, Blattgehalte an Stickstoff, Phosphor und Kalium. Diese Merkmale gehören zu den wichtigen und charakteristischen Größen, die die Physiologie und Ökologie der Pflanzen beschreiben.

6.1.2.6 Einbeziehung abiotischer Parameter

Als wichtige hydrologische Größe wurde die relative Geländehöhe genutzt, das heißt die Differenz zwischen der messbaren Geländehöhe der Probefläche und dem Mittelwasserstand der Elbe (1989-1998, berechnet pro Untersuchungsgebiet). Diese Größe korreliert eng mit dem Grundwasserflurabstand, hat jedoch gegenüber den Grundwassermessungen einige Vorteile. Im Gegensatz zu den Grundwassermessungen mittelt dieser Wert über längere Zeiträume. Außerdem ergibt sich für die praktische Arbeit eine relativ leicht zu erhebende Größe. Dies ist bei Übertragung auf Gebiete ohne Grundwassermessstellen von großer Bedeutung. Als zweite hydrologische Größe wurde die Überschwemmungsdauer der Standorte einbezogen. Sie ist nicht nur von der Geländehöhe abhängig, sondern wird durch weitere Faktoren, wie z. B. abdichtende Bodenschichten in Flutrinnen, mitbestimmt. Die Überschwemmungsdauer konnte nur als Mittelwert der Bearbeitungsjahre eingehen. Auch hier wären längerfristige Mittelwerte von Nutzen.

Neben der relativen Geländehöhe wurde für logistische Regressionen ihr quadrierter Wert einbezogen. Dies ermöglicht die Beschreibung von Kurven mit Scheitelpunkt innerhalb des Höhengradienten. Beide Faktoren werden im Folgenden gemeinsam als „Höhenmodell" bezeichnet.

Von den erhobenen Bodenparametern wurden Gesamtkohlenstoffgehalt (als Maß für den Humusgehalt), mittlerer Sandanteil, pH-Wert sowie Nitratgehalt und Gehalt an Pflanzen verfügbarem Phosphor als Erklärungsvariablen genutzt. Für die Interpretation der Clusteranalyse der Probeflächen wurden darüber hinaus Gehalte an Ammonium und Pflanzen verfügbarem Kalium verwendet. Für die Untersuchungen an Vegetationseinheiten wurden die kartierten Bodenformen genutzt (vgl. Buchkap. 5.2).

6.1.2.7 Statistische Verfahren

Für die statistischen Analysen wurde hauptsächlich das Programm CANOCO (ter Braak & Šmilauer 1998) genutzt, zusätzlich Standardprogramme (s. auch Buchkap. 4.3).

Im Einzelnen wurden folgende statistische Analysen durchgeführt:

Clusteranalyse

Die Clusteranalyse stellt ein Verfahren der Klassifikation dar. Sie ermöglicht die Umsetzung von Daten in hierarchische Strukturen. Das Ziel besteht in einer Fusionierung von Gruppen in immer größere Einheiten (Cluster). Mit Hilfe einer Clusteranalyse wurden die Probeflächen nach Ähnlichkeit im Artenbestand gruppiert. Die Berechnung der Ähnlichkeitsmatrix erfolgte mittels Präsenz-Gemeinschaftskoeffizienten nach Jaccard (vgl. ter Braak & Šmilauer 1998), die Fusionierung nach dem Ward-Algorithmus. Die Darstellung erfolgte als Dendrogramm (hierarchischer Baum).

Korrespondenzanalysen (CA)
Eine Korrespondenzanalyse (CA) diente als deskriptives bzw. exploratives Verfahren zur Analyse zwei- oder mehrdimensionaler Tabellen, welche ein Maß für die Korrespondenz zwischen Zeilen und Spalten enthalten. Es wurde zur Aufklärung genereller Ähnlichkeitsstrukturen innerhalb der Probeflächen und der Beziehung zwischen Arten und Probeflächen verwendet.

Um den Zusammenhang zwischen der Differenzierung der Probeflächen und dem zugehörigen Artenbestand aufzuzeigen, kam gleichfalls die Korrespondenzanalyse zum Einsatz. Zur Verdeutlichung wurde die erste CA-Achse der Probeflächen gegen die erste CA-Achse der Arten aufgetragen. Die gleiche Analysemethode wurde verwendet, um Beziehungen zwischen Vegetationstypen und Bodenformen aufzuzeigen.

Hauptkomponentenanalyse (PCA)
Die Hauptkomponenetenanalyse kam als Verfahren der Datenreduktion zum Einsatz. Sie ermöglicht die Reduzierung von Datensätzen mit vielen Variablen durch Extraktion von wenigen Faktoren (Hauptkomponenten). Sie wurde zur Prüfung komplexer Merkmale mit verschiedenen Ausprägungen genutzt (Feuchtetypen nach Londo, Spektren ökologischer und morphologischer Merkmale). Die extrahierten Faktoren konnten dann einer Regressionsanalyse unterzogen werden.

Diskriminanzanalyse
Die Diskriminanzanalyse stellt ein Klassifikationsverfahren dar. Sie ermöglicht Aussagen, welche Faktoren zwischen vorgegebenen Gruppen trennen und kam daher als Prüfverfahren vorgegebener Klassifikationssysteme zum Einsatz. Dies betrifft die Prüfung von Strategietypen nach Grime (s. Klotz et al. 2002) mittels erhobener „life-history-Daten".

Regressionsanalysen
Abhängig von der Art der zu prüfenden Daten kamen lineare und logistische Regressionsmodelle zum Einsatz. Logistische Regressionsmodelle (Verallgemeinerte lineare Modelle) wurden dann benutzt, wenn die zu prüfenden Werte eine Binomialverteilung aufwiesen (z.B. Präsenz-Absenz-Daten). Neben univariaten Regressionen wurden bi- und multivariate Regressionen eingesetzt.

6.1.3 Ergebnisse

6.1.3.1 Vegetationskartierung
Als Ergebnis der Kartierung liegen die Vegetationskarten der drei Untersuchungsgebiete im Maßstab 1:2.000 vor (vgl. Anlagen - A1 (Schöneberger Wiesen), B1 (Schleusenheger) und C1 (Dornwerder)). Eine Dokumentation beschreibt die 47 Kartiereinheiten und belegt diese in 14 Vegetationstabellen mit insgesamt 229 Belegaufnahmen (s. Kapitelanhang 6.1-1).

6.1.3.2 Floristischer Vergleich der Probeflächen
Mittels Clusteranalyse wurden die Probeflächen (PF) nach ihrer Ähn-

lichkeit im Artenbestand zu Gruppen zusammengefasst. Es ergab sich eine Einteilung in vier Cluster (Abb. 6.1-1).

Als am stärksten abgesetzt und relativ homogen ist Cluster A zu erkennen. Es umfasst 20 Probeflächen. Eingeschlossen sind alle Flutrinnen-Flächen, außer PF 10, und zusätzlich PF 60. Bei Probefläche 10 handelt es sich jedoch um eine sehr flach ausstreichende Flutrinne,

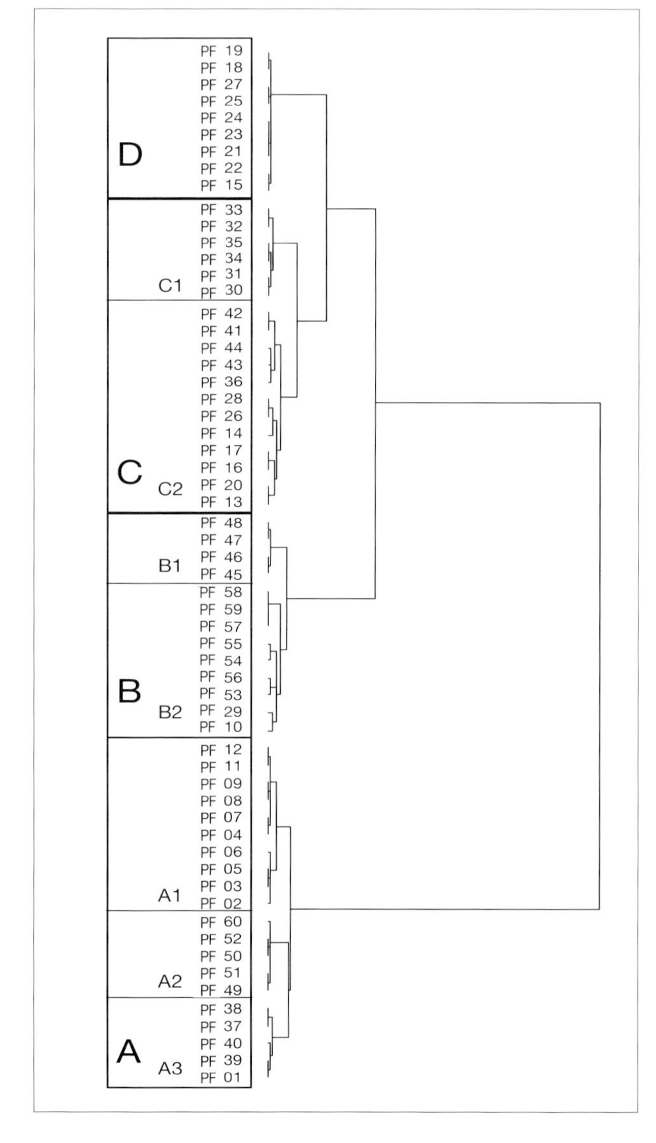

Abb. 6.1-1: Clusteranalyse der Probeflächen nach dem Artenbestand (Ähnlichkeitsmatrix nach Jaccard, Fusionierung mittels Ward-Algorithmus)

die vom Glanzgras-Röhricht dominiert wird, während der rinnentypische Vegetationskomplex aus Flutrasen und annuellen Zweizahnfluren stark zurücktritt. Für die im Sandauer Untersuchungsgebiet gelegene Fläche 60 ist dagegen gerade diese Kombination sehr bezeichnend. Das Cluster umfasst damit die am längsten überfluteten Probeflächen. Innerhalb dieser Einheit gruppieren sich die Probeflächen weitgehend nach ihrer Zugehörigkeit zu den drei Untersuchungsgebieten (A1 - Steckby; A2 - Sandau; A3 - Wörlitz).

Cluster B enthält 13 Probeflächen. Es schließt alle übrigen Probeflächen in Sandau und die beiden Steckbyer Probeflächen 10 und 29 ein (B2) sowie, etwas deutlicher abgesetzt, die in Wörlitz gelegenen Probeflächen 45-48 (B1). Die in Sandau und Steckby gelegenen Probeflächen dieses Clusters sind durch *Phalaris arundinacea*-Bestände charakterisiert, in die regelmäßig *Elymus repens* und *Alopecurus pratensis* eindringen. Die zum gleichen Cluster gehörenden Probeflächen 45-48 befinden sich auf der Niederterrasse in Wörlitz. Es handelt sich um unregelmäßig gemähte und beweidete Standorte mit sehr hohem Anteil an ruderalen Stauden (*Urtica dioica, Carduus crispus, Artemisia vulgaris* etc.). Daher erscheint die Gruppierung etwas inhomogen.

Cluster C beinhaltet 18 Probeflächen und gliedert sich deutlich in zwei Untergruppen. Sechs Probeflächen (C1: 30-35) sind deutlich abgesetzt. Es handelt sich dabei um feuchtes Grünland im Nordteil der Schöneberger Wiesen. Sie sind stärker dem Einfluss des Fundergrabens ausgesetzt und können daher nur in trockenen Jahren gemäht werden. Aufgrund dieser geringeren Nutzungsintensität weisen sie eine starke Verstaudung durch *Symphytum officinale*, *Urtica dioica* und

Cirsium arvense auf. Bei den übrigen Flächen (C2) handelt es sich um von *Alopecurus pratensis* dominierte Wiesenflächen oder um floristisch nur schwer abtrennbare verarmte Bestände des *Sanguisorbo-Silaetum*.

Cluster D umfasst neun Probeflächen. Es handelt sich dabei um hoch gelegene Standorte im elbnäheren Bereich der Schöneberger Wiesen. Bedingt durch größeren Grundwasserflurabstand treten dort bevorzugt trockenheitstolerante Pflanzen auf. Auffällig häufig sind *Arrhenatherum elatius*, *Galium verum*, *Agrostis capillaris*, *Allium vineale* und *Ornithogalum umbellatum* agg. Diese Bereiche wurden auch während der Kartierung als verarmtes *Dauco-Arrhenatheretum* vom weit verbreiteten *Galio-Alopecuretum* abgetrennt.

Die Korrespondenzanalyse der Probeflächen (Abb. 6.1-2, Kapitelanhang 6.1-2) zeichnet die durch Clusteranalyse begründeten Gruppen weit gehend nach. Deutlich wird jedoch, dass die Trennung zwischen den Clustern B, C und D nur unvollständig erfolgt. Dies ist bedingt durch eine Annäherung der Probeflächen 29 (Cluster B) und 18 (Cluster D) an die Probeflächen des Clusters C. Unter Zugrundelegung der ersten beiden CA-Achsen ist damit keine vollständige Clustertrennung möglich. Die zweidimensionale Darstellung kann jedoch nur einen geringen Teil der Inertia beschreiben. Die erste Achse erfasst 11,53 %, die zweite nur 5,93 % der Gesamt-Trägheit (Inertia).

Obwohl die Achsen der Korrespondenzanalyse nur mäßige Erklärungsanteile liefern, wurde versucht, sie mittels schrittweiser multipler linearer Regression zu interpretieren. Die erste CA-Achse ließ sich zu einem sehr großen Teil interpretieren (multiples $r^2 = 0{,}9401$; $p < 0{,}001$). Sie kann im Wesentlichen auf hydrologische Faktoren zurückgeführt werden. Hoch signifikante Erklärungsanteile liefern die Überschwemmungsdauer (partieller Regressionskoeffizient Beta: 0,6902; $p < 0{,}001$) und die relative Geländehöhe (partieller Regressionskoeffizient Beta: -0,3136; $p < 0{,}001$). Weitere signifikante Einflussgrößen sind Nitratgehalt (partieller Regressionskoeffizient Beta: 0,0905; $p < 0{,}01$) und mittlerer Sandanteil (partieller Regressionskoeffizient Beta: 0,0892; $p < 0{,}05$). Diese Größen wirken jedoch nur schwach modifizierend. Abb. 6.1-3 (links) belegt, dass die durch Kombination der erwähnten abiotischen Parameter prognostizierten Werte sehr gut mit den Koordinaten der ersten CA-Achse übereinstimmen. Die zweite CA-Achse konnte mittels multipler linearer Regression zu einem etwas kleineren, aber noch immer sehr hohen Anteil interpretiert werden (multiples $r^2 = 0{,}7445$; $p < 0{,}001$). Sie umfasst im Wesentlichen edaphische Faktoren und wird neben dem pH-Wert (partieller Regressionskoeffizient Beta: -0,5223; $p < 0{,}001$) durch die Nährstoffgehalte bestimmt: Nitrat (partieller Regressionskoeffizient Beta: -0,2604; $p < 0{,}001$); Pflanzen verfügbarer Phosphor (partieller Regressionskoeffizient Beta: -0,4056; $p < 0{,}001$) und Pflanzen verfügbares Kalium (partieller Regressionskoeffizient Beta: 0,2139; $p < 0{,}01$). Auch hier belegt die Abbildung (Abb. 6.1-3, rechts) die enge Übereinstimmung zwischen auf Grundlage der abiotischen Parameter prognostizierten Werten und den Koordinaten der zweiten CA-Achse.

6.1.3.3 Prüfung bestehender Indikationssysteme

Die Habitatansprüche der Pflanzen sind in vielen Fällen - schon aufgrund fehlender Mobilität - enger umgrenzt als die der Tiere und auch besser bekannt. So besteht für das ökologische Verhalten der höheren Pflan-

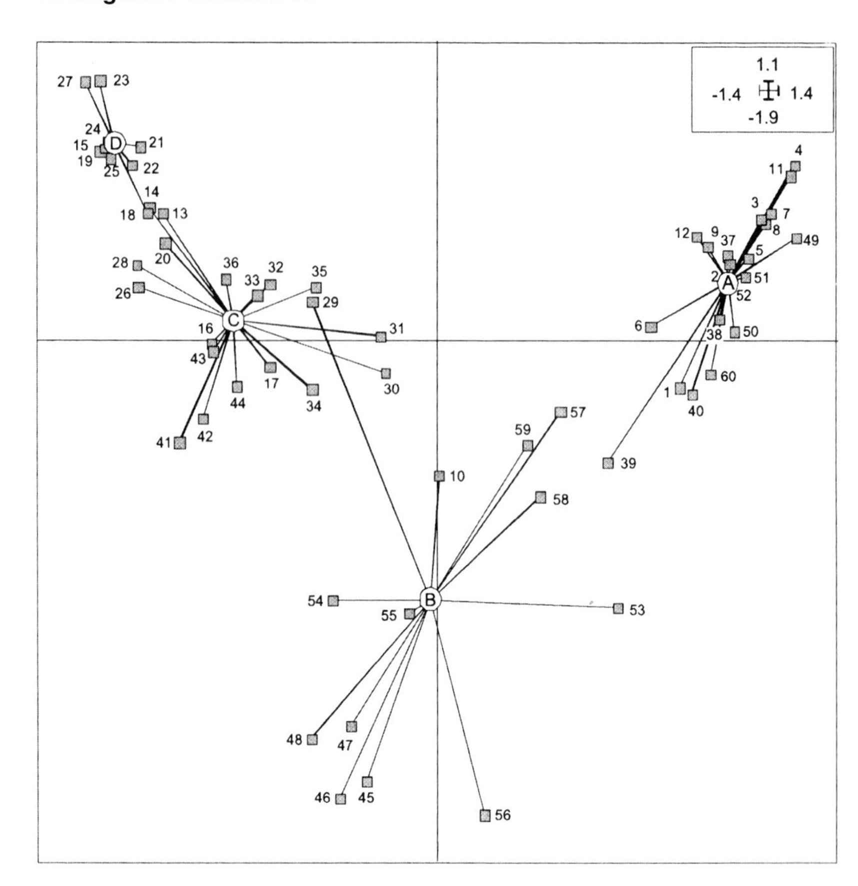

Abb. 6.1-2: Korrespondenzanalyse der Probeflächen. Die Ähnlichkeiten beruhen auf der Artenzusammensetzung. Die Gruppierung entspricht der Clusteranalyse (vgl. Abb. 6.1-1).

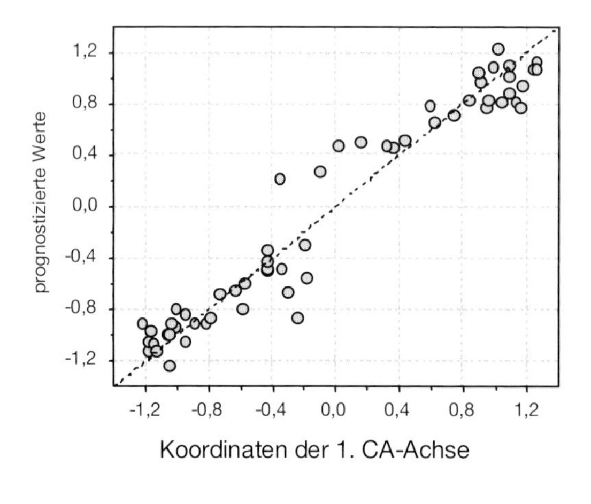

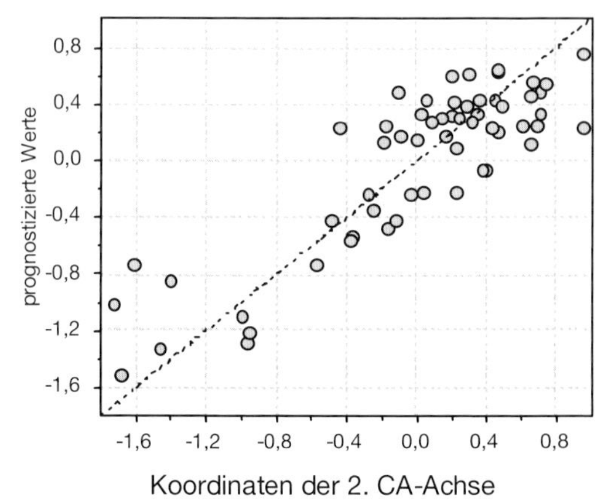

Abb. 6.1-3: Links: Multiple lineare Regression der ersten CA-Achse mittels folgender Faktoren: Überschwemmungsdauer, relative Geländehöhe, Nitratgehalt und Sandanteil, $r = 0,9401$, $p < 0,001$. Rechts: Multiple lineare Regression der zweiten CA-Achse mittels folgender Faktoren: pH-Wert, Bodengehalte an Nitrat, Pflanzen verfügbarem Phosphor und Kalium, $r = 0,7445$, $p < 0,001$.

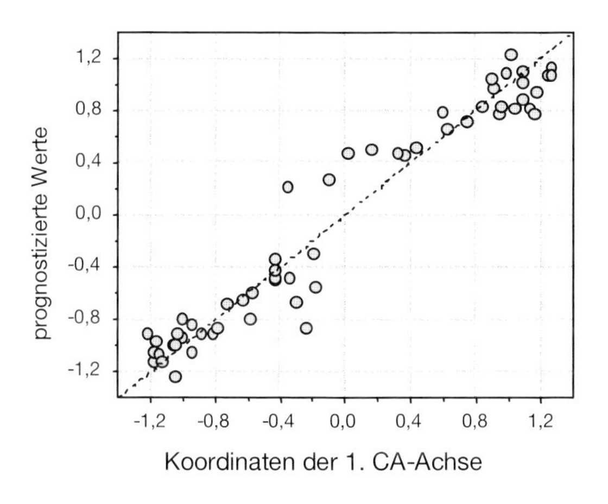

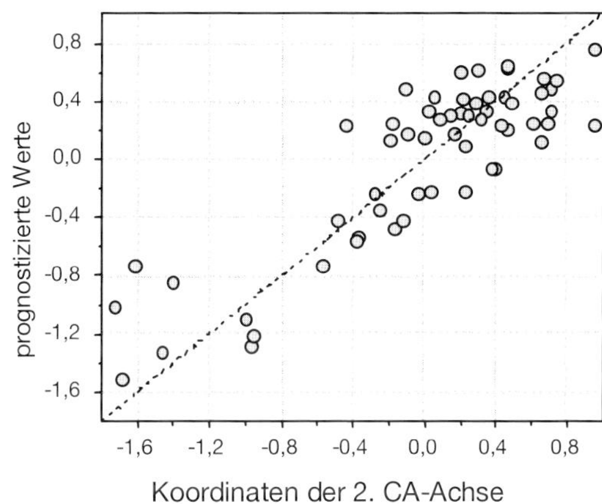

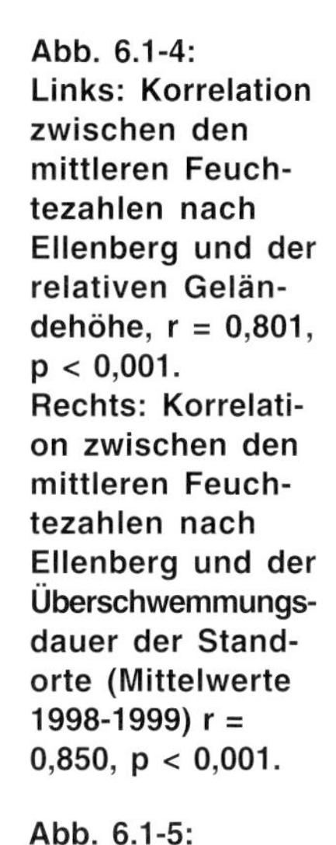
Abb. 6.1-4: Links: Korrelation zwischen den mittleren Feuchtezahlen nach Ellenberg und der relativen Geländehöhe, r = 0,801, p < 0,001. Rechts: Korrelation zwischen den mittleren Feuchtezahlen nach Ellenberg und der Überschwemmungsdauer der Standorte (Mittelwerte 1998-1999) r = 0,850, p < 0,001.

zen gegenüber der Bodenfeuchtigkeit ein recht gutes Indikationssystem - die Feuchtezahlen nach Ellenberg et al. (1992), kombiniert mit Kennzeichnung des Feuchteregimes (Wechselfeuchte, Überschwemmung). Ein ähnliches Indikationssystem liegt von Londo (1975) aus den Niederlanden vor.

Zur Prüfung der Indikationssysteme dienten die auf 60 Probeflächen erstellten Vegetationsaufnahmen. Neben der qualitativen mittleren Feuchtezahl (arithmetrisches Mittel der Feuchtezahlen aller Arten der Aufnahme) wurden auch quantitative mittlere Feuchtezahlen berechnet (am Deckungsgrad gewichtetes Mittel der Feuchtezahlen). Die Gewichtung der Deckungsgrade folgte dem Vorschlag van der Maarel (1979). Weiterhin wurden die Anteile der Überschwemmungszeiger am Artenbestand nach Ellenberg et al. (1992) und der verschiedenen Feuchtetypen nach Londo (1975) bestimmt.

Feuchtezahlen und -regime nach Ellenberg et al. (1992)

Qualitative Feuchtezahlen

Die qualitativen Feuchtezahlen der Probeflächen zeigen eine hohe Korrelation zur relativen Geländehöhe (Spearman: $r^2 = 0{,}801$; $p < 0{,}001$). Die-

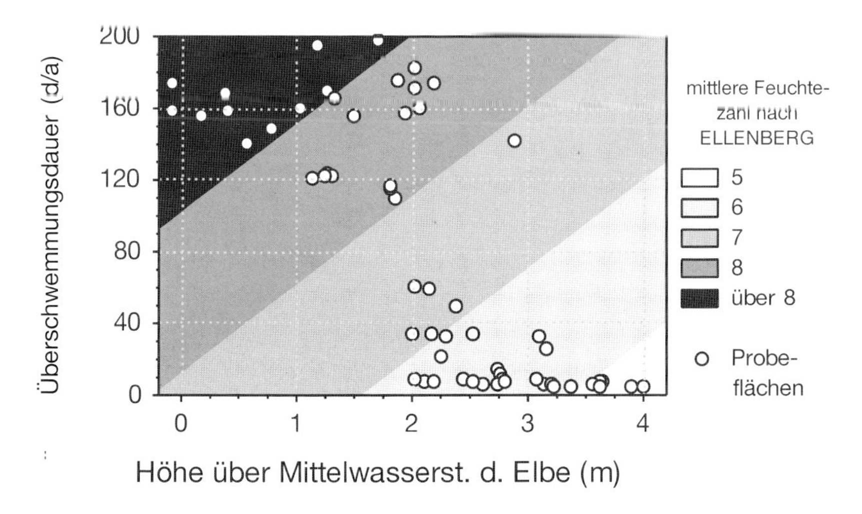

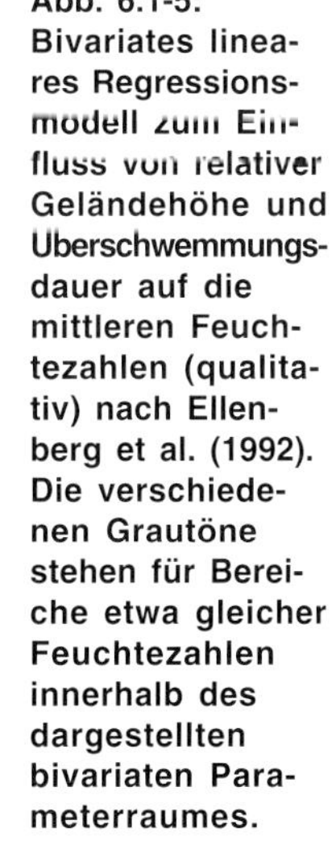
Abb. 6.1-5: Bivariates lineares Regressionsmodell zum Einfluss von relativer Geländehöhe und Überschwemmungsdauer auf die mittleren Feuchtezahlen (qualitativ) nach Ellenberg et al. (1992). Die verschiedenen Grautöne stehen für Bereiche etwa gleicher Feuchtezahlen innerhalb des dargestellten bivariaten Parameterraumes.

ser Zusammenhang lässt sich mittels univariater linearer Regression beschreiben (Erklärungsanteil: 76,6 % der Varianz) (Abb. 6.1-4, links). Zur Überschwemmungsdauer der Standorte besteht gleichfalls eine hohe Korrelation (Spearman: $r^2 = 0{,}850$; $p < 0{,}001$). Auch dieser Zusammenhang lässt sich mittels univariater linearer Regression beschreiben (Erklärungsanteil: 83,6 % der Varianz) (Abb. 6.1-4, rechts).

Mit Hilfe einer bivariaten linearen Regression kann nun der Einfluss beider Größen auf die Feuchtezahl abgeschätzt werden (Abb. 6.1-5). Das bivariate Gesamtmodell erklärt 90,8 % der Varianz der Feuchtezahlen. Dabei zeigt sich, dass die Überschwemmungsdauer der Standorte einen größeren Einfluss auf die Feuchtezahlen besitzt (partieller Regressionskoeffizient Beta: 0,591) als die relative Geländehöhe (partieller Regressionskoeffizient Beta: -0,420). Alle dargestellten Korrelationen erwiesen sich als hoch signifikant ($p < 0{,}001$).

Quantitative Feuchtezahlen

Verschiedene Untersuchungen belegen, dass die mittels Deckungsgrad gewichteten (quantitativen) Zeigerwerte sich nur graduell von den ungewichteten (qualitativen) Werten unterscheiden (Ellenberg et al. 1992). Daher war zu erwarten, dass sich ähnliche Beziehungen wie bei den qualitativen Werten ergeben würden. Die Korrelation zwischen den quantitativen Feuchtezahlen und der relativen Geländehöhe ist gleichfalls sehr hoch (Spearman: $r^2 = 0{,}769$; $p < 0{,}001$), das univariate lineare Regressionsmodell besitzt einen Erklärungsanteil von 73,1 % der Varianz. Zur Überschwemmungsdauer der Standorte besteht gleichfalls ein sehr enger Zusammenhang (Spearman: $r^2 = 0{,}885$; $p < 0{,}001$). Das zugehörige univariate Regressionsmodell kann dabei 83,6 % der Varianz erklären.

Das bivariate lineare Regressionsmodell unter Einbezug von relativer Geländehöhe und Überschwemmungsdauer erklärt 91,6 % der Varianz. Wie bei den qualitativen Feuchtezahlen überwiegt der Einfluss der Überschwemmungsdauer (partieller Regressionskoeffizient Beta: 0,680) gegenüber dem Einfluss der relativen Geländehöhe (partieller Regressionskoeffizient Beta: -0,331) auf die mittlere Feuchtezahl noch deutlicher. Auf die Darstellung in Diagrammen wurde verzichtet, da nur geringfügige Unterschiede zu den qualitativen Feuchtezahlen bestehen.

Anteil der Überschwemmungszeiger am Artenbestand

Der Anteil der Überschwemmungszeiger am Artenbestand zeigt eine hohe Korrelation zur relativen Geländehöhe (Spearman: $r^2 = 0{,}646$; $p < 0{,}001$) sowie zur Überschwemmungsdauer der Standorte (Spearman: $r^2 = 0{,}759$; $p < 0{,}001$) (Abb. 6.1-6). Es zeigt sich, dass diese Zusammenhänge mittels linearer Regression nur unzureichend abgebildet werden können; daher wird ein logistisches Regressionsmodell zugrunde gelegt. Für die univariaten logistischen Regressionsmodelle ergeben sich folgende Erklärungsanteile: Anteil der Überschwemmungszeiger gegen relative Geländehöhe - 51,7 % der Devianz ($p < 0{,}001$), Anteil der Überschwemmungszeiger gegen Überschwemmungsdauer - 80,6 % der Devianz ($p < 0{,}001$). Das bivariate logistische Regressionsmodell erklärt unter Einbezug von relativer Geländehöhe und Überschwemmungsdauer 83,1 % der Devianz.

Feuchtetypen nach Londo (1975)

Insgesamt treten in den vorliegenden Untersuchungen drei Feuchtetypen auf (Beschreibung nach

Londo 1975); vereinzelt auftretende Hydrophyten wurden nicht berücksichtigt:

- obligate Phreatophyten: Arten, die für eine gute Entwicklung und zum vollständigen Lebenszyklus einen Wasserstand benötigen, der sich einen Teil des Jahres oder ± permanent in Höhe der Bodenoberfläche oder darüber befindet;
- fakultative Phreatophyten: Arten, die hauptsächlich oder fast ausschließlich im Einflussbereich des Grundwassers gedeihen, welches sich in der Regel unter der Bodenoberfläche befindet;
- Aphreatophyten: Arten, die in ihrer Verbreitung nicht an den Einfluss des Grundwassers gebunden sind.

Anteil der Feuchtetypen am Artenbestand

Die Anteile der drei Feuchtetypen wurden berechnet und zwecks Datenreduktion einer Faktorenanalyse (Hauptkomponentenanalyse-PCA) unterzogen. Dabei wurde ein Faktor extrahiert. Dieser erklärt 75,7 % der Varianz. Es ergeben sich folgende Faktorenladungen: Anteil der obligaten Phreatophyten: 0,9001; Anteil der fakultativen Phreatophyten: 0,6885; Anteil der Aphreatophyten: -0,9934. Es zeigt sich also, dass der extrahierte Faktor insbesondere die Anteile an obligaten Phreatophyten und Aphreatophyten sehr genau beschreibt.

Der extrahierte Faktor zeigt enge Korrelationen zur relativen Geländehöhe (Spearman: $r^2 = 0{,}665$; $p < 0{,}001$); das univariate lineare Regressionsmodell besitzt einen Erklärungsanteil von 62,7 % der Varianz (Abb. 6.1-7 links). Auch zur Überschwemmungsdauer der Standorte besteht eine hoch signifikante Korrelation (Spearman: $r^2=0{,}766$; $p < 0{,}001$). Die univariate lineare Regression erklärt dabei 65,0 % der Varianz (Abb. 6.1-7 rechts).

Mittels bivariater linearer Regression des extrahierten Faktors gegen die beiden Größen (Überschwemmungsdauer und relative Geländehöhe) lassen sich 72,2 % der Varianz erklären. Dabei zeigt sich, dass beide Größen etwa gleich große partielle Regressionskoeffizienten aufweisen (Überschwemmungsdauer - Beta: 0,4829; relative Höhe - Beta: -0,4198) und damit nahezu gleichwertigen Einfluss auf die Varianz des extrahierten Faktors haben.

Die Faktorenreduktion erweist sich als sinnvoll, um mittels statistischer

Abb. 6.1-6: Links: Logistische Regression des Anteils der Überschwemmungszeiger (nach Ellenberg et al. 1992) gegen die relative Geländehöhe, p < 0,001. Rechts: Logistische Regression des Anteils der Überschwemmungszeiger (nach Ellenberg et al. 1992) gegen die Überschwemmungsdauer der Standorte (Mittelwerte 1998-1999), p < 0,001.

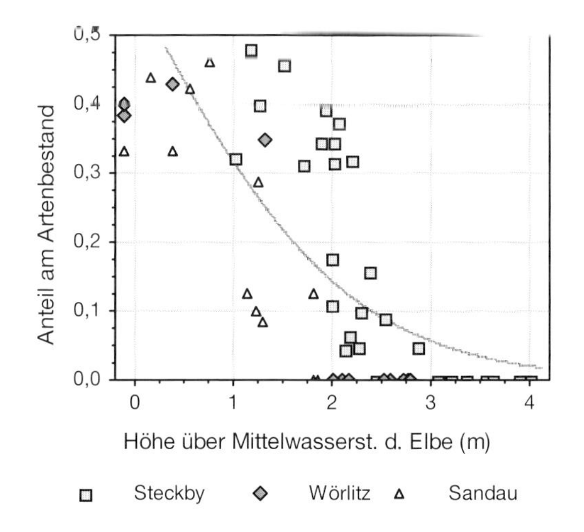

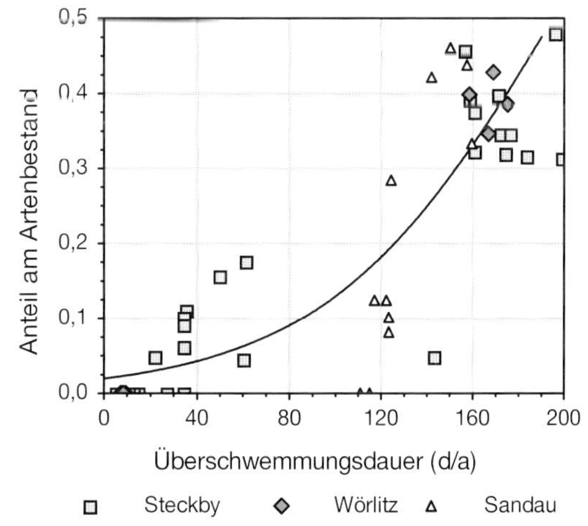

Verfahren den Zusammenhang zwischen dem gesamten Indikationssystem Londos und den abiotischen Daten zu prüfen. Für die praktische Arbeit ist jedoch die Beziehung zwischen den einzelnen Feuchtetypen und den Umweltfaktoren entscheidender. Dafür soll die Beziehung zwischen den Anteilen der einzelnen Feuchtetypen am Artenbestand und der relativen Geländehöhe als Beispiel dienen (Abb. 6.1-8). Das zugrunde liegende logistische Regressionsmodell erklärt 50,9 % (obligate Phreatophyten) bzw. 65,7 % (Aphreatophyten) der Devianz. In beiden Fällen sind die erklärten Anteile hoch signifikant ($p < 0,001$). Die in der Abbildung nicht dargestellten fakultativen Phreatophyten stellen gewissermaßen den „Rest" dar und zeigen deshalb keine enge Beziehung zur Geländehöhe.

6.1.3.4 Indikation mittels Vegetationstypen

Die Korrespondenzanalyse (CA) (Abb. 6.1-9) verdeutlicht die Bindung der Vegetationseinheiten an bestimmte Bodenformen. Es gingen in die Berechnung alle Zufallspunkte der Untersuchungsgebiete Steckby und Wörlitz ein, abzüglich der Boden- und Vegetationseinheiten mit einer Präsenz unter 0,5 % (Steckby: 89.477 Zufallspunkte, Wörlitz: 91.296 Zufalls-

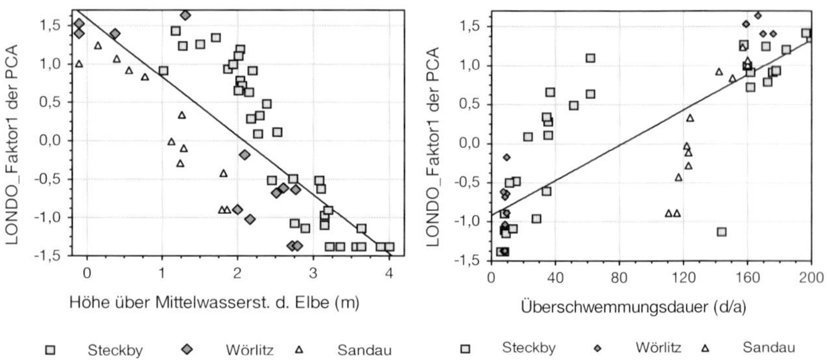

Abb. 6.1-7: Korrelation zwischen dem (mittels PCA) extrahierten Faktor der Anteile der Feuchtetypen am Artenbestand (nach Londo 1975) und der relativen Geländehöhe (links), $r^2 = 0,664$, $p < 0,001$ und der Überschwemmungsdauer der Standorte (Mittelwert 1998-1999) (rechts) $r^2 = 0.766$, $p < 0,001$.

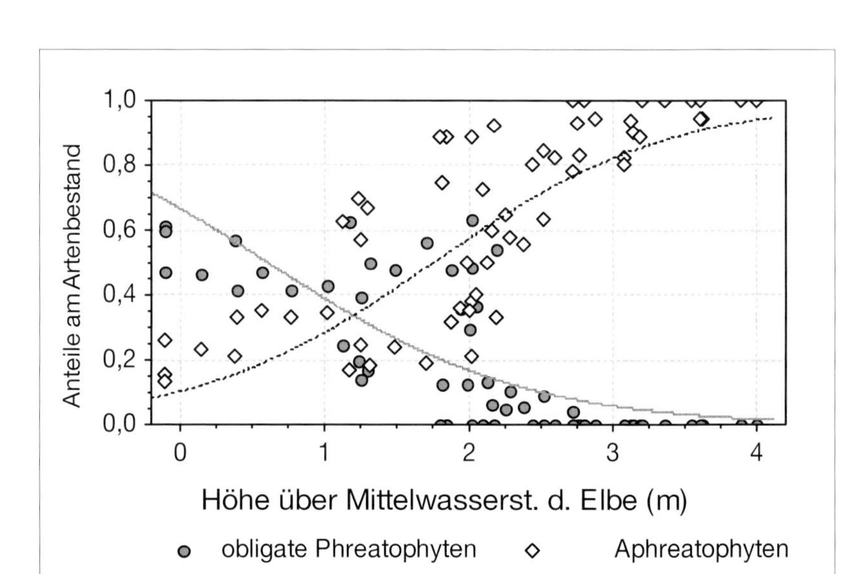

Abb. 6.1-8: Anteil der obligaten Phreatophyten und Aphreatophyten nach Londo (1975) in Abhängigkeit von der relativen Geländehöhe.

punkte). Die Größe der Kugeln steht für die Häufigkeit der jeweiligen Kombination aus Vegetation und Boden. Zwecks besserer Übersichtlichkeit wurde auch bei dieser Darstellung auf die Ordination der Bodenformen und Pflanzengesellschaften verzichtet und daher nur die durch die Korrespondenzanalyse festgelegte Rangfolge dargestellt.

Die Darstellung belegt die unterschiedlichen Besiedlungsschwerpunkte der einzelnen Pflanzengesellschaften. So besiedelt das Rumici-Agrostietum vor allem die Tschernitza aus Auenschluff (B16) und die Gley-Paternia aus Auensand (B03), das Cuscuto-Convolvuletum bleibt dagegen weit gehend auf die Tschernitza-Bereiche beschränkt. Das Echinochloo-Polygonetum als Pioniergesellschaft der Elbufer tritt vor allem im Bereich der Bodengesellschaft aus Rambla und Sapropel (B01) auf und dringt von dort aus in benachbarte Bereiche ein. Die für die Flutrinnen typischen Assoziationen (Rumici-Agrostietum, Phragmitetum

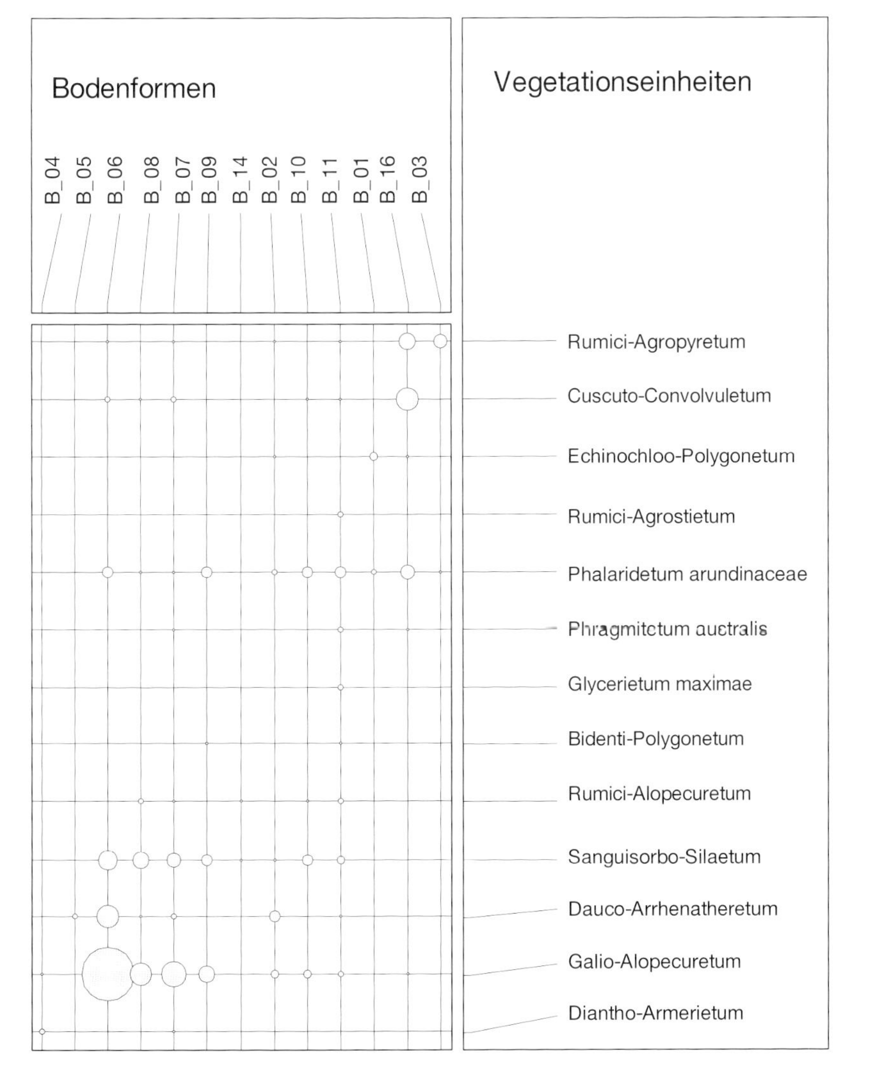

Abb. 6.1-9: Korrespondenzanalyse zwischen Bodenformen und Vegetationseinheiten (Grundlage: 180.773 Zufallspunkte; B 01-Rambla und Saprobel, B 02 , B03 – Gley-Paternia aus Auensand, B04 – Gley-Paternia aus Auenkiessand, B05, B06 – Vega aus Auensand, B07, B08, B09, B 10, B11 – Gleye aus Auentonschluff, B14, B16 –Tschernitza aus Auenschluff; Erklärung der Bodenformen s. auch Buchkap. 5.2).

australis, Glycerietum maximae, Bidenti-Polygonetum und Rumici-Alopecuretum) besitzen einen Verbreitungsschwerpunkt im Bereich der Gleye aus Auentonschluff (B11), während das Phalaridetum arundinaceae ein sehr großes Spektrum von Bodenformen besiedelt. Auffällig ist auch die sehr ähnliche Verbreitung von Galio-Alopecuretum und Sanguisorbo-Silaetum, die bevorzugt die Vega-Standorte (B06, B07, B08) einnehmen. Das Dauco-Arrhenatheretum zeigt dagegen eine deutliche Präferenz gegenüber den sandigeren Bereichen (Vega aus Auensandlehm B06). Das Diantho-Armerietum kann als charakteristische Assoziation der Gley-Paternia aus Auenkiessand (B04) angesehen werden.

Weiterhin diente eine bivariate logistische Regression (an je 5.000 Zufallspunkten der Untersuchungsgebiete Steckby und Wörlitz bzw. bei einigen Assoziationen nur 1.000 Zufallspunkte des Steckbyer Untersuchungsgebietes) zur Bewertung des aufgezeigten Zusammenhanges und des darüber hinaus gehenden Einflusses der Höhenlage auf das Vorkommen ausgewählter Pflanzengesellschaften und zur Ableitung eines übertragbaren Prognosemodells. Die Aussage des Prognosemodells wurde an weiteren 10.000 unabhängigen Zufallspunkten geprüft (siehe auch Kapitelanhang 6.1-3).

Im Folgenden werden beispielhaft die Ergebnisse der logistischen Regressionsanalysen und -modelle vorgestellt. Zuerst folgen fünf Pflanzengesellschaften, die in beiden Untersuchungsgebieten mit einer Präsenz von >1 % auftreten und für die deshalb eine beide Untersuchungsgebiete umfassende Analyse vorgenommen werden konnte. Nachgestellt sind zwei Pflanzengesellschaften, die in Wörlitz sehr selten oder gar nicht auftreten und für die deshalb Analyse und Modellaufbau ausschließlich an den Steckbyer Daten erfolgte.

Echinochloo-Polygonetum lapathifolii

Das Echinochloo-Polygonetum weist als annuelle Pioniergesellschaft der Elbufer bezüglich der Höhenverbreitung (Abb. 6.1-10, links) einen deutlichen Schwerpunkt im Bereich von 0-1 m über dem Mittelwasserstand der Elbe auf. Dem entspricht ein durchschnittlicher Grundwasserflurabstand von ca. 0-60 cm. Das univariate logistische Regressionsmodell ermöglicht jedoch keine Prognose, da die Vorkommenswahrscheinlichkeit unter 50 % liegt und daher im Gesamtbereich das Nichtvorkommen der Gesellschaft wahrscheinlicher ist als das Vorkommen. Erst die bivariate logistische Regression unter Einbeziehung von relativer Geländehöhe und Bodenform (Abb. 6.1-10, rechts) ermöglicht die Prognose. In Bereichen von 0,2-0,8 m über dem Mittelwasserstand der Elbe wird bei Bodenform B01 (Bodengesellschaft aus Rambla und Sapropel aus Auensand) eine Vorkommenswahrscheinlichkeit > 50 % erreicht. Bei dieser Höhen-Bodenform-Kombination ist das Vorkommen der Gesellschaft wahrscheinlicher als ihr Fehlen.

Wie das logistische Regressionsmodell zeigt, lässt sich das Vorkommen des Echinochloo-Polygonetum zu einem großen und hoch signifikanten Teil auf die Differenzierung der Bodenformen zurückführen (Erklärungsanteil 53 %, $p < 0{,}001$). Durch Einbeziehen der relativen Geländehöhe können noch weitere 10 % der Devianz erklärt werden. Auch dieser Erklärungsanteil erweist sich als hoch signifikant ($p < 0{,}001$). Zwischen den beiden Untersuchungsgebieten besteht hingegen kein signifikanter Unterschied (Erklärungsanteil < 1 %, p > 0,05). Das Gesamtmodell liefert einen großen Erklärungsanteil von 63 % der Devianz. Die Überprüfung an weiteren 10.000 Zufallspunkten aus beiden Untersuchungsgebieten ergab korrekte Prognosen des Vorkommens der Gesellschaft in 97,85 % der Fälle.

Cuscuto europaeae-Convolvuletum sepium

Das Cuscuto-Convolvuletum besiedelt die ufernahen Bereiche mit einem Schwerpunkt von 1-2,5 m über dem Mittelwasserstand der Elbe (Abb. 6.1-11 links). Dem entspricht ein durchschnittlicher Grundwasserflurabstand von ca. 60-200 cm. Das univariate logistische Regressionsmodell ermöglicht auch für diese Gesellschaft noch keine Prognose, da auch hier die Vorkommenswahrscheinlichkeit unter 50 % liegt. Erst durch Kombination von relativer Geländehöhe und Bodenform mittels bivariater logistischer Regression (Abb. 6.1-11 rechts) ergeben sich Prognosemöglichkeiten. Bei einer Höhe von 1,0-2,6 m über dem Mittelwasserstand der Elbe wird bei Bodenform B16 (Tschernitza aus Auenschluff) eine Vorkommenswahrscheinlichkeit > 50 % erreicht. In diesen Bereichen ist das Vorkommen der Gesellschaft wahrscheinlicher als ihr Fehlen.

Das logistische Regressionsmodell belegt, dass sich das Vorkommen des *Cuscuto-Convolvuletum* zu einem großen und hoch signifikanten Teil auf die Differenzierung der Bodenformen zurückführen lässt (Erklärungsanteil 42 %, p < 0,001). Durch Einbeziehen der relativen Geländehöhe können noch weitere 4 % der Devianz erklärt werden. Auch dieser relativ geringe Erklärungsanteil erweist sich noch als hoch signifikant (p < 0,001). Es zeigt sich jedoch, dass zwischen den beiden Untersuchungsgebieten ein hoch signifikanter Unterschied (Erklärungsanteil 3 %, p < 0,001) besteht. Dieser könnte als Nutzungsunterschied interpretiert werden, da in Wörlitz die in Frage kommenden Bereiche durch Beweidung und unregelmäßige Mahd genutzt werden, hingegen in Steckby ungenutzt bleiben. In Wörlitz ist daher ein Mosaik aus Cuscuto-Convolvuletum und Rumici-Agropyretum anzutreffen. Das Gesamtmodell liefert einen relativ großen Erklärungsanteil von 49 % der Devianz. Die Überprüfung an weiteren 10.000 Zufallspunkten aus beiden Untersuchungsgebieten ergab korrekte Prognosen des Vorkommens der Gesellschaft in 90,53 % der Fälle.

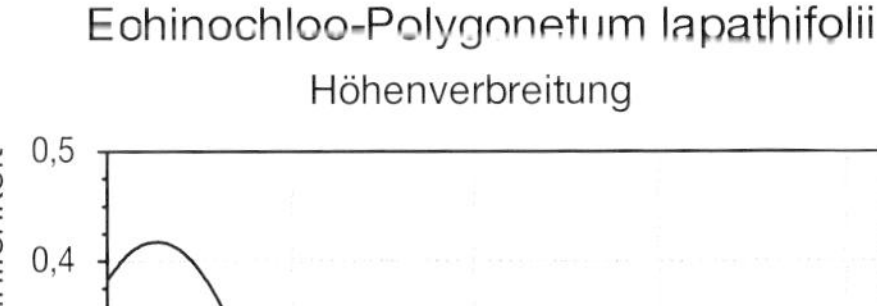

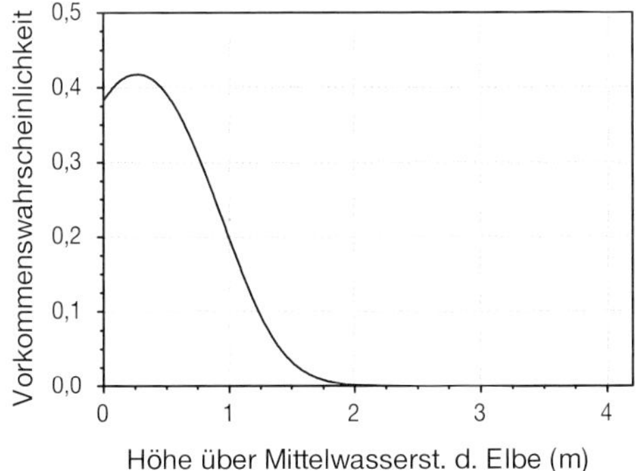

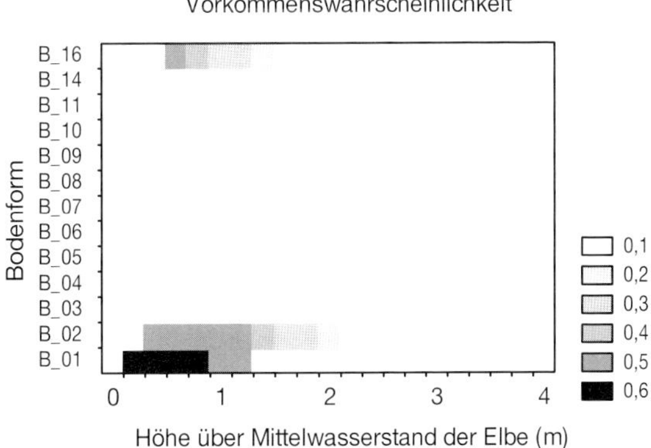

Abb. 6.1-10: Höhenverbreitung (links, logistisches Regressionsmodell) und Vorkommenswahrscheinlichkeit des Echinochloo-Polygonetum lapathifolii in Abhängigkeit von Bodenform (B01 bis B16) und relativer Geländehöhe (rechts, logistisches Regressionsmodell). Bodenformen siehe Text und Buchkapitel 5.2 Boden.

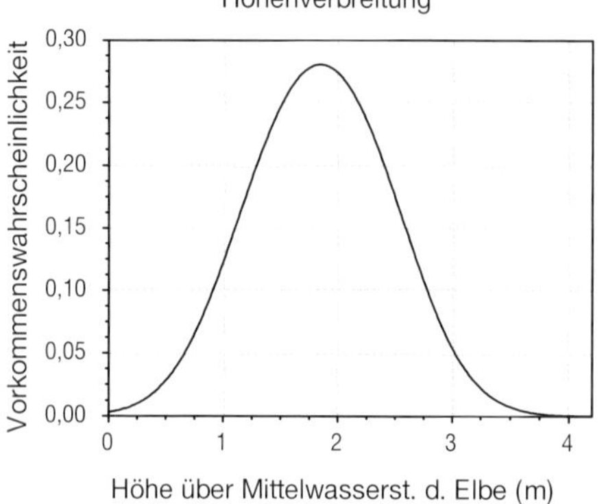

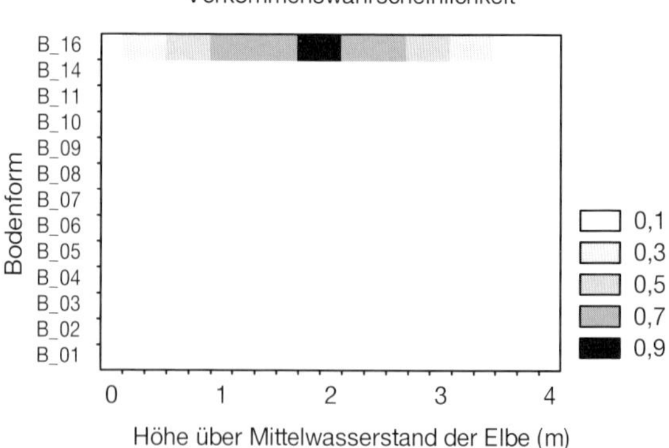

Abb. 6.1-11: Höhenverbreitung (links, logistisches Regressionsmodell) und Vorkommenswahrscheinlichkeit des Cuscuto europaeae-Convolvuletum sepium in Abhängigkeit von Bodenform (B01 bis B16) und relativer Geländehöhe (rechts, logistisches Regressionsmodell).

Galio molluginis-Alopecuretum pratensis

Das Galio-Alopecuretum ist die am weitesten verbreitete Grünlandgesellschaft der beiden Untersuchungsgebiete. Es besitzt einen Verbreitungsschwerpunkt im Bereich von 2-4 m über dem Mittelwasserstand der Elbe (Abb. 6.1-12, links). Dem entspricht ein mittlerer Grundwasserstand von 1,5-3,3 m unter Geländeoberkante. Nur auf den höchst gelegenen und trockensten Bereichen wird es vom Dauco-Arrhenatheretum abgelöst (s.u.). Die Gesellschaft erreicht im univariaten logistischen Regressionsmodell gerade eine Vorkommenswahrscheinlichkeit von 50 %. Damit reicht dieses Modell nicht zur Prognose aus. Im bivariaten logistischen Modell (Abb. 6.1-12, rechts) wird dagegen vielfach der Wahrscheinlichkeitswert von 0,5 überschritten. In folgenden Bereichen kann daher ein Vorkommen des Galio-Alopecuretum als wahrscheinlich gelten: Bodenform 02 (Gley-Paternia aus Auensand) bei einer Geländehöhe zwischen 2,8-3,6 m; Bodenform 06 (Vega aus Auensandlehm) bei einer Geländehöhe zwischen 2,2-4,0m; Bodenform 07 (Vega aus Auennormallehm) bei einer Geländehöhe zwischen 2,6-3,8 m; Bodenform 08 (Vega aus Auentonschluff) bei einer Geländehöhe zwischen 2,6-3,6 m und Bodenform 09 (Gley-Vega aus Auenlehm) bei einer Geländehöhe zwischen 2,8-3,4 m. Die Unterschiede sind teilweise auf unterschiedliche Höhenverbreitung der Bodenformen zurückzuführen, darüber hinaus kann das ökologische Verhalten gegenüber dem Grundwasserflurabstand (und damit der Geländehöhe) auch durch Substratunterschiede modifiziert werden.

Mittels logistischer Regression lässt sich 35 % der Devianz auf Unterschiede in der Bodenform zurückführen ($p < 0,001$). Die Geländehöhe besitzt einen weiteren geringen, jedoch hoch signifikanten Erklärungsanteil von 5 % der Devianz ($p < 0,001$). Unterschiede zwischen den beiden Untersuchungsgebieten erwiesen sich dagegen als nicht signifikant (Erklärungsanteil < 1 %, $p > 0,05$).

Das Gesamtmodell liefert damit einen Erklärungsanteil von 40 % der Devianz. Eine Überprüfung des Modells an weiteren Zufallspunkten ergab eine korrekte Voraussage in 79,55 % der Fälle.

Dauco carotae-Arrhenatheretum elatioris

Das Dauco-Arrhenatheretum löst das weit verbreitete Galio-Alopecuretum auf den trockensten, höchst gelegenen Partien der Untersuchungsgebiete ab. Dies wird auch in Abbil-

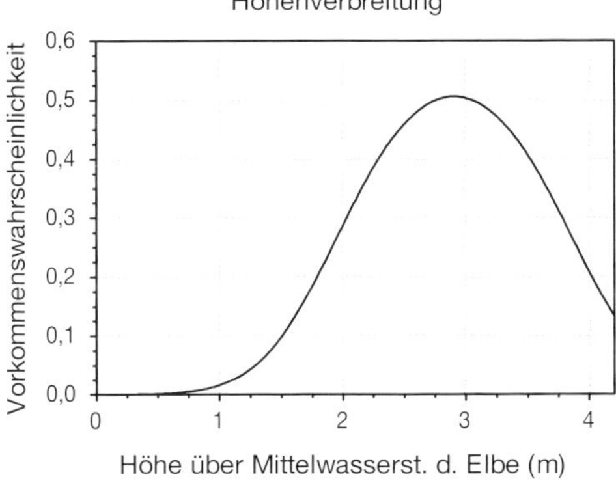

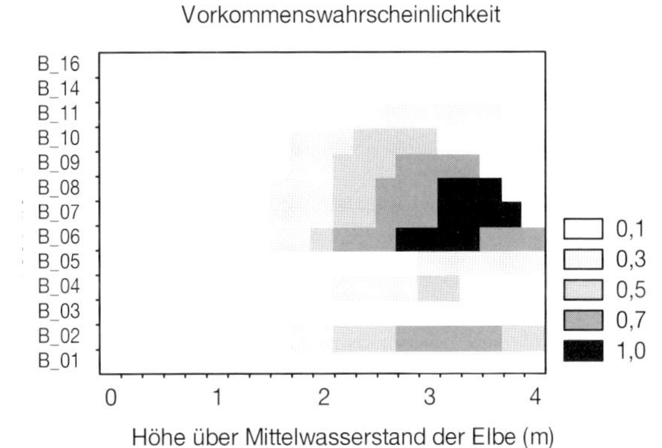

Abb. 6.1-12: Höhenverbreitung (links, logistisches Regressionsmodell) und Vorkommenswahrscheinlichkeit des Galio molluginis-Alopecuretum pratensis in Abhängigkeit von Bodenform (B01 bis B16) und relativer Geländehöhe (rechts, logistisches Regressionsmodell).

dung 6.1-13 (links) deutlich. Der Verbreitungsschwerpunkt der Gesellschaft liegt deutlich über 3,0 m relativer Geländehöhe. Für diese Bereiche sind mittlere Grundwasserflurabstände von mehr als 2,4 m charakteristisch. In einem Bereich von 3,5-4,0 m wird schon im univariaten logistischen Modell eine Vorkommenswahrscheinlichkeit von über 50 % erreicht. In diesem Bereich ist das Vorkommen der Gesellschaft auch unabhängig von der Bodenform wahrscheinlich. Anzumerken ist jedoch, dass in diesem Bereich nur noch wenige Bodenformen anzutreffen sind. Abbildung 6.1-13 (rechts) belegt den Zusammenhang zwischen relativer Geländehöhe, Bodenform und Vorkommenswahrscheinlichkeit der Gesellschaft. Dabei wird deutlich, dass in folgenden Bereichen mit dem Vorkommen des Dauco-Arrhenathere tum zu rechnen ist: Bodengesellschaft 02 (Paternia aus Auensand): 3,2-4,0 m über Mittelwasserstand, Bodengesellschaft 05 (Bodengesellschaft von Paternia und Vega aus Auensandlehm): 3,0-4,0 m über Mittelwasserstand und Bodengesellschaft 06 (Vega aus Auensandlehm): 3,2-3,6 m über Mittelwasserstand. Deutlich wird, dass die Gesellschaft sandige Bereiche bevorzugt, während sie in lehmigen oder schluffigen Bereichen (z.B. B07 oder B08) zurücktritt.

Wie das logistische Regressionsmodell erkennen lässt, kann das Vorkommen des Dauco-Arrhenatheretum zu einem hoch signifikanten Teil auf die Differenzierung der Bodenformen zurückgeführt werden (Erklärungsanteil 23 %, p < 0,001). Durch Einbeziehen der relativen Geländehöhe kann noch einmal ein fast gleich großer Teil der Devianz erklärt werden (Erklärungsanteil 21 %, p < 0,001). Zwischen den beiden Untersuchungsgebieten besteht bei dieser Gesellschaft ein gleichfalls hoch signifikanter Unterschied, der jedoch einen vergleichsweise kleinen Devianzanteil erklärt (Erklärungsanteil 3 %, p < 0,001). Auch in diesem Fall könnte der Unterschied in der unterschiedlichen Bewirtschaftung zu suchen sein. Die Überprüfung des Prognosemodells an weiteren 10.000 Zufallspunkten lieferte in 90,58 % der Fälle eine korrekte Lösung.

Sanguisorbo officinalis-Silaetum silai

Das Sanguisorbo-Silaetum zeigt als Wiesengesellschaft wechselfeuchter Standorte eine Bindung an Grundwasser nähere Bereiche als das Galio-Alopecuretum oder das Dauco-Arrhenatheretum. Dies wird auch aus Abbildung 6.1-14 (links) deutlich. Der Verbreitungsschwerpunkt liegt etwa zwischen 1,0-2,5 m über dem

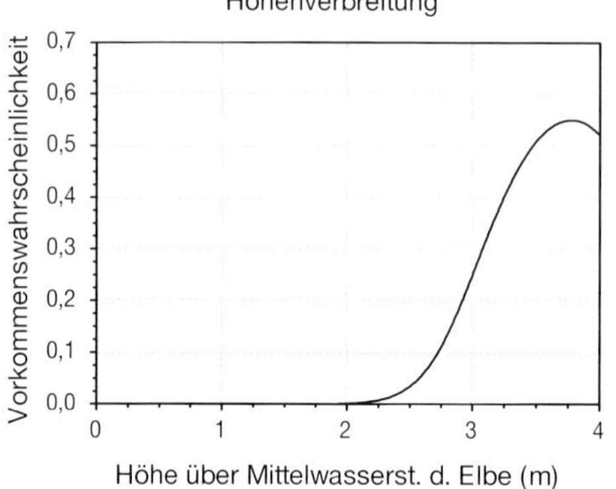

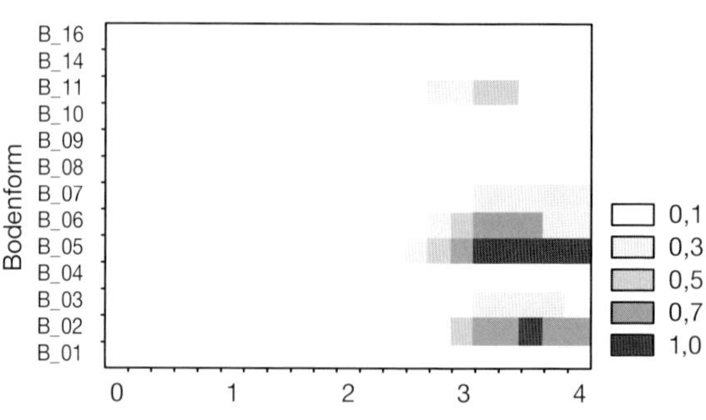

Abb. 6.1-13: Höhenverbreitung (links, logistisches Regressionsmodell) und Vorkommenswahrscheinlichkeit des Dauco carotae-Arrhenatheretum elatioris in Abhängigkeit von Bodenform und relativer Geländehöhe (rechts, logistisches Regressionsmodell).

Mittelwasserstand. Dem entsprechen mittlere Grundwasserstände zwischen 0,6-1,9 m unter Geländeoberkante. Das univariate Regressionsmodell ermöglicht mit einer maximal erreichten Vorkommenswahrscheinlichkeit von 22 % keine Prognosen. Das bivariate Regressionsmodell (Abb. 6.1-14, rechts) lässt dagegen deutlich Schwerpunkte mit einer Vorkommenswahrscheinlichkeit über 50 % erkennen: Bodenform 06 (Vega aus Auensandlehm) zwischen 1,4-1,8 m relativer Geländehöhe, Bodenform 08 (Vega aus Auentonschluff) zwischen 1,4-2,4 m relativer Geländehöhe und Bodenform 10 (Vega-Gley aus Auenlehm) zwischen 1,4-1,8 m relativer Geländehöhe.

Mit Hilfe der logistischen Regression lässt sich zeigen, dass die Differenzierung des Bodens 22 % der Devianz im Vorkommen der Gesellschaft zu erklären vermag ($p < 0,001$). Durch Hinzunahme der Geländehöhe ließen sich weitere 8 % erklären ($p < 0,001$). Auch bei dieser Gesellschaft bleibt zwischen den Untersuchungsgebieten ein hoch signifikanter Unterschied bestehen (Erklärungsanteil 2 %, $p < 0,001$). Das Gesamtmodell erreicht damit einen Erklärungsanteil von 32 %. Die Unterschiede zwischen den Untersuchungsgebieten sind in diesem Fall relativ groß. So wurde die Gesellschaft nur in Wörlitz im Bereich der sandigen Vega kartiert, während im Steckbyer Gebiet eine deutliche Bevorzugung schluffiger Bodenformen erkennbar wird. Unter Umständen könnte in der weit gehenden Verarmung und daraus resultierenden schwierigen Abtrennung von den Fuchsschwanzwiesen der Grund für diese Differenzen liegen. Auch hier sei jedoch auf unterschiedliche Nutzung verwiesen. Eine Prüfung des Modells an weiteren Zufallspunkten ermöglichte in 90,64 % der Fälle eine richtige Prognose.

Rumici-Alopecuretum aequalis

Die Gesellschaft des Rotgelben Fuchsschwanzes tritt in Wörlitz nur sehr selten auf. Daher wurde das folgende Regressionsmodell anhand von 10.000 Zufallspunkten des Steckbyer Untersuchungsgebietes erstellt. Die univariate logistische Regression (Abb. 6.1-15, links) lässt einen Verbreitungsschwerpunkt zwischen 1,3-2,3 m relativer Geländehöhe erkennen. Es handelt sich um Bereiche mit einem mittleren Grundwasserflurabstand von 0,9-1,9 m. Die bivariate logistische Regression (Abb. 6.1-15, rechts) zeigt darüber hinaus, dass das Hauptvorkommen der Gesellschaft im Bereich der Bodenform 14 (Pelosol-Gley aus Auenton) zwischen 1,6-2,0 m über Mittel-

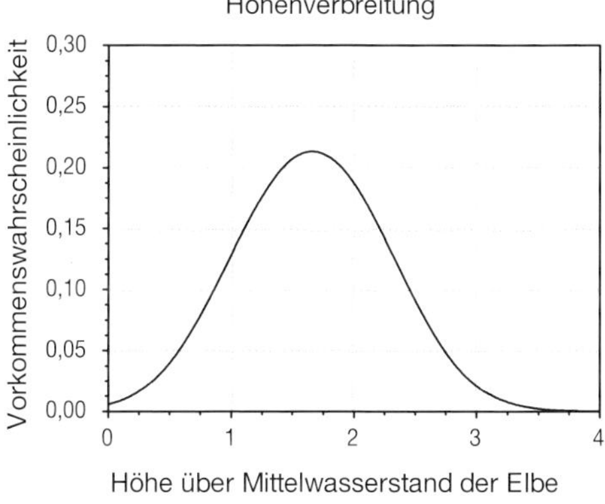

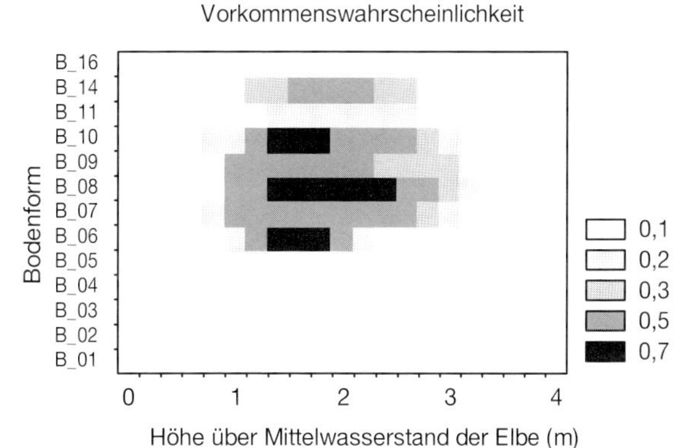

Abb. 6.1-14: Höhenverbreitung (links, logistisches Regressionsmodell) und Vorkommenswahrscheinlichkeit des Sanguisorbo officinalis-Silaetum silai in Abhängigkeit von Bodenform und relativer Geländehöhe (rechts, logistisches Regressionsmodell).

wasserstand liegt. Selbst in diesem Bereich werden jedoch nur Vorkommenswahrscheinlichkeiten von 40 - 50 % erreicht, die keine Prognose zulassen. Bedingt ist dies durch die relativ geringe Verbreitung der Gesellschaft und die am Standort anzutreffende Verzahnung des Rumici-Alopecuretum mit anderen Assoziationen. Aus der Bevorzugung der Pelosol-Gley-Standorte ist auch das weit gehende Fehlen der Gesellschaft in Wörlitz zu erklären, da diese Bodenform in Wörlitz nicht auftritt.

Die logistische Regression belegt, dass das Vorkommen der Gesellschaft zu einem relativ großen Teil durch die Differenzierung des Bodens zu erklären ist (Erklärungsanteil 25 %, $p < 0,001$). Das Einbeziehen der Geländehöhe bewirkt einen weiteren Erklärungsanteil von 6 % ($p < 0,001$). Da das Modell keine Vorkommenswahrscheinlichkeiten über 50 % prognostiziert, entfiel die Prüfung an weiteren Zufallspunkten.

Diantho deltoides-Armerietum elongatae

Das Diantho-Armerietum konnte nur in Steckby festgestellt werden; in Wörlitz fehlt die Gesellschaft. Deshalb wurde auch dieses Modell ausschließlich unter Verwendung von Zufallspunkten aus Steckby aufgebaut. Abbildung 6.1-16 (links) stellt die Höhenverbreitung der Gesellschaft dar. Obgleich die Gesellschaft auf einen sehr engen Bereich konzentriert bleibt, wird deutlich, dass die Vorkommenswahrscheinlichkeit mit einem Maximalwert von 4,3 % äußerst gering ist. Das bivariate Modell (Abb. 6.1-16, rechts) zeigt dagegen eine Konzentration bei der Bodenform 04 (Gley-Paternia aus Auenkiessand) im Bereich von 1,6-2,0 m über dem Mittelwasserstand der Elbe. Hier werden Vorkommenswahrscheinlichkeiten bis über 90 % erreicht; das Vorkommen des Diantho-Armerietum ist daher sehr wahrscheinlich.

Die enge Bindung an Bodenform 04 erklärt auch das Fehlen der Gesellschaft in Wörlitz, da dort vergleichbare Böden nicht vorkommen. Sie spiegelt sich auch in der logistischen Regression wieder. Die Differenzierung des Bodens erklärt einen sehr großen Anteil der Devianz (Erklärungsanteil 58 %, $p < 0,001$), während die Höhenlage noch weitere 10 % der Devianz zu erklären vermag. Insgesamt ergibt sich für das Gesamtmodell ein sehr hoher Erklärungsanteil von 68 %. Die Prüfung des Prognosemodells an weiteren 10.000 Zufallspunkten aus Steckby erbrachte korrekte Aussagen in 99,53 % aller Fälle.

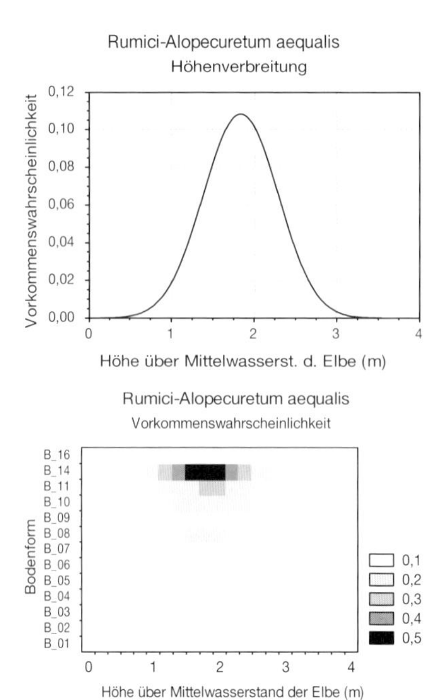

Abb 6.1-15: Höhenverbreitung (oben, logistisches Regressionsmodell) und Vorkommenswahrscheinlichkeit des *Rumici-Alopecuretum aequalis* in Abhängigkeit von Bodenform und relativer Geländehöhe (unten, logistisches Regressionsmodell).

Abb. 6.1-16: Höhenverbreitung (oben, logistisches Regressionsmodell) und Vorkommenswahrscheinlichkeit des Diantho deltoides-Armerietum elongatae in Abhängigkeit von Bodenform und relativer Geländehöhe (unten, logistisches Regressionsmodell).

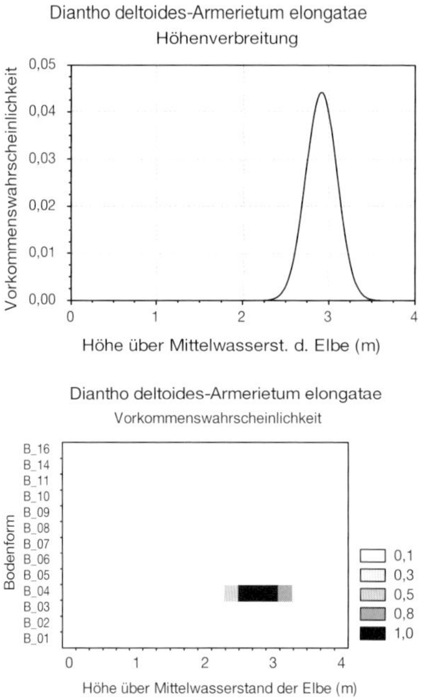

6.1.3.5 Nutzung der Flora zur Bioindikation

Die Datenbasis zum Aufbau eines floristischen Indikationssystems bildeten die Erfassungen innerhalb der sechzig Probeflächen des RIVA-Projekts. Für den Systemaufbau wurden ausschließlich Präsenz-Absenz-Daten der 100 m^2-Plots genutzt. Es wurden alle Arten geprüft, die innerhalb der 60 Probeflächen mindestens 10 Vorkommen besitzen, da für seltenere Arten keine statistisch abgesicherten Aussagen möglich sind. Im Folgenden werden am Beispiel von fünf für die Pflanzengesellschaften typischen und weit verbreiteten Arten die Analysenergebnisse dargestellt und erläutert. Weitere Arten können dem Kapitelanhang 6.1-4 entnommen werden.

Rotes Straußgras (*Agrostis capillaris*)

Der Datensatz von *Agrostis capillaris* weist eine Gesamtdevianz von 65,19 auf. Diese Größe wird im vorliegenden Fall nur durch die Stetigkeit der Art bestimmt. Das Höhenmodell kann einen Devianzanteil von 38,6 % erklären. Dieser Anteil ist hoch signifikant ($p < 0{,}001$). Mittels logistischer Regression lässt sich schon nach diesem ersten Schritt die Verteilung der Art entlang des Höhengradienten sehr gut beschreiben (vgl. Abb. 6.1-17, links). In Bereichen, in denen die Kurve Werte > 0,5 erreicht (ca. ab 2,8 m über dem Mittelwasserstand), ist das Vorkommen von *Agrostis capillaris* wahrscheinlich. Schon dieses univariate Modell gibt korrekte Prognosen für 83,3 % der Punkte. Durch Einbeziehen des pH-Wertes lassen sich weitere 16,1 % der Devianz erklären. Auch dieser Anteil erweist sich als signifikant ($p < 0{,}01$). Das bivariate Modell kann für 86,7 % der Probeflächen das Vorkommen des Roten Straußgrases richtig beschreiben.

In Abbildung 6.1-17 (rechts) ist das Diagramm für beide Werte (relative Geländehöhe und pH-Wert) dargestellt. Bereiche mit einer Vorkommenswahrscheinlichkeit über 50 % sind grau unterlegt. Der Gehalt

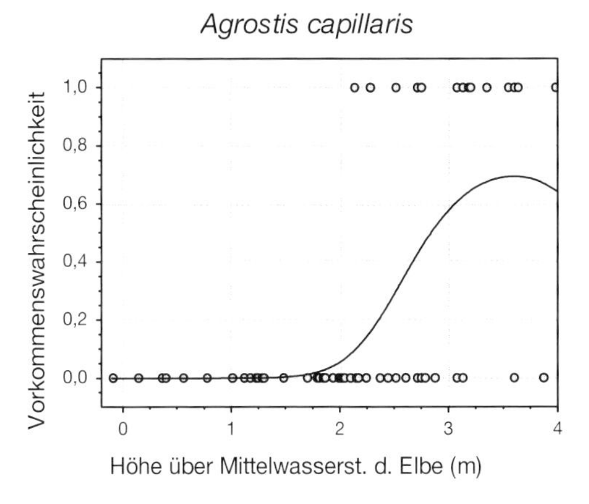

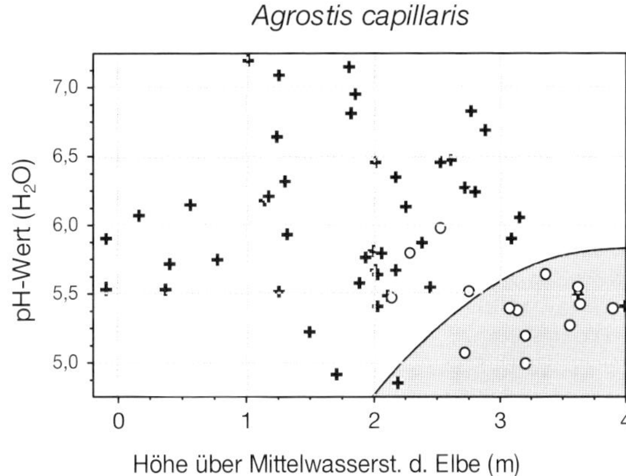

Abb. 6.1-17: Links: Höhenverbreitung von *Agrostis capillaris* (univariates logistisches Regressionsmodell). Die Punkte stellen die Beobachtungswerte (Präsenz-Absenz-Daten) dar, während die Kurve die Wahrscheinlichkeit beschreibt, die Art anzutreffen. Rechts: bivariates Regressionsmodell des Vorkommens der Art in Abhängigkeit von Höhenlage und pH-Wert. Eingetragen wurden die 60 Probeflächen (Kreise: Probeflächen mit Vorkommen der Art, Kreuze: Probeflächen ohne *A. capillaris*). Der Bereich des wahrscheinlichen Vorkommens (Wahrscheinlichkeit > 0,5) wurde grau unterlegt.

an Pflanzen verfügbarem Phosphor erklärt weitere 19,3 % der Devianz ($p < 0,001$). Dies bedeutet, dass innerhalb des bivariaten Parameterraumes aus Geländehöhe und pH-Wert das Vorkommen von *Agrostis capillaris* durch den Bodengehalt an Phosphor zusätzlich beeinflusst wird (im Sinne einer negativen Korrelation). Das Gesamtmodell erklärt 73,9 % der Devianz der Art und ermöglicht eine richtige Prognose in 95 % der untersuchten Fälle. Das Rote Straußgras kann damit als Zeiger für hoch gelegene Bereiche mit einem pH-Wert unter 5,5 gelten, dessen Vorkommen durch die Phosphorversorgung modifiziert werden kann.

Dreiteiliger Zweizahn (*Bidens tripartita*)

Der Datensatz von *Bidens tripartita* besitzt - wie *Agrostis capillaris* auf grund gleicher Häufigkeit in den Aufnahmen eine Gesamtdevianz von 65,19. Im vorliegenden Fall erwies sich die Überschwemmungsdauer der Standorte als die Größe mit dem höchsten Erklärungswert (38,3 % der Devianz; $p < 0,001$). Das univariate Modell (Abb. 6.1-18, oben) weist bei einer Überschwemmungsdauer > 170 Tagen die Wahrscheinlichkeit des Vorkommens von *Bidens tripartita* aus. Zwischen den Beobachtungen und der Prognose des Modells besteht eine Übereinstimmung von 80 %. Als weitere Variable mit hoch signifikantem Erklärungswert ging das Höhenmodell (erklärt weitere 17,7 % der Devianz; $p < 0,001$) in die Modellbildung ein. Durch die bivariate logistische Regression (Abb. 6.1-18, unten) lassen sich insgesamt 56,0 % der Devianz erklären. Die Prognosegüte des Modells verbessert sich, so dass nun für 90,0 % der Probeflächen eine richtige Voraussage erfolgt. Die Einbeziehung weiterer abiotischer Größen brachte keinen signifikanten Erklärungszuwachs.

Der Dreiteilige Zweizahn ist daher als Indikator langfristig überschwemmter Standorte anzusehen.

Wiesen-Labkraut (*Galium album*)

Der Datensatz des Wiesen-Labkrauts hat aufgrund des häufigeren Vorkommens der Art in den Probeflächen eine Devianz von 76,38. 64,0 % dieser Devianz lassen sich durch das Höhenmodell erklären ($p < 0,001$). Dieser sehr hohe Erklärungsanteil bewirkt, dass das univariate logistische Modell in der Lage ist, das Vorkommen von *Galium album* zu 93,3 % richtig vorauszusagen (Abb. 6.1-19). Oberhalb von 2,6 m über der Mittelwasserlinie ist damit das Vorkommen der Art wahrscheinlicher als ihr Fehlen. Weitere abiotische Faktoren besitzen keine signifikan-

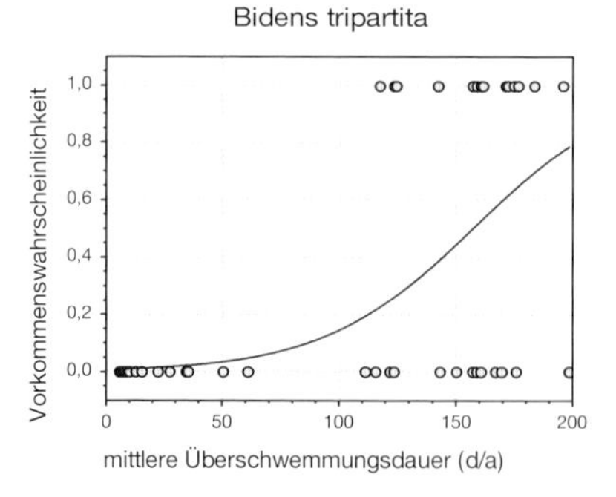

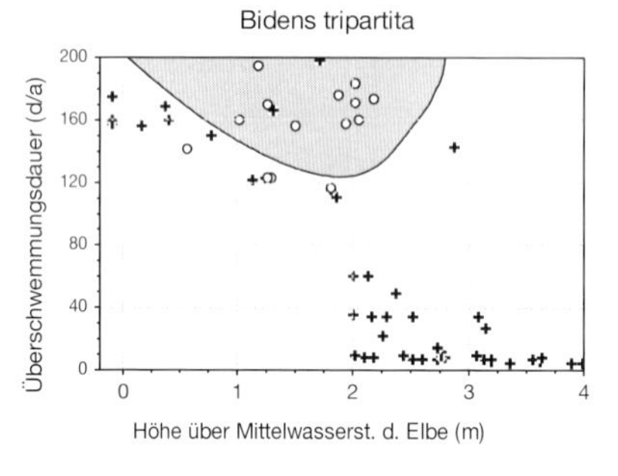

Abb. 6.1-18: Oben: Abhängigkeit des Vorkommens von *Bidens tripartita* von der Überschwemmungsdauer (univariates logistisches Regressionsmodell). Die Punkte stellen die Beobachtungswerte (Präsenz-Absenz-Daten) dar, während die Kurve die Wahrscheinlichkeit beschreibt, die Art anzutreffen. Unten: Bivariates Regressionsmodell des Vorkommens von *Bidens tripartita* in Abhängigkeit von Höhenlage und Überschwemmungsdauer (zu den Symbolen vgl. Abb. 6.1-17).

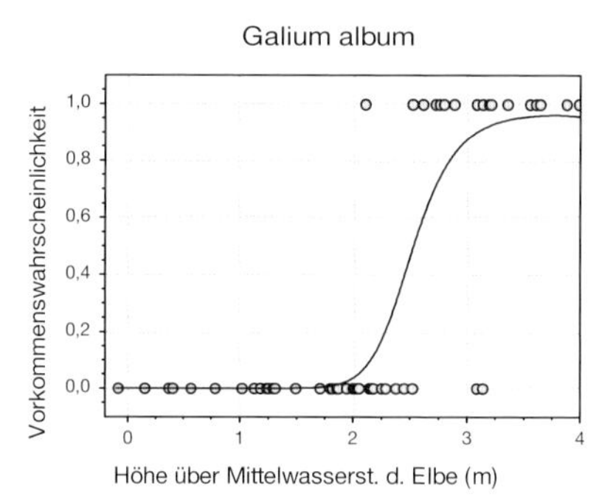

Abb. 6.1-19: Abhängigkeit des Vorkommens von *Galium album* von der relativen Geländehöhe (logistische Regression).

ten Erklärungsanteile.

Galium album ist daher als Zeiger für hoch gelegene Bereiche der Auen zu betrachten. Aufgrund des Zusammenhanges zwischen Geländehöhe und Grundwasserflurabstand entspricht das Vorkommen einem Grundwasserstand von mindestens 20 dm unter Geländeoberkante (Beobachtungsjahre 1998-1999).

Dolden-Milchstern (*Ornithogalum umbellatum agg.*)

Die Devianz von *Ornithogalum umbellatum agg.* liegt bei 69,5. Das logistische Regressionsmodell ist in der Lage, bei Einbeziehung des Höhenmodells 55,4 % der Devianz zu erklären. Dieser Anteil erweist sich als hoch signifikant ($p < 0,001$). Das univariate Modell kann die Verteilung der Art entlang des Höhengradienten sehr gut beschreiben (Abb. 6.1-20, oben). Das Vorkommen von *Ornithogalum* ist in Bereichen ab 2,8 m über dem Mittelwasserstand wahrscheinlich. Das univariate Modell gibt korrekte Prognosen für 85 % der Punkte. Durch Einbeziehen der Überschwemmungshäufigkeit lassen sich weitere 10,6 % der Devianz erklären. Auch dieser Anteil erweist sich als signifikant ($p < 0,01$). Das bivariate Modell kann für 86,7 % der Probeflächen das Vorkommen des Dolden-Milchsterns richtig beschreiben (Abb. 6.1-20, unten).

Der Gehalt an Pflanzen verfügbarem Phosphor erklärt einen weiteren, geringeren Anteil der Devianz (erklärter Anteil: 8,6 %; $p < 0,05$). Innerhalb des in Abb. 6.1-20 dargestellten bivariaten Parameterraumes wird das Vorkommen von *Ornithogalum umbellatum* durch den Phosphorgehalt zusätzlich modifiziert (im Sinne einer negativen Korrelation). Das Gesamtmodell erklärt 74,6 % der Devianz der Art und ermöglicht eine richtige Prognose in 93,3 % der untersuchten Fälle. Der Dolden-Milchstern erweist sich damit als Zeiger von Standorten mit tief anstehendem Grundwasser, die sehr selten überschwemmt werden.

Wiesen-Fuchsschwanz (*Alopecurus pratensis*)

Alopecurus pratensis besitzt eine Gesamtdevianz von 76,38. Die Überschwemmungsdauer der Standorte erwies sich als wichtigster Einflussfaktor. Sie erklärt einen hoch signifikanten Devianzanteil von 76,9 % ($p < 0,001$). Das univariate Regressionsmodell zeigt deutlich die Bindung der Art an seltener überschwemmte Standorte (Abb. 6.1-21, oben). Mittels der Überschwemmungshäufigkeit konnten allein 95 % der betrachteten Fälle korrekt prognostiziert werden. Als zweitgrößter Einflussfaktor erwies sich die Höhenlage des Standorts. Das Höhenmodell kann weitere 8,1 % der Devianz erklären ($p < 0{,}05$). Abb. 6.1-21 (unten) zeigt das Vorkommen von *Alopecurus pratensis* im bivariaten Parameterraum und die Zone des wahrscheinlichen Vorkommens. Weitere abiotische Größen gingen nicht in das Gesamtmodell ein, da keine signifikanten Erklärungsanteile bestanden. Das Gesamtmodell besitzt damit einen Erklärungsanteil von 85,0 % der Devianz und ermöglichte in 96,7 % aller Probeflächen richtige Aussagen zum Vorkommen der Art. *Alopecurus pratensis* erweist sich damit als Zeiger selten überschwemmter Standorte mit tief anstehendem Grundwasser.

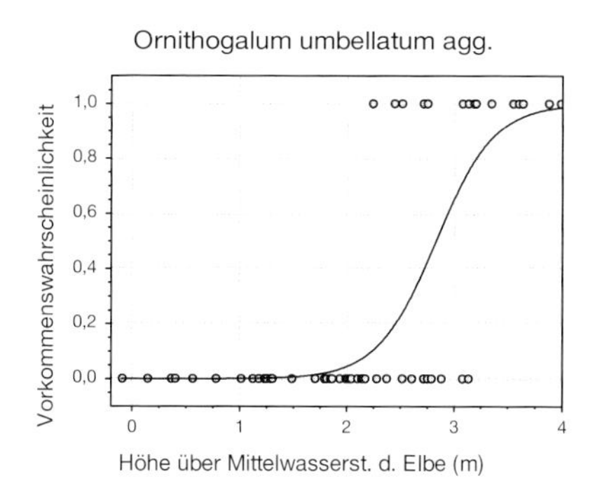

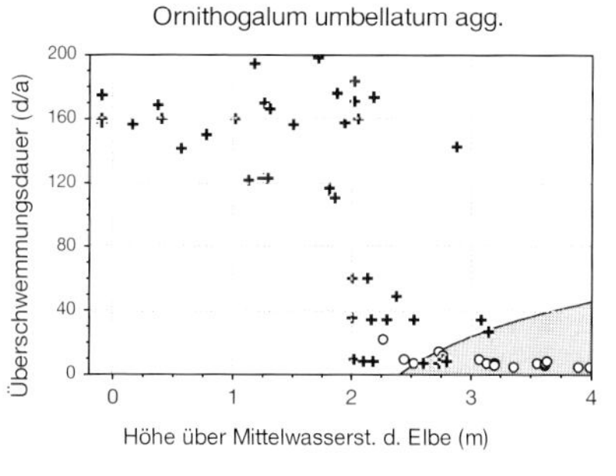

Abb. 6.1-20: Oben: Höhenverbreitung von *Ornithogalum umbellatum agg.* (univariates logistisches Regressionsmodell); Unten: Bivariates Regressionsmodell des Vorkommens von *Ornithogalum umbellatum agg.* in Abhängigkeit von Höhenlage und Überschwemmungsdauer (zu den Symbolen vgl. Abb. 6.1-16).

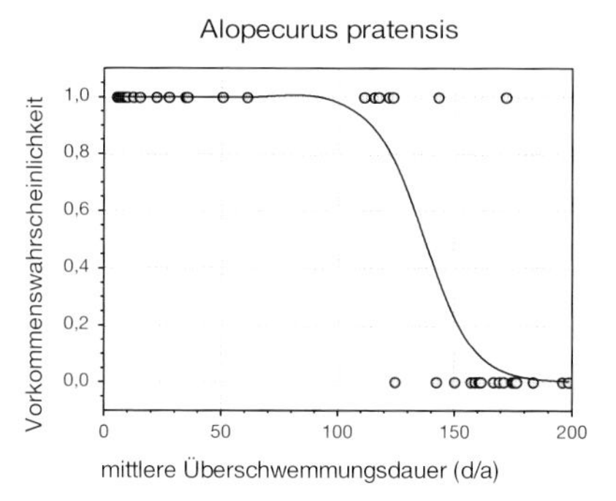

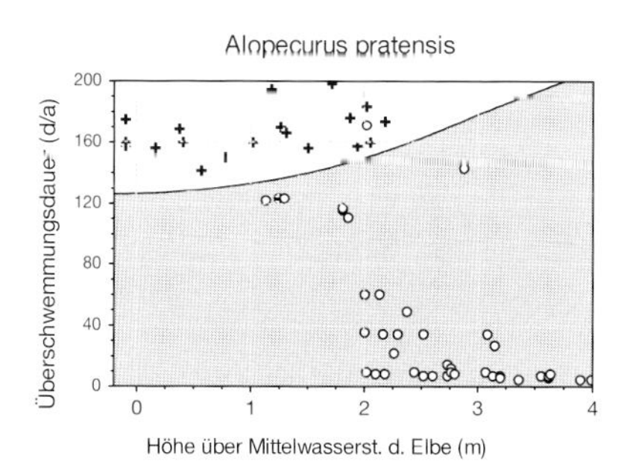

Abb. 6.1-21: Oben: Abhängigkeit des Vorkommens von *Alopecurus pratensis* von der Überschwemmungsdauer (univariates logistisches Regressionsmodell). Die Punkte stellen die Beobachtungswerte (Präsenz-Absenz-Daten) dar, während die Kurve die Wahrscheinlichkeit beschreibt, die Art anzutreffen. Unten: Bivariates Regressionsmodell des Vorkommens von *Alopecurus pratensis* in Abhängigkeit von Höhenlage und Überschwemmungsdauer (zu den Symbolen vgl. Abb. 6.1-17).

6.1.3.6 Indikation mittels Struktur- und ökologischer Merkmale

Anhand von vier Merkmalen und ihrer Korrelation zur relativen Geländehöhe sollen Beziehungen zwischen Umweltparametern und Strukturmerkmalen bzw. ökologischen Merkmalen (funktionellen Pflanzentypen) dargestellt werden.

Lebensformen

Die Angaben zur Lebensform wurden Ellenberg (1979), Rothmaler (1986) und Frank & Klotz (1990) entnommen und mit den erhobenen Daten in prozentuale Anteile umgesetzt. Durch Mehrfachzuordnung konnten sich unter Umständen Summen größer als 100 % ergeben. In den Aufnahmen traten fünf Lebensformen auf (Hydrophyten, Chamaephyten, Geophyten, Hemikryptophyten und Therophyten). Die Anteile der fünf Lebensformen wurden berechnet und zwecks Datenreduktion einer Hauptkomponentenanalyse (PCA) unterzogen. Dabei wurden zwei Faktoren extrahiert. Faktor 1 erklärt 53,0 % der Varianz. Für diesen Faktor ergeben sich die folgenden Ladungen: Hydrophyten: 0,8923;

Chamaephyten: -0,5872; Geophyten: -0,0214; Hemikryptophyten: -0,9077; Therophyten: 0,8275. Faktor 1 beschreibt also insbesondere die Anteile an Hydrophyten, Hemikryptophyten und Therophyten. Der zweite Faktor erklärt 23,4 % der Gesamtvarianz. Folgende Faktorenladungen ergeben sich für diesen Faktor: Hydrophyten: 0,0802; Chamaephyten: -0,3578; Geophyten: 0,9325; Hemikryptophyten: -0,0774; Therophyten: -0,4012. Der zweite Faktor beschreibt demnach besonders den Anteil an Geophyten.

Der erste Faktor zeigt eine enge Korrelation zur relativen Geländehöhe ($r^2 = 0,462$; $p < 0,001$) und zur Überschwemmungsdauer der Standorte ($r^2 = 0,718$; $p < 0,001$). Der zweite Faktor zeigt dagegen keine signifikanten Korrelationen. Abb. 6.1-22 belegt den engen Zusammenhang zwischen dem 1. Faktor und der relativen Geländehöhe. Da der erste Faktor den größeren Teil der Varianz umschreibt, folgt daraus, dass das Lebensformenspektrum der Standorte von hydrologischen Parametern abhängt.

Besonders enge Beziehungen zur relativen Geländehöhe ergaben sich für die Hydrophyten (Erklärungsanteil 48,4 % der Devianz, $p < 0,001$), für die Hemikryptophyten (Erklärungsanteil 25,4 %, $p < 0,001$) und für die Therophyten (Erklärungsanteil 35,8 %, $p < 0,001$) (vgl. Abb. 6.1-23). Die tief liegenden Bereiche mit länger andauernden Überschwemmungen werden von Hydrophyten und nach dem Austrocknen von Therophyten besiedelt, während in der Vegetation seltener überschwemmter Wiesenstandorte Hemikryptophyten dominieren.

Abb. 6.1-22: Zusammenhang zwischen dem Merkmal „Lebensform“ (dargestellt mittels des ersten Faktors der Hauptkomponentenanalyse) und der relativen Geländehöhe, $r^2 = 0,462$; $p < 0,001$.

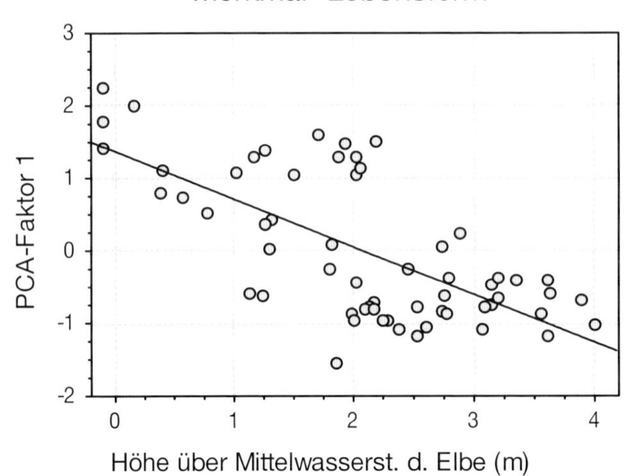

Blattausdauer

Die Angaben zur Blattausdauer entstammen Ellenberg (1979), ergänzt durch Frank & Klotz (1990). Die Methodik entspricht dem vorgenannten Merkmal. In den Probeflächen treten Pflanzen mit sommergrünen, vorsommergrünen und überwinternd grünen Blättern auf. Die Datenreduktion mittels Hauptkomponentenanalyse führte zu einem Faktor, der 72,3 % der Varianz erklärt. Für die einzelnen Merkmalsausprägungen ergeben sich folgende Faktorenladungen: Anteil sommergrüner Arten: 0,9310; Anteil vorsommergrüner Arten: 0,5781; Anteil überwinternd grüner Arten: -0,9832. Der extrahierte Faktor korreliert hoch signifikant mit der relativen Geländehöhe ($r^2 = 0,500$; $p < 0,001$) und der Überschwemmungsdauer ($r^2 = 0,504$; $p < 0,001$) (Abb. 6.1-24). Damit ist belegt, dass die Blattausdauer in enger Beziehung zur kleinräumigen Standortdifferenzierung steht.

Abb. 6.1-25 belegt, dass mit steigender Geländehöhe der Anteil sommergrüner Arten zunimmt, während überwinternd grüne Arten zurücktreten. Die (nicht dargestellten) vorsommergrünen Arten nehmen gleichfalls mit steigender Geländehöhe zu. Die logistische Regression weist für alle drei Typen der Blattausdauer eine hoch signifikante Beziehung zur Höhe über dem Mittelwasserstand nach (sommergrüne Arten: Erklä-

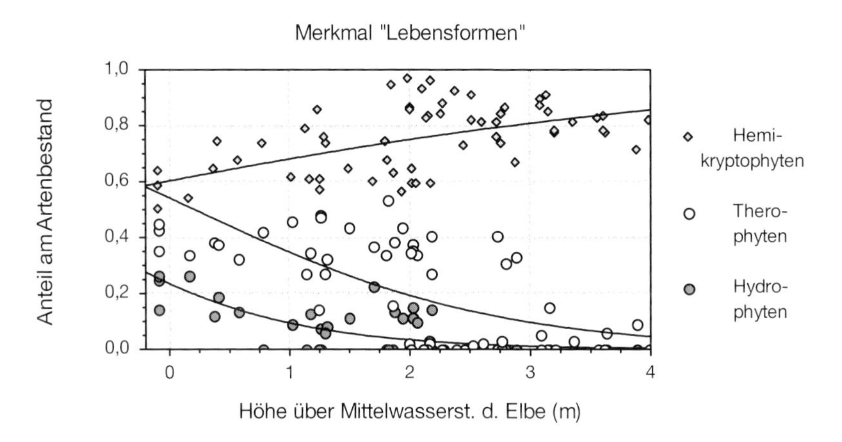

Abb. 6.1-23: Darstellung ausgewählter Ausprägungen des Merkmals „Lebensform" in ihrer Beziehung zur relativen Geländehöhe, $p < 0{,}001$.

rungsanteil 30,9 %; $p < 0{,}001$; vorsommergrüne Arten: Erklärungsanteil 34,6 %; $p < 0{,}001$; überwinternd grüne Arten: Erklärungsanteil 36,7 %; $p < 0{,}001$). Die Ursache der Differenzierung der Arten nach der Blattausdauer kann im Feuchte abhängigen Mikroklima der tiefer liegenden Standorte vermutet werden.

Blattanatomie

Der Datensatz zur Anatomie der Laubblätter wurde Frank & Klotz (1990) entnommen. In den Probeflächen fanden sich Arten mit folgender Blattanatomie: mit skleromorphen, mesomorphen, hygromorphen, helomorphen und hydromorphen Blattmerkmalen. Auch hier erfolgte bei Zwischenformen eine Mehrfachzuordnung, so dass die Summe der Anteile 100 % übersteigen kann. Die Datenreduktion (PCA) führte zur Extraktion zweier Faktoren. Faktor 1 erklärt 70,3 % der Varianz. Für die einzelnen Ausprägungen des Merkmals

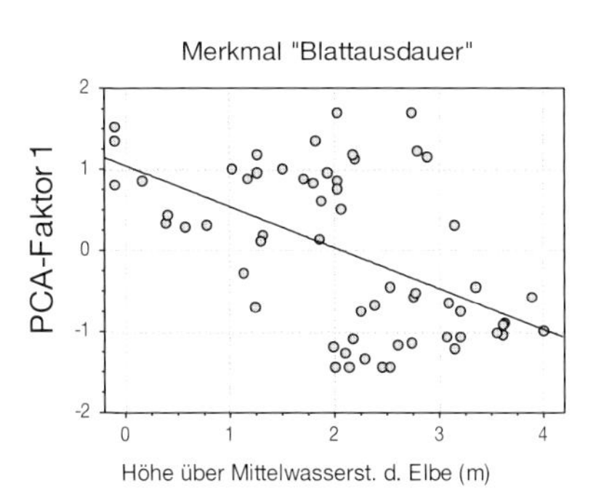

Abb. 6.1-24: Zusammenhang zwischen dem Merkmal „Blattausdauer" (dargestellt mittels des extrahierten Faktors der Hauptkomponentenanalyse) und der relativen Geländehöhe, $r^2 = 0{,}500$, $p < 0{,}001$.

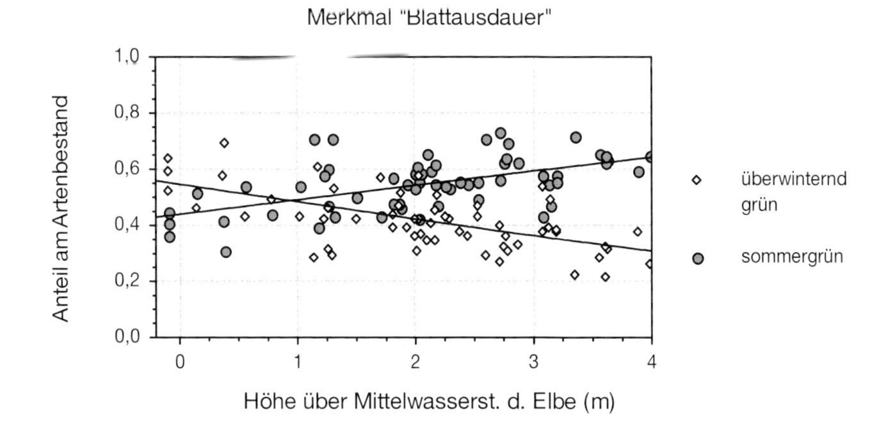

Abb. 6.1-25: Beziehung ausgewählter Ausprägungen des Merkmals „Blattausdauer" zur relativen Geländehöhe, $p < 0{,}001$.

„Blattanatomie" ergeben sich folgende Faktorenladungen: skleromorph: 0,8737; mesomorph: 0,9776; hygromorph: 0,17404; helomorph: -0,9555; hydromorph: -0,9223. Dieser Faktor beschreibt demnach die Mehrzahl der Ausprägungen sehr genau. Der 2. Faktor erklärt 22,9 % der Varianz mit folgenden Faktorenladungen: skleromorph: -0,3619; mesomorph: -0,0185; hygromorph: 0,9756; helomorph: 0,0623; hydromorph: -0,2428.

Der erste Faktor (vgl. Abb. 6.1-26) korreliert sehr eng und hoch signifikant mit der relativen Geländehöhe ($r^2 = 0,643$; $p < 0,001$) und mit der Überschwemmungsdauer ($r^2 = 0,833$; $p < 0,001$). Der zweite Faktor zeigt dagegen keine signifikante Korrelation. Aufgrund des großen Varianzerklärungsanteils des ersten Faktors kann auch für das Merkmal „Blattanatomie" eine Abhängigkeit vom Feuchtegradienten belegt werden.

Auch hier sollen einzelne Ausprägungen des Faktors gesondert betrachtet werden (s. auch Abb. 6.1-27). Für folgende Blatttypen ergab das logistische Regressionsmodell signifikante Beziehungen zur relativen Geländehöhe: skleromorph (Erklärungsanteil 46,5 %, $p < 0,001$), mesomorph (Erklärungsanteil 67,7 %, $p < 0,001$), helomorph (Erklärungsanteil 65,4 %, $p < 0,001$) und hydromorph (Erklärungsanteil 44,2 %, $p < 0,001$).

Speicherorgane

Die Angaben zu den Speicherorganen sind Bestandteil einer Datenbank zur Flora Deutschlands (Klotz et al. 2002) und konnten für die vorliegenden Studien genutzt werden. Der Datensatz enthält Arten mit folgenden Speicherorganen: Ausläufern, Horsten, Pleiokormen, Rüben, Rhizomen, Turionen, Sprossknollen, Wurzelsprossen, Bulbillen, Wurzelknollen und Zwiebeln.

Die Hauptkomponentenanalyse reduzierte den Datensatz auf vier Faktoren. Faktor 1 erklärt 34,4 %, Faktor 2 16,2 %, Faktor 3 15,5 % und

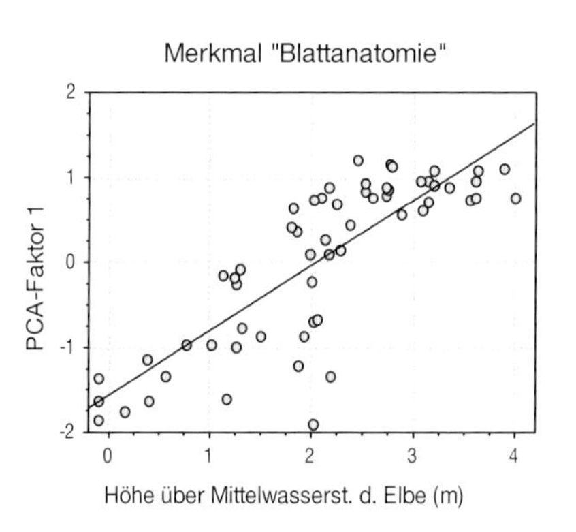

Abb. 6.1-26: Korrelation zwischen dem Merkmal „Blattanatomie" (dargestellt mittels des ersten extrahierten Faktors der Hauptkomponentenanalyse) und der relativen Geländehöhe, $r^2 = 0,643$; $p < 0,001$.

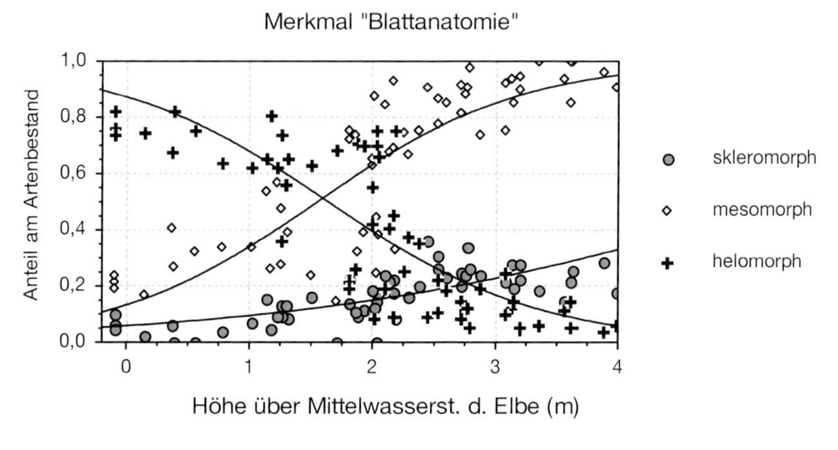

Abb. 6.1-27: Beziehung ausgewählter Ausprägungen des Merkmals „Blattanatomie" zur relativen Geländehöhe, $p < 0,001$.

Faktor 4 11,3 % der Varianz. Faktor 1 lässt die höchsten Faktorenladungen für folgende Merkmalsausprägungen erkennen: Bulbillen (0,7262), Horste (0,8272), Pleiokorme (0,7978), Rhizome (-0,6491), Rüben (0,7209) und Zwiebeln (0,7152). Gegenüber Faktor 2 besitzen Sprossknollen die höchste Faktorenladung (0,8998), gegenüber Faktor 3 Ausläufer (0,8613) und gegenüber Faktor 4 Wurzelknollen (0,8251). Von den extrahierten Faktoren zeigt nur der erste Korrelationen zu den hydrologischen Parametern, d.h. zur relativen Geländehöhe ($r^2 = 0,655$; $p < 0,001$) und zur Überschwemmungsdauer ($r^2 = 0,749$; $p < 0,001$). Abb. 6.1-28 belegt den Zusammenhang. Die Vielfalt der Ausprägungen des Merkmals „Speicherorgane“ und die daraus resultierenden Faktoren lassen keine eindeutige Aussage zur Abhängigkeit des gesamten Merkmalkomplexes zu. Da jedoch der erste (und wichtigste) Faktor der Datenreduktion mit den hydrologischen Parametern hoch korreliert, kann eine solche Abhängigkeit erwogen werden.

Für verschiedene Typen von Speicherorganen ließ sich mittels logistischer Regression die Beziehung zur relativen Geländehöhe belegen: Horste (Erklärungsanteil 43,3 %, $p < 0,001$), Pleiokorme (Erklärungsanteil 49,2 %, $p < 0,001$), Rüben (Erklärungsanteil 38,2 %, $p < 0,001$), Rhizome (Erklärungsanteil 20,4 %, $p < 0,001$), Bulbillen (Erklärungsanteil 26,1 %, $p < 0,001$) und Zwiebeln (Erklärungsanteil 56,6 %, $p < 0,001$).

Mit Ausnahme der Rhizome sind diese Speicherorgane überwiegend in den trockeneren Bereichen der höheren Lagen verbreitet (Abb. 6.1-29). Dies ist sicher darin begründet, dass die Organe, zumindest teilweise, neben der Speicherung von Reservestoffen auch als Wasserspeicher fungieren. Rhizome treten dagegen vor allem an den tief liegenden Standorten mit hohem Grundwasserstand und lang andauernder Überflutung auf.

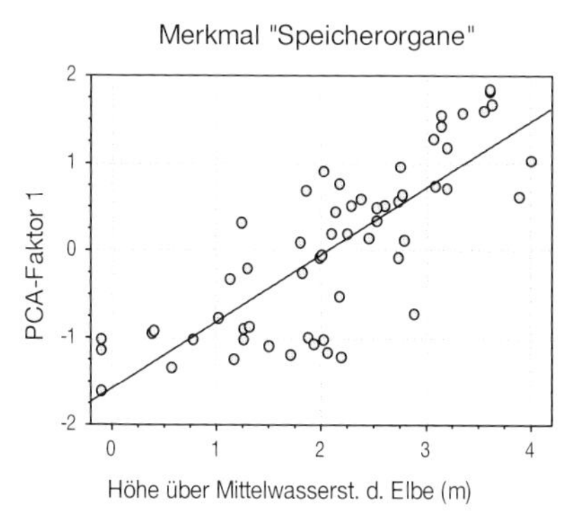

Abb. 6.1-28: Korrelation des aus dem Merkmal „Speicherorgane“ mittels Hauptkomponentenanalyse extrahierten ersten Faktors zur relativen Geländehöhe, $r^2 = 0,655$; $p < 0,001$.

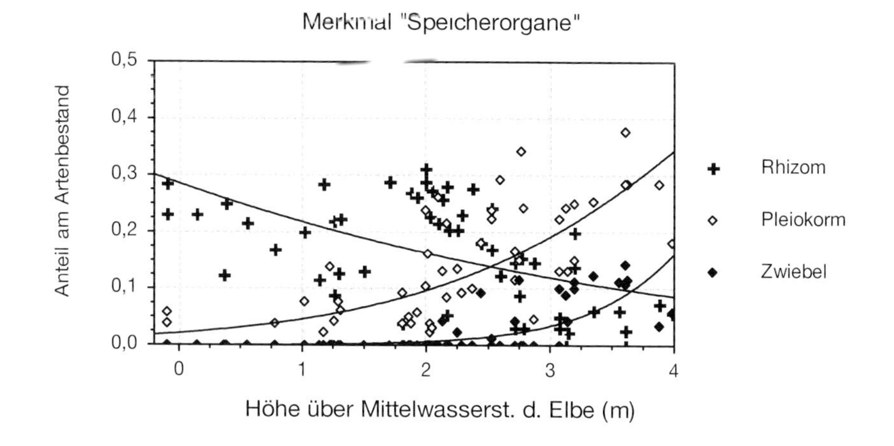

Abb. 6.1-29: Beziehung ausgewählter Speicherorgane zur relativen Geländehöhe, $p < 0,001$.

6.1.3.7 Untersuchungen zu Strategietypen von Auenpflanzen

Grime gab 1979 eine Einteilung von Pflanzenarten in ökologische Strategietypen vor, die von Frank & Klotz (1990) unter Einbeziehung von Übergangsformen auf die Flora Ostdeutschlands übertragen wurde. Ziel der vorliegenden Untersuchungen war es, festzustellen, ob diese auf empirischer Grundlage getroffene Einteilung durch messbare populationsbiologische Größen (life-history-Daten) statistisch belegt und abgesichert werden kann.

Mit Hilfe einer Diskriminanzanalyse wurde geprüft, ob eine Trennung der ökologischen Strategietypen mittels der untersuchten Parameter (bedeckte Fläche in cm^2, Wuchshöhe in cm, Anzahl Laubblätter, Gesamt-Blattfläche in cm^2, Trockenmasse der Laubblätter, Trockenmasse der oberirdischen Sprosse, Trockenmasse der unterirdischen Organe, Trockenmasse der generativen Organe, Samenproduktion, Blattgehalte an Stickstoff, Phosphor und Kalium) möglich ist.

Im ersten Schritt der Diskriminanzanalyse wurden folgende Parameter ausgeschlossen, da sie den analyseninternen Toleranztest nicht bestanden: Wuchshöhe, Samenproduktion, Trockenmasse der Sprosse, Trockenmasse der unterirdischen Organe. Mit den verbleibenden acht Variablen wurden vier Diskriminanzfunktionen erstellt. Sie erklären folgende Varianzanteile: 1. Funktion: 84,33 %, 2. Funktion: 13,41 %, 3. Funktion: 2,07 %, 4. Funktion: 0,19 %. Die ersten beiden Funktionen liefern sehr hohe kanonische Korrelationskoeffizienten von 0,9954 (1. Funktion) bzw. 0,9719 (2. Funktion). Dies deutet auf eine sehr gute Gruppentrennung hin. Wie Abbildung 6.1-30 belegt, erfolgt schon durch die ersten beiden Diskriminanzfunktionen eine vollständige Trennung der ökologischen Strategietypen. Die Zuordnung der Arten zu den einzelnen Strategietypen erfolgt vollständig richtig, die Zuordnungswahrscheinlichkeiten bewegen sich zwischen 99,99 % (1 Fall) und 100 % (übrige Fälle). Es handelt sich damit um ein sehr trennscharfes Analyseergebnis.

6.1.4 Diskussion

Die vorliegenden umfangreichen Daten verschiedener Erhebungen des botanischen Teilprojekts erwiesen sich als gute Basis für die Auswertung. Die Analyse der Vegetationszusammensetzung mittels Cluster- und Korrespondenzanalyse führte zu plausiblen und interpretierbaren Ergebnissen. Die Clusteranalyse ergab Gruppen von Probeflächen, die pflanzensoziologisch begründbar sind. Trotzdem war auf diesem Wege nur eine Trennung in wenige, recht weit gefasste Cluster möglich. Mittels Korrespondenzanalyse konnte der erwartete Haupteffekt der Vegetationsdifferenzierung durch hydrologische Einflüsse belegt und statistisch abgesichert werden (vgl. Buchkap. 6.1.3.3). Bemerkenswert ist die gute Interpretierbarkeit der ersten beiden CA-Achsen, die deutlich zwischen hydrologischen und edaphischen Parametern differenzieren. Jedoch kann mittels dieser beiden Achsen nur ein geringer Teil der Gesamt-Trägheit (Inertia) beschrieben werden. Dies ist jedoch bei dem zugrunde liegenden, sehr komplexen Datensatz (60 Probeflächen, 180 Arten) nicht ungewöhnlich. Die angewandte Methodik erweist sich im vorliegenden Fall als gut geeignet, floristische Vergleiche zwischen Probeflächen vorzunehmen und dabei generelle Strukturen und ihre Ursachen aufzudecken.

Die Prüfung bestehender Indikationssysteme (Zeigerwertsystem nach

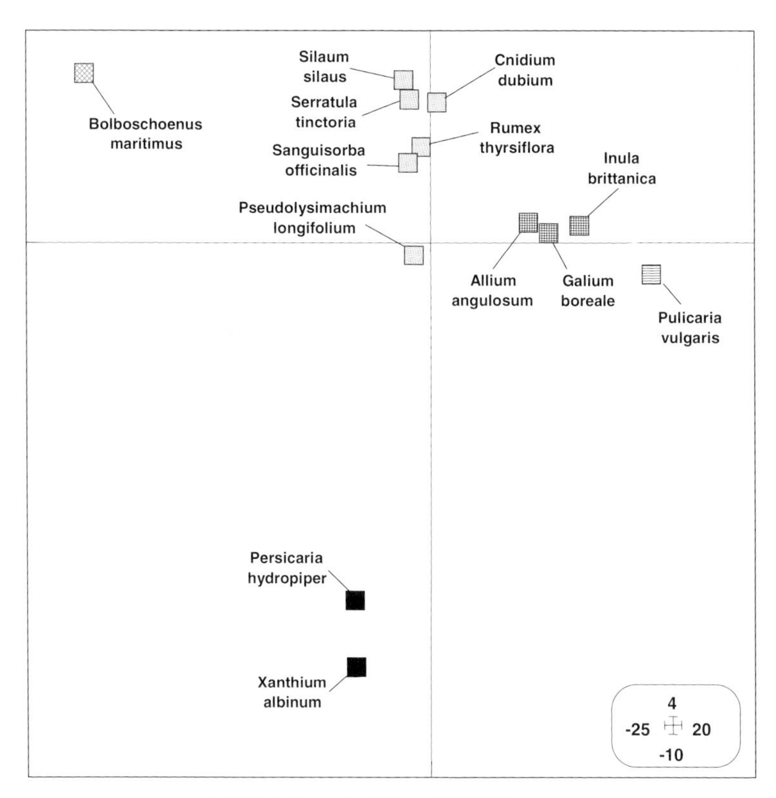

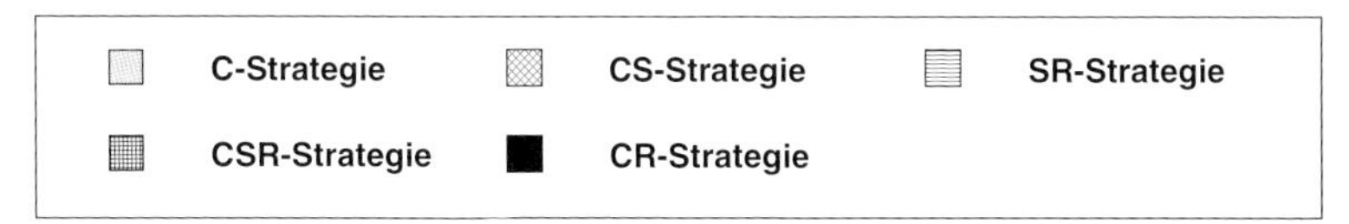

Abb. 6.1-30: Diskriminanzanalyse von 13 Auenarten mittels life-history-Daten (1. und 2. Diskriminanzfunktion). C-Strategie = Konkurrenzstrategie, CS-Strategie = Konkurrenz-Stress-Strategie, SR-Strategie = Stress-Ruderalstrategie, CSR-Strategie = Konkurrenz-Stress-Ruderalstrategie (intermediärer Typ), CR-Strategie = Konkurrenz-Ruderal-Strategie.

Ellenberg, Feuchtetypensystem nach Londo) anhand der Daten des RIVA-Projektes führte zu klaren Aussagen. Für die Feuchtezahlen von Ellenberg et al. (1992), obgleich nicht für stark schwankende Grundwasserverhältnisse konzipiert, ergeben sich dennoch hoch signifikante und enge Beziehungen zur relativen Geländehöhe und zur Überschwemmungsdauer der Standorte. Diese Korrelationen lassen neue Anwendungsmöglichkeiten der Zeigerwerte erhoffen. Für die aufgezeigten Beziehungen lassen sich zwischen den qualitativ berechneten Werten (nur auf Präsenz-Absenz-Daten der Arten beruhend) und mit dem Deckungsgrad gewichteten quantitativen Werten nur geringe Unterschiede in den Ergebnissen nachweisen. Die Abbildungen belegen, dass die Korrelationen für alle Untersuchungsgebiete gelten. Auf die generelle Problematik der Benutzung der Zeigerwerte und anderer biologisch-ökologischer Merkmale soll hier nicht näher eingegangen werden (vgl. dazu Wiegleb 1986, Durwen 1982, Böcker et al. 1983, Kowarik & Seidling 1989, Klotz et al. 2002). Auch der Anteil der Überschwemmungszeiger steht in enger und hoch signifikanter Beziehung zur Überschwemmungsdauer und zur relativen Geländehöhe der Standorte. Insgesamt erweist sich in den vorliegenden Untersuchungen das Zeigerwertsystem Ellenbergs auch unter den speziellen Bedingungen der Auen als zur Beschreibung hydrologischer Parameter geeignet. Es besteht jedoch die Notwendigkeit, mittels weiterer Untersuchungen in anderen Auengebieten die vorgestellten Aussagen abzusichern.

Die vorliegenden Daten dienten auch der Überprüfung des Indikationssystems von Londo (1975). Die Prüfung wurde anhand eines mittels PCA extrahierten Faktors vorgenommen. Zwischen diesem Faktor und den hydrologischen Parametern ergaben sich gleichfalls enge Korrelationen. Auch die Feuchtetypen Londos erweisen sich damit als geeignet zur Beschreibung der hydrologischen Verhältnisse. Beide Systeme fußen auf empirischer Grundlage, sind also grundsätzlich heuristisch. Die Erarbeitung des botanischen Indikationssystems innerhalb des RIVA-Projektes verfolgte dagegen einen anderen Weg. Sie beruht auf mathematisch-statistischen Zusammenhängen zwischen abiotischen Messgrößen und biotischen Daten (z.B. Präsenz-Absenz-Daten ausgewählter Vegetationseinheiten und Arten).

Die vorgestellte Methodik zur Verschneidung von Vegetationsdaten aus Kartierungen mit abiotischen Daten erweist sich als erfolgreich. In vielen Fällen konnten Modelle aufgebaut werden, die das Vorkommen der Assoziationen mit sehr hoher Genauigkeit voraussagen können. In einigen Fällen war dies nur bedingt möglich. Probleme bestehen vor allem hinsichtlich sehr kleinräumig verbreiteter Gesellschaften oder bei Assoziationsgefügen aus mehreren koexistierenden Gesellschaften (z.B. im Flutrinnenkomplex).

Die vorliegenden Modelle ermöglichen auch Prognosen der Auswirkung ökologischer Änderungen. Beispielsweise lassen sich längerfristige Veränderungen der Vegetation durch Hebung oder Senkung des Elbwasserstandes prognostizieren. Dazu ist nur die Variation des Parameters „relative Geländehöhe“ notwendig. Langfristig mögliche Änderungen der Bodenform können gleichfalls im Modell betrachtet werden. Die aufgezeigte Methode ermöglicht es, durch Verschneidung von Vegetations- und Bodenkarten zu statistisch abgesicherten Aussagen zu kommen. Das Modell ist darüber hinaus in der Lage, die Einflüsse verschiedener Umweltfaktoren (im vorliegenden Fall relative Geländehöhe und Bodenform) zu trennen und separiert darzustellen. Von großer Wichtigkeit wäre die Einbeziehung weiterer abiotischer Daten, z.B. Überflutungsdauer und Nährstoffversorgung.

Die Übertragbarkeit der Aussagen zwischen den betrachteten Untersuchungsgebieten war möglich. Trotzdem ergaben sich hierbei einige Probleme. Teilweise war das ökologische Verhalten der Gesellschaften in beiden Gebieten unterschiedlich. Als genereller Einflussfaktor muss dabei die Nutzung der Standorte angesehen werden. Dieser Faktor verändert z.T. die Beziehungsgefüge. Der Vergleich zwischen nur zwei Untersuchungsgebieten kann jedoch in diesem Fall zu keiner Aufklärung der Einflussfaktoren führen. Um die Auswirkungen verschiedener Nutzungen statistisch abgesichert zu belegen, wären umfangreichere Untersuchungen mit einer Vielzahl von Untersuchungsgebieten und Nutzungsarten nötig. Gleichfalls kann sich auch die Nutzungsgeschichte auf aktuelle Vegetationsdifferenzierungen auswirken. Dieser Faktor musste auf Grund der Datenlage bei den Untersuchungen weit gehend unberücksichtigt bleiben.

Die angegebenen Grundwasserflurabstände wurden aus den Messungen auf den Probeflächen abgeleitet. Im Vergleich zu den Angaben von Goebel (1996) ergeben sich in unseren Untersuchungsgebieten sehr große Grundwasserflurabstände. Es muss offen bleiben, ob dies auf Besonderheiten innerhalb der beiden Messjahre beruht, oder ob die Gesellschaften wirklich durch sinkende Grundwasserstände (Eintiefung der Elbe!) bedroht sind und nicht mehr die aktuellen Wasserverhältnisse widerspiegeln. Es zeigen sich auf allen Standorten sehr große Schwankungen mit teilweise extremer sommerlicher Austrocknung.

Auch dieses Beispiel unterstreicht die primär methodische bzw. exemplarische Bedeutung der Untersuchungen. Mit den drei im Bereich der Mittleren Elbe liegenden Untersuchungsgebieten konnte nur ein relativ eingeschränkter Ausschnitt der Verbreitungs- und ökologischen Amplitude der Arten und Pflanzengemeinschaften erfasst werden, und so können deshalb die ermittelten Werte genau genommen nur für diese Gebiete und die untersuchten Vegetationsperioden gelten. Die zu erwartenden Amplituden der Arten gegenüber den untersuchten Faktoren sind mit Sicherheit größer und hängen zusätzlich von der konkreten Faktorenkombination der Standorte ab.

Die logistischen Regressionsmodelle ermöglichen für den überwiegenden Teil der häufiger auftretenden Arten statistisch abgesicherte Aussagen zur Standortbindung. Die hergestellten Beziehungen zwischen sowohl dem Vorkommen der Art als auch bestimmten Standortparametern ermöglichen auch die Nutzung zur Bioindikation. Beispielsweise kann die Auswirkung veränderter Wasserführung der Elbe, sei es durch Anheben oder Absinken desselben durch weitere Flusseintiefung, auf die untersuchten Arten getestet werden. Durch Variation der Parameter „Höhe über dem Mittelwasserstand der Elbe“ und „mittlere Überschwemmungsdauer“ lassen sich für die untersuchten Flächen neue Vorkommenswahrscheinlichkeiten der Arten berechnen. Deutlich ist die starke Abhängigkeit fast aller untersuchten Arten von hydrologischen Parametern, während edaphische Faktoren meist nur modifizierend auf das Vorkommen wirken.

Einige der betrachteten Parameter, insbesondere der Gehalt an Pflanzen verfügbarem Phosphor und der Gesamtkohlenstoffgehalt, erweisen sich als stark vom Untersuchungsgebiet abhängig. In Sandau liegen diese Werte deutlich höher als in Wörlitz und in Steckby. Es besteht hier die Gefahr, Abhängigkeiten vom Phosphorgehalt zu finden, die in Wirklichkeit indirekte Abhängigkeiten von den Untersuchungsgebieten darstellen. Erwies sich die Beziehung zu diesen Parametern als modellrelevant, musste jeweils die Unabhängigkeit vom Untersuchungsgebiet zusätzlich geprüft werden. Die für die einzelnen Arten aufgestellten Modelle wirken plausibel und entsprechen den Erfahrungen über das ökologische Verhalten.

Die Untersuchung der Abhängigkeit der Art übergreifenden Strukturmerkmale von Umweltfaktoren erweist sich als sinnvoll, um generelle Mechanismen der umweltbedingten Vegetationsdifferenzierung aufzudecken und zu beschreiben. Hinsichtlich der ökologischen Interpretation Art übergreifender Merkmale bestehen noch erhebliche Kenntnislücken. Die teilweise komplizierte Verknüpfung von Merkmalen erschwert die Interpretation zusätzlich. So kann ein hoher Anteil an annuellen Arten in den Flutrinnen sich auf die Betrachtung verschiedener anderer Merkmale (z.B. Speicherorgane, Sprossmetamorphosen) auswirken. Um diese komplexen Strukturen aufzulösen, sind weitere Untersuchungen und Auswertungen nötig. Gerade das Studium von Strukturmerkmalen ermöglicht jedoch ein über statistische Zusammenhänge hinaus gehendes Verständnis von Kausalitäten und ist daher für ökologische Arbeiten von großem Wert.

Basierend auf Erhebung verschiedener „Life-history-Daten" war es möglich, die Einteilung von 13 Pflanzenarten in verschiedene ökologische Strategietypen (Grime 1979) nachzuvollziehen und statistisch abzusichern. Dieses Ergebnis ist jedoch vor allem als methodischer Ansatz zu betrachten. Die beschränkte Zahl an untersuchten Arten relativiert den sehr guten Analysebefund. Die vorliegenden Ergebnisse sollten jedoch zu Untersuchungen unter Einbeziehung weiterer Arten anregen. Nur dann werden generelle Aussagen zum Zusammenhang zwischen den ökologischen Strategien der Arten und morphologischen Strukturen bzw. populationsökologischen Parametern zu treffen sein.

Das botanische Teilprojekt bietet damit einen komplexen methodischen Ansatz zur Bioindikation. Die Validierung der Ergebnisse und Methoden an vergleichbaren Untersuchungsgebieten könnte die Aussagen der vorlegenden Untersuchungen erweitern und präzisieren. Wichtige zusätzlich zu berücksichtigende Faktoren sind aktuelle und historische Nutzungsparameter und aktuelle und historische Artenpools.

6.2 Weichtiergemeinschaften als Indikatoren für Wiesen- und Rinnenstandorte der Elbauen

Francis Foeckler, Oskar Deichner, Hans Schmidt & Emmanuel Castella

Zusammenfassung

Im Rahmen des Teilprojektes „Mollusken“ des interdisziplinären Verbundprojektes „Übertragung und Weiterentwicklung eines robusten Indikationssystems für ökologische Veränderungen in Auen“, kurz RIVA (Scholz et al. 2001), wird die Übertragbarkeit bereits bestehender Bioindikatorsysteme auf Wiesen- und Rinnenstandorte der Elbaue überprüft bzw. weiterentwickelt. Die Auswertung von 1.200 Einzelproben aus Wiesen- und Rinnenstandorten, die in den drei Untersuchungsgebieten an der Mittleren Elbe von Mai 1998 bis September 1999 genommen wurden, lässt sieben Mollusken-Artengruppen erkennen; sie charakterisieren sieben Wiesen- und Rinnen-Standorttypen bzw. deren Übergänge zwischen trocken und nass. Mit weiteren Projektpartnern wurde nach Abhängigkeiten dieser Molluskengruppen von teils hoch dynamischen hydrologischen, bodenkundlichen, strukturellen und nutzungsbezogenen Parametern gesucht. Mit Hilfe einer Datenbank zu den autökologischen Ansprüchen der Mollusken wurden Zusammenhänge zwischen Standortfaktoren und Vorkommen der Arten herausgearbeitet. Die abgeleiteten Habitatmodelle dienen als Grundlage für Prognosen zukünftiger Entwicklungen und Veränderungen in den untersuchten Auenstandorten.

6.2.1 Einleitung

Mollusken sind eine charakteristische Artengruppe der Auen. Der derzeitige Kenntnisstand über Mollusken als Indikatoren in Auen spiegelt sich in den Arbeiten u. a. von Richardot-Coulet et al. (1987), Falkner (1990), Foeckler (1990), Obrdlik et al. (1995), Spang (1996), Foeckler et al. (2000a, b) und Körnig (2000) wider. Mollusken sind aus folgenden Gründen als Bioindikatoren für Veränderungen der Standortfaktoren besonders geeignet (vgl. z.B. Richardot-Coulet et al. 1987, Falkner 1990, Foeckler 1990):

- großer Artenreichtum (in Flussauen Mitteleuropas am höchsten),
- gute Kenntnis der Biologie, Ökologie und Habitatansprüche,
- gute Determinierbarkeit,
- vielfach großräumige Verbreitung,
- kleine Minimumareale,
- geringe Mobilität,
- teils geringe ökologische Valenz bzw. teils große Stenökie,
- langsame Wiederbesiedlungsaktivität nach „Katastrophen“,
- Möglichkeit der Rekonstruktion der früheren Besiedelung durch Schalen- und Gehäusefunde.

Allerdings wurden Molluskendaten bisher kaum in interdisziplinäre Analysen, die Wasserhaushalt, Boden und Vegetation behandelten, miteinbezogen. Die in anderen Flussgebieten erarbeiteten Bioindikations-Systeme (z. B. Richardot-Coulet et al. 1987, Foeckler 1990, Spang 1996) sind auf die Elbauen nicht übertragbar, da abgesehen von den unterschiedlichen Artengemeinschaften in den verschiedenen Flussgebieten keine einheitliche Erfassungsmethode für Mollusken sowie keine Vorgaben zu relevanten Standortfaktoren bestehen, die aussagefähige Prognosen zu ökologischen Veränderungen in Auen erlauben.

Ziele des Beitrages „Mollusken" innerhalb des Verbundprojektes waren:

- Suche nach Bioindikatorarten und -gemeinschaften unter den Land- und Wasserschnecken sowie Muscheln für die ausgewählten Auen-Wiesen-Standorttypen innerhalb der drei Untersuchungsgebiete des RIVA-Projektes (s. Buchkap. 4.2),
- Analyse der Beziehungen zwischen den Bioindikatoren der Mollusken und den Standortfaktoren der Wiesenbiotope,
- Erarbeitung und Anwendung einer bio-/autökologischen Mollusken-Datenbank,
- Weiterentwicklung bereits bestehender Mollusken-Bioindikatorsysteme (z.B. Richardot-Coulet et al. 1987, Castella & Amoros 1988, Foeckler 1990) und Prüfung ihrer Übertragbarkeit auf Auenstandorte an der Elbe,
- Aufstellen ökologisch/naturschutzfachlicher Prognosemodelle und
- Erarbeitung anwendungsorientierter Empfehlungen für die Untersuchung von Mollusken an Flüssen und in Auen.

6.2.2 Methodik

6.2.2.1 Erfassung der Land- und Wassermollusken im Gelände

Eine Beschreibung der Untersuchungsgebiete findet sich in Buchkapitel 4.2. Das Hauptuntersuchungsgebiet, die 90 ha großen Schöneberger Wiesen im Naturschutzgebiet „Steckby-Lödderitzer Forst" bei Steckby (nordwestlich von Dessau), wurde mit 36 Probeflächen intensiv untersucht. Die als Schleusenheger bezeichneten Wiesen bei Wörlitz mit 60 ha und die als Dornwerder bezeichneten Wiesen bei Sandau mit 30 ha wurden als Nebenuntersuchungsgebiete mit je 12 Probeflächen untersucht (s. Buchkap. 4.3 für eine detaillierte Beschreibung des Versuchsplans).

Wegen der Größe und Heterogenität der drei Gebiete, der Vorgaben des statistischen Ansatzes (Buchkap. 4.3) sowie der Robustheitsprüfungen (Buchkap. 9.1) wurden je Probefläche (ca. 15 m x 30 m) fünf Einzelprobestellen untersucht. Das Probeflächendesign ist in Buchkapitel 4.3 beschrieben.

Die übliche Stechrahmengröße von 2.500 cm^2 für die Landmolluskenproben (vgl. Colling 1992) wurde auf eine Fläche von 1.000 cm^2 reduziert. Dieses Vorgehen ist zulässig, da fünf kleine statt zwei große Proben je Probefläche gezogen wurden. Hierzu wurden die obersten fünf Zentimeter der Bodenschicht mit den nach dem Ausklopfen der abgeschnittenen, höheren Pflanzen übrig bleibenden Vegetationsresten entnommen. Dabei wird ein Stechrahmen benutzt. Bei Probestellen, die unter Wasser standen, wurde der Stechrahmen der vorgegebenen Lage entsprechend platziert. Die jeweils etwa fünf Liter umfassenden Proben wurden in atmungsaktiven, nicht verrottenden Beuteln aufbewahrt.

Die Molluskenprobenahmen fanden jeweils im Frühjahr und Herbst 1998 und 1999 statt.

6.2.2.2 Aufarbeitung der Molluskenproben im Labor

Um die Mollusken vom Substrat zu trennen, kam eine Nassrüttel-Siebmaschine zum Einsatz, die in Deichner et al. (2003) beschrieben ist. Anschließend wurden die Proben getrocknet und die Tiere ausgelesen. Die Bestimmung und Zählung der Individuen erfolgte nach aktueller Bestimmungsliteratur möglichst bis zur Art. Nacktschnecken wurden nicht erfasst. Die Determination der Pisidien (Erbsenmuscheln) hat Herr Dr. M. Adler (Gomaringen) vorgenommen.

Nomenklatur und Systematik folgen Falkner (1990), Glöer & Meier-Brook (1998) und Körnig (2001).

6.2.2.3 Halbquantitative Abundanzschätzung

Die Methode der quantitativen Substratproben zur Erfassung von Landmollusken nach Oekland (1929) ermöglicht die Vergleichbarkeit von Probestellen und mit Folgeuntersuchungen. In der Praxis hat sich gezeigt, dass das Auszählen der Individuen pro einheitlicher Fläche kaum aussagekräftiger ist als eine gute Abundanzschätzung. Aus diesem Grund wird die von Falkner & Falkner (1992) entwickelte Methode angewandt. Tabelle 6.2-1 zeigt die Abundanzeinteilung der Tiere in Abhängigkeit von ihrer Größe.

6.2.2.4 Erarbeitung einer Mollusken-Autökologie-Datenbank

In einer Mollusken-Autökologie-Datenbank (s. Tab. 6.2-2) werden für die auf den Probeflächen vorgefundenen Molluskenarten Kenntnisse über verschiedene autökologische Merkmale bzw. „Life-history"-Parameter („traits") als Datenbasis für weitergehende Auswertungen zusammengestellt. Es wurden die biologischen Eigenschaften der Arten aus der Literatur und eigene Kenntnisse einer rechnerisch verwertbaren Kodierung zugeordnet (vgl. Castella et al. 1994a, b). Sie werden mit der Fähigkeit der Arten in Verbindung gesetzt, Auenbiotope zu besiedeln und unter den dynamischen Fluss- und Auenverhältnissen zu überleben und sich fortzupflanzen. Jedes Kriterium wird in einer Skala von 1 bis maximal 6 verschlüsselt. Folgende Literatur wurde ausgewertet: Frömming (1953, 1956), Ant (1963), Herdam (1983), Kerney et al. (1983), Schmid (1978, 1983), Kerkhoff (1989), Falkner (1990), Fechter & Falkner (1990), Neumann & Irmler (1994), Schmedtje & Colling (1996), Spang (1996), Fischer (1997), Weitmann (1997), Turner et al. (1998) und Tachet et al. (2000). Die Gastropoden-Datenbank von Falkner et al. (2001) stand zum Zeitpunkt der Auswertungen noch nicht zur Verfügung.

Nachfolgend sind die in der Mollusken-Datenbank erarbeiteten und kodierten biologischen sowie autökologischen Merkmale („traits", in Klammern die Abkürzungen) erläutert. Ihre Zuordnungen zu den nachgewiesenen Arten sind der Tabelle 6.2-2 zu entnehmen.

Überschwemmungstoleranz (ÜT)

Die Überschwemmungstoleranz ist ein Maß für das Vermögen der Tiere, längere Überflutungsperioden zu überdauern.

Tab. 6.2-1: Abundanz-, Individuen- und Größeneinteilung der Molluskenindividuen nach Mauch et al. (1990) bzw. nach Falkner & Falkner (1992). Angaben zu 7 = massenhaft entfallen.

h = Abundanz	Klein-Mollusken < 5 mm	Mittel-Mollusken 5 - 15 mm	Groß-Mollusken > 15 mm
1 = vereinzelt, übersehbar	bis 5	bis 3	1
2 = spärlich, kaum übersehbar	bis 10	bis 5	bis 3
3 = in ziemlicher Dichte, nicht übersehbar	bis 50	bis 10	bis 5
4 = ziemlich dicht, ansehnlicher Bestand	bis 100	bis 20	bis 10
5 = zahlreich, dicht	über 100	über 20	über 10
6 = sehr zahlreich, sehr dicht	über 500	über 40	über 20

Tab. 6.2-2: Mehrstufige Kodierung der acht für die einzelnen Arten erarbeiteten ökologischen Merkmale (traits).

Taxon	ÜT	AT	FB	NT	EW	GR	NI	BV
Anisus cf. spirorbis	5	3	4	1	1	1	6	5
Aplexa hypnorum	5	3	4	2	5	2	6	5
Arianta arbustorum	4	3	3	3	2	3	3	1
Carychium minimum	1	4	4	2	3	1	3	1
Cepea hortensis	1	2	3	3	2	3	1	1
Cochlicopa lubrica	1	3	3	2	3	2	3	2
Eucobresia diaphana	4	3	3	3	2	2	1	1
Euconulus alderi	3	2	4	2	3	1	2	2
Galba truncatula	5	3	4	3	4	2	1	1
Gyraulus albus	5	3	4	3	4	1	6	5
Lymnaea stagnalis	5	3	4	3	4	3	6	5
Musculium lacustre	5	3	4	3	6	2	6	5
Oxyloma elegans	4	2	4	2	3	2	3	2
Perpolita hammonis	3	3	3	2	3	1	3	2
Physa fontinalis	5	2	4	3	2	2	6	5
Physella acuta	5	2	4	3	4	2	6	5
Planorbarius corneus	5	2	4	2	4	3	6	5
Planorbis planorbis	5	3	4	1	1	2	6	5
Pseudotrichia rubiginosa	4	3	4	2	3	2	2	2
Punctum pygmaeum	3	3	3	2	3	1	1	1
Stagnicola spec.	5	2	4	3	4	3	6	5
Succinea putris	4	2	4	3	4	2	4	4
Succinella oblonga	3	3	2	3	5	2	2	2
Trichia hispida	1	3	2	3	2	2	4	3
Vallonia excentrica	3	2	1	2	3	1	3	2
Vallonia pulchella	2	3	3	2	3	1	2	2
Valvata piscinalis	5	3	4	3	5	1	6	5
Vertigo pygmaea	2	2	1	3	2	1	2	2
Vitrea crystallina	1	2	3	2	3	1	1	1
Vitrina pellucida	4	2	2	2	3	1	3	1
Zonitoides nitidus	4	2	4	2	3	2	4	2

Kodierungen (Erläuterungen s. Kap. 6.2.2.4)

ÜT (Überschwemmungstoleranz):
1=Überschwemmungen nicht ertragend
2=Überschwemmungen kaum/schlecht/ausnahmsweise ertragend
3=unregelmäßige, gelegentliche Überschwemmungen ertragend
4=regelmäßige Überschwemmungen ertragend
5=regelmäßige Überschwemmungen sehr gut ertragend

AT (Austrocknungstoleranz):
1=Austrocknungen nicht ertragend
2=Austrocknungen kaum/schlecht/ausnahmsweise ertragend
3=unregelmäßige, gelegentliche Austrocknungen ertragend
4=regelmäßige Austrocknungen ertragend

FB (Feuchtigkeitsbedürfnis):
1= 01-25 % =geringer Feuchtigkeitsanspruch
2= 26-50 % =mittlerer Feuchtigkeitsanspruch
3= 51-75 % =hoher Feuchtigkeitsanspruch
4= 76-100 %=sehr hoher Feuchtigkeitsanspruch

NT (Nahrungstyp):
1=vorwiegend lebendes organisches Material
2=vorwiegend totes organisches Material
3=lebendes und totes organisches Material

GR (Größe der Gehäuse/Schalen):
1=klein <5 mm
2=mittel 5-15 mm
3=groß >15

BV (Beweidungsverträglichkeit):
1=Beweidung schlecht ertragend
2=Beweidung mäßig ertragend
3=Beweidung ertragend
4=intensive Beweidung ertragend
5=nicht zutreffend bzw. irrelevant (z. B. bei Wassermollusken)

NI (Toleranz gegenüber Nutzungsintensivierung des Grünlandes):
1=Nutzungsintensivierung nicht ertragend
2=Nutzungsintensivierung schlecht ertragend
3=Nutzungsintensivierung mäßig ertragend
4=Nutzungsintensivierung ertragend
5=Nutzungsintensivierung gut ertragend
6=nicht zutreffend bzw. irrelevant (z. B. bei Wassermollusken)

EW (Ernährungsweise):
1=Weidegänger, meist organisches Material fressend
2=Weidegänger-Zerkleinerer, meist totes organisches Material fressend
3=Zerkleinerer, meist totes organisches Material fressend
4=Weidegänger-Zerkleinerer-Sedimentfresser, meist totes organisches Material fressend
5=Sedimentfresser, meist totes organisches Material fressend
6=Filtrierer, meist totes organisches Feinmaterial und lebendes Plankton fressend

Austrocknungstoleranz (AT)
Die Austrocknungstoleranz zeigt die Fähigkeit der Tiere, sich durch kleinräumige Ortsveränderungen (z.B. durch Eingraben in den Boden) oder durch biologische Anpassungen (z. B. Verschließen des Gehäuses mit einem Deckel oder einem Diaphragma) das Trockenfallen ihrer Habitate zu ertragen.

Feuchtigkeitsbedürfnis (FB)
Weitmann (1997) hat allen deutschen Binnenmollusken Feuchtigkeitszahlen von 1–100 % zugeordnet (je höher die Prozentzahl, desto höher der Feuchtigkeitsanspruch). In der Datenbank wurden diese Prozentzahlen in vier Klassen eingeteilt und den Arten zugewiesen.

Nahrung
Die Zusammensetzung einer Artengemeinschaft nach Nahrungstypen bzw. der Ernährungsweise trägt zur Charakterisierung von Biotop-/Habitattypen bei. Es wurde zwischen Nahrungstyp (NT) und Ernährungsweise (EW) unterschieden. Der Nahrungstyp trennt zwischen dem Konsum von lebendem und totem organischen Material, bei der Ernährungsweise wird die Form der Nahrungsaufnahme betrachtet (vgl. Schmedtje & Colling 1996 und Tachet et al. 2000).

Größe der Gehäuse/Schalen (GR)
Die Größe wurde nach Falkner & Falkner (1992) eingeteilt (s. Kap. 6.2.2.3 und Tab. 6.2-1); dabei wurde immer das längste Maß herangezogen. Angegeben werden bei den Gehäuseschnecken die Höhe und die Breite, bei den Muscheln kommt noch die Länge hinzu. Die Größen sind Kerney et al. (1983) und Glöer & Meier-Brook (1998) entnommen.

Toleranz gegenüber Nutzungsintensivierung des Grünlandes (NI)
Landmolluskenarten reagieren unterschiedlich auf die Intensivierung der Grünlandnutzung. Ergebnisse der Untersuchungen von Herdam (1983) und Fischer (1997) werden in Tabelle 6.2-2 berücksichtigt.

Beweidungsverträglichkeit (BV)
Auf die Beweidung ihrer Biotope, meist durch Rinder oder Schafe, reagieren Landmolluskenarten unterschiedlich. Untersuchungen haben Neumann & Irmler (1994) durchgeführt; ihre Erkenntnisse sind in Tabelle 6.2-2 aufgezeigt. Sie zeigt die mehrstufige Kodierung der Verträglichkeit der Arten gegenüber Beweidung nach den oben vorgestellten Skalen.

6.2.2.5 Standortfaktoren

Abiotische Faktoren
Abiotische Parameter wurden von den Teilprojekten Hydrologie und Stofftransport (Buchkap. 5.1) sowie Bodenkunde (Buchkap. 5.2) erhoben. Die im Buchkapitel 7.1 vorgestellten Analysen haben ergeben, dass folgende Parameter mit dem Vorkommen der Mollusken in Zusammenhang stehen (in Klammern die bei der nachfolgenden Darstellung verwendeten Abkürzungen):

- Jährliche Überflutungsdauer in Tagen bezogen auf die Abflussjahre 1998/99 (FDAJd98/99),
- Mittlerer Grundwasserflurabstand in cm während der Vegetationsperioden 1998/99 (MnGW98/99),
- Differenz zwischen minimalem Grundwasserflurabstand und maximalem Grundwasserflurabstand (AMPGW98/99),
- Feldkapazität [mm/dm] als Maß für die Bodenfeuchte (FK),

- Standardabweichung der Differenz zwischen maximalem Grundwasserflurabstand und maximaler Überflutungshöhe (SDHN98/99) und
- pH-Wert des Bodens (delogarithmiert).

Die zur Analyse der Beziehungen zwischen den Indikatorgemeinschaften und den Standortverhältnissen verwendeten abiotischen Variablen und ihre Werte für die 60 Probeflächen (PF) sind im Kapitelanhang 6.2-1 aufgeführt.

Biotische Faktoren
Zu den abiotischen Faktoren wurden biotische Parameter, wie die Anzahl der Pflanzengesellschaften (Buchkap. 6.1, Kapitelanhang 6.1-5), der Streuanteil und die Bewirtschaftung auf den Flächen (Follner, persönliche Mitteilung) übernommen. Die Hemerobie wurde berechnet (s. unten). Diese Parameter beschreiben die Strukturvielfalt, die Naturnähe und Nutzungsintensität der Probeflächen. Nachfolgend werden die verwendeten Parameter erläutert, die für die Analyse der Beziehungen zwischen den Indikatorarten und den Standortverhält nissen herangezogen wurden.

Anzahl Vegetationseinheiten pro Probefläche (n VE)
Die Anzahl (n) der Vegetationseinheiten (VE) pro Probefläche ist ein Maß für die Strukturvielfalt. Je mehr VE eine Fläche prägen, desto struktur- bzw. nischenreicher ist sie und desto mehr Molluskenarten sind auf der Fläche zu erwarten. Auf jeder Probefläche wurde die Anzahl der von Amarell & Klotz (vgl. Anhang 6.1-5) erhobenen Vegetationseinheiten in drei Klassen eingeteilt (s. Tab. 6.2-3).

Streuanteil (Streu)
Der Streuanteil eines Standortes hat großen Einfluss auf das Vorkommen von Mollusken (Brunacker & Brunacker 1959). Die Streu dient als Schutz, wirkt feuchtigkeitsbindend bzw. verdunstungshemmend und stellt eine wichtige Nahrungsquelle dar. Der Streuanteil wurde von K. Follner (persönliche Mitteilung) in beiden Jahren auf allen Flächen in vier Klassen eingeteilt (s. Tab. 6.2-3).

Hemerobie (Hem)
Als Grundlage für die Ermittlung der Hemerobie dienten die von Amarell & Klotz (vgl. Anhang 6.1-5) erfassten Vegetationseinheiten, denen Hemerobiewerte nach Herrmann (in Statistisches Bundesamt & Bundesamt für Naturschutz 2000) zugeordnet wurden. Die Hemerobie dient als Maß für die Naturnähe bzw. -ferne der Probeflächen: mit steigender Hemerobie nimmt die Naturnähe ab. Der Hemerobiewert bzw. dessen Durchschnitt bei mehreren Vegetationseinheiten auf einer Probefläche ergibt Werte zwischen 1 (naturnah) und 5 (naturfern) (s. Tab. 6.2-3), wobei der Flächenanteil der jeweiligen Vegetationseinheit nicht berücksichtigt wurde.

Bewirtschaftung (Bew)
Neben der Dynamik der Standortfaktoren hat die Bewirtschaftung bzw. landwirtschaftliche Nutzung eines Biotops vermutlich den größten Einfluss auf Besiedlung und Artenzusammensetzung. Da die meisten RIVA-Probeflächen landwirtschaftlich genutzt werden, hat K. Follner (persönliche Mitteilung) in beiden Jahren die Nutzung nach einer achtstufigen Skala beurteilt (s. Tab. 6.2-3).

Tabelle 6.2-3 zeigt die Werte der Struktur- und Nutzungsfaktoren für die 60 Probeflächen (PF), die zur Analyse der Beziehungen zwischen den Indikatoren und den Standortverhältnissen verwendet wurden.

Tab. 6.2-3: Struktur- und Nutzungsfaktoren für die 60 Probeflächen (PF) der Schöneberger Wiesen.

PF	Anzahl Vegetationseinheiten pro Fläche		Hemerobie		Streuanteil		Bewirtschaftung	
	1998	1999	1998	1999	1998	1999	1998	1999
1	2	2	3	1,5	2	2	4	4
2	3	3	2	2	1	1	4	4
3	3	3	3	3	1	1	4	4
4	3	3	3,3	3,3	1	1	4	4
5	3	3	3,3	3,3	2	2	4	4
6	2	2	2,5	2,5	2	2	4	4
7	3	3	3	3	2	2	4	4
8	3	3	3	3	2	2	4	4
9	2	3	3,5	3	2	2	4	4
10	1	1	3	3	2	2	4	4
11	2	3	4	4	2	2	4	4
12	3	2	3	3,5	2	2	4	4
13	1	1	3	3	2	3	2	5
14	1	1	4	4	2	3	2	2
15	1	1	4	4	1	1	3	1
16	1	1	4	4	1	1	1	1
17	1	1	4	4	1	1	1	1
18	1	1	4	4	1	1	1	1
19	1	1	4	4	1	1	1	1
20	1	1	4	4	1	1	1	1
21	1	1	4	4	1	1	3	1
22	1	1	3	3	1	1	3	1
23	1	1	4	4	1	1	3	1
24	1	1	4	4	1	1	3	1
25	1	1	4	4	1	1	1	1
26	1	1	4	4	1	1	1	1
27	1	1	4	4	1	1	1	1
28	1	1	4	4	1	1	1	1
29	2	2	3,5	3,5	2	2	2	3
30	2	2	3	3	3	3	2	5
31	2	2	3	3	4	4	5	5
32	1	1	3	3	3	3	2	5
33	1	1	3	3	2	3	2	5
34	2	2	3	3	3	4	2	5
35	2	2	3	3	2	3	2	5
36	1	1	3	3	1	1	3	1
37	3	3	2,7	2,7	1	1	8	8
38	3	3	2,7	2,7	1	1	8	8
39	3	3	2,7	2,7	1	1	8	8
40	2	2	2	2	3	2	8	8
41	1	1	4	4	1	1	7	7
42	1	1	1	4	1	1	7	7
43	1	1	4	4	1	1	7	7
44	1	1	1	4	1	1	7	7
45	2	2	3,5	3,5	1	1	7	7
46	2	2	3,5	3,5	1	1	7	7
47	3	3	3	3	1	1	7	7
48	2	2	3,5	3,5	1	1	7	7
49	1	2	4	3,5	2	2	6	6
50	2	2	3,5	3,5	2	2	6	6
51	1	1	4	4	2	2	6	6
52	3	3	2,7	2,7	2	2	6	6
53	1	1	3	3	3	3	6	6
54	2	2	4	4	2	2	6	6
55	1	1	5	5	2	2	6	6
56	1	1	5	5	2	2	6	6
57	2	2	4	4	2	3	6	6
58	2	2	4	4	2	3	6	6
59	2	2	4	4	2	3	6	6
60	1	1	3	3	2	2	6	6

Kodierungen (Erläuterungen s. Kap. 6.2.2.5)

Anzahl Vegetationseinheiten pro Fläche (n VE):
1 = 1 Vegetationseinheit
2 = 2 Vegetationseinheiten
3 = 3 Vegetationseinheiten

Hemerobie (Hem):
Amarell & Klotz, mündl. Mitteilung
Einteilung verändert nach Herrmann (in Statistisches Bundesamt & Bundesamt für Naturschutz 2000)

Vegetationseinheit = Hemerobiecode
Agropyretum repentis = 5
Bidenti-Polygonetum hydropiperis = 4
Caricetum gracilis = 2
Cuscuto-Convolvuletum = 2
Dauco-Arrhenatheretum (verarmt) = 4
Eleocharietum palustris = 3
Galio-Alopecuretum = 4
Glycerietum maximae = 2
Lamio-Conietum maculati = 2
Phalaridetum arundinaceae = 3
Rorippa-Oenanthetum aquatilis = 1
Rumici crispi-Agrostietum stoloniferae = 4
Rumici-Alopecuretum aequalis = 4
Sanguisorbo-Silaetum (verarmt) = 3
Sparganietum erecti = 2
Sparganio emersi-Glycerietum fluitantis = 2
Xanthium albinum-Gesellschaft = 4

Aus den Hemerobiewerten der einzelnen, auf den Probeflächen vorkommenden Vegetationseinheiten wurde der Durchschnittswert berechnet. Als Code ergeben sich Werte zwischen 1 (naturnah) und 5 (naturfern).

Streuanteil (Streu):
1 = kein
2 = wenig
3 = mittel
4 = hoch

Bewirtschaftung (Bew):
1 = einmal gemäht; Mähgut 1998 nicht abgeräumt
2 = einmal gemäht (1999: Ende Juli); Mähgut 1999 nicht abgeräumt
3 = einmal gemäht (1999: Ende Juli) und geschlegelt
4 = Flutrinne
5 = ungenutzt
6 = zweimal beweidet
7 = Portionsweide + eine Mahd im Frühjahr
8 = Portionsweide in Flutrinne

6.2.2.6 Multivariate statistische Auswertung

Für die Auswertung der Molluskendaten sowie der autökologischen Merkmale und der Umweltparameter wurden Methoden der multivariaten Statistik herangezogen, die in Frankreich entwickelt und bereits erfolgreich eingesetzt wurden (z. B. Obrdlik & Garcia-Lozano 1992, Castella et al. 1994a, b, Dolédec & Statzner 1994 und Castella & Speight 1996). Ordinations- und Klassifikationsmethoden wurden angewandt, um die Informationen, die in diesen großen Datensätzen enthalten sind, (meist graphisch) zusammenzufassen. Ein- und Zwei-Tabellen-Ordinationsmethoden wurden gemäß den Grundsätzen angewandt, die in den Arbeiten von Dolédec & Chessel (1994), Castella & Speight (1996), Dolédec et al. (1996, 1999) entwickelt wurden. Diese Kombinationen von Datensätzen und ökologischen Fragen erfordern analytische Methoden, die in einem allgemeinen Softwarepaket zur Verfügung stehen. Die ADE-4 Software (Thioulouse et al. 1997) wurde hierzu ausgewählt. Nähere Ausführungen zu den angewandten Methoden finden sich im Buchkapitel 4.3.

6.2.3 Ergebnisse

6.2.3.1 Arteninventar

Die auf den 60 Probeflächen lebend gesammelten Taxa/Arten sind in Tabelle 6.2-4 aufgeführt. Mit angegeben sind der Rote-Liste-Status in Deutschland (Jungbluth & von Knorre 1998) und in Sachsen-Anhalt (Körnig et al. 2004) sowie die Verbreitung und die ökologische Kennzeichnung nach Falkner (1990) bzw. Lozek (1964). Eine vollständige Auflistung der Abundanzen aller Arten für alle 60 Probeflächen kann der CD (Kapitelanhänge 6.2-2 bis 6.2-4) entnommen werden.

Auf den 60 Probeflächen konnten 42 Taxa bzw. 33 eindeutig ansprechbare Arten, davon 39 Taxa bzw. 30 Arten lebend nachgewiesen werden (Tab. 6.2-4). Drei Arten wurden nur tot aufgefunden: *Ancylus fluviatilis, Pisidium obtusale* und *P. supinum*.

Die Bestimmung von neun Taxa war nur auf Familien- oder Gattungsniveau möglich. Hierbei handelte es sich entweder um Individuen, von denen nur stark verwitterte Gehäuse/Schalen oder juvenile Tiere vorliegen, oder um Arten, die nur anatomisch unterscheidbar sind. In einigen Fällen war nicht zwischen *Vallonia excentrica* und *V. pulchella* zu unterscheiden. Bei der Gattung *Anisus* handelt es sich vermutlich um die Art *spirorbis*, wie sie von Körnig (1989) im Naturschutzgebiet „Steckby/Lödderitzer Forst" nachgewiesen wurde, weshalb im weiteren Text auf die Einfügung cf. (cf. steht für „confer" = vergleiche, da unsichere Bestimmung) verzichtet wird. Die Artenaufteilung der Gattung *Stagnicola* ist ungeklärt bzw. anhand der Gehäuse selten möglich (vgl. hierzu Glöer & Meier-Brook 1998). Es ist aber aus ökologischer Sicht legitim, nur die Gattung anzugeben, da die einzelnen Arten der Gattung *Stagnicola* in sehr ähnlichen bzw. den gleichen Biotoptypen leben.

Unter den 42 Taxa sind 12 Wasser- und 27 Landschnecken sowie drei Muscheln. Innerhalb der Wassermollusken dominieren die Arten der stehenden Gewässer, der Sümpfe und der periodisch trocken fallenden (temporären) Gewässer. Auch unter den Landmollusken finden sich viele Arten, die in enger Nachbarschaft zum Wasser leben. Es domi-

Folgende Seiten:
Tab. 6.2-4: Übersicht der 1998/99 auf den 60 Probeflächen in den drei Untersuchungsgebieten gefundenen Mollusken.

(leb.: lebend, lebendfrisch; tot: Gehäuse bzw. Schale bereits verwittert)							Untersuchungsgebiete		
lfd. Nr.	Taxon (wiss. Name)	Abkürzung (Artkürzel)	Taxon (dtsch. Name)	Lebensraum	Rote Liste D	Rote Liste S-A	Schöneberger Wiesen	Schleusenheger	Dornwerder
	VALVATIDAE (FEDERKIEMENSCHNECKEN)								
1	*Valvata piscinalis*	*Val pis*	Gemeine Federkiemenschnecke	LF	V				leb.
	CARYCHIIDAE (ZWERGHORNSCHNECKEN)								
2	*Carychium minimum*	*Car min*	Bauchige Zwerghornschnecke	P			leb.	leb.	leb.
	PHYSIDAE (BLASENSCHNECKEN)								
3	*Aplexa hypnorum*	*Apl hyp*	Moosblasenschnecke	P(Pp)	3		leb.		
4	*Physa fontinalis*	*Phy fon*	Quellblasenschnecke	L(F)	V		leb.		
5	*Physella acuta*	*Phy acu*	Spitze Blasenschnecke	L(F)			leb.		leb.
	PLANORBIDAE (TELLERSCHNECKEN)								
6	*Ancylus fluviatilis*	*Anc flu*	Flußnapfschnecke	F(Q)				tot	
7	*Anisus spirorbis*	Ani spi	Gelippte Tellerschnecke	Pp	2	V	leb.	leb.	leb.
8	*Gyraulus albus*	*Gyr alb*	Weißes Posthörnchen	L(F)					leb.
9	*Planorbarius corneus*	*Pla cor*	Posthornschnecke	L(P)			leb.	tot	
10	*Planorbis planorbis*	*Pla pla*	Gemeine Tellerschnecke	PL(Pp)			leb.	leb.	tot
	LYMNAEIDAE (SCHLAMMSCHNECKEN)								
11	*Galba truncatula*	*Gal tru*	Kleine Sumpfschnecke	P,Pp(L)			leb.	leb.	leb.
12	*Lymnaea stagnalis*	*Lym sta*	Spitzhornschnecke	L(P)			leb.		
13	*Stagnicola spec.*	*Sta spe*	Sumpfschnecke				leb.		leb.
	COCHLICOPIDAE (GLATTSCHNECKEN)								
14	*Cochlicopa spec.*	*Coc spe*					leb.	leb.	tot
15	*Cochlicopa lubrica*	*Coc lub*	Gemeine Glattschnecke	H(M)			leb.	leb.	leb.
	VERTIGINIDAE (WINDELSCHNECKEN)								
16	*Vertiginidae*	*Ver*					leb.		
17	*Vertigo spec.*	*Ver spe*						leb.	
18	*Vertigo pygmaea*	*Ver pyg*	Gemeine Windelschnecke	O			leb.	leb.	
	VALLONIIDAE (GRASSCHNECKEN)								
19	*Vallonia excentrica/ pulchella*	*Val exc*		O(X),O(H)			leb.	leb.	leb.
20	*Vallonia excentrica*	*Val exc*	Schiefe Grasschnecke	O(X)			leb.	leb.	leb.
21	*Vallonia pulchella*	*Val pul*	Glatte Grasschnecke	O(H)			leb.	leb.	leb.
	SUCCINEIDAE (BERNSTEINSCHNECKEN)								
22	*Oxyloma elegans*	*Oxy ele*	Schlanke Bernsteinschnecke	P			leb.		leb.
23	*Succinea putris*	*Suc put*	Gemeine Bernsteinschnecke	P			leb.	leb.	leb.
24	*Succinea/Oxyloma spec.*	*Suc spe*	Gemeine/Schlanke Bernsteinschnecke				leb.		leb.
25	*Succineidae*	*Suc*					leb.	tot	leb.
26	*Succinella oblonga*	*Suc obl*	Kleine Bernsteinschnecke	M(X)			leb.	leb.	leb.
	PUNCTIDAE (PUNKTSCHNECKEN)								
27	*Punctum pygmaeum*	*Pun pyg*	Punktschnecke	M(W)			leb.		
	GASTRODONTIDAE (DOLCHSCHNECKEN)								
28	*Zonitoides nitidus*	*Zon nit*	Glänzende Dolchschnecke	P			leb.	leb.	leb.
	EUCONULIDAE (KEGELCHEN)								
29	*Euconulus alderi*	*Euc ald*	Dunkles Kegelchen	P	V		leb.	leb.	
	VITRINIDAE (GLASSCHNECKEN)								
30	*Eucobresia diaphana*	*Euc dia*	Ohrförmige Glasschnecke	W(H)			leb.	leb.	
31	*Vitrina pellucida*	*Vit pel*	Kugelige Glasschnecke	M			leb.		tot
	ZONITIDAE (GLANZSCHNECKEN)								
32	*Perpolita hammonis*	*Per ham*	Streifenglanzschnecke	W(M)			leb.	leb.	leb.
33	*Vitrea crystallina*	*Vit cry*	Gemeine Kristallschnecke	W(M)			leb.	leb.	leb.
34	*Zonitidae*	*Zon*							leb.
	HYGROMIIDAE (LAUBSCHNECKEN)								
35	*Pseudotrichia rubiginosa*	*Pse rub*	Behaarte Laubschnecke	P(Wh)	2		leb.	leb.	leb.

Tab. 6.2-4: Fortsetzung

(leb. = lebend, lebendfrisch; tot: Gehäuse bzw. Schale bereits verwittert)							Untersuchungsgebiete		
lfd. Nr.	Taxon (wiss. Name)	Abkürzung (Artkürzel)	Taxon (dtsch. Name)	Lebens-raum	Rote Liste D	Rote Liste S-A	Schöne-berger Wiese	Schleusen-heger	Dorn-werder
36	*Trichia spec.*	*Tri spe*						leb.	
37	*Trichia hispida*	*Tri his*	Gemeine Haarschnecke	M			leb.	leb.	leb.
	HELICIDAE (EIGENTL. SCHNIRKELSCHNECKEN)								
38	*Arianta arbustorum*	*Ari arb*	Baumschnecke	W(M)			leb.	leb.	leb.
39	*Cepaea hortensis*	Cep hor	Garten-Bänderschnecke	W(M)			leb.		
	SPHAERIIDAE (KUGELMUSCHELN)								
40	*Musculium lacustre*	*Mus lac*	Häubchenmuschel	P(L)	V				leb.
41	*Pisidium obtusale*	*Pis obt*	Stumpfe Erbsenmuschel	P(Pp)	V	3	tot		
42	*Pisidium supinum*	*Pis sup*	Dreieckige Erbsenmuschel	F	3				tot
			Gesamttaxazahl:				34	25	28
			Gesamtartenzahl:				28	20	22
			Gesamtartenzahl (l/t):				27/1	18/2	19/3
			Anzahl Rote Liste Arten:				6	3	5
			Anzahl Rote Liste Arten (l/t):				5/1	3/0	4/1
			Gesamttaxazahl der drei Gebiete:					42	
			Gesamtartenzahl der drei Gebiete:					33	
			Gesamtartenzahl der drei Gebiete (l/t):					30/3	
			Anzahl Rote Liste Arten der drei Gebiete:					9	
			Anzahl Rote Liste Arten der drei Gebiete(l/t):					7/2	

Erläuterungen:

leb. = lebend, lebendfrisch; tot: Gehäuse bzw. Schale bereits verwittert
Arten (l/t): Anzahl der lebenden (l)/toten (t) Arten

Lebensraumtyp bzw. Ökologische Kennzeichnung nach FALKNER (1990)
(auf die in Klammern gesetzte Biotope greift die Art gelegentlich über):
F = fließende Gewässer, Bäche bis große Ströme
H = hygrophile Arten mit hohem Feuchtigkeitsanspruch, aber nicht an nasse Biotope gebunden
L = stehende Gewässer, kleine Lachen bis große Teiche und Seen
M = mesophile Arten, sowohl an feuchten als auch an trockenen, vorwiegend jedoch an mittelfeuchten Standorten
O = offene gehölzfreie Standorte, feuchte Wiesen bis Steppen
P = Sümpfe; bei Landschnecken: nasse Wiesen, Auwälder, Ufer in engster Nachbarschaft des Wassers; bei Wassermollusken: seichte pflanzenreiche Gewässer
Pp = periodische Sümpfe
Q = Quellen
W = Wald, ausschließlich an Waldstandorte gebunden
Wh = sumpfiger Wald, Bruchwald, vernäßte Waldstandorte
X = xerothermophile Arten, die trocken-warme Standorte deutlich bevorzugen

nieren Arten, die sowohl Wälder als auch offene, gehölzfreie Standorte besiedeln; reine Waldarten gibt es selten. In der Mehrzahl findet man Feuchtigkeit liebende, auentypische Arten (vgl. Falkner 1990). Auffälligerweise fehlen Grundwasser anzeigende Arten (vgl. Körnig 1989 und Tab. 6.2-4).

Neun (27 %) der 33 gesammelten Arten stehen auf der Roten Liste Deutschlands. *Pseudotrichia rubiginosa* und *Anisus spirorbis* gelten als "stark gefährdet" (2), *Aplexa hypnorum* und *Pisidium supinum* als "gefährdet" (3); fünf weitere Arten stehen auf der Vorwarnliste (V).

Zwei (5 %) Arten stehen auf der Roten Liste der Mollusken des Landes Sachsen-Anhalt. *Pisidium obtu-*

Tab. 6.2-5: Häufigkeitsverteilung (% Vorkommen) und durchschnittliche Abundanz (ø Ab) der auf den Probeflächen (PF) der drei Gebiete lebend nachgewiesenen Arten (vgl. Kapitelanhänge 6.2-2, 6.2-3 und 6.2-4). Für die weiterführenden Analysen nicht verwendete Arten mit zwei oder weniger Vorkommen pro Gebiet sind eingeklammert. t: tot

Taxon	Schöneberger Wiesen		Schleusenheger		Dornwerder	
	% Vorkommen an 144 PF	ø Ab	% Vorkommen an 48 PF	ø Ab	% Vorkommen an 48 PF	ø Ab
Vallonia excentrica	62	1,4	29	1,3	6	1,0
Anisus cf. spirorbis	58	2,7	42	3,3	48	1,5
Vallonia pulchella	49	1,8	38	1,1	17	1,0
Perpolita hammonis	43	2,3	15	1,0	8	1,0
Zonitoides nitidus	40	3,4	33	2,0	23	1,5
Succinea putris	31	2,2	29	1,6	58	2,1
Planorbis planorbis	28	3,0	(2)	1,0	-	-
Cochlicopa lubrica	26	2,4	50	1,9	29	2,4
Stagnicola spec.	26	3,8	-	-	27	1,6
Euconulus alderi	23	1,3	(2)	1,0	-	-
Carychium minimum	22	3,1	(4)	1,0	(2)	1,0
Pseudotrichia rubiginosa	20	1,9	21	1,4	25	2,0
Eucobresia diaphana	14	3,2	(2)	1,0	-	-
Succinella oblonga	13	1,4	(4)	2,0	(4)	1,0
Vitrea crystallina	10	2,7	(2)	1,0	(2)	1,0
Oxyloma elegans	7	1,5	-	-	6	1,7
Arianta arbustorum	6	1,6	17	1,1	(4)	1,0
Trichia hispida	6	2,3	10	1,4	(2)	1,0
Vertigo pygmaea	5	1,6	8	1,0	-	-
Aplexa hypnorum	2	3,0	-	-	-	-
Galba truncatula	2	1,3	(2)	1,0	17	2,0
Planorbarius corneus	2	2,3	t	-	-	-
Lymnaea stagnalis	(1)	4,5	-	-	-	-
Cepaea hortensis	(1)	1,0	-	-	-	-
Physa fontinalis	(1)	1,0	-	-	-	-
Physella acuta	(1)	1,0	-	-	(4)	1,5
Punctum pygmaeum	(1)	1,0	-	-	-	-
Trichia spec.	(1)	1,0	(2)	1,0	-	-
Vitrina pellucida	(1)	1,0	-	-	t	-
Gyraulus albus	-	-	-	-	(2)	3,0
Musculium lacustre	-	-	-	-	(2)	2,0
Valvata piscinalis	-	-	-	-	6	1,7
Ancylus fluviatilis	-	-	t	-	-	-
Pisidium obtusale	t	-	-	-	-	-
Pisidium supinum	-	-	-	-	t	-

sale gilt als "gefährdet" (3) und *Anisus spirorbis* steht auf der Vorwarnliste (V). Bei allen genannten Arten der Roten Listen handelt es sich um auentypische Arten.

Im Hauptuntersuchungsgebiet Schöneberger Wiesen wurden 28 Arten nachgewiesen. Auf den kleineren Untersuchungsgebieten Schleusenheger und Dornwerder wurden 20 bzw. 22 Arten vorgefunden. Damit wurden auf den Schöneberger Wiesen mit der dreifachen Untersuchungsfläche etwa 1/3 mehr Arten nachgewiesen als auf den kleineren Nebenuntersuchungsgebieten (Tab. 6.2-5 und 6.2-6). Diese Artenarealbeziehungen sind bekannt (vgl. Plachter 1991). Als weitere Erklärungsmöglichkeiten kommen die unterschiedlichen Nutzungsintensitäten und die Lage der Gebiete im Raum bzw. zu anderen Habitaten hinzu.

Tabelle 6.2-5 zeigt die Häufigkeitsverteilung der auf den Probeflächen der drei Gebiete nachgewiesenen und für die weiterführenden Analysen verwendeten Arten. Die Häufigkeit einer Art wird als prozentualer Anteil ihres Vorkommens in allen insgesamt viermal besammelten Probeflächen eines Untersuchungsgebietes angegeben. Als sehr häufig werden die Arten mit mehr als 30 %, als häufig jene mit 20-30 %, als rar jene mit 10-20 % und als selten jene mit weniger als 10 % Vorkommen in den besammelten Probeflächen eingestuft (vgl. Foeckler 1990). Die Häufigkeitsverteilungen sind in den einzelnen Gebieten unterschiedlich. Nur wenige Arten sind überall gleich häufig. *Anisus spirorbis* ist als einzige Art in allen drei Gebieten allgemein verbreitet, *Pseudotrichia rubiginosa* als einzige überall häufig. Besonders auffällig ist die Verteilung von *Vallonia excentrica*. Auf den Schöneberger Wiesen ist sie allgemein verbreitet, auf dem Schleusenheger häufig und im Dornwerder dagegen selten. Die Schöneberger Wiesen liegen im Verhältnis zum (mittleren) Wasserspiegel der Elbe am höchsten, der Dornwerder am niedrigsten, der Schleusenheger dazwischen. Dementsprechend hat die Trockenheit bevorzugende *Vallonia excentrica* auf den Schöneberger Wiesen gute Existenzbedingungen, im Dornwerder stößt sie innerhalb der untersuchten Flächen vermutlich an die Grenze ihrer Toleranz gegenüber langandauernder Feuchte.

6.2.3.2 Zeitliche und räumliche Unterschiede innerhalb der Probeflächen

Vor der Suche nach den Bioindikatorarten für Wiesen- und Rinnenstandorte sind folgende Fragen zu beantworten: Unterscheiden sich die Artenzusammensetzungen der Probeflächen

- der beiden Untersuchungsjahre?
- der vier Aufsammlungen?
- vom Frühjahr und Herbst der beiden Jahre?
- der drei Untersuchungsgebiete?

Die Korrespondenzanalyse (CA) und die „between class" Diskriminanzanalyse zeigen, dass sich die Artenzusammensetzungen der Probeflächen der RIVA-Aufsammlungen weder zwischen den beiden Untersuchungsjahren (1998 und 1999) noch zwischen den vier Erfassungszeiträumen (Frühjahr/Herbst 1998/99), noch zwischen Frühjahr und Herbst (jeweils zusammengefasst) signifikant unterscheiden. Lediglich zwischen den Untersuchungsgebieten ist eine sehr geringe und nicht signifikante Trennung erkennbar. Diese Trennung ist vermutlich auf die zwei im Dornwerder gegenüber dem Schleusenheger zusätzlich auftretenden Arten (s. Tab. 6.2-4 bis 6) zurückzuführen. Da es nicht erforderlich ist, zwischen den verschiedenen Aufsammlungen sowie den drei RIVA-

Tab. 6.2-6: Vergleich der Gesamtartenzahlen auf den RIVA-Probeflächen der drei Untersuchungsgebiete 1998/1999 mit deren Flächengrößen und Probeflächenzahlen.

Gebiet:	Schöneberger Wiesen	Schleusenheger	Dornwerder
Größe in ha:	ca. 90 ha	ca. 60 ha	ca. 30 ha
Probeflächenzahl:	36	12	12
Anzahl Arten (lebend)	27	18	19
Anzahl Arten (tot)	1	2	3
Anzahl Arten (gesamt)	28	20	22

Gebieten zu unterscheiden, können die Daten gemeinsam analysiert werden. Kapitelanhang 6.2-5 zeigt die entsprechenden Scatterplots der ersten beiden Faktoren der CA mit den Zentroiden der jeweiligen Probeflächen.

Aufgrund der geringen Unterschiede zwischen den Gebieten und der dreifachen Datenmenge im Hauptuntersuchungsgebiet (36 statt 12 Probeflächen) werden die weiterführenden Analysen auf das Gebiet der Schöneberger Wiesen beschränkt. Anschließend wird die Übertragbarkeit der Ergebnisse auf die beiden Nebenuntersuchungsgebiete diskutiert.

6.2.3.3 Ökologische Charakterisierung der Schöneberger Wiesen durch Mollusken

Es stellt sich die Frage, ob sich unter den Molluskenarten solche als Bioindikatoren herausstellen lassen, die bestimmte Habitattypen innerhalb der untersuchten Wiesen- und Rinnenstandorte identifizieren. Dazu wurden 22 (mit *Stagnicola spec.*) der 28 Arten der Schöneberger Wiesen verwendet, da sechs Arten nur als Einzelfund vorkommen (s. Tab. 6.2-5) und daher für statistische Auswertungen ungeeignet sind.

Die Daten aller vier Aufsammlungen der Schöneberger Wiesen wurden einer Korrespondenzanalyse (CA) unterzogen. In Abbildung 6.2-1 sind die 22 Arten bzw. die 143 verwendbaren Datensätze der Schöneberger Wiesen aller vier Aufsammlungen (= 36 Probeflächen x 4 Aufsammlungen = 144 Datensätze abzüglich einer Probefläche einer Aufsammlung ohne Mollusken = 143 Datensätze) nach ihren Ladungen auf den beiden ersten Faktoren (Eigenwerte: 0,59 und 0,39 bzw. 24,3 % und 16,1 % der Gesamtvarianz) der Korrespondenzanalyse aufgetragen. Deutlich sind Gradienten sowohl innerhalb der Arten (Abb. 6.2-1, oben) als auch der Probeflächen (Abb. 6.2-1, unten) zu erkennen.

Im nächsten Schritt wurden die Probestellen mit Hilfe einer Clusteranalyse auf der Basis ihrer Faktorenladungen zu Gruppen geordnet (Abb. 6.2-2). Dabei zeichnen sich vier bis sechs Probestellengruppen ab. Abbildung 6.2-3 zeigt verschieden stark differenzierte Gruppierungen der Probeflächen. Die Güte der jeweiligen Trennung wurde mit Hilfe einer Diskriminanzanalyse ermittelt und ist unter den Einzelabbildungen in Abbildung 6.2-3 in Prozenten angegeben.

Entsprechend den aus anderen Flussauen bekannten, jedoch nicht direkt übertragbaren Zonierungen vergleichbarer Molluskenaufsammlungen (z. B. Castella et al. 1987, Castella 1987, Foeckler 1990, Foeckler et al. 2000a) wurden für die weiteren Analysen eine Aufteilung in sechs Probestellengruppen mit einer Fehlertoleranz von 19 % ausgewählt. Das heißt, die sechs Probestellengruppen lassen sich statistisch mit 81 % Wahrscheinlichkeit anhand ihrer Molluskenbesiedlung trennen. Das scheint wegen der geringen Unterschiede von 5 % (15 %, maximal 20 %) zwischen den Fehlertoleranzen bei der Aufteilung in 4, 5 oder 6 Gruppen zulässig und ökologisch sinnvoll. Eine ausführlichere Darstellung dieses Ergebnisses aus der kombinierten CA- und der Clusteranalyse auf den Schöneberger Wiesen kann dem Kapitelanhang 6.2-6 entnommen werden.

Zur Ermittlung der Beiträge der einzelnen Arten zur Gruppierung der Probeflächen wurden die Arten einer „Cluster Inertia Analyse" unterworfen (Kapitelanhang 6.2-7). Aufbauend auf der Clusteranalyse, die mit den Faktorenladungen der vorausgehenden CA durchgeführt wurde, wurde anschließend der Beitrag (CV (j,p)) eines jeden zur Berechnung heran-

Abb. 6.2-1: Zweidimensionale Darstellung der Ergebnisse der Korrespondenzanalyse (CA) der 22 Arten (A) und der viermal beprobten 36 Probeflächen (B) auf den Schöneberger Wiesen. Aufgetragen sind jeweils die beiden ersten Faktoren mit den Eigenwerten (C): F1: 0,59 und F2: 0,39. Deutlich sind Gradienten sowohl innerhalb der Arten (A) als auch der Probeflächen (B) zu erkennen.

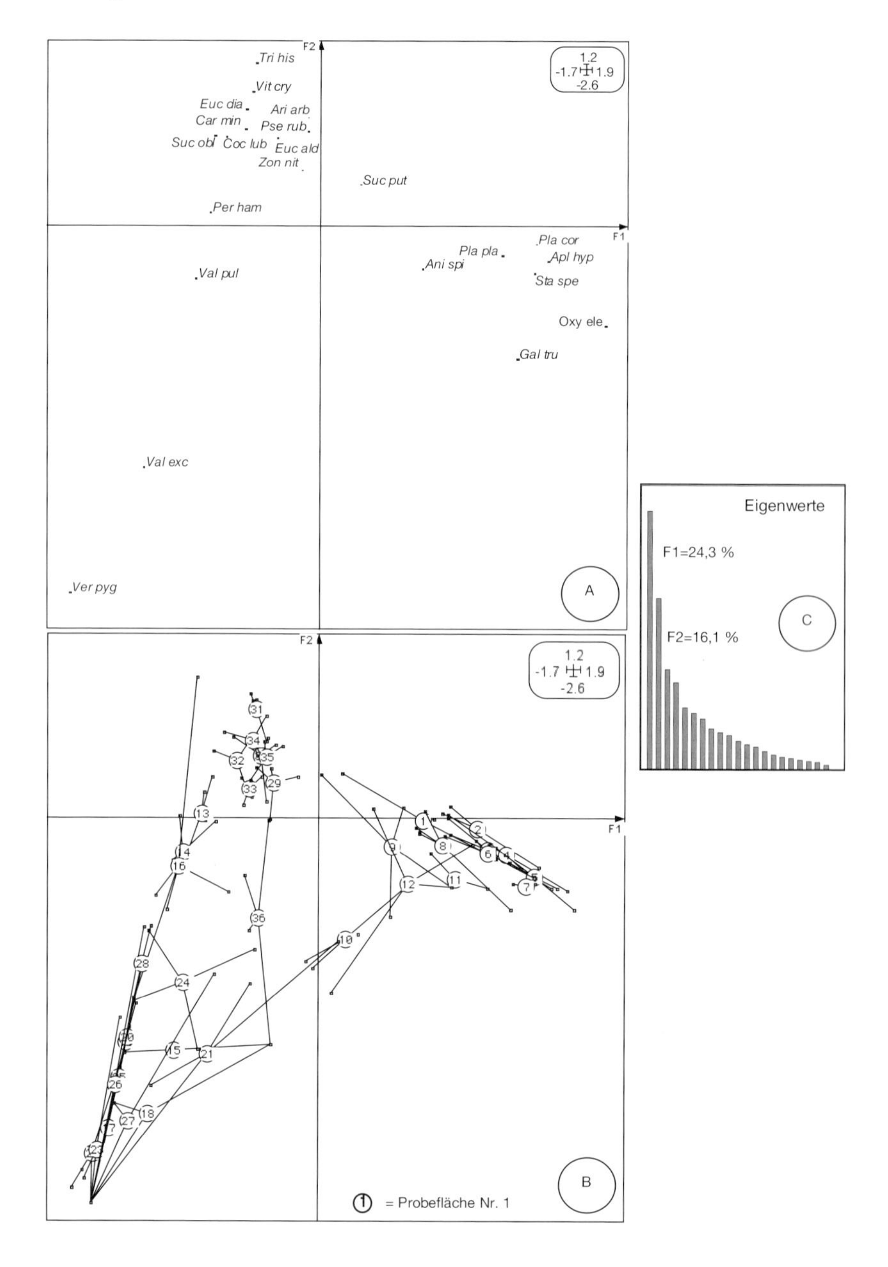

gezogenen Taxon (j) zu jedem einzelnen Cluster (p) nach Roux (1991) berechnet als:

$$(CV_{(j,p)}) = (Z_{pj} - Z_j)^2 / \sum_j (Z_{pj} - Z_j)^2$$

mit Z_{pj} = Durchschnitt von Taxon j in Cluster p

und Z_j = Gesamtdurchschnitt von Taxon j

Je höher die Inertia-Werte der einzelnen Arten sind, desto mehr trägt die Art zur Bildung der jeweiligen Probeflächengruppe (Cluster) bei. Der Beitrag erhält ein negatives Vorzeichen, wenn $Z_{pj} < Z_j$. Die Arten und die Probeflächengruppen sind entsprechend der Zonierung von Landschnecken auf hoch gelegenen und

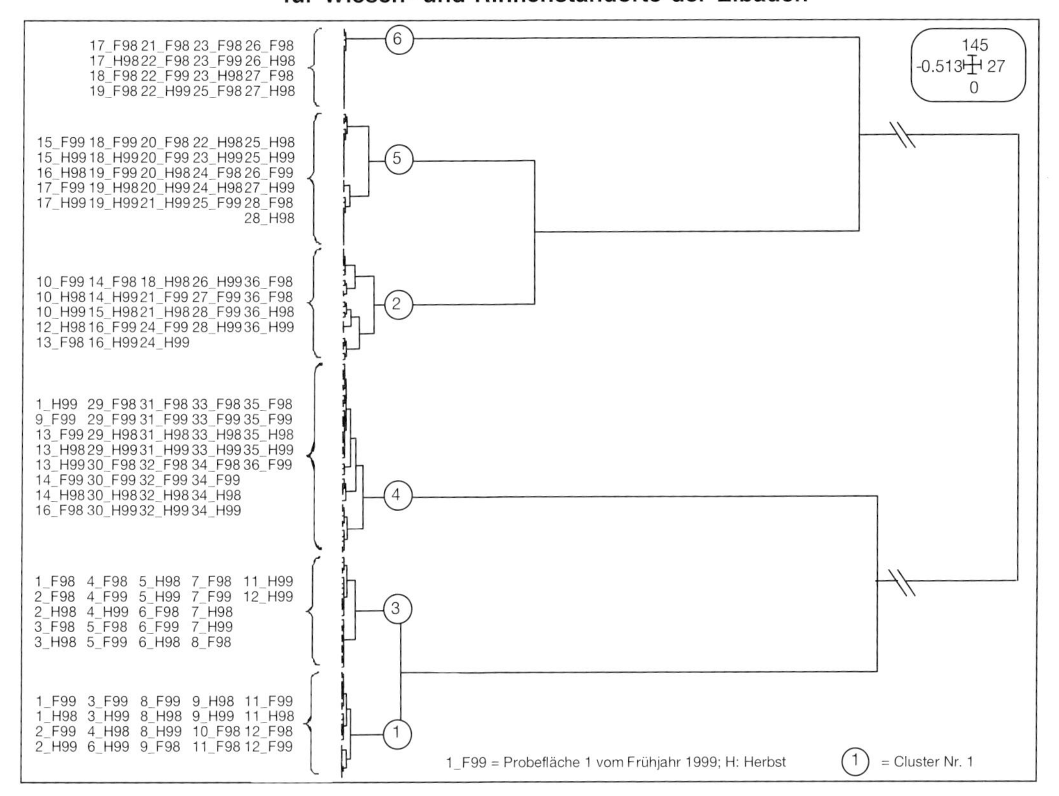

Abb. 6.2-2: Ergebnis der Clusteranalyse zur Gruppierung der 143 Datensätze (Probeflächen) der Schöneberger Wiesen anhand ihrer Molluskenbesiedlung (22 Arten), Datengrundlage vgl. Kapitelanhang 6.2-6, Kapitelanhang 6.2-7

Wasserschnecken auf tief gelegenen Probeflächen angeordnet.

Zur Verdeutlichung der Bioindikatorarten/-gruppen sind in Tabelle 6.2-7 und Kapitelanhang 6.2-8 die Stetigkeiten und die prozentualen Vorkommen der Arten bzw. Artengruppen in den einzelnen Probeflächengruppen (Cluster) angegeben. Die Gruppierung der Probeflächen entspricht der der Clusteranalyse (s. Abb. 6.2-2 und Kapitelanhang 6.2-6), die der Arten den Ladungen auf dem Faktor F1 der CA (s. Abb. 6.2-1, oben).

Um als Bioindikator für eine oder mehrere Probeflächengruppen in Frage zu kommen, muss eine Art alle fünf, als charakteristische Art mindestens zwei der folgenden Kriterien erfüllen:

- Inertia-Wert > 4
  (s. Kapitelanhang 6.2-7)
- Dominanz (Do %) ≥ 5 %
  (s. Kapitelanhang 6.2-8)
- durchschnittliche Abundanz
  (Ø Ab) ≥ 0,9 (s. Kapitelanhang 6.2-8)
- Konstanzklasse (Kk) (Stetigkeitsklasse) ≥ 3
  (s. Tab. 6.2-7/Kapitelanhang 6.2-8)
- Stetigkeit = ≥ 40 %
  (s. Tab. 6.2-7/ Kapitelanhang 6.2-8)
- prozentuales Gesamtvorkommen ≥ 29 %
  (s. Tab. 6.2-7/Kapitelanhang 6.2-8)

(zur Erklärung der Kriterien s. Foeckler 1990, für Inertia-Wert s. oben)

Dieses Ergebnis gilt es, zunächst mit den auf den Probeflächen gemessenen Standortfaktoren (Kap. 6.2.3.4) und anschließend mit den vorliegenden biologisch-autökolo-

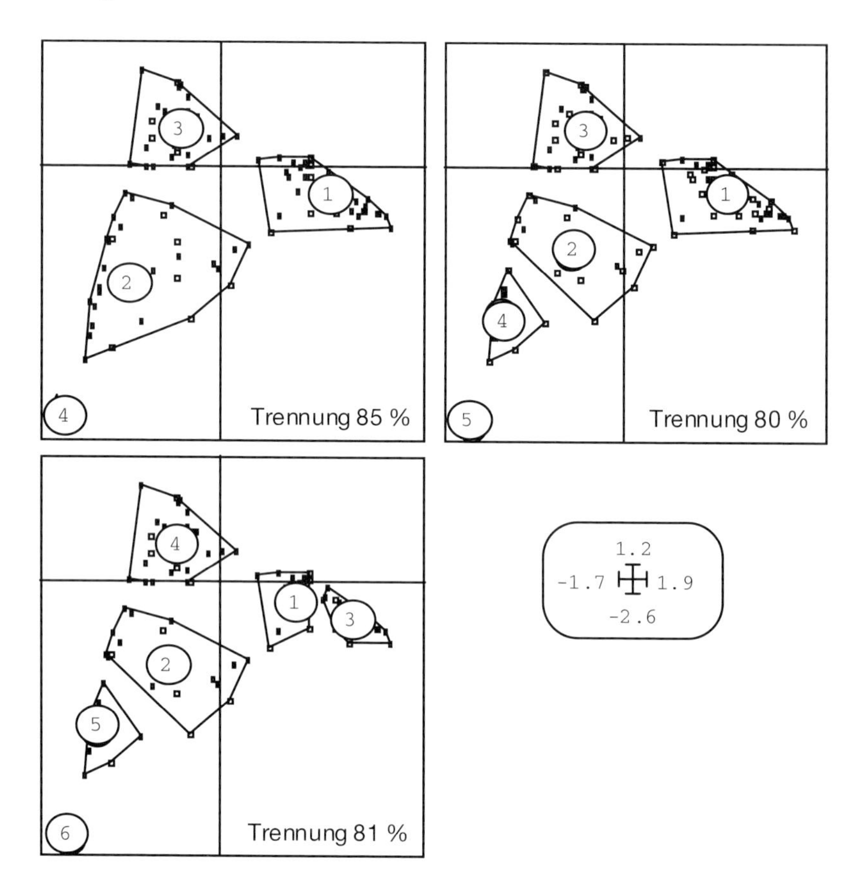

Abb. 6.2-3: Verschieden stark differenzierte Gruppierungen (4, 5 und 6 Cluster) der Probeflächen anhand der Clusteranalyse (Kapitelanhang 6.2-6). Angabe der jeweiligen Trenngüte in Prozent, errechnet mit Hilfe der Diskriminanzanalyse zur Unterscheidung verschiedener Anzahlen von Probeflächenclustern.

gischen Eigenschaften der Arten (Kap. 6.2.3.5) in Bezug zu setzen. Erst dann werden Bioindikatorarten endgültig festgesetzt. Anschließend wird geprüft, inwieweit die gewonnenen Ergebnisse auf die Probeflächen der Nebenuntersuchungsgebiete übertragen werden können.

6.2.3.4 Analyse der Umweltparameter der Schöneberger Wiesen

In Abbildung 6.2-4 sind die 143 Datensätze der Umweltparameter aller vier Aufsammlungen auf den Schöneberger Wiesen nach ihren Ladungen auf den beiden ersten Faktorenachsen (F1 und F2: Eigenwerte: 3,29 und 1,69 bzw. 36,5 % und 18,8 % der Gesamtvarianz) der Hauptkomponenten-Analyse (PCA) aufgetragen. Innerhalb der Probeflächen ist ein deutlicher Gradient entlang der beiden Achsen sichtbar. Neun Umweltparameter tragen hauptsächlich hierzu bei (Abb. 6.2-5).

Von den abiotischen Variablen haben den größten Einfluss (die längsten Pfeile in Abb. 6.2-5) der mittlere Grundwasserflurabstand während der Vegetationsperioden 1998/99 (MnGW), die Feldkapazität als Maß für die Bodenfeuchte (FK) und die jährliche Überflutungsdauer in Tagen, bezogen auf die Vegetationsperioden 1998/99 (FDAJd). Die Variablen pH-Wert, die Standardabweichung der Differenz zwischen maximalem Grundwasserflurabstand und maximaler Überflutungshöhe (SDHN98/99) und die Differenz zwischen minimalem und maximalem

Tab. 6.2-7: Konstanzklasse (Kk) und prozentuales Gesamtvorkommen (%VK) pro Art pro Probeflächengruppe auf den Schöneberger Wiesen mit Angabe der Rote-Liste-Einstufungen (D = Deutschland, S-A = Sachsen-Anhalt). Fett gedruckt sind die Bioindikatorarten.

	Probeflächengruppe			1		2		3		4		5		6	
		RL		sehr trocken		trocken		zunehmend feucht		feucht		sehr feucht		nass	
	Arten	D	S-A	Kk	%VK	Kk	%VK	Kk	%VK	Kk	%VK	Kk	%VK	Kk	%VK
A	*Vertigo pygmaea*			●	■	●	■	●	■	●	■				
	Vallonia excentrica			●	■	●	■	●	■	●	■	●	■		
B	*Vallonia pulchella*			●	■	●	■	●	■	●	■	●	■		
	Perpolita hammonis			●	■	●	■	●	■	●	■	●	■		
C	*Succinella oblonga*							●	■	●	■				
	Cochlicopa lubrica					●	■	●	■	●	■	●	■		
	Carychium minimum									●	■	●	■		
	Eucobresia diaphana									●	■	●	■		
	Vitrea crystalina									●	■	●	■	●	■
	Trichia hispida									●	■	●	■		
	Euconulus alderi	V								●	■	●	■	●	■
D	***Zonitoides nitidus***							●	■	●	■	●	■	●	■
	Pseudotrichia rubiginosa	2								●	■	●	■	●	■
	Arianta arbustorum									●	■	●	■		
	Succinea putris							●	■	●	■	●	■	●	■
E	***Anisus spirorbis***	2	V			●	■	●		●	■	●	■	●	■
F	***Planorbis planorbis***							●		●	■	●	■	●	■
	Galba truncatula							●						●	■
	Stagnicola spec.							●		●	■	●	■	●	■
	Planorbarius corneus											●	■	●	■
	Aplexa hypnorum	3										●	■	●	■
	Oxyloma elegans											●	■	●	■
	Anzahl Probeflächen:			16		26		22		37		20		22	
	durchschnittliche Anzahl Arten:			4		6		12		18		19		12	

Konstanzklasse = Stetigkeitsklasse		% Gesamt-Vorkommen	
5 ●	=	81-100 %	■
4 ●	=	61-80 %	■
3 ●	=	41-60 %	■
2 ●	=	21-40 %	■
1 •	=	1-20 %	■

Grundwasserflurabstand (AMPGW) sind von untergeordneter Bedeutung.

Die drei ausgewählten nutzungs- bzw. strukturbezogenen Parameter beeinflussen den Gradienten ebenfalls stark. In abnehmender Reihenfolge sind dies: Hemerobie, Streuanteil und Anzahl der Vegetationseinheiten.

Einige der Umweltparameter zeigen ein sehr ähnliches Verhalten ohne als Synergismen zu wirken (vgl. Kapitelanhang 6.2-9 mit der Korrelationsmatrix aus der PCA). Je höher der Wert (+/-) ist, desto stärker ist der Zusammenhang zwischen den in der PCA verwende-

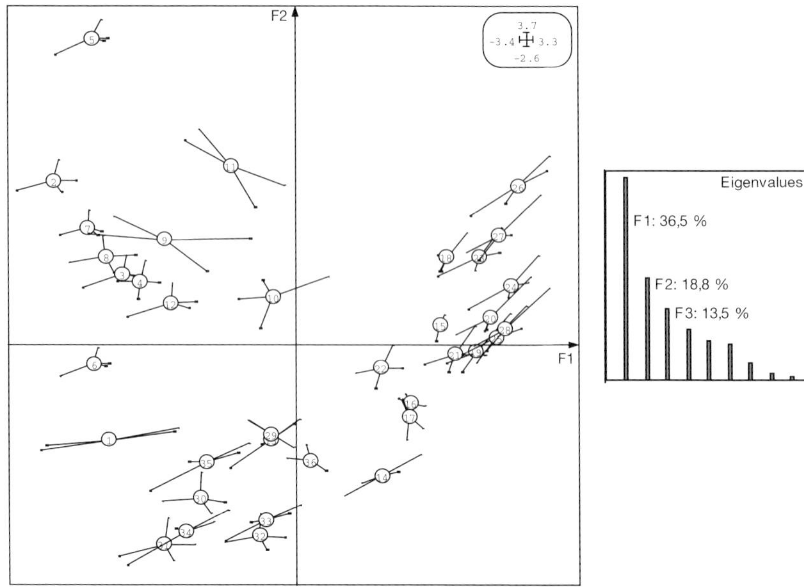

Abb. 6.2-4: Graphische Darstellung der 143 Datensätze der Schöneberger Wiesen aller vier Aufsammlungen gemäß ihren Ladungen auf den beiden ersten Achsen (Eigenwerte: 3,29 und 1,69) der Hauptkomponentenanalyse (PCA) der neun Umweltparameter (vgl. Abb. 6.2-5).

ten Variablen. Die jährliche Überflutungsdauer (FDAJd98/99) korreliert stark positiv (+0,821) mit der Anzahl der Vegetationseinheiten (nVE). Zugleich korreliert die jährliche Überflutungsdauer stark negativ (-0,407) mit der Standardabweichung der Differenz zwischen maximalem Grundwasserflurabstand und maximaler Überflutungshöhe (SDHN98/99), aber auch negativ (-0,582) mit dem mittleren Grundwasserflurabstand (MnGW98/99) und der Hemerobie (-0,541). Der mittlere Grundwasserflurabstand (MnGW98/99) korreliert relativ stark positiv mit der Hemero-

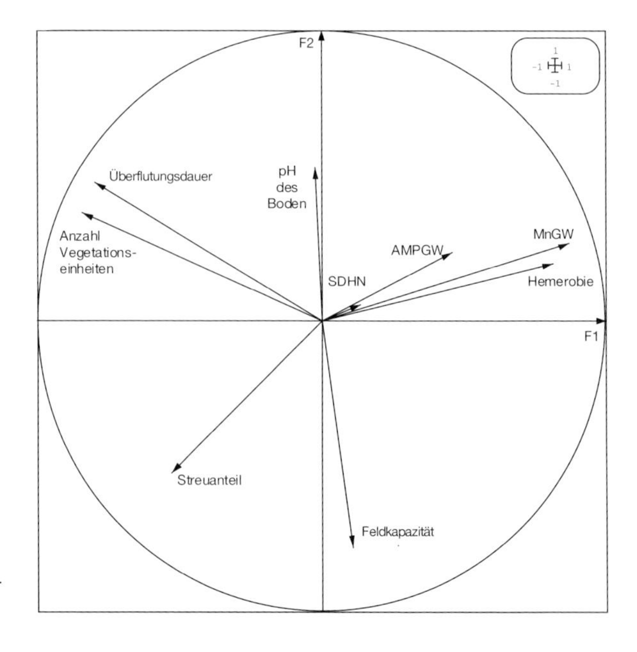

Abb. 6.2-5: Graphische Darstellung der neun Umweltparameter gemäß ihren Ladungen auf den beiden ersten Faktoren (Eigenwerte: 3,29 und 1,69) der Hauptkomponentenanalyse (PCA).

AMPGW: Differenz zwischen min. und max. Grundwasserflurabstand

MnGW: mittlerer Grundwasserflurabstand

SDHN: Standardabweichung der Differenz zwischen max. Grundwasserflurabstand und max. Überflutungshöhe

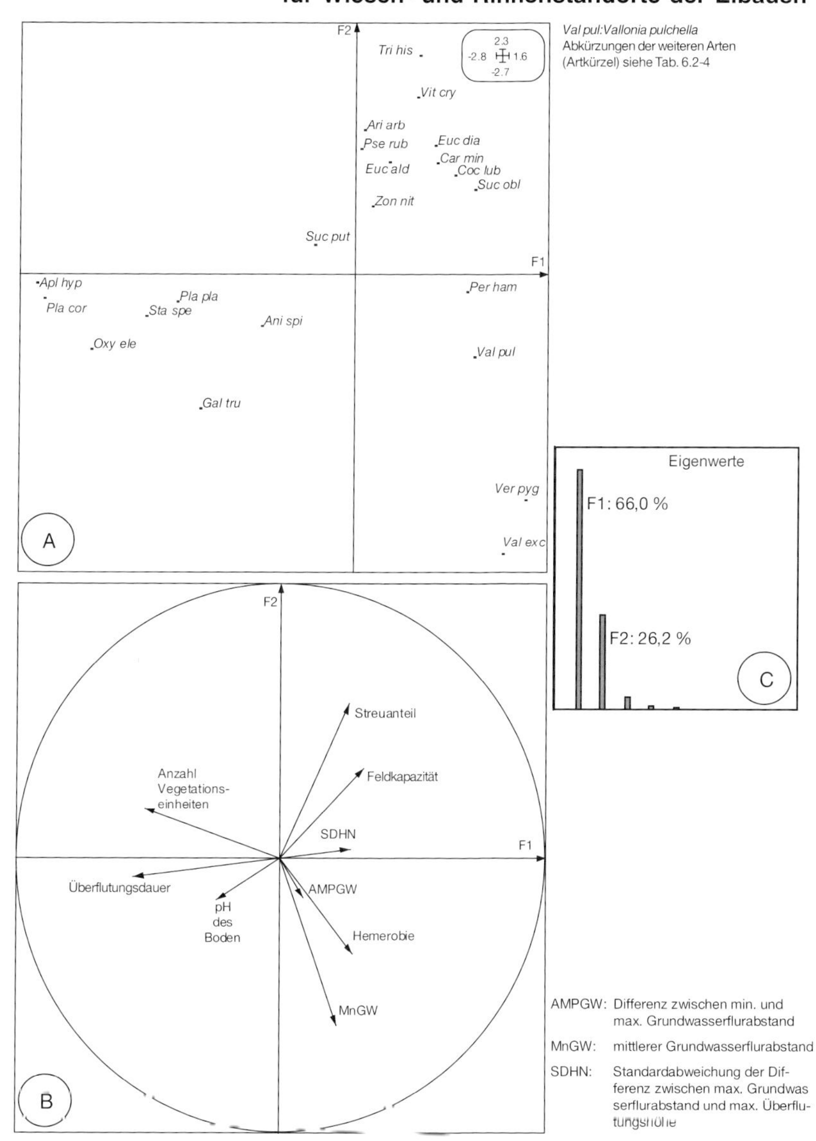

Abb. 6.2-6: Verteilung der Arten (A) und der Umweltparameter (B) gemäß der Coinertia-Analyse (PCA-CA). Die Pfeillängen in B geben den Einfluß des jeweiligen Umweltparameters auf die Trennung der Arten im Ordinationsplot (A) an. Dargestellt sind jeweils die beiden ersten Faktoren F1 und F2 (Eigenwerte (C): F1: 1,46 und F2: 0,58). Deutlich ist ein Gradient der Verteilung der Arten in Abhängigkeit von den Umweltparametern zu erkennen.

bie (+0,717), negativ dagegen mit der Anzahl der Vegetationseinheiten (-0,608) und dem Streuanteil (-0,587). Die Hemerobie korreliert negativ mit dem Streuanteil (-0,426) und mit der Anzahl der Vegetationseinheiten (-0,525). Die restlichen Umweltparameter sind offenbar voneinander unabhängig.

Mit einer Coinertia-Analyse (s. Buchkap. 4.3) wurde geprüft, inwieweit die Ordinationen der Probeflächen durch die Arten aus der CA (Abb. 6.2-1) bzw. den neun abiotischen sowie nutzungs- und strukturbezogenen Parameter aus der PCA (Abb. 6.2-5) übereinstimmen.
Abbildung 6.2-6A zeigt die Verteilung der 22 Arten gemäß der Coinertia-Analyse (PCA-CA). Es wird eine ähnliche Zonierung von den Wasserschnecken links im Bild über die

feuchteliebenden Landschnecken rechts oben im Bild zu den trockenheitsresistenteren Landschnecken rechts unten im Bild sichtbar. Abbildung 6.2-6B zeigt die Verteilung der neun Umweltparameter gemäß der Coinertia-Analyse (PCA-CA). Die Pfeile zeigen jeweils in die Richtung ihres größten Einflusses auf die Arten der Abbildung 6.2-6A. Das heisst, die Anzahl der Vegetationseinheiten, die jährliche Überflutungsdauer und im geringen Maße der pH-Wert stehen im Zusammenhang mit dem Vorkommen von *Aplexa hypnorum*, *Planorbarius corneus*, *Oxyloma elegans* und den weiteren Arten links in Abbildung 6.2-6A. Die Variablen Streuanteil und Feldkapazität bestimmen das Vorkommen der Arten rechts oben in Abbildung 6.2-6A, zum Beispiel *Trichia hispida* und *Vitrea crystallina*. Die Hemerobie und der mittlere Grundwasserflurabstand während der Vegetationsperiode beeinflussen das Vorkommen der Arten rechts unten in Abbildung 6.2-6A, insbesondere *Vallonia excentrica* und *Vertigo pygmaea*.

F1 und F2 der Coinertia-Analyse (PCA-CA) vereinigen 92,2 % der Gesamtinertia, d. h., sie enthalten nahezu 100% der Informationen. Die gemeinsame Struktur, die durch die ersten beiden Faktorenachsen der Coinertia beschrieben wird, ähnelt der der einzeln analysierten Datenmatrizen. Die dritte Dimension F3 enthält nur 4,2 %, die restlichen Faktoren F4 - F9 zusammen 3,5 % Varianz. Somit würde stark vereinfachend F1 mit 66 % der Gesamtinertia zur Beschreibung des Gradienten innerhalb der Arten (Abb. 6.2-6A), der Umweltparameter (Abb. 6.2-6B) und der Probeflächen (Abb. 6.2-7) genügen.

Der Korrelationskoeffizient zwischen den neuen Ordinationskoordinatensätzen aus der Coinertia beträgt für F1 0,9308 und für F2 0,8702. Ein Permutationstest (vgl. Buchkap. 4.3) der Zeilen der beiden in die Coinertia eingehenden Datenmatrizen mit anschließender erneuter Coinertia-Analyse liefert ein hoch signifikantes Ergebnis. Die Ordinationen decken sich nahezu völlig (zu 98 % bzw. 99 %; Abb. 6.2-7). Die Punkte im Ordinationsplot zeigen die Lage der Probeflächen laut den Umwelt-

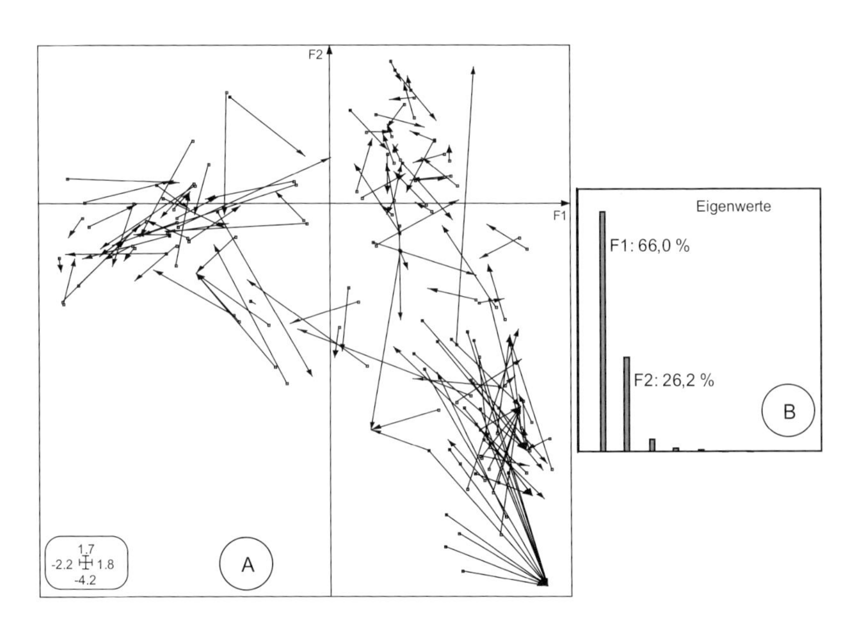

Abb. 6.2-7: Die Verteilung der Probeflächen (Datensätze) gemäß der Coinertia (PCA-CA), wobei die Pfeilbasis die Lage der Probeflächen aus der Sicht der Umweltparameter, die Pfeilspitzen die Lage aus der Sicht der Arten symbolisieren (A). Eigenwerte (B): F1: 1,46 und F2: 0,58. Je kürzer die Pfeillängen, desto ähnlicher ist die Struktur der Arten-Probeflächen-Matrix und der Umweltparameter-Probeflächen-Matrix. Die Ähnlichkeit der Struktur zeigt, daß sich die Verteilung der Arten auf den Probeflächen durch die abiotischen Parameter sehr gut erklären lässt.

Nächste Seite: Abb. 6.2-8: Zweidimensionale Übertragung der Einflüsse der neun Umweltparameter auf die Verteilung der 143 Datensätze (Probeflächen) gemäß der CA anhand der Arten. Aufgetragen sind jeweils die beiden ersten Faktoren F1 und F2 aus der CA (s. Abb. 6.2-1 mit Angabe der Eigenwerte und deren Anteile an der Gesamtinertia).

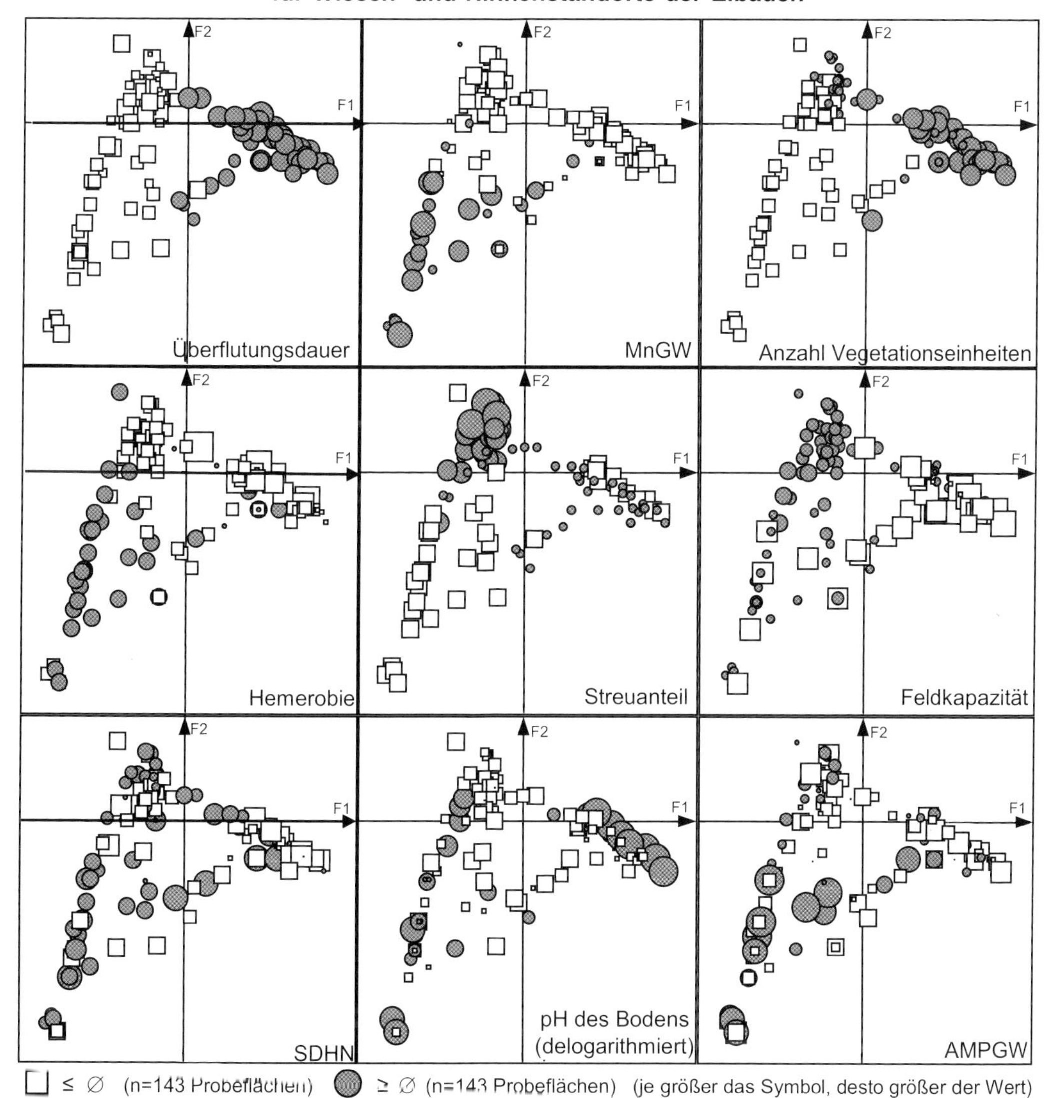

AMPGW: Differenz zwischen minimalem und maximalem Grundwasserflurabstand

MnGW: mittlerer Grundwasserflurabstand

SDHN: Standardabweichung der Differenz zwischen maximalem Grundwasserflurabstand und maximaler Überflutungshöhe

parametern; die Pfeilspitzen entsprechen der Lage der Arten. Ein deutlicher Gradient von links oben über rechts oben nach rechts unten ist im Bild erkennbar. Je kürzer die Pfeillängen, desto mehr ähneln sich die Strukturen der Umweltparameter-Probeflächen- bzw. Arten-Probeflächen-Matrizen.

In der Coinertia ist nahezu die gesamte Information der PCA und der CA enthalten. Somit können die Probeflächen sowohl durch die Arten als auch durch die Umweltparameter charakterisiert werden. In Abbildung 6.2-8 wurden die Werte der einzelnen Umweltparameter gemäß der CA auf die anhand der Arten ordinierten Lagen der Probeflächen aufgetragen. Es sind deutliche Trends er-

kennbar, die z. B. bei der jährlichen Überflutungsdauer in Tagen bezogen auf die Vegetationsperioden 1998/99 (FDAJd) und der Anzahl der Vegetationseinheiten (nVE) sichtbar werden.
Mit einer ANOVA-Diskriminanzanalyse wurde geprüft, wie die neun Umweltparameter die von den Arten laut CA bzw. Clusteranalyse (s. Abb. 6.2-2) vorgegebenen Gruppierungen der Probeflächen zu trennen vermögen. Tabelle 6.2-8 zeigt die entsprechenden „F-Werte", die, je größer der Wert ist, eine größere Trennwirkung anzeigen. Zugleich wurde geprüft, wie gut das Trennvermögen bzw. die Fehlerwahrscheinlichkeit (Probability in %) anhand der Umweltparameter ausfällt.

Alle neun Parameter tragen zur Trennung bei. Die nach ihrer Artenzusammensetzung gruppierten Probeflächen sind ebenfalls durch die neun Umweltfaktoren signifikant (100 %) zu trennen, unabhängig von der Anzahl der Gruppen. Das heißt, die charakteristischen Arten der jeweiligen Probeflächen-Gruppen repräsentieren die auf den Probeflächen herrschenden Standortfaktoren.

Zur Ermittlung der Beiträge der einzelnen Umweltparameter zur Unterscheidung der Probeflächengruppen gemäß ihrer Molluskenbesiedlung (vgl. Tab. 6.2-7) wurden diese Mollusken einer Cluster Inertia Analyse unterworfen (Tab. 6.2-9). Je höher der Inertia-Wert der einzelnen Parameter ist, desto mehr (positiver Wert) trägt er zur Unterscheidung der Probeflächengruppe (Cluster) bei.

Tab. 6.2-8: „F-Werte" einer ANOVA-Diskriminanzanalyse zur Prüfung der Trenngüte der neun Umweltparameter für vorgegebene Gruppierungen der Probeflächen (PF) anhand der Arten. Je größer der „F-Wert" ist, desto größer ist die Trennwirkung des Parameters. Mit angegeben ist die Fehlerwahrscheinlichkeit (Probability) der Umweltparameter bei einer Aufteilung in vier bis sechs Gruppen.

	COA-Cluster Probeflächen-Gruppierungen (vgl. Abb. 6.2-2)					
	4 PF-Gruppen		5 PF-Gruppen		6 Pf-Gruppen	
Parameter	F-Wert	Probability	F-Wert	Probability	F-Wert	Probability
FDAJd	173,1	0	136,2	0	108,4	0
n VE	116,3	0	87,09	0	72,13	0
MnGW	77,07	0	65,91	0	53,07	0
Streuanteil	69,39	0	55,16	0	43,89	0
Hemerobie	32,95	0	27,26	0	21,67	0
SDHN	17,36	6,05E-09	13,02	1,59E-08	10,45	3,94E-08
AMPGW	5,79	0,006328	4,36	0,01394	4,38	0,001068
pHH_2Ot	3,24	0,02398	2,72	0,0319	3,164	0,009916
FK	4,3	0,006328	3,25	0,01394	0,01394	0,01733

Abkürzungen:
FdAjd: Jährliche Überflutungsdauer in Tagen
n VE: Anzahl der Vegetationseinheiten
MnGW: Mittlerer Grundwasserflurabstand [cm] (während der Vegetationsperiode)
SDHN: Standardabweichung der Differenz zwischen maximalem Grundwasserflurabstand und max. Überflutungshöhe
AMPGW: Differenz zwischen minimalem und maximalem Grundwasserflurabstand [cm]
pHH_2Ot: pH-Wert H_2O delogarithmisiert (Wasserstoffionenkonzentration [mol/l])
FK: Feldkapazität [mm/dm]

Tab. 6.2-9: Ergebnis einer Inertia-Analyse zur Bestimmung der Umweltparameter, die die Probeflächengruppierung (PFG) gemäß ihrer Molluskenbesiedlung (Abb. 6.2-2 bzw. Tab. 6.2-7) unterscheiden. Die Probeflächegruppen sind entsprechend ihrer Besiedlungszonierung angeordnet. Die Umweltparameter sind ihrer abnehmenden Bedeutung nach geordnet.

PFG: / Parameter	1	2	3	4	5	6
	sehr trocken	trocken	zunehmend feucht	feucht	sehr feucht	nass
	Cluster Nr.6	Cluster Nr.5	Cluster Nr.2	Cluster Nr.4	Cluster Nr.1	Cluster Nr.3
FDAJd	-27	-30	-44	-22	81	71
MnGW	70	67	51	-70	-18	-26
AMPGW	3	2	5	-4	0	-2
FK	0	0	0	4	-1	-1
SDHN	0	0	0	0	0	0
pHH_2Ot	0	0	0	0	0	0
n VE	0	0	0	0	0	0
Hem	0	0	0	0	0	0
Streu	0	0	0	0	0	0

Abkürzungen:

FdAjd: Jährliche Überflutungsdauer in Tagen
n VE: Anzahl der Vegetationseinheiten
MnGW: Mittlerer Grundwasserflurabstand [cm] (Vegetationsperiode)
SDHN: Standardabweichung der Differenz zwischen maximalen Grundwasserflurabstand und max. Überflutungshöhe
AMPGW: Differenz zwischen minimalem und maximalem Grundwasserflurabstand [cm]
pHH_2Ot: pH-Wert H_2O delogarithmisiert (Wasserstoffionenkonzentration [mol/l])
FK: Feldkapazität [mm/dm]

Die Probeflächengruppen sind gemäß der Zonierung ihrer Besiedlung von Landschnecken auf hochgelegenen und Wasserschnecken auf tief gelegenen Probeflächen angeordnet. Die Umweltparameter sind nach ihrer abnehmenden Bedeutung geordnet. Die jährliche Überflutungsdauer und der mittlere Grundwasserflurabstand während der Vegetationsperiode sind am wichtigsten. Weniger Bedeutung haben die Feldkapazität und die Differenz zwischen minimalem und maximalem Grundwasserflurabstand. Die übrigen Umweltparameter spielen offenbar keine Rolle.

Die sechs von verschiedenen Molluskenartengruppen besiedelten und gekennzeichneten Probeflächengruppen (Abb. 6.2-8 und 6.2-9) können anhand der neun Umweltparameter unterschieden werden (Tab. 6.2-10). Meistens ist ein ab- oder zunehmender Gradient von den höchst gelegenen Probeflächen der Probeflächengruppe 1 (Cluster 6) hin zu den am tiefsten gelegenen der Probeflächengruppe 6 (Cluster 3) feststellbar. Besonders deutlich ist dies bei der jährlichen Überflutungsdauer (FDAJd), der Anzahl der Vegetationseinheiten (nVE) und der Hemerobie (Hem) zu erkennen. Erstere steigen mit abnehmender Geländehöhe an, letztere nimmt ab. Je länger eine Überflutung dauert, desto höher ist die Anzahl der Vegetationseinheiten und desto größer die Naturnähe. Der mittlere Grundwasserflurabstand in der Vegetationsperiode (MnGW) und die Differenz zwischen minimalem und maximalem Grundwasserflurabstand (AMPGW) nehmen in Richtung der am tiefsten gelegenen Flächen ab, nehmen jedoch geringfügig auf den Probeflächen der Gruppe 5 (Cluster 1) noch mal zu, bevor sie in den tiefsten Flächen ihre geringsten Werte annehmen. Das könnte auf besondere (möglicherweise abgedichtete) Bodenverhältnisse in diesen Bereichen

Abb. 6.2-9: Graphische Darstellung der Mittel- (•) und Extremwerte (I) von acht Umweltparametern innerhalb der mittels der Artenzusammensetzung bestimmten Probeflächengruppen auf den Schöneberger Wiesen (vgl. Tab. 6.2-10).

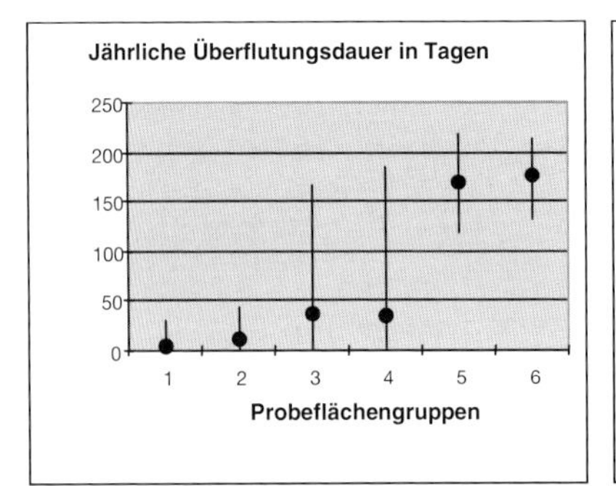

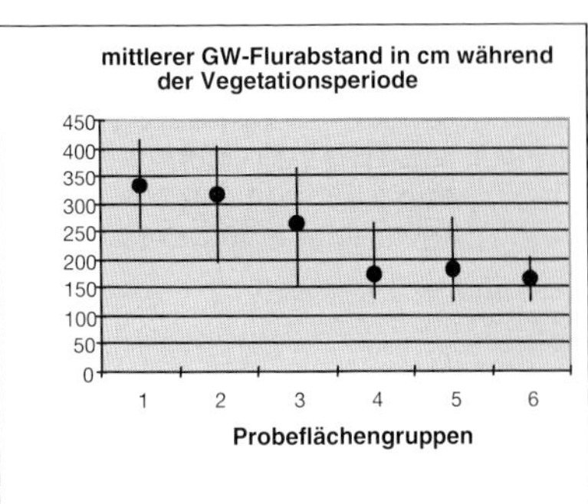

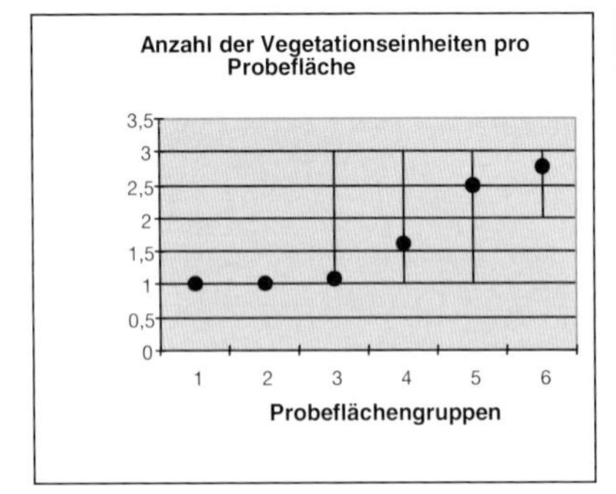

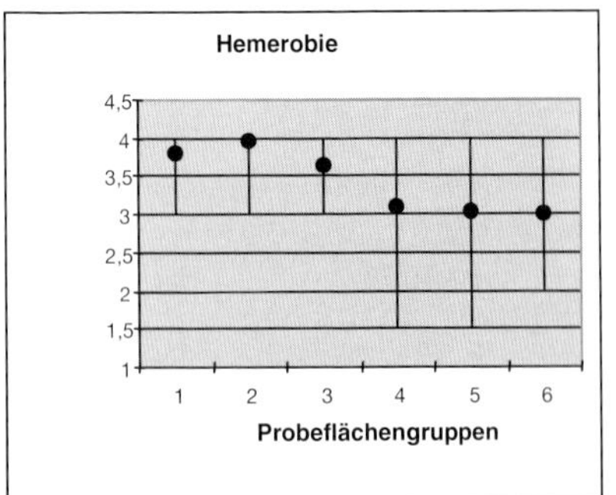

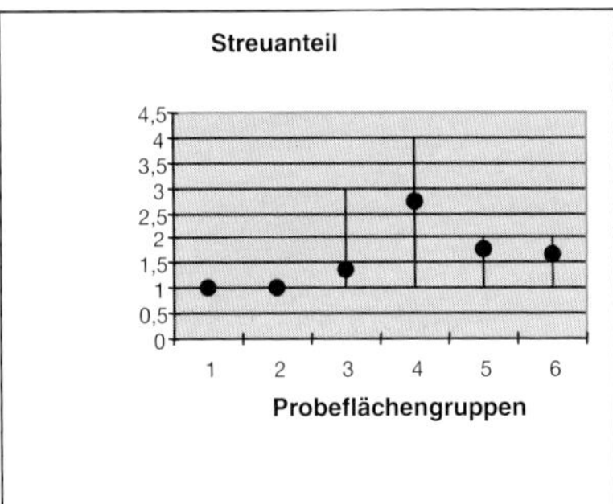

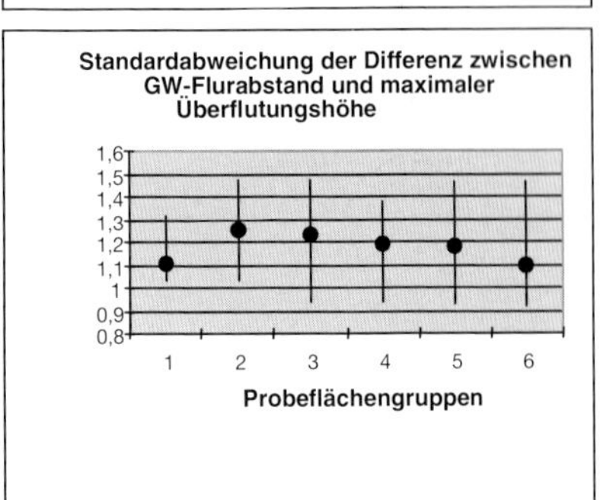

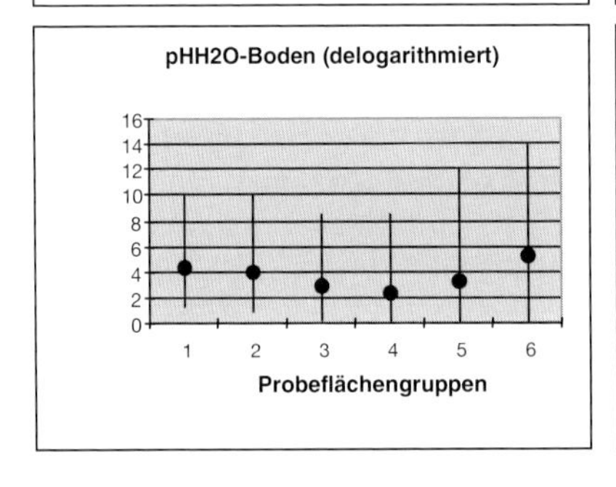

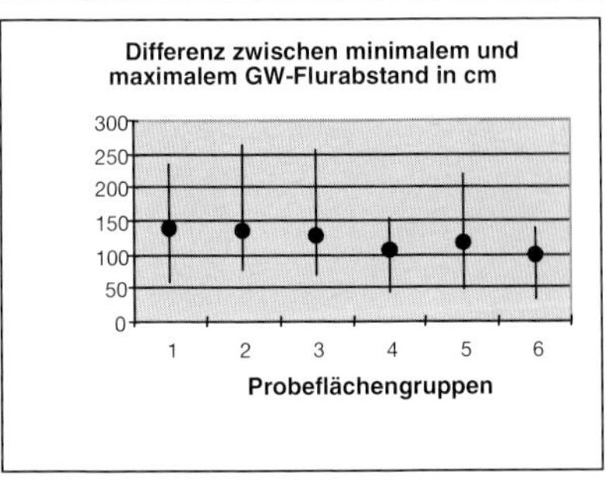

hinweisen.

Die Standardabweichung der Differenz zwischen maximalem Grundwasserflurabstand und maximaler Überflutungshöhe (SDHN) ist im Bereich der Probestellengruppe 2 am höchsten, im Bereich der Gruppen 1 und 6 am geringsten, wobei die Gruppe 6 eine höhere Schwankungsbreite aufweist. Der Streuanteil (Streu) und die Feldkapazität (FK) zeigen eine Zunahme ihrer Werte

Tab. 6.2-10: Die Mittelwerte (m), Standardabweichungen (s) und Extremwerte (E) der neun Umweltparameter innerhalb von sechs anhand der Artenzusammensetzung bestimmten Probeflächengruppen auf den Schöneberger Wiesen (vgl. Tab. 6.2-7 und Abb. 6.2-2). Die Parameter sind nach ihrer Bedeutung von oben nach unten geordnet (GW = Grundwasser). Die Probeflächengruppen sind gemäß ihrer Höhenzonierung von links nach rechts abnehmend geordnet. Die jeweils höchsten Mittelwerte sind fett, die niedrigsten kursiv gedruckt.

Umweltparameter	Probeflächengruppe:	1	2	3	4	5	6
	Cluster Nr.:	Cluster Nr. 6	Cluster Nr. 5	Cluster Nr. 2	Cluster Nr. 4	Cluster Nr.1	Cluster Nr.3
	langfristige Standortcharakteristik:	sehr trocken	trocken	zunehmend feucht	feucht	sehr feucht	nass
	Anzahl Probeflächen:	16	26	22	37	20	22
Jährliche Überflutungsdauer in Tagen (FDAJd)	m:	*5,19*	12,08	37,32	35,22	169,80	**175,05**
	s:	11,35	12,51	54,76	44,40	31,44	21,00
	E:	0-31	0-44	0-167	0-186	119-217	133-213
mittlerer GW-Flurabstand (cm) während der Vegetationsperiode (MnGW)	m:	**333,3**	315,3	264,4	173,1	183,1	*166,2*
	s:	59,6	60,9	70,2	30,5	44,8	21,0
	E:	255,6-417,1	193,5-404	153,4-361,5	131,1-265,7	125,8-273	125,8-201,5
Anzahl der Vegetationseinheiten pro Probefläche (nVE)	m:	*1,00*	*1,00*	1,09	1,62	2,50	**2,77**
	s:	0,00	0,00	0,43	0,55	0,61	0,43
	E:	1±0	1±0	1-3	1-3	1-3	2-3
Hemerobie (Hem)	m:	3,8	**4,0**	3,6	3,1	3,0	*3,0*
	s:	0,4	0,2	0,5	0,4	0,7	0,5
	E:	3-4	3-4	3-4	1,5-4	1,5-4	2-4
Streuanteil (Streu)	m:	*1,00*	*1,00*	1,36	**2,73**	1,75	1,68
	s:	0,00	0,00	0,58	0,80	0,44	0,48
	E:	1±0	1±0	1-3	1-4	1-2	1-2
Stand.-Abw. d. Diff. zw. max. GW-Flurabstand u. max. Überflutungshöhe (m) (SDHN)	m:	1,11	**1,25**	1,23	1,18	1,18	*1,09*
	s:	0,09	0,17	0,16	0,11	0,14	0,15
	E:	1,03-1,32	1,03-1,47	0,94-1,47	0,94-1,38	0,93-1,46	0,92-1,46
pHH2O-Boden (delogarithmiert)	m:	4,3	3,9	2,9	*2,3*	3,3	**5,3**
	s:	3,0	1,9	2,3	2,0	3,4	5,1
	E:	1,3-10	0,9-10	0,2-8,4	0,06-8,4	0,06-12,0	0,06-13,8
Differenz zwischen minimalem und maximalem GW-Flurabstand (cm) (AMPGW)	m:	**139**	134	129	105	116	*101*
	s:	52	57	60	30	44	30
	E:	57-234	76-263	69-255	44-152	46-219	34-138
Feldkapazität (mm/dm) (FK)	m:	89,00	94,62	92,09	**105,97**	80,93	*77,80*
	s:	19,18	13,89	19,02	7,51	20,01	22,14
	E:	68 107	58-107	58-113,5	63-113,5	55-107	45-107

von den trockenen, höchstgelegenen Probeflächengruppen 1, 2 und 3 zu einem Maximum im Bereich der meist nicht genutzten, sehr artenreichen Feuchtflächen der Probeflächengruppe 4 an. Anschließend zeigt sich eine Abnahme in Richtung der am tiefsten gelegenen, am häufigsten und längsten überfluteten Probeflächengruppen 5 und 6. Beim delogarithmierten pH-Wert verläuft der Gradient umgekehrt. Die Werte sind im Bereich der Gruppe 4 am niedrigsten und nehmen sowohl in Richtung der am höchsten, als auch der am tiefsten gelegenen Flächen zu. In der am tiefsten gelegenen Probeflächengruppe 6 wurden die höchsten pH-Werte gemessen (Tab. 6.2-10).

Tabelle 6.2-11 zeigt die prozentualen Vorkommen der Vegetationseinheiten und der Bewirtschaftungsformen der sechs Probeflächengruppen. Die höheren Flächen sind von den

Tab. 6.2-11: Prozentuales Vorkommen der Vegetationseinheiten und der Bewirtschaftungsformen auf den anhand der Molluskenartenzusammensetzung bestimmten Probeflächengruppen (vgl. Tab. 6.2-7) auf den Schöneberger Wiesen. Die dominanten Werte sind fettgedruckt.

Probeflächengruppe (vgl. Tab. 6.2-7):		1 sehr trocken	2 trocken	3 zunehmend feucht	4 feucht	5 sehr feucht	6 nass
Vegetationseinheit	**Hemerobie**	%	%	%	%	%	%
Galio-Alopecuretum	4	**43,75**	**46,15**	**40,91**	8,11		
Dauco-Arrhenatheretum (verarmt)	4	**37,50**	**50,00**	**22,73**			
Sanguisorbo-Silaetum (verarmt)	3	**18,75**	3,85	**18,18**	**32,43**		
Phalaridetum arundinaceae	3			13,64	**54,05**	10,00	13,64
Rumici crispi-Agrostietum stoloniferae	4				2,70	**30,00**	**40,91**
Xanthium albinum-Gesellschaft	4			4,55		10,00	4,55
Rorippo-Oenanthetum aquatilis	1				2,70	5,00	
Sparganio emersi-Glycerietum fluitantis	2					**25,00**	**31,82**
Bidenti-Polygonetum hydropiperis	4					**15,00**	4,55
Rumici-Alopecuretum aequalis	4					5,00	4,55
Bewirtschaftungsform							
einmal gemäht nicht abgeräumt (ca. 4.7.)		**56,25**	26,92	4,55	2,70		
einmal gemäht (ca. 15.6.) + einmal geschlegelt (ca. 15.10.)		25,00	11,54	18,18			
einmal gemäht (21.6.)		18,75	**61,54**	**45,45**	2,70		
einmal gemäht (ca. 15.6.)				9,09	**37,84**		
einmal gemäht (Ende Juli) nicht abgeräumt				4,55	2,70		
einmal gemäht (Ende Juli)					5,41		
ungenutzt					**43,24**		
Flutrinne				18,18	5,41	**100,00**	**100,00**
Anzahl Probeflächen:		16	26	22	37	20	22
durchschnittliche Artenzahl Arten (vgl. Tab. 6.2-7)		4	6	12	18	19	12

Vegetationseinheiten *Galio-Alopecuretum* und *Dauco-Arrhenatherethum* eingenommen, beide mit hohen Hemerobiewerten. Diese Flächen werden einmal im Jahr gemäht. Mit abnehmender Höhe und zunehmender Feuchtigkeit kommt das *Sanguisorbo-Silaetum* und *Phalaridetum arundinaceae* dazu. Diese Flächen werden ebenfalls nur einmal gemäht oder bleiben ungenutzt. Mit weiter zunehmender Feuchte bzw. Nässe dominieren das Rumici crispi-Agrostietum stoloniferae und das Sparganio emersi-Glycerietum fluitantis. Diese Flächen sind fast ausschließlich ungenutzte Flutrinnen. Die charakteristischen Molluskenarten (vgl. Kap. 6.2.3.2) kann man mit Einschränkung den Vegetationseinheiten zuordnen. Zugleich weisen die Artenzusammensetzungen auf die hydrologischen Bedingungen und Nutzungsverhältnisse in den Jahren 1998 und 1999 hin.

6.2.3.5 Analyse der ökologischen Eigenschaften der Arten

Im nächsten Schritt werden die auf den Schöneberger Wiesen erhobenen Umweltparameter (Kap. 6.2.3.4) mit den vorliegenden autökologischen Kennzeichen und Eigenschaften der Arten (traits) in Bezug gesetzt. Mit dieser Verknüpfung soll ein Indikationssystem erstellt werden, das ökologische Parameter integriert.

Die „multiple correspondence analysis" (Buchkap. 4.3) analysiert die ökologischen Merkmale (traits) der auf den Schöneberger Wiesen erfassten Molluskenarten (Abb. 6.2-10).

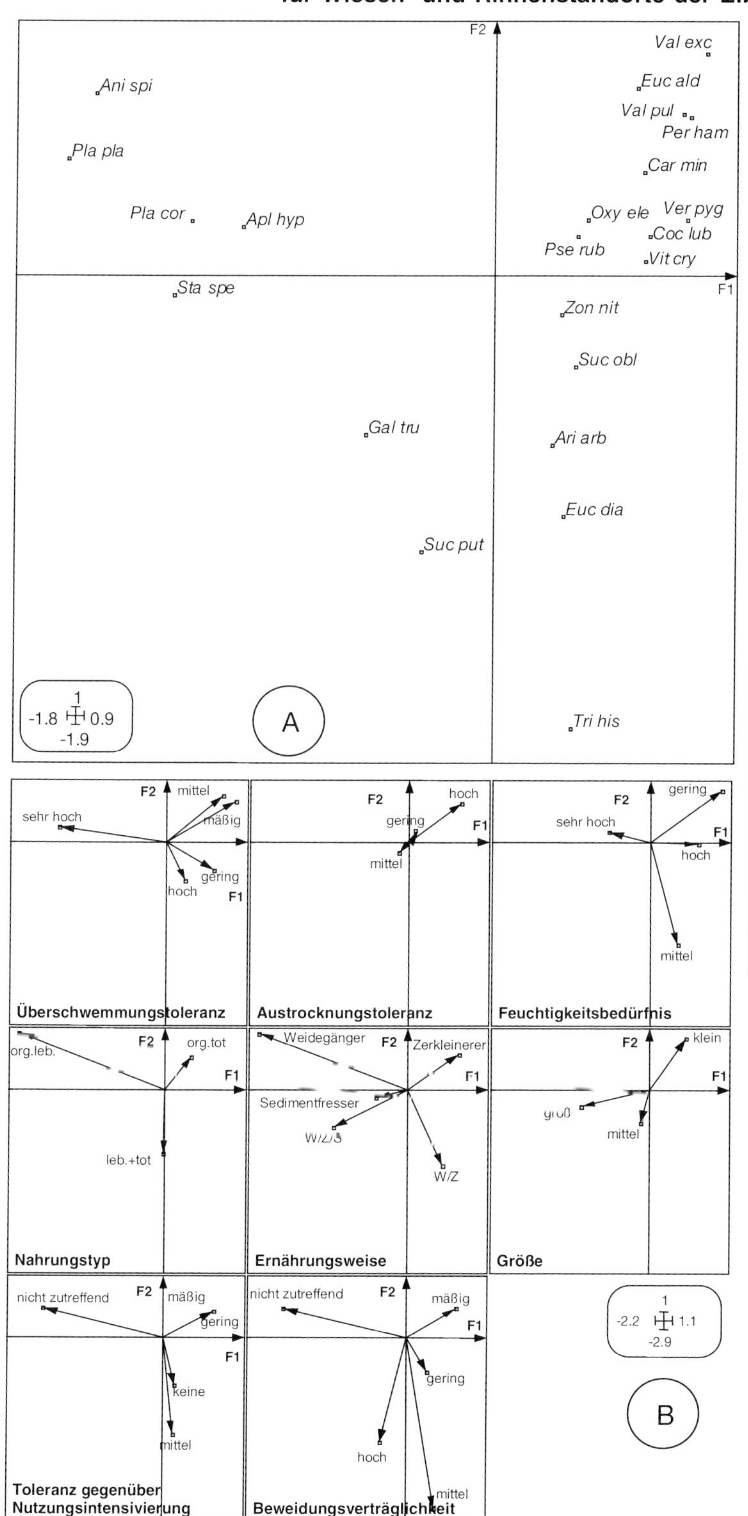

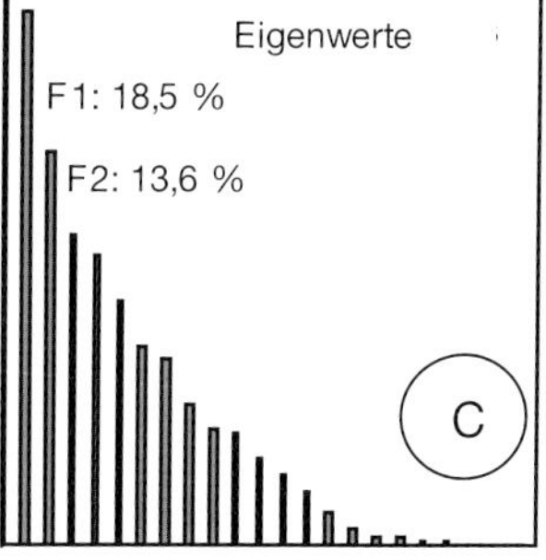

Abb. 6.2-10: Ergebnis der multiplen Korrespondenzanalyse (MCA). Gezeigt wird die Verteilung der 22 Arten (A) gemäß der Einflüsse der acht biologischen Merkmale - traits (B). Die Pfeillängen in B geben den Einfluss der jeweiligen Kategorie auf die Verteilung der Arten im Ordinationsplot (A) an. Aufgetragen sind jeweils die beiden ersten Faktoren F1 und F2 aus der MCA (Eigenvalues (C): F1: 0,58 und F2: 0,44).

Innerhalb der Arten ergibt sich eine dem bekannten Gradienten (vgl. Abb. 6.2-1A, Abb. 6.2-6A) folgende Verteilung. Sie wird durch die Kategorien der ökologischen Merkmale (Abb. 6.2-10B) bestimmt; der Einfluss einer Kategorie ist umso größer, je länger ihr Pfeil ist. Zugleich deutet der Pfeil in Richtung der Arten, für die diese Kategorie zutrifft. Zum Beispiel deutet in Abbildung 6.2-10B der lange Pfeil der Kategorie „sehr hoch" des Merkmals Überschwemmungstoleranz in Richtung der Wassermollusken links oben in Abbildung 6.2-10A. Umgekehrt deutet in Abbildung 6.2-10B der Pfeil für hohe Austrocknungstoleranz in Richtung der Landmollusken (Abb. 6.2-10A) nach rechts oben.

Es zeigt sich z.B., dass bei den beiden Merkmalen Toleranz gegenüber Nutzungsintensivierung des Grünlandes und Beweidungsverträglichkeit nahezu denselben Arten die Kategorie „mäßig" zugeteilt ist (besser im Kapitelanhang 6.2-10B unten erkennbar).

Verschiedene biologische Eigenschaften ermöglichen die Besiedlung unterschiedlichster Biotope mit ihren ökologischen Nischen. Um den Einfluss auf die Artenzusammensetzung der verschiedenen Wiesenstandorte näher zu analysieren, wurde mit einer Coinertia-Analyse geprüft, inwieweit die Ordinationen der Probeflächen anhand der Arten aus der CA (Abb. 6.2-1) und der acht biologischen Merkmale aus der MCA (Abb. 6.2-10 und Kapitelanhang 6.2-10, 6.2-11) übereinstimmen.

Abbildung 6.2-11A zeigt die Verteilung der 143 Datensätze nach der Coinertia-Analyse (MCA-CA) bezüglich der acht ökologischen Merkmale. Sie ähnelt dem Gradienten der Probeflächen in Abbildung 6.2-1B. Die trockenen Probeflächen in Abbildung 6.2-1B links unten sind hier in Abbildung 6.2-11A links oben; die feuchten Probeflächen haben ihren Platz in der Mitte der Abbildung etwas nach unten (rein rechnerisch) verlagert. Die nassen Probeflächen liegen in beiden Bildern rechts. Abbildung 6.2-11B stellt die acht Merkmale nach der Coinertia-Analyse (PCA-CA) dar; die Pfeile deuten in die Richtung ihres größten Einflusses auf die Probeflächen. Das heißt, die Probeflächen oben links sind von Arten mit mäßiger bis mittlerer Überflutungstoleranz bzw. geringem Feuchtigkeitsbedürfnis besiedelt. Die Arten der feuchten Probeflächen, in Abbildung 6.2-11A links unten, haben eine hohe Austrocknungstoleranz, ein mittleres Feuchtigkeitsbedürfnis und keine bis geringe Toleranz gegenüber Nutzungsintensivierung des Grünlandes.

Im nächsten Schritt wurde überprüft, wie die ökologischen Merkmale der Arten ihr Vorkommen auf den Probeflächen erklären. Die Merkmale und die Arten-Probeflächen-Matrix wurden in einer gleichzeitigen Ordination (Coinertia) analysiert. Die Projektionen von F1 und F2 der beiden Einzelanalysen (MCA und CA) fallen nahezu vollständig mit den F1- und F2-Achsen der Coinertia zusammen.

F1 und F2 der Coinertia-Analyse (CA-MCA) vereinigen 76,5 % der Gesamtinertia. Die gemeinsame Struktur, die durch die ersten beiden Faktorenachsen der Coinertia beschrieben wird, ähnelt sehr der Struktur der einzeln analysierten Datenmatrizen. Die dritte Dimension F3 enthält nur 5,6 %, die restlichen Faktoren F4 - F9 17,9 % Varianz. Somit könnte F1 mit 58,9 % der Gesamtinertia den Gradienten innerhalb der Arten (Abb. 6.2-10A), der Merkmale (Abb. 6.2-10B und Kapitelanhang 6.2-11) und der Probeflächen (Abb. 6.2-11A) allein relativ gut beschreiben.

Der Korrelationskoeffizient zwischen den neuen Ordinations-Koordinatensätzen aus der Coinertia be-

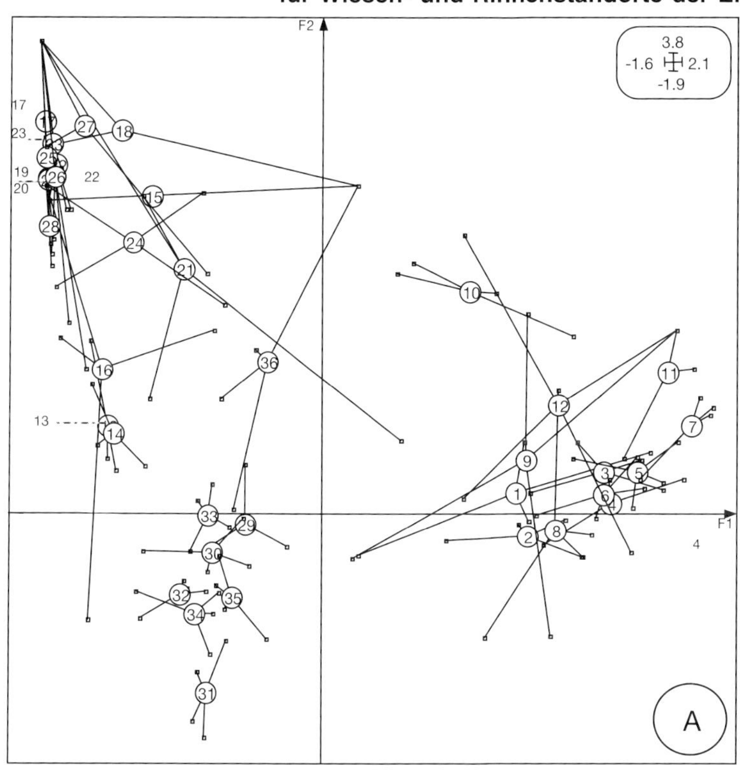

Abb. 6.2-11: Die gleichzeitige F1/F2-Ordination (Coinertia-traits-Analyse, MCA-CA) der Verteilung der 143 Probeflächen - vier Aufsammlungen auf 36 Flächen, abzüglich einer Fläche ohne Mollusken - (A) gemäß acht biologischen Merkmale (B) der auf ihnen vorgefundenen 22 Arten. Die Pfeillängen in B geben den Einfluss der jeweiligen Kategorie auf die Trennung der Probeflächen im Ordinationsplot (A) an. Eigenwerte (C): F1: 0,35 und F2: 0,10.

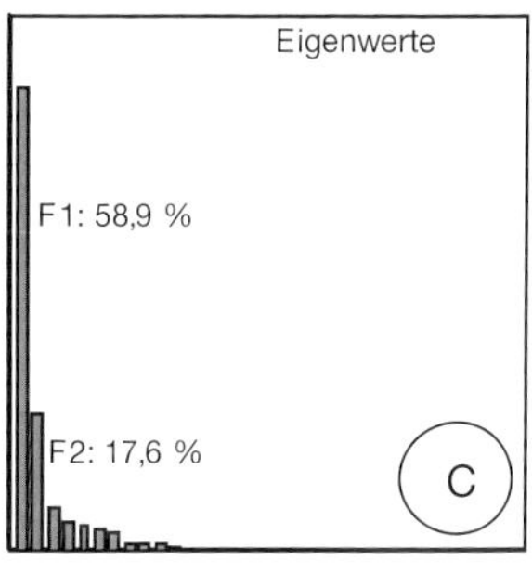

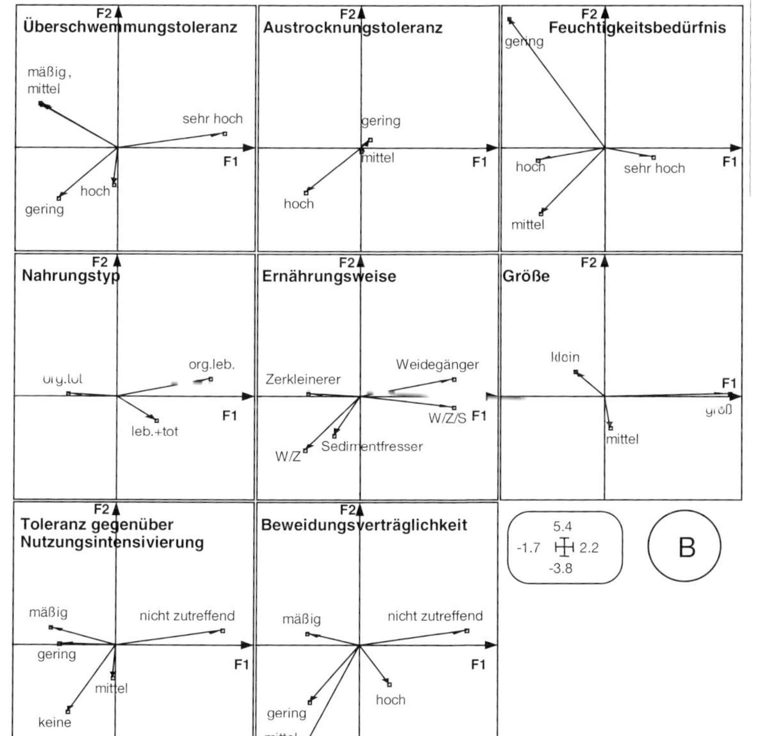

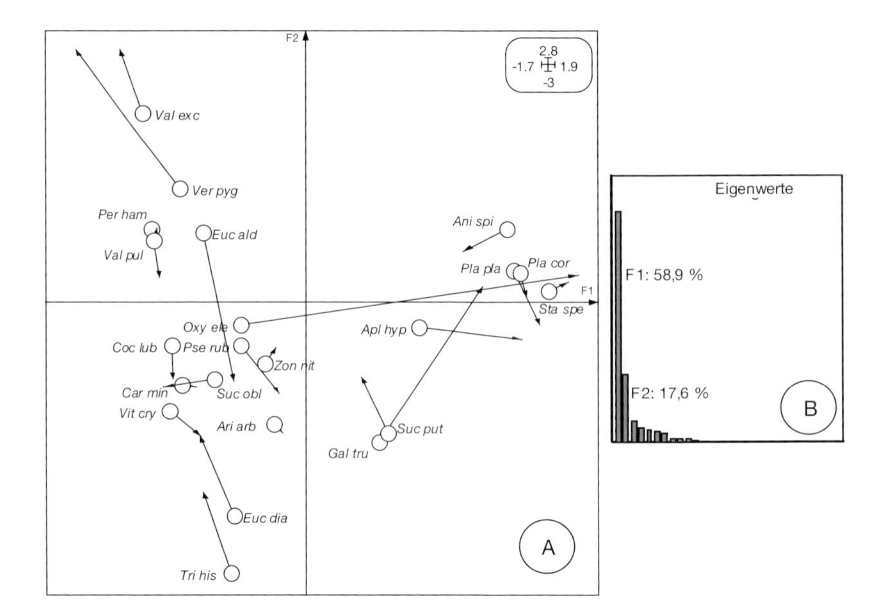

Abb. 6.2-12: Die Verteilung der Probeflächen gemäß der Coinertia (MCA-CA), wobei die Pfeilbasis die Lage der Arten aus der Sicht der biologischen Merkmale, die Pfeilspitzen die Lage aus der Sicht der Probeflächen symbolisieren (A). Die bekannten Gradienten (Abb. 6.2-1 und 6.2-4) decken sich. Eigenwerte (B): F1: 0,35 und F2: 0,10.

trägt für F1 0,9621 und für F2 0,8883. Ein Permutationstest der Zeilen der beiden in die Coinertia eingehenden Datenmatrizen mit anschließender erneuter Coinertia-Analyse liefert ein signifikantes Ergebnis: Die Ordinationen decken sich nahezu völlig (97 % bis knapp 99 %), laut Permutationstest entsprechen sich die Datensätze zu 59 % (Abb. 6.2-12). Die Pfeilbasis zeigt die Lage der Arten aus Sicht der Merkmale, die Pfeilspitzen aus Sicht der Probeflächen im Ordinationsplot. Je kürzer die Pfeillängen, desto mehr ähneln sich die Strukturen der Arten-Merkmale- bzw. Arten-Probeflächen-Matrizen. Ein deutlicher Gradient von links oben über rechts unten nach rechts oben ist im Bild zu erkennen.

Die Coinertia enthält fast die gesamten Informationen der MCA und der CA. Die Arten können grob sowohl durch ihre Verteilung innerhalb der Probeflächen (CA) als auch durch ihre ökologischen Merkmale (MCA) charakterisiert werden.

Um der Frage nachzugehen, welche Merkmale bzw. welche ihrer einzelnen Kategorien die Artengruppen bestimmen, wurde eine Cluster Inertia Analyse durchgeführt.

Zur Gruppierung der Arten tragen in abnehmender Reihenfolge am stärksten die Überschwemmungstoleranz (ÜT), Austrocknungstoleranz (AT), Beweidungsverträglichkeit (BV), Ernährungsweise (EW), das Feuchtigkeitsbedürfnis (FB), der Nahrungstyp (NT), die Toleranz gegenüber der Nutzungsintensivierung auf Grünland (NI) und die Größe der Gehäuse/Schalen (GR) bei (Detailergebnisse Kapitelanhang 6.2-12). Abbildung 6.2-13 stellt die Einzel- und Durchschnittswerte der Merkmale der charakteristischen Artengruppen der sechs Probeflächengruppen mit ihren Standardabweichungen und Extremwerten dar. Bei den Gruppen 1-3 kommen nur kleine Mollusken vor. Mit zunehmender Feuchte (Gruppe 4-6) steigen die mittlere Gehäusegröße und ihr Schwankungsbereich an.

6.2.3.6 Übertragbarkeit der Ergebnisse auf die Nebenuntersuchungsgebiete

Innerhalb der 36 Probeflächen der Schöneberger Wiesen konnten sechs

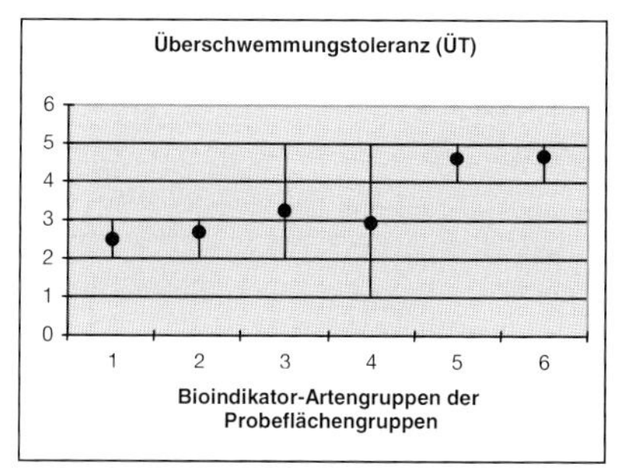

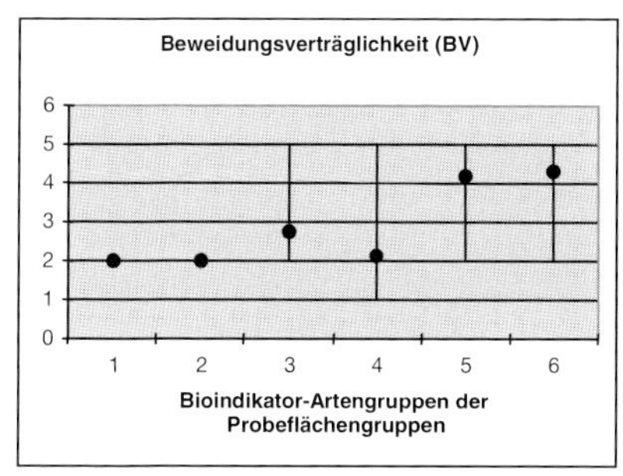

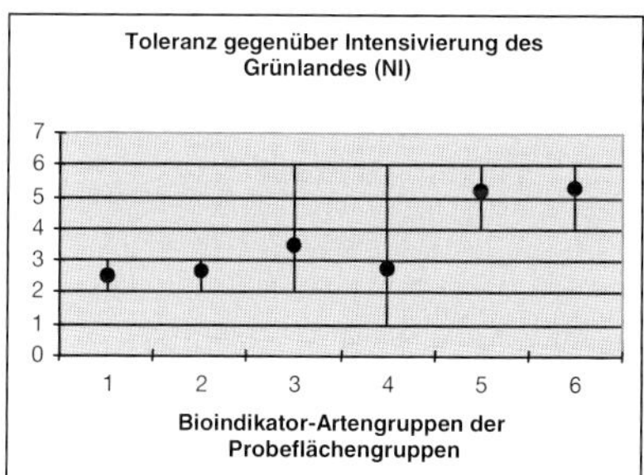

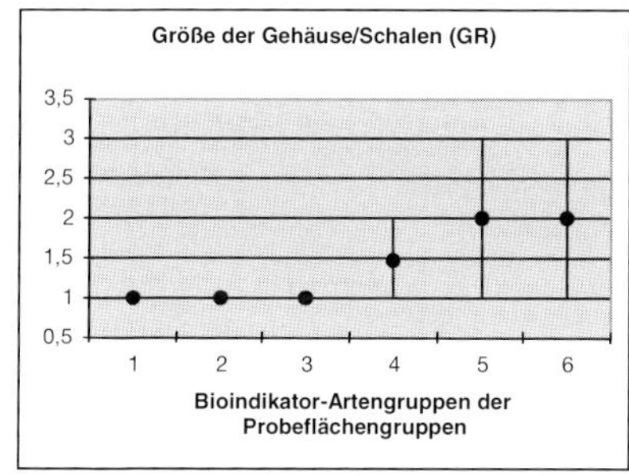

Feuchtigkeitsbedürfnis (FB)
0,5 1 1,5 2 2,5 3 3,5 4 4,5
1 2 3 4 5 6
Bioindikator-Artengruppen der Probeflächengruppen

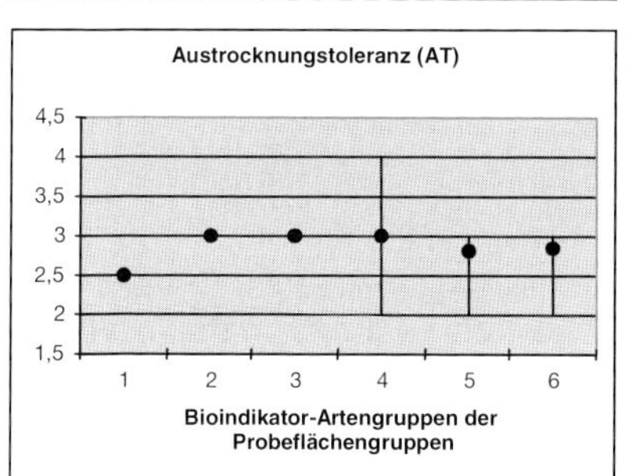

Abb. 6.2-13: Die Mittel- und Extremwerte der Merkmalsklasse (traits) der für die sechs Probeflächengruppen charakteristischen Artengruppen (vgl. Kapitelanhang 6.2-12 und 6.2-13). In Kapitelanhang 6.2-12 sind die Einzel- und Durchschnittswerte der Merkmale der sechs charakteristischen Artengruppen der sechs Probeflächengruppen mit ihren Standardabweichungen und Extremwerten aufgeführt.

charakteristische Artengruppen (A - F) bzw. sechs Probeflächengruppen (1 - 6) unterschieden werden. Dieses Ergebnis ist gut auf die 12 Probeflächen des Schleusenheger übertragbar, dessen Standortverhältnisse und Geländeniveau gegenüber den Schöneberger Wiesen ähnlich sind. Werden die 12 Probeflächen des Dornwerder berücksichtigt, dessen Gelände zum Teil im Verhältnis zur Elbe tiefer liegt als das der beiden anderen Gebiete, kommt noch eine siebte Artengruppe (7) mit Wassermollusken dauerhafter Gewässer und damit auch eine siebte Probeflächengruppe (G) hinzu.

6.2.3.7 Zusammenfassende Darstellung der Ergebnisse

Für alle drei Untersuchungsgebiete, Schöneberger Wiesen, Schleusenheger und Dornwerder können sieben charakteristische Artengruppen (A - G) bzw. sieben Probeflächengruppen (PFG 1 - 7) unterschieden werden. In Abbildung 6.2-14 ist die Zonierung der Bioindikator-Artengruppen dargestellt. Die siebte (Wassermollusken-) Artengruppe, bestehend aus Arten, die in Bezug zur Elbe die tiefsten und lange Zeit mit Wasser bestandenen Bereiche besiedeln, zum Beispiel *Valvata piscinalis* und *Musculium lacustre*, wurden nur im Dornwerder erfasst.

Die Zonierung der Arten ist in al-

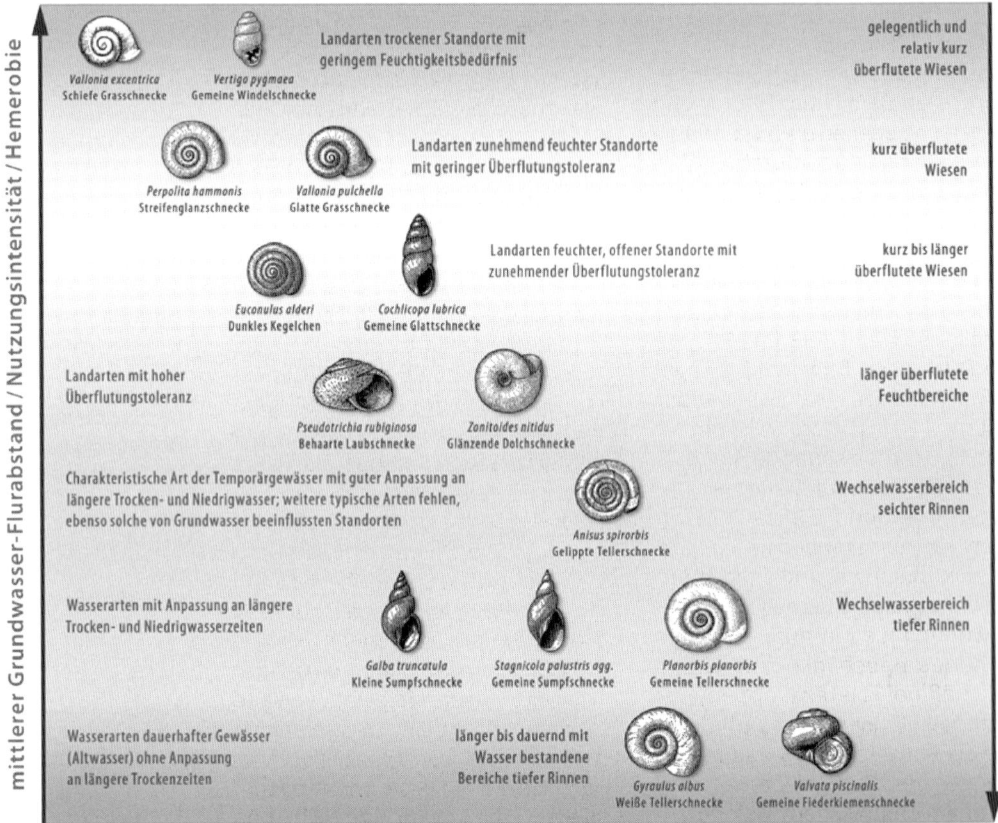

Abb. 6.2-14: Einnischung von Land- und Wassermollusken in Abhängigkeit von Überflutungshäufigkeit und -dauer auf den Grünländern im rezenten Überflutungsbereich der Mittleren Elbe bei Dessau und Havelberg (aus Hildebrandt et al. 2005b).

len drei Gebieten gleich und folgt den Gradienten innerhalb der auf den Schöneberger Wiesen analysierten abiotischen, struktur- sowie nutzungsbezogenen Parameter bzw. ökologischen Ansprüchen der Arten (vgl. Abb. 6.2-9, 6.2-13 und 6.2-14 sowie Tab. 6.2-7, 6.2-10 und 6.2-11; ausführliche Informationen siehe Kapitelanhänge 6.2-6, 6.2-14, 6.2-15):

A) Auf den höchstgelegenen, trockensten, am kürzesten überfluteten (0-31 Tage, im Schnitt 5,1 Tage, bezogen auf die Abflussjahre 1998 und 1999) Bereichen (PFG 1) konnten zwei Indikatorarten festgestellt werden. Der mittlere Grundwasserflurabstand (256-417 cm, 333 cm im Schnitt) ist in den hier angesprochenen Molluskenhabitaten am größten. Außerdem werden diese Flächen nur extensiv bewirtschaftet. Sie werden entweder einmal pro Jahr gemäht, wobei das Mähgut nicht abgeräumt wird, oder beweidet. Hier findet man nahezu ausschließlich *Vallonia excentrica* als Bioindikatorart neben *Vertigo pygmaea*. Diese kleinwüchsigen Arten haben ein geringes Feuchtigkeitsbedürfnis, mäßige bis mittlere Toleranz gegenüber Überflutung und Nutzungsintensivierung des Grünlandes. Ihre Beweidungsverträglichkeit ist mäßig. Sie ernähren sich als Weidegänger und Zerkleinerer von lebendem und totem organischem Material. Auf den Probeflächen herrschen die Vegetationseinheiten Galio-Alopecuretum und

Dauco-Arrhenatherethum vor.

B) Im Übergangsbereich (PFG 2) zwischen den höchstgelegenen, trockensten Bereichen (PFG 1) und den tiefer gelegenen und damit häufiger und länger überfluteten Wiesenbereichen (PFG 4) gesellen sich *Vallonia pulchella* und *Perpolita hammonis* zu *Vallonia excentrica* und *Vertigo pygmaea.* In diesen Bereichen herrschen ähnliche Standortverhältnisse wie in PFG 1 (0-44 Tage Überflutung, im Schnitt 12,1 Tage, großer mittlerer Grundwasserflurabstand: 194-404 cm, 315 cm im Schnitt). Vorherrschende Vegetationseinheiten sind Dauco-Arrhenatherethum und Galio-Alopecuretum, die nur einmal gemäht werden. Die durchwegs kleinen Arten sind durch mäßige bis mittlere Überschwemmungstoleranz, geringes bis hohes Feuchtigkeitsbedürfnis und mäßige Toleranz gegenüber Nutzungsintensivierung auf Grünland gekennzeichnet. Sie ernähren sich als Weidegänger-Zerkleinerer von totem organischem Material.

C) Mit zunehmender Feuchte tritt in einem weiteren, relativ hoch gelegenen und relativ kurz bis länger überfluteten (0-167 Tage, im Schnitt 37,3 Tage) Übergangsbereich (PFG 3) *Anisus spirorbis* als Indikatorart hinzu. Die Flächen sind durch einen relativ großen mittleren Grundwasserflurabstand (150-362 cm, 264 cm im Schnitt) gekennzeichnet. Vorherrschende Vegetationseinheiten sind Galio-Alopecuretum und Dauco-Arrhenatherethum; die Flächen werden einmal gemäht. Die Arten dieser Probeflächengruppe weisen eine mäßige bis sehr hohe Überschwemmungstoleranz und ein geringes bis hohes Feuchtigkeitsbedürfnis auf. Die drei Landschnecken zerkleinern totes organisches Material; die Wasserschnecke ernährt sich als Weidegänger von lebendem organischem Material. Wie schon in den höher gelegenen Probeflächengruppen leben hier ausschließlich kleine Arten.

D) Die relativ tief gelegenen und damit häufiger und länger überfluteten (0-186 Tage, im Schnitt 35,2 Tage), nur einmal gemähten oder ungenutzten Wiesenbereiche (PFG 4) mit relativ geringem mittleren Grundwasserflurabstand (131-266 cm, 173 cm im Schnitt) sind die artenreichsten Standorttypen. *Sanguisorbo-Silaetum* und *Phalaridetum arundinaceae* herrschen als Vegetationseinheiten vor. Indikatorarten unter den Mollusken sind *Cochlicopa lubrica*, *Carychium minimum* und *Zonitoides nitidus*. Daneben werden die Arten der Artengruppe B aus PFG 2 hier ebenfalls angetroffen. Hervorzuheben ist das Vorkommen der nach der Roten Liste Deutschland „stark gefährdeten" *Pseudotrichia rubiginosa* an diesen stark hydrodynamisch beeinflussten Standorten. Diese Probeflächen sind reicher an Vegetationseinheiten und Strukturen als die vorher beschriebenen. Bei den zwölf Landschnecken- und der einen Wasserschneckenart der PFG 4 ist die Überschwemmungstoleranz gering bis hoch, die Austrocknungstoleranz gering bis hoch, die Beweidungsverträglichkeit meist gering bis mäßig, die Toleranz gegenüber Nutzungsintensivierung des Grünlandes gering bis mäßig und das Feuchtigkeitsbedürfnis hoch bis sehr hoch. Diese Arten sind von kleiner bis mittlerer Größe. Die meisten ernähren sich von totem organischem Material.

E) *Anisus spirorbis* ist die Indikatorart des zunehmend nassen, häufig und länger überfluteten (119-217 Tage, im Schnitt 169,8 Tage) Übergangsbereiches zwischen Land und

Wasser, der Wechselwasserzone in den flachen Flutrinnen (PFG 5). Sie weisen geringe mittlere Grundwasserflurabstände (126-273 cm, 183 cm im Schnitt) auf. Vorherrschende Vegetationseinheiten sind *Rumici crispi-Agrostietum stoloniferae* und *Sparganio emersi-Glycerietum fluitantis*. Es findet keine Nutzung statt. *Anisus spirorbis* wird häufig begleitet von *Zonitoides nitidus, Succinea putris*, *Pseudotrichia rubiginosa* und weiteren Arten der Artengruppen B und C aus den PFG 2 und 3; *Cochlicopa lubrica* und *Carychium minimum* fehlen zumeist. Die Arten dieser Gruppe ernähren sich als Weidegänger, Zerkleinerer und Weidegänger-Zerkleinerer-Sedimentfresser sowohl von lebendem als auch von totem organischem Material. Die meist mittelgroßen Arten zeichnen sich durch hohe bis sehr hohe Überschwemmungstoleranz, geringe bis mittlere Austrocknungstoleranz und sehr hohes Feuchtigkeitsbedürfnis aus.

F) Die tieferen, am häufigsten und längsten mit Wasser bedeckten (133-213 Tage, im Schnitt 175,1 Tage) Flutrinnen (PFG 6) mit relativ geringem mittleren Grundwasserflurabstand (126-202 cm, 166 cm im Schnitt) werden – außer von *Anisus spirorbis* – von *Planorbis planorbis* und *Stagnicola spec.* als Indikatorarten besiedelt. Die zeitweise niedrigen Wasserstände ermöglichen das Einwandern von *Zonitoides nitidus, Succinea putris, Pseudotrichia rubiginosa* und *Oxyloma elegans*. Eine weitere charakteristische Art ist *Aplexa hypnorum*, die sich als einzige als Sedimentfresser ausschließlich von totem organischem Material ernährt. Abgesehen von *Anisus spirorbis* sind die Arten mittelgroß bis groß, von sehr hohem Feuchtigkeitsanspruch, hoher bis sehr hoher Überflutungstoleranz und meist geringer bis mittlerer Austrocknungstoleranz. Vorherrschende Vegetationseinheiten auf den ungenutzten Probeflächen der PFG 6 sind Rumici crispi-Agrostietum stoloniferae und Sparganio emersi-Glycerietum fluitantis.

G) Die tiefsten, am häufigsten und längsten mit Wasser bedeckten Altwasser wurden nur im Bereich des Dornwerder erfasst. Indikatorart ist *Valvata piscinalis* neben *Gyraulus albus* und *Musculium lacustre* als Charakterarten für dauerhafte Altwässer. Hierbei handelt es sich um mittelgroße bis große Arten von sehr hoher Überschwemmungs- und mittlerer Austrocknungstoleranz. Ihr Feuchtigkeitsbedürfnis ist sehr hoch. Sie ernähren sich als Weidegänger-Zerkleinerer-Sedimentfresser bzw. Filtrierer hauptsächlich von lebendem und totem organischem Material (s. Tab. 6.2-2). Toleranz gegenüber Beweidung und Intensivierung der Grünlandnutzung spielen für diese rein aquatischen Arten keine Rolle.

Zusammenfassend lässt sich festhalten: Mit Mollusken als Bioindikatoren können u. a. folgende Entwicklungen beobachtet bzw. deren Auswirkungen vorhergesagt werden:

- Veränderungen der Wasserstandsdynamik und der Feuchte sowie
- Auswirkungen verschiedener landwirtschaftlicher Nutzungen bzw. deren Veränderungen, beispielsweise Nutzungsaufgabe.

6.2.4 Diskussion

6.2.4.1 Methodendiskussion

1 Probendesign

Alle Projektpartner bearbeiteten dieselben Probeflächen. Dieses Konzept hat sich bewährt und stellt eine Besonderheit in der ökologischen Forschung dar. Verschiedene Datensätze können verschnitten und so interdisziplinär ausgewertet werden. Die erfassten Umweltparameter können das Vorkommen der verschiedenen Mollusken-Bioindikatoren erklären. Sowohl die stark dynamischen hydrologischen, als auch die Struktur- und Nutzungsfaktoren, die alle voneinander abhängen, sind hierfür wichtig. Wie in Foeckler (1990) dargestellt, konnten die Hydrodynamik und Nutzung des Umlandes in Beziehung zur Besiedlung der Probestellen mit Mollusken gesetzt werden. Das gemeinsame Untersuchen der Abiotik und Biotik auf den Probenflächen ermöglicht den direkten Bezug zwischen den festgestellten Arten und den gemessenen Umweltparametern – eine Arbeitsweise, die man bei nicht aquatischen Untersuchungsprogrammen selten findet.

Ob der Erfassungsaufwand (Anzahl Probeflächen, Anzahl Probestellen pro Probefläche) ohne Informationsverlust einzuschränken ist, wird in Buchkapitel 9.1 dargelegt. Angesichts der Tatsache, dass die hydrologischen Verhältnisse der Elbe von Jahr zu Jahr und über längere Zeiträume sehr unterschiedlich sind, muss grundsätzlich in Frage gestellt werden, ob vier Untersuchungsdurchgänge in nur zwei Jahren ausreichen, um die extrem dynamische Hydrologie der Elbe und ihre Auswirkungen auf die Molluskenfauna ausreichend erfassen zu können (vgl. Henrichfreise 2000). Dieser Frage wird seit dem extremen Hochwasser vom August 2002 und dem darauf folgenden extrem trockenen Sommer 2003 in einem Folgeprojekt, das direkt an das hier vorgestellte mit gleicher Methodik auf den identischen Probeflächen anknüpft, nachgegangen. Erste Ergebnisse werden in Scholz et al. (2004a), Foeckler et al. (2005a) und Gläser et al. (2007) vorgestellt.

2 Schlämm- und Siebmaschine

Durch die Anwendung einer Schlämm- und Siebmaschine ist die Ausbeute an Molluskenindividuen und -arten sehr hoch. Gegenüber der Trockensiebung gewinnt man deutlich mehr Individuen und Arten. Zusätzlich erleichtert das Waschen der Schalen und Gehäuse die anschließenden Auslese- und Bestimmungsarbeiten. Ein weiterer Vorteil liegt im staubfreien Siebvorgang. Die Bodenprobenanalyse mit dem Nasssiebverfahren ist die ideale Methode, sie gewährleistet eine hohe, personenunabhängige Nachvollziehbarkeit des Sammel- und Ausleseerfolges (Deichner et al. 2003).

3 Multivariate Statistik

Mit der multivariaten Statistik lassen sich umfangreiche Datensätze, wie die des RIVA-Projektes, überschaubar auswerten. Die Anwendung der simultanen Analyse von zwei oder drei Tabellen mit Hilfe des Programmpakets ADE (Thioulouse et al. 1997) ist möglich. Über die Analysen einzelner Datenmatrizen (z.B. Foeckler 1990) hinaus können so die Zusammenhänge mehrerer Einflussgrößen gleichzeitig ausgewertet und dargestellt werden. Da die von der multivariaten Statistik aufgezeigten Muster nicht notwendigerweise kausale Zusammenhänge abbilden, müssen die Ergebnisse aber in jedem Fall kritisch hinterfragt, nachvollziehbar aufbereitet und graphisch auch für den Nicht-Statistiker verständlich gemacht werden.

6.2.4.2 Arteninventar

Das im Rahmen der Aufsammlungen erfasste Arteninventar ist nur für die offenen Grünlandstandorte der aktiven Auen repräsentativ. Es stellt somit nur einen kleinen Teil der tatsächlich in den Elbeauen vorhandenen Molluskenarten dar. Das gesamte Artenspektrum der Elbauen in Sachsen-Anhalt wurde anhand der Aufsammlungen von Zeissler (1984), Körnig (1989, 1999, 2001), Täuscher (1997, 1998) und Deichner et al. (2000) mit 125 Arten einschließlich der Nacktschnecken ermittelt.

Es ist zu beachten, dass die Schöneberger Wiesen im Gegensatz zu den Nebenuntersuchungsgebieten gemäht statt beweidet werden. Die Unterschiede im Artenspektrum sind aufgrund der analysierten Umweltparameter (Abb. 6.2-9) und ökologischen Merkmale der vorgefundenen Arten (Abb. 6.2-13) wahrscheinlich nutzungsbedingt. Fast alle Landmolluskenarten, die nur auf den Schöneberger Wiesen nachgewiesen wurden, gehören zu den Mollusken, die nach Neumann & Irmler (1994) eine intensive Beweidung bzw. nach Herdam (1983) eine Intensivierung der landwirtschaftlichen Nutzung nicht oder nur schlecht vertragen. Weitere Erklärungen für die Zonierung der Arten könnten in der Lage der Standorte quer und längs zum Fluss liegen, was noch zu untersuchen wäre.

Die Auswahl der Untersuchungsgebiete war wegen des notwendigen Aufwandes für die Anwendung multivariater statistischer Verfahren, der Vorgabe der Vergleichbarkeit und insbesondere der Tatsache, dass 70% der Elbauen als Grünland genutzt werden (vgl. Buchkap. 4.2 und 8.2), eingeschränkt. Demnach sind die Ergebnisse für den ausgewählten Biotoptyp „Grünland“ mit seinen Abstufungen repräsentativ, statistisch sehr gut abgesichert und innerhalb der untersuchten Flussauenabschnitte und vermutlich auf die dazwischen liegenden Auenbereiche übertragbar. Ziel war die Indikation von Standorteigenschaften, nicht die gesamte Diversität der Aue darzustellen.

6.2.4.3 Ökologische Standortcharakterisierung durch Bioindikator-Artengruppen

1 Artengruppen als funktionale Bioindikatoren

Die Methode der ökologischen Charakterisierung (Richardot et al. 1987, Foeckler 1990, beide Arbeiten behandeln allerdings rein aquatische Molluskengemeinschaften) der untersuchten Wiesen und Rinnen durch Mollusken-Bioindikatoren hat sich bewährt. Mollusken sind als Bioindikatoren bestens geeignet (s. Kap. 6.2.3.3). Betrachtet man die Artenzusammensetzungen von vergleichbaren Untersuchungen in den Rhône-, Loire- und Donauauen der o. g. Autoren, können ähnliche Artengruppen für hydrodynamisch vergleichbare Standorte bestimmt werden. Die Artenzusammensetzungen unterscheiden sich zum Teil allerdings erheblich; dies ist auf mögliche Verbreitungsunterschiede der Arten oder auf unterschiedliche ökologische Bedingungen zurückzuführen. Zum Beispiel gleichen die in den ostbayerischen Donauauen festgestellten Artengemeinschaften (Foeckler 1990) nicht denen in den Salzachauen (Foeckler et al. 1991). Auf Arten beruhende Indikationssysteme aus verschiedenen Flussgebieten können also nicht direkt übertragen werden, während die ökologischen Merkmale der Arten hierfür durchaus geeignet sind, wie es beispielsweise auch von Statzner et al. (2001a) für Fließgewässerorganismen gezeigt wurde.

Das vorliegende Mollusken-Indikatorsystem wurde auf den Wiesen- und Rinnenstandorten der Mittleren Elbe entwickelt. Das Arteninventar der drei Gebiete – bei allen methodischen Einschränkungen – unterscheidet sich nur sehr wenig (vgl. Kapitelanhang 6.2-5); das Indikationssystem dürfte weitgehend auf die zwischen den Untersuchungsgebieten liegenden Grünlandflächen übertragbar sein.

Im Rahmen des RIVA-Projektes hat sich gezeigt, dass Bioindikatorarten bzw. -gruppen der Mollusken sehr gut für die Standortansprache und die Erfassung der Standortdynamik geeignet sind. Diese können auch als funktionale Artengruppen im Sinne von Castella & Amoros (1988) angesprochen werden (vgl. Kap. 6.2.3), sind jedoch nicht ungeprüft auf andere Flussabschnitte oder gar Flusssysteme und deren Auen zu übertragen.

2 Bestimmende Faktoren für die Zusammensetzung und Individuendichte der Artengruppen

Wie gezeigt, ist die Artenzusammensetzung in vergleichbaren Auengebieten teilweise recht unterschiedlich. Außerdem bestimmen verschiedene Faktoren die Individuendichte der Molluskenarten. So sind die Individuendichten vieler Mollusken auf trockenen Grünlandstandorten der Elbe recht gering. In den direkt umgebenden Auwaldresten und Ruderalflächen, zum Beispiel den Schöneberger Wiesen (Körnig 1989), und in weniger, meist nur extensiv genutzten Auengrünländern anderer Flusssysteme, beispielsweise der Donau (Foeckler et al. 2000a), ist die Schneckendichte wesentlich höher. Mögliche Gründe hierfür könnten sein:

- Die jahrelange intensive Nutzung mit Bodenverdichtung, die Beweidung der Lebensräume und das Fehlen von schattenspendenden, feuchtigkeitsbindenden Hochstaudenfluren, Sträuchern und Bäumen.
- Grundwasserabsenkung durch die Begradigung (Regulierung) und Eintiefung der Elbe und die damit einhergehende schleichende Austrocknung der Auen, wie es auch am Oberrhein der Fall ist (vgl. Hügin 1981). Dies zeigt sich am eingeschränkten Arteninventar, dem insbesondere die für Grundwasser beeinflussten Habitate typischen Arten fehlen (vgl. unten).
- Veränderte hydrologische Verhältnisse mit selteneren und kürzeren Überflutungen und anschließend überdurchschnittlich lang anhaltenden Trockenphasen (Niedrigwasserzeiten) durch Wasserrückhaltung in oberhalb liegenden Stauhaltungen (Tschechien) und in der Mulde.
- Die natürliche Bodenzusammensetzung mit hohem Sandanteil, geringem Kalkgehalt und entsprechenden pH-Werten im sauren Bereich (s. Buchkap. 5.2). In den Auen der Unteren Saale und ihrer Mündung in die Elbe ist die Schneckendichte – vermutlich aufgrund des höheren Kalkgehaltes der Saale – sowohl an Arten als auch an Individuen wesentlich größer (Foeckler et al. 2002).
- Natürlicherweise geringes Wasserrückhaltevermögen des stark sandigen Bodens.
- Schadstoffgehalte im Boden aus der ehemaligen Belastung der Elbe mit organischen und anorganischen Stoffen (vgl. Wittor 1999).

Im Übergangsbereich zwischen Land und Wasser, der Wechselwasserzone, in den flachen Flutrinnen (Abb. 6.2-14) fehlen weitere für diesen Lebensraum typische Arten wie *Valvata pulchella*, *Gyraulus rossmaessleri*, *Pisidium casertanum* (vgl. Foeckler 1990). Diese Arten kommen im Einzugsgebiet vor (Körnig 2001), konnten jedoch bislang in keinem der drei Untersuchungsgebiete nachgewiesen werden. Unter Umständen ist dies eine Folge veränderten Abflussverhaltens der Elbe. Arten, die wegen ihrer Ansprüche und ihres Verhaltens auf Grundwassereinfluss in ihren Habitaten schließen lassen, fehlen ebenso. Auch Körnig (1989) konnte diese Arten im Naturschutzgebiet "Steckby-Lödderitzer Forst" nicht feststellen. Möglicherweise ist das Grundwasserniveau in den Auen der Mittleren Elbe aufgrund deren Begradigung abgesunken und tritt kaum noch oberflächlich zu Tage. Arten wie *Planorbis carinatus*, *Bathyomphalus contortus*, *Hippeutis complanatus* und *Pisidium personatum* (vgl. Foeckler 1990) fehlen in den Probestellen, obwohl sie laut Petermeier et al. (1996), Glöer & Meier-Brook (2003) und Körnig (2001) im Einzugsgebiet vorkommen oder vorkamen.

Weder bei den Arten und deren Gruppierung noch bei den Probeflächen und deren Gruppierung konnten scharfe Grenzen gezogen werden. Es bildet sich ein allmählicher Gradient von trockenen zu nassen Standorten mit sehr weichen Übergängen aus. Dies ist darauf zurückzuführen, dass im Projekt nur die Lebensräume Wiesen und Rinnen mit geringen, aber ökologisch höchst wirksamen Höhenunterschieden untersucht wurden. Die Höhenunterschiede im Gelände betrugen in den Schöneberger Wiesen 4 m, im Schleusenheger 3 m und im Dornwerder 5 m. Bei einem gänzlich anderen Ansatz, nämlich möglichst viele Arten in möglichst vielen Lebensraumstrukturen innerhalb eines vergleichbar großen Untersuchungsgebietes zu finden, würden die einzelnen Habitate vermutlich weniger innerhalb ihrer gänzlichen Gradienten untersucht werden und es ergäben sich schärfere Grenzen mit entsprechend deutlicher unterscheidenden Artengruppen zwischen den verschiedenen untersuchten Lebensraumtypen.

3 Artengruppen als Bioindikatoren

Die Indikation basiert nicht nur auf dem Vorkommen einzelner Arten oder Artengruppen, sondern in der Kombination zwischen dem Vorkommen bzw. Nichtvorkommen der Arten/-gruppen:

Vallonia excentrica kommt in fünf der sechs Probeflächengruppen vor, in vier davon mit hoher Stetigkeit (Tab. 6.2-7). Sie lebt als Landschnecke sowohl auf trockenen als auch auf feuchten bis nassen Standorten, auf den höchstgelegenen, trockenen (PFG 1) nahezu allein. Nicht ihr Vorkommen an sich, sondern ihr mehr oder weniger alleiniges Vorkommen indiziert die Standorteigenschaften. Sie kommt wegen ihrer großen ökologischen Valenz auf den trockenen, gemähten Standorten alleine vor, andere Arten fallen hier aus.

Die für Temporärgewässer und Verlandungszonen typische Wasserschnecke *Anisus spirorbis* hat sowohl in den tiefen Rinnen (PFG 6) als auch in den Übergängen (PFG 5) zu den Feuchtflächen (PFG 4) die höchsten Stetigkeiten und höchsten durchschnittlichen Abundanzen; jedoch zeigt sie diese Probeflächengruppe nicht allein an. Viele andere Arten sind gemeinsam mit ihr für diese Habitate charakteristisch. Da starke Wasserstandsschwankungen in diesen Probeflächen (z. B. Probeflächengruppe 3) stattfinden, kann *Anisus spirorbis* in diese Bereiche vorstoßen und in Konkurrenz zu etlichen Landmolluskenarten nennenswerte Populationen aufrecht erhalten (Tab. 6.2-7).

4 Indikation auf Gattungsniveau?

Denkbar wäre bei der Bestimmung

der Bioindikatoren statt auf Art-, auf Gattungs- oder Familienebene zu arbeiten, wie für die überregionale bzw. globale Betrachtungen funktionaler Zusammenhänge in jüngster Zeit vorgeschlagen wird (Statzner et al. 2001a). Da nur wenige Arten derselben Gattung bzw. Familie unter den Mollusken in den Untersuchungsgebieten gefunden wurden, könnte ein vereinfachtes Indikationssystem bei den Mollusken aufgestellt werden. Bei näherer Betrachtung würden mittel- bis langfristig jedoch sehr viele Informationen verloren gehen bzw. übersehen werden. Hinsichtlich der Bioindikation ist entscheidend, dass verschiedene Arten einer Gattung unterschiedliche Ansprüche und damit Indikationseigenschaften bezüglich hydrodynamischer und bodenkundlicher Faktoren besitzen.

Gattung *Valvata*

Innerhalb der Wasserschnecken ist die Gattung *Valvata* mit vier Arten vertreten: *V. cristata*, *V. macrostoma*, *V. pulchella* und *V. piscinalis*. Diese vier Arten besiedeln deutlich unterschiedliche Auengewässertypen:

- *Valvata cristata* lebt in periodischen Sümpfen, oft von Grundwasserzufluss geprägten Altwässern, Gießen und langsam fließenden Gewässern.

- *Valvata macrostoma* und *V. pulchella* sind schwer zu unterscheiden und haben verschiedene Verbreitungsareale (Falkner 1990 und Glöer & Meier-Brook 2003). Erstere ist auf wechselfeuchte, vegetationsreiche, über längere Zeiten trockenfallende Temporärgewässer als Lebensraum angewiesen, die zweite Art lebt im Alpenvorland in seichten, pflanzenreichen Gewässern.

- *Valvata piscinalis* lebt als sauerstoffbedürftige Art in größeren Altwässern, Seen und Fließgewässern. Ein Trockenfallen ihrer Wohngewässer toleriert diese Art nicht.

Gattung *Pisidium*

Mit etwa 16 Arten stellen die Pisidien eine der artenreichsten Gattungen innerhalb der Binnenmollusken Deutschlands dar. Sie besiedeln unterschiedlichste Biotoptypen: vom Interstitial über kaltstenotherme Bergbäche, langsam fließende Bäche und Flüsse bis hin zu eutrophen Temporärgewässern und stark vom Grundwasser beeinflussten Habitaten (Falkner 1990 und Glöer & Meier-Brook 2003). Diese Vielfalt stenöker Arten ermöglicht eine ökologische Standortansprache, aus der zum Teil sogar der Substrattyp abgeleitet werden kann. Ein Verzicht auf die Bestimmung der Vertreter dieser Gruppe bedeutet einen erheblichen Informationsverlust. Die Ansprache von fünf verschiedenen Auengewässertypen im Donauraum Straubing vor dessen Einstau wäre ohne die Unterscheidung der einzelnen Arten nicht möglich gewesen (Foeckler 1990).

Landmollusken

Bei den Landmollusken gibt es zahlreiche Gattungen (z. B. *Vertigo*, *Vallonia*, *Deroceras*) mit einer breiten Artenpalette; sie besiedeln unterschiedlichste Lebensräume. Innerhalb vieler Familien (z. B. Hygromiidae) gibt es verwechselbare Arten einzelner Gattungen, die aber sehr unterschiedliche Biotoptypen besiedeln. Ohne die genaue Bestimmung dieser Arten geht deren Informationsgehalt zu ihren hydrologischen, Feuchtigkeits- und Substratansprüchen verloren (s. Tab. 6.2-1, Falkner 1990: 68-72).

Es gibt zwar auch einzelne Beispiele von Molluskengattungen, deren Arten ähnliche bzw. vergleichbare Biotoptypen besiedeln, z. B. die Arten der Gattungen *Theodoxus*, *Viviparus*, *Stagnicola*. Trotzdem ist ein Konzept, das auf die Ansprache der Arten (mit wenigen Ausnahmen, vgl. Kap. 6.2.3.1) verzichtet, für die kompetente Biotopansprache und ökologische Standortcharakterisierung sowie für das daraus abzuleitende Prognosemodell unbrauchbar.

5 Aussagekraft nicht nachgewiesener Arten

Eine besondere Rolle kommt möglicherweise den einerseits nicht nachgewiesenen, aber bei anderen Untersuchungen im Naturraum festgestellten Arten (vgl. Zeissler 1984, Körnig 1989, 1999, 2000, 2001) oder den andererseits nur selten nachgewiesenen und deshalb bisher bei den weiterführenden Analysen und als Bioindikatoren ausgeschlossenen (s. Kap. 6.2.3.3 und Tab. 6.2-5) Arten zu. Es ist zu prüfen, ob diese Arten von Natur aus selten im Naturraum sind oder in den Untersuchungsgebieten aufgrund von Habitatveränderungen heute unzureichende Lebensbedingungen vorfinden. Möglicherweise fänden sich unter naturnäheren Bedingungen geeignete Bioindikatorarten, wie zum Beispiel *Physa fontinalis*, *Aplexa hypnorum* oder die oben angeführten Arten. Mit der Verbesserung der Standortbedingungen, beispielsweise Nutzungsextensivierung, könnten diese Arten in ihrem Bestand wieder zunehmen oder einwandern und als Bioindikatoren verbesserte Zustände anzeigen. Hier stehen noch weiterführende Analysen anhand der autökologischen Merkmale dieser „potentiellen“ Arten aus.

6.2.4.4 Erarbeitung und Anwendung einer Autökologie-Datenbank

Die Anwendung der erarbeiteten Autökologie-Datenbank zeigt die Möglichkeiten solcher Systeme auf. Ähnliche Ergebnisse finden unter anderen Castella et al. 1994a, b anhand von Molluskenaufsammlungen in den Loire-Auen. Die Ergebnisse aus den Elbeauen und die Auswertung der Umweltparameter belegen die große Bedeutung der Hydrodynamik der Standorte und deren Nutzung. Es ergeben sich unterschiedliche funktionale Artengruppen, z. B Arten verschiedener Größe, verschiedener Ernährungstypen bzw. unterschiedlicher Ernährungsweisen, die neben den Toleranzen gegenüber Überschwemmung, Austrocknung, landwirtschaftliche Nutzung und Beweidung des Grünlandes die Besiedlung dieser Standorte anzeigen. Allerdings stellen die aufgestellten Zusammenhänge nur einen ersten ausbaufähigen Baustein dar. Weitere Grundlagenuntersuchungen zur Autökologie der Arten sind notwendig, um Datenbanken zur Ökologie der Mollusken auf eine solide und umfangreiche Basis stellen zu können. Vorbild ist die Syrphiden-Datenbank von Speight et al. (1998, s. Buchkap. 6.4). Die Datenbank „Shelled Gastropoda of Western Europe“ von Falkner et al. (2001) mit zahlreichen Angaben zur Biologie, Verbreitung und Autökologie von 270 Schneckenarten erschien erst nach Abschluss der vorliegenden Arbeiten und stellt eine Ausgangsbasis für weiterführende Untersuchungen dar.

6.2.4.5 Praktische Anwendung

Durch die Verknüpfung der Vorkommen der einzelnen Molluskenarten und der herrschenden Standortfaktoren sollte ein robustes Indikationsverfahren geschaffen werden, das bei prognostizierten Veränderungen bestimmter Standortparameter, wie z.B. Anhebung oder Senkung des mittleren Grundwasserspiegels, verlässliche Aussagen über die Auswirkungen auf die untersuchten Biozönosen erlaubt. Umgekehrt kann mit dem Artenspektrum der Mollusken auf die herrschenden Standortbedingungen geschlossen werden. So wird dem Naturschutz sowie der Wasserwirtschaft ein verlässliches Planungs- und Prognoseinstrument in die Hände gelegt.

Die weitere Verknüpfung der erhobenen Daten mit den Nutzungsfaktoren (z. B. Landwirtschaft) und den autökologischen Ansprüchen der Arten führt zu weitergehenden Analyse- und Prognosemöglichkeiten. Vorhersagen über die Auswirkungen von Nutzungsänderungen (z.B. Umstellung von Mahd auf Beweidung) bzw. von Nutzungsintensivierung oder -extensivierung auf die Biozönosen können getroffen werden. Für die Landschaftspflege und den Naturschutz sind einfache Zustandsanalysen möglich, die Defizite in den charakteristischen Auenlebensräumen durch das Fehlen charakteristischer Arten aufzeigen (z.B. das Fehlen bestimmter auentypischer Standortfaktoren). Beide Analyse- und Prognosemöglichkeiten bieten dem Naturschutz hervorragende Managementinstrumente für

- Pflege- und Entwicklungsmaßnahmen wie die Schaffung von bestimmten auencharakteristischen Lebensräumen, Strukturen oder Standortbedingungen

- Steuerungsmaßnahmen bezüglich der Landnutzung wie Nutzungsextensivierung oder Lenkung bestimmter Nutzungsformen.

Der Erfolg durchgeführter Maßnahmen kann durch Verfolgung der Wiederbesiedelung der Biotope durch Mollusken (vgl. Foeckler et al. 1999) kontrolliert bzw. dokumentiert werden.

Des Weiteren bietet es sich an, die aufgezeigten Methoden auch im Rahmen der Umsetzung der Wasserrahmen- (WRRL) und der Flora-Fauna-Habitat (FFH)-Richtlinie der Europäischen Union und/oder im Zuge von FFH- oder Umweltverträglichkeitsstudien bzw. speziellen artenschutzrechtlichen Prüfungen (saP) anzuwenden.

6.3 Laufkäfer als Indikatoren

Arno Schanowski,
Wolfgang Figura & Bernd Gerken

Zusammenfassung

Im Projekt „Übertragung und Weiterentwicklung eines robusten Indikationssystems für ökologische Veränderungen in Auen" (RIVA) wurden unter Einsatz multivariater statistischer Methoden die Beziehungen zwischen dem Vorkommen von Laufkäferarten und abiotischen Parametern analysiert und für die Identifikation von Indikatorarten bzw. -gruppen verwendet.

Aus den 36 Probeflächen des Hauptuntersuchungsgebietes standen aus den beiden Jahren der Beprobung rund 46.000 bis zur Art bestimmte Individuen als Datenpool zu Verfügung.

Die Ordination der Probeflächen auf Basis der Laufkäferdaten aus den hier exemplarisch dargestellten Frühjahrsfängen ergab eine Anordnung der Probeflächen im Wesentlichen entlang eines Feuchtegradienten. Mittels Clusteranalyse ließen sich signifikant getrennte Gruppen von Probeflächen ermitteln, die sich aus tiefen Flutrinnen, flachen Flutrinnen und Rohrglanzgrasröhrichten sowie zwei Gruppen von Grünlandstandorten unterschiedlicher Feuchtestufe zusammensetzten.

Die Ordination der Probeflächen auf Grundlage verschiedener abiotischer Parameter (z.B. jährliche Überflutungsdauer in Tagen, Distanz zur nächsten Flutrinne, mittlerer Grundwasserflurabstand in der Vegetationsperiode) wurde auf eine gemeinsame Struktur mit der Ordination auf biotischer Grundlage hin überprüft. Es ergab sich eine hoch signifikante Übereinstimmung; die Laufkäferzönosen indizieren also die jeweils herrschenden Standortverhältnisse.

Unter Anwendung verschiedener Kriterien (Aktivitätsdominanz, Stetigkeit, Vorkommensschwerpunkt) war es möglich, aus den für die Clusterbildung verantwortlichen Spezies diejenigen Arten bzw. Artengruppen herauszuarbeiten, die bestimmte hydrologische Standortverhältnisse indizieren können.

Die Methodik und die Ergebnisse der Suche nach Indikatoren werden mit anderen Studien zur Indikation in Auen verglichen und der Anwendungsbezug wird diskutiert.

6.3.1 Einleitung

Laufkäfer wurden vielfach zur Beurteilung der naturschutzfachlichen Wertigkeit von Lebensräumen oder für die Indikation von Umweltparametern eingesetzt. Sie erfüllen viele Kriterien für die Eignung als Bioindikator, wie sie diverse Autoren (z.B. Noss 1990, Pearson & Cassola 1992, McGeoch 1998, Niemelä 2000) formulierten: gut bekannte Taxonomie und Ökologie, weite Verbreitung, spezielle Habitatansprüche sowie leichte, kostengünstige Erfassbarkeit. Gerade in Auen sind Laufkäfer ausgesprochen artenreich vertreten. Viele dieser Arten besitzen spezifische Ansprüche an die hydrologischen und edaphischen Bedingungen und reagieren sensibel auf deren Veränderung. Entsprechend existieren bereits eine Reihe von Ansätzen zur Bioindikation in Auen (z.B. Gerken 1981, Henrichfreise 1988, Siepe 1989, Nelles & Gerken 1990, Greenwood et al. 1991, 1995, Obrdlik & Schneider 1994, Zulka 1994, Dörfer et al. 1995, Spang 1996, Wohlgemuth-von Reiche et al. 1997, Niedling & Scheloske 1999). Moderne statistische Verfahren fanden bei der Auswertung allerdings nur in wenigen Fällen Anwendung und dann meist nur auf relativ kleiner biotischer Datenbasis bzw. nach Vorauswahl weniger Umweltvariablen.

In dem Verbundforschungsvorhaben „Übertragung und Weiterentwicklung eines robusten Indikationssystems für ökologische Veränderungen in Auen" (RIVA) sollte für die Elbauen auf bestehenden Indikationssystemen aufgebaut und diese weiterentwickelt werden. Hierzu wurde eine sehr umfangreiche Datenbasis an biotischen wie abiotischen Parametern syntop und synchron erhoben und mit modernen multivariaten Methoden ausgewertet.

Vorrangiges Ziel war es, aus den vorhandenen Laufkäferzönosen der untersuchten Auenstandorte indikatorisch bedeutsame Arten oder Artengruppen herauszuarbeiten und deren Indikatorfunktion darzustellen. Dabei wurden, wie bislang üblich, die Artvorkommen bzw. deren Aktivitätsdichte in den Probeflächen mit den dort gemessenen abiotischen Parametern verknüpft. Die Herausarbeitung potenzieller Indikatorarten bzw. -gruppen wird in diesem Kapitel dargestellt. Darüber hinaus wurde aber auch wie in Buchkapitel 6.4 für die Schwebfliegen vorgestellt, ein neuer Ansatz verfolgt, indem versucht wurde, über ökologisch/biologische Eigenschaften der Arten so genannte „funktionale Gruppen" zu bilden, die indikatorische Qualitäten besitzen (vgl. Castella et al. 1994a, Dziock 2001b, Speight & Castella 2001).

6.3.2 Methodik

Im Folgenden wird auf die Methodik der Probenahme eingegangen sowie die Arbeitsschritte der multivariaten statistischen Analyse zur Ermittlung von Indikatorarten beschrieben. Die Untersuchungsgebiete und die Entwicklung des allen Teilprojekten gemeinsamen Probendesigns werden ausführlich in den Buchkapiteln 4.2 bzw. 4.3 dargestellt und diskutiert.

6.3.2.1 Beprobung

Die Erfassung der Carabiden auf den 60 Probeflächen erfolgte in drei jeweils ca. vierwöchigen Fangperioden im Frühsommer (Ende Mai bis Ende Juni), Sommer (Mitte/Ende Juni bis Mitte/Ende Juli) und Spätsommer (Ende August bis Ende September). Je Probefläche wurden fünf Bodenfallen im Abstand von ca. 5 m eingesetzt, deren Leerung in ca. zweiwöchigem Rhythmus erfolgte. Als Fallen dienten transparente, glattwandige Plastikbecher mit einem oberen Durchmesser von ca. 7 cm und einer Höhe von ca. 9 cm. Diese wurden in ebenerdig eingebrachte Kunststoff-Röhren eingesetzt. Die Becher wurden mit etwa 7 %iger Essigsäure und etwas Detergenz zur Oberflächenentspannung beschickt.

Die Fallenreihen der in den Flutrinnen gelegenen Probeflächen befanden sich zu Beginn der Fänge Ende April unmittelbar am Rande des Wassers. Sie wurden bei den folgenden Fallenwechseln an ihrem Standort belassen und nicht den jahreszeitlich wechselnden Wasserständen angepasst.

6.3.2.2 Determination

Alle gefangenen Laufkäferimagines wurden bis zur Art bestimmt (Arten und Individuenzahlen je Probefläche und Jahr finden sich in den Anhängen IV.2 – A.1 und A.2 bis IV.2 – C.1 und C.2).

Zur Determination dienten Folwaczny (1959), Hieke (1970), Freude (1976), Lindroth (1985, 1986), Trautner & Geigenmüller (1987) sowie Schmidt (1994). Belegexemplare von *Badister meridionalis* wurden freundlicherweise von Herrn Kielhorn überprüft.

6.3.2.3 Multivariate statistische Datenanalyse

Die Analyse des sehr umfangreichen Datenmaterials – allein aus den 36 Probeflächen des Hauptuntersuchungsgebietes lagen 45.856 Individuen vor – erfolgte, wie in Buchkapitel 4.3 ausgeführt, mit verschiedenen multivariaten statistischen Verfahren unter Verwendung der Statistik-Software ADE 4.0 (http://pbil.univ-lyon1.fr/ADE-4).

Um innerhalb des Datenbestandes eine quantitativ vergleichbare Ausgangsbasis zu erlangen, erfolgte zunächst eine Standardisierung der Daten auf Individuen / 100 Fallentage. Zur Dämpfung von Extremwerten ist eine Quadratwurzel-Transformation durchgeführt worden:

$$\sqrt{\left(\frac{\sum Individuen}{\sum Fallentage} \times \mathbf{100}\right)}.$$

Zur Minimierung des Einflusses indikatorisch nicht relevanter Arten erfolgte eine Selektion der Daten im Hinblick auf die Stetigkeit. Arten mit einer sehr geringen Stetigkeit müssen als Zufallsfunde gewertet werden, wohingegen Arten mit einer sehr hohen Stetigkeit über eine hohe ökologische Varianz verfügen und somit ebenfalls keine indikatorische Relevanz besitzen. Als geringe Stetigkeit wurde ein Vorkommen in maximal zwei Stichproben definiert. Eine hohe Stetigkeit war bei einem Vorkommen in mehr als 60 Stichproben gegeben. Zu Grunde gelegt wurden die verrechneten Stichproben aus dem Hauptuntersuchungsgebiet Schöneberger Wiesen von zwei Erfassungsjahren: 2 * 36 = 72 Stichproben.

Grundlage für die Suche nach potentiellen Indikatoren bildeten die Ergebnisse der Korrespondenzanalyse (CA) und der Hauptkomponentenanalyse (PCA). Es wurde überprüft, ob unter den Arten, die für die Clusterbildung der Probeflächen auf Grundlage der Laufkäferdaten verantwortlich sind ('Inertia partition-analysis'), solche existieren, welche die Probeflächencluster auf Basis der verwendeten abiotischen Parameter anzeigen.

Es wurden folgende Kriterien angewandt:

- durchschnittliche Aktivitätsdominanz innerhalb eines Probeflächenclusters,
- Stetigkeit innerhalb eines Clusters und
- prozentuales Vorkommen innerhalb eines Clusters bezogen auf das Gesamtvorkommen.

Berücksichtigt wurden die fraglichen Arten nur dann, wenn sie in einem Cluster mindestens 1 % Aktivitätsdominanz sowie eine hohe Stetigkeit (> 60 %) aufwiesen.

Um als Indikator für ein Cluster eingestuft zu werden, waren eine sehr hohe Stetigkeit (> 80 %) und ein mittleres prozentuales Vorkommen gefordert (> 40 % aller Probeflächen mit Nachweis dieser Art müssen innerhalb dieses jeweiligen Clusters liegen). Indikatoren für Clustergruppen mussten mindestens eine hohe Stetigkeit sowie ein hohes prozentuales Vorkommen, jeweils > 60 % erreichen.

Im ersten Schritt der multivariaten Analyse wurde mittels Korrespondenzanalyse die Ordination der 36 Probeflächen aufgrund der Laufkäferdaten für alle sechs Fangperioden (drei pro Jahr) berechnet. Hierbei wurde jede Probefläche innerhalb einer Fangperiode als eigenständige Probefläche im Datensatz behandelt (6 Fangperioden x 36 Probeflächen = 216 verrechnete Probeflächen).

Berücksichtigt wurden die drei ersten Achsen der CA mit einem Gesamterklärungsanteil von 27,0 % (F1: 13,1 %, F2: 8,1 %, F3: 5,8 %). Die anschließend auf der Basis der CA durchgeführte Diskriminanzanalyse ergab keine signifikante Trennung zwischen den Untersuchungsjahren, jedoch eine hoch signifikante (p = 0,002) Trennung zwischen den Untersuchungsperioden Frühjahr, Sommer und Herbst. Entsprechend sind bei den weiteren Schritten der statistischen Auswertung die Daten der drei Perioden getrennt, die der Jahre jedoch gemeinsam in die Berechnungen eingegangen.

Nachfolgend werden die statistischen Analyseergebnisse am Beispiel der Daten aus den Frühjahrsfängen dargestellt.

6.3.3 Ergebnisse

6.3.3.1 Standörtliche Charakterisierung der Probeflächen durch die Laufkäferzönose

Bei der Ordination der Probeflächen (Abb. 6.3-1) anhand der Frühjahrsfänge 1998 und 1999 wurden die ersten vier Erklärungsachsen mit einem Gesamterklärungsgehalt von 26,4 % (F1: 19,1 %, F2: 7,3 %, F3: 7,0 %, F4: 5,7 %) berücksichtigt. In der Abbildung sind die beiden ersten Achsen dargestellt.

Es lässt sich auf der ersten Achse eine Abfolge erkennen, die maßgeblich dem Feuchtegradienten folgt. Die Probeflächen an den Flutrinnen sind auf der F1 mit den höchsten positiven Werten belegt. Direkt daran anschließend folgen die Probeflächen der *Phalaris*-Röhrichte. Die

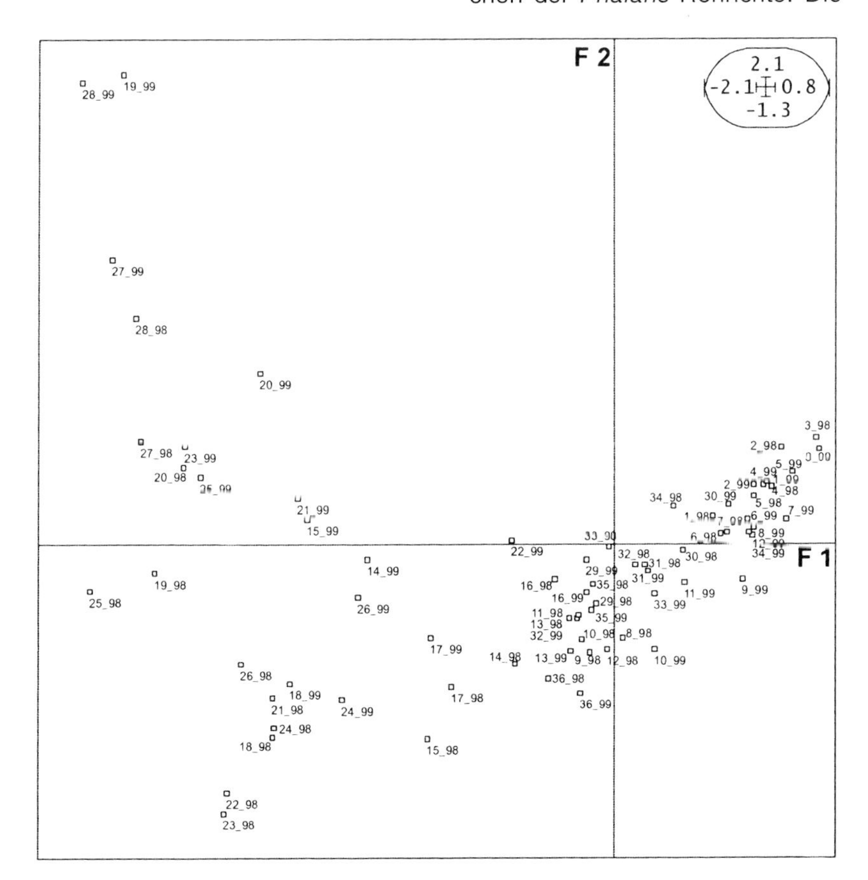

Abb. 6.3-1: Ordination (CA, F1, F2) der Probeflächen (Probeflächennummer gefolgt vom Erfassungsjahr) für die Frühjahrsfänge 1998/1999.

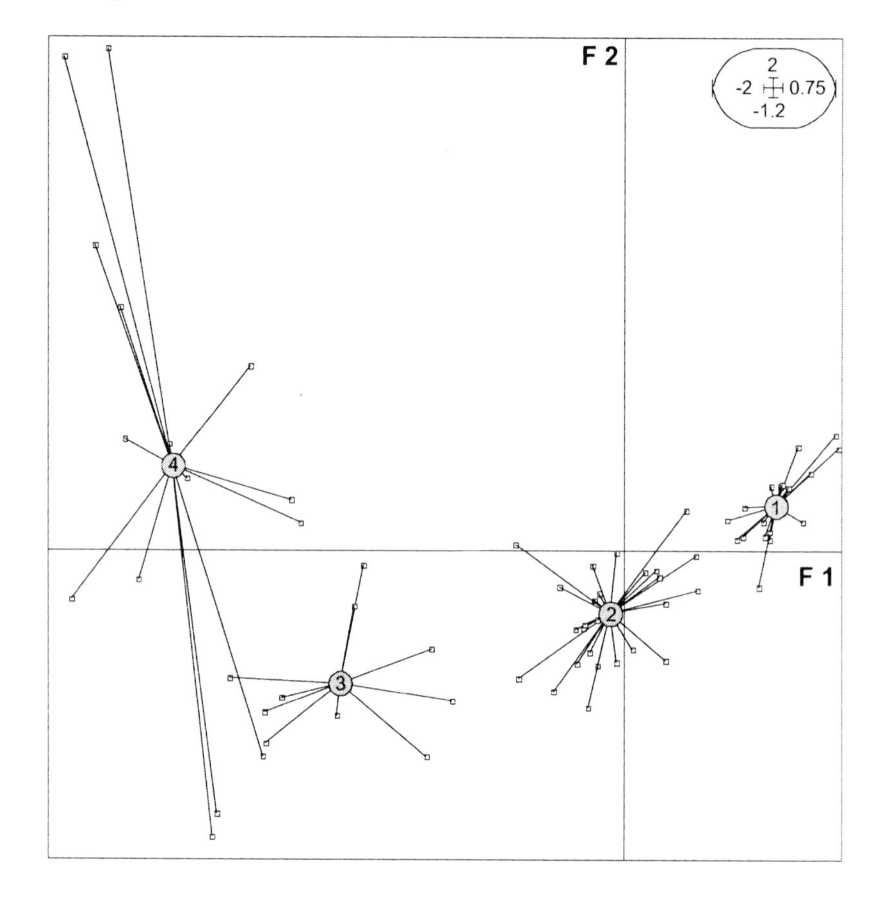

Abb. 6.3-2: Ordination der Probeflächen anhand der Fallenfänge bezogen auf die vier Gruppen der Clusteranalyse; siehe Text für die dem Cluster zugeordneten Probeflächen.

trockensten Flächen rangieren weit im negativen Bereich der ersten Achse. Im Gegensatz zu den feuchten Probeflächen ist auf der zweiten Achse (F2) eine starke Trennung der trockenen Flächen zu erkennen. Die mit den Ergebnissen der CA durchgeführte Clusteranalyse ergab eine Trennung von vier Probeflächengruppen (Abb. 6.3-2). Die Gruppentrennung erfolgt mit einer Signifikanz von $p < 0{,}001$. Die Ordination der für die Clusterbildung maßgeblich verantwortlichen Arten ist in Abbildung 6.3-3 dargestellt.

Cluster 1 beinhaltet fast ausschließlich Probeflächen, die an tiefen, ausgedehnten Flutrinnen liegen (PF 1-7). Aus dem Jahr 1999 kommen die PF 8 und 9 am flach auslaufenden Ende des Flutrinnensystems hinzu, mit PF 12 eine isoliert liegende relativ kleine Rinne sowie zwei *Phalaris*-Röhrichte (PF 30, 34). Für die Bildung dieser Gruppe ist eine ganze Reihe von Laufkäferarten maßgeblich verantwortlich. Bedeutsam sind *Agonum afrum*, *A. versutum*, *A. duftschmidi*, *Anthracus consputus*, *Bembidion biguttatum*, *Pterostichus gracilis* und *Stenolophus mixtus*.

Am zweiten Cluster von Probeflächen sind flache, bzw. isoliert liegende, kleine Flutrinnen (PF 8-12) beteiligt, vornehmlich jedoch *Phalaris*-Röhrichte (PF 29-36). Daneben finden sich hier einzelne Probeflächen im Übergang zu Mähwiesen (PF 13, 14, 16). Im Wesentlichen sind fünf Arten für diese Gruppe von Bedeutung: *Amara communis*, *Bembidion guttula*, *Clivina fossor*, *Epaphius*

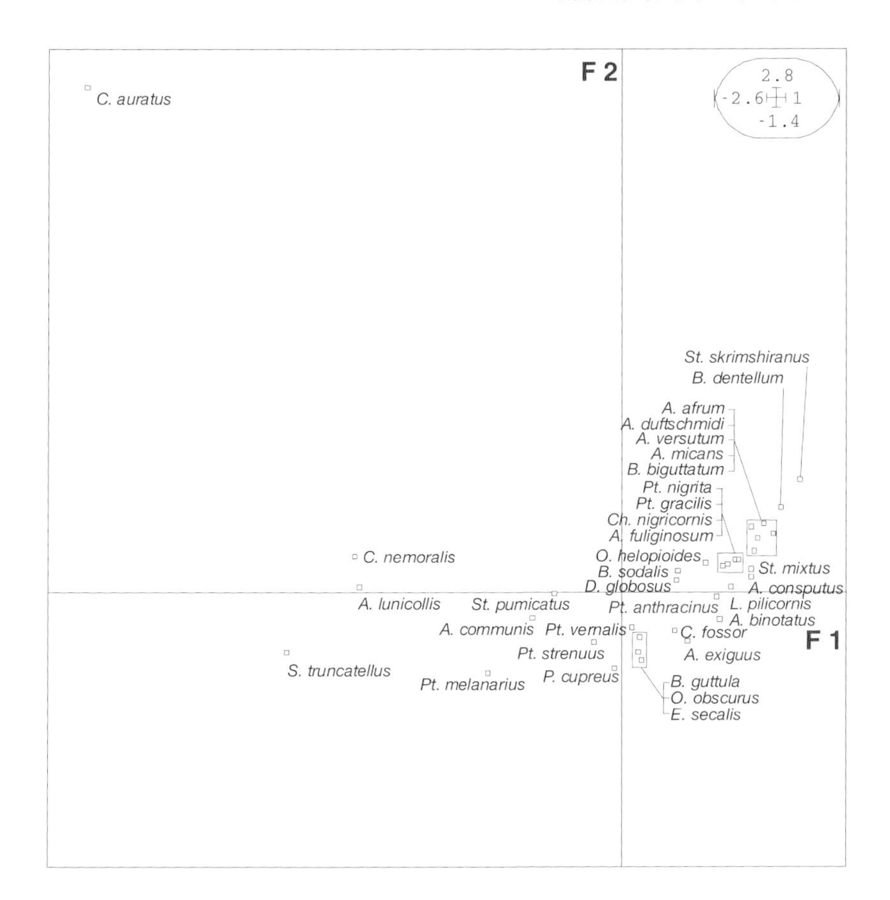

Abb. 6.3-3: Ordination (CA, F1, F2) der für die Clusterbildung bedeutsamen Arten (vollständige Gattungsnamen s. Kapitelanhänge 6.3-1 bis 4).

secalis und *Pterostichus strenuus*. Cluster 3 besteht nur aus relativ wenigen Probeflächen in feuchten bis frischen Mähwiesen und vermittelt zu den hoch gelegenen, trockeneren Probeflächen des Clusters 4. Für beide Gruppenbildungen sind nur wenige Arten maßgeblich verantwortlich. *Amara lunicollis* und *Syntomus truncatellus* sind für Cluster 3 wesentlich, spielen aber auch für Cluster 4 eine Rolle. Letzteres wird vor allem durch *Carabus auratus* charakterisiert.

6.3.3.2 Ordination der Probeflächen aufgrund abiotischer Parameter

Die als für die Carabiden besonders relevant ermittelten fünf abiotischen Parameter (Buchkap. 7.1) wurden zunächst mittels einer Hauptkomponentenanalyse (PCA) analysiert. Die verwendeten Kürzel und eine Kurzbeschreibung der Parameter sind Tabelle 6.3-1 zu entnehmen. Eine nähere Erläuterung der Parameter erfolgt im Buchkapitel 7.1.

Die drei verwendeten Erklärungsachsen weisen einen Gesamterklärungsanteil von 85,4 % (F1: 42,6 %, F2: 22,3 %, F3: 20,5 %) auf. Die Diskriminanzanalyse der Daten im Hinblick auf die Untersuchungsjahre 1998 und 1999 ergab einen signifikanten Unterschied ($p < 0{,}001$), so dass die abiotischen Parameter getrennt nach Untersuchungsjahren analysiert wurden. Aus Platzgründen kann an dieser Stelle nur exemplarisch das Jahr 1998 dargestellt werden.

Die PCA der abiotischen Para-

Tab. 6.3-1: Kurzbeschreibung der verwendeten abiotischen Parameter.

Kürzel	Kurzbeschreibung
FDAJd98 / FDAJd99	Jährliche Überflutungsdauer in Tagen für die Jahre 1998 bzw. 1999
DistFlRi	Distanz zur nächsten Flutrinne
DistPerm	Distanz zur nächsten permanenten Wasserfläche
MnGW498 / MnGW499	Mittlerer Grundwasserflurabstand April – September (Vegetationsperiode) (1998 bzw. 1999)
SDHN98 / SDHN99	Standardabweichung der Amplitude minimaler Grundwasserstand / maximaler Überflutungswasserstand für die Jahre 1998 bzw. 1999

meter für das Untersuchungsjahr 1998 wurde anhand von drei Achsen mit einem Gesamterklärungsgehalt von 85,9 % (F1: 44,1 %, F2: 23,4 %, F3; 18,4 %) durchgeführt. Im Jahr 1998 sind die an dem zusammenhängenden Flutrinnensystem des Untersuchungsgebietes gelegenen Probeflächen (PF 1-9) auf der ersten Erklärungsachse am stärksten negativ geladen (Abb. 6.3-4). Das positive Ende der Skala besetzen die Mähwiesen-Probeflächen 19, 20, 27 und 28. Verantwortlich hierfür sind vor allem die Überflutungsdauer, der mittlere Grundwasserflurabstand in der Vegetationsperiode sowie die Distanz zur nächsten Flutrinne (vgl.

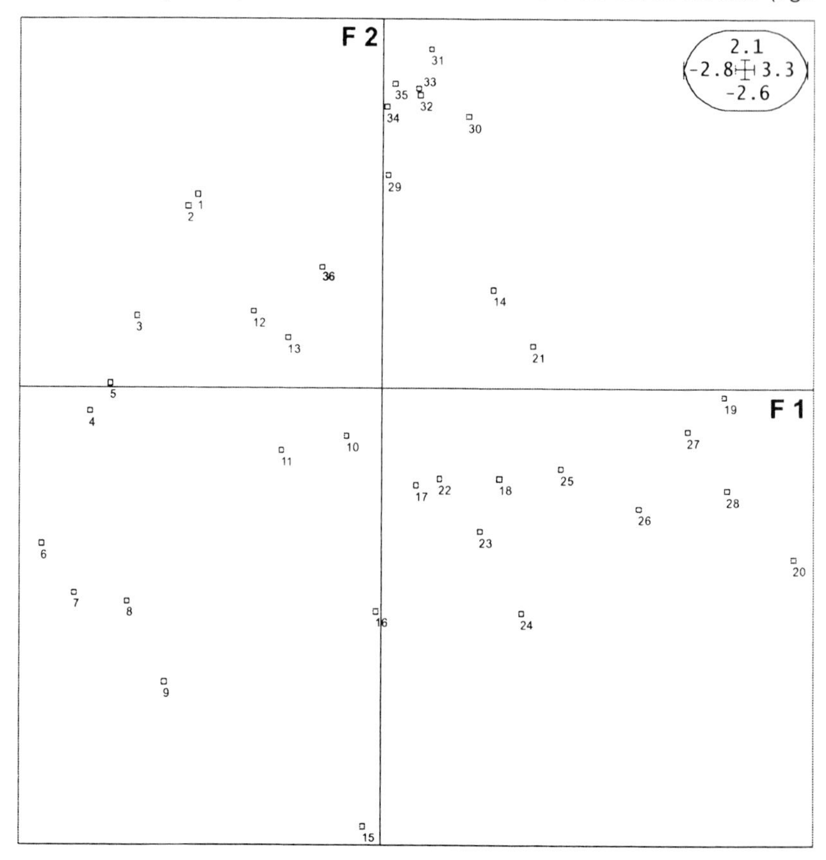

Abb. 6.3-4: Ordination (PCA, F1, F2) der Probeflächen nach abiotischen Parametern 1998.

Abb. 6.3-5).

Auf der zweiten Achse ist vor allem die Distanz zur nächsten permanenten Wasserfläche von Bedeutung. Auf ihr nehmen die *Phalaris*-Röhrichte (PF 29-35) besonders hohe positive Werte ein.

Die auf der Grundlage der PCA durchgeführte Clusteranalyse lässt fünf deutlich getrennte Gruppen (Signifikanz: $p < 0{,}001$) von Probeflächen erkennen (Abb. 6.3-6). Die Flutrinnenstandorte spalten sich in zwei Gruppen auf. Eine Gruppe (Cluster 1) setzt sich aus Probeflächen in den tieferen zusammenhängenden Rinnen im Norden des Untersuchungsgebietes (PF 1-5) und den Probeflächen innerhalb der kleineren, isoliert liegenden Flutrinnenstandorte (PF 10-12) zusammen. Hinzu kommen zwei in deren

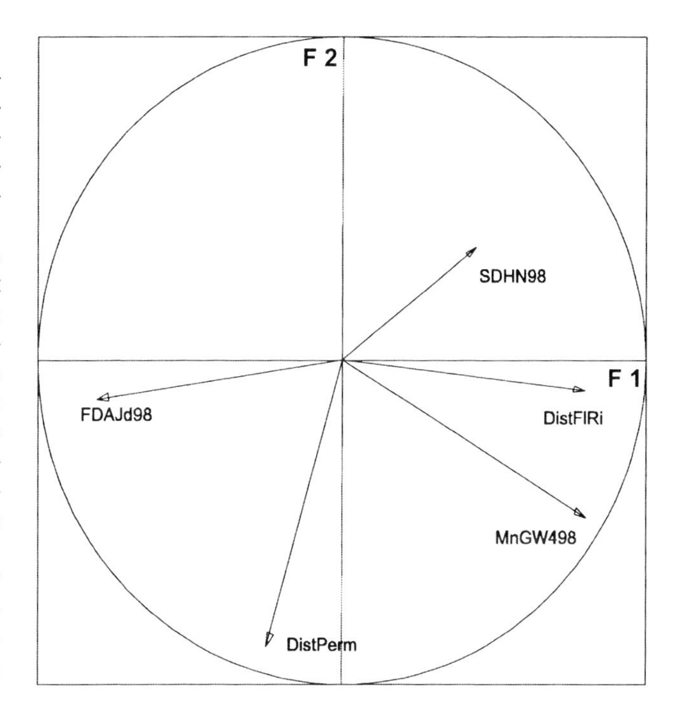

Abb. 6.3-5: Korrelationskreisdiagramm (PCA, F1, F2) der abiotischen Parameter 1998 (Erklärung der Variablen s. Tab. 6.3-1).

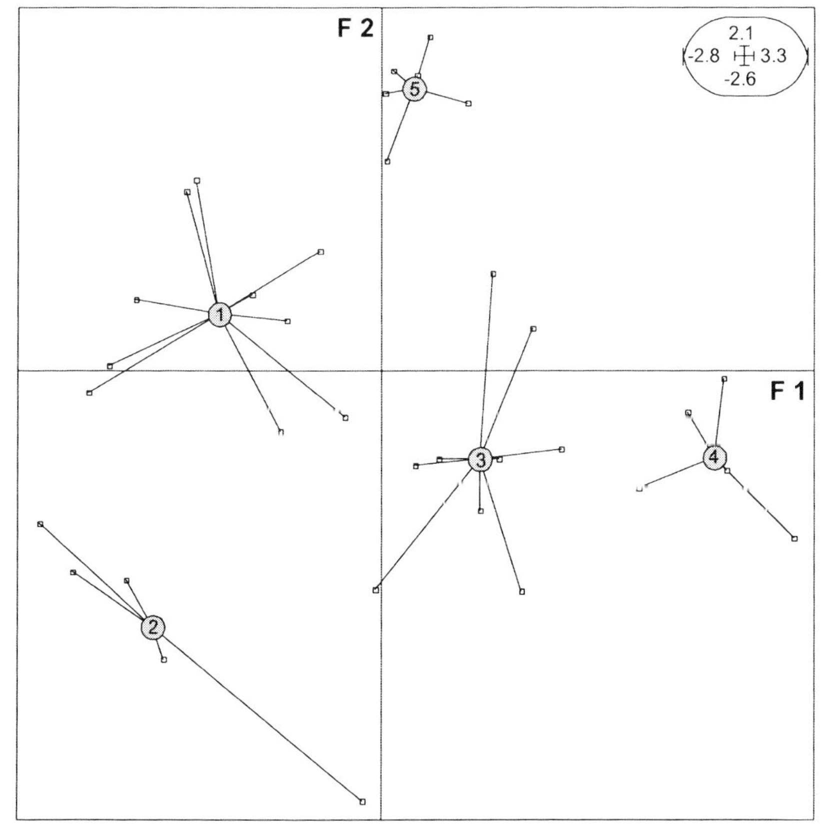

Abb. 6.3-6: Ordination (PCA, F1, F2) der Probeflächen anhand der abiotischen Paramter 1998 bezogen auf die fünf Gruppen der Clusteranalyse (für die den Clustern 1–5 zugeordnete Probeflächen s. Text).

Nähe gelegene Probeflächen (PF 13, 36). Cluster 2 umfasst die Probeflächen an den flach auslaufenden Flutrinnenabschnitten (PF 6-9) sowie eine benachbarte Mähwiesenfläche (PF 15). Die sechs *Phalaris*-Röhrichte (PF 29-35) vereinigen sich in Cluster 5. Einen Übergangsbereich von feuchten und frischen Mähwiesen bildet das Cluster 3 mit den Probeflächen 14, 16-18, 21-25. Die trockensten der untersuchten Standorte finden sich mit den Probeflächen 19, 20, 26-28 in Cluster 4.

6.3.3.3 Analyse gemeinsamer Strukturen der Ordination der Probeflächen nach abiotischen Parametern und nach den erfassten Carabiden

Mit der Coinertia-Analyse kann geprüft werden, inwieweit die Ordination der Probeflächen aufgrund der erfassten biotischen Parameter (hier die Carabiden) mit der Ordination der Probeflächen basierend auf abiotischen Parametern eine gemeinsame Struktur aufweisen. Dieser Analyseschritt wurde wiederum für die Frühjahrs-, Sommer- und Herbstfänge getrennt durchgeführt. Bei der Berechnung wurden den biotischen Daten von 1998 bzw. 1999 die entsprechenden abiotischen Daten 1998 bzw. 1999 zugeordnet.

In Abbildung 6.3-7 ist die Ordination der Probeflächen graphisch umgesetzt. Dargestellt sind, wiederum nur für die Frühjahrsfänge, jeweils die beiden ersten Achsen, die einen Gesamterklärungsanteil von 98,3 % liefern.

Die Quadrate stellen die Ordination eines Standortes aufgrund der Abiotik dar. Die Pfeilspitze gibt hier die Position an, auf welcher der Standort sich gemäß der Biotik befindet. Für alle drei Fangperioden konnte eine hoch signifikante gemeinsame Struktur nachgewiesen

Abb. 6.3-7: Ordination (Coinertia, F1, F2) der Probeflächen nach abiotischen Parametern (Pfeilbasis) und nach den Frühjahrsfängen 1998/99 der Carabiden (Pfeilspitze) (links) und Eigenwerte der Coinertia (rechts).

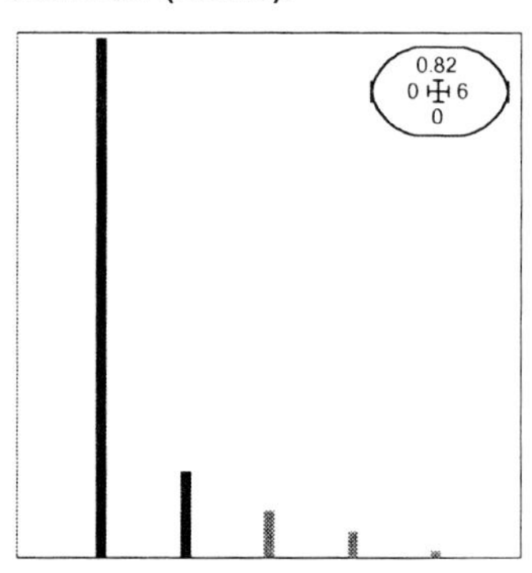

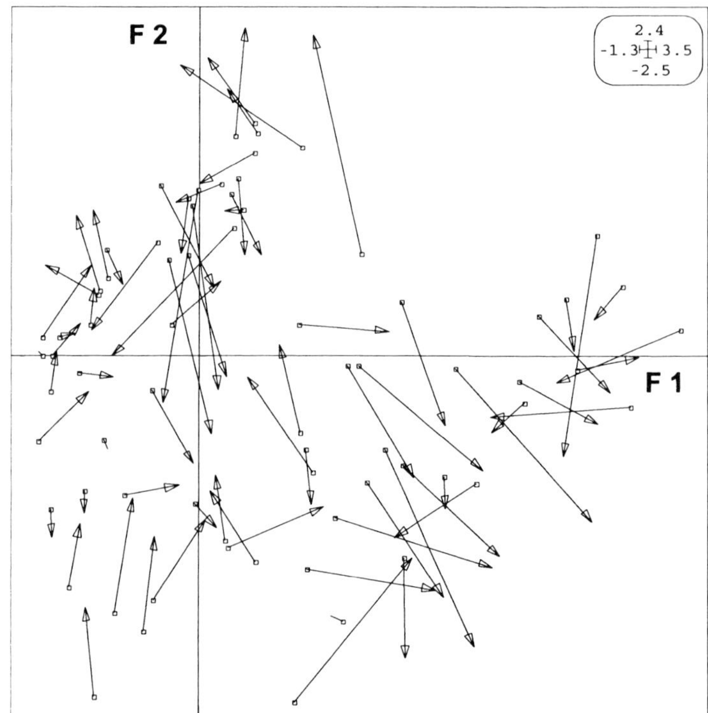

werden. Alle durchgeführten Signifikanztests (d.h. Fixed D, Fixed Tab1 sowie Fixed Tab2) ergaben eine Signifikanz von p < 0,001.

6.3.3.4 Ermittlung von Indikatorarten

Für die folgende Auswertung wurden die abiotischen Daten für die beiden Untersuchungsjahre 1998 und 1999 zunächst mittels einer PCA und einer anschließenden Clusteranalyse verrechnet. Es ergaben sich fünf signifikant (p < 0,001) getrennte Gruppen (Abb. 6.3-8).

Die an Flutrinnen gelegenen Probeflächen sind, mit leichten Verschiebungen zwischen den beiden Jahren, auf zwei Cluster mit jeweils 12 Probeflächen verteilt, auf der einen Seite (Cluster 1) die tieferen, lange überschwemmten, auf der anderen (Cluster 2) die flacheren und kleinen, isoliert liegenden Rinnen. Diesem zweiten Flutrinnen-Cluster wird, wohl aufgrund der geringen Distanz zur nächsten Rinne, die Probefläche 15 zugeordnet. Die *Phalaris*-Röhrichte sind in beiden Jahren zu einem dritten Cluster mit 18 Probeflächen vereint. Im vierten Cluster finden sich 20 Probeflächen innerhalb von feuchten und frischen Mähwiesen. Das fünfte Cluster bilden acht Probeflächen in frischen bis typischen Mähwiesen.

Als Ausgangspool für die Suche nach Indikatoren dienten alle Arten, die für die Clusterbildung der Probeflächen bei der CA maßgeblich verantwortlichen waren. In Tabelle 6.3-2 sind diejenigen Arten dargestellt, welche in einem der hier auf Grundlage der abiotischen Parameter ge-

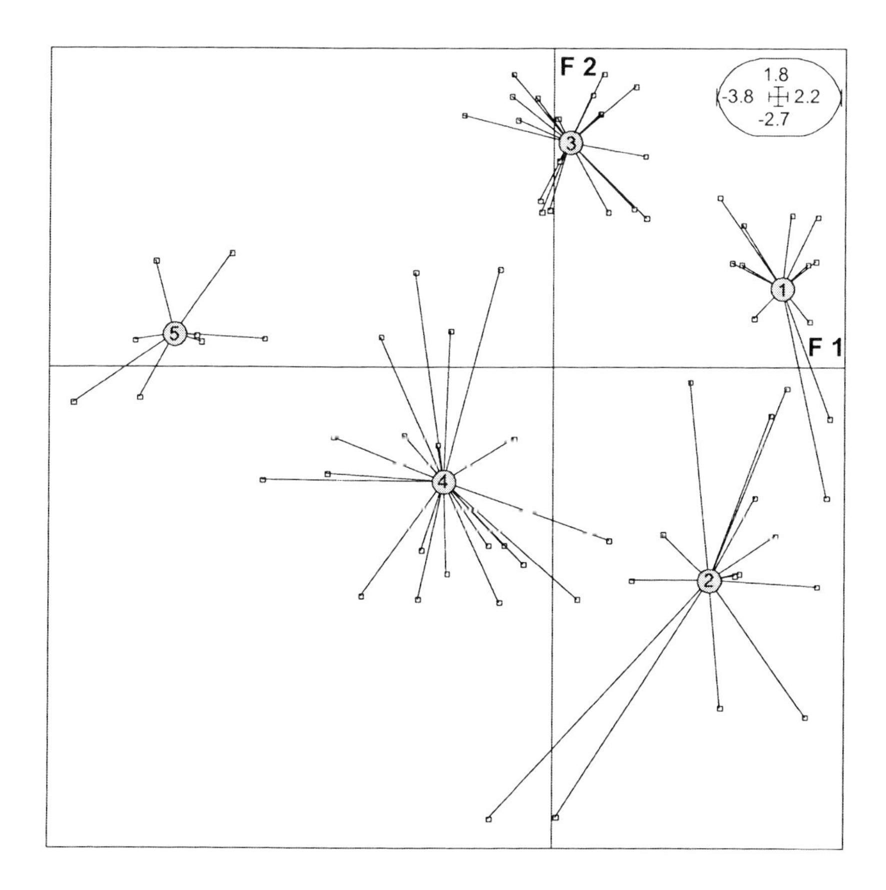

Abb. 6.3-8: Ordination (PCA, F1, F2) der Probeflächen anhand der abiotischen Parameter 1998/1999 bezogen auf die fünf Gruppen der Clusteranalyse.

bildeten Probeflächencluster mindestens eine durchschnittliche Aktivitätsdominanz von 1 % sowie eine Stetigkeit von 60 % erreichten.

Am klarsten wird die Differenzierung zwischen den Probeflächenclustern durch die Laufkäferarten bzw. -artengruppen im Frühjahr angezeigt. Im Sommer- und Herbstaspekt zeigt sich weiterhin deutlich der Feuchtegradient. Vor allem im Bereich der Mähwiesen kommen in der zweiten Jahreshälfte noch mehrere charakteristische Arten hinzu.

Im Frühjahr können aufgrund der angewendeten Kriterien (Dominanz, Stetigkeit, Vorkommensschwerpunkt) *Agonum duftschmidi*, *A. versutum*, *Bembidion dentellum* und *Stenolophus skrimshiranus* als Indikatoren für lang überschwemmte, grundwassernahe Flutrinnen gelten (Tab. 6.3-2). Einen Schwerpunkt besitzen in dieser Gruppe ferner *Chlaenius nigricornis* und *Pterostichus nigrita*. Für alle Flutrinnen-Probeflächen zusammen können *Stenolophus mixtus* und *Anthracus consputus* als Indikatoren genannt werden.

Es gibt keine Art, die das Cluster der flachen Flutrinnen eindeutig kennzeichnet. Lediglich *Anisodactylus binotatus* weist hier einen Schwerpunkt auf, ohne die Kriterien für eine Indikatorart zu erfüllen. Cluster 2 ist also negativ, durch das Fehlen der Indikatoren für Cluster 1, charakterisiert.

Sowohl für die *Phalaris*-Röhrichte als auch für die tiefen Flutrinnen können *Agonum afrum*, *A. fuliginosum*, *Pterostichus gracilis* und *Oodes helopioides* als Indikatorarten genannt werden. Außerdem tritt *Epaphius secalis* nur hier mit höherer Aktivitätsdominanz und gleichzeitig jeweils über 60 % Stetigkeit und Vorkommen auf.

Den gesamten nassen bis feuchten Bereich (Cluster 1-3) kennzeichnen, zum Teil mit unterschiedlichen Schwerpunkten, *Bembidion biguttatum*, *Clivina fossor*, *Acupalpus exiguus*, *Pterostichus anthracinus* und *Bembidion guttula*.

Auf die Mähwiesen entfallen insgesamt nur wenige Arten. Im trockensten Teil (Cluster 5) tritt *Carabus auratus* als Indikator auf. Als Indikatorart für alle Mähwiesenflächen (Cluster 4 und 5) kommt *Amara lunicollis* in Frage. *Amara communis* umfasst im Frühjahr die Mähwiesen und *Phalaris*-Röhrichte, mit einem Aktivitätsschwerpunkt in den Röhrichten und feuchten bis frischen Wiesen.

Im Sommer spielen die Arten, die im Frühjahr die Probeflächen an den tiefen Flutrinnen charakterisierten, kaum noch eine Rolle. Die Probeflächen dieses Clusters sind kaum mehr von den anderen Flutrinnen (Cluster 2) unterschieden. Wie im Frühjahr haben Cluster 1 und Cluster 3 (*Phalaris*-Röhrichte) eine Gruppe von Arten gemeinsam, die in Cluster 2 eine stark untergeordnete Rolle spielen. Zu *Agonum afrum* und *A. fuliginosum* kommt *Epaphius secalis* hinzu. Letztere Art tritt auch in Cluster 4 in Erscheinung. Aktivitätsdominanz und Stetigkeit liegen jedoch unter den Werten in den Clustern 1 und 3. Bemerkenswert ist, dass *E. secalis* in Cluster 2 kaum eine Bedeutung hat.

Der gesamte Flutrinnen- und Röhrichtbereich ist auch im Sommer durch einen Block von Arten markiert. In diesem gewinnt nun *Oxypselaphus obscurus* zusätzlich Bedeutung.

Einen deutlichen Schwerpunkt in den Mähwiesen besitzt *Amara lunicollis*. Ihr kommt nun aber auch in den *Phalaris*-Röhrichten und an den flachen Flutrinnen Bedeutung zu. Indikatoren für alle Mähwiesenflächen sind *Syntomus truncatellus*, *Amara equestris* und *Microlestes minutulus*.

Cluster 5 ist weiterhin durch *Carabus auratus* charakterisiert, der im Sommeraspekt als einzige Art die Kriterien für einen Indikator eines einzelnen Clusters erfüllt. *Amara communis* ist aus Cluster 5 verschwunden und findet sich nun auch in den Probeflächen an den Flutrinnen in größerem Umfang.

Im Herbst sind noch weniger Arten mit sehr hohen Ansprüchen an die Feuchtigkeit vertreten als bereits im Sommer. *Bembidion biguttatum*, *Agonum fuliginosum* und *Acupalpus exiguus* markieren die tiefen Rinnen. Deren standörtliche Verwandtschaft mit den *Phalaris*-Röhrichten wird durch *Epaphius secalis* und *Pterostichus anthracinus* dokumentiert. Die Röhrichte sind im Herbst vor allem durch *Oxypselaphus obscurus* von den anderen Clustern abgetrennt. *Amara communis* ist nun auf die *Phalaris*-Röhrichte und die flachen Flutrinnen beschränkt.

Einen Schwerpunkt in den Wiesen des Clusters 4 zeigt *Calathus melanocephalus*. Die Schwesterart *Calathus fuscipes* kennzeichnet zusammen mit *Amara equestris* den gesamten Block der Wiesen.

6.3.3.5 Vorkommen von gefährdeten Arten

Von den im Hauptuntersuchungsgebiet nachgewiesenen Laufkäferarten sind insgesamt 31 durch besondere Seltenheit (Bestandssituation selten oder sehr selten) oder einen Rote-Liste-Status (hier Kategorien 1–3) von naturschutzfachlich hoher Bedeutung. Sie sind in Tabelle 6.3-3 mit ihrem Vorkommensschwerpunkt innerhalb der fünf auf Basis der abiotischen Parameter ausgewiesenen Probeflächen-Cluster dargestellt. Weitere Arten, die ausschließlich in der Vorwarnliste geführt werden (BRD: Trautner et al. 1997; Sachsen-Anhalt: Schnitter & Trost 1999), wurden hier nicht berücksichtigt. Der weitaus größte Teil der bedrohten Arten besiedelt den nassen bis feuchten Flügel, die Flutrinnen und *Phalaris*-Röhrichte. Innerhalb dieses Bereichs wiederum zeigen besonders viele Arten einen Schwerpunkt der Nachweise in den lange überfluteten Bereichen mit hohem Grundwasserstand.

In den Mähwiesen hat nur eine aus Artenschutzsicht bedeutsame Art ihren Schwerpunkt. Es handelt sich um die bundesweit stark gefährdete, landesweit als vom Aussterben bedroht eingestufte *Amara strenua*. Sie ist in Mitteleuropa an die Auen großer Flüsse gebunden. *Bembidion quadripustulatum* ist, wie Einzelfunde anderer Arten, als Gast einzustufen.

6.3.4 Diskussion

6.3.4.1 Methodenkritik

Probeflächen

Ein großer Vorteil des RIVA-Projektes gegenüber der in anderen Verbundprojekten oftmals praktizierten Vorgehensweise ist der von allen Teilprojekten gemeinsam entwickelte Versuchsplan, der auf eine räumlich wie zeitlich enge Bündelung der Datenerhebung aller Teilprojekte ausgerichtet ist (Buchkap. 4.3). Erst dadurch wird eine optimale Verschneidung der von den verschiedenen Disziplinen gewonnenen Daten möglich.

Die Auswahl der für alle Teilprojekte gemeinsamen Probeflächen erfolgte einerseits im Hinblick auf einen hohen Erfassungsgrad der vorhandenen Lebensraumtypen und andererseits hinsichtlich der Erfüllung statistischer Vorgaben. Hierzu wurden die Untersuchungsgebiete zunächst in drei bzw. vier Straten aufgeteilt. Anschließend erfolgte je Stratum eine zufallsgenerierte Verteilung der Probeflächen. Vom so vorgegebenen Basispunkt aus wurde die

Tab. 6.3-2: Tabelle der Indikatorarten für das Hauptuntersuchungsgebiet Schöneberger Wiesen, Cluster auf Basis der abiotischen Parameter.

Frühjahrsaspekt					
Art/Clusternummer	1	2	3	4	5
St. skrimshiranus	3				
B. dentellum	3				
A. versutum	3				
A. duftschmidi	4				
Ch. nigricornis	3				
Pt. nigrita	3				
A. consputus	3	3			
St. mixtus	4	3			
A. binotatus		3			
E. secalis			4		
A. fuliginosum	4		3		
A. afrum	5		3		
O. helopioides	3		3		
Pt. gracilis	3		3		
P. cupreus		4	3		
Pt. vernalis		3	3		
B. biguttatum	5	3	3		
C. fossor	4	4	4		
A. exiguus	3	3	3		
Pt. anthracinus	3	3	3		
B. guttula	3	3	4		
Pt. strenuus	3	3	4	3	
A. communis			4	4	3
A. lunicollis		3		4	4
S. truncatellus				4	5
C. nemoralis					4
C. auratus					5

Sommeraspekt					
Art/Clusternummer	1	2	3	4	5
A. versutum	4				
A. duftschmidi	3				
L. pilicornis	3				
A. exiguus	3	3			
A. plebeja	3	3			
P. cupreus		3			
A. afrum	4		3		
A. fuliginosum	3		3		
E. secalis	5		5	4	
B. biguttatum	4	3	3		
O. obscurus	4	3	3		
C. fossor	3	4	3		
B. guttula	3	4	3		
Pt. vernalis	3	3	3		
A. communis	3	3	4	4	
P. rufipes		3		4	3
A. lunicollis		3	3	5	5
S. truncatellus				4	4
M. minutulus				3	3
A. equestris				3	3
H. latus					4
C. auratus					4

Herbstaspekt					
Art/Clusternummer	1	2	3	4	5
B. biguttatum	3				
A. fuliginosum	3				
A. exiguus	3				
Pt. niger		3			
A. lunicollis		3			
O. obscurus			3		
Pt. strenuus			3		
E. secalis	4		5		
Pt. anthracinus	3		3		
A. binotatus	3	3	3		
C. fossor	3	3	3		
Pt. vernalis	4	3	4		
A. communis		3	4		
T. obtusus		4		4	5
P. cupreus	3	4	3	4	4
C. melanocephalus		3		4	
C. fuscipes				4	4
A. equestris				4	4

(grau) Indikatorart für **ein** Cluster; Stetigkeit > 80 % und 40 % aller Vorkommen innerhalb des Clusters

(weiß) Indikatorart für **mehrere** Cluster; Stetigkeit > 80 % und 60 % aller Vorkommen innerhalb der Cluster-Gruppe

Cluster 1 = tiefe Flutrinnen (n = 12 Probeflächen); Cluster 2 = flache Flutrinnen (n=14 Probeflächen); Cluster 3 = Phalaris-Röhrichte (n=18 Probeflächen); Cluster 4 = feuchte bis frische Wiesen (n=20 Probeflächen); Cluster 5 = frische bis typische Wiesen (n=8 Probeflächen)
Die Zahlen in den Zellen stehen für die Dominanzklassen nach Engelmann (1978):
Dominanzklasse 3 = 1,0–3,1 %; Dominanzklasse 4 = 3,2–9,9 %; Dominanzklasse 5 = 10,0–31,9 %
Die Formatierung der Zahlen in den Zellen steht für die Stetigkeit der Art innerhalb des Clusters:
Fett: Stetigkeit innerhalb des Clusters > 80 %; Normal: Stetigkeit innerhalb des Clusters > 60 %

Tab. 6.3-3: Verteilung der gefährdeten bzw. seltenen Carabiden-Arten auf die Gruppierung der Probeflächen nach abiotischen Faktoren.

	BRD		Sachsen-Anhalt		Cluster				
	RL	B	RL	B	1	2	3	4	5
Acupalpus flavicollis				s	⬤				
Badister collaris	3	s			⬤				
Badister dilatatus	3				⬤		•		
Badister meridionalis	D	?		s	⬤				•
Blemus discus				s	⬤				
Bembidion fumigatum	3	s		s	⬤				
Stenolophus skrimshiranus	2	s	3	s	⬤	•	•		
Agonum dolens	2	s	2		⬤	•			
Agonum duftschmidi	2	s		s	⬤	•	•		
Agonum versutum	2	s	3		⬤	•	•		
Badister unipustulatus	2	s			⬤	•	•	•	
Bembidion assimile	V			s	⬤	•	•		
Amara majuscula		s		s		⬤			
Bembidion octomaculatum	2	s				⬤			
Harpalus signaticornis		s				⬤	•	•	•
Anthracus consputus	3				•	●	•		
Tachys bistriatus				s	•	⬤	•		
Blethisa multipunctata	2	s	3		●	●			
Agonum afrum			2		⬤	•	•		
Odacantha melanura	V		3		●		●		
Panagaeus crux-major	V			s	•		⬤		
Pterostichus gracilis	3	s			●	•	•		
Abax carinatus	3	s	2	ss			⬤		
Diachromus germanus			2	s			⬤		
Platynus livens	3	s	3	ss	•		⬤		
Acupalpus exiguus	3				•	●	•	•	
Badister dorsiger	3	ss	2	ss	•	•	•	•	•
Acupalpus dubius	V			s	•	•	●		
Amara strenua	2	ss	1	ss	•	•	•	●	•
Stenolophus teutonus				s	●			⬤	
Bembidion quadripustulatum	V	s							⬤

RL = Rote Liste	B = Bestandssituation	Anteil am Gesamtfang der Art
1 = vom Aussterben bedroht	s = selten	> 80 % = ⬤
2 = stark gefährdet	ss = sehr selten	60,1 - 80 % = ⬤
3 = gefährdet		40,1 - 60 % = ●
V = Vorwarnliste		20,1 - 40 % = •
D = Daten für Einstufung nicht ausreichend		< 20,1 % = •

Quellen: [1] **Trautner et al. 1997;** [2] **Schnitter & Trost 1999**

der Probeflächen. Vom so vorgegebenen Basispunkt aus wurde die Probefläche so ausgerichtet, dass sie eine möglichst homogene Fläche umfasste. Dieses Vorgehen gewährleistet bei der relativ hohen Zahl an Probeflächen sowie einer Expositionszeit der Fallen von zwölf Wochen pro Jahr einerseits und dem vergleichsweise kleinen Spektrum an Lebensräumen (ausschließlich Flutrinnen und Grünland der rezenten Elbaue) andererseits einen hohen Erfassungsgrad der Laufkäfergemeinschaften.

Eine Ausnahme hinsichtlich der

meist eine starkes Relief sowie ein vielfältiges Mosaik von Vegetationseinheiten auf. Ferner ist aufgrund der randlichen Positionierung der Fallen im Übergang zu den angrenzenden Mähwiesen von Randeffekten auszugehen, die bei der Auswertung und Interpretation der Fangergebnisse zu berücksichtigen sind.

Kleinflächig vorhandene Habitate und deren spezifische Laufkäferarten können bei dieser Vorgehensweise allerdings unberücksichtigt bleiben. Die Methode kann also nicht eine vollständige Beprobung aller Lebensräume eines Untersuchungsgebietes gewährleisten. Dies war jedoch auch kein ausgewiesenes Ziel des Projektes.

Probenahme

Die Laufkäfer wurden mit der allgemein anerkannten und gebräuchlichen Methode des Bodenfallenfanges erhoben. Diskutiert wird diese von Barber (1931) erstmals beschriebene Methode in zahlreichen Arbeiten (Adis 1979, Bombosch 1962, Luff 1975, Müller 1984, Kuschka et al. 1987u.a.). Die Zahl der Fallen lag mit fünf je Probefläche unter dem von Trautner (1992) empfohlenen Einsatz von 8–10 Fallen je Probefläche. Davon wurde abgewichen, um sich einerseits der Erfassungsmethodik in anderen Projekten (z.B. Castella et al. 1994b, Müller 1999) anzugleichen sowie andererseits eine größere Probeflächenzahl bearbeiten zu können. Die Vorgabe von Trautner (1992) zielt auf eine im Rahmen von Planungsgutachten angestrebte maximale Artenerfassung ab. Für die Ziele von RIVA erachteten wir eine verringerte Fallenzahl bei einer großen Zahl an Probeflächen je Stratum bzw. Biotoptyp für das besser geeignete Probendesign (vgl. Buchkap. 3.1 und 4.1). Bei gleichem Aufwand wird so das Artenspektrum des gesamten Untersuchungsgebietes besser erfasst, auch wenn nicht alle Arten der einzelnen Probeflächen nachgewiesen werden.

Die zur Auswertung vorliegenden Laufkäferdaten stellen kein genaues Abbild der an den beprobten Standorten tatsächlich vorhandenen Laufkäfergemeinschaften dar. Es ist davon auszugehen, dass vornehmlich grabende Arten, wie die Vertreter der Gattungen *Clivina* und *Dyschirius*, und Pflanzenkletterer wie *Demetrias*-, *Philorhizus*-Arten und *Odacantha melanura* in den Fängen unterrepräsentiert sind. Dennoch zeigt ein Vergleich mit anderen Projekten an der Elbe, dass eine weitgehende Erfassung aller im beprobten Biotopspektrum zu erwartenden Arten gegeben ist.

Aussagen zur Siedlungsdichte sind auf Basis von Bodenfallenfängen generell nicht möglich, da die Fangwahrscheinlichkeit von Verhalten und Körpergröße der einzelnen Arten ebenso wie von der Vegetationsstruktur (Raumwiderstand) abhängig ist. Es muss deshalb im Sinne von Schwerdtfeger (1975) von Aktivitätsdichte gesprochen werden.

6.3.4.2 Ergebnisdiskussion

Ordination der Standorte

Nach mehreren Jahren ohne Überflutung wurde das Hauptuntersuchungsgebiet Schöneberger Wiesen im Winter 1998/1999 wieder vollständig überschwemmt. Bei der Betrachtung der Gesamtheit der Laufkäfergemeinschaften hatte das Hochwasser jedoch keine statistisch signifikante Veränderung der Ordination der Standorte zur Folge. (Dies schließt nicht aus, dass die zu beobachtende Präsenz oder Absenz in einem der Jahre bzw. die deutliche Veränderung der Aktivitätsdichte einiger Arten von der Überflutung bedingt waren. Um zu den Auswirkungen größerer Hochwasserereignisse auf bestimmte Arten nähere Aussagen treffen zu können, wären allerdings längerfristige Erhebungen, die zum Vergleich auch aufgrund von Deichbauten nicht mehr vom Hochwasser erreichte Lebensräume einbeziehen, notwendig.) Das Ordinationsergebnis kann als ein Hinweis darauf gewertet werden, dass die Laufkäferzönosen im Untersuchungsgebiet erwartungsgemäß an Hochwasserereignisse angepasst sind. Das ist insofern nicht verwunderlich, als nur Standorte der rezenten Aue beprobt wurden. Ferner entstammt ein Großteil der im Grünland vorkommenden Arten offenbar ursprünglich anderen Lebensräumen, die in der intakten Aue vorhanden sind (Hildebrandt 1995).

Signifikante Differenzen ergaben sich stattdessen zwischen den drei Fangperioden im Frühjahr, Sommer und Herbst. Diese Unterschiede dürften in den wenigsten Fällen auf der Phänologie der für die Standorte typischen Arten beruhen. Vielmehr spiegelten sie die in dem jeweiligen Fangzeitraum herrschenden standörtlichen Bedingungen an den Fallenstandorten wider, auf welche die Laufkäferimagines aufgrund ihrer Mobilität schnell reagieren können. Dabei ließ die Ordination der Probeflächen aufgrund der Laufkäfer immer eine maßgebliche Beteiligung des Feuchtegradienten erkennen. So blieb das Grundmuster der Verteilung der Probeflächen gleich, war jedoch im Sommer und Herbst großenteils von anderen Arten und Artengruppen bedingt als im Frühjahr. Die Ordination der Standorte durch jahreszeitlich unterschiedliche Arten bzw. Artengemeinschaften bildet mithin die periodische Dynamik der Standortverhältnisse ab. Besonders deutlich wird dies an den Flutrinnen. Bereits innerhalb der vierwöchigen Fangperiode im Frühjahr änderten sich die Verhältnisse an den Fallenstandorten erheblich. Befanden sich die Fallen anfangs unmittelbar an der Wasserlinie, so konnten diese am Ende der Expositionszeit in Abhängigkeit vom Geländerelief mehrere Meter entfernt sein.

So nahm mit dem sukzessiven Austrocknen der Flutrinnen die Aktivitätsdichte von Arten mit sehr hohen Ansprüchen an die Feuchtigkeit ab, während solche mit Präferenz für feuchte bis frische Lebensräume aus den angrenzenden Wiesen nachrückten und an Bedeutung gewannen. Dieses Phänomen eines der Feuchte folgenden „horizontalen Standortswechsels“ beschreiben auch Nelles & Gerken (1990) aus dem Hauptgerinne der südfranzösischen Durance.

Der Vergleich der Ordination der Standorte aufgrund der Abiotik-Parameter mit derjenigen auf Basis der Laufkäfer mittels einer Coinertia-Analyse ergab für alle drei Fangperioden gleichermaßen eine signifikante Übereinstimmung der Verteilungsmuster. Die Laufkäferzönosen sind also in der Lage, die berücksichtigten abiotischen Standortparameter zu indizieren.

Von den zahlreichen erfassten bodenkundlichen und hydrologischen Parametern wurden, wie in Buchkapitel 7.1 dargestellt, diejenigen herausselektiert, welche von den Laufkäfern am besten indiziert werden. Die festgestellten Laufkäferzönosen können auch zur Indikation anderer Parameter sowohl unmittelbar bzw. mittelbar (bei bestehender Korrelation zu den hier betrachteten Parametern) einsetzbar sein. Es wurden fünf Parameter benannt, auf die sich die weitere Analyse beschränkte. Dabei handelt es sich ausschließlich um Parameter, die sich auf den Faktor Wasser beziehen. Zum einen sind dies die Distanzen zu Flutrinnen bzw. permanenten Wasserflächen, zum anderen variable, jeweils auf ein Jahr bzw. eine Vegetationsperiode bezogene hydrodynamische Parameter (Überflutungsdauer, Grundwasserstandsschwankungen). Die in die Berechnungen eingegangenen Werte gelten somit für alle Fangperioden gleichermaßen. Auf die erste Faktorialachse entfallen jeweils sehr hohe Erklärungsanteile. Auf ihr werden vor allem der mittlere Grundwasserflurabstand und die Überflutungsdauer abgebildet. Diesen beiden Parametern kommt also die größte Bedeutung zu.

Andere abiotische Parameter und die Nutzung, die ebenfalls Einfluss auf die Zusammensetzung von Laufkäfergemeinschaften haben, traten offenbar in den Hintergrund (vgl. auch Andretzke 1995, Wohlgemuth-von Reiche et al. 1997). Dies liegt jedoch zum Teil darin begründet, dass der Versuchsplan auf einen starken Gradienten bezüglich der Überflutungsdynamik ausgerichtet war und andere, für Laufkäfer relevante Parameter innerhalb der Probeflächen einen geringen Ausschnitt aus ihrem möglichen Gradienten aufwiesen. So fehlten beispielsweise sandige oder gar kiesige Flächen, welche durch spezifische Laufkäferarten charakterisiert werden könnten, völlig. Gestützt wird diese Annahme durch Befunde von Müller (1999), die eine Differenzierung der Laufkäferfauna am deutlichsten zwischen reinem Sand auf der einen und Oberboden mit unterschiedlichem Lehm- und Tongehalt auf der anderen Seite feststellte. Untersuchungen zu Habitatpräferenzen von Uferbewohnern an der Weser zeigten ebenfalls klare Spezialisierungen auf Lehm oder Sand (Dörfer et al. 1995). Als weiteres Beispiel für die Differenzierung von Laufkäfergemeinschaften durch das Substrat sei Helling (1994) angeführt. Er konnte in der Ockeraue in so unterschiedlichen Biotoptypen wie Wald, Brachen und Mähwiesen sehr ähnliche Zönosen feststellen, sobald diese auf Sand stockten.

Indikatorarten

Die Ergebnisse der mittels multivariater Statistik ermittelten Indikatorarten und deren Eignung als Indikatoren bestimmter abiotischer Parameter werden in Buchkapitel 7.1 und 7.2 diskutiert. Im Folgenden sollen die RIVA-Ergebnisse im Vergleich mit anderen Arbeiten zu Laufkäfern als Indikatoren in Auen- und Riedgebieten betrachtet werden.

Als Indikatoren sind solche Arten geeignet, die hinsichtlich der zu indizierenden Parameter möglichst stenök sind und gleichzeitig an entsprechenden Standorten mit hoher Stetigkeit auftreten bzw. zuverlässig nachweisbar sind. Um geeignete Indikatorarten oder -gruppen für bestimmte Standortverhältnisse identifizieren zu können, wurde zunächst eine Clusteranalyse der Probeflächen mit den Werten der Korrespondenzanalyse durchgeführt. Die für die Gruppierung der Standorte maßgeblich verantwortlichen Laufkäferarten und ihr jeweiliger Anteil wurden durch die so genannte „Inertia-partition-analysis“ bestimmt. Arten, die zwar das Kriterium der Stenökie erfüllen, aber in Bodenfallen nur geringe Aktivitätsdichten (z.B. *Philorhizus sigma*) erreichen oder keine hohe Stetigkeit innerhalb eines Clusters aufweisen (z.B. *Badister dilatatus*), schieden bei diesem Schritt automatisch aus. Ein Teil der für die Ausbildung der Cluster als verantwortlich benannten Arten spielte in mehreren Clustern eine Rolle. Sie besitzen hinsichtlich der fraglichen Parameter wahrscheinlich eine relativ breite ökologische Potenz (*Clivina fossor*, *Carabus granulatus*). Indikatoren sind folglich vor allem unter den Arten zu vermuten, die nur in einem Cluster maßgebliche Bedeutung haben.

Aufgrund der bekannten Mobilität von Laufkäferimagines sowie der oben besprochenen Dynamik der Standortverhältnisse innerhalb des Zeitfensters einer Fangperiode wurde als Kriterium für Arten, die ein bestimmtes, aufgrund der abiotischen Parameter gebildetes Probeflächen-(Standorts-)Cluster charakterisieren, eine durchschnittliche Aktivitätsdominanz von mindestens 1 % festgelegt. Die Schwelle musste relativ niedrig angesetzt werden, weil manche Arten (im Frühjahr *Bembidion gilvipes*, *Carabus granulatus* und vor allem *Poecilus versicolor*) in allen bzw. einem sehr großen Teil der Probeflächen hohe Dominanzen erreichten. Insbesondere in den Probeflächen an den Flutrinnen machte sich aufgrund der Positionierung der Fallen unmittelbar im Grenzbereich zu den Mähwiesen ein starker Nachbarschaftseffekt bemerkbar, der hohe Anteile von für die Flutrinnen nicht typische Arten bedingte.

Unter Anwendung weiterer Kriterien, Stetigkeit und Schwerpunkt des Vorkommens, ließen sich für einzelne Cluster Arten herausarbeiten, welche die aufgrund der verwendeten Abiotikparameter gebildeten Standort-Cluster bzw. Gruppen von Clustern indizieren. Es wurden ausschließlich Arten herangezogen, die durch die „Inertia partition-analysis" als maßgeblich verantwortlich für die Probeflächencluster auf Basis der Korrespondenzanalyse belegt waren.

Frühjahrsaspekt

Die beiden Extreme sind recht scharf markiert, im trockenen Bereich durch *Carabus auratus,* im nassen Bereich durch *Stenolophus skrimshiranus*. Die beiden Arten sind die einzigen, die als Leitarten, wie in Foeckler (1990) definiert, oder in Anlehnung an Heydemann (1955) als qualitative Indikatoren bezeichnet werden könnten. Alle anderen sind quantitative Indikatoren mit mehr oder weniger ausgeprägten Schwerpunkten. Außer *St. skrimshiranus* sind *Agonum versutum*, *A. duftschmidi* und *Bembidion dentellum* als Indikatoren für Flutrinnenstandorte mit langer Überschwemmung und einem relativ hohen Grundwasserstand geeignet. Auch für sie scheint vor allem die lange anhaltende Überschwemmung wesentlich, die ihnen, über das vorhandene eigene Feuchtebedürfnis hinaus, eventuell einen Vorteil in der Konkurrenz mit weniger Nässe-toleranten Arten verschafft oder für spezifische Habitatstrukturen sorgt.

Barndt et al. (1991) geben in Übereinstimmung mit den hier vorliegenden Befunden für *Stenolophus skrimshiranus* eine Bindung an den Lebensraum „eutrophe Verlandungsvegetation" an, für *Agonum versutum* zusätzlich an „hydrophytische Pioniervegetation". Bonn et al. (1997) dagegen charakterisieren die beiden Arten und auch *A. duftschmidi* an der Elbe als Bewohner teilweise von Qualmwasser beeinflusster Bereiche im Auwald. Sie sind an der Elbe also nicht ausschließlich Offenlandbewohner. Ob an den von ihnen im Wald besiedelten Habitaten dieselben abiotischen Parameter herrschen wie in den Habitaten der Schöneberger Wiesen, wäre zu überprüfen.

Um Arten wie *Elaphrus riparius*, *Agonum marginatum* und *Bembidion varium,* die sehr offene, nasse Pionierfluren besiedeln (vgl. Barndt et al. 1991), nennenswerte Aktivitätsdichten zu ermöglichen, reicht die Überflutungsdauer im Umfeld der Probeflächen offenbar nicht aus.

Die einzige Art, welche im Frühjahr die episodisch bzw. nur kurz (1998: 0-6 Tage, 1999: 44-76 Tage), überschwemmten *Phalaris*-Röhrichte von den anderen Probeflächen-Clustern abgrenzt (freilich ohne die geforderten 80 % Stetigkeit zu erreichen), ist *Epaphius secalis*. In diesen Röhrichtbeständen herrschen dieselben mittleren Grundwasserflurabstände wie in den tiefen Flutrinnen, in welchen die Art im Sommer ebenfalls stark vertreten ist. Eine relativ lange anhaltende Bodenfeuchte dürfte denn auch der Grund sein, weshalb die Röhrichte und die tiefen Flutrinnen *Agonum afrum*, *A. fuliginosum*, *Oodes helopioides* und *Pterostichus gracilis* als kennzeichnende Arten gemeinsam haben.

Fritze (1998) stellte in Oberfranken in Schilfröhrichten mit nicht optimaler Wasserversorgung eine Zunahme der Aktivitätsdichte von *Epaphius secalis* fest. In solchen Röhrichten wiesen auch die beiden oben genannten Vertreter der Gattung *Agonum* hohe Aktivitätsdichten auf. *Epaphius secalis* und *A. afrum* werden von Dülge et al. (1994) für die nordwestdeutsche Tiefebene als typische Bewohner von Feucht- und Nassgrünländern klassifiziert. Müller-Motzfeld (zit. in Fischer et al. 1998) stuft *A. afrum* für die nordostdeutsche Tiefebene als Bewohner von feuchtem Offenland sowie Feucht- und Nasswäldern und *E. secalis* als typisch für feuchte und nasse Grünländer und Wälder ein.

Flutrinnenstandorte mit kürzerer, weniger weit in die Vegetationsperiode hinein reichender Überschwemmung und aufgrund tieferer Grundwasserstände schnellerer bzw. stärkerer Austrocknung des Bodens sind vor allem negativ durch das Fehlen der oben benannten Indikatoren für lange andauernde Überschwemmung bzw. Bodenfeuchte gekennzeichnet. Mit den anderen Flutrinnenstandorten sind ihnen *Anthracus consputus* und *Stenolophus mixtus* gemeinsam.

Die Gruppe von Arten, die Flutrinnen und Röhrichte von den Mähwiesen abtrennt, ist hinsichtlich ihrer Ansprüche an die Feuchte nicht einheitlich. *Bembidion biguttatum*, *Acupalpus exiguus* und *Pterostichus anthracinus* sind an hohe Feuchte gebunden. *Bembidion guttula* und *Clivina fossor* hingegen werden, ebenso wie *Amara lunicollis* und *A. communis*, von Dülge et al. (1994) als eurytope Grünlandarten eingestuft. Weshalb sie im Untersuchungsgebiet die Wiesenflächen nicht in höherem Maße besiedeln können, bleibt unklar.

Die beiden Mähwiesencluster sind insgesamt nur durch wenige Arten charakterisiert. *Amara lunicollis* stellt im Frühjahr den einzigen Indikator dar. *Amara communis* präferiert etwas feuchtere Verhältnisse und schließt die *Phalaris*-Röhrichte mit ein. Nur die höchst gelegenen (im Jahr 1999 lediglich eine Woche Überflutung) Flächen zeichnen sich durch eine eigene Art, *Carabus auratus*, aus. Schon Tietze (1968) nennt die Art in seiner Arbeit über die Beziehung zwischen Bodenfeuchte und Laufkäferbesiedlung von Wiesengesellschaften als Beispiel für eine mesophile Art in typischen Glatthaferwiesen. Es ist allerdings schwer einzuschätzen, welche Rolle im Gebiet möglicherweise eine regelmäßige Zuwanderung der lauffreudigen Art vom Hochgestade spielt. Müller (1999) stellte im Raum Lenzen einen deutlichen Schwerpunkt von *C. auratus* im Hinterland fest. Andererseits dürfte eine solch kurze Überflutung von wenigen Tagen, wie im Untersuchungszeitraum beobachtet, der Art keine Probleme bereiten. Siepe (1989) zeigte, dass die Art ein gutes Schwimmvermögen besitzt.

Sommer- und Herbstaspekt

Sowohl aufgrund des beschriebenen methodischen Vorgehens als auch aus phänologischen Gründen (alle relevanten Arten sind Frühjahrsfortpflanzer) können die Sommer- und Herbstfänge zur Ermittlung von Indikatoren in den Flutrinnen zu den Resultaten des Frühjahres nichts Wesentliches mehr zur weiteren Differenzierung beitragen. *Epaphius secalis* dominierte nun auffällig die tiefen Rinnen und die *Phalaris*-Röhrichte, mit einer ebenfalls hohen Aktivitätsdominanz in den feuchten bis frischen Wiesen. Zusätzlich trat im Sommer *Oxypselaphus obscurus* als Indikator für den gesamten Flutrinnen- und Röhricht-Bereich in Erscheinung. Sein Schwerpunkt lag dabei in den tiefen Flutrinnen und Röhrichten. Fritze (1998) stellte bei seinen Untersuchungen in Oberfranken eine hohe Aktivität der letztgenannten Art in Schilfröhrichten mit direktem Anschluss an Fließgewässer fest. Eventuell machte sich hier der Fundergraben bemerkbar, in dessen unmittelbarem Einfluss vor allem die Probeflächen der *Phalaris*-Röhrichte lagen. Für diese wurde *O. obscurus* im Herbst als Indikator ausgewiesen.

In den Mähwiesen ließ sich das bis dahin kleine Spektrum an Indikatorarten deutlich erweitern. *Amara equestris*, *Calathus fuscipes*, *Microlestes minutulus* und *Syntomus truncatellus* kennzeichneten die beiden Gruppen der Mähwiesenstandorte. Die Faktoren Grundwasser und Überflutung waren in dem großen Block der Probeflächen in feuchten bis typischen Mähwiesen offenbar so wenig unterschiedlich, dass sie sich kaum mehr differenzierend auf die Laufkäfer auswirkten.

6.3.4.3 Anwendungsbezug

Nach den vorliegenden Ergebnissen sind Laufkäferarten bzw. -gruppen dafür geeignet, sowohl das Grundwasser als auch das Überflutungsregime von Flutrinnen und Grünlandstandorten der Aue zu indizieren. Es ist somit möglich, aus den in einem Gebiet erfassten Laufkäferzönosen Rückschlüsse auf die hydrologischen Verhältnisse zu ziehen.

Kommen die benannten Indikatoren in entsprechender Aktivitätsdichte vor, so ist davon auszugehen, dass das standörtliche Potential auch für seltenere Arten mit vergleichbaren Ansprüchen gegeben ist. Das tatsächliche Vorkommen von ausgesprochen stenotopen Arten kann jedoch von weiteren Faktoren wie Vegetationsstruktur, aktueller Nutzung, Nutzungsgeschichte, Besiedlungspotenzial in der Umgebung, Ausbreitungsfähigkeit u.a. abhängen.

Durch Einbindung der Ergebnisse in ein GIS-basiertes Habitatmodell ist eine Prognose der zu erwartenden Auswirkungen von wasserbaulichen Eingriffen auf Arten(-gemeinschaften) bzw. die Verschiebung von für die Zönosen besiedelbaren Flächen(-anteilen) möglich, so weit diese auf standörtlichen Veränderungen beruhen (vgl. Buchkap. 8.2).

Die aus Sicht des Naturschutzes besonders relevanten gefährdeten Arten konzentrierten sich deutlich in den nassen Flutrinnen und Röhrichten. Eine Grundwasserabsenkung durch Eintiefung der Elbe würde, ebenso wie ein Ausbleiben natürlicher Überflutungen (vgl. Zulka 1994, Grube & Beyer 1997, Wohlgemuth-von Reiche 1997), zu einer gravierenden Verschlechterung der Überlebensbedingungen für die naturschutzfachlich wertvollen Arten führen. Daraus und aus der Feststellung, dass die Hydrodynamik der zentrale Faktor für das Vorkommen bestimmter Laufkäfer(-zönosen) ist, kann jedoch nicht geschlossen werden, dass eine Intensivierung der umliegenden trockeneren Wiesen und Weiden auf die naturschutzfachliche Wertigkeit der Gebiete keinen wesentlichen negativen Einfluss haben würde. Denn, abgesehen von etwaigen Randeinflüssen, sind je nach Überlebensstrategie bei Überschwemmungen für Laufkäfer benachbarte, höher gelegene Flächen mit geeigneten Habitaten als Rückzugsraum wichtig. Außerdem ist bei vielen Arten zur Überwinterung ein Biotopwechsel üblich. Dabei kann ein Teil der Population nahe gelegene trockenere Wiesenflächen aufsuchen, der andere weiter entfernte Waldränder bzw. Wälder anfliegen (z.B. van Huizen 1977, Meißner 1998). Hinzu kommt, dass im Rahmen der Untersuchungen immerhin für eine hochgradig gefährdete Art, die in Sachsen-Anhalt vom Aussterben bedrohte *Amara strenua*, ein Schwerpunkt des Vorkommens in den Wiesen festgestellt wurde.

6.4 Schwebfliegen als funktionale Bioindikatoren

Frank Dziock

Zusammenfassung

Es werden Untersuchungen zur Bioindikationseignung von Schwebfliegen in Grünlandbereichen im Biosphärenreservat Mittlere Elbe in Sachsen-Anhalt vorgestellt. Es ist dies die erste Studie, die sowohl Umweltvariablen als auch autökologische Informationen zu den einzelnen Schwebfliegenarten zur nachvollziehbaren „Erklärung“ eines beobachteten Schwebfliegen-Artenpools heranzieht. Zu diesem Zweck werden sowohl Verfahren der multivariaten Statistik verwendet als auch Signifikanztests (Monte Carlo) zur Erhöhung der Nachvollziehbarkeit eingesetzt.

Wesentliche Ergebnisse der Arbeit sind:

- 102 Arten konnten mit Hilfe von Malaisefallenfängen auf 15 Probeflächen nachgewiesen werden. Von diesen Arten sind während der Hauptfangperiode 83 festgestellt worden, von denen 52 Arten auf den untersuchten Grünlandstandorten potenziell indigen sind. Damit ist innerhalb von einer Freilandsaison (1998) über die Hälfte der erwarteten Arten dieser Standorte gefangen worden.
- Es konnten deutliche Unterschiede in der Besiedlung der drei Untersuchungsgebiete festgestellt werden. Charakteristische Arten für bestimmte Probeflächen (-gruppen) können nicht benannt werden. Mögliche Gründe hierfür werden diskutiert (Grünland beherbergt generell wenige indigene Arten, hohe Mobilität der Imagines etc.).
- Es besteht ein enger statistisch signifikanter Zusammenhang zwischen den im Projekt erhobenen Umweltvariablen und dem Vorkommen der Schwebfliegen auf den Probeflächen. Als wesentliche Faktoren haben sich der Grundwasseflurabstand (der eng mit der Höhe über dem Elbe-Wasserspiegel korreliert), die effektive Kationenaustauschkapazität (wird abgeleitet aus pH-Wert, Humusgehalt und Bodenart) und die Amplitude des Grundwasserflurabstandes über das Jahr (Maß für die Wasserstandsschwankungen auf der Probefläche) herausgestellt.
- Zur Erklärung des Vorkommens der Arten auf den Probeflächen stellten sich folgende Eigenschaften der Schwebfliegen als bedeutsam heraus: Larvalernährung, Mikrohabitat der Larve und Überschwemmungstoleranz. Ein Signifikanztest zeigte jedoch, dass diese Eigenschaften allein nicht erklären, welche Arten auf welchen Probeflächen zu finden sind. Das heißt, dass auch mit der Gesamtheit der Eigenschaften der vorgefundenen Arten keine Indikation der Umweltvariablen auf den Grünland-Probeflächen durchführbar ist. Verschiedene Gründe hierfür werden diskutiert. Wahrscheinlich ist, dass unsere Kenntnisse der Autökologie der einzelnen Arten noch zu gering sind, um dementsprechende Aussagen treffen zu können. Allerdings besteht auch ein wesentliches Defizit bei der Zusammenfassung und Codierung der schon vorhandenen Informationen für die hier bearbeiteten Fragestellungen.

Es wird ein Ausblick gegeben, wie

die Eignung von Schwebfliegen zur funktionalen Bioindikation in weiteren Projekten untersucht werden könnte. Die bisherigen Ergebnisse deuten darauf hin, dass dies einen erfolgreichen Ansatz in der Naturschutzforschung darstellt.

6.4.1 Einleitung

Schwebfliegen sind generell gut zur Bioindikation von Umweltzuständen geeignet (Sommaggio 1999). Sie erfüllen die meisten der von Speight (1986) und McGeoch (1998) genannten Kriterien wie z.B. ausreichend bekannte Biologie (Speight et al. 2000), gute Erfassbarkeit (VUBD 1999) und gute Bestimmbarkeit der Arten (Thompson & Rotheray 1998). Dennoch traten bei einer aktuellen Literaturstudie zur Bioindikation mit Schwebfliegen (Dziock & Sarthou i. Vorb.) deutliche Defizite bei bisherigen Untersuchungen zutage. Im Gegensatz zu Publikationen zur naturschutzfachlichen Bewertung sind Studien zur Bioindikation von Umweltzuständen („environmental bioindication“ nach McGeoch 1998) rar. Weiterhin fand bei einem Großteil der publizierten Untersuchungen keine Aufnahme derjenigen Umweltvariablen statt, die potenziell für eine Schwebfliegenbesiedlung verantwortlich sein könnten. Auch wurden in den meisten Fällen nur einzelne Arten als Bioindikatoren herausgearbeitet. Erst in jüngster Zeit finden Ansätze zur Berücksichtigung der Summe der biologischen Eigenschaften des gesamten Artenspektrums Anwendung (z.B. Castella et al. 1994a, Dziock 2001b, Speight & Castella 2001).

Ziel dieses Buchkapitels ist es, Ansätze zur Entwicklung eines Bioindikationssystems auf der Basis von Schwebfliegen vorzustellen. Indiziert werden sollen dabei Zustände der Umwelt wie hydrodynamische Parameter (Überschwemmungshäufigkeit, -dauer) bzw. Nährstoffverhältnisse und Bodenparameter (s. Buchkap. 4.1). Zwei Ansätze werden dabei verglichen:

(a) Herausarbeitung charakteristischer Artengruppen für Probeflächen (-gruppen) mit unterschiedlicher hydrologischer und bodenkundlicher Situation,

(b) Nutzung der biologischen Eigenschaften des gesamten Artenpools (funktionale Gruppen) für eine Indikation.

Funktionale Gruppen definieren eine Gruppe von Arten aufgrund gemeinsamer ökologischer Eigenschaften (z.B. Larvalernährung, Überschwemmungstoleranz, Eiablagestrategie). Das Ziel ist dabei, eine gemeinsame ökologische Struktur der Fauna zu beschreiben und sie für eine Prognose auf einem Niveau zu verwenden, das praktikabler ist als das der einzelnen Art, aber genauer und aussagefähiger, als betrachte man „alle Arten“ gemeinsam. Der Terminus „funktionale Gruppe“ wird hier definiert als eine durch objektive Methoden (z.B. Ordination der Eigenschaften der Arten) entstandene Gruppierung von ökologisch ähnlichen Arten, so dass die Arten einer funktionalen Gruppe zusammen vorkommen, während Arten unterschiedlicher Gruppen an anderen Orten oder zu anderen Zeiten auftreten („Objective beta character guild“ nach Wilson (1999), „functional guild“ nach Gitay & Noble (1997), „functional type“ nach Hodgson et al. (1999)).

Es ist die erste Studie, die in der Analyse sowohl Umweltvariablen als auch biologische Informationen zu den einzelnen Schwebfliegenar-ten zur Bioindikation berücksichtigt (vgl. Dziock & Sarthou i. Vorb.). Exemplarisch werden hier die Vorgehensweise und die Ergebnisse einer Untersuchung im Grünland der Überschwemmungsaue an der Mittleren

Elbe in Sachsen-Anhalt dargestellt.

6.4.2 Schwebfliegen in Auen

Schwebfliegen sind neben den Bienen die wichtigsten Blütenbestäuber. Sie sind eine der auffälligsten, bekanntesten und am besten erforschten Fliegenfamilien in Deutschland (Ssymank & Doczkal 1998). Durch die bekannte Wespenmimikry einiger häufiger Sommerarten mit gelbschwarzem Hinterleib dürften sie auch fast jedem Nichtbiologen bekannt sein.

Schwebfliegen zeigen eine hohe Vielfalt hinsichtlich der Anpassungen an ihren Lebensraum (VUBD 1999): die adulten Schwebfliegen nutzen nur Blüten als Nahrungsressourcen in Form von Pollen, Nektar und gelegentlich Honigtau, die Larven verzehren dagegen ganz unterschiedliche Nahrung wie Totholz, Pilze, Pflanzengewebe, Dung, Ameisenpuppen, Blattläuse und verrottendes Pflanzenmaterial (Thompson & Rotheray 1998). Vielfältig ist auch das Spektrum ihrer Lebensstrategien in der Aue: die meisten Schwebfliegenarten besiedeln gleichzeitig mehrere Biotopkomplexe, da sich die Larvalhabitate und die Habitate der adulten Fliegen unterscheiden. Während die Larven sich vor Ort an ihren Nahrungssubstraten aufhalten, besuchen die Adulten Blüten und bewegen sich dabei in und zwischen Biotopen. Da die Habitate der Larven relativ eng begrenzt sind, kommt ihnen häufig eine Schlüsselfunktion für das Überleben der Arten in der Landschaft zu.

Die Schwebfliegenfauna von Flussauen in Europa ist sehr wenig untersucht. Bis jetzt wurden nur punktuell Untersuchungen an Rhein (Leopold et al. 1996, Stuke 2000), Oder (Flügel 2002), Loire und Allier (Speight 1996), Donau (Králiková & Stollár 1986, Králiková & Degma 1995, Vujic et al. 1998), an Mierisch und Großer Kokel in Rumänien (Jessat 1998) und in der Padana-Aue in Norditalien (Birtele et al. 2002) durchgeführt.

Vergleichsweise viele Daten, wenn auch oft nicht aus der Überschwemmungsaue, liegen von der Elbe vor (Untere Elbe: Vidal 1983, Haack et al. 1984, Malec & Vidal 1986, Barkemeyer 1994, Stuke 1996; Mittlere Elbe: Dziock 2001a, Dziock 2003, Barkemeyer et al. 2003; Obere Elbe: Herrmann 1967). Insgesamt sind bis jetzt aus dem Raum der Elbaue von der tschechischen Grenze bis zur Elbmündung in die Nordsee über 220 Schwebfliegenarten bekannt. Es bestehen allerdings erhebliche Erfassungsdefizite. So konnten bei einer Untersuchung im Biosphärenreservat Mittlere Elbe in den Jahren 1998 bis 2003 (Jentzsch & Dziock 1999, Dziock 2001b, Dziock et al. 2005) mehr als 20 Arten neu bzw. nach mehr als 50 Jahren wieder für den Landschaftsraum Elbe in Sachsen-Anhalt nachgewiesen werden. Die reale Zahl für den Elbraum dürfte daher um die 250 Arten betragen. Beispiele zu landschaftsraumbedeutsamen Arten finden sich im Arten- und Biotopschutzprogramm Sachsen-Anhalt (Dziock 2001a) und in einer aktuellen Buchpublikation zur Elbe-Ökologie (Dziock et al. 2005).

Durch die hohe Diversität der Schwebfliegenfauna in Auen bietet sich dieser Lebensraum als Modell für ökologische Untersuchungen an.

6.4.3 Methoden

6.4.3.1 Probeflächen

Von den sechzig Probeflächen des RIVA-Projektes wurden in dem vorliegend bearbeiteten Teilprojekt 15 Probeflächen bearbeitet. Diese wurden im Sinne eines „stratified systematic random sampling“ (Snedecor & Cochran 1980, Wildi 1986) gleichmäßig auf die drei untersuchten Straten trockenes Grünland, feuchtes Grünland und Rinnen verteilt (Buchkap. 4.3). Im Hauptuntersuchungsgebiet Schöneberger Wiesen by Steckby wurden neun Probeflächen untersucht, in den Nebenuntersuchungsgebieten Schleusenheger bei Wörlitz und Dornwerder bei Sandau jeweils drei Probeflächen (Tab. 6.4-1).

6.4.3.2 Freilandmethoden

Um die Schwebfliegenfauna der Probeflächen zeitgleich und mit gleichem Aufwand zu erfassen, wurden Malaisefallen eingesetzt (Abb. 6.4-1). Um eine Fernanlockung zu vermeiden, wurden Fallen aus komplett schwarzem Stoff verwendet (Firma Marris House Nets, Bournemouth, England). Dies gewährleistet, dass ein höherer Anteil der gefangenen Arten aus der nächsten Umgebung des Fallenstandortes selber stammt. Entsprechend der Empfehlung von Speight et al. (2000) wurden auf jeder Probefläche zwei Malaisefallen an den gegenüberliegenden Ecken aufgestellt (zum allgemeinen Probeflächendesign s. Buchkap. 4.3). Eine Malaisefalle wurde mit dem Fangbehälter nach Süden positioniert, die andere im rechten Winkel hierzu (Osten oder Westen).

Der Sortier- und Bestimmungsaufwand bei der Verwendung von Malaisefallen ist hoch (Schmid-Egger 1993). Außerdem kommt es im Sommer zum Massenanflug von migrierenden Schwebfliegenarten, die nicht auf den Probeflächen leben (zur Migration siehe Gatter & Schmid 1990). Diese sind aber wegen ihrer fehlenden Beziehung zu den Probeflächen nicht für eine Indikation von Umweltvariablen geeignet. Um den Anteil an nicht indigenen Schwebfliegenarten im Fangergebnis möglichst niedrig zu halten, wurden die Malaisefallen auf dreizehn Probeflächen in ausgewählten Zeitfenstern exponiert. Dieses Vorgehen wird von Duelli et al. (1990), Speight & Castella (1995) und Precht & Cölln (1996) vorgeschlagen. Die Zeiträume wurden so gewählt, dass die Anzahl der nachgewiesenen potenziell bioindi-

Tab. 6.4-1: Im Teilprojekt „Schwebfliegen" untersuchte Probeflächen in den Untersuchungsgebieten. Dunkelgrau unterlegt sind die beiden Probeflächen, die die ganze Saison beprobt wurden.

Untersuchungsgebiet	Stratum	Probeflächen-Nr.
Schöneberger Wiesen	Rinnen	4
Schöneberger Wiesen	Rinnen	9
Schöneberger Wiesen	Rinnen	10
Schöneberger Wiesen	trockenes Grünland	20
Schöneberger Wiesen	trockenes Grünland	21
Schöneberger Wiesen	trockenes Grünland	26
Schöneberger Wiesen	feuchtes Grünland	29
Schöneberger Wiesen	feuchtes Grünland	30
Schöneberger Wiesen	feuchtes Grünland	34
Schleusenheger	Rinnen	39
Schleusenheger	Rinnen	40
Schleusenheger	trockenes Grünland	42
Dornwerder	Rinnen	51
Dornwerder	trockenes Grünland	53
Dornwerder	feuchtes Grünland	57

katorisch bedeutsamen Arten maximal ist und die Anzahl der zu bestimmenden Individuen minimal. Daher wurden während der Periode des massiven Auftretens von migrierenden Schwebfliegen (im Untersuchungsgebiet hauptsächlich *Episyrphus balteatus*, *Eupeodes corollae*, andere Syrphini und einige Eristalini, z.B. *Helophilus trivittatus*) von Mitte Juli bis Anfang August auf dreizehn Probeflächen keine Fallen exponiert. Es wurden drei Zeitfenster ausgewählt:

- Frühjahr: 27. April - 28. Mai 1998,
- Frühsommer: 30. Juni - 17. Juli 1998,
- Sommer: 03. August - 25. August 1998.

Auf zwei Probeflächen (34 und 40) wurden die Malaisefallen eine ganze Saison exponiert (29. April 1998 bis 01. Oktober 1998). Die Fangbehälter wurden während der Beprobungszeiträume alle zwei Wochen geleert. Die Fangergebnisse der zwei Malaisefallen einer Probefläche wurden für die Auswertung zusammen betrachtet.

6.4.3.3 Datenbanken

Biologische Daten

Biologische Daten zu den Schwebfliegenarten wurden der von Speight et al. (1998) zusammengestellten Datensammlung „Syrph the Net: the database of European Syrphidae (Diptera)" entnommen. Diese Datenbank enthält neben einem ausführlichen Textteil zu jeder Art („Species accounts") Informationen zu folgenden Aspekten:

- Makrohabitatbindung,
- Mikrohabitatbindung,
- bionomische Daten (Larvalernährung, Phänologie, Migration, Blütenbesuch, Überwinterung etc.),
- Arealgröße, Rote Liste Status.

Abb. 6.4-1: Malaise-Falle, Biosphärenreservat Mittlere Elbe, Schöneberger Wiesen nordwestlich von Steckby, Mai 1998.

Diese Informationen sind in Tabellen enthalten, die jedes Merkmal für jede Art mit einem Code versehen (Fuzzy-Codierung, 0 bis 3, Castella & Speight 1996). Dabei bedeutet 0 keine Affinität zu dem jeweiligen Merkmal und 3 höchste Affinität zum jeweiligen Merkmal. Problematisch ist, dass in der von Speight et al. (1998) erstellten Datenbank die Herkunft der Daten nicht dokumentiert ist. Insbesondere ist nicht nachzuvollziehen, ob eine Angabe auf einer Untersuchung der jeweiligen Art beruht oder ob mangels Daten von einer gut bekannten Art der Gattung auf alle anderen Gattungsvertreter extrapoliert wurde (Speight et al. 1998). Dies mag bei einigen Merkmalen (wie z.B. Larvalernährung) möglich sein (siehe aber Gattung *Volucella* mit saprophagen, fakultativ und obligat räuberischen bzw. parasitoiden

ten, Rotheray 1999). Bei anderen Merkmalen (wie z.B. Makrohabitatpräferenzen) ist dies nur sehr bedingt möglich. Da in „Syrph the Net" die gesamte europäische Fauna abgehandelt werden soll (z.Z. sind die atlantische, kontinentale und nördliche Region bearbeitet), ist auch der Aspekt der regionalen intraspezifischen Unterschiede zu berücksichtigen. Insbesondere die Phänologie der Arten und die Anzahl der Generationen pro Jahr ist regional sehr unterschiedlich. Dem tragen Speight et al. (1998) durch regionalisierte Angaben zu Flugzeiten Rechnung. Unklar ist aber, inwieweit auch andere artspezifische Charakteristika regional schwanken.

Aus der Literatur wurden zusätzliche Informationen zur Bionomie der Arten zusammengestellt. In Tabelle 6.4-2 sind die für die vorliegende Auswertung verwendeten biologischen Parameter mit der zugrunde liegenden Quelle aufgeführt. Die Rohdaten zur Biologie der einzelnen Arten finden sich im Kapitelanhang 6.4-3.

Die Schwebfliegenarten lassen sich (vereinfacht!) nach der Ernährung der Larven (Variable 1) in Phyto-, Micro- und Zoophage unterteilen. Im Gegensatz zu Speight et al. (1998) werden die Melanostoma-Arten hier als zoophag betrachtet (s. Gilbert et al. 1994), die Eumerus-Arten als phytophag.

Die Anzahl der Generationen (Variable 3) pro Jahr ist regional sehr unterschiedlich. Diese Variable wurde daher an die im Untersuchungsgebiet beobachteten Verhältnisse angepasst. Mehrere Arten, die bei Speight et al. (1998) als univoltin bzw. bivoltin codiert sind, mussten aufgrund ihrer Phänologie im Untersuchungsgebiet als bi- bzw. plurivoltin codiert werden: *Cheilosia variabilis*, *Eumerus* sp., *Helophilus trivittatus*, *Platycheirus europaeus*, *P. fulviventris*, *P. occultus*, *P. peltatus* und *Pyrophaena granditarsa*.

Zur Berechnung eines Verbreitungsindex (Variable 9) wurde folgendermaßen vorgegangen: Als Maß für die Größe des Verbreitungsgebietes (und damit auch der lokalen Abundanz, Owen & Gilbert 1989, Brown 1995) einer Art wird hier die Anzahl der Raster verwendet, in denen die Art nachgewiesen wurde. Diese wird in das Verhältnis zur gesamten untersuchten Anzahl an Rastern gesetzt. Daten aus Schleswig, Dänemark und Belgien liegen im 10 x 10 km-Raster vor (Claussen 1980, Verlinden 1991, Torp 1994), die aus Niedersachsen in einem feineren Ra-

Tab. 6.4-2: Bionomische Parameter („traits") für die biologische Datenmatrix.

Variable	Quelle
1. Ernährung Larve	Speight et al. (1998)
2. Larvales Mikrohabitat	Speight et al. (1998)
3. Anzahl Generationen	eigene Ergebnisse, Speight et al. (1998)
4. Überschwemmungstoleranz	Speight et al. (1998)
5. Überwinterungsstadium	Speight et al. (1998)
6. Ernährung Imago	Speight et al. (1998)
7. Mobilität	Speight et al. (1998), Barkemeyer (1997)
8. Körpergröße in mm	Goot (1981), zahlreiche Originalbeschreibungen (ca. 60 Literaturtitel)
9. Verbreitungsindex	Berechnung siehe Text
10. Flugzeit (Daten für Norddeutschland)	Speight et al. (1998)

ster (Barkemeyer 1994). Für die Daten aus Barkemeyer (1994) wird ein Messtischblatt mit den vier Quadranten (ein Kartenblatt 1:25.000, entspricht ca. 11,1 x 11,7 km) wie ein 10 x 10 km-Raster behandelt. Für Niedersachsen wurden außerdem die Ergänzungen von Stuke (1996, 1998) und Stuke et al. (1998) berücksichtigt. Weiterhin werden Verbreitungsangaben aus Norwegen mit einbezogen, die im 50 x 50 km-Raster vorliegen (Nielsen 1999).

Berechnung des Verbreitungsindex

(a) Berechnung der relativen Nachweishäufigkeit für ein Gebiet (Schleswig, Niedersachsen, Belgien, Dänemark, Norwegen) = Anzahl der Raster, in dem eine Art nachgewiesen wurde, geteilt durch die Anzahl der Raster, in denen mindestens eine einzige Schwebfliegenart nachgewiesen wurde;

(b) Summenbildung der Werte für die fünf Regionen, Teilung durch 5;

(c) Bildung der Nachweishäufigkeitsklasse aus diesem Wert (Tab. 6.4-3);

(d) Vergleich der Klasse mit der aus der Schweiz (Maibach et al. 1992, Goeldlin & Speight 1997). Wenn die Klassen um mehr als zwei Klassen abweichen, erfolgt eine Erniedrigung bzw. Erhöhung der Klasse um eins.

Nach der Berechnung der relativen Nachweishäufigkeiten für ein Gebiet (a) und für alle Gebiete zusammen (b), werden Nachweishäufigkeitsklassen gebildet (c). Danach werden die als Nachweishäufigkeitsklassen vorliegenden Angaben aus der Schweiz (Maibach et al. 1992, Goeldlin & Speight 1997) mit berücksichtigt (d). Da hier keine Rasterdaten vorliegen, wurde der „Kunstgriff" mit der Erniedrigung bzw. Erhöhung der Klasse angewandt. Die Angaben werden wie die anderen Variablen fuzzy-codiert (Methode s. Bournaud et al. 1992, Speight et al. 1998).

Abiotische Daten

Aus den Erhebungen der Teilprojekte Hydrodynamik (Buchkap. 5.1) und Boden (Buchkap. 5.2) standen über 200 abiotische Parameter für die Korrelation mit den faunistischen Daten zur Verfügung. In einem ersten Schritt wurde eine Analyse der paarweisen Korrelationen nach Pearson durchgeführt (Buchkap. 7.1), um Korrelationen zwischen den abiotischen Parametern zu identifizieren und den Parametersatz zu reduzieren. Aus diesen Auswertungen resultierte ein Parametersatz von 19 Parametern

Tab. 6.4-3: Berechnung des Verbreitungsindex. Die relative Nachweishäufigkeit ist die prozentuelle Anzahl der Raster, in dem eine Art nachgewiesen wurde, bezogen auf die Raster, in denen mindestens eine einzige Schwebfliegenart nachgewiesen wurde.

Nachweishäufigkeitsklasse	relative Nachweishäufigkeit
7	> 50 %
6	25 - 49,99 %
5	15 - 24,99 %
4	5 - 14,99 %
3	2 - 4,99 %
2	0,5 - 1,99 %
1	< 0,5 %

(Tab. 6.4-4, Hettrich & Rosenzweig 2003, Rink 2003). Zur weiteren Reduktion des abiotischen Parametersatzes wurde vorab eine Hauptkomponentenanalyse („principal component analysis", PCA) der Abiotik-Probeflächen-Matrix durchgeführt. Dabei zeigten sich noch erhebliche Korrelationen zwischen zahlreichen Parametern, so dass für die weitere Analyse letztlich sechs Parameter ausgewählt wurden (Tab. 6.4-4).

6.4.3.4 Auswerteverfahren

Aufbereitung der faunistischen Felddaten. Auf den Probeflächen finden sich zahlreiche Arten, die dort nicht indigen sein können, weil ihr Larvalhabitat dort nicht zu finden ist. Dies sind z.B. Alt- und Totholzbewohner, die als Larve Saftflüsse, Baumhöhlen oder totes Holz bewohnen (z.B. die Gattungen *Brachyopa*, *Brachypalpus*, *Criorhina*, *Xylota*, *Temnostoma*). Ihr Auftreten auf den Probeflächen resultiert aus der Nähe der Untersuchungsgebiete zu naturnahen alten Auwäldern, wo diese Arten reproduzieren. In der Auswertung wurden daher nur solche Arten berücksichtigt, die nach Speight et al. (1998) eine Bindung an die CORINE-Habitate Offenland (CORINE-Habitat 2) oder Feuchtgebiete (CO-

Tab. 6.4-4: Abiotischer Parametersatz zur Vorauswahl für die Korrelation mit den faunistischen Daten (dunkelgrau hinterlegt: nach der PCA ausgewählte, nur noch schwach korrelierte Parameter).

Parameter
Effektive Kationenaustauschkapazität
Pflanzenverfügbarer Phosphor-Gehalt
Maximaler Grundwasserflurabstand Juni bis September (1998)
Amplitude des Grundwasserstandes in den Monaten Juni bis September (1998)
Sand-Anteil
Distanz zu Flutrinnen
pH (H_2O)
Standardabweichung der Amplitude minimaler Grundwasserstand / maximaler Überflutungswasserstand
Mittlerer Grundwasserflurabstand April - September (Vegetationsperiode) (1998)
Maximaler Grundwasserflurabstand Februar bis Mai (1998)
Amplitude des Grundwasserstandes in den Monaten Februar bis Mai (1998)
Jährliche Überflutungsdauer 1998
Anzahl der Überflutungen 1998
Maximale Überflutungshöhe 1998
Distanz zu permanenten Wasserflächen
Organischer Kohlenstoff in Gew.-%
Organischer Stickstoff, DIN 19684
Pflanzenverfügbarer Kalium-Gehalt
Schluff-Anteil

RINE-Habitate 6 & 7) besitzen. Diese Arten sind in Speight et al. (1998) für diese Makrohabitate mit dem Code 2 („preferred") oder Code 3 („maximally preferred") versehen. So wird vermieden, dass ein zufälliger Fund einer nicht indigenen Art auf einer Probefläche die Indikationsergebnisse verfälscht.

Potenzielles Artenspektrum in den untersuchten Grünländern
Speight & Castella (1995) und Speight (1997) stellen ein Verfahren vor, um mit Hilfe von fuzzy-codierten Makrohabitat-Präferenzen, Flugzeiten und Verbreitungsangaben die Fauna eines Gebietes vorherzusagen. Mit dieser Methodik wurde das potenzielle Gesamt-Artenspektrum auf den untersuchten Grünländern vorhergesagt. Berücksichtigt wurden alle Arten aus Sachsen-Anhalt (Jentzsch & Dziock 1999), die eine Präferenz (Code 2 oder 3) für mindestens einen der folgenden Habitattypen hatten: CORINE-Habitate 23, 6, 7 - Grünland, Feuchtgebiete aller Art.

Statistische Verfahren
Die Vorgehensweise bei der statistischen Auswertung wird in Buchkapitel 4.3 erläutert.

6.4.4 Ergebnisse

6.4.4.1 Arten und Probeflächen
Mit Malaisefallen konnten insgesamt 102 Arten nachgewiesen werden (Kapitelanhang 6.4-1). Da für die gemeinsame Auswertung aller Probeflächen nur die Zeitfenster herangezogen werden können, in denen alle Fallen gleichzeitig exponiert waren, reduziert sich die Artenzahl auf 83 Arten, die während der in Kapitel 6.4.3.2 genannten Zeiträume nachgewiesen wurden. Nach dem Herausnehmen von potenziell nicht indigenen Arten (Vorgehen s. Kap. 6.4.3.4) bleibt noch ein Artenpool von 52 potenziell indigenen Arten auf den fünf-

Abb. 6.4-2: Anzahl der festgestellten Arten auf den Probeflächen (PF). Gesamter Balken: Gesamtartenzahl, weißer Balken: nur potenziell indigene Arten (mit Präferenz für die CORINE-Habitate Offenland und Feuchtgebiete). Die Zahl auf dem jeweiligen Balken gibt die Anzahl der potenziell allochthonen Arten an, die nicht für die Bioindikation zur Verfügung stehen.

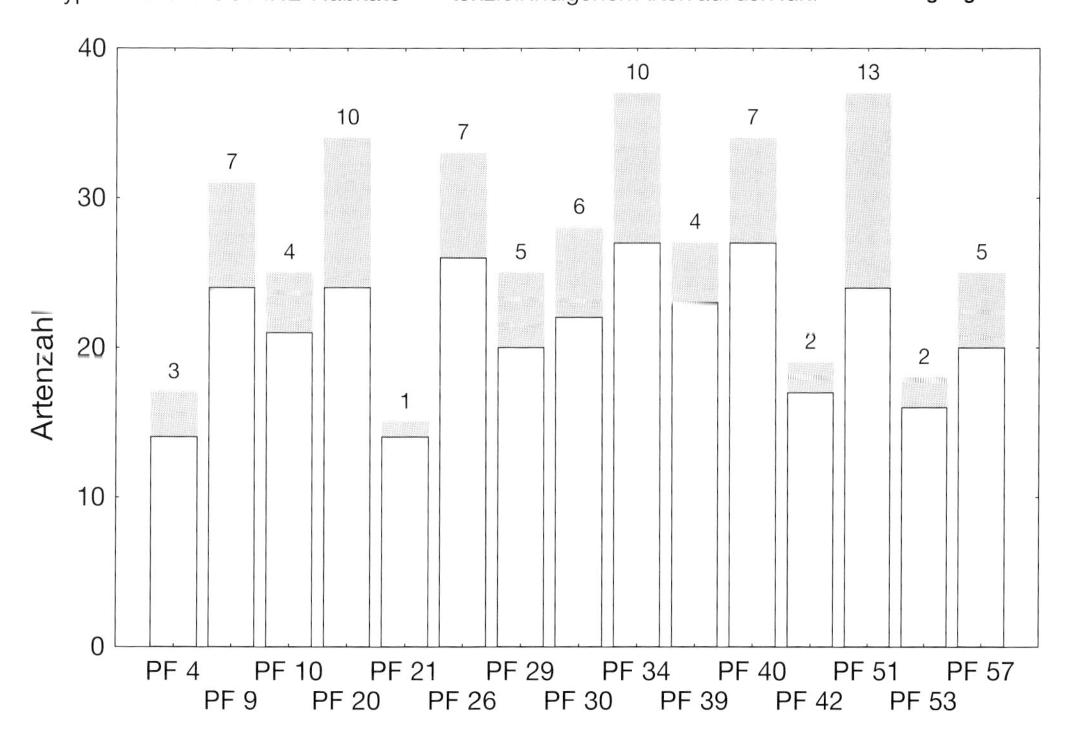

Abb. 6.4-3: Graphische Darstellung der Korrespondenzanalyse (15 Probeflächen, 52 Arten, Abundanzen nicht transformiert, Kapitelanhang 6.4-2). (a) Histogramm der Eigenwerte der Faktorenachsen (b) F_1 x F_2-Ladungsplot der Probeflächen, die drei Untersuchungsgebiete sind mit durchgezeichneten Ellipsen, Straten (s. Buchkapitel 4.3) mit gestrichelten Ellipsen hervorgehoben.

zehn Probeflächen (im Kapitelanhang 6.4-2).

Die Anzahl der auf den einzelnen Probeflächen nachgewiesenen Arten liegt zwischen 15 und 37 (Abb. 6.4-2). Als potenziell indigen (Arten der CORINE-Habitate 2, 6 oder 7, Kap. 6.4.3.4) stellten sich dabei 14 bis 27 Arten pro Probefläche heraus.

Auf der Grundlage der Daten im Kapitelanhang 6.4-2 wurde eine Korrespondenzanalyse (CA) durchgeführt. Mit Hilfe der ersten beiden Faktorenachsen (F_1 & F_2) kann 56 % der Gesamtvarianz erklärt werden (Abb. 6.4-3a).

Im Ordinationsdiagramm werden die Probeflächen (PF) anhand ihrer Artenzusammensetzung und der Abundanzen dargestellt (Abb. 6.4-3b). Auf der ersten Faktorenachse (F_1) wird das Untersuchungsgebiet (UG) Dornwerder bei Sandau klar von den beiden anderen Untersuchungsgebieten getrennt. Das Artenspektrum in den Probeflächen 51, 53 und 57 unterscheidet sich sehr deutlich von allen anderen Flächen.

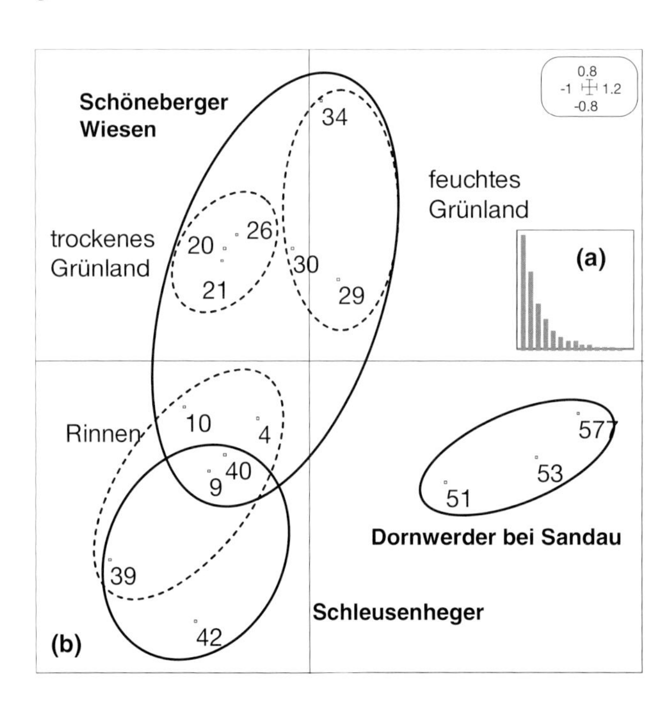

Hierfür sind hauptsächlich die Vorkommen von *Pyrophaena granditarsis*, *Eristalinus aeneus*, *Cheilosia barbata* und das frühjährliche Massenvorkommen von *Platycheirus fulviventris* verantwortlich. Entlang der zweiten Faktorenachse werden die Rinnenstandorte (PF 4, 9, 10, 39, 40) deutlich von den Grünlandstandorten getrennt (PF 20, 21, 26, 29, 30, 34). Lediglich PF 42 auf dem Schleusenheger fällt hier heraus. Die Rinnenstandorte in den Schöneberger Wiesen sind vom Artenspektrum sehr ähnlich dem Rinnenstandort PF 40 (Schleusenheger). Insgesamt scheinen jedoch die beiden anderen Standorte (PF 39, PF 42) im Schleusenheger sich deutlich von den Schöneberger Wiesen zu unterscheiden. Die trockenen Standorte (PF 20, 21, 26) ähneln einander sehr, jedoch scheint die Trennung zu den feuchteren Grünlandstandorten nicht sehr deutlich.

Auf der Basis der Faktorenladungen der Korrespondenzanalyse wurde eine Clusteranalyse durchgeführt. Sechs trennende Artengruppen konnten unterschieden werden (Abb. 6.4-4). Um die Trennung zwischen den Clustergruppen zu quantifizieren, wurde eine Diskriminanzanalyse durchgeführt. Die Zwischengruppen-Varianz beträgt 61 % (0,3672) der Gesamtvarianz, die Innergruppen-Varianz 39 % (0,2384). Der Permutationstest nach Monte Carlo ergab keine signifikante Trennung der sechs Cluster-Gruppen (p = 0,9997).

Dennoch wurde, um den Beitrag der einzelnen Arten zur Trennung der Cluster-Gruppen zu quantifizieren, eine Analyse der Zwischen-Gruppen-Varianz durchgeführt (Inertia analysis-partition). Eine Art mit hohem Beitrag zur Bildung der Cluster ist auch potenziell als Indikatorart geeignet. In Tabelle 6.4-5 sind die auf diese Weise identifizierten potenziellen Indikatorarten mit ihrem Vorkommen auf den einzelnen Probeflächen zusammengefasst. Wie aus der Diskriminanzanalyse und der Tabelle hervorgeht, ist aber die scharfe Trennung der Probeflächen nicht eindeutig möglich. Hierzu sollte das gesamte Artenspektrum herangezogen werden (Kap. 6.4.5.2).

6.4.4.2 Arten und Umweltvariablen

In Abbildung 6.4-5 sind die Ergebnisse der Hautkomponentenanalyse des reduzierten Parametersatzes dargestellt. Die Parameter effektive Kationenaustauschkapazität (KAK_{eff}) und maximaler Grundwasserflurabstand tragen sehr stark zur Trennung der Probeflächen auf der ersten Faktorenachse bei. Diese Achse trägt einen Erklärungsanteil von 43 % der Gesamtvarianz (Abb. 6.4-5a). Die zweite Faktorenachse hat einen Erklärungsanteil von 24 %. Auf dieser Achse sind die Amplitude des Grundwasserflurabstandes und die Bodenart (Sandanteil) die entscheidenden Parameter. Die Anordnung der Probeflächen im Ordinationsplot der Hauptkomponentenanalyse (Abb. 6.4-6) gleicht der Anordnung der PF im Ordinationsplot der Arten-PF-Matrix (Abb. 6.4-3). Die Sandauer Flächen (PF 51, 53, 57) werden auch hier klar von den übrigen Flächen getrennt. Auf der ersten Achse werden die Flächen entlang eines Nährstoffgradienten getrennt. Gleichzeitig nimmt der Grundwasserflurabstand von rechts nach links zu. Die PF 51, 53 und 57 sind sehr nährstoffreich und liegen im Verhältnis zur Elbe sehr tief, während die PF 20, 21 und 26 nährstoffarm sind und

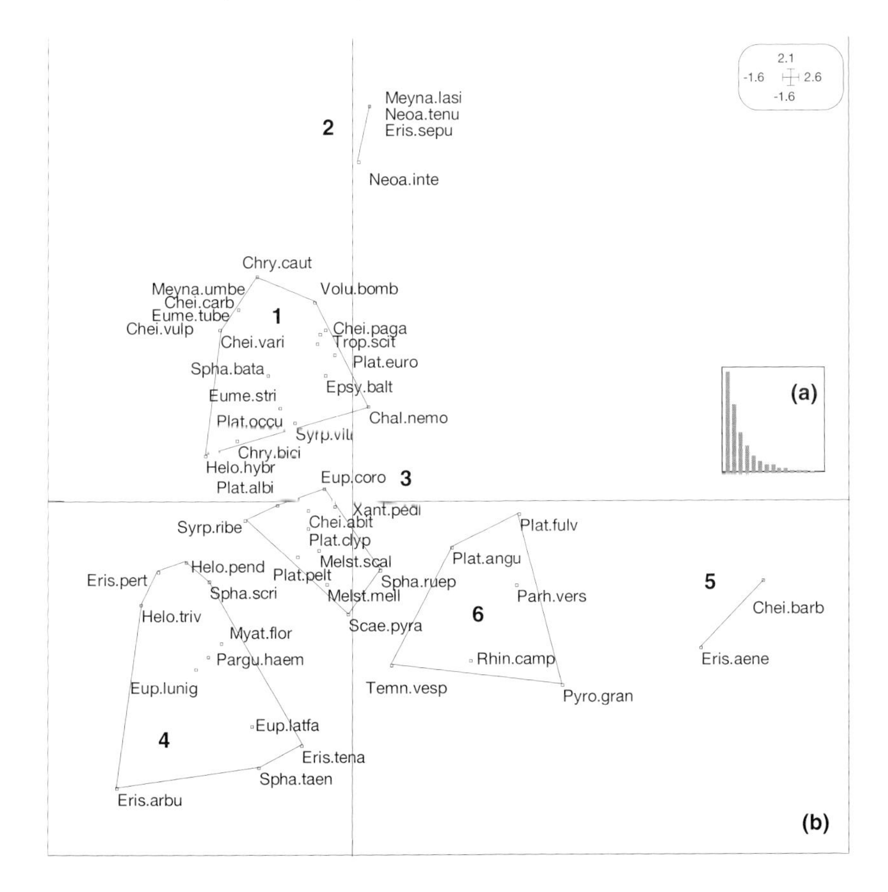

Abb. 6.4-4: Graphische Darstellung der Korrespondenzanalyse (15 Probeflächen, 52 Arten, Abundanzen nicht transformiert, Kapitelanhang 6.4-2). (a) Histogramm der Eigenwerte der Faktorenachsen. (b) F_1xF_2-Ladungsplot der Arten. Artengruppen aus der Clusteranalyse (Ziffern 1-6) durch Linien oder Polygone verbunden. Abkürzungen der Arten im Kapitelanhang 6.4-1.

Tab. 6.4-5: Versuch der Abgrenzung von probeflächenspezifischen Indikatorarten auf der Grundlage der Korrespondenzanalyse mit anschließender Clusteranalyse und Zwischen-Gruppen-Varianzanalyse (Inertia analysis-partition). Abkürzungen der Arten im Kapitelanhang 6.4-1.
•: geringe Abundanz, ♦: mittlere Abundanz, ◆: hohe Abundanz.

Art	PF4	PF9	PF10	PF40	PF20	PF21	PF26	PF29	PF30	PF34	PF39	PF42	PF51	PF53	PF57
Chei.carb							♦								
Chei.vari					♦										
Chei.vulp							♦								
Eume.tube							♦								
Neoa.inte									♦	•					
Neoa.tenu										•					
Trop.scit		♦	♦	♦				•	•	•					
Eris.sepu										♦					
Plat.fulv	♦	♦	♦	♦	♦	♦	♦	◆	◆	◆	♦	♦	◆	◆	◆
Rhin.camp				•									•		♦,
Plat.angu	♦	♦	♦	♦	♦	♦	♦	♦	♦	♦	♦	♦	◆	♦	•
Eris.aene														♦	
Chei.barb															•
Pyro.grand													•		
Spha.taen		♦	♦	♦	♦						•	•	♦		
Eris.arbu											•		♦		
Eris.pert			♦												
Melst.mell	•	•	♦	◆	◆	•	♦	•	•	•	•	◆	◆	♦	♦

hoch liegen. In den Rinnenflächen PF 9 und PF 10 ist die Amplitude des Grundwasserflurabstandes (GW) gering, während sie in den höher gelegenen, saisonal überfluteten und wieder austrocknenden Flächen (z.B. PF 42) hoch ist.

Die nächste Frage ist nun, ob das Vorkommen der Arten auf den Probeflächen durch die abiotischen Parameter erklärt werden kann. Dies kann man testen, indem man die Abiotik-PF-Matrix und die Arten-PF-Matrix in einer simultanen Ordination (Co-inertia) analysiert (Abb. 6.4-7). Das Histogramm der Eigenwerte zeigt die hohe Bedeutung von F_1. Die gemeinsame Struktur, die durch die erste Faktorenachse der Co-inertia beschrieben wird, ähnelt sehr der Struktur der einzeln analysierten Datenmatrizen. Die Projektionen der F_1 der Einzelanalysen fallen fast vollständig mit der F_1 der Co-inertia zusammen. Der Korrelationskoeffizient zwischen den zwei neuen Ordinationskoordinatensätzen aus der Co-inertia beträgt für F_1 0,903 und für F_2 0,856 (Tab. 6.4-6). Der Permutationstest (10.000 Wiederholungen) ist hoch signifikant ($p = 0,012$), d.h., die Struktur der beiden Datenmatrizen ist sehr ähnlich. Dies wird illustriert durch Abbildung 6.4-8, in der ein Vergleich zwischen der Ordination der Probeflächen „aus der Sicht“

der abiotischen Erklärungsvariablen und „aus der Sicht" der faunistischen Besiedlung dargestellt ist. Bei vielen Probeflächen ist die Lage recht ähnlich (PF 4, 9, 10, 29, 30, 34, 42, 51), andere fallen etwas heraus (vor allem PF 39 und 53).

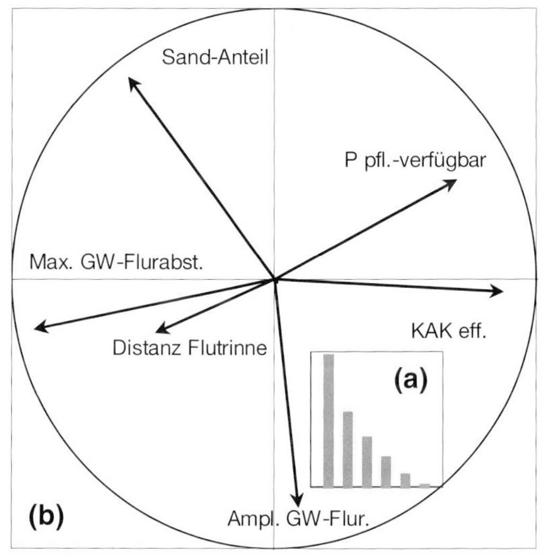

KAK eff.: effektive Kationenaustauschkapazität
Ampl. GW-Flur.: Amplitude des Grundwasserflurabstandes in der Vegetationsperiode Mai - September 1998
Distanz Flutrinne: Distanz der PF zur nächstgelegenen Flutrinne
Max. GW-Flurabst.: Maximum des Grundwasserflurabstandes in der Vegetationsperiode Mai - September 1998
Sandanteil: Massen-% der Sandfraktion im Oberboden (0-20cm)
P pfl.-verfügbar: pflanzenverfügbarer Phosphor.

Abb. 6.4-5: Graphische Darstellung der Hauptkomponentenanalyse (sechs abiotische Faktoren und 15 Probeflächen). (a) Histogramm der Eigenwerte. (b) Korrelationsdiagramm.

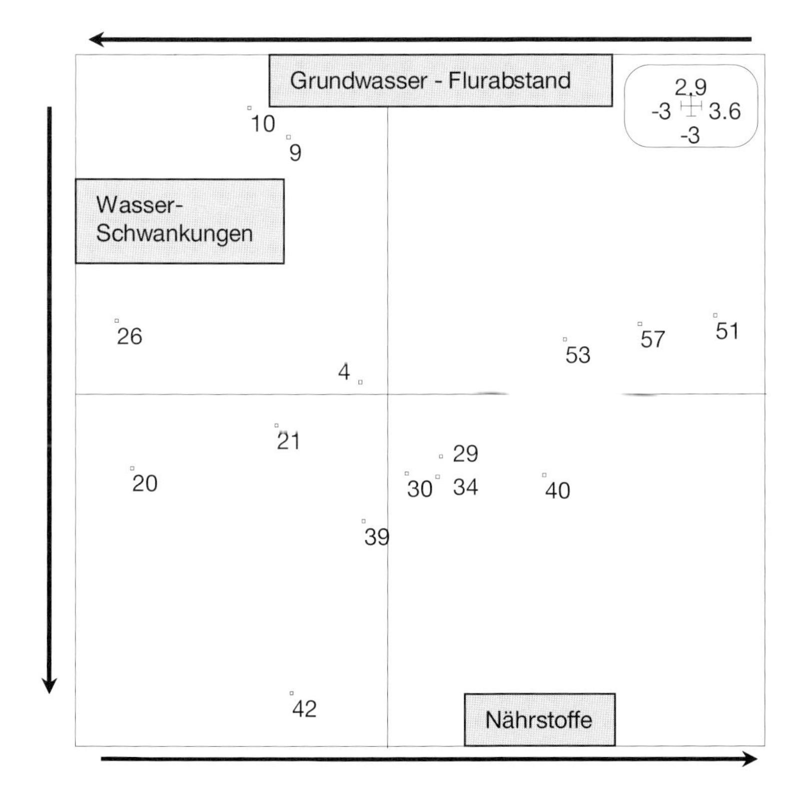

Abb. 6.4-6: Graphische Darstellung der Hauptkomponentenanalyse (sechs abiotische Faktoren und 15 Probeflächen). F_1 x F_2-Ladungsplot der Probeflächen. Die Zahlen stellen die Probeflächennummern dar. Die Pfeile geben diejenigen abiotischen Parameter an, die am stärksten auf die Faktorenachsen laden.

6.4.4.3 Integration biologischer Daten

Die nächste Frage ist, ob die in der Biologie-Datenmatrix codierten Eigenschaften der Arten ihr Vorkommen auf den Probeflächen hinreichend erklären. Dazu wurde eine multiple Korrespondenzanalyse der fuzzy-codierten Biologie-Arten-Matrix durchgeführt (FMCA, zur Fuzzy-Codierung s. Kap. 6.4.3.3). Die Rohdaten sind im Kapitelanhang 6.4-3 aufgeführt. Es wurden sieben Achsen beibehalten, die zusammen 55 % Erklärungsanteil ausmachen (Abb. 6.4-9a). Abbildung 6.4-9b stellt die 52 auf den Probeflächen vorgefundenen Arten im Ordinationsplot der beiden ersten Faktorenachsen der FMCA dar. Im rechten Teil des Ordinationsplots werden die Arten recht gut getrennt, im linken Teil werden die Arten dicht gedrängt angeordnet. In Tabelle 6.4-7 sind die Korrelationskoeffizienten der einzelnen biologischen Variablen mit den ersten sechs Faktorenachsen der FMCA dargestellt. Diese geben den Varianzanteil der Faktorenachsen der einzelnen Kategorien an der Gesamtvarianz an (Castella & Speight 1996). Damit quantifizieren sie den Anteil jeder Variablen an der Diskriminierung, die die Arten entlang der Achsen bewirken. An der Stärke der Korrelation (im Vergleich zum Mittelwert der Korrelationen)

Tab. 6.4-6: Vergleich der Kennwerte der Co-inertia-Analyse mit den Kennwerten der beiden separaten Analysen der Abiotik-PF-Matrix (PCA) und der Arten-PF-Matrix (CA). Die ersten beiden Faktorenachsen wurden ausgewählt (F_1 & F_2). **Var:** Varianz der Abiotik-PF- bzw. der Fauna-PF-Matrix projiziert auf die Faktorenachsen der Co-inertia. **Inert:** maximale projizierte Variabilität der Abiotik-PF- bzw. der Arten-PF-Matrix. **Kovarianz:** Kovarianz der beiden Koordinatensätze projiziert auf F_1 bzw. F_2 der Co-inertia. **r:** Korrelation zwischen den beiden Koordinatensätzen aus der Co-inertia.

Achse	Var Abiotik	Var Fauna	Inert Abiotik	Inert Fauna	Kovarianz	r
F_1	2,556	0,192	2,706	0,202	0,633	0,903
F_2	1,479	0,054	1,505	0,139	0,243	0,856

Abb. 6.4-7: Zusammenhang zwischen den Einzelanalysen und der Co-inertia.

(a) Histogramm der Eigenwerte der Co-inertia.

(b) Projektion der Anteile der Achsen der Hauptkomponentenanalyse der abiotischen Parameter auf die Faktorenachsen der Co-inertia.

(c) Projektion der Anteile der Achsen der Korrespondenzanalyse der faunistischen Daten auf die Faktorenachsen der Co-inertia.

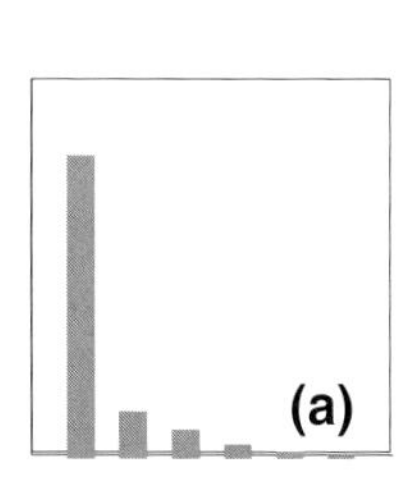

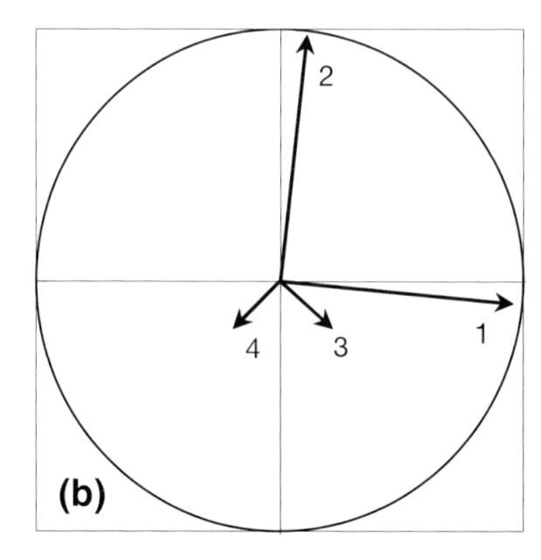

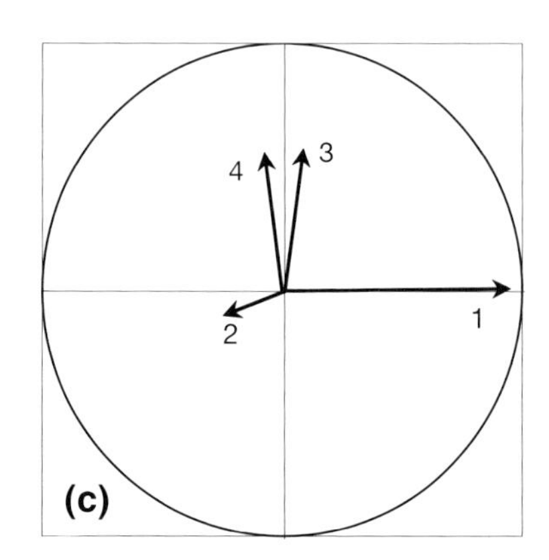

kann man den Einfluss der jeweiligen Variable auf die Trennung der Arten abschätzen. Die Eigenschaften Larvalernährung, larvales Mikrohabitat, Überschwemmungstoleranz und Körpergröße scheinen den größten Einfluss auszuüben. Die Variablen Ernährung der Imago und Flugzeit haben so gut wie keinen Effekt auf die Trennung der Arten (Tab. 6.4-7).

Der Einfluss der einzelnen Kategorien der biologischen Variablen auf die Trennung der Arten wird in je einem Ordinationsdiagramm ($F_1 \times F_2$) als Ergebnis der FMCA dargestellt (Abb. 6.4-10). Je länger die Pfeile, desto stärker der Einfluss der jeweiligen Kategorie zur Trennung der Arten. Das Ordinationsdiagramm der Arten (Abb. 6.4-9) kann man sich über die jeweiligen Plots in Abbildung 6.4-10 projiziert denken, so dass man die Einstufung der einzelnen Arten interpretieren kann. Die Arten ganz rechts im Ordinationsplot der Arten (Abb. 6.4-9, hauptsächlich Eristalini mit Rattenschwanzlarven) besitzen microphage Larven im Sediment oder nassem Boden, sind relativ groß und überschwemmungstolerant. Ganz links finden sich Arten mit phytophagen Larven, die in Wurzeln oder in Kräutern fressen. Dies sind Vertreter der Gattungen *Cheilosia* und *Eumerus*. Die beiden *Neoascia*-Arten werden aufgrund ihrer geringen Körpergröße und Seltenheit ganz unten im Plot angeordnet. Die große Gruppe der Räuber (Syrphini) wird wenig differenziert dargestellt (Mitte und oben im Plot). Insgesamt werden die Arten anhand ihrer Larvalernährung am Besten getrennt, aber nur wenige andere biologische Eigenschaften gehen in die Trennung ein.

Durch eine anschließende Co-inertia-Analyse wurde getestet, ob eine gemeinsame Struktur zwischen der Biologie-Arten-Matrix und der Arten-Probeflächen-Matrix vorliegt. Tabelle 6.4-8 und Abbildung 6.4-11 geben den Zusammenhang zwischen den Einzelanalysen und der Co-inertia wieder. Die ersten beiden Faktorenachsen der Co-inertia erklären 82 % der Gesamtvarianz, wobei 57 % allein durch F_1 erklärt werden. Durch einen Permutationstest (n = 10.000) wurde nun die Signifikanz der gemeinsamen Struktur der beiden Datenmatrizen getestet. Obwohl die Korrelation zwischen den beiden neuen Ordinationskoordinatensätzen aus der Co-inertia 0,903 beträgt (F_1), ergab der Test, dass keine signifikante gemeinsame Struktur zwischen der Arten-Probeflächen-Matrix und der Biologie-Arten-Matrix besteht. Die zur Verfügung stehenden bionomischen Merkmale der 52 auf den Probeflächen vorgefundenen Arten erlauben also keine ausreichende Erklärung über die Verteilung der Arten auf den Probeflächen. Dementsprechend kann natürlich auch keine Aussage über die Beziehung zwischen den biologischen Eigenschaften der vorgefundenen Arten und der abiotischen Ausstattung der Probeflächen, auf denen diese Arten

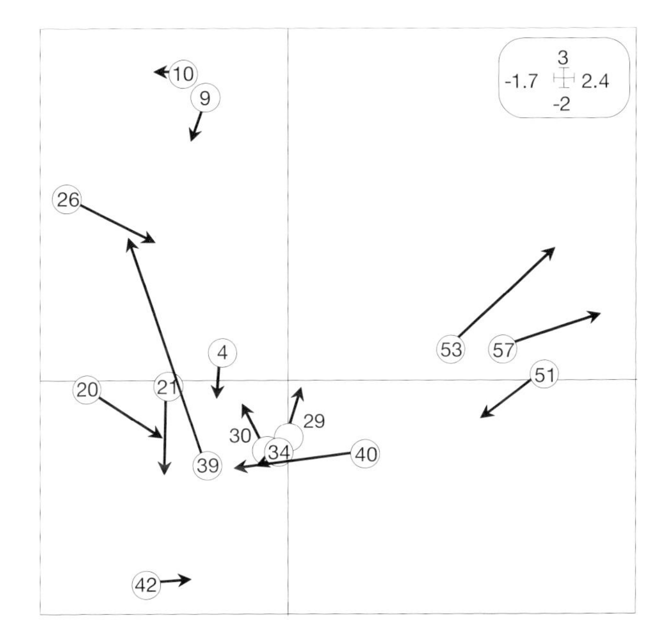

Abb. 6.4-8: Vergleich der Ordination der Probeflächen aus der Co-inertia. Probeflächennummern in den Kreisen. Die Lage der Kreise gibt die Position der Probeflächen im Ordinationsplot der abiotischen Variablen an, die Pfeilspitze die Lage der Probeflächen „aus Sicht" der Schwebfliegenarten an. Je kürzer die Pfeillängen, desto ähnlicher die Struktur der Arten-Probeflächen- bzw. der Umweltparameter-Probeflächen-Matrix. Die Ähnlichkeit der Struktur der Datenmatrizen lässt vermuten, dass die untersuchten abiotischen Parameter die Besiedlung stark bestimmen.

Abb. 6.4-9: Ergebnisse der multiplen Korrespondenzanalyse der fuzzy-codierten Biologie-Arten-Matrix. (a) Histogramm der Eigenwerte. (b) F_1 x F_2 - Ordinationsplot der 52 Arten. Abkürzung der Arten siehe Kapitelanhang 6.4-1.

nachgewiesen wurden, gemacht werden.

6.4.5 Diskussion

6.4.5.1 Indikatorarten

Die Anzahl der auf den einzelnen Probeflächen nachgewiesenen Arten liegt zwischen 15 und 37 (Abb. 6.4-2). Als potenziell indigen (Arten der CORINE-Habitate 2, 6 oder 7) stellten sich dabei 14 bis 27 Arten pro Probefläche heraus. Von den Artenlisten der Probeflächen wurden eine bis 13 Arten gestrichen, da sie nicht potenziell indigen waren (Abb. 6.4-2). Jedes Herausnehmen von Arten aus dem für die Bioindikation zur Verfügung stehenden Artenpool stellt einen Verlust an Information dar. Insgesamt handelt es sich um 31 Arten, die überwiegend in sehr geringen Abundanzen festgestellt wurden. Die einzige Ausnahme macht *Chrysotoxum verralli*, die aufgrund der hohen festgestellten Abundanzen (insgesamt 264 Individuen) mit Sicherheit auf den Wiesen indigen ist und

offensichtlich wegen einer Fehleinschätzung der Makrohabitatbindung in Speight et al. (1998) hier nicht als potenziell indigen eingestuft wurde. Bei den anderen Arten handelt es sich um Alt- bzw. Totholz bewohnende Arten mit saproxylophagen Larven (29 %) und um räuberische Arten, die bevorzugt oder ausschließlich Baum bewohnende Blattläuse jagen (48 %). Weiterhin sind es Kommensalen und Räuber in Ameisennestern und an Wurzelläusen. Alle diese Arten können mit einiger Sicherheit nicht auf den untersuchten Grünländern reproduzieren und sind vermutlich aus den alten Auwäldern und Kiefernforsten aus der Umgebung eingeflogen. Folglich haben sie für die Bioindikation auf den Grünländern keine Bedeutung.

Die Ergebnisse der Analysen des verbleibenden Artenpools lassen zwar eine deutliche Trennung der Probeflächen in der Korrespondenzanalyse (CA) erkennen (Abb. 6.4-3), bei der Identifikation der die Probeflächen charakterisierenden Arten bleiben dennoch Unklarheiten. Die Trennung der aus der Clusteranalyse hervorgegangenen Probeflächengruppen ist nicht signifikant (Diskriminanzanalyse), und häufig sind es einzelne Arten in geringen Abundanzen, die die Probeflächen charakterisieren. So kommen die beiden *Neoascia*-Arten nur auf den Probeflächen 30 und 34 in geringer Individuenzahl vor. *Neoascia interrupta* und *N. tenur* sind anspruchsvolle Feuchtgebietsarten, deren Larven in fauligem Gewebe von Wasser- und Uferpflanzen leben. Ihre Indigenität auf den Probeflächen ist daher nicht in Frage zu

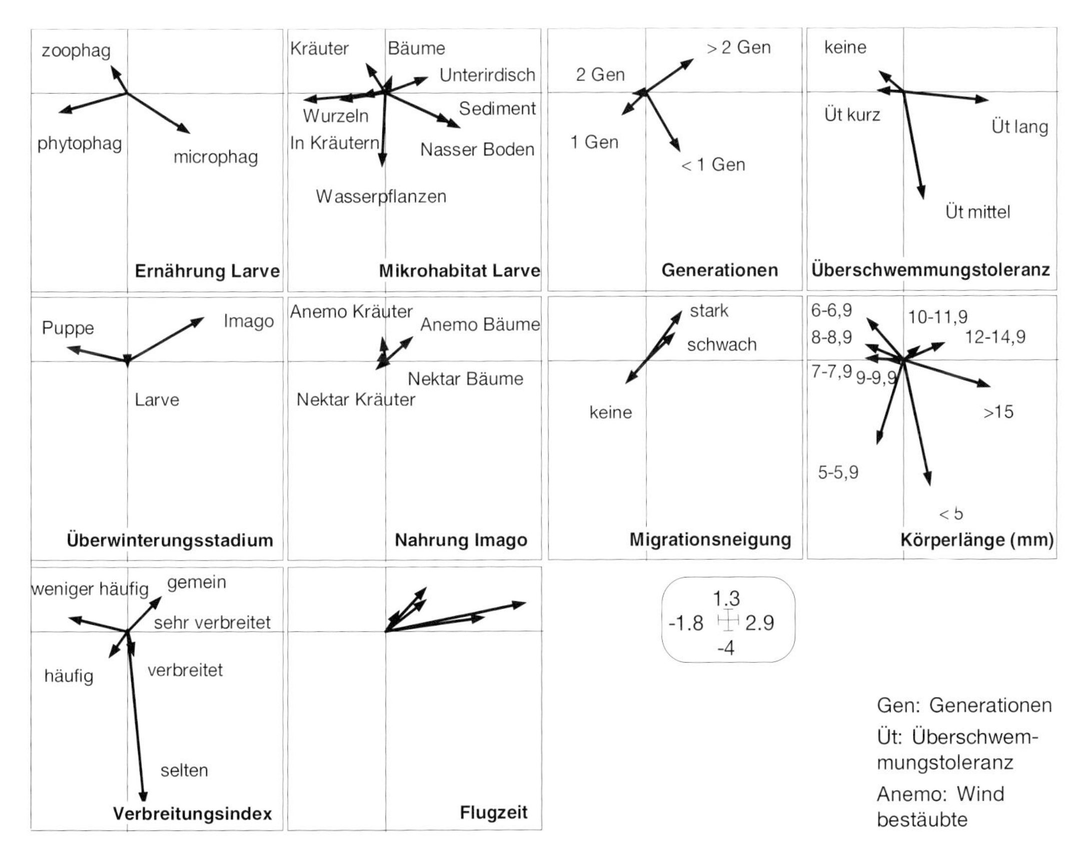

Abb. 6.4-10: Ergebnisse der multiplen Korrespondenzanalyse der fuzzy-codierten Biologie-Arten-Matrix. F_1 x F_2-Ordinationsplots der 10 untersuchten biologischen Variablen mit insgesamt 63 Kategorien. Die Pfeillänge gibt den Einfluss der jeweiligen Kategorie auf die Trennung der Arten im Ordinationsplot (Abb. 6.4-9) an. Erläuterung der biologischen Merkmale in Kapitel 6.4.3.3.

Gen: Generationen

Üt: Überschwemmungstoleranz

Anemo: Wind bestäubte

Tab. 6.4-7: Korrelationskoeffizienten der einzelnen Variablen mit den ersten sechs Faktorenachsen der multiplen Korrespondenzanalyse der fuzzy-codierten Biologie-Arten-Matrix. Korrelationskoeffizienten über dem Durchschnitt sind fett gesetzt. Variable 6 (Ernährung der Imago) und 10 (Flugzeit) sind in diesem Kontext irrelevant.

Variable	F_1	F_2	F_3	F_4	F_5	F_6
1. Ernährung Larve	**0,721**	**0,401**	**0,298**	0,059	0,121	0,036
2. Larvales Mikrohabitat	**0,627**	**0,347**	**0,345**	0,150	**0,461**	0,138
3. Anzahl Generationen	0,281	0,194	0,103	0,205	**0,356**	0,165
4. Überschwemmungstoleranz	**0,685**	**0,449**	**0,513**	0,461	0,061	0,094
5. Überwinterungsstadium	0,305	0,084	**0,297**	0,027	0,070	**0,268**
6. Ernährung Imago	0,031	0,061	0,096	0,005	0,001	0,040
7. Mobilität	0,223	**0,391**	0,158	0,107	0,079	0,088
8. Körpergröße in mm	**0,475**	**0,404**	**0,325**	**0,549**	**0,305**	**0,643**
9. Verbreitungsindex	0,260	**0,520**	0,191	**0,473**	**0,377**	**0,201**
10. Flugzeit	0,050	0,047	0,013	0,012	0,013	0,008
Durchschnitt	0,366	0,290	0,234	0,205	0,184	0,168

Tab. 6.4-8: Vergleich der Kennwerte der Co-inertia-Analyse mit den Kennwerten der beiden separaten Analysen der Arten-PF-Matrix (CA) und der Biologie-Arten-Matrix (FMCA). Die ersten beiden Faktorenachsen wurden ausgewählt (F_1 & F_2). Weitere Erläuterungen siehe Tabelle 6.4-6.

Achse	Var Fauna	Var Biologie	Inert Fauna	Inert Biologie	Kovarianz	r
F_1	0,194	0,413	0,202	0,470	0,256	0,903
F_2	0,129	0,275	0,139	0,330	0,168	0,890

Abb. 6.4-11: Zusammenhang zwischen den Einzelanalysen und der Co-inertia.

(a) Histogramm der Eigenwerte der Co-inertia.

(b) Korrelationskreis der sechs Faktorenachsen aus der Korrespondenzanalyse der Arten-Probeflächen-Matrix mit den Faktorenachsen der Co-inertia.

(c) Korrelationskreis der sieben Faktorenachsen aus der multiplen Korrespondenzanalyse der fuzzy-codierten Biologie-Arten-Matrix mit den Faktorenachsen der Co-inertia.

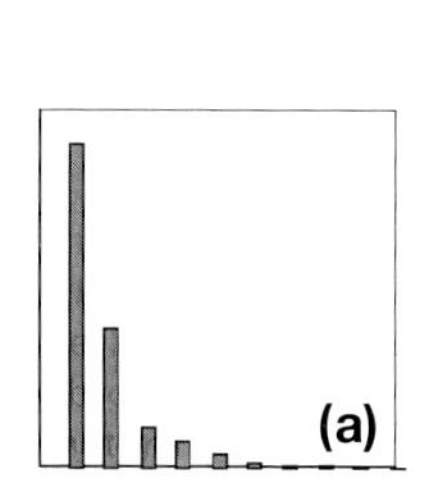

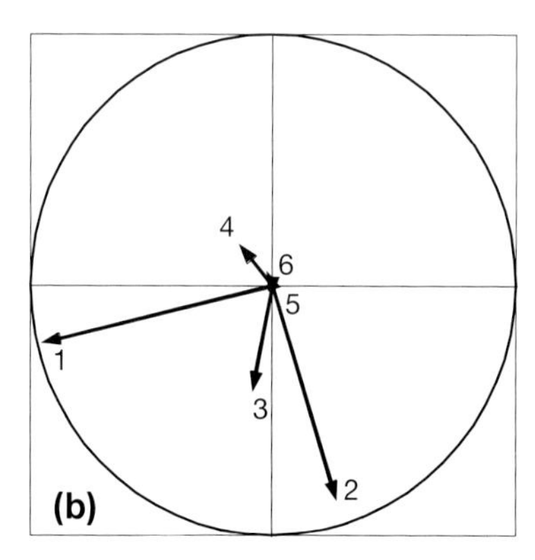

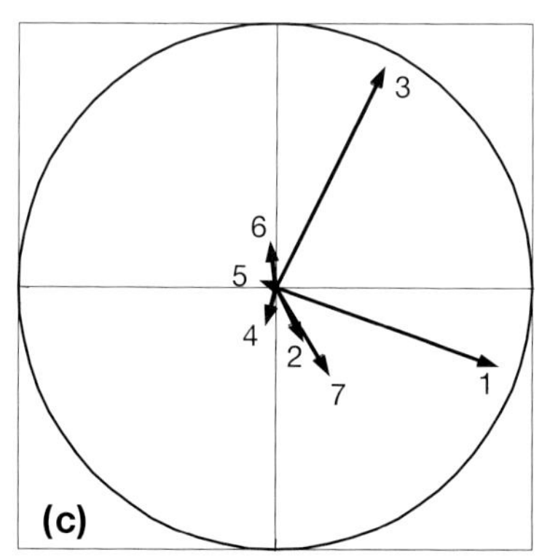

stellen. Ihre geringe Populationsdichte (Variable 9 in Abb. 6.4-10) ist womöglich dafür verantwortlich, dass sie in so geringer Individuenzahl gefangen werden. Ebenso verhält es sich mit den Arten der Gattung *Cheilosia*, die allesamt nur in Einzelexemplaren nachgewiesen wurden. Auf der anderen Seite des Spektrums stehen solche Arten, die auf fast allen Probeflächen nachgewiesen wurden, jedoch aufgrund ihrer je nach Probefläche unterschiedlichen Abundanz zur Charakterisierung der Probeflächen beitragen. Dies sind z.B. Arten der Gattung *Platycheirus* und *Melanostoma*. Sie besitzen räuberische Larven. Über die Wirtsbindung ist sehr wenig bekannt; es existieren jedoch nicht nur Generalisten, sondern auch eng spezialisierte Arten (Dziock 2002). Darauf weisen die hohen Abundanzunterschiede auf den einzelnen Probeflächen hin (*P. fulvivenzris*: 6 Individuen auf PF 39 und 344 Individuen auf PF 57). Dazu kommt, dass 14 bis 27 Arten pro Probefläche ein relativ kleiner Artenpool pro Probefläche ist, aus dem potenzielle Indikatorarten gewählt werden können.

Diese Beispiele zeigen, dass bei den Schwebfliegen auf der untersuchten Skala nicht mit einer herkömmlichen Definition von Indikatorarten gearbeitet werden kann: Verwendet man nur die Präsenz/Absenz einer Art auf einer Probefläche, so findet man nur wenige trennende Arten. Dies liegt möglicherweise an der hohen Mobilität der meisten Schwebfliegenarten. Die Imagines halten sich nicht nur dort auf, wo ihre Larven sich entwickeln, sondern suchen zur Nahrungsaufnahme an Blüten, zur Paarung oder zu anderen Zwecken andere Orte auf. Dies wird ihnen durch ihre ausgezeichnete Flugfähigkeit ermöglicht. Von einigen Arten ist bekannt, dass sie innerhalb weniger Tage Hunderte von Kilometern zurücklegen können (Aubert et al. 1969). Daher wird angenommen, dass solche saisonalen oder tageszeitlichen Migrationsbewegungen bei einigen Arten (z.B. *Scaeva pyrastri*, *Episyrphus balteatus*) integraler Bestandteil des Lebenszyklus sind (Schneider 1958, Gatter & Schmid 1990). Insgesamt stellen sich im Untersuchungsgebiet nur wenige stenotope Arten ein, die Mehrzahl der Arten ist dem r-Strategie-Spektrum zuzuordnen.

Es ist also nicht möglich, eindeutige Indikatorarten für bestimmte Probeflächengruppen unter den Schwebfliegen zu benennen. Charakteristische Arten, die jedoch kein eindeutiges Differenzierungspotenzial haben, sind abgrenzbar und in Tabelle 6.4-5 dargestellt.

Umso erstaunlicher ist daher der statistisch signifikante Zusammenhang zwischen der Verteilung der Arten auf den Probeflächen und deren abiotischer Ausstattung (Abb. 6.4-8). Hier flossen die Präsenz/Absenz der Arten auf den Probeflächen, aber auch deren Abundanz ein. Es ist also trotz der hohen Mobilität der Imagines der meisten Arten und der geringen Anzahl der im Grünland zu erwartenden indigenen Arten möglich, besiedlungsbestimmende Faktoren für die Schwebfliegen der untersuchten Grünlandausprägungen zu benennen.

Als wesentliche Faktoren haben sich der Grundwasserflurabstand (der eng korreliert ist mit der Höhe über dem Elbe-Wasserspiegel), die effektive Kationenaustauschkapazität (wird abgeleitet aus pH-Wert, Humusgehalt und Bodenart, vergleiche Buchkap. 5.2) und die Amplitude des Grundwasserflurabstandes über das Jahr (also ein Maß für die Wasserstandsschwankungen auf der Probefläche) herausgestellt. In einem Auenlebensraum überrascht die hohe Bedeutung der hydrologischen Verhältnisse für die Fauna nicht. In den Flächen mit geringem Grundwasserflurabstand (PF 51, 53, 57) finden sich räuberische Arten mit Präferenzen für Blattläuse auf Wasser- bzw. Uferpflanzen (*Platycheirus fulviventris*, *Pl. angustatus*, *Pyrophaena granditarsa*). Flächen mit geringen Wasserstandsschwankungen beherbergen wenig mobile Arten, die auf gleich bleibende Feuchtigkeitsverhältnisse angewiesen sind und z.T. nur in den Wiesen überleben können, weil sie bei Austrocknung ihres Lebensraumes im Sommer in den angrenzenden Habitaten Ausweichraum finden. *Tropidia scita* ist eine feuchtigkeitsliebende Art der PF 29, 30 und 34 und kommt in Einzelexemplaren auch in den PF 9, 10 und 20 vor. Sie kann im Sommer bei Austrocknen der Flutrinnen nur am Randbereich der Schöneberger Wiesen durch den ganzjährig Wasser führenden Graben überleben. Die trockensten, nährstoffärmsten Flächen (PF 20, 21, 26) werden durch Einzelfunde der phytophagen *Cheilosia*- und *Eumerus*-Arten charakterisiert, die feuchtigkeitsliebenden *Platycheirus*-Arten (*fulviventris*, *angustatus*, *occultus*) kommen hier in geringeren Individuenzahlen vor.

Schlussfolgerung

Die Charakterisierung der Probeflächen kann nicht über einzelne Indikatorarten erfolgen, sondern nur über das Gesamtartenspektrum unter Berücksichtigung der Abundanzen der Arten auf den einzelnen Probeflächen. Auch die Umweltvariablen auf den Probeflächen bilden Gradienten. Daher ist es nicht möglich, klar abtrennbare Kategorien zu bilden. Dennoch besteht ein enger Zusammenhang zwischen Schwebfliegenbesiedlung und abiotischen Parametern wie Grundwasserflurabstand, jährlicher Amplitude des Grundwasserflurabstandes und den Nährstoffverhältnissen.

6.4.5.2 Biologische Daten und Funktionale Indikation

In jüngerer Zeit gibt es vermehrt Ansätze (vor allem in der Botanik), bei Analysen der Landschaft auf funktionale Artengruppen statt auf Einzelarten zurück zu greifen. Diese funktionalen Gruppen (vgl. auch Kap. 6.4.6) sind Zusammenschlüsse von Arten mit ähnlichen Ansprüchen an ihren Lebensraum. Das Hauptaugenmerk liegt dabei auf der Funktion im Lebensraum, also z.B. der trophischen Einnischung, der besiedelten Straten etc. Dies hat den großen Vorteil, die gesamte Information des erfassten Artenpools verwenden zu können (Bournaud et al. 1992, vgl. Ellenbergs Zeigerwerte). Indikatorarten stellen immer nur einen kleinen Teil des erfassten Artenpools dar, und somit bleibt immer ein mehr oder weniger großer Teil der verfügbaren Information unberücksichtigt (Simberloff 1997). Daher wurde auch hier versucht, die gesamten Eigenschaften der auf einer Probefläche nachgewiesenen Arten in die Indikation einzubeziehen.

Die durchgeführte multiple Korrespondenzanalyse (FMCA, Abb. 6.4-9) zeigt eine deutliche Trennung der Arten anhand ihrer Larvalernährung entlang der F_1. Weiterhin sind die Überschwemmungstoleranz und das Mikrohabitat der Larve Variablen, die wesentlich zur Trennung beitragen. Einen sehr kleinen Beitrag leisten die Nahrung der Imago, Anzahl der Generationen und die Flugzeit. Es konnte allerdings keine gemeinsame Struktur der Biologie-Arten-Matrix und der Arten-PF-Matrix entdeckt werden (Ergebnis der Co-inertia, Abb. 6.4-11). Daher ist es auch nicht möglich, Arten zu funktionalen Gruppen zusammen zu fassen, die indikatorischen Wert für die untersuchten Grünländer haben.

Worin liegen die Gründe, dass es nicht möglich ist, bionomische Merkmale zu finden, die das Auftreten der Arten auf den Probeflächen erklären? Im Folgenden sollen potenzielle Gründe genannt und im Lichte der erzielten Ergebnisse diskutiert werden:

1. *Durch die Mobilität der Schwebfliegen könnte es sein, dass die gefangenen Arten einer Probefläche eine rein zufällige Stichprobe bilden und nichts mit den abiotischen Verhältnissen der Probefläche zu tun haben.* Dies kann ausgeschlossen werden, denn ein statistisch signifikanter Zusammenhang zwischen der Besiedlung der Probeflächen und den Umweltvariablen konnte nachgewiesen werden. Allerdings könnte die gewählte Maßstabsebene für Schwebfliegen zu klein sein. Obwohl die signifikante Korrelation der abiotischen Parameter mit dem Vorkommen der Schwebfliegen auf den Probeflächen dafür spricht, dass das Fangergebnis einen hohen Standortbezug hat (vgl. auch Precht & Cölln 1996), sind Schwebfliegen wegen ihrer hohen Mobilität eher als integrative Indikatoren für Biotopkomplexe geeignet (Ssymank 1997).
2. *Es wurden nur bionomische Parameter gewählt, die irrelevant für Schwebfliegen in Auenlebensräumen sind.* Die gewählten bionomischen Parameter (v.a. Larvalernährung, Überschwemmungstoleranz) stellen wesentliche relevante und für Schwebfliegen bedeutsame Parameter dar. Die Überschwemmungstoleranz, die Larvalernährung und das Mikrohabitat haben sich in anderen Untersuchungen als bedeutend herausgestellt (Murphy et al. 1994, Castella et al. 1994a, Castella & Speight 1996).
3. *Die in der Datenbank codierten Eigenschaften sind zu ungenau oder falsch codiert.* Nach einem Abgleich der codierten Eigenschaften aus Speight et al. (1998) mit der dem Autor bekannten Literatur ergaben sich in der Tat einige Kritikpunkte. Insbesondere beim Blütenbesuch der Imagines sind seltene Arten (mit selten beobachtetem Blütenbesuch) vermutlich als zu spezialisiert aufgeführt. Hier ist unser Wissen um die Blütenspezialisierung noch zu gering. Auch wäre es günstiger, von der Funktionsmorphologie der Mundwerkzeuge auf eine Spezialisierung zu schließen (Gilbert 1981, 1985; vgl. Haslett 1989), als nur Beobachtungen des Blütenbesuchs zu codieren. Die Quantifizierung der Überschwemmungstoleranz anhand der Länge der Atemrohre ist fragwürdig (auf jeden Fall bei Arten, die das Gewebe von Wasserpflanzen zur Atmung anbohren, Hartley 1958). Auch die Angaben zum Migrationsverhalten weichen in vielen Fällen erheblich von den Einstufungen bei Gatter & Schmid (1990) und Barkemeyer (1997) ab. Insgesamt ist aber Speight et al. (1998) die einzig verfügbare, alle Arten des atlantischen und kontinentalen Europa umfassende Datensammlung. Zur Bionomie der Schwebfliegen insgesamt besteht noch ein erheblicher Forschungsbedarf. So fehlen für viele Arten z.B. Daten zur Reproduktion (Eigröße, Eizahl, Gelegegröße), Entwicklung (Larvalernährung, Spezialisierung, Entwicklungsdauer) und Mobilität.
4. *Das Ergebnis ist deswegen statistisch nicht signifikant, weil einige bionomische Parameter korreliert sind.* Die Korrelation wurde getestet. Es ergaben sich keine Korrelationskoeffizienten über 0,48. Die gewählten biologischen Parameter sind also re-

lativ unabhängig voneinander.

5. *Es wurde nur ein kleiner Teil des Artenspektrums der Grünländer erfasst.* Der potenziell verfügbare Artenpool, der auf den untersuchten Grünländern leben kann, ist nicht sehr groß. Nimmt man von den in Sachsen-Anhalt lebenden Arten diejenigen, die in CORINE-Habitaten 23, 6 oder 7 leben (Grünland oder Feuchtgebiete aller Art, Datengrundlage Speight et al. 1998), so kommt man auf 113 in den Grünländern an der Elbe reproduzierende potenzielle Arten. Von diesen Arten wurden 58 (52 %) in dieser Untersuchung nachgewiesen. Berücksichtigt man, dass der Nachweis einiger der potenziellen Arten aus verschiedenen anderen Gründen (colline Arten, Niedermoorarten) nicht wahrscheinlich ist, kann diese Anzahl für eine einjährige Untersuchung als hoch gelten. Daher ist nicht damit zu rechnen, dass bei einer intensiveren Beprobung (mehr Malaisefallen pro Fläche, mehrere Jahre Untersuchungsdauer) wesentlich mehr bioindikatorisch bedeutsame Arten nachgewiesen werden. Allerdings sind Grünländer in Auen generell sehr ephemere Habitate. Störungen (im ökologischen Sinne) durch Mahd, Beweidung oder Überflutungen sind häufig. Auch handelt es sich meistens um nährstoffreiche Lebensräume. Nach der „habitat templet theory" von Southwood (1977, 1996) werden solche durch hohe Produktivität und häufige Störungen gekennzeichneten Lebensräume durch Artengemeinschaften mit definiertem „bionomischen Profil" bewohnt: die Arten besitzen weite Nischenbreiten, haben viele und kleine Nachkommen, schwache Abwehrmechanismen gegen Feinde und dadurch geringe Konkurrenzkraft, eine kurze Lebensdauer und ein hohes Dispersionspotenzial. Vereinfacht gesagt, handelt es sich um typischer Strategen mit Störungstoleranz. Dies manifestiert sich auch in der beobachteten Schwebfliegenfauna, die zahlreiche räuberische Generalisten mit teilweise hohem Dispersionspotenzial umfasst. Gerade diese Arten sind aber für eine Bioindikation nicht sonderlich gut geeignet, denn Bioindikatoren sollten idealerweise folgende Eigenschaften besitzen: (a) stenotop, (b) standortstreu, (c) hohe Lebensdauer, (d) gute Erfassbarkeit. Diese Eigenschaften sind bei Auengrünland bewohnenden Tieren generell selten.

Bei den wenigen Untersuchungen, die bisher die Erklärungsmöglichkeit von bionomischen Parametern für die Verteilung der Arten im Freiland getestet haben, ergaben sich zwar wie in dieser Untersuchung Zusammenhänge zwischen den biologischen Daten und den Nachweisen der Arten auf den untersuchten Flächen (Murphy et al. 1994, Castella & Speight 1996). Allerdings war bei diesen Untersuchungen das Spektrum der untersuchten Habitate viel weiter (von Sandbänken über Uferstreifen bis hin zu Weichholzauenwald und Hartholzaue). Entsprechend ist natürlich eine Differenzierung sehr viel einfacher zu erreichen als im RIVA-Projekt, bei dem lediglich saisonal überschwemmtes Grünland innerhalb der Deiche beprobt wurde.

Einen Überblick über die bis jetzt publizierten Studien zur Bioindikation bei Schwebfliegen geben Sommaggio (1999) und Dziock & Sarthou (i. Vorb.). Die wesentlichen Defizite bei bisherigen Studien waren die fehlende Betrachtung der Umweltvariablen, die die Besiedlung der unter Betrachtung stehenden Flächen bestimmen

(Dziock & Sarthou i. Vorb.). Weiterhin wurde nur selten getestet, ob die Abhängigkeit eines beobachteten Artenpools von Umweltvariablen (Humphrey et al. 1999) oder von den Eigenschaften der Arten (Castella & Speight 1996) statistisch abgesichert werden kann. Bis jetzt ist dem Autor keine publizierte Studie bekannt, die sowohl Umweltvariablen als auch autökologische Informationen zur „Erklärung" eines beobachteten Schwebfliegen-Artenpools heranzieht. In der vorliegenden Studie wurden diese beiden Abhängigkeiten vom Autor auf 15 Probeflächen untersucht. Im folgenden Abschnitt sollen die Möglichkeiten und Defizite für eine funktionale Indikation mit Hilfe von Invertebraten (Fokus auf Schwebfliegen) aufgezeigt werden.

6.4.6 Ausblick zur Funktionalen Indikation

Eine „funktionale Gruppe" wird hier definiert als eine durch objektive Methoden (z.B. Ordination der Eigenschaften der Arten) entstandene Gruppierung von ökologisch ähnlichen Arten, so dass die Arten einer funktionalen Gruppe zusammen vorkommen, während Arten unterschiedlicher Gruppen an anderen Orten oder zu anderen Zeiten auftreten („Objective beta character guild" nach Wilson 1999, „functional guild" nach Gitay & Noble 1997, „functional type" nach Hodgson et al. 1999). Das Ziel ist dabei, eine gemeinsame ökologische Struktur einer Fauna/Flora zu beschreiben und sie ggf. für eine Prognose auf einem Niveau zu verwenden, das praktikabler ist als das der einzelnen Art, aber genauer und aussagefähiger, als betrachte man „alle Arten" gemeinsam. Einen detaillierten Überblick über die historische Entwicklung des Begriffes geben Wilson (1999) und Statzner et al. (2001b).

Funktionale Gruppierungen haben sich sowohl in der ökologischen Forschung als auch im angewandten Naturschutz bewährt und werden zu den unterschiedlichsten Zwecken durchgeführt:

- als Beitrag zur theoretischen Ökologie (z.B. Southwood 1996),
- zur Prognose von ökologischen Veränderungen (z.B. Foeckler 1990, Castella et al. 1994a, Steneck & Dethier 1994, Speight & Castella 2001, Statzner et al. 2001a),
- zur Modellierung von Reaktionen von Artengemeinschaften auf Klimaveränderungen (z.B. Hodgson et al. 1999),
- als Hilfsmittel zum Management von Naturschutzmaßnahmen (z.B. Hodgson 1991) und
- als Hilfsmittel im Arten- und Naturschutz (z.B. Walker 1992, 1995).

Zur Funktionalen Indikation ist eine Verknüpfung der funktionalen Gruppen mit Umweltvariablen notwendig. Dadurch wird es möglich, Prognosen des Vorkommens einer oder mehrerer funktionaler Gruppen auf Probeflächen mit bekannten Umweltvariablen vorherzusagen. Umgekehrt ist es bei Untersuchung des Artenspektrums einer Fläche möglich, die Arten zu funktionalen Gruppen zusammen zu fassen und dann auf die Umweltvariablen zu schließen. Um dies durchführen zu können, sind bei Invertebraten noch einige Wissenslücken aufzufüllen:

- Es sind nur wenige Untersuchungen publiziert, bei denen eine Verknüpfung der funktionalen Gruppen mit den Habitateigenschaften untersucht wurde (z.B. Statzner et al. 2001a); bei den Schwebfliegen ist dem Autor keine Untersuchung bekannt.
- In keiner der Untersuchungen, die sich mit funktionalen Gruppen befassen, wurde die Trennung der Gruppen auf statistische Sig-

nifikanz getestet.

- Obwohl zu vielen Invertebratengruppen umfangreiches autökologisches Wissen existiert, ist es in der Mehrzahl der Fälle nicht in geeigneter datenbanktechnischer Form verfügbar. Bei den Schwebfliegen ist allerdings ein Großteil dieses Wissens in der Datenbank „Syrph the Net" (Speight et al. 1998) zusammengefasst.
- Die funktionale Gruppenbildung erfolgte in den meisten Fällen subjektiv. Der Einsatz von objektiven Verfahren, wie sie z.B. die multivariate Statistik zur Verfügung stellt, beschränkt sich auf einige wenige Publikationen (z.B. Grime et al. 1997).
- In der Literatur zur Naturschutzpraxis finden funktionale Gruppen zwar ab und zu Erwähnung, es wird jedoch zumeist nur auf den vorhandenen Forschungsbedarf und das Anwendungspotenzial hingewiesen (z.B. Foeckler & Bohle 1991, Kleyer et al. 2000).

Bei den Schwebfliegen sind die Bedingungen vergleichsweise gut (vgl. Kriterienkatalog bei McGeoch 1998), da eine sehr gute biologische Datenbasis existiert (Speight et al. 1998), die Verbreitung der Arten mittlerweile gut bekannt ist, standardisierbare Erfassungsmethoden existieren (z.B. Malaisefallen) und die Bestimmbarkeit der Arten und die Nomenklatur in Mitteleuropa gut geklärt ist. Für die Untersuchung der Möglichkeiten der Funktionalen Indikation mit Hilfe von Schwebfliegen sind daher konkret folgende Ziele zu verwirklichen:

- Untersuchung der Zusammenhänge von biologischen Eigenschaften (Funktionale Gruppen) und Habitatbindung über ein möglichst breites Habitatspektrum. Integration von anderen für Flussauen repräsentativen Habitaten wie z.B. Auenwälder, Gewässer und Trockenrasen;
- Berücksichtigung der Landnutzung, die in weiten Teilen Mitteleuropas einen sehr dominanten, auf die Zusammensetzung von Schwebfliegengemeinschaften wirkenden Faktor darstellt (Salveter 1998, Speight 2001);
- Verbesserung der biologischen Datenbasis durch Integration von Literaturdaten in die vorhandene Datenbank von Speight et al. (1998);
- Bessere Dokumentation von regionalen Unterschieden in der Biologie der Arten in der Datenbank von Speight et al. (1998);
- Verwendung von statistischen Verfahren zur Analyse der Daten, die den komplexen Zusammenhängen und der Datenqualität gerecht werden (neue multivariate Verfahren, z.B. Dolédec et al. 2000, Dray et al. 2003, Pélissier et al. 2003, Thioulouse et al. 2004, Wagner 2004);
- Berücksichtigung der Verwandtschaftsverhältnisse der Arten bei der Analyse der funktionalen Gruppen (phylogenetische Korrektur), z.B. durch Verwendung von „phy-logenetic independent contrasts" (Starck 1998);
- Verwendung von Tests, die explizit die Verwendbarkeit und Robustheit der Indikation prüfen können (Lindenmayer 1999).

Zurzeit wird an einem weiter führenden Projekt gearbeitet, das an der Mittleren Elbe ein weites Spektrum an Habitaten auf die funktionale Bindung von Schwebfliegen untersucht (Dziock 2003). Ziel ist, dadurch der von Begon et al. (1996) formulierten „fundamentalen Herausforderung" ein kleines Stückchen weit zu begegnen:

„...the essential ecological task of relating life histories to habitats remains the most fundamental challenge."

7 Integration der fachspezifischen Indikationssysteme

7.1 Steuerfaktoren und ökologische Muster im Auengrünland des RIVA-Projektes

Anke Rink & Marcus Rink

Zusammenfassung

Im Rahmen des RIVA-Projektes wurde eine Analyse von Steuerfaktoren und ökologischen Mustern für Auengrünland und die Artengruppen Carabiden (Laufkäfer), Mollusken (Weichtiere) und Vegetation durchgeführt. Der Einsatz multivariater statistischer Verfahren ermöglichte für die betrachteten Artengruppen die Identifizierung von strukturwirksamen Parametern, die einen signifikanten Erklärungsanteil an deren Verteilungsmuster im Raum haben.

Aus dem Datensatz mit ursprünglich 238 Erklärungsparametern ließen sich für die Pflanzen sieben sowie für die Weichtiere und die Laufkäfer jeweils fünf für das Vorkommen der Arten auf den untersuchten Probeflächen modellrelevante Schlüsselparameter identifizieren.

Die drei untersuchten Taxa wurden anhand der relevanten Umweltparameter in Gruppen ähnlicher ökologischer Ansprüche eingeteilt, für die dann stellvertretend typische Arten (potenzielle Indikatorarten) ausgewählt wurden. Für die Mollusken und die Vegetation konnten so sechs Gruppen gebildet werden, die Carabiden wurden in fünf Gruppen eingeteilt.

Die Schlüsselparameter dienten als Basis für die Erstellung von Lebensraumeignungsmodellen für die biotischen Beobachtungsobjekte, wobei in der ersten Hierarchie-Stufe multivariate Ordinationsmodelle und in der zweiten Hierarchie-Stufe logistische Regressionen für die Prognose des Vorkommens von potenziellen Indikatorarten unter veränderten abiotischen Bedingungen entwickelt wurden.

7.1.1 Einleitung

Ein Ziel des RIVA-Projektes war das Erkennen von Steuerfaktoren und der sich daraus ergebenden ökologischen Muster in der Aue. Dieses Kapitel beschreibt den Weg, wie anhand multivariater statistischer Methoden aus einer Vielzahl gemessener Parameter die für die Biotik der Aue entscheidenden Parameter extrahiert wurden. Anhand dieser Parameter konnte die Verteilung der Biotik erklärt werden. Mithilfe dieser Beziehungen wurden für die betrachteten Artengruppen Carabiden, Mollusken und Vegetation Prognosemodelle entwickelt, die deren Verteilung anhand der identifizierten Steuerfakoren erklären (s. auch Buchkap. 8.2, Rink 2003, Hettrich & Rosenzweig 2002).

7.1.2 Methodik

Da die Mustererkennung im biotischen Gefüge der Arten und die Selektion der Modellparameter aus den 238 verfügbaren Umweltparametern die Simultanbetrachtung einer Vielzahl von biotischen wie abiotischen Variablen erforderte, wurden im RIVA-Projekt für die Analyse ökologischer Muster und von Steuerfaktoren multivariate Ordinationsverfahren verwendet (s. Buchkap. 3.2 und 4.3). Nach Prüfung der Datensatzeigenschaften und angesichts der Zielstellung, Steuerfaktoren zu erkennen und Prognosemodelle für Veränderungen im Artenmuster zu entwickeln, wurde die kanonische Korrespondenzanalyse (CCA) als das geeignetste Ordinationsverfahren für die Modellerstellung ermittelt (vgl. Buchkap. 8.2).

Anhand von Ordinationsmustern der CCA, statistischer Kennwerte und fachwissenschaftlicher Kriterien zum Artverhalten konnte die Abgrenzung ökologischer Gruppen und die Auswahl von potenziellen Indikatorarten aus dem Ordinationsdiagramm erfolgen. Für diese, die ökologischen Artengruppen stellvertretenden Arten, wurde die Erstellung von artspezifischen Lebensraumeignungsmodellen auf Grundlage der logistischen Regression (generalisierte lineare Modelle, GLM) vorgenommen.

Die logistische Regression kann im Gegensatz zur multivariaten Ordination nur Einzelarten in Beziehung zu Umweltparametern setzen. Berechnet wird anstatt der Lagekoordinaten zu den Gradienten die Vorkommenswahrscheinlichkeit der Art bei entsprechender Ausprägung der Umweltparameter im Modell. Lebensraumeignungsmodelle können mit diesem statistischen Verfahren nur unter großem Aufwand für eine Vielzahl von Arten berechnet werden, da die Modelle jeweils einzeln angepasst werden müssen. Weiterhin lassen sich verfahrensbedingt nur Arten modellieren, die gut durch den Stichprobenumfang repräsentiert sind. Die CCA hingegen ist in der Lage, unterrepräsentierte Arten passiv in das Modell einzuordnen und ihre Lage durch die Korrespondenz zu gut repräsentierten Arten abzuschätzen.

7.1.3 Steuerfaktoren

Eine Vielzahl von Antwortvariablen (Arten) musste für den Aufbau des Prognosesystems mit mehr als einer Charakteristik (Umweltparameter) gleichzeitig in Beziehung gesetzt werden, um daraus sowohl die innere Ordnung der Beobachtungsobjekte als auch die Komplex bildenden Schlüsselparameter zum Vorschein zu bringen und den Gradienten zuzuweisen. Die dazu notwendige Parameterselektion bzw. -reduktion führte von den insgesamt 238 im RIVA-Projekt zur Verfügung stehenden Erklärungsvariablen zu zehn Modellparametern (Abb. 7.1-1).

Der erste Schritt zur Datenreduktion bestand in der Kontrolle aller paarweisen Korrelationen zwischen den Erklärungsvariablen. Die RIVA-Daten erfüllen überwiegend das Datenniveau einer Intervallskala oder Verhältnisskala, so dass der Produkt-Moment-Korrelationskoeffizient nach Pearson genutzt wurde, um die Stärke des Zusammenhangs zwischen zwei Variablen zu quantifizieren (Backhaus et al. 1996). Da keine Hypothesentests angestrebt wurden, musste die Forderung nach einer Normalverteilung nicht erfüllt sein. Es befanden sich aber auch einige ordinalskalierte Variablen im Datensatz, die eine Gegenkontrolle mit dem Rangkorrelationskoeffizienten nach Spearman erforderten. Hierdurch konnten Parameter mit identischem Informationsgehalt erkannt und dann extrahiert werden.

Als zweiter Schritt zur Datenreduktion wurde die Berechnung von Hauptkomponentenanalysen eingesetzt. Eine Zusammenfassung der Überflutungs- und Grundwasserparameter erfolgte auf den ersten zwei Komponenten, sie wiesen meist Ladungen größer 0,7 auf. Die Dominanz der hydrologischen Parameter für die Erklärung des biotischen Musters in den Auengebieten wird durch dieses Ergebnis unterstrichen, da die Bedeutung bzw. Trennkraft von der ersten zur letzten betrachteten Komponente abnimmt. Die PCA-Analyseergebnisse wiesen die Bodenparameter auf der dritten und

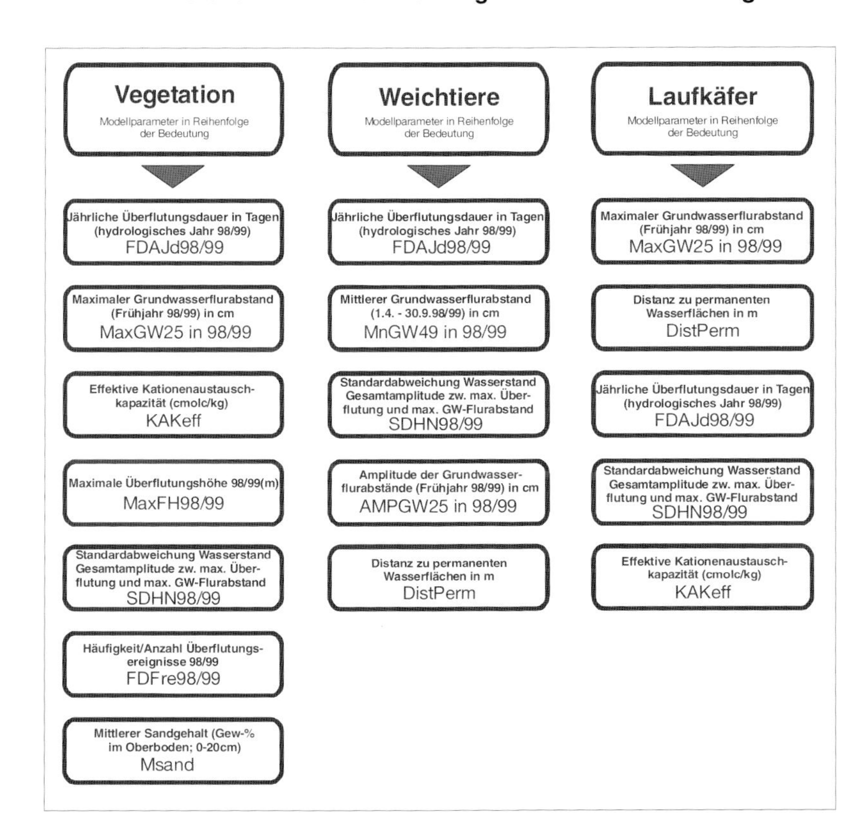

Abb. 7.1-1: Modellparameter für die biotischen Beobachtungsobjekte im Auengrünland der Mittleren Elbe. GW: Grundwasserflurabstand. Zahlenangaben hinter den Parametern bedeuten, dass die Werte für das Jahr 1998 bzw. das Jahr 1999 verschieden sind.

höheren Komponente aus.

Der dritte Schritt reduzierte den Satz der Erklärungsvariablen um konstante Parameter, da diese praktisch keine Trennkraft besitzen. Zu diesen Parametern zählte zum Beispiel die Lagerungsdichte (LD) mit Werten von generell 1,5 und 1,6.

Den vierten Schritt bildete die Vorwärtsselektion. Zusammengefasst resultierte die Parameterselektion für die Ordinationsmodelle im RIVA-Projekt weitgehend aus den Schritten eins, drei und vier. Die Funktionalität der Hauptkomponentenanalyse (PCA) als Datenreduktionsmethode wurde jedoch durch den Vergleich mit den anderen Verfahren bestätigt.

Schon im ersten Durchlauf der Vorwärtsselektion zeigte sich, dass für die einzelnen Untersuchungsphasen (UP1 und UP5: Frühjahr 1998 bzw. 1999; UP3 und UP7: Herbst 1998 bzw. 1999) die Parameter mit dem höchsten Eigenwert nicht identisch waren. Eine „echte", allgemeingültige Relevanz der Erklärungsvariablen konnte also nicht verlässlich wiedergegeben werden. Daher bestand die Notwendigkeit, eine Parallelisierung der Vorwärtsselektionen durchzuführen, um eine zeitlich robuste Parameterauswahl treffen zu können. Die Abstimmung der Modellparameter über die Untersuchungsphasen ist zwar mit einem Verlust an Erklärungsanteilen in der Einzelphase verbunden, wiegt aber weniger gravierend als die dadurch zu gewinnende Stabilität der Modellparameter über die Zeit.

Alle ins CCA-Modell aufgenommenen Parameter wurden bei den Vorwärtsselektionen durch den VIF-Wert (Variance Inflation Factor) begutachtet, um Multikolinearität zu vermeiden (ter Braak & Smilauer 1998).

Beispielhaft werden die Ergebnisse der Vorwärtsselektion für die Mollusken beschrieben. Die Vorwärtsselektion wurde mit der Statistiksoftware CANOC® gerechnet. Die Überflutungsdauer in Tagen für 1998 bzw. 1999 (FDAJD98/99) hat einen äußerst dominanten Einfluss auf die Artenverteilung im Raum. Im Mittel erklärt sie 32,8 % der Variabilität und ist zeitlich hoch stabil. Tests bestätigten, dass sie auch die Artenverteilung in den Herbstphasen bestimmt, obwohl Überflutungen fast nur im Frühjahr auftreten. Der „Memory-Effekt" weit gehend ortsgebundener Artengruppen wie der Mollusken und der Vegetation, d.h. die meist langsame Reaktionszeit, führen zu diesem Zusammenhang.

Der zweite Durchlauf brachte erste Schwankungen in der Listenposition des dann effektivsten Parameters zwischen den verschiedenen Untersuchungsphasen. Der mittlere Grundwasserflurabstand für die Vegetationsperiode (MNGW498 bzw. MNGW499) ist in allen vier Untersuchungsphasen einer der wichtigsten Parameter und wurde dann als gemeinsam wichtigster Parameter in das Modell aufgenommen. Der Erklärungsanteil über die Untersuchungsphasen hinweg von statischen Parametern, wie der Distanz zu permanenten Wasserflächen (DistPerm), sind auf die Variabilität des biotischen Datensatzes zurückzuführen.

Die für die drei Taxa selektierten Parameter für die Ordinationsmodelle fasst Abbildung 7.1-1 zusammen. Die Abfolge spiegelt deren Bedeutungsgehalt, d.h. die Reihenfolge der Aufnahme ins Modell wider.

7.1.4 Ordinationsmodelle

Die CCA-Ordinationsdiagramme der drei Taxa über die vier Untersuchungsphasen zeichnen sich alle durch die Dominanz der Überflutungs- und Grundwasserparameter aus. Die Varianz des Vorkommens der Arten wird bei den Mollusken im Durchschnitt über die vier Untersuchungsperioden mit fast 61 % erklärt. Für die Carabiden liegt der Prozentsatz um 42 %, bei der Vegetation knapp über 50 %. Diese Prozentsätze werden durch die Erklärungsanteile auf den ersten vier Ordinationsachsen bereits nahezu erreicht. Nur bei der Vegetation mit einer insgesamt wesentlich höheren Gesamtvarianz im Datensatz liegt die Erklärung über die ersten vier Achsen bei 42 % deutlich geringer (s. Tab. 7.1-1).

Beispielhaft werden drei Ordinationsdiagramme abgebildet, und zwar die Diagramme der Herbstuntersuchung 1998 der Vegetation (Abb. 7.1-2), der Frühjahrsuntersuchung 1998 der Carabiden (Abb. 7.1-3) und der Frühjahrsuntersuchung 1999 der Mollusken (Abb. 7.1-4). Die Daten stammen aus den Partnerprojekten Vegetation (Buchkap. 6.1), Carabiden (Buchkap. 6.3) und Mollusken (Buchkap. 6.2). In den Ordinationsdiagrammen ist die Verteilung der Arten im ökologischen Ordinationsraum dargestellt. Darüber hinaus ist die Einteilung der Arten in ökologische Gruppen eingezeichnet, und die potenziellen Indikatorarten (größere Symbole) sind hervorgehoben.

Die Anordnung der Arten in verschiedene Gruppen ist deutlich erkennbar. Anhand dieser Gruppenbildung im Ordinationsdiagramm und unter Berücksichtigung anderer statistischer Auswertungen (Clusteranalysen) sowie den Erfahrungswerten der beteiligten Fachwissenschaftler wurden die Arten in ökologische Gruppen (Tab 7.1-2 bis 7.1-5) eingeteilt.

Bei den ökologischen Gruppen der Mollusken und der Vegetation ist es gelungen, die Gruppengrenzen ähnlich auszurichten (Tab. 7.1-5), da die Modelle auf dem identischen er-

Tab. 7.1-1: Kenndaten der Ordinationsmodelle. EI (Explained Inertia): erklärte Varianz der biotischen Daten; EI %: prozentualer Erklärungsanteil an der Gesamtvarianz; EI4 %: prozentualer Erklärungsanteil der vier ersten Achsen an der Gesamtvarianz, TI (Total Inertia): Gesamtvarianz der biotischen Daten, UP1: Untersuchungsphase Frühjahr 1998, UP3: Untersuchungsphase Herbst 1998, UP5: Untersuchungsphase Frühjahr 1999, UP7: Untersuchungsphase Herbst 1999

CCA Modelldaten		UP 1	UP 3	UP 5	UP 7
Mollusken	TI	1,821	1,618	1,661	1,914
	EI	1,193	1,053	0,947	1,074
	EI%	65,5	65,1	57,0	56,1
	EI% 4 Achsen	64,6	64,7	56,5	55,4
Carabiden	TI	1,412	1,370	1,405	1,519
	EI	0,600	0,555	0,582	0,634
	EI%	42,5	40,5	41,4	41,7
	EI% 4 Achsen	40,9	39,0	40,0	40,8
Vegetation	TI	3,886	3,847	3,907	3,700
	EI	1,986	1,932	1,947	1,845
	EI%	51,1	50,2	49,8	49,9
	EI% 4 Achsen	41,5	41,4	41,6	43,7

sten modellrelevanten Parameter (jährliche Überflutungsdauer) basieren und als zweiten Modellparameter den maximalen bzw. mittleren Grundwasserflurabstand integrieren. Die räumliche Verteilung der ökologischen Gruppen ist daher im geographischen Raum gut vergleichbar. Die Carabidenarten hingegen konnten nur in fünf ökologische Gruppen eingeteilt werden, wodurch der Vergleich erschwert wird.

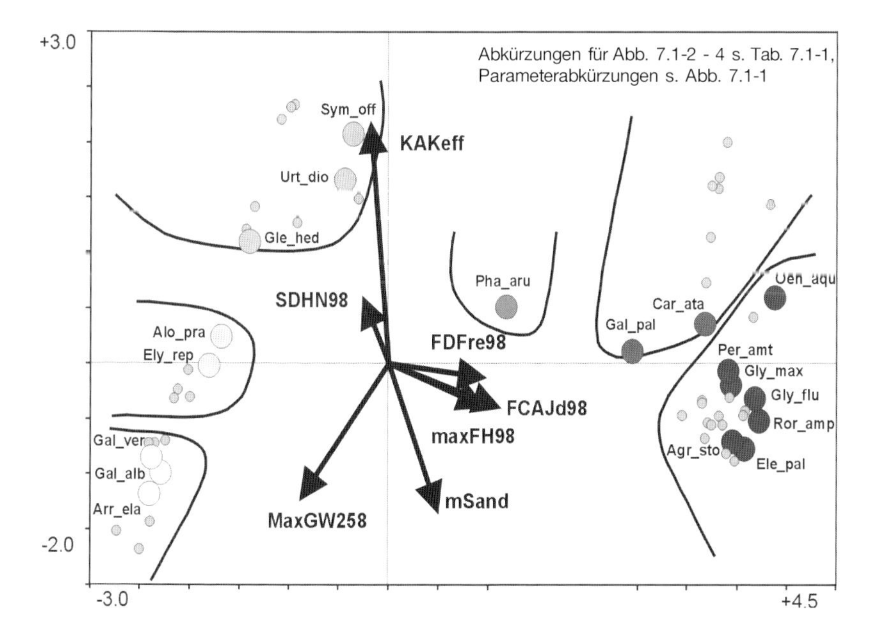

Abb. 7.1-2: Ordinationsdiagramm der Vegetation Herbst 1998, dargestellt entlang der ersten beiden Achsen, Artabkürzungen s. Tabelle 7.1-2. Kennwerte der Ordination: wurzeltransformierte biotische Daten, Skalierung nach Hill, Anzeigeschwellenwert der Artsignaturen 15 %, Artenvorkommen = 2 sind nicht aktiv einbezogen, Eigenwerte der Achsen: 0,853 - 0,347- 0,209 - 0,184, Erklärte Varianz in den biotischen Daten pro Achse: 22,2 - 9,0 - 5,4 - 4,8 %: TI = 3,847, EI = 1,9372, EI % = 50,2, EI4 % = 41,4

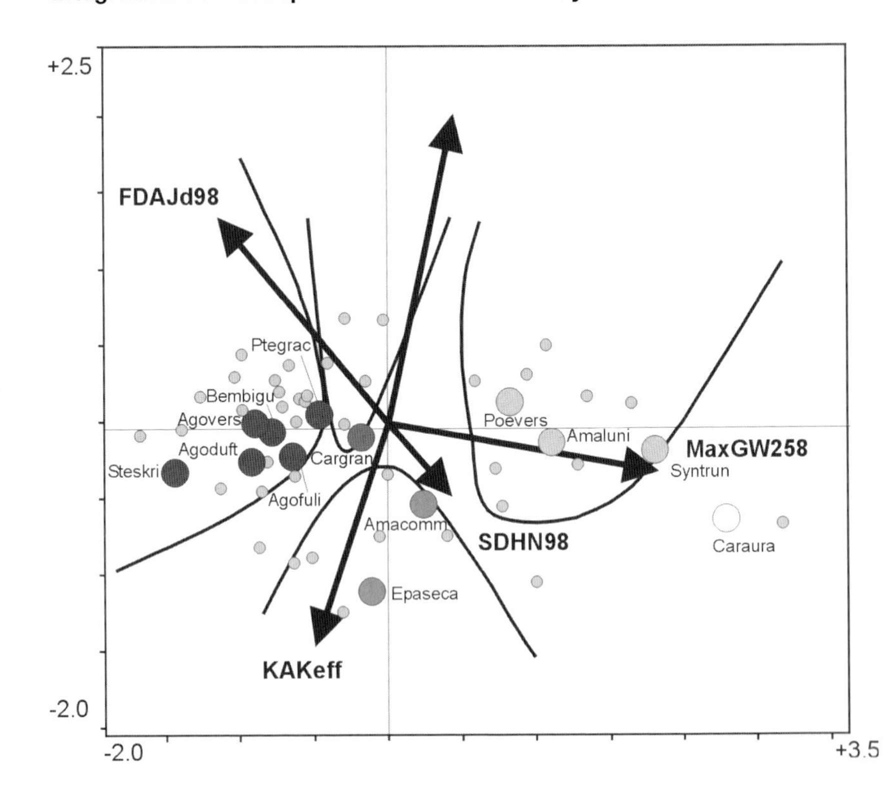

Abb. 7.1-3: Ordinationsdiagramm der Carabiden Frühjahr 1998 entlang der 1. beiden Achsen, Artabkürzungen s. Tabelle 7.1-3, Kennwerte der Ordination: wurzeltransformierte biotische Daten, Biplot-Skalierung, Artenvorkommen = 2 sind nicht aktiv einbezogen, Eigenwerte der Achsen: 0,341-0,114-0,093-0,033, Erklärte Varianz in den biotischen Daten pro Achse: 24,2 - 7, 7 – 6, 6 – 2,4 %: TI = 1,412, EI = 0,60, EI % = 42,5, EI4 % = 40,9

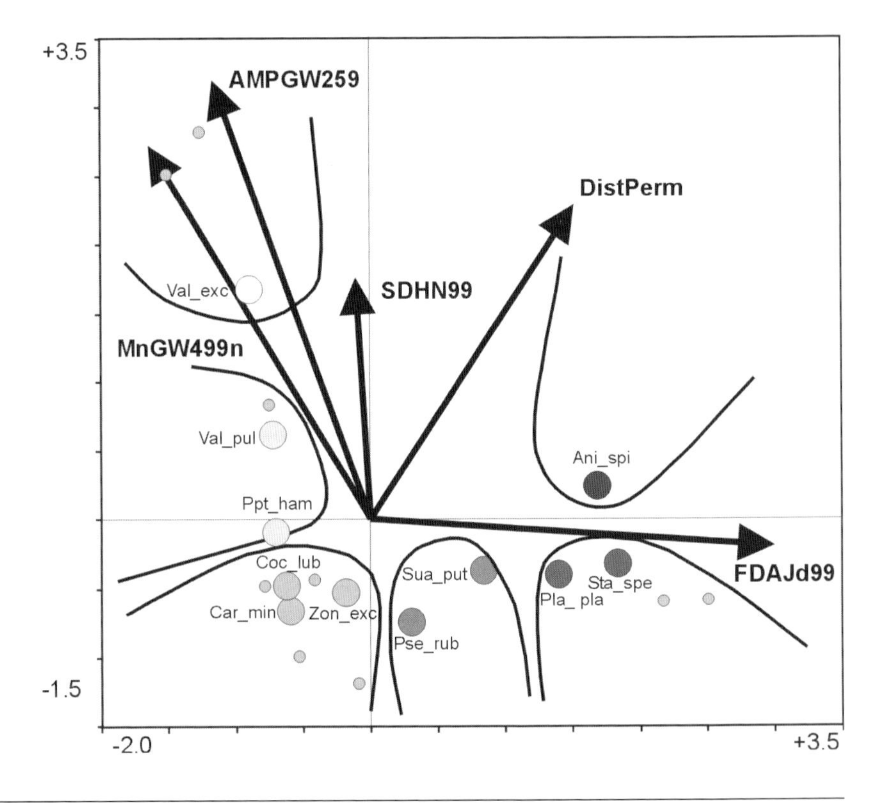

Abb. 7.1-4: Ordinationsdiagramm der Mollusken Frühjahr 1999, dargestellt entlang der ersten beiden Achsen, Artabkürzungen s. Tabelle 7.1-4. Kennwerte der Ordination: wurzeltransformierte biotische Daten, Skalierung nach Hill, Artenvorkommen = 2 sind nicht aktiv einbezogen, Eigenwerte der Achsen: 0,510 - 0,310 - 0,088 - 0,031, Erklärte Varianz in den biotischen Daten pro Achse: 30,7 - 18,6 - 5,3 - 1,9 %: TI = 1,661, EI = 0,947, EI % = 57,0, EI4 % = 56,5

Tab. 7.1-2: Ökologische Gruppen und potenzielle Indikatorarten der Vegetation (vgl. Buchkap. 6.1)

	Vegetation		
	Wissenschaftl. Bezeichnung	Kürzel	Deutscher Name
1	*Oenanthe aquatica*	Oen_aqu	Großer Wasserfenchel
	Agrostis stolonifera	Agr_sto	Weißes Straußgras
	Eleocharis palustris	Ele_pal	Gewöhnliche Sumpfbinse
	Persicaria amphibia	Per_amt	Wasser-Knöterich
	Rorippa amphibia	Ror_amp	Wasserkresse
	Glyceria maxima	Gly_max	Großes Süßgras (Wasserschwaden)
	Glyceria fluitans	Gly_flu	Flutendes Süßgras
2	*Carex acuta*	Car_ata	Schlanke (zierliche) Segge
	Galium palustre	Gal_pal	Sumpf-Labkraut
	Iris pseudacorus	Iri_pse	Gelbe Schwertlilie
3	*Phalaris arundinacea*	Pha_aru	Rohr-Glanzgras
4	*Glechoma hederacea*	Gle_hed	Gundelrebe
	Symphytum officinale	Sym_off	Arznei-Beinwell (Gewöhnlicher B.)
	Urtica dioica	Urt_dio	Große Brennnessel
5	*Alopecurus pratensis*	Alo_pra	Wiesen-Fuchsschwanz
	Elymus repens	Ely_rep	Kriechende Quecke
6	*Ornithogalum umbellatum*	Orn_umb	Dolden-Milchstern
	Arrhenaterum elatius	Arr_ela	Glatthafer
	Galium verum	Gal_ver	Echtes Labkraut
	Galium album	Gal_alb	Weißes Labkraut

Tab. 7.1-3: Ökologische Gruppen und potenzielle Indikatorarten der Carabiden (vgl. Buchkap. 6.3)

	Carabiden		
Gruppe	Wissenschaftl. Bezeichnung	Kürzel	Deutscher Name
1	*Stenolophus skrimshiranus*	Steskri	Rötlicher Scheibenhals-Schnellläufer
	Bembidion biguttatum	Bembigu	Zweifleckiger Ahlenläufer
	Agonum versutum	Agovers	Auen-Glanzflachläufer
	Agonum duftschmidi	Agoduft	Duftschmids Glanzflachläufer
	Pterostichus gracilis	Ptegrac	Zierlicher Grabläufer
	Agonum fuliginosum	Agofuli	Gedrungener Flachläufer
2	*Carabus granulatus*	Cargran	Gekörnter Laufkäfer
	Bembidion gilvipes	Bemgilv	Feuchtbrachen-Ahlenläufer
3	*Amara communis*	Amacomm	Schmaler Wiesen-Kamelläufer
	Epaphius secalis	Epaseca	Sumpf-Flinkläufer
5	*Syntomus truncatellus*	Syntrun	Gewöhnlicher Zwergstreuläufer
	Amara lunicollis	Amaluni	Dunkelhörniger Kamelläufer
	Calathus melanocephalus	Calmela	Rothalsiger Kahnläufer
	Amara strenua	Amastre	Auen-Kamelläufer
6	*Carabus auratus*	Caraura	Goldlaufkäfer
	Amara equestris	Amaeque	Plumper Kamelläufer
	Calathus fuscipes	Calfusc	Großer Kahnläufer

Tab. 7.1-4: Ökologische Gruppen und potenzielle Indikatorarten der Mollusken (vgl. Buchkap. 6.2)

	Mollusken		
	Wissenschaftl. Bezeichnung	Kürzel	Deutscher Name
1	*Planorbis planorbis*	Pla_pla	Gemeine Tellerschnecke
	Stagnicola spec.	Sta_spe	Sumpfschnecke
2	*Anisus spirorbis*	Ani_spi	Gelippte Tellerschnecke
3	*Succinea putris*	Sua_put	Gemeine Bernsteinschnecke
	Pseudotrichia rubiginosa	Pse_rub	Behaarte Laubschnecke
4	*Cochlicopa lubrica*	Coc_lub	Gemeine Glattschnecke
	Carychium minimum	Car_min	Bauchige Zwerghornschnecke
	Zonitoides nitidus	Zon_exc	Glänzende Dolchschnecke
5	*Vallonia pulchella*	Val_pul	Glatte Grasschnecke
	Perpolita hammonis	Ppt_ham	Streifenglanzschnecke
6	*Vallonia excentrica*	Val_exc	Schiefe Grasschnecke

Tab. 7.1-5: Verbale Beschreibung der ökologischen Gruppen der drei Taxa

	Mollusken	Carabiden	Vegetation
1	Tiefere Rinnen, meist länger mit Wasser gefüllt	Tiefe, lang überschwemmte Flutrinnen	*Persicaria amphibia*-Gruppe. Nasse, häufig überschwemmte Standorte
2	Seichte, länger trocken liegende Rinnen	Kürzer überschwemmte, flache Rinnen, Phalaris-Röhrichte und feuchte bis frische Mähwiesen	*Galium palustre*-Gruppe. Nasse, etwas weniger häufig überschwemmte Standorte
3	Übergang von den Feuchtflächen zu den seichten Rinnen	Phalaris-Röhrichte	*Phalaris arundinacea*-Gruppe. Feuchte bis nasse Standorte
4	Tiefer liegende Feuchtflächen		*Urtica dioica*-Gruppe. Feuchte, nährstoffreiche, wenig genutzte Standorte
5	Übergang von den feuchtenzu den trockenen Flächen	Wechselfeuchte bis mäßig trockene Mähwiesen	*Alopecurus pratensis*-Gruppe. Frische Standorte
6	Höher gelegene, die meiste Zeit trocken liegende, genutzte Wiesenflächen	Trockene, allenfalls sehr kurz überschwemmte Mäh- wiesen	*Arrhenatherum elatius*-Gruppe. Trockene Standorte

7.1.5 Lebensraumeignungsmodelle für potenzielle Indikatorarten

Aus den einzelnen ökologischen Gruppen konnten potenzielle Indikatorarten ausgewählt werden, um für Folgeauswertungen die enorme Artenzahl auf handhabbare Datenmengen zu reduzieren, aber dennoch verlässliche Prognosen zu erhalten (vgl. Buchkap. 7.2). Für einige potenzielle Indikatorarten wurden in SPSS® generalisierte lineare Modelle (GLM) mit logistischer Regression erstellt. Die Berechnungen sind für alle 49 potenziellen Indikatorarten aus den drei Artengruppen Vegetation, Mollusken und Carabiden durchgeführt worden. Selbst die Erstellung eines univariaten Modells war aber verfahrensbedingt nicht für alle potenziellen Indikatorarten möglich. Beispielhaft werden nachfolgend die Ergebnisse von sieben Arten aus unterschiedlichen taxonomischen und ökologischen Gruppen dargestellt. Den einzelnen Arten, also den abhängigen Variablen, wurden ein bis zwei Umweltparameter zugeordnet, durch deren Ausprägung im Untersuchungsraum die Vorkommenswahrscheinlichkeit der Art geschätzt werden konnte.

Bei der Berechnung der einzelnen Lebensraumeignungsmodelle konnte für viele Arten kein Umweltparameter mit ausreichend hohem Erklärungsanteil gefunden werden. Ein Grund ist darin zu sehen, dass in die Berechnung nur binäre Daten eingehen, ein individuenreiches Vorkommen geht demnach in gleicher Gewichtung ein wie ein Einzelfund. Das schwerpunktmäßige Vorkommen einer Art auf einer bestimmten Probefläche mit den dort vorhandenen Umweltparametern kann also nicht entsprechend berücksichtigt werden. Viele Arten reagieren auf die Veränderung eines Umweltfaktors nur mit der Individuendichte, die aber in die logistische Regression nicht eingeht. Außerdem werden die meisten Arten durch eine Kombination verschiedener Umweltparameter in ihrem Vorkommen bestimmt. Eine Darstellung mit nur einzelnen Parametern ist daher nur bedingt möglich. Nachfolgend sind für die beispielhaft ausgewählten Arten (vgl auch Abb. 7.1-5 bis 7.1-8) die Formeln für die Vorhersage der Vorkommenswahrscheinlichkeit der Untersuchungsphase Frühjahr 99 aufgeführt. Wie in der Aue nicht anders zu erwarten und auch schon durch die kanonische Korrespondenzanalyse zu erkennen, sind es Grundwasserparameter, Überflutungsdauer und die Distanz zu permanenten Wasserflächen, die in die Formeln eingingen. Auch Arten unterschiedlicher taxonomischer beziehungsweise ökologischer Gruppen werden durch gleiche Parameter erklärt.

Das Vorkommen der Feuchte präferierenden Molluskenart *Anisus spirorbis* (Abb. 7.1-6) wird beispielsweise ebenso durch den maximalen Grundwasserflurabstand im Frühjahr erklärt wie das eher die trockeneren Standorte bevorzugende *Galium album* (Weiße Labkraut, Abb. 7.1-8). *Anisus spirorbis* reagiert jedoch negativ auf hohe Grundwasserflurabstände, *Galium album* positiv.

Abb. 7.1-5 zeigt ein Streudiagramm der vorhergesagten Vorkommenswahrscheinlichkeit von *Agonum duftschmidi.* Das Vorkommen dieser Laufkäferart wird durch die Kombination zweier Umweltparameter erklärt, der Überflutungsdauer und der Distanz zu permanenten Wasserflächen, wobei die Überflutungsdauer der bedeutendere Parameter ist. Die Stern- und Punktsymbole zeigen, wie gut die errechnete Formel die realen Funde in der Untersuchungsphase Frühjahr 1999 nachbilden kann. Die meisten tatsächlichen Vorkommen (Sterne) liegen auch im Bereich vorhergesagter hoher Vorkommenswahrscheinlichkeit.

Alle anderen beispielhaft ausgewählten Arten werden nur durch einen Parameter erklärt. Die Streudiagramme (Abb. 7.1-6, 7.1-7 und 7.1-8) sind dementsprechend zweidimensional, verhalten sich aber analog der dreidimensionalen Darstellung. Die nicht abgebildeten Streudiagramme der restlichen Arten zeigen ähnliche Ergebnisse.

Gruppe 1, Beispiel: Laufkäfer
Agonum duftschmidi
(Duftschmids Glanzflachläufer)

$$P(\bar{x}) = \frac{1}{1 + e^{-(2{,}944 + 0{,}082\,FDAJD + (-0{,}027\,DistPerm))}}$$

MNGW 499: Mittlerer Grundwasserflurabstand

Abb. 7.1-5: Streudiagramm der Vorkommenswahrscheinlichkeit von *Agonum duftschmidi* (AGODUFT) anhand der beiden Umweltparameter Überflutungsdauer in Tagen im Untersuchungsjahr (FDAJD99) und Distanz zu permanenten Wasserflächen (DISTPERM)

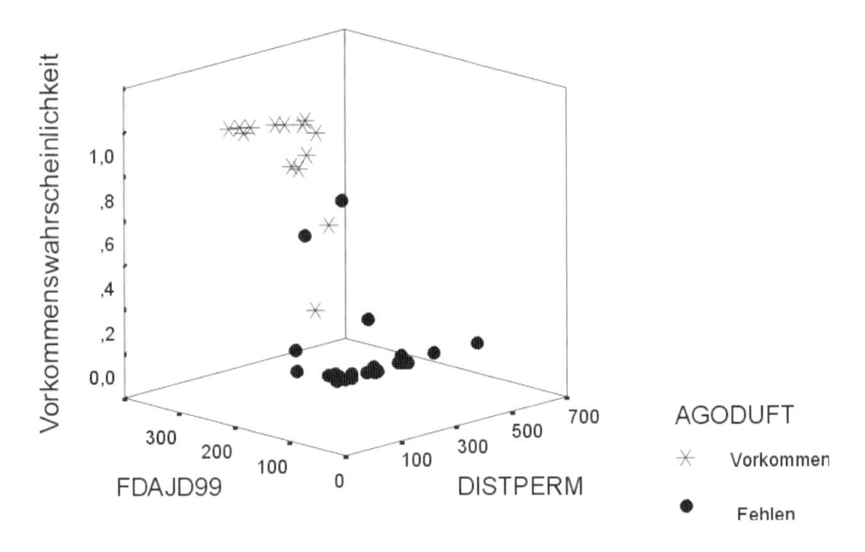

Gruppe 2, Beispiel: Weichtiere
Anisus spirorbis
(Gelippte Tellerschnecke)

$$P(\vec{x}) = \frac{1}{1+e^{-(3{,}889+(-0{,}24 MAXGW\,259))}}$$

Gruppe 3, Beispiel: Vegetation
Phalaris arundinacea
(Rohrglanzgras)

$$P(\vec{x}) = \frac{1}{1+e^{-(9{,}083+(-0{,}041 MNGW\,499))}}$$

MNGW 499: Mittlerer Grundwasserflurabstand von April bis September 1999

Gruppe 4, Beispiel: Weichtiere
Cochlicopa lubrica
(Gemeine Glattschnecke)

$$P(\vec{x}) = \frac{1}{1+e^{-(1{,}296+(-0{,}013 DistPerm))}}$$

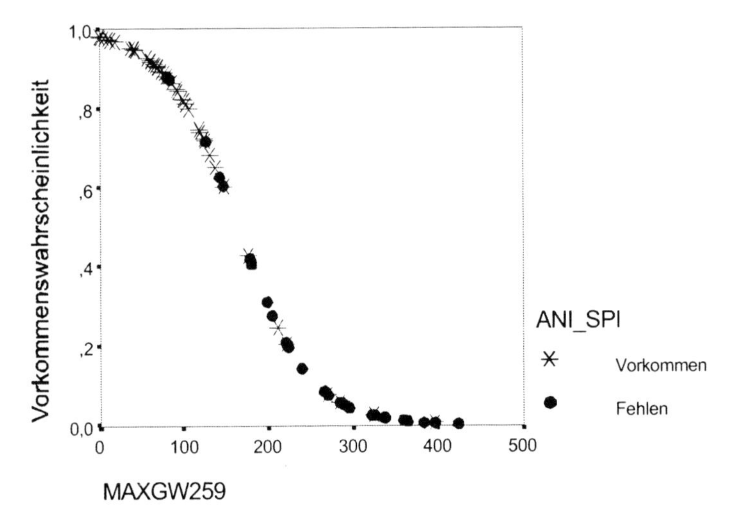

Abb. 7.1-6: Streudiagramm der Vorkommenswahrscheinlichkeit von *Anisus spirorbis* (ANI_SPI) anhand des Umweltparameters maximaler Grundwasserflurabstand von Februar bis 1999 (MAXGW259)

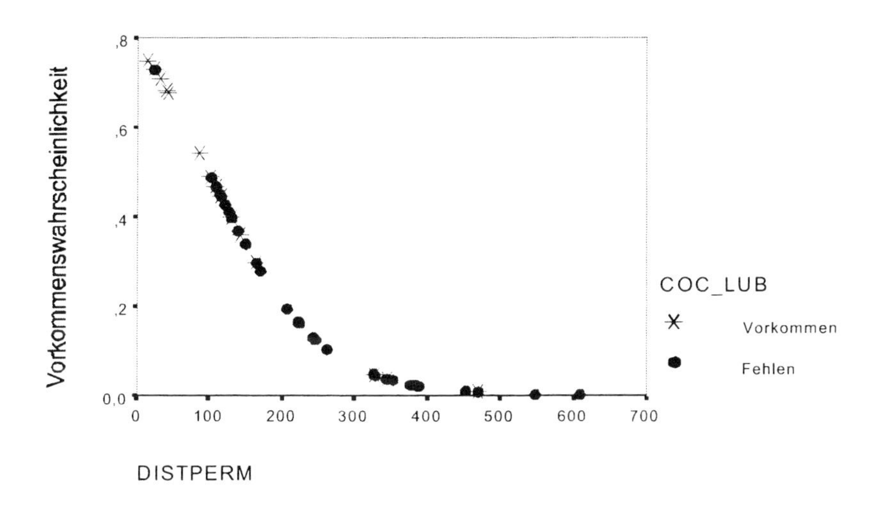

Abb. 7.1-7: Streudiagramm der Vorkommenswahrscheinlichkeit von *Cochlicopa lubrica* (COC_LUB) anhand des Umweltparameters Distanz zu permanenten Wasserflächen (DISTPERM)

Gruppe 5, Beispiel: Vegetation

Alopecurus pratensis
(Wiesen-Fuchsschwanz)

$$P(\vec{x}) = \frac{1}{1+e^{-(-9{,}752+0{,}082 MNGW\,499)}}$$

MNGW 499: Mittlerer Grundwasserflurabstand von April bis September 1999

Gruppe 6, Beispiel: Laufkäfer

Carabus auratus
(Goldlaufkäfer)

$$P(\vec{x}) = \frac{1}{1+e^{-(-8{,}455+0{,}029 MAXGW\,259)}}$$

MNGW 259: Maximaler Grundwasserflurabstand von Februar bis März 1999

Gruppe 6, Beispiel: Vegetation

Galium album
(Weißes Labkraut)

$$P(\vec{x}) = \frac{1}{1+e^{-(-5{,}761+0{,}037 MAXGW\,259)}}$$

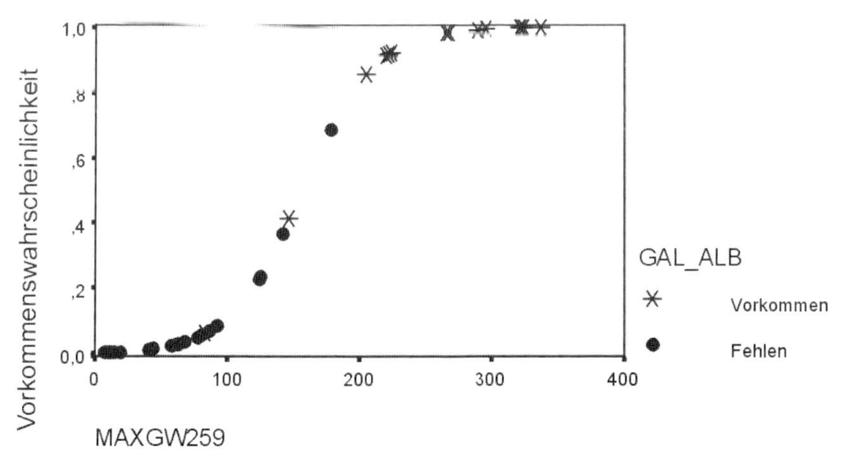

Abb. 7.1-8: Streudiagramm der Vorkommenswahrscheinlichkeit von *Galium album* (GAL_ALB) anhand des Umweltparameters maximaler Grundwasserflurabstand von Februar bis Mai 1999 (MAXGW259).

7.1.6 Ausblick

Die erstellten statistischen Modelle lieferten die Grundlage von Prognoserechnungen zur Artenverteilung bei sich ändernden Standortbedingungen (s. Buchkap. 8.2). Im Buchkapitel wird auch die Anwendung der Modelle auf die anderen RIVA-Untersuchungsgebiete an der Elbe und die zeitliche Übertragung und damit auch die Robustheit der Modelle beschrieben. Die Methodik kann grundsätzlich auch auf andere Auenstandorte an der Elbe, wie auch auf andere Flussauen, übertragen werden. Hierzu wurde der in diesem Projekt entwickelte Modellansatz in das von der Bundesanstalt für Gewässerkunde entwickelte Modellsystem INFORM integriert (s. Buchkap. 9.1). Mit INFORM ist bei entsprechender Datengrundlage eine Prognoserechnung auch an anderen Flussabschnitten oder Flüssen möglich. Multivariate Modelle auf der Grundlage von Daten aus dem RIVA-Projekt wurden auch im Elbe-DSS im Teilmodul Flussabschnitt für das Untersuchungsgebiet Sandau verwendet, um Prognosen der Artenverteilung in der Flussaue, z.B. bei Änderungen der Überflutungsdauer durch Deichrückverlegungen, rechnen zu können (vgl. Kofalk et al. 2001, 2004 und 2005).

7.2 Integration der Indikatoren zu einem Indikationssystem

Klaus Follner & Klaus Henle

Zusammenfassung

In diesem Kapitel ist die Integration mehrerer Indikatoren der Artengruppen Pflanzen, Mollusken und Laufkäfer zu einem indizierten Wert, die Prüfung der räumlichen und zeitlichen Übertragbarkeit und die abschließende Festlegung des RIVA-Indikationssystems detailliert dargestellt. Es beginnt mit einer Zusammenfassung, wie die Indikatorarten und die zu indizierenden Umweltfaktoren, die Dauer der Überflutung pro Jahr und der Grundwasserflurabstand während der Vegetationsperiode, ausgewählt wurden. Dann wird dargelegt, wie den einzelnen Arten ihre Indikatorwerte zugeordnet wurden und wie die Abundanz der Indikatorarten in die Indikation einging. Danach wird am Beispiel einer Artenliste die Durchführung einer Indikation dargestellt. Ein Test des neu entwickelten Indikationssystems zeigte, dass die Indikation mit Pflanzen die genauesten und zuverlässigsten Indikationswerte liefert. Die Qualität der Indikation durch Mollusken und Laufkäfer ist geringer. Diese beiden Artengruppen sind dennoch für die Indikation geeignet. Eine Untersuchung zur räumlichen und zeitlichen Übertragbarkeit des entwickelten Indikationssystems ergab für alle Artengruppen nur geringe Einschränkungen der Genauigkeit in anderen Untersuchungsgebieten oder Untersuchungszeiträumen. Das Indikationssystem erwies sich als sehr robust gegen verminderten Erfassungsaufwand. Das Kapitel schließt mit Anmerkungen zur Benutzung des Indikationssystems.

7.2.1 Einleitung

Die notwendigen Schritte zur Entwicklung eines Indikationssystems sind im Buchkapitel 3.1 aufgeführt. Wichtige Methoden und Ergebnisse des RIVA-Projektes, insbesondere zur Versuchsplanung und statistischen Auswertung, sind in den Buchkapiteln 3.1 und 7.1 dargestellt. In diesem Kapitel werden die Schritte der eigentlichen Erstellung des Indikationssystems im RIVA-Projekt, also die Verrechnung einzelner Indikatoren, die Überprüfung der zeitlichen und räumlichen Übertragbarkeit und die Fertigstellung des Indikationssystems beschrieben (s. auch Follner & Henle 2006).

Das allgemeine Ziel des Indikationssystems war durch das Projektziel von RIVA definiert, die Indikation von ökologischen Veränderungen in Auen. Im Lebensraum Aue ist die Wasserstandsdynamik der wichtigste Umweltfaktor für die Besiedelung und Abundanz der Arten (Scholz et al. 2005a; Rothenbücher & Schaefer 2006). Indiziert werden sollten also ausgewählte Umweltfaktoren, die sich mit der Überflutungsdynamik verändern. Mit Hilfe statistischer Verfahren wurden solche Umweltfaktoren gefunden und potenzielle Indikatorarten identifiziert, die für deren Indikation geeignet sind (Buchkap. 3.1, 4.3 und 7.1). Aus den Umweltfaktoren, für die gezeigt wurde, dass sie indiziert werden können, wurden die Überflutungsdauer pro Jahr (in Wochen) und der mittlere Grundwasserflurabstand während der Vegetationsperiode (in Metern unter Flur) ausgewählt. Die potenziellen Indikatorarten (Buchkap. 7.1) wurden vor der endgültigen Auswahl für das Indikationssystem einer Kontrolle auf biologische Plausibilität unterzogen. Dabei wurde zum Beispiel die Brennnessel (*Urtica dioica*) wegen ihrer weiten ökologischen Amplitude, auch außerhalb von Auen, aussortiert. Die Indikation im RIVA-Projekt beruht auf einer größeren Zahl von Indikatorarten, die gemeinsam für eine Probefläche den Wert eines Umweltfaktors entlang seines Gradienten anzeigen. Deshalb musste ein System entwikkelt werden, wie mehrere Indikatoren, die zusammen auf einer Probefläche nachgewiesen werden, zu einem Indikatorwert des indizierten Umweltfaktors zusammengefasst bzw. verrechnet werden können (Buchkap. 3.1). Hierzu wurden Erfahrungen aus häufig angewandten Indikationssystemen, den Zeigerwerten nach Ellenberg et al. (2001) und dem Saprobienindex (Meyer 1990, Deutsches Institut für Normung 1991) verwendet, die ebenfalls auf einer Vielzahl von Arten basieren.

7.2.2 Datenaufbereitung und Gewichtung

Die Zusammensetzung einer erfassten Artengemeinschaft und die Abundanzen der einzelnen Arten hängt sehr viel mehr von den Wasserständen vorangegangener Jahre ab als vom Wasserstand in der Woche der Aufnahme (Sládeèeck 1973; Metcalf 1989). Gerade solche langfristigen Änderungen wichtiger Umweltfaktoren sollen durch das Indikationssystem erfasst werden. Deshalb war es für dessen Erstellung nötig, Werte für die jährliche Überflutungsdauer und den mittleren Grundwasserflurabstand während der Vegetationsperiode nicht nur für den Untersuchungszeitraum, sondern auch für vorangegangene Jahre zu ermitteln. Unter der Voraussetzung, dass weder undurchlässiger Untergrund noch ein einmündendes Fließgewässer eine direkte Abhängigkeit der Wasserstände in der Aue von den Pegelständen des Flusses verhindern, können die beiden Parameter relativ leicht vom Pegelstand des Flusses abgeleitet werden. Ist diese Voraussetzung nicht erfüllt, müssen komplexere Verfahren der Rückrechnung eingesetzt werden, die zusätzlich den Niederschlag und die Evapotranspiration berücksichtigen (Böhnke & Follner 2002). Im RIVA-Projekt konnten auf diese Weise die Wasserstände für sieben vollständige hydrologische Jahre ermittelt werden. Aus dieser Datenreihe wurden für jedes Jahr die Überflutungsdauer und der Grundwasserflurabstand für jede der Probeflächen auf dem Hauptuntersuchungsgebiet (Schöneberger Wiesen bei Steckby) errechnet. Dieser Datensatz stellte zusammen mit den Abundanzen der Arten von 1999 für jede der Probeflächen die Datengrundlage für die Entwicklung des Indikationssystems dar.

Die Werte der steuernden Umweltfaktoren vorangegangener Jahre haben auf eine zu einem bestimmten Zeitpunkt erfasste Artengemeinschaft unterschiedlich starken Einfluss. Wie sich die Gewichte im Detail verteilen, hängt wiederum von der Artengruppe ab. Es kann angenommen werden, dass die Bedeutung der vergangenen Jahre bei den mobilen Laufkäfern schnell abnimmt, während die Zusammensetzung einer Pflanzengemeinschaft durch Mittelwerte und Extreme der Umweltbedingungen früherer Jahre bedeutend stärker beeinflusst werden als durch die des Jahres der Erfassung. Wichtig ist anzumerken, dass keine einjährigen Pflanzenarten als Indikatoren ausgewählt wurden, die Indikatorarten also diesbezüglich vergleichbar sind. Im RIVA-Projekt konnte aber die Entwicklung der Artengemeinschaften unter dem Einfluss der indizierten Umweltfaktoren nicht über mehrere Jahre verfolgt werden. Deshalb wird für alle drei Artengruppen als Näherung der Mittelwert der

Überflutungsdauer bzw. des Grundwasserflurabstandes während der Vegetationsperiode der sieben Jahre (einschließlich des Untersuchungsjahres) vor der Erhebung der Artnachweise verwendet.

Abundanzen (Tiere) und Deckungsgrade (Pflanzen) sind für die Verwendung in einem Indikationssystem nicht unmittelbar geeignet. Beispielsweise haben große Individuenzahlen kleiner Arten oft eine vergleichbare indikatorische Bedeutung wie wesentlich geringere Individuenzahlen einer bedeutend größeren Art. Massenvorkommen dürfen keinen unkontrolliert großen Einfluss auf das Indikationsergebnis erhalten. Außerdem wird im Braun-Blanquet-System für die Erfassung von Pflanzen Deckung und Individuenzahl für die seltener vorkommenden Arten vermischt. Deshalb wurden die Abundanzen und Deckungsgrade der Arten für die Indikation in ein einheitliches System von Gewichtungen überführt (Tab. 7.2-1). Mit diesen Gewichtungen gingen Abundanzen bzw. Deckungen der Indikatorarten in die Indikation ein. Angelehnt an Deichner (2003) wurden die Arten der Laufkäfer und der Mollusken in zwei Größenklassen eingeteilt (Tab. 7.2-1).

Bei Laufkäfern und Mollusken hängt die Abundanz wesentlich vom untersuchten Habitat und vom Aufwand der Erfassung ab. Deshalb musste eine Methode gefunden werden, um die Grenzen der Abundanzklassen und folglich der Gewichtung durch die Abundanzen für jede Liste nachgewiesener Indikatorarten anzupassen. Indikatorarten, die nur einmal nachgewiesen wurden, gingen immer mit einer Gewichtung von 0,5 in die Berechnungen ein. Die Grenzen für höhere Abundanzen bei Tieren und damit die Gewichtung werden entsprechend der Formeln in Tabelle 7.2-1 errechnet. Die Gewichtung für eine kleine Art, deren Abundanz zwischen dem 0,8-fachen und 4-fachen der mittleren Individuenzahl aller Indikatorarten liegt, ist folglich 1. Entsprechend wird für jede nachge-

Tab. 7.2-1: System zur Überführung von Individuenzahlen bei Tieren bzw. Deckungsgraden bei Pflanzen (nach Braun-Blanquet) in Gewichtungen für die Bildung des gewichteten Mittels. Die Grenze für die Gewichtungen durch die Abundanz errechnen sich aus der mittleren Abundanz der Indikatorarten ($\bar{n}_{Ind}$) und einem empirischen Faktor, der die Unterschiede zwischen den Gruppen von Körpergrößen abbildet. Die Grenze zwischen klein und groß lag bei den Laufkäfern bei 9 mm Körperlänge und bei den Mollusken bei 5 mm Gehäusedurchmesser.

		Laufkäfer/Mollusken				Pflanzen
		Größenklassen				Deckung
		klein	groß			
Gewichtung	0,5	Einzelfund	Einzelfund	Gewichtung	0,5	$\leq 0{,}1$ %
	1	$\leq 0{,}8 * \bar{n}_{Ind}$	$\leq 0{,}4 * \bar{n}_{Ind}$		1	$> 0{,}1\% - \leq 2{,}5$ %
	2	$> 0{,}8 * \bar{n}_{Ind} - \leq 4 * \bar{n}_{Ind}$	$> 0{,}4 * \bar{n}_{Ind} - \leq 2 * \bar{n}_{Ind}$		2	$> 2{,}5\% - \leq 37{,}5$ %
	3	$> 4 * \bar{n}_{Ind}$	$> 2 * \bar{n}_{Ind}$		3	$> 37{,}5$ %

wiesene Indikatorart auf der Basis der Tabelle 7.2-1 ihre Gewichtung durch die Abundanz errechnet. Die relativen Deckungsgrade der Pflanzen sind nicht wie die Abundanzen der Tiere vom Erfassungsaufwand abhängig. Den Arten können deshalb die Gewichte anhand fester Grenzen für die Deckung zugeteilt werden (Tab. 7.2-1).

Damit sind die Voraussetzungen geschaffen, jeder Indikatorart ihren Indikatorwert für den zu indizierenden Umweltparameter zuzuweisen. Jede Indikatorart kommt mit einer bestimmten Häufigkeit auf den Probeflächen vor. So errechnet sich aus den Werten, welche die zu indizierenden Umweltfaktoren auf den Probeflächen annehmen, ein durch die Abundanz der Indikatorart gewichtetes Mittel dieser Werte – der Indikatorwert der Art.

$$Indikatorwert_{Art} = \frac{\sum (Gewichtung\ der\ Art * Wert\ des\ Umweltfaktors)}{\sum Gewichtungen}$$

Auf diese Weise wurde im RIVA-Projekt jeder der ausgewählten Indikatorarten auf der Grundlage ihrer Abundanzen in 1999 von 36 Probeflächen (im Hauptuntersuchungsgebiet Steckby) für die beiden zu indizierenden Umweltfaktoren (Tab. 7.2-2) ihr Indikatorwert zugewiesen.

7.2.3 Indikatorwerte

Tabelle 7.2-3 zeigt die Indikatorarten aller drei Artengruppen sortiert nach ihren Indikatorwerten für die Überflutungsdauer und den Grundwasserflurabstand während der Vegetationsperiode. Dabei wird deutlich, dass sich die Artengruppen darin unterscheiden, welche Spanne der Umweltfaktoren sie abdecken. Die acht Arten, die besonders lange Überflutung und besonders hohen Wasserstand anzeigen, sind ausschließlich Pflanzen. Teilt man die Spanne der Umweltfaktoren, die alle Indikatorarten gemeinsam abdekken, in sechs etwa gleich große Bereiche, wird deutlich, dass sich die Indikatorarten für die Überflutungsdauer anders gruppieren als für den Grundwasserflurabstand. Dies zeigt, dass Arten, die ähnlich gut an Überflutungen angepasst sind, nicht ähnlich gut an Wassermangel durch große Abstände zum Grundwasser angepasst sein müssen. Die Reihenfolge sowie die Gruppierung der Arten unterscheiden sich auch von jener, die durch multivariate statistische Methoden ermittelt wurde (vgl. Buchkap. 7.1), weil dabei die Reihenfolge und Gruppierung der Arten auf einer Kombination dieser beiden und weiterer Umweltfaktoren beruhen.

Mit Ausnahme des Bereichs der

Tab. 7.2-2: Fiktives Beispiel für die Berechnung des Indikatorwertes dreier Arten für einen Umweltfaktor auf der Grundlage von fünf Probeflächen

Probeflächen	1	2	3	4	5	gewichtetes Mittel = Indikatorwert der Art
Wert des Umweltfaktors auf der Probefläche	1	5	4	17	30	
Gewichtung der Art 1	0,5	2	3	0,5	0	= 5,2
Gewichtung der Art 2	2	1	0,5	0	0	= 2,6
Gewichtung der Art 3	0	0	0	0,5	2	= 27,4

Tab. 7.2-3: Indikatorwerte der einzelnen Arten für die beiden indizierten Umweltfaktoren. Die Indikatorarten sind nach ihren Werten sortiert von feuchten zu trockenen Verhältnissen hin dargestellt. Pflan. = Pflanzen, Moll. = Mollusken, Laufk. = Laufkäfer

Überflutungsdauer [Wochen]		
Indikatorart	ArtGr.	Indikatorwert
Iris pseudacorus	Pflanz.	33
Glyceria fluitans	Pflanz.	30
Eleocharis palustris	Pflanz.	30
Rorippa amphibia	Pflanz.	30
Agrostis stolonifera	Pflanz.	29
Glyceria maxima	Pflanz.	28
Persicaria amphibia (var. terrestre)	Pflanz.	28
Galium palustre	Pflanz.	27
Oenanthe aquatica	Pflanz.	26
Stagnicola spec.	Moll.	25
Planorbis planorbis	Moll.	25
Stenolophus skrimshiranus	Laufk.	23
Carex acuta	Pflanz.	22
Agonum versutum	Laufk.	21
Agonum duftschmidi	Laufk.	20
Anisus leucostoma/spirorbis	Moll.	20
Succinea putris	Moll.	20
Bembidion biguttatum	Laufk.	19
Pterostichus gracilis	Laufk.	19
Agonum fuliginosum	Laufk.	19
Phalaris arundinacea	Pflanz.	19
Pseudotrichia rubiginosa	Moll.	16
Carabus granulatus	Laufk.	15
Bembidion gilvipes	Laufk.	14
Zonitoides nitidus	Moll.	14
Epaphius secalis	Laufk.	13
Calathus melanocephalus	Laufk.	13
Symphytum officinale	Pflanz.	13
Poecilus versicolor	Laufk.	11
Carychium minimum	Moll.	11
Cochlicopa lubrica	Moll.	11
Amara communis	Laufk.	10
Glechoma hederacea	Pflanz.	9
Perpolita hammonis	Moll.	7
Amara lunicollis	Laufk.	6
Amara strenua	Laufk.	6
Amara equestris	Laufk.	6
Syntomus truncatellus	Laufk.	6
Vallonia pulchella	Moll.	5

Grundwasserflurabstand [m unter Flur]		
Indikatorart	ArtGr.	Indikatorwert
Iris pseudacorus	Pflanz.	0,0
Glyceria maxima	Pflanz.	-0,1
Rorippa amphibia	Pflanz.	-0,2
Eleocharis palustris	Pflanz.	-0,2
Glyceria fluitans	Pflanz.	-0,2
Galium palustre	Pflanz.	-0,2
Agrostis stolonifera	Pflanz.	-0,2
Persicaria amphibia (var. terrestre)	Pflanz.	-0,3
Oenanthe aquatica	Pflanz.	-0,3
Planorbis planorbis	Moll.	-0,4
Stenolophus skrimshiranus	Laufk.	-0,4
Stagnicola spec.	Moll.	-0,4
Carex acuta	Pflanz.	-0,4
Agonum versutum	Laufk.	-0,5
Bembidion duftschmidi	Laufk.	-0,5
Agonum biguttatum	Laufk.	-0,6
Agonum fuliginosum	Laufk.	-0,6
Pterostichus gracilis	Laufk.	-0,6
Succinea putris	Moll.	-0,6
Anisus leucostoma/spirorbis	Moll.	-0,6
Phalaris arundinacea	Pflanz.	-0,6
Pseudotrichia rubiginosa	Moll.	-0,7
Symphytum officinale	Pflanz.	-0,8
Zonitoides nitidus	Moll.	-0,8
Carychium minimum	Moll.	-0,9
Carabus granulatus	Laufk.	-0,9
Epaphius secalis	Laufk.	-1,0
Cochlicopa lubrica	Moll.	-1,0
Glechoma hederacea	Pflanz.	-1,0
Bembidion gilvipes	Laufk.	1,1
Calathus melanocephalus	Laufk.	-1,2
Poecilus versicolor	Laufk.	-1,4
Amara communis	Laufk.	-1,4
Perpolita hammonis	Moll.	-1,5
Amara strenua	Laufk.	-1,7
Vallonia pulchella	Moll.	-1,7
Syntomus truncatellus	Laufk.	-1,8
Galium verum	Pflanz.	-1,8
Amara lunicollis	Laufk.	-1,9
Alopecurus pratensis	Pflanz.	-1,9

Tab. 7.2-3: Fortsetzung

Überflutungsdauer [Wochen]			Grundwasserflurabstand [m unter Flur]		
Indikatorart	ArtGr.	Indikatorwert	Indikatorart	ArtGr.	Indikatorwert
Alopecurus pratensis	Pflanz.	4	*Elymus repens*	Pflanz.	-1.9
Elymus repens	Pflanz.	3	*Amara equestris*	Laufk.	-2.0
Vallonia excentrica	Moll.	3	*Vallonia excentrica*	Moll.	-2.1
Carabus auratus	Laufk.	3			
Galium verum	Pflanz.	2	*Ornithogalum umbellatum*	Pflanz.	-2.5
Calathus fuscipes	Laufk.	1	*Carabus auratus*	Laufk.	-2.7
Ornithogalum umbellatum	Pflanz.	1	*Galium album*	Pflanz.	-2.7
Galium album	Pflanz.	1	*Calathus fuscipes*	Laufk.	-2.7
Arrhenatherum elatius	Pflanz.	0	*Arrhenatherum elatius*	Pflanz.	-2.9

längsten Überflutung, der nur durch Pflanzenarten indiziert wird, und der größten Grundwasserflurabstände, der nicht durch Mollusken indiziert werden kann (Tab. 7.2-3), findet sich in jedem Bereich beider indizierter Umweltfaktoren mindestens eine Art jeder Artengruppe. Dies zeigt eine gelungene Wahl der Indikatorarten durch die multivariate Analyse (vgl. Buchkap. 7.1). Dies weist auch darauf hin, dass das Indikationssystem mit jeder einzelnen der drei Artengruppen verwendet werden kann und es nicht nötig ist, alle drei Artengruppen bei der Anwendung des Indikationssystems im Freiland zu erfassen.

Die Indikatorwerte der Indikatorarten sind auf eine Woche Überflutungsdauer und auf einen Dezimeter Grundwasserflurabstand gerundet. Sowohl die Gruppierung der Arten in ökologische Gruppen (Buchkap. 7.1) als auch die Messgenauigkeit der indizierten Umweltfaktoren im Freiland (Peter et al. 1999) zeigen aber, dass das Indikationssystem diese Genauigkeit teilweise nicht erreicht. Während in relativ ebenen Bereichen der Aue Abweichungen von gut einer Woche und einem Dezimeter realistisch sind, muss in Bereichen mit starkem Relief z.B. an Rändern von Rinnen mit dem dreifachen dessen gerechnet werden. Um das Problem dieser scheinbaren Genauigkeit zu umgehen, ist es möglich das Indikationsergebnis, das trotzdem auf den durch die Abundanz gewichteten Indikatorwerten beruht, zuletzt in

Tab. 7.2-4: Klassengrenzen für die beiden zu indizierenden Umweltfaktoren. Eine Klassengrenze von >−1,4 beim Grundwasserflurabstand bedeutet, dass das Grundwasser während der Vegetationsperiode im Mittel weniger als 1,4 m unter der Geländeoberkante steht.

	Einteilung durch Klassengrenzen					
Klassengrenzen	Klasse 1	Klasse 2	Klasse 3	Klasse 4	Klasse 5	Klasse 6
Überflutungsdauer pro Jahr [Wochen]	> 27,5	≤ 27,5 - > 22,5	≤ 22,5 - > 17,5	≤ 17,5 - > 12,5	≤ 12,5 - > 7,5	≤ 7,5
mittlerer Grundwasserflurabstand während der Vegetationsperiode [m]	-0,50	≤ -0,50 - > -0,95	≤ -0,95 - > -1,40	≤ -1,40 - > -1,85	≤ -1,85 - > -2,30	≤ -2,30

Klassen zu überführen. Die Klassengrenzen sind äquidistant, um die Klassen interpretierbar zu machen (Tab. 7.2-4) und entsprechen den Grenzen zwischen den Wertebereichen in Tabelle 7.2-3. Eine Darstellung der Indikationsergebnisse in Klassen entspricht auch der Form, die für häufig angewendete Indikationssysteme wie den Zeigerwerten nach Ellenberg et al. (2001) und dem Saprobienindex (Meyer 1990) gewählt wurde und deshalb vertraut ist.

7.2.4 Ablauf einer Anwendung des Indikationssystems

Basis jeder Bioindikation ist in der Regel eine Liste nachgewiesener Arten einschließlich ihrer Abundanzen. An einem Beispiel mit Pflanzen soll der Ablauf einer Indikation dargestellt werden. Die Artenliste, die verkürzt in Tabelle 7.2-5 dargestellt ist, stammt von neun Probeflächen des Hauptuntersuchungsgebietes des RIVA-Projektes, die in Rinnen liegen, also relativ lange im Jahr überflutet sind. Die Aufnahmen der Pflanzen stammen von jeweils 4 m². Es ist in diesem Falle bekannt, dass sich die Flächen hinsichtlich der Werte der Umweltfaktoren und auch der Zusammensetzung der Artengemeinschaft ähnlich sind.

Die eigentliche Indikation beginnt damit, die Indikatorarten in der Artenliste zu identifizieren (Tab. 7.2-5). Entsprechend ihrer Abundanzen bzw. Deckungsgrade werden danach allen Indikatorarten dem Schema aus Tabelle 7.2-1 folgend ihre Gewichtungen zugeordnet. Das Ergebnis dieser Überführung der Abundanzen in Gewichte ist in Tabelle 7.2-6 dargestellt. Es kommen weitgehend dieselben Indikatorarten regelmäßig auf den Probeflächen vor (dunkelgrau unterlegt). Dies zeigt, dass sich die Probeflächen tatsächlich ähnlich sind. Die Indikation wird einzeln für die Artenliste jeder der Probeflächen durchgeführt. Indikatorarten, die nicht nachgewiesen wurden, spielen für den Fortgang der Indikation keine weitere Rolle.

Für jede nachgewiesene Indikatorart wird nun ihr Indikatorwert (Tab. 7.2-4) mit der Gewichtung durch ihre Abundanz (Tab. 7.2-6) multipliziert.

Tab. 7.2-5: Anfang einer Artenliste mit Deckungsgraden [%]. Indikatorarten sind grau unterlegt.

	Probeflächennummer								
Pflanzenart	2	3	4	5	6	7	8	9	11
Agrostis stolonifera		15	87,5	37,5	0,2	62,5	37,5	62,5	
Alisma plantago-aquatica				0,2					
Alopecurus aequalis					0,2			2,5	0,2
Alopecurus geniculatus							2,5		
Bidens tripartita		0,2	0,2	15	15	2,5			37,5
Butomus umbellatus								0,2	
Carex acuta	37,5		2,5						
Carex vulpina									2,5
Chenopodium polyspermum			0,2	0,2	0,2		2,5	2,5	0,2
Eleocharis palustris			2,5	37,5		37,5			
Galium palustre			0,2	0,2	15		2,5		15
Glyceria fluitans	2,5	15	0,2				2,5	2,5	
Glyceria maxima		2,5	0,2						
Gnaphalium uliginosum									0,2
...									

Tab. 7.2-6: Gewichte durch die Abundanzen der Indikatorarten. Arten, die auf den meisten Probeflächen vorkommen, sind grau unterlegt.

Indikatorarten	Probeflächennummern 2	3	4	5	6	7	8	9	11	
Agrostis stolonifera	0	2	3	2	1	3	2	3	0	Abundanzklassen
Carex acuta	2	0	1	0	0	0	0	0	0	
Eleocharis palustris	0	0	1	2	0	2	0	0	0	
Galium palustre	0	0	1	1	2	0	1	0	2	
Glyceria fluitans	1	2	1	0	0	0	1	1	0	
Glyceria maxima	0	1	1	0	0	0	0	0	0	
Iris pseudacorus	1	0	0,5	0	0	0	0	0	0	
Oenanthe aquatica	1	1	0,5	1	1	0	0	0	0	
Persicaria amphibia	1	2	1	2	1	2	0,5	1	0	
Phalaris arundinacea	1	0	1	1	2	0	2	1	2	
Rorippa amphibia	0	2	0,5	0	0	0	0	0	1	

Die Ergebnisse aller Indikatorarten einer Probefläche werden summiert. Die Summe wird geteilt durch die Summe der Gewichtungen der Indikatorarten der Probefläche. Das Ergebnis ist ein Indikatorwert, der ausdrückt, was die auf einer Probefläche vorkommenden Indikatorarten bezüglich eines indizierten Umweltfaktors aussagen. Eine auf Wochen gerundete Überflutungsdauer und einen Dezimeter gerundeter Grundwasserflurabstand impliziert eine zu große Genauigkeit der indizierten Werte und eine Unterteilung in mehr als die sechs statistisch nachgewiesenen ökologischen Gruppen (vgl. Buchkap. 7.1). Deshalb können die gefundenen Werte für die Probeflächen unter Verwendung der Grenzen aus Tabelle 7.2-4 den entsprechenden Indikationsklassen zugeordnet werden (Tab. 7.2-7).

Das Beispiel einer Indikation auf der Grundlage ausgewählter Probeflächen zeigt, dass tatsächlich eine Gruppe ähnlicher Probeflächen verwendet wurde, die im Bereich langer Überflutungsdauer und geringen Grundwasserflurabstandes während der Vegetationsperiode liegen. Im Grunde kann eine solche Indikation mit Bleistift und Papier durchgeführt werden. Eine verbreitete Anwendung des Indikationssystems setzt aber voraus, dass sein Einsatz schnell und komfortabel ist. Dies könnte als Tabellenkalkulation realisiert sein oder besser noch als selbständiges Computerprogramm. Zumindest ersteres ist für zwei verbreitete Office-Anwendungen auf der CD im Anhang zu finden (s. Kapitelanhang 7.2-1).

Tab. 7.2-7: Ergebnisse der Indikation mit Pflanzen für ausgewählte Probeflächen

	Probeflächennummer 2	3	4	5	6	7	8	9	11
Überflutungsdauer									
Dauer pro Jahr [Wochen]	24	29	28	27	25	29	26	27	24
Indikationsklassen	2	1	1	2	2	1	2	2	2
Mittlerer Grundwasserflurabstand während der Vegetationsperiode									
unter Flur [m]	-0,3	-0,2	-0,2	-0,3	-0,3	-0,2	-0,3	-0,3	-0,3
Indikationsklassen	1	1	1	1	1	1	1	1	1

7.2.5 Test des Indikationssystems

Jedes Indikationssystem muss mit Daten getestet werden, die unabhängig von denen erhoben wurden, die für seine Entwicklung verwendet wurden (Murtaugh 1996; McGeoch 1998). Der erste Test, den ein Indikationssystem bestehen muss, ist jedoch die Projektion auf sich selbst. Einerseits wurde für jede einzelne Probefläche nach dem oben beschriebenen Ablauf aus den dort vorkommenden Arten mit jeder Artengruppe und Kombinationen aus Pflanzen und Mollusken sowie allen Artengruppen eine Indikation durchgeführt. Andererseits wurden die Probeflächen entsprechend der Messungen der Überflutungsdauer pro Jahr und des Grundwasserflurabstandes während der Vegetationsperiode mit denselben Grenzen wie die Indikatorarten den Indikationsklassen zugeordnet. Im Idealfall müssten die resultierenden Indikationsklassen auf Basis der Indikatorarten mit denen auf Basis der abiotischen Messungen auf allen Probeflächen übereinstimmen.

Anhand zweier Abweichungsmaße wurde die Genauigkeit der Indikation ermittelt:

- dem Median der Beträge der Differenzen zwischen den indizierten ($\hat{x}$) und den wahren (x) Klassen bzw. Werten („Median der Differenzen“ genannt) *Median* $\{|\hat{x} - x_{true}|\}$ und den zugehörigen Quartilen sowie
- dem Median der Differenzen zwischen den indizierten ($\hat{x}$) und den wahren (x) Klassen bzw. Werten („Median des Bias“ genannt) *Median* $\{\hat{x} - x_{true}\}$.

Die Mediane und Quartile beziehen sich auf die n = 36 Probeflächen im Hauptuntersuchungsgebiet Steckby bzw. die n = 12 Probeflächen in den Nebenuntersuchungsgebieten Wörlitz und Sandau.

Der Median der Differenzen ist ein Maß dafür, wie stark sich die Indikationsergebnisse von den Verhältnissen auf den Probeflächen unterscheiden. Der Median des Bias zeigt die Tendenz der Indikationsergebnisse, die wahren Werte der indizierten Faktoren zu über- oder unterschätzen.

Die Darstellung der Qualität der Indikation in Klassen mit Hilfe von Medianen und Quartilsabständen ist wenig differenziert. Da der Median der Differenzen nicht unter Null absinken kann zeigt das Ergebnis, dass auf mehr als der Hälfte der Probeflächen die in Indikatorklassen umgerechneten gemessenen Werten den durch Pflanzen und der

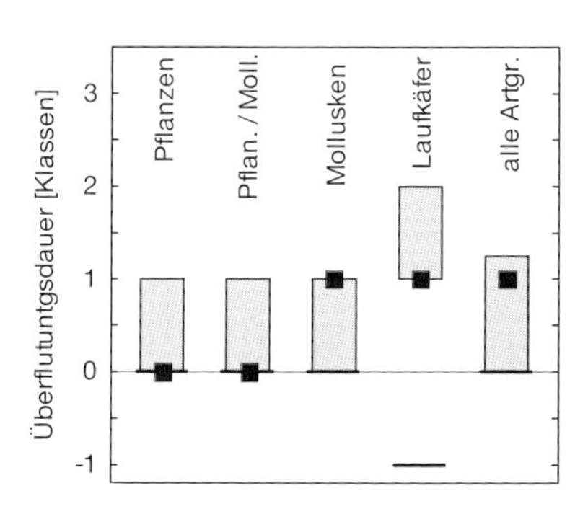

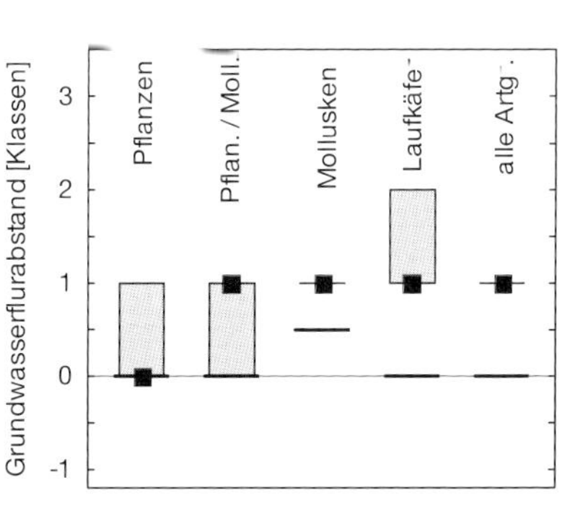

Abb. 7.2-1: Median und Quartilsabstand der Differenz und Median des Bias der indizierten Klassen in Vergleich zu den Klassen, die aus den Messungen errechnet wurden, für die Überflutungsdauer pro Jahr und den Grundwasserflurabstand während der Vegetationsperiode. Den Ergebnisbalken liegen die Untersuchungsphasen des Jahres 1999 zugrunde.

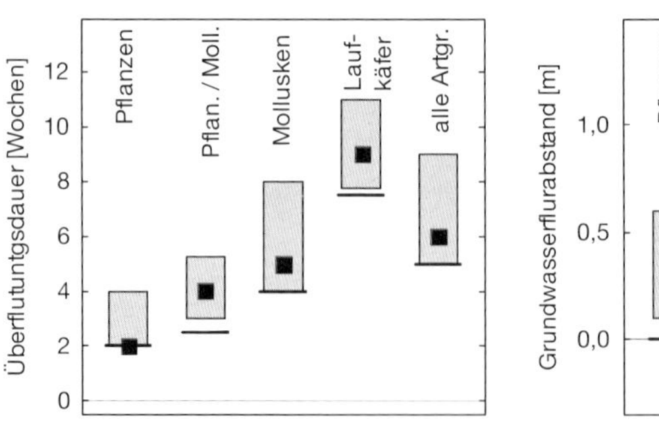

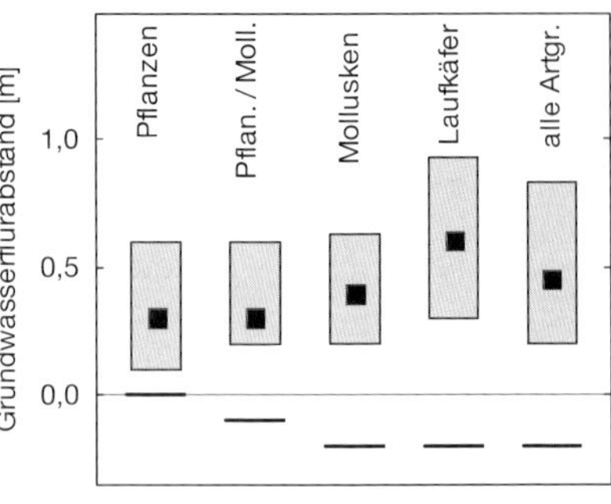

Differenz: Median und Quartilsabstand — Bias: Median

Abb. 7.2-2: Median und Quartilsabstand der Differenz und Median des Bias der indizierten Werte in Vergleich zu den Werten der Messungen für die Überflutungsdauer pro Jahr und den Grundwasserflurabstand während der Vegetationsperiode. Den Ergebnisbalken liegen die Untersuchungsphasen des Jahres 1999 zugrunde.

Kombination aus Pflanzen und Mollusken (Überflutungsdauer) bzw. durch Pflanzen (Grundwasserflurabstand) indizierten Klassen genau entsprechen (Abb. 7.2-1). Für alle anderen Artengruppen und deren Kombinationen für beide indizierten Umweltfaktoren weicht der Median der Differenzen um eine Indikatorklasse ab. Die Quartilsabstände bei den Laufkäfern deuten an, dass deren Indikationsergebnisse zu größeren Abweichungen neigen als die der anderen Artengruppen. Der Median des Bias zeigt nur bei den Laufkäfern für die Überflutungsdauer und bei den Mollusken für den Grundwasserflurabstand eine Abweichung an (Abb. 7.2-1). Das Muster der Genauigkeit der Indikation durch die verschiedenen Artengruppen unterscheidet sich nicht wesentlich zwischen der jährlichen Überflutungsdauer und dem mittleren Grundwasserflurabstand während der Vegetationsperiode.

Das Muster der Genauigkeit der Indikation durch die verschiedenen Artengruppen auf der Grundlage von Werten (Abb. 7.2-2) der indizierten Umweltfaktoren zeigt wesentliche Details, die bei den Medianen der Indikatorklassen (Abb. 7.2-1) nicht sichtbar waren. Die Indikation mit Pflanzen und der Kombination aus Pflanzen und Mollusken liefert wiederum die genauesten Ergebnisse, die Mollusken und die Kombination aller Artengruppen ist weniger genau und die Laufkäfer zeigen die höchsten Medianwerte und 75% Quartile der Differenzen zu den wahren Werten der Umweltfaktoren. Die Unterschiede zwischen den Artengruppen sind bei den Werten der Überflutungsdauer pro Jahr ausgeprägter als bei denen des Grundwasserflurabstandes während der Vegetationsperiode. Bei der jährlichen Überflutungsdauer zeigen die Mediane des Bias eine Tendenz zum Überschätzen (Abb. 7.2-2). Der Widerspruch zur Indikation in Klassen durch die Laufkäfer ist durch statistische Eigenheiten der Kombination aus Indikatorklassen und Mediandarstellung erklärbar. Während die Indikation der Überflutungsdauer dazu tendiert zu feuchte Verhältnisse anzuzeigen, deuten die Mediane des Bias beim Grundwasserflurabstand in die entgegen gesetzte Richtung. Die Indikation mit Werten zeigt bei allen Artengruppen außer den Pflanzen etwas zu große Grundwasserflurabstände, also eine etwas schlechtere Wasserversorgung als die Messungen.

Der Quartilsbereich der Differenzen der indizierten zu den gemessenen Werten für die Überflutungsdauer pro Jahr liegt bei den Pflanzen bei zwei bis vier und der Kombination aus Pflanzen und Mollusken bei drei bis fünf Wochen (Abb. 7.2-2). Indikationsergebnisse für die einzelne Probeflächen (hier nicht dargestellt) zeigen weiter, dass die Differenzen zwischen indizierter und gemessener Überflutungsdauer auf trockenen Flächen weit geringer sind als auf häufig überfluteten. Der Quartilsbereich der Differenzen der indizierten zu den gemessenen Werten für den Grundwasserflurabstand während der Vegetationsperiode liegt für die Pflanzen und die Kombination von Pflanzen und Mollusken bei 0,2 - 0,6 m (Abb. 7.2-2). Damit liegt die Genauigkeit der indizierten Werte für diese beiden Artengruppen meist nahe der Genauigkeit, mit der die Werte der indizierten Umweltfaktoren im Freiland erhoben wurden (Peter et al. 1999). Sowohl für die Überflutungsdauer als auch für den Grundwasserflurabstand ist der Median des Bias der indizierten Werte bei den Pflanzen sehr klein, für die anderen Artengruppen meist weit unter der Genauigkeit, mit der die indizierten Umweltfaktoren im Freiland gemessen wurden.

Damit ist zumindest für die Pflanzen und die Kombination aus Pflanzen und Mollusken als Indikatoren gezeigt, dass das Indikationssystem die gemessenen Werte der Umweltfaktoren, die als Grundlage des Indikationssystems dienten, im Rahmen der Messgenauigkeit abbilden kann. Das zeigt das prinzipielle Funktionieren des Indikationssystems für diese beiden Umweltfaktoren und Artengruppen. Die Indikation durch Mollusken, die Kombination aller Artengruppen und insbesondere durch Laufkäfer verfehlt mehr oder minder die Genauigkeit der direkten Messungen. Dies bedeutet aber nicht, dass diese Artengruppen ungeeignet für die Indikation der ausgewählten Umweltfaktoren sind, nur erreicht die Genauigkeit ihrer Indikationsergebnisse meist nicht die der Pflanzen.

7.2.6 Zeitliche und räumliche Übertragbarkeit sowie Robustheit

Nachdem gezeigt werden konnte, dass zumindest die Indikation durch Pflanzen und die Kombination aus Pflanzen und Mollusken die gemessenen Werte der indizierten Umweltfaktoren im Hauptuntersuchungsgebiet (Steckby) recht genau widerspiegelt, wurde im nächsten Schritt die zeitliche und räumliche Übertragbarkeit sowie die Robustheit gegen verringerten Erfassungsaufwand weiter untersucht. Da die Darstellung in Klassen die Genauigkeit der Indikation durch die Artengruppen weniger detailliert zeigt als die in Werten, wird

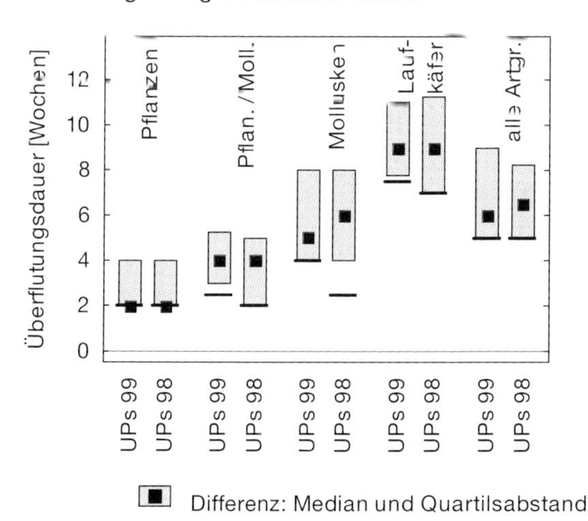

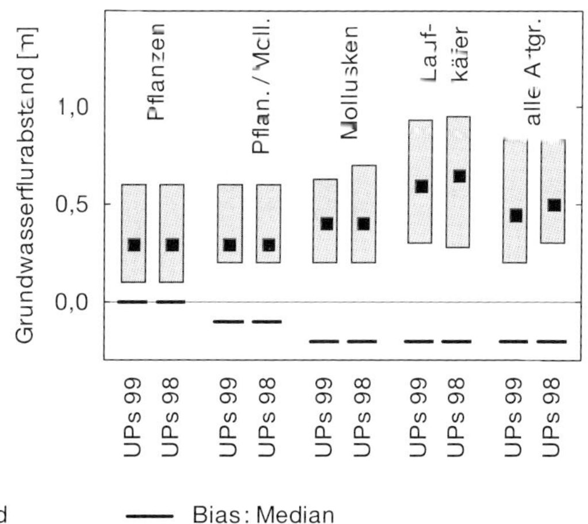

Abb. 7.2-3: Zeitliche Übertragbarkeit: Vergleich der Genauigkeit der Indikation für die Überflutungsdauer und den Grundwasserflurabstand während der Vegetationsperiode zwischen den Untersuchungsphasen 1999 (UPs 1999) und denen 1998 (UPs 98) im Hauptuntersuchungsgebiet Steckby anhand des Medians der Differenz und des Medians des Bias der indizierten Werte in Vergleich zu den Werten der Messungen.

in der Folge auf die Darstellung in Klassen verzichtet.

Die Unterschiede in der Qualität der Indikation zwischen den Untersuchungsjahren sind für alle Artengruppen bemerkenswert gering (Abb. 7.2-3). Sie waren in keinem Fall signifikant (Wilcoxon-Vorzeichenrangtest, n = 36). Dies konnte bei den wenig mobilen Pflanzen und Mollusken erwartet werden. Bei den Laufkäfern könnte es bedeuten, dass die Bedingungen in den beiden Untersuchungsjahren für diese Tiergruppe ähnlich waren (vgl. Buchkap. 6.3). Ausgehend davon, dass sich die Verhältnisse bei den Steuerfaktoren und als Folge davon die Zusammensetzung der Artengemeinschaften im Untersuchungszeitraum von zwei Jahren tatsächlich nicht wesentlich geändert haben, zeigt dies eine gute zeitliche Übertragbarkeit des Indikationssystems. Dieses Ergebnis wird auch durch einen Vergleich der Indikationen bestätigt, die auf den jeweils erfassten Indikatorarten einzelner Untersuchungsphasen beruhen (Abb. 7.2-4).

Die Unterschiede im zeitlichen Erfassungsaufwand, ob also die Indikation auf einer (UP 1, 3, 4, 6) (Abb. 7.2-4) oder drei (UPs 98, UPs 99) (Abb. 7.2-3) Untersuchungsphasen beruht, wirken sich auf die Mediane der Differenzen und die Mediane des Bias der Indikationsergebnisse bezüglich des Erfassungsaufwandes nicht signifikant aus. Nur in wenigen Fällen, beispielsweise bei der Indikation durch die Laufkäfer, liegen einzelne der Quartilsbereiche bei der Verwendung der Daten einzelner Untersuchungsphasen etwas höher als bei denen für ganze Jahre. Das Indikationssystem zeigt also eine be-

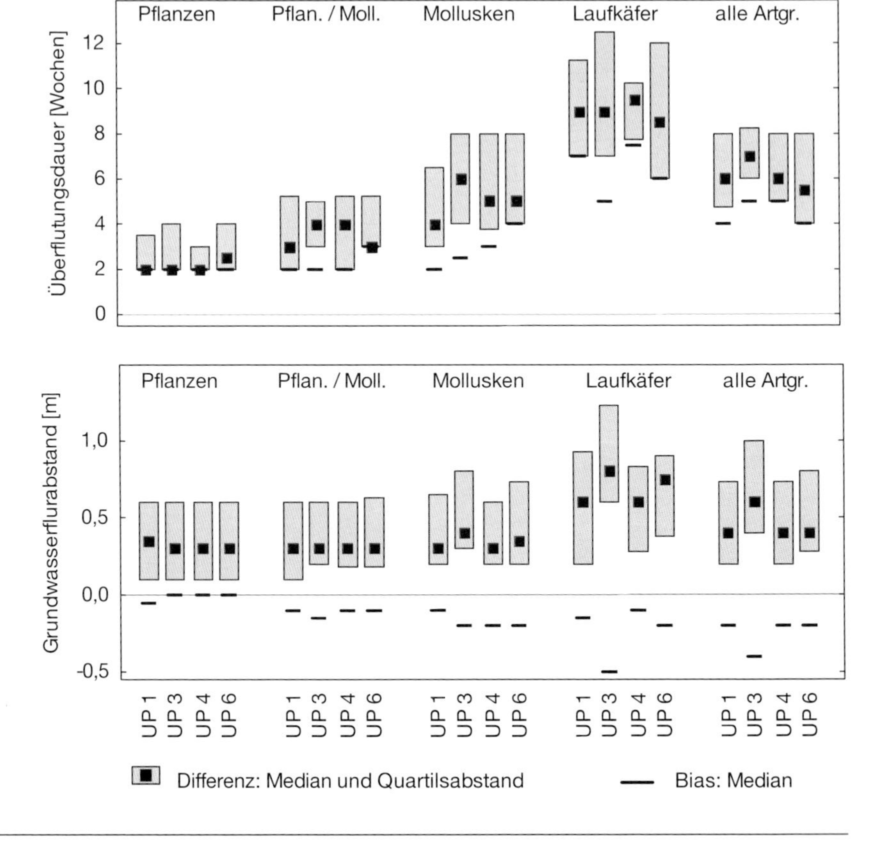

Abb. 7.2-4: Zeitliche Übertragbarkeit und verminderter Erfassungsaufwand: Vergleich der Genauigkeit der Indikation für die Überflutungsdauer und den Grundwasserflurabstand während der Vegetationsperiode zwischen den beiden einzelnen Untersuchungsphasen 1998 (UP 1 und UP 3) und denen 1999 (UP 4 und UP 6) im Hauptuntersuchungsgebiet Steckby anhand des Medians der Differenz und des Medians des Bias der indizierten Werte in Vergleich zu den Werten der Messungen.

merkenswerte Robustheit gegen Unterschiede im zeitlichen Erfassungsaufwand.

Für die Untersuchung der räumlichen Übertragbarkeit standen im RIVA-Projekt zusätzlich zum Hauptuntersuchungsgebiet mit 36 Probeflächen zwei Nebenuntersuchungsgebiete mit je 12 Probeflächen zur Verfügung: Wörlitz und Sandau.

Auch dort wurden mit Hilfe von Flachpegeln auf jeder Probefläche Wasserstandsdaten erhoben. So konnte mit Hilfe des Ansatzes von Böhnke & Follner (2002) die nötige Rückrechnung der Wasserstandsdaten für die letzten sieben Jahre durchgeführt werden, um das Indikationssystem mit gemessenen (bzw. berechneten) Werten der Überflutungsdauer pro Jahr und des Grundwasserflurabstandes während der Vegetationsperiode auf seine räumliche Übertragbarkeit zu prüfen.

Die Mediane der Differenzen zwischen indizierten und gemessenen Werten der Überflutungsdauer pro Jahr unterscheiden sich nicht zwischen Steckby (Hauptuntersuchungsgebiet) und dem Kontrollgebiet in Wörlitz für alle Artengruppen und Kombinationen außer bei den Mollusken (Abb. 7.2-5). Keiner der Unterschiede war jedoch signifikant (Wilcoxon-Vorzeichenrangtest). Der Grund für die Ausnahmestellung der Mollusken könnte sein, dass diese Artengemeinschaft durch Unterschiede in der Intensität der Bewirtschaftung stärker beeinflusst wird als die anderen Artengruppen (Herdam 1983).

Auch die Mediane des Bias der Indikationen aller Artengruppen sind für Wörlitz kaum höher als für Steckby. Zieht man zusätzlich die Quartilsabstände in Betracht, so zeigt sich, dass die Überflutungsdauer pro Jahr in Wörlitz etwas stärker überschätzt wird. Bei der Indikation im Kontroll-

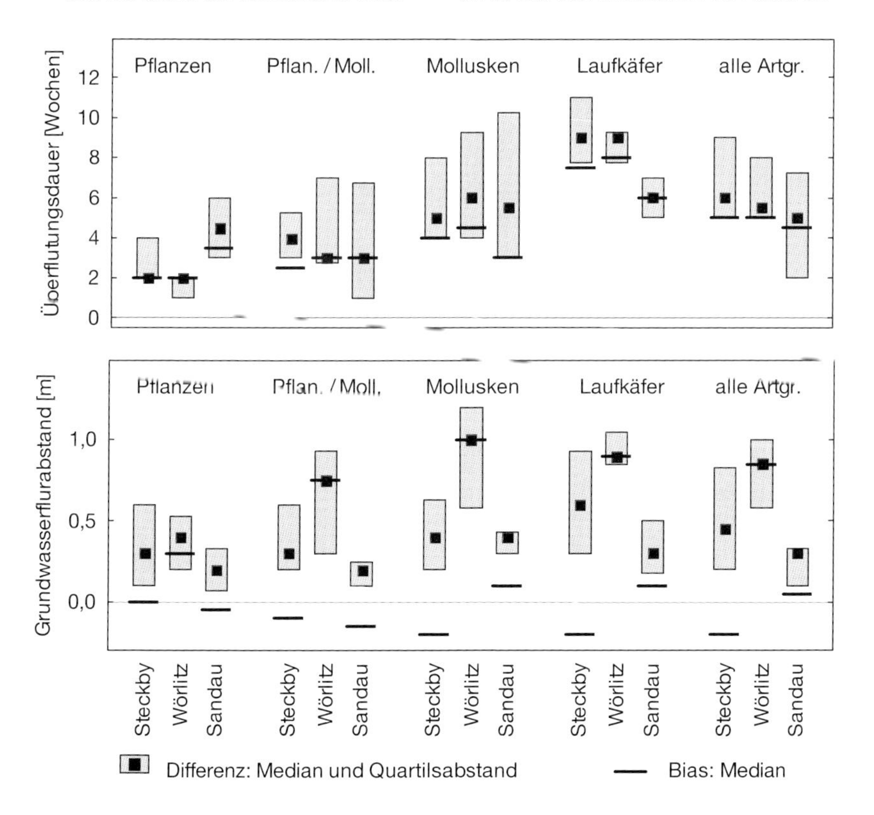

Abb. 7.2-5: Räumliche Übertragbarkeit: Vergleich der Genauigkeit der Indikation für die Überflutungsdauer pro Jahr und den Grundwasserflurabstand während der Vegetationsperiode zwischen dem Hauptuntersuchungsgebiet Steckby und den Kontrollgebieten Wörlitz und Sandau anhand des Medians der Differenz und des Medians des Bias der indizierten Werte in Vergleich zu den Werten der Messungen. Den Ergebnisbalken liegen die Untersuchungsphasen des Jahres 1999 zugrunde.

gebiet Sandau liegen die Mediane der Differenzen zwischen den indizierten und den gemessenen Werten der Überflutungsdauer für alle Artengruppen ähnlich oder besser als für Steckby außer bei den Pflanzen (Abb. 7.2-5). Die etwas geringere Genauigkeit der Indikation durch Pflanzen in Sandau kann durch Lücken in der Erfassung erklärt werden. Die Mediane des Bias der Indikationen sind in Sandau für alle Artengruppen im Vergleich zu Steckby sehr ähnlich.

Mit Ausnahme der Indikation durch die Pflanzen sind die Ergebnisse der Indikation für den Grundwasserflurabstand während der Vegetationsperiode in Wörlitz weniger genau als in Steckby (Abb. 7.2-5). Auch die Mediane des Bias sind für alle Artengruppen höher. Diese deutliche Unterschätzung des Grundwasserflurabstandes in Wörlitz verglichen mit Steckby indiziert eine merklich bessere Wasserversorgung als die Messungen erkennen lassen. Im Gegensatz dazu ist die Indikation des Grundwasserflurabstandes während der Vegetationsperiode in Sandau sogar genauer als in Steckby. Sie weist geringere Mediane der Differenzen und geringere Mediane des Bias auf (Abb. 7.2-5). Während in Steckby jedoch der Grundwasserflurabstand eher überschätzt wird, also etwas zu trockene Verhältnisse indiziert werden, wird er in Sandau meist leicht unterschätzt. Für die Indikationen auf der Grundlage der Daten aus Sandau liegt die Genauigkeit der Indikationsergebnisse für alle Arten im Bereich der Messgenauigkeit der eingegangenen Daten über den indizierten Umweltfaktor. Würde man nur die Ergebnisse der Anwendung des Indikationssystems im Kontrollgebiet Sandau betrachten, dann müsste man zu dem Schluss kommen, dass alle Artengruppen gleichermaßen geeignet sind, den Grundwasserflurabstände zu indizieren. Beim Vergleich aller drei Untersuchungsgebiete zeigt sich aber, dass die Indikation in Sandau vermutlich ungewöhnlich genau ist. Als gut räumlich und zeitlich übertragbar kann daher nur die Indikation auf der Grundlage der Pflanzen bezeichnet werden.

Die Indikation der Überflutungsdauer pro Jahr, aber noch erheblich deutlicher die des Grundwasserflurabstandes in der Vegetationsperiode zeigt, dass die relative räumliche Nähe des Kontrollgebietes Wörlitz zum Hauptuntersuchungsgebiet in Steckby nicht zwangsläufig zu einer guten räumlichen Übertragbarkeit führt. Für beide indizierten Umweltfaktoren waren die Mediane der Differenzen und die Mediane des Bias für alle Indikator-Artengruppen außer den Pflanzen für das vom Hauptuntersuchungsgebiet entfernt liegende Kontrollgebiet Sandau geringer als für das nahe gelegenen Wörlitz.

Für die beiden indizierten Umweltfaktoren ist also die räumliche Übertragbarkeit des Indikationssystems bestätigt, allerdings mit Unterschieden zwischen den drei Artengruppen. Die Indikation auf der Grundlage der Pflanzen erwies sich als am besten räumlich übertragbar. Die geringen Unterschiede in der Indikation beider indizierter Faktoren zwischen den Untersuchungsjahren und Untersuchungsphasen bestätigen die zeitliche Übertragbarkeit. Die Indikation auf der Grundlage der Laufkäfer hat zwar durch die räumliche Übertragung nicht an Genauigkeit eingebüßt, war jedoch allgemein ungenauer. Die Übertragbarkeit der Indikation durch die Mollusken ist teilweise eingeschränkt, was vermutlich mit der Empfindlichkeit der Molluskengemeinschaften hinsichtlich von Unterschieden in der Nutzungsintensität (Herdam 1983) erklärt werden kann.

7.2.7 Diskussion

Das entwickelte Indikationssystem hat, wenn die Ergebnisse in Klassen dargestellt sind, formal Ähnlichkeiten mit den Zeigerwerten für Gefäßpflanzen von Ellenberg et al. (2001) und ist auch inhaltlich den Feuchtewerten verwandt. Diese Feuchtewerte beschreiben aber Eigenschaften von Pflanzen wie Toleranz gegen Überflutung oder Wechselfeuchte explizit nicht. Pflanzen, die unter solchen Umweltbedingungen vorkommen, sind bei Ellenberg et al. (2001) gesondert gekennzeichnet. Diese qualitative Einordnung wird im Indikationssystem des RIVA-Projektes für eine ausgewählte Anzahl von Indikatorarten des Auengrünlandes quantifiziert.

Die Idee des RIVA-Projektes war es, mit relativ hohem Aufwand in einem Untersuchungsgebiet, das bezüglich des Wasserregimes die Spanne der auentypischen Grünlandstandorte abdeckt, ein Indikationssystem so weit zu entwickeln, dass es „nur noch" im Bereich der Mittleren Elbe und darüber hinaus getestet und abgesichert werden muss. Dies ist gelungen, auch wenn im Folgenden orientiert am Ablauf einer Indikation aus Buchkapitel 3.1 mögliche Verbesserungen diskutiert werden.

Im Zuge der Konkretisierung der Ziele (Schritt 2) wurde deutlich, dass Indikation den wesentlichen Vorteil bietet, Umweltfaktoren wie die Überflutungsdauer über Jahre zu integrieren, weil Artengemeinschaften, die zum Zeitpunkt der Datenerhebung im Freiland vorgefunden werden, von den Umweltbedingungen vorangegangener Jahre wesentlich beeinflusst sind (Metcalf 1989; Vervuren et al. 2003). Aus der Biologie und Ökologie der Organismen, also Eigenschaften wie Mobilität oder Lebensdauer der Artengruppen ergibt sich jedoch, dass die Umweltbedingungen vorangegangener Jahre unterschiedlich auf die Artengemeinschaften wirken. Bei der Suche nach den Umweltfaktoren, welche die Verteilung der Arten im Raum steuern (Schritt 5), wurden nicht die langfristigen Daten, sondern die des Erhebungsjahres verwendet (vgl. Buchkap. 7.1). Mit denselben statistischen Methoden könnte im Weiteren ermittelt werden, welche der vorangegangenen Jahre, z.B. wegen eines Hochwassers, tatsächlich die Zusammensetzung der Artengemeinschaften beeinflusst haben. So könnte in die Ermittlung der Indikatorwerte eine statistisch begründete Gewichtung der vorangegangenen Jahre eingehen. In der statistischen Ermittlung des relativen Einflusses der Umweltbedingungen vorangegangener Jahre steckt folglich noch Potenzial zur Erhöhung der Genauigkeit des Indikationssystems.

Die Sensitivität der Indikatorarten ist deren wichtigste Eigenschaft für die Indikation (McGeoch 1998). Eine ideale Indikatorart müsste einen definierten Bereich zum Beispiel der Überflutungsdauer anzeigen, scharfe Grenzen des Vorkommens haben, die sich nicht mit den benachbarten Indikatorarten überschneiden, die anschließende Bereiche indizieren. Solche ideale Indikatorarten gibt es nicht. Um dennoch eine möglichst genaue Indikation zu erreichen, wurde mehrfach (Meyer 1990; Diekmann 2003) die Information genutzt, die zusätzlich zum Vorkommen einer Indikatorart in deren Abundanz steckt. Die Abundanzen gehen dabei als Gewichtung der nachgewiesenen Indikatorarten ein. Indem eine größere Zahl von Indikatorarten zu einem Indikationssystem mit Abundanzen als Gewichtung zusammengefasst wird (Schritt 6), kann die Sensitivität der einzelnen Indikatorarten besser genutzt werden.

Grundsätzliche Schwierigkeiten bereitet es, die Spanne der Parameter bis an ihre Extreme korrekt mit einem Indikationssystem abzubilden. Eine Art, die überhaupt keine Überflutung erträgt, kann keine negativen Werte in ein abundanzgewichtetes Mittel einbringen, das aus den Indikatorwerten einer Artengemeinschaft eines sehr trockenen Standortes errechnet wird. Wenn also auch nur eine einzige Art in der Artengemeinschaft vorkommt, die Überflutung erträgt – und sei es nur für sehr kurze Zeit – kann „keine Überflutung" nicht mehr indiziert werden. Dies ergibt sich daraus, dass wenig überflutungstolerante Arten ohne weiteres zusammen mit nicht überflutungstoleranten Arten auf Flächen vorkommen können, die nie ein Hochwasser erreicht. Auf dieser Seite der Spanne der Überflutungsdauer ist der Randeffekt nicht völlig behebbar. Der Randeffekt tritt aber auch auf der Seite der langen Überflutungsdauern auf, weil Indikatorarten, deren Spanne des Vorkommens bei der Ermittlung des Indikatorwertes nicht vollständig durch Probeflächen abgedeckt sind, einen zur Spanne des Indikationssystems hin verschobenen Wert erhalten. Dieses Problem kann behoben werden, indem Probeflächen in die Untersuchung aufgenommen werden, die mit ihrer Überflutungsdauer außerhalb der Spanne des Indikationssystems liegen, und es so ermöglichen, die Indikationswerte der Arten am Rande der Spanne des Indikationssystems korrekt zu bestimmen.

Der Test des Indikationssystems und seiner räumlichen und zeitliche Übertragbarkeit (Schritt 7) zeigt, dass sich die Artengruppen offensichtlich unterschiedlich gut eignen, die ausgewählten Umweltfaktoren zu indizieren. Die mobilste Artengruppe, die Laufkäfer, liefern relativ unzuverlässige Ergebnisse und decken eine relativ kleine Spanne der indizierten Umweltfaktoren ab. Die bedeutend weniger mobile Gruppe der Mollusken schneidet, abgesehen von der Übertragbarkeit, besser ab. Am genauesten und zuverlässigsten indizieren die Pflanzen Überflutungsdauer pro Jahr und mittleren Grundwasserflurabstand in der Vegetationsperiode. Der Grund dafür ist wohl, dass Organismen, die ungünstige Perioden wie Überflutung durch Flucht vermeiden können, wie die Laufkäfer (Siepe 1994), sich als Indikatororganismen für die beiden betrachteten Umweltfaktoren weniger gut eignen als immobile, deren Anpassung im „Ertragen können" solcher Bedingungen liegt. Dies sollte in Zukunft als Kriterium bei der Auswahl von Artengruppen für Indikationssysteme eine größere Rolle spielen. Die Pflanzen bieten außerdem die größte Zahl von Indikatorarten, was die Chance einer Indikation mit geringem Aufwand und guter räumlicher Übertragbarkeit relativ hoch macht.

Auf die Untersuchung des Erfassungsaufwandes, der nötig ist, um ein verlässliches Ergebnis der Indikation zu bekommen (Schritt 8) wird detailliert im Buchkapitel 7.3 eingegangen. Zusammenfassend kann das entwickelte Indikationssystem als sehr robust gegen geringen zeitlichen Erfassungsaufwand bezeichnet werden. Welcher räumliche Erfassungsaufwand in Sinne der Anzahl von Probeflächen nötig ist, um die Variabilität eines untersuchten Gebietes abzudecken, ist unabhängig vom Aufwand, der für eine verlässliche Indikation auf einer einzelnen Probefläche nötig ist. Die Kriterien für Stichprobenpläne, wie sie für die Entwicklung eines Indikationssystems in Buchkapitel 3.1.2 dargestellt sind, gelten im Prinzip auch für die Anwendung. Die Reduktion des Erfassungsaufwandes entsteht hauptsächlich durch geringeren zeitlichen Aufwand und die Anwendung des Indikationssystems.

Das Indikationssystem kann für die Beantwortung verschiedener Fragestellungen verwendet werden. Soll die Frage beantwortet werden, ob eine untersuchte Aue eine ökologisch intakte, aktive Aue ist, dann reicht als Bestätigung, Indikatorarten aus allen Klassen des Indikationssystems nachweisen zu können. Dieser Nachweis ist mit jeder der Artengruppen uneingeschränkt möglich und die Indikation dessen ist zeitlich und räumlich übertragbar, weil alle Artengruppen in fast allen Indikationsklassen vertreten sind (Buchkap. 7.2.3). Sollen aber konkrete Werte der indizierten Umweltfaktoren durch Indikation ermittelt werden, haben die Pflanzen als Indikatoren klare Vorteile in der Genauigkeit und Übertragbarkeit (Buchkap. 7.2.5 und 7.2.6).

Zur abschließenden Festlegung des Indikationssystems (Schritt 9) gehört es, eine Form für die Ausgabe der Indikationsergebnisse zu finden, die sowohl die ökologische Gruppierung der Habitate als auch die Messgenauigkeit der in die Indikation eingegangenen Messwerte der indizierten Umweltfaktoren widerspiegelt. Die Indikation wird in Wochen Überflutungsdauer pro Jahr und in Dezimetern Grundwasserflurabstand während der Vegetationsperiode gerechnet. Die Genauigkeit, mit der die indizierten Umweltfaktoren im Freiland erhoben werden konnten, liegt jedoch in ungünstigen Fällen etwa bei ± 3 Wochen und ± 3 Dezimeter (Peter et al. 1999). Werden die Werte als Ergebnis der Indikation angegeben, so muss diese Unschärfe im Bewusstsein bleiben und darauf hingewiesen werden. Die statistische Bearbeitung der Daten ergab für alle Artengruppen sechs ökologische Gruppen (vgl. Buchkap 7.1). Eine ökologische Veränderung ist folglich nur relevant, wenn sich die Artengemeinschaft so stark verändert, dass durch sie eine andere Indikatorklasse angezeigt wird. Daraus konnte geschlossen werden, dass eine Unterteilung der indizierten Spanne der Umweltfaktoren in sechs äquidistante Indikatorklassen die mögliche Messgenauigkeit und ökologische Realität am besten abbildet. Außerdem ist eine Darstellung in Klassen vertraut, weil dies der Form entspricht, die für häufig angewendete Indikationssysteme wie den Zeigerwerten nach Ellenberg et al. (2001) und dem Saprobienindex (Meyer 1990) gewählt wurde.

Ein Blick in die Originaldaten zeigt, dass sich die Differenzen zwischen den indizierten und gemessenen Werten mit den absoluten Werten der indizierten Umweltfaktoren ändern. Das ist biologisch plausibel, weil es für eine Art, die lange Überflutungen ertragen kann, wenig Unterschied macht, ob sie 30 oder 35 Wochen überflutet ist, für eine wenig tolerante Art aber der Unterschied zwischen einer und sechs Wochen gravierend wäre. Entsprechend verhält es sich mit dem Grundwasserflurabstand. Er ist eigentlich ein Maß dafür, wie oft und wie lange die Arten Trockenstress ertragen können. Wenn eine Art Trockenstress gut erträgt, macht ihr der Unterschied von 2,0 m zu 2,5 m Abstand des Wassers unter Flur kaum etwas aus, für eine weniger tolerante Art ist der Unterschied zwischen 0,3 m und 0,8 m entscheidend. Obwohl sich folglich die Genauigkeit der indizierten Werte entlang des Feuchtegradienten ändert, bleiben unterscheidbare ökologische Gruppen bestehen. Durch die Verwendung von Indikatorklassen wird das besser abgebildet als durch die einfache Angabe der indizierten Werte.

Das Errechnen eines Ergebnisses der Indikation auf der Grundlage von Abundanzen der auf einer Probefläche vorkommenden Arten geschieht mit den Werten der indizierten Umweltfaktoren, die von den nachgewiesenen Arten angezeigt werden. Die Einteilung in Indikatorklassen steht nur deshalb am Ende der Indikationsprozedur, um einen falschen Eindruck hoher Genauigkeit zu vermeiden, der durch eine Angabe der ermittelten Werte entstehen könnte. Um das Funktionieren des Indikationssystems zu prüfen, ist ein Vergleich der Artengruppen anhand ihrer Indikationsergebnisse in Werten dagegen sinnvoll, weil vorhandene Feinheiten durch die Einteilung in Klassen nicht mehr darstellbar sind. Außerdem lassen sich der Median der Differenzen und der Median des Bias in Werten in Beziehung zur Messgenauigkeit setzen, mit der die Umweltfaktoren im Freiland erfasst wurden.

Die Arten aller drei im Indikationssystem verwendeten Artengruppen sind in ein einheitliches System von Grenzen der Indikatorklassen integriert. Da auch für alle Artengruppen ein vergleichbares System der Abundanzklassen verwendet wird, können die Ergebnisse der Indikation zwischen den Artengruppen und deren Kombinationen direkt verglichen werden. Dieses Zusammenfassen der drei Artengruppen in ein gemeinsames System von Indikatorklassen ist mit dem Begriff „integriertes Bioindikationssystem“ gemeint. Da sich jedoch gezeigt hat, dass sich die Genauigkeit und Übertragbarkeit der Indikationsergebnisse zwischen den Artengruppen unterscheidet und auch die Versuche mit Kombinationen aus Artengruppen keinen Vorteil gegenüber der Indikation mit Pflanzen alleine bringen, wird sich der Ansatz des integrierten Bioindikationssystems mit mehreren Artengruppen zumindest für die beiden hier indizierten Umweltfaktoren kaum durchsetzen.

Zwei Untersuchungsgebiete als Test für die räumliche Übertragbarkeit des Indikationssystems reichen sicher nicht aus, um es generell für die Anwendung freigeben zu können. Allerdings sprechen die Ergebnisse dafür, dass das Indikationssystem zumindest, wenn begrenzte Ungenauigkeiten in der Abwägung mit einer genaueren, aber viel teureren direkten Messung akzeptabel sind, durchaus im Auengrünland der Mittleren Elbe eingesetzt werden kann. Die errechneten Indikatorwerte erlauben eine schnelle und recht genaue ökologische Charakterisierung untersuchter Flächen anhand zweier wichtiger Umweltfaktoren in Auen. Der in Buchkapitel 7.4 dargestellte Ansatz bietet zudem die Möglichkeit indizierte Werte mit Hilfe von Biotoptypenkartierungen auf größere Flächen zu extrapolieren. Insbesondere da das Indikationssystem als Tabellenkalkulationsanwendung zur Verfügung steht (s. CD im Kapitelanhang 7.2-1 auf der CD), bietet sich eine regelmäßige Anwendung für Monitoring-Fragestellungen an, z.B. zu einer Veränderung des Grundwasserflurabstandes nach wasserbaulichen Maßnahmen. Außerdem gibt dieses Indikationssystem Antworten zum Weg, wie wichtige ökologische Faktoren in Auen-Ökosystemen indiziert werden können, die geprägt sind von Extremereignissen in langen Zeiträumen, wie Hochwässer und Dürreperioden. Wir planen, durch künftige Untersuchungen das Indikationssystem weiter zu vervollständigen und um weitere Steuerfaktoren zu erweitern. Die dafür notwendige methodische Grundlage konnte mit dem RIVA-Projekt geschaffen werden.

7.3 Qualitätssicherung der Indikation durch Artenzahlschätzung

Klaus Follner & Klaus Henle

Zusammenfassung

Bioindikationssysteme beruhen häufig auf der Präsenz oder Abundanz von Arten. Da die Qualität von Daten zur Präsenz und Abundanz von Arten vom Erfassungsaufwand abhängt, ist es wichtig zu prüfen, inwieweit Indikationsergebnisse ebenfalls vom Erfassungsaufwand abhängen. Wenn die Indikation davon abhängt, dass die Indikatorarten mit ausreichender Wahrscheinlichkeit erfasst sind, dann bietet das Verhältnis zwischen der nachgewiesenen und der geschätzten Artenzahl einen Ansatz für die Qualitätssicherung von Indikationsergebnissen.

Dafür wird zuerst auf der Grundlage einer Simulation untersucht, welche Methoden der Artenzahlschätzung am genauesten und zuverlässigsten schätzen und wie die Genauigkeit der Schätzungen von Eigenschaften der Artnachweise abhängt. Gute Artenzahlschätzer liefern schon bei geringem Erfassungsaufwand Schätzungen für Artenzahlen, die nahe an der „wahren" Artenzahl einer Probefläche liegen. Danach wird der Zusammenhang zwischen der Qualität der Indikation des im RIVA-Projekt entwickelten Indikationssystems und dem Erfassungsaufwand analysiert. Zuletzt wird dargestellt, unter welchen Bedingungen das Verhältnis zwischen nachgewiesener und geschätzter Artenzahl zur Abschätzung der Qualität einer einzelnen Indikation verwendet werden kann.

7.3.1 Einleitung

Bioindikation, wie sie im Buchkapitel 7.2 und in Follner & Henle (2006) dargestellt ist, hat zum Ziel, aus dem Vorhandensein bzw. Fehlen oder der Abundanz einer oder mehrerer Arten auf einen ökologischen Zustand, genauer, auf Werte wichtiger Umweltfaktoren zu schließen. Das Ergebnis einer solchen Indikation ist ein Wert, der für eine bestimmte Probefläche und einen bestimmten Zeitpunkt durch die Indikatorarten einer Aufnahme angezeigt wird. Bei der Entwicklung und Validierung eines Indikationssystems werden parallel zur Erfassung der Indikatorarten auch die Werte der zu indizierenden Umweltfaktoren gemessen (McGeoch 1998). Sinn der Anwendung eines Indikationssystems ist es dagegen, die aufwändige Messung einzusparen (Zehlius-Eckert 1998, Dziock et al. 2006b). Die Genauigkeit eines einzelnen Indikationsergebnisses sollte also unter reduziertem Aufwand überprüft und ihm gegenüber möglichst wenig empfindlich sein.

Einerseits zeigte das im Buchkapitel 7.2 vorgestellte Indikationssystem sehr geringe Unterschiede in der Genauigkeit der Indikationsergebnisse in Abhängigkeit von unterschiedlichem Erfassungsaufwand (Buchkap. 7.2.6). Andererseits gibt es gewiss eine Untergrenze des Freilandaufwandes, ab dem keine sinnvolle Indikation mehr möglich ist. Es wäre also für die Anwendung wertvoll, wenn am einzelnen Indikationsergebnis unmittelbar abgeschätzt werden könnte, ob der Aufwand ausreichte, um eine geforderte Genauigkeit und Verlässlichkeit zu erreichen. Da die Genauigkeit einer einzelnen Indikation abgeschätzt werden soll, taugen für Bioindikationssysteme, die auf der Präsenz oder Abundanz von Arten beruhen, die üblichen statistischen Maße wie die Standardabweichung nicht, weil diese sich auf die zeitliche oder räumliche Variabilität einer Anzahl von Stichproben beziehen. Bei den eingeführten Indikationssystemen wird deshalb ausschließlich auf die, teils langjährige, Validierung vertraut (z.B. Friedrich 1990, Ellenberg et al. 2001). Eine Abschätzung der Genauigkeit von einzelnen Indikationsergebnissen wird nicht angeboten. Folglich musste ein neuer Ansatz gefunden werden, die Genauigkeit einzelner Indikationsergebnisse des vorgestellten Indikationssystems abzuschätzen.

Wenn die Indikation auf den nachgewiesenen Arten und ihren Abundanzen beruht, kann man annehmen, dass die Genauigkeit der Indikation davon abhängt, die Indikatorarten mit dem gegebenen Aufwand möglichst vollständig erfasst zu haben. Jedoch ist es selbst bei sehr hohem Aufwand in der Regel unmöglich, eine Artengemeinschaft vollständig zu inventarisieren (Begon et al. 1990), sogar wenn die Arten (z.B. Pflanzen) immobil sind. Um die Größe des Unterschiedes zwischen der Zahl der nachgewiesenen Arten und einer vollständigen Inventarisierung aus Stichproben abzuschätzen, ist die Artenzahlschätzung die geeignete Methode (Burnham & Overton 1979, Colwell & Coddington 1994). Es kann folglich erwartet werden, dass sich das Verhältnis zwischen der geschätzten Artenzahl und der Zahl der nachgewiesenen Arten als Maß für die Genauigkeit einer Indikation eignet, wenn sich der Erfassungsgrad der Indikatorarten nicht von dem der ganzen Artengemeinschaft unterscheidet.

Eine entscheidende Voraussetzung für das Funktionieren dieses Ansatzes der Qualitätssicherung von Indikationsergebnissen ist eine genaue und zuverlässige Artenzahlschätzung. An der Verbesserung von Methoden der Artenzahlschätzung wird nach wie vor gearbeitet (z.B. Pledger 2005). Deshalb bleibt eine Bewertung, welche Artenzahlschätzer unter welchen Voraussetzungen am besten geeignet sind, vorläufig (Baltanás 1992, Boulinier et al. 1998, Walther & Moore 2005). Das Ziel, das neu entwickelte Indikationssystem (Follner & Henle 2006, Buchkap. 7.2) durch eine Methode für die Abschätzung der Genauigkeit einzelner Indikationen zu vervollständigen, war der Anlass, die meisten der bisher vorgeschlagenen nichtparametrischen Methoden der Artenzahlschätzung vergleichend zu testen (Follner 2006).

Im Folgenden wird zuerst die vergleichende Untersuchung der Artenzahlschätzer dargestellt. Daraus werden Empfehlungen abgeleitet, welche der Artenzahlschätzer unter welchen Bedingungen verwendet werden sollten. Danach wird am Beispiel des in Buchkapitel 7.2 vorgestellten Indikationssystems gezeigt, dass der Ansatz funktioniert, die Qualität einer einzelnen Indikation auf der Grundlage des Verhältnisses der Zahlen geschätzter und nachgewiesener Arten abzuschätzen.

7.3.2 Schätzung von Artenzahlen

7.3.2.1 Artenzahlschätzer und die Prüfung ihrer Leistungsfähigkeit

Da es im Allgemeinen unmöglich ist, eine Artengemeinschaft vollständig zu inventarisieren (Begon et al. 1990), muss versucht werden, auf der Basis einer unvollständigen Erfassung, genauer, mehrerer Stichproben, Artenzahlen möglichst genau und zuverlässig zu schätzen (Bunge & Fitzpatrick 1993). Die Schätzung der Zahl der Individuen einer Population ist vom Standpunkt der Statistik her gesehen ein ähnliches Problem wie die Artenzahlschätzung. Aufgrund der Fortschritte im Bereich der Populationsgrößenschätzung in den vergangenen Jahren lag der Versuch nahe, solche Verfahren auf die Schätzung von Artenzahlen zu übertragen (Burnham & Overton 1979, Chao 1987, Colwell & Coddington 1994, Lee & Chao 1994, Nichols & Conroy 1996, Boulinier et al. 1998, Chazdon et al. 1998).

Für die Untersuchung wurden neun Schätzverfahren ausgewählt, von denen erwartet werden konnte, dass sie unter den besonderen Bedingungen der Artenzahlschätzung, zum Beispiel sehr unterschiedliche Nachweis-Wahrscheinlichkeiten der Arten, genaue und zuverlässige Artenzahlschätzungen ermöglichen. Sechs der untersuchten Schätzverfahren beruhen auf dem Konzept der Coverage, das Chao & Lee (1992) auf die Artenzahlschätzung übertrugen. Das Coverage-Konzepts beruht darauf, den Anteil des „wahren" Wertes zu schätzen, der durch die Stichproben repräsentiert ist. „Chao1", „Chao2" und „Chao3" unterscheiden sich durch verschiedene Möglichkeiten, diesen Anteil zu schätzen, die Schätzung des Kovariationskoeffizienten ist hingegen gleich (Chao et al. 1992). „Chao4" und „Chao5" (Chao & Lee 1992) sowie „Chao6" (Chao & Lee 1993) beruhen auf demselben Coverage-Schätzer wie Chao1, unterscheiden sich aber in den Schätzverfahren für den Kovariationskoeffizienten. Weiter wurde ein Schätzer untersucht, der auf einem Verhältnis zwischen einmal und zweimal nachgewiesenen Arten beruht und als „Moment"-Schätzer bezeichnet wird (Chao 1987). Die verbleibenden beiden Verfahren beruhen auf dem Konzept des Jackknifing, ursprünglich ein statistisches Verfahren zur Fehlerkorrektur, das von Burnham & Overton (1978) auf die Schätzung von Populationsgrößen und Artenzahlen übertragen wurde. Sie unterscheiden sich in der Anzahl berücksichtigter Korrekturfaktoren („Jackknife1": Jackknife erster Ordnung; „Jackknife2": Jackknife zweiter Ordnung). Einige der untersuchten Schätzer, Jackknife1, Jackknife2, Moment, Chao4, Chao5 wurden für die Artenzahlschätzung schon verwendet (Burnham & Overton 1978, Chao 1987, Chao & Lee 1992), die anderen nur für die Schätzung von Populationsgrößen (Chao et al. 1992, Chao & Lee 1993).

Wie genau und zuverlässig ein Schätzverfahren ist, lässt sich nur feststellen, wenn die „wahre" Artenzahl bekannt ist. Da diese bei Freilanddaten in der Regel unbekannt ist, muss zur Analyse der Eignung von Schätzverfahren auf Simulationsstudien zurückgegriffen werden. Für bisherige Simulationsstudien wurden Annahmen gewählt, die für Fangwahrscheinlichkeiten in Populationen plausibel sind (z.B. Burnham & Overton 1979, Chao 1987), die Verteilung von Nachweiswahrscheinlichkeiten in Artengemeinschaften aber kaum widerspiegeln (Follner 2006). Die Simulationsstudie über die Genauigkeit und Zuverlässigkeit der Artenzahlschätzer muss folglich auf einer soliden Grundlage von Freilanddaten aufbauen. Die Artenzahlschätzer wurden für eine Reihe von Szenarien getestet. Szenarium meint hier eine Kombination von Annahmen über die Nachweiswahrscheinlichkeiten simulierter Arten, die darüber entscheiden, ob und wie häufig diese Arten im simulierten Fang vorkommen, für den dann die Artenzahlschätzung durchgeführt wird.

Die Schätzverfahren wurden in der Simulationsstudie daraufhin verglichen, wie stark ihre Schätzergebnisse von der in der Simulation verwendeten „wahren" Artenzahl abweichen. Dabei wurde analysiert, wie stark sie systematisch unter- oder überschätzen und wie groß der Standardfehler der je 1.000 Schätzungen auf Grundlage simulierter Fangergebnisse ist. Die geeignetsten Verfahren für die Artenzahlschätzung zeichnen sich durch eine möglichst geringe systematische Abweichung zwischen „wahrer" und geschätzter Artenzahl und einen möglichst geringen Standardfehler aus. Anhand der systematischen Abweichungen und der Größe des Standardfehlers wurden die Artenzahlschätzer in eine Rangfolge gestellt, wobei „1" dem besten und „9" dem am schlechtesten abschneidenden Verfahren zugeordnet wurde. Für Details zum Ablauf der Simulation, und wie aus den Ergebnissen der einzelnen Simulationen ein Gesamtrang gebildet wurde, sei auf Follner (2006) verwiesen.

7.3.2.2 Nachweis-Frequenzen und Artenzahlschätzung

Die derzeit am häufigsten verwendeten Verfahren der Artenzahlschätzung, und alle hier untersuchten, sind nicht-parametrisch. Die Grundlage der Schätzung sind dabei Nachweis-Frequenzen der Arten. Die Verteilung der Nachweis-Frequenzen zeigt wie viele Arten genau einmal, zweimal etc. auf einer bestimmten Zahl von Probeflächen oder während einer bestimmten Zahl von Untersuchungszeiträumen nachgewiesen wurden.

Aus den Formeln dieser Schätzverfahren kann abgeleitet werden, dass die Form der Kurve der Nachweis-Frequenzen und die Gesamtzahl der Artnachweise die Qualität der Artenzahlschätzung beeinflussen. Diese werden ihrerseits von einer Vielzahl von Faktoren beeinflusst: Erfassungsaufwand, Eigenschaften der Artengruppe, wie Artenzahl, Dominanzstruktur und Habitatnutzung, sowie Eigenschaften der Probeflächen und Untersuchungszeiträume.

Der Erfassungsaufwand soll als Beispiel eines Faktors dienen, der die Form der Verteilung der Nachweis-Frequenzen beeinflusst. Hierzu werden Erfassungsdaten von Laufkäfern aus dem RIVA-Projekt verwendet (siehe Buchkap. 6.3). Die Laufkäfer wurden mittels Bodenfallen erfasst. Zur Demonstration der Bedeutung des Erfassungsaufwandes für die Verteilung der Nachweisfrequenzen wurden die Daten von acht ökologisch ähnlichen Probeflächen von acht aufeinander folgenden Fangperioden mit einer Dauer von je zwei Tagen ausgewählt. Pro Fangperiode und Falle wurde nur ein Artnachweis verwendet. Die Zahl der Individuen einer Art wird also nicht berücksichtigt.

Wie sich die Verteilung der Nachweis-Frequenzen mit dem Erfassungsaufwand verändert, zeigt Abbildung 7.3-1. Eine Verteilung, wie die für alle acht Probeflächen, kann als typisch für Gemeinschaften mit höherer Artenzahl gelten, die mit großem Aufwand erfasst wurden. Obwohl ein bedeutender Teil der Arten bei jeder Fanggelegenheit nachgewiesen wurde, findet sich dennoch eine Mehrheit von Arten, die nur ein- oder zweimal erschienen. Die Verteilungskurve der Nachweis-Frequenzen ist deshalb deutlich zweigipflig. Bei der Reduktion des Erfassungsaufwandes durch Beschränkung der Datenerfassung auf vier, zwei bzw. eine Probeflächen sank die Zahl der insgesamt nachgewiesenen Arten. Insbesondere die Zahl der regelmäßig nachgewiesenen Arten ging drastisch zurück. Die Kurve wurde linksgipflig. Die Schwankungen der mittleren Nachweis-Frequenzen müssen als Zeichen von Heterogenität in den Proben gedeutet werden. Als Quelle solcher Heterogenität kommen räumliche Unterschiede in Frage, zum Beispiel der Fallenstandorte, und zeitliche, bedingt beispielsweise durch Temperatur oder Luftfeuchtigkeit.

Eine systematische Analyse, wie die verschiedenen Einflussfaktoren die Kurvenform der Nachweis-Frequenzen beeinflussen, kann nicht alleine anhand von Freilanddaten erfolgen, sondern erfordert eine Simulation, bei der die Einflussfaktoren systematisch verändert werden. Hierzu wurde ein Computer-Programm geschrieben, das eine Artenerfassung simuliert, bei der Erfassungsaufwand, Eigenschaften der Artengruppe sowie Eigenschaften der Probeflächen bzw. Untersuchungszeiträume isoliert verändert werden. So konnte deren Einfluss auf die Verteilung der Nachweis-Frequenzen und auf die Ergebnisse von Schätzverfahren beurteilt werden. Die durch die Simulationen erzeugten Verteilungen der Nachweisfrequenzen entsprachen solchen, wie sie in Freilanddaten gefunden wurden.

Wie oben schon erwähnt, beeinflusst die Form der Verteilung der Nachweis-Frequenzen der Arten und die Anzahl der Artnachweise die Leistung der Artenzahlschätzer (Follner 2006). Anhand dieser beiden Parameter, die aus eingehenden Freilanddaten ermittelt werden können, ist es folglich möglich jene Verfahren für die Artenzahlschätzung auszuwählen, die voraussichtlich den geringsten systematischen Fehler aufweisen und am genauesten sind. Um die Verteilung der Nachweis-Frequenzen leichter handhaben zu können, wurde der Kurvenform-Index (Curve shape index = CSI) entwickelt. Er fasst in eine Zahl, wie hoch der Anteil der selten gefangenen Arten (linker Ast der Verteilungskurven) relativ zu dem der häufig gefangenen Arten ist (rechter Ast der Verteilungskurven) (Abb. 7.3-1). Die Werte des Kurvenform-Index können zwischen -1, ausschließlich selten nachgewiesene Arten, und 1, ausschließlich regelmäßig nachgewiesene Arten, liegen. Er nimmt einen negativen Wert an, wenn die Mehrzahl der Arten in weniger als der Hälfte der Fanggelegenheiten nachgewiesen wurde, also der linke Ast der Verteilungskurve höher ist als der rechte (Abb. 7.3-1). Er nimmt einen positiven Wert an, wenn die Mehrzahl der Arten in mehr als der Hälfte der Fanggelegenheiten nachgewiesen wurde, also der rechte Ast der Verteilungskurve im Vergleich zum linken hoch ist. Er nimmt 0 an, wenn genau gleich viele „seltene" wie „häufige" Arten nachgewiesen wurden.

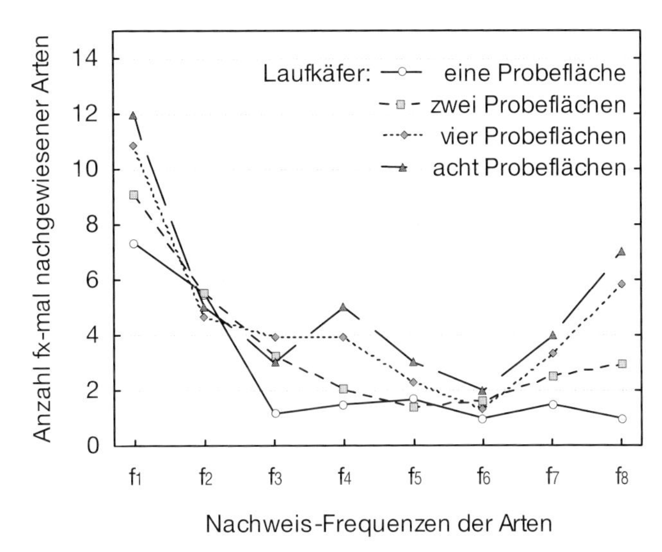

Abb. 7.3-1: Veränderung der Verteilung der Nachweis-Frequenzen, also die Anzahlen von Arten, die einmal (f1), zweimal (f2), bis achtmal (f8) nachgewiesen wurden, in Abhängigkeit vom Erfassungsaufwand.

7.3.2.3 Geeignete Artenzahlschätzung

Sehr stark zusammengefasst können die untersuchten Verfahren zur Schätzung von Artenzahlen anhand ihrer Genauigkeit und Zuverlässigkeit in die Rangfolge gebracht werden, wie sie in Tabelle 7.3-1 dargestellt ist. Jackknife1, Cover1 und Cover3 lieferten in den meisten Simulationen die genauesten und zuverlässigsten Ergebnisse. Sie neigen dennoch zum

Tab. 7.3-1: Die Artenzahlschätzer dargestellt in der Rangfolge ihrer Qualität

Schätzer	Rang
Jackknife1	1
Cover1	2
Cover3	3
Jackknife2	4
Cover2	5
Cover5	6
Cover4	7
Moment	8
Cover6	9

Unterschätzen, weshalb der höchste der Schätzwerte dieser drei Verfahren meist der „wahren“Artenzahl am nächsten kommt. Bei einer sehr kleinen Zahl von Artnachweisen (<70) kann Jackknife2 bevorzugt werden. In allen anderen Fällen neigt er zum Überschätzen und ist generell relativ unzuverlässig. Auch die übrigen Schätzverfahren können brauchbare Schätzergebnisse für Artenzahlen liefern, sind aber weniger genau und vor allem weniger zuverlässig als die drei auf den ersten Rängen stehenden Verfahren.

Wie die Schätzer sich im Detail verhalten, wie ihr Rang begründet ist und welche Faktoren in den Freilanddaten ihre Eignung beeinflussen, wird im Folgenden ausgeführt.

Die komplexen Abhängigkeiten der Leistung der Schätzverfahren von Faktoren wie Erfassungsaufwand, Unterschiede von Probeflächen und Erfassungszeiträumen soll an einigen Beispielen aus der Simulation dargestellt werden. Den Artenzahlschätzungen der untersuchten Verfahren liegen Nachweis-Frequenzen (Kurvenform-Index) und Anzahlen der Nachweise von Arten als Datenbasis zu Grunde. Der Einfluss der oben genannten Faktoren wird folglich über diese beiden Parameter der Schätzungen vermittelt. Beispiele von Simulationsszenarien, in denen Erfassungsaufwand und Heterogenität der räumlichen oder zeitlichen Proben variiert werden, stellen diesen Zusammenhang dar.

Zu Anfang werden die Ergebnisse eines Simulationsszenarios gezeigt, in dem für eine gleich bleibende Zahl von Fangperioden (die Proben für die Artenzahlschätzung) die Zahl der gleichförmigen in die Schätzung eingehenden Probeflächen ansteigt. Die Erhöhung der Probeflächenzahl bei zeitlicher Verwendung der Nachweisdaten für die

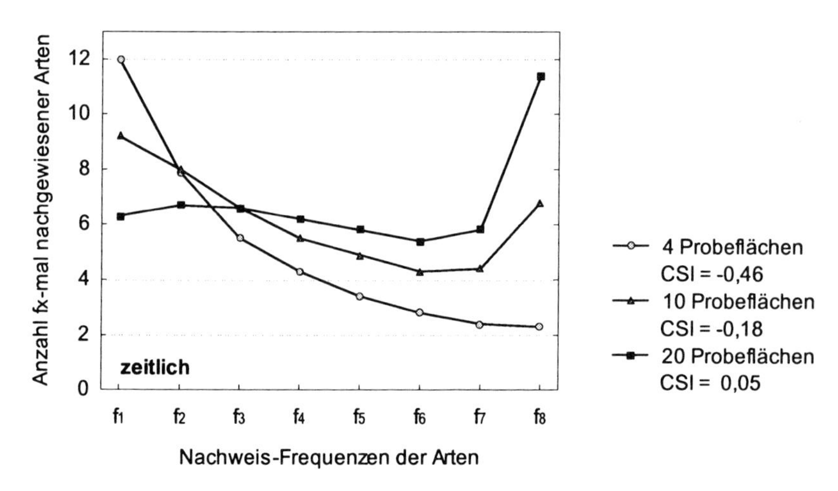

Abb. 7.3-2: Veränderung der Verteilung der Nachweis-Frequenzen, also die Anzahlen von Arten, die einmal (f1), zweimal (f2), bis achtmal (f8) nachgewiesen wurden, in Abhängigkeit vom Erfassungsaufwand. Aufwand bedeutet hier die Anzahl von Probeflächen, deren Artnachweise für die zeitlichen Proben verwendet wurden.

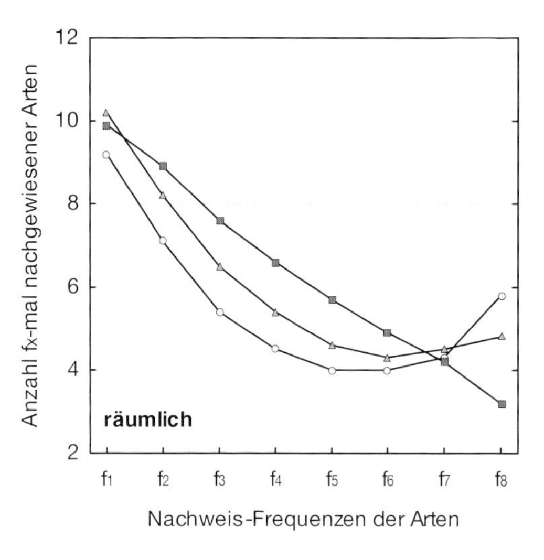

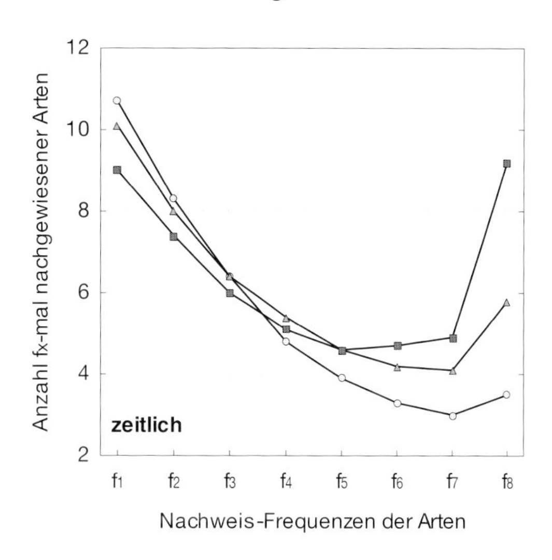

kombinierte Heterogenität von Fallen, Probeflächen und Habitat

	gering	mittel	hoch
räumlich:	CSI = -0,18	CSI = -0,25	CSI = -0,29
zeitlich:	CSI = -0,37	CSI = -0,23	CSI = -0,08

Abb. 7.3-3: Unterschiede in der Verteilung der Nachweis-Frequenzen, also die Anzahlen von Arten, die einmal (f1), zweimal (f2), bis achtmal (f8) nachgewiesen wurden, bei zunehmender räumlicher Heterogenität in Abhängigkeit davon, ob die Proben räumlich (Probeflächen) oder zeitlich (Untersuchungsperioden) genommen wurden.

Artenzahlschätzung ist eine Möglichkeit, steigenden Aufwand zu simulieren. Die Kurvenform der Verteilung der Nachweis-Frequenzen fiel bei vier einbezogenen Probeflächen (Kurvenformindex, CSI = -0,46) mit steigenden Frequenzen gleichmäßig ab (Abb. 7.3-2). Wurden 10 oder 20 Probeflächen einbezogen, dann stieg die Kurve auf der Seite der hohen Frequenzen mehr oder weniger stark wieder an (CSI = -0,18 bzw. CSI = 0,05). Als Folge davon wuchs auch die Zahl der Artnachweise. In der Simulation entwickelt sich die Kurve also bei steigendem Aufwand auf vergleichbare Weise wie in den Freilanddaten (vgl. Abb. 7.3-1). Dies zeigt einerseits, dass die Simulation die Verhältnisse im Freiland widerspiegelt und andererseits, wie steigender Aufwand auf Parameter der Artenzahlschätzung wirkt.

Ein weiterer wichtiger Faktor, von dem die Form der Kurven der Nachweis-Frequenzen abhängt, ist der Umfang der Unterschiede zwischen den Probeflächen (räumliche Heterogenität) und den Erfassungszeiträumen (zeitliche Heterogenität). In einer Simulation kann derselbe Datensatz räumlich und zeitlich ausgewertet werden. Räumlich bedeutet, dass für jede Probefläche die Artnachweise der Untersuchungsperioden zusammengefasst werden. Eine Art, die auf sechs der acht Probeflächen während mindestens einem Untersuchungszeitraum nachgewiesen wird, erscheint in der „räumlichen Kurve" (Abb. 7.3-3, links) als eine der f6- Arten. Zeitlich bedeutet, dass für jede Untersuchungsperiode die Artnachweise der Probeflächen zusammengefasst werden. Eine Art, die während zwei der acht Untersuchungszeiträume auf mindestens einer Probefläche nachgewiesen wird, erscheint in der „zeitlichen Kurve" (Abb. 7.3-3, rechts) als eine der f2- Arten. Die Unterschiede der Kurven innerhalb der beiden Grafiken sind durch steigende räumliche Heterogenität (simulierte Unterschiede zwischen Fallen, Probeflächen sowie Habitaten) verursacht. Die Unterschiede zwischen den Grafiken entstehen durch die verschiedene Art der Probenahme, räumlich bzw. zeitlich, aus den simulierten Artnachweisen.

Bei räumlicher Probennahme verhinderte die hinzukommende räumliche Heterogenität zunehmend, dass Arten regelmäßig nachgewiesen werden (Abb. 7.3-3, links). Fallen bzw. Probeflächen sind so unterschiedlich, dass Arten auf einer Probefläche häufig sind, auf einer anderen fehlen können. Die steigende räumliche Heterogenität macht aus zweigipfligen Nachweis-Frequenzkurven (gering: CSI = -0,18 mittel: CSI = -0,25) linksschiefe (hoch: CSI = -0,29). Bei zeitlicher Probenahme hingegen wirkt die räumliche Heterogenität anders. Die bearbeitete Artengemeinschaft wächst mit Heterogenität der Probeflächen. Die Zahl der Arten, die auf mindestens einer der Probeflächen regelmäßig vorkommt, steigt (Abb. 7.3-3, rechts), da es für den Nachweis einer Art in einer Fangperiode ausreicht, diese Art in einer der Probeflächen regelmäßig zu finden. Die Verteilungskurve der Nachweis-Frequenzen wird deshalb mit zunehmender räumlicher Heterogenität mehr und mehr zweigipflig (gering: CSI = -0,37 mittel: CSI = -0,23 hoch: CSI = -0,08).
Wie sich Heterogenität der Proben, in diesem Fall Unterschiede der Nachweisbarkeit von Arten zwischen Probeflächen, auf die Schätzung von Artenzahlen auswirkt, hängt also auch vom Probenahme-Design, räumlich oder zeitlich, ab. Hier muss angemerkt werden, dass Heterogenität im Freiland, anders als in einer Simulation, nie ausschließlich räumlich oder zeitlich auftritt. Da außerdem weitere Faktoren die Verteilung der Nachweis-Frequenzen beeinflussen, kann der Anteil der räumlichen oder zeitlichen Heterogenität in Freilanddaten nicht einmal im Nachhinein festgestellt werden.

Die Auswirkungen solcher Unterschiede der Heterogenität in den Proben auf die Qualität der Artenzahlschätzung werden am Beispiel des folgenden Simulationsszenarios beleuchtet. In diesem Szenario verändert sich die Nachweiswahrscheinlichkeit der Arten zeitlich, also zwischen den Untersuchungszeiträumen. Die Wirkung auf die Verteilungen der Nachweis-Frequenzen ist analog den gerade gezeigten, jedoch mit vertauschten Rollen für räumliche und zeitliche Probennahme.

Es zeigte sich, dass die relative Leistung der Schätzer davon abhing, wie stark sich die Untersuchungsperioden unterschieden und ob die

Abb. 7.3-4: Ränge der Schätzverfahren bei zunehmender zeitlicher Heterogenität. Die Ränge beruhen auf der Abweichung von der „wahren" Artenzahl, der Neigung zum Über- oder Unterschätzen und der Standardabweichung der Schätzung. Die Veränderungen der Graustufen zeigt also wie sich die relative Qualität der Artenzahlschätzung der einzelnen Schätzer mit zunehmender zeitlicher Heterogenität der Proben ändert.

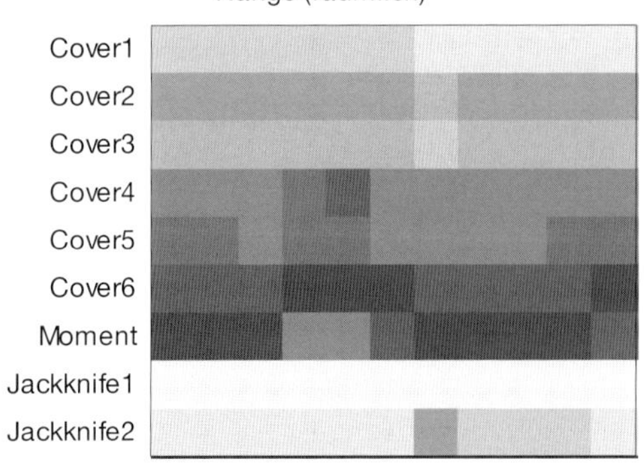

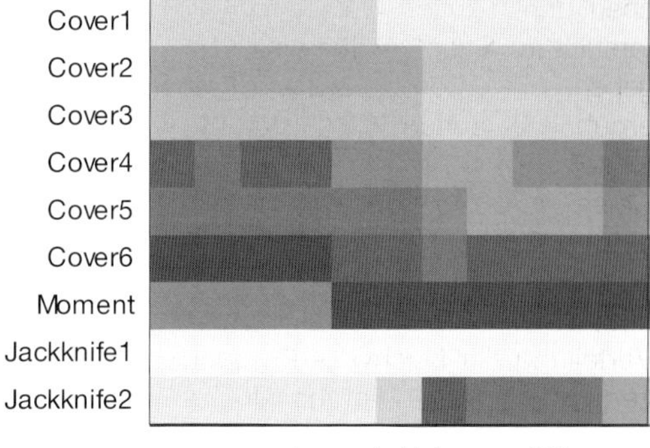

Rang 1 2 3 4 5 6 7 8 9

Probenahme räumlich oder zeitlich ausgewertet wurde (Abb. 7.3-4). Während Jackknife1 über die gesamte Spanne der zeitlichen Heterogenität die genauesten und zuverlässigsten Artenzahlschätzungen lieferte, tauschte zum Beispiel Jackknife2 bei höherer Heterogenität den zweiten Rang mit Chao1 (Abb. 7.3-4). Dieser Effekt war an den Rängen der zeitlichen Auswertung viel deutlicher zu erkennen (Abb. 7.3-4, rechts), weil zeitliche Variation sich bei zeitlicher Probennahme im Datensatz der Artnachweise wesentlich stärker niederschlägt als bei einer räumlichen Probenahme. Die Unterschiede zwischen den Artenzahlschätzern, die nur hohe Rangzahlen erreichten, also allgemein wenig genaue und zuverlässige Artenzahlschätzungen lieferten, bringen dabei keinen weiteren Erkenntnisgewinn.

Jackknife1 ist im dargestellten Beispiel (Abb. 7.3-4) klar der genaueste und zuverlässigste Artenzahlschätzer. Die drei ähnlich guten Schätzverfahren auf den folgenden Rängen zeigen aber, dass diese Stabilität des Ergebnisses nicht verallgemeinert werden kann, weil sich ihre relative Leistung mit der Zunahme der simulierten räumlichen Heterogenität ändert. Deshalb war es nötig, nach Parametern zu suchen, die anzeigen, welcher der untersuchten Schätzer für einen gegebenen Datensatz das beste Schätzergebnis verspricht. Diese Parameter sollten im Datensatz der Artnachweise enthalten sein und nicht von extra Erhebungen abhängen, die zum Beispiel räumliche Heterogenität erkennen lassen. Die Form der Verteilung der Nachweis-Frequenzen der Arten (Kurvenform-Index) und die Anzahl der Artnachweise erwiesen sich als geeignet. Sie gehen direkt in die Berechnung der Schätzergebnisse ein und spiegeln

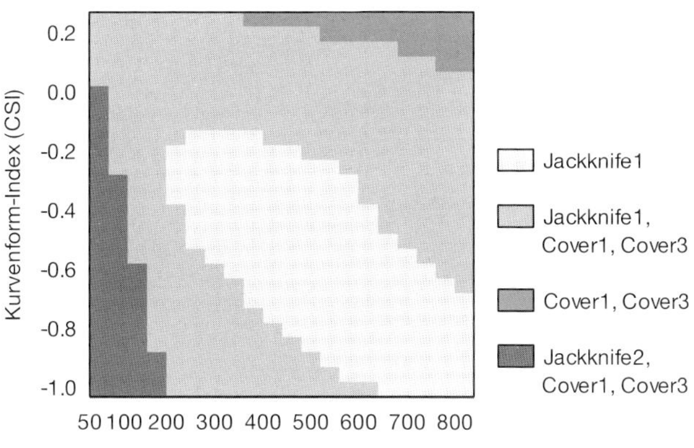

Abb. 7.3-5: Bereiche des Kurvenform-Index und der Anzahl der Artnachweise, in denen die vier besten Artenzahlschätzer im Vergleich zu den jeweils anderen empfohlen werden.

Faktoren wider, wie Erfassungsaufwand oder Heterogenität der Proben.

Die Ergebnisse aller Simulationen können in Abhängigkeit von diesen beiden Parametern zu Empfehlungen zusammengefasst werden, wann welcher der besten vier Artenzahlschätzer wahrscheinlich die im Vergleich genauesten und zuverlässigsten Ergebnisse erzielt (Abb. 7.3-5). Dabei zeigt sich, dass Jackknife1 in einem großen Teil des durch Kurvenform-Index und Anzahl der Artnachweise aufgespannten Wertebereiches der empfohlene Artenzahlschätzer ist. Cover1 und Cover3 sind in weiten Bereichen ähnlich genau und zuverlässig, bei hohen Werten des Kurvenform-Index und der Anzahl der Artnachweise sogar besser. Da diese drei Artenzahlschätzer eher zum Unterschätzen neigen, wird in den meisten Fällen das höchste Schätzergebnis der drei Artenzahlschätzer zum selben Datensatz das genaueste sein. Jackknife2 erreicht vergleichbar genaue Artenzahlschätzungen nur, wenn die Anzahl der Artnachweise niedrig und der Kurvenform-Index nicht hoch ist.

7.3.2.4 Zusammenhang zwischen Erfassungsaufwand und Qualität der Artenzahlschätzung

Wenn ein Artenzahlschätzer zuverlässig ist und die Stichproben, die der

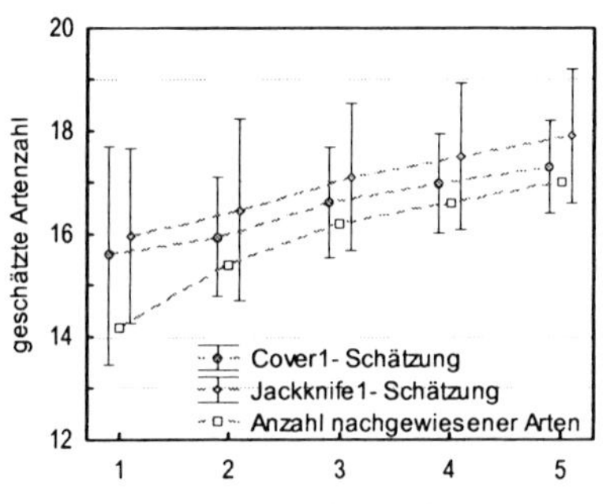

Abb. 7.3-6: Verhältnis zwischen geschätzten und nachgewiesenen Artenzahlen in Abhängigkeit vom Aufwand für die Erfassung von Mollusken mittels Bodenproben. Schätzungen bzw. Zählungen der Molluskenarten beruhen auf einer, zwei, drei, vier bzw. fünf Bodenproben.

Schätzung zu Grunde liegen, homogen sind, dann sollte sich mit steigendem Aufwand für die Erfassung die Zahl der nachgewiesenen Arten der geschätzten Artenzahl annähern. Aber auch wenn die Stichproben aus nicht völlig gleich zusammengesetzten Artengemeinschaften stammen, sollte die Annäherung sichtbar sein, auch wenn die gesamte Artenzahl, die geschätzt werden kann und sich auch in steigenden Schätzungen niederschlägt, mit dem Aufwand größer wird. Am Beispiel einer Aufnahme von Mollusken aus dem Freiland ist dies deutlich zu sehen (Abb. 7.3-6). Der steigende Aufwand ergab sich daraus, dass eine zunehmende Zahl von Bodenproben, aus denen die Molluskenarten ermittelt werden, für die Zählung und Schätzung der Artenzahlen verwendet wurde. Obwohl eine einzelne Bodenprobe offensichtlich noch nicht die ganze Variabilität der Probefläche abdeckt, aus der die fünf Bodenproben genommen wurden, nähert sich die Zahl nachgewiesener Arten den Schätzungen der beiden verwendeten Schätzverfahren an (Abb. 7.3-6).

Um ein Maß zu bekommen, das unabhängig ist von der absoluten Artenzahl, wird der Unterschied zwischen geschätzter und nachgewiesener Artenzahl als Verhältnis (geschätzt / nachgewiesen) ausgedrückt. In diesem Verhältnis steckt folglich die Information, wie vollständig eine Artengemeinschaft erfasst wurde. Für die folgenden Schätzungen wurde eines der Schätzverfahren verwendet, die sich als genau und zuverlässig erwiesen haben, nämlich der Coverage-Schätzer von Chao et al. (1992), Cover1.

7.3.3 Artenzahlschätzung, Erfassungsaufwand und Qualität der Indikation

Im RIVA-Projekt wurden Daten mit einem Versuchsplan erhoben (vgl. Buchkap. 4.1 und 4.3), der es ermöglicht, einen reduzierten Erfassungsaufwand zu simulieren, indem die Indikation nur mit einem Teil der Fallen (Laufkäfer), Stechrahmenproben (Mollusken) bzw. unterschiedlich großen Aufnahmeflächen (Pflanzen) durchgeführt wird. Hierzu wurden die Laufkäfer mit fünf Fallen und die Mollusken mit fünf Stechrahmen in jeder der 36 Probeflächen des Hauptuntersuchungsgebietes erfasst (vgl. Buchkap. 6.2 und 6.3). Die Fänge wurden fallenweise bearbeitet und die Ergebnisse der Determination in die gemeinsame Datenbank des RIVA-Projektes eingegeben. So können die Fangergebnisse sowie die Abundanzen der Indikatorarten für jede beliebige Fangperiode und Falle in jeder interessierenden Kombination abgefragt werden. Entsprechendes gilt für die fünf Stechrahmenproben je Probefläche bei den Mollusken. Um Unterschiede im Aufwand bei der Probennahme von Pflanzen darzustellen, wurden Vegetationsaufnahmen von drei verschiedenen Flächengrößen (1 m^2, 4 m^2 und 100 m^2) verwendet.
Um zu testen, ob ein Zusammenhang zwischen der Qualität der Indikation und dem Erfassungsaufwand besteht, wurde die Indikation für jede der 36 Probeflächen auf der Grundlage von einer Falle bzw. Probe je

Probefläche, zwei Proben usw. bis fünf Proben durchgeführt. Damit zufällige Unterschiede der einzelnen Proben ausgeglichen werden konnten, wurden, außer bei fünf Proben, Mittelwerte der Indikation und der Artenzahlschätzung für die fünf Einzelproben und für je fünf Kombinationen aus zwei, drei und vier Proben je Probefläche gebildet. Eine systematische Permutation erzeugte Kombinationen, bei denen alle Proben je Probefläche gleich häufig eingingen und soweit möglich benachbarte Proben nicht gemeinsam. Beim Wert für alle fünf Fallen bzw. Stechrahmen-Proben ist natürlich nur eine Indikation möglich und somit keine Bildung eines Mittelwerts. Entsprechendes gilt für die unterschiedlichen Größen der Aufnahmeflächen bei den Pflanzen. Die Indikation wurde wie in Buchkapitel 7.2 beschrieben durchgeführt. Die Mittel der Differenzen zwischen dem Indikationsergebnis und dem auf den Probeflächen gemessenen Wert gingen dann in die Auswertung ein.

Ein Beispiel der Indikation des Grundwasserflurabstandes durch Mollusken zeigt den Zusammenhang zwischen Erfassungsaufwand und Genauigkeit der Indikation (Abb. 7.3-7). Die mittlere Differenz zwischen den gemessenen Wert und dem indizierten Wert auf den 36 Probeflächen sank bei steigender Zahl verwendeter Stechrahmen Proben je Probefläche.

Damit sind zwei der Voraussetzungen für die Nutzung der Artenzahlschätzung für eine Sicherung der Qualität einzelner Indikationsergebnisse gegeben. Sowohl das Verhältnis von geschätzter und nachgewiesener Artenzahl als auch die Qualität der Indikation hängen vom Erfassungsaufwand ab. Die Schätzungen der Artenzahlen beruhen jedoch auf allen nachgewiesenen Arten, nicht nur den Indikatorarten, deren Zahl für die Artenzahlschätzung nicht genügen würde. Es muss also zusätzlich angenommen werden, dass mit einem höheren Aufwand nicht nur ein größerer Anteil aller vorhandenen Arten nachgewiesen werden kann, sondern auch der indikatorisch wichtigen Arten. Dies ist nicht selbstverständlich, da generell seltene Arten als Indikatorarten ausgeschlossen wurden. Die Präsenz und Abundanz einer Indikatorart auf einer konkreten Probefläche hängt aber erheblich davon ab, ob die ökologischen Bedingungen und damit auch die indizierten Faktoren dem Bereich ihrer realen ökologischen Nische entsprechen. Generell häufige Indikatorarten werden folglich auf der Mehrzahl der Probe-

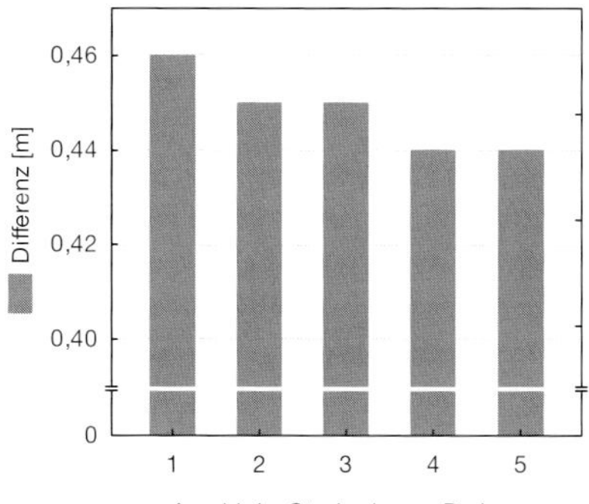

Abb. 7.3-7: Zusammenhang der Differenz zwischen Indikationsergebnis und gemessenem Grundwasserflurabstand mit dem Erfassungsaufwand bei Mollusken. Die Zunahme des Erfassungsaufwandes entstand durch eine Erhöhung der Anzahl verwendeter Stechrahmen-Proben je Probefläche.

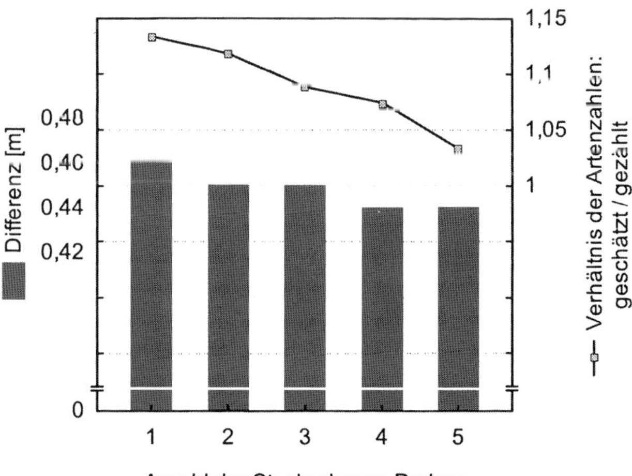

Abb. 7.3-8: Zusammenhang der Differenz zwischen dem Indikationsergebnis und dem gemessenen Grundwasserflurabstand (links) mit dem Verhältnis zwischen den gezählten und den geschätzten Artenzahlen (rechts) für zunehmenden Erfassungsaufwand bei Mollusken.

flächen dennoch selten sein oder fehlen. Sie unterscheiden sich folglich nicht wesentlich von allen Arten der Artengemeinschaften, deren Artenzahl geschätzt wird.

Es kann also vorausgesetzt werden, dass die Qualität einer Indikation vom Grad der Erfassung der Indikatorarten, also wiederum vom Aufwand abhängt, und dass Indikatorarten genauso erfasst werden wie die gesamte Artengemeinschaft. Folglich kann das Verhältnis von geschätzter und nachgewiesener Artenzahl als Maß für die Qualität einer einzelnen Indikation dienen.

Wenn es einen Zusammenhang zwischen der Qualität der Indikation und dem Erfassungsaufwand gibt, dann sollte die Differenz zwischen den durch die Indikation ermittelten Werten und den gemessenen Werten der Umweltfaktoren auf den Probeflächen mit dem Verhältnis zwischen der geschätzten und der nachgewiesenen Zahl von Arten abnehmen. Am Beispiel des Grundwasserflurabstandes, indiziert durch Mollusken, zeigte sich der Zusammenhang wie erwartet (Abb. 7.3-8). Sowohl das Verhältnis zwischen den Zahlen nachgewiesener und geschätzter Arten als auch die Differenz zwischen den Indikationsergebnissen und den gemessenen Werten sank mit zunehmendem Aufwand. Die Differenz zwischen den indizierten und den gemessenen Werten des Grundwasserflurabstandes sank allerdings nicht sehr deutlich. Dies zeigt die Robustheit des Mollusken-basierten Indikationssystems gegen verminderten Erfassungsaufwand.

Bei den Laufkäfern zeigte die Kurve des Verhältnisses zwischen den Zahlen nachgewiesener und geschätzter Arten ebenfalls die erwartete Tendenz; sie fiel mit steigendem Aufwand (Abb. 7.3-9). Die Differenz zwischen den indizierten und den gemessenen Grundwasserflurabständen verminderte sich jedoch nicht entsprechend. Es besteht also keine Korrelation zwischen der Qualität der Indikation und dem Verhältnis zwischen geschätzten und nachgewiesenen Artenzahlen. Dies bedeutet, dass das Indikationssystem mit den Laufkäfern als Indikatoren sehr robust gegen verminderten Erfassungsaufwand ist. Allerdings ist eine Indikation von mittlerem Grundwasserflurabstand und Überflutungsdauer mit Laufkäfern wegen deren Mobilität weniger genau als mit Mollusken und Pflanzen (vgl. Buchkap. 7.2).

Bei den Pflanzen verringerte sich wie bei den Mollusken die Differenz zwischen indizierten und gemessenen Werten des mittleren Grundwasserflurabstand mit steigender Probeflächengröße (Abb. 7.3-10, links), bei der Überflutungsdauer dagegen wurde sie entgegen der Erwartung eher größer (Abb. 7.3-10, rechts). Das Verhältnis der geschätzten zu den nachgewiesenen Artenzahlen war in beiden Fällen gleich und korrelierte folglich nur im Falle des Grundwasserflurabstandes in der erwarteten Weise mit dem zunehmenden Erfassungsaufwand. Auch bei der Indikation mit Pflanzen

Abb. 7.3-9: Zusammenhang der Differenz zwischen dem Indikationsergebnis und dem gemessenen Grundwasserflurabstand (links) mit dem Verhältnis zwischen den gezählten und den geschätzten Artenzahlen (rechts) für zunehmenden Erfassungsaufwand bei Laufkäfern.

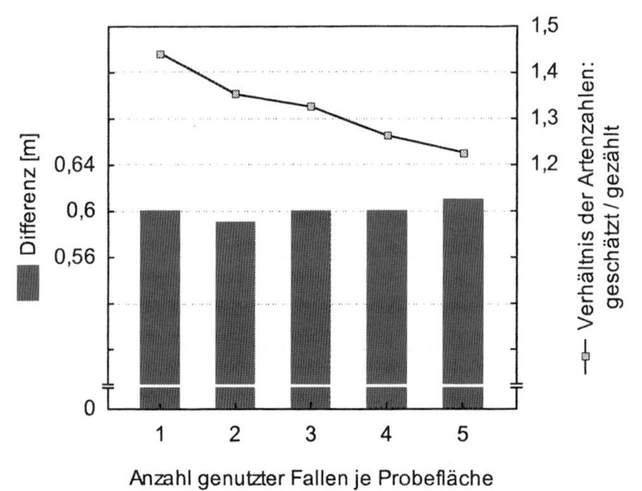

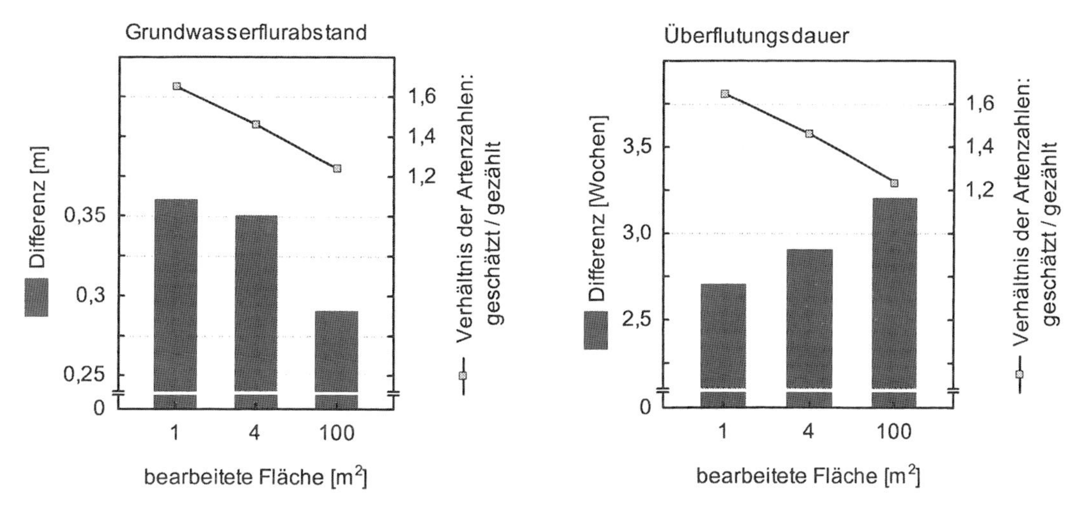

Abb. 7.3-10: Zusammenhang der Differenz zwischen dem Indikationsergebnis und dem gemessenen Grundwasserflurabstand (linke Grafik) bzw. der gemessenen Überflutungsdauer (rechte Grafik) mit dem Verhältnis zwischen den gezählten und den geschätzten Artenzahlen für zunehmenden Erfassungsaufwand bei Pflanzen.

zeigen die relativ geringen Veränderungen der Differenz zwischen indizierten und gemessenen Werten die Robustheit des Indikationssystems gegenüber vermindertem Aufwand.

Die Unterschiede zwischen der Indikation des mittleren Grundwasserflurabstandes bzw. der Überflutungsdauer hängt wahrscheinlich mit dem unterschiedlichen Einfluss der Probeflächengröße auf das Ausmaß der Heterogenität der Probeflächen zusammen. Kleine Unterschiede in der Höhenlage wirken sich (zumindest auf eher feuchten Probeflächen) auf die Überflutungsdauer wesentlich stärker aus als auf den mittleren Grundwasserflurabstand während der Vegetationsperiode. Die Indikation des Grundwasserflurabstandes wird also genauer mit erhöhtem Aufwand, weil dieser Umweltfaktor auch auf der größeren Fläche kaum variabler wird, die vorkommenden Arten somit das gleiche indizieren. Die Indikation der Überflutungsdauer wird dagegen ungenauer, da mit der Vergrößerung der bearbeiteten Fläche die Variabilität dieses Umweltfaktors stark steigt und die Arten zunehmend unterschiedliche Indikationsergebnisse liefern. Das Verhältnis der geschätzten zur gefundenen Artenzahl kann dies aber nicht abbilden. Für eine Einschätzung der Qualität einer Indikation mit Hilfe dieses Verhältnisses bei den Pflanzen sind weitgehend homogene Probeflächen besonders wichtig.

Zusammenfassend kann festgestellt werden, dass die Verwendung des Verhältnisses zwischen der Zahl geschätzter und nachgewiesener Arten eine Möglichkeit darstellt, die Qualität der Indikation zu bewerten, dass dies allerdings nicht für alle Indikatorgruppen bzw. Umweltfaktoren gilt. Insbesondere, wenn ein Indikationssystem eine wünschenswerte hohe Robustheit gegen verminderten Erfassungsaufwand zeigt, fehlt ein solcher Zusammenhang. Weitere Untersuchungen sind erforderlich, um die Bedingungen, unter denen die Artenzahlschätzung bzw. der Erfassungsgrad als Qualitätsmaß für die Indikation verwendbar ist, verallgemeinern zu können.

7.3.4 Möglichkeiten und Grenzen des Ansatzes

Eine der Voraussetzungen einer Qualitätskontrolle des Indikationssystems mit Hilfe von Artenzahlschätzung kann als erfüllt gelten. Es gibt Schätzverfahren für Artenzahlen, die bei gemäßigtem Erfassungsaufwand ausreichend genau und zuverlässig sind (Follner 2006): Jackknife1, Cover1 und Cover3. Jackknife2 dagegen liefert nur bei sehr geringen Zahlen von Artnachweisen die vergleichsweise besten Ergebnisse. Allerdings zeigen die Simulationsergebnisse, dass die meisten Schätzverfahren dazu neigen, die „wahren“Artenzahlen zu unterschätzen (s. auch Baltanás 1992, Walther & Morand 1998, Chao & Bunge 2002, Brose et al. 2003, Brose & Martinez 2004), weswegen für die praktische Verwendung ein Vergleich der drei Verfahren empfohlen wird, um dann das Verfahren mit der höchsten Schätzung zu verwenden. Jackknife1 hat seine Tauglichkeit schon mehrfach anhand von Freilanddaten angedeutet (z.B. Palmer 1990, 1991, Chazdon et al. 1998, Walther & Morand 1998), vor allem bei Brutvögeln (Nichols et al. 1998) und Spinnen (Coddington et al. 1996).

Um die Artenzahlschätzung für die Abschätzung der Qualität von Indikation verwenden zu können, muss das Probenahme-Design einige Bedingungen erfüllen. Die Artenzahlschätzung verlangt mindestens fünf zeitliche oder räumliche Proben (Otis et al. 1978) der Artengemeinschaft, mit der indiziert werden soll. Bei Laufkäfern ist eine Reihe mit fünf Fallen eine Standardmethode, die nur insofern verändert werden muss, dass die Artnachweise für jede Falle einzeln erfasst werden müssen. Bei den Mollusken muss die übliche Bodenprobe (½ m², 5 cm Tiefe) nur in fünf entsprechend kleinere Proben unterteilt werden. Am wenigsten üblich ist es sicher bei Pflanzen die kartierte Vegetations-Probefläche zu unterteilen. Die Bedingung wird aber auch erfüllt durch mindestens fünf zeitlich aufeinander folgende Arterfassungen oder mindestens fünf übliche räumliche Erfassungen, die bezüglich des indizierten Wertes als gleichförmig erachtet werden können.

Die Grundlage der Artenzahlschätzung sind Artnachweise, nicht Abundanzen der Arten. Ein Artnachweis bedeutet, dass eine Art mindestens mit einem Individuum in einer der mindestens fünf zeitlichen oder räumlichen Proben einer Probefläche und eines Untersuchungszeitraumes nachgewiesen wurde. Eine sinnvolle Artenzahlschätzung mit weniger als 50 Artnachweisen ist kaum möglich (Follner 2006). Die Indikation wird hingegen auf Grundlage der Summe der Abundanzen aller zeitlicher oder räumlicher Einzelproben durchgeführt.

In Simulationsstudien und mit Freilanddaten deutete sich an, dass die Genauigkeit von Artenzahlschätzungen auch davon abhängen kann, ob die Artnachweise aus zeitlichen oder räumlichen Proben stammen (Boulinier et al. 1998, Brose et al. 2003, Brose & Martinez 2004). Der Grund dafür ist, dass die Unterschiede zwischen scheinbar gleichförmigen Probeflächen eines Untersuchungsgebietes beispielsweise doch größer sind als zwischen kurz aufeinander folgenden Untersuchungsperioden (Follner 2006). Beim verbreiteten Design der Probenahme für Artenzahlschätzung bilden die Artnachweise aufeinander folgender Fangperioden die Grundlage der Schätzung, deren Unterschiedlichkeit dann in die Schätzung eingeht. Für die Indikation werden die Proben in der Regel auf einer Reihe von Probeflächen genommen, die in einem kurzen Zeitraum bearbeitet werden. In diesem Fall gehen die Unterschiede zwischen den Probeflächen in die Artenzahlschätzung ein. Da keines dieser alternativen Schemata der Probenahme für die Verwendung zur Artenzahlschätzung generell günstiger ist (Follner 2006), kann in der Praxis das für die Indikation üblichere verwendet werden. Es gibt weitere Gründe, warum sich die Auswahl des Probenahme-Designs primär danach richten sollte, dass die Unterschiede zwischen räumlichen oder zeitlichen Proben in einer für die Indikation sinnvollen Größenordnung liegen, dass also die Probeflächen oder Untersuchungszeiträume gleichförmig sind in Bezug auf die gewünschte oder mögliche Genauigkeit der indizierten Werte. Das Beispiel der Indikation der Überflutungsdauer durch Pflanzen (Abb. 7.3-10) weist nämlich darauf hin, dass die Artenzahlschätzung durch solche Unterschiede in den Proben weniger stark in ihrer Genauigkeit beeinträchtigt wird als die Indikation. Das könnte die Folge davon sein, dass die Methoden zur Artenzahlschätzung unter anderem danach ausgewählt wurden, dass sie möglichst unempfindlich sind gegenüber beispielsweise saisonalen Unterschieden in der Nachweiswahrscheinlichkeit der Arten einer Artengemeinschaft (Boulinier et al. 1998, Hines et al. 1999).

Diese Unempfindlichkeit der Artenzahlschätzung gegen Variabilität in den Proben darf aber nicht dazu verleiten eine weitere Voraussetzung für sinnvolle Ergebnisse zu verletzen. Die Erhebungsmethoden für Artenzahlschätzungen, die miteinander vergleichbar sein sollen, müssen sich darin ähnlich sein wie groß der erfassbare Anteil der Artengemeinschaft ist. Beispielsweise können Artnachweise bei Laufkäfern, die durch Fangmethoden mit anlockenden Fangflüssigkeiten in Fallen gewonnen wurden, nicht mit solchen verglichen werden, bei denen die Fangflüssigkeit ausschließlich der Konservierung dient. Selbst wenn die Indikation auf der Grundlage von Fängen mit anlockenden Fangflüssigkeiten möglich wäre, was wegen der Verzerrung in den Abundanzen der gefangenen Artengemeinschaft (Teichmann 1994) bezweifelt werden muss, wäre eine sinnvolle Qualitätskontrolle des Indikationsergebnisses mit Hilfe der Artenzahlschätzung nicht möglich.

Die Untersuchungen im RIVA-Projekt zeigten, dass das Indikationssystem für die Überflutungsdauer pro Jahr und den mittleren Grundwasserflurabstand während der Vegetationsperiode sogar dann noch sinnvolle Indikationsergebnisse ermöglicht, wenn der Aufwand für die Erfassung der Indikatorarten unter den Standards für die Erfassung der Artengruppe liegt. Während beispielsweise Dierschke (1994) 10-25 m^2 für Pflanzenaufnahmen im Grünland empfiehlt, liefert das Indikationssystem schon bei einer Fläche von 4 m^2 Indikationsergebnisse, die im Bereich der Messgenauigkeit der eingeflossenen Messdaten aus dem Freiland liegen (vgl. Buchkap. 7.2, 7.4 Abb. 7.3-10). Folglich ist der Proben-Aufwand, der für die Entwicklung des Indikationssystems verwendet wurde, bei weitem nicht nötig, um das Indikationssystem anzuwenden. Verminderter Aufwand für die Indikation von Wasserstandsparametern in Auen ist möglich und sinnvoll.

Betrachtet man den Zusammenhang der Qualität der Indikation mit dem Verhältnis zwischen geschätzten und nachgewiesenen Anzahlen von Arten, so zeigt sich, dass steigender Aufwand zwar immer zu kleineren Verhältnissen zwischen geschätzten und nachgewiesenen Artenzahlen führt, jedoch nicht immer zu genaueren Indikationen. Sofern die beprobten Artengemeinschaften der Probeflächen oder Untersuchungszeiträume nicht völlig gleich sind, bedeutet ein erhöhter Erfassungsaufwand auch eine mehr oder weniger steigende Heterogenität in den Proben. Das Indikationssystem kann anfälliger gegen diese Heterogenität sein als die Artenzahlschätzung. Dies erklärt, warum in einem solchen Fall bei steigendem Aufwand die Indikation nicht genauer und zuverlässiger wird, obwohl das Verhältnis zwischen geschätzten und nachgewiesenen Artenzahlen dies erwarten lässt. Um ein Indikationssystem anbieten zu können, das eine Abschätzung der Qualität seiner einzelnen Ergebnisse durch eine Artenzahlschätzung ermöglicht, müssen solche Schwächen in Zukunft durch Vorgaben für die Erfassungen der Arten eingeschränkt werden.

7.4 Übertragung des Indikationssystems auf Biotoptypen

Mathias Scholz, Klaus Follner & Klaus Henle

Zusammenfassung

Für naturschutzfachliche und planerische Fragestellungen sollte eine Indikation auch auf ökologischen Raumeinheiten innerhalb eines Untersuchungsgebietes anwendbar sein. Deshalb lag es nahe, das RIVA-Indikationssystem (vgl. Buchkap. 7.2) auf der Grundlage von Vegetationsaufnahmen auf ökologische Raumeinheiten (im folgenden Biotoptypen) bezogen zu testen. Die Probeflächen des Hauptuntersuchungsgebietes wurden fünf Biotoptypen zugeordnet. Die gemessenen und indizierten Werte für Überflutungsdauer und Grundwasserflurabstand lagen in allen Biotoptypen eng beieinander. Sie zeichneten auch die Gradienten dieser Standortfaktoren in der betrachteten Auenwiese nach. Signifikante Unterschiede zwischen indizierten und gemessenen Werten traten nur bei der Indikation des Grundwasserflurabstandes auf höheren, selten überfluteten Standorten auf. Ein Vergleich der Indikationsergebnisse bei verschiedenen Flächengrößen der Vegetationsaufnahmen zeigte, dass die Flächengröße wenig Einfluss auf die Indikationsqualität hat. Auch der Test der räumlichen Übertragbarkeit anhand der Daten der Nebenuntersuchungsgebiete bestätigte die Qualität der Indikation auf Biotoptypenebene.

7.4.1 Einleitung

Im Buchkapitel 7.2 wird das RIVA-Indikationssystem mit Pflanzen, Laufkäfern und Mollusken für zwei hydrologische Standortfaktoren, den mittleren Grundwasserflurabstand in der Vegetationsperiode und die jährliche Überflutungsdauer, vorgestellt. Das Indikationssystem wurde auf der Grundlage von Daten vom Hauptuntersuchungsgebiet Schöneberger Wiesen bei Steckby und des Untersuchungsjahres 1999 entwickelt. Verschiedene Tests des Indikationssystems ergaben, dass die Indikation hydrologischer Umweltfaktoren mit Pflanzen im Vergleich zu den anderen beiden Artengruppen die besten Indikationsergebnisse liefert. Die Genauigkeit der Indikation liegt nahe der, die bei der Entwicklung des Indikationssystems für die gemessenen Werte erreicht wurde. Auch für die Nebenuntersuchungsgebiete an der Mittleren Elbe (Wörlitz und Sandau) und ein anderes Jahr (1998) konnte gezeigt werden, dass das Indikationssystem ähnlich genaue Indikationsergebnisse liefert. Es kann also als räumlich und zeitlich übertragbar bezeichnet werden. Diese Tests bezogen sich auf die Gesamtheit aller Probeflächen der jeweiligen Untersuchungsgebiete.

In vielen planerischen Arbeiten zur Zustandsanalyse, Bewertung und zur Ableitung von Maßnahmen werden ökologische Raumeinheiten häufig anhand vegetationskundlich abgeleiteter Biotoptypen differenziert. Da ein Biotoptyp hier u.a. durch eine typische Artengemeinschaft von Pflanzen definiert ist, kann vermutet werden, dass diese Arten immer ähnliche Werte liefern, wenn mit ihnen das Indikationssystem angewandt wird. Einem Biotoptyp sollte also sein typischer Wertebereich bezüglich der beiden indizierten Umweltfaktoren zugeordnet werden können, der sich durch die Anwendung des Indikationssystems auf die Vegetationsaufnahmen ermitteln lässt. Darum soll hier untersucht werden, ob die bei der Biotoptypenerfassung erhobenen Daten für eine verlässliche Indikation des Grundwasserflurabstandes bzw. der Überflutungsdauer verwendet und ob folglich den Biotoptypen zuverlässige Werte der indizierten Umweltfaktoren zugeordnet werden können, d.h ob das RIVA-Indikationssystem auch auf einzelne vegetationskundlich abgeleitete Biotoptypen angewandt verlässliche Ergebnisse liefert.

Im Folgenden werden zunächst die im Hauptuntersuchungsgebiet Schöneberger Wiesen bei Steckby vorkommenden Biotoptypen vorgestellt. Die Biotoptypen wurden anhand von Vegetationsaufnahmen definiert. Diese Daten zum Artenvorkommen können als Grundlage einer Indikation der jährlichen Überflutungsdauer und des mittleren Grundwasserflurabstands während der Vegetationsperiode verwendet werden (s. Buchkap. 7.2, Follner & Henle 2006). Auf diese Weise können den Biotoptypen mit Hilfe der Indikation konkrete Wertebereiche der beiden wichtigen Umweltfaktoren in Auen zugeordnet werden. Danach wird die Genauigkeit der Indikation im Vergleich zu gemessenen Werten für die Gruppen von Probeflächen, die zu einem Biotoptyp gehören, untersucht. Weiterhin wird gezeigt, welchen Einfluss die Größe der Aufnahmefläche der Vegetationskartierung auf die Genauigkeit der Indikation hat und dass die Indikation für die betrachteten Biotoptypen auch außerhalb des Untersuchungsgebietes, in dem es entwickelt wurde, funktioniert. Wie Indikation auf der Basis von Biotoptypen für angewandte Fragestellungen im Naturschutz und der Landschaftsplanung genutzt werden kann, wird in Buchkapitel 9.2 dargestellt.

7.4.2 Biotop- und Vegetationstypen als Kategorien zur Darstellung indizierter hydrologischer Standortfaktoren

Die klassische Methode, Pflanzengemeinschaften zu erfassen, ist die Vegetationskartierung. Repräsentative Vegetationsaufnahmen nach der Methode Braun-Blanquet (1964) dienen der Dokumentation der einzelnen Kartiereinheiten (Dierßen 1990, Dierschke 1994). Da Pflanzengesellschaften oft in kleinflächigen Mosaiken auftreten, lassen sie sich für größere Flächen meist nur aggregiert darstellen. Für planerische Zwecke werden sie deshalb häufig in Biotoptypen zusammengefasst. Biotoptypenerfassungen und Vegetationskartierungen können nicht direkt gleichgesetzt werden. Vielmehr können Biotoptypen den Informationsgehalt meist vegetationskundlicher Erfassungen unter pragmatischen Gesichtspunkten zusammenfassen. Ein Biotoptyp ist ein „abstrahierter Typus aus der Gesamtheit gleichartiger Biotope“ (Wiegleb et al. 2002: 286). Biotoptypen werden über abiotische und biotische Merkmale sowie Nutzungsformen abgegrenzt und bieten somit die Möglichkeit, ökologische Bedingungen für Lebensgemeinschaften abzubilden (Ssymank et al. 1993). In der Vegetation bilden sich Eigenschaften ab, die zur Abgrenzung der meisten flächigen Biotope genutzt werden, wie floristische Ausstattung, Standortfaktoren (Feuchtegrad, Trophie), Nutzungsintensität, Struktur und Erscheinungsbild. Deshalb dienen häufig Vegetationsaufnahmen einer besseren Dokumentation der Biotoptypen auf der Maßstabsebene 1:5.000 oder 1:10.000 (z.B. Pflege- und Entwicklungspläne) (vgl. Knickrehm & Rommel 1995, Kaiser et al. 2002, Kirsch-Stracke &

Reich 2004).

Vegetationskundlich abgeleitete Biotoptypenerfassungen bieten aufgrund der Indikatorfunktion der Pflanzen und Pflanzengesellschaften die Möglichkeit, verschiedene Informationen zu standörtlichen Bedingungen (Boden, Wasser, Klima, etc.), zu aktueller oder historischer Nutzung, Hemerobie, Empfindlichkeit und Beeinträchtigungen zu gewinnen (Knickrehm & Rommel 1995, Kaiser et al. 2002, Kirsch-Stracke & Reich 2004). Für eine weitergehende ökologische Auswertung von Vegetationsaufnahmen standen bisher Ellenbergs Zeigerwerte (Ellenberg et al. 2001) zur Verfügung. Wie in Buchkapitel 6.1 gezeigt wurde, zeichnen sie durchschnittliche Feuchteverhältnisse in Auen nach, liefern aber keine quantitativen Angaben zur Überflutungsdauer oder zum Grundwasserflurabstand. Solche konkreten Werte wichtiger Umweltfaktoren können die auf der Grundlage von Biotoptypen vorgenommenen naturschutzfachlichen Bewertungen erleichtern. So sind Biotoptypen in zahlreichen naturschutzfachlichen Regelwerken benannt, beispielsweise im Bundesnaturschutzgesetz oder im Anhang II der FFH-Richtlinie, oder es wurde ihnen über Rote Listen ein Gefährdungsgrad zugewiesen (EG 1992, Riecken et al. 2003). Weitere fachliche Vorgaben ermöglichen Bewertungsaussagen zu verschiedensten naturschutzfachlichen Zielen, wie zum Beispiel Regenerierbarkeit und Repräsentanz (s. auch Buchkap. 9.2).

Im Folgenden werden floristische und standörtliche Messergebnisse der im RIVA-Projekt beprobten Flächen einzelnen Biotoptypen zugeordnet, um deren Nutzung für eine planerische Anwendung darzustellen und eine Verknüpfung mit dem Indikationssystem zu ermöglichen.

Darstellung der betrachteten Biotoptypen

Für die RIVA-Untersuchungsgebiete wurde auf der Grundlage floristischer Erfassungen auf den festgelegten RIVA-Probeflächen und der Vegetationskartierung (s. Kapitelanhänge 6.1-1 und 7.4-1 sowie Anlage III.1-A.1 und III.1-A.2 auf der CD, Buchkap. 6.1) eine differenzierte Biotoptypenkartierung vorgenommen. Die Biotoptypenkartierung erfolgte auf der Grundlage eines auf den Maßstab 1:5.000 abgestimmten Kartierschlüssels, der sich an der Gliederung verschiedener Standard-Biotoptypen- und Landnutzungs-Kartierungsschlüssel (Maßstab 1:10.000) (Peterson & Langner 1992, Riecken et al. 2003, v. Drachenfels 2004, LAU 2004) orientiert und mit ihnen kompatibel ist. Wesentlich für die Auswahl der letztlich fünf Biotoptypen war, dass die 36 Probeflächen des Hauptuntersuchungsgebietes Schöneberger Wiesen bei Steckby aufgrund ihrer Struktur, Morphologie und Vegetationsausstattung diesen Einheiten zugeordnet werden konnten (Tab. 7.4-1 und 7.4-2). Die hydrologische Charakterisierung der Biotoptypen erfolgt anhand der 7-jährigen Mittelwerte für die jährliche Überflutungsdauer und den mittleren Grundwasserflurabstand während der Vegetationsperiode und beruhen auf Messungen auf den Probeflächen und statistischen Rückrechnungen (vgl. Buchkap. 7.2.2, Böhnke & Follner 2002).

Flutrinnen und Senken wurden als ein Biotoptyp zusammengefasst, da sie über ihren morphologisch definierten Rinnen- bzw. Senken-Charakter und die gegenüber anderen Auenbiotopen längere Überflutungsdauer gekennzeichnet sind. Die Ausprägung der Vegetation innerhalb der Flutrinnen und Senken ist räumlich und zeitlich variabel, da sie von den jährlich wechselnden Überflutungen und Grundwasserflurabständen abhängt. Obwohl eine klare pflanzensoziologische Zuordnung einzelner Vegetationseinheiten zum Zeitpunkt der Aufnahme meist möglich ist, bedecken sie häufig sehr kleine Flächen und sind oft als Saum ausgeprägt, teilweise mit ineinander übergehenden Beständen. Eine klare Trennung bzw. Abgrenzung ist deshalb schwierig, so dass nur die dominanten Gesellschaften zum Zeitpunkt der Erfassung aufgenommen wurden. Dabei kann die hohe jahreszeitliche Variabilität solcher Bestände abhängig vom Erfassungszeitpunkt zu einer unterschiedlichen Einordnung der Biotoptypen führen. Besonders auf den 100 m^2 großen Probeflächen traten mehrere Vegetationsgesellschaften auf engem Raum auf, die sich außerdem mit der Jahreszeit veränderten. Um diesen Lebensraum/Standort entsprechend abbilden und mit Messergebnissen vergleichen zu können, wurden Röhrichte, Seggenrieder, Annuellenfluren, Flutrasen und Mischbestände als „tiefe Flutrinnen und Senken" (FT) zusammengefasst. Das auf den höchsten Standorten der Flutrinnen vorkommende Rohrglanzgras-Röhricht ist das häufigste, vielfach auch flächig vorkommende Röhricht im Gebiet. Deshalb wurde als weiterer Untertyp „Flutrinnen und Senken mit Rohrglanzgras-Röhricht" (FG) ausgegliedert.

Die etwas höher liegenden Wiesenbereiche wurden drei Grünlandbiotoptypen (Nasses bis Wechselfeuchtes Grünland, Mesophiles Grünland mit Wiesen-Fuchsschwanz und Mesophiles Grünland mit Glatthafer) zugeordnet und unterscheiden sich vor allem durch eine unterschiedliche Artenzusammensetzung.

Flutrinnen und Senken tiefer Standorte (FT)

Flutrinnen und Senken, in denen das Wasser längere Zeit stand, waren von der Wasserhahnenfuss-Gesellschaft (Ranunculetum aquatilis), der Sumpfkresse-Wasserpferdesaat-Gesellschaft (Rorippo-Oenanthetum aquaticae), der Gesellschaft aus Gewöhnlicher Sumpfbinse (Eleocharietum palustris) oder dem Schwanenblumen-Kleinröhricht (Butometum umbellati) geprägt (Tab. 7.4-1). Häufig schloss sich ein schmaler Saum aus Wasserschwaden-Röhricht (Glycerietum maximae), Schlankseggen-Ried (Caricetum gracilis) und Rohrglanzgras-Röhricht (Phalaridetum arundinaceae) an, der zu den weniger häufig überfluteten Bereichen überleitet. Trocknete die Flutrinne zeitweise aus, dann trat ein kleinräumiges Mosaik verschiedener Zweizahn-Gesellschaften (Bidentetea tripartitae) und Flutrasen (Agrostietea stoloniferae) auf. Flutrinnen und Senken tiefer Standorte waren häufig vom Winter bis in den Frühsommer, in manchen Jahren während der gesamten Vegetationsperiode, überflutet. Die neun Probeflächen, die diesem Biotoptyp im Hauptuntersuchungsgebiet Steckby zugeordnet wurden, waren durchschnittlich 27 Wochen im Jahr überflutet (Tab. 7.4-2). Wenn diese Standorte in der Vegetationsperiode trocken fielen, wiesen sie sehr geringe Grundwasserflurabstände von durchschnittlich nur 0,25 m auf.

Flutrinnen und Senken mit Rohr-Glanzgras (FG)

Die höchsten und trockensten Standorte der Flutrinnen wurden von Rohrglanzgras-Röhrichten (Phalaridetum arundinaceae) eingenommen. Es sind flächige Bestände aus Rohr-Glanzgras (*Phalaris arundinacea*), die häufig den wenig genutzten Übergangsbereich zum Nassen bis Wechselfeuchten Grünland bilden (Tab. 7.4-1). Obwohl dieser Röhrichttyp große Flächen in den Untersuchungsgebieten besiedelt, konnten ihm im Hauptuntersuchungsgebiet im Jahr 1999 nur vier Probeflächen zugeordnet werden. Die durchschnittliche Überflutungsdauer lag hier bei 23 Wochen pro Jahr, der mittlere Grundwasserflurabstand bei 0,57 m (Tab. 7.4-2). Rohr-Glanzgras war auch in weiteren Probeflächen mit hohen Abundanzen vertreten. Allerdings wurden diese Bestände wegen der häufig vorkommenden Wiesenarten dem Nassen bis Wechselfeuchten Grünland zugeordnet.

Nasses bis Wechselfeuchtes Grünland (GNF)

Als Nasses bis Wechselfeuchtes Grünland wurden die Grünlandausprägungen zusammengefasst, die durch zahlreiche Nässe- und Feuchtezeiger sowie Stromtalarten charakterisiert waren. Pflanzensoziologisch wurde dieser Wiesentyp als fragmentarische Silgen-Wiesenknopf-Wiese (=Brenndoldenwiese) (Sanguisorbo-Silaetum), bei Dominanz von Gemeiner Quecke (*Elymus repens*) als Ampfer-Queckengesellschaft (Rumici-Agropyretum) eingeordnet (vgl. Buchkap. 4.2). Teilweise sind auch Übergänge zu den benachbarten Gesellschaften festzustellen (Tab. 7.4-1). Die Überflutungsdauer dieser Probeflächen lag durchschnittlich bei knapp sieben Wochen pro Jahr. Der Grundwasserflurabstand in der Vegetationsperiode war mit 1 m eher gering (Tab. 7.4-2).

Mesophiles Grünland mit Wiesen-Fuchsschwanz (GMF)

Das Mesophile Grünland mit Wiesen-Fuchsschwanz deckt die pflanzensoziologisch erfasste Fuchsschwanz-Wiese (Galio molluginis-Alopecuretum pratensis) ab (Tab. 7.4-1). Kennzeichnend für diesen flächenmäßig verbreitetsten Grünlandtyp ist hier der Wiesen-Fuchsschwanz (*Alopecurus pratensis*) und das Weiße Labkraut (*Galium album*). Die frischen bis wechselfrischen Standorte wiesen Überflutungsdauern von im Mittel gut einer Woche auf (Tab. 7.4-2). Der Grundwasserflurabstand dieser Probeflächen lag im Mittel bei 2,35 m und war somit groß.

Mesophiles Grünland mit Glatthafer (GMA)

Auf den höchsten Standorten schließt sich das Mesophile Grünland mit Glatthafer an. Vegetationskundlich wurden diese Bereiche als verarmte Glatthafer-Wiesen (Dauco carotae-Arrhenatherum elatioris) angesprochen (Tab. 7.4-1). Kennzeichnende Art für die Abgrenzung dieser Grünlandausprägung ist das Vorkommen von Glatthafer (*Arrhenatherum elatius*). Es sind häufig Standorte mit höherem Sandgehalt und geringerer Überflutungsdauer im Vergleich zu den Fuchsschwanz-Wiesen. Die zugehörigen Probeflächen waren rechnerisch an wenigen Tagen im Jahr überflutet (Tab. 7.4-2), praktisch also mit Abständen von mehreren Jahren. Mit einem Mittel von 3 m waren die Grundwasserflurabstände in den Glatthafer-Wiesen am größten.

Die Probeflächen der Nebenuntersuchungsgebiete Wörlitz und Sandau konnten den im Hauptuntersuchungsgebiet Steckby definierten Biotoptypen zugeordnet werden (Tab. 7.4-1). Es wurden jedoch nicht alle in Steckby vorgefunden Biotoptypen in jedem der Nebenuntersuchungsgebiete nachgewiesen. So fehlte in Wörlitz die trockenste Ausprägung des Mesophilen Grünlandes mit Glatthafer und der Biotoptyp Flutrinnen und Senken mit Rohrglanz-Gras war in den Probeflächen nicht flächig ausgebildet. In Sandau

Tab. 7.4-1: Kurzcharakterisierung und Abgrenzungskriterien der Biotoptypen auf den Schöneberger Wiesen bei Steckby. Die Artenzahl beruht auf den Vegetationsaufnahmen vom Frühjahr 1999 und der Flächengröße 100 m².

Bezeichnung	Kürzel	Probe-flächen	Abgrenzungs-kriterien	Pflanzen-gesellschaften	Charakteristische Arten (Auswahl)	Ø Arten-zahl
Flutrinnen und Senken (tief)	FT	Steckby 1, 2, 3, 4, 5, 7, 9, 11, 12 Wörlitz 37, 38, 39, 40 Sandau 49,50, 51, 52	- Morphologie - Pflanzenarten-zusammen-setzung - Standort	Ranunculetum aquatilis, Bidenti-Polygonetum hydropiperis, Rumicetum maritimi, *Xanthium albinum* - Dominanzgesellschaft Rorippo-Oenanthetum aquaticae, Butometum umbellati, Eleocharietum palustris, Glycerietum maximae, Sparganietum erecti, Sparganio emersi-Glycerietum fluitantis, Rumici-Alopecuretum aequalis, Rumici crispi-Agrostietum stoloniferae, Caricetum gracilis	*Agrostis stolonifera* *Eleocharis palustris* *Carex acuta* *Carex riparia* *Glyceria maxima* *Glyceria fluitans* *Butomus umbellatus* *Oenanthe aquatica* *Rorippa amphibia* *Xanthium albinum*	14
Flutrinnen und Senken mit Rohrglanzgras-Röhricht	FG	Steckby 6, 8, 10, 31 Sandau 53,57,58, 60	- Morphologie - Pflanzenarten-zusammen-setzung - Standort	Phalaridetum arundinaceae	*Phalaris arundinacea*	15
Nasses bis Wechselfeuchtes Grünland	GNF	Steckby 13, 16, 17, 29, 30, 32, 33, 34, 35, 36, Wörltz 45,46, 47, 48, Sandau 54, 55, 56, 59	- Pflanzenarten-zusammen-setzung - Standort	Sanguisorbo officinalis-Silaetum silai (verarmte Ausbildung), Rumici-Agropyretum und Übergänge zum Galio molluginis-Alopecuretum pratensis mit Nässezeigern	*Cnidum dubium* *Galium boreale* *Ranunculus auricomus agg* *Symphytum officinale* *Phalaris arundinacea* *Lathyrus pratensis*	21
Mesophiles Grünland mit Wiesen-Fuchsschwanz	GMF	Steckby 14, 15, 19, 21, 22, 23, 24 Wörlitz 41, 42, 43, 44	- Pflanzenarten-zusammen-setzung - Standort	Galio molluginis-Alopecuretum pratensis	*Alopecurus pratensis* *Galium album* *Poa pratensis* *Campanula patula* *Ornithogalum umbellatum* *Rumex thyrsiflorus*	16
Mesophiles Grünland mit Glatthafer	GMA	Steckby 18, 20, 25, 26, 27, 28	- Pflanzenarten-zusammen-setzung - Standort	Dauco carotae-Arrhenatheretum elatioris (verarmte Ausbildung)	*Arrhenatherum elatius* *Alopecurus pratensis* *Poa pratensis* *Ornithogalum umbellatum*	17

Tab. 7.4-2: Standörtliche Kurzcharakterisierung der Biotoptypen auf den Schöneberger Wiesen bei Steckby. Es sind jeweils der Mittelwert sowie Minimal- und Maximalwerte für das 7-jährige Mittel (1993-1999) der jährlichen Überflutungsdauer und des mittleren Grundwasserflurabstandes in der Vegetationsperiode (April bis September).

Bezeichnung	Kürzel	Überflutungs-dauer [Wochen]	Grundwasser-flurabstand [m]	Bodentypen	Mittlerer Sand-gehalt [%]
Flutrinnen und Senken (tief)	FT	Ø 27 15 – 36	Ø -0,25- 0,6 – +0,2	- Auengley aus Auenton-schluff/ Auenlehm über (tiefem) Auensand und - Pelosol-Gley aus Auenton	Ø 65
Flutrinnen und Senken mit Rohr-glanzgras-Röhricht	FG	Ø 23 15 – 29	Ø -0,57 -1,0 – -0,3	- Auengley aus Auenton-schluff/ Auenlehm über (tiefem) Auensand - Vega-Gley aus Auenlehm über (tiefem) Auensand	Ø 53
Nasses bis Wechselfeuchtes Grünland	GNF	Ø 7 2 – 18	Ø -1,00 -1,4 – -0,8	- Vega aus Auenton-schluff über (tiefem) Auensand - Vega-Gley aus Auen-lehm über (tiefem) Auensand	Ø 19
Mesophiles Grün-land mit Wiesen-Fuchsschwanz	GMF	Ø 1,2 0 – 2	Ø -2,35 -2,8 – -1,8	- Vega aus Auennormal-lehm über (tiefem) Auensand	Ø 24
Mesophiles Grün-land mit Glatthafer	GMA	Ø 0,3 0 – 1	Ø -2,94 -3,4 – -2,1	- Vega aus Auenlehm-sand/ Auensandlehm über (tiefem) Auensand	Ø 58

waren die beiden trockeneren Biotoptypen Mesophiles Grünland mit Glatthafer und Wiesen-Fuchsschwanz nicht vorhanden.

7.4.3 Indikation bezogen auf Biotoptypen

7.4.3.1 Datengrundlagen und Methoden

Die indizierten Werte der jährlichen Überflutungsdauer und des mittleren Grundwasserflurabstands während der Vegetationsperiode wurden entsprechend der im Buchkapitel 7.2 dargestellten Methode berechnet. Das Indikationssystem auf der Basis von Pflanzen bezogen auf die Gesamtheit aller Probeflächen des Hauptuntersuchungsgebietes lieferte genaue Ergebnisse für die beiden indizierten Umweltfaktoren (Buchkap. 7.2, Follner & Henle 2006). Um die Anwendung möglichst praxisnah, also für geringen Aufwand zu testen, lagen der Berechnung der Indikationswerte einmalige Vegetationsaufnahmen mit einer Flächengröße von 100 m² aus dem Jahr 1999 zu Grunde (vgl. Buchkap. 6.1). Überwiegend wurden Vegetationsaufnahmen der RIVA-Probeflächen aus dem Spätfrühling verwendet. Für einige Probeflächen mussten aufgrund hoher Wasserstände in Flutrinnen oder nutzungsbedingten Einschränkungen durch frühe Mahd

(Wörlitz) auch Sommeraufnahmen hinzugezogen werden.

Mit derselben Methode, die angewandt wurde, um die allgemeine Genauigkeit der Indikation zu untersuchen, soll in diesem Kapitel auch die Qualität der Indikation auf der Ebene der Biotoptypen gezeigt werden. Dafür werden indizierter und gemessener Wert der Umweltfaktoren verglichen. Um die Signifikanz der gefundenen Unterschiede zwischen gemessenen und indizierten Werten im Hauptuntersuchungsgebiet (Kap. 7.4.3.2) und in den Nebenuntersuchungsgebieten (Kap. 7.4.3.5) zu testen, wurde für jede Probefläche der 95%-Quantilsbereich der Geländehöhen aller biologischer Probenahmepunkte bestimmt. Daraus kann durch Messung bzw. Rückrechnung von Wasserstandswerten der tatsächliche Wertebereich für die beiden indizierten Umweltfaktoren ermittelt werden (zur Methodik der Rückrechnung s. Böhnke & Follner 2002 und Buchkap. 7.2). Da die Genauigkeit der Indikation bestenfalls bei +/- einer Woche Überflutungsdauer und +/- 0,1 m Grundwasserflurabstand liegen kann (Buchkap. 7.2.3), wird getestet, ob für drei Viertel der Probeflächen, die einem Biotoptyp zugeordnet wurden, der indizierte Wert +/- diesem Fehlerbereich (1 Woche bzw. 0,1 m) innerhalb des gemessenen Wertebereichs liegt. Die Signifikanz wird mit dem nichtparametrischen Chi^2-Vierfelder-Test auf Unterschiede zwischen definierten (drei Viertel der indizierten Werte müssen im Bereich der gemessenen liegen) und gefundenem Verhältnis festgestellt.

Die beiden Abweichungsmaße, an Hand derer die Genauigkeit der Indikation beider abiotischer Faktoren für jede Probefläche ermittelt wird, sind in Buchkapitel 7.2 genauer erläutert, seien aber hier für die Ergebnisdarstellung in Kapitel 7.4.3.3 und 7.4.3.4 kurz dargestellt: Die „Differenz“ ist der Betrag (absoluter Wert) aus indiziertem (x_{ind}) minus gemessenem (x_{gem}) Wert. Für jede Gruppe von Probeflächen, die sich aus ihrer Zugehörigkeit zu den fünf Biotoptypen ergeben, wird der Median aller Differenzen und deren Quartile (25%: unteres Quartil und 75%: oberes Quartil) berechnet. Liegen die Mediane auf der X-Achse, so sind gemessener und indizierter Wert genau gleich. Das zweite Abweichungsmaß, der „Bias“, berechnet sich aus indiziertem (x_{ind}) minus gemessenem (x_{gem}) Wert, wobei das Vorzeichen als Zeichen einer Über- oder Unterschätzung beibehalten wird. Aus den Biaswerten aller Probeflächen eines Biotoptyps wird der Median bestimmt. Liegen die Mediane auf der X-Achse, so heben sich unter- und überschätzende Indikationsergebnisse genau auf.

Es kann angenommen werden, dass auch für Biotoptypen (vgl. Buchkap. 7.3.3) die Genauigkeit der Indikation unter anderem von der Größe der Fläche für die Vegetationsaufnahme abhängt. Um dies untersuchen zu können, wurden zusätzlich die im RIVA-Projekt beprobten Flächengrößen 4 m^2 und 1 m^2 der Schöneberger Wiesen bei Steckby ausgewertet und den Ergebnissen auf Grundlage der 100 m^2 großen Flächen gegenübergestellt. Ob Unterschiede zwischen den Indikationsergebnissen der unterschiedlichen Flächengrößen für die einzelnen Biotoptypen und jeweiligen Umweltfaktor signifikant sind, wurde mit dem Kruskal-Wallis-ANOVA-Test geprüft.

7.4.3.2 Vergleich gemessener und indizierter Werte

Insgesamt decken sowohl die gemessenen als auch die indizierten Werte (bezogen auf Biotoptypen) den hydrologischen Gradienten des betrachteten Auengrünlandes ab

(Abb. 7.4-1). Zum Teil überschneiden sich gemessene und indizierte Werte der einzelnen Biotoptypen mit ihren Minima bzw. Maxima für beide Umweltfaktoren, zeichnen aber mit ihrem Interquartilsbereich und den Medianen die für Auenbiotoptypen unterschiedlichen Überschwemmungsdauern und Grundwasserflurabstände nach. Nur für den Grundwasserflurabstand ergaben sich für das Mesophile Grünland mit Wiesen-Fuchsschwanz (GMF) und mit Glatthafer (GMA) signifikante Unterschiede zwischen gemessenen und indizierten Werten (* = signifikant bei p=0,05).

Die Lage der Mediane der indizierten Werte für die Überflutungsdauer illustrieren für beide Flutrinnentypen (FT und FG) (Abb. 7.4-1, links), dass die Indikation die Überflutungsdauern korrekt abbildet. Im Nassen bis Wechselfeuchten Grünland (GNF) zeigen die indizierten Werte höhere Überflutungsdauern an. Für das Mesophile Grünland sowohl mit Wiesen-Fuchsschwanz (GMF) als auch mit Glatthafer (GMA) deuten die indizierten Werte auf eine längere Überflutung.

Die Indikationsergebnisse für den Grundwasserflurabstand liegen im Vergleich zu den gemessenen Werten für die tiefen Flutrinnen und Senken (FT) innerhalb des Quartilsabstandes der gemessenen Werte, die mit Rohrglanzgras-Röhricht (FG) leicht darüber (Abb. 7.4-1, rechts). Für das Nasse bis Wechselfeuchte Grünland (GNF) ist der indizierte Grundwasserflurabstand größer als der gemessene; es werden also trockenere Verhältnisse indiziert. Für das Mesophile Grünland mit Wiesen-Fuchsschwanz (GMF) zeigt sich eine signifikante jedoch leichte Tendenz zur Indikation zu feuchter Verhältnisse. Die Ergebnisse für die Glatthafer-Wiesen (GMA) indizieren dagegen deutlich geringere Grundwasserflurabstände als die Messungen ergaben, also zu feuchte Verhältnisse. Dies deutet an, dass das Indikationssystem bei sehr großen Grundwasserflurabständen an seine Grenzen stößt, wenn der Wasserstand weit unter den von Grünlandarten durchwurzelten Bereich des Bodens absinkt (s.auch Kap. 7.4.3.3).

Abb. 7.4-1: Vergleich indizierter (ind) und gemessener (gem) Werte für die jährliche Überflutungsdauer (links) und den mittleren Grundwasserflurabstand in der Vegetationsperiode (rechts) für die n=x Probeflächen der Biotoptypen des Hauptuntersuchungsgebietes Schöneberger Wiesen bei Steckby. Einmalige Aufnahmen aus dem Jahr 1999; Größe der Probeflächen 100 m²; * = signifikanter Unterschied bei p=0,05.

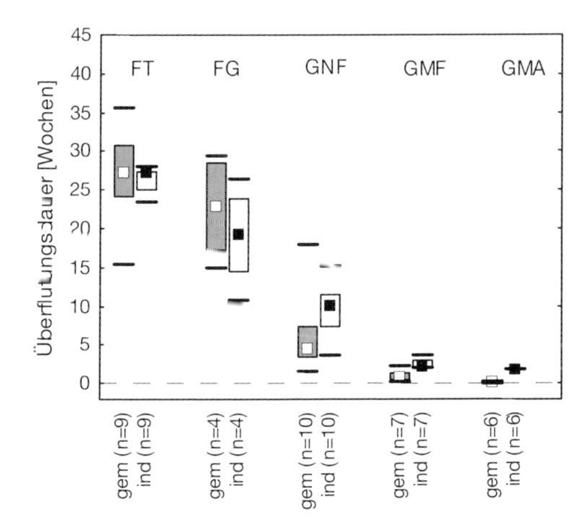

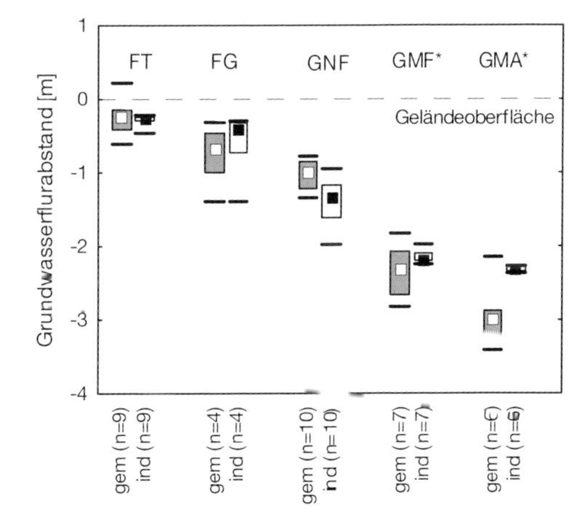

Median und Quartilsabstand gemessener Werte

Median und Quartilsabstand indizierter Werte

Maxima und Minima

7.4.3.3 Qualität der Indikation

Deutlicher werden die Unterschiede in der Qualität der Indikation bezogen auf Biotoptypen illustriert, wenn die Unterschiede zwischen gemessenen und indizierten Werten als Mediane und Quartile der Differenz und die Neigung zum Über- oder Unterschätzen als Bias dargestellt werden (Abb. 7.4-2).

Der Median der Differenzen zwischen indizierten und gemessenen Werten für den Biotoptyp Tiefe Flutrinnen und Senken (FT) liegt für die Überflutungsdauer bei etwa dreieinhalb Wochen mit einem Quartilsabstand von etwa fünf Wochen (Abb. 7.4-2, links). Der negative Bias weist auf eine leichte Unterschätzung der Überflutungsverhältnisse für diesen Biotoptyp hin. Im Verhältnis zu einer gemessenen Überflutungsdauer von mehr als 30 Wochen (Abb. 7.4-1, links) können solche Unterschiede akzeptiert werden. Die Flutrinnen mit Rohrglanzgras-Röhricht (FG) zeigen ähnliche Abweichungen wie die tiefen Flutrinnen (FT), weisen aber einen geringeren Inter-Quartilsbereich auf. Beim Nassen bis Wechselfeuchten Grünland (GNF) liegt der Median der Differenzen zwischen indizierten und gemessenen Überflutungsdauern bei vier Wochen mit einem Quartilsabstand von knapp sechs Wochen. Dieser deutliche Unterschied für diesen Biotoptyp wird allerdings dadurch relativiert, dass ihm Probeflächen mit 18 Wochen gemessener Überflutungsdauer zugeordnet sind (Abb. 7.4-1, links). Die Mediane der Differenzen sowie die Quartilsabstände für die Biotoptypen des Mesophilen Grünlandes (GMF und GMA) sind sehr klein. Der Bias zeigt jeweils eine kleine aber regelmäßige Überschätzung der tatsächlichen Überflutungsdauer an. Aufgrund der Nähe der Differenz zur Messgenauigkeit der Daten, die dem Indikationssystem zu Grunde liegen, erscheint die Nutzung der Biotoptypen für eine Indikation auch hier möglich.

Die Abweichungen zwischen indizierten und gemessenen Werten bei den Grundwasserflurabständen für die Flutrinnen-Biotoptypen (FT und FG) sind gering (Abb. 7.4-2, rechts). Für die Probeflächen des Nassen bis Wechselfeuchten Grünlands (GNF) bleibt der Median der Differenzen mit knapp 40 cm im Bereich der Höhenunterschiede, die auf den Probeflächen dieses Biotoptyps häufig gefunden werden. Der negative Bias drückt aus, dass größere Grund-

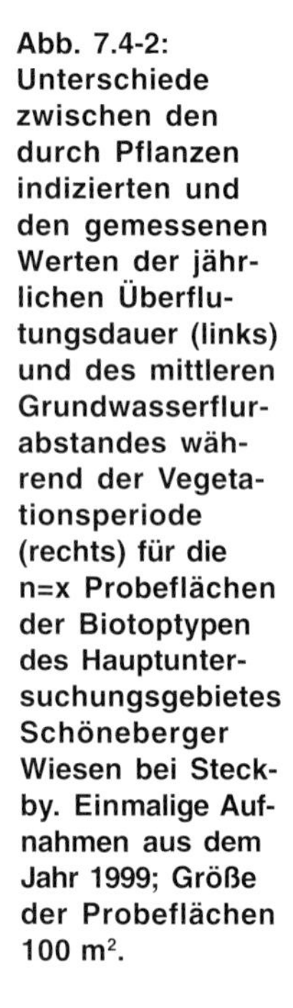

Abb. 7.4-2: Unterschiede zwischen den durch Pflanzen indizierten und den gemessenen Werten der jährlichen Überflutungsdauer (links) und des mittleren Grundwasserflurabstandes während der Vegetationsperiode (rechts) für die n=x Probeflächen der Biotoptypen des Hauptuntersuchungsgebietes Schöneberger Wiesen bei Steckby. Einmalige Aufnahmen aus dem Jahr 1999; Größe der Probeflächen 100 m².

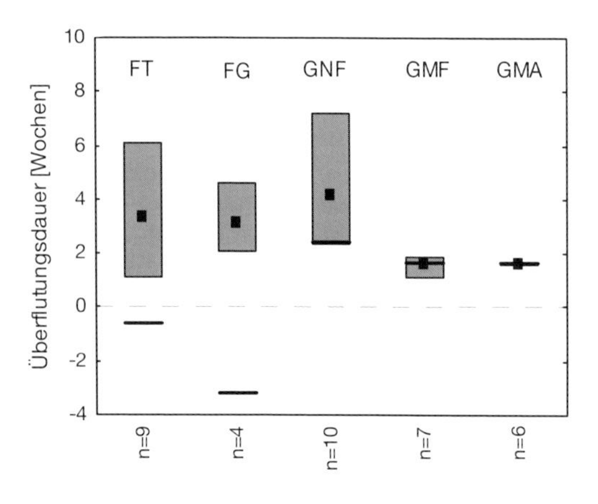

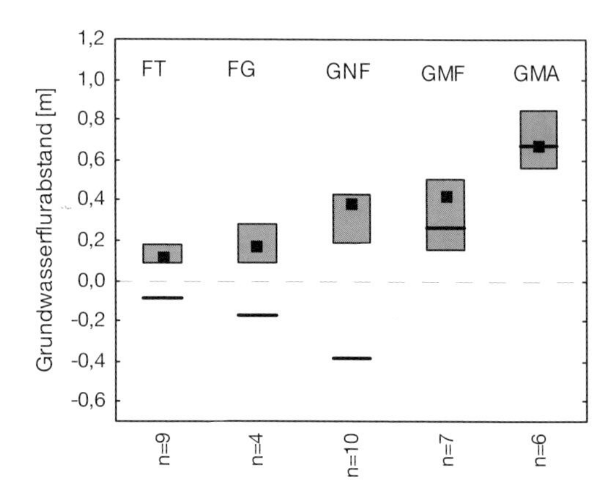

Median und Quartile der Differenzen — Median des Bias

wasserflurabstände, also trockenere Verhältnisse indiziert als gemessen wurden. Auch die Indikation des Grundwasserflurabstandes im Mesophilen Grünland mit Wiesen-Fuchsschwanz (GMF) weist größere Differenzen auf. Besonders hoch liegt der Median der Differenzen für die Probeflächen der Glatthafer-Wiesen (GMA). Die indizierten Werte des Grundwasserflurabstandes bilden in diesem Biotoptyp die gemessenen Werte kaum mehr ab. Für diese beiden Biotoptypen unterschieden sich indizierte und gemessene Werte der Überflutungsdauer auch signifikant (Abb. 7.4-1, rechts). Der Vergleich von indizierten und gemessenen Werten zeigt also für die Flutrinnenbiotope (FT und FG), dass die Indikation des Grundwasserflurabstandes auf der Grundlage von Biotoptypen genau sein kann. Für das Nasse und Wechselfeuchte Grünland (GNF) und die Fuchsschwanz-Wiesen (GMF) liegt die Genauigkeit der Indikation nur knapp schlechter als die der gemessenen Werte, mit der das Indikationssystem entwickelt wurde, ist also ebenfalls akzeptabel. Für den trockensten Biotoptyp, die Glatthafer-Wiesen (GMA), zeigt die Indikation nur an, dass die Grundwasserflurabstände tiefer liegen als die Wurzeln der Grünlandarten reichen. Für Grünlandarten gemäßigter Breiten wurden Wurzeltiefen bis etwa 2,6 m nachgewiesen (Canadell et al. 1996, Schenk & Jackson 2002).

7.4.3.4 Einfluss der Flächengröße auf die Indikationsergebnisse

Empfehlungen zur Flächengröße für Vegetationsaufnahmen im Grünland liegen zwischen 10 und 25 m², für Röhrichte zwischen 5 und 10 m² (vgl. Dierßen 1990, Dierschke 1994, Tremp 2005). Es kann davon ausgegangen werden, dass mit der Größe einer Fläche die Zahl der nachgewiesenen Arten steigt, in der Regel auch der Aufwand und auch zumindest die Gefahr, dass die Probefläche nicht mehr homogen ist. Ein Vergleich der Differenzen zwischen gemessenen und indizierten Werten auf der Grundlage von 100 m², 4 m² und 1 m² Flächen soll zeigen, ob die Flächengröße mit der Qualität der Indikationsergebnisse zusammenhängt. Die Unterschiede zwischen den Indikationsergebnissen der unterschiedlichen Flächengrößen sind für keinen Biotoptyp und Umweltfaktor signifikant (Kruskal-Wallis-ANOVA-Test).

Bei keinem Biotoptyp ist eine

Abb. 7.4-3: Unterschiede zwischen den durch Pflanzen indizierten und den gemessenen Werten der jährlichen Überflutungsdauer (links) und des mittleren Grundwasserflurabstandes während der Vegetationsperiode (rechts) nach Flächengröße (100 m², 4 m² und 1 m²) für die n=x Probeflächen der Biotoptypen der Schöneberger Wiesen bei Steckby. Einmalige Aufnahmen aus dem Jahr 1999.

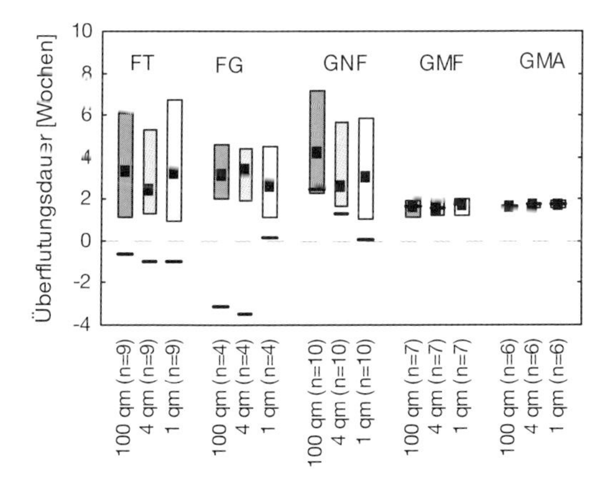

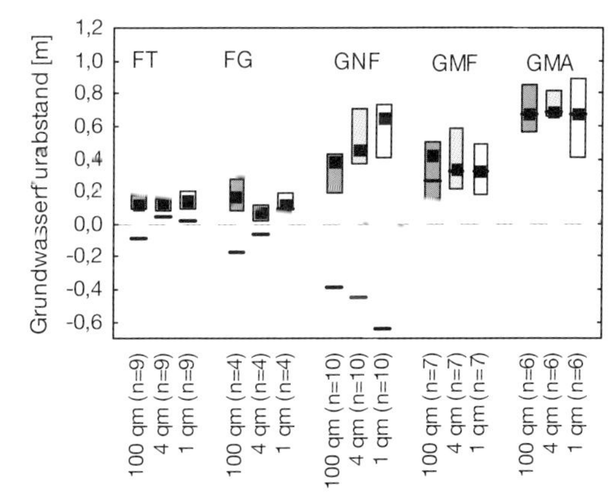

Median und Quartile der Differenzen — Median des Bias

deutliche Veränderung der Qualität der Indikationsergebnisse mit abnehmender Flächengröße zu erkennen (Abb. 7.4-3). Größere Unterschiede treten nur beim Grundwasserflurabstand im Nassen bis Wechselfeuchten Grünland (GNF) auf, wo mit kleiner werdender Fläche auch die Indikationsgenauigkeit abnimmt. Eine auf 4 m^2 und 1 m^2 verringerte Flächengröße verursacht also meist nur geringe Unterschiede in Vergleich zu den Indikationsergebnissen der 100 m^2 Flächen. Dies liegt wahrscheinlich an der Auswahl der Indikatorarten, die in der Regel sowohl eine hohe Stetigkeit als auch Deckung in den betrachteten Biotoptypen aufweisen (vgl. Buchkap. 7.2). Somit lassen die üblichen Flächengrößen der Vegetationsaufnahmen von 4 bis 25 m^2, die verwendet werden, um einen Bestand zu beschreiben und vegetationskundlich zu klassifizieren, den Einsatz des Indikationssystems zu. Bei Flächengrößen über 100 m^2 muss damit gerechnet werden, dass die Qualität abnimmt, da kleinflächige Vegetationsausprägungen mit unterschiedlichen Standortverhältnissen in die Indikation eingehen können.

7.4.3.5 Räumliche Übertragbarkeit

Um die Qualität der Indikation auf Basis der Biotoptypen auch außerhalb des Hauptuntersuchungsgebietes einzuschätzen, werden die gemessenen hydrologischen Werte der Nebenuntersuchungsgebiete Sandau und Wörlitz mit den indizierten Werten verglichen (Abb. 7.4-4). Nur für die Flutrinnen mit Rohrglanzgras-Röhricht (FG) in Sandau bei der Überflutungsdauer und das Mesophile Grünland mit Wiesen-Fuchsschwanz (GMF) in Wörlitz beim Grundwasserflurabstand ergaben sich signifikante Unterschiede zwischen gemessenen und indizierten Werten (* = signifikant bei p=0,05). Für die anderen Biotoptypen ist bei der Indikation der Überflutungsdauer eine geringe Überschätzung festzustellen. Die Ursachen für die deutlichen Unterschiede zwischen ge-

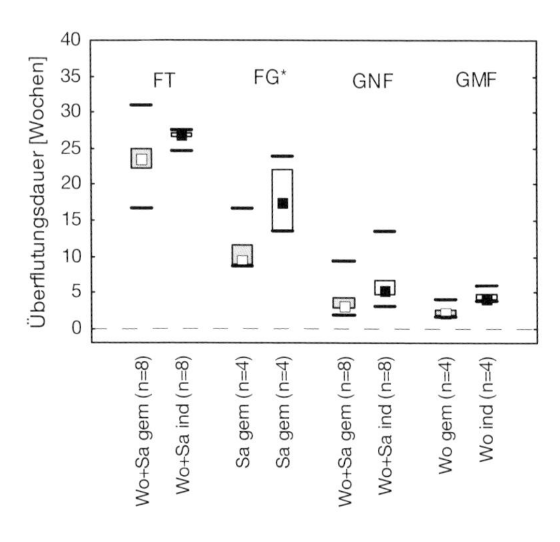

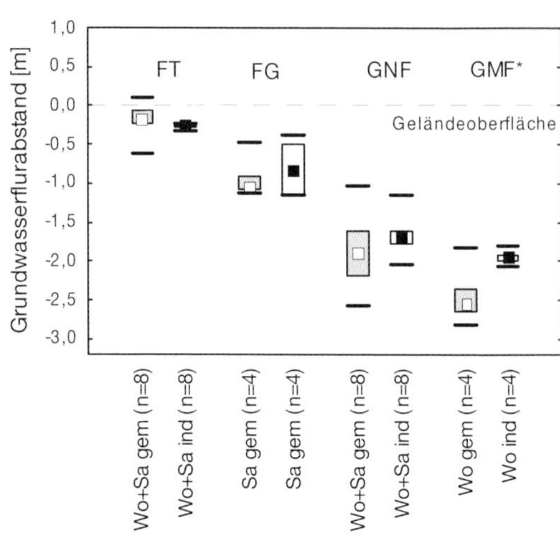

Median und Quartilsabstand der gemessenen Werte

Median und Quartilsabstand der indizierten Werte

Maxima und Minima

Abb. 7.4-4: Vergleich gemessener (gem) und indizierter (ind) Werte für die jährliche Überflutungsdauer (links) und den mittleren Grundwasserflurabstand in der Vegetationsperiode (rechts) für die n=x Probeflächen der Biotoptypen der Nebenuntersuchungsgebiete Sandau (Sa) und Wörlitz (Wo). Einmalige Aufnahmen aus dem Jahr 1999; Größe der Probeflächen 100 m^2 * = signifikanter Unterschied bei p=0,05.

messenen und indizierten Werten der Überflutungsdauer bei den Rohrglanzgras-Röhrichten (FG) in Sandau können in der Lage der Probeflächen zur Elbe, aber auch der in Sandau vorherrschender extensiven Weidenutzung liegen. Mit Ausnahme des Biotoptyps Flutrinnen und Senken mit Rohrglanzgras-Röhricht (FG) ist die Indikation der Überflutungsdauer auf Grundlage der Biotoptypen auf die Nebenuntersuchungsgebiete räumlich übertragbar.

Für beide Flutrinnentypen (FT und FG) sowie im Nassen bis Wechselfeuchten Grünland (GNF) unterscheiden sich indizierte und gemessene Werte des Grundwasserflurabstandes nicht wesentlich (Abb. 7.4-4, rechts). Nur beim Mesophilen Grünland mit Wiesen-Fuchsschwanz (GMF) in Wörlitz werden deutlich geringere Grundwasserflurabstände indiziert als gemessen. Auch hier kann angenommen werden, dass die Pflanzen wie bereits in Kapitel 7.4.3.3 dargestellt, sehr tiefe Grundwasserflurabstände nicht mehr indizieren. Für alle anderen Biotoptypen ist die Indikation von Grundwasserflurabständen auf der Grundlage von Biotoptypen also weitgehend räumlich übertragbar.

7.4.4 Schlussfolgerungen

Am Beispiel der Vegetation konnte aufgezeigt werden, wie bei Biotoptypenerfassungen das Indikationssystem als Werkzeug zur Ermittlung hydrologischer Umweltfaktoren angewandt werden kann. Die Darstellungen von Differenzen und Bias zeigen, dass die Qualität der Indikationsergebnisse für die betrachteten Biotoptypen und Untersuchungsgebiete überwiegend hoch ist. Auch wird der Gradient dieser beiden Umweltfaktoren innerhalb der betrachteten Auenwiesen durch die Indikation weitgehend abgebildet, obwohl die Anzahl der Probeflächen die einem Biotoptyp zugeordnet werden konnte, zum Teil nicht sehr groß war. Die gefundenen signifikanten Unterschiede zwischen gemessenen und indizierten Werten der hydrologischen Umweltfaktoren geben auch einen Hinweis, wo die Indikation auf der Grundlage von Biotoptypen an ihre Grenzen stoßen könnte. Wie für das RIVA-Indikationssystem generell gilt dies für Grundwasserflurabstände, die jenseits der maximalen Wurzeltiefe von Pflanzen liegen. In solchen Fällen liefern die Indikationsergebnisse nur Mindestwerte. Wegen der sehr geringen Stichprobenzahl bei den Flutrinnen und Senken mit Rohrglanzgras-Röhricht (n=4) kann nicht entschieden werden, ob die Probleme mit der räumlichen Übertragbarkeit beim Indizieren der Überflutungsdauer auf der Grundlage von Biotoptypen tatsächlich eine generelle Ungenauigkeit des Ansatzes ist und sollten mit einer größeren Anzahl an Probeflächen aus dem Bereich der Mittleren Elbe wiederholt werden.

Die Gültigkeit der Indikationsergebnisse wurde bisher im Hauptuntersuchungsgebiet und den beiden Referenzgebieten gezeigt (vgl. auch Buchkap. 7.2 und Follner & Henle 2006). Die Verbreitung der Indikatorarten an der Mittleren Elbe legt die Vermutung nahe, dass das Indikationssystem zumindest in der aktiven Aue auch in anderen Abschnitten dieses Naturraumes gute Ergebnisse erzielen kann. Um die positiven Ergebnisse weiter abzusichern, sollten an der Mittleren Elbe, aber auch in anderen Flusssystemen sowohl die Funktion des Indikationssystems als auch seine Anwendung mit Biotoptypen untersucht werden.

8 Prognoseverfahren: Vom Punkt zur Fläche

8.1 Methodischer Vergleich geostatistischer Schätzverfahren für Indikationsparameter

Konrad Wälder, Olga Wälder,
Jörg Rinklebe & Joachim Menz

Zusammenfassung

Im hier vorgestellten Kapitel werden verschiedene geostatistische Methoden zur flächigen Vorhersage und Simulation von Bodenart (Sandanteil, Schluffanteil, Tonanteil) und Humusgehalt (Anteil organischer Kohlenstoff) an Hand von Stichprobenpunkten angewandt und hinsichtlich ihrer Eignung für die Schätzung von Indikationsparametern in Auenökosystemen überprüft. Es kann festgestellt werden, dass das Untersuchungsgebiet Schöneberger Wiesen gut zur Anwendung geostatistischer Methoden geeignet ist.

Erwartungsgemäß tritt bei der Anwendung von klassischen Kriging- bzw. Cokriging-Verfahren ein relativ starker Glättungseffekt auf. Dies führt dazu, dass lokale Eigenschaften, die aufgrund bodenkundlicher Untersuchungen vorausgesetzt werden können, in den Vorhersagegittern nur in unbefriedigender Weise wiedergegeben werden. Es werden daher geeignete Verfahren präsentiert, die eine Berücksichtigung von Zusatzinformationen, die an den Vorhersagepunkten vorhanden sind, ermöglichen.

Mit dem Verfahren „Collocated Cokriging“ können sowohl bei der Vorhersage der Bodenart als auch bei der Bestimmung des Humusgehaltes deutliche Ergebnisverbesserungen durch die Einbeziehung der Parameter Geländehöhe und Grundwasserflurabstand erzielt werden. Insbesondere kann mittels Collocated Cokriging ein realitätsnahes Abbild des jeweils relevanten Bodenparameters erzeugt und zur Weiterverarbeitung in einem integrierten Prognosemodell zur Verfügung gestellt werden.

8.1.1 Einführung

Für die Analyse von Ökosystemen und ihren Funktionszusammenhängen werden üblicherweise die verschiedenen Ökosystembestandteile im Gelände untersucht und die gewonnenen Daten in den beteiligten Fachdisziplinen wie auch interdisziplinär ausgewertet (Siebeck 1995). Das Ökosystem Flussaue erfährt dabei in letzter Zeit besonderes wissenschaftliches Interesse, da dieses System im naturnahen Zustand durch seine hohe Dynamik geprägt ist und damit eine große biologische Vielfalt besitzt. Neben dem überragenden ökologischen Wert der Flussaue (Ward et al. 1999) ist dieser Ökosystemtyp aufgrund der genannten Eigenschaften besonders geeignet zur wissenschaftlich-methodischen Weiterentwicklung von ökologischen Modellen. Im Fokus ökosystemarer Auenforschung stehen besonders die Stabilität des Ökosystems bzw. die Prognose möglicher Veränderungen aufgrund der von außen einwirkenden Stressoren, da die sozio-ökonomischen Anforderungen in Mitteleuropa und die daraus resultierenden menschlichen Aktivitäten einen hohen Druck auf die Intaktheit der noch bestehenden Auenökosysteme ausüben (Dister 1999).

Für Prognosezwecke werden zunehmend Modelltechniken verwendet (van Dijk et al. 1995), wobei der besonders von planerischer Seite geforderte räumliche Bezug durch die Integration ökologischer Modelle in Geographische Informationssysteme (GIS) hergestellt wird (Richter et al. 1997, Tappeiner et al. 1998). Eine wesentliche Aufgabe ist dabei, die normalerweise an bestimmten Stützstellen (Stichprobenpunkte) erhobenen modellrelevanten Parameter (Geländedaten) durch Regionalisierung der zu betrachtenden Variable in die Fläche zu übertragen. Dazu müssen mathematische Methoden eingesetzt werden, die die zu betrachtende Variable an den nicht durch Geländeuntersuchungen belegten Punkten/Bereichen durch Schätzverfahren vorhersagen.

Zur Prognose der besten Schätzung (im Sinne der getroffenen Modellannahmen) und der Varianzen der Schätzung von nur an wenigen Punkten gemessenen Variablen auf ein räumliches Gitter existieren geostatistische Verfahren, deren mathematische Grundlagen in Arbeiten von Kolmogorov, Wiener und Goldberger zu finden sind. Diese Verfahren wurden insbesondere von Matheron (1965, 1971) an der Ecole des Mines (Fontainebleau, Frankreich) zur optimalen Schätzung von Rohstoffvorkommen weiterentwickelt (vgl. auch Cressie 1993, Wackernagel 1995). Von dieser Forschungsgruppe wurden die Verfahren zu Ehren des südafrikanischen Bergbauingenieurs D. Krige (Krige 1951) unter der Bezeichnung Kriging zusammengefasst, was weniger mit den innovativen Ideen von Krige zusammenhängt, sondern mit der Tatsache, dass die südafrikanische Bergbauindustrie zu den wichtigen Förderern der Ecole des Mines gehört.

Basierend auf der Theorie der regionalisierten Variablen werden die geostatistischen Verfahren als Zweig der stochastischen Modellierung auch für hydrogeologische Fragestellungen genutzt (Neumann 1984). Da gängige Interpolationsverfahren bei Einsatz in umweltrelevanten Anwendungen zu großen mittleren quadratischen Fehlern der Schätzung führen, wurden die Vorhersagemodelle auch für diesen Anwendungsbereich weiterentwickelt (Kitanidis 1997). Genutzt wird dazu die Beschreibung strukturierter oder makroskaliger Variabilität durch „Drift - Funktionen“ oder der Einbezug von Zusatzinformation als Trainingsbild für den Interpolationsprozess.

Für die Modellierung der Flussaue gilt es nun, die abiotischen Umweltfaktoren, welche die Flora und Fauna in der Aue differenzieren, als Grundlage für ökologische Modelle möglichst realitätstreu in der Fläche abzubilden. Diese „Realitätstreue“ bestimmt neben der Unschärfe im ökologischen Modell die Ergebnisgenauigkeit des Auenmodells. Eine Bewertung der Aussagekraft des Modellergebnisses wird dabei erst durch die Kenntnis und Bewertung des Mess-, Beobachtungs- und Regionalisierungsfehlers sowie der Analyse der Fehlerfortpflanzung in den mathematischen Schätzverfahren sowie im ökologischen Modell möglich.

Wissenslücken zur Parameterschätzung bestanden bisher bei der GIS-gestützten ökosystemaren Modellierung insbesondere noch in methodischer Hinsicht. Mit diesen Ausführungen soll ein Beitrag zur Schließung dieser Lücken geleistet werden. Durch das Aufzeigen der Anwendungsgebiete von geostatistischen Interpolations- und Simulationsverfahren sollen dem Anwender Hinweise zur Anwendbarkeit geostatistischer Verfahren und zur Auswahl relevanter Methoden gegeben werden. Zudem wird dargelegt, wie vorhandene Zusatzinformationen in die geostatistische Vorhersage integriert werden können. Diese Einbeziehung von Zusatzinformationen ist für die realitätsnahe Vorhersage abiotischer Bodenparameter unverzichtbar.

Die statistischen Methoden werden im Kapitel 8.1.2 vorgestellt, ihre praktische Anwendung kann Kapitel 8.1.3 entnommen werden.

8.1.2 Methodik

8.1.2.1 Interpolation

Eine der Hauptaufgaben der Geostatistik besteht in der Vorhersage/Interpolation räumlich verteilter Parameter. Die zugehörigen Messwerte werden als Realisierungen aus einem Zufallsfeld interpretiert. In der Literatur werden geostatistische Vorhersageverfahren unter dem Begriff *Kriging* zusammengefasst. Diese Verfahren gehen davon aus, dass an den Stellen $s_1,...,s_n$ Messwerte $z(s_1),...,z(s_n)$ des interessierenden Parameters vorliegen. An einer Stelle s_0 ist nun ein Schätzer der Form

$$\hat{Z}(s_0) = \sum_{i=1}^{n} \lambda_i Z(s_i)$$

zu bestimmen. Die Anzahl n der Stützpunkte, die in die Vorhersage eingehen, wird dabei vom Anwender vorgegeben. Die Gewichte $\lambda_i,...,\lambda_n$ sind dabei so zu wählen, dass man den besten linearen und erwartungstreuen Schätzer (BLUE: „best linear unbiased estimate") erhält. Ein bester Schätzer ist in der Statistik ein Schätzer mit minimaler Schätzvarianz. Die Eigenschaft der Erwartungstreue bedeutet, dass die Forderung

$$E(\hat{Z}(s)) = E(Z(s))$$

erfüllt sein muss, wobei mit *E(X)* der Erwartungswert einer Zufallsvariablen *X* bezeichnet wird. Eine wichtige Charakteristik eines Zufallsfeldes stellt das sogenannte Variogramm $\gamma(h)$ dar, welches folgendermaßen definiert wird:

$$\gamma(s;h) = \frac{1}{2} Var(Z(s) - Z(s+h)).$$

Im Fall der intrinsischen Stationarität hängt dieses nur vom Abstandsvektor *h,* im Fall der Isotropie nur von der Länge von *h* ab. Alternativ zum Variogramm lässt sich auch die Kovarianzfunktion

$$C(s;h) = Cov(Z(s), Z(s+h))$$

verwenden, die im Falle der Stationarität nur von *h* abhängt, also $C(s;h) = C(h)$. Eine weitere wichtige Eigenschaft der Stationarität besteht darin, dass der Erwartungswert des interessierenden Parameters konstant ist.

Am Anfang jeder geostatistischen Studie muss ganz offensichtlich die Anpassung eines Variogramms auf der Grundlage des sich aus den Stützwerten ergebenden empirischen Variogramms sein. Mit der Crossvalidation, die im geostatistischen Kontext in Dubrule (1983) beschrieben wird, gibt es allerdings ein Verfahren, mit dem die Güte der Modellanpassung geprüft werden kann. Dieses Verfahren beruht darauf, dass sukzessive jede Stützstelle gestrichen wird und dann an dieser Stelle das interessierende Merkmal vorhergesagt wird. Somit kann an allen Stützstellen der Vorhersagefehler

$$F(s) = Z(s) - \hat{Z}(s)$$

bestimmt werden. Für ein korrekt angepasstes Modell müssen die Bedingungen

$$\frac{1}{n} \sum_{i=1}^{n} F(s_i) \cong 0$$

und

$$\frac{1}{n}\sum_{i=1}^{n}\frac{(F(s_i))^2}{\sigma_K^2(s_i)} \cong 1$$

erfüllt sein, wobei mit $\sigma_K(s_i)^2$ die Krigingvarianz an der Stelle s_i bezeichnet wird. Die Crossvalidation-Methode ist ein erster Anhaltspunkt, ob ein gewähltes Modell sinnvoll sein könnte oder ob es nicht geeignet ist. Diese Methode ist allerdings nicht dazu geeignet, iterativ die optimalen Variogrammparameter auszuwählen. Hierfür kann das von Menz et. al (2000) hergeleitete Backfitting-Verfahren benutzt werden. Bei dieser Methode werden zunächst n Suchringe gewählt. In Anlehnung an die Crossvalidation werden dann an jeder Stützstelle unter Weglassen des Messwertes Vorhersagen gemacht. Im Unterschied zur Crossvalidation erhält man nicht nur einen Wert, sondern *n-1* Vorhersagewerte, wobei beim *j*-ten Wert Stützpunkte eingehen, die zwischen dem j-ten und dem *j+1*-ten Suchring liegen. Da bei geostatistischen Verfahren nicht nur Schätzwerte sondern auch Schätzvarianzen geliefert werden, kann mit diesem Verfahren ein Genauigkeitsdiagramm erstellt werden, bei dem in Abhängigkeit vom Abstand, der aus den unterschiedlichen Suchradien resultiert, theoretischer Fehler (bezogen auf die Schätzvarianz) und empirischer Fehler dargestellt werden. In iterativer Weise werden dann die Parameter des Variogramms verändert und die beiden Fehlerkurven angeglichen. Nach dem Anpassen eines Modells kann die Vorhersage erfolgen. Zur Bestimmung der Koeffizienten $\lambda_1,\ldots,\lambda_n$ (und des Lagrange-Parameters μ) ist das folgende lineare Gleichungssystem zu lösen (s. auch Cressie 1993):

$$\begin{pmatrix} \gamma(s_1-s_1) & \ldots & \gamma(s_1-s_n) & 1 \\ . & . & . & . \\ . & . & . & . \\ \gamma(s_n-s_1) & \ldots & \gamma(s_n-s_n) & 1 \\ 1 & \ldots & 1 & 0 \end{pmatrix}\begin{pmatrix} \lambda_1 \\ . \\ . \\ \lambda_n \\ \mu \end{pmatrix} = \begin{pmatrix} \gamma(s_1-s_0) \\ . \\ . \\ \gamma(s_n-s_0) \\ 1 \end{pmatrix}$$

Die Schätzvarianz ergibt sich für den Lösungsvektor $(\tilde{\lambda}_1,\ldots,\tilde{\lambda}_N,\tilde{\mu})^T$ zu

$$\sigma_K^2(s_0) = \tilde{\mu} - \gamma(0) + \sum_{i=1}^{n}\tilde{\lambda}_i\gamma(s_i - s_0).$$

Die Erwartungstreue ist stets gewährleistet, da für den Lösungsvektor die Forderung

$\sum_{i=1}^{n}\tilde{\lambda}_i = 1$ erfüllt wird.

Es soll hier nur kurz genannt werden, dass es neben dieser als *Ordinary Kriging* bezeichneten Grundform noch eine ganze Reihe weiterer Krigingverfahren gibt. Beim *Simple Kriging* wird vorausgesetzt, dass der konstante Erwartungswert des Zufallsfeldes bekannt ist. Das Kriginggleichungssystem lässt sich in diesem Fall etwas vereinfachen, da die Summe der Koeffizienten nicht mehr 1 sein muss.

Unter der Bezeichnung *universelles Kriging* werden Verfahren zusammengefasst, die einen polynomialen Trend berücksichtigen. Auf der Forderung der Stationarität wird also in diesem Fall verzichtet.

Neben diesen univariaten Verfahren, bei denen lediglich ein vorherzusagendes Merkmal berücksichtigt wird, gibt es auch multivariate geostatistische Verfahren, die hier kurz *Cokriging* genannt werden. Zusätzlich zum beschriebenen univariaten Kriging müssen hier die Kreuzkovarianzen zwischen den einzelnen Merkmalen berücksichtigt werden. Auf eine mathematische Darstellung dieser Verfahren soll hier verzichtet werden. Eine ausführliche Darstellung ist in Cressie (1993) oder in Wackernagel (1995) zu finden. Ein spezielles Cokriging-Verfahren wird in Kapitel 8.1.2.3 diskutiert.

8.1.2.2 Simulation

Geostatistische Interpolationsverfahren liefern den wahrscheinlichsten Wert des vorherzusagenden Merkmals an einer bestimmten Stelle. Demgegenüber erhält man bei der geostatistischen Simulation einen möglichen Wert des Merkmals. Hierin begründen sich die unterschiedlichen Motivationen für die Anwendung dieser geostatistischen Methoden. Kriging ist dann sinnvoll, wenn der Anwender die Information aus den Stützwerten in die Fläche übertragen und entsprechend darstellen will. Die geostatistische Simulation erlaubt es dem Anwender, sich ein Bild von der Variabilität des interessierenden Parameters zu machen. Somit sind simulierte Realisierungen insbesondere im Zusammenhang mit Risiko- und Sensitivitätsuntersuchungen von großem Interesse. Die wichtigsten geostatistischen Simulationsverfahren sind die sequentielle Gaußsche Simulation und die Turning-Bands-Methode. Das Turning-Bands-Verfahren beruht im Prinzip darauf, dass ein isotroper und stationärer Zufallsprozess *Z (s)* aus dem *d*-dimensionalen R^d mit der Kovarianzfunktion *C(h)* auf einen eindimensionalen Unterraum projiziert wird. In unserem Fall gilt: *d*=2. Die Kovarianzfunktion des so entstehenden Zufallsprozesses *Y(s)* ist aus *C(h)* ableitbar. Für *N* Linien aus dem R^2 wird jeweils der projizierte Prozess $Y_i, 1 \leq i \leq N$, simuliert. Werden diese Linien so gewählt, dass sie sich in einem Punkt schneiden, entsteht der Eindruck von sich drehenden Bändern. Der simulierte Prozess ergibt sich schließlich zu

$$Z_S(s) = \frac{1}{\sqrt{N}} \sum_{i=1}^{N} Y_i(t_i(s)),$$

wobei mit $t_i(s)$ die Projektion des Punktes *s* auf die *i*-te Linie bezeichnet. Eine ausführlichere Darstellung für dieses Verfahren ist in Cressie (1993) zu finden.

Als weiteres geostatistisches Simulationsverfahren soll kurz auf die sequentielle Gaußsche Simulation eingegangen werden. Dieses Verfahren beruht auf der Simulation standardnormalverteilter Zufallszahlen und der Anwendung des Fehlerfortpflanzungsgesetzes für korrelierte Größen (Meier & Keller 1990).

An dieser Stelle sei noch darauf hingewiesen, dass hier lediglich die bedingte Simulation von Interesse ist. Bei der bedingten Simulation müssen die Simulationswerte an den Stützpunkten den Messwerten entsprechen. Eine bedingte Simulation lässt sich allerdings recht einfach aus einer unbedingten Simulation ableiten (s. Cressie 1993).

8.1.2.3 Berücksichtigung von Zusatzinformationen

An allen Punkten des Vorhersagerasters liegen Zusatzinformationen vor. Im hier diskutierten Fall sind dies die folgenden Werte: Geländehöhe, Grundwasserflurabstand, Abstand zur Flussmitte und Biotoptypeneffekt. Die quantitativen Werte (Geländehöhe, Grundwasserflurabstand, Abstand zur Flussmitte) können direkt, d.h. ohne eine Klassenbildung, über ein in der Geostatistik als *Collocated Cokriging* bezeichnetes Verfahren in die Vorhersage einbezogen werden. Dieses multivariate Kriging-Verfahren beruht darauf, dass bei der linearen Vorhersage zwar Stützwerte des zu untersuchenden Parameters innerhalb eines geeignet gewählten Einwirkungsbereiches berücksichtigt werden, aber die Kovariable nur über ihren Messwert an der Vorhersagestelle gewichtet wird (s. hierzu auch Wackernagel 1995). Es ist also ein Schätzer der Form

$$\hat{Z}_{CC}(s_0) = \sum_{i=1}^{n} \lambda_i Z(s_i) + \nu Y(s_0)$$

zu bestimmen, wobei mit *Y* die Kovariable bezeichnet wird.

$\lambda_i, \nu \quad i = 1,..,n$ sind die zugehörigen Gewichte. Die Bestimmung einer solchen Vorhersagegröße setzt natürlich entsprechende Informationen über die Kreuzkovarianzfunktion bzw. zumindest die Korrelation zwischen *Z* und *Y* voraus. Um die zugehörigen Parameter berechnen bzw. anpassen zu können, wird natürlich eine möglichst hohe Anzahl von Stützpunkten benötigt, an denen sowohl der interessierende Parameter als auch die jeweiligen Zusatzinformationen bekannt sind. Anhand dieser Punkte erfolgt die „Kalibrierung" des Modells.

Dieses Verfahren ist insbesondere dann von Vorteil, wenn echte Messwerte für die Zusatzinformation vorliegen und nicht nur eine Klasseneinteilung bezüglich des Effektes. Dennoch ist diese Methode auch anwendbar, wenn die Kovariable beispielsweise nur ganze Zahlen aus dem Bereich –2,..,2 annimmt. Für die Zusatzinformation Biotoptypeneffekt ist dies der Fall.

Im Vergleich mit dem univariaten Kriging oder dem normalen Kokriging lassen sich mit der Verwendung von Zusatzinformationen deutliche Ergebnisverbesserungen überall dort erzielen, wo das Merkmal an der Vorhersagestelle selbst nicht beobachtet worden ist, aber die Kovariable vorliegt.

Neben diesem Verfahren gibt es einige weitere Verfahren, die die Einbeziehung von Zusatzinformationen ermöglichen. Zunächst sei das *Bayessche Kriging* erwähnt (s. Menz & Pilz 1994). Hier wird von einem instationären Zufallsfeld, d.h. einem Zufallsfeld mit deterministischem Trend, ausgegangen. Im Bayesschen Sinne werden die Trendparameter wieder als Zufallsvariablen interpretiert. Die Vorkenntnisse bzw. Zusatzinformationen gehen dann als parametrische Annahmen über die Verteilung dieser Trendvariablen ein.

Eine relativ einfache Methode stellt das *Simple Updating* dar (s. Bardossy 1996). Bei dieser Methode muss eine Klasseneinteilung des interessierenden Bodenparameters bezüglich der jeweiligen Zusatzinformation vorliegen. Anhand eines Kalibrierungsdatensatzes (an den Stützpunkten sind Bodenparameter und Zusatzinformationen bekannt) lassen sich dann Erwartungswert und Varianz des Bodenparameters für jede Klasse bestimmen. Der Vorteil der Methode besteht dann darin, dass in die Vorhersage des Bodenparameters an einer bestimmten Stelle nicht mehr sein globaler Erwartungswert eingeht wie beim Kriging sondern der lokale Erwartungswert berücksichtigt wird, der sich aus der Klasseneinteilung ergibt und der natürlich vom globalen Mittelwert abweichen kann.

Eine weitere Möglichkeit besteht in einer *Mittelwertkorrektur.* An Hand der Messwerte, für die die Klasseneinteilung vorliegt, lassen sich die Mittelwerte der einzelnen Klassen bestimmen. Zunächst erfolgt die Vorhersage mit einem klassischen Kriging-Verfahren. Der Mittelwert der vorhergesagten Werte entspricht dann in etwa dem (globalen) Mittelwert des Bodenparameters. Durch eine additive Konstante werden die lokalen Erwartungswerte für die einzelnen Klassen eingestellt.

Bei der Mittelwertkorrektur-Methode bzw. dem Simple Updating werden Kovariablen verwendet, die wie oben beschrieben nicht als exakte Messwerte vorliegen. In der Geostatistik werden solche Daten oft als „soft data" bezeichnet. Die zugehörigen Interpolationsverfahren werden in der Literatur dann auch unter der Bezeichnung *Softkriging* zusammengefasst. Bei der hier diskutierten Vorhersage von Bodenart und Humusgehalt macht die Anwendung von Simple Updating und Mittelwertkorrektur-Methode allerdings nur für die Zusatzinformation Biotoptypeneffekt Sinn. Für alle anderen Zusatzinformationen liegen quantitative Werte vor. Eine Einteilung dieser Werte in Effektklassen würde dann einem Informationsverlust gleichkommen. Zudem müsste mit fehlerhaften Klassifizierungen gerechnet werden.

8.1.2.4 Fehleranalyse

Alle geostatistischen Interpolationsverfahren liefern neben dem Vorhersagewert auch die zugehörige Schätzvarianz, die als mittlerer Vorhersagefehler interpretiert werden kann. Diese Schätzvarianz hängt vom gewählten Variogramm bzw. der Kovarianzfunktion, von der Anzahl der Punkte und von der Lage der Punkte zur Vorhersagestelle, nicht aber von den Messwerten ab. Aussagekräftig ist diese Schätzvarianz allerdings nur dann, wenn ein korrekt angepasstes Variogramm vorliegt. Kriging liefert offensichtlich auch bei völlig falsch angepasstem Variogramm eine Schätzvarianz, die in einem solchen Fall natürlich kein Maß für den Vorhersagefehler sein kann. Insbesondere wird die Krigingvarianz stets klein, wenn ein entsprechend geringer Sill des Variogramms gewählt wird. Als Sill eines Variogramms wird der Grenzwert bezeichnet, den das Variogramm ab einem bestimmten Abstand annimmt.

Um also die Schätzvarianz als Maß für den Vorhersagefehler verwenden zu können, müssen die Variogrammparamater so eingestellt werden, dass der Schätzfehler resultierend aus der Krigingvarianz, der sogenannte theoretische Fehler, gleich dem wahren Vorhersagefehler ist. Der wahre Vorhersagefehler lässt sich bei einem Zufallsfeld, bei dem nur Messwerte einer Realisation vorliegen, nur über Crossvalidation bestimmen. Die in Kapitel 8.1.2.1 erwähnte Backfitting-Methode ist ein Verfahren in diesem Sinne und somit kann festgestellt werden, dass bei mit Backfitting angepasstem Variogramm Kriging realistische theoretische Fehler liefert, die die Grundlage weiterführender Fehleranalysen sein können.

Bei linearen statistischen Verfahren ist das Fehler- oder auch Kovarianzfortplanzungsmodell (FFG) ein wichtiges Instrument (Meier & Keller 1990). Im Allgemeinen liefert das FFG die Varianz einer linearisierten Funktion der Form

$$F = f_o + \underline{a}^T \underline{u}\,,$$

wobei mit f_o eine Konstante bezeichnet wird. Die Beobachtungen $(u_1,\ldots,u_n)$ werden im Vektor $\underline{u}^T$ zusammengefasst. Die Koeffizienten sind durch

$$a_i = \frac{\partial F}{\partial u_i}$$

gegeben. Die Varianz wird dann folgendermaßen bestimmt:

$$\sigma^2 = \underline{a}^T C \underline{a}\,,$$

wobei mit C die entsprechende Kovarianzmatrix bezeichnet wird.

Im Falle des Ordinary Kriging erhält man für den Schätzfehler an einer Stelle s_0 die Funktion

$$F(s_0) = \hat{Z}(s_0) - Z(s_0).$$

Nach dem FFG erhält man die folgende Varianz:

$$\sigma^2(s_0) = (\underline{\lambda}, -1)\begin{pmatrix} C_{zz^T} & \underline{c}_0 \\ \underline{c}_0^T & \sigma^2 \end{pmatrix}\begin{pmatrix} \underline{\lambda} \\ -1 \end{pmatrix}.$$

Im Vektor $\underline{\lambda}$ werden die Koeffizienten des linearen Schätzers zusammengefasst, die Matrix C_{zz^T} enthält die Kovarianzen zwischen den Stützpunkten. Die Kovarianzen zwischen dem Merkmal an der Vorhersagestelle und dem Merkmal an den Stützpunkten sind in c_0 enthalten. Es ist nun offensichtlich, dass die obige Schätzvarianz der Krigingvarianz entspricht. Das Fehlerfortpflanzungsgesetz liefert also bei Betrachtung des Vorhersagefehlers resultierend aus einem geostatistischen Interpolationsverfahren genau die Krigingvarianz als Streuung des Fehlers.

Abb. 8.1-1: Messpunkte im Untersuchungsgebiet Schöneberger Wiesen.

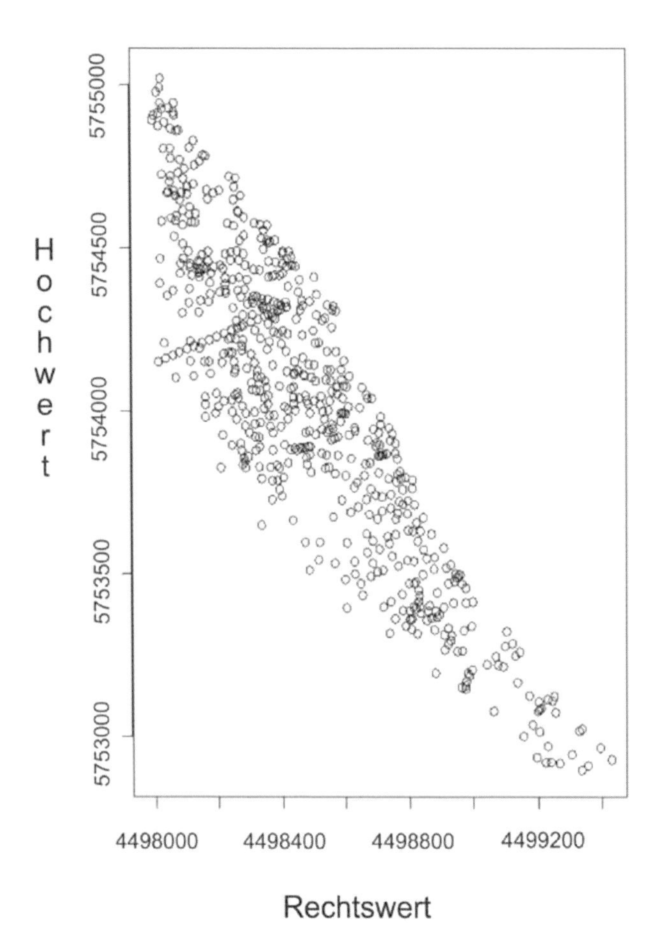

8.1.3 Ergebnisse für das Untersuchungsgebiet Schöneberger Wiesen

8.1.3.1 Oberboden (0–20 cm Tiefe)

Für das Untersuchungsgebiet Schöneberger Wiesen (Steckby) liegen insgesamt 613 Messpunkte vor (Abb. 8.1-1). Für den Oberboden (0–20 cm Tiefe) sollen die Anteile Sand in Gew% (Gewichtsanteil in %), Schluff in Gew% sowie organischer Kohlenstoff in Gew% (Humus) unter Nutzung von Interpolations- und Simulationsverfahren untersucht werden. An allen Punkten des Vorhersagerasters (ca. 1 Million Punkte) liegen dabei die folgenden Zusatzinformationen vor: Geländehöhe, Distanz zur Flussmitte, Grundwasserflurabstand und Biotoptypeneffekt.

Da eine deutliche (negative) Korrelation zwischen Sand- und Schluffanteil auftritt, ist es sinnvoll, zur Vorhersage von Sand- bzw. Schluffanteil auf das in diesem Fall bivariate Cokriging zurückzugreifen. Da sich Sand-, Schluff- und Tonanteil jeweils zu 100 % addieren müssen, ist es empfehlenswert, den Tonanteil aus der Differenz zwischen 100 und der Summe aus Sand- und Schluffanteil zu bestimmen. Auf diese Weise lassen sich einerseits nachträgliche Korrekturen umgehen und andererseits wird unnötiger Rechenaufwand vermieden. Abbildung 8.1-2 zeigt Vorhersageresultate für den Sandanteil, die mit Cokriging gewonnen wurden. Die auftretende Glättung ist leicht zu erkennen.

Abbildung 8.1-3 zeigt eine simulierte Realisierung des Sandanteils. Die hohe Variabilität der erhaltenen Daten ist hier offensichtlich. Anhand solcher simulierter Realisierungen kann sich der Anwender verdeutlichen, was zwischen den gegebenen Messstellen passieren kann. In Abbildung 8.1-4 wird das arithmetische

Mittel aus 100 simulierten Realisierungen des Sandanteils präsentiert. Mit steigender Anzahl der simulierten Realisierungen nähert sich dieses Mittel immer mehr dem Interpolationsergebnis an (vgl. auch Abb. 8.1-2).

Die mit Co- bzw. Ordinary Kriging gewonnenen Werte zeigen noch deutliche Glättungseffekte, d.h. die Variabilität der Vorhersagewerte ist geringer als die der Messwerte. Zudem werden lokale Eigenschaften oftmals ignoriert, da in den Stützwerten keine Informationen hierüber enthalten sind. Es ist daher wichtig, alle relevanten Zusatzinformationen in die Vorhersage einzubeziehen.

Zum Grundwasserflurabstand (FA): Der Vergleich von Abbildung 8.1-5 mit Abbildung 8.1-2 zeigt, dass eine deutliche Verbesserung erzielt werden konnte. Ein ähnliches Bild erhält man, wenn statt der Zusatzinformation Grundwasserflurabstand die Zusatzinformation Geländehöhe verwendet wird.

Die Cokriging-Resultate für den Schluffanteil verhalten sich reziprok zum Sandanteil. An Stellen mit hohem Sandanteil ist ein eher geringer Schluffgehalt zu verzeichnen.

Die Vorhersage für den Schluffanteil unter Berücksichtigung der Zusatzinformation Geländehöhe ist in Abbildung 8.1-6 zu sehen. Wird statt der Geländehöhe die Zusatzinformation Grundwasserflurabstand verwendet, ergeben sich ähnliche Resultate. Auf eine grafische Darstellung wird daher verzichtet. Wiederum ist eine deutliche Verbesserung im Vergleich mit den Cokriging-Resultaten feststellbar. Diese Schlussfolgerungen, die nur auf dem optischen Eindruck der Abbildungen basieren, werden durch eine Analyse des jeweiligen mittleren Fehlers bestätigt. Beim Cokriging für den Sandanteil ergibt sich der mittlere Schätzfehler 14,4. Unter Ver-

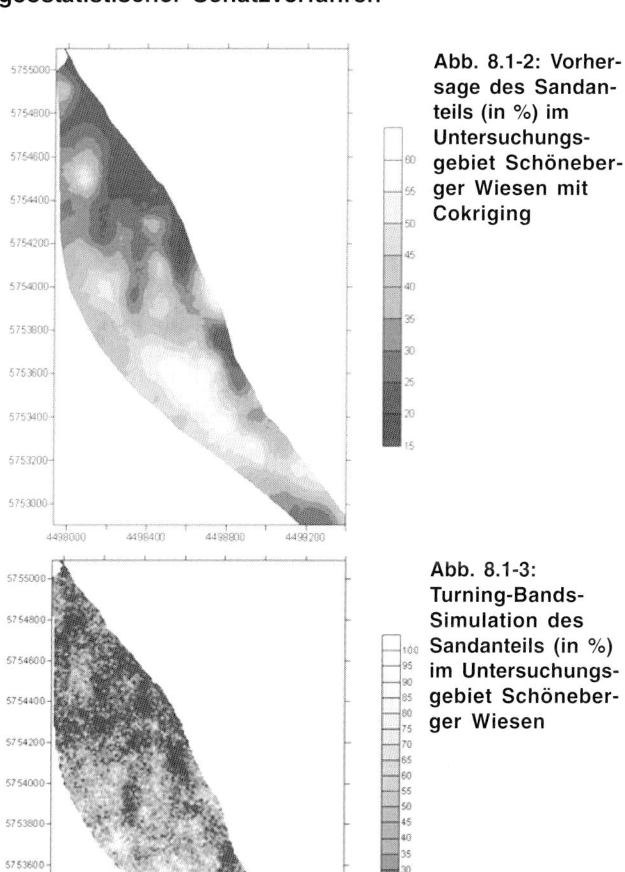

Abb. 8.1-2: Vorhersage des Sandanteils (in %) im Untersuchungsgebiet Schöneberger Wiesen mit Cokriging

Abb. 8.1-3: Turning-Bands-Simulation des Sandanteils (in %) im Untersuchungsgebiet Schöneberger Wiesen

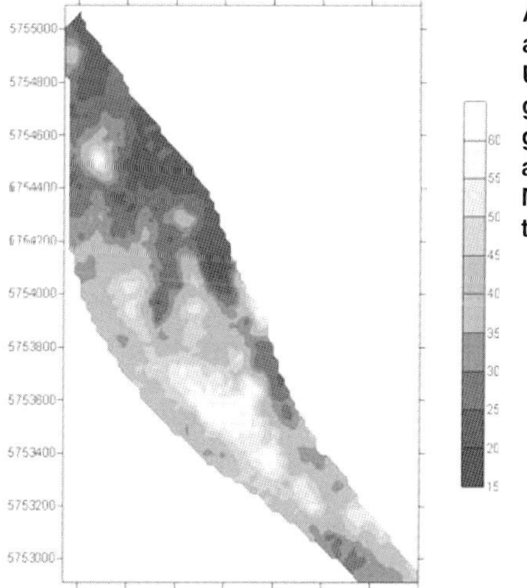

Abb. 8.1-4: Sandanteil (in %) im Untersuchungsgebiet Schöneberger Wiesen als arith-metisches Mittel 100 simulierter Realisierungen

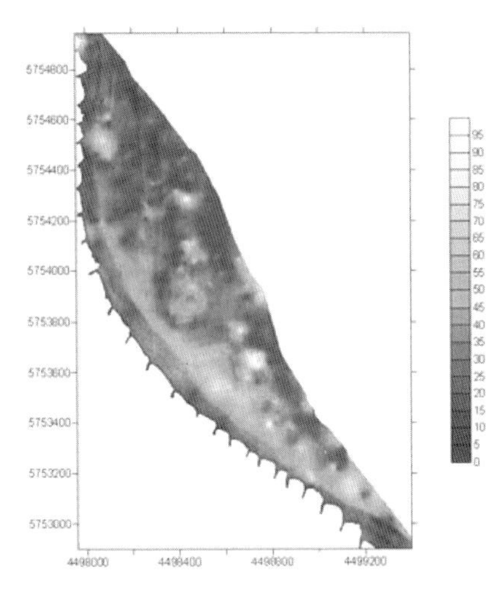

Abb. 8.1-5: Sandanteil (in %) im Untersuchungsgebiet Schöneberger Wiesen, erhalten mit Collocated Cokriging (Kovariable: Grundwasserflurabstand)

wendung des Grundwasserflurabstandes erhält man 8,3 und mit der Berücksichtigung der Geländehöhe einen mittleren Fehler von 7,3. Ein ähnliches Bild ist bei der Vorhersage des Schluffanteils zu erkennen. Das beste Resultat wird unter Verwendung der Zusatzinformation Geländehöhe erzielt. Hier beträgt der mittlere Fehler 5,6. Unter Berücksichtigung des Grundwasserflurabstandes verschlechtert sich der mittlere Fehler unwesentlich auf 6,3. Bei der Cokriging-Vorhersage muss dagegen mit einem mittleren Fehler von 11,3 gerechnet werden. Als Zusatzinformation sind somit die Geländehöhe und der Grundwasserflurabstand besonders geeignet. Für die Bodenart weisen diese beiden Variablen auch den größten Korrelationskoeffizienten mit dem jeweiligen Bodenparameter auf:

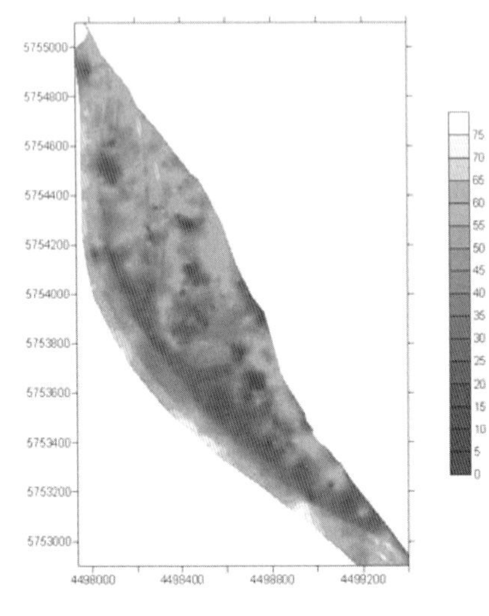

Abb. 8.1-6: Schluffanteil (in %) im Untersuchungsgebiet Schöneberger Wiesen, erhalten mit Collocated Cokriging (Kovariable: Geländehöhe)

- Korrelation zwischen Sandanteil und Geländehöhe 0,34,
- Korrelation zwischen Schluffanteil und Geländehöhe: -0,27,
- Korrelation zwischen Sandanteil und Grundwasserflurabstand: 0,35,
- Korrelation zwischen Schluffanteil und Grundwasserflurabstand: -0,39.

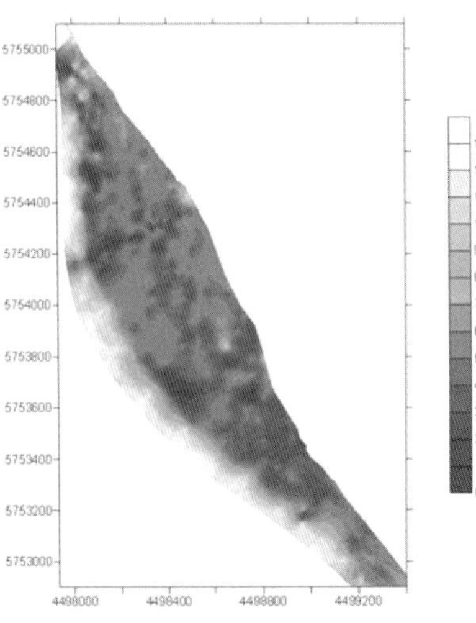

Abb. 8.1-7: Humusgehalt im Untersuchungsgebiet Schöneberger Wiesen erhalten mit Collocated Cokriging (Kovariable: Geländehöhe)

Das beste Resultat wird auch beim Humusgehalt durch die Berücksichtigung der Geländehöhe erreicht. Allerdings lässt sich auch mit der Verwendung des Effektes der Biotoptypen eine Verbesserung hinsichtlich des Kriging-Resultates erzielen. Die Anwendung der Mittelwertkorrektur-Methode für den Humusgehalt mit Berücksichtigung des Effektes der Biotoptypen führt zu einer Verbesserung der Kriging-Resultate. Allerdings zeigt sich, dass Collocated Cokriging dennoch einem solchen Vorgehen vorzuziehen ist. Die Darstellung für Collocated Cokriging kann Abbildung

8.1-7 entnommen werden.

Für den Humusgehalt ergeben sich die folgenden Koeffizienten:

- Korrelation zwischen Humusgehalt (Corg) und Geländehöhe: -0,24
- Korrelation zwischen Humusgehalt und dem Effekt der Biotoptypen: 0,14.

Der Parameter Humusgehalt besitzt an den Messstellen die Standardabweichung 2,0. Aufgrund des starken Glättungseffektes weisen die mit Ordinary Kriging interpolierten Werte nur noch eine Standardabweichung von 0,87 auf. Durch die Mittelwertkorrektur-Methode kann ein Wert von 1,0 erreicht werden. Wird Collocated Cokriging angewendet, ergibt sich die Standardabweichung 1,25.

In Buchkapitel 5.2, Abbildung 5.2-1 wurde die Bodenformenkarte resultierend aus der klassischen bodenkundlichen Kartierung dargestellt. Die entsprechenden Werte wurden mittels des Bodenartendiagramms der Bodenartenuntergruppen des Feinbodens bestimmt (vgl. Arbeitsgemeinschaft Bodenkunde 1984). Es zeigt sich eine weitgehende Übereinstimmung mit den Vorhersageergebnissen resultierend aus Collocated Cokriging. Die Flächen mit hohem Sandanteil werden auch mittels Collocated Cokriging erkannt, s. Abbildung 8.1-5. Entsprechendes gilt für die Bereiche mit hohem Schluffanteil (in Abb. 5.2-1 dargestellt), s. Abbildung 8.1-6.

Wie in Kapitel 8.1.2.4 ausgeführt wurde, ist eine Fehleranalyse im Rahmen geostatistischer Untersuchungen unerlässlich. Abbildung 8.1-8 zeigt die Standardabweichung bei der Vorhersage des Sandanteils mit Zusatzinformation Geländehöhe für einen Ausschnitt des Untersuchungsgebietes. An den Stützpunkten tritt erwartungsgemäß kein Vorhersagefehler ein. Dies lässt sich einerseits aus der Tatsache ableiten, dass alle Krigingmethoden abgesehen vom Störgrößeneinfluss exakte Interpolatoren sind. Außerdem folgt logisch aus dem FFG, dass am Stützpunkt kein Fehler und mit wachsender Entfernung zu den Stützpunkten ein größerer Fehler vorliegt. Auf entsprechende Darstellungen für die Bodenparameter Schluffanteil und Humusgehalt wird hier verzichtet.

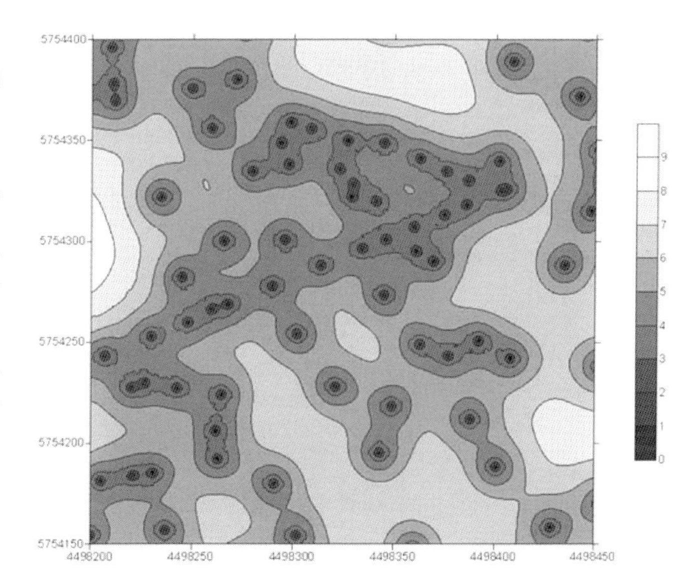

Abb. 8.1-8: Standardabweichung des Kringingfehlers bei der Vorhersage des Sandanteils im Untersuchungsgebiet Schöneberger Wiesen mit Zusatzinformation Grundwasserflurabstand

Die in Abbildung 8.1-8 dargestellte Standardabweichung kann als mittlerer Fehler der Vorhersage, allerdings nur in betragsmäßigem Sinn, verwendet werden. Der tatsächliche Vorhersagefehler kann dann natürlich ein positives oder ein negatives Vorzeichen haben. Es gibt derzeit im Allgemeinen kein Verfahren, das die Frage nach dem Vorzeichen des Fehlers beantworten kann. Eine praktische Entscheidungshilfe können jedoch unter Umständen die Überschreitungswahrscheinlichkeiten sein, die mittels der geostatistischen Simulation bestimmt werden können. Dies soll kurz exemplarisch erläutert werden. An einer Vorhersagestelle wird der Wert 20 vorhergesagt. Der mittlere absolute Fehler nimmt den Wert 5 an. Wenn nun die Wahrscheinlichkeit, dass das Merkmal an dieser Stelle größer als 20 ist, mehr als 50 % beträgt, so kann davon ausgegangen werden, dass eine Unterschätzung und somit ein positiver Vorhersagefehler vorliegt. Die Wahrscheinlichkeit, dass das Merkmal an der betreffenden Stelle einen Wert größer als 20 annimmt, kann folgendermaßen bestimmt werden: Für den relevanten Bodenparameter werden an dieser Stelle 100 Realisierungen simuliert. Mit dem prozentuellen Anteil derjenigen Werte, die größer als 20 sind, an der Gesamtanzahl der simulierten Realisierungen (hier 100) ist die gesuchte Wahrscheinlichkeit gegeben.

Auf der Grundlage der Standardabweichung des Krigingfehlers lassen sich Diagramme zur Fehlerfortpflanzung erstellen, wie sie in den Abbildungen 8.1-9 und 8.1-10 gezeigt werden. Auf der x-Achse wird der Abstand zum Stützpunkt aufgetra-

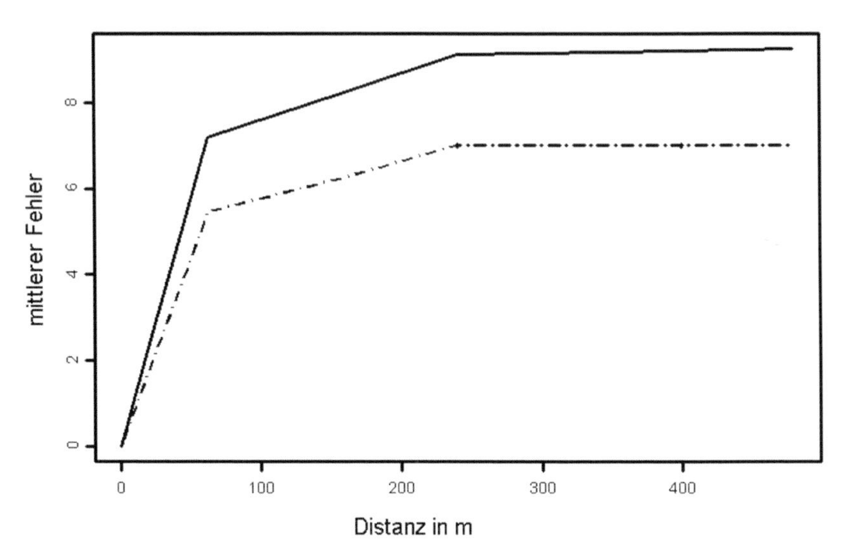

Abb. 8.1-9: Mittlerer theoretischer Fehler in Abhängigkeit von Distanz zum Stützpunkt (durch-gez. Linie: Fehler f. Sandanteil Schöneberger Wiesen, gestrichelte Linie: Fehler f. Schluffanteil)

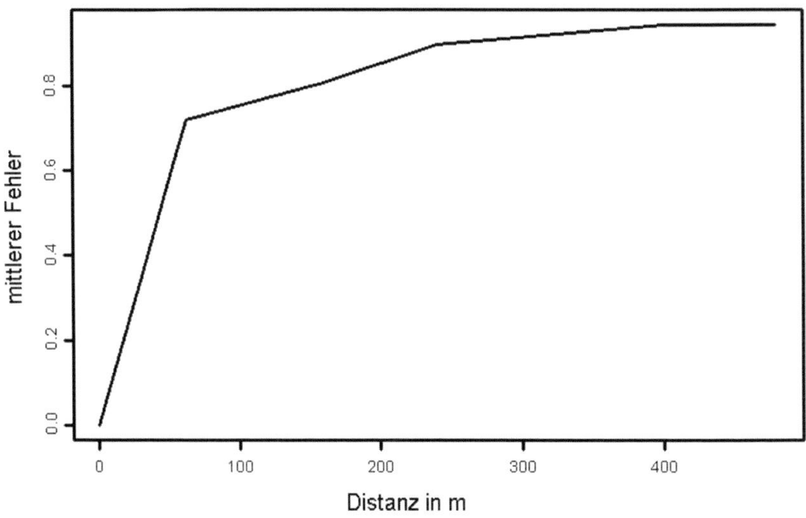

Abb. 8.1-10: Mittlerer theoretischer Fehler für den Humusgehalt Schöneberger Wiesen in Abhängigkeit von Distanz zum Stützpunkt

gen. An der y-Achse lässt sich dann der mittlere Fehler ablesen, mit dem bei dieser Distanz zu rechnen ist.

8.1.3.2 Unterboden (20–100 cm Tiefe)

Für bodenkundliche Untersuchungen ist die räumliche Verteilung der diskutierten Bodenparameter natürlich auch in tieferen Bodenschichten von Interesse. Mit dem Collocated Cokriging wurde in Kapitel 8.1.2.3 ein effizientes Verfahren zur Berücksichtigung von Kovariablen vorgestellt. Für die unteren Bodenschichten 20–40 cm, 40–60 cm, 60–80 cm und 80–100 cm Tiefe stehen im Untersuchungsgebiet jeweils 542 Stützstellen für Bodenart und Humusgehalt zur Verfügung. Die entsprechenden Werte wurden mittels des Bodenartendiagramms der Bodenartenuntergruppen des Feinbodens bestimmt (vgl. Ad-hoc Boden 1994). Der Sandanteil im Oberboden weist erwartungsgemäß eine hohe Korrelation (0,83) mit dem Sandanteil in der Schicht 20–40 cm Tiefe auf. Mit dem Schluffanteil in dieser Schicht gibt es eine entsprechend hohe negative Korrelation (-0,80). Anhand dieser Werte wird ersichtlich, dass der Sandanteil im Oberboden eine geeignete Zusatzinformation bzw. Kovariable für die Vorhersage von Sand- und Schluffanteil in der Schicht von 20–40 cm Tiefe darstellt. Das beschriebene Prinzip lässt sich auch auf weitere Schichten übertragen, da Sand- und Schluffanteil in der vorherzusagenden Schicht eine hohe Korrelation mit dem Sandanteil der darüberliegenden Schicht aufweisen. In Abbildung 8.1-11 wird exemplarisch die Vorhersage des Sandanteils in der Bodenschicht 20 bis 40 cm Tiefe präsentiert. Die Übereinstimmung mit den bodenkundlichen Erkenntnissen ist wiederum offensichtlich (s. auch Buchkap. 5.2, Abb. 5.2-1).

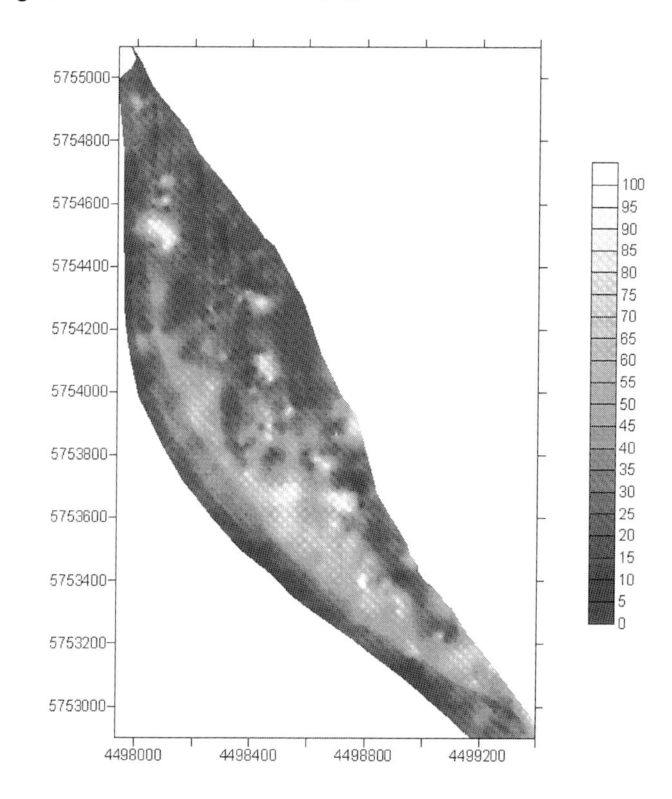

Abb. 8.1-11: Vorhersage Sandanteil (in %) im Untersuchungsgebiet „Schöneberger Wiesen" 20–40 cm Tiefe

8.1.4 Diskussion

Die präsentierten Resultate zeigen, dass quantitative Zusatzinformationen wie Geländehöhe oder Grundwasserflurabstand, die an jeder Stelle des Vorhersagerasters vorliegen, unverzichtbar sind, um im Oberboden realitätsnahe Vorhersagen von Bodenparametern zu erhalten. Die so gewonnenen Darstellungen des räumlichen Verlaufs von Bodenart und Humusgehalt stimmen mit bodenkundlichen Untersuchungen bzw. dem entsprechenden Expertenwissen überein.

Das beschriebene Prinzip zur Berücksichtigung von Zusatzinformationen lässt sich auf die Vorhersage von Bodenart und Humusgehalt in den unteren Bodenschichten übertragen. In diesem Fall bilden Bodenart und Humusgehalt in den oberen Schichten die Zusatzinformationen.

8.2 Integriertes Prognosemodell für Flussauen

Stephan Rosenzweig & Volker Hüsing

Zusammenfassung

Für drei unterschiedliche taxonomische Gruppen (Pflanzen, Mollusken, Carabiden) wurden anhand zweijähriger Felduntersuchungen auf Grünlandstandorten in einem Untersuchungsgebiet im Deichvorland der Mittleren Elbe Möglichkeiten einer prognostischen Vorhersage der Artenverteilung im Raum auf der Grundlage von abiotischen Standortfaktoren und unter Zuhilfenahme multivariater statistischer Methoden untersucht.

Die auf den Probeflächen ermittelten modellrelevanten Umweltparameter wurden über zum Teil geostatistische Verfahren über die Fläche des gesamten Untersuchungsgebietes regionalisiert und mittels der statistischen Modelle die Artenverteilungen auf das Untersuchungsgebiet übertragen. Der Vergleich dieser Modellübertragungen mit den Felderhebungen von Vegetation, Mollusken und Carabiden ergab weitgehende Übereinstimmungen zwischen Prognose und Realität.

Die allgemein große Robustheit der Modelle erwies sich beim Vertauschen der Modellparameter zwischen den Jahren und in der räumlichen Anwendung der Modelle auf ein vierzig Kilometer stromaufwärts des Hauptuntersuchungsgebietes gelegenes, in gleicher Weise beprobtes und ähnlich ausgestattetes Nebenuntersuchungsgebiet.

8.2.1 Einleitung

Dieses Kapitel beschreibt die Umsetzung und Anwendung der im Buchkapitel 7.1 dargestellten Erkenntnisse bezüglich der Zusammenhänge zwischen Abiotik und Biotik, der aufgedeckten Muster und der Regeln, welche diesen Mustern zu Grunde liegen. Die aufgedeckten Muster für die untersuchten taxonomischen Gruppen Pflanzen, Laufkäfer und Schnecken wurden zu einem validierten Prognosemodell zusammengeführt und an verschiedenen Auengrünländern der Mittleren Elbe angewendet.

Die multivariaten Modelle (s. Buchkap. 7.1), berechnet mit dem Statistikprogramm CANOCO®, wurden mit den auf den Schöneberger Wiesen bei Steckby an 36 Probeflächen punktförmig erhobenen Daten erstellt. Der Weg der Übertragung der Modelle vom Punkt zur Fläche ist schematisch in Abbildung 8.2-1 dargestellt (vgl. Hettrich & Rosenzweig 2002, 2003).

Bei Freilanduntersuchungen sind flächendeckende ökologische Aussagen meistens - aufgrund der Erhebungsverfahren - auf die Vegetation beschränkt. Beispielhaft seien Biotoptypen- oder Vegetationskartierungen genannt. Dem gegenüber beziehen sich faunistische Untersuchungen und die daraus abgeleiteten Erkenntnisse in der Regel auf den Bereich der Erhebung (z.B. einen Fallenstandort); eine räumliche Übertragung der punktuell erhobenen Daten wird nicht selten gezielt abgelehnt.

Um Aussagen über die Verteilung im Raum auch für Mollusken und Carabiden treffen zu können, galt es, die statistischen Modelle vom Punkt in die Fläche zu extrapolieren. Hierzu mussten die ausgewählten Modellparameter für das Untersuchungsgebiet Schöneberger Wiesen flächendeckend im geographischen Informationssystem vorliegen, d.h., für jeden Punkt im Untersuchungsgebiet wurde der Wert der entsprechenden Umweltparameter berechnet. Dies

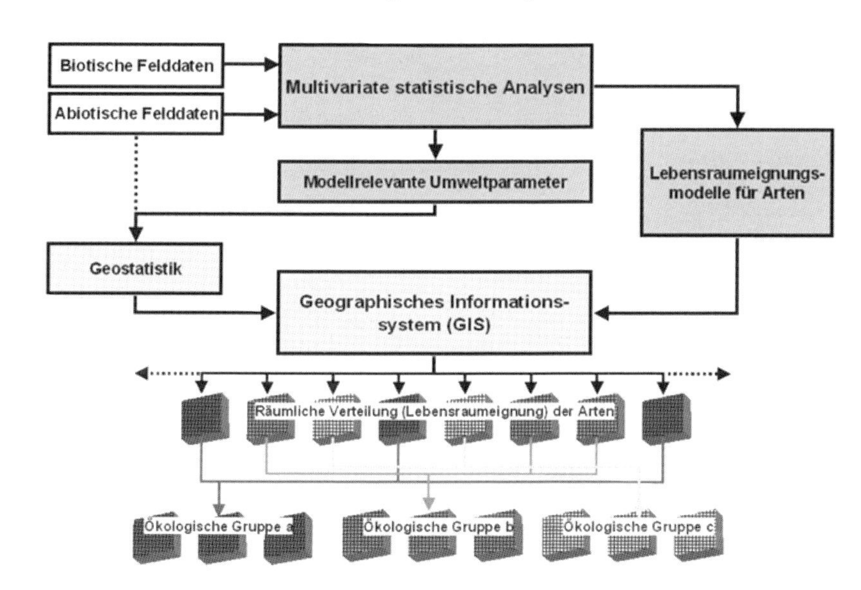

Abb. 8.2-1: Prinzipskizze der Erstellung der multivariaten Modelle und ihrer Übertragung in den realen Raum.

wurde über eine „Regionalisierung" der Modellparameter zum Teil mit geostatistischen Verfahren erreicht. Während für die Bodenparameter (Kationenaustauschkapazität, mittlerer Sandgehalt im Oberboden) auf die Arbeiten von Conrad Wälder (s. Buchkap. 8.1) zurückgegriffen wurde, waren für die Grundwasserparameter Grundwasser- und digitales Höhenmodell maßgebend. Weiterhin wurden, beispielsweise für die Ermittlung der Überflutungshäufigkeit, Flusspegelinterpolationen auf das digitale Höhenmodell angewendet.

8.2.2 Das Arc/Info®-Programm CANOGEN

Zur Modellierung des Artenvorkommens im realen Raum wurde auf multiple Regressionsgleichungen zurückgegriffen, die für jede Ordinationsachse berechnet wurden. Das gewichtete Mittel, die Standardabweichung und die Regressionskoeffizienten der modellrelevanten Umweltparameter für die zu betrachtenden Achsen konnten aus den CANOCO®-Ergebnissen entnommen werden. Das Auslesen der Positionskoordinaten der Arten und deren Toleranzen entlang dieser Achsen ermöglichte die Erstellung einer Eingangsdatei für CANOGEN aus diesen Datensätzen.

Zur Übertragung der Ergebnisse der statistischen Analyse kam die Arc/Info®-Applikation CANOGEN (Guisan et al. 1999) zum Einsatz. CANOGEN liest die Werte jeder Rasterzelle eines realen Raumes für die modellrelevanten Umweltparameter und ermittelt über diese Werte und die Ergebnisse der CCA die Stellung der Zelle entlang der Ordinationsachsen.

Im nächsten Schritt wird für jede Art ihr Optimum sowie die zugehörige Toleranz mit der tatsächlichen Stellung der Rasterzelle für jede Ordinationsachse abgeglichen. Der Ablauf von CANOGEN ist in Abbildung 8.2-2 dargestellt. Im Ergebnis zeigt sich die Distanz der Art zu ihrem ökologischen Optimum für die betrachteten Rasterzellen. Diese Distanz wird in Klassen eingeteilt und als Lebensraumeignung dargestellt.

Für jede Art entsteht ein Arc/Info®-GRID (Raster) (Abb. 8.2-3) mit den Distanzen zum Optimum der Art von „0" bis „100" für die einzelnen Ras-

Abb. 8.2-2: Ablaufschema von CANOGEN am Beispiel der Mollusken-Modelle.

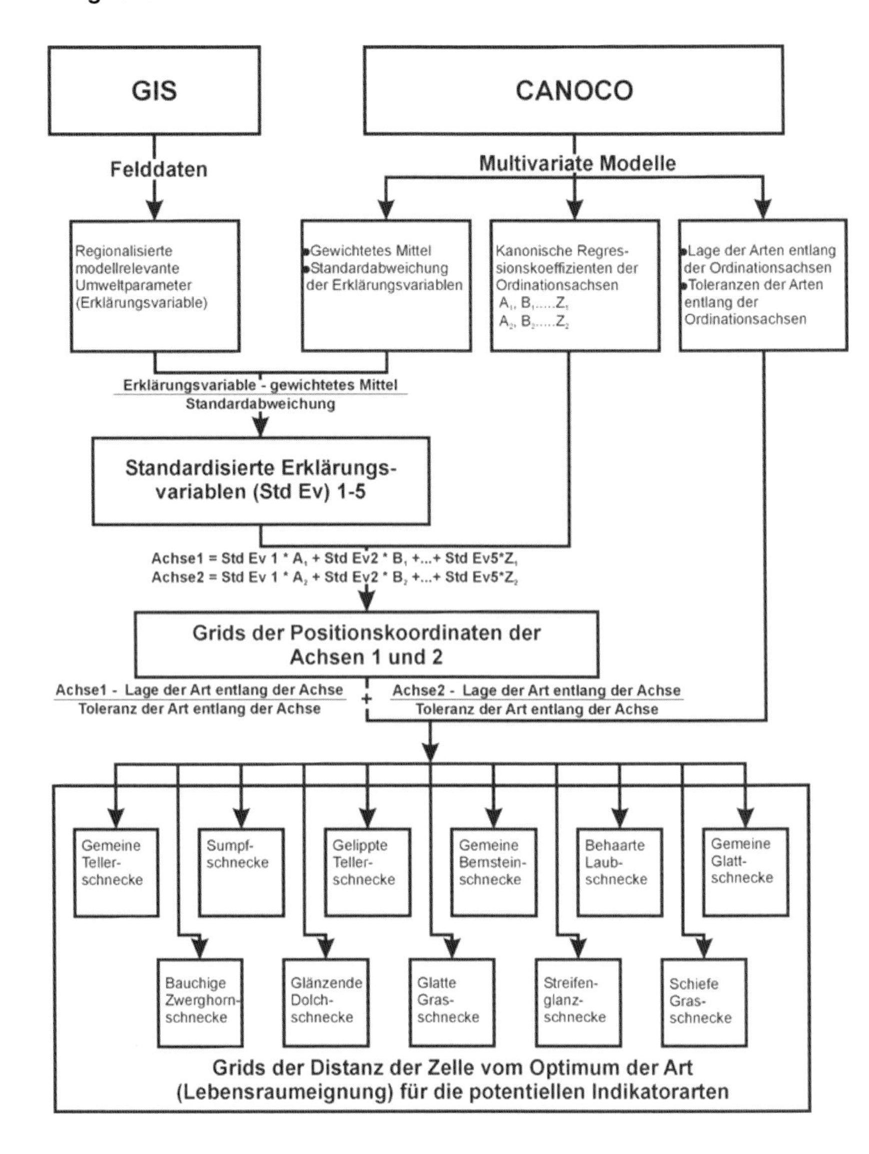

terzellen. Hierbei bedeutet „0“, dass die Rasterzelle (Standort) für die Art ideal als Lebensraum geeignet ist, während ein Wert von „100“ ein Nichtvorkommen impliziert. Die Distanzen wurden zur besseren Übersichtlichkeit in fünf äquidistante Klassen der Lebensraumeignung (von „sehr gering“ bis „sehr hoch“) eingeteilt. Bereiche außerhalb der Toleranzschwellen der Arten wurden als „ungeeignet“ angesprochen.

8.2.3 Bewertung der Modellszenarien

Zur Bewertung der Modellübertragungen in den realen Raum des Untersuchungsgebietes wurden die ursprünglich auf den 36 Probeflächen erhobenen Informationen zu den angetroffenen Arten der drei taxonomischen Gruppen herangezogen und mit dem Modellierungsergebnis auf den Probeflächen verglichen. Die Mo-

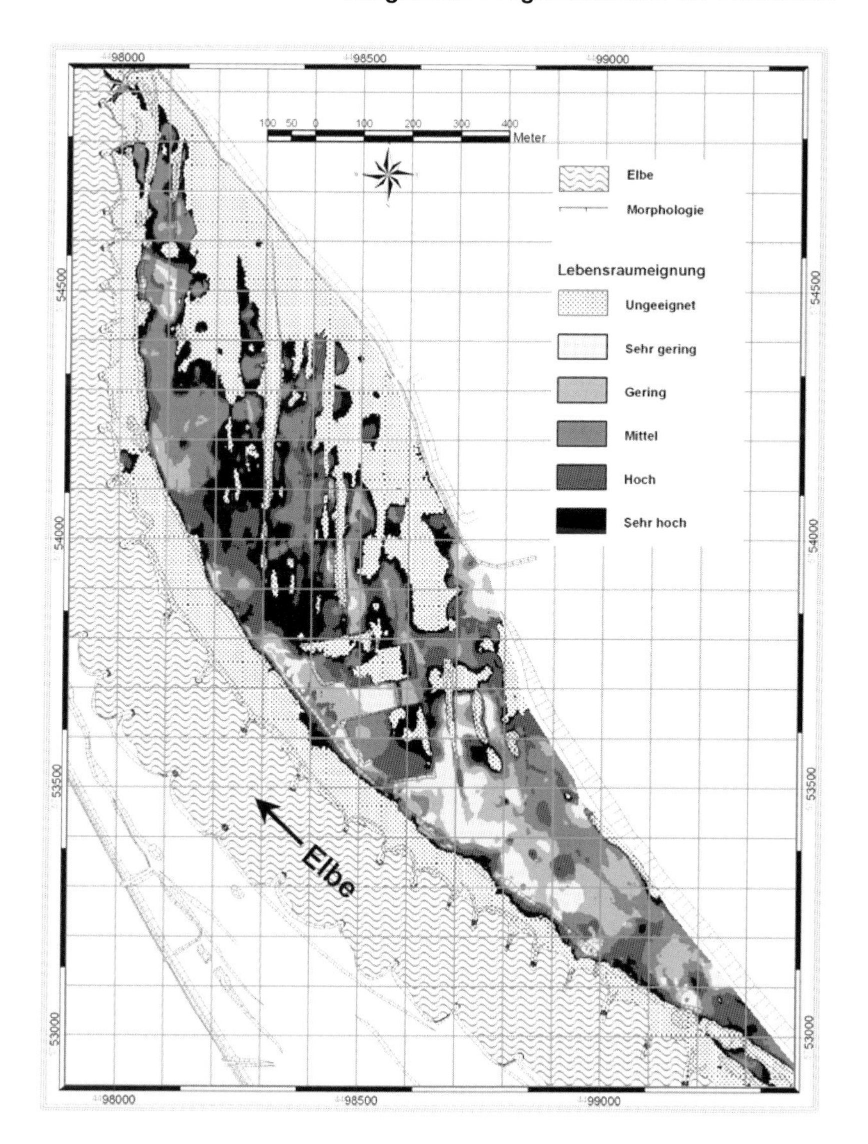

Abb. 8.2-3: Lebensraumeignung für Weißes Labkraut *(Galium album)* im Frühjahr 1999 im Hauptuntersuchungsgebiet Schöneberger Wiesen.

dellübertragung in den realen Raum wurde auf Artniveau für die potentiellen Indikatorarten der ökologischen Gruppen durchgeführt (vgl. Tab. 7.1-4 bis 7.1-7, Buchkap. 7.1). Die daraus je nach Taxon resultierenden 11 - 20 Abbildungen überlagern einander und können nur einzeln nebeneinander dargestellt werden. Dies erschwert naturgemäß die Bewertung der Modellübertragungen. Es wurde eine Möglichkeit gesucht, ohne große Informationsverluste eine Summation der Arten zu prognostizierten ökologischen Gruppen durchzuführen, um auf dieser Ebene die Modelle bewerten zu können.

Mit Hilfe der für diese Berechnung entwickelten Arc/Info®-Anwendung CANORES (Hettrich & Rosenzweig 2002, 2003) erfolgte für jede Zelle eines Rasters die Ermittlung einer prognostizierten ökologischen Gruppe. Dies war diejenige ökologische Gruppe, für deren Mitglieder (Arten) die höchste Lebensraumeignung

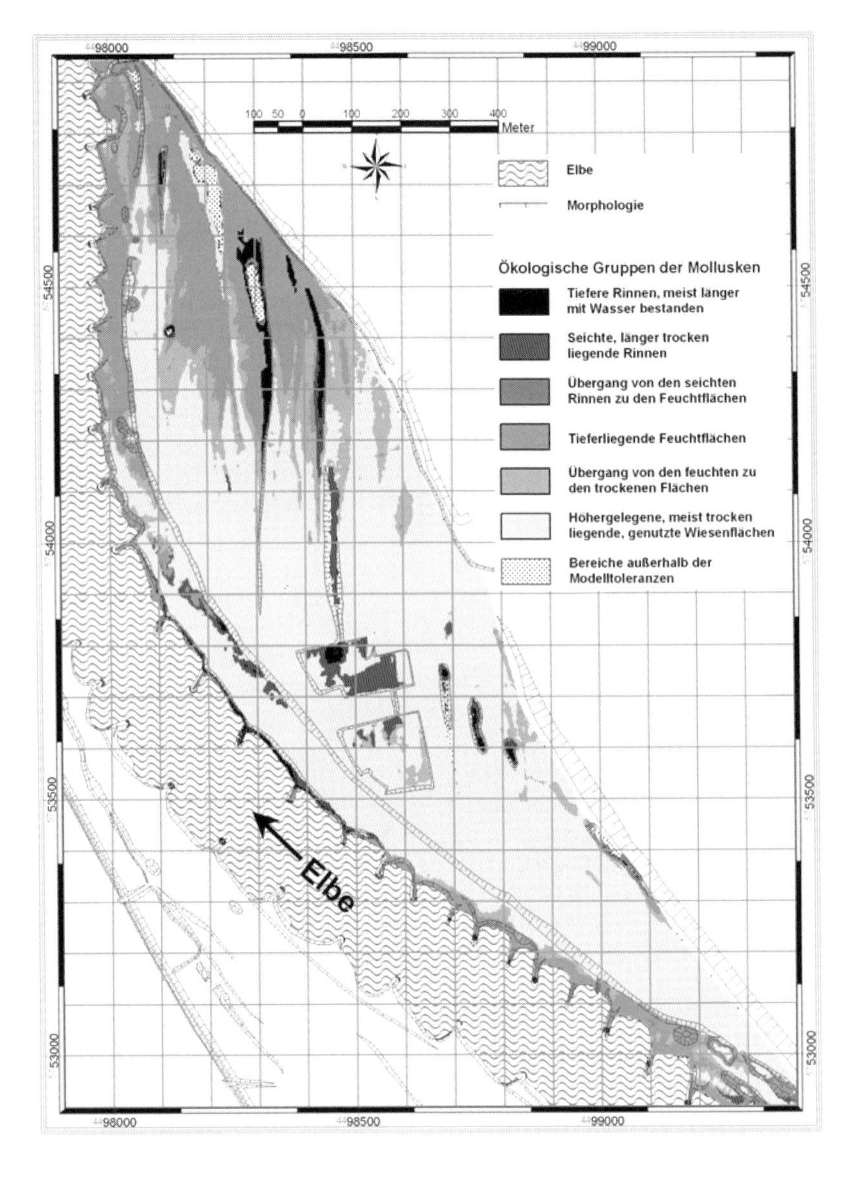

Abb. 8.2-4: Ökologische Gruppen: Mollusken, Frühjahr 1999 im Hauptuntersuchungsgebiet Schöneberger Wiesen.

modelliert werden konnte. Beim Zusammentreffen von Mitgliedern mehrerer ökologischer Gruppen auf derselben Rasterzelle, erfolgte die Zuordnung dieser Zelle zu derjenigen ökologischen Gruppe, für die auf der jeweiligen Rasterzelle des Untersuchungsgebietes die im Vergleich zu anderen Gruppen optimalen ökologischen Bedingungen herrschen (vgl. Abb. 8.2-4).

Um die ökologische Gruppe (für die Probeflächen) aufgrund der tatsächlichen Erhebung zu bestimmen, wurden die Individuenzahlen der in den fünf bzw. sechs ökologischen Gruppen zusammengefassten potentiellen Indikatorarten aufaddiert und die individuenstärkste Gruppe als ökologische Gruppe der Probefläche angesehen.

Die Modellübertragungen der Vegetation waren in allen Untersuchungsphasen sehr nahe an der

Realität. Ein Vergleich der modellierten und der erhobenen Artenverteilungen ergab, dass die festgestellten ökologischen Gruppen identisch waren oder nur eine Stufe auf dem Feuchtegradienten voneinander abwichen, was als noch tolerierbar angesehen wurde. Nur in vier von 144 Fällen (bei 36 Probeflächen und vier Modellübertragungen) konnte eine Abweichung von mehr als einer Gruppe festgestellt werden.

Bei den Mollusken zeigte sich ein der Vegetation ähnliches Bild. Auch hier waren die meisten realen und prognostizierten ökologischen Gruppen der Probeflächen identisch; einige Probeflächen wichen entlang des Feuchtegradienten um eine Gruppe zwischen „Realität" und „Prognose" ab. Die Probeflächen mit höheren Abweichungen zwischen der Zuordnung zu ökologischen Gruppen in Modell und Realität erschienen bei den Molluskenmodellen auffallend räumlich verteilt. Besonders im Frühjahr 1999 traten die Differenzen bei den Probeflächen des feuchten Stratums auf. Alle Standorte hätten gemäß den im Feld erhobenen Arten in die mittlere (vierte) ökologische Gruppe eingeordnet werden müssen, wurden bei der Modellübertragung jedoch als zur trockensten Gruppe (sechs) gehörig berechnet. Die mittelfeuchte (vierte) ökologische Gruppe fiel in dieser Modellübertragung komplett aus.

Bei näherer Betrachtung der Modellwerte stellte sich heraus, dass die verdrängten Arten sehr kleine Nischenbreiten, also eine hohe Bindung an spezielle Kombinationen der Umweltparameter aufwiesen und in ihrem Vorkommen nicht so weit gestreut waren. Unter Nische werden hierbei die Grenzen aller wesentlichen Umweltmerkmale verstanden, innerhalb derer die Individuen einer Art überleben, wachsen und sich fortpflanzen können (Begon et al. 1996). Durch Einbezug der Nischenbreite in die Berechnung der ökologischen Gruppen für die Mollusken (Abb. 8.2-4) konnte dieser Sachverhalt berücksichtigt und realitätsnahe Modellübertragungen erstellt werden.

Da die Carabiden schon durch die statistischen Modelle prozentual wesentlich geringer in der Varianz ihres Vorkommens erklärt wurden, stellte sich auch die räumlichen Abbildungen weniger gut dar. Ein Sechstel der Probeflächen wichen in ihrer Gruppenzugehörigkeit mehr als eine Gruppe von der Einstufung der realen Erhebungen ab. Durch ihre hohe Mobilität sind Carabiden nicht so eng an bestimmte Umweltparameter gebunden wie die anderen hier untersuchten Taxa. Daher ist die Erklärung des Vorkommens durch statische Umweltparameter beziehungsweise deren Kombinationen weniger gut möglich. Erschwerend kommt bei den Carabiden die sehr stark jahreszeitlich, aber auch im Vergleich der einzelnen Arten untereinander stark variierende Aktivitätsdichte, hinzu. Durch die bei den Felderhebungen angewendete Barberfallenmethodik lassen sich einige Arten nur in einer bestimmten Jahreszeit nachweisen, obwohl sie (Ei-, Larven-, Puppenstadien) ganzjährig vorhanden sind.

Um die Übereinstimmung der Grenzen der ökologischen Gruppen zu überprüfen, wurden die ökologischen Gruppen der drei Taxa an einem Standort miteinander verglichen. Mollusken und Vegetation weisen meist die gleiche Gruppe auf der Probefläche auf oder unterscheiden sich nur gering. Zu den Carabiden sind etwas stärkere Unterschiede zu verzeichnen, was auch dadurch zu erklären ist, dass diese nur in fünf statt wie bei Mollusken und Vegetation in sechs ökologische Gruppen eingeteilt wurden (vgl. Tab. 7, Buchkap. 7.1). Insgesamt konnten die im

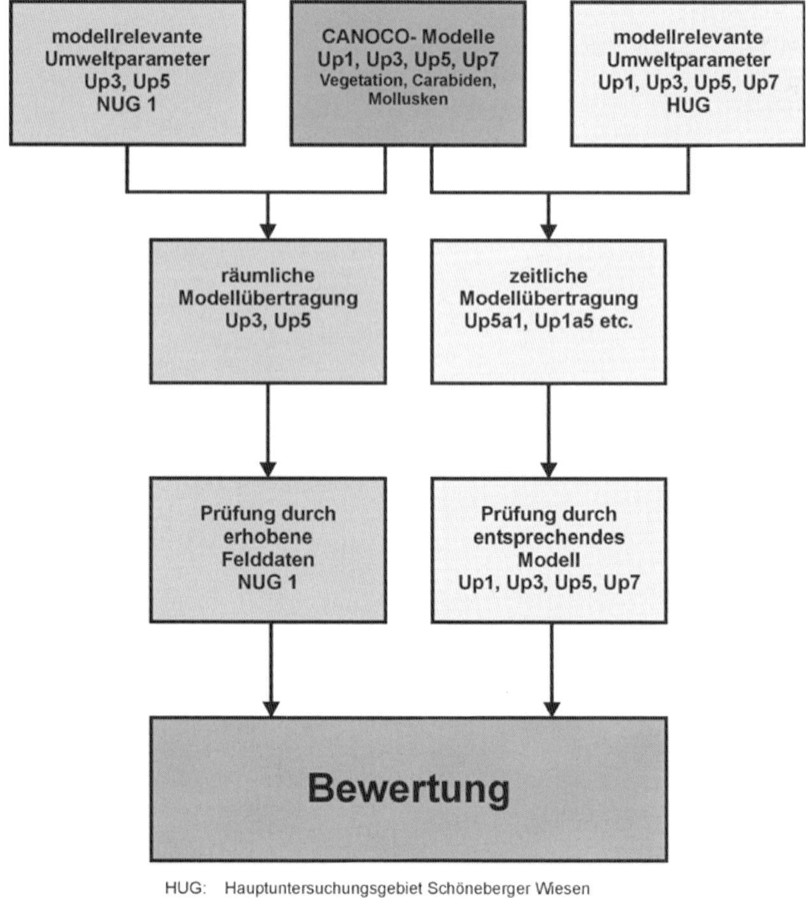

Abb. 8.2-5: Räumliche und zeitliche Robustheitsprüfung.

Gebiet vorhandenen Strukturen jedoch durch alle taxonomischen Gruppen gut nachgebildet werden (Hettrich & Rosenzweig 2002).

Zum Vergleich wurde die Auswertung auch beispielhaft für eine Untersuchungsphase auf der Ebene der potentiellen Indikatorarten durchgeführt. Obwohl bei der Betrachtung der einzelnen Arten detailliertere Aussagen möglich sind, entsprachen sich die Ergebnisse so weitgehend, dass – auch aufgrund des weit geringeren Arbeitsaufwandes - nach der oben beschriebenen Methode den ökologischen Gruppen der Vorzug gegeben wurde. Außerdem werden durch die Zusammenfassung der Arten in ihren ökologischen Gruppen die sehr unterschiedlichen Individuenzahlen und die teilweise sehr starke Saisonalität der Arten ausgeglichen. Kleinere Erhebungsfehler oder Zufallsfunde fallen bei dieser Betrachtung wesentlich weniger ins Gewicht.

8.2.4 Robustheit ausgewählter Submodelle und Übertragung

Nachdem die Güte der Modelle bei der räumlichen Anwendung auf das Hauptuntersuchungsgebiet (HUG) Schöneberger Wiesen bei Steckby überprüft war, sollte ihre Robustheit ausgetestet werden. Zunächst war die Reaktion der Modelle auf den Parametersatz der entsprechenden Untersuchungsphase (Up) des jeweils anderen Untersuchungsjahres zu prüfen und zu bewerten (Abb. 8.2-5).

Als weiterer Schritt stand dann die Anwendung ausgesuchter Modelle auf das ähnlich ausgestattete, allerdings 40 Kilometer oberstrom von Steckby liegende Nebenuntersuchungsgebiet (NUG1) Schleusenheger bei Wörlitz an, für das die entsprechenden Modellparameter ebenfalls „regionalisiert“ wurden.

8.2.4.1 Zeitliche Robustheitsprüfung

Die meisten Modellparameter stützten sich speziell auf Beobachtungen eines Untersuchungsjahres. Lediglich die Bodenparameter sowie die Distanz zu „permanenten“ Wasserflächen wurden als konstant angesehen. In einer zeitlichen Robustheitsprüfung galt es zu überprüfen, wie die Modelle eines Untersuchungsjahres auf die entsprechenden Modellparameter des anderen Untersuchungsjahres reagieren würden. Dies war speziell interessant, da besonders in Hinblick auf das Abflussgeschehen der Elbe zwei unterschiedliche Jahre in die Modellbildung eingingen (s. Abb. 8.2-6).

Wären die Modelle zu 100 % übertragbar, müsste eine Abbildung des Modells zum Beispiel vom Frühjahr 1999 über die modellrelevanten Parameter des Frühjahrs 1998 identisch der Modellübertragung vom Frühjahr 1998 sein. Da aufgrund des unterschiedlichen Abflussgeschehens der Elbe in den beiden Jahren

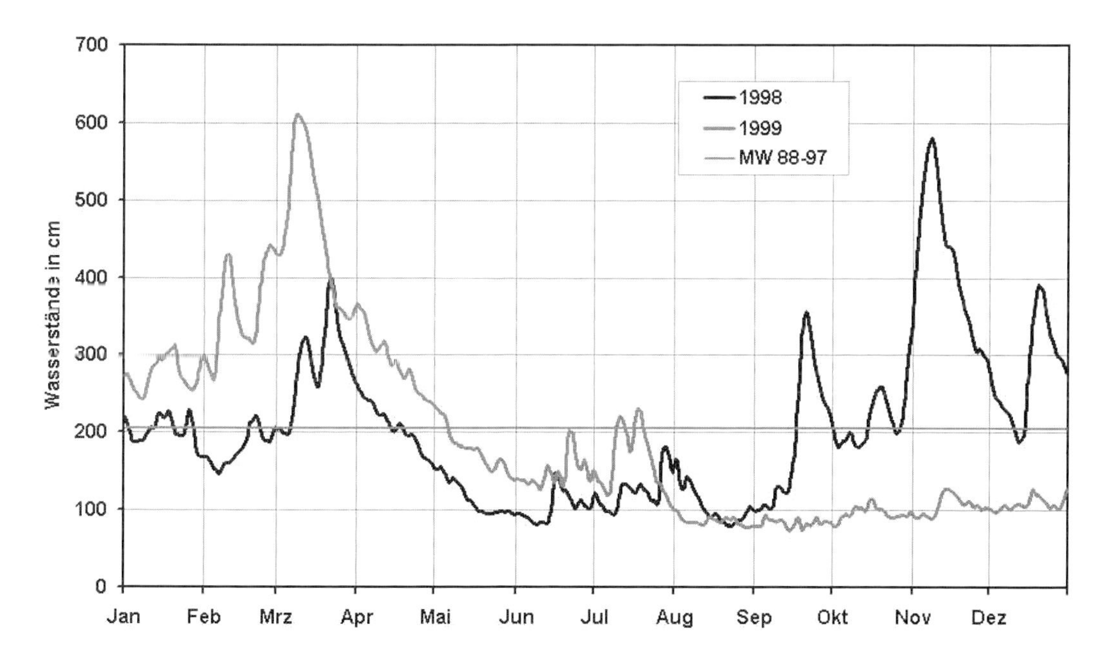

Abb. 8.2-6: Wasserstandsganglinien der Elbe Pegel Aken.

jedoch die Ausprägungen der vom Flusswasserstand abhängigen Parameter differieren, gab es auch Unterschiede in der zeitlichen Übertragbarkeit. Vor allem die hohen Wasserstände der Elbe zu Beginn der Vegetationsperiode (Frühjahrsvernässung) im Jahr 1999 („nass") gegenüber 1998 („trocken") bedingten große Unterschiede. Bei der Vegetation waren die Übertragungen von 1999 auf 1998 wesentlich besser als umgekehrt. Beide Übertragungen, also Frühjahr und Herbst 1999 auf 1998, d.h. von nassen auf trockenere Randbedingungen wiesen nur geringe Unterschiede auf. Die Frühjahrsübertragung 1998 auf 1999, also trockeneres auf nasseres Jahr war weniger gut. Sehr viele Probeflächen - fast alle Flutrinnen - wurden nicht mehr nachgebildet, da in den trockeneren Modellen 1998 vor allem die sehr hohen Überflutungsdauern

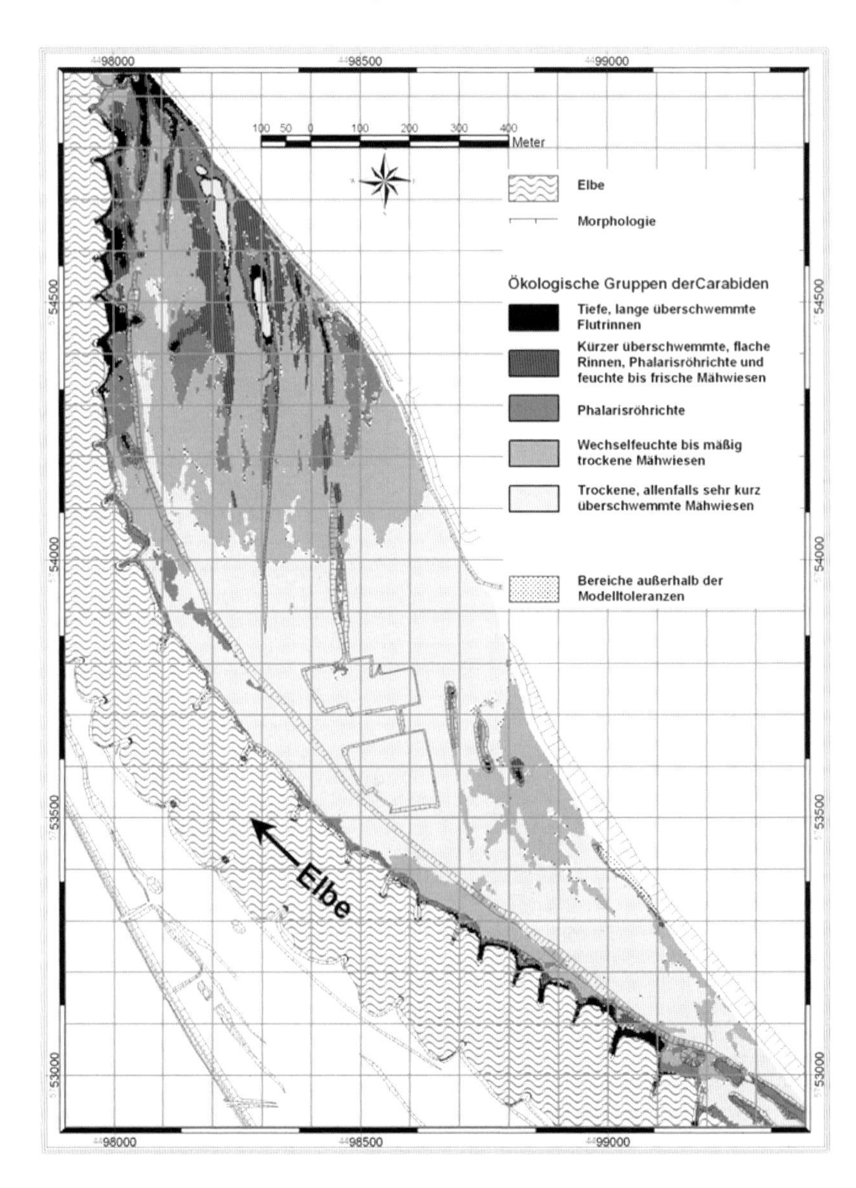

Abb. 8.2-7: Zeitliche Übertragung des Carabiden-Modells (Frühjahr 1999 auf Frühjahr 1998 im Hauptuntersuchungsgebiet Schöneberger Wiesen).

aus dem Jahr 1999 nicht vorkamen und somit die Parameterkombinationen außerhalb der Toleranzschwellen der potentiellen Indikatorarten lagen. Die trockeneren Probeflächen wurden mit feuchteren Gruppen abgebildet, da die trockensten Bedingungen 1999 den mittleren Feuchteverhältnissen 1998 etwa entsprachen.

Das Modell der Mollusken vom Herbst 1998 übertragen auf die Umweltparameter des Herbstes 1999 war sehr kongruent. Bei der Frühjahrsübertragung von 1999 auf die Umweltparameter 1998 waren die Übereinstimmungen geringer. Viele Probeflächen wurden nicht oder falsch abgebildet. Hier lag ein Grund wieder in den besonders im Frühjahr 1999 sehr unterschiedlichen Nischenbreiten in den einzelnen Modellen der Mollusken, wodurch Gruppen mit kleiner Nische weniger gut abgebildet wurden. Im Originalmodell konnte dies durch die Einberechnung der Nischenbreite behoben werden, was jedoch in der Übertragung so nicht möglich ist.

Für die Carabiden waren die Übertragungen insgesamt sehr gut und es sind keine wesentlichen Unterschiede zur „normalen“ Modellanwendung zu finden (Abb. 8.2-7). Auch hier war durch die hohe Mobilität der Carabiden die Erklärung der Varianz der Verteilung schlechter als bei standorttreuen Taxa.

Das Zentroid der Verteilung richtet sich durch diese Mobilität stark nach den aktuellen Umweltbedingungen, die Laufkäfer wandern also zu den Standorten mit den für sie jeweils günstigsten Verhältnissen. Das für einen bestimmten Zeitraum (z.B. eine Untersuchungsphase) gemessene Optimum der Art entspricht also eher dem tatsächlichen ökologischen Optimum als bei standortgebundenen Arten, die pessimale Umweltbedingungen am Standort überdauern müssen.

8.2.4.2 Räumliche Robustheitsprüfung

Die Reaktion der Modelle auf einen dem Hauptuntersuchungsgebiet Schöneberger Wiesen gegenüber ähnlich ausgestatteten Raum wurde am Nebenuntersuchungsgebiet Schleusenheger bei Wörlitz überprüft. Dieses liegt ca. 40 km oberstrom des Hauptuntersuchungsgebietes bei Elbe-Kilometer 243. Zwischen den beiden Untersuchungsgebieten mündet die Mulde in die Elbe. Statt durch eine spätpleistozäne bis frühholozäne Dünenlandschaft wird der Schleusenheger landseitig durch Auenwald begrenzt und ist Teil eines größeren Überschwemmungsgebietes (vgl. Buchkap. 4.2).

Auf dem Schleusenheger erfolgte die Erfassung auf zwölf Probeflächen in gleicher Weise wie im Hauptuntersuchungsgebiet. Für die Robustheitsprüfung wurden die modellrelevanten Umweltparameter „regionalisiert“ und ausgewählte Submodelle in den Raum übertragen. Die Überprüfung erfolgte in Analogie zur bisher dargestellten Vorgehensweise.

Quer über die betrachteten Untersuchungsphasen und die taxonomischen Gruppen waren die prognostizierten und die real angetroffenen ökologischen Gruppen auf den Probeflächen nahezu identisch (Hettrich & Rosenzweig 2002). Auf den Probeflächen 45 - 48, die im Norden des Schleusenhegers auf einer Niederterrasse zur Elbe liegen, traten Unstimmigkeiten in den Übertragungen der Molluskenmodelle auf. Die dort angetroffene Kombination der Ausprägungen der modellrelevanten Umweltparameter konnte in die Modellbildung nicht eingehen, da im Hauptuntersuchungsgebiet Schöneberger Wiesen keine Probefläche mit vergleichbaren ökologischen Bedingungen ausgestattet war.

Abb. 8.2-8: Übertragung des Vegetationsmodells (Herbst 1998 auf das Nebenuntersuchungsgebiet 1, Schleusenheger bei Wörlitz).

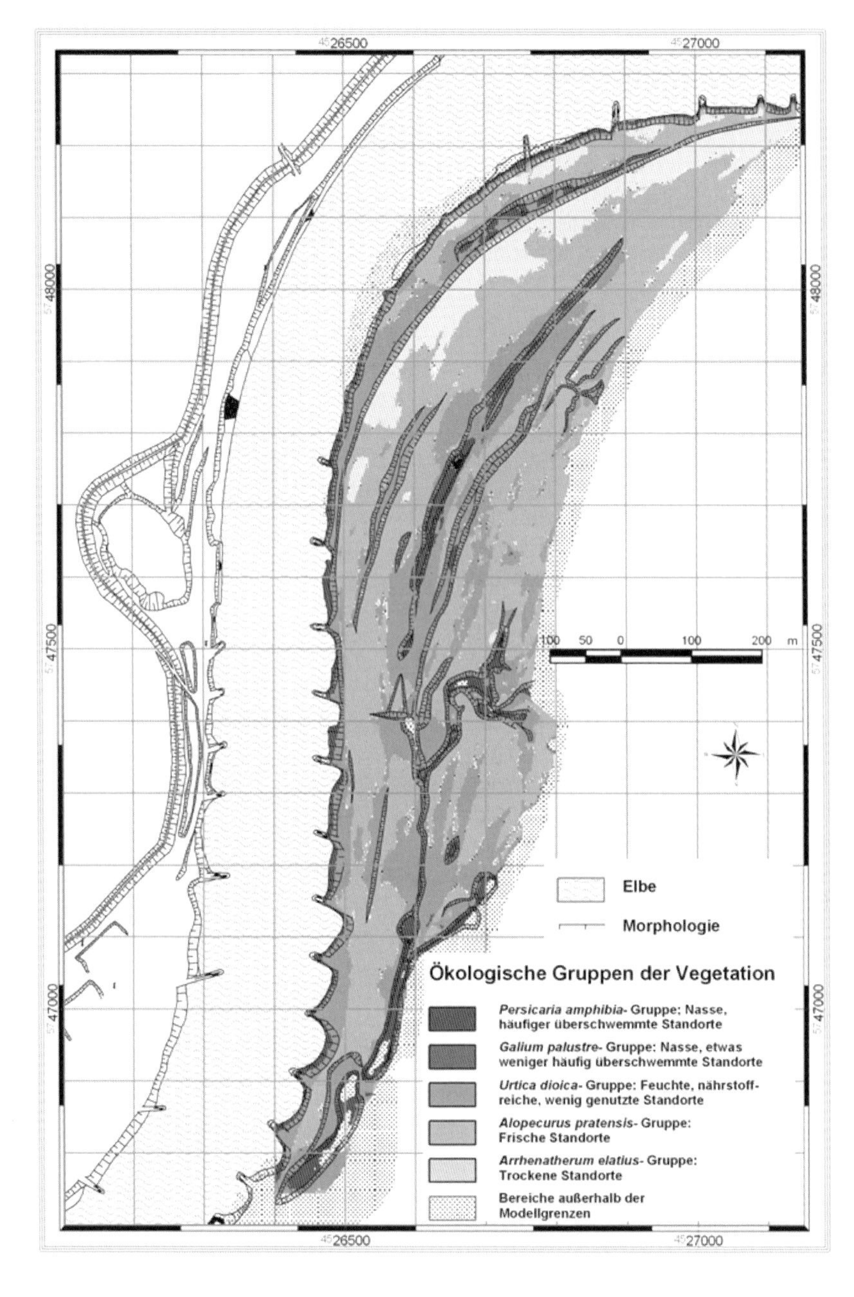

Bei der Übertragung der Modelle auf das Nebenuntersuchungsgebiet Schleusenheger ist bei allen übertragenen Modellen die deutliche Teilung in Flutrinnen und Grünland zu erkennen (Abb. 8.2-8).

Bei näherer Betrachtung der Abbildung 8.2-8 wird ersichtlich, wie die Morphologie des Nebenuntersuchungsgebietes und vor allem die Höhenlage im Gelände herausmodelliert wurden. Sowohl die tiefen Flutrinnen als auch die Gruppen unterschiedlich feuchten Grünlandes bis hin zur vergleichsweise trockenen *Arrhenatherum elatius*-Gruppe auf dem nördlichen Uferwall sind genau abgebildet.

Die Tatsache, dass die Modellübertragung auf dem Schleusenheger trotz gewisser Probleme als durchaus gut und nahe der tatsächlich angetroffenen Situation zu bewerten ist, zeigt deutlich, wie robust die erstellten Modelle sind.

8.2.5 Szenarische Anwendung des Prognosemodells

Interessant erscheint weiterhin, wie solche Modelle beziehungsweise die räumliche Verteilung der Arten und ökologischen Gruppen auf veränderte Umweltbedingungen reagieren. Lassen sich mit der Implementierung von multivariaten statistischen Modellen in ein Geographisches Informationssystem ökologische Veränderungen in Flussauen prognostizieren?

An der Elbe gibt es seit Ende des 19. Jahrhunderts eine beschleunigte Sohlerosion. Zwischen Elbe-Kilometer 150 und 180 betrug die Eintiefungsrate über einen Zeitraum von 100 Jahren (1888 - 1996) bis zu 170 cm. Aber auch in den Flussabschnitten entlang der Untersuchungsgebiete sind deutliche Sohl- und damit Wasserspiegelabsenkunken in diesem Zeitraum zu verzeichnen (s. Abb. 8.2-9). Die Eintiefung erreichte bei Wörlitz ca. 40 cm, bei Steckby senkte sich die Sohle um ca. 70 cm in hundert Jahren ab (Faulhaber 1998). Was würde geschehen, wenn diese Erosionstendenz – wenn auch etwas gebremst - weiter geht?

Ausgehend von dieser Situation wurde ein Prognoseszenario (Hettrich & Rosenzweig 2002) entwickelt, in dem sich die Elbsohle im Bereich des Hauptuntersuchungsgebietes in den nächsten 50 Jahren um 25 cm einsenken würde. Die Umweltparameter für die statistischen Modelle der Untersuchungsphase Frühjahr 1999 wurden an diese hypothetische Situation in ihren Wertespannen angepasst. Dabei wurden die Frühjahrsmodelle 1999 als Referenzsituation gewählt, weil deren Datengrundlage insgesamt etwas besser war als diejenige der 1998er Modelle.

Die Qualität der prognostizierten Verteilungen der ökologischen Gruppen wurde über diverse Vergleiche mit dem Referenzzustand ermittelt. Als erstes konnte festgestellt werden, dass 100 % der vom Referenzzustand abgedeckten Fläche nachgebildet werden konnte. Dies bedeutete, dass die Wertespannen der Prognoseparameter innerhalb der Toleranzen der ursprünglichen Mo-

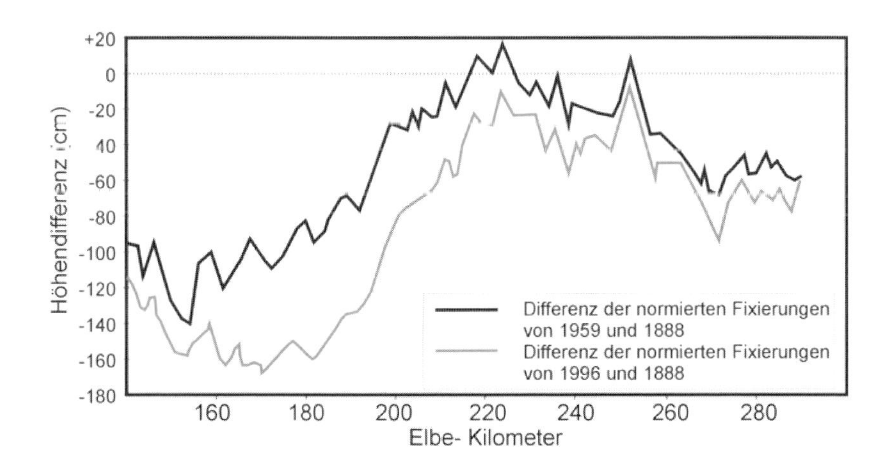

Abb. 8.2-9: Entwicklung der Wasserspiegel der Elbe seit 1888 (vereinfacht nach Faulhaber 1998).

delle lagen.

Die prozentuale Flächenänderung der einzelnen ökologischen Gruppen lag vor allem bei den relativ großflächig vertretenen Gruppen im Schnitt unter 5 %. Die Summe aller Flächenänderungen gegenüber dem Referenzzustand war beim Vegetationsmodell mit 0,46 % der Gesamtfläche am höchsten.

Die reinen prozentualen Änderungen der Flächenanteile sagten aber immer noch nichts darüber aus, wie groß die Distanzen zum Optimum im Vergleich zum Referenzzustand ausfielen, mit anderen Worten: Eignen sich die im Szenario angetroffenen Umweltbedingungen besser oder schlechter für die vorhandenen ökologischen Gruppen? Für diese Auswertung wurde eine „Distanzsumme“ gebildet, indem die Distanzen zum Optimum der prognostizierten ökologischen Gruppen mit der Zahl der entsprechenden Gridzellen multipliziert und die Ergebnisse aufsummiert wurden.

Hierbei zeigte sich, dass die „Distanzsumme“ des Prognoseszenarios gegenüber dem Referenzzustand um 7 % höher liegt. Entsprechend der Vorgabe, dass geringe Distanzen bessere Umweltbedingungen für die prognostizierte ökologische Gruppe implizieren, ist bei einer Erhöhung der „Distanzsumme“ von einer Verschlechterung der ökologischen Ausstattung auszugehen.

Nun ist es für den erfahrenen Ökologen keine Überraschung, dass sich die Lebensbedingungen in der Aue für ihre charakteristischen Arten bei Absenkung des Wasserspiegels verschlechtern. Dies aber mit Hilfe eines Prognosemodells nachvollziehbar berechnen zu können, wird solche Aussagen in Zukunft unterstützen und räumlich sowie zeitlich präzise darstellen helfen.

8.2.6 Diskussion

Das Ziel der Arbeiten war die Entwicklung eines auf statistischen Methoden beruhenden Prognosemodells zur Vorhersage biotischer Veränderungen in der Aue bei Änderung abiotischer Umweltparameter. Dabei soll eine Prognose des Artenverlustes, des Zuwachses oder Rückgangs der räumlichen Vorkommen oder der Verschiebung der artspezifischen Lebensräume erreicht werden.

Die Übertragung der biotischen Daten auf die Fläche durch die statistischen Modelle der multivariaten Ordination ist in allen untersuchten Taxagruppen gelungen. Alle räumlichen Darstellungen können der Überprüfung durch die tatsächlichen Funde auf den Probeflächen standhalten. Der eingeschlagene Weg der Modellierung ermöglicht aber nicht nur eine Prognose von Artenvorkommen im Raum, sondern lässt über die Plausibilitätsprüfung der Ergebnisse auch Rückschlüsse auf die Qualität der Eingangsdaten zu. So konnten im Laufe der Überprüfung einige wenige Unstimmigkeiten in der Eingangsdatenlage mit Hilfe der visualisierten Modellübertragungen behoben werden.

Obwohl die statistischen Modelle der Mollusken deutlich höhere Erklärungsanteile als die Modelle der beiden anderen Taxa haben, sind die Übertragungen dieser Modelle in den Raum nicht besser als die Übertragungen der Vegetation und der Carabiden. Gerade bei Mollusken ist sowohl der Artenbestand, als auch die Individuendichte geringer als bei den an Arten und Individuen reichen Taxa der Vegetation und Carabiden. Die Modelle sind statistisch besser, verlieren diesen Vorteil aber bei der zeitlichen und räumlichen Übertragung durch die geringere Robustheit.

Die Carabidenmodelle sind zeitlich deutlich besser übertragbar als die Molluskenmodelle. Die Carabiden unterscheiden sich von den Mollusken und der Vegetation durch ihre wesentlich höhere Mobilität. Bei Änderung von Umweltbedingungen können die Carabiden durch Verlagerung ihres Aktivitätsraumes darauf reagieren, wodurch beispielsweise Überflutungen weniger Einfluss auf die Verteilung haben. Das Zentroid der Verteilung verlagert sich durch die Mobilität mit den Umweltbedingungen; die Laufkäfer laufen also sozusagen ihren optimalen Lebensräumen hinterher bzw. können ungünstigen Bedingungen ausweichen. Dieses Verhalten macht die Modellbildung und Berechnung der Verteilung im Gelände schwieriger, da die Arten nicht ganz so eindeutig wie die der anderen beiden Taxa den modellrelevanten Umweltparametern zugeordnet werden können. Bei der zeitlichen und räumlichen Übertragung wird diese, sich aus der Mobilität der Carabiden ergebende Tatsache durch die höhere Robustheit der Modelle zum Vorteil.

Ein generelles Problem der Übertragung, sowohl zeitlich als auch räumlich liegt in der jeweiligen Spanne der Umweltparameter. Um ein Modell gut übertragen zu können, sollten die zur Berechnung eingegangenen Spannen der Umweltparameter nicht kleiner sein als die Spannen im zu betrachtenden Raum. Ansonsten werden Bereiche, die außerhalb der Toleranzspannen der modellierten Arten liegen, nicht nachgebildet werden können.

8.2.7 Ausblick

Die hier vorgestellte Modellmethodik wird zukünftig auf andere Untersuchungsgebiete an der Elbe, wie auch an anderen Flüssen angewendet werden. Dazu werden zurzeit in einer Weiterentwicklung statistische Modelle erstellt, deren umweltrelevante Modellparameter weitgehend aus bereits vorhandenen Grundlagendaten (wie zum Beispiel Pegelmessreihen) abgeleitet werden können. Erste Weiterentwicklungen führten zum Aufbau entsprechender Module im Modellpaket INFORM (Integrated Floodplain Response Model) der BfG (Fuchs et al. 2003) und einem Decision Support System (DSS) für die Elbe (Kofalk et al. 2001, siehe auch Buchkapitel 9.1). Zusätzliche Untersuchungen und Analysen sollen die Frage beantworten, in wie weit die Anforderungen an die Eingangsdaten gesenkt werden können ohne die Modellergebnisse in ihrer Aussagekraft zu schmälern. Hierdurch soll erreicht werden, Prognosen zur ökologischen Ausstattung von Flussauen beziehungsweise deren Veränderung auch in weniger intensiv untersuchten Gebieten zu treffen bzw. mit einem vergleichbar geringen Untersuchungsaufwand die erforderlichen Daten gezielt zu beschaffen.

9 Indikationssystem und Anwendung

9.1 Verwendung von Prognosemodellen bei wasserwirtschaftlichen Planungen

Elmar Fuchs, Helmut Giebel, Sebastian Kofalk & Stephan Rosenzweig

Zusammenfassung

In Planung und Umsetzung von Ausbau und Unterhaltung der Bundeswasserstraßen werden von der Wasser- und Schifffahrtsverwaltung des Bundes derzeit vorwiegend kalibrierte hydrodynamische Modelle sowie Grundwasserströmungsmodelle genutzt. Mit Entwicklung und Einführung von INFORM und INFORM.DSS wird dem Planer im Amt bereits in frühen Stadien von Planvorhaben angeboten, die Auswirkungen von Bau- und Unterhaltungsmaßnahmen an der Wasserstraße auf die Ökologie einzuschätzen. Dazu wurden Modelle entwickelt, die anhand abiotischer Umweltfaktoren Habitate von Pflanzen (Vegetationseinheiten, Biotoptypen) und Tieren (Habitattypen von Laufkäfern, Mollusken und Fischen) räumlich prognostizieren können. Die Qualität der Eingangsdaten sowie die Güte der entwickelten und eingesetzten Modelle differenzieren dabei die Prognosegenauigkeit.

Teile von INFORM wurden mit regionalen Anpassungen im Pilot-DSS Elbe verwendet. Das Pilot-DSS Elbe können Planer verschiedenster administrativer Ebenen als Hilfsinstrument für ihre Entscheidungsfindung an der deutschen Binnenelbe nutzen. Auf europäischer Ebene wird INFORM als Teil eines zu entwickelnden Informations- und Entscheidungsunterstützungssystems für einen ökologisch ausgerichteten Schutz vor Hochwasserschäden im Nordwesteuropäischen Raum benutzt.

9.1.1 Einleitung

Die im Projekt RIVA gewonnenen Ergebnisse, insbesondere die statistischen Modelle, die zur Prognose in Flussauen eingesetzt werden können, sind in Softwareprodukten wie zum Beispiel dem Modellsystem **INFORM** (**IN**tegrated **F**lo**O**dplain **R**esponse **M**odel) (Fuchs et al. 2003; http://inform.bafg.de/) oder dem **Pilot-DSS Elbe** (**D**ecision **S**upport-**S**ystem - http://elise.bafg.de/servlet/is/3283/) (Kofalk et al. 2001, 2005) der Bundesanstalt für Gewässerkunde (BfG) integriert worden.

9.1.2 Das Modellsystem INFORM

Mit dem Modellsystem INFORM lassen sich ökologische Auswirkungen natürlicher und baulich bedingter Flusswasserstandsänderungen prognostizieren, räumlich abbilden und bewerten (Rosenzweig & Hettrich 2007). Für den Aufbau der ökologischen Habitateignungsmodelle sind die komplexen Wirkungszusammenhänge in der Flussaue eingehend analysiert und auf einige wenige Habitat bestimmende und damit modellrelevante Umweltfaktoren reduziert worden. INFORM ist modular aufgebaut und ermöglicht die Integration weiterer Modelle, die aus aktueller ökologischer Flussauenforschung zur Verfügung gestellt werden können.

Im Vergleich zur verbreitet angewendeten verbalargumentativen Analyse ökologischer Auswirkungen kann eine modellhafte Herangehensweise den Argumentationsweg objektivieren und damit für Entscheidungsträger nachvollziehbar sowie transparent gestalten. INFORM kann bereits in frühen Planungsstadien zur Entscheidungs-Unterstützung für die Auswahl oder Optimierung verschiedener Bauvarianten aus ökologischer Sicht eingesetzt werden. INFORM ist zunächst auf die Aufgaben der Wasser- und Schifffahrtsverwaltung des Bundes (WSV) zugeschnitten, wenn es darum geht, die ökologischen Auswirkungen von Maßnahmen an Bundeswasserstraßen aufzuzeigen. Je nach Art und Umfang der von der WSV durchzuführenden Maßnahmen kann dafür ein Planfeststellungsverfahren mit Umweltverträglichkeitsuntersuchung (UVU) und landschaftspflegerischem Begleitplan (LBP) erforderlich werden. Üblicherweise sind dabei mehrere Alternativen auszuarbeiten und auf ihre Umweltverträglichkeit zu prüfen. In der Regel kommt dabei den Schutzgütern Tiere und Pflanzen eine zentrale Bedeutung zu.

Grundlagen von INFORM

Die Entwicklung, von INFORM wurde durch die BfG Anfang der 1990er Jahre angestoßen, um bei Vorhaben der Wasser- und Schifffahrtsverwaltung ökologische Belange modellgestützt analysieren und vorhersagen zu können. Erste grundlegende Modellentwicklungen für INFORM wurden am Niederrhein bei Rees durchgeführt (Fuchs et al. 1995, Bertsch et al. 1998). Mit dem innovativen Input aus dem BMBF-Forschungsprojekt RIVA an der Mittelelbe (Hettrich & Rosenzweig 2002, 2003) konnte INFORM eine wesentliche Weiterentwicklung erfahren. In RIVA konnten mit multivariaten statistischen Methoden räumliche biotische Strukturen in der Flussaue an Hand einiger weniger Umweltpara-

Abb. 9.1-1: In INFORM berücksichtigter ökologischer Wirkungspfad in der Flussaue.

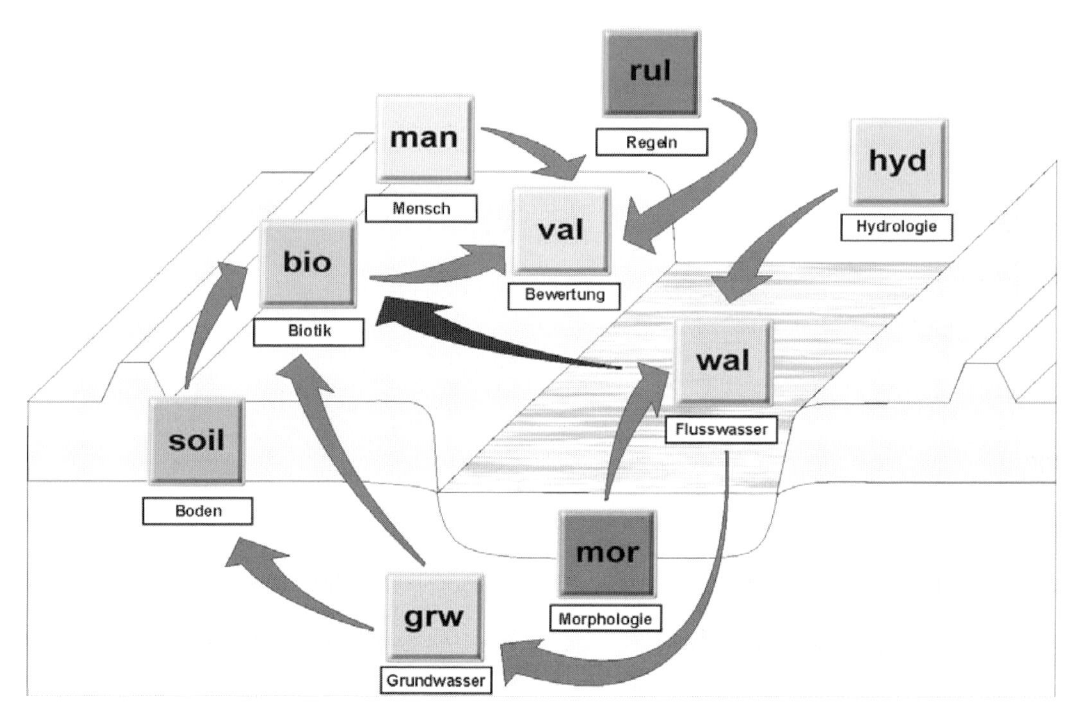

meter erklärt werden und diese Ergebnisse in statistische Lebensraumeignungsmodelle umgesetzt werden. Diese Ergebnisse wurden beispielsweise innerhalb der Systemkomponente CANODAT in die Module Canogen (zur Ermittlung der räumlichen Verteilungsmuster einzelner Arten) und Canores (zur Gruppierung der Arten) umgesetzt (Fuchs et al. 2003), womit letztlich die in RIVA entwickelten Lebensraumeignungsmodelle in INFORM integriert wurden.

INFORM betrachtet ökologische Veränderungen in der Flussaue. Der Modellablauf folgt dabei der Vorstellung, dass der Faktor Wasser das Ökosystem Flussaue entscheidend beeinflusst und das Vorkommen von Vegetation und Fauna steuert. Die Auswirkungen von Unterhaltungs- und Ausbaumaßnahmen zeigen sich zunächst in Flusswasserstandsänderungen. Diese werden anhand des Wirkungspfades Fluss, Grundwasser, Boden, Vegetation und Fauna verfolgt (Abb. 9.1-1) und bewertet. Neben den Einflüssen über die Grundwasserpassage haben vor allem die unmittelbar vom Fluss ausgehenden Überflutungen einen entscheidenden Einfluss auf die Ökologie der Flussaue.

Den Rechenkern für INFORM stellt das Geografische Informationssystem (GIS) ArcInfo ® (Abb. 9.1-2), in dem sämtliche Daten, Modelle sowie Ergebnisse prozessiert werden. Damit liefert INFORM räumlich explizite Ergebnisse, so dass für jedes betrachtete Untersuchungsgebiet entsprechende Aussagen getroffen werden können.

Die modellrelevanten Daten einer Flussaue werden von INFORM innerhalb so genannter Projekte verwaltet. Die einzelnen Systemkomponenten und Module greifen über Eingabemasken auf die projektbezogenen Daten zurück und rechnen sie gemäß dem jeweiligen Modell-Algorithmus um. Alle Ergebnisse fließen zurück in die Datenhaltung

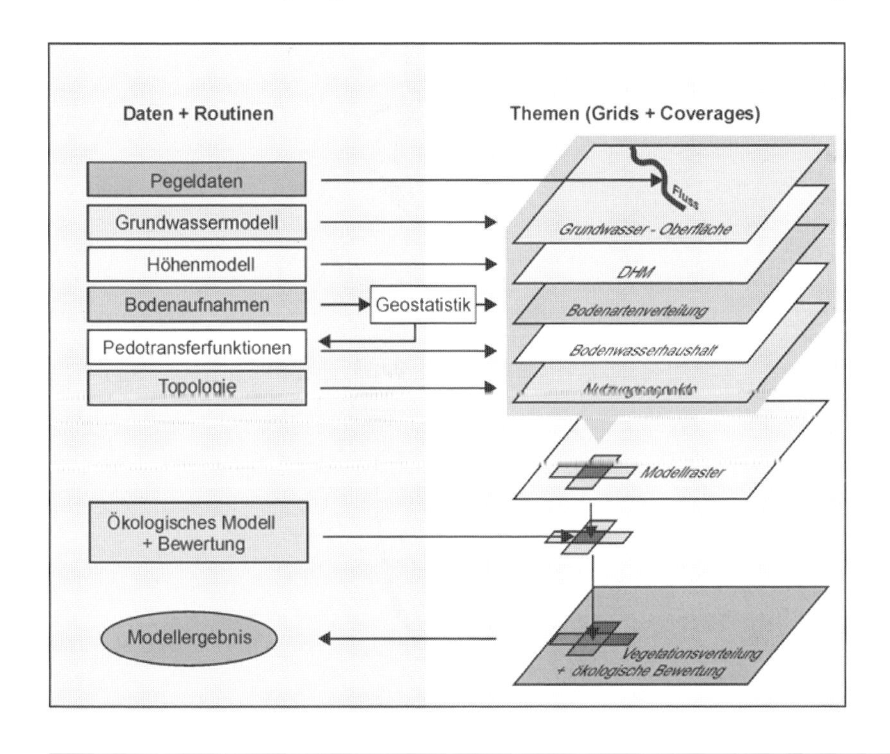

Abb. 9.1-2: Datenverarbeitung und Modellanwendung im Geografischen Informationssystem als zentrales Element von INFORM.

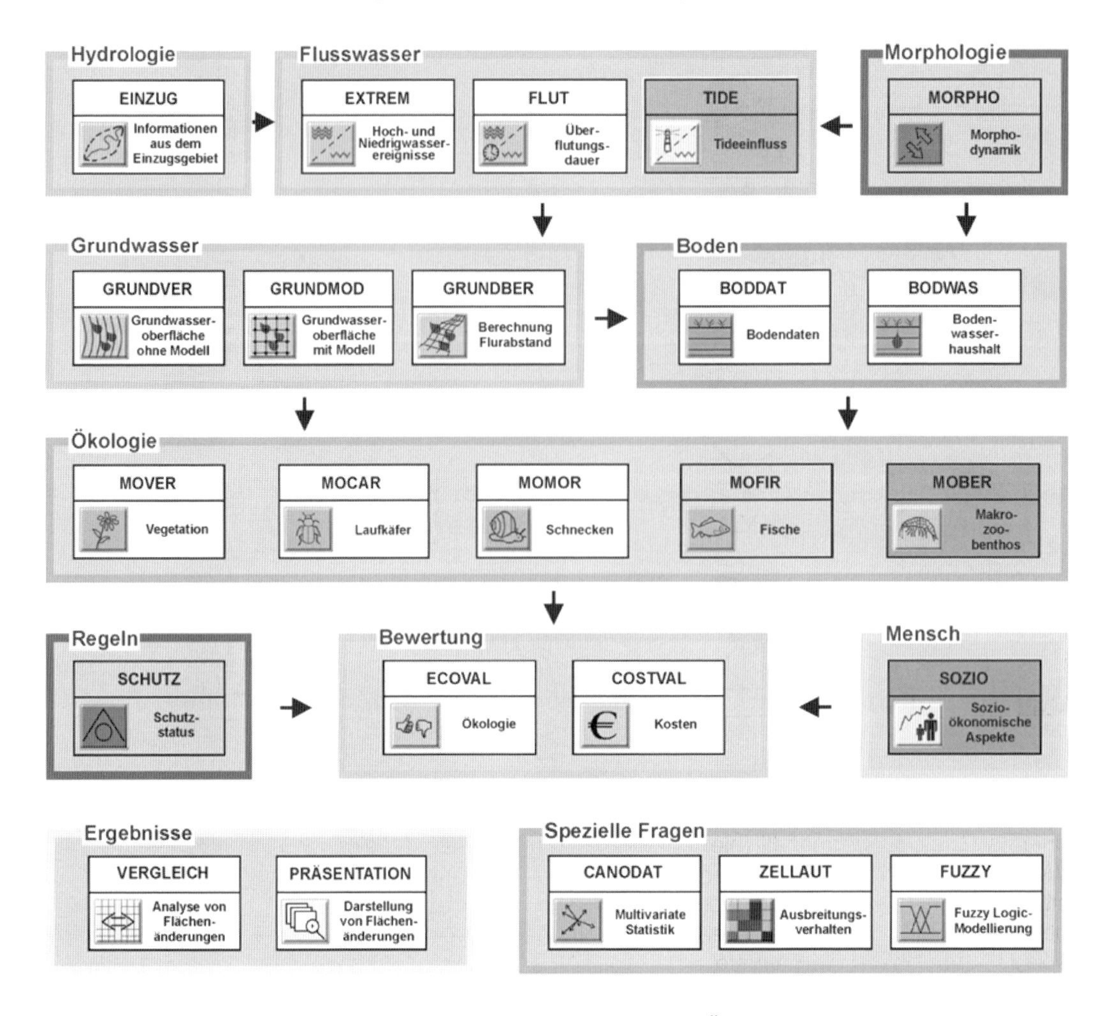

Abb. 9.1-3: Systembausteine und Systemkomponenten in INFORM.

von INFORM.

INFORM ist ein modular aufgebautes System mit einer grafischen Benutzeroberfläche (Graphical User Interface, GUI), die Eigenentwicklungen der BfG und externe Programme miteinander verbindet. Dabei wird hinsichtlich der Architektur (Abb. 9.1-3) zwischen „[Systembausteinen], SYSTEMKOMPONENTEN und Modulen" unterschieden. Systembausteine sind übergeordnete thematische Einheiten, wie zum Beispiel Flusswasser und Ökologie. Darunter finden sich die Systemkomponenten, also z.B. die Systemkomponente MOVER (**MO**del for **VE**getation **R**esponse) im Systembaustein [Ökologie]. Die einzelnen Systemkomponenten wiederum sind in Module untergliedert. Jedes Modul steht dabei für einen eigenständigen Modellansatz, also zum Beispiel das Modell zur Ermittlung der räumlichen Verteilung von Biotoptypen (Mover 2) oder auch Mover 3 zur Berechnung von Vegetationseinheiten. INFORM kann aufgrund seiner offenen Architektur jederzeit erweitert werden. Auch der Austausch vorhandener gegen verbesserte Systemkomponenten ist möglich. Derzeit (*Stand: Sommer 2008*) enthält INFORM 18 Systemkomponenten, 6 weitere Komponenten befinden sich in der Entwicklung.

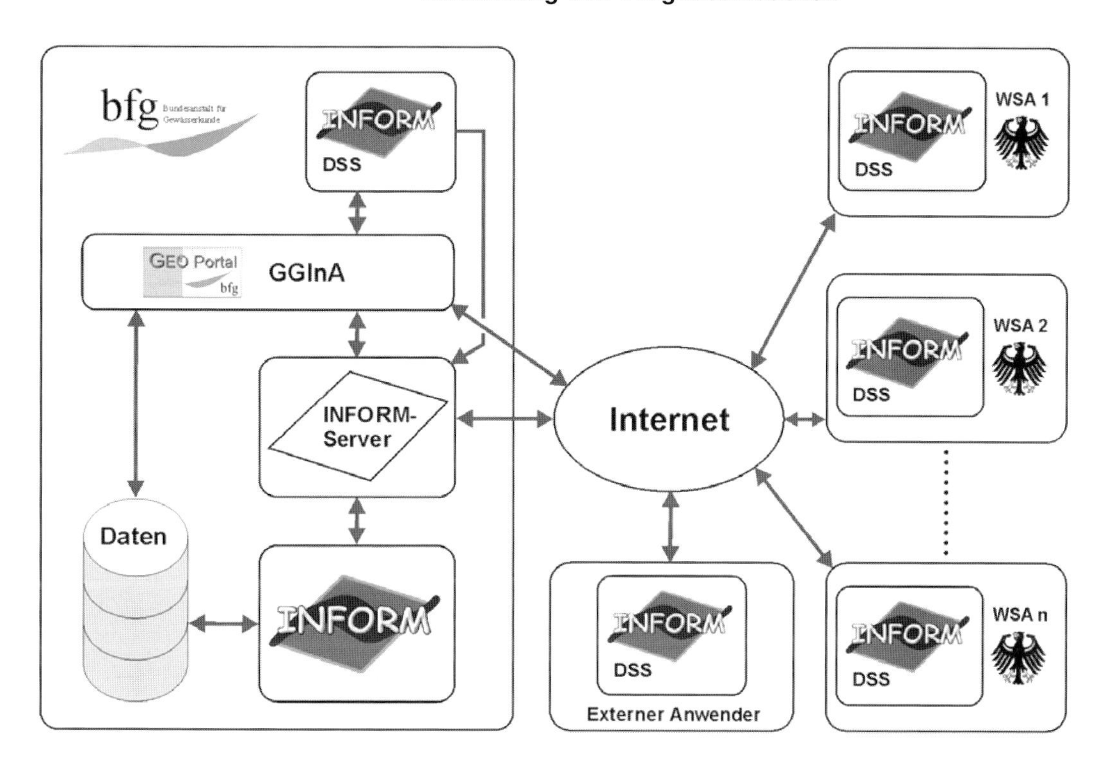

Abb. 9.1-4: Workflow und Architektur von INFORM.DSS.

In INFORM berechnet ein kalibriertes Grundwassermodell (hier: VMODFLOW®) die Grundwassersituation der Aue in Abhängigkeit von bereits berechneten Flusswasserspiegellagen. Im Systembaustein [Boden] werden mit der Systemkomponente BODWAS über die Grundwasserspiegellagen Kenngrößen des Bodenwasserhaushaltes erzeugt. Die Algorithmen der ökologischen Modelle berechnen das Vorkommen und die Verteilung von Vegetation (MOVER) und Fauna (z.B. MOCAR: **MO**del for **CA**rabido beetle **R**esponse, MOMOR: **MO**del for **MO**llusc **R**esponse) in der Flussaue.

Alternativ zu den regelbasierten ökologischen Modellen MOVER und MOCAR können mit INFORM bei entsprechender Datenlage auch ökologische Modelle auf Grundlage statistischer Datenexploration gerechnet werden. Die Systemkomponente CANODAT mit ihren Modulen Canogen und Canores wurde entwickelt, um Lebensraumeignungsmodelle, wie sie im RIVA-Projekt über multivariate statistische Methoden ermittelt wurden, automatisiert in INFORM anwenden zu können (Fuchs et al. 2003).

Für die Anforderungen und den Bedarf der planerischen Praxis sind die Systembausteine [Bewertung] und [Ergebnisse] besonders relevant. Hier werden die Modellergebnisse unterschiedlicher Maßnahmenalternativen beispielsweise anhand naturschutzfachlicher Kriterien bewertet, analysiert und miteinander verglichen. Die Bewertung gibt dem Entscheidungsträger dabei eindeutige Hinweise darauf, welche Maßnahme aus ökologischer Sicht die bessere Alternative darstellt. Mit der Auswahl einer „ökologisch günstigen" Alternative bereits in frühen Planungsstadien können spätere Folgekosten im Planfeststellungsverfahren wie

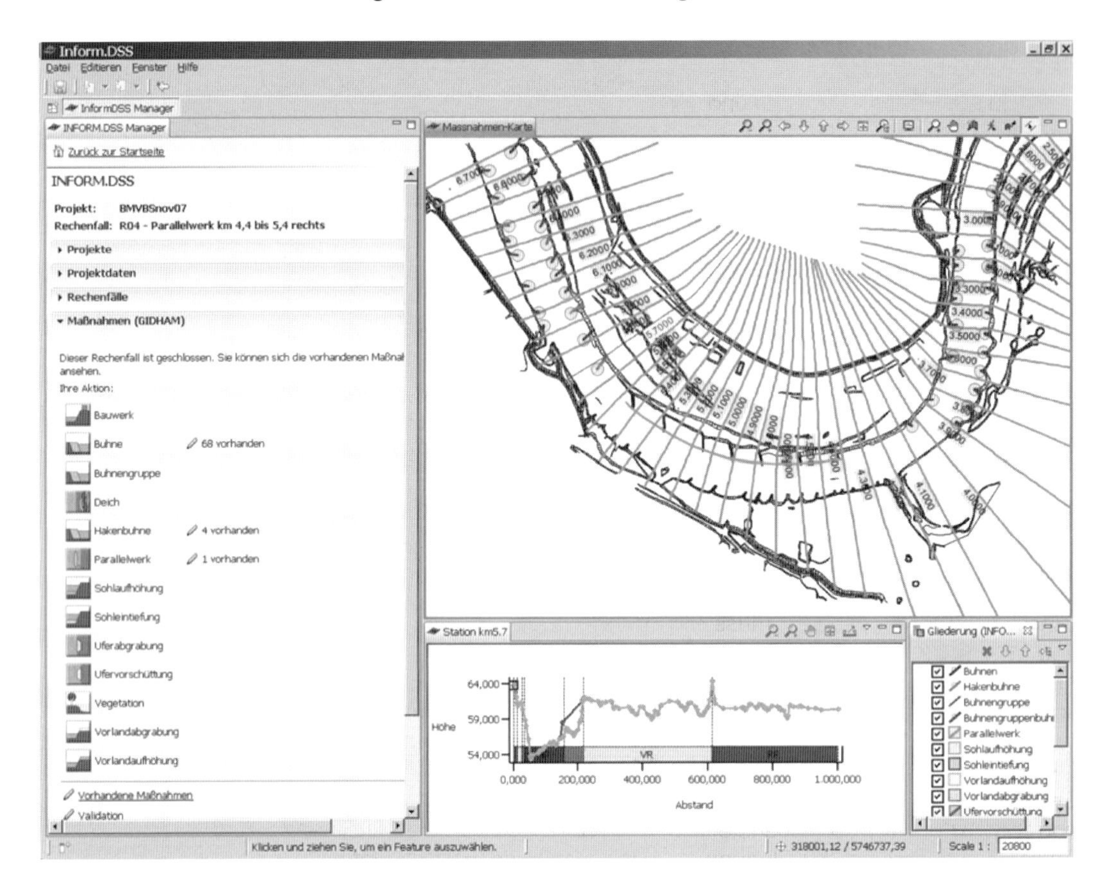

Abb. 9.1-5: Anwendungsoberfläche von INFORM.DSS.

z.B. Kompensationskosten für einen erheblichen Eingriff, vermieden werden. INFORM gibt die Ergebnisse je nach Bedarf in Karten oder auch Datentabellen aus.

Auf der Grundlage von INFORM wird derzeit das Entscheidungs-Unterstützungssystem INFORM.DSS erstellt, das als wesentlichen Inhalt die Systemkomponente GIDHAM (**G**enerierung von **I**nput**D**aten für **H**ydraulische **A**bfluss**M**odelle) aufweist, mit der Veränderungen der Geometrie von Fluss und Aue konstruiert werden können. INFORM.DSS greift auch auf die BfG-Software Flys (**FL**uss**HY**draulische **S**oftware) zu, die auf den Komponenten Kwert (1D-Wasserspiegellagenprogramm, welches auf Grundlage von Abflüssen und Querprofilen Wasserstände ermittelt) und Winfo (Wasserspiegellagen-Informationsprogramm) basiert. Mit Flys können Flusswasserspiegellagen und deren Änderungen beispielsweise durch Baumaßnahmen am oder im Fluss als grundlegende Eingangsgröße für alle weiteren Modellschritte erzeugt und Wasserspiegel in Flusslängs- und Querschnitten dargestellt werden. Der Aufbau der entsprechenden Software-Architektur (Abb. 9.1-4) für INFORM.DSS liegt seit Ende 2007 vor.

Abbildung 9.1-5 zeigt die Bedieneroberfläche der Systemkomponente GIDHAM. Im Kartenfenster können interaktiv bauliche Maßnahmen entworfen und platziert sowie im Lageplan (rechts unten) wie auch im Querschnitt (rechts oben) visualisiert werden. Folgende Baumaßnahmen bzw. Veränderungen in der

Flussaue können erarbeitet werden:

- Buhnen, Buhnengruppen und Längswerke,
- Sohlaufhöhung und – abgrabung,
- Vorlandaufhöhung und – abgrabung,
- Uferanschüttung und – abgrabung,
- Deichverlegung,
- Anlage und Entfernung von Auengehölzen.

9.1.3 Anwendung im Projekt „Pilot-DSS Elbe"

Ausgehend vom Förderschwerpunkt, Ökologische Konzeption für Fluss- und Seelandschaften" des Bundesministerium für Bildung und Forschung wurden zu Beginn des Jahres 2006 die im Rahmen der Elbe-Ökologieforschung gewonnenen Ergebnisse in einem Decision Support System für die verschiedensten Anwendungsbereiche der Planung aber auch der Forschung als Freeware verfügbar gemacht (s. auch Kofalk et al. 2001, 2005). Im Pilot-DSS Elbe werden in vier Modulen (Einzugsgebiet, Fließgewässernetz, Hauptstrom und Flussabschnitt), die unterschiedliche Skalen des Flusssystems repräsentieren, verschiedenste Modelle und Daten für Fragen im Planungsmanagement vorgehalten.

Multivariater Ansatz
Im Modul „Flussabschnitt" des Pilot DSS Elbe werden statistische Lebensraumeignungsmodelle der Flussaue analog der Systemkomponente CANODAT aus INFORM (Fuchs et al. 2003) für 21 verschiedene Pflanzenarten in dem 0,4 km^2 großen RIVA-Untersuchungsgebiet Sandau beschrieben.

Die Eignung des Gebiets als Lebensraum für Pflanzenarten wird in Abhängigkeit von den folgenden sechs Umweltparametern dargestellt (in der Reihenfolge ihrer Bedeutung):

- Beobachtete Überflutungsdauer in Tagen im Jahr 1998,
- Höhe über Mittelwasser (MW des Zeitraums 1990 bis 1999),
- mittlere Überflutungsdauer in Tagen pro Jahr der Periode 1995 – 1999,
- Höhe über NN,
- Gesamtkohlenstoffgehalt des Bodens (Ct) (Oberboden 0 – 20 cm Tiefe),
- Kationenaustauschkapazität (KAK) (Oberboden 0–20 cm Tiefe).

Die meisten dieser Parameter sind für die Szenarienberechnungen im Pilot-DSS Elbe unveränderlich. Eine Ausnahme stellt die mittlere Überflutungsdauer in Tagen pro Jahr einer Fünfjahresreihe dar, die aus den Werten des kritischen Abflusses für Deichrückverlegungsvarianten neu berechnet wird. Dadurch kann deren Einfluss auf die Vegetation neu berechnet werden. Die Höhe über Mittelwasser der Zeitreihe 1990 bis 1999 ist variabel, wenn sich die Werte des Mittelwassers infolge von Maßnahmen oder Szenarien ändern.

Regelbasierter Ansatz MOVER
Das Modell Mover 2.2 wurde ebenfalls auf der Datengrundlage des RIVA Projektes für das Modul Hauptstrom des Pilot-DSS Elbe entwickelt und ist als Teil des BfG-Modellsystems INFORM (Fuchs et al. 2003) übernommen worden. Es erzeugt räumliche Prognosen für Biotoptypenverteilungen in Flussauen. Aufgrund der relativ groben räumlichen Auflösung eines Biotoptypenansatzes ist Mover 2.2 in weiten Teilen des Elbehauptstroms anwendbar. Modellrelevante Umweltparameter

sind: Landnutzung (abgeleitet von CORINE-Landnutzungsdaten), die Anzahl der Überflutungstage pro Jahr und der Abstand der gewählten Flächeneinheit von der Elbe (Flussmitte). Der Kern des Modells besteht aus drei Regeltabellen, welche die Verknüpfung dieser modellrelevanten Umweltparameter organisieren.

9.1.4 Ausblick

Durch Investitionen in die Weiterentwicklung von INFORM und INFORM.DSS wird sich deren Anwendungsspektrum für die planerische Praxis erweitern. Dabei werden die Bedürfnisse der Endnutzer aufgegriffen. Die Validierung vor allem der ökologischen Modelle spielt eine wesentliche Rolle, um Aussagen zur Modellzuverlässigkeit zu präzisieren. Dafür wird eine Modellprognose vergangener maßnahmengebundener Eingriffe am Fluss im Vergleich mit dem heutigen Zustand zweckdienlich sein.

Die Weiterentwicklung von INFORM zur Version 3 beinhaltet einen Technologie-Upgrade von ArcInfo Workstation auf ArcGIS®. Inhaltlich konzentriert sie sich auf die Hinzunahme weiterer taxonomischer Gruppen bzw. anderer Faktoren der Aue sowie deren Bewertung (Abb. 9.1-3). Derzeit sind Modelle für Fischhabitate (Systemkomponente MOFIR) sowie für Schnecken- und Muschelhabitate (MOMOR) in Zusammenarbeit mit den Fachreferaten der BfG in der Entstehung. Im Bereich der Auenvegetation ist neben der Prognose der Vegetationsentwicklung auf Grund von Änderungen hydrologischer Kennwerte auch die umgekehrte Wirkung der Auenvegetation und ihrer Veränderung auf die Hydraulik des Systems von großer Bedeutung (Babtist et al. 2005). Erste Ansätze zur Kopplung von hydraulischen mit ökologischen Modellen für die Zwecke von INFORM liefert dazu eine durch die BfG betreute Diplomarbeit an der Universität Twente (van Dijk 2006). In diesem Kontext ist die Anbindung von hydromorphologischen Modellen an INFORM in der Systemkomponente MORPHO unter Einbezug von hydrodynamischen Modellen in der BfG perspektivisch mittelfristig projektiert (Gölz 2006). Die Integration von instationären hydrodynamischen Prozessen mit ihrer Wirkung auf die ökologische Entwicklungsdynamik der Aue ist auf Grund der komplexen Prozesszusammenhänge erst für einen späteren Zeitpunkt beabsichtigt. Dazu wird auch abzuschätzen sein, in wie weit sich kurzfristige instationäre hydrodynamische Prozesse bzw. deren Veränderung überhaupt auf die Ökologie der Flussaue auswirken. Zukünftig werden in der ökologischen Modellierung auch makrozoobenthische Lebensgemeinschaften (MOBER) Berücksichtigung finden. Die Betrachtungen sollen abgerundet werden durch die Hinzunahme von Tideeinflüssen sowie durch sozioökonomische Aspekte.

In INFORM.DSS wird ein Kostenmanager (COSTVAL) integriert, der die Grundzüge der Kosten-Leistungsrechnung beinhalten wird. INFORM.DSS soll dem Wasserbauingenieur in der Praxis, also in den Wasser- und Schifffahrtsämtern, die Möglichkeit geben, „spielerisch" verschiedene Planungsvarianten durchzurechnen. Zugeschnitten auf die Phase der Vorplanung, können dann Varianten mit unterschiedlichsten Maßnahmen oder Maßnahmenkombinationen erstellt, deren hydraulische Eigenheiten abgeschätzt und die ökologischen wie monetären Belastungen ermittelt werden. Somit bietet INFORM.DSS ein effektives Werkzeug zur Variantenfindung bei Bau- und Unterhaltungsmaßnahmen an Bundeswasserstraßen an.

Mit regionalen Anpassungen vor allem der ökologischen Modelle werden Teile von INFORM im Pilot-DSS-Elbe (Berlekamp et al. 2005) verwendet, welches Planer verschiedenster administrativer Ebenen an der deutschen Binnenelbe als Hilfsinstrument für ihre Entscheidungsfindung nutzen können. Auf europäischer Ebene wird INFORM.DSS als Teil eines zu entwickelnden Informations- und Entscheidungsunterstützungssystems für einen ökologisch ausgerichteten Schutz vor Hochwasserschäden im Nordwesteuropäischen Raum (europäisches INTERREG IIIB NWE Projekt nofdp - **n**ature **o**riented **f**lood **d**amage **p**revention - www.nofdp.net) benutzt.

9.2 Einsatzmöglichkeiten des Indikationssystems im Naturschutz sowie der Landschafts- und Umweltplanung

Mathias Scholz, Klaus Follner, Francis Foeckler, Frank Dziock, Hans Schmidt, Volker Hüsing & Klaus Henle

Zusammenfassung

Das im RIVA-Projekt entwickelte Indikationssystem ermöglicht zwei wesentliche Umweltfaktoren (Grundwasserflurabstand während der Vegetationszeit und jährliche Überflutungsdauer) für Arten und Lebensgemeinschaften in Auen auf relativ einfache Weise zu erfassen. Im folgenden Kapitel wird aufgezeigt, wie das Indikationssystem für eine Schnellansprache dieser Umweltfaktoren mit Hilfe der Vegetation im Anwenderalltag genutzt werden kann und welche Möglichkeiten bestehen, diese Umweltindikation in eine Bewertung für verschiedene naturschutzfachliche Aufgaben zu überführen. Von Bedeutung ist dabei, dass die meisten Auenlebensräume im Rahmen des europäischen Schutzgebietsnetzes NATURA 2000 geschützt und im Rahmen der Wasserrahmenrichtlinie als grundwasserabhängige Landökosysteme erfasst und damit unter Schutz gestellt sind. Das Indikationssystem selbst kann mit laufenden Arbeiten zur Erfolgskontrolle bzw. Monitoring verknüpft werden, insbesondere wenn Artenlisten und Abundanzen der für das Indikationssystem verwendeten Artengruppen vorhanden sind. Das Indikationssystem ist bisher auf Auengründland der aktiven Aue im Naturraum Mittelelbe anwendbar.

9.2.1 Einleitung

Die Mittlere Elbe mit ihrer Stromlandschaft gehört zu den ökologisch reichhaltigsten und wertvollsten Naturräumen Mitteleuropas. Der Wechsel von Hoch- und Niedrigwasser prägt die weitgehend naturnah erhaltene Auenlandschaft der Elbe. Auftretende Hochfluten können noch weite Flächen des Landschaftsraumes bedecken. Der hohe naturschutzfachliche Wert des Gebietes ist in der hohen Biotopvielfalt begründet, die für eine große Anzahl an Tier- und Pflanzenarten, darunter eine Reihe gefährdeter und bestandsbedrohter Arten, vielfältigen Lebensraum bietet (LAU 2001, Scholz et al. 2005a). Auenlandschaften haben eine hohe Bedeutung für den Naturschutz und werden zugleich stark durch verschiedene Nutzungen, zum Beispiel der Elbe als Bundeswasserstraße, des Auengrünlandes durch die Landwirtschaft, der Auenwälder durch die Forstwirtschaft oder der gesamten Aue zum Hochwasserschutz beansprucht. Deshalb werden sie durch eine Vielzahl von gesellschaftlichen und gesetzlichen Vorgaben geschützt, die deren nachhaltigen Schutz und Management gewährleisten sollen (Scholten et al. 2005a).

Für den Schutz von Auenlandschaften wurden zahlreiche Ziel- und Entwicklungskonzepte erarbeitet (z.B. Evers & Prüter 2001, BRME 2003, Wychisk & Weber 2003). Indikationssysteme haben hierbei die Aufgabe, ökologische Zustände/Momentaufnahmen und Veränderungen in Auen besser zu analysieren, aber auch zu bewerten, um einen zukünftigen Auenschutz zu gewährleisten und die Auenentwicklung zielführend zu gestalten (Winkelbrandt 1990, Foeckler & Bohle 1991, Spang 1992, Köppel et al. 1994, Koenzen 2005, Dziock et al 2006b). Da in Auenlandschaften hydrologischen Umweltfaktoren eine sehr hohe Bedeutung für das Vorkommen und Überleben von Arten und Lebensgemeinschaften zukommt, ist ihre Betrachtung für den Schutz und die Bewertung ökologischer Auswirkungen von Eingriffen eine wesentliche Vorraussetzung.

Die in diesem Buch vorgestellten Ergebnisse tragen zum Erkenntnisgewinn über die Zusammenhänge zwischen Umweltfaktoren und dem Vorkommen von Pflanzen und Tieren bei, auf deren Grundlage ein Indikationssystem entwickelt werden konnte. Mit diesem werden unter Verwendung von Pflanzen, Mollusken und Laufkäfern zwei wichtige hydrologische Umweltfaktoren (jährliche Überflutungsdauer und Grundwasserflurabstand mit 7-jährigen Mittelwerten) auf Standorten im Auengrünland quantitativ indiziert (Buchkap. 7.2).

Ein wesentlicher Aspekt für die Praxis ist der benötigte Erfassungsaufwand biologischer Probennahmen für die Verwendung der Indikation im Vergleich zu hydrologischen Messungen. Eine solche Gegenüberstellung erfolgt in diesem Kapitel (9.2.2).

Um das Indikationssystem für anwendungsorientierte Fragestellungen zu nutzen, ist zu klären, wie die Ergebnisse von einzelnen Probeflächen auf ein Untersuchungsgebiet extrapoliert werden können (Kap. 9.2.3). Die fehlende Brücke zu größeren Raumeinheiten können vegetationskundlich abgeleitete Biotoptypen darstellen. In Buchkapitel 7.4 konnte gezeigt werden, dass auf der Grundlage von Vegetationsaufnahmen der RIVA-Probeflächen die Indikationsgüte bezogen auf Biotoptypen insgesamt akzeptable Ergebnisse erzielt. Die Zuordnung der Indikationsergebnisse zu Biotoptypen ermöglicht daher die entsprechenden hydrologischen Eigenschaften für einen Biotoptyp konkret zu beschreiben und auf das entsprechende Gebiet zu beziehen sowie ggf. Rückschlüsse und Maßnahmen auf das zu betrachtende System vorzunehmen.

Ein weiteres Anliegen dieses Beitrages ist es, die bestehende Umweltindikation für eine naturschutzfachliche Bewertung nutzbar zu machen. Für Biotoptypen liegt bereits ein größeres Set an Bewertungsmaßstäben vor (z.B. v. Drachenfels 1996, Bierhals et al. 2004, Schuboth & Peterson 2004) und sie werden als Indikatoren für die Zustandsbewertung in den meisten Planwerken nach deutschem Naturschutzrecht, aber auch der Umsetzung der europäischen Fauna-Flora-Habitatrichtlinie und Wasserrahmenrichtlinie genutzt. Inwieweit sich das Indikationssystem für verschiedene Bewertungsfragen einsetzen lässt, wird in Kapitel 9.2.4 diskutiert.

9.2.2 Erfassungsaufwand biologischer Probennahmen im Vergleich zu hydrologischen Messungen

Sinn der Anwendung eines Indikationssystems ist es im Allgemeinen, aufwändige Messungen durch einfachere biologische Erfassungen zu ersetzen (s. Buchkap. 2, Zehlius-Eckert 1998, Dziock et al. 2006b). Die Erfassung von Wasserständen, genauer zweier biologisch relevanter Umweltfaktoren in Auen, „jährliche Überflutungsdauer" und „mittlerer Grundwasserflurabstand während der Vegetationsperiode", ist mit erheblichem Aufwand zur Erstellung und Ablesung zahlreicher Grundwassermessstellen und Pegel verbunden. Entsprechend soll hier neben der Genauigkeit und Zuverlässigkeit der Indikation im Vergleich zu gemessenen Werten (s. Buchkap. 7.2 und 7.4) auch gezeigt werden, dass der Aufwand für die Probennahme der einzelnen Artengruppe geringer ist, als die direkte Messung der indizierten Umweltfaktoren.

Bei der Abschätzung des Aufwandes für eine direkte Messung ist zu berücksichtigen, dass ökologische Veränderungen auf einer Zeitachse von mehreren Jahren ablaufen können. Die Zusammensetzung einer Artengemeinschaft und die Populationsgrößen der einzelnen Arten hängt häufig sehr viel mehr von den Wasserständen der vorangegangenen Jahre ab als vom Wasserstand zum Zeitpunkt der Aufnahme (Sládeèeck 1973, Metcalf 1989). Solche langfristigen Änderungen wichtiger Umweltfaktoren sind unter Naturschutz- und Planungsaspekten wichtig und werden durch das Indikationssystem abgebildet, sind aber nur mit hohem Aufwand direkt zu messen. Deshalb ist es nötig, Werte für die jährliche Überflutungsdauer und den mittleren Grundwasserflurabstand während der Vegetationsperiode nicht nur für den Untersuchungszeitraum, sondern auch für vorangegangene Jahre zu ermitteln. Dies muss jedoch nicht zwangsläufig durch eine kontinuierliche Messung über den gesamten zu untersuchenden Zeitraum erfolgen. Normalerweise reicht eine zweijährige 14-tägliche Messreihe von oberflächennahen Grundwassermessstellen und Auenpegeln aus, um eine enge Korrelation und zuverlässige Regression mit amtlichen Flusspegeln errechnen zu können (z.B. Ihringer 1998, Leyer 2002). Die Wasserstände in der Aue können daraus dann für einen biologisch plausiblen Zeitraum der Veränderung von Pflanzengemeinschaften, beispielsweise sieben Jahre, berechnet werden. Die Gegenüberstellung des Aufwandes für eine direkte Messung bezieht sich deshalb auf die Einrichtung einer Grundwassermessstelle (inkl. Pegellatte für Oberflächenwasser) sowie die 14-tägliche Messung während zweier hydrologischer Jahre und der dann nötigen statistische Rückrechung mit Hilfe von amtlichen Flusspegeln und gegebenenfalls Wetterdaten auf sieben Jahre (Böhnke & Follner 2002).

Was die Erfassung der Indikatorarten betrifft, so ist davon auszugehen, dass die biologischen Artengruppen durch erfahrene Spezialisten zu bearbeiten sind. Bei Flora und Mollusken wird von einer einmaligen Beprobung ausgegangen. Für Laufkäfer werden zwei Fangzeiträume angenommen. Insgesamt ist der Aufwand der Geländearbeiten auch von der Anzahl der Probeflächen in einem Untersuchungsgebiet abhängig. So verringert sich der summierte Aufwand für den Zugang bei mehreren Probeflächen. Tabelle 9.2-1 enthält einen Vergleich der zu veranschlagenden Arbeitsstunden für die jeweilige Erfassung der Artengruppen sowie die direkte Messung des Umweltfaktors.

Stark zusammengefasst zeigen die in Tabelle 9.2-1 gemachten Zeitangaben deutlich, dass der Aufwand, Überflutungsdauer und Grundwasserflurabstand zu erfassen, mit Pflanzen am geringsten ist. Die Indikation mit einer der beiden Tiergruppen ist schon merklich aufwändiger, aber immer noch wesentlich günstiger als eine direkte Messung und die dadurch bedingte Rückrechnung.

Von einem geübten Spezialisten können Pflanzenarten in der Regel umgehend im Gelände bestimmt und ihre Deckung (Abundanz) geschätzt werden. Somit liegt unmittelbar nach den Feldarbeiten ein Ergebnis vor, das in der Indikationsqualität für die im RIVA-Projekt betrachteten Auenwiesen einer direkten Messung annähernd vergleichbar ist (s. Buchkap. 7.2 und 7.4). Aus dem höheren Aufwand für eine Indikation mit Mol-

Tab. 9.2-1: Darstellung des Aufwandes von Pegelmessungen sowie Beprobung von Flora, Mollusken und Laufkäfern für eine Probefläche (Quellen: VUBD 1999 und Erfahrungswerte von Fachkollegen aus dem RIVA-Projekt).

Disziplin	Methoden	Aufwand in Stunden	Geschätzter Gesamtaufwand	Anmerkungen
Hydrologie	Grundwassermessstelle 5 m Tiefe und Auenpegel, Ablesung mindestens zweiwöchentlich über zwei Jahre durch Techniker, bei Hoch- und Niedrigwasser häufiger; um 7-jährige Reihen zu erhalten sind Rückrechnung mit amtlichen Pegeln und Grundwassermessstellen durch Hydrologen oder Statistiker erforderlich	Ablesen: 20 Min. x 60 Ablesetage, ergibt mind. 20 Std. für den Zeitraum von zwei Jahren; für die Einrichtung einer Grundwassermessstelle und einem Auenpegel entsteht ein Zeitaufwand von ca. 3 Std., in schwierigem Gelände bis zu 8 Std.; Rückrechnungen bei vorliegenden Daten ca. 4 Std.	27 Std. zuzüglich Material- und Gerätekosten; bei zeitlich hochauflösbaren Daten kommen Kosten für einen Datenlogger hinzu	Inkl. Zugang im Gelände, Aufwand abhängig von der Anzahl der Messstellen; bei Hochwasser häufig Einschränkungen im Zugang
Pflanzen	Vegetationsaufnahme mit Deckungsgraden (Methode Braun-Blanquet 1964 oder Londo 1976), Probeflächengröße 4, 25 oder 100 m^2 durch erfahrenen Botaniker	Durchschnittlich 1 Std. Geländearbeit mit Zugang, zusätzlich 1 Std. Datenbankeingabe und Indikationsberechnung	2 Std.	Zeitlicher Aufwand kann bei artenarmen Beständen auch geringer sein und umgekehrt.
Mollusken	5 Bodenproben nach Deichner et al. (2003) mit Metallrahmen (30 x 30 cm), Rütteln, Nass-Siebung, Auslese und Bestimmung der Taxa durch erfahrenen Malakologen	Geländearbeit mit Zugang 1 Std., Nass-Siebung, Auslese und Bestimmung durchschnittlich 8 Std., zusätzlich 1 Std. Datenbankeingabe und Indikationsberechnung	10 Std.	Zeitlicher Aufwand kann bei arten- oder individuenarmen Proben auch geringer sein und umgekehrt.
Carabiden	Beprobung mit 5 Barberfallen pro Probefläche, Standzeit zweimal zwei Wochen im Herbst und September (insgesamt 8 Wochen), Mindeststandard zur Indikation der hydrologischen Standortverhältnisse; Bestimmung der Taxa durch erfahrenen Entomologen.	Geländearbeit mit Zugang 2 Std., 12 Std. für Sortierung, Archivierung und Bestimmung; zusätzlich 1 Std. Datenbankeingabe und Indikationsberechnung	15 Std.	Zeitlicher Aufwand kann bei arten- oder individuenarmen Proben auch geringer sein und umgekehrt. Um das Artenspektrum für naturschutzfachliche Bewertungen vollständig zu erfassen, sind längere Standzeiten notwendig (VUBD 1999)

lusken oder Carabiden sollte aber nicht geschlossen werden, dass die Umweltindikation auf der Grundlage dieser Artengruppen für landschaftsökologische Auswertungen nicht geeignet wäre. Bei der Auswertung von Erfassungsdaten, die im Rahmen von naturschutzfachlichen Gutachten, Stellungnahmen, Planungen u.s.w. sowieso erhoben werden, fällt der Aufwand für Gelände- und Bestimmungsarbeiten nicht mehr an. So können mittels der Berechnung von Indikationswerten wesentliche Umweltfaktoren mit vergleichsweise geringem Aufwand eingeschätzt werden. Außerdem spricht bei allen drei Artengruppen für die Indikation, dass alte Erfassungen von Artengemeinschaften für eine Indikation ehemaliger Umweltverhältnisse verwendet werden können. Durch die Indikation können Überflutungsdauern und Grundwasserflurabstände ermittelt werden, für die eine Messung, die den oben beschriebenen Kriterien genügt, keinesfalls nachgeholt werden kann.

Mollusken und Carabiden sind nach dem Naturschutzgesetz selbst Schutzobjekte und werden häufig gerade wegen ihrer hohen indikatorischen Bedeutung für Auen erfasst (für Carabiden: Greenwood et al. 1991, 1995, Obrdlik & Schneider 1994, Zulka 1994, Dörfer et al. 1995, Spang 1996, Wohlgemuth-von Reiche et al. 1997, Niedling & Scheloske 1999; für Mollusken: Richardot-Coulet et al. 1987, Falkner 1990, Foeckler 1990, Obrdlik et al. 1995, Spang 1996, Körnig 2000). In Auen bilden sie über spezifische Artenkombinationen für nahezu alle Biotoptypen (bei Mollusken sogar von der Flusssohle bis zur Terrassenkante) die naturraumtypische Vielfalt der Lebensgemeinschaften in hervorragender Weise ab und indizieren somit auch eine auentypische Arten- und Lebensraumvielfalt (s. Buchkap. 6.2 und 6.3). Dies ist vor allem bei der Bewertung von ökologischen Veränderungen über einen längeren Zeitraum von Bedeutung. So eignet sich gerade die enge Einnischung der Mollusken- und Carabidenarten sehr gut, ökologische Veränderungen zu indizieren. Das Indikationssystem von Follner und Henle (2006) bietet zusätzlich die Möglichkeit, Werte für die beiden wichtigen Umweltfaktoren in Auen zu ermitteln. Die indizierten Werte können entscheidende Hinweise auf abiotische Ursachen, wie z. B. Eintiefung des Flussbettes und der damit verbundenen Grundwasserabsenkung für beobachtete ökologische Veränderungen geben.

Nur wenn eine Genauigkeit gefordert ist, die durch das Indikationssystem nicht geleistet werden kann, auch nicht von den Pflanzen als Indikatoren (s. Buchkap. 7.2 und 7.4), das Gebiet nicht von den hier dargestellten Lebensräumen charakterisiert wird oder weitere hydrologische Umweltfaktoren ökologisch und planerisch relevant sind (wie Dynamik der Wasserstände, Minima und Maxima und deren Spannweiten oder andere zeitliche Auflösungen - vgl. Henrichfreise 2000 und 2003), dann muss der Aufwand für direkte Messungen der Umweltfaktoren aufgebracht werden.

9.2.3 Biotop- und Vegetationstypen als Kategorien zur Darstellung indizierter hydrologischer Standortfaktoren - Schritt in die Fläche

Eine wesentliche Vorraussetzung für viele naturschutzfachliche Arbeiten ist, dass die für die Analyse verwendeten Informationen möglichst flächendeckend im entsprechenden Bearbeitungsmaßstab vorliegen sollten. Punktinformationen werden nur als Randinformationen aufgenommen oder dienen in einem zweiten Bearbeitungsschritt einer qualitativen Bewertung, in der konkrete Ausbildungen des zu bewertenden Objektes hervorgehoben werden. Das im RIVA-Projekt entwickelte Indikationssystem indiziert auf der Grundlage von Vegetationsaufnahmen für Auenwiesen der aktiven Aue der Mittleren Elbe relativ genau Überschwemmungsdauern und Grundwasserflurabstände (Buchkap. 7.2). Vegetationsaufnahmen gruppiert nach Biotoptypen bestätigten für die meisten Biotoptypen eine ähnlich genaue Indikation (Buchkap. 7.4), wie sie bei die Entwicklung des Indikationssystems gefunden wurden. Häufig sind aber für anwendungsorientierte Fragestellungen die vielfach vorliegenden Punktinformationen nicht ausreichend. Aus diesem Grund werden oftmals Extrapolationen notwendig, um zu flächigen Aussagen zu gelangen. Eine Herangehensweise ist die bereits in den Buchkapiteln 7.1, 8.2 und 9.1 vorgestellte Habitateignungsmodellierung und Überführung in Entscheidungshilfesysteme. Mit solchen Habitateignungsmodellen kann die Verbreitung von Arten und die Auswirkungen veränderter Umweltfaktoren auf deren Verbreitung flächig abgebildet werden (Buchkap. 8.2, Follner et al. 2005). Leider ist die Entwicklung von Habitateignungsmodellen sehr kosten- und zeitaufwendig und findet deshalb im Anwenderalltag im Gegensatz zur hydrologischen Modellierung kaum Verwendung.

In der Vegetationskunde werden bereits seit langem Vegetationskartierungen als flächendeckende Karten der realen Vegetation angefertigt (Dierßen 1990, Dierschke 1994, Kaiser et al. 2002). Hierfür werden in der Regel repräsentative Vegetationsaufnahmen zur Charakterisierung von Vegetationseinheiten genutzt. Dies erfolgt über die tabellarische Aufarbeitung der Vegetationsaufnahmen auf Typebene und die Ableitung von kennzeichnenden Arten, mit deren Hilfe größere Flächen den entsprechenden Vegetationstypen zugeordnet werden können (z. B. Dierßen 1990, Dierschke 1994). Es wird davon ausgegangen, dass die Kartiereinheiten möglichst homogen in ihrer Artenausstattung und Struktur sind. So kann angenommen werden, dass die Eigenschaften der Vegetationsaufnahmen (z.B. Artenzusammensetzung), auch für den Vegetationstyp zutreffen. Allerdings kann es zu Abweichungen dieser Eigenschaften kommen, je heterogener eine Fläche ist.

Vegetationskartierungen dienen neben der eigentlichen Charakterisierung eines Untersuchungsgebietes auch der Ableitung von Karten zur ökologischen Analyse oder Bewertung. Für eine ökologische Auswertung standen dafür bisher die Ellenberg'schen Zeigerwerte (Ellenberg et al. 2001) zu Verfügung. Wie bereits in Buchkapitel 6.1 gezeigt wurde, zeichnen diese entsprechende Feuchteverhältnisse in Auen nach, geben aber keine quantitativen Angaben zur Überflutungsdauer oder zum Grundwasserflurabstand. Entsprechende Referenzwerte dieser Umweltfaktoren sind für die betrachteten Lebensräume beispielsweise in Goebel (1996) oder bei Rosenthal et al. (1998) zugänglich. Sie basieren auf Auswertungen unterschiedlich zahlreicher, veröffentlichter und unveröffentlichter Quellen. Häufig werden Messergebnisse einzelner hydrologischer Messplätze aus dem Untersuchungsraum auf die jeweils dort vorgefunden Vegetationstypen übertragen (z.B. Tüxen 1954, Hügin & Henrichfreise 1992 oder Hellwig 2000).

Biotoptypen basieren meist auf Vegetationseinheiten sowie weiteren Kriterien zur Abgrenzung. Höchste Priorität haben die Merkmale, die zu einer leichten Abgrenzung im Gelände führen. Neben kennzeichnenden Pflanzenarten werden hier auch Morphologie, Strukturen oder Standortfaktoren, die sich räumlich abgrenzen lassen, hinzugezogen. Je detaillierter eine Erfassung ist, desto häufiger orientieren sich Biotoptypen an Pflanzengesellschaften und ihren speziellen Standorteigenschaften. Vegetationskundliche Belegaufnahmen sind in den meisten Kartierschlüsseln nicht gefordert, dennoch wird für komplexe oder bedeutsame Lebensräume die Anfertigung von Belegaufnahmen empfohlen, um entsprechend pflanzensoziologisch abgeleitete Biotoptypen belegen zu können (vgl. Knickrehm & Rommel 1995, Kaiser et al. 2002, Kirsch-Stracke & Reich 2004). Grundsätzlich wird bei der Darstellung von Biotoptypen, ähnlich wie bei Vegetationstypenkartierungen auch von einer homogenen Merkmalsausstattung ausgegangen, d.h. dass die merkmalsbestimmenden Arten auch in den abzugrenzenden Raumeinheiten in einer ähnlichen Kombination vorkommen. Häufig kommt es aufgrund der Darstellbarkeit in den entsprechenden Bearbeitungsmaßstäben zu einer Aggregierung sehr kleinräumiger Bestände.

In Buchkapitel 7.4 wurde gezeigt, dass sich die auf der Grundlage von Vegetationsaufnahmen mit dem Indikationssystem ermittelten Indikationsergebnisse auf Biotoptypen übertragen lassen. Somit ist auch mit diesen Punktinformationen der betrachteten Biotoptypen eine flächige Darstellung quantitativer Angaben zur Überflutungsdauer und zum Grundwasserflurabstand auf komplette Vegetations- oder Biotoptyperfassungen in einem Auenwiesengebiet mittels gebräuchlicher GIS-Anwendungen möglich. Für eine solche Darstellung wurden die Vegetationsaufnahmen (1998), die im Hauptuntersuchungsgebiet Schöneberger Wiesen bei Steckby unabhängig von den RIVA-Probeflächen angefertigt wurden, und die Vegetationskartierung bzw. die daraus abgeleitete Biotoptypenkartierung im Maßstab 1:2.000 genutzt (s. Kapitelanhang 6.1-2, Anlage III.1-A1 und III.1-A2 auf der CD). Es erfolgte eine Berechung der Indikationswerte der relevanten Vegetationsaufnahmen und eine Zusammenfassung zu den bereits über die RIVA-Probeflächen abgebildeten Biotoptypen (vgl. Buchkap. 7.4). Nicht berücksichtigt wurden Vegetationsaufnahmen aus dem Uferbereich, Schilfröhrichte, ruderale Stauden und Grasfluren, Magerrasen sowie Gehölzbestände, da für diese Biotoptypen, auch wenn z.T. hier Indikatorarten vorkommen, die Indikation bisher nicht getestet wurde. Einen Eindruck über die Indikationsqualität der Probeflächenunabhängigen Vegetationsaufnahmen im Vergleich zur Indikation und zu den gemessenen Werten der RIVA-Probeflächen vermittelt Abbildung 9.2-1. So zeigt sie, dass die Indikationsergebnisse für beide Umweltfaktoren bei den Probeflächeunabhängigen

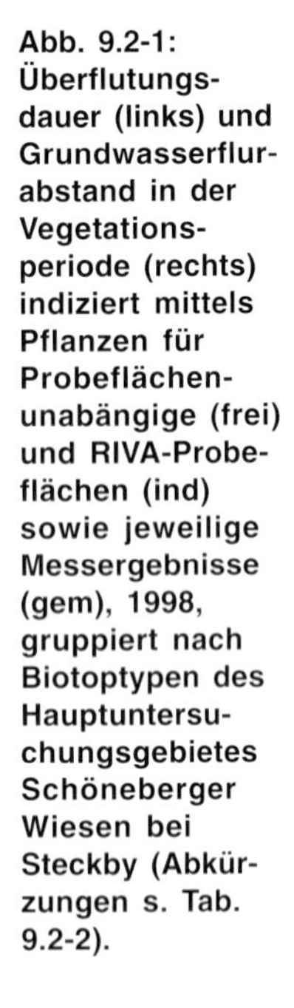
Abb. 9.2-1: Überflutungsdauer (links) und Grundwasserflurabstand in der Vegetationsperiode (rechts) indiziert mittels Pflanzen für Probeflächenunabängige (frei) und RIVA-Probeflächen (ind) sowie jeweilige Messergebnisse (gem), 1998, gruppiert nach Biotoptypen des Hauptuntersuchungsgebietes Schöneberger Wiesen bei Steckby (Abkürzungen s. Tab. 9.2-2).

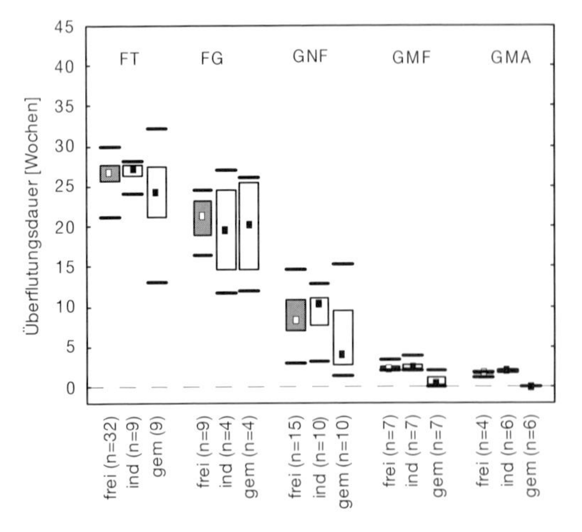

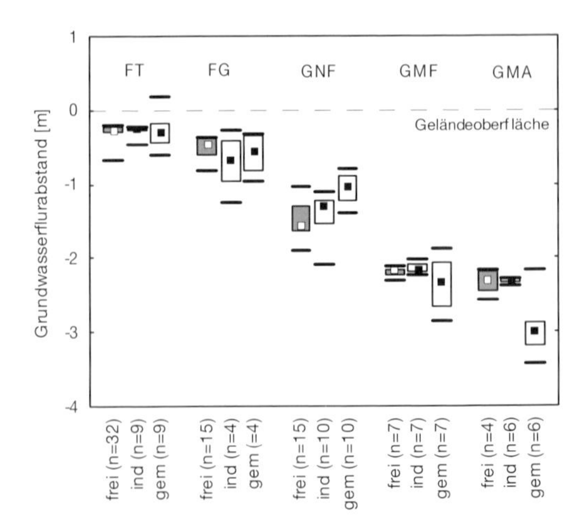

Median und Interquartilsbereiche indizierter Werte der freien Probeflächen
Median und Interquartilsbereich indizierter und gemessenen Werte

Vegetationsaufnahmen, denen der RIVA-Indikationsergebnisse sehr ähnlich sind und im Schwankungsbereich der Interquartilsbereiche liegen. Sie beinhalten aber auch die bereits in Buchkapitel 7.4 dargestellten Stärken und Schwächen der Indikationswerte zu den gemessenen Werten.

Aus den indizierten Werten auf der Grundlage der Vegetationsaufnahmen, die zur Charakterisierung von Biotoptypen genutzt werden, können für jeden Biotoptyp Interquartilsbereiche (oberes Quartil: 75% und unteres Quartil: 25%) ermittelt werden. So kann aus einer Biotoptypenkarte eine kartographische Darstellung der indizierten

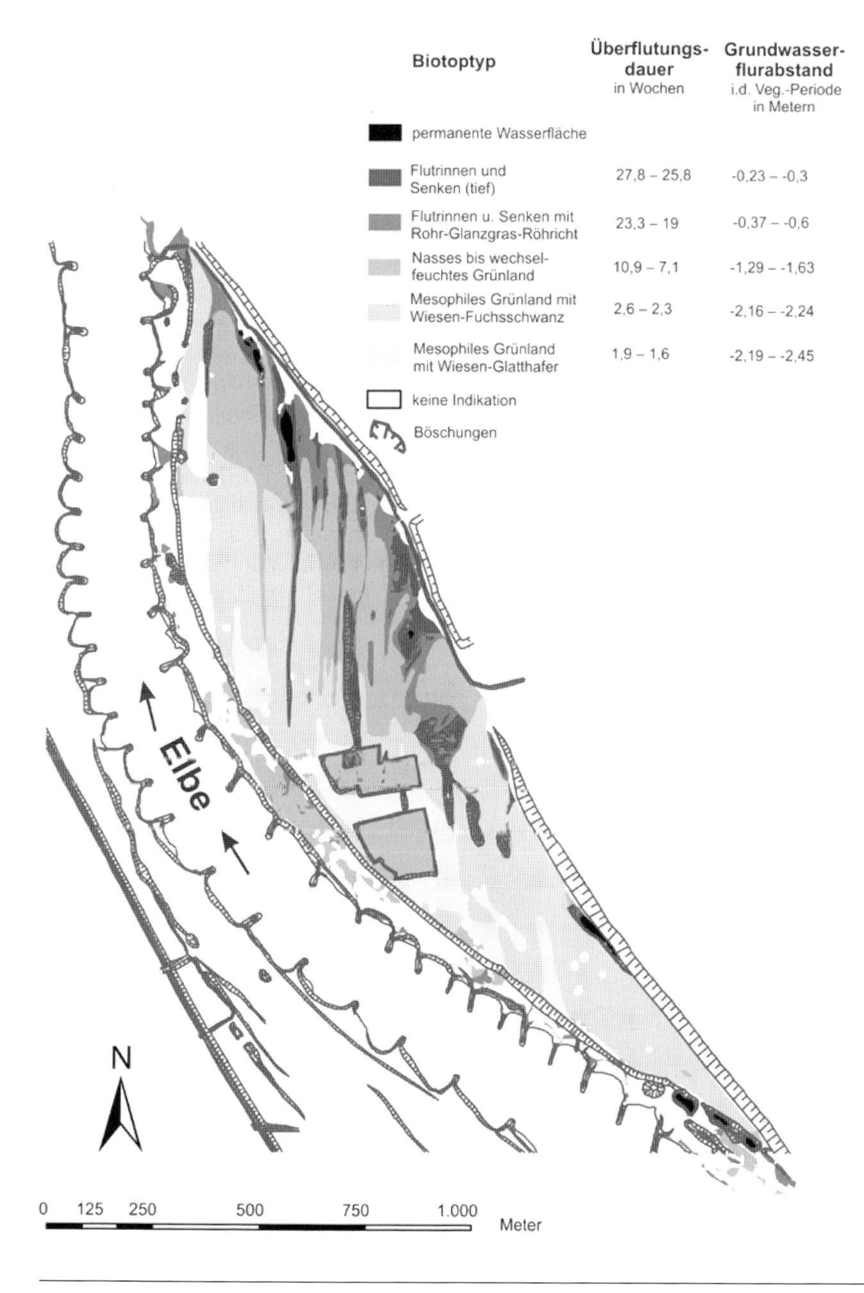

Abb. 9.2-2: Indizierte Überflutungsdauer und Grundwasserflurabstand in der Vegetationsperiode auf Grundlage der Biotoptypenkartierung Schöneberger Wiesen bei Steckby im Sommer 1998. Dargestellte Indikationswerte sind die Interquartilsbereiche (25% und 75%) der RIVA-Probeflächenunabhängigen Vegetationsaufnamen gruppiert nach Biotoptypen.

Überflutungsdauer und des indizierten Grundwasserflurabstandes entwickelt werden, in der für jeden Biotoptyp die Wasserstufen in der Legende durch die Interquartilsbereiche der indizierten Umweltfaktoren charakterisiert sind (Abb. 9.2.-2). Genauso können auch die maximalen und minimalen Werte für den Schwankungsbereich der Wasserstufe genutzt werden. Dem Vorteil, dass fast alle möglichen hydrologischen Verhältnisse dargestellt werden, stehen größere Überlappungen der einzelnen Wasserstufen gegenüber. Das Ergebnis orientiert sich an der flächigen Zuordnung der Biotoptypen und ist wahrscheinlich nicht mit einer hydrologischen Modellierung vergleichbar. Es vermittelt jedoch mit relativ geringem Aufwand einen schnellen Überblick über die Verteilung der einzelnen Umweltfaktoren in der Fläche, wie die Abbildung 9.2-2 zeigt, und ermöglicht somit eine Flächenbilanzierung einzelner Stufen von Überflutungsdauer bzw. Grundwasserflurabstand.

Beispiele für die Anwendung

Darstellungen der Überflutungsdauer und des Grundwasserflurabstandes können zur schnellen Gebietsanalyse und -bewertung herangezogen werden. Sie verdeutlichen die hydrologische Situation eines Untersuchungsgebietes und ermöglichen Ableitungen für die weitere Beplanung. Bei einer normativen Wertvorgabe, dass wechselnasse Lebensräume besonders zu schützen sind, können so die Bereiche mit einem zeitweise hohen Grundwasserflurabstand oder langen Überflutungsdauern räumlich und qualitativ dargestellt werden.

Von Bedeutung kann dies neben der Status-Quo-Bewertung insbesondere bei Managementplanungen zur Verbesserung von Standortfaktoren bei zu erwartenden ökologischen Veränderungen durch abnehmende oder zunehmende Grundwasserflurabstände oder Überflutungsdauern sein. So ist bei Flussausbaumaßnahmen in der Regel von hydrologischen Veränderungen im Grundwasser und in den Niedrigwasser- und Überflutungsdauern in der angrenzenden Aue auszugehen. Prognostizierte Auswirkungen eines Eingriffs in den Wasserhaushalt können durch wiederholte Indikation (Monitoring) mit relativ geringem Aufwand überprüft werden. Voraussetzung ist alledings, dass im Fall von Auenwiesen die Nutzung erhalten bleibt.

Da der Lebensraumtyp Auenwald in vielen Auenlandschaften nur noch fragmentarisch vorkommt, und deshalb häufig ein Zielbiotop darstellt, werden im Rahmen von Naturschutzfachplanungen bei der Formulierung von Kompensationsmaßnahmen oder bei abnehmender landwirtschaftlicher Nutzung häufig Maßnahmen zur Umwandlung von Grünlandbereichen in Auenwälder genannt. Solche so genannten Auenwaldbegründungen (Auwaldneuanpflanzung) sind in verschiedenen Bereichen an der Mittleren Elbe bereits in der Umsetzung, andere noch in der Planung (z.B. Eichhorn et al. 2004, Purps et al. 2004). Eine wesentliche Voraussetzung ist, dass die Umweltfaktoren Überschwemmungsdauer und Grundwasserflurabstand neben der Substratansprache und den hydraulischen Bedingungen während des Hochwassers beurteilt werden, um entsprechende Empfehlungen für eine Auenwaldbegründung zu geben. So kann das Indikationssystem bei einer vorliegenden Grünlandkartierung mit Vegetationsaufnahmen eine wesentliche Einschätzung der Überflutungsdauern und Grundwasserflurabstände ermöglichen, ohne dass eine Modellierung angestrengt werden muss.

Über die Überflutungstoleranzen von Auenwaldbäumen (z.B. Dister 1983, Dilger & Späth 1988, Hellwig 2000, Klausnitzer & Schmidt 2002a, b) bzw. entsprechenden Ausprägungen lässt sich so das für eine passende Pflanzung notwendige Entwicklungspotential schnell erfassen und entsprechende Empfehlungen ableiten. Allerdings ist an dieser Stelle anzumerken, dass auch andere Standortfaktoren, wie Bodeneigenschaften, Dynamik und Zeitpunkte der Wasserstände oder andere hydraulische Kenngrößen für eine Auenwaldbegründung von Bedeutung sind. Auch kann das Indikationssystem bei der Umwandlung von Ackerflächen in Auenwaldflächen keine Unterstützung bieten. Des Weiteren haben gesellschaftliche Faktoren, wie Flächenverfügbarkeit, Einfluss auf die Hochwassersicherheit in der Umgebung bei der Entscheidungsfindung häufig einen wesentlich größeren Einfluss als hydrologische und ökologische.

9.2.4 Bewertung von Arten und Lebensgemeinschaften in Auen und der Beitrag des Indikationssystems

9.2.4.1 Bewertungen in Auen und das Indikationssystem

Planern stellt sich für Auen wie für jeden anderen Lebensraum die Aufgabe auf der Grundlage von naturschutzfachlichen Bewertungen von Arten und Lebensgemeinschaften Analyseergebnisse für eine Entscheidungsfindung aufzubereiten. Erst auf der Grundlage von Bewertungen können nachfolgend zielgerichtet Handlungen im Sinne der planerischen Fragestellung abgeleitet werden. Innerhalb von Naturschutz und Landschaftsplanung haben Bewertungen folgende Aufgabenstellungen (Bernotat et al. 2002b):

- die naturschutzfachliche Bedeutung für Arten und Lebensräume herauszuarbeiten,
- aktuelle Belastungen bzw. der daraus resultierenden Defizite für Arten und Lebensgemeinschaften festzustellen,
- bei Eingriffen oder Nutzungswandel Beeinträchtigungen zu prognostizieren,
- Leitbildvarianten oder Zielkonzepte einzuschätzen,
- Maßnahmenvarianten zu bewerten und zu priorisieren und
- die Bewertung geplanter oder durchgeführter Maßnahmen auf ihre Umsetzung, ihren Erfolg und ihre Wirkungen vorzunehmen.

In Abhängigkeit der Fragestellung und des Planwerks sowie des Maßstabs und Konkretisierungsgrades haben diese Bewertungsaufgaben eine unterschiedliche Relevanz. In Auen können alle wichtig sein. Grundsätzlich gibt es für eine naturschutzfachliche Bewertung keine Standardmethode, vielmehr sind bestimmte Grundprinzipien einzuhalten und die Auswahl der Kriterien ist im Zusammenhang mit der Aufgabenstellung zu wählen (Bernotat et al. 2002b). Bei der Auswahl von Bewertungsmethoden in Auen sind allerdings die besonderen dynamischen Verhältnisse und hydrologischen Standortfaktoren besonders zu berücksichtigen.

Im RIVA-Projekt konnten unter den mehr als 300 gemessenen bzw. abgeleiteten Umweltvariablen (Kapitelanhang 4.3-2) zehn identifiziert werden, die geeignet sind, als Schlüsselfaktoren die Verteilungsmuster von Pflanzen, Laufkäfern und Mollusken in den untersuchten Auenwiesen zu erklären (s. Buchkap. 7.1 und 10). Das vorliegende Indikationssystem in seiner jetzigen Form ist eine Umweltindikation zweier besonders wichtiger Schlüsselfaktoren für das Vorkommen und wahrscheinlich auch das Überleben von Organismen und Habitaten in Auen. Um mit einem Indikationssystem, das Umwelteigenschaften charakterisiert, Bewertungen vornehmen zu können, müssen die entsprechenden Indikationsergebnisse eines ökologischen Zustands einem Wertesystem bzw. einem Bewertungsmaßstab gegenübergestellt werden (Fürst & Scholles 2001). Die indizierten Werte für die zwei ausgewählten Standortfaktoren beschreiben einen Zustand, der, wenn er normativ als wertvoll erachtet wird, als Umweltqualitätsziel bzw. Erhaltungsziel einer Auenwiese formuliert werden kann.

Gewässerkundliche Indikationssysteme sind in dieser Hinsicht schon sehr weit entwickelt (vgl. Buchkap. 2), in dem sie die Bewertungsmaßstäbe an ökologisch best möglichen Zuständen orientieren, die für einige Teilkompartimente in standardisierter Form in Deutschland genutzt werden (z.B. Knoben et al. 1995, LAWA 2004) und sogar durch die europäische Wasserrahmenrichtlinie festgelegt wurden (EG 2000, Hering et al. 2002).

Bewertungsmaßstäbe werden häufig mit Leitbildern unterlegt. Die Arbeit mit Leitbildern stellt in der Naturschutz-, Landschafts- und Raumplanung ein wesentliches Instrument dar, um einen gewünschten, zukünftigen Zustand für einen bestimmten Raum in einer bestimmten Zeitperiode zu beschreiben. Leitbilder dienen unter anderem als Orientierung und konzeptionelles Werkzeug für Zielentscheidungen und Zielformulierungen sowie als Referenz und Qualitätsmaßstab für Bewertungen (z.B. Schwineköper et al. 1992, DRL 1997, Esser 1997, Horlitz 1998, Wiegleb et al. 1999, Mosimann 2001, v. Haaren & Horlitz 2002). Der aus der Gewässerökologie stammende und im Forschungsverbund Elbe-Ökologie diskutierte/eingeführte Begriff des „ökologischen Leitbildes“ wird als heutiger potenziell natürlicher Zustand einer Landschaft definiert (Kohmann 1997). Ausgehend vom Ist-Zustand sind anhand von Kriterien die noch möglichen Annäherungen an naturnahe Verhältnisse unter Berücksichtigung irreversibler Entwicklungen in der Vergangenheit und unabhängig von aktuellen sozio-ökonomischen Rahmenbedingungen zu ermitteln. Das ökologische Leitbild kann demnach auch als Referenzzustand betrachtet werden und als Messlatte der Naturnähe dienen. Die Komplexität dieses Zusammenhangs wird insbesondere in einer Kulturlandschaft deutlich, wie sie die Mittlere Elbe darstellt, die nach internationalen als auch nationalen und landesweiten Vorgaben selbst Schutzobjekt des Naturschutzes ist.

Auf Auen, als semiterrestrische Lebensräume, sind die gewässerkundlichen Ansätze, die eine Umweltindikation in eine Wertindikation überführen, nicht direkt übertragbar. Auch hat sich für Auen gezeigt, dass eine Bewertung nach nur einem ökologischen Leitbild oder Referenzzustand häufig nicht Ziel führend ist (vgl. Haaren & Horlitz 2002, Horlitz 2003). Aufgrund unterschiedlicher Interessen einzelner Nutzer, aber auch unterschiedlicher Leitbilder des Naturschutzes selbst (Kulturlandschaft versus Naturlandschaft) werden deshalb Leitbildvarianten bzw. sektorale Leitbilder empfohlen, die zur Abstimmung innerhalb des Naturschutzes und mit relevanten Raumnutzern dienen.

Im Rahmen von Projekten des Forschungsverbundes Elbe-Ökologie, in denen z.T. landwirtschaftlich genutzte Flächen im Mittelpunkt standen, stellte das ökologische Leitbild als Naturschutzleitbild nur einen denkbaren Referenzzustand dar (Prüter & Evers 2001, Wycisk & Weber 2003). Eine naturnahe Auenlandschaft lässt sich beispielsweise über die Ausstattung an auentypischen Lebensräumen oder Strukturelementen (Altwässer, Auenwälder, unbefestigte Uferbereiche, Erosions- und Sedimentationsbereiche, Inseln etc.) darstellen und quantifizieren und, wenn ein Referenzzustand vorliegt, ihm auch gegenüberstellen. Ein erster Schritt, einen Referenzzustand aus naturschutzfachlicher Sicht für Flüsse und ihre Auen in Deutschland festzulegen, wurde von Koenzen (2005) entwickelt. Die Ableitung erfolgt über die abiotischen Rahmenbedingungen wie Gewässergroßlandschaft, Abflussregime oder Substrat. Für eine regionale bzw. lokale Bearbeitung von Auengebieten, wie sie in vielen Naturschutzfachplanungen in Auen notwendig sind, stößt diese Herangehensweise, eines ökologischen Leitbildes einer Naturlandschaft als Referenzmaßstab, allerdings an seine Grenzen.

Die im RIVA-Projekt und auch durch andere Autoren ermittelten wesentlichen Umweltfaktoren für das Überleben von Arten quantifizieren einen aktuellen Umweltzustand einzelner Gebiete. Im Rahmen einer bewertenden Betrachtung, welcher Grundwasserflurabstand oder welche Überschwemmungsdauer in einem Auengebiet hoch zu bewerten ist, fehlen grundsätzlich entsprechende naturnahe Referenzzustände als Maßstäbe. Prinzipiell wird man sich innerhalb der Fachdisziplinen schnell darüber einig sein, dass diese beiden Standortfaktoren neben dem Schwankungsbereich zwischen Hoch- und Niedrigwasser wesentliche Schlüsselfaktoren für das Vorkommen und Überleben von Lebensgemeinschaften in Auen sind. Jedoch einen Auenabschnitt als Referenzzustand auszuwählen, der für diese Umweltfaktoren einen möglichst naturnahen Zustand und ökologischen Optimalbereich als Bewertungsgrundlage für den Vergleich mit anderen Auenabschnitten festlegt, erscheint gegenwärtig in Mitteleuropa schwierig. So ist die Elbe bereits seit dem Mittelalter in Fluss und Aue getrennt und somit in seiner Hydrologie anthropogen verändert (vgl. Scholz et al. 2005b). Es gibt weder für die Überflutungsdauer noch den Grundwasserflurabstand zufrieden stellende detaillierte Dokumentationen. Auch detaillierte Vegetationszusammensetzungen von vor mehreren hundert Jahren, auf deren Grundlage mit dem Indikationssystem Rückrechnungen möglich wären, stehen natürlich nicht zur Verfügung.

Dieses Dilemma lässt sich dadurch lösen, dass Referenzmaßstäbe/Leitbilder durch die Formulierung von Umweltqualitätszielen (UQZ), manchmal auch als Entwicklungsziele bezeichnet, konkretisiert und in übergeordnete gesellschaftliche Zielvorgaben eingeordnet werden. Diese weisen eine größere inhaltliche Detailschärfe als allgemein gehaltene Leitbilder auf und sind meist qualitativer Art (Fürst et al. 1992). Hier können Zielangaben zum Beispiel für einzelne Ökosystemtypen, Flächen, Leitarten oder Funktionen und Prozesse gemacht werden (z.B. Erhalt der auentypischen Überschwemmung, Sedimentations- und Erosionsdynamik, Schutz der Auenwiesen und Flutrinnen). In einem weiteren Schritt können die UQZ durch Umweltqualitätsstandards (UQS) untersetzt sein, die weitgehend quantitative Zielvorstellungen enthalten und den größten Konkretisierungsgrad aufweisen (Fürst et al. 1992). Sie können numerisch (z.B. Grenzwerte für Schwermetalle nach Bundesbodenschutzgesetz mg/l), ordinal (z.B. abhängig von Gefährdungsgraden nach Roten Listen) oder nominal (z.B. gesetzlich geschützte Biotope nach §20c BNatSchg, FFH-Lebensräume oder Einstufung als grundwasserabhängige Lebensräume) skaliert sein (z.B. Riecken et al. 2003). Für eine Bewertung des aktuellen Zustandes von Arten und Lebensgemeinschaften liegen hier zahlreiche Standards und Vorschläge vor, die auch für eine Bewertung im Auenbereich genutzt werden können.

Eine hohe Relevanz hat hier die Zuordnung der in einem Gebiet vorgefundenen Lebensräume nach gesellschaftlichen Standards, wie gesetzlich geschützte Lebensräume, FFH-Habitate oder Einstufung als grundwasserabhängige Lebensräume nach Wasserrahmenrichtlinie. Sie geben bereits erste Hinweise auf die naturschutzfachliche Bedeutung eines Auenabschnittes. Um eine Priorisierung und Festlegung von Umweltqualitätszielen zu erreichen, können sie durch weitere Bewertungskriterien oder über Standardbewertungsverfahren, die für verschiedene Fragestellungen entwickelt wurden, ergänzt werden. So werden beispielsweise für Biotoptypen die Ausprägungen verschiedener Bewertungskriterien wie Regenerationsdauer, Repräsentanz, Artenzahlen, Naturnähe oder Abhängigkeit von extremen Standortfaktoren zusammengestellt. Die Rangstufen der einzelnen Bewertungskriterien werden in der Regel aus bereits veröf-

Tab. 9.2-2: Zuordnung der Biotoptypen auf den RIVA-Probeflächen zu ausgewählten Bewertungsstandards.

Bezeichnung	Abkürzung	Schutzstatus §37 LSA[1]	FFH-Lebensräume [1,2]	Rote Liste-Biotoptypen LSA [3]	Grundwasserabhängige Landlebensräume nach WRRL[1]	Regenerierbarkeit[4]	Nutzungsintensität [5]
Flutrinnen und Senken (tief)	FT	Ja	Bedingt*	2-3	ja	schwer	gering
Flutrinnen und Senken mit Roh-Glanzgras	FG	Ja	Bedingt*	-	ja	bedingt	gering
Nasses Grünland	GNF	Ja	Ja, zu den Brenndolden-wiesen	2	ja	schwer	mittel
Mesophiles Grünland mit Wiesen-Fuchsschwanz	GMF	Nein	Ja – Nährstoffarme Fuchsschwanz-wiesen	3	Je nach Standort	bedingt bis schwer	mittel
Mesophiles Grünland mit Wiesen-Glatthafer	GMA	Nein	Ja – nährstoffarme Fuchsschwanz-wiesen	3	Je nach Standort	bedingt bis schwer	mittel

[1] Riecken et al 2003, [2] LAU 2004a, [3] Schuhboth & Peterson 2004, [4] Riecken et al 1994, [5] eigene Einschätzung

* FFH-Einstufung von Flutrinnenbiotoptypen nur als Teil von Eutrophen Gewässern, Flussuferfluren und Feuchten Hochstaudenfluren – siehe auch Buchkap. 9.2.3

fentlichten Werteskalen übernommen (z.B. v. Drachenfels 1996, Bierhals et al. 2004, LAU 2004a, Schuhboth & Peterson 2004). Gemeinsam mit den bereits erwähnten Standards und der Entwicklung einer Bewertungsregel erlaubt diese Herangehensweise für entsprechende Biotoptypen eine Rangfolge mit hoher bis geringer Bedeutung für beispielsweise den Arten- und Biotopschutz. In einem weiteren Schritt sollten auch die vorgefundnen Arten bzw. untersuchten Artengruppen sowie vorgefundenen Beeinträchtigungen im Gebiet auf die jeweilige Fragestellung hin bewertet werden (s. auch Bernotat et al. 2002b, v. Haaren 2004).

Besondere Bedeutung hat eine Bewertung, wenn ein Naturraum mit seinen Lebensräumen und Arten als ökologisch wertvoll betrachtet wird, wie es bei der Mittleren Elbe durch die verschiedensten Schutzausweisungen nach internationalen und regionalen Schutzkategorien der Fall ist. Unterstrichen wird dies auch durch die Biotoptypen der Untersuchungsgebiete, die sich durch eine überwiegend hohe Wertigkeit (FFH-Lebensraumtyp, gesetzlich geschützter Biotoptyp, Rote Liste) für den Naturschutz auszeichnen bzw. für die eine hohe Empfindlichkeit gegenüber Eingriffen (Grundwasserabhängigkeit oder lange Regenerationsdauer) besteht (Tab. 9.2-2). Der aktuelle Zustand ist demnach bereits per se unter Schutz gestellt, also auch die aktuell festgestellten Prozesse und Funktionen. Dieser Zustand, also auch die gemessenen oder indizierten Umweltvariablen, können demnach als Referenzmaßstab für spätere Untersuchungen genutzt werden.

Da sämtliche RIVA-Untersuchungsgebiete im länderübergreifenden UNESCO-Biosphärenreservat „Flusslandschaft Elbe" liegen, fassen die im Rahmenkonzept (BRME 2003) dargestellten Leitlinien zum Schutz des Naturhaushaltes und der biologischen Vielfalt die wesentlichen naturschutzfachlichen Zielstellungen zusammen, aus denen sich die konkreten Umweltqualitätsziele ableiten lassen:

- Schutz und Entwicklung eines der letzten naturnahen Stromtäler in Mitteleuropa mit seiner gewachsenen Natur- und Kulturlandschaft sowie seiner landschaftlichen Eigenart und Schönheit;
- Erhaltung der stromtaltypischen abiotischen Standortfaktoren sowie der ausgeprägten Flußauendynamik;
- Schutz und Entwicklung seiner hohen Vielfalt an naturnahen, auentypischen Strukturen sowie der vielfältigen miteinander vernetzten auentypischen Lebensräume und -gemeinschaften mit den heimischen, wildlebenden Pflanzen- und Tierarten;
- Bewahrung der genetischen Ressourcen endemischer und stromtaltypischer Arten im Überschneidungsbereich verschiedener biogeografischer Regionen.

Das Indikationssystem bietet für einige dieser bewertungsrelevanten Lebensräume die Möglichkeit, die wesentlichen Umweltfaktoren als Referenzmaßstab für konkrete Gebiete bei entsprechender Datenlage und Bearbeitungsmaßstab nicht nur qualitativ sondern auch quantitativ zu charakterisieren und zu einer Konkretisierung der Leitlinien in Entwicklungsziele beizutragen. Am Beispiel der FFH-Lebensräume und der Einbindung in die Wasserrahmenrichtlinie wird dieser Sachverhalt weiter unten diskutiert.

9.2.4.2 Bewertung von wasserbaulichen Maßnamen, Beispiel Bundeswasserstraßen

Die Elbe selbst ist Bundeswasserstraße und soll laut Bundesverkehrswegeplan eine Tauchtiefe von mindestens 1,60 m (auch bezeichnet als Gleichwertiger Wasserstand - GIW) an 345 Tagen im Jahr gewährleisten. Bei Mittelwasser (MQ) soll eine Mindestfahrrinnentiefe von 2,6 m vorgehalten werden (Deutscher Bundestag 2008). Hierzu ist die Elbe im letzten Jahrhundert mit Buhnen zur Wasserstraße ausgebaut worden. Allerdings erfolgte zunächst kriegsbedingt und anschließend wegen der innerdeutschen Grenze jahrzehntelang keine Unterhaltung der Wasserbauwerke. Die Festlegung des Abflussgerinnes mit Buhnen und Steinschüttungen widerspricht grundsätzlich den Vorstellungen eines naturnahen Stromes, da dadurch wesentliche Auenprozesse, wie zum Beispiel Erosion und Sedimentation, Verlagerungen des Abflussgerinnes oder Schaffung von neuen Pionierstandorten oder Altwässern nicht mehr oder kaum noch möglich sind. Seit der Wiedervereinigung werden im Zuge von Unterhaltungsmaßnahmen die teilweise verfallenen Buhnenbauwerke an der Elbe wieder hergestellt. Durch den Verlust sukzessionsbedingter Lebensräume entstehen Konflikte zwischen Zielen des Naturschutzes und der Schifffahrt. Durch die Aufstellung von Unterhaltungsplänen im Dialog mit den Dienststellen des Naturschutzes sollen die Auswirkungen der Maßnahmen auf ein Minimum reduziert werden (BMVBW 2005)

Der nicht ausgeglichene Geschiebehaushalt durch Staustufen und Talsperren im Oberlauf führt häufig zu Veränderungen des hydrologischen Regimes, insbesondere auf den oberflächennahen Grundwasserhaushalt in der Aue. So ist an einigen Abschnitten der Elbe bereits eine Sohlabsenkung von bis zu 2 cm im Jahr beobachtet worden, das wiederum zur Grundwasserabsenkung und Austrocknung der Auen führt (Faulhaber 2000). Bei der Planung verkehrsbezogener Maßnahmen an Wasserstraßen sind ökologische Belange zu berücksichtigen. Daher sind insbesondere die Wirkungen solcher wasserbauliche Maßnahmen auf die Lebensräume entsprechend darzustellen. Flächenverluste können relativ einfach quantifiziert und bewertet werden. Demgegenüber sind Eingriffe von Vorhaben, bei denen Auswirkungen auf die Standortfaktoren zu erwarten sind, vergleichsweise schwierig zu bewerten. Im Fall der Auen sind beispielsweise Auswirkungen auf den oberflächennahen Grundwasserzustand, aber auch die Überschwemmungshöhe und -dauer oder die Wasserstandsdynamik (Wechsel von Hoch- und Niedrigwasser) zu erwarten. So schränken Staustufen, wie sie an der tschechischen Oberlauf der Elbe oder der Saale bestehen, das Wirken der Auendynamik zwischen Mittelwasser und gelegentlich auftretenden Hochwässern ein und das ökologisch wichtige Niedrigwasser mit Austrocknungsphasen in der Aue tritt aufgrund eines ganzjährig hohen Wasserstandes innerhalb des staugeregelten Bereiches in der umgebenden Aue gar nicht mehr ein (Henrichfreise 2000, 2001, 2003), was letztlich wesentlich kritischer zu sehen ist als die abgeschwächte Hochwasserwirkung. Ein Ausbau einer Wasserstraße unterliegt einem Planfeststellungsverfahren mit integrierter Umweltverträglichkeitsuntersuchung. Hier werden in der Regel für verschiedene Varianten sämtliche Auswirkungen eines Vorhabens auf die bewertungsrelevanten Schutzgüter und Umweltfaktoren dargestellt und mittels mulitkriterieller Bewertungsmethoden für die Entscheidungsfindung gegenübergestellt (z.B. Köppel et al. 1994, BfG 2004). Für Unterhaltungsmaßnahmen, insbesondere Buhnensanierung an der Elbe, werden Abstimmungen zwischen Naturschutzvertretern und Wasser- und Schifffahrtsämtern durchgeführt (BMVBW 2005, Deutscher Bundestag 2008); standardisierte Verträglichkeitsuntersuchungen werden aber momentan nicht vorgenommen, obwohl dies besonders von verbandlicher als auch

Tab. 9.2-3: Auswahl an auenrelevanten Lebensraumtypen (LRT) der FFH-Richtlinie (vgl. EG 1992, LAU 2002, 2004b, Riecken et al. 2003, eigene Zusammenstellung), die in oder in unmittelbarer Umgebung der RIVA-Untersuchungsgebiete vorkommen; fett: wurden im Rahmen des RIVA-Probendesigns auf Probflächen untersucht.

Code Nr.	Lebensraumtyp	Code Nr.	Lebensraum-Untertyp /Anmerkungen
23	Dünen im Binnenland (alt und entkalkt)	2310	Dünen mit offenen Grasflächen mit *Corynephorus* und *Agrostis*: Silbergras-Fluren, Straußgras-Rasen und Grasnelken-Trockenrasen auf Dünen. Auf den Schöneberger Wiesen im nördlichen Bereich auf Sandlinse im Überschwemmungsbereich fragmentarisch ausgebildet, großflächiger auf angrenzender Binnendüne, Lebensraumtyp nicht in RIVA-Probeflächen vorhanden.
31	Seen	3150	Natürliche eutrophe Seen mit einer Vegetation des Magnopotamions oder Hydrocharitions: zahlreiche Altwässer und Flutrinnen mit vielfach gut ausgeprägter Wasser- und Ufervegetation - mit Einschränkungen im RIVA-Projekt über den Biotoptyp Flutrinnen betrachtet.
32	Fließgewässer - Abschnitte von Wasserläufen mit natürlicher bzw. naturnaher Dynamik, deren Wasserqualität keine nennenswerte Beeinträchtigung aufweist	3270	Flüsse mit Schlammbänken mit Vegetation des Chenopodion rubri p. p. und des Bidention p. p.: z.B. Uferzonen der Elbe aller drei Untersuchungsgebiete - Uferbereiche der Elbe im RIVA-Projekt nicht betrachtet - mit Einschränkungen können Pionierfluren über den Biotoptyp Tiefe Flutrinnen diesem LRT zugeordnet werden
64	**Naturnahes feuchtes Grasland mit hohen Gräsern**	**6440**	**Brenndolden-Auenwiesen (Cnidion dubii); in den untersuchten Wiesenstandorten nur in Steckby und Wörlitz in fragmentarischer Form anzutreffen - Biotoptyp Nasses und Feuchtes Grünland in Steckby entspricht diesem LRT. Besonders gut ausgeprägte Vorkommen in benachbarten Gebieten**
		6430	Feuchte Hochstaudenfluren der planaren und montanen bis alpinen Stufe, entlang des Elbufers aber auch an Altwässern und Flutrinnen. Vielfach ausgesprochen artenreiche Ausprägungen auf den nicht genutzten Niederterrassen zum Elbufer - mit Einschränkungen im Biotoptyp Flutrinnen vorkommend
65	**Mesophiles Grünland**	**6510**	**Magere Flachland-Mähwiesen (*Alopecurus pratensis, Sanguisorba officinalis*), Ausprägungen mäßig feuchter als auch mäßig trockener Standorte, insbesondere Glatthafer-Wiesen und Labkraut-Fuchsschwanz-Wiesen**
91	Auenwälder mit *Alnus glutinosa* und *Fraxinus excelsior* (Alno-Padion, Alnion incanae, Salicion albae)	91E0*	Auenwälder mit *Alnus glutinosa* und *Fraxinus excelsior* (Alno-Padion, Alnion incanae, Salicion albae: Traubenkirschen-Erlen-Eschenwälder, auch Schaumkraut-Erlenquellwälder, in Elbnähe Silberweiden-Schwarzpappel-Auwälder - fragmentarisch entlang der Funder und des Elbufers, in den RIVA-Untersuchungsflächen fehlend.
		91F0	Hartholzauenwälder mit *Quercus robur, Ulmus laevis, U. minor, Fraxinus excelsior* oder *F. angustifolia* (Ulmenion minoris) - großflächig in den benachbarten Waldgebieten in Steckby und Wörlitz – im RIVA-Projekt nicht berücksichtigt.

staatlicher Naturschutzseite immer wieder eingefordert wird. Vor dem Hintergrund des Extremhochwassers an der Elbe im August 2002 hat die Bundesregierung im Rahmen eines 5-Punkte-Programms festgelegt, dass alle Flussausbauplanungen und größeren Unterhaltungsmaßnahmen überprüft werden sollen sowie ein integriertes Gesamtkonzept für die Elbe entwickelt werden soll. Derzeit besteht für die Elbe (seit 2002) ein Ausbaustopp, was insbesondere die großen Bauvorhaben, Coswiger Oberluch, Magdeburger Domfelsen und Rüterberger Bogen bei Dömnitz betrifft. Unterhaltungsarbeiten an Buhnen und Böschungen finden jedoch nach wie vor statt.

Im Rahmen einer Eingriffsbewertung von Strombaumaßnamen ist die Darstellung der Wirkung auf Grundwasserstände und Überflutungsdauern und somit auch auf das Vorkommen von Auenarten von essentieller Bedeutung. Mit dem Indikationssystem können für diese beiden Umweltfaktoren Werte des Status Quo für ein 7-jährigen Mittel ermittelt werden sowie, bei vorliegenden biologischen Aufnahmen, auch deren historische Werte. Im RIVA-Projekt konnte gezeigt werden (Henle et al. 2006a, Rink 2003, Buchkap. 7.1 und 8.2), dass Wasserstandschwankungen ebenfalls zu den Faktoren gehören, die das Vorkommen von Arten maßgeblich beeinflussen und dass verschiedene Arten potentiell als Indikatoren für diese Schwankungen in Frage kommen. Dieser Wechsel zwischen Hoch- und Niedrigwasser oder Minimal und Maximalwerte, werden durch Eintiefung, Anhebung oder auch Einstau erheblich verändert. Bewertungsrelevante Aussagen zu diesen Faktoren lassen sich derzeit mit dem Indikationssystem jedoch nicht vornehmen. Um diese Kenntnisse in ein abgesichertes Indikationssystem umsetzen zu können, bedarf es noch umfangreicher Analysen. Zur Beschreibung dieser letztgenannten Umweltfaktoren sind daher umfangreiche Messungen (Henrichfreise 2000, 2003) erforderlich, um entsprechend belastbare Aussagen treffen zu können.

9.2.4.3 FFH-Richtlinie

Im Rahmen der FFH-Richtlinie können Quantitative Indikationssysteme, wie es das Indikationssystem (s. Buchkap. 7.2) darstellt, funktionsbezogene Analysen von Auenlebensräumen sowohl für deren Schutz als auch für deren Nutzung erleichtern.

Ein Großteil der naturnahen Flussauen, insbesondere im Bereich der Mittleren Elbe, sind aufgrund ihrer Ausstattung an Arten und Lebensräume, Seltenheit, Größe und linienhaften Vernetzung als FFH-Gebiete im Rahmen des europäischen Schutzgebietssystems NATURA 2000 aufgenommen worden. Die europäische Fauna-Flora-Habitat-Richtlinie (FFH-RL, EG 1992) sieht vor, die biologische Vielfalt auf dem Gebiet der Europäischen Union durch ein nach einheitlichen Kriterien ausgewiesenes Schutzgebietssystem dauerhaft zu schützen und zu erhalten. Zu diesem Zweck sind in den Anhängen der Richtlinie Lebensraumtypen (Anhang I) und Arten (Anhang II und IV) aufgeführt, deren Verbreitung und Vorkommen bei der Auswahl von geeigneten Schutzgebieten als Kriterien herangezogen werden sollen. Die Mitgliedsstaaten sind verpflichtet, eine Übersicht zum Vorkommen dieser Lebensraumtypen und Arten zu erstellen. Dazu sollen diese erfasst und bewertet werden, einerseits als Dokumentation des vorhandenen Inventars an Landschaftsraumtypen in den gemeldeten FFH-Gebieten und andererseits als Basis für eine künftige regelmäßige Überprüfung des Erhaltungszustandes der hier vorkommenden Lebensraumtypen und Arten auf Veränderungen im Rahmen der Berichtspflichten an die EU (alle 6 Jahre).

Für die bisher gemeldeten Gebiete muss eine Dokumentation des vorhandenen Inventars erarbeitet werden, die u.a. auch einer Überprüfung der kartierten Gebiete ermöglichen soll. Für diesen Zweck ist auf der Grundlage eines bundesweiten Vorschlages (Doerpinghaus et al. 2003) für die meisten Länder eine Kartiervorlage für Lebensräume erarbeitet worden (z.B. LAU 2004b).

Die im RIVA-Projekt bearbeiteten Untersuchungsgebiete sind Teil der von Sachsen-Anhalt gemeldeten Gebietskulisse. Tabelle 9.2-3 gibt eine Übersicht der in den Untersuchungsgebieten vorkommenden Lebensraumtypen.

Über die Kartierung der Vegetationstypen bzw. deren Zusammenfassung als Biotoptypen konnte eine Zuordnung der meisten Flächen zu FFH-Lebensraumtypen erfolgen. So wurden die Biotoptypen Mesophiles Grünland mit Glatthafer und Wiesen-Fuchsschwanz zum Lebensraumtyp Magere Flachland-Mähwiesen zusammengefasst. Auch konnten die Bestände des Nassen bis Feuchten Grünlandes der Schöneberger Wiesen dem Lebensraumtyp Brenndolden-Auenwiesen zugeordnet werden. Flutrinnen und Senken, die eine pragmatische Zusammenfassung verschiedenster Röhrrichtausprägungen und Pioniervegetation darstellen (s. Buchkap. 7.4.2), können zu den Lebensraumtypen Natürliche eutrophe Seen, Flüsse mit Schlammbänken mit Vegetation und Feuchte Hochstaudenfluren zugeordnet werden. Allerdings ist hier anzumerken, dass die Zuordnung sehr stark vom Bearbeitungsmaßstab, vom Kartierzeitpunkt, von den vorgefundenen Ausprägungen der Vegetation sowie von der Interpretation der Kartieranleitung durch den Bearbeiter abhängt (LAU 2004b). Die Zuordnung ist aus unserer Sicht nicht zufrieden stellend, sollte im Rahmen der Fortschreibung von FFH-Kartieranleitungen verbessert werden und insbesondere dem Darstellungsmaßstab 1:10.000 Rechnung tragen.

Die Berichtspflicht erfordert neben der Zuordnung des FFH-Lebensraumtypes auch eine Einschätzung des Erhaltungszustandes des jeweiligen Lebensraumes. Als Wertparameter für die Einschätzung des Erhaltungszustandes eines Lebensraumes sollen die Parameter Habitatstrukturen und Arteninventar sowie Beeinträchtigungen erfasst werden. Dazu sind die einzelnen FFH-Lebensraumtypen in einem FFH-Gebiet einer Erhaltungsklasse (A, B oder C) zuzuordnen. Die Wertstufen A, B und C orientieren sich an den Vorgaben der EU-Kommission zum Standarddatenbogen und sollen einen europaweiten Vergleich ermöglichen. Die Wertparameter Habitatstruktur und Beeinträchtigungen am Beispiel der Katieranleitung im Land Sachsen-Anhalt werden anhand einer verbalen Begründung vorgenommen. Die Qualitätsmerkmale sind in Form einer Bewertungsmatrix für einen Lebensraumtyp bereits vorgegeben und sollen individuell erläutert werden. Der Wertparameter Artenvielfalt selbst wird anhand der Erfassung der in diesem Lebensraumtyp vorkommenden Pflanzenarten vorgenommen. Grundsätzlich werden alle vorkommenden Pflanzenarten im Erfassungsbogen angestrichen. Die Arten werden dabei in ihrer Häufigkeit in 2 Kategorien unterteilt (+: selten, und ++: häufig). Die Bewertung selbst erfolgt im Wesentlichen über das Vorhandendsein und die Anzahl bzw. das Verhältnis von charakteristischen und lebensraumtypischen Pflanzenarten (Anwesenheits-Abwesenheitsdaten) der entsprechenden Lebensraumtypen (vgl. LAU 2004b). Die Kartierung der Le-bensraumtypen orientiert sich stark an pflanzensoziologischen Einheiten. Diese sind in den Erfassungsbögen auch zu nennen, allerdings sind Vegetationsaufnahmen für eine solche Erfassung nicht zwingend vorgeschrieben. FFH-relevante Tierarten werden als Zufallsfunde aufgenommen. Eine Erfassung lebensraumtypischer (charakteristischer) Tierarten, obwohl beispielsweise bei Sperle (2007) empfohlen, ist im Rahmen der hier betrachteten FFH-Lebensraumkartierungen nicht vorgesehen.

Obwohl das Indikationsystem für mehrere FFH-relevante Lebensräume zwei wesentliche Umweltfaktoren (Überschwemmungsdauer und Grundwasserflurabstand) charakterisieren kann, ist eine direkte Anwendung mit den im Rahmen einer FFH-Kartierung erhobenen Felddaten nicht möglich. Die für eine Anwendung des Indikationssystems notwendigen Abundanzdaten sind im Rahmen der FFH-Kartiermethode nicht vorgesehen. Verbesserungen ließen sich dadurch erzielen, dass Vegetationsaufnahmen in bestimmten Lebensraumtypen auf Dauerbeobachtungsflächen erarbeitet werden, oder umgekehrt, das Indikationssystem entsprechend verändert werden müsste, um einfache ökologische Auswertungen auch mit Präsenz-Absenz Daten zu ermöglichen.

9.2.4.4 Wasserrahmenrichtlinie und Auen

Eine neue Rahmengröße für das Management in Auen ist die seit dem Jahr 2000 geltende Europäische Wasserrahmenrichtlinie (WRRL, EG 2000). Sie zielt insbesondere auf die Oberflächengewässer und das Grundwasser ab, für die bis 2015 ein „guter Zustand" mit der Umsetzung der Bewirtschaftungspläne erreicht werden soll. Auen sind in der übergeordneten Zielstellung der WRRL nach Artikel 1 enthalten. In der weitergehenden Ausgestaltung (Konkretisierung und Operationalisierung) finden sie jedoch meist nur indirekt Beachtung. Die WRRL unterscheidet bei den Umweltzielen und deren Operationalisierung zwischen Oberflächen- und Grundwasserkörpern. Auen sind jedoch in der Regel sowohl grund- als auch oberflächenwasserabhängig, was deren Zuordnung zu beiden Wasserkörpertypen bedeutet.

Auen und Grundwasserkörper

Der gute chemische und mengenmäßige Zustand von Grundwasserkörpern ist so definiert, dass von Grundwasserkörpern in diesem Zustand keine signifikanten Schädigungen der vom Grundwasser abhängigen Landökosysteme ausgehen. Damit sind die grundwasserabhängigen bzw. –beeinflussten Bereiche von Auen in die Umweltziele für das Grundwasser integriert. Das betrifft den Schutz vor bzw. die Beseitigung von stofflichen Belastungen (chemischer Zustand) und von Veränderungen der Wasserhaushaltsdynamik (mengenmäßiger Zustand). Für Deutschland erfolgte eine Definition und Klassifikation von grundwasserabhängigen Landökosystemen (Erftverband 2002) und ist in die Standard-Biotoptypenliste des Bundesamtes für Naturschutz übernommen worden (Riecken et al. 2003). Die Berücksichtigung der grundwasserbeeinflussten Lebensräume geht in der WRRL weit über die gesetzlich geschützten Biotope oder die nach FFH-Richtlinie zu erfassenden Lebensräume hinaus. So sollen nicht nur Schutzgebiete sondern alle potenziell grundwasserabhängigen Landökosysteme betrachtet werden (vgl. Erftverband 2002).

Für die Abgrenzung grundwasserbeeinflusster Lebensräume wurde in der WRRL der Grenzflurabstand des Grundwassers als Kriterium herangezogen. Dabei sind die Pflanzen-Lebensgemeinschaften als grundwasser*un*abhängig zu betrachten, wenn der Grundwasserstand drei Meter unter Flur liegt. Diese Abgrenzung wird durch mangelnde Genauigkeit des Indikationssystems, wenn der mittlere Grundwasserflurabstand während der Vegetationsperiode bei über 2,5 m liegt, bestätigt (Buchkap. 7.4). Eine Ausnahme bilden bestimmte Waldstandorte, die von bis zu max.-5 m unter Flur stehendem Grundwasser beeinflusst werden können (Erftverband 2002). Grundsätzlich sei an dieser Stelle auf die Schwierigkeit hingewiesen, dass eine eindeutige Unterscheidung zwischen Grund- und Oberflächenwassereinfluss, wie er gerade für Auen typisch ist, nicht immer möglich ist (Lutosch et al. 2002, Buchkap. 5.1). In Auen ist selbst in höheren Lagen der Überflutungsaue von einem zeitweisen Grundwassereinfluss auszugehen, so dass es gerechtfertigt ist sämtliche Auenlebensräume unbedingt in die Darstellung grundwasserabhängiger Landökosysteme aufzunehmen. Grundwasserabhängige Landökosysteme müssen also dargestellt werden und sind bei Eingriffen in den Grundwasserhaushalt zu berücksichtigen.

Auen und Oberflächenwasserkörper

In welchem Umfang Auen Teil eines Oberflächengewässers sind, ist in der WRRL nicht definiert. D'Eugenio et al. (2003) und Korn et al. (2005) empfehlen die aktive Aue als Teil des Wasserkörpers anzusehen: Der Uferbereich wird dort als jener Teil des angrenzenden Landes beschrieben, dessen Struktur und Zustand direkten Einfluss auf die Ausprägung der zur Bewertung des ökologischen Zustands herangezogenen biologischen Qualitätskomponenten (= Parameter und Indikatoren des Gewässerzustands nach Anhang V WRRL) hat.

Wenn Auen oder Teile von Auen Bestandteil der Oberflächenwasserkörper sind, gelten für sie auch die Ziele des guten Zustands. Allerdings beziehen sich die in Anhang V der WRRL definierten und für die Bewertung des ökologischen Zustands maßgeblichen biologischen Qualitätskomponenten nur indirekt auf den Zustand von Auen, da sie nur aquatische Tier- und Pflanzenarten umfassen. Zu den Habitatansprüchen einiger Fisch- (z.B. Hecht) und Makrozoobenthosarten (z.B. Imagines aquatischer Insekten) gehören aber auch naturnahe Auenstrukturen (vgl. Podraza 2002). Bei der Suche nach Indikatorarten für die Interaktion von Fluss und Aue besteht einerseits weiterer Forschungsbedarf, andererseits sind Informationen aus der gewässer- und naturschutzfachlichen Praxis gefragt (s.a. Korn et al. 2005).

Sowohl die Umweltziele, Begriffsbestimmungen und Qualitätskomponenten zur Erreichung eines guten ökologischen und chemischen Zustands bzw. des guten ökologischen Potenzials für Oberflächengewässer nach Artikel 4 (1) a und Anhang V als auch die Referenzbedingungen und Belastungen nach Anhang II beziehen sich ausschließlich auf den Wasserkörper und nicht auf die mit diesem in Verbindung stehenden Landökosysteme und Feuchtgebiete. Da der Wasserkörper im Mittelpunkt der WRRL steht, ist die Bedeutung von Auen bezüglich der von ihnen ausgehenden Effekte auf den Wasserkörper zu betrachten, nicht umgekehrt. Zusammenfassend lassen sich folgende auenrelevante Aspekte innerhalb der WRRL aufzeigen:

- Schutz und Renaturierung von Auen sind von großer Bedeutung um einen guten ökologischen Zustand von Gewässern zu erreichen (Artikel 4 WRRL und Anhang V).

Einige der hierfür geltenden Qualitätselemente können nur in intakten Flussauen erreicht werden.
- Anhang VI der WRRL nennt die „Neuschaffung und Wiederherstellung von Feuchtgebieten" als ergänzende Maßnahme im Maßnahmenprogramm. Die Anwendung dieser Maßnahmen wird u. a. davon abhängig sein, wie gut die Wirkung eines Feuchtgebietes auf die Qualitätskomponenten und andere Kriterien für den guten Zustand nachgewiesen werden kann. Von Bedeutung ist hierbei die Frage, welche Funktionen der Auen die Kriterien des guten Zustandes nach WRRL erfüllen.
- In naturschutzrechtlich geschützten Bereichen (z.B. Natura 2000, NSGs) sind die relevanten Entwicklungsziele zu berücksichtigen (Artikel 6 WRRL und Anhang IV). Allerdings gibt es keine ausdrückliche Verpflichtung, diese Ziele zu erreichen.
- Die ökonomischen Anforderungen innerhalb der WRRL (Artikel 9 WRRL und Anhang III) beinhalten auch eine Berücksichtigung der Effekte von Auen (Horlitz 2002, Petry et al. 2003).
- Zur Erreichung eines 'Guten Zustands des Grundwasser' (Artikel 4 WRRL und Anhang V) sind Auswirkungen auf grundwasserabhängige Landökosysteme ausgehend vom Grundwasserkörper auszuschließen.

Beitrag von RIVA zur Wasserrahmenrichtlinie

Auenlebensräume sind, wie zahlreiche Studien (z. B. Hügin & Henrichfreise 1992, Böhnke 2002, Leyer 2002, Scholz et al. 2005a) und auch die vorangegangenen Buchkapitel zeigen, von Überschwemmung und Trockenphasen gekennzeichnet, werden aber auch maßgeblich von zeitweise hoch anstehenden Grundwasserständen charakterisiert. Auen sind demnach unter bestimmten Voraussetzungen Bestandteil von Grund- und Oberflächenwasserkörpern. Insbesondere die Darstellung und die Überwachung grundwasserabhängiger Landökosysteme kann ein mögliches Einsatzfeld für die Anwendung des Indikationssystems sein. Die mit dem Indikationssystem abgedeckten Biotoptypen werden auch in der Standardbiotoptypenliste für Deutschland als grundwasserabhängige Landökosysteme geführt. Dabei sind eindeutig die Flutrinnentypen sowie das Nasse und Wechselfeuchte Grünland benannt. Die Messungen im RIVA-Projekt für die Standorte der Mittleren Elbe untermauern diese Einstufung. Sowohl das Mesophile Grünland mit Wiesen-Fuchsschwanz als auch mit Glatthafer weisen hingegen während der Vegetationsperiode im 7-jährigen Mittel relativ große Grundwasserflurabstände auf (vgl. Buchkap. 7.4), so dass hier eine Einstufung als grundwasserabhängig nur bedingt, je nach Standort, gegeben ist. Da bei den grundwasserabhängigen Lebensraumtypen allerdings die Grundwasserflurabstände über das ganze Jahr in die Betrachtung eingehen und sie zeitweise auch auf Standorten des Mesophilen Grünlands groß sind (vgl. Buchkap. 5.1), sollten sie unbedingt mit in Betrachtungen aufgenommen werden. Für alle Biotoptypen gilt, wenn die vorgefundenen Indikatorarten bei wiederholten Erfassungen steigende Grundwasserflurabstände indizieren, von einer Beeinträchtigung durch einen Eingriff in das oberflächennahe Grundwassersystem ausgegangen werden muss, was in diesem Fall gleichzeitig eine Habitatveränderung und eben eine Veränderung der Artengemeinschaft bedeuten würde. Bisher beschränkt sich das Indikationssystem auf die jährliche Überflutungsdauer und den mittleren Grundwasserflurabstand während der Vegetationsperiode, doch können mit den vorhandenen Daten Erweiterungen auf weitere ökologische Schlüsselparameter in Auen erfolgen.

Neben der Ableitung von Biotoptypen ist eine Bestimmung der grundwasserabhängigen Landökosysteme auch über Bodentypen möglich (Erftverband 2002, Lutosch et al. 2002). Das bedeutet, dass sämtliche Ökosysteme, die durch Bodentypen geprägt sind, bei denen die charakteristischen Prozesse der Bodenentwicklung grundwasserbestimmt sind, als grundwasserabhängige Landökosysteme zu bezeichnen sind. Bei dieser Betrachtung auf Auen wären damit sämtliche Teile, die von typischen Auenböden wie Vegen, Ramblen, Tschernitzen sowie deren Übergängen zu Gleyen und Niedermooren geprägt sind, als grundwasserabhängig zu definieren (vgl. Buchkap. 5.2). Die genannten typischen Auenböden sind neben der Überflutungsdynamik an eine starke Grundwasserdynamik (Schwankungshöhen bis 4 m) gebunden (vgl. Scheffer & Schachtschabel 2002). Allerdings lassen die in bodenkundlichen Kartenwerken enthaltenen Bodentypen in der Regel keinen Rückschluss darauf zu, ob die bodenbildenden Prozesse rezent oder reliktisch sind, mithin auch nicht darauf, ob es sich um eine „aktive“ Aue handelt oder nicht. Die genannten pedogenetischen Aspekte machen deutlich, dass in Bezug auf Auen eine wie in der WRRL verankerte einseitig grundwasserbezogene Systemdefinition zu kurz greift, da gerade Auen und Auenböden immer sowohl grund- als auch oberflächenwasserabhängig sein können.

9.2.5 Ausblick

Die untersuchten Lebensräume in diesem Buchkapitel sind auf fünf Grünlandlandtypen der Mittleren Elbe beschränkt. Trockenrasen, Uferbereiche, Sukzessionsflächen oder Auenwälder sind im Indikationssystem bisher nicht betrachtet worden. Um die komplette Bandbreite an Lebensraumtypen mit dem Anspruch einer möglichst flächendeckenden Bearbeitung eines Untersuchungsgebietes zu entsprechen, sollte das Indikationssystem auch auf diese Lebensraumtypen ausgeweitet werden.

Der Einsatz der Indikation mit Organismen im Vergleich zu Messungen von hydrologischen Standortfaktoren zeigte, dass eine Indikation (insbesondere mit Pflanzen) sehr zeit- und kostengünsitg arbeitet. Allerdings werden für planerische Aufgaben nicht alle bewertungsrelevanten Umweltfaktoren abgedeckt. Andererseits können mit geringem zusätzlichem Aufwand weitere bewertungsrelevante Informationen gewonnen werden, die bisher in Planungen häufig unberücksichtigt bleiben, da sie ohne ein Indikationssystem nur mit großem Aufwand gewonnen werden können. Die Anwendung sollte sich, wie bei anderen Instrumenten auch, an der jeweiligen Fragestellung und der Genauigkeit der benötigten Ergebnisse orientieren.

Um das Indikationssystem auch im Rahmen der FFH-Lebensraumerfassung anwenden zu können, sind momentan durch die hier verwendete Erfassungsmethode Grenzen gesetzt. Da in die FFH-Offenlanderfassung nur Präsens-Absenzdaten eingehen, das Indikationssystem aber auf Abundanzen basiert, ist eine Anwendung des Indikationssystems für solche Datensätze nicht möglich. Abhilfe könnte geschaffen werden, indem in den Gebieten, in denen hydrologische Standortfaktoren wesentlich sind (insbes. Auengebiete), klassische Vegetationsaufnahmen regelmäßig mit erhoben werden bzw. die Eignung von Präsenz-Absenzdaten für das Indikationssystem getestet wird.

Die Indikationsergebnisse selbst stellen keine Bewertung da. Sie zeigen wertfrei einen Umweltzustand der hydrologischen Verhältnisse an. Erst durch die Zuweisung eines Wertmaßstabes lassen sich diese Ergebnisse bewerten. Die in der Wasserwirtschaft gebräuchlichen Verfahren, dass mit einem ökologischen Referenzzustand bei einmaliger Erfassung bewertet wird, erscheint für die Bewertung hydrologischer Werte nicht sinnvoll, da wir für diese in der Regel nicht in der Lage sind, einen geeigneten Referenzzustand festzulegen. Falls es als wesentlich erachtet wird, solche Referenzzustände festzulegen, sollten sie für einzelne Flusssysteme und Naturräume entwickelt werden. Erste Hinweise darauf gibt Koenzen (2005). Eine Einigung der Fachwelt auf optimale Referenzzustände für hydrologische Parameter halten wir für schwierig, da gerade ökologische Referenzzustände sehr stark in einem räumlichen, zeitlichen und insbesondere auch historischen Kontext zu sehen sind, sowie im Hinblick auf starke anthropogene Überformungen. Unter diesem Gesichtspunkt besteht ein Vorteil des Indikationssystems darin, mit vergleichsweise geringem Aufwand durch wiederholte Anwendung zeitliche Veränderungen der Grundwasser- und Überflutungsverhältnisse festzustellen und damit Veränderungen bewerten zu können. Eine entsprechende Anwendung wird auch im Rahmen von Erfolgskontrollen gesehen. So können die Indikationsergebnisse aus einem Gebiet mit den Indikationsergebnissen späterer Jahre verglichen werden. Je nachdem, wie der ökologische Zustand zum Zeitpunkt der Erfassung über Umweltqualitätsziele bewertet wurde, lassen sich die Indikationsergebnisse für einen Vorher-Nachher-Vergleich nutzen und auch bewerten.

Die einfache und in der Landschaftsplanung weit verbreitete Methode, Biotoptypen anhand von vorgegebenen oder abgeleiteten Wertzuweisungen mittels Umweltqualitätsstandards und Umweltqualitätszielen zu bewerten, wird empfohlen. Durch die Verknüpfung der Biotoptypen mit hydrologischen Eigenschaften, hier mit indizierten Werten, lassen sich wesentliche Umweltfaktoren, die das Vorkommen dieser Lebensraumtypen und somit auch den Wert beeinflussen, schnell und einfach darstellen.

10 Fazit und Ausblick

Mathias Scholz, Klaus Henle,
Frank Dziock, Elmar Fuchs,
Sabine Stab & Francis Foeckler

Zusammenfassung

In diesem Kapitel fassen wir die wichtigsten, in diesem Buch vorgestellten Ergebnisse zusammen und stellen sie in Zusammenhang mit der Erforschung von Art-Umweltbeziehungen und der Entwicklung von Instrumenten für das Management von Auen. Diese Instrumente dienen zum einen der quantitativen Indikation von Umweltparametern, zum anderen der Prognose der Auswirkungen hydrologischer Veränderungen auf Tier- und Pflanzenarten. Für beide hat sich die Verwendung eines stringenten Versuchsplans als wesentlich erwiesen. Der Vergleich der untersuchten Artengruppen, Pflanzen, Weichtiere (Schnecken und Muscheln) und Laufkäfer, zeigt, dass biologische Merkmale der Arten aller Gruppen deren Verteilung in den Auen erklären können. Dabei bestehen Übereinstimmungen, aber auch Unterschiede bezüglich relevanter Merkmale sowohl zwischen den Arten als auch den Gruppen. Sowohl das entwickelte Indikationssystem als auch die Prognosenmodelle haben sich als zeitlich und innerhalb der Elbauen als räumlich gut übertragbar erwiesen, eine wichtige Voraussetzung für deren Anwendung in der Praxis. Die operativen Einsatzmöglichkeiten, insbesondere für das Monitoring von ökologischen Veränderungen von Auen, und künftige Weiterentwicklungsoptionen werden abschließend skizziert.

10.1 Einleitung

Das vorliegende Buch "Indikationssysteme in Auen am Beispiel der Elbe" zeigt wie Indikationssysteme und Prognosemodelle zur Analyse und Bewertung von ökologischen Veränderungen in Auen entwickelt werden können. Die Beiträge sind Ergebnis des RIVA-Projekts (RIVA = Robustes Indikationssystem für ökologische Veränderungen in Auen), das in naturnahem Auengrünland der Mittleren Elbe durchgeführt wurde.

In diesem abschließenden Beitrag fassen wir unter vier Themenstellungen zusammen:

1. die Entwicklung und Verbesserung bestehender Indikationssysteme für ökologische Veränderungen in Auen,
2. die Art-Umweltbeziehungen als Grundlage von Modellen zur Prognose der Auswirkungen von Eingriffen in das hydrologische Regime auf Arten und Lebensgemeinschaften,
3. die Übertragbarkeit der Ergebnisse innerhalb der Elbe und auf andere Flusssysteme und
4. das Monitoring zur Erfassung und Bewertung von ökologischen Veränderungen in hochdynamischen Auen.

In einem abschließenden Kapitel greifen wir die Nutzung der Ergebnisse für die Praxis des Auenmanagements auf.

10.2 Entwicklung und Verbesserung bestehender Indikationssysteme in Auen

Die Komplexität von Auenökosystemen erfordert die Entwicklung und Anwendung von Indikationssystemen, um mögliche Risiken ökologischer Veränderungen frühzeitig zu erkennen. Wie in Buchkapitel 2 dargestellt, existieren bereits zahlreiche Indikationssysteme für Fließgewässer. Einige von ihnen sind Teile anerkannter Bewertungsmethoden, wie beispielsweise RIVPACS, BEAST, AUSRIVAS oder der Saprobienindex, die in Kanada, Australien, Großbritannien und auf dem Europäischen Kontinent für Fließgewässer Anwendung finden (Reynoldson et al. 1995, Norris & Norris 1995, Clarke et al. 2003, Rolauffs et al. 2004, Dziock et al. 2006b). Sie werden derzeit im Rahmen der Umsetzung der Europäischen Wasserrahmenrichtlinie zur Bewertung des guten ökologischen Zustands von Gewässern herangezogen (EG 2000). Allerdings decken die meisten Systeme auf der Grundlage von Wasserwirbellosen, Wasserpflanzen oder Fischen nur den aquatischen Bereich ab. Die nur zeitweise überschwemmten Auen mit ihrer Flora und Fauna werden dabei nicht oder nur wenig berücksichtigt. Andere Indikationssysteme, wie zum Beispiel die Ellenberg'schen Zeigerarten (Ellenberg et al. 2001), charakterisieren unter anderem die für Auen wichtigen Feuchtigkeitsverhältnisse, wurden ursprünglich jedoch explizit nicht für Auen entwickelt. Im Buchkapitel 6.1 wird gezeigt, dass die Ellenberg'schen Zeigerwerte (Ellenberg et al. 2001) und das Feuchtetypensystem nach Londo (1975) sich auch auf die dynamischen Auen übertragen lassen. Allerdings stoßen sie auf Grenzen bei einer quantitativen Betrachtung hydrologischer Leitparameter in Auen. Entsprechende auf Tierarten beruhende Indikationssysteme waren bisher ebenfalls nicht verfügbar.

Pionierschritte für die Entwicklung von Indikationssystemen zur Erfassung von ökologischen Veränderungen in Auen, die auf Beziehungen zwischen abiotischen Standortbedingungen, Vorkommen von Artengemeinschaften und biologischen Eigenschaften von Arten basieren (functional assessment approach), erfolgten von Castella & Speight (1996), Dolédec et al. (1996), Statzner et al. (2001a,b) und Gayraud et al. (2003). Die Erfahrungen aus diesen Projekten dienten letztendlich zur Entwicklung der im Verbundprojekt RIVA ausgewählten Vorgehensweise. Großen Wert wurde auf eine zwischen allen Fachdisziplinen abgestimmte Methodenentwicklung von der Probenahmenplanung bis hin zur Modellierung gelegt (Buchkap. 4.3, Henle et al. 2006a). Insbesondere die biotischen Auswertungen im RIVA-Projekt (Buchkap. 6) wären ohne eine solche strikte Herangehensweise unmöglich gewesen. Sie erlaubt eine Verknüpfung der hydrologischen und bodenkundlichen Standortcharakteristika (Buchkap. 5) mit den biologischen Artengruppen und damit einen wesentlichen Fortschritt in der Bioindikation. Dieses Zusammenspiel erleichterte die Entwicklung eines Indikationssystems, das schwer zu erfassende hydrologische Parameter anhand von Organismen nicht nur qualitativ, sondern quantitativ indiziert. Dieses Indikationssystem wird in Buchkapitel 7.2 vorgestellt. Es verwendet Pflanzen, Weichtiere (Schnecken und Muscheln) und Laufkäfer, um die beiden für Auen wichtigen hydrologischen Standortparameter „jährliche Überflutungsdauer“ und „mittlerer Grundwasserflurabstand während der Vegetationszeit“ für den Bereich der Mittleren Elbe quantitativ zu indizieren (s. Buchkap. 7.2, 7.4 und 9.2). Im Buchkapitel 7.2 sind die Indikationsarten und ihre Indikationswerte tabellarisch zusammengestellt.

Das Indikationssystem zeichnet sich durch eine im Rahmen der Messgenauigkeit liegende Güte sowie eine zeitliche und räumliche Übertragbarkeit für die untersuchten Standorte an der Mittleren Elbe aus (Buchkap. 7.2). Unter den verwendeten Artengruppen erreicht die Indikation mit Pflanzen die beste Messgenauigkeit und Übertragbarkeit, gefolgt von den Weichtieren und Laufkäfern. Vermutlich liegt dies in der geringen Mobilität von Pflanzen sowie von Schnecken und Muscheln begründet (Follner & Henle 2006). Eine Folgerung aus dieser Hypothese ist, dass mobilere Arten, wie zum Beispiel Laufkäfer oder Schwebfliegen, hingegen bessere Indikatoren für sich schnell ändernde Umweltparameter darstellen, wie beispielsweise für die Bodenfeuchtigkeit zum Fangzeitpunkt, oder das räumliche Zusammenwirken verschiedener Standortfaktoren. Diese Hypothesen sollten weiter untersucht werden und stellen eine Herausforderung für zukünftige Forschungsaktivitäten dar, die die Beziehung zwischen biologischen Effekten und auendynamischen Prozessen untersuchen.

10.3 Art-Umwelt-Beziehungen als Grundlage von Habitateignungsmodellen

Das Hoch- und Niedrigwassergeschehen eines Flusses bestimmt die mögliche Nutzung der Aue. Zusammen sind sie, das hydrologische Regime und die Nutzung, die bestimmenden Leitparameter für das Ökosystem Aue und ihre Biozönosen, das sich nur über die Betrachtung von langen Zeitreihen näherungsweise erklärt. Die Ergebnisse aus Felduntersuchungen in einem Zeitraum von nur zwei Jahren können deshalb nur einen kleinen Ausschnitt der Abläufe im Ökosystem Aue abbilden. Im RIVA-Verbundprojekt wurde versucht, den relativ kurzen Bearbeitungszeitraum durch statistische Berechnungen über die langjährige Häufigkeit von Hoch- und Niedrigwasserphasen auszugleichen. Zusätzlich war es von großem Vorteil, dass das Überflutungsgeschehen der Elbe in den beiden Untersuchungsjahren aus einem sehr feuchten und einem sehr trockenen Jahr bestand, so dass das natürlicherweise stark variierende Abflussgeschehen in diesem kurzen Zeitraum mit berücksichtigt werden konnte (Böhnke & Follner 2002, Follner & Henle 2006, s. a. Buchkap. 7.2).

Das in den beiden Untersuchungsjahren stark unterschiedliche Abflussgeschehen lieferte eine sehr gute Grundlage, das Auftreten von Artengruppen in Abhängigkeit ihrer biologischen Eigenschaften und von abiotischen Bedingungen zu analysieren (Buchkap. 6). Sowohl biologische Eigenschaften als auch Habitatpräferenzen der Arten helfen dabei zu erklären, wo einzelne Artenkombinationen vorkommen und wie sie mit der auentypischen Dynamik zurechtkommen. Für die untersuchten Arten scheinen die folgenden biologischen Eigenschaften von besonderer Bedeutung zu sein: für Schwebfliegen Ernährungstyp, Mikrohabitateigenschaften und Überflutungstoleranz (Buchkap. 6.4, Dziock 2006), für Mollusken Größe, Überflutungstoleranz, Feuchtigkeitsbedarf und Ernährungsweise (Buchkap. 6.2, Foeckler et al. 2006), für Pflanzen Lebensformen, Blattausdauer, Blattanatomie und Speicherorgane (Buchkap. 6.1).

Der Vergleich der biologischen Eigenschaften zeigt Ähnlichkeiten, aber auch Unterschiede zwischen den Artengruppen auf. So sind zum Beispiel Überflutungstoleranz und Ernährungstyp sowohl für Mollusken als auch für Schwebfliegen von Bedeutung. Die Körpergröße hatte Bedeutung für alle untersuchten Tierartengruppen; am deutlichsten trifft dies bei den Mollusken zu. Die Spannweite der Größe innerhalb der Artengruppe ist hier sicherlich ein ausschlaggebender Faktor. Ob dieser Zusammenhang auch für andere Artengruppen zutrifft, erfordert zunächst die Erstellung von Datenbanken biologischer Eigenschaften für weitere Artengruppen.

Eine weitere Herausforderung besteht darin, (mechanistisch) zu verstehen, wie die biologischen Eigenschaften, beispielsweise der Ernährungstyp, die funktionelle Antwort dieser Taxa auf „Störungen" bzw. auf die dynamischen Standortverhältnisse in Auen bestimmen. Erklärt beispielsweise die unterschiedliche größenabhängige Einnischung der Mollusken ihre Reaktion auf die hydrologischen Verhältnisse?

Unter den mehr als 300 gemessenen bzw. abgeleiteten Umweltvariablen (Kapitelanhang 4.3-2) konnten 10 identifiziert werden, die geeignet sind, die Verteilungsmuster von Pflanzen, Laufkäfern und Mollusken in den untersuchten Auenwiesen zu erklären (s. Buchkap. 7.1) und sie für Habitateignungsmodelle nutzbar zu machen (Buchkap. 8.2). Sieben Variablen – die jährliche Überflutungsdauer in Tagen, der mittlere und maximale Grundwasserflurabstand sowie seine Amplitude, die maximale Überflutungshöhe, die Standardabweichung der Amplitude zwischen Überflutungsmaximum und maximalem Grundwasserflurabstand sowie die Anzahl der Überflutungsereignisse – messen verschiedene Eigenschaften des hydrologischen Regimes, die anderen drei sind: Entfernung zu permanenten Wasserflächen, durchschnittlicher Sandgehalt und die effektive Kationenaustauschkapazität (vgl. Buchkap. 7.1). Aber auch weitere Umweltvariablen tragen zur Erklärung der Vorkommen bei, beispielsweise bei den Mollusken der Streuanteil und die Nutzung auf den Probeflächen (s. Buchkap. 6.2).

Unter Zuhilfenahme der Art-Umweltbeziehungen konnten für die drei untersuchten taxonomischen Gruppen Modelle für eine prognostische Aussage der Artenverteilung im Raum erstellt werden (Buchkap. 9.1). Die auf einzelnen Probeflächen ermittelten modellrelevanten Umweltparameter wurden über geostatistische Verfahren (Buchkap. 8.2) über die Fläche des gesamten Untersuchungsgebietes regionalisiert und mittels der statistischen Modelle die Artenverteilungen auf das Untersuchungsgebiet übertragen. Der Vergleich dieser Modellübertragungen mit den Felderhebungen ergab weitgehende Übereinstimmungen zwischen Prognose und Realität, so dass sich der verwendete Ansatz zur Entwicklung von Habitateignungsmodellen für die Auswirkungen von Veränderungen des hydrologischen Regimes auf die Artenzusammensetzung in Auengrünland innerhalb des Wertebereichs der analysierten Umweltparameter bewährt hat (Buchkap. 9.1).

10.4 Übertragbarkeit innerhalb des Elbeeinzugsgebietes und auf andere Flusssysteme

Für die räumliche Übertragbarkeit der Bioindikation und von Prognosemodellen sind Beziehungen zwischen dem Vorkommen bzw. der relativen Häufigkeit von Arten und Standortfaktoren von Bedeutung. In der Regel werden diese Beziehungen als korrelative Zusammenhänge gemessen. Dies gilt auch für alle im Buchkapitel 6 dargestellten Zusammenhänge. Solche korrelativen Zusammenhänge werden als Habitatmodelle bezeichnet (Mühlenberg et al. 1996). Sie stellen in der Regel auch die einzige Möglichkeit dar, für zoologische Daten flächenhafte Extrapolationen vornehmen zu können (Settele et al. 1996). Habitatansprüche können sich allerdings naturräumlich ändern, und Indikationssysteme müssen diese Unterschiede berücksichtigen (vgl. Böhme 1979, Riecken 1990, Henle & Kaule 1991). Bisher ist nur teilweise bekannt, in welchem Ausmaß diese Unterschiede in den ökologischen Ansprüchen einer Art zwischen Flusssystemen auftreten, Auffassungen hierzu sind konträr (z.B. Henrichfreise 1996) und die Thematik bedarf noch einer vergleichenden Auswertung vorhandener Untersuchungen sowie systematischer Vergleichsuntersuchungen (Henle et al. 2006b).

Im Gelände gewonnene Ergebnisse gelten generell zunächst einmal nur für die untersuchten Gebiete. Eine Übertragung über den Untersuchungsraum hinaus ist stets mit Unsicherheiten verbunden. Umfasst eine Untersuchung räumliche Wiederholungen, am besten über experimentelle Versuchsansätze (Caughley & Gunn 1996, Henle 1996), sind die Ergebnisse eher generalisierbar, als wenn keine oder nur einzelne Wiederholungen vorliegen. Auch die Übertragung auf relativ ähnliche Gebiete birgt weniger Risiken von Fehlschlüssen als die Übertragung auf stärker standörtlich abweichende Gebiete. Im RIVA-Projekt wurde versucht, diesen Anforderungen mit einem Hauptuntersuchungsgebiet und zwei Nebenuntersuchungsgebieten als Vergleichsflächen sowie zwei Geländejahren mit insgesamt 4 bzw. 6 Beprobungen Rechnung zu tragen. Dabei zeigte sich sowohl eine gute zeitliche wie räumliche Übertragbarkeit des Indikationssystems (Buchkap. 7.2) als auch der Habitatmodelle (Buchkap. 7.1). Da die Testflächen im gleichen Naturraum liegen, ist davon auszugehen, dass die Ergebnisse aus dem RIVA-Projekt auf andere Auenabschnitte der Mittleren Elbe übertragbar sind. Allerdings beschränkt sich ihre Aussagekraft bislang auf Auengrünland im Überschwemmungsbereich.

Die im RIVA-Projekt abgeleiteten Indikatorarten können im Naturraum potenziell auch auf Auengrünland in der inaktiven Auen (Altaue), insbesondere in Bereichen mit starkem Qualmwassereinfluss, vorkommen. Es ist allerdings noch zu prüfen, ob die Indikationsergebnisse auf solche Standorte übertragbar sind. Die Frage, inwieweit die festgestellten Indikatoren auch auf Grünlandstandorte anderer mittel- und osteuropäischer Flüsse übertragbar sind, sollte in künftigen Forschungsprogrammen ebenfalls eine hohe Priorität erhalten.

Die Zusammensetzung von Arten und Lebensgemeinschaften unterscheidet sich in der Regel aufgrund naturräumlicher Bedingungen und der biogeographischen Entwicklung zwischen Flusssystemen. Daher lassen sich eher zentrale Prozesse und Steuerfaktoren sowie die Reaktion bestimmter ökologischer Anspruchstypen auf unterschiedliche Flusssysteme übertragen als die Ansprüche einzelner Arten oder die Zusammensetzung von Artengemeinschaften. Beispielsweise belegen Statzner et al. (2001a), dass Strömungsverhältnisse in europäischen Flüssen so prägend sind, dass biologische Anpassungsmerkmale an diese Verhältnisse zur Indikation hervorragend geeignet sind, auch wenn die Artzusammensetzung von Flusssystem zu Flusssystem stark variiert. Aktuelle Ergebnisse aus den Donau-Auen haben ebenfalls gezeigt, dass eine Analyse der biologischen Eigenschaften der Weichtierfauna generelle Prognosen für andere Flussauensysteme möglich machen sollte und einen viel versprechenden Ansatz mit erheblichem Weiterentwicklungspotenzial darstellt (Reckendorfer et al. 2006).

Um alle Lebensräume der Elbaue komplett abbilden zu können, ist die gleiche Untersuchungsintensität und Auswertung zur Entwicklung von Indikationssystemen für weitere Biotoptypen insbesondere Uferbereiche, Auenwald und Auengewässer in der aktiven Aue anzustreben. Zusätzlich ist eine Ausweitung auch auf anthropogen stark beeinträchtige Auenbereiche, wie der inaktiven Aue oder auf staugeregelte Bereiche (beispielsweise der Saale oder der tschechischen Elbe), erforderlich. Die im RIVA-Projekt vorgeschlagene methodische Herangehensweise (Buchkap. 3 und 4.3) kann hierfür als Richtschnur dienen und ist für die Entwicklung von Indikationssystemen in anderen Flussgebieten – sowie bedingt auch in anderen Ökosystemtypen – übertragbar. Für eine Übertragung auf andere Skalenebenen (z.B. komplexe Landschaftsstrukturen, die für Vögel oder Amphibien relevant sind), kann das methodische Vorgehen wesentliche Hinweise geben. So konnten beispielsweise im RIVA-Projekt erprobte multivariate Analysemethoden (Buchkap. 3.2, 4.3 und 7.1) zur Validierung von Habitatmodellen genutzt werden, die für die Vorhersage der potenziellen Verbreitung von Zielarten in Baden-Württemberg entwickelt wurden (Jooß 2005, 2006).

10.5 Monitoring ökologischer Veränderungen in Auen

Gesellschaftliche Aktivitäten haben weitgehende Auswirkungen auf alle Ökosysteme und ihre Arten und Lebensgemeinschaften; besonders betroffen sind Auenlandschaften (Millennium Ecosystem Assessment 2005, Beck et al. 2006, Nesshöver et al. 2007). So wird bereits seit Jahren der Bedarf nach Bewertungs- und Monitoringinstrumenten zur Einschätzung ökologischer Veränderungen in Auen betont (z.B. Foeckler 1991, Diepolder & Foeckler 1994, Knoben et al. 1995, EEA 2003, Koenzen 2005). Um diesem Bedarf gerecht zu werden, wurden Beobachtungsnetzwerke in Flussökosystemen, insbesondere im westlichen Nordamerika und im asiatischen Russland, eingerichtet (Stanford et al. 2005).

Ein häufiges Hindernis für langjährige Vergleiche ökologischer Veränderungen in Auen stellt das Fehlen von Rahmendaten dar, die in einer standardisierten Form auf georeferenzierten Probeflächen erhoben wurden. Die Umsetzung des im RIVA-Projekt entwickelten Probedesign vermied solche Probleme und bildet eine ausgezeichnete methodische Ausgangsbasis für Analysen kurz- und langfristiger Veränderungen in Auen. So wird derzeit das im RIVA-Projekt entwickelte Probeflächendesign für Untersuchungen der ökologischen Auswirkungen des Augusthochwassers 2002 an der Mittleren Elbe und der extremen Trockenheit 2003 auf Fauna und Flora genutzt. Bisherige Auswertungen der durchgeführten Untersuchungen zeigen, dass solche Extremereignisse zum Teil einen drastischen Einfluss auf die Fauna des betroffenen Gebietes ausüben. Einerseits fielen zahlreiche Arten aus, die anscheinend nicht an extreme Sommer-

Hochwasserereignisse zu einer Zeit, in der regelmäßig Niedrigwasser herrscht, oder an über Monate anhaltende Trockenheit adaptiert sind. Andererseits erfolgte eine Neubesiedlung durch Arten mit geeigneten Besiedlungs- und Anpassungsstrategien. Auf die Vegetation scheinen die beiden Extremereignisse deutlich geringere Auswirkungen gehabt zu haben. Erste Ergebnisse können den Publikationen von Ilg et al. (2008) und Foeckler et al. (2005a,b) entnommen werden.

Die im RIVA-Projekt identifizierten Indikatorarten können auch andernorts, zumindest an der Elbe, für ein Langzeit-Monitoring genutzt werden. Sie können den erforderlichen Aufwand erheblich reduzieren und dennoch Veränderungen in hydrologischen Leitparametern aufzeigen. Erforderlich ist lediglich, ausgewählte Flächen sorgfältig zu georeferenzieren, so dass sie problemlos bei künftigen Erfassungen wieder lokalisiert werden können. Moderne Global Positioning Systeme (GPS) erleichtern die Einhaltung dieser Bedingung erheblich. Aufgrund kleinräumiger Heterogenitäten in Auen, die sich erheblich auf hydrologische Leitparameter auswirken können, ist dies von besonderer Bedeutung.

10.6 Anwendung von Ergebnissen im Auenmanagement

Ein gutes Verständnis ökologischer Veränderungen und Prozesse ist eine wesentliche Voraussetzung für ein erfolgreiches Management großer Ströme und ihrer Auen. Die Elbe und ihre Auen, wie auch die von Donau, Rhein und Rhône, gehören zu den am besten untersuchten Auenlandschaften in Europa (Foeckler & Bohle 1991, Statzner et al. 1994, Schiemer et al. 1999, Tockner et al. 1999, Klimo & Hager 2001, Becker & Lahmer 2004, Scholten et al. 2005a, Scholz et al. 2005a, Wechsung et al. 2005, Dziock et al. 2006a). Dennoch bestehen erhebliche Kenntnisdefizite, insbesondere bezüglich der Art-Umweltbeziehungen. Die in diesem Buch dargestellten Ergebnisse liefern diesbezüglich eine wesentliche Erweiterung bisheriger Kenntnisse, die das Auenmanagement auf eine breitere Basis stellen können. Die in diesem Buch vorgestellten Forschungsansätze zeigen zudem Wege auf, die unser Wissen über Art-Umweltbeziehungen für Auen und andere Lebensräume künftig noch erheblich erweitern können.

Die analysierten Art-Umweltbeziehungen und die methodischen RIVA-Ergebnisse wurden für die Weiterentwicklung zweier für das Auenmanagement wichtiger Instrumente genutzt: zur Erstellung eines quantitativen Indikationssystems für hydrologische Leitparameter der Auen sowie für die Einbindung von Art-Umweltmodellen in Planungsinstrumente. Für beide Instrumente soll hier abschließend noch ein Ausblick gegeben werden.

Quantitative Indikationssysteme können die funktionsbezogene Analyse von Auenlebensräumen für den Schutz; aber auch für ihre Nutzung; erleichtern, insbesondere wenn sie im Kontext der europäischen Fauna-Flora-Habitat- (FFH-RL, EG 1992) oder der Wasser-Rahmenrichtlinie (WRRL, EG 2000) stehen (s. auch Buchkap. 9.2). Beispielsweise sollen grundwasserabhängige Landökosysteme im Rahmen der WRRL durch Eingriffe nicht beeinträchtigt werden (EG 2000). Würden zum Beispiel die vorgefundenen Indikatorarten nach wiederholten Erfassungen größere Grundwasserflurabstände indizieren, so ist von einer Beeinträchtigung durch einen Eingriff in das oberflächennahe Grundwassersystem auszugehen (das in diesem Fall gleichzeitig auch eine Habitatveränderung und somit Artenveränderung bedeuten würde). Bisher beschränkt sich das Indikationssystem auf die jährliche Überflutungsdauer und den mittleren Grundwasserflurabstand während der Vegetationsperiode, doch können mit den vorhandenen Daten Erweiterungen auf weitere ökologische Schlüsselparameter erfolgen.

Zwar sind im RIVA-Indikationssystem keine Arten der Flora-Fauna-Habitat-Richtlinie und nur wenige Arten der Roten Liste enthalten, doch kann mit ihm der ökologische Zustand beurteilt werden. Durch Vergleich der Eigenschaften von Arten der Roten Liste mit den in Buchkapitel 6 dargestellten und oben zusammengefassten Merkmalen, die die Reaktion der untersuchten Artengruppen auf Leitparameter des hydrologischen Regimes erklären, können diejenigen Arten identifiziert werden, die besonders empfindlich auf geplante Eingriffe in das hydrologische Regime reagieren. Untersuchungen und Ausgleichsmaßnahmen können daher bereits von Anfang an fokussiert werden. Diese Möglichkeit bietet sich vorläufig jedoch nur für die in diesem Buch behandelten Artengruppen, für die entsprechende Zusammenhänge herausgearbeitet wurden und Datenbanken biologischer Merkmale bestehen. Wir hoffen jedoch, mit unseren Ergebnissen diese Anwendungsmöglichkeit auch für weitere Artengruppen zu eröffnen. Hingewiesen sei darauf, dass eine umfangreiche Datensammlung zu den biologischen und ökologischen Eigenschaften der Gastropoden (Schnecken) von Falkner et al. (2001) erschienen ist, die deutlich weiter gehende Auswertungen auf einer breiteren Basis ermöglicht. Aktuelle Beispiele dieser Art der Analysen finden sich in Pont et al. (2006) für die Fischfauna und bei Reckendorfer et al. (2006) für Wasserschnecken und Muscheln.

Für die Anwendung von Indikationssystemen in vielen naturschutzfachlichen Fragestellungen ist eine Grundvorrausetzung, dass die Ergebnisse in ein naturschutzfachliches Bewertungssystem überführt werden. Die Bewertung selber hat sich an den entsprechenden Planungen, den Schutzzielen und den jeweiligen Auswirkungen zu orientieren, die bewertet werden sollen. Das Einsatzfeld des RIVA-Indikationssystems sowie der entwickelten Habitatmodelle ist für die naturschutzfachliche Anwendung in Auen dann bewertungsrelevant, wenn Grundwasserflurabstände und Überflutungsdauern entscheidend für das Vorkommen der zu betrachtenden Arten, Habitate oder Biotoptypen sind und diese möglicherweise in nächster Zukunft Veränderungen unterliegen. So ist im Rahmen einer Eingriffsbewertung von Strombaumaßnamen die Darstellung der Wirkung auf Grundwasserstände und Überflutungsdauern und somit auch auf das Vorkommen von Auenarten von essentieller Bedeutung. Für eine Bewertung von Auswirkungen im Rahmen von Monitoring und Erfolgskontrollen ermöglicht das Indikationssystem eine Schnellansprache dieser für Auen wichtigen Umweltfaktoren (Buchkap. 9.2). Um eine solche Anwendung zu erleichtern, stellen wir eine Anwendung zur Berechnung der Indikationswerte mit den von uns betrachteten Arten auf der diesem Buch beiliegenden CD digital zur Verfügung (Kapitelanhang 7.2-1). Dabei möchten wir nicht versäumen, nochmals darauf hinzuweisen, dass das Indikationssystem systematisch bisher nur für die Auen der Mittleren Elbe getestet wurde. Ein systematischer Test der räumlichen und zeitlichen Übertragbarkeit fehlt zwar auch für manche andere, bereits verbreitet eingesetzte Indikationssysteme; gerade deshalb muss der Anwender sich bewusst sein, dass dabei Fehlbeurteilungen auftreten können.

Eine weitere wichtige Anwendung von im Buch vorgestellten Ergebnissen ist die Integration der ausgearbeiteten Art-Umweltbeziehungen für Pflanzen und Laufkäfer in das Flussauenmodell INFORM (**In**tegrated **Flo**odplain **R**esponse **M**odel) (Fuchs et al. 2003, Buchkap. 9.1). Speziell zur Einschätzung möglicher Auswirkungen von Maßnahmen an Bundeswasserstraßen enthält INFORM ein Werkzeug zur Entscheidungsunterstützung in frühen Planungsphasen (INFORM-DSS, Decision Support System). INFORM-DSS erlaubt es dem Planer, bereits in der Vorplanung von Maßnahmen die möglichen Umweltauswirkungen verschiedener Varianten einzuschätzen und darzustellen. Derzeit erfolgt eine Erweiterung von INFORM bzw. INFORM-DSS um ein Mollusken-Modul. Basierend auf den im RIVA-Projekt und an weiteren Flüssen gewonnenen Daten werden für Mollusken sowohl auf regelbasierter als auch prozessorientierter Basis Ergänzungen von INFORM vorgenommen (Buchkap. 6.2, Foeckler et al. 2005b, 2006).

Routinen aus INFORM, welche auf die Ergebnisse des RIVA-Projektes zurückgehen, fanden auch Eingang in das Elbe-Pilot-DSS (Kofalk et al. 2005, Buchkap. 9.1). Das Elbe-Pilot-DSS verknüpft sowohl Fachwissen als auch „unsicheres" Wissen (demographische Entwicklungen, Klimaszenarien, etc.) und bereitet es in Form von Karten auf, um verschiedene, vom DSS-Nutzer eingestellte Maßnahmen zur Erreichung bestimmter Ziele (z.B. Erreichung eines guten ökologischen Zustandes der Aue) anhand bestimmter Indikatoren zu visualisieren.

Zu den jüngsten Entwicklungen im Flussgebietsmanagement, die auch auf Ergebnisse des RIVA-Projektes zurückgreifen, gehört das mit europäischen Strukturfonds (INTERREG III B) geförderte Projekt nofdp (nature oriented flood damage prevention) (nofdp 2006). Dabei handelt es sich um die Entwicklung eines Management-Werkzeugs zur umweltverträglichen Planung von Maßnahmen zur Vermeidung von Hochwasserschäden. Die im Buch dargestellten Ergebnisse erweitern also nicht nur unser Verständnis von Auensystemen und zeigen spannende neue Richtungen für die Auenforschung auf, sie bieten darüber hinaus eine wertvolle Weiterentwicklung von Instrumenten im Auenmanagement.

Literaturverzeichnis

Ad-hoc AG Boden (1994): Bodenkundliche Kartieranleitung. (KA 4) 4. Verb. u. erweiterte Aufl. (Hrsg.): Bundesanstalt für Geowissenschaften u. Rohstoffe u. Geologische Landesämter d. BR Deutschland. E. Schweizerbart,sche Verlagsbuchhandlung, Hannover.

Ad-hoc AG Boden (2005): Bodenkundliche Kartieranleitung. (KA 5) 5. Aufl. (Hrsg.): Bundesanstalt für Geowissenschaften u. Rohstoffe u. Staatliche Geologische Dienste d. BR Deutschland. E. Schweizerbart,sche Verlagsbuchhandlung, Stuttgart.

Adis, J. (1979): Problems of interpreting arthropod sampling with pitfall traps. Zool. Anz. 202(374): 177-184.

AG KABE (2000): Kiesabbau in Auen am Beispiel der Elbe (KABE) – Grundlagen zur Einschätzung großräumiger ökologischer Auswirkungen. Bundesamt f. Gewässerkunde Mitt. 7.

Aldrich, J.H. & F.D. Nelson (1984): Linear Probability, Logit, and Probit Models. Sage Publications, Beverly Hills.

Altermann, M. & D. Kühn (1994): Vergleich der bodensystematischen Einheiten der ehemaligen DDR mit denen der Bundesrepublik Deutschland. Zeitschrift für Angewandte Geologie 40(1): 1-11.

Altermann, M., Rosche, O., Wiechmann, H. & V. Eisenmann (2001a): Zustand und Eigenschaften der Auenböden sowie deren ökologische Eigenschaften nach Deichrückbau. Endbericht des Teilprojektes 2 Bodenkunde und Ökologie des vom Landesamt für Umweltschutz Sachsen-Anhalt geförderten Projektes: Rückgewinnung von Retentionsflächen und Altauenreaktivierung an der Mittleren Elbe in Sachsen-Anhalt" (FKZ: 0339576).

Altermann, M., Wiechmann, H., Rinklebe, J., Rosche, O. & V. Eisenmann (2001b): Zur Klassifikation von Böden in Auen. Mitteilungen der Deutschen Bodenkundlichen Gesellschaft 96(2): 467-468.

Altermann M. & J. Rinklebe (2003): Horizontfolgen neu einzuführender Bodensubtypen in Auenlage. Unveröffentlichte Tischvorlage an den Arbeitskreis für Bodensystematik der Deutschen Bodenkundlichen Gesellschaft.

Altermann, M., Rinklebe, J., Merbach, I., Körschens, M., Langer, U. & B. Hofmann (2005): Chernozem – Soil of the Year 2005. Journal of Plant Nutrition and Soil Science 168(6): 725-740.

Amoros, C. & G.E. Petts (1993): Hydrosystemes fluviaux. Collection D'Ecologie 24: 1-300.

Anacker, U., Gutteck, U. & M. Welker (2003): Schadstoffbelastung in Hochwassersedimenten von Elbe und Mulde. In: Bodenschutz. Organ d. BVB. 3,03. Erich Schmidt Verlag: 85-89.

Anderson, M.J. & A.A. Thompson (2004): Multivariate control charts for ecological and environmental monitoring. Ecological Applications 14(6): 1921-1935.

Andreasen, J.K., O'Neill, V., Noss, R. & N.C. Slosser (2001): Considerations for the development of a terrestrial index of ecological integrity. Ecological Indicators 1: 21-35.

Andretzke, H. (1995): Auswirkungen von Überschwemmungen auf die Carabidenfauna eines norddeutschen Grünlandgebietes. Mitt. Dtsch. Ges. Allg. Angew. Ent.: 813-818.

Ant, H. (1963): Faunistische, ökologische und tiergeographische Untersuchungen zur Verbreitung der Landschnecken in Nordwestdeutschland.

Abh. Landesmuseum Naturkunde. Münster/Westfahlen 25: 1-125.

Arbeitskreis für Bodensystematik der Deutschen Bodenkundlichen Gesellschaft (1998): Systematik der Böden und der bodenbildenden Substrate Deutschlands. Mitteilungen der Deutschen Bodenkundlichen Gesellschaft 86.

Aubert, J., Goeldlin, P. & J.-P. Lyon (1969): Essais de marquage et de reprise d,insectes migrateurs en automne 1968. Mitteilungen der Schweizerischen Entomologischen Gesellschaft 17(1/2): 140-166.

Aubertot, J.N., Dürr, C., Richard, G., Souty, N. & Y. Duval (2002): Are penetrometer measurements useful in predicting emergence of sugar beet (Beta vulgaris L.) seedlings through a crust? Plant and Soil 241: 177-186.

Backhaus, K., Erichson, B., Plinke, W. & R. Weiber (1996): Multivariate Analysemethoden. Springer Verlag, Berlin.

Bady, P., Doledec, S., Fesl, C., Gayraud, S., Bacchi, M. & F. Schöll (2005): Use of invertebrate traits for the biomonitoring of European large rivers: the effects of sampling effort on genus richness and functional diversity. Freshwater Biology 50: 159-173.

Baltanás, A. (1992): On the use of some methods for the estimation of species richness. Oikos 65: 484-492.

Barber, H.S. (1931): Traps for cave inhabiting insects. J. Elisha Mitchell Sci. Soc. 46: 259-266.

Bardossy, A. (1996): Geostatistische Auswertungen für das Projekt „Ökologische Auswirkungen von Wasserspiegeländerungen im Niederrhein-Grundsatzuntersuchung Vynen/Rees". Bundesanstalt für Gewässerkunde, Koblenz.

Barkman, J.J., Doing, H. & S. Segal (1964): Kritische Bemerkungen und Vorschläge zur quantitativen Vegetationsanalyse. Acta Bot. Neerl. 13: 394-419.

Barkemeyer, W. (1994): Untersuchung zum Vorkommen der Schwebfliegen in Niedersachsen und Bremen (Diptera: Syrphidae). Naturschutz und Landschaftspflege in Niedersachsen 31: 1-516.

Barkemeyer, W. (1997): Zur Ökologie der Schwebfliegen und anderer Fliegen urbaner Bereiche (Insecta: Diptera). Archiv zoologischer Publikationen 3: 1-187.

Barkemeyer, W., Drewes, B. & C. Ritzau (2003): Zum Vorkommen seltener und gefährdeter Schwebfliegen in Sachsen-Anhalt. Entomologische Nachrichten und Berichte 47(1): 45-47.

Barndt, D., Brase, S., Glauche, H., Gruttke, H., Kegel, B., Platen, R. & H. Winkelmann (1991): Die Laufkäferfauna von Berlin (West) – mit Kennzeichnung und Auswertung der verschollenen und gefährdeten Arten (Rote Liste, 3. Fassung). In: Auhagen, A., Platen, R. & H. Sukopp, H. (Hrsg.): Rote Listen der gefährdeten Pflanzen und Tiere. Landschaftsentwicklung und Umweltforschung, Sonderheft 6, Berlin: 243-275.

Bathke, M. & E. Brahms (2006): Beispielregion Mittlere Elbe. In: Keienburg, T., Most, A. & J. Prüter (Hrsg.): Entwicklung und Erprobung von Methoden für die ergebnisorientierte Honorierung ökologischer Leistungen im Grünland Nordwestdeutschlands. NNA-Berichte 19(1): 115-128.

Bathke, M., Brahms, E., Diekmann, M., Drachenfels, O.v., Garve, E., Gehlken, B., Hertwig, R., Horr, C., Isselstein, J. & T. Keienburg (2006): Entwicklung einer Kennartenliste für die ergebnisorientierte Honorierung im Grünland Nordwestdeutschlands. NNA-Berichte 19(1): 20-30.

Bauer, H.J. (1985): Bewertung des ökologischen Zustandes von Fließgewässern. In: LÖLF-Mitteilungen 10(3): 10-15.

Bauer, H.J. (1992): Bewertungskriterien für Fließgewässer. In: Friedrich & Lacombe (Hrsg.): Ökologische Bewertung von Fließgewässern. G. Fischer, Stuttgart, New York (= Limnologie aktuell, Band) Vol. 3: 35-44.

Baur, W.H. (1998): Gewässergüte bestimmen und beurteilen. Parey Buchverlag, Berlin.

Bayerisches Landesamt für Wasserwirtschaft (Hrsg.) (2001): Bioindikation der Trophie in Fließgewässern mit Hilfe submerser Makrophyten. Materialien Nr. 102. Bayerisches Landesamt für Wasserwirtschaft.

Bayerisches Landesamt für Wasserwirtschaft (Hrsg.) (2002): Kartier- und Bewertungsverfahren Gewässerstruktur. Bayerisches Landesamt für Wasserwirtschaft.

BBodSchV (1998): Bundes-Bodenschutz- und Altlastenverordnung mit Erläuterungen. In: Holzwarth, F., Radtke, H., Hilger, B. & G. Bachmann (2000): Bundes-Bodenschutzgesetz/ Bundes-Bodenschutz- und Altlastenverordnung. Handkommentar. 2. Aufl., Bodenschutz und Altlasten. Bd. 5. Erich Schmidt Verlag: 275-448.

Becher, H.H. (2004): Ist der Konzentrationsfaktor k eines aggregierten Bodens als steuernde Größe der mechanischen Druckverteilung in Böden eine Konstante? J. Plant Nutr. Soil Sci. 167: 525-531.

Beck, S., Born, W., Dziock, S., Görg, C., Hansjürgens, B., Henle, K., Jax, K., Kock, W., Nesshöver, C., Rauschmayer, F., Ring, I., Schmidt-Loske, K., Unnerstall, H. & H. Wittmer (2006): Die Relevanz des Millennium Ecosystem Assessment für Deutschland. UFZ-Bericht 02/2006.

Becker, A. & W. Lahmer (Hrsg.) (2004): Wasser- und Nährstoffhaushalt im Elbegebiet und Möglichkeiten zur Stoffeintragsminderung. – Konzepte für die nachhaltige Entwicklung einer Flusslandschaft, Bd. 1. Weißensee Verlag, Berlin.

Becker, A., Behrendt, H. & J. Quast (2004): Ergebnisübersicht, Schlussfolgerungen und Empfehlungen. In: Becker, A. & W. Lahmer (Hrsg.): Wasser- und Nährstoffhaushalt im Elbegebiet und Möglichkeiten zur Stoffeintragsminderung. Konzepte für die nachhaltige Entwicklung einer Flusslandschaft, Bd. 1. Weißensee Verlag, Berlin.

Begon, M., Harper, J.L. & C.R. Townsend (1990): Ecology. Blackwell Scientific Publication. Cambridge, Massachusetts.

Begon, M., Harper, J.L. & C.R. Townsend (1996): Ecology – Individuals, Populations and Communities. Blackwell Science. Oxford.

Begon, M.E., Harper, J.L. & C.R. Townsend (1998): Ökologie. Spektrum Akademischer Verlag, Heidelberg, Berlin.

Benda, L., Poff, N.L., Miller, D., Dunne, T., Reeves, G., Pess, G. & M. Pollock (2004): The Network Dynamics Hypothesis: How Channel Networks Structure Riverine Habitats. BioScience 54(5): 413-427.

Benzler, J.H. (1981): Vorschläge zur Gliederung der Auenböden. Mitteilungen der Deutschen Bodenkundlichen Gesellschaft 32: 657-658.

Berger, H.-J. (1996): Das Pflanzenfressen großer Säugetiere und Gehölzaufkommen – Zusammenhänge und Konsequenzen für die Landschaftspflege. In: Gerken, B. & C. Meyer (Hrsg.): Wo lebten Pflanzen und Tiere in der Naturlandschaft und frühen Kulturlandschaft Europas. Natur und Kulturlandschaft 1: 107-112.

Berlekamp, J., Boer, S., Graf, N., Hahn, B., Holzhauer, H., Huang, Y., de Kok, J.-L., Lautenbach, S., Maas, A., Mathies, M., van Middelkoop, I., Reimer, S., van der Wal, K.U., Hettrich, A., Hüsing, V. & S. Kofalk (2005): Aufbau eines Pilot-Decision Support Systems (DSS) zum Flusseinzugsgebietsmanagement am Beispiel der Elbe. Koblenz: Abschlussbericht mit Anlagen und Software-Paket auf CD. Mitteilung Nr. 10 Projektgruppe Elbe-Ökologie. (Hrsg.): Bundesanstalt für Gewässerkunde.

Bernotat, D., Schlumprecht, H., Brauns, C. & J. Jebram (2002a): Gelbdruck „Verwendung tierökologischer Daten“. In: Plachter, H., Bernotat, D., Müssner, R. & U. Riecken: Entwicklung und Festlegung von Methodenstandards im Naturschutz. Schr. R. f. Landschaftspfl. u. Naturschutz 70: 209-217.

Literaturverzeichnis

Bernotat, D., Jebram, J., Gruehn, D., Kaiser, T., Krönert, R., Plachter, H., Rückriem, D. & A. Winkelbrandt (2002b): Gelbdruck „Bewertung“. In: Plachter, H., Bernotat, D., Müssner, R. & U. Riecken: Entwicklung und Festlegung von Methodenstandards im Naturschutz. Schr. R. f. Landschafts-pfl. u. Naturschutz 70: 357–407.

Bertsch, W., Fuchs, E., Giebel, H. & M. Rink (1998): Auswirkungen von Flusswasserstandsänderungen auf das Ökosystem der Flussaue. In: Fachtagung Zukunft der Hydrologie in Deutschland, Themenkomplex „Notwendigkeit integrativer Forschung“: Oberflächenwasser – Grundwasser. BfG-Mitteilung 16: 182-191.

Beutler, A. (1996): Die Großtierfauna Europas und ihr Einfluss auf Vegetation und Landschaft. In: Gerken, B. & C. Meyer (Hrsg.): Wo lebten Pflanzen und Tiere in der Naturlandschaft und frühen Kulturlandschaft Europas. Natur und Kulturlandschaft 1: 51-106.

BfG – Bundesanstalt für Gewässerkunde (2001): Strukturgüte-Kartierverfahren für Wasserstraßen. http://elise.bafg.de/servlet/is/2938.

Bierhals, E., Drachenfels, O.v. & M. Rasper (2004): Wertstufen und Regenerationsfähigkeit der Biotoptypen in Niedersachsen. Inform.d. Naturschutz Niedersachs. 24(4): 231-240.

Binot, M., Bless, R., Boye, P., Gruttke, H. & P. Pretscher (1998): Rote Liste gefährdeter Tiere Deutschlands. Schriftenreihe für Landschaftspflege und Naturschutz 55: 1-434.

Birtele, D., Sommagio, D., Speight, M.C.D. & M. Tisato (2002): Syrphidae. In: Mason, F., Cerretti, P., Tagliapietra, A., Speight, M.C.D. & M. Zapparoli (Hrsg.) Invertebrati di una foresta della Pianura Padana – Bosco della Fontana. Primo contributo. Conservazione Habitat Invertebrati 1-2002. Gianluigi Arcari Editore, Mantova: 115-118.

BMBF (2003): Schadstoffbelastung im Mulde- und Elbe-Einzugsgebiet nach dem Augusthochwasser 2002. Ergebnisse und Forschungsbedarf. Tagungsband des Statusseminars des BMBF-Ad-hoc-Verbundprojektes. BMBF und UFZ.

Böcker, R., Kowarik, I. & R. Bornkamm (1983): Untersuchungen zur Anwendung der Zeigerwerte nach Ellenberg. Verh. Ges. Ökol. 11: 35-56.

Boguslawski, E. & K.O. von Lenz (1959): Untersuchungen über mechanische Widerstandsmessungen mit einer Rammsonde auf Ackerböden (2. Mittlg.). Z. Acker- und Pflanzenbau 107: 33-48.

Böhme, W. (1979): Das Kühnelt'sche Prinzip der regionalen Stenözie und seine Bedeutung für das Subspezies-Problem. Z. zool. Syst. Evolutionsforsch. 16: 256-266.

Böhme, F., Rinklebe, J., Staerk, H.-J., Wennrich, R., Mothes, S. & H.-U. Neue (2005): A simple field method to determine mercury volatilisation from soils. Environmental Science and Pollution Research 12(3): 133-135.

Böhnke, R. & S. Geyer (1999): Grundwasserdynamik und -beschaffenheit der Elbauen im Biosphärenreservat Mittlere Elbe. Leipziger Geowissenschaften 11: 145-152.

Böhnke, R., Heinrich, K. & G. Meyenburg (1999): Untersuchungen zur Charakterisierung der Standorteigenschaften von Auenböden unter besonderer Berücksichtigung der Hydrodynamik und Nährstoffsituation. In: Friese, K., Kirschner, K. & B. Witter (Hrsg): Stoffhaushalt von Auenökosystemen der Elbe und ihrer Nebenflüsse. UFZ-Bericht 1/1999: 123-127.

Böhnke, R. & S. Geyer (2000): Grundwasserdynamik in Auensedimenten der Mittleren Elbe. In: Friese, K., Witter, B., Miehlich, G. & M. Rode (Hrsg.): Stoffhaushalt von Auenökosystemen. Böden und Hydrologie, Schadstoffe, Bewertungen. Springer Verlag, Berlin, Heidelberg, New York.

Böhnke, R. & S. Geyer (2001): Hydrodynamik und Stofftransport in Auen der Mittleren Elbe. In: Scholz, M., Stab, S. & K. Henle (Hrsg.): Indikation in Auen. UFZ-Bericht 8/2001: 57-60.

Böhnke, R. & K. Follner (2002): Wasserstände in Auen – Möglichkeit der Rückrechnung aus Flusspegel und Wetterdaten. In: Geller W., Puncochar, P., Guhr, H., von Tümpling, W., Medek, J., Smrt'ak, J., Feldmann, H. & O. Uhlmann (2002): Die Elbe – neue Horizonte des Flussgebietsmanagements. 10. Magdeburger Gewässerschutzseminar. Teubner Verlag, Stuttgart, Leipzig, Wießbaden: 267-268.

Böhnke, R. (2002): Hydrodynamik und Stofftransport in Auensedimenten der Mittleren Elbe unter Berücksichtigung eines ökosystemaren Bewertungskonzeptes. Dissertation, Universität Leipzig, UFZ-Bericht 19/2002.

Bombosch, S. (1962): Untersuchungen über die Auswertbarkeit von Fallenfängen. Z. angew. Zool. 49: 149-160.

Bonn, A., Hagen, K. & B. Helling (1997): Einfluß des Überschwemmungsregimes auf die Laufkäfer- und Spinnengemeinschaften in Uferbereichen der Mittleren Elbe und Weser. Arbeitsber. Landschaftsökologie Münster 18: 177-191.

Borchert, H. & R. Graf (1988): Zum Vergleich von Penetrometermessungen, durchgeführt bei unterschiedlichem Wassergehalt. Z. Pflanzenernähr. Bodenk. 151: 69-71.

Boulinier, T., Nichols, J.D., Sauer, J.R., Hines, J.E. & K.H. Pollock (1998): Estimating species richness: the importance of heterogeneity in species detectability. Ecology 79: 1018-1028.

Bournaud, M., Richoux, P. & P. Usseglio-Polatera (1992): An approach to the synthesis of qualitative ecological information from aquatic Coleoptera communities. Regulated Rivers: Research & Management 7 (2): 165-180.

Bouwma, I, Foppen, M., Ruud, P. & A.J. van Opstal (2003): Ecological corridors on a European scale: a typology and identification of target species. In: Jongman, R. & G. Pungetti (Hrsg.): Ecological networks and greenways: concept, design, implementation. Cambridge: 94-106.

BRME – Biosphärenreservatsverwaltung Flusslandschaft Mittlere Elbe (2003): Rahmenkonzept für das länderübergreifende UNESCO-Biosphärenreservat „Flusslandschaft Elbe", Entwurf. Bearbeiter ARCARDIS Consult AG. Unveröffentlichtes Gutachten im Auftrag der Biosphärenreservatsverwaltung „Flusslandschaft Mittlere Elbe", Dessau.

Brabec, K. & K. Szoszkiewicz (2006): Macrophytes and diatoms – major results and conclusions from the STAR project. Hydrobiologia 566: 175-178.

Bradford, D.F., Franson, S.E., Neale, A.C., Heggem, D.T., Miller, G.R. & G.E. Canterbury (1998): Bird species assemblages as indicators of biological integrity in Great Britain rangeland. Envir. Monit. Assess. 49: 1-22.

Braukmann, U. (1994): Biologische Indikation und Kartierung des Säurezustands kleiner Fließgewässer in Baden-Württemberg. In: Erweiterte Zusammenfassung der Jahrestagung 1993 der Deutschen Gesellschaft für Limnologie DGL in Coburg, Krefeld: 70-76.

Braukmann, U. (1995): Macrozoobenthic Bioindicators for Stream Acidification Assessment in Germany. Landesanstalt für Umweltschutz Baden-Württemberg.

Braun-Blanquet, J. (1964): Pflanzensoziologie. Grundzüge der Vegetationskunde. 3. Aufl. Springer Verlag, Berlin, Wien, New York.

Briemle, G. & H. Ellenberg (1994): Zur Mahdverträglichkeit von Grünlandpflanzen. Möglichkeiten der praktischen Anwendung von Zeigerwerten. Natur und Landschaft 69(4): 139-147.

Brinkmann, R. (1998): Berücksichtigung faunistisch-tierökologischer Belange in der Landschaftsplanung. Informationsdienst Naturschutz Niedersachsen 4/98.

Brinson, M.M. (1993): A hydrogeomorphic classification for wetlands. Wetlands Research Program Technical Report WRP-DE-4. US Army Corps of Engineering Waterways Experiment Station, Vicksburg.

Literaturverzeichnis

Brinson, M.M. (1996): Assessing wetland functions using HGM. National Wetlands Newsletter 18: 10-16.

Brose, U., Martinez, N.D. & R.J. Williams (2003): Estimating species richness: sensitivity to sample coverage and insensitivity to spatial patterns. Ecology 84: 2364-2377.

Brose, U. & N.D. Martinez (2004): Estimating the richness of species with variable mobility. Oikos 105: 292-300.

Brown, J.H. (1995): Macroecology. University of Chicago Press, Chicago & London.

Brunacker, M. & K. Brunacker (1959): Gehäuseschneckenfauna und Boden. Zool. Anz. Leipzig: 128-134.

Brunke, M., Scholten, M., Holst, H., Kröwer, S., Wörner, U. & H. Zimmermann-Timm (2005): 5.1 Stromelbe. In: Scholz, M., Stab, S., Dziock, F. & K. Henle (Hrsg.): Lebensräume der Elbe und ihrer Auen. Band 4 der Reihe: „Konzepte für die nachhaltige Entwicklung einer Flusslandschaft". Weißensee Verlag, Berlin: 103-138.

Buch, M.W. (1987): Spätpleistozäne und holozäne fluviale Geomorphodynamik im Donautal östlich von Regensburg - ein Sonderfall unter den mitteleuropäischen Flußsystemen? Z. Geomorph. N.F. 66: 95-111.

Buch, M.W. & K. Heine (1988): Klima- oder Prozeß-Geomorphologie – Gibt das jungquartäre fluviale Geschehen der Donau eine Antwort? Geographische Rundschau 40(5): 16-26.

Bundes-Bodenschutzgesetz mit Erläuterungen (BBodSchG) (1998): In: Holzwarth, F., Radtke, H., Hilger, B. & G. Bachmann (2000): Bundes-Bodenschutzgesetz/ Bundes-Bodenschutz- und Altlastenverordnung. Handkommentar. 2. Aufl., Bodenschutz und Altlasten. Bd. 5. Erich Schmidt Verlag: 47-273.

Bundesministerium für Bildung, Forschung und Technologie (BMBF) (Hrsg.) (1995): Ökologische Forschung in der Stromlandschaft Elbe (Elbe-Ökologie). Forschungskonzeption: Bonn.

Bundesministerium für Bildung, Forschung und Technologie (BMBF) (Hrsg.) (1998): Entwicklungskonzepte für eine Flusslandschaft (Elbe-Ökologie). Projektinformation: Bonn.

Bunge, J. & M. Fitzpatrick (1993): Estimating the number of species: a review. Journal of the American Statistical Association 88: 364-373.

Burnham, K.P. & W.S. Overton (1978): Estimation of the size of a closed population when capture probabilities vary among animals. Biometrika 65: 625-633.

Burnham, K.P. & W.S. Overton (1979): Robust estimation of population size when capture probabilities vary among animals. Ecology 60: 927-936.

Busscher, W.J., Bauer, P.J., Camp, C.R. & R.E Sojka (1997): Correction of cone index for soil water content differences in a coastal plain soil. Soil & Tillage Research 43: 205-217.

Cairns, J. & J.R. Pratt (1993): A history of biological monitoring using benthic macroinvertebrates. In: Rosenberg D.M. & V.H. Resh (Hrsg.): Freshwater Biomonitoring and Benthic Macroinvertebrates. Chapman & Hall, London: 10-27.

Campbell, D.J. & M.F.O´Sullivan (1991): The cone penetrometer in relation to trafficabillity, compaction and tillage. In: Smith, K.A. & C.E. Mullins (Hrsg): Soil Analysis. Physical Methods. Dekker, New York: 399-429.

Canadell, J., Jackson, R.B., Ehleringer, J.R., Mooney, H.A., Sala, O.E. & E.-D. Schulze (1996): Maximum rooting depth of vegetation types at the global scale. Oecologia 108: 583-595.

Castella, E. (1987): Apport des macroinvertébratés aquatique au diagnostic écologique des écosystèmes abandonnés par les fleuves. Recherches méthologique sur le Haut-Rhône français. – Tome I: Texte, 231 pp.; Tome II: Figures, tableaux et annexes, 233 pp. Thèse présentée devant l'Université Claude-Bernard - Lyon I.

Castella, E. & C. Amoros (1988): Freshwater macroinvertebrates as functional describers of the dynamics of former river beds. Verhandlungen Internationale Vereinigung für Theoretische und Angewandte Limnologie 23(3): 1299-1305.

Castella, E., Speight, M.C.D., Obrdlik, P., Schneider, E. & T. Lavery (1994a): A methodological approach to the use of terrestrial invertebrates for the assessment of alluvial wetlands. Wetlands Ecology and Management 3(1): 17-36.

Castella, E., Obrdlik, P., Schneider, E. & M.C.D. Speight (1994b): Invertebrates and the assessment of river marginal wetlands: a general presentation of the work carried out under the FAEWE project. Proc. 4th workshop "Functional Analysis of European Wetland Ecosystems" EC STEP project 0084-CT90. Dpto. de Ecologia, Facultad de Ciencias, Universidad Autonoma de Madrid.

Castella, E. & M.C.D. Speight (1996): Knowledge representation using fuzzy coded variables: an example based on the use of Syrphidae (Insecta, Diptera) in the assessment of riverine wetlands. Ecological Modelling 85: 13-25.

Caughley, G. (1980): Analysis of Vertebrate Populations. John Wiley, Chichester, New York & Brisbane.

Caughley, G. & A. Gunn (1996): Conservation biology in theory and practice. Blackwell Science, Cambridge.

Chao, A. (1987): Estimating the population size for capture recapture data with unequal catchability. Biometrics 43: 783-791.

Chao, A. & S.M. Lee (1992): Estimating the number of Classes via sample coverage. Journal of the American Statistical Association 87: 210-217.

Chao, A., Lee, S.M. & S.L. Jeng (1992): Estimating population size for capture-recapture data when capture probabilities vary by time and individual animal. Biometrics 48: 201-216.

Chao, A. & S.M. Lee (1993): Estimating population-size for continuous time capture-recapture models via sample coverage. Biometrical Journal 35: 29-45.

Chao, A. & J. Bunge (2002): Estimating the number of species in a stochastic abundance model. Biometrics 58: 531-539.

Chazdon, R.L., Colwell, R.K., Denslow, J.S. & M.R. Guariguata (1998): Statistical methods for estimating species richness of woody regeneration in primary and secondary rain forests of northeastern Costa Rica. In: Dallmeier F. & J.A. Comiskey (Hrsg.): Forest Biodiversity Research, Monitoring and Modeling: Conceptual Background and Old World Case. Parthenon Publishing Group, New York.

Chessman, B.C. & M.J. Royal (2004): Bioassessment without refrerence sites: use of environmantal filters to predict natural assemblages of river macroinvertebrates. Journal of the North American Benthological Society 23(3): 599-615.

Chovanec, A., Waringer, J.A., Straif, M., Graf, W., Reckendorfer, W., Waringer-Löschenkohl, A., Waidbacher, H. & H. Schultz (2005): The Floodplain Index – a new approach for assessing the ecological status of river/floodplain-systems according to the EU Water Framework. Archiv für Hydrobiologie/ Supplementband Large Rivers 155(1-4): 169-185.

Clarke, R.T., Furse, M.T., Wright, J.F. & D. Moss (1996): Derivation of a biological quality index for river sites: comparison of the observed with the expected fauna. Journal of Applied Statistics 23(2&3): 311-332.

Clarke, R.T., Wright, J.F. & M.T. Furse (2003): RIVPACS models for predicting the expected macroinvertebrate fauna and assessing the ecological quality of rivers. Ecological Modelling 160: 219-233.

Claussen, C. (1980): Die Schwebfliegenfauna des Landesteils Schleswig in Schleswig-Holstein (Diptera, Syrphidae). Faunistisch-Ökologische Mitteilungen 1: 3-79.

Coddington, J.A., Young, L.H. & F.A. Coyle (1996): Estimating spider species richness in a Southern Appalachian cove hardwood forest. Journal of Arachnology 24: 111-128.

Cody, M.L. (1986): Structural niches in plant communities. In: Diamond J. & T.J. Case (Hrsg.): Community Ecology. Harper & Row, New York: 381-405.

Cogger, H.G., Cameron, E.E., Sadlier, R.A. & P. Eggler (1993): The Action Plan for Australian Reptiles. Australian Nature Conservation Agency, Canberra.

Colling, M. (1992): Muscheln und Schnecken – Einführung in die Untersuchungsmethodik. In: Trautner, J. (Hrsg.): Arten- und Biotopschutz in der Planung: Methodische Standards zur Erfassung von Tierartengruppen. Weikersheim: 111-118

Colwell, R.K. & J.A. Coddington (1994): Estimating terrestrial biodiversity through extrapolation. Philosophical Transactions of the Royal Society of London, Series B (Biological Sciences) 345: 101-118.

Cooperrider, A.Y., Boyd, R.J. & H.R. Stuart (1986): Inventory and Monitoring of Wildlife Habitat. US Dept. Inter. Bur. Land Manage., Serv. Centre, Denver.

Cowardin, L.M., Carter, V., Golet, F.C. & E.T. LaRoe (1979): Classification of wetlands and deepwater ahbitats in the United States. US Fish and Wildlife Service, Washington D.C.

Cressie, N. (1993): Statistics for Spatial Data. John Wiley, New York.

Cronewitz, E., Dörter, K., Lieberoth, I. & M. Pretzschel (1974): Standortkundliche Beurteilung der wichtigsten Auenböden der DDR als Grundlage für acker- und pflanzenbauliche sowie meliorative Maßnahmen. Archiv Acker- und Pflanzenbau und Bodenkunde, Berlin 18(2/3): 121-133.

CSN 75 7221 (1998): Water quality-Classification of surface water quality. Czech Technical State Standard. Czech Standards Institute, Prag.

Czaya, E. (1981): Ströme der Erde. Leipzig.

Dale, V.H. & S.C. Beyeler (2001): Challanges in the development and use of ecological indicators. Ecol. Ind. 1: 3-10.

De'Ath, G. (2002): Multivariate regression trees: a new technique for modeling species-environment relationships. Ecology 83(4): 1105-1117.

Deichner, O., Foeckler, F., Adler, M. & H. Schmidt (2000): Land- und Wassermollusken im Bereich der Elbe-Auen "Dornwerder" bei Sandau südlich Havelberg. Untere Havel - Naturkundliche Berichte Havelberg 10: 58-63.

Deichner, O., Foeckler, F., Groh, K. & K. Henle (2003): Anwendung und Überprüfung einer Rüttelmaschine zur Schlämmung und Siebung von Mollusken-Bodenproben. Mitt. dtsch. malakozool. Ges. 69/70: 71-77.

Denys, L. (2004): Relation of abundance-weighted averages of diatom indicator values to measured environmental conditions in standing freshwaters. Ecological Indicators 4: 255-275.

D'Eugenio, J.,Davy, T.,Heiskanen, A-S, Irmer, U., Isobel, A., Marsden, M., Mohaupt, V., Noel, C., Pollard, P., Quevauviller, P., Rosenbaum, S., Steve, N. & C. Vincent. (2003): Horizontal Guidance "Water Bodies" – Final Version 10.0 vom 15 Januar 2003, o.O.

Deutscher Bundestag (2008): Antwort der Bundesregierung auf die kleine Anfrage der Abgeordneten Peter Hettlich, Nicole Maisch, Dr. Anton Hofreiter, weiterer Abgeordneter und der Fraktion BÜNDNIS 90/Die Grünen. – Drucksache 16/7646, Befahrbarkeit der Elbe., Berlin. - http://dip21.bundestag.de/dip21/btd/16/078/1607818.pdf

Deutsches Gewässerkundliches Jahrbuch (1997): Elbegebiet, Teil I. Von der Grenze zur CR bis zur Havelmündung (1.11.1996-31.12.1997).

Deutsches Institut für Normung (1991): Biologisch-ökologische Gewässeruntersuchung, Bestimmung des Saprobienindex, DIN 38410, Teil 2", Deutsche Einheitsverfahren zur Wasser-, Abwasser- und Schlammuntersuchung (DEV), 24. Lieferung.

Deutsches Institut für Normierung (2004):

DIN 38410 – Deutsche Einheitsverfahren zur Wasser-, Abwasser- und Schlammuntersuchung – Biologisch-ökologische Gewässeruntersuchung (Gruppe M) – Bestimmung des Saprobienindex in Fließgewässern (M1). Beuth-Verlag, Berlin.

Devai, I., Patrick, W.H., Jr., Neue, H.-U., DeLaune, R.D., Kongchum, M. & J. Rinklebe (2005): Methyl Mercury and Heavy Metal Content in Soils of Rivers Saale and Elbe (Germany). Analytical Letters 38(6): 1037-1048.

Devillers, P., Devillers-Terschuren, J. & J.-P. Ledant (1991): Habitats of the European Community, CORINE Biotopes manual. Commission of the European Communities, Luxembourg.

Diamond, J. (1986): Overview: laboratory experiments, field experiments, and natural experiments. In: Diamond, J. & T.J. Case (Hrsg.): Community Ecology. Harper & Row, New York: 3-22.

Diekmann, M. (2003): Species indicator values as an important tool in applied plant ecology – a review. Basic Appl. Ecol. 4: 493-506.

Diepolder, U. & F. Foeckler (1994): Litera-turstudie über die Auswirkungen von Flußstaustufen auf Natur und Umwelt. Schr.-R. Bayer. Landesamt für Umweltschutz, München, 130: 7-49.

Dierschke, H. (1994): Pflanzensoziologie. Grundlagen und Methoden. Ulmer Verlag, Stuttgart.

Dierßen, K. (1990): Einführung in die Pflanzensoziologie. Wissenschaftliche Buchgesellschaft, Darmstadt.

Dilger, R. & V. Späth (1988): Materialien zum Integrierten Rheinprogramm, Band 1: Rheinauenschutzgebietskonzeption im Regierungsbezirk Karlsruhe.

DIN 38410 (2004): Deutsche Einheitsverfahren zur Wasser-, Abwasser- und Schlammuntersuchung - Biologisch-ökologische Gewässeruntersuchung (Gruppe M) – Bestimmung des Saprobienindex in Fließgewässern (M1). Beuth-Verlag, Berlin.

Dister, E. (1983): Zur Hochwassertoleranz von Auenwaldbäumen an lehmigen Standorten. Verh. Ges. Ökol. 1: 325-336.

Dister, E. (1985): Auenlebensräume und Retentionsfunktion. Laufener Seminarbeiträge 3: 74-90.

Dister, E. (1988): Ökologie der mitteleuropäischen Auwälder. In: Die Auwälder (Siegen) 19: 6-30.

Dister, E. (1999): Folgen der Sohleneintiefung für die Ökosysteme der Aue. In IHP/OHP (Hrsg.): Hydrologische Dynamik im Rheingebiet. IHP/OHP-Berichte, Koblenz, Heft 13: 157-165.

Dister, E. (2000): Geleitwort. In: Friese, K., Witter, B., Miehlich, G. & M. Rode (Hrsg.): Stoffhaushalt von Auenökosystemen. Böden und Hydrologie, Schadstoffe, Bewertungen: V-VI. Springer Verlag, Berlin, Heidelberg, New York.

Dittmann, S., Hild, A., Grimm, V., Niesel, C.-P., Villbrandt, M., Bietz, H. & S. Schleier (1999): Joint research projects: experiences and recommendations. In: Dittmann, S. (Hrsg.): The Wadden Sea Ecosystem – Stability Properties and Mechanisms. Springer Verlag, Berlin: 267-280.

DRL – Deutscher Rat für Landespflege (1997): Leitbilder für Landschaften in „peripheren Räumen“. Schr. d. Deutschen Rates für Landespflege 67.

Doczkal, D., Claußen, C. & A. Ssymank (2002): Erster Nachtrag und Korrekturen zur Checkliste der Schwebfliegen Deutschlands. Volucella 6: 167-173.

Dodkins, I., Rippey, B. & P. Hale (2005): An application of canonical correspondence analysis for developing quality assessment metrics for river macrophytes. Freshwater Biology 50: 891-904.

Doerpinghaus, A., Verbücheln, G., Schröder, E., Westhus, W. & R. Mast (2003): Empfehlungen zur Bewertung des Erhaltungszustands der FFH-Lebensraumtypen: Grünland. Natur und Landschaft. 78(8): 337-342.

Dolédec, S. & D. Chessel (1987) Rythmes saisonniers et composantes stationnelles en milieu aquatique I- Description d'un plan d'observations complet par projection de variables. Acta

Oecologica, Oecologia Generalis 8(3): 403-426.

Dolédec, S.& D. Chessel (1989): Rythmes saisonniers et composantes stationnelles en milieu aquatique II – Prise en compte et élimination d'effets dans un tableau faunistique. Acta Oecolo-gica, Oecologia Generalis 10(3): 207-232.

Dolédec, S. & D. Chessel (1991): Recent developments in linear ordination methods for environmental sciences. Advances in Ecology, India 1:133-155.

Dolédec, S. & D. Chessel (1992): Analyse des correspondances multiples sur codages flous. Fiche ADE 92-04-1. ADE, Programmatèque et Environnement Hypercard™, Universitè de Lyon.

Dolédec, S. & D. Chessel (1994): Co-Inertia analysis: an alternative method for studying species-environment relationships. Freshwater Biology 31: 277-294.

Dolédec, S. & B. Statzner (1994): Theoretical habitat templets, species traits, and species richness: 548 plant and animal species in the Upper Rhône River and its floodplain. Freshwater Biology: 31(3): 523-538.

Dolédec, S., Chessel, D., Ter Braak, C.J.F. & S. Champély (1996): Matching species traits to environmental variables: a new three-table ordination method. Environmental and Ecological Statistics 3: 143-166.

Dolédec, S., Statzner, B. & M. Bournaud (1999): Species traits for future biomonitoring across ecoregions: patterns along a human-impacted river. Freshwater Biology 42: 737-758.

Dolédec, S., Chessel, D. & C. Gimaret-Carpentier (2000): Niche separation in community analysis: a new method. Ecology 81(10): 2914-2927.

Dörfer, K., Buschmann, M. & B. Gerken (1995): Carabidengemeinschaften (Coleoptera, Carabidae) im Einflussbereich wechselnder Wasserstände an der Oberweser. In: Gerken, B. & M. Schirmer (Hrsg.): Die Weser. Limnologie aktuell 6: 191-212.

Drachenfels, O. v. (1996): Rote Liste der gefährdeten Biotoptypen in Niedersachsen. Naturschutz Landschaftspfl. Niedersachs. 34: 1-146.

Drachenfels, O.v. (2004): Kartierschlüssel für Biotoptypen in Niedersachsen unter besonderer Berücksichtigung der nach § 28a und § 28b NNatG geschützten Biotope sowie der Lebensraumtypen von Anhang I der FFH-Richtlinie, Stand März 2004. Naturschutz Landschaftspfl. Niedersachs. Heft A/4: 1-240.

Dray, S., Chessel, D. & J. Thioulouse (2003): Co-inertia analysis and the linking of ecological data tables. Ecology 84: 3078-3089.

Dubrule, O. (1983): Cross validation of kriging in a unique neighborhood. Mathematical Geology 15: 687-699.

Duelli, P., Studer, M. & E. Katz (1990): Minimalprogramme für die Erhebung und Aufbereitung zooökologischer Daten als Fachbeiträge zu Planungen am Beispiel ausgewählter Arthropodengruppen. Schriftenreihe für Landschaftspflege und Naturschutz 32: 211-222.

Duelli, P., Obrist, M.K. & D.R. Schmatz (1999): Biodiversity evaluation in agricultural landscapes: above-ground insects. Agric. Ecosyst. Environ. 74: 33-64.

Dufrêne, M. & P. Legendre (1997): Species assemblages and indicator species: the need for a flexible asymmetrical approach. Ecological Monographs 67: 345-366.

Dülge, R., Andretzke, H., Handke, K., Hellbernd-Tiemann, L. & M. Rode (1994): Beurteilung nordwestdeutscher Feuchtgrünlandstandorte mit Hilfe von Laufkäfergesellschaften (Coleoptera: Carabidae). Natur und Landschaft 69(4): 148-156.

Dunson, W.A. & J. Connell (1982): Specific inhibition of hatching in amphibian ambryos by low pH. J. Herpetol. 16: 314-316.

Durant, S.M., Harwood, J. & R.C. Beudels (1992): Monitoring and management strategies for endangered populations of marine mammals and ungulates. In McCullough, D.R. & R.H. Barrett (Hrsg.): Wildlife 2001: Populations. Elsevier Applied Science, London: 252-261.

Durwen, K.-J. (1982): Zur Nutzung von Zeigerwerten und artspezifischen Merkmalen der Gefäßpflanzen Mitteleuropas für Zwecke der Landschaftsökologie und -planung mit Hilfe der EDV – Voraussetzungen, Instrumentarien, Methoden und Möglichkeiten. Arbeitsber. Lehrstuhl Landschaftsökologie Münster 5.

DVWK (1991): Hydraulische Berechnung von Fließgewässern. Merkblätter zur Wasserwirtschaft 220, Bonn (Wirtschafts- und Verlagsgesellschaft Gas und Wasser mbH).

DWD - Deutscher Wetterdienst (1997-1999): Monatlicher Witterungsbericht, Offenbach a. M.

DVWK (1998): Feuchtgebiete – Wasserhaushalt und wasserwirtschaftliche Entwicklungskonzepte. Merkblätter zur Wasserwirtschaft, 248, Bonn (Wirtschafts- und Verlagsgesellschaft Gas und Wasser mbH).

Dziock, F. & J.-P. Sarthou (i. Vorb.): A review on the use of hoverflies (Diptera, Syrphidae) as bioindicators.

Dziock, F. (2001a): 4.2.2.26 Schwebfliegen (Syrphidae). In: LAU (Hrsg.): Arten- und Biotopschutzprogramm Sachsen-Anhalt. Landschaftsraum Elbe. Berichte des Landesamtes für Umweltschutz Sachsen-Anhalt Sonderheft 3: 464-467.

Dziock, F. (2001b) Beziehungen zwischen Umweltvariablen, Schwebfliegen (Diptera, Syrphidae) und ihren biologischen Eigenschaften im Auengrünland. In: Scholz, M., Stab, S. & K. Henle (Hrsg.): Indikation in Auen – Präsentation der Ergebnisse aus dem RIVA-Projekt. UFZ-Bericht 8/2001: 107-110.

Dziock, F. (2002): Überlebensstrategien und Nahrungsspezialisierung bei räuberischen Schwebfliegen (Diptera, Syrphidae). UFZ-Bericht 10/2002: 1-131.

Dziock, F. (2003): Species traits, functional groups and environmental constraints – a case study on the hoverflies (Diptera: Syrphidae) in the river Elbe floodplain. In: CIBIO (Hrsg.): II International Symposium on the Syrphidae. Biodiversity and Conservation. 16-19th June 2003, Alicante, Spain: 21-22. ISBN 84-933249-0-6.

Dziock, F., Gläser, J., Bonn, A., Deichner, O., Foeckler, F., Gehle, T., Hagen, K., Jäger, U., Klausnitzer, B., Klausnitzer, U., Neumann, V., Schmidt, P.A. & M. Scholz (2005): 5.4 Auenwald. In: Scholz, M., Stab, S., Dziock, F. & K. Henle, K. (Hrsg.): Lebensräume der Elbe und ihrer Auen. Band 4 der Reihe: „Konzepte für die nachhaltige Entwicklung einer Flusslandschaft". Weißensee Verlag, Berlin: 194-233.

Dziock, F. (2006): Life-history data in bioindication procedures – an example of the hoverflies (Diptera, Syrphidae) in the Elbe floodplain. In: Dziock, F., Foeckler, F., Scholz, M., Stab S. & K. Henle (Hrsg.): Bioindication and functional response in floodplain systems – based on the results of the project RIVA. International Review of Hydrobiology 91(4): 341-363.

Dziock, F., Foeckler, F., Scholz, M., Stab S. & K. Henle (Hrsg.) (2006a): Bioindication and functional response in floodplain systems – based on the results of the project RIVA. International Review of Hydrobiology 91(4): 269-387.

Dziock, F., Henle, K., Foeckler, F., Follner, K. & M. Scholz (2006b): Biological indicator systems in floodplains – a review. In: Dziock, F., Foeckler, F., Scholz, M., Stab, S. & K. Henle (Hrsg.): Bioindication and functional response in floodplain systems – based on the results of the project RIVA. International Review of Hydrobiology 91(4): 271-291.

Eberhardt, L.L. & J.M. Thomas (1991): Designing environmental field studies. Ecol. Monogr. 6: 53-73.

EEA - European Environment Agency

(2003): An inventory of biodiversity indicators in Europe, 2002. EEA Technical report No 92.

EG – Der Rat Der Europäischen Gemeinschaften (1992): Richtlinie 92/43 EWG des Rates vom 21. Mai 1992 zur Erhaltung der natürlichen Lebensräume sowie der wildlebenden Tiere und Pflanzen. Amtsblatt der Europäischen Gemeinschaften Nr. L 206/7 vom 22.7.1992: 7-49. („FFH-Richtlinie").

EG – Der Rat Der Europäischen Gemeinschaften (2000): Richtlinie 2000/60/EG des Europäischen Parlaments und des Rates vom 23. Oktober 2000 zur Schaffung eines Ordnungsrahmens für Maßnahmen der Gemeinschaft im Bereich der Wasserpolitik. Amtsblatt der Europäischen Gemeinschaften L 327 vom 22.12.2000 ("EU-Wasserrahmenrichtlinie -WRRL").

Ehlers, W., Köpke, U., Hesse, F. & W. Böhm (1983): Penetration resistence and root growth of oats in tilled and untilled loess soil. Soil & Tillage Research 3: 261-275.

Eichhorn, A., Rast, G. & L. Reichhoff (2004): Naturschutzgroßprojekt Mittlere Elbe, Sachsen-Anhalt. Natur und Landschaft 79(9): 423-429.

Eisenmann, V. (2002): Die Bedeutung der Böden für das Renaturierungspotential von Rückdeichungsgebieten an der Mittleren Elbe. Hamburger Bodenkundliche Arbeiten 51. Dissertation, Universität Hamburg.

Eisenmann, V., Rinklebe, J. & M. Altermann (2003): Zur Kohlenstoffspeicherung in Auenböden der Mittleren Elbe. Mitteilungen der Deutschen Bodenkundlichen Gesellschaft 102(2): 455-456.

Eißmann, L. (1975): Das Quartär der Leipziger Tieflandsbucht und angrenzender Gebiete um Saale und Elbe. Schriftenreihe für geol. Wiss. 2. Akademie-Verlag, Berlin.

Ellenberg, H. (1979): Zeigerwerte der Gefäßpflanzen Mitteleuropas. Scripta Geobotanica 9.

Ellenberg H., Weber, H.E., Düll R., Wirth, V., Werner, W. & D. Paulißen (1992): Zeigerwerte der Gefäßpflanzen Mitteleuropas, 2. Aufl. Scripta Geobo-tanica 17. Goltze, Göttingen.

Ellenberg, H., Weber, H.E., Düll R., Wirth, V. & W. Werner (2001): Zeigerwerte von Pflanzen in Mitteleuropa, 3. Aufl. Scripta Geobotanica 18. Goltze, Göttingen.

Elzinga, C.L., Salzer, D.W., Willoughby, J.W. & J.P. Gibbs (2001): Monitoring Plant and Animal Populations. Blackwell Science, Oxford.

Emmerling, C. (1993): Nährstoffhaushalt und mikrobiologische Eigenschaften von Auenböden sowie die Besiedlung durch Bodentiere unter differenzierter Nutzung und Überschwemmungsdynamik. Dissertation, Universität Trier. Verlag Shaker, Aachen.

Engelmann, H.D. (1978): Zur Dominanzklassifizierung von Bodenarthropoden. Pedobiologia 18: 378-380.

Erftverband (2002): LAWA-Pilotprojekt G 1.01: Erfassung, Beschreibung und Bewertung grundwasserabhängiger Oberflächengewässer und Landökosysteme hinsichtlich vom Grundwasser ausgehender Schädigungen. Bericht zu Teil 1. Bergheim, unveröffentlicht.

Ertsen, A.C.D., Alkemade, J.R.M. & M.J. Wassen (1998): Calibrating Ellenberg indicator values for moisture, acidity, nutrient availability and salinity in the Netherlands. Plant Ecology 135: 113-124.

Esser, B. (1997): Methodik zur Entwicklung von Leitbildern für Fließgewässer – Ein Beitrag zur wasserwirtschaftlichen Planung. Dissertation der Hohen Landwirtschaftlichen Fakultät der Rheinischen Friedrich-Wilhelms-Universität Bonn.

Falkner, G. (1990): Vorschlag für eine Neufassung der Roten Liste der in Bayern vorkommenden Mollusken (Weichtiere). Schriftenreihe des Bayerischen Landesamt für Umweltschutz 97 (Beiträge zum Artenschutz 10): 61-112.

Falkner, G. & M. Falkner (1992): Ökologische Beweissicherung im Bereich der Stützkraftstufe Ettling – Aufgabengebiet Mollusken. Unveröffentlichtes Gutachten in Auftrag des WWA Landshut.

Falkner, G., Obrdlik, P., Castella, E. & M.C.D. Speight (2001): Shelled Gastropoda of Western Europe. Friedrich Held Gesellschaft, München.

FAO/ISRIC/ISSS (1998): World reference base for soil resources. World Soil Resources Report 84. FAO, Rome.

Faulhaber, P. (1998): Entwicklung der Wasserspiegel- und Sohlenhöhen in der deutschen Binnenelbe innerhalb der letzten 100 Jahre – Einhundert Jahre „Elbestromwerk". Gewässerschutz im Einzugsgebiet der Elbe, 8. Magdeburger Gewässerschutzseminar. Teubner Verlag, Stuttgart, Leipzig.

Faulhaber, P. (2000): Untersuchung der Auswirkung von Maßnahmen im Elbevorland auf die Strömungssituation und die Flussmorphologie. In: ATV-DVWK Deutsche Vereinigung für Wasserwirtschaft (Hrsg.): Gewässerlandschaften-Aquatic Landscapes. ATV-DVWK-Schriftenreihe, BMBF Symposium Elbeforschung, Tagungsband Teil 1: 297-320.

Favila, M.E. & G. Halffter (1997): The use of indicator groups for measurring biodiversity as related to community structure and function. Acta Zool. Mex. (n. s.) 72: 1-25.

Fechter, R. & G. Falkner (1990): Weichtiere Europäische Meeres- und Binnenmollusken. Steinbachs Naturführer 10.112-280. München (Mosaik).

Feinsinger, P. (2001): Designing Field Studies for Biodiversity Conservation: The Nature Conservancy. Island Press, Washington D.C.

Fischer, P., Kaiser, H., Waesch, G., Hotze, C. & J.v. Haaren (2006): Regionale Methodenerprobung für wertvolles Grünland in der niedersächsischen Elbtalaue. In: Keienburg, T., Most, A., Prüter, J. (Hrsg.): Entwicklung und Erprobung von Methoden für die ergebnisorientierte Honorierung ökologischer Leistungen im Grünland Nordwestdeutschlands. NNA-Berichte 19(1): 222-231.

Fischer, M., Fuellhaas, U. & T. Huk (1998): Laufkäferzönosen unterschiedlich anthropogen beeinflußter Feuchtgrünländer in vier Niedermooren Norddeutschlands. Angewandte Carabidologie 1: 13-22.

Fischer, W. (1997): Die Molluskenfauna auf vier unterschiedlich bewirtschafteten Flächen im Demonstrationsgarten der Universität für Bodenkultur Wien in den Jahren 1995 und 1996. Institut für Pflanzenbau und Pflanzenzüchtung (Image), Wien.

Fittkau, E.J. & F. Reiss (1983): Versuch einer Rekonstruktion der Fauna europäischer Ströme und ihrer Auen. Arch. Hydrobiol. 97(1): 1-6.

Flade, M. (1994): Die Brutvogelgemeinschaften Mittel- und Norddeutschlands. Grundlagen für den Gebrauch vogelkundlicher Daten in der Landschaftsplanung. IHW Verlag, Eching.

Flather, C.H., Wilson, K.R., Dean, D.J. & W.C. McComb (1997): Mapping diversity to identify gaps in conservation networks: of indicators and uncertainty in geographic-based analyses. Ecological Applications 7: 531-542.

Flügel, H.-J. (2002): Fliegen des Unteren Odertales: Schwebfliegen (Diptera: Syrphidae). Entomologische Zeitschrift (Stuttgart) 112(9): 273-286.

Foeckler, F. & E. Schrimpff (1985): Gammarids in streams of northeastern Bavaria, F.R.G.. II The different hydrochemical habitats of Gammarus fossarum Koch 1835 and Gammarus roeseli Ger-vais 1835. Arch. Hydrobiol. 104(2): 269-286.

Foeckler, F. (1990): Charakterisierung und Bewertung von Augewässern des Donauraums Straubing durch Wassermolluskengesellschaften. Ber. Akad. Naturschutz Landschaftspfl. 7: 1-154.

Foeckler, F. (1991): Classifying and Evaluating Alluvial Flood Plain Waters of the Danube by Water Mollusc Associations. Verh. Internat. Verein. Limnol. 24: 1881-1887.

Foeckler, F., Diepolder, U. & O. Deichner (1991): Water mollusc communities and bioindication of lower Salzach flood plain waters. Regulated Rivers: Research & Management 6(4): 301-312.

Foeckler, F. & H. Bohle (1991): Fließgewässer und ihre Auen – prädestinierte Standorte ökologischer und naturschutzfachlicher Grundlagenforschung. In: Henle, K. & G. Kaule (Hrsg.): Arten- und Biotopschutzforschung für Deutschland. Forschungszentrum Jülich Berichte aus der ökologischen Forschung 4: 236-266.

Foeckler, F., Kretschmer, W., Deichner, O. & H. Schmidt (1995a): Die Rolle aquatischer Makroinvertebraten in den Altwässern der Salzach-Aue. Münchener Beiträge zur Abwasser-, Fischerei- und Flussbiologie 48: 120-196.

Foeckler, F., Orendt, C. & E.G. Burmeister (1995b): Biozönologische Typisierung von Augewässern des Donauraums Straubing anhand von Makroinvertebratengemeinschaften. Arch. Hydrobiol., Supplement 101, Large Rivers 9(3/4): 229-308.

Foeckler, F., Theiß, J., Schmidt, H., Deichner, O. & W. Schiller (1999): Auswirkungen der Extensivierung der teichwirtschaftlichen Nutzung auf Makrozoobenthos, Plankton-Entwicklung und Trophie am Beispiel der Naturschutzgebiete "Vogelfreistätte Großer Rußweiher" und "Eschenbacher Weihergebiet". Schr.-R., Bayer. Landesamt für Umweltschutz 150 (Beiträge zum Artenschutz 22): 245-267.

Foeckler, F., Deichner, O., Schmidt, H. & K. Jacob (2000a): Weichtiergemeinschaften als Indikatoren für Auenstandorte – Beispiele von Isar und Donau. Angewandte Landschaftsplanung 37: 33-47.

Foeckler, F., Deichner, O., Schmidt, H. & K. Follner (2000b): Weichtiergemeinschaften als Indikatoren für Wiesen- und Rinnen-Standorte der Elbauen. In: Friese, K., Witter, B., Miehlich, G. & M. Rode (Hrsg): Stoffhaushalt von Auenökosystemen – Böden und Hydrologie, Schadstoffe, Bewertungen. Springer Verlag, Heidelberg: 391-402.

Foeckler, F., Schmidt, H. & O. Deichner (2002): Ökologische Untersuchungen zur Abhängigkeit von Mollusken-Biozönosen von der Fluss- und Grundwasserstandsdynamik in den Auen der Unteren Saale. In: Geller, W., Puncochat, P., Guhr, H., von Tümpling jr., W., Medek, J., Smrt´ak, J., Feldmann, H. & O. Uhlmann (Hrsg.): Die Elbe - neue Horizonte des Flussgebietsmanagements, 10. Magdeburger Gewässerschutzseminar, Teubner Verlag, Stuttgart: 247-250.

Foeckler, F., Deichner, O., Gläser, J., Dziock, F., Henle, K., Hettrich, A., Schanowski, A. & M. Scholz (2005a): Effects of extreme flood events on flora and fauna in Middle Elbe floodplains. Verhandlungen der Gesellschaft für Ökologie 35: 137.

Foeckler, F., Deichner, O., Schmidt, H., Scholz, M., Hettrich, A. Fuchs, E. & K. Henle (2005b): Auswirkungen von extremen Hoch- und Niedrigwasserereignissen auf Mollusken in Flussauen am Beispiel der Mittleren Elbe. Deutsche Gesellschaft für Limnologie (DGL) Tagungsbericht 2004 (Potsdam). Weißensee Verlag, Berlin: 319-324.

Foeckler, F., Deichner, O., Schmidt, H. & E. Castella (2006): Suitability of Molluscs as Bioindicators for Meadow- and Flood-Channels of the Elbe-Floodplains. In: Dziock, F., Foeckler, F., Scholz, M., Stab, S. & K. Henle (Hrsg.): Bioindication and functional response in floodplain systems – based on the results of the project RIVA. International Review of Hydrobiology 94(4): 314-325.

Follner, K. & K. Henle (2001): Closed mark-recapture models to estimate species richness: An example using data on epigeal spiders. Journal of Agricultural, Biological, and Environmental Statistics 6: 176-182.

Follner, K., Henle, K. & M. Scholz (2002): Indikation ökologischer Veränderungen in Auen. In: Geller, W., Puncochar, P., Guhr, H., von Tümpling, W., Medek, J., Smrtak, J., Feldmann, H.

& O. Uhlmann (Hrgs.): Die Elbe - neue Horizonte des Flußgebietsmanagements. 10. Magdeburger Gewässerschutzseminar. Teubner Verlag, Stuttgart: 263-266.

Follner, K., Baufeld, R., Böhmer, H.J., Henle, K., Hüsing, V., Kleinwächter M., Rickfelder, T., Scholten, M., Stab, S., Vogel, C. & H. Zimmermann-Timm (2005): Ausgewählte methodische Ansätze. In: Scholz, M., Stab, S., Dziock, F. & K. Henle (Hrsg.): Lebensräume der Elbe und ihrer Auen. Band 4 der Reihe: „Konzepte für die nachhaltige Entwicklung einer Flusslandschaft“, Weißensee Verlag, Berlin: 67-102.

Follner, K. & K. Henle (2006): The performance of plants, molluscs, and carabid beetles as indicators of hydrological conditions in floodplain grasslands. In: Dziock, F., Foeckler, F., Scholz, M., Stab S. & K. Henle (Hrgs.): Bioindication and functional response in flood plain systems – based on the results of the project RIVA. Int. Rev. Hydrobiol. 91: 364-379.

Follner, K. (2006): Exactness and reliability of nonparametric estimators of species richness compared by simulation and field data. UFZ Dissertation 17/2006, Leipzig.

Folwaczny, B. (1959): Bestimmungstabelle der Arten der Untergattung *Acupalpus* s. str. Entomologische Blätter 55: 175-186.

Forstkarte (1862): Karte des Steckbyer Forstes, Sect. II die Haide. Landesarchiv Oranienbaum, F 209.

Förstner, U., Heise, S., Schwartz, R., Westrich, B. & W. Ahlf (2004): Historical Contaminated Sediments and Soils at the River Basin Scale. Examples from the Elbe River Catchment Area. JSS. J Soils & Sediments 4: 247-260.

Frank, D. & S. Klotz (1990): Biologisch-ökologische Daten zur Flora der DDR. 2. völlig neu bearbeitete Auflage. Martin-Luther-Universität Halle-Wittenberg, Wiss. Beitr. 1990/32 (P41), Halle/S., 167 S.

Franke, C. & H. Neumeister (1999): Räumliche Datendichte zur Abbildung der räumlichen Variabilität des pH-Wertes. Leipziger Geowissenschaften 11: 105-112.

Franke, C., Rinklebe, J., Heinrich, K., Neumeister, H., Neue, H.-U. & S. Geyer (1999): Räumliche Verteilung ausgewählter Bodenkennwerte im Biosphärenreservat „Mittlere Elbe“ und Landschaftsschutzgebiet „Untere Havel“. Leipziger Geowissenschaften 11: 167-174.

Franke, C., Rinklebe, J. & H.-U. Neue (2000): Heterogenität ausgewählter Kennwerte unterschiedlicher Bodenformen von Auenböden. ATV-DVWK-Schriftenreihe. bmbf. Gewässer, Landschaften. Aquatic Landscapes 22: 230-231.

Franke, C. & J. Rinklebe (2001): Kleinräumige Heterogenität der Bodenazidität in Auenböden. UFZ-Bericht 8/2001: 152-153.

Franke, C. & J. Rinklebe (2003): Heterogenität von Cd, Zn, Cu, Cr in Auenböden der Elbe in Abhängigkeit von Bodenform, Überflutungsdauer, organischem Kohlenstoff und Bodenreaktion. Mitteilungen der Deutschen Bodenkundlichen Gesellschaft 102(2): 467-468.

Freude, H. (1976): Adephaga 1: Familie Carabidae (Laufkäfer). In: Freude, H., Harde, K.W. & G.A. Lohse (Hrsg.): Die Käfer Mitteleuropas, 2. Goecke & Evers Verlag, Krefeld.

Freudenberg, D. & L. Brooker (2004): Development of the focal species approach for biodiversity conservation in the temperate agricultural zones of Australia. In: Henle, K., Margules, C.R., Lindenmayer, D., Saunders, D.A. & C. Wissel (Hrsg.): Species Survival in Fragmented Landscapes: Where to from now? Special Issue, Biodiversity and Conservation 13(1): 253-274.

Friedrich, G. (1990): Eine Revision des Saprobiensystems. Zeitschrift für Wasser- und Abwasser-Forschung 23: 141-152.

Friese, K., Miehlich, G., Witter, B., Brack,

W., Buettner, O., Gröngröft, A., Krüger, F., Kunert, M., Rupp, H., Schwartz, R., van der Veen, A. & D.W. Zachmann (2000a): Distribution and fate of organic and inorganic contaminats in a river floodplain – results of a case study on the River Elbe, Germany. In: Wise, D.L., Trantolo, D.J., Cichon, E.J., Inynag, H.I. & U. Stottmeister (Hrsg.): Remediation Engineering of Contaminated Soils, 2nd edt., Marcel Dekker Inc., New York: 375-428.

Friese, K., Witter, B., Miehlich, G. & M. Rode (2000b): Stoffhaushalt von Auenökosystemen: Böden und Hydrologie, Schadstoffe, Bewertungen. Springer Verlag, Berlin.

Fritze, M.-A. (1998): Die Laufkäfergemeinschaften verschiedener Schilfröhrichte in Oberfranken. Angewandte Carabidologie 1: 83-94.

Fritzlar, F. & W. Westhus (2001): Rote Listen der gefährdeten Tier- und Pflanzenarten, Pflanzengesellschaften und Biotope Thüringens. Naturschutzreport 18: 1-430.

Frömming, E. (1953): Biologie der mitteleuropäischen Landgastroproden. Duncker & Humblod, Berlin.

Frömming, E. (1956): Biologie der mitteleuropäischen Süßwasserschnecken. Duncker & Humblod, Berlin.

Fuchs, E., Giebel, H., Horchler, P., Liebenstein, H., Rosenzweig, S. & F. Schöll (1995): Entwicklung grundlegender Methoden zur Beurteilung der ökologischen Auswirkungen langfristiger Änderungen des mittleren Wasserstandes in einem Fluss anhand eines Testmodells. Deutsche Gewässerkundliche Mitteilungen (DGM) 39(6): 206-215.

Fuchs, E., Henle, K., Peter, W., Rink, M. & S. Stab (1999): Versuchsplanung und Zusammenführung von Ergebnissen im RIVA-Projekt. Fachtagung Elbe, Dynamik und Interaktion von Fluss und Aue, 4.–7.5.1999, Wittenberge. (Hrsg.): Universität Karlsruhe: 231-232.

Fuchs, E., Giebel, H., Hettrich, A., Hüsing, V., Rosenzweig, S. & H.-J. Theis (2003): Einsatz von ökologischen Modellen in der Wasser- und Schifffahrtsverwaltung – Das integrierte Flussauenmodell INFORM. BfG-Mitteilung (Bundesanstalt für Gewässerkunde, Koblenz) 25: 1-212.

Fürst, D., Kiemstedt, H., Gustedt, E., Ratzbor, G. & F. Scholles (1992): Umweltqualitätsziele für die ökologische Planung – Endbericht. UBA-Texe 34/92.

Fürst, D. & F. Scholles (Hrsg.) (2001): Handbuch Theorien und Methoden der Raum- und Umweltplanung, Dortmund (Handbücher zum Umweltschutz, 4), Dortmunder Vertrieb für Bau- und Planungsliteratur, Dortmund.

Gatter, W. & U. Schmid (1990): Wanderungen der Schwebfliegen (Diptera, Syrphidae) am Randecker Maar. Spixiana Supplement 15: 1-100.

Gayraud, S., Statzner, B., Bady, P., Haybach, A., Schöll, F., Usseglio-Polatera, P. & M. Bacchi (2003): Invertebrate traits for the biomonitoring of large European rivers: an initial assessment of alternative metrics. Freshwater Biology 48: 2045-2064.

Geometrischer Plan Nr. 4 (1747): Von dem großen Schleisen-Heger in Wörlitzer Forst. Landesarchiv Oranienbaum, Karte D 262, Dessau.

Gepp, J., Baumann, N., Kauch, E.P. & W. Lazowski (Hrsg.) (1985): Auengewässer als Ökozellen. Grüne Reihe des Bundesministeriums für Gesundheit und Umweltschutz 4: 13-62.

Gerisch, M., Schanowski, A., Figura, W., Gerken, B., Dziock, F. & K. Henle (2006): Carabid beetles (Coleoptera, Carabidae) as indicators of hydrological site conditions in floodplain grasslands. In: Dziock, F., Foeckler, F., Scholz, M., Stab, S. & K. Henle (Hrsg.): Bioindication and functional response in flood plain systems – based on the results of the project RIVA. Int. Rev. Hydrobiol. 91: 326-340.

Gerken, B. (1981): Zum Einfluß periodischer Überflutungen auf bodenlebende Coleopteren in Auwäldern am Südlichen Oberrhein. Mitt. dtsch. Ges. allg.

angew. Ent. 3: 130-134.

Gerken, B. (1988): Auen – verborgene Lebensadern der Natur. Rombach, Freiburg.

Gerken, B. (1992): Fluß- und Stromauen als Ökosysteme – Standortcharakteristika, Lebensgemeinschaften und Sicherungserfordernisse. In: Naturschutz im Elbegebiet. Ber. LAU Sachsen-Anhalt, 5.

Gerken, B. (2001): Systembedingte Probleme im Naturschutz – Fragen und Antworten. In: Büchner, D. (Hrsg.): Studien in Memoriam Wilhelm Schüle. Rahden/Westf.: 173-185.

Gerken, B., Dörfer, K., Lohr, M. & E. Schumacher (2002) Auenregeneration an der Oberweser – Ein Strom im Wandel: Bausteine zu einer lebendigen Aue. Angew. Landschaftsökologie, Bonn-Bad Godesberg 46: 188 S.

Gilbert, F.S. (1981): Foraging ecology of hoverflies: morphology of the mouthparts in relation to feeding on nectar and pollen in some common urban species. Ecological Entomology 6: 245-262.

Gilbert, F.S. (1985): Ecomorphological relationships in hoverflies (Diptera, Syrphidae). Proceedings of the Royal Soc. of London Series B 224: 91-105.

Gilbert, F., Rotheray, G., Emerson, P. & R. Zafar (1994): The evolution of feeding strategies. In: Eggleton, P. & R.I. Vane-Wright (Hrsg.): Phylogenetics and Ecology: 323-343.

Gitay, H. & I.R. Noble (1997): What are functional types and how should we seek them? In: Smith, T.M., Shugart, H.H. & F.I. Woodward (1997): Plant Functional Types. Cambridge University Press: 3-19.

Glöer, P. & C. Meier-Brook (1998): Süßwassermollusken – Ein Bestimmungsbuch für die Bundesrepublik Deutschland. (Hrsg.): Deutscher Jugendring für Naturbeobachtung, Hamburg, 12. Auflage, 136 S.

Glöer, P. (2002): Süßwassergastropoden Nord- und Mitteleuropas. In: Die Tierwelt Deutschlands, 73. Teil, ConchBooks, Hackenheim: 327 S.

Glöer, P. & C. Meier-Brook (2003): Süßwassermollusken – Ein Bestimmungsbuch für die Bundesrepublik Deutschland. (Hrsg.): Deutscher Jugendring für Naturbeobachtung, Hamburg, 13. Auflage, 134 S.

Goebel, W. (1996): Klassifikation überwiegend grundwasserbeeinflußter Vegetationstypen. DVWK-Schriften 112.

Goeldlin de Tiefenau, P. & M.C.D. Speight (1997): Complément à la liste faunistique des Syrphidae (Diptera) de Suisse: synthèse des espèces nouvelles et méconnues. Mitteilung der Schweizerischen Entomologischen Gesellschaft 70: 299-309.

Goldmann, K. (2001): Zu Landschaftsveränderungen im südlichen Ostseegebiet vom 10.–13. Jahrhundert. In: Gerken, B. & M. Görner (Hrsg.): Neue Modelle zu Maßnahmen der Landschaftsentwicklung mit großen Pflanzenfressern. Natur und Kulturlandschaft, Höxter/Jena, 4: 66-73.

Goot, V.S. van der (1981): De zweefvliegen van Noordwest-Europa en Europees Rusland, in het bijzonder van de Benelux. Koninklijke Nederlandse Natuurhistorische Vereniging uitgave Nr. 32: 1-275.

Gölz, E. (2006): Anforderungen an eine moderne Gewässermorphologie. In: Gewässerkundliche Untersuchungen für verkehrliche und wasserwirtschaftliche Planungen an Bundeswasserstraßen. Kolloquium am 17. Januar 2006 in Koblenz. (Hrsg.): Bundesanstalt für Gewässerkunde, BfG-Veranstaltungen 1/2006.

Greenwood, M.T., Bickerton, M.A., Castella, E., Large, A.R.G. & G.E. Petts (1991): The use of Coleoptera (Arthropoda: Insecta) for floodplain characterization on the river Trent, U.K. Regulated Rivers 6(4): 321-332.

Greenwood, M.T., Bickerton, M.A. & G.E. Petts (1995): Floodplain Coleop-tera distributions: River Trent, U.K. Arch. Hydrobiol. Suppl. 101 Large Rivers 9(3/4): 427-437.

Grime, J.P. (1979): Plant Strategies and Vegetation Processes. John Wiley &

Sons, Chichester.

Grime, J.P., Thompson, H., Hunt, R., Hodgson, J.G., Cornelissen, J.H.C. & I.H. Rorison (1997): Integrated screening validates primary axes of specialisation in plants. Oikos 79: 259-281.

Grimm, V., Frank, K., Jeltsch, F., Brandl, R., Uchmanski, J. & C. Wissel (1996): Pattern-oriented modelling in population ecology. The Science of the Total Environment 183: 151-166.

Grimm, V. & S.F. Railsback (2004): Individual-based Modeling and Ecology. Princeton University Press, Princeton.

Gröngröft, A. & R. Schwartz (1999): Eigenschaften und Funktionen von Auenböden an der Elbe. Hamburger Bodenkundliche Arbeiten 44: 180 S.

Gröngröft, A., Schwartz, R. & G. Miehlich (2000): Wirkung eines Winterhochwassers auf Grundwasserstand, Luftgehalt und Redoxspannung eines eingedeichten Auenbodens. In: Bundesamt für Naturschutz (Hrsg.): Renaturierung von Bächen, Flüssen und Strömen. Angewandte Landschaftsökologie 37: 277-282.

Grube, R. & W. Beyer (1997): Einfluß eines naturnahen Überflutungsregimes auf die räumlich-zeitliche Dynamik der Spinnen- und Laufkäferfauna am Beispiel des Deichvorlandes der Unteren Oder. Arbeitsberichte Landschaftsökologie Münster 18: 209-226.

Gruber, B. & S. Kofalk (2001): The Elbe – Contribution of the IKSE and of Several Research Programmes to the Protection of a Unique Riverscape. International Navigation Association Bulletin 106: 35-47.

Grunwald, S., Rooney, D.J., McSweeney, K. & B. Lowery (2001): Development of pedotransfer functions for a profile cone penetrometer. Geoderma 100: 25-47.

Gruttke, H. (2004): Ermittlung der Verantwortlichkeit für die Erhaltung mitteleuropäischer Arten. Bundesamt für Naturschutz, Naturschutz und Biologische Vielfalt Band 8, Landwirtschaftsverlag, Münster.

Guisan, A., Weiss, S.B. & A.D. Weiss (1999): GLM versus CCA spatial modeling of plant species distribution. Plant Ecology 143: 107-122.

Haack, A., Tscharntke, T. & S. Vidal (1984) Neue Schwebfliegenfunde aus der Haseldorfer Marsch W Hamburg, mit einem Vergleich der Fangmethoden. Entomologische Mitteilungen des zoologischen Museums Hamburg 8(122): 21-25.

Haaren, v. C. & T. Horlitz (2002): Zielentwicklung in der örtlichen Landschaftsplanung – Vorschläge für eine situationsangepasstes, modulares Vorgehen. Naturschutz und Landschaftsplanung 34(1): 13-19.

Haaren, C.v. (Hrsg.) (2004): Landschaftsplanung. UTB große Reihe Bd. 8253. Ulmer Verlag, Stuttgart.

Haber, W. (2002): Die Hochwasserkatastrophen im Sommer 2002. Ökologische und ökonomische Gründe, Folgen, Konsequenzen und Ursachen. Zeitschrift für Umweltchemie und Ökotoxikologie 14: 206-210.

Haferkorn, J. (Hrsg.) (2001): Rückgewinnung von Retentionsflächen und Altauenreaktivierung an der Mittleren Elbe in Sachsen-Anhalt. Abschlussbericht des BMBF-Forschungsvorhabens, FKZ 0339576. LAU (Landesamt für Umweltschutz Sachsen-Anhalt), Halle. http://elise.bafg.de/?3939.

Hape, M., Katzur, L. & B. Bleyel (2000): Vergleich verschiedener Verfahren für die Entwicklung eines digitalen Höhenmodells (DGM) für einen Ausschnitt der Elbtalaue. In: Friese, K., Witter, B., Rode, M. & G. Miehlich (Hrsg.): Stoffhaushalt von Auenökosystemen: Böden und Hydrologie, Schadstoffe, Bewertungen, Springer Verlag, Berlin: 169-178.

Hartge, K.H., Bohne, H., Schrey, H.P & H. Extra (1985): Penetrometer measurements for screening soil physical variability. Soil & Till. Res. 5: 343-350.

Hartge, K.H. & R. Horn (1989): Die physikalische Untersuchung von Böden. 2. Auflage. Enke Verlag, Stuttgart.

Hartge, K.H. & R. Horn (1999): Einführung in die Bodenphysik. 3. Auflage.

Enke Verlag, Stuttgart.

Hartge, K.H. & J. Bachmann (2004): Ermittlung des Spannungszustandes von Böden aus Werten des Eindringwiderstandes von Sonden. J. Plant Nutr. Soil Sci. 167: 303-308.

Hartley, J.C. (1958): The root-piercing spiracles of the larva of Chrysogaster hirtella Loew (Diptera: Syrphidae). Proceedings of the Royal Society of London Series A 33: 81-87.

Haslett, J.R. (1989): Adult feeding by holometabolous insects: pollen and nectar as complementary nutrient sources for Rhingia campestris (Diptera: Syrphidae). Oecologia 81: 361-363.

Hastie, T.J. & R.J. Tibshirani (1990): Generalized Additive Models. Chapman & Hall, London.

Hawkins, C.P., Norris, R.H., Hogue, J.N. & J.W. Feminella (2000): Development and evaluation of predictive models for measuring the biological integrity of streams. Ecological Applications 10(5): 1456-1477.

HBU – Handbuch der Bodenuntersuchung (2000): Bd. 1, 2 ,3 und 4, und Ergänzungslieferungen 2001 und 2002. DIN-Vorschriften. Wiley-VCH. Beuth Berlin, Wien, Zürich.

Heinrich, K., Rinklebe, J. & H.-U. Neue (2000a): Einfluß des heißwasserlöslichen Kohlenstoffs auf Redoxpotentialänderungen während simulierter Hochwasserereignisse in Auenböden. In: Friese, K., Witter, B., Miehlich, G. & M. Rode (Hrsg.): Stoffhaushalt von Auenökosystemen. Böden und Hydrologie, Schadstoffe, Bewertungen. Springer Verlag, Berlin, Heidelberg, New York: 47-54.

Heinrich, K., Rinklebe, J. & H.-U. Neue (2000b): Der Einfluß von Redoxbedingungen auf die Freisetzung von DOC aus Auenböden unter Laborbedingungen. ATV-DVWK-Schriftenreihe. bmbf. Gewässer, Landschaften. Aquatic Landscapes 22: 236-237.

Helbach, C. (2000): Der Eindringwiderstand in Auenböden als Indikator der Bodenfeuchte. Unveröffentl. Dipl. Arbeit. Halle. Inst. f. Bodenkunde u. Pflanzenernähr. der Landw. Fakultät d. Martin-Luther-Universität Halle-Wittenberg und der Sektion Bodenforschung des UFZ-Umweltforschungszentrums Leipzig-Halle GmbH.

Helling, B. (1994): Carabidengemeinschaften in der Ockeraue bei Braunschweig – multivariate Analyse der Bedeutung verschiedener abiotischer Parameter und die Anpassung an verschiedene Biotoptypen. Braunschw. Naturkdl. Schr. 4(3): 503-520.

Hellwig, M. (2000): Auenregeneration an der Elbe. Untersuchungen zur Syndynamik und Bioindikation von Pflanzengesellschaften an der Unteren Mittelelbe bei Lenzen. Dissertation, Universität Hannover, Institut für Geobotanik.

Helms, M., Ihringer, J. & S. Belz (2000): Ergebnisse des Verbundvorhabens „Morphodynamik der Elbe“: Hydrologische Analyse. In: ATV-DVKW (Deutsche Vereinigung für Wasserwirtschaft) (Hrsg.): Gewässerlandschaften – Aquatic Landscapes. ATV-DVWK-Schriftenreihe, BMBF Symposium Elbeforschung, Tagungsband Teil 1: 207-213.

Henle, K. & G. Kaule (1991): Arten und Biotopschutzforschung für Deutschland. Forschungszentrum Jülich.

Henle, K. (1996): Möglichkeiten und Grenzen der Analyse von Ursachen des Artenrückgangs aus herpetofaunistischen Kartierungsdaten am Beispiel einer langjährigen Erfassung. Z. Feldherpetol. 3: 73-101.

Henle, K. & S. Stab (1998): Übertragung und Weiterentwicklung eines robusten Indikationssystems für ökologische Veränderungen in Auen, Projekt RIVA des UFZ Leipzig-Halle, 8. Magdeburger Gewässerschutzseminar, Karlovy Vary. (Hrsg.): Geller, W., Puncochar, P., Bornhöft, D., Boucek, J., Feldmann, H., Guhr, H., Mohaupt, V., Simon, M., Smrtçak, J., Spoustova, J. & O. Uhlmann, Teubner Verlag, Stuttgart, Leipzig: 351-352.

Henle, K., Dziock, F., Scholz, M. & S.

Stab (2005): Fazit und Ausblick. Kap. 7. In: Scholz, M., Stab, S., Dziock, F. & K. Henle (Hrsg.): Lebensräume der Elbe und ihrer Auen. Bd. 4 der Reihe: „Konzepte für die nachhaltige Entwicklung einer Flusslandschaft", Weißensee Verlag, Ökologie, Berlin: 297-305.

Henle, K., Dziock, F., Foeckler, F., Follner, K., Scholz, M., Stab, S., Hüsing, V., Hettrich, A. & M. Rink (2006a): Study Design for Assessing Species Environment Relationships and Developing Indicator Systems for Ecological Changes in Floodplains – The Approach of the RIVA Project. In: Dziock, F., Foeckler, F., Scholz, M., Stab, S. & K. Henle (Hrsg.): Bioindication and functional response in floodplain systems – based on the results of the project RIVA. International Review of Hydrobiology 91(4): 292-313.

Henle, K., Scholz, M., Dziock, F., Stab, S. & F. Foeckler (2006b): Bioindication and functional response in floodplain systems: Where to from here? In: Dziock, F., Foeckler, F., Scholz, M., Stab, S. & K. Henle (Hrsg.): Bioindication and functional response in floodplain systems – based on the results of the project RIVA. International Review of Hydrobiology 91(4): 380-387.

Henrichfreise, A. (Hrsg.) (1988): Hochwasserschutzmaßnahmen am Oberrhein im Raum Breisach. Zur Prüfung der Umweltverträglichkeit. Standort, Vegetation, Fauna, Landschaftsbild. Redaktion A. Henrichfreise, Bonn Bad-Godesberg, unveröffentlicht.

Henrichfreise, A., Gerken, B. & A. Winkelbrandt (1990): Umweltverträglichkeitsstudien im Wasserbau. Laufener Seminarbeiträge 199(6): 85-94.

Henrichfreise, A. (1996): Uferwälder und Wasserhaushalt der Mittelelbe in Gefahr. Natur und Landschaft 71(6): 246-248.

Henrichfreise, A. (2000): Zur Erfassung von Grundwasserstandsschwankungen in Flußauen als Grundlage für Landeskultur und Planung – Beispiele von der Donau. In: Bundesamt für Naturschutz (Hrsg.): Renaturierung von Bächen, Flüssen und Strömen. Angewandte Landschaftsökologie 37: 13-21.

Henrichfreise, A. (2001): Zur Problematik von Stauhaltungen unter besonderer Berücksichtigung der Saale. Nova Acta Leopoldina. 84(319): 149-156.

Henrichfreise, A. (2003): Wie zeitgemäß sind Mittelwerte für Planungen an Flüssen und in Auen? Natur und Landschaft 78(4): 160-162.

Herdam, V. (1983): Zum Einfluss der Grünlandintensivierung auf Artenvielfalt und Siedlungsdichte von Mollusken. Naturschutzarbeit in Berlin und Brandenburg 19/2: 42-48.

Hering, D., Buffagni, A., Moog, O., Sandin, L., Sommerhäuser, M., Stubauer, I., Feld, C., Johnson, R., Pinto, P., Skoulikidis, N., Verdonschot, P. & S. Zahradkova (2002): The development of a system to assess the ecological quality of streams based on macroinvertebrates – design of the sampling programme within the AQEM project. Internat. Revue Hydrobiol. 88: 345-361.

Hering, D., Moog, O., Sandin, L. & P.F.M. Verdonschot (2004): Overview and application of the AQEM assessment system. Hydrobiologia 516: 1-20.

Herrmann, R. (1967): Zur Syrphidenfauna Dresdens und seiner Umgebung (I). Faunistische Abhandlungen Staatliches Museum für Tierkunde in Dresden 2(4): 38-45.

Hettrich, A. & S. Rosenzweig (2002): Einsatz multivariater statistischer Modelle zur Ermittlung der Zusammenhänge zwischen Biotik und Abiotik sowie Prognose des ökologischen Zustandes von Flussauen. Hydrologie und Wasserbewirtschaftung 46(4): 156-167.

Hettrich, A. & S. Rosenzweig (2003): Multivariate statistic as a tool for model based prediction of floodplain vegetation and fauna. Ecological Modelling 169: 73-87.

Heydemann, B. (1955): Carabiden der Kulturfelder als ökologische Indikatoren. 7. Wanderversammlung deutscher Entomologen Berlin: 172-185.

HGN – VEB Hydrogeologische Erkundung Nordhausen (1989): Hydrogeologischer Ergebnisbericht Vorerkundung Klieken. Unveröffentl. Ergebnisbericht Klieken, Nordhausen.

Hieke, F. (1970): Die paläarktischen *Amara*-Arten des Subgenus Zezea CSIKI (Carabidae, Coleoptera). Dtsch. Ent. Z., N.F. 17(I-III): 119-214.

Hildebrandt, J. (1995): Entomofauna und Feuchtgrünlandbewertung. Mitt. Dtsch. Ges. allg. angew. Ent. 9: 79-84.

Hildebrandt, J. (2001): Arten- und Biotopschutz in der Leitbildentwicklung am Beispiel der Fauna. Abschlußbericht zum BMBF-Forschungskonzept „Elbe-Ökologie": „Leitbilder des Naturschutzes und deren Umsetzung mit der Landwirtschaft". Universität Bremen.

Hildebrandt, J., Foeckler, F., Brunke, M., Scholten, M., Böhmer, H.J., Dziock, F., Henle K. & M. Scholz (2005a): 3 Konzeptionelle Grundlagen für ökologische Fragestellungen. In: Scholz, M., Stab, S., Dziock, F. & K. Henle (Hrsg.): Lebensräume der Elbe und ihrer Auen. Band 4 der Reihe: „Konzepte für die nachhaltige Entwicklung einer Flusslandschaft". Weißensee Verlag, Berlin: 49-66.

Hildebrandt, J., Leyer, I., Dziock, F., Fischer, P., Foeckler, F. & K. Henle (2005b): Auengrünland. In: Scholz, M., Stab, S., Dziock, F. & K. Henle (Hrsg.): Lebensräume der Elbe und ihrer Auen. Band 4 der Reihe: „Konzepte für die nachhaltige Entwicklung einer Flusslandschaft". Weißensee Verlag, Berlin: 234-264.

Hildebrandt, J., Dziock, F., Böhmer, J., Follner, K., Scholten, M., Scholz, M. & K. Henle (2005c): 6 Lebensraum „Stromlandschaft Elbe" - eine Synthese. In: Scholz, M., Stab, S., Dziock, F. & K. Henle (Hrsg.): Lebensräume der Elbe und ihrer Auen. Band 4 der Reihe: „Konzepte für die nachhaltige Entwicklung einer Flusslandschaft". Weißensee Verlag, Ökologie, Berlin: 265-295.

Hill, M.O. (1974): Correspondence analysis: a neglected multivariate method. Journal of the Royal Statistical Society C. 23: 340-354.

Hill, M.O. & H.G. Gauch (1980): Detrended correspondence analysis, an improved ordination technique. Vegetatio 42: 47-58.

Hilty, J. & A. Merenlendner (2000): Faunal indicator taxa selection for ecosystem health. Biological Conservation 92: 185-197.

Hines, J., Boulinier, T., Nichols, J.T., Sauer, J.R. & K.H. Pollock (1999): COMDYN: software to study the dynamics of animal communities using a capture-recapture approach. Bird Study 46: 209-217.

Hintermann, U., Weber, D., Zangger, A. & J. Schmill (2002): Biodiversitäts-Monitoring Schweiz BDM. Zwischenbericht (Hrsg.): Bundesamt für Umwelt, Wald und Landschaft BUWAL, Schriftenreihe Umwelt Nr. 342: 89 S.

Hodgson, J.G. (1991): The use of ecological theory and autecological datasets in studies of endangered plant and animal species and communities. Pirineos 138: 3-28.

Hodgson, J.G., Wilson, P.J., Hunt, R., Grime, J.P. & K. Thompson (1999): Allocating C-S-R plant functional types: a soft approach to a hard problem. Oikos 85: 282-294.

Holland, M.M., Risser, P.G. & R.J. Naiman (1991): Ecotones – The Role of Landscape Boundaries in the Management and Restoration of Changing Environments. Chapman & Hall, New York, London.

Horlitz, T. (1998): Naturschutzszenarien und Leitbilder – Eine Grundlage für die Zielbestimmung im Naturschutz. Naturschutz und Landschaftspflege 30: 327-330.

Horlitz, T. (2002): Die Bedeutung der EU-Wasserrahmenrichtlinie für den Schutz von Flussauen. NNA- Berichte 2: Wasserrahmenrichtlinie und Naturschutz. Schneverdingen: 34-39.

Horlitz, T. (2003): Von Naturschutzleitbildern zu Szenarien – Ziele und Methodik. In: Wycisk, P. & M. Weber (Hrsg.): Integration von Schutz und

Nutzung im Biosphärenreservat Elbe – Westlicher Teil. Weißensee-Verlag Ökologie, Berlin: 87-90.

Horlitz, T., Niermann, I. & A. Sander (2003): 3.1.1 Indikatoren von Natur und Landschaft. In: Wycisk, P. & M. Weber (Hrsg.) (2003): Integration von Schutz und Nutzung im Biosphärenreservat Mittlere Elbe - Westlicher Teil. Weißensee Verlag, Berlin: 23-28.

Horn, R. (1984): Die Vorhersage des Eindringwiderstandes von Böden anhand von multiplen Regressionsanalysen. Z. f. Kulturtechnik und Flurbereinigung 25: 377-380.

Hornig, K. (2001): Zum Einfluß antiker Schifffahrt auf Ökosysteme. In: Gerken, B. & M. Görner (Hrsg.): Neue Modelle zu Maßnahmen der Landschaftsentwicklung mit großen Pflanzenfressern. Natur und Kulturlandschaft, Höxter/Jena, Band 4: 74-79.

Hosmer, D.W. & S. Lemeshow (1989): Applied Logistic Regression. John Wiley, New York.

Hosmer, D.R. & S. Lemeshow (1995): Applied Logistic Regression. John Wiley, New York.

Hügin, G. (1981): Die Auenwälder des südlichen Oberrheintals – Ihre Veränderung und Gefährdung durch den Rheinausbau. Landschaft und Stadt 13(2): 78-91.

Hügin, G. (1985): Vegetations- und gewässerkundliches Gutachten über die Rheinaue zwischen Neuenburg und Breisach. Bonn-Bad Godesberg.

Hügin, G. & A. Henrichfreise (1992): Vegetation und Wasserhaushalt des rheinnahen Waldes. Schr.-R. Vegetationskde 24: 1-48.

Huizen, van T.H.P (1977): The significance of flight activity in the life cycle of *Amara plebeja* Gyll. (Coleoptera, Carabidae). Oecologia (Berl.) 29: 27-41.

Humphrey, J. W., Hawes, C., Peace, A. J., Ferris-Kaan, R. & M.R. Jukes (1999): Relationships between insect diversity and habitat characteristics in plantation forests. Forest Ecology and Management 113: 11-21.

Hundt, R. (1958): Beiträge zur Wiesenvegetation Mitteleuropas. I. Die Auenwiesen an der Elbe, Saale und Mulde. Nova Acta Leopold. N.F. 20(135): 1-206.

Hüsing, V. & S. Stab (2001): Einsatzmöglichkeiten von Datenbanken für freilandökologische Arbeiten. In: Scholz, M., Stab, S. & K. Henle (Hrsg.): Indikation in Auen. Präsentation der Ergebnisse aus dem RIVA-Projekt. UFZ-Bericht 8/2001, Leipzig, Halle: 20-23.

Huston, M.A. (1979): A general hypothesis of species diversity. The American Naturalist 113: 81-101.

IKSE – Internationale Kommission zum Schutz der Elbe (1994): Ökologische Studie zum Schutz und zur Gestaltung der Gewässerstrukturen und der Uferrandregionen der Elbe. Unveröffentl. Bericht, Magdeburg.

IKSE – Internationale Kommission zum Schutz der Elbe (1995): Aktionsprogramm Elbe. Unveröffentl. Broschüre, Magdeburg.

IKSE – Internationale Kommission zum Schutz der Elbe (1996): Analyse der hydrologischen Aspekte der Entstehung von Hochwasser an der Elbe und deren Vorhersage. Unveröffentl. Bericht, Magdeburg.

Ilg, C., F. Dziock, F. Foeckler, K. Follner, M. Gerisch, J. Glaeser, A. Rink, A. Schanowski, M. Scholz, O. Deichner & K. Henle (2008): Longterm differential reactions of plants and macroinvertebrates to extreme floods in floodplain grasslands. Ecology 89(9): 2392-2398.

Illies, J. (1961): Die Lebensgemeinschaft des Bergbaches – Die neue Brehm-Bücherei. Ziemsen Verlag, Wittenberg-Lutherstadt.

Innis, S.A., Naiman, R.J. & S.R. Elliott (2000): Indicators and assessment methods for measuring the ecological integrity of semi-aquatic terrestrial environments. Hydrobiologia 422/423: 111-131.

Ihringer, J. (1998): Softwarepaket für Hydrologie und Wasserwirtschaft – Bd. 2: Analyse von hydrologischen/ geophysikalischen Zeitreihen. Karlsruhe.

IUCN (2003): Guidelines for Application of IUCN Red List Criteria at Regional Levels: Version 3.0. IUCN Species Survival Commission. IUCN, Gland, Switzerland and Cambridge, UK.

Jährling, K.-H. (1993): Auswirkungen wasserbaulicher Maßnahmen auf die Struktur der Elbauen – prognostisch mögliche ökologische Verbesserungen. Unveröffentl. Bericht, Staatliches Amt f. Umweltschutz, Magdeburg.

Jährling, K.-H. (1995): Deichrückverlegungen im Bereich der Mittelelbe – Vorschläge aus ökologischer Sicht als Beitrag zu einer interdisziplinären Diskussion. Arch. Hydrobiol. Suppl. 101 – Large Rivers 9(3/4): 651-674.

Janus, H. (1968): Unsere Schnecken und Muscheln. Kosmos-Naturführer, Stuttgart.

Jentzsch, M. (1998): Rote Liste der Schwebfliegen des Landes Sachsen-Anhalt. Berichte des Landesamtes für Umweltschutz Sachsen-Anhalt 30: 69-75.

Jentzsch, M. & F. Dziock (1999): 7.1 Bestandssituation der Schwebfliegen (Diptera: Syrphidae). In: Frank, D. & V. Neumann (Hrsg.): Bestandssituation der Pflanzen und Tiere Sachsen-Anhalts. Ulmer Verlag, Stuttgart: 182-189.

Jessat, M. (1998): Neue und seltene Schwebfliegen (Diptera, Syrphidae) für die Fauna Rumäniens. Mauritiana (Altenburg) 16(3): 549-564.

Johnson, R.K. (1995): The indicator concept in freshwater biomonitoring. Thienemann Lecture. In: Cranston, P.S. (Hrsg.): Chironomids – from Genes to Ecosystems. Proc. 12th Internat. Symp. Chironomidae, Canberra, Australia. CSIRO, Melbourne: 11-27.

Johnson, R.K. (2000): Biodiversity of freshwater assessment and statistical considerations. In: Larsson, T.B. & J.A. Esteban (Hrsg.): Cost-effective indicators to assess biological diversity in the framework of the Convention on Biological Diversity – CBD. Swedish Sci. Council on Biodiversity, Swedish Environmental Protection Agency & Ministry of the Environment, Government of Catalonia, Stockholm & Barcelona: 28-29.

Jongman, R.H.G., Ter Braak, C.J.F. & P.F.R. van Tongeren (1987): Data analysis in community and landscape ecology. Centre for Agricultural Publishing and Documentation, Pudoc, Wageningen.

Jooß, R. (2005): Planungsorientierter Einsatz von Habitatmodellen im Landschaftsmaßstab: Kommunale Schutzverantwortung für Zielarten der Fauna. In: Korn, H. & U. Feit (Hrsg.): Treffpunkt Biologische Vielfalt V. Aktuelle Forschung im Rahmen des Übereinkommens über die biologische Vielfalt. Landwirtschaftsverlag, Münster: 177-183.

Jooß, R. (2006): Schutzverantwortung von Gemeinden für Zielarten in Baden-Württemberg. Empirische Analyse und naturschutzfachliche Diskussion einer Methode zur Auswahl von Vorranggebieten für den Artenschutz aus landesweiter Sicht. Dissertation, Universität Stuttgart.

Jungbluth, H. & D. von Knorre (1998): Rote Liste der Mollusken. In: Binot, M., Bless, R., Boye, P., Gruttke, H. & P. Pretscher (Hrsg.): Rote Liste gefährdeter Tiere Deutschlands. Schr.-R. f. Landschaftspl. u. Natursch. 55: 283–289.

Kaiser, T., Bernotat, D., Kleyer, M. & C. Rückriem (2002): Gelbdruck "Verwendung floristischer und vegetationskundlicher Daten". In: Plachter, H., Bernotat, D., Müssner, R. & U. Riecken (Hrsg.): Entwicklung und Festlegung von Methodenstandards im Naturschutz. Schriftenreihe für Landschaftspflege und Naturschutz 70: 219-280.

Karr, J.R. & E.W. Chu (2000): Sustaining living rivers. Hydrobilogia 422/423: 1-14.

Kaule, G. (1991): Arten- und Biotopschutz (2. Aufl.). Ulmer Verlag, Stuttgart.

Kaule, G., Henle, K. & M. Mühlenberg (1999): Populationsbiologie in der

Naturschutzpraxis – eine Einführung. In: Amler, K., Bahl, A., Henle, K., Kaule, G., Poschlod, P. & J. Settele (Hrsg.): Populationsbiologie in der Naturschutzpraxis. Isolation, Flächenbedarf und Biotopansprüche von Pflanzen und Tieren. Ulmer Verlag, Stuttgart: 11-16.

Keienburg, T., Most, A. & J. Prüter (Hrsg.) (2006): Entwicklung und Erprobung von Methoden für die ergebnisorientierte Honorierung ökologischer Leistungen im Grünland Nordwestdeutschlands. NNA-Berichte 19(1): 3-19.

Kerkhoff, C. (1989): Untersuchungen an Gastropodenzönosen von Auwäldern in Süddeutschland. Dissertation, Ulm.

Kerney, M.P., Cameron, R.A.D. & J.H. Jungbluth (1983): Die Landschnecken Nord- und Mitteleuropas. Ein Bestimmungsbuch für Biologen und Naturfreunde. Paul Parey Verlag, Hamburg.

Kezdi, A. (1976): Fragen der Bodenphysik. VDI-Verlag, Düsseldorf.

King, J.R. & D.A. Jackson (1999): Variable selection in large environmental data sets using principal components analysis. Environmetrics 10: 67-77.

Kirby, J.M. & A.G. Bengough (2002): Influence of soil strength on root growth: experiments and analysis using a critical-state model. European Journal of Soil Science 53: 119-128.

Kirschbaum, U. & V. Wirth (1995): Flechten erkennen – Luftgüte bestimmen. Ulmer Verlag, Stuttgart.

Kirsch-Stracke, R. & M. Reich (2004): Erfassen und Bewerten der Biotopfunktion (Arten- und Lebensgemeinschaften). In: v. Haaren, C. (Hrsg.): Landschaftsplanung. Ulmer Verlag Stuttgart: 215-247.

Kitanidis, P.K. (1997): Introduction to geostatistics – Applications in hydrology. Cambridge University Press, Cambridge.

Klausnitzer, U. & P.A. Schmidt (2002a): Vegetationskundliche Charakterisierung von Waldbeständen auf Hartholzauenstandorten. In: Roloff, A. & S. Bonn (Hrsg.): Ergebnisse ökologischer Forschung zur nachhaltigen Bewirtschaftung von Auenwäldern an der Mittleren Elbe. Forstwissenschaftliche Beiträge Tharandt, Contributions to Forest Science 17/02: 123-154.

Klausnitzer, U. & P.A. Schmidt (2002b): Vegetationskundliche Charakterisierung der Bodenvegetation von Hartholz-Auenwäldern (Querco-Ulmetum) im Bereich zwischen Mulde- und Saalemündung. In: Roloff, A., Bonn, S. & R. Küssner (Hrsg.): Hartholz-Auenwälder an der mittleren Elbe. Forstliche Landesanstalt Sachsen-Anhalt, Broschürenserie „Wald in Sachsen-Anhalt“ 11/02: 36-49.

Kleinwächter, M., Rickfelder, T. & H.J. Böhmer (2005): 5.2 Uferbereich. In: Scholz, M., Stab, S., Dziock, F. & K. Henle (Hrsg.): Lebensräume der Elbe und ihrer Auen. Band 4 der Reihe: „Konzepte für die nachhaltige Entwicklung einer Flusslandschaft“. Weißensee Verlag, Berlin: 103-138.

Kleyer, M., Kratz, R., Lutze, G. & B. Schröder (1999/2000): Habitatmodelle für Tierarten: Entwicklung, Methoden und Perspektiven für die Anwendung. Zeitschrift für Ökologie und Naturschutz 8: 177-194.

Klimanek, E.M. & C. Matejko (1997): Die Wirkung von Schadstoffkontaminationen auf bodenbiologische Parameter von ausgewählten Flächen der Muldeaue. I. Mitteilung: Einfluss von Schadstoffbelastungen auf die mikrobielle Aktivität des Bodens. Arch. Acker-Pfl. Boden 41: 305-312.

Klimo, E. & H. Hager (Hrsg.) (2001): The Floodplain Forests in Europe. Current Situation and Perspectives. EFI Research Report 10. Verlag Brill, Leiden, Boston, Köln.

Klotz, S., Kühn, I. & W. Durka (2002): BIOLFLOR – Eine Datenbank mit biologisch-ökologischen Merkmalen zur Flora von Deutschland. Schriftenreihe für Vegetationskunde 38: 1-334.

Knickrehm, B. & S. Rommel (1995): Biotoptypenkartierung in der Landschaftsplanung. Natur und Landschaft 70(11): 519-528.

Knittel, H. & H. Stanzel (1976): Untersuchungen des Bodengefüges mit Penetrometer und Rammsonde. Z. Akker- und Pflanzenbau 142: 181-193.

Knoben, R.A.E., Roos, C. & M.C.M van Oirschot (1995): Biological Assessment Methods for Watercourses. UN/ECE Task Force on Monitoring and Assessment, RIZA report nr. 95.066: 1-86. [http://www.iwacriza.org/IWAC/IWACSite.nsf/876A177E4C272B29C12569460031F88B/$File/Nota%2095.066.pdf]

Kobus, H. (1995): Prognoseinstrumente und Messdatenrealität in der Wasserwirtschaft. DFG Senatskommission Wasserforsch., Mitt. 14: 133-149.

Koenzen, U. (2005): Fluss- und Stromauen in Deutschland. Typologie und Leitbilder. Ergebnisse des F+E-Vorhabens „Typologie und Leitbildentwicklung für Flussauen in der Bundesrepublik Deutschland" des Bundesamtes für Naturschutz FKZ 803 82 100. 2005 BfN-Reihe Angewandte Landschaftsökologie, Heft 65.

Kofalk, S., Kühlborn, J., Gruber, B., Uebelmann, B. & V. Hüsing (2001): Machbarkeitsstudie zum Aufbau eines Decision Support Systems (DSS). Zusammenfassung des im Auftrag der BfG erstellten Berichts „Towards a Generic Tool for River Basin Management – feasibility study –". Mitteilung Nr. 8 der BfG/Projektgruppe Elbe-Ökologie (Hrsg.), Koblenz-Berlin. http://elise.bafg.de/?1817.

Kofalk, S., Scholten, M., Boer, S., de Kok, J.-L., Matthies, M. & B. Hahn (2004): Ein Decision Support System für das Flusseinzugsgebiets-Management der Elbe. In: Möltgen, J. & D. Petry (Hrsg.): Interdisziplinäre Methoden des Flussgebietsmanagments, Workshopbeiträge 15./16.März 2004, IFGI prints 21, Institut für Geoinformatik Universität Münster.

Kofalk, S., Boer, S., de Kok, J.-L., Matthies, M. & B. Hahn (2005): Ein Decision Support System für das Flussgebietsmanagement der Elbe. In: Feld, Ch., Rödiger, S., Sommerhäuser, M. & G. Friedrich (Hrsg.): Typologie, Bewertung, Management von Oberflächengewässern. Stand der Forschung zur Umsetzung der EG-Wasserrahmenrichtlinie. Limnologie aktuell Bd. 11: 236-243. E. Schweizerbart´sche Verlagsbuchandlung, Stuttgart.

Kohler, A. & S. Schneider (2003): Macrophytes as Bioindicators. Arch. Hydrobiol. Suppl. 147/1-2 (Large Rivers 14, No. 1-2): 17-31.

Kohmann, F. (1997): Das Leitbild - eine Begriffsbestimmung. Zbl. Geol. Paläont. Teil I, 9/10: 827-831.

Köhler, W., Schachtel, G. & P. Voleske (1996): Biostatistik, Springer Verlag, Berlin.

Kolkwitz, R. & M. Marsson (1902): Grundsätze für die biologische Beurteilung des Wassers nach seiner Flora und Fauna. Mitt. aus d. Kgl. Prüfungsanstalt für Wasserversorgung u. Abwässerbeseitigung 1: 33-72.

Kolkwitz, R. & M. Marsson (1908): Ökologie der pflanzlichen Saprobien. Ber. Dtsch. bot. Ges. 26: 505-519.

Kolkwitz, R. & M. Marsson (1909): Ökologie der tierischen Saprobien. Int. Rev. Hydrobiol. 2: 126-152.

Köppel, J., Bauer, H.J. & W. Buck (1994): Die Auswahl UVP-relevanter Indikatoren bei Maßnahmen an Fließgewässern. In: Grünewald, U.(Hrsg.): Wasserwirtschaft und Ökologie. E. Blottner/Taunusstein: 109-117.

Korn, N., Jessel, B., Hasch, B. & R. Mühlinghaus (2005): Flussauen und Wasserrahmenrichtlinie. Bedeutung der Flussauen für die Umsetzung der europäischen Wasserrahmenrichtlinie – Handlungsempfehlungen für Naturschutz und Wasserwirtschaft. BfN-Reihe Naturschutz und biologische Vielfalt 27.

Körnig, G. (1992): Rote Liste der Mollusken des Landes Sachsen-Anhalt. Berichte des Landesamtes für Umweltschutz Sachsen-Anhalt 1: 22-23.

Körnig, G. (1999): Bestandsentwicklung der Weichtiere (Mollusca). In: Frank, D. & V. Neumann (Hrsg.): Bestandssituation der Pflanzen und Tiere Sachsen-Anhalt. Ulmer Verlag, Stuttgart:

457-466.

Körnig, G. (2000): Die Gastropodenfauna mitteleuropäischer Auenwälder. Hercynia N.F. 33: 257-279.

Körnig, G. (2001): Weichtiere (Mollusca). In: Arten- und Biotopschutzprogramm Sachsen-Anhalt, Landschaftsraum Elbe. Ministerium für Raumplanung, Landwirtschaft und Umwelt des Landes Sachsen-Anhalt, Magdeburg.

Körnig, G., Gohr, F., Hartenauer, K., Hohmann, M., Jährling, M., Kleinsteuber, W., Langner, T.J., Lehmann, B., Tappenbeck, L. & M. Unruh (2004): Rote Liste der Weichtiere (Mollusca) des Landes Sachsen-Anhalt. Berichte des Landesamtes für Umweltschutz Sachsen-Anhalt 39: 155-160.

Körnig, S. (1989): Die Mollusken der Biosphärenreservate „Steckby-Lödderitzer Forst“ und „Vessertal“. Diplomarbeit, Uni-versität Halle/Saale, unveröffentl.

Kowalik, C., Kraft, J. & J.W. Einax (2003): The Situation of the German Elbe Tributaries – Development of the Loads in the Last 10 Years. Acta Hydrochim. Hydrobiol. 31: 334-345.

Kowarik, I. & W. Seidling (1989): Zeigerwertberechnungen nach ELLENBERG – Zu Problemen und Einschränkungen einer sinnvollen Methode. Landschaft u. Stadt 21: 132-143.

Kowarik, I. (2006): VI-3.12 Natürlichkeit, Naturnähe und Hemerobie als Bewertungskriterien. In: Fränzle, O., Müller, F. & W. Schröder (Hrsg.): Handbuch der Umweltwissenschaften. 16. Lieferung (3/06): 1-18.

Králiková, A. & P. Degma (1995): Faunistic-Ecological analysis of hoverflies (Diptera, Syrphidae) in some landscape elements of the Danubian lowland with a special reference to the aphidophagous species. Part II. Ekológia (Bratislava) 14(3): 237-246.

Králiková, A. & S. Stollár (1986): Poznatky o pestricovitych (Syrphidae, Diptera) z oblasti vystavby vodného diela na Dunaji. Dipterologica bohemoslovaca IV: 85-90.

Krause, (o.A.) (o.J.): Karte der Reichsbodenschätzung. M: 1:10 000. Blatt 4140/300 A.

Kremen, C. (1992): Assessing the indicator properties of species assemblages for natural areas monitoring. Ecological Applications 2: 203-217.

Kremsa, J. & C. Maul (2000): Hochwasserschutz im Einzugsgebiet der Elbe mit Auswertung der Erfahrungen der Hochwasser 1997, 1998 und 2000 im Bereich der Oberen Elbe auf dem Gebiet der Tschechischen Republik. In: ATV-DVWK Deutsche Vereinigung für Wasserwirtschaft (Hrsg.): Gewässerlandschaften – Aquatic Landscapes. ATV-DVWK-Schriftenreihe, 9. Magdeburger Gewässerschutzseminar, Einzugsgebietsmanagement, Tagungsband Teil 2: 185-188.

Krige, D.G. (1951): A statistical approach to some basic mine evaluation problems on the Witwatersrand. Journ. of the Chem. and Metall Soc. of South Africa 52: 119-139.

Krüger, F., Miehlich, G. & K. Friese (2000): Schadstoffpufferkapazitäten von Vorlandböden an der Mittleren Elbe. In: Friese, K., Witter, B., Miehlich, G. & M. Rode (Hrsg.): Stoffhaushalt von Auenökosystemen. Böden und Hydrologie, Schadstoffe, Bewertungen. Springer Verlag, Berlin, Heidelberg, New York: 189-198.

Krüger, F. & A. Gröngröft (2003): The Difficult Assessment of Heavy Metal Contamination of Soils and Plants in Elbe River Floodplains. Acta Hydrochim. Hydrobiol. 31: 436-443.

Kubiena, W.L. (1953): Bestimmungsbuch und Systematik der Böden Europas. Institut für Bodenkunde-Madrid. 1. Ausgabe. Enke Verlag, Stuttgart.

Kühlborn, J., Scholten, M. & S. Kofalk (Hrsg.) (2007): Struktur und Dynamik der Elbe. Konzepte für die nachhaltige Entwicklung einer Flusslandschaft, Bd. 2. Weißensee Verlag, Berlin.

Kuntze, H., Roeschmann, G. & G. Schwerdtfeger (1994): Bodenkunde. 5., neubearbeitete und erweiterte Auflage. Ulmer Verlag, Stuttgart.

Kuschka, V., Lehmann, G. & U. Meyer (1987): Zur Arbeit mit Bodenfallen.

Beitr. Ent. Berlin 37(1): 3-27.

Lambeck, R.J. (1997): Focal species: a multi-species umbrella for nature conservation. Conservation Biology 11: 849-856.

Landres, P.B., Verner, J. & J.W. Thomas (1988): Ecological uses of vertebrate indicator species: a critique. Conservation Biology 2: 316-328.

Langer, U. & J. Rinklebe (2003): PLFA and Soil Microbial Biomass in an Eutric Gleysol, Eutric Fluvisol, and Mollic Fluvisol at the Elbe River. Mitteilungen der Deutschen Bodenkundlichen Gesellschaft 102(1): 299-300.

Lapen, D.R., Topp, G.C., Edwards, M.E., Gregorich, E.G. & W.E. Curnoe (2004): Combination cone penetration resistance/water content instrumentation to evaluate cone penetration-water content relationship in tillage research. Soil & Tillage Research 79: 51-62.

Larsson, T.B. & J.A. Esteban (2000): Cost-effective indicators to assess biological diversity in the framework of the Convention on Biological Diversity. CBD. Swedish Scientific Council on Biodiversity, Swedish Environmental Protection Agency & Ministry of the Environment, Government of Catalonia, Stockholm & Barcelona.

Larsson, T.B. (2001): Biodiversity evaluation tools for European forests. Ecological Bulletins 50.

LAU – Landesamt für Umweltschutz Sachsen-Anhalt (Hrsg.) (1997): Die Naturschutzgebiete Sachsen-Anhalts. Urban & Fischer, München.

LAU – Landesamt für Umweltschutz Sachsen-Anhalt (2000): Karte der Potentiellen Natürlichen Vegetation von Sachsen-Anhalt. Erläuterungen zur Naturschutz-Fachkarte 1:200.000. Berichte des Landesamtes für Umweltschutz Sachsen-Anhalt, Sonderheft 1/2000.

LAU – Landesamt für Umweltschutz Sachsen-Anhalt (Hrsg) (2001): Arten- und Biotopschutzprogramm Sachsen-Anhalt – Landschaftsraum Elbe. Berichte des Landesamtes für Umweltschutz Sachsen-Anhalt, Sonderheft 3/2001.

LAU – Landesamt für Umweltschutz Sachsen- Anhalt (Hrsg.) (2002): Die Lebensraumtypen nach Anhang I der Fauna-Flora-Habitatrichtlinie im Land Sachsen-Anhalt. In: Naturschutz im Land Sachsen-Anhalt 39. Jahrgang, Sonderheft.

LAU – Landesamt für Umweltschutz Sachsen-Anhalt (2004a): Rote Listen Sachsen-Anhalt. Berichte des Landesamtes für Umweltschutz Sachsen-Anhalt, Heft 39.

LAU – Landesamt für Umweltschutz Sachsen-Anhalt (2004b): Kartieranleitung zur Kartierung und Bewertung der Offenlandlebensraumtypen nach Anhang I der FFH-Richtlinie im Land Sachsen-Anhalt. http://www.mu.sachsen-anhalt.de/start/fachbereich 04/natura2000/kartierung_bewertung/files/ffh-kartieranleitung-offenland_ges.pdf

LAWA – Landesarbeitsgemeinschaft Wasser (Hrsg.) (2004): Gewässerstrukturkartierung in der Bundesrepublik Deutschland: Übersichtsverfahren. Kulturbuch Verlag, Berlin.

Lawton, J.H., Bignel, D.E., Bolton, B., Bloemers, G.F., Eggleton, P., Hammond, P.M., Hodda, M., Holt, R.D., Larsen, T.B., Mawdsley, N.A., Stork, N.E., Srivastava, D.S. & A.D. Watt (1998): Biodiversity inventories, indicator taxa and effects of habitat modification in tropical forest. Nature 391: 72-76.

Lee, S.M. & A. Chao (1994): Estimating population size via sample coverage for closed capture-recapture models. Biometrics 50: 88-97.

Legendre, P. & L. Legendre (1998): Numerical Ecology. Second English Edition. Developments in Environmental Modelling 20. Elsevier, Amsterdam.

Leopold, J., Schöne, M. & K. Cölln (1996): Zur Kenntnis der Schwebfliegen (Diptera, Syrphidae) der Stadt Köln und ihrer Randgebiete. Decheniana Beihefte 35: 433-458.

Lepš, J. & P. Šmilauer (2003): Multivariate Analysis of Ecological Data using

CANOCO. Cambridge University Press, Cambridge.

Lesturgez, G., Poss, R., Hartmann, C., Bourdon, E., Noble, A. & S. Ratana-Anupap (2004): Roots of Stylosanthes hamata create macropores in the compact layer of a sandy soil. Plant and Soil 260: 101-109.

Leyer, I. (2002): Auengrünland der Mittelelbe-Niederung – vegetationskundliche und ökologische Untersuchungen in der rezenten Aue, der Altaue und am Auenrand der Elbe. Dissertationes Botanicae.

Leyer, I. & K. Wesche, (2007): Multivariate Statistik in der Ökologie - eine Einführung. Springer Verlag, Heidelberg

Lieberoth, I. (1982): Bodenkunde. 3. Auflage. VEB Deutscher Landwirtschaftsverlag, Berlin.

Lieberoth, I., Kopp, D. & W. Schwanecke (1991): Zur Klassifikation der Mineralböden bei der land- und forstwirtschaftlichen Standortskartierung. Petermanns Geographische Mitteilungen 3: 153-163.

Lilliesköld, M. & M. Scherer-Lorenzen (2000): Ecological processes/global change. In: Larsson, T.B. & J.A. Esteban (Hrsg.): Cost-effective indicators to assess biological diversity in the framework of the Convention on Biological Diversity – CBD. Swedish Sci. Council on Biodiversity, Swedish Env. Protection Agency & Ministry of the Environment, Government of Catalonia, Stockholm & Barcelona: 18-20.

Lindenmayer, D.B. (1999): Future directions for biodiversity conservation in managed forests: indicator species, impact studies, and monitoring programs. Forest Ecology and Management 115: 277-287.

Lindroth, C.H. (1985): The Carabidae (Coleoptera) of Fennoscandia and Denmark. Fauna Entomologica Scandinavica 15(1). Scandinavian Science Press Ltd., Leiden, Copenhagen.

Lindroth, C.H. (1986): The Carabidae (Coleoptera) of Fennoscandia and Denmark. Fauna Entomologica Scandinavica 15(2). Scandinavian Science Press Ltd., Leiden, Copenhagen.

Linke, S., Norris, R.H., Faith, D.P. & D. Stockwell (2005): ANNA: A new prediction method for bioassessment programs. Freshwater Biology 50: 147-158.

Lipiec, J. & I. Hakansson (2000): Influences of degree of compactness and matric water tension on some important plant growth factors. Soil & Till. Res. 53: 87-94.

Londo, G. (1975): Nederlandse lijst van hydro-, freato- en afreatofyten. Rapport Rijksinstituut voor Natuurbeheer, Leersum.

Londo, G. (1976): The decimale scale for relevés of permanent quadrats. Vegetatio 33: 61-64.

Lozek, V. (1964): Quartärmollusken der Tschechoslowakei. Rozpr. Ustred úst. geol. 31, Prag.

Luff, M.L. (1975): Some features influencing the efficiency of pitfall traps. Oecologia (Berl.) 19: 345-357.

Lutosch, I., Petry, D. & M. Scholz (2002): Auen und Auenschutz in der EU-Wasserrahmenrichtlinie. In: Petry, D., Scholz, M. & I. Lutosch (Hrsg.): Relevanz der EU-Wasserrahmenrichtlinie für den Naturschutz in Auen. UFZ-Bericht 22: 10-42.

Mac Nally, R. & E. Fleishman (2002): Using ‘indicator’ species to model species richness: model development and predictions. Ecological Applications 12: 79-92.

Mac Nally, R. & E. Fleishman (2004): A successful predictive model of species richness based on indicator species. Conservation Biology 18: 646-654.

Mace, G.M. & R. Lande (1991): Assessing extinction threats: towards a reevaluation of IUCN threatened species categories. Conservation Biology 5: 148-157.

Maibach, A., Goeldlin de Tiefenau, P. & H.G. Dirickx (1992): Liste faunistique des Syrphidae de Suisse (Diptera). Misc.Faunistica Helvetiae 1: 1-51.

Malec, F. & S. Vidal (1986) Ergänzungen zur Schwebfliegenfauna des Landkreises Lüchow-Dannenberg (Diptera: Syrphidae). Drosera 86(2): 89-95.

Maltby, E., Hogan, D.V. & R.J. McInnes (1996): Functional Analysis of European Wetland Ecosystems – Phase I (FAEWE). Ecosystems Research Report No 18. European Commission Directorate General Science, Research and Development. Brussels.

Maltby, E., Digby, U. & C. Baker (2009): Functional assessment of wetlands: Towards evaluation of ecosystem services. Woodhead Publishing, Cambridge.

Margreiter-Kownacka, M., Pechlaner, R., Ritter, H. & R. Saxl (1984): Die Bodenfauna als Indikator für den Saprobitätsgrad von Fließgewässern in Tirol. Ber. nat.-med. Ver. Innsbruck 71: 119-135.

Matheron, G. (1965): Les Variables Regionalisés et leur Estimation. Paris, Masson et Cie .

Matheron, G. (1971): The Theory of Regionalized Variables and its Application. Ecole des Mines, Fontainebleau.

Mauch, E., Sanzin, W. & F. Kohmann (1990): Biologische Gewässeranalyse in Bayern. Informationsberichte Bayer. Landesamt f. Wasserwirtschaft 1/85, 2. Aufl., München.

Mayr, E. (1967): Artbegriff und Evolution. Paul Parey, Hamburg.

McCullagh, P. & J.A. Nelder (1989): Generalized Linear Models (2nd ed.). Chapman & Hall, New York.

McGeoch, M.A. (1998): The selection, testing and application of terrestrial insects as bioindicators. Biological Reviews 73: 181-202.

McIntyre, S., Lavorel, S., Landsberg, J. & T.D.A. Forbes (1999): Disturbance response in vegetation – towards a global perspective on functional traits. Journal of Vegetation Science 10: 621-630.

Megonigal, J.P., Faulkner, S.P. & W.H. Patrick (1996): The Microbial Activity Season in Southeastern Hydric Soils. Soil Science Society of America Journal 60: 1263-1266.

Meier, S. & W. Keller (1990): Geostatistik – Einführung in die Theorie der Zufallsprozesse. Akademie-Verlag, Berlin.

Meilinger, P., Schneider, S. & A. Melzer (2005): The Reference Index Method for the macrophyte-based Assessment of Rivers – a contribution to the implementation of the European Water Framework Directive in Germany. International Review of Hydrobiology 90(3): 322-342.

Meißner, A. (1998): Die Bedeutung der Raumstruktur für die Habitatwahl von Lauf- und Kurzflügelkäfern (Coleoptera: Carabidae, Staphylinidae). Freilandökologische und experimentelle Untersuchung einer Niedermoorzönose. Dissertation, TU Berlin.

Menz, J. & J. Pilz (1994): Kollokation, Universelles Kriging und Bayesscher Zugang. Das Markscheidewesen 101: 62-66.

Menz, J., Stoyan, D. & N. Kolesnikov (2000): A method for estimating variogram parameters in the presence of trends. Mathematische Geologie 5: 59-68.

Metcalfe, J.L. (1989): Biological water quality assessment of running waters based on macroinvertebrate communities: history and present status in Europe. Environmental Pollution 60: 101-139.

Meteorologischer Dienst der DDR (1987): Klimadaten der DDR – Klimatologische Normalwerte 1951/80. Reihe B, Bd. 14. Meteorologischer Dienst der DDR, Potsdam.

Meyer, D. (1990): Makroskopisch-biolo gische Feldmethoden zur Wassergütebeurteilung von Fließgewässern. BUND, Hannover.

Meyer, H. & G. Miehlich (1983): Einfluß periodischer Hochwässer auf Genese, Verbreitung und Standortseigenschaften der Böden in der Pevestorfer Elbaue (Kreis Lüchow-Dannenberg). Abhandlungen des naturwissenschaftlichen Vereins Hamburg 25: 41-73.

Michels, U. & U. Zuppke (2005): Ökologische Bewertung von Auengewässern im Mittelelbegebiet auf der Grundlage des Floodplain-Index. In: Reichoff L. & K. Reichhoff (Hrsg.): Standörtliche, ökofaunistische und vegetationsdyna-mische Untersuchungen im Rahmen Naturschutzgroßprojektes „Mittlere Elbe". Veröffentlichungen des LPR Landschaftsplanung Dr. Reichhoff GmbH 3: 37-44.

Miehlich, G. (1983): Schwermetallanreicherung in Böden und Pflanzen der Pevestorfer Elbaue (Kreis Lüchow-Dannenberg). Abhandlungen des naturwissenschaftlichen Vereins Hamburg 25: 75-89.

Miehlich, G. (2000): Eigenschaften, Genese und Funktionen von Böden in Auen Mitteleuropas. In: Friese, K., Witter, B., Miehlich, G. & M. Rode (Hrsg.): Stoffhaushalt von Auenökosystemen. Böden und Hydrologie, Schadstoffe, Bewertungen. Springer Verlag, Berlin, Heidelberg, New York: 3-17.

Millennium Ecosystem Assessment (2005): Ecosystems and human wellbeing: Biodiversity Synthesis. Island Press., Washington D.C. [http://www.millenniumassessment.org/en/Products.aspx?]

Moore, J.L., Balmford, A., Brook, T., Burgess, N.D., Hansen, L.A., Rahbek, C. & P.H. Williams (2003): Performance of Sub-Saharan vertebrates as indicator groups for identifying priority areas for conservation. Conservation Biology 17: 207-218.

Morrison, M.L., Marcot, B.G. & R.W. Mannan (1998): Wildlife-habitat relationships – concepts and applications. The University Wisconsin Press, Madison Wisconsin.

Morley, S.A. & J.R. Karr (2002): Assessing and restoring the health of urban streams in the Puget Sound Basin. Conservation Biology 16: 1498-1509.

Mosimann, T. (2001): Funktional begründete Leitbilder für die Landschaftsentwicklung. Geographische Rundschau 53(9): 4-10.

Moss, D., Furse, M.T., Wright, J.F. & P.D. Armitage (1987): The prediction of the macro-invertebrate fauna of unpolluted running-water sites in Great Britain using environmental data. Freshwater Biology 17: 41-52.

Mückenhausen, E. (1985): Die Bodenkunde und ihre geologischen, geomorphologischen, mineralogischen und petrologischen Grundlagen. 3. Auflage. DLG-Verlag, Frankfurt/Main.

Mühlenberg, M. & T. Hovestadt (1992): Das Zielartenkonzept. NNA-Berichte 5(1): 36-41.

Mühlenberg, M., Henle, K., Settele, J., Poschlod, P., Seitz, A. & G. Kaule (1996): Studying species survival in fragmented landscapes: The approach of the FIFB. In: Settele, J., Margules, C., Poschlod, P. & K. Henle (Hrsg.): Species Survival in fragmented landscapes. The GeoJournal Library Vol. 35, Kluwer Academic Publishers, Dordrecht: 152-160.

Müller, A. (1988): Das Quartär im mittleren Elbegebiet zwischen Riesa und Dessau-Halle. Dissertation, Universität Halle.

Müller, A., Zerling, L. & C. Hanisch (2003): Geogene Schwermetallgehalte in Auensedimenten und -böden des Einzugsgebietes der Saale. Abh. der Sächsischen Akademie der Wissenschaften zu Leipzig 59(6): 122 S.

Müller, D., Schöl, A., Bergfeld, T. & Y. Strunck (Hrsg.) (2006): Staugeregelte Flüsse in Deutschland. Schweizerbart´sche Verlagsbuchhandlung, Stuttgart.

Müller, G. (1989): Bodenkunde. 3. Auflage. VEB Deutscher Landwirtschaftsverlag, Berlin.

Müller, J. (1984): Die Bedeutung der Fallenfang-Methode für die Lösung ökologischer Fragestellungen. Zool. Jb. Syst. 111: 281 -305.

Müller, S. (1999): Möglichkeiten und Grenzen der Auenregeneration und Auenwaldentwicklung am Beispiel von Naturschutzprojekten an der Unteren Mittelelbe. Teil II Zoologie: Säuger (Mammalia), Vögel (Aves), Laufkäfer (Coleoptera: Carabidae). Unveröffentlichter Bericht, gefördert durch das Bundesministerium für Bildung und

Forschung (BMBF).

MUN LSA (Ministerium für Umwelt und Naturschutz des Landes Sachsen Anhalt) (1994): Landschaftsprogramm des Landes Sachsen-Anhalt.

Munsell (1994): Munsell Soil Color Charts. Revised Edition. Macbeth Division of Kollmorgan Instruments Corporation.

Murphy, K.J., Castella, E., Clement, B., Hills, J.M., Obrdlik, P., Pulford, I.D., Schneider, E. & M.C.D. Speight (1994): Biotic indicators of riverine wetland ecosystem functioning. In: Mitsch, W.J. (Hrsg.): Global Wetlands: Old World and New. Elsevier, New York: 659-682.

Nelles, U. & B. Gerken (1990): Zur Carabidenfauna (Coleoptera: Carabidae) einer südfranzösischen Auenlandschaft – zönologische Charakterisierung hochflut-geprägter Standorte und ihre aktuelle Gefährdung. Acta Bio. Benrodis 2: 39-56.

Neßhöver, C., Beck, S., Born, W., Dziock, S., Görg, C., Hansjürgens, B., Jax, K., Köck, W., Rauschmayer, F., Ring, I., Schmidt-Loske, K., Unnerstall, H., Wittmer, H. & K. Henle (2007): Das Millennium Ecosystem Assessment – eine deutsche Perspektive. Natur und Landschaft 82(6): 262-267.

Nettmann, H.-K. (1991): Zur Notwendigkeit regionalisierter Untersuchungen für den zoologischen Arten- und Biotopschutz. In: Henle, K. & G. Kaule (Hrsg.): Arten- und Biotopschutzforschung für Deutschland. Forschungszentrum, Jülich: 106-113.

Neumann, F. & U. Irmler (1994): Auswirkungen der Nutzungsintensität auf die Schneckenfauna (Gastropoda) im Feuchtgrünland. Zeitschrift für Ökologie und Naturschutz 3(1): 11-18.

Neumann, S.P. (1984): Role of geostatistics in subsurface hydrology. In: Geostatistics in Natural Res. Characterization, Part 2, NATO ASI Series C: Mathematical and Physical Sciences 122.

Neumeister, H. (1964): Beiträge zum Auelehmproblem des Pleiße- und Elstergebietes. Sonderdruck. Wissenschaftliche Veröffentlichungen des Deutschen Instituts für Länderkunde, Neue Folge 21/22. VEB Bibliographisches Institut, Leipzig: 65-131.

Nichols, J.D. & M.J. Conroy (1996): Techniques for estimating abundance and species richness. In: Wilson, D.E., Cole, F.R., Nichols, J.D., Rudran, R. & M.S. Foster (Hrsg.): Measuring and monitoring of biological diversity: standard methods for mammals. Smithsonian Institution Press, Washington, D.C.

Nichols, J.D., Boulinier, T., Hines, J.E., Pollock, K.H. & J.R. Sauer (1998): Inference methods for spatial variation in species richness and community composition when not all species are detected. Conservation Biology 12: 1390-1398.

Niclas, G. & V. Scherfose (2005): Erfolgskontrollen in Naturschutzgroßvorhaben des Bundes. Teil 1: Ökologische Bewertung. Naturschutz und Biologische Vielfalt, Band 22. Landwirtschaftsverlag, Münster.

Niedling, A. & H.-W. Scheloske (1999): Erfassung und multivariate Analyse von Laufkäferzönosen an Rohbodenufern in Franken. Angewandte Carabidologie 1: 115-125.

Nielsen, T.R. (1999): Check-list and distribution maps of Norwegian Hoverflies with description of Platycheirus laskai nov. sp. (Diptera- Syrphidae). NINA Fagrapport 035: 1-99. Trondheim.

Niemelä, J. (2000): Biodiversity monitoring for decision making. Annales Zoologici Fennici 37: 307-317.

Niemelä, J., Young, J., Alard, D., Askasibar, M., Henle, K., Johnson, R., Kurttila, M., Larsson, T.-B., Matouch, S., Nowicki, P., Paiva, R., Portoghesi, L., Smulders, R., Stevenson, A., Tartes, U. & A. Watt (2005): Identifying, managing and monitoring conflicts between forest biodiversity conservation and other human interests in Eu-rope. Forest Policy and Economics 7(6): 877-890.

Niemeyer-Lüllwitz, A. & H. Zucchi (1985): Fließgewässerkunde: Ökologie fließender Gewässer unter besonderer Berücksichtigung wasserbaulicher Eingriffe. 1. Aufl., Frankfurt/M., Berlin, München: Diesterweg/Salle, Aarau, Frankfurt/M., Salzburg, Sauerländer.

Niermann, I. (2003): 3.1.3 Arten und Biotope. In: Wycisk, P. & M. Weber (Hrsg.): Integration von Schutz und Nutzung im Biosphärenreservat Mittlere Elbe – Westlicher Teil. Weißensee Verlag, Berlin: 40-47.

Nijboer, R.C., Verdonschot, F.M. & D.C. van der Werf (2005): The use of indicator taxa as represantatives of communities in bioassessment. Freshwater Biology 50: 1427-1440.

Nofdp (2006): nature-oriented flood damage prevention. Home page: www.nofdp.net. Letzter Zugriff: 18.09.2006

Norris, R.H. & K.R. Norris (1995): The need for biological assessment of water quality: Australian perspective. Aust. J. Ecol. 20: 1-6.

Norris, R.H. & M.C. Thoms (1999): What is river health? Freshwater Biology 41: 1-13.

Norris, R.H. & C.P. Hawkins (2000): Monitoring river health. Hydrobiologia 435: 5-17.

Noss, R.F. (1990): Indicators for monitoring biodiversity: a hierarchical approach. Conservation Biology 4: 355-364.

Obrdlik, P. & L. Gracia-Lozano (1992): Spatio-temporal distribution of macrozoobenthos abundance in the Upper Rhine alluvial floodplain. Arch. Hydrobiol. 124(2): 205-224.

Obrdlik, P. & E. Schneider (1994): Analysis of Molluscs and Carabid communities. Proceedings of the 4th workshop "Functional Analysis of European Wetland Ecosystems", EC-STEP project 0084-CT90. Miraflores de la Sierra, unveröffentlicht.

Obrdlik, P., Falkner, G. & E. Castella (1995): Biodiversity of gastropoda in European floodplains. Verh. Auenkonzepte und Fließgewässerrenaturierung in Europa. Arch. Hydrobiol. 101: 339-356.

OECD (1999): Environmental Indicators for Agriculture. Volume 2: Issues and Design. OECD, Paris.

Oekland, F. (1929): Methodik einer quantitativen Untersuchung der Landschneckenfauna. Arch. Moll., Frankfurt/Main 61(3): 121-136.

Oelke, E. (Hrsg.) (1997): Sachsen-Anhalt. Mit einem Anhang Fakten-Zahlen-Übersichten. Justus Perthes, Gotha.

Økland, R.H. (1990): Vegetation Ecology – Theory, Methods, and Applications with Reference to Fennoscandia. Botanical Garden and Museum, University of Oslo, Oslo.

Olden, J.D. & N.L. Poff (2003): Redundancy and the choice of hydrologic indices for charakterising streamflow regimes. River Res. Applic. 19: 101-121.

Opp, C. (1985): Zur Untersuchung von Bodenverdichtungen aus geographischer Sicht. Wiss. Z. Universität Halle XXXIV1985 M, H. 3: 53-60.

Oppermann, R. & H.-U Gujer (Hrsg.) (2003): Artenreiches Grünland bewerten und fördern. MEKA und ÖQV in der Praxis, Ulmer Verlag, Stuttgart.

Otis, D.L., Burnham, K.P., White, G.C. & D.R. Anderson (1978): Statistical inference from capture data on closed animal populations. Wildlife Monographs 62: 1-135.

Overesch, M. & J. Rinklebe (2002): Bindungsformen von As und Cd in Auenböden der Mittleren Elbe. In: Geller, W., Puncochar, P., Guhr, H., v. Tümpling, W., Medek, J., Smrtàk, J., Feldmann, H. & O. Uhlmann (Hrsg.): Die Elbe – neue Horizonte des Flussgebietsmanagements. 10. Magdeburger Gewässerschutzseminar. Teubner Verlag: 232-233.

Overesch, M., Rinklebe, J. & G. Broll (2003): Bindungsformen von Pb und Zn in belasteten Auenböden der Mittleren Elbe. Mitteilungen der Deutschen Bodenkundlichen Gesellschaft 102: 221-222.

Overesch, M., Rinklebe, J., Broll, G. &

H.U. Neue (2007): Metals and arsenic in soils and corresponding vegetation at Central Elbe river floodplains (Germany). Environmental Pollution. 145: 800-812.

Owen, J. & F.S. Gilbert (1989): On the abundance of hoverflies (Syrphidae). Oikos 55: 183-193.

Pachepsky, Y.A., Rawls, W.J., Gimenez, D. & J.P.C. Watt (1998): Use of soil penetration resistance and group method of data handling to improve soil water retention estimates. Soil & Till. Res. 49: 117-126.

Pachepsky, Y.A. & W.J. Rawls (1999): Accuracy and Reliability of Pedotransfer Functions as Affected by Grouping Soils. Soil Sci. Soc. Am. J. 63: 1748-1757.

Pachepsky, Y.A. & W.J. Rawls (2003): Soil structure and pedotransfer functions. European Journal of Soil Science 54: 443-451.

Palmer, M.W. (1990): The estimation of species richness by extrapolation. Ecology 71: 1195-1198.

Palmer, M.W. (1991): Estimating species richness: the second order jackknife reconsidered. Ecology 72: 1512-1513.

Palmer, M.W. (1993): Putting things in even better order: the advantages of canonical correspondence analysis. Ecology 74(8): 2215-2230.

Pavluk, T.I., bij de Vaate, A. & H.A. Leslie (2000): Development of an index of trophic completeness for benthic macroinvertebrate communities in flowing waters. Hydrobiol. 427: 135-141.

Pearce, J. & S. Ferrier (2000a): An evaluation of alternative algorithms for fitting species distribution models using logistic regression. Ecol. Modelling 128: 127-147.

Pearce, J. & S. Ferrier (2000b): Evaluating the predictive performance of habitat models developed using logistic regression. Ecol. Modelling 133: 225-245.

Pearson, D.L. & F. Cassola (1992): World-wide species richness patterns of tiger beetles (Coleoptera: Cicindelidae): indicator taxon for biodiversity and conservation studies. Conservation Biology 6: 376-391.

Pearson, D.L. & S.S. Carroll (1999): The influence of spatial scale on crosstaxon congruence patterns and prediction accuracy of species richness. Journal of Biogeography 26: 1079-1090.

Pélissier, R., Couteron, P., Dray, S. & D. Sabatier (2003): Consistency between ordination techniques and diversity measurements: two strategies for species occurrence data. Ecology 84(1): 242-251.

Penka, M., Vyskot, M., Klimo, E. & F. Vasícek (Hrsg.) (1985): Floodplain Forest Ecosystem – I. Before Water Management Measures. Praha.

Penka, M., Vyskot, M., Klimo, E. & F. Vasícek (Hrsg.) (1991): Floodplain Forest Ecosystem – II. After Water Management Measures. Praha.

Peter, W., Follner, K., Gläser J. & K. Henle (1999): Überprüfung der Höhengenauigkeit eines Digitalen Geländemodells im Deichvorland der Mittelelbe mit einem differentiellen globalen Positionierungssystem (DGPS). Tagungsband der GEOöKon '99: 53-57.

Peter, W. & S. Stab (2001): Bedeutung und Grenzen von Höhenmodellen für Indikationssysteme in Auen. In: Scholz, M., Stab, S. & K. Henle (Hrsg.): Indikation in Auen. Präsentation der Ergebnisse aus dem RIVA-Projekt. UFZ-Bericht 8/2001: 16-19.

Petermeier, A., Scholl, F. & T. Tittizer (1996): Die ökologische und biologische Entwicklung der deutschen Elbe – Ein Literaturbericht. Lauterbornia, Dinkelscherben, Heft 24:1-95.

Peterson, J. & U. Langner (1992): Katalog der Biotoptypen und Nutzungstypen für die CIR-luftbildgestützte Biotoptypen- und Nutzungstypenkartierung im Land Sachsen-Anhalt. Berichte des Landesamtes für Umweltschutz Sachsen-Anhalt. 1992, Heft 4.

Petry, D., Lutosch, I. & M. Scholz (2003): Auenschutz und Wasserrahmenrichtlinie – eine Herausforderung für Naturschutz und Landschaftsplanung im Europäischen Kontext – Floodplain ecosystems and the Water Framework Directive – a new challenge for nature conservation. UVP-report 17(3+4): 129-133.

Pickett, S.T.A. & P.S. White (1985): The Ecology of Natural Disturbance and Patch Dynamics. Academic Press, San Diego.

Pickett, S.T.A., Kolasa, J. & C.G.Jones (1994): Ecological Understanding (The Nature of Theory and the Theory of Nature). Academic Press, San Diego.

Plachter, H. (1991): Naturschutz. G. Fischer, Stuttgart.

Plachter, H. & F. Foeckler (1991): Entwicklung von naturschutzfachlichen Analyse- und Bewertungsverfahren. In: Henle, K. & G. Kaule (Hrsg.): Arten- und Biotopschutzforschung für Deutschland. Berichte aus der ökologischen Forschung Bd 4. KFA Jülich: 323 - 337.

Plachter, H. (1994): Methodische Rahmenbedingungen für synoptische Bewertungsverfahren im Naturschutz. Z. Ökol. u. Naturschutz 3: 87-106.

Plachter, H., Bernotat, D., Müssner, R. & U. Riecken (2002): Entwicklung und Festlegung von Methodenstandards im Naturschutz. Schriftenreihe f. Landschaftspflege u. Naturschutz 70: 1-566.

Pledger, S. (2005): The perfomance of mixture models on heterogeneous closed population capture-recapture. Biometrics 61: 868-873.

Podraza, P. (2002): Diskrepanz zwischen ökologischem Zustand und ökologischen Potenzialauswirkungen veränderter Zielzustände auf den Auenschutz. In: Petry, D., Scholz, M. & I. Lutosch (Hrgs.): Relevanz der EU-Wasserrahmenrichtlinie für den Naturschutz in Auen. UFZ-Bericht 22: 67-70.

Poff, N.L. & D.D. Hart (2002): How Dams Vary and Why It Matters for the Emerging Science of Dam Removal. BioScience 52(8): 659-668.

Pont, D., Hugueny, B., Beier, U., Goffaux, D., Melcher, A., Noble, R., Rogers, C., Roset, N. & S. Schmutz (2006): Assessing river biotic condition at a continental scale: a European approach using functional metrics and fish assemblages. Journal of Applied Ecology 43: 70-80.

Precht, A. & K. Cölln (1996): Zum Standortbezug von Malaise-Fallen – Eine Untersuchung am Beispiel der Schwebfliegen (Diptera: Syrphidae). Fauna Flora Rheinland-Pfalz 8: 449-508.

Prendergast, J.R. (1997): Species richness covariance in higher taxa: empirical tests of the biodiversity indicator concept. Ecography 20: 210-216.

Pressey, R.L. (1994): Ad hoc reservations: forward or backward Stepps in developing representative reserve areas? Conservation Biol. 8: 662-668.

Preußische Landesaufnahmen (1904a): Topographische Karte, Messtischblatt 2239 Barby, Neue Nr. 4037, einzelne Nachträge 1934, M 1:25:000.

Preußische Landesaufnahmen (1904b): Topographische Karte, Messtischblatt 4149 Coswig, berichtigt 1927, einzelne Nachträge 1983, M 1:25:000.

Prüter J. & M. Evers (2001): Leitbilder des Naturschutzes und deren Umsetzung mit der Landwirtschaft. Abschlussbericht des BMBF-Forschungsvorhabens, FKZ 0339581. NNA (Alfred Toepfer Akademie für Naturschutz), Schneverdingen. http://elise.bafg.de/?2900.

Purps, J., Damm, C. & F. Neuschulz (2004): Naturschutzgroßprojekt Lenze-ner Elbtalaue, Brandenburg –Auenregeneration durch Deichrückverlegung an der Elbe. Natur und Landschaft 79(99): 408-415.

Rainio, J. & J. Niemelä (2003): Ground beetles (Coleoptera. Carabidae) as bioindicators. Biodiversity and Conservation 12: 487-506.

Rawls, W.J. & Y.A. Pachepsky (2002): Soil consistence and structure as predictors of water retention. Soil Sci. Am. J. 66: 1115-1126.

Reck, H., Henle, K., Hermann, G., Kaule, G., Matthäus, G., Obergföll, F.-J., Weiß, K. & M. Weiß (1991): Zielarten:

Forschungsbedarf zur Anwendung einer Artenschutzstrategie. In: Henle, K. & G. Kaule (Hrsg.): Arten- und Biotopschutzforschung für Deutschland. Forschungszentrum, Jülich: 347-353.

Reck, H., Walter, R., Osinski, E., Kaule, G., Heinl, T., Kick, U. & M. Weiß (1994): Ziele und Standards für die Belange des Arten- und Biotopschutzes: Das „Zielartenkonzept“ als Beitrag zur Fortschreibung des Landschaftsrahmenprogrammes in Baden-Württemberg. Laufener Seminarbeitr. 4: 65-94.

Reckendorfer, W., Baranyi, C., Funk, A. & F. Schiemer (2006): Floodplain restoration by reinforcing hydrological connectivity: expected effects on aquatic mollusc communities. Journal of Applied Ecology 43: 474-484.

Reddy, K.R. & Jr., W.H. Patrick (1993): Wetland Soils – Opportunities and Challenges. Soil Science Society of America Journal 57: 1145-1147.

Redecker, B. (2001): Schutzwürdigkeit und Schutzperspektive der Stromtal-Wiesen an der unteren Mittelelbe – Ein vegetationskundlicher Beitrag zur Leitbildentwicklung. Archiv naturwissenschaftlicher Dissertationen Band 13. Martina Galunder-Verlag, Nümbrecht.

Rehfeldt, G.E. (1984): Bewertung ostniedersächsischer Flußauen durch Bioindikatorsysteme – Modell einer Landschaftsbewertung. Dissertation, TU Braunschweig.

Rehfuess, K.E. (1990): Waldböden. Entwicklung, Eigenschaften und Nutzung. 2. Auflage. Paul Parey, Hamburg, Berlin.

Reichhoff, L. & B. Reuter (1978) Die Landschaft an Mittelelbe und unterer Mulde. I. Eiszeitliche Fluß- und Landschaftsgeschichte und landschaftsformende Prozesse. Dessauer Kalender 22: 66-76.

Reichhoff, L. (1981): Die Landschaft an Mittelelbe und Mulde. Der Wasserhaushalt der Aue. Dessauer Kalender 25: 18-22.

Reichhoff, L. & B. Reuter (1985): Die Landschaft an Mittelelbe und unterer Mulde. III. Die Böden der Elbtalniederung. IV. Vegetation und Tierwelt der Elbtalniederung. a) Die Vegetation. Dessauer Kalender 29: 88-91.

Reichhoff, L. & K. Refior (1997): Pflege- und Entwicklungs- (Rahmen-) Plan des Biosphärenreservates „Mittlere Elbe“. Unveröffentl. Gutachten im Auftrag des Ministeriums f. Raumordnung und Landwirtschaft d. Landes Sachsen-Anhalt, Dessau.

Reynoldson, T.B., Bailey, R.C., Day, K.E. & R.H. Norris (1995): Biological guidelines for freshwater sediment based on benthic assessment of sediment (the BEAST) using a multivariate approach for predicting biological state. Aust. J. Ecol. 20: 198-219.

Richardot-Coulet, M., Castella, E. & C. Castella (1987): Classification and Succession of former Channels of the french upper Rhône alluvial Plain using Mollusca. Regulated Rivers 1: 111-127.

Rickfelder, T. (i.Dr.): Habitateignung und Schlüsselfaktoren für Carabiden in der Elbaue. Dissertation an der Gemeinsamen Naturwissenschaftlichen Fakultät der technischen Universität Carolo-Wilhelmina zu Braunschweig.

Riecken, U. (1990): Möglichkeiten und Grenzen der Bioindikation durch Tierarten und Tiergruppen im Rahmen raumrelevanter Planungen. Schriftenreihe für Landschaftspflege und Naturschutz 32: 1-228.

Riecken, U., Ries, U. & A. Ssymank (1994): Rote Liste der gefährdeten Biotoptypen der Bundesrepublik Deutschland. Schriftenreihe für Landschaftspflege und Naturschutz. Heft 41.

Riecken, U., Finck, P., Raths, U., Schröder, E., Ssymank, A. & K. Ullrich (2003): Standard-Biotoptypenliste für Deutschland, 2. Fassung: Februar 2003. Schriftenreihe für Landschaftspflege und Naturschutz 75.

Rink, E., Henle, K. & S. Stab (2000): Zur Erstellung einer fachlich-statistisch abgestimmten Datenerhebungsstrategie am Beispiel eines synökologisch orientierten Forschungsprojektes in den Elbauen. Hydrologie und Wasserbewirtschaftung 44(4): 184-190.

Rink, M. (2003): Ordinationsverfahren zur Strukturanalyse ökosystemarer Feldinformationen und Lebensraumeignungsmodelle für ausgewählte Arten der Elbauen. Diss. UFZ-Bericht 8/2003.

Rinklebe, J., Franke, C., Heinrich, K., Neumeister, H. & H.-U. Neue (1999): Die Verteilung von Schwermetallen in Bodenprofilen von Auenböden im Biosphärenreservat Mittlere Elbe. Leipziger Geowissenschaften 11: 129-138.

Rinklebe, J. & H.-U. Neue (1999): Großmaßstäbige Konzeptbodenkarte des Untersuchungsgebietes „Schöneberger Wiesen" bei Steckby im Biosphärenreservat Mittlere Elbe. Tagungsband d. Fachtagung Elbe. Dynamik u. Interaktion von Fluß u. Aue. 4.-7. Mai 1999 Wittenberge. Elbe-Ökologie: 237-238.

Rinklebe, J., Klimanek, E.-M., Heinrich, K. & H.-U. Neue (1999c): Tiefenfunktion der mikrobiellen Biomasse und Enzymaktivitäten in Auenböden im Biosphärenreservat Mittlere Elbe. Mitteilungen der Deutschen Bodenkundlichen Gesellschaft 91(2): 699-702.

Rinklebe, J., Heinrich, K., Morgenstern, P., Franke, C. & H.-U. Neue (2000a): Heavy metal concentrations, distributions and mobilities in wetland soils. In: Mitteilung Nr. 6 der Bundesanstalt für Gewässerkunde/ Projektgruppe Elbe Ökologie, Koblenz-Berlin: 227-228.

Rinklebe, J., Heinrich, K. & H.-U. Neue (2000b): Auenböden im Biosphärenreservat Mittlere Elbe - ihre Klassifikation und Eigenschaften. In: Friese, K., Witter, B., Miehlich, G. & M. Rode (Hrsg.): Stoffhaushalt von Auenökosystemen. Böden und Hydrologie, Schadstoffe, Bewertungen. Springer Verlag, Berlin, Heidelberg, New York: 37-46.

Rinklebe, J., Helbach, C., Franke, F. & H.-U. Neue (2000c): Großmaßstäbige Bodenformenkarte der „Schöneberger Wiesen" bei Steckby im Biosphärenreservat Mittlere Elbe. In: Bundesamt für Naturschutz, Bonn (Hrsg.): Renaturierung von Bächen, Flüssen und Strömen. Angewandte Landschaftsökologie. Heft 37. Bonn-Bad Godesberg: 325-328.

Rinklebe, J., Heinrich, K., Morgenstern, P., Franke, C. & H.-U. Neue (2000d): Heavy metal concentrations, distributions and mobilities in wetland soils. In: Mitteilung Nr. 6 der Bundesanstalt für Gewässerkunde/ Projektgruppe Elbe Ökologie, Koblenz-Berlin. Tagungsband des Statusseminars Elbe – Ökologie vom 2.-5. November 1999 in Berlin: 227-228.

Rinklebe, J., Marahrens, S., Böhnke, R., Amarell, U. & H.-U. Neue (2000e): Großmaßstäbige bodenkundliche Kartierung im Biosphärenreservat Mittlere Elbe. In: Friese, K., Witter, B., Miehlich, G. & M. Rode (Hrsg.): Stoffhaushalt von Auenökosystemen. Böden und Hydrologie, Schadstoffe, Bewertungen. Springer Verlag, Berlin, Heidelberg, New York: 27-35.

Rinklebe, J., Eißner, C., Klimanek, E.-M., Heinrich, K. & H.-U. Neue (2001a): Die Heterogenität bodenmikrobieller und -chemischer Kennwerte in Bodenprofilen von Auenböden. Mitteilungen der Deutschen Bodenkundlichen Gesellschaft 95: 88-91.

Rinklebe, J., Heinrich, K., Klimanek, E.-M. & H.-U. Neue (2001b): Bodenmikrobielle Indikatoren für Redoxpotentialänderungen in Auenböden. Mitteilungen der Deutschen Bodenkundlichen Gesellschaft 96(1): 369-370.

Rinklebe, J., Ehrmann, O. & H.-U. Neue (2001c): Bodenmikromorphologische Studien von fluviatilen Schichtungen, von Pyriten sowie der Verkittung von Quarzen mit Eisenoxiden in einem Gley aus Auensand über tiefem Auenschluffton. In: Scholz, M., Stab, S. & K. Henle (Hrsg): Das RIVA-Projekt. UFZ-Bericht 8/2001: 154-155.

Rinklebe, J., Heinrich, K. & H.-U. Neue (2001d): Der umsetzbare Kohlenstoff als Indikator für die potentielle bodenmikrobielle Aktivität in Auenböden.

UFZ-Bericht 8/2001. (Hrsg.): Scholz, M., Stab, S. & K. Henle, Projektbereich Naturnahe Landschaften und Ländliche Räume: 74-83.

Rinklebe, J., Klimanek, E.-M. & H.-U. Neue (2002a): Dynamik der mikrobiellen Biomasse in Auenböden. Quantifizierung des Einflusses von Überflutungen, Bodentemperatur, Bodenfeuchte, Wasserspannung und DOC. Mitteilungen der Deutschen Bodenkundlichen Gesellschaft: 157-158.

Rinklebe, J., Overesch, M. & H.-U. Neue (2002b): Mobilitäten und Bindungsformen von Schwermetallen in Auenböden der Elbe. In: Geller, W., Puncochar, P., Guhr, H., v. Tümpling, W., Medek, J., Smrtàk, J., Feldmann, H. & O. Uhlmann (Hrsg.): Die Elbe – neue Horizonte des Flussgebietsmanagements. 10. Magdeburger Gewässerschutzseminar. Teubner Verlag, Stuttgart: 78-81.

Rinklebe, J. & H.-U. Neue (2003): Ableitbarkeit von Nähr- und Schadstoffkonzentrationen aus Auenbodenformen. Mitteilungen d. Deutschen Bodenkundlichen Ges.102(1): 19-20.

Rinklebe, J. (2003b): Schwermetalle und Arsen in Auenböden der Elbe – ihre Verbreitung, Mobilitäten, Bindungsformen und ihr Transfer in Nutzpflanzen. In: Tagungsband des Statusseminars des BMBF-Ad-hoc-Verbundprojektes „Schadstoffbelastung im Mulde- und Elbe-Einzugsgebiet nach dem Augusthochwasser 2002. Ergebnisse und Forschungsbedarf: 121-126. [http://www.hallo.ufz.de/data/Tagungsband555.pdf]

Rinklebe, J. (2004): Differenzierung von Auenböden der Mittleren Elbe und Quantifizierung des Einflusses von deren Bodenkennwerten auf die mikrobielle Biomasse und die Bodenenzymaktivitäten von b-Glucosidase, Protease und alkalischer Phosphatase. Dissertation. Institut für Bodenkunde und Pflanzenernährung der Landwirtschaftlichen Fakultät der Martin-Luther-Universität, Halle-Wittenberg.

Rinklebe, J. & H.-U. Neue (2005): Aggregierung von Auenbodenformen als Instrument zur Prognose von Nähr- und Schadstoffgehalten. Mitteilungen der Deutschen Bodenkundlichen Gesellschaft 107(1): 393-394.

Rolauffs, P., Stubauer, I., Zahrádková, S., Brabec, K. & O. Moog (2004): Integration of the saprobic system into the European Union Water Framework Directive – Case studies in Austria, Germany and Czech Republic. Hydrobiologia 516: 285-298.

Rommel, J. (2000): Laufentwicklung der deutschen Elbe bis Geesthacht seit ca. 1600. Studie i.A. der Bundesanstalt f. Gewässerkunde, Koblenz-Berlin. URL: http://elise.bafg.de/?3408.

Rooney, D.J. & B. Lowery (2000): A profile cone penetrometer for mapping soil horizons. Soil Sci. Soc. Am. J. 64: 2136-2139.

Rosenthal, G., Hildebrandt, J., Hengstenberg, M., Zöckler, C., Lakomy, W., Bur-feindt, I. & D. Mossakowski (1998): Feuchtgrünland in Norddeutschland – Ökologie, Zustand, Schutzkonzepte. Angew. Landschaftsökologie 15: 1-336.

Rosenthal, G. (2003): Selecting Target Species to evaluate the success of wet grassland restoration. Agriculture, Ecosystems and Environment 98: 227-246.

Rosenzweig, S. & A. Hettrich (2007): Application of Ecological Submodels of INFORM. In: Antonello S.D. (Ed.): Frontiers in Ecology Research – Nova Science, New York: 165-185

Rotheray, G.E. (1999): Description and a key to the larval and puparial stages of north-west European Volucella (Diptera, Syrphidae). Studia dipterologica 6: 103-116.

Rothenbücher, J. & M. Schaefer (2006): Submersion tolerance in floodplain arthropod communities. Basic and Appl. Ecolgy 7: 398-408

Rothmaler, W. (1986): Exkursionsflora für die Gebiete der DDR und der BRD. Band 4, Kritischer Band. 6. durchges. Aufl. (Hrsg.): R. Schubert u. W. Vent, Berlin.

Literaturverzeichnis

Roux, A.L. (1976): Structure et Fonctionnement des Écosystemes du Haut-Rhône français. I. Présentation de l'étude. Bull. Ecol. 7(4): 475-478.

Roux, M. (1991): Interpretation of hierarchical clustering. Applied Multivariate Analysis in SAR and Environmental Studies. In: Devillers, J. & W. Karcher (Hrsg.). Kluwer Academic Publishers, Dordrecht: 137-152.

Sachs, L. (1982): Applied Statistics. Springer Verlag, New York.

Salveter, R. (1998): Habitatnutzung adulter Schwebfliegen (Diptera: Syrphidae) in einer stark gegliederten Agrarlandschaft. Mitteilung der Schweizerischen Entomologischen Gesellschaft 71: 49-71.

Samways, M.J. & N.S. Steytler (1996): Dragonfly (Odonata) distribution patterns in urban and forest landscapes, and recommendations for riparian managment. Biological Conservation 78: 279-288.

Schaffers, A.P. & K.V. Sykora (2000): Reliability of Ellenberg indicator values for moisture, nitrogen and soil reaction: a comparison with field measures. Journal of Vegetation Science 11: 225-244.

Schauer, W. (1970): Beitrag zur Entwicklung der Waldbestockungen im NSG Steckby-Lödderitzer Forst. Archiv für Forstwesen 19: 525-541.

Scheffer, F. (2002): Lehrbuch der Bodenkunde. Scheffer/Schachtschabel. 15. Auflage.: Blume, H.-P., Brümmer, G.W., Schwertmann, U., Horn, R., Kögel-Knabner, I. Stahr K., Auerswald K., Beyer, L., Hartmann, A., Litz, N., Scheinost, A., Stanjek, H., Welp, G. & B.-M. Wilke (Hrsg.). Spektrum. Akademischer Verlag, Heidelberg, Berlin.

Schenk, J.H. & R.B. Jackson (2002): Rooting depths, lateral root spreads and below-ground/ above-ground allometries of plants in water-limited ecosystems. Journal of Ecology 90: 480-494.

Schiemer, F., Baumgartner, C. & K. Tockner (1999): Restoration of floodplain rivers: The 'Danube restoration project'. Regul. Rivers Res. Mgmt. 15: 231-244.

Schirmer, W. (1991a): Zur Nomenklatur der Auenböden mitteleuropäischer Flußauen. Mitteilungen der Deutschen Bodenkundlichen Gesellschaft 66: 839-842.

Schirmer, W. (1991b): Bodensequenz der Auenterrassen des Maintals. Bayreuther Bodenkundliche Berichte 17: 153-186.

Schlichting, E., Blume, H.-P. & K. Stahr (1995): Bodenkundliches Praktikum. 2., neubearbeitete Auflage. Blackwell Wissenschafts-Verlag, Berlin, Wien.

Schmedtje, U. & M. Colling (1996): Ökologische Typisierung der aquatischen Makrofauna. Informationsber. Bayer. Landesamt für Wasserwirtschaft 4, 543 S.

Schmid, G. (1978): Schnecken und Muscheln vom Rußheimer Altrhein. In: „Der Rußheimer Altrhein, eine nordbadische Auenlandschaft". Natur- und Landschaftschutzgebiete Bad. Württ. 10: 269-363.

Schmid, G. (1983): Mollusken vom Mindelsee. In: Der Mindelsee bei Radolfszell. Monographie eines Naturschutzgebietes auf dem Bodanrück. Natur- und Landschaftsschutzgebiete Bad. Württ. 11: 409-500.

Schmidt, H. & F. Foeckler (2003): Geschiebereaktivierung im Hochrhein – eine entscheidende Maßnahme für das Flussökosystem. natur & mensch 1: 20-27.

Schmidt, J. (1994): Revision der mit *Agonum* (s.str.) *viduum* (Panzer, 1797) verwandten Arten (Coleoptera, Carabidae). Beitr. Ent. 44: 3-51.

Schmid-Egger, C. (1993): Malaisefallen versus Handfang – Der Vergleich zweier Methoden zur Erfassung von Stechimmen (Hymenoptera, Aculeata). Verhandlungen Westdeutscher Entomologentag Düsseldorf 1992: 195-201.

Schneider, F. (1958): Künstliche Blumen zum Nachweis von Winterquartieren, Futterpflanzen und Tageswanderungen von Lasiopticus pyrastri (L.) und anderen Schwebfliegen (Syrphidae Dipt.).

Mitteilungen d. Schweizerischen Entomologischen Ges. 31(1): 1-24.

Schneider, S. (2000): Entwicklung eines Makrophytenindex zur Trophieindikation in Fließgewässern. Shaker Verlag, Aachen.

Schneider, S., Schranz, C. & A. Melzer (2000): Indicating the trophic state of running waters by submersed macrophytes and epilithic diatoms – exemplary implementation of a new classification of taxa into trophic classes. Limnologica 30: 1-8.

Schneider, S. & A. Melzer (2005): Paradigmenwechsel: Von der Trophieindikation zur Bioindiaktion des Gewässerzustandes der EU-Wasserrahmenrichtlinie. In: Link, F.-G. & A. Kohler (Hrsg.): Donau der Eruopäische Fluss-Auenentwicklung und Wasserpflanzen als Bioindikatoren. Umweltministerium Baden-Würtemberg, Stuttgart: 82-97.

Schnitter, P. & M. Trost (1999): Bestandssituation der Sandlaufkäfer und Laufkäfer (Coleoptera: Cicindelidae et Carabidae). In: Frank, D. & V. Neumann (Hrsg.): Bestandssituation der Pflanzen und Tiere Sachsen-Anhalts, Ulmer Verlag, Stuttgart: 391-406.

Schöll, F., Haybach, A. & B. König (2005): Das erweiterte Potamontypieverfahren zur ökologischen Bewertung von Bundeswasserstraßen (Fließgewässerypen 10 und 20: kies- und sandgeprägte Ströme, Qualitätskomponente Makrozoobenthos) nach Maßgabe der EG Wasserrahmenrichtlinie. Hydrologie und Wasserbewirtschaftung 49: 234-247.

Scholten, M., Anlauf, A., Büchele, B., Faulhaber, P., Henle, K., Kofalk, S., Leyer, I., Meyerhoff, J., Neuschulz, F., Rast, G. & M. Scholz (2005a): The Elbe River in Germany – present state, conflicts, and perspectives of rehabilitation. In: Buijse, T., Klijn, F., Leuven, R., Middelkoop, H., Schiemer, F., Thorp, J. & H. Wolfert (Hrsg.). The rehabilitation of large lowland rivers. Arch. Hydrobiol. Suppl. (Large Rivers. 15(1-4), 155(1-4): 579-602.

Scholten, M., Reusch, H., Foeckler, F. & R. Baufeld (2005b): 5.3 Auengewässer. In: Scholz, M., Stab, S., Dziock, F. & K. Henle (Hrsg.): Lebensräume der Elbe und ihrer Auen. Band 4 der Reihe: „Konzepte für die nachhaltige Entwicklung einer Flusslandschaft", Weißensee Verlag, Ökologie, Berlin.

Scholz, M., Stab, S. & K. Henle (Hrsg.): Indikation in Auen – Präsentation der Ergebnisse aus dem RIVA-Projekt. UFZ-Bericht 8/2001

Scholz, M., Gläser, J., Hettrich, A., Schanowski, A., Deichner, O., Foeckler, F. & K. Henle (2004a): Effects of extreme flood events on flora and fauna in Middle Elbe floodplains. UFZ-Bericht 18/2004: 167-168.

Scholz, M., Schulz, C. & T. Horlitz (2004b): Analyse und Bewertung ökologischer und sozioökonomischer Auenfunktionen. In: Möltgen, J. & D. Petry (Hrsg.): Interdisziplinäre Methoden des Flussgebietsmanagements. Münster, Workshopbeiträge 15./16. März. IfGI prints 21: 205-212.

Scholz, M., Stab, S., Dziock, F. & K. Henle (Hrsg.) (2005a): Lebensräume der Elbe und ihrer Auen. Band 4 der Reihe: „Konzepte für die nachhaltige Entwicklung einer Flusslandschaft", Weißensee Verlag, Ökologie, Berlin.

Scholz, M., Schwartz, R. & M. Weber (2005b): Naturräumliche Grundlagen und Entwicklung der Kulturlandschaft. Kap. 2. In: Scholz, M., Stab, S., Dziock, F. & K. Henle (Hrsg.): Lebensräume der Elbe und ihrer Auen. Band 4 der Reihe: „Konzepte für die nachhaltige Entwicklung einer Flusslandschaft", Weißensee Verlag, Ökologie, Berlin: 5-48.

Schrey, H.P. (1991): Die Interpretation des Eindringwiderstandes zur flächenhaften Darstellung physikalischer Unterschiede in Böden. Z. Pflanzenernähr. Bodenkunde 154: 33-39.

Schröder, B. & O. Richter (2000): Are habitat models transferable in space and time? Z. Ökologie Naturschutz 8: 195-205.

Schröder, B. (2000): Zwischen Naturschutz und theoretischer Ökologie: Modelle zur Habitateignung und räumlichen Populationsdynamik für Heuschrecken im Niedermoor. Land-schafts-ökol. u. Umweltforschung 35: 1-202.

Schröder, B. & B. Reineking (2004): Modellierung der Art-Habitat-Beziehung – ein Überblick über die Verfahren der Habitatmodellierung. UFZ-Bericht 9/2004: 5-26.

Schröder, D. (1979): Bodenentwicklung in spätpleistozänen und holozänen Hochflutlehmen des Niederrheins. Habil. Schrift. Universität Bonn.

Schröder, O.A. & O.A. Knauf (1977): Mittelmaßstäbige landwirtschaftliche Standortkartierung Blatt Barby 4037, 1:25 000.

Schubert, R. (1991): Bioindikation in terrestrischen Ökosystemen. G. Fischer, Jena.

Schubert, R., Hilbig, W. & S. Klotz (1995): Bestimmungsbuch der Pflanzengesellschaften Mittel- und Nordostdeutschlands. G. Fischer, Jena.

Schupp, D. (2003): Aktuelle Naturschutz-Indikatoren in den Bundesländern und internationalen Indikatorensets. In: NNA (Hrsg.): Naturschutz-Indikatoren – Neue Wege im Vogelschutz. NNA-Berichte 16(2): 19-27.

Schwartz, R. (2001): Die Böden der Elbaue bei Lenzen und ihre möglichen Veränderungen nach Rückdeichung. Universität Hamburg. Hamburger Bodenkundliche Arbeiten. Dissertation.

Schwartz, R., Fittschen, R. & L. Kutzbach (1998): Bodenkundliche Kartierung im Verbundprojekt „Indikatorensystem für Elbauen RIVA“. Unveröffentlichter Bericht an das UFZ.

Schwartz, R., Gröngröft, A. & G. Miehlich (2003): Entwicklungs- und Gefährdungspotenzial der Böden in der Lenzener Elbaue nach Deichrückverlegung. Beitr. Forstwirtsch. u. Landsch.ökol. 37: 166-174.

Schwerdtfeger, F. (1975): Ökologie der Tiere. Bd. 3. Synökologie. Paul Parey Verlag, Hamburg, Berlin.

Schwineköper, B. (1987): Provinz Sachsen-Anhalt. Handbuch der historischen Stätten Deutschlands, Band11, Alfred Kröner Verlag, Stuttgart.

Schwineköper, K. Seigert, P. & W. Konold (1992): Landschaftsökologische Leitbilder. Garten und Landschaft 6: 33-38.

Schwoerbel, J. (1999): Einführung in die Limnologie. 8. Aufl., G. Fischer, Stuttgart.

Schuboth, J. & J. Peterson (2004): Rote Liste der gefährdeten Biotoptypen Sachsen-Anhalts (Stand Februar 2004). Berichte des Landesamtes für Umweltschutz Sachsen-Anhalt 37: 20-34.

Settele, J., Margules, C., Poschlod, P. & K. Henle (Hrsg.) (1996): Species Survival in Fragmented Landscapes. Kluwer Academic Publ., Dordrecht.

Siebeck, O. (1995): Zusammenführung von Hydrologie und Ökologie in der Umweltforschung. Welche Ökologie ist gefragt? In: Deutsche Forschungsgemeinschaft - Senatskommission für Wasserforschung (Hrsg.): Perspektiven der Wasserforschung (Mitteilung 14). VCH-Verlagsgesellschaft/Weinheim: 182-203.

Sielmann, H. (1988): Tierleben im Auenwald. Auwälder (Siegen) 19: 52-62.

Siepe, A. (1989): Untersuchungen zur Besiedlung einer Auen-Catena am südlichen Oberrhein durch Laufkäfer (Coleoptera: Carabidae) unter besonderer Berücksichtigung der Einflüsse des Flutgeschehens. Dissertation, Universität Freiburg i. Br.

Siepe, A. (1994): Das „Flutverhalten“ von Laufkäfern (Coleoptera: Carabidae), ein Komplex von öko-ethologischen Anpassungen an das Leben in der periodisch überfluteten Aue. I: Das Schwimmverhalten. Zool. Jahrb. Abt. Syst. Oekol. Geogr. Tiere 121: 515-566.

Simberloff, D. (1997): Flagships, umbrellas, and keystones: is single-species management passé in the landscape era? Biol. Conserv. 83(3): 247-257.

Simon, M. (1994): Hochwasserschutz im Einzugsgebiet der Elbe. Zeitschr. f. Wasserwirtschaft-Wassertechnik (WWT) 7: 25-31.

Simon, M. (1996): Anthropogene Einflüsse auf das Hochwasser-abflussverhalten im Einzugsgebiet der Elbe. Wasser und Boden 48: 19-23.

Simon, O. & W. Goebel (1999): Zum Einfluß des Wildschweins (Sus scrofa) auf die Vegetation und Bodenfauna einer Heidelandschaft. In: Gerken, B. & M. Görner (Hrsg.): Natur und Kulturlandschaft, Höxter/Jena 3: 172-177.

Sládeèeck V. (1973): System of water quality from the biological point of view. Archiv für Hydrobiologie: Beiheft 7 Ergebnisse der Limnologie: 1–218.

Snedecor, G.W. & W.G. Cochran (1980): Statistical Methods. Iowa State University Press, Ames.

Sommaggio, D. (1999): Syrphidae: can they be used as environmental bioindicators? Agriculture, Ecosystems and Environment 74: 343-356.

Sommer, Th., Hesse, G., Luckner, L. & G. Büchel (2000): Grundwasserströmung und Stoffwandlung in Flussauen am Beispiel der Unstrut. In: Friese, K., Witter, B., Miehlich, G. & M. Rode (Hrsg.): Stoffhaushalt von Auenökosystemen. Böden und Hydrologie, Schadstoffe, Bewertungen. Springer Verlag, Berlin, Heidelberg, New York: 139-148.

Southwood, T.R.E. (1977): Habitat, the templet for ecological strategies? Journal of Animal Ecology 46: 337-365.

Southwood, T.R.E. (1996): Natural communities: structure and dynamics. Philosophical Transactions of the Royal Society London Series B 351: 1113-1129.

Spang, W.D. (1992): Methoden zur Auswahl faunistischer Indikatoren im Rahmen raumrelevanter Planung. Natur und Landschaft 67: 158-161.

Spang, W. (1996): Die Eignung von Regenwürmern (Lumbricidae), Schnekken und Laufkäfern als Indikatoren für auentypische Standortbedingungen: eine Untersuchung im Oberrheintal. Diss., Universität Heidelberg (Heidelberger Geographische Arbeiten 102).

Sperle, T. (2007): Leitfaden zum Monitoring gemäß Art. 11 FFH-Richtlinie. BUND/NABU (Hrsg.). www.nabu.de/imperia/md/content/nabude/naturschutz/naturschutzrecht/7.pdf

Spezialkarte (1840): Spezialkarte von dem in der Elbaue gelegenen Teilen der Wörlitzer Forst, im Jahre 1840 entworfen von Stellbogen. Landesarchiv Oranienbaum, Karte D 276, Dessau.

Topographische Karte (1855): Topographische Karte vom Preußischen Staate im Maßstab 1:100.000, Band 213, Dessau, Berlin.

Spector, S. (2002): Biogeographic crossroads as priority areas for biodiversity conservation. Conservation Biology 16: 1480-1487.

Speight, M.C.D. (1986): Criteria for the selection of insects to be used as bioindicators in nature conservation research. Procs 3rd Eur. Congress of Entomology Amsterdam, pt. 3: 485-488.

Speight, M.C.D. & E. Castella (1995): Bugs in the system: relationships between distribution data, habitat and site evaluation in development of an environmental assessment procedure based on invertebrates. Proc. 9th Int. Coll. Europ. Invertebrate Surv., 3.-4. September 1993, WWF Finland, Helsinki, Rep. 7: 1-9.

Speight, M.C.D., Castella, E., Obrdlik, P. & T. Lavery (1998): Syrph the Net: the Database of European Syrphidae (Diptera) on the internet. Vol. 1-10. Syrph the Net Publications, Dublin.

Speight, M.C.D. (1996): Syrphidae (Diptera) of Central France. Volucella 2: 20-35.

Speight, M.C.D. (1997): Invertebrate species lists as management tools: an example using databased information about Syrphidae (Diptera). Environmental Encounter Series 33: 74-83.

Speight, M.C.D., Castella, E. & P. Obrdlik (1999) Use of the Syrph the Net database. In: Speight, M.C.D., Castella, E., Obrdlik, P. & S. Ball (Hrsg.): Syrph the Net – The Database of European Syrphidae (Diptera), Vol. 17. Syrph the Net Publications, Dublin.

Speight, M.C.D., Castella, E. & P.

Obrdlik (2000): Use of the Syrph the Net database. In: Speight, M.C.D., Castella, E., Obrdlik, P. & S. Ball (eds.): Syrph the Net - The Database of European Syrphidae, Vol. 25. Syrph the Net Publications, Dublin: 1-99.

Speight, M.C.D. (2001): Farms as biogeographical units: 2. the potential role of different parts of the case-study farm in maintaining its present fauna of Sciomyzidae and Syrphidae (Diptera). Bulletin of the Irish Biogeographical Society 25: 248-278.

Speight, M.C.D., Castella, E., Obrdlik, P. & S. Ball (Hrsg.) (2001): Syrph the Net on CD, Issue 1. The database of European Syrphidae. Syrph the Net Publications, Dublin, ISSN 1649-1917.

Speight, M.C.D. & E. Castella (2001): An approach to interpretation of lists of insects using digitised biological information about the species. Journal of Insect Conservation 5: 131-139.

Speight, M.C.D. & J.A. Good (2001): Farms as biogeographical units: 3. The potential of natural/semi-natural habitats on the farm to maintain its syrphid fauna under various management regimes. Bull. Ir. Biogeog. Soc. 25: 279-291.

Speight, M.C.D., Castella, E., Sarthou, J.-P. & C. Monteil (Hrsg.) (2004): Syrph the Net on CD, Issue 2. The database of European Syrphidae. Syrph the Net Publications, Dublin, ISSN 1649-1917.

Speight, M.C.D. (2005): An "expert System" approach to developement of decision tools for use in maintenance of invertebrate biodiversity in forests (Pan-European Ecological Network in forests: Conservation of biodiversity an sustainable management. Proc. 5th Internat. Symposium). Environmental Encounters 57: 133-141.

SPSS (1997): SPSS 7,5 für Windows

SPSS (1999): Interaktive Grafiken. 9.0 München.

SPSS Base 10,0 (1999): Benutzerhandbuch. SPSS Inc.

SRU - Der Rat von Sachverständigen für Umweltfragen (1998): Umweltgutachten 1998. Umweltschutz: Erreichtes sichern – Neue Wege gehen. Verlag Metzler-Poeschel, Stuttgart.

Ssymank, A., Riecken, U. & U. Ries (1993): Das Problem des Bezugssystems für eine Rote Liste Biotope, Standard-Biotoptypenverzeichnis, Betrachtungsebenen, Differenzierungsgrad und Berücksichtigung regionaler Gegebenheiten . In: Grundlagen und Probleme einer Roten Liste der gefährdeten Biotoptypen Deutschlands : Referate und Ergebnisse: 47-58

Ssymank, A. (1997): Habitatnutzung blütenbesuchender Schwebfliegen (Diptera: Syrphidae) im Landschaftsgefüge des Drachenfelser Ländchens und Ansätze zu einer integrativen Landschaftsbewertung. Mitteilungen der Deutschen Gesellschaft für allgemeine und angewandte Entomologie 11: 73-78.

Ssymank, A. & D. Doczkal (1998): Rote Liste der Schwebfliegen (Diptera: Syrphidae). In: Binot, M., Bless, R., Boye, P., Gruttke, H. & P. Pretscher (Hrsg.): Rote Liste gefährdeter Tiere Deutschlands. Bonn-Bad Godesberg: 65-72.

Ssymank, A., Doczkal, D., Barkemeyer, W., Claußen, C., Löhr, P.-W. & A. Scholz (1999): Syrphidae. In: Schumann, H., Bährmann, R. & A. Stark (Hrsg.): Entomofauna Germanica 2. Checkliste der Dipteren Deutschlands. Studia dipterologica 2: 195-203.

Stab, S., Amarell, U. & M. Rink (2000): Indikation ökologischer Veränderungen in Auen. In: Bundesanstalt für Gewässerkunde Koblenz-Berlin, Projektgruppe Elbe Ökologie Mittl. Nr. 6.: 109-111.

Starfield, A.M. (1997): A pragmatic approach to modeling for wildlife management. Journal of Wildlife Management 61: 261-270.

Starck, J.M. (1998): Non-independence of data in biological comparisons. A critical appraisal of current concepts, assumptions and solutions. Theory in Bioscience 117: 109-138.

Statistisches Bundesamt & Bundesamt für Naturschutz (Hrsg.) (2000): Konzepte und Methoden zur Ökologischen Flächenstichprobe – Ebene II: Monitoring von Pflanzen und Tieren. Angewandte Landschaftsökologie, Heft 33, Bonn-Bad Godesberg. 262 S.

Statzner, B. & B. Higler (1986): Stream hydraulics as a major determinant of benthic invertebrate zonation patterns. Freshwater Biology 16: 127-139.

Statzner, B., Resh, V.H. & S. Dolédec (1994): Ecology of the Upper Rhône River: a test of habitat templet theories. Freshwater Biology 31: 235-554.

Statzner, B., Hoppenhaus, K., Arens, M.-F. & P. Richoux (1997): Reproductive traits, habitat use and templet theory: a synthesis of world-wide data on aquatic insects. Freshwater Biology 38: 109-135.

Statzner, B., Bis, B., Dolédec, S. & P. Usseglio-Polatera (2001a): Perspectives for biomonitoring at large spatial scales: a unified measure for the functional composition of invertebrate communities in European running waters. Basic and Applied Ecology 2: 73-85.

Statzner, B., Hildrew, A.G. & V.H. Resh (2001b): Species traits and environmental constraints: entomological research and the history of ecological theory. Annual Review of Entomology 46: 291-316.

Stelzer, D., Schneider, S. & A. Melzer (2005): Macrophyte based assessment of lakes – a contribution to the implementation of the European Water Framework Directive in Germany. International Review of Hydrobiology 90(2). 223-237.

Steneck, R.S. & M.N. Dethier (1994): A functional group approach to the structure of algal-dominated communities. Oikos 69: 476-498.

Stock, O. (2005): Untersuchungen zum Verfestigungsverhalten saalezeitlicher Geschiebemergel am Beispiel landwirtschaftlicher Rekultivierungsböden der Niederlausitzer Bergbaufolgelandschaft. Unveröffentl. Diss. (in Vorbereitung), Fakultät für Umweltwissenschaften und Verfahrenstechnik, BTU Cottbus.

Stuke, J.-H. (1996): Bemerkenswerte Schwebfliegenbeobachtungen (Diptera: Syrphidae) aus Niedersachsen und Bremen I. Beiträge zur Naturkunde Niedersachsen 49: 46-52.

Stuke, J.-H. (1998): Die Bedeutung einer städtischen Grünanlage für die Schwebfliegenfauna (Diptera: Syrphidae) dargestellt am Beispiel des Bremer „Stadtwaldes“. Abhandlungen des Naturwissenschaftlichen Vereins Bremen 44(1): 93-114.

Stuke, J.-H., Wolff, D. & F. Malec (1998): Rote Liste der in Niedersachsen und Bremen gefährdeten Schwebfliegen (Diptera: Syrphidae). Informationsdienst Naturschutz Niedersachsen 1: 1-16.

Stuke, J.-H. (2000): Zur Bedeutung der Grißheimer Trockenaue für die Schwebfliegenfauna (Diptera: Syrphidae). In: LfU Baden-Württemberg (Hrsg.) Vom Wildstrom zur Trockenaue - Natur und Geschichte der Flußlandschaft am südlichen Oberrhein. verlag regionalkultur, Ubstadt-Weiher: 307-318.

Swaton, T., Rinklebe, J., Tanneberg, H. & R. Jahn (2003): Verteilungsmuster von Quecksilber und Zink in Auenböden des Saale-Elbe-Winkels. Mitteilungen der Deutschen Bodenkundlichen Gesellschaft 102(2): 593-594.

Szoszkiewicz, K., Ferreira, T., Korte T., Baattrup-Pedersen, A., Davy-Bowker, J. & M. O'Hare (2006): European rivor plant communities: the importance of organic pollution and the usefulness of existing macrophyte metrics. Hydro-biologia 566: 211-234.

Tachet, H., Richoux, P., Bournaud, M. & P. Usseglio-Polatera (2000): Invertébres D´eau Douce. Systèmatique, Biologie, Ècologie. CNRS ÈDITIONS, Paris: 588 S.

Tappeiner, U., Tasser, E. & G. Tappeiner (1998): Modelling vegetation patterns using natural and anthropogenic influence factors: preliminary experience with a GIS based model applied to an Alpine area. Ecological Modelling 113:

225-237.
Täuscher, L. (1997): Bemerkungen zum Vorkommen von Wassermollusken im Elb-Havel-Winkel. Untere Havel - Naturkundliche Berichte 6/7: 52-54.
Täuscher, L. (1998): Wassermollusken-Funde im brandenburgischen Naturpark Elbtalaue. Auenreport 4: 101-104.
Teichmann, B. (1994): Eine wenig bekannte Konservierungsflüssigkeit für Bodenfallen. Entomologische Nachrichten und Berichte 38: 25-30.
ter Braak, C.J.F. & P.F.M. Verdonschot (1995): Canonical correspondence analysis and related multivariate methods in aquatic ecology. Aquatic Sciences 57(3): 255-289.
ter Braak, C.J.F. & P Šmilauer (1998): CANOCO Reference Manual and User´s Guide to Canoco for Windows: Software for Canonical Community Ordination (version 4). Microcomputer Power, Ithaca. NY. USA.
ter Braak, C.J.F., Hoijtink, H., Akkermans, W. & P.F.M. Verdonschot (2003): Bayesian model-based cluster analysis for predicting macrofaunal communities. Ecological Modelling 160: 235-248.
TGL Fachbereichstandard 24 300/08 (1986): Aufnahme landwirtschaftlich genutzter Standorte – Horizonte, Bodentypen und Bodenformen von Mineralböden.
Thienemann, A. (1959): Erinnerungen und Tagebuchblätter eines Biologen. Scheizerbart'sche Verlagsbuchhandlung, Stuttgart.
Thioulouse, J., Chessel, D., Dolédec, S. & J.-M. Olivier (1997): ADE-4: a multivariate analysis and graphical display software. Statistics and Computing 7: 75-83.
Thioulouse, J., Simier, M. & D. Chessel (2004): Simultaneous analysis of a sequence of paired ecological tables. Ecology 85(1): 272-283.
Thompson, F.C. & G. Rotheray (1998): Family Syrphidae. In: Papp, L. & B. Darvas (Hrsg.): Contributions to a Manual of Palaearctic Diptera Volume 3 Higher Brachycera. Science Herald, Budapest: 81-140.
Thomsen, K. (2001): An Account of Large Forest Herbivores in the Past and Present in Denmark – and a Bid on the Future. In: Gerken, B. & M. Görner (Hrsg.): Neue Modelle zu Maßnahmen der Landschaftsentwicklung mit großen Pflanzenfressern. Natur- und Kulturlandschaft 4: 37-44.
Tietze, F. (1968): Untersuchungen über die Beziehungen zwischen Bodenfeuchte und Carabidenbesiedlung in Wiesengesellschaften. Pedobiologia 8: 50-58.
Tockner, K., Schiemer, F., Baumgartner, C., Kum, G., Weigand, E., Zweimüller, I. & J.V. Ward (1999): The Danube restoration project: Species diversity patterns across connectivity gradients in the floodplain system. Regul. Rivers: Res. Mgmt. 15: 245-258.
Torp, E. (1994): Danmarks Svirrefluer (Diptera, Syrphidae). Apollo Books, Danmarks Dyreliv 6: 1-490.
Townsend, C.R., Dolédec, S. & M.R. Scarsbrook (1997): Species traits in relation to temporal and spatial heterogeneity in streams: a test of habitat templet theory. Freshwater Biology 37: 367-387.
Trautner, J. & K. Geigenmüller (1987): Sandlaufkäfer – Laufkäfer. Illustrierter Schlüssel zu den Cicindeliden und Carabiden Europas. Josef Margraf Verlag, Aichtal.
Trautner, J. (Hrsg.) (1992): Arten- und Biotopschutz in der Planung: Methodische Standards zur Erfassung von Tierartengruppen. Weikersheim.
Trautner, J., Müller-Motzfeld, G. & M. Bräunicke (1997): Rote Liste der Sandlaufkäfer und Laufkäfer Deutschlands. (Coleoptera: Cicindelidae et Carabidae), 2. Fassung, Stand Dezember 1996. Naturschutz und Landschaftsplanung 29(9): 261-273.
Tremp, H. (2005): Aufnahme und Analyse vegetationsökologischer Daten. Ulmer Verlag, Stuttgart.
Tscharntke, T., Gathmann, A. & I. Steffan-Dewenter (1998): Bioindication using trap-nesting bees and wasps and their

natural enemies: community structure and interactions. Journal of Applied Ecology 35: 708-719.

Turak, E., Flack, L.K., Norris, R.H., Simpson, J. & N. Waddell (1999): Assessment of river condition at a large spatial scale using predictive models. Freshwater Biology 41: 283-298.

Turner, H., Kuiper, J.G.J., Thew, N., Bernasconi, R., Ruetschi, J., Wüthrich, M. & M. Gosteli (1998): Atlas der Mollusken der Schweiz und Lichtensteins. Fauna Helvetica 2: 515 S.

Tüxen, R. & H. Ellenberg (1937): Der systematische und der ökologische und der ökologische Gruppenwert. (Zus.). Mitt. Flor.-soz. Arbeitsgem. Niedersachsen 3, Hannover. (Zugl. 81.-87. Jahresber. Naturhist. Ges. Hannover.)

Tüxen, R. (1954): Pflanzengesellschaften und Grundwasser-Ganglinien. Angew. Pflanzensoz. 8 Stolzenau: 64-98.

UNEP (2001): Indicators and environmantal impact assessment – Designing national level monitoring programmes an indicators (SBSSTA – seventh meeting; Item 5.4 of the provisional agenda). Montreal.

Unger, P.W. (1996): Soil bulk density, penetration resistance, and hydraulic conductivity under controlled traffic conditions. Soil & Tillage 37: 67-75.

Van der Maarel E. (1979): Transformation of cover-abundance values in phytosociology and its effects on community similarity. Vegetatio 39(2): 97-114. The Hague.

Van Dijk, G.M., Marteijn, E.C.L. & A. Schulte-Wülwer-Leidig (1995): Ecological rehabilitation of the River Rhine: plans, progress and perspectives. Regulated Rivers: Research and Management 11: 377-388.

Van Dijk, E. (2006): Development of a GIS-based hydraulic-ecological model to describe the interaction between floodplain vegetation and riverine hydraulics. – Masterthesis, University of Twente, Enschede, http://nofdp.bafg.de/servlet/is/11367/Master_Thesis_Eric_van_Dijk_nofdp_%20January2006.pdf

Vaughan, I.P. & S.J. Ormerod (2005): Increasing the value of prijncipal components analysis for simplifying ecological data: a case study with rivers and river birds. Journal of Applied Ecology 42: 487-497.

Vaz, C.M.P. & J.W. Hopmans (2001): Simultaneous Measurement of soil pe-netration resistance and water content with a combined penetrometer-TDR moisture probe. Soil Sci. Soc. Am. J. 65: 4-12.

Venables, W.N. & D.M. Smith (2003): An Introduction to R – Notes on R: A Programming Environment for Data Analysis and Graphics Version 1.8.1 [http://www.r-project.org/].

Verlinden, L. (1991): Zweefvliegen (Syrphidae). Fauna van Belgie. Koninklijk Belgisch Instituut voor Natuurwetenschappen.

Vervuren, P.J.A, Blom, C.W.P.M. & H. de Kroon (2003): Extreme flooding events on the Rhine and the survival and distribution of riparian plant species. Journal of Ecology 91: 135-146.

Victorino, S.C. (1996): Einfluß der Bewirtschaftung auf das Bodengefüge und die Aggregatstabilität verschiedener Ackerböden einer norddeutschen Jung-moränenlandschaft. Dissertation, Land-wirtsch. Fakultät, Inst. f. Pflanzenernährung u. Bodenkunde, Univ. Kiel.

Vidal, S. (1983): Zur Schwebfliegen-Fauna des Landkreises Lüchow-Dannenberg (Diptera, Syrphidae). Abhandlungen des naturwissenschaftlichen Vereins Hamburg NF 25: 327-337.

Vogel, K., Vogel, B., Rothhaupt, G. & E. Gottschalk (1996): Einsatz von Zielarten im Naturschutz. Auswahl der Arten, Methoden von Populationsgefährdungsanalyse und Schnellprognose, Umsetzung in der Praxis. Naturschutz und Landschaftsplanung 28(6): 179-184.

VUBD (1999): Handbuch landschaftsökologischer Leistungen. 3. Auflage. Veröffentlichungen der Vereinigung umweltwissenschaftlicher Berufsverbände Deutschland e.V.

Vujic, A., Simic, S., Milankov, V., Radovic, D., Radisic, P. & D. Radnovic (1998): Fauna Syrphidae (Insecta: Diptera) obedske bare. Posebna izdanja / Zavod za zastitu prirode Srbje, Beograd 17: 1-71.

Wackernagel, H. (1995): Multivariate Geostatistics. Springer Verlag, Berlin.

Wagner, H.H. (2004): Direct multi-scale ordination with canonical correspondence analysis. Ecology 85: 342–351.

Walker, B.H. (1992): Biodiversity and ecological redundancy. Conservation Biology 6: 18-23.

Walker, B.H. (1995): Conserving biological diversity through ecosystem resilience. Conservation Biol. 9: 747-752.

Walther, B.A. & S. Morand (1998): Comparative performance of species richness estimation methods. Parasitology 116: 395-405.

Walther, B.A. & J.L. Moore (2005): The concepts of bias, precision and accuracy, and their use in testing the performance of species richness estimators, with a literature review of estimator performance. Ecography 28: 1-15.

Walther, K. (1977): Die Vegetation des Elbtales – Die Flußniederung von Elbe und Seege bei Gartow (Kr. Lüchow-Dannenberg). Abh. Verh. naturwiss. Ver. Hamburg, NF 20 (Suppl.): 1-123.

Ward, J.V. (1997): An Expansive Perspective of Riverine Landscapes: Pattern and Process Across Scales. GAIA 6(1): 52-60.

Ward, J.V., Tockner, K. & F. Schiemer (1999): Biodiversity of floodplain river ecosystems: ecotones and connectivity. Regulated Rivers: Research and Management 15: 125-139.

Warthemann, G. & L. Reichhoff (2001): Die Pflanzengesellschaften des Auengrünlandes im Biosphärenreservat Mittlere Elbe (Sachsen-Anhalt) im historischen, räumlichen und syntaxonomischen Vergleich. Tuexenia 21: 153-178.

Weber, R.-P. (2005): Möglichkeiten und Grenzen der Integration des Vertragsnaturschutzes in die Grünlandbewirtschaftung am Beispiel des Biosphärenreservates Flusslandschaft Mittlere. Weißensee Verlag, Berlin.

Wechsung, F., Becker, A. & P. Gräfe (2005): Auswirkungen des globalen Wandels auf Wasser, Umwelt und Gesellschaft im Elbegebiet. Weißensee Verlag, Berlin.

Weidenfeller, M. (1990): Jungquartäre fluviale Geomorphodynamik und Bodenentwicklung in den Talauen der Mosel bei Trier und Nenning. Dissertation, Universität Trier.

Weitmann, G. (1997): Untersuchung der Malakofauna des Guntersblumer Unterfeldes unter besonderer Berücksichtigung der Auswirkungen der Trinkwassergewinnungsanlagen, 1. Untersuchungsjahr 1997. Abschlußbericht, Mainz, 50 S.

Wiechmann, H. (1999): Semiterrestrische Böden - Anmerkungen zur Systematik der Auenböden. Hamburger Bodenkundliche Arbeiten 44. Eigenschaften und Funktionen von Auenböden an der Elbe: 144-154.

Wiechmann, H. (2000): Die bodensystematische Kennzeichnung von Auenböden. In: Friese, K., Witter, B., Miehlich, G. & M. Rode (Hrsg.): Stoffhaushalt von Auenökosystemen. Böden und Hydrologie, Schadstoffe, Bewertungen. Springer Verlag, Berlin, Heidelberg, New York: 19-25.

Wiegand, T., Revilla, E. & F. Knauer (2004): Dealing with uncertainty in spatially explicit population models. In: Henle, K., Margules, C.R., Lindenmayer, D., Saunders, D.A. & C. Wissel (Hrsg.): Species Survival in Fragmented Landscapes: Where to from now? Biodiversity and Conservation 13: 53-78.

Wiegleb, G. (1986): Grenzen und Möglichkeiten der Datenanalyse in der Pflanzenökologie. Tuexenia 6: 365-378.

Wiegleb, G., Schulz, F. & U. Bröring (1999): Naturschutzfachliche Bewertung im Rahmen der Leitbildmethode, Physica-Verlag, Heidelberg.

Wiegleb, G., Bernotat, D., Gruehn, D., Riecken, U. & J. Vorwald (2002): Gelbdruck „Biotope und Biotoptypen". In: Plachter, H., Bernotat, D., Müssner,

R. & U. Riecken: Entwicklung und Festlegung von Methodenstandards im Naturschutz. Schr. R. f. Landschaftspfl. u. Naturschutz 70: 281-328.

Wildi, O. (1986): Analyse vegetationskundlicher Daten. Theorie und Einsatz statistischer Methoden. Veröffentlichungen des Geobotanischen Institutes der Eidgenössischen Technischen Hochschule, Stiftung Rübel 90: 1-226.

Williams, B.K., Nichols, J.D. & M.J. Conroy (2002): Analysis and Management of Animal Populations., Academic Press, San Diego.

Wilmanns, O. (1993): Ökologische Pflanzensoziologie. – 5. Aufl., Quelle & Meyer, Heidelberg, Wiesbaden.

Wilson, J.B. (1999): Guilds, functional types and ecological groups. OIKOS 86: 507-522.

Winkelbrandt, A. (1990): Anforderungen an Bioindikatoren (Tierarten und -gruppen) aus der Sicht von Landschaftsplanung und Fachplanungsbeiträgen von Naturschutz und Landschaftspflege. Schriftenreihe für Landschaftspflege und Naturschutz 32: 75-83.

Wisskirchen, R. & H. Haeupler (1998): Standartliste der Farn- und Blütenpflanzen Deutschlands. Ulmer Verlag, Stuttgart.

Witter, B. (1999): Verteilungsmuster chlorierter Kohlenwasserstoff-Verbindungen in Auenböden der Elbe. Hamburger Bodenkundliche Arbeiten 44: 99-107.

Wohlgemuth-von Reiche, D., Griegel, A. & G. Weigmann (1997): Reaktion terrestrischer Arthropodengruppen auf Überflutungen der Aue im Nationalpark Unteres Odertal. Arbeitsberichte Landschaftsökologie Münster 18: 193-207.

Wright, J.F., Moss, D., Armitage, P.D. & M.T. Furse (1984): A preliminary classification of running-water sites in Great Britain based on macroinvertebrate species and the prediction of community type using environmental data. Freshwater Biology 14:221-256.

Wright, J.F., Armitage, P.D., Furse, M.T. & D. Moss (1988): A new approach to the biological surveillance of river quality using macroinvertebrates. Verh. Internat. Verein. Limnol. 23(3): 1548-1552.

Wright, J.F., Armitage, P.D., Furse, M.T. & D. Moss (1989): Prediction of invertebrate communities using stream measurements. Regulated Rivers 4(2): 147-155.

Wycisk, P. & M. Weber (2003): Integration von Schutz und Nutzung im Biosphärenreservat Mittlere Elbe - Westlicher Teil. Weißensee Verlag, Berlin.

Young, G.D., Adams, B.A. & G.C. Topp (2000): A portable data collection system for simultaneous cone penetrometer force and volumetric soil water content measurement. Can. J. Soil Sci. 80: 23-31.

Zahlheimer, W.A. (1979): Vegetationsstudien in den Donauauen zwischen Regensburg und Straubing als Grundlage für den Naturschutz. Hoppea, Denkschr. Regensb. Bot. Ges. 38: 3-398.

Zahner, V. (2001): Dammbauaktivitäten des Bibers (*Castor fiber*) und ihr Einfluß auf Forstbestände in Bayern. In: Gerken, B. & M. Görner (Hrsg.): Neue Modelle zu Maßnahmen der Landschaftsentwicklung mit großen Pflanzenfressern. Natur u. Kulturlandschaft 4: 462-465.

Zehlius-Eckert, W. (1998) Arten als Indikatoren in der Naturschutz- und Landschaftsplanung. Laufener Seminarbeiträge 8: 9-32.

Zeissler, H. (1984): Mollusken im Biberschutzgebiet Stockby (Bezirk Magdeburg). Malakologische Abhandlungen Staatliches Museum f. Tierkde Dresden 10(4): 19-38.

Zerling, L., Hanisch, C., Junge, F.W. & A. Müller (2003): Heavy Metals in Saale Sediments – Changes in the Contamination since 1991. Acta Hydrochim. Hydrobiol. 31: 368-377.

Zulka, K.P. (1994): Natürliche Hochwasserdynamik als Voraussetzung für das Vorkommen seltener Laufkäferarten (Coleoptera, Carabidae). Wiss. Mitt. Niederösterr. Landesmus. 8: 203-215.

Anschriften der Autoren

Amarell, Uwe, Dr., Lange Straße 34a, 77652 Offenburg; e-mail: uwe.amarell @ online.de

Böhnke, Robert, Dr., HGN Hydrogeologie GmbH, NL Torgau, Süptitzer Weg, 04860 Torgau, Tel.: 0 34 21/ 74 14 71, Mobile: 01 51/ 12 62 27 32, Fax: 0 34-21/ 74 14 00, e-mail: r.boehnke@ HGN-online.de

Castella, Emmanuel, Dr., Laboratoire d'Ecologie et de Biologie Aquatique, Université de Genève, 18 chemin des Clochettes, 1206 Genève, Schweiz, Tel.: + 41/ 2 23 79 71 00, Fax: + 41/ 2 27-89 49 89, e-mail: emmanuel.castella @ unige.ch

Deichner, Oskar, Dipl. Biol., ÖKON Gesellschaft für Landschaftsökologie, Gewässerbiologie und Umweltplanung mbH, Hohenfelser Str. 4, Rohrbach, 93183 Kallmünz, Tel.: 0 94 73/ 95 17 40, Fax: 0 94 73/ 95 17 41, e-mail: oekon@ oekon.com

Dziock, Frank, Prof. Dr., Department of Biodiversity Dynamics, Technische Universität Berlin, Rothenburgstr. 12, 12165 Berlin, Tel.: 0 30/ 31 47 13 68, e-mail: frank.dziock@ tu-berlin.de

Figura, Wolfgang, Dipl. Ing., UIH Ingenieurbüro Umwelt Institut Höxter, Schlesische Straße 76, 37671 Höxter, Tel.: 0 52 71/ 69 87 0, Fax: 0 52 71/ 69 87 29, e-mail: figura@ uih.de

Foeckler, Francis, Dr., ÖKON Gesellschaft für Landschaftsökologie, Gewässerbiologie und Umweltplanung mbH, Hohenfelser Str. 4, Rohrbach, 93183 Kallmünz, Tel.: 0 94 73/ 95 17 40, Fax: 0 94 73/ 95 17 41, e-mail: oekon@ oekon.com

Follner, Klaus, Dr., Department Naturschutzforschung, Helmholtz-Zentrum für Umweltforschung – UFZ, Permoserstraße 15, 04318 Leipzig, e-mail: Klaus @ Follner-Leipzig.de

Franke, Christa, Dr. Philipp-Rosenthal-Str. 483, 04103 Leipzig, e-mail: Cfranke111 @ web.de

Fuchs, Elmar, Dr., Bundesanstalt für Gewässerkunde, Referat Ökologische Wirkungszusammenhänge, Am Mainzer Tor 1, 56068 Koblenz, Tel.: 02 61/ 13 06 53 38, Fax: 02 61/ 13 06 53 02, e-mail: fuchs@ bafg.de

Gerken, Bernd, Prof. Dr., Fachbereich 9, Lehrgebiet Tierökologie, FH Lippe und Höxter, An der Wilhelmshöhe 44, 37671 Höxter,Tel.: 0 52 71/ 68 72 36, Fax: 0 52 71/ 68 72 35, e-mail: Bernd. Gerken@ fh-luh.de

Geyer, Stefan, Dr., Helmholtz-Zentrum für Umweltforschung – UFZ, Department Hydrogeology, Theodor-Lieser-Straße 4, 06120 Halle (Saale), Tel.: 03-45/ 5 58 52 17, Fax: 03 45/ 5 58 55-59,e-mail: stefan.geyer@ ufz.de

Giebel, Helmut, Dipl. Ing., Bundesanstalt für Gewässerkunde, Referat Ökologische Wirkungszusammenhänge, Am Mainzer Tor 1, 56068 Koblenz, Tel.: 02 61/ 13 06 54 46, Fax: 02 61/ 13 06 56 21, e-mail: giebel@ bafg.de

Gläser, Judith, Dr., Department Naturschutzforschung, Helmholtz-Zentrum für Umweltforschung – UFZ, Permoserstraße 15, 04318 Leipzig, Tel.: 03 41/ 2 35 16 50, Fax: 03 41/ 2 35 14 70, e-mail: judith.glaeser@ ufz.de

Helbach, Christoph, Dipl. Ing., Institut für Grundbau, Abfall- und Wasserwesen, Fachbereich D, Bergische Universität Wuppertal, Pauluskirchstraße 7, 42285 Wuppertal

Henle, Klaus, PD. Dr., Department Naturschutzforschung, Helmholtz-Zentrum für Umweltforschung – UFZ, Permoserstraße 15, 04318 Leipzig, Tel.: 03 41/2 35 12 70, Fax: 03 41/2 35 14 70, e-mail: klaus.henle@ ufz.de

Hüsing, Volker, Dipl. Biol., Bundesanstalt für Gewässerkunde, Referat Ökologische Wirkungszusammenhänge, Am Mainzer Tor 1, 56068 Koblenz, Tel.: 02 61/ 13 06 53 65, Fax: 02 61/ 13 06 53 33, e-mail: huesing@ bafg.de

Klotz, Stefan, Dr., Department Biozönoseforschung, Helmholtz-Zentrum für Umweltforschung – UFZ, Theodor-Lieser-Straße 4, 06120 Halle (Saale), Tel.: 03 45/ 5 58 53 02, Fax: 03 45/ 5 58 53 29,e-mail: stefan.klotz@ ufz.de

Kofalk, Sebastian, Dr., Bundesanstalt für Gewässerkunde, Referat Ökologische Wirkungszusammenhänge, Am Mainzer Tor 1, 56068 Koblenz, Tel.: 02 61/ 13 06 53 30, Fax: 02 61/ 13 06 53 33, e-mail: kofalk@ bafg.de

Menz, Joachim, Prof. Dr., TU Bergakademie Freiberg, Institut für Markscheidewesen und Geodäsie, Fuchsmühlenweg 9, 09596 Freiberg, Tel.: 0 37 31/ 39 44 02, e-mail: menz@ mabb.tu-freiberg.de

Neue, Heinz-Ulrich, Prof. Dr., Schillerstraße 14, 06246 Bad Lauchstädt, e-mail: hneue@ t-online.de

Peter, Winfried, Dipl. Ing., Bundesanstalt für Gewässerkunde, Referat Ökologische Wirkungszusammenhänge, Am Mainzer Tor 1, 56068 Koblenz

Rink, Anke, Dipl. Gegr., Bundesanstalt für Gewässerkunde, Referat Ökologische Wirkungszusammenhänge, Am Mainzer Tor 1, 56068 Koblenz, e-mail: anke.rink@ web.de

Rink, Marcus, Dr., Bundesanstalt für Gewässerkunde, Referat Ökologische Wirkungszusammenhänge, Am Mainzer Tor 1, 56068 Koblenz, e-mail: marcus_rink@ hotmail.com

Rinklebe, Jörg, Prof. Dr. agr., Institut für Grundbau, Abfall- und Wasserwesen, Fachbereich D, Bergische Universität Wuppertal, Pauluskirchstraße 7, 42285 Wuppertal, Tel.: 02 02/ 4 39 40 57/-41 95, Fax: 02 02/ 4 39 41 96, e-mail: rinklebe@ uni-wuppertal.de

Rosenzweig, Stephan, Dipl. Geogr., Bundesanstalt für Gewässerkunde, Referat Ökologische Wirkungszusammenhänge, Am Mainzer Tor 1, 56068 Koblenz, Tel.: 02 61/ 13 06 58 95, Fax: 02-61/ 13 06 53 33, e-mail: rosenzweig @ bafg.de

Schanowski, Arno, Dipl. Biol., Institut für Landschaftsökologie und Naturschutz (ILN), Sandbachstraße 2, 77815 Bühl, Tel.: 0 72 23/ 94 86 13, Fax: 0 72 23/ 94 86 86, e-mail: arno.schanowski@ ilnbuehl.de

Schmidt, Hans, Dipl. Ing., ÖKON Gesellschaft für Landschaftsökologie, Gewässerbiologie und Umweltplanung mbH, Hohenfelser Str. 4, Rohrbach, 93183 Kallmünz, Tel.: 0 94 73/ 95 17 40, Fax: 0 94 73/ 95 17 41, e-mail: oekon@ oekon.com

Scholz, Mathias, Dipl. Ing., Department Naturschutzforschung, Helmholtz-Zentrum für Umweltforschung – UFZ, Permoserstraße 15, 04318 Leipzig, Tel.: 03 41/2 35 16 44, Fax: 03 41/2 35 14 70, e-mail: mathias.scholz@ ufz.de

Stab, Sabine, Dr., Nationalparkzentrum Sächsische Schweiz, Dresdner Str. 2 B, 01814 Bad Schandau, Tel.: 03 50 22/ 5 02 55, Fax: 03 50 22/5 02 33, e-mail: Sabine.Stab@ lanu.smul.sachsen.de

Wälder, Konrad, Dr., TU Bergakademie Freiberg, Institut für Stochastik, Prüferstrasse 9, 09596 Freiberg, Tel.: 0 37 31/ 39 27 96, e-mail: waelder@ math. tu-freiberg.de

Wälder, Olga, Dr., TU Dresden, Institut für Kartographie, Mommsenstrasse 13, 01062 Dresden, Tel.: 03 51/ 46 33 62-00, e-mail: olga.waelder@ tu-dresden. de

Artenregister

Pflanzen

Mollusken/ Weichtiere (Mollusca)

Laufkäfer (Carabidae)

Stichwortregister

Stichwortregister

Kapitelanhangverzeichnis zum Ulmerbuch

Kapitelanhänge zu Buchkapitel 4.2 Gebietsbeschreibung:

Kapitelanhang 4.2-1: Mittelwerte der Luft- und Bodentemperatur sowie der Luftfeuchte für die Zweijahresreihe (Jan.1998 – Jan.2000) an der Klimastation Steckby

Kapitelanhang 4.2-2: Monats- und Jahresmittel der Niederschläge für die Jahre 1998 und 1999 an den Stationen Steckby, Aken (DWD) und Oranienbaum (DWD)

Kapitelanhang 4.2-3: Monats- und Jahresmittel der Niederschläge und der Lufttemperatur für die Jahre 1998 und 1999 im Vergleich mit langjährigen Mittelwerten der Reihe 1961/90 an den Stationen des DWD in Seehausen/Altmark, Magdeburg und Wittenberg/Lutherstadt

Kapitelanhang 4.2-4: Monats- und Jahresmittel sowie absolute Minima und Maxima der Lufttemperatur, Luftfeuchte und Bodentemperatur in drei Tiefen, gemessen an der Wetterstation im Untersuchungsgebiet Steckby

Kapitelanhang 4.2- 5: Naturräumliche und geologische Zusatzinformationen zu den Untersuchungsgebieten Steckby und Wörlitz

Kapitelanhänge zu Buchkapitel 4.3 Versuchsplanung und statistische Auswertungen im RIVA-Projekt:

Kapitelanhang 4.3-1: Charakterisierung der Probeflächen, Auswahl einzelner Umweltparameter

Kapitelanhang 4.3-2: Liste der gemessenen und generierten Umweltparameter

Kapitelanhänge zu Buchkapitel 5.1 Hydrologie:

Kapitelanhang 5.1-1: Koordinaten, Geländehöhen (PNP) und Ausbau der Grundwassermessstellen in den Untersuchungsgebieten Steckby (STE) und Wörlitz (WÖR)

Kapitelanhang 5.1-2: Bohrprofile nach DIN 4023 der Grundwassermessstellen in den Untersuchungsgebieten Steckby (STE) und Wörlitz (WÖR)

Kapitelanhang 5.1-3: Jährliche Überflutungsdauer in Tagen und maximale Überflutungshöhen an den Grundwassermessstellen der Untersuchungsgebiete Steckby (STE) und Wörlitz (WÖR), berechnet für die hydrologischen Jahre 1998 und 1999.

Kapitelanhang 5.1-4: Grundwasser- und Elbewasserstände (müHN) an den einzelnen Messstellen der Untersuchungsgebiete Wörlitz (WÖR) und Steckby (STE)

Kapitelanhang 5.1- 5: Ergebnisse der 3d-Grundwasserströmungsmodellierung der numerischen Grundwassermodelle Steckby

(STE) und Wörlitz (WÖR)

Kapitelanhänge zu Buchkapitel 6.1: Botanik

Kapitelanhang 6.1-1: Vegetationskartierung

Kapitelanhang 6.1-2: Korrespondenzanalyse zwischen Arten und Probeflächen

Kapitelanhang 6.1-3: Beziehung zwischen Vegetation und abiotischen Parametern

Kapitelanhang 6.1-4: Beziehungen zwischen Arten und Standort

Kapitelanhänge zu Buchkapitel 6.2: Mollusken

Kapitelanhang 6.2-1: Zur Analyse der Beziehungen zwischen den Indikator-Gemeinschaften und den Standortverhältnissen verwendeten abiotischen Variablen und ihre Werte für die 60 Probeflächen (PF) der Schöneberger Wiese 1998/99

Kapitelanhang 6.2-2: Artenzahlen und Abundanzen der Mollusken auf der Schöneberger Wiese bei Steckby (Frühjahr und Herbst 1998 und 1999).

Kapitelanhang 6.2-3: Artenzahlen und Abundanzen der Mollusken auf dem Schleusenheger bei Wörlitz (Frühjahr und Herbst 1998 und 1999).

Kapitelanhang 6.2-4: Artenzahlen und Abundanzen der Mollusken auf dem Dornweder bei Sandau (Frühjahr und Herbst 1998 und 1999).

Kapitelanhang 6.2-5: Zweidimensionale Darstellung der Ergebnisse der Korrespondenzanalyse (CA) aller 233 Datensätze (alle viermal beprobte Probeflächen mit Molluskenvorkommen).

Kapitelanhang 6.2-6: Arten und Probeflächen der Schöneberger Wiese geordnet gemäß der CA (Abb. 6.2-1A: Arten) bzw. einer Clusteranalyse (Abb. 6.2-2: Probeflächen)

Kapitelanhang 6.2-7: „Inertia-Wert" einer „Cluster Inertia Analysis" zur Bestimmung der für die Gruppierung der Probeflächen (Kapitelanhang 6.2-6) verantwortlichen Arten.

Kapitelanhang 6.2-8: Dominanz, durchschnittliche Abundanz, Anzahl Funde, Stetigkeit, Konstanzklasse und prozentuales Gesamtvorkommen pro Art pro Probeflächengruppe auf der Schöneberger Wiese mit Angabe der Rote Liste - Einstufungen.

Kapitelanhang 6.2-9: Korrelationsmatrix aus der PCA.

Kapitelanhang 6.2-10: Die Zuweisung der acht biologischen Merkmale - traits (B) auf die F1xF2-Ordination der Arten (A) gemäß der MCA (vgl. Abb. 6.2-11)..

Kapitelanhang 6.2-11: Ergebnis einer „Clusters Inertia Analyse" zur Ermittlung der für die Trennung der 6 Probeflächengruppen (Cluster, Kapitelanhang 6.2-6) verantwortlichen ökologischen Merkmalen.

Kapitelanhang 6.2-12: Einzel-(score) und Durchschnittswerte (m) ordinierter traits der für die 6 Probeflächengruppen charakteristischen Artengruppen.

Kapitelanhang 6.2-13: Die prozentualen Anteile der scores innerhalb der nominal skalierten traits Nahrungstyp und Ernährungsweise in den jeweiligen Probeflächengruppen

Kapitelanhang 6.2-14: Arten und Probeflächen des Schleusenhegers geordnet gemäß der CA und einer Clusteranalyse.

Kapitelanhang 6.2-15: Arten und Probeflächen des Untersuchungsgebietes Dornwerder geordnet gemäß der CA und einer Clusteranalyse.

Kapitelanhänge zu Buchkapitel 6.3: Laufkäfer

Kapitelanhang 6.3-1: Carabiden - Arten und Individuenzahlen je Probefläche Schöneberger Wiese bei Steckby 1998

Kapitelanhang 6.3-2: Carabiden - Arten und Individuenzahlen je Probefläche Schöneberger Wiese bei Steckby 1999

Kapitelanhang 6.3-3: Carabiden - Potentielle Indikatorarten – Frühjahrs-/Sommer-/Herbstaspekt 1998/1999, Schöneberger Wiese bei Steckby

Kapitelanhang 6.3-4: Carabiden - Arten und Individuenzahlen je Probefläche 1998, Schleusenheger Wiesen bei Wörlitz

Kapitelanhang 6.3-5: Carabiden - Arten und Individuenzahlen je Probefläche 1999, Schleusenheger Wiesen bei Wörlitz

Kapitelanhang 6.3-6: Carabiden - Arten und Individuenzahlen je Probefläche 1998, Dornwerder bei Sandau

Kapitelanhang 6.3-7: Carabiden - Arten und Individuenzahlen je Probefläche 1999, Dornwerder bei Sandau

Kapitelanhänge zu Buchkapitel 6.4: Schwebfliegen

Kapitelanhang 6.4-1: Gesamtartenliste (Malaisefalle).

Kapitelanhang 6.4-2: Abundanzen der Arten auf den fünfzehn untersuchten Probeflächen

Kapitelanhang 6.4-3: Datenmatrix für die statistischen Auswertungen. Biologische Eigenschaften der vorgefundenen 52 Schwebfliegen-Arten

Kapitelanhänge zu Buchkapitel 7.2: Indikation

Kapitelanhang 7.2-1: Excel-Datei und OpenOffice Datei mit einem in Formeln gefassten Indikationssystem, das für Einzelindikationen durch einfaches Einkopieren einer richtig formatierten Artenliste genutzt werden kann.

Kapitelanhang 7.2-2: Anleitung zum „Indikationsprogramm"

Kapitelanhänge zu Buchkapitel 8.1: Geostatistischer Schätzverfahren

Kapitelanhang 8.1-1: Abbildungen zum Methodischer Vergleich geostatistischer Schätzverfahren für Indikationsparameter im Auenökosystem als Grundlage GIS-gestützter Ökosystemmodellierung

Anlagenverzeichnis – Karten und Grafiken

1 Untersuchungsraum und Versuchsplanung

I–1: Lage der Untersuchungsgebiete im Riva-Projekt

A Hauptuntersuchungsgebiet „Schöneberger Wiesen" bei Steckby

I – A1: Lage des weiteren Untersuchungsraumes
I – A2: Lage des Untersuchungsgebietes mit Probeflächen
I – A3: Luftbilder des Untersu-

chungsgebietes
I – A4: Geländehöhen des Untersuchungsgebietes
I – A5: Stratifizierung des Untersuchungsgebietes

B Nebenuntersuchungsgebiet „Schleusenheger" bei Wörlitz

I – B1: Lage des weiteren Untersuchungsraumes
I – B2: Lage des Untersuchungsgebietes mit Probeflächen
I – B3: Luftbilder des Untersuchungsgebietes
I – B4: Geländehöhen des Untersuchungsgebietes
I – B5: Stratifizierung des Untersuchungsgebietes

C Nebenuntersuchungsgebiet „Dornwerder" bei Sandau

I – C1: Lage des weiteren Untersuchungsraumes
I – C2: Lage des Untersuchungsgebietes mit Probeflächen
I – C3: Luftbilder des Untersuchungsgebietes
I – C4: Geländehöhen des Untersuchungsgebietes
I – C5: Stratifizierung des Untersuchungsgebietes

2 Abiotik

II.1 Hydrodynamik

A Hauptuntersuchungsgebiet „Schöneberger Wiesen" bei Steckby

II.1 – A1: Hydrogeologischer Profilschnitt
II.1 – A2: Grundwasseroberfläche, Gundwasserfließrichtung und –geschwindigkeit bei Mittelwasser
II.1 – A3: Grundwasserflurabstände bei Mittelwasser
II.1 – A4: Gemessene Überflutung des Untersuchungsgebietes im März 1999
II.1 – A5: Berechnete Überflutung des Untersuchungsgebietes

B Nebenuntersuchungsgebiet „Schleusenheger" bei Wörlitz

II.1 – B1: Hydrogeologischer Profilschnitt
II.1 – B2: Grundwasseroberfläche, Gundwasserfließrichtung und –geschwindigkeit bei Mittelwasser
II.1 – B3: Grundwasserflurabstände bei Mittelwasser

II.2 Boden

A Hauptuntersuchungsgebiet „Schöneberger Wiesen" bei Steckby

II.2 – A1: Bohrpunkte
II.2 – A2: Bodenformen
II.2 – A3: Darstellung des pH-Wertes einzelner Probeflächen
II.2 – A4: Darstellung des Gesamtkohlenstoffgehaltes einzelner Probeflächen
II.2 – A5: Räumliche Verbreitung des Gesamtstickstoffgehaltes einzelner Probeflächen
II.2 – A6: Darstellung des Tongehaltes einzelner Probeflächen
II.2 – A7: Darstellung der elektrischen Leitfähigkeit einzelner Probeflächen
II.2 – A8: Darstellung der Kationenaustauschkapazität einzelner Probeflächen
II.2 – A9: Darstellung des Zink-Gesamtgehaltes einzelner Probeflächen
II.2 – A10: Darstellung des Cadmium-Gesamtgehaltes einzelner Probeflächen
II.2 – A11: Darstellung des Kupfer Gesamtgehaltes einzelner Probeflächen
II.2 – A12: Darstellung des Blei-Gesamtgehaltes einzelner Probeflächen
II.2 – A13: Darstellung des Chrom-Gesamtgehaltes einzelner Probe-